Química inorgânica descritiva, de coordenação e do estado sólido

Tradução da 3ª edição norte-americana

Dados Internacionais de Catalogação na Publicação (CIP)
(Câmara Brasileira do Livro, SP, Brasil)

```
R691q  Rodgers, Glen, E.
          Química inorgânica descritiva, de coordenação e de estado sólido
       / Glen E. Rodgers ; revisão técnica: Regina Buffon. - 3. ed. -
       São Paulo, SP : Cengage Learning, 2016.
          648 p. : il. ; 28 cm.

          Inclui índice e apêndice.
          Tradução de: Descriptive inorganic, coordination, solid state
       chemistry.
          ISBN 978-85-221-2560-9

          1. Química inorgânica. 2. Química do estado sólido. 3. Compostos
       de coordenação. I. Buffon, Regina. II. Título.

                                                               CDU 546
                                                               CDD 546
```

Índice para catálogo sistemático:
1. Química inorgânica 546
(Bibliotecária responsável: Sabrina Leal Araújo - CRB 10/1507)

Química Inorgânica Descritiva, de Coordenação e do Estado Sólido

Tradução da 3ª edição norte-americana

Glen E. Rodgers
Allegheny College

Revisão Técnica
Professora Regina Buffon
Bacharel em Química pela Universidade Federal
do Rio Grande do Sul – UFRGS
Doutora em Ciências pela
Université Claude-Bernard-Lyon 1, França
Professora Associada do
Departamento de Química Inorgânica da Unicamp

CENGAGE Learning

Austrália • Brasil • Japão • Coreia • México • Cingapura • Espanha • Reino Unido • Estados Unidos

Química inorgânica descritiva, de coordenação e do estado sólido – Tradução da 3ª edição norte-americana

1ª edição brasileira

Glen E. Rodgers

Gerente editorial: Noelma Brocanelli

Editora de desenvolvimento: Regina Helena Madureira Plascak

Supervisora de produção gráfica: Fabiana Alencar Albuquerque

Especialista em direitos autorais: Jenis Oh

Editora de aquisições: Guacira Simonelli

Título original: Descriptive inorganic, coordnation, and solid-state chemistry

(ISBN 13: 978-0-8400-6846-0; ISBN 10: 0-8400-6846-8)

Tradução: FZ Consultoria Educacional

Revisão técnica: Regina Buffon

Revisão: Nancy Helena Dias e Eduardo Kobayashi

Copidesque: Norma Gusukuma

Diagramação: PC Editorial Ltda.

Indexação: Casa Editorial Maluhy

Capa: BuonoDisegno

Imagem de capa: Chweiss/Shutterstock

© 2017 Cengage Learning Edições Ltda.

Todos os direitos reservados. Nenhuma parte deste livro poderá ser reproduzida, sejam quais forem os meios empregados, sem a permissão, por escrito, da Editora. Aos infratores aplicam-se as sanções previstas nos artigos 102, 104, 106 e 107 da Lei nº 9.610, de 19 de fevereiro de 1998.

Esta editora empenhou-se em contatar os responsáveis pelos direitos autorais de todas as imagens e de outros materiais utilizados neste livro. Se porventura for constatada a omissão involuntária na identificação de algum deles, dispomo-nos a efetuar, futuramente, os possíveis acertos.

A Editora não se responsabiliza pelo funcionamento dos sites contidos neste livro que possam estar suspensos.

Para informações sobre nossos produtos, entre em contato pelo telefone **0800 11 19 39**

Para permissão de uso de material desta obra, envie seu pedido para **direitosautorais@cengage.com**

© 2017 Cengage Learning. Todos os direitos reservados.

ISBN-13: 978-85-221-2560-9
ISBN-10: 85-221-2560-0

Cengage Learning
Condomínio E-Business Park
Rua Werner Siemens, 111 – Prédio 11 – Torre A – Conjunto 12
Lapa de Baixo – CEP 05069-900 – São Paulo – SP
Tel.: (11) 3665-9900 – Fax: (11) 3665-9901
SAC: 0800 11 19 39

Para suas soluções de curso e aprendizado, visite
www.cengage.com.br

Impresso no Brasil.
Printed in Brazil.
1 2 3   18 17 16

Sobre o autor

Dr. Glen E. Rodgers é um professor emérito de química do Allegheny College em Meadville, Pensilvânia. Educado na Tufts University (B.S.,1966) e na Cornell University (Ph.D.,1971), ele lecionou por cinco anos no Muskingum College, em Ohio, antes de se mudar para Allegheny, em 1975. Lecionou química introdutória em vários níveis, química para enfermeiras, cursos de graduação não científicos, um seminário inicial em Allegheny intitulado "The making of the atomic bomb: more bang for your buck", um seminário para alunos do segundo ano intitulado "Communicating chemistry", química inorgânica (tanto para alunos do segundo ano quanto mais avançados) e numerosos cursos interdisciplinares com colegas das áreas de história, educação, inglês, filosofia e psicologia. Ele recebeu inúmeras honrarias em ensino, incluindo o Julian Ross Award de 1993, oferecido pelo Allegheny College "por realizações e contribuições singulares na busca da excelência no ensino". Rodgers foi líder ou colíder de dois seminários de viagem de Allegheny: "Traveling with the atom: London and Paris" (2002) e "Traveling in the liberal arts tradition: Berlin, Leipzig, Warsaw, and Prague" (2004). Outros projetos escritos incluem "Traveling with a scientist: the history of the atom on the road in Europe". Ele e sua esposa, Kathleen, vivem próximo a um lago nas florestas de New Hampshire. Eles têm três filhas, Jennifer, Emily e Rebecca, e dois netos, Rory Warren Sands e Rachel Jane Bisset.

Dedicado a

Alger S. Bourn

Meu professor de química no ensino médio
que iniciou uma paixão intelectual contínua

e

uma geração de alunos de química inorgânica do Allegheny College,
para quem essa paixão é transmitida

Sumário

Sobre o autor v

Prefácio xvii

1   O campo em desenvolvimento da química inorgânica 1

Parte I – QUÍMICA DE COORDENAÇÃO 7

2   **Uma introdução à química de coordenação 9**
   2.1   A PERSPECTIVA HISTÓRICA 10
   2.2   A HISTÓRIA DOS COMPOSTOS DE COORDENAÇÃO 12
      Os primeiros compostos 12
      A teoria das cadeias de Blomstrand-Jørgensen 13
      A teoria de coordenação de Werner 14
   2.3   A VISÃO MODERNA DOS COMPOSTOS DE COORDENAÇÃO 18
   2.4   UMA INTRODUÇÃO À NOMENCLATURA DOS COMPOSTOS DE COORDENAÇÃO 20
   RESUMO 25
   PROBLEMAS 26

3   **Estruturas dos compostos de coordenação 33**
   3.1   ESTEREOISÔMEROS 33
   3.2   ESFERAS DE COORDENAÇÃO OCTAÉDRICAS 37
      Compostos com ligantes monodentados 37
      Compostos com ligantes quelantes 40
   3.3   ESFERAS DE COORDENAÇÃO QUADRÁTICAS 43
   3.4   ESFERAS DE COORDENAÇÃO TETRAÉDRICAS 45
   3.5   OUTRAS ESFERAS DE COORDENAÇÃO 45
   3.6   ISÔMEROS ESTRUTURAIS 48
   RESUMO 50
   PROBLEMAS 51

4 Teorias de ligação para compostos de coordenação 57

4.1 AS PRIMEIRAS TEORIAS DE LIGAÇÃO 58
A definição ácido-base de Lewis 58
Teorias do campo cristalino, da ligação de valência e do orbital molecular 59

4.2 TEORIA DO CAMPO CRISTALINO 60
Formas dos orbitais $3d$ 60
Campos octaédricos 65
Campos octaédricos tetragonalmente distorcidos e quadráticos 66
Campos tetraédricos 68

4.3 CONSEQUÊNCIAS E APLICAÇÕES DO DESDOBRAMENTO DO CAMPO CRISTALINO 69
Energias de desdobramento do campo cristalino *versus* energias de pareamento 69
Energias de estabilização do campo cristalino 71
Fatores que afetam a magnitude das energias de desdobramento do campo cristalino 73
Propriedades magnéticas 78
Absorção espectroscópica e as cores dos compostos de coordenação 80

RESUMO 85
PROBLEMAS 87

5 Velocidades e mecanismos de reações de compostos de coordenação 95

5.1 UMA BREVE ANÁLISE DOS TIPOS DE REAÇÃO 95
5.2 COMPOSTOS DE COORDENAÇÃO LÁBEIS E INERTES 99
5.3 REAÇÕES DE SUBSTITUIÇÃO DE COMPLEXOS OCTAÉDRICOS 100
Mecanismos possíveis 100
Complicações experimentais 103
Evidências para mecanismos dissociativos 104
Explicação de complexos inertes *versus* complexos lábeis 109

5.4 REAÇÕES REDOX OU DE TRANSFERÊNCIA DE ELÉTRONS 113
Mecanismos de esfera externa 113
Mecanismos de esfera interna 115

5.5 REAÇÕES DE SUBSTITUIÇÃO EM COMPLEXOS QUADRÁTICOS: O EFEITO CINÉTICO TRANS 118

RESUMO 120
PROBLEMAS 122

6 Aplicações de compostos de coordenação 131

6.1 APLICAÇÕES DE COMPLEXOS MONODENTADOS 131
6.2 DOIS CONCEITOS-CHAVE PARA A ESTABILIDADE DE COMPLEXOS DE METAIS DE TRANSIÇÃO 134
Ácidos e bases duros e moles 135
O efeito quelato 136

6.3 APLICAÇÕES DE COMPLEXOS MULTIDENTADOS 137

6.4 AGENTES QUELANTES COMO AGENTES COADJUVANTES DE DETERGENTES 140

6.5 APLICAÇÕES BIOINORGÂNICAS DA QUÍMICA DE COORDENAÇÃO 142

Transporte de oxigênio 142

Agentes quelantes terapêuticos para metais pesados 144

Agentes antitumor de platina 147

Agentes antitumor de rutênio 150

RESUMO 152

PROBLEMAS 153

Parte II – QUÍMICA DO ESTADO SÓLIDO 159

7 Estruturas no estado sólido 161

7.1 TIPOS DE CRISTAIS 161

Cristais iônicos 161

Cristais metálicos 163

Cristais de rede covalente 163

Cristais atômico-moleculares 165

7.2 RETÍCULOS CRISTALINOS DO TIPO A 165

Retículos e células unitárias 165

Retículos do tipo A 166

7.3 RETÍCULOS CRISTALINOS DO TIPO AB_n 176

Interstícios cúbicos, octaédricos e tetraédricos 176

Razões radiais 178

Raios iônicos 180

Estruturas do tipo AB 181

Estruturas AB_2 187

7.4 ESTRUTURAS ENVOLVENDO MOLÉCULAS E ÍONS POLIATÔMICOS 189

7.5 ESTRUTURAS DOS DEFEITOS 190

7.6 ESTRUTURAS DE ESPINÉLIOS: CONECTANDO OS EFEITOS DO CAMPO CRISTALINO COM AS ESTRUTURAS DO ESTADO SÓLIDO 191

RESUMO 194

PROBLEMAS 195

8 Energética no estado sólido 203

8.1 ENERGIA RETICULAR: UMA AVALIAÇÃO TEÓRICA 203

8.2 ENERGIA RETICULAR: CICLOS TERMODINÂMICOS 210

Afinidades eletrônicas 213

Calores de formação para compostos desconhecidos 214

Raios termoquímicos 215

8.3 ENERGIAS RETICULARES E RAIOS IÔNICOS: CONECTANDO EFEITOS DO CAMPO CRISTALINO COM ENERGIAS DO ESTADO SÓLIDO 216

RESUMO 220

PROBLEMAS 220

Parte III - QUÍMICA DESCRITIVA DOS ELEMENTOS REPRESENTATIVOS 227

9 Construindo uma rede de ideias para explicar a tabela periódica 229

9.1 A LEI PERIÓDICA 231

Carga nuclear efetiva 235

Regras de Slater: regras empíricas para determinar sigma 237

Raios atômicos 238

Energia de ionização 239

Afinidade eletrônica 240

Eletronegatividade 242

9.2 O PRINCÍPIO DA SINGULARIDADE 243

O pequeno tamanho dos primeiros elementos 243

O aumento da probabilidade de ligações π nos primeiros elementos 245

A falta de disponibilidade de orbitais *d* nos primeiros elementos 245

9.3 O EFEITO DIAGONAL 246

9.4 O EFEITO DO PAR INERTE 248

9.5 A LINHA METAL-NÃO METAL 251

A situação da rede de ideias interconectadas 252

RESUMO 253

PROBLEMAS 255

10 Hidrogênio e hidretos 261

10.1 A ORIGEM DOS ELEMENTOS (E A NOSSA!) 261

10.2 DESCOBERTA, PREPARAÇÃO E USOS DO HIDROGÊNIO 264

10.3 ISÓTOPOS DO HIDROGÊNIO 266

10.4 PROCESSOS RADIOATIVOS ENVOLVENDO HIDROGÊNIO 269

Decaimentos alfa e beta, fissão nuclear e deutério 269

Trítio 271

10.5 HIDRETOS E A REDE 272

Hidretos covalentes 274

Hidretos iônicos 275

Hidretos metálicos 276

10.6 O PAPEL DO HIDROGÊNIO EM VÁRIAS FONTES DE ENERGIA ALTERNATIVAS 277

A economia do hidrogênio 277

Fusão nuclear 279

RESUMO 280

PROBLEMAS 280

11 Oxigênio, soluções aquosas e o caráter ácido-base de óxidos e hidróxidos 289

11.1 OXIGÊNIO 289
Descoberta 289
Ocorrência, preparação, propriedades e usos 291

11.2 ÁGUA E SOLUÇÕES AQUOSAS 293
A estrutura da molécula de água 293
Gelo e água líquida 294
Solubilidade de substâncias em água 296
Autoionização da água 300

11.3 O CARÁTER ÁCIDO-BASE DE ÓXIDOS E HIDRÓXIDOS EM SOLUÇÃO AQUOSA: O SEXTO COMPONENTE DA REDE DE IDEIAS INTERCONECTADAS PARA ENTENDER A TABELA PERIÓDICA 301
Óxidos: expectativas gerais baseadas na rede 301
Óxidos em solução aquosa (anidridos ácidos e básicos) 301
A unidade E–O–H em solução aquosa 305
Uma adição à rede 306

11.4 AS FORÇAS RELATIVAS DOS OXIÁCIDOS E HIDRÁCIDOS EM SOLUÇÃO AQUOSA 307
Oxiácidos 307
Nomenclatura dos oxiácidos e dos sais correspondentes (opcional) 309
Hidrácidos 310

11.5 OZÔNIO 312

11.6 O EFEITO ESTUFA E O AQUECIMENTO GLOBAL 314

RESUMO 319

PROBLEMAS 320

12 Grupo 1A: os metais alcalinos 327

12.1 DESCOBERTA E ISOLAMENTO DOS ELEMENTOS 327

12.2 PROPRIEDADES FUNDAMENTAIS E A REDE 331
Hidretos, óxidos, hidróxidos e haletos 332
Aplicação do princípio da singularidade e do efeito diagonal 333

12.3 POTENCIAIS DE REDUÇÃO E A REDE 335

12.4 PERÓXIDOS E SUPERÓXIDOS 342
Peróxidos 342
Superóxidos 346

12.5 REAÇÕES E COMPOSTOS DE IMPORTÂNCIA PRÁTICA 346

12.6 TÓPICO SELECIONADO PARA APROFUNDAMENTO: SOLUÇÕES METAL–AMÔNIA 348

RESUMO 351

PROBLEMAS 352

13 Grupo 2A: os metais alcalinoterrosos 357

13.1 DESCOBERTA E ISOLAMENTO DOS ELEMENTOS 357
Cálcio, bário e estrôncio 359
Magnésio 359
Berílio 360
Rádio 360

13.2 PROPRIEDADES FUNDAMENTAIS E A REDE 362
Hidretos, óxidos, hidróxidos e haletos 364
A singularidade do berílio e a relação diagonal com o alumínio 365

13.3 REAÇÕES E COMPOSTOS DE IMPORTÂNCIA PRÁTICA 367
Doença do berílio 367
Usos radioquímicos 368
Usos metalúrgicos 369
Fogos de artifício e raios X 369
Água dura 370
Cálcio nas estruturas dos ossos e dentes 371

13.4 TÓPICO SELECIONADO PARA APROFUNDAMENTO: OS USOS COMERCIAIS DOS COMPOSTOS DE CÁLCIO 372
$CaCO_3$ (calcário) 372
CaO (cal viva) e $Ca(OH)_2$ (cal apagada) 374

RESUMO 376
PROBLEMAS 376

14 Elementos do grupo 3A 381

14.1 DESCOBERTA E ISOLAMENTO DOS ELEMENTOS 381
Boro 381
Alumínio 382
Gálio 384
Índio e tálio 385

14.2 PROPRIEDADES FUNDAMENTAIS E A REDE 385
Hidretos, óxidos, hidróxidos e haletos 388

14.3 ASPECTOS ESTRUTURAIS DA QUÍMICA DO BORO 393
Alótropos 393
Boretos 393
Boratos 396

14.4 REAÇÕES E COMPOSTOS DE IMPORTÂNCIA PRÁTICA 397
Alumínio metálico e ligas de alumínio 397
Alúmens 399
Alumina 400
Terapia de captura de nêutrons por boro 400
Compostos de gálio, índio e tálio 401

14.5 TÓPICO SELECIONADO PARA APROFUNDAMENTO: COMPOSTOS DEFICIENTES DE ELÉTRONS 401

RESUMO 410
PROBLEMAS 412

15 Elementos do grupo 4A   419

15.1   DESCOBERTA E ISOLAMENTO DOS ELEMENTOS   419

Carbono, estanho e chumbo   420

Silício   422

Germânio   422

15.2   PROPRIEDADES FUNDAMENTAIS E A REDE   423

Hidretos   423

Óxidos e hidróxidos   426

Haletos   427

15.3   UM OITAVO COMPONENTE DA REDE INTERCONECTADA: LIGAÇÕES $d\pi$-$p\pi$ ENVOLVENDO ELEMENTOS DO SEGUNDO E TERCEIRO PERÍODOS   428

15.4   REAÇÕES E COMPOSTOS DE IMPORTÂNCIA PRÁTICA   432

Diamante, grafite e os grafenos   432

Doença do estanho   439

Usos radioquímicos   439

Compostos de carbono   440

Compostos e toxicologia do chumbo   441

15.5   SILICATOS, SÍLICA E ALUMINOSSILICATOS   444

Silicatos e sílica   444

Aluminossilicatos   448

15.6   TÓPICOS SELECIONADOS PARA APROFUNDAMENTO: SEMICONDUTORES E VIDRO   449

Semicondutores   449

Vidro   453

RESUMO   453

PROBLEMAS   455

16 Grupo 5A: os pnicogênicos   461

16.1   DESCOBERTA E ISOLAMENTO DOS ELEMENTOS   461

Antinônio e arsênio   462

Fósforo   463

Bismuto   464

Nitrogênio   464

16.2   PROPRIEDADES FUNDAMENTAIS E A REDE   464

O princípio da singularidade   465

Ligações $d\pi$-$p\pi$ envolvendo elementos do segundo e terceiro períodos   467

Outros componentes da rede   467

Hidretos   468

Óxidos e oxiácidos   469

Haletos   472

16.3   UMA ANÁLISE OS ESTADOS DE OXIDAÇÃO DO NITROGÊNIO   473

Compostos de nitrogênio (−3): nitretos e amônia   473

Nitrogênio (−2): hidrazina, N_2H_4 475

Nitrogênio (−1): hidroxilamina, NH_2OH 476

Nitrogênio (+1): óxido nitroso, N_2O 476
Nitrogênio (+2): óxido nítrico, NO   478
Nitrogênio (+3): trióxido de dinitrogênio, N_2O_3, e ácido nitroso, HNO_2 479
Nitrogênio (+4): dióxido de nitrogênio, NO_2 480
Nitrogênio (+5): pentóxido de dinitrogênio, N_2O_5, e ácido nítrico, HNO_3 481

16.4 REAÇÕES E COMPOSTOS DE IMPORTÂNCIA PRÁTICA   482
Fixação do nitrogênio   482
Nitratos e nitritos   483
Air bags de nitrogênio   485
Fósforos e mandíbula de fósforo   486
Fosfatos   488

16.5 TÓPICO SELECIONADO PARA APROFUNDAMENTO: *SMOG* FOTOQUÍMICO   490

RESUMO   495

PROBLEMAS   497

17 Enxofre, selênio, telúrio e polônio   505

17.1 DESCOBERTA E ISOLAMENTO DOS ELEMENTOS   505
Enxofre   506
Telúrio e selênio (Terra e Lua)   507
Polônio   508

17.2 PROPRIEDADES FUNDAMENTAIS E A REDE   508
Hidretos   510
Óxidos e oxiácidos   511
Haletos   514

17.3 ALÓTROPOS E COMPOSTOS ENVOLVENDO LIGAÇÕES ELEMENTO-ELEMENTO   515
Alótropos   516
Policátions e poliânions   517
Haletos e hidretos catenados   517
Oxiácidos catenados e sais correspondentes   518

17.4 NITRETOS DE ENXOFRE   520

17.5 REAÇÕES E COMPOSTOS DE IMPORTÂNCIA PRÁTICA   521
Baterias de sódio-enxofre   521
Usos fotoelétricos do selênio e do telúrio   523
Ácido sulfúrico   524

17.6 TÓPICO SELECIONADO PARA APROFUNDAMENTO: CHUVA ÁCIDA   525

RESUMO   528

PROBLEMAS   530

18 Grupo 7A: os halogênios   535

18.1 DESCOBERTA E ISOLAMENTO DOS ELEMENTOS   535
Cloro   535

Iodo 537
Bromo 538
Flúor 538
Astato 539

18.2 PROPRIEDADES FUNDAMENTAIS E A REDE 539
Hidretos 542
Haletos 543
Óxidos 545

18.3 OXIÁCIDOS E SEUS SAIS 546
Ácidos hipo-halosos, HOX e Hipo-halitos, OX$^-$ 546
Ácidos halosos, HOXO, e halitos, XO$_2^-$ 548
Ácidos hálicos, HOXO$_2$, e halatos, XO$_3^-$ 548
Ácidos per-hálicos, HOXO$_3$, e per-halatos, XO$_4^-$ 549

18.4 INTER-HALOGÊNIOS NEUTROS E IÔNICOS 551

18.5 REAÇÕES E COMPOSTOS DE IMPORTÂNCIA PRÁTICA 553
Fluoretação 553
Cloração 556
Alvejantes 557
Brometos 557

18.6 TÓPICO SELECIONADO PARA APROFUNDAMENTO: CLOROFLUORCARBONOS (CFCs) – UMA AMEAÇA À CAMADA DE OZÔNIO 557

RESUMO 562
PROBLEMAS 564

19 Grupo 8A: os gases nobres 571

19.1 DESCOBERTA E ISOLAMENTO DOS ELEMENTOS 571
Argônio 572
Hélio 573
Criptônio, neônio e xenônio 574
Radônio 574

19.2 PROPRIEDADES FUNDAMENTAIS E A REDE 575

19.3 COMPOSTOS DE GASES NOBRES 577
História 577
Fluoretos 578
Estruturas 580
Outros compostos 581

19.4 PROPRIEDADES FÍSICAS E ELEMENTOS DE IMPORTÂNCIA PRÁTICA 582

19.5 TÓPICO SELECIONADO PARA APROFUNDAMENTO: RADÔNIO COMO UM CARCINOGÊNICO 584

RESUMO 586
PROBLEMAS 587

Apêndice 591

Índice remissivo 603

Prefácio

Química inorgânica descritiva, de coordenação e do estado sólido é a primeira edição brasileira (tradução da terceira edição norte-americana) de uma breve e simplificada apresentação dessas três importantes áreas da química inorgânica. A primeira edição norte-americana (1994) também estava disponível em uma tradução para o espanhol (1995). A segunda edição (2002) também estava disponível em uma tradução para o coreano (2008) e como uma "edição Índia" (*Inorganic and solid-state chemistry*, reimpressa em 2009). O livro é projetado para o estudante que concluiu um curso básico introdutório. Ele ativamente depende do conteúdo presente nas aulas, seminários, atividades de grupo, aulas em laboratórios, aulas de revisão, grupos noturnos de estudo, discussões e livros-texto tipicamente encontrados nesses cursos introdutórios.

Objetivos do livro

O *objetivo principal* deste livro não é expor os últimos resultados em química inorgânica, mas, em vez disso, apresentar uma porção significativa dessa subdisciplina para novos estudantes de novas maneiras. Desenvolvido e escrito *para estudantes*, em vez de professores (que, aliás, já dominam a maior parte deste material), este livro inclui explicações físicas e químicas detalhadas preparadas especificamente para alunos dos primeiros anos de faculdade, o tipo de aluno para quem gostei de ensinar por 35 anos. Espero que esses leitores, como a maioria dos meus alunos, considerem o texto fácil de entender e agradável de ler. Também espero que esses leitores venham a perceber que, por trás desses parágrafos e capítulos, há um ser humano que adora o desafio, o conteúdo e a relevância dessa disciplina chamada química inorgânica e que tentou, com algum grau de sucesso, demonstrar aos seus leitores porque ele considera a disciplina que escolheu tão fascinante.

Além de tornar acessível uma significativa porção da química inorgânica, o *segundo objetivo* do livro é encorajar os estudantes a construir e organizar ideias, padrões lógicos e conceitos em suas mentes, e não meramente memorizar grupos de fatos e tendências. À medida que esse objetivo é atingido, os estudantes começarão a integrar as ideias apresentadas aqui com os conceitos estabelecidos nos seus cursos introdutórios de química. Uma maneira de aumentar essa integração é fazer perguntas dentro do corpo do texto. Dessa forma, os estudantes são encorajados a se comprometer a pensar da sua maneira em relação ao conteúdo do livro. Outro modo de aumentar essa integração e dominar o tema é ter contato com os muitos exercícios de dificuldade variada, ao fim de cada capítulo. Muitos dos mais de 1.000 exercícios desta edição foram modelados após eu aplicá-los em minhas próprias listas de exercícios e provas. Eles tentam desafiar os estudantes a aplicar o que aprenderam a novas situações e, dessa forma, construir um melhor e mais profundo entendimento do material. Além disso, um número significativo de exercícios pede parágrafos explanatórios simples, enfatizando, assim, a importância de se escrever na disciplina de química. Um *Manual do professor*, que contém respostas para todos os exercícios, está disponível na página deste livro, no site da Cengage Learning.

Um *terceiro objetivo* do livro é trazer uma perspectiva histórica apropriada para o material. Muitos estudantes parecem desconhecer os séculos de esforço da humanidade que levaram ao entendimento atual do mundo químico ao nosso redor. Este livro tenta, de forma simples, mostrar como e quem desenvolveu a química inorgânica. Além disso, o conteúdo histórico não é apresentado apenas como uma informação a mais, porém é muito frequentemente usado para fundamentar um conteúdo posterior em um capítulo e nos exercícios. Revisores e estudantes têm comentado favoravelmente a apresentação da informação histórica nas duas primeiras edições norte-americanas.

Um *quarto objetivo* do texto é descrever numerosas aplicações apropriadas e atraentes da química inorgânica. Essa perspectiva prática do material leva a discussões em assuntos diversos como envenenamento por metais pesados e antídotos para tal, agentes quelantes antitumor, a economia do hidrogênio, fusão nuclear, técnicas cronométricas radioquímicas, o efeito estufa e o aquecimento global, a ameaça à camada de ozônio estratosférica, água dura, fogos de artifício, materiais para troca iônica, tecnologia de baterias, fluoretação e radônio como carcinogênico. Essas seções de aplicações foram expandidas e completamente atualizadas na terceira edição norte-americana.

O público pretendido

Como colocado anteriormente, este livro foi projetado para alunos que completaram somente um curso universitário introdutório de química. Especificamente, o material apresentado aqui não depende de qualquer conhecimento obtido em cursos de química orgânica ou físico-química básicos e, portanto, é apropriado para alunos que estão tendo seu primeiro curso de química inorgânica *antes* de ter esses cursos tradicionais. Naturalmente, é esperado que estudantes que *já tiveram* esses cursos considerem este livro ainda mais elucidativo ao relacioná-lo com o material que tiveram de trabalhar tão duro para dominar. Algumas vezes, alunos que tiveram, por exemplo, química orgânica relataram que o material apresentado aqui é mais fácil de entender, dado o seu conhecimento prévio. No entanto, muitos outros estudantes também relataram que a orgânica fica mais fácil de compreender tendo o benefício de estudar antes o material apresentado aqui.

A abordagem "menos é melhor que mais"

A química inorgânica é caracterizada por sua diversidade impressionante. Então, um dos maiores desafios de um autor de livro-texto é decidir o que incluir em um livro que introduz essa subdisciplina abrangente aos estudantes. Eu decidi que, na maioria dos casos, tratando-se do material a ser incluso nessas páginas, "menos é melhor que mais". Espero que essa filosofia não desencoraje a adoção do livro, mas que seja vista como uma oportunidade de construir e apresentar conceitos e aplicações que o professor ache particularmente importantes e fascinantes. De fato, muitos alunos, ao lerem este livro, provavelmente esperam que muitos professores queiram ampliar e construir sobre o material apresentado aqui. Surpreendentemente, alunos em minhas aulas também antecipam esse tipo de abordagem.

Consistente com a filosofia de que menos é melhor que mais, este livro não contém os capítulos tradicionais que reveem ou expandem os conceitos de estrutura atômica e molecular e outros tópicos. Em vez disso, considera que esses tópicos são desenvolvidos adequadamente na maioria dos cursos e livros-texto introdutórios e não precisam estar presentes aqui. Como resultado, o livro salta diretamente para a apresentação de tópicos centrais para a química inorgânica. Também consistente com um texto para alunos de graduação que cursaram matérias básicas, ele não contém todos os artefatos pedagógicos encontrados em livros introdutórios.

As três seções independentes do livro

Uma importante característica organizacional deste livro é que os três principais tópicos (Química inorgânica de coordenação, do estado sólido e descritiva) são apresentados em seções *separadas* (Parte I: capítulos 2 a 6, Parte II: capítulos 7 e 8 e Parte III: capítulos 9 a 19, respectivamente), escritas de forma que um estudante pode abrir o livro no início de qualquer uma delas, sem ficar frustrado devido a referências a partes anteriores do material. Isso faz também que o professor tenha a oportunidade de determinar em qual ordem os assuntos serão apresentados ou cobrir somente um ou dois tópicos em vez de todos os três. Na verdade, o autor tem usado seu livro do início ao fim, mas também tem iniciado tanto pelo Capítulo 7 quanto, mais comumente, pelo Capítulo 9, retornando depois à seção de química de coordenação até o fim do curso.

A seção de cinco capítulos sobre química de coordenação aborda história e nomenclatura, estrutura, teorias de ligação (exceto orbitais moleculares), velocidades e mecanismos e aplicações. A seção de dois capítulos sobre a química do estado sólido está dividida em estruturas e energia. A química inorgânica descritiva, tratada grupo a grupo, está na metade final do livro.

A química inorgânica descritiva e a "rede de ideias interconectadas"

A seção de 11 capítulos sobre química descritiva (Parte III, capítulos 9 a 19) constrói e aplica sistematicamente uma "rede de ideias interconectadas" para o entendimento da tabela periódica. Desenvolvida gradualmente conforme seu uso seja necessário, a rede consiste de oito ideias. Conforme desenvolvemos e aplicamos esses componentes da rede, cada um é representado por um ícone distinto que aparece na margem da página, para alertar o estudante para a aplicação dessa ideia ao presente tópico. As primeiras cinco ideias (a lei periódica, o princípio da singularidade, o efeito diagonal, o efeito do par inerte e a linha metal-não metal) são desenvolvidas no Capítulo 9 ("Construindo uma rede de ideias para explicar tabela periódica"). No Capítulo 10 ("Hidrogênio e hidretos"), a rede ainda incipiente é usada para discutir os hidretos. A sexta ideia (o caráter ácido-base de óxidos metálicos e não metálicos em solução aquosa) é desenvolvida no Capítulo 11 ("Oxigênio, soluções aquosas e o caráter ácido-base de óxidos e hidróxidos"). A essa altura, estamos prontos para entrar nos capítulos que descrevem os oito grupos principais da tabela periódica. A sétima ideia (tendências em potenciais de redução) é introduzida no Capítulo 12 ("Grupo 1A: os metais alcalinos"). Depois dos capítulos sobre os Grupos 2A e 3A, a última ideia (ligações $d\pi-p\pi$ envolvendo os elementos do segundo e terceiro períodos) é desenvolvida no Capítulo 15 ("Elementos do Grupo 4A"). Conforme a rede é desenvolvida, seu crescimento é monitorado em uma série de figuras especiais em preto e branco que posicionam cada componente na tabela periódica. No início de cada capítulo referente ao grupo principal, o grupo em discussão é posicionado em relação à rede da forma que se apresenta, naquele ponto. Cada um dos oito capítulos sobre os Grupos 1A a 8A tem uma seção intitulada "Propriedades fundamentais e a rede" que mostra como a rede se aplica àquele grupo. A construção e o desenvolvimento gradual da rede encorajam os estudantes a encontrar um caminho para o entendimento da química inorgânica, sem a necessidade de decorar fatos sobre elementos em particular.

Cada uma das oito ideias organizadoras, seu ícone, a seção em que ela é introduzida e a figura que a localiza na tabela periódica estão listados a seguir.

- A lei periódica (Seção 9.1, Figura 9.10): uma repetição periódica de propriedades físicas e químicas ocorre quando os elementos são organizados em ordem crescente de número atômico.

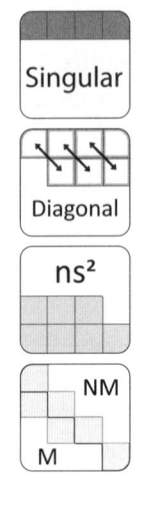

- O princípio da singularidade (Seção 9.2, Figura 9.14): a química dos elementos do segundo período (Li, Be, B, C, N, O, F e Ne) difere frequentemente de modo significativo daquela de seus congêneres mais pesados.

- O efeito diagonal (Seção 9.3, Figura 9.16): existe uma relação diagonal entre a química do primeiro membro de um grupo e a do segundo membro mais próximo do grupo. Aplica-se apenas aos Grupos 1A, 2A e 3A.

- O efeito do par inerte (Seção 9.4, Figura 9.18): os elétrons de valência ns^2 de elementos metálicos, particularmente os pares $5s^2$ e $6s^2$ presentes nos metais da segunda e terceira séries de transição, são menos reativos que o esperado.

- A linha metal-não metal (Seção 9.5, Figura 9.19): a divisão entre metais e não metais é uma linha diagonal. Metais são encontrados à esquerda da linha e não metais, à direita. Os semimetais estão ao longo da linha.

As primeiras cinco ideias da rede estão resumidas na Figura 9.20, próximo ao fim do Capítulo 9.

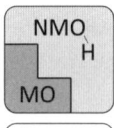

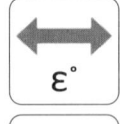

- O caráter ácido-base de óxidos de metais e não metais em solução aquosa (Seção 11.3, Figura 11.16): óxidos de metais produzem hidróxidos metálicos e íons hidróxido em solução aquosa. Óxidos de não metais produzem oxiácidos e íons hidroxônio em solução aquosa.

- Tendências em potenciais de redução (Seção 12.3, Figura 12.6): potenciais padrão de redução fornecem informações sobre propriedades oxidantes e redutoras relativas dos elementos e seus compostos.

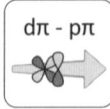

- Ligações $d\pi$-$p\pi$ envolvendo elementos do segundo e terceiro períodos (Seção 15.3, Figura 15.5): ligações $d\pi$-$p\pi$ entre elementos do segundo e terceiro períodos se tornam mais importantes indo da esquerda para a direita na tabela periódica.

A rede também é apresentada em uma série de figuras coloridas encontradas na página do livro, no site da Cengage Learning. Na internet, podem-se encontrar versões coloridas das figuras 9.10, 9.14, 9.16, 9.18 e 9.19, que situam as cinco primeiras ideias na tabela periódica, da Figura 9.20, que resume esses cinco primeiros componentes e apresenta-os juntos na tabela periódica, das Figuras 11.16, 12.6 e 15.5, que mostram o acréscimo dos últimos três componentes, e da rede completa (Figura 15.5).

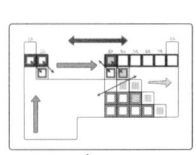

Os oito capítulos sobre os grupos representativos incluem seções sobre (1) história e descoberta dos elementos, (2) suas propriedades fundamentais, relacionando com a rede crescente de ideias (incluindo uma visão geral sobre hidretos, óxidos, hidróxidos e/ou oxiácidos e haletos do grupo), (3) reações e compostos de importância prática e (4) tópicos de interesse particular de um dado grupo. Cada um desses oito capítulos termina com uma seção "Tópico selecionado para aprofundamento", que nos dá a oportunidade de analisarmos um tópico mais profundamente que o normal.

Nesta edição

A terceira edição norte-americana representa uma revisão completa do livro. Revisões foram feitas para melhorar a linguagem e o estilo, para deixá-lo mais amistoso para o estudante, para atualizar os conjuntos de exercícios ao fim de cada capítulo, para melhorar a arte e atualizar as aplicações. Materiais novos incluem agentes antitumor de rutênio no Capítulo 6, uma nova seção sobre "Estrutura dos dentes e ossos" no Capítulo 13, novo detalhamento no argumento de que as subcamadas nd^{10} e nf^{14} não são boas na blindagem dos elétrons seguintes em relação à carga nuclear e uma discussão sobre a terapia de captura de nêutrons por boro no Capítulo 14.

Cada capítulo inclui, em destaque:

Capítulo 1

- Atualização da breve história da química inorgânica

Capítulo 2

- Um exemplo adicionado na nomenclatura de compostos de metais de transição
- Exercícios sobre a teoria das cadeias, representações de Werner e modernas de complexos tetraédricos e quadráticos de platina, fornecendo o nome moderno do sal de Erdmann e nomeando complexos em ponte

Capítulo 3

- Acréscimo do nome do complexo quiral sem carbono e um exemplo específico de um complexo tetraédrico quiral
- Exercícios sobre a estrutura da cisplatina a partir do número de isômeros conhecidos, estruturas de ressonância do acetilacetonato e do glicinato, estruturas de complexos de glicinato, complexos dos complexos de tiocianato bidentados e estrutura de um complexo de trien

Capítulo 4

- Explicações detalhadas sobre o desdobramento de orbitais d em campos octaédricos
- Indicação ao leitor de ferramentas adicionais para tratar da natureza das interações M−L e o tópico relacionado sobre estabilidade geral de compostos de coordenação encontrados no Capítulo 6
- Segundo exemplo de cálculo da EECC (casos d^6 de *spin* alto e de *spin* baixo)
- Explicação da aplicação da tinta invisível
- Explicação do impedimento estérico
- Esclarecimento da principal razão para uma não correspondência entre a energia de desdobramento do campo cristalino e as frequências absorvidas por átomos ou íons de metais de transição com várias configurações d^n como devida a repulsões intereletrônicas envolvendo elétrons d
- Exercícios sobre marcação de lóbulos de orbitais d em vários campos cristalinos e explicação das cores de complexos referindo-se a um disco de cores

Capítulo 5

- Exercícios sobre conversão de Δ_0 de cm^{-1} em kJ/mol e cálculo da ΔEECC em um íon d^6, [Fe(CN)$_6$]$^{4-}$, quando ele perde um ligante cianeto para formar um intermediário piramidal quadrado

Capítulo 6

- Seção sobre detergentes sintéticos reescrita
- Material sobre cópias heliográficas ou cianótipos, com dois novos exercícios
- Grande atualização no assunto sobre agentes quelantes efetivos no tratamento de envenenamento por chumbo, arsênio e mercúrio e também sobre a doença de Wilson
- Grandes atualizações na seção sobre agentes antitumor de platina para incluir cisplatina, carboplatina, oxaliplatina, satraplatina e triplatina

Capítulo 7

- Clareza da descrição da estrutura da wurtzita
- Seção sobre defeitos estruturais, dando alguns exemplos de defeitos de Schottky e Frenkel, relacionando maleabilidade com a presença de deslocamento de aresta e citando a forja de fios de cobre e ferraduras para aumentar a resistência do metal

Capítulo 8

- Temas em energia no estado sólido
- Exemplo de cálculo de raio termoquímico a partir da energia reticular usando a equação de Kapustinskii
- Exercícios sobre as contribuições de Max Born para a física e o cálculo da energia reticular da fluorita

Capítulo 9

- Seção sobre configurações eletrônicas de pseudogás nobre reescrita
- Introdução de ícones para a rede de ideias interconectadas para o entendimento da tabela periódica
- Seção sobre como os conhecimentos sobre mecânica quântica e configurações eletrônicas dos elementos se relacionam com os componentes da rede
- Exercícios sobre a tabela periódica de Charles Janet, o "erro de poste da cerca*", a busca pelo elemento 117, o formato da tabela periódica e o significado dos ícones dos componentes da rede

Capítulo 10

- A teoria do *big bang* agora inclui quarks, inflação cósmica, matéria escura e energia escura
- A história da gaseificação do carvão e modernização do contexto para seu uso recente
- Exemplo de placa de saída autoluminosa de trítio
- Adições à seção "Hidretos e a rede" para conectar melhor os cinco componentes da rede já desenvolvidos
- Adições sobre como uma linha M–NM ajuda a entender os estados de oxidação formais de hidretos binários (inclui uma nova figura)
- Material sobre o conhecimento da densidade de carga explicando por que hidretos de não metais são sempre covalentes
- Seção sobre hidreto de paládio expandida e atualizada para incluir seus usos na estocagem de hidrogênio e na preparação de metais finamente divididos
- Atualização dos últimos desenvolvimentos em fusão nuclear
- Atualização da seção sobre a economia do hidrogênio
- Exercícios sobre uma equação nuclear para a produção e decaimento alfa do ununóctio-294, determinação de estados de oxidação do hidrogênio usando estruturas de Lewis e eletronegatividades e o conceito de densidade de carga

Capítulo 11

- Detalhes históricos sobre Priestley, Lord Shelburne e Lavoisier
- Seção para fornecer uma referência específica à rede de ideias interconectadas

---

* N T.: em inglês, *fence post error*.

- Seção sobre efeito estufa e aquecimento global; nova explicação sobre por que H_2O e CO_2 são gases de efeito estufa, mas N_2 e O_2 não, usando o critério de que uma variação no momento de dipolo devido à vibração é necessária para a absorção no infravermelho (inclui uma nova figura)
- Exercícios sobre vários aspectos do ozônio, incluindo a forma cíclica, e sobre a determinação de quando modos vibracionais de CH_4, CF_2Cl_2 e N_2O são ativos no infravermelho

Capítulo 12

- Seção sobre Humphry Davy
- Aplicações dos peróxidos, incluindo seu uso em antissépticos, removedores de manchas de sangue, branqueadores de ossos, muitos alvejantes e como propelente de foguetes e de mochilas a jato
- Seções sobre o sistema *rebreather* (sistema de circuito fechado para mergulho), baterias de lítio e Lucy (e também Selam, "filha de Lucy") e há quanto tempo viveram
- Detalhamento sobre emissões beta provenientes do K-40 no corpo humano médio
- Aumento na cobertura sobre alcalietos, incluindo sodieto, potassieto, rubidieto e cesieto
- Maior detalhamento sobre Chernobyl, uma vez que os estudantes de hoje em dia estão menos familiarizados com o assunto
- Aumento na cobertura do papel do lítio no tratamento de distúrbios bipolares e nas primeiras sodas limonadas
- Exercícios sobre nomes antigos para compostos de sódio e potássio, a pilha voltaica e equações balanceadas para reações de elementos 1A com oxigênio

Capítulo 13

- Detalhes sobre a mania do rádio
- Cobertura sobre o depósito da montanha Yucca para retratar sua descontinuidade
- Sequestro de carbono adicionado à Seção 13.4 (tópico selecionado para aprofundamento)
- Exercícios sobre "curieterapia", nomes antigos para compostos de magnésio, a fonte inicial de nêutrons em bombas atômicas e a equação balanceada para a reação de estrôncio com o oxigênio

Capítulo 14

- Material sobre boranos com mais ênfase na estrutura closo $B_nH_n^{2-}$ como principais pontos de partida estruturais
- O papel de Hall na produção de alumínio
- Material sobre o uso de eletricidade para produzir alumínio e mobilização de metais, incluindo alumínio, devida à chuva ácida
- Especificações do "Bombardeiro Químico" Valkyrie XB-70A e mais informações sobre os alanos e os agregados ou *clusters* de hidreto de alumínio
- Exercícios sobre a explicação de tendências em afinidades eletrônicas com base nas funções de distribuição radiais, a reação entre solução aquosa de cloreto de cobre e alumínio metálico, atribuição de classes estruturais a boranos simples, isômeros de carbono e diagramas semitopológicos para alanos

Capítulo 15

- Discussão sobre a doença do estanho e a expedição de Scott à Antártida
- Seções sobre zeólitas (particularmente seus usos, incluindo como agentes hemostáticos) e vidros

- Seção sobre fulerenos, nanotubos e outros grafenos
- Seção sobre toxicidade do chumbo inclui perigos a adultos mais velhos e mais clareza sobre o perigo da poeira de chumbo
- Adiciona hemimorfita, crisotila e termolita substituída por amosita
- Exercícios sobre ligações do flúor ao carbono e ao silício e o papel das ligações $d\pi$-$p\pi$, a definição de molécula aplicada a He_3C_{60} e K_3C_{60} e estados de oxidação do ferro na crocidolita

Capítulo 16

- História do arsênio mencionando as primeiras aplicações medicinais e criminais
- Material sobre usos de polímeros de fosfazeno como elastômeros e sistemas terapêuticos de distribuição de medicamentos *in vivo* e terapias de regeneração de ossos
- Discussão do debate sobre o destino de Fritz Haber: criminoso de guerra ou ganhador do Prêmio Nobel?
- Discussão sobre o uso de PETN pelo homem-bomba do Natal de 2009 e sua função como vasodilatador
- Cobertura atualizada sobre nitratos (especialmente como conservantes de carne) e azida de sódio em *air bags* automotivos
- Material sobre fósforos para distinguir claramente entre os de segurança e os que podem ser acesos em qualquer lugar
- Material sobre fermento químico
- Exercícios sobre a explicação das tendências e irregularidades nas afinidades eletrônicas, a demonstração do vulcão de dicromato de amônio, identificação do que é oxidado e reduzido na decomposição da azida de sódio, o explosivo extremamente sensível Si-PETN, pesquisa de fermentos químicos no supermercado e desenho de estruturas de Lewis para os radicais OH e CH_3

Capítulo 17

- Reconhecimento de que a estrutura do bissulfeto é controversa (evidências indicam que um átomo de hidrogênio está ligado ao átomo de enxofre, em vez de a um dos átomos de oxigênio)
- Material sobre o gás hexafluoreto de enxofre, mencionando seu uso no passado como isolador em um equipamento gigante de raios-X e seu uso atual em equipamentos esportivos
- Material sobre policátions de enxofre e outros calcogênios
- Discussão sobre gás sulfeto de hidrogênio como necessário à vida humana
- Seções sobre baterias de sódio-enxofre (NaS) e chuva ácida
- Exercícios sobre estruturas de ressonância do bissulfito e do sulfito, a demonstração ácido sulfúrico/açúcar, o efeito do hexafluoreto de enxofre no prazo de validade de bolas de tênis, análise das propriedades redox sobre reação em purificadores de ar industriais e o pH médio de locais da região norte-americana da Nova Inglaterra.

Capítulo 18

- Material sobre o processo cloro-álcali, os usos do perclorato de amônio e os usos do trifluoreto de cloro
- Material sobre o uso do percarbonato de sódio para alvejar materiais coloridos e observado que se trata apenas de um per-hidrato
- Material sobre fluoretação, incluindo a razão para a substituição do fluoreto estanoso por fluoreto de sódio, estatísticas sobre o uso da fluoretação e o aumento da preocupação em relação ao fato de que crianças e idosos recebem mais fluoreto do que deveriam

- Material sobre a ameaça dos CFCs à camada de ozônio
- Exercícios sobre a identificação dos quatro componentes da rede mais apropriados à química dos halogênios, as ligações de óxido de cloro, trióxido de dicloro e heptóxido de dicloro e as ligações nos ácidos clórico e cloroso

Capítulo 19

- Material sobre a hidrólise em etapas do hexafluoreto de xenônio a óxido de xenônio
- Estrutura atualizada do hexafluoreto de xenônio sólido
- Adicionada a cor do difluoreto de radônio
- A história da descoberta do radônio para refletir novas conclusões sobre o grupo de Rutherford
- Material sobre o uso do xenônio em fotografia *stop-motion*, projeção de filmes Imax, lâmpadas de espectro completo, microscópios eletrônicos, miras de armas, lasers, imagens e tratamentos médicos e geologia
- Material sobre o radônio, incluindo preocupações com seu efeito carcinogênico, estatísticas de morte por câncer de pulmão atribuídas ao radônio e os mais atuais limites de exposição determinados pela EPA
- Exercícios sobre a comparação/contraste de sufixos para os nomes dos gases nobres, criação de um caso sobre os nomes *helônio* ou *heliônio* para o gás mais leve, as relações do torônio, actinônio e nitônio com o radônio, a "série do tório", a sucessão de processos radioativos que produzem o isótopo de radônio e o que acontece quando o hexafluoreto de xenônio reage com excesso de água

Material suplementar

Manual do Professor de Glen E. Rodgers

Disponível para *download*, o *Manual do Professor* contém notas sobre os capítulos, os objetivos dos capítulos e respostas detalhadas para todos os exercícios presentes ao final dos capítulos. Professores que adotam este livro podem fazer o *download* desse material na página do livro, no site da Cengage Learning.

Agradecimentos e créditos

Ao escrever até mesmo um livro didático modesto, temos que ele é o resultado de anos de reflexões, conversas e discussões, críticas e abordagem de problemas sobre química. Por meio desse processo, cada químico desenvolve a sua própria rede de ideias interconectadas com as quais nos aproximamos do mundo da química. Todo químico tem colegas, mentores e alunos especiais que tiveram maior influência na elaboração da sua rede individual do que outros profissionais. Considerando a impossibilidade de mencionar todos aqui pelo nome, eu seria omisso caso não citasse com reconhecimento especial:

Alger Bourn, meu professor de química no colégio, o primeiro que me estimulou pela matéria;
Muriel Kendrick, que, de alguma maneira, me instigou sobre as bases da gramática e da estrutura das frases;
Robert Eddy, Tufts College, que me contagiou com entusiasmo pela química como uma das artes liberais;
Mike Sienko e Bob Plane, na Cornell University, que mostraram sua energia na busca da excelência não só na pesquisa, como também no ensino;
Amigos do grupo de pesquisa de Plane (particularmente Dennis Strommen e Jol Sprowles) por constantes conversas sobre os meandros da química e outros assuntos de grande importância;
Rudy Gerlach no Muskingum College, onde tive a primeira experiência como professor, por muitas e maravilhosas análises que dissecaram aulas e numerosas outras discussões sobre como ensinar, pontos de vista dos estudantes e abordagens para explicações de conceitos difíceis;

No Allegheny College Richard Bivens, por seu apoio contínuo quando outros teriam desencorajado a busca de um projeto como este; Nancy Lowmaster, por sua constante inspiração sobre ensino em química e seu exemplo estabelecido de inovar continuamente nas aulas teóricas e de laboratório; Paul Zolbrod, meu colega em uma maravilhosa experiência interdisciplinar, que mostrou animação e foi encorajador no mais sombrio dos dias;

Na University of British Columbia: Brian James, Bill Cullen e outros membros da faculdade, que deram a este professor visitante a oportunidade de renovar seu conhecimento e gosto pela química inorgânica;

No, Williams College, Williamstown, Massachusetts: Ray Chang, pelo seu encorajamento e conselhos durante o longo processo de redação das primeiras duas edições;

No Westminster College, New Wilmington, Pensilvânia: Ken Long, por seus dedicados esforços durante vários anos para oferecer um ponto de vista atualizado, ponderado e repleto de críticas construtivas, com gratidão específica pelo seu trabalho na segunda edição.

Um livro didático escrito especialmente para estudantes requer constantes contribuições dos alunos. Não consigo expressar adequadamente meu apreço aos vários alunos que carregaram por toda parte as primeiras versões gigantescas do livro e aguentaram erros, pontos obscuros e outros numerosos caprichos de um livro "em andamento". Alunos da Allegheny College e do Westminster College utilizaram nas aulas as prévias da segunda edição e forneceram muitos comentários que enriqueceram o resultado final. Vários desses alunos, sistematicamente, tomaram notas e responderam fiel e cabalmente a numerosas perguntas para *feedback* dos manuscritos da primeira e da segunda edições, durante o período de 14 anos. As suas contribuições têm sido apreciadas pelo autor e são absolutamente fundamentais para todo o sucesso deste livro.

Alguns alunos, entre muitos, merecem ser reconhecidos especificamente: Liesl Rall, pela sua leitura cuidadosa e completa e comentários de vários capítulos da primeira edição; Becky Spresser, por sua dedicação, seriedade e disposição na criação da primeira versão dos dados das aplicações e sua história; Martin McDermot, Evan Ho e Heather Dossat, pela continuidade desse processo, como alunos assistentes editoriais para a primeira edição; Doug Semian, pela transformação completa da primeira edição para uma visão mais facilitada, uma versão mais compacta para uso estudantil (empregado seu tempo sem nenhum reembolso do autor); e Audria Stubna e Rebecca Rodgers, alunas assistentes editoriais para a segunda edição. Menção especial a Rebecca, que merece méritos por suas ideias. Quantos autores de livros de química, ou pais em geral, têm a oportunidade de discutir as complexidades dos nanotubos, e outros aspectos da química inorgânica moderna, com a própria filha graduada em química?

No mundo editorial, estou em dívida com todos os editores e o pessoal da produção na Cengage Publishing (terceira edição), Academic Press e Harcourt/Thomson Learning (segunda edição) e McGraw-Hill (primeira edição), pela sua paciência e boa vontade. Gostaria de agradecer, em particular, a Peter McGahey, o editor de desenvolvimento da Cengage Publishing. Desde os momentos iniciais do primeiro encontro, quando ele demonstrou um enorme entusiasmo e confiança neste projeto, temos nos comunicado de modo extremamente satisfatório. Em particular, suas várias ideias para melhorar o arranjo geral da terceira edição, o que aprimorou enormemente o produto final. Outros profissionais da Cengage deram contribuições significativas:

- Mary Finch, editora
- Lisa Lockwood, editora executiva
- Laura Bowen, assistente editorial
- Barb Bartoszek, gerente de marketing sênior
- Julie Stefani, coordenadora de marketing
- Teresa Trego, gerente de projeto de conteúdo sênior
- Stephanie VanCamp, editora de mídia

Agradecimentos vão também para Carly Bergey, pesquisadora de fotografias, e especialmente para Mary Stone, gerente de projeto na PreMediaGlobal. Mary teve atenção constante para detalhes e uma dedicação inabalável para melhorar todas as páginas deste livro.

Um agradecimento especial para Jon J. Barnett, Concordia University Wisconsin, pela revisão acurada das páginas de provas.

Gostaria também de agradecer aos seguintes revisores, que comentaram livremente em vários capítulos selecionados ou pelo texto completo. Como revisor por vários anos, sei quanto tempo e esforço são necessários para escrever um bem-equilibrado, honesto e útil texto revisado. Particularmente, agradeço àqueles que foram além dos requisitos básicos de revisão e observaram meticulosamente pequenos pontos para precisão e clareza do texto.

Para a terceira edição norte-americana:

- Ferman Chavez, Oakland University
- Patrick Hoggard, Santa Clara University
- Michael Lufaso, University of North Florida
- Michael Masingale, Le Moyne College
- Jacob Morris, Saint Mary's College
- Wyatt Murphy, Seton Hall University
- Deborah Otis, Virginia Wesleyan College
- Jeffrey Rood, Elizabethtown College

Para a segunda edição:

- Ken Long, Westminster College
- Jesse Reinstein, University of Wisconsin-Platteville
- Josef Takats, University of Denver

Também para a segunda edição, agradecimentos particulares a Gareth R. Eaton da University of Denver, por sua dedicação, ao longo de anos, comentando e contribuindo para a melhoria do texto.

Para a primeira edição:

- James P. Birk, State University Arizona
- Donald L. Campbell, University of Wisconsin-Eau Claire
- John E. Frey, Northem Michigan University
- Frank J. Gomba, U. S. Naval Academy
- Timothy P. Hanusa, Vanderbilt University
- Robert H. Harris, University of Nebraska
- Ronald A. Krause, University of Connecticut
- Edward A. Mottel, Rose Hulman Institute of Technology
- Phillip H. Rieger, Brown University
- Charles Scaife, Union College
- Steven H. Strauss, Colorado State University

A redação da terceira edição norte-americana foi caracterizada pelo sentimento inusitado de retomar o contato com centenas de alunos que fizeram cursos de química inorgânica comigo no Muskingum e no Allegheny College. Trabalhando agora às margens arborizadas de um lago em New Hampshire, escrevendo esta edição, sinto-me diante desses alunos novamente e volto a me relacionar com suas dúvidas e frustrações, mas também com suas curiosidades, trabalho duro, entusiasmo e pura satisfação ao entender os conceitos e as numerosas aplicações surpreendentes da química inorgânica.

Estarei também em dívida antecipada para com aqueles que, espero vão comentar livremente sobre o livro e farão sugestões para a sua melhoria. Aprecio me corresponder com uma variedade de pessoas que têm tempo para fazer comentários. Estudantes e leitores de faculdade, da mesma forma, são convidados a continuar me enviando seus comentários para P.O. Box 7075, Loudon, NH 03307 ou por e-mail em glen.rodgers@allegheny.edu. Por favor, sintam-se absolutamente livres para fazê-lo. Talvez seus esforços sejam recompensados com melhorias em outras edições subsequentes.

Famílias são sempre especiais, mas a minha *deve* ser a melhor. Minhas filhas Jennifer, Emily e Rebecca, além de serem uma constante fonte de orgulho e alegria, contribuíram imensamente para a redação da primeira edição, evitando que seu pai atendesse telefone, mantendo a casa em silêncio, resolvendo alguns problemas por si mesmas e aguentando por infinitas horas "Papai e seus estudos". Na preparação da segunda edição norte-americana, elas incentivaram e conversaram, sabendo exatamente quando persuadir o pai a interromper seu trabalho na varanda, com vista para o lago. Enquanto a terceira edição norte-americana era redigida, elas estiveram pelo mundo, concretizando suas carreiras na música, no magistério e na medicina, o que tornou seu pai muito orgulhoso. Entretanto, elas e seus maridos sempre tiveram tempo para palavras de incentivo e conhecimento quando avaliávamos novas ideias.

Com minha esposa Kitty, estou em dívida para a maioria das coisas boas que aconteceram nos últimos 50 anos. Nesse esforço, ela sempre teve tempo para inúmeras conversas sobre incertezas, frustrações, desafios, alegrias e recompensas da vida acadêmica, em geral, e na redação do livro, em particular. Não poderia nunca me aventurar em tal projeto, ao longo da minha vida, sem seus incentivos, elogios, amor e apoio.

Das margens arborizadas de um lago em New Hampshire,
Glen E. Rodgers

CAPÍTULO 1

O campo em desenvolvimento da química inorgânica

Para um leigo interessado em ciências, a química parece ser uma fronteira intransponível e, de certa forma, proibida. Na verdade, para os não iniciados, todos os químicos parecem iguais. Parafraseando Gertrude Stein, "um químico é um químico, é um químico. Um breve estudo dessa ciência abrangente e diversificada rapidamente deixa a impressão de que pessoas que se intitulam químicos estão comprometidas com uma complicada variedade de atividades, muitas das quais não condizem com os estereótipos comuns. Alguns químicos passam a maior parte de suas carreiras isolados, identificando e caracterizando as enormes macromoléculas da vida, enquanto outros constroem, testam e refinam teorias matemáticas intrincadas que descrevem os movimentos e as energias dos átomos e das moléculas. Alguns químicos *realmente* trabalham em laboratórios com as tradicionais vidrarias e outros equipamentos; eles estão rodeados pelas situações, sons e cheiros usualmente associados à química. Outros, todavia, trabalham em laboratórios bastante diferentes, equipados com instrumentos complicados muitas vezes interligados a poderosos computadores. Outros ainda, mesmo estando bastante identificados com o universo da química, quase nunca entram em um laboratório, exceto talvez para encontrar e encorajar seus colegas.

No processo de tentar dar algum sentido para essa tradicional ciência, rapidamente aprende-se que ela é comumente dividida em subdisciplinas: bioquímica, físico-química, química analítica, química orgânica e química inorgânica. Essa divisão, embora arbitrária e ainda em expansão, ainda assim molda significativamente a maneira como leigos, estudantes e mesmo químicos profissionais pensam sobre a química. De fato, químicos são muitas vezes classificados e rotulados pela subdisciplina que praticam e pelos relativamente pequenos subconjuntos correspondentes de cursos que frequentaram ou talvez lecionem, periódicos que leem, arbitram e publicam e livros que leem, editam, escrevem, ensinam e/ou com os quais aprendem.

Embora tendo algumas funções úteis, a divisão da química em cinco subdisciplinas principais não simplifica tanto como pode parecer, principalmente porque cada uma das subdivisões principais ainda engloba grandes áreas do conhecimento. Mesmo a química orgânica, que essencialmente se restringe ao estudo dos compostos de *um* elemento, o carbono, é difícil de descrever e leva muitos anos para ser dominada. Imagine o desafio de descrever e dominar a *química inorgânica*, que é o estudo das estruturas, propriedades e reações de todos os elementos e seus compostos, com exceção dos hidrocarbonetos e seus derivados imediatos. Todos os *outros* elementos, 117 no momento em que este livro foi escrito, estão no âmbito da química inorgânica! Isso faz da química inorgânica um grande guarda-chuva que cobre um vasto e diverso campo de estudo. Talvez seja essa diversidade que faz a química inorgânica tão fascinante e atraente. Pense em por que ou como o mundo funciona da forma como funciona e você vai notar que é bem provável que um melhor entendimento disso seja obtido com o conhecimento da química inorgânica.

Para apreciar melhor o presente e o futuro do campo da química inorgânica, pode ser instrutivo investigar brevemente o seu passado. Quem foram os primeiros químicos inorgânicos? O que eles estudaram? Como o campo da química inorgânica se desenvolveu até chegar ao que é hoje? Como o conhecimento da química inorgânica deixa a todos mais bem informados sobre como o mundo funciona da forma como funciona?

Antes de a química ser uma disciplina separada, antes da revolução científica, quando as ciências começaram a ser reconhecidas como áreas separadas de estudo, as pessoas investigavam fenômenos químicos. O uso do fogo e a arte de cozinhar, a fundição de minérios para obter metais, a produção de ligas como bronze e latão, a preparação de vidros, cimentos e explosivos eram todos áreas de investigação química antes de a química ser reconhecida como uma disciplina separada.

Em que época podemos dizer que a química se tornou uma disciplina acadêmica separada? Embora as opiniões sobre estabelecer esse período e sobre o que constitui uma disciplina acadêmica independente variem, um período de tempo conveniente poderia ser a vida de Antoine Lavoisier (1743-1794). Em 1743, o ano do nascimento de Lavoisier, em Paris existiam somente 13 elementos conhecidos — mais de *100* a menos do que são conhecidos hoje! Durante sua vida, esse número praticamente dobrou (para cerca de 28). Mais importante, em grande parte devido a esforços de Lavoisier, balanças precisas e confiáveis, que permitiram a obtenção de medidas de massas reprodutíveis, foram desenvolvidas. Com a ajuda desse avanço na tecnologia, as leis da conservação da massa e das proporções definidas foram idealizadas. A composição definida dos compostos químicos pôde ser precisamente determinada. A química foi fundada como ciência. Lavoisier também estabeleceu o recentemente descoberto oxigênio como a base da combustão e propôs novos métodos de nomenclatura química que redefiniram a linguagem química para sempre. Por volta de 1794, quando Lavoisier foi decapitado em consequência da Revolução Francesa, podia ser dito que a química havia sido estabelecida como uma disciplina acadêmica separada. Um químico daquela época, como o próprio Lavoisier, poderia descrever e dominar a maioria, se não o total, do conhecimento químico existente. Era desnecessário dividir esse conhecimento em disciplinas separadas.

Quando a química inorgânica foi estabelecida? Qual era seu campo no início? Quais tipos de problemas foram apontados pelos primeiros químicos inorgânicos? Novamente, estabelecer essas datas é algo arbitrário, mas um marco conveniente poderia ser o ano de 1860, quando ocorreu o primeiro Congresso Internacional de Química em Karlsruhe, Alemanha. Devido à disponibilidade de medidas precisas de massas, a análise quantitativa de vários minerais e minérios gerou a descoberta de 11 novos elementos entre a data da morte de Lavoisier e a do Congresso em Karlsruhe. A eletrólise de vários sais gerou mais 6 novos elementos, e reações com agentes redutores (como carbono e potássio) e ácidos, outros 11. Na época em que os químicos se reuniram em Karlsruhe, existiam cerca de 60 elementos conhecidos. Nos 66 anos após a morte de Lavoisier, o número praticamente dobrou de novo e mais da metade dos elementos eram conhecidos.

Para reforçar a importância desse congresso, o químico inglês John Dalton estabeleceu, no início do século XIX, a primeira teoria atômica de boa aceitação geral. Seu grande feito foi, de certa forma, prejudicado pela sua recusa em aceitar as novas ideias de Amedeo Avogadro sobre a existência de moléculas diatômicas de gases. Essa controvérsia Dalton-Avogadro permaneceu sem solução por cerca de meio século (1811-1860) e resultou em grande confusão entre os químicos. Também havia os inadequados símbolos "pictográficos" para os elementos, outra fonte de ineficiência e confusão. O sueco Jöns Jakob Berzelius resolveu esse problema propondo o sistema de símbolos químicos que usamos hoje em dia. Berzelius também sugeriu que todos os compostos poderiam ser divididos em orgânicos ou inorgânicos. O alfabeto da química inorgânica, os elementos e seus compostos, estava sendo identificado e analisado. Havia ainda a falta de confiabilidade dos valores das massas atômicas. Esse foi o problema que levou ao primeiro Congresso Internacional. Aqui, as ideias de Avogadro foram retomadas por seu colega italiano Stanislao Cannizzaro, e as primeiras tabelas precisas de massas atômicas foram criadas.

Em um ramo mais empírico, a química inorgânica industrial surgiu. Alguns exemplos incluem o desenvolvimento do cimento Portland em 1824, o patenteamento do processo de contato que revolucionaria a produção do ácido sulfúrico, o início da indústria de fertilizantes de fosfato na Inglaterra em 1843 e o desenvolvimento da célula de membrana para a geração eletrolítica de cloro em 1851.

Por volta de 1860, a química apresentava certamente uma quantidade de conhecimentos grande demais para uma pessoa dominar por completo. As químicas inorgânica e orgânica se estabeleceram como disciplinas separadas, e a química orgânica era certamente muito próspera. Aqueles na área inorgânica estavam ainda ocupados em expandir a lista de elementos e determinar a composição e a natureza de seus compostos. A nova técnica de espectroscopia, estabelecida pelos alemães Robert Bunsen e Gustav Kirchhoff em 1859, promoveu a descoberta de 6 novos elementos nos 15 anos seguintes. Análises de minerais confirmaram 8 lantanídeos entre 1879 e 1886. Também em 1886, o extremamente reativo flúor foi isolado por Ferdinand Moissan. Na década de 1890, William Ramsay e seus colaboradores isolaram a maioria dos gases "inertes" (agora chamados gases nobres) e Pierre e Marie Curie iniciaram seu importantíssimo trabalho em radioatividade (isolando o polônio e o rádio). A lista de elementos seguia aumentando, atingindo cerca de 83 na virada do século XX.

Embora o número de elementos conhecidos tenha aumentado constantemente nesse período, havia pouca ordem nessa lista, apesar de algumas tentativas de organização por parte de Johann Döbereiner e, depois, John Newlands. Inicialmente propostas no início do século XIX, as "tríades" de Döbereiner eram grupos de três elementos (cálcio, estrôncio e bário, por exemplo) nos quais o elemento do meio tinha uma massa atômica muito próxima da média dos outros dois. A "lei das oitavas" de Newlands, proposta em 1866, sugeriu que os elementos poderiam ser organizados em grupos de sete, com o oitavo sendo muito semelhante ao primeiro, de forma parecida com as oitavas musicais. Em 1869, o químico russo Dmitri Mendeleev proporcionou uma ordenação significativa em relação ao caos ao montar a primeira tabela periódica e prevendo a existência e as propriedades de vários elementos que ainda não haviam sido descobertos. Nos 15 anos seguintes, subsequentes descobertas desses elementos (o gálio por Paul Lecoq de Boisbaudran, o escândio por Lars Nilson e o germânio por Clemens Winkler) estabeleceram a lei periódica como o grande princípio organizador para o campo em rápida expansão da química inorgânica.

O progresso da química inorgânica industrial continuou durante o período de 1860 até a virada do século XIX. Novos avanços incluem o processo Solvay para a produção de carbonato de sódio e novas maneiras econômicas de (1) produzir aço (os processos Bessemer e de soleira aberta) e alumínio (o processo Hall-Héroult), (2) recuperar enxofre (o processo Frasch) para uso na fabricação de ácido sulfúrico e (3) produzir ácido nítrico a partir da amônia (o processo de Ostwald). Esse último (patenteado em 1902) foi um dos primeiros exemplos do uso de catalisadores em química industrial. (O processo de contato também usava um catalisador.)

A virada do século também marcou o começo de grandes desenvolvimentos em físico-química. No fim do ano de 1900, Max Planck propôs que a energia era quantizada ($E = h\nu$) e a isso logo se seguiram os trabalhos revolucionários de Einstein, Thomson, Rutherford, de Broglie, Pauli e Schrödinger, entre outros. Juntamente com esses avanços na teoria atômica quântica, novas maneiras de analisar as ligações químicas foram desenvolvidas. As estruturas de Lewis (1923), a teoria da ligação de valência (1931), a teoria do orbital molecular (início da década de 1930) e a teoria do campo cristalino (1933) rapidamente se sucederam. Essas novas teorias de ligação eram exatamente o impulso de que a química inorgânica precisava para seguir em frente. Essas novas teorias ajudaram a organizar e explicar o enorme número de compostos apresentados pelos 90 elementos que eram conhecidos na década de 1920.

De 1900 a 1950, o campo da química inorgânica continuou a se expandir. Em uma das mais produtivas linhas de pesquisa, Alfred Werner trabalhou durante as duas primeiras décadas do novo século para organizar o conjunto dos misteriosos amonatos de cobalto e compostos relacionados que foram meticulosamente sintetizados durante o século XIX. Sua teoria da coordenação nos forneceu novas maneiras de pensar sobre as estruturas, propriedades e reações dessa nova classe que ele chamou de "compostos de coordenação". A química de coordenação, um dos principais componentes da química inorgânica nos dias de hoje, é o assunto da Parte 1 (capítulos 2 a 6) deste livro.

Em 1912, Max von Laue notou que os recentemente descobertos raios X eram difratados pelas camadas regularmente espaçadas de átomos nos cristais. Esses experimentos não apenas verificaram que os raios X eram uma parte de alta frequência do espectro eletromagnético, mas também forneceram aos físicos e químicos uma ferramenta poderosa para investigar a estrutura de uma variedade de compostos no estado sólido. A equipe formada por pai e filho, William Henry e William Lawrence Bragg, logo determinou os detalhes de estruturas de cristais simples como o cloreto de sódio e cunhou termos como *raio iônico*. (Henry Moseley também mostrou que os raios X poderiam estar relacionados com o número atômico de um elemento. Fazendo isso, ele verificou a tabela periódica de Mendeleev e a posicionou como incontestável.) Começando por volta de 1915, Max Born desenvolveu uma expressão geral para a energia reticular de uma substância cristalina. A partir daí, o estudo de estruturas e energias de substâncias inorgânicas no estado sólido foi levado adiante com grande vigor. Esse é o assunto da Parte 2 (capítulos 7 e 8) deste livro.

Com a base eletrônica da tabela periódica firmemente estabelecida no fim da década de 1930, o grande desafio dos químicos inorgânicos ficou aparente. Primeiro, eles tinham de continuar a detalhar as propriedades, estruturas e reações da crescente lista de elementos e seus compostos. Em segundo lugar, eles tinham de racionalizar a química conhecida com as novas teorias atômica e de ligação. Por fim, eles tinham de fazer da tabela periódica uma ferramenta de previsão para a organização da química dos elementos. A compilação da periodicidade dos elementos se tornou o principal campo de estudo da química inorgânica. A Parte 3 (capítulos 9 a 19) é dedicada (1) a uma bem detalhada introdução à química dos elementos representativos, ou do grupo principal, e de seus compostos e (2) às maneiras segundo as quais a química pode ser entendida à luz da tabela periódica moderna.

Outro progresso em química inorgânica que ocorreu no período de 1900 a 1950 foi consequência do trabalho de Frederick Soddy que, em 1913, formulou a ideia dos isótopos. Na década seguinte, principalmente graças ao trabalho de Francis Aston e sua série de espectrógrafos, os isótopos de ocorrência natural da maioria dos elementos foram investigados e categorizados. O nêutron foi descoberto em 1932 e, pouco depois, Harold Urey descobriu os isótopos do hidrogênio. No fim da década de 1930 e continuando durante a Segunda Guerra Mundial, a fissão nuclear foi descoberta e minuciosamente investigada. Radioisótopos (isótopos dos elementos normalmente estáveis) foram sintetizados, e começou-se a encontrar usos para eles na medicina e na pesquisa. Todos esses avanços criaram grandes oportunidades para os químicos inorgânicos. Por exemplo, na década de 1940, a datação por carbono-14 foi aperfeiçoada por Willard Libby. Os desenvolvimentos em química nuclear exigiam novas formas de separar elementos, assim como novos materiais capazes de resistir aos danos por corrosão e altas temperaturas. O acréscimo de novos elementos artificiais levou o número de elementos para acima de 100.

Nunca imaginaríamos que outros temas de estudo pouco explorados na primeira metade do século XX se tornariam extremamente significativos na segunda metade. Esses temas incluem (1) o alerta de Svante Arrhenius de que deveríamos nos preocupar com o aquecimento da atmosfera pelo efeito estufa (1908), (2) a pesquisa de Alfred Stock sobre hidretos de silício e boro (iniciado em 1912), (3) a construção da primeira planta de síntese de amônia pelo processo Haber-Bosch (1913), (4) a descoberta de ozônio na atmosfera, por Charles Fabry (1913), (5) a síntese e o teste de clorofluorcarbonos (CFCs) como gases refrigerantes ideais, por Thomas Midgley (1928), (6) a investigação de H. T. Dean sobre os benefícios da fluoretação do sistema público de distribuição de água (anos 1930), (7) o desenvolvimento da xerografia, ou processo de fotocópia, por C. F. Carlson (iniciado em 1934) e (8) a descoberta inesperada do transistor de germânio nos laboratórios da Bell Telephone (1947).

Alguns chamaram a segunda metade do século XX de "renascimento da química inorgânica", mas, na verdade, toda a química se desenvolveu intensamente nesse período de tempo. Certamente muito dessa química deveria ser posicionada pelo menos parcialmente no campo da inorgânica, mas as fronteiras entre as várias subdisciplinas se tornaram tão confusas que é impossível e provavelmente contraproducente atribuir muitos desenvolvimentos a uma dada subdisciplina. Um dos primeiros eventos a ocorrer nesse período mostra essa confusão ou mesmo o cruzamento dessas fronteiras. Em 1951, o ferroceno foi sintetizado. Esse composto tem um átomo de ferro ligado a dois anéis planos de ciclopentadienila (C_5H_5) na forma de um sanduíche* e foi um dos mais significativos e importantes exemplos de um *composto organometálico*. A química organometálica, caracterizada pela presença de ligações carbono-metal, cria uma ponte entre as subdisciplinas orgânica e inorgânica e se tornou uma das novas e promissoras subdisciplinas da química. Em 1960, Max Perutz determinou a estrutura da hemoglobina por difração de raios X. Essa descoberta foi chave para o desenvolvimento do crescente campo da química bioinorgânica.

Durante a década de 1960, alguns desenvolvimentos únicos na química inorgânica incluíram (1) o anúncio de Neil Bartlett de que ele havia sintetizado o primeiro composto com os gases "inertes" de Ramsay, (2) o trabalho de William Lipscomb e seu grupo sobre o novo conceito de ligação multicentro nos boro-hidretos de Stock e (3) a descoberta acidental, por Barnett Rosenberg, de que um dos compostos de coordenação mais simples, o cis-diaminacloroplatina(II), ou "cisplatina", tinha significativa atividade como agente antitumor.

Começando no final da década de 1950 e crescendo rapidamente nas décadas seguintes, o movimento ambiental alimentou pesquisas em química inorgânica intimamente ligadas à físico-química e à química analítica. Na década de 1950, o *smog* fotoquímico foi explicado inicialmente como uma série de reações proporcionadas pela ação da luz solar. Os efeitos dos fosfatos e outros nutrientes foram cuidadosamente estudados na década de 1960 e início da década de 1970. Também nesse período, as preocupações com a poluição por metais pesados aumentaram. Na década de 1970, a crise energética atingiu seu pico e, com ela, veio a pesquisa por combustíveis e meios de transporte alternativos. E como se tudo isso não fosse o bastante, F. Sherwood Rowland e Mario Molina anunciaram, em 1974, que eles tinham evidências de que os clorofluorcarbonos de Midgley muito provavelmente estavam ameaçando a camada de ozônio da estratosfera. A década de 1980 trouxe preocupações com a origem e a ação da chuva ácida e, em 1985, o buraco da camada de ozônio sobre a Antártida foi descoberto. A definição e a solução de todos esses problemas serão um grande desafio para a química inorgânica. A maioria deles é tratada em momentos apropriados na Parte III (capítulos 9 a 19).

Conforme avançamos na segunda década do século XXI, encontramos químicos inorgânicos trabalhando em uma grande variedade de linhas de pesquisa relacionadas às três seções deste livro. Por exemplo, a química de coordenação (Parte I) é a base para a síntese e aplicação de uma grande variedade de catalisadores e de novos compostos bioinorgânicos anticâncer e antiartrite. A química inorgânica do estado sólido (Parte II) fornece os alicerces para uma nova geração de eletrólitos, semicondutores, supercondutores, vidros e baterias recarregáveis. A química inorgânica descritiva (Parte III) é a base para uma nova geração de boranos (boro-hidretos), grafenos (variações da grafite, referidas como "fulerenos" e "nanotubos"), hidretos, nitretos, fluoretos, óxidos, aluminossilicatos e sulfetos, apenas para citar alguns, que têm uma grande variedade de propriedades úteis.

RESUMO

O campo da química inorgânica tem se desenvolvido constantemente com o passar dos anos. Na metade do século XIX, a química inorgânica foi definida como uma das principais subdisciplinas da química. No fim do século XIX, os químicos inorgânicos estavam ocupados principalmente em organizar e preencher os vazios na tabela periódica. Outros se preocupavam principalmente em desenvolver um fluxo constante de melhorias em processos inorgânicos industriais.

---

* N. da R.T.: Esses compostos são conhecidos como sanduíche.

A primeira metade do século XX viu o campo da química inorgânica se expandir para incluir os compostos de coordenação, os radioisótopos, as estruturas no estado sólido, a energética, assim como pesquisas relacionadas ao advento e desenvolvimento da fissão nuclear. Trabalhos iniciais e definitivos sobre efeito estufa, boro-hidretos, síntese da amônia, ozônio atmosférico, clorofluorcarbonos, fluoretação, o processo de fotocópia e transistores foram reportados. Também na primeira metade do século XX, o principal desafio dos químicos inorgânicos parece ter sido definido: investigar, entender completamente e prever a química dos elementos e de seus compostos à luz das bases eletrônicas da tabela periódica.

Na segunda metade do século XX, novas linhas de pesquisa levaram aos novos campos da química organometálica e bioinorgânica. Além disso, os novos compostos dos gases "inertes" (hoje chamados gases nobres), a expansão das teorias de ligação para considerar a estrutura e as reações dos boro-hidretos e compostos relacionados, o surgimento do movimento ambiental e a crise energética expandiram o campo da química inorgânica ainda mais. Na verdade, esse campo é agora tão generalizado que ele pode ser mais bem descrito usando uma frase de John Muir, o grande naturalista e preservacionista do século XIX, que disse que "quando tentamos analisar algo isoladamente, descobrimos que está ligado a tudo mais no universo".* A química inorgânica é um exemplo desse "algo", pois está intimamente relacionada ao entendimento de como e por que o universo funciona da maneira como funciona. Estamos no início do século XXI, o século da geração dos estudantes de hoje, e a química inorgânica promete continuar a ser diversificada, desafiadora, importante e, sobretudo, realmente fascinante. Com tudo isso como um prólogo, vamos começar a explorar o grande campo em desenvolvimento da química inorgânica.

---

* N. T.: tradução livre de "When we try to pick out anything by itself, we find it hitched to everything else in the universe".

PARTE I

QUÍMICA DE COORDENAÇÃO

Nesta parte, a química de coordenação é apresentada em cinco capítulos:

CAPÍTULO 2	Uma introdução à química de coordenação
CAPÍTULO 3	Estruturas dos compostos de coordenação
CAPÍTULO 4	Teorias de ligação para compostos de coordenação
CAPÍTULO 5	Velocidades e mecanismos de reações de compostos de coordenação
CAPÍTULO 6	Aplicações de compostos de coordenação

CAPÍTULO 2

Uma introdução à química de coordenação

Como descrito no Capítulo 1, uma das áreas de pesquisa mais produtivas do século XX foi a do desenvolvimento da química de coordenação por Alfred Werner. Uma medida do impacto de Werner sobre o campo da química inorgânica é que o número, a variedade e a complexidade dos compostos de coordenação continuam a crescer mesmo passados mais de cem anos de seu trabalho original. Antes de avançarmos à perspectiva histórica do desenvolvimento da subseção vital da química inorgânica, são necessárias algumas definições importantes.

A *química de coordenação* envolve compostos nos quais um pequeno número de moléculas ou íons chamados *ligantes* estão no entorno de um átomo ou íon metálico central. Cada ligante compartilha um par de seus elétrons com o metal. A ligação metal-ligante, frequentemente representada por M ⟵ :L, é um exemplo de uma *ligação covalente coordenada*, na qual seus dois elétrons são originários de um átomo. O *número de coordenação* é o número de ligantes em volta de um átomo ou íon metálico. Os números inteiros 4 e 6 (ou ocasionalmente outros inteiros menores) são valores típicos para esses números. Coletivamente, os ligantes são usualmente designados como a *esfera de coordenação* e, juntamente com o metal, aparecem entre colchetes ao escrevermos fórmulas moleculares. Por exemplo, uma fórmula típica poderia ser $[ML_6]X_n$ ou $M'_n[ML_4]$, em que M' é um cátion metálico simples e X pode ser qualquer um de uma variedade de ânions. Note que na primeira fórmula a esfera de coordenação e o metal M constituem um cátion, enquanto na segunda eles formam um ânion. Tais íons metálicos coordenados são às vezes chamados de *cátions* ou *ânions complexos*.

Tipicamente, compostos de coordenação são caracterizados por uma grande variedade de cores brilhantes. Variações no número e tipos de ligantes frequentemente mudam de maneira significativa a cor e também as características magnéticas do composto. Alguns exemplos de íons coordenados (ou complexos) que você pode ter visto em cursos anteriores incluem o cátion $[Ag(NH_3)_2]^+$ incolor (frequentemente discutido em conexão com o esquema de análise qualitativa do Grupo I), o íon $[Cu(NH_3)_4]^{2+}$ azul-escuro (um bom teste para identificar a presença de íons de cobre em solução), o $FeSCN^{2+}$ vermelho escuro (um teste sensível para constatar a presença de íons ferro[III]) e cátions aquosos típicos – por exemplo, $[Ca(H_2O)_6]^{2+}$ e $[Fe(H_2O)_6]^{3+}$, que são mais comumente abreviados como Ca^{2+} (*aq*) e Fe^{3+} (*aq*), respectivamente.

Talvez você já tenha visto compostos de coordenação (algumas vezes referidos como *complexos de metais de transição*) como parte de um curso de química geral. Devido à falta de tempo, esse assunto é apenas tratado brevemente ou nem chega a ser tratado nesses cursos. Na Parte 1 (capítulos 2 a 6) deste livro, no entanto, a química de coordenação será o único foco de nossa atenção. Dessa forma, poderemos discutir sistematicamente a história, a nomenclatura, as estruturas, as teorias de ligação, as reações e as aplicações de tais compostos. (Após um curso de físico-química, mais detalhes teóricos matemáticos e abstratos são normalmente desenvolvidos.) Neste capítulo, vamos tratar da perspectiva histórica relativa a esses compostos, introduzir alguns ligantes típicos e começar a desenvolver um sistema de nomenclatura.

2.1 A PERSPECTIVA HISTÓRICA

Em cursos anteriores, os conceitos básicos de estrutura atômica, da tabela periódica e de ligações químicas são investigados. As primeiras duas colunas da Figura 2.1 são uma exibição cronológica de alguns dos conceitos geralmente discutidos.

Começando pelo topo da primeira coluna, lembramos como algumas leis antigas estabeleceram firmemente que compostos químicos sempre apresentam a mesma composição definida em massa (Proust) e que essa massa é sempre conservada em várias reações (Lavoisier). Esses fatos empíricos (experimentais) levaram à primeira teoria atômica concreta, desenvolvida no início do século XIX pelo químico inglês John Dalton. Dalton supôs que os átomos eram esferas maciças e impenetráveis, como se fossem bolas de bilhar em miniatura. Ele não teve oportunidade (pelo menos em seu trabalho escrito) para especular sobre suas estruturas internas.

Mais de 40 elementos foram descobertos e caracterizados durante o século XIX. Com o número de elementos conhecidos aumentando década a década (veja a Figura 9.2, por exemplo), houve várias tentativas de organizá-los de forma coerente. Dmitri Mendeleev, baseando-se no trabalho de outros, notou que as propriedades de sua crescente lista de elementos pareciam variar de forma periódica, foi quando publicou sua primeira tabela periódica em 1869. (Para mais informações sobre Mendeleev e sua tabela, veja a Seção 9.1.) Embora o conhecimento sobre as propriedades desses elementos seguisse aumentando, a estrutura interna dos átomos que os constituíam permanecia um mistério.

Por volta do fim do século XIX, muitas descobertas começaram a revelar o que poderia compor o átomo. Johann Balmer desenvolveu uma fórmula, baseada em uma série de números inteiros permitidos, que organizava (mas não explicava) o espectro visível do hidrogênio. Wilhelm Roentgen e Antoine-Henri Becquerel descobriram os raios X e a radioatividade, respectivamente. J. J. Thomson descobriu que os elétrons são um componente fundamental da matéria. Ernest Rutherford, após analisar o que ocorria quando partículas alfa (emitidas de átomos radioativos) se chocavam com folhas de ouro, propôs que os átomos eram constituídos de núcleos muito pequenos, maciços e positivos, rodeados por elétrons. Não demorou muito para Niels Bohr sugerir corretamente que a energia desses elétrons era quantizada e, incorretamente, que eles poderiam ser representados orbitando o núcleo, como planetas orbitando o Sol. O conceito do núcleo de Rutherford foi rapidamente aceito, mas a representação na qual as energias eletrônicas quantizadas correspondem a elétrons em órbita foi logo substituída por "nuvens" de elétrons confinadas a uma área em torno do núcleo por forças eletrostáticas. Orbitais atômicos são uma imagem mental ou modelo ainda empregado por químicos no modelo moderno de Schrödinger (mecânico-quântico) do átomo. Esse modelo considera a necessidade do uso de números inteiros (números quânticos) ao descrever os espectros de linha e a tabela periódica.

A segunda coluna da Figura 2.1 é uma linha do tempo de algumas das ideias sobre estrutura molecular e ligação química. Na época de Dalton, nem todos os químicos admitiam que os átomos existiam. Aqueles que admitiam (e, sem dúvida, alguns dos que não admitiam) somente podiam especular sobre como essas partículas

Estrutura atômica e a tabela periódica	Estrutura molecular e ligações químicas	Química de coordenação
1750 1774: Lei da conservação da matéria: Lavoisier 1799: Lei das composições definidas: Proust		1798: Observados os primeiros *amonatos* de cobalto: Tassaert
1800 1808: Teoria atômica de Dalton publicada no *New System of Chemical Philosophy* 1859: Desenvolvimento do espectroscópio: Bunsen e Kirchhoff 1869: A primeira tabela periódica de Mendeleev organiza os 63 elementos conhecidos 1885: Fórmula átomo de Balmer para o espectro visível do átomo de hidrogênio 1894: Primeiro "gás inerte" descoberto 1895: Descoberta dos raios X: Roentgen 1896: Descoberta da radioatividade: Becquerel	1830: A teoria radicalar da estrutura: Liebig, Wöhler, Berzelius, Dumas (compostos orgânicos compostos de radicais metila, etila etc.) 1852: Conceito de valência: Frankland (todos os átomos têm uma valência fixa) 1854: Átomo de carbono tetravalente: Kekulé 1874: Átomo de carbono tetraédrico: Le Bel e van't Hoff 1884: Teoria da dissociação de eletrólitos: Arrhenius	1822: Preparação dos oxalatos de *amonato* de cobalto: Gmelin 1851: Preparação de $CoCl_3 \cdot 6NH_3$, $CoCl_3 \cdot 5NH_3$ e outros *amonatos* de cobalto: Genth, Claudet, Fremy 1869: Teoria das cadeias dos *amonatos*: Blomstrand 1884: Ajustes na teoria das cadeias: Jørgensen 1892: Sonho de Werner sobre compostos de coordenação
1900 1902: Descoberta do elétron: Thomson 1905: Dualidade onda-partícula da luz: Einstein 1911: Experimento partícula α/folha de ouro; modelo nuclear do átomo: Rutherford 1913: Modelo de Bohr do átomo (quantização da energia do átomo) 1923: Dualidade onda-partícula dos átomos: De Broglie 1926: Átomo mecânico-quântico de Schrödinger (elétrons em orbitais em torno do núcleo; espectroscopia dos elétrons explicada como transições entre orbitais) Tabela periódica moderna incluindo tendências em propriedades periódicas	1923: Estruturas de Lewis 1931: Teoria da ligação de valência: Pauling, Heitler, London, Slater Início da década de 1930: Teoria do orbital molecular: Hund, Bloch, Mulliken, Hückel 1940: Teoria da repulsão dos pares de elétrons da camada de valência (RPECV ou, em inglês, VSEPR): Sidgwick Conceitos modernos de ligação química	1902: Proposta dos três postulados da química de coordenação: Werner 1911: Resolução dos isômeros ópticos de *cis*-$[CoCl(NH_3)(en)_2]X_2$: Werner 1914: Resolução de isômeros ópticos que não contêm carbono: Werner 1927: Ideias de Lewis aplicadas a compostos de coordenação: Sidgwick 1933: Teoria do campo cristalino: Bethe e Van Vleck Teoria moderna de coordenação

FIGURA 2.1

O posicionamento histórico da química de coordenação.

fundamentais poderiam estar associadas ou ligadas umas às outras. (Em certo momento, foi até mesmo sugerido que cada átomo poderia ter um número característico de ganchos que, de alguma forma, o mantinham firmemente ligado aos outros átomos.) Como se nota na Figura 2.1, os químicos orgânicos tomaram a frente concebendo novas ideias sobre as unidades estruturais básicas de compostos baseados em carbono. Parecia haver grupos de átomos (por exemplo, o grupo metila, CH_3-, ou o grupo etila, CH_3CH_2-), às vezes chamados de *radicais*, que estavam presentes em um grande número de compostos e permaneciam intactos ao passar por várias reações químicas. Por volta da metade do século XIX, o conceito de uma valência fixa associada a cada átomo foi adotado num esforço para considerar a natureza dos compostos orgânicos e seus fragmentos constituintes. Conforme Sir Edward Frankland declarou, "não importa qual característica dos átomos que estão se unindo, a capacidade de combinação do elemento que está atraindo é sempre satisfeita pelo mesmo número de átomos". Então pensava-se que o carbono sempre tinha uma valência fixa de 4; o oxigênio, 2; o hidrogênio, 1; e assim por diante.

Por volta do final do século XIX, experimentos com eletricidade indicaram que ela possuía um importante papel nas ligações moleculares. Após a descoberta do elétron, G. N. Lewis propôs que essas pequenas partículas negativas poderiam ser a cola que mantém os átomos unidos. O número de elétrons nos "gases inertes" recentemente descobertos parecia ser especialmente estável. A regra do octeto se tornou referência no estudo das ligações químicas. Seguiram-se muitas teorias mais sofisticadas na década de 1930. Nevil Sidgwick propôs que pares de elétrons poderiam se repelir, tendo um importante papel na determinação da forma de uma molécula. Linus Pauling e outros propuseram que a sobreposição de orbitais atômicos ou orbitais híbridos especiais resultariam na ligação de um átomo a outro. Também foi desenvolvida nesse período a teoria de que moléculas poderiam ser um grupo de núcleos mantidos juntos por ondas confinadas eletronicamente, apropriadamente chamadas de orbitais moleculares (em oposição aos atômicos). Todas essas ideias – das estruturas de Lewis à teoria da repulsão dos pares de elétrons da camada de valência (RPECV ou VSEPR, em inglês) e às teorias da ligação de valência (LV ou VB, em inglês) e dos orbitais moleculares (OM ou MO, em inglês) – ainda auxiliam os químicos modernos na representação das estruturas e das ligações dos compostos.

Assume-se que essas ideias sejam mais ou menos familiares a você. (Algumas breves revisões estarão disponíveis, mas você deve consultar seu livro e suas anotações de química geral se achar necessário.) No entanto, os compostos de coordenação, presentes na terceira coluna da Figura 2.1, são provavelmente menos familiares. Como e por quem esses compostos foram descobertos? O que foi a teoria das cadeias? Por que ela fracassou diante da teoria de coordenação de Werner? Poderiam esses compostos novos e diferentes ser estudados à luz das ideias que funcionaram tão bem para os químicos orgânicos? Como as ideias sobre estrutura atômica e molecular contribuíram para o entendimento desses compostos? Vamos obter as respostas para questões como essas na próxima seção.

2.2 A HISTÓRIA DOS COMPOSTOS DE COORDENAÇÃO

Os primeiros compostos

Bem no fim do século XVIII, Tassaert – um químico francês tão obscuro na história da química que seu primeiro nome permanece desconhecido – observou que a amônia combinava com o minério de cobalto, formando um produto marrom-avermelhado. Esse foi provavelmente o primeiro composto de coordenação conhecido. Durante a primeira metade do século XIX, muitos outros *amonatos** de cobalto foram preparados, muitas vezes tratando-se de belos exemplos cristalinos. Esses compostos eram muito coloridos, e os nomes dados a eles – por exemplo, cloretos róseo-, lúteo- (do latim *luteus*, que significa "amarelo-escuro") e purpúreo-cobálticos – refletiam essas cores. Na segunda metade do século, outros *amonatos*, particularmente os de cromo e platina, foram preparados. Apesar de várias tentativas, entretanto, nenhuma base teórica foi desenvolvida para explicar satisfatoriamente esses compostos surpreendentes.

Dado o sucesso dos químicos orgânicos em descrever as unidades estruturais e as valências atômicas fixas encontradas em compostos baseados no carbono, era natural que essas ideias fossem aplicadas aos *amonatos*. Os resultados, todavia, eram desapontadores; por exemplo, considere os dados típicos para os cloretos de *amonato* de cobalto listados na Tabela 2.1. As fórmulas usadas nas últimas décadas do século XIX indicavam a razão molar entre amônia e cobalto, mas deixavam a natureza da ligação entre eles para a imaginação. Essa incerteza (ou falta de conhecimento sobre as ligações) era refletida no ponto usado na fórmula para conectar, por exemplo, o $CoCl_3$ ao número apropriado de amônias. (O composto com a razão amônia-cobalto de 3:1 se mostrou

---

* N. da R. T.: do inglês "ammonate", palavra criada pelo autor.

TABELA 2.1
Os cloretos de *amonato* de cobalto (informações disponíveis em Blomstrand, Jørgensen e Werner)

Fórmula	Condutividade	Nº de íons Cl⁻ precipitados
$CoCl_3 \cdot 6NH_3$	Alta	3
$CoCl_3 \cdot 5NH_3$	Média	2
$CoCl_3 \cdot 4NH_3$	Baixa	1
$IrCl_3 \cdot 3NH_3$	Zero	0

difícil de preparar. Dessa forma, o composto correspondente de irídio foi usado.) As condutividades medidas quando esses compostos estão dissolvidos em água são dadas qualitativamente. As condutividades estavam apenas começando a ser usadas como medida do número de íons produzidos em solução. O "número de íons cloreto precipitados" foi determinado pela adição de nitrato de prata aquoso, como representado pela Equação (2.1):

$$AgNO_3(aq) + Cl^-(aq) \rightarrow AgCl(s) + NO_3^-(aq)$$

2.1

Agora, como você explicaria tais dados? Mais importante, de um ponto de vista histórico, como os químicos do fim dos anos 1860, que estudaram as ideias relativamente novas, mas extraordinariamente bem-sucedidas da química orgânica, explicavam esses dados? Como mostrado na Figura 2.1, parecia que estava muito bem estabelecida a ideia de que cada elemento tem uma valência, às vezes chamada de *capacidade de combinação*, que é um valor fixo. Além disso, muitos pesquisadores perceberam que os compostos orgânicos poderiam ser representados como longas cadeias de átomos de carbono compostas de radicais e grupos de vários tipos que também pareciam ter valências fixas. Por exemplo, o hexano, $CH_3-CH_2-CH_2-CH_2-CH_2-CH_3$, com sua cadeia de seis átomos de carbono, poderia ser representado como contendo os grupos metila (CH_3-) monovalentes nas extremidades com quatro grupos metileno ($-CH_2-$) entre eles. O álcool de cereais comum, de composição geral C_2H_6O, era composto dos grupos etila (C_2H_5-) e hidroxila ($-OH$), gerando uma fórmula C_2H_5-OH. O álcool da madeira, CH_4O, era representado de forma similar como CH_3-OH, composto dos grupos metila e hidroxila.

A teoria das cadeias de Blomstrand-Jørgensen

Em 1869, Christian Wilhem Blomstrand formulou sua teoria das cadeias para explicar os cloretos de *amonato* de cobalto e outras séries de *amonatos*. Blomstrand, sabendo que a valência fixa do cobalto foi estabelecida como 3, encadeou ao cobalto grupos divalentes de amônia e monovalentes de cloreto para produzir uma representação do $CoCl_3 \cdot 6NH_3$, algo como o que é mostrado na Figura 2.2a. (Na verdade, com base em medições de densidade de vapor, Blomstrand originalmente representou o composto como dimérico.) Baseando-se nas ideias que prevaleciam na época, essa era uma estrutura perfeitamente razoável. A amônia divalente que ele propôs era consistente com a visão do cloreto de amônio escrito como $H-NH_3-Cl$. A valência 3 para o cobalto era satisfeita, os átomos de nitrogênio estavam ligados em cadeia como o carbono nos compostos orgânicos e os três cloretos monovalentes estavam longe o suficiente do átomo de cobalto disponíveis para serem precipitados pelo nitrato de prata aquoso.

Em 1884, Sophus Mads Jørgensen, um aluno de Blomstrand, propôs alguns ajustes na representação de seu mentor. Primeiro, ele tinha novas evidências que indicavam corretamente que esses compostos eram monoméricos. Em segundo lugar, ele ajustou a distância dos grupos cloreto em relação ao cobalto, levando em conta as velocidades de precipitação dos vários cloretos. O primeiro cloreto é precipitado muito mais rapidamente do que os outros e então foi posicionado mais longe, portanto, sob muito menor influência do átomo de cobalto.

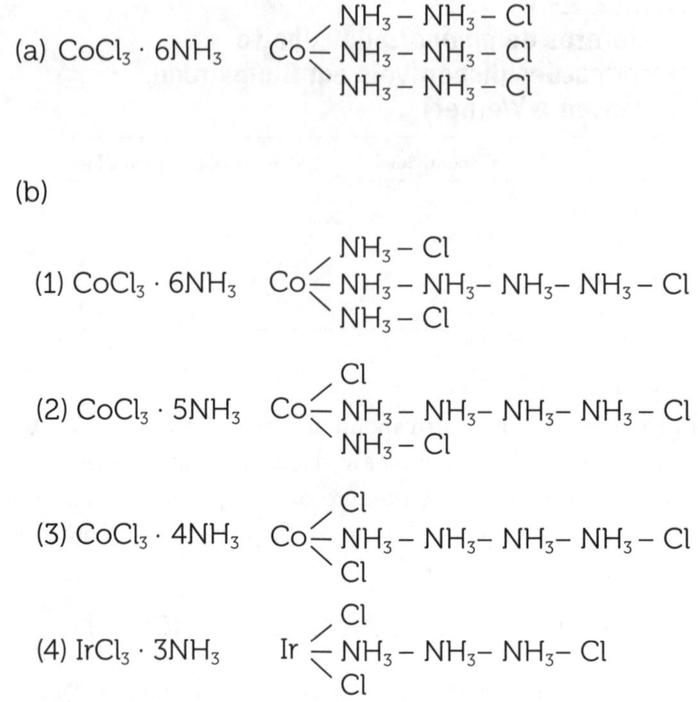

(a) CoCl$_3$ · 6NH$_3$ Co$\diagdown\!\!\!\diagup$ NH$_3$ – NH$_3$ – Cl
                                     NH$_3$ – NH$_3$ – Cl
                                     NH$_3$ – NH$_3$ – Cl

(b)

(1) CoCl$_3$ · 6NH$_3$ Co$\diagdown\!\!\!\diagup$ NH$_3$ – Cl
                                     NH$_3$ – NH$_3$ – NH$_3$ – NH$_3$ – Cl
                                     NH$_3$ – Cl

(2) CoCl$_3$ · 5NH$_3$ Co$\diagdown\!\!\!\diagup$ Cl
                                     NH$_3$ – NH$_3$ – NH$_3$ – NH$_3$ – Cl
                                     NH$_3$ – Cl

(3) CoCl$_3$ · 4NH$_3$ Co$\diagdown\!\!\!\diagup$ Cl
                                     NH$_3$ – NH$_3$ – NH$_3$ – NH$_3$ – Cl
                                     Cl

(4) IrCl$_3$ · 3NH$_3$ Ir $\diagdown\!\!\!\diagup$ Cl
                                     NH$_3$ – NH$_3$ – NH$_3$ – Cl
                                     Cl

FIGURA 2.2

Representação dos cloretos de *amonato* de cobalto por Blomstrand e Jørgensen: (*a*) Representação do CoCl$_3$ · 6NH$_3$ de Blomstrand; (*b*) representação de quatro membros da série com a substituição do irídio para ter o cobalto na composição. (Adaptado de F. Basolo e R. C. Johnson, *Coordination Chemistry*, 2nd edition, p. 6. Copyright © 1986.)

Seus diagramas para os três primeiros cloretos de *amonato* de cobalto são mostrados na Figura 2.2b. Note que, no segundo composto, um cloreto está agora ligado diretamente ao cobalto e, portanto, Jørgensen supôs estar indisponível para ser precipitado. No terceiro composto, dois cloretos estão representados de forma similar. Essas alterações melhoraram significativamente a teoria das cadeias, mas muitas questões ainda permaneciam sem resposta. Por exemplo, por que há apenas 6 moléculas de amônia? Por que não 8 ou 10? Por que não vemos moléculas de amônia quimicamente diferentes dependendo de suas posições na cadeia? De qualquer forma, no geral, parecia que a teoria Blomstrand-Jørgensen sobre os *amonatos* de cobalto estava no rumo certo.

Mas havia um composto com apenas três amônias? Conforme mostrado na Figura 2.2b(4), a teoria das cadeias previu que ele deveria existir e que deveria ter um cloreto ionizável. Mas esse composto fundamental não estava disponível. Jørgensen tentou prepará-lo para testar sua versão da teoria das cadeias. Ele tentou tudo o que estava a seu alcance, mas mesmo esse excelente químico não conseguiu obter o composto de cobalto desejado. Todavia, com muito esforço e tempo despendido, ele conseguiu preparar o análogo cloreto de *amonato* de irídio. Infelizmente, ele se mostrou um composto neutro, sem cloretos ionizáveis. Ironicamente, a teoria das cadeias estava em cheque, graças ao considerável esforço de um dos seus principais proponentes.

A teoria de coordenação de Werner

Alfred Werner, um químico suíço-alemão, estava dividido entre a química orgânica e a inorgânica. Suas primeiras contribuições (a *estereoquímica*, ou arranjos espaciais, dos átomos em compostos com nitrogênio) foram no campo da orgânica, mas tantos questionamentos no campo da inorgânica estavam sendo levantados naquela época que ele decidiu que essa seria a área em que trabalharia. Ele notou as dificuldades que os químicos inorgânicos estavam tendo para explicar os compostos de coordenação e estava ciente de que as ideias estabelecidas da química orgânica pareciam levar a becos sem saída ou ao fim da linha. Em 1892, quando Werner tinha apenas 26 anos, sua teoria de coordenação lhe veio em um sonho. Ele acordou e começou a escrevê-la e, por volta das cinco da manhã, ela estava essencialmente completa. Mas sua nova teoria representou uma ruptura com as ideias tradicionais e ele não tinha base experimental para sustentar suas ideias. Jørgensen, Blomstrand e outros consideraram Werner um jovem impulsivo e sua teoria, uma audaciosa ficção. Werner passou o resto da sua vida à frente de um completo e sistemático programa de pesquisa para provar que sua intuição estava correta.

Werner estava certo de que a ideia de uma única valência fixa poderia não se aplicar ao cobalto e outros metais similares. Trabalhando com *amonatos* de cobalto e outras séries relacionadas envolvendo cromo e platina, ele propôs, em vez disso, que esses metais teriam dois tipos de valência, uma valência primária (*hauptvalenz*) e uma secundária (*nebenvalenz*). A valência primária, ou ionizável, corresponderia ao que hoje chamamos de *estado de oxidação*, para o cobalto, é o estado 3^+. A valência secundária é mais comumente chamada de *número de coordenação*; para o cobalto é 6. Werner afirmou que a valência secundária estaria diretamente relacionada com posições geométricas fixas no espaço.

A Figura 2.3 mostra as primeiras propostas de Werner para as ligações nos *amonatos* de cobalto. Ele afirmou que o cobalto deveria satisfazer simultaneamente as valências primária e secundária. As linhas sólidas mostram os grupos que satisfazem a valência primária e as linhas tracejadas, sempre direcionadas nas mesmas posições fixas no espaço, mostram como a valência secundária era satisfeita. No composto (1), todos os três cloretos satisfazem apenas a valência primária e as seis amônias satisfazem apenas a secundária. No composto (2), um cloreto deve ter duas funções e ajudar a satisfazer as duas valências. Concluiu-se que o cloreto que satisfaz a valência secundária (e está diretamente ligado ao íon Co^{3+}) está indisponível para precipitação por nitrato de prata. O composto (3) tem dois cloretos de função dobrada e apenas um está disponível para precipitação. O composto (4), de acordo com Werner, deveria ser neutro, sem cloretos ionizáveis. Isso foi exatamente o que Jørgensen encontrou em relação ao composto de irídio.

Werner então focou a geometria da valência secundária (ou número de coordenação). Como mostrado na Tabela 2.2, seis amônias ligadas a um átomo ou íon metálico central podem assumir qualquer entre várias geometrias comuns, incluindo hexagonal plana, prismática trigonal ou octaédrica. A tabela compara algumas informações sobre o número de isômeros previsto e o número real, para uma variedade de compostos de coordenação substituídos.

Precisamos fazer alguns comentários sobre as informações dessa tabela, antes de discutirmos o significado dos dados. Observe primeiro que os símbolos para os compostos usam M para o metal central e A e B para os vários ligantes. Os números entre parêntesis para cada isômero referem-se às posições relativas dos ligantes B. *Isômeros* são definidos aqui como compostos que têm os mesmos números e tipos de ligações químicas, mas diferem nos arranjos espaciais dessas ligações. (Uma discussão mais detalhada sobre isômeros é apresentada no Capítulo 3.) O número de isômeros previsto refere-se ao número de arranjos geométricos espaciais teoricamente possíveis. Por exemplo, para o caso do MA_5B octaédrico, há apenas uma geometria possível, mesmo havendo muitas maneiras de desenhá-lo. A Figura 2.4a mostra três maneiras equivalentes de desenhar tal isômero. Em cada caso, a mesma configuração foi simplesmente orientada de forma diferente no espaço de modo que o ligante B está para cima na posição axial ou em uma posição equatorial diferente. Em outras palavras, todas as seis posições octaédricas são equivalentes e não importa qual posição está ocupada pelo ligante B. (O mesmo argumento vale para as formas hexagonal plana e prismática trigonal do MA_5B. Todas as seis posições dessas geometrias também são equivalentes.) A Figura 2.4b mostra três configurações equivalentes possíveis para o primeiro isômero MA_4B_2 e a Figura 2.4c mostra o mesmo número para o segundo. (Para entender melhor essas estruturas tridimensionais, você pode construir alguns modelos e se convencer de que as afirmações neste parágrafo são verdadeiras. Esses modelos não precisam ser particularmente sofisticados. Palitos de dente e balas de goma ou massa de modelar devem dar conta do recado!)

Agora podemos analisar as informações da Tabela 2.2. Para o caso MA_5B, apenas um isômero pôde ser realmente preparado, um resultado consistente com todas as três geometrias propostas. Entretanto, para o caso MA_4B_2, Werner conseguiu preparar somente dois isômeros. Para o caso octaédrico, esse número está de

(1) CoCl$_3$ · 6NH$_3$

(2) CoCl$_3$ · 5NH$_3$

(3) CoCl$_3$ · 4NH$_3$

(4) IrCl$_3$ · 3NH$_3$

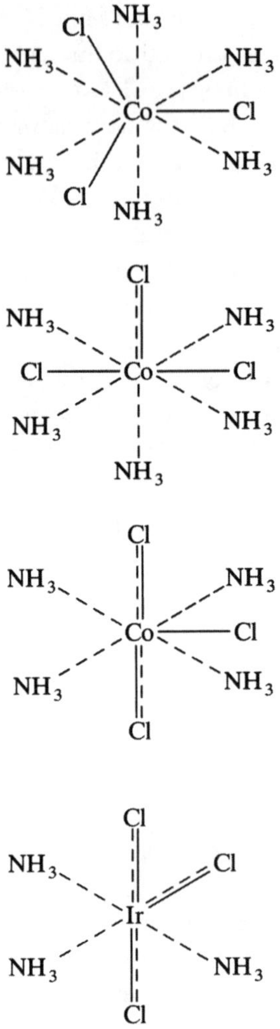

FIGURA 2.3

Representações de Werner dos cloretos de *amonato* de cobalto. As **linhas contínuas** representam grupos que satisfazem a valência primária ou o estado de oxidação (3+) do cobalto e as **linhas tracejadas** representam aqueles que satisfazem a valência secundária ou número de coordenação (6). A valência secundária ocupa posições fixas no espaço. (Adaptado de F. Basolo e R. C. Johnson, *Coordination chemistry*, 2. ed., p. 7. Copyright © 1986. Reimpresso com permissão de Science Reviews 2000 Ltd., www.sciencereviews2000.co.uk.)

acordo com o número de isômeros possíveis, mas para os casos hexagonal planar e prismático trigonal, havia três isômeros possíveis. Assumindo que Werner não deixou de preparar algum isômero, os dados indicavam que as "posições fixas no espaço" para seis ligantes eram octaédricas. O mesmo tipo de análise para o caso MA$_3$B$_3$ produz um resultado similar. Apenas a configuração octaédrica gera o número de isômeros que foram realmente preparados.

Dados esses resultados (obtidos analisando-se um grande número de séries de compostos de coordenação), Werner pôde prever que dois isômeros seriam encontrados para o caso do CoCl$_3$·4NH$_3$. Eles se mostraram difíceis de preparar, mas, em 1907, Werner finalmente obteve sucesso. Ele encontrou dois isômeros, um verde-claro e outro violeta vívido. Agora, embora tudo isso pudesse ser considerado evidência "negativa" (em oposição à prova conclusiva) por um filósofo da ciência (foi a *falta* de um isômero que constituiu a evidência), a hipótese da teoria de coordenação estava crescendo mais forte. A prova positiva de Werner será discutida no próximo capítulo, quando consideraremos a atividade óptica de compostos de coordenação. A prova "negativa" era, no entanto, suficiente para Jørgensen. Em 1907, ele deixou de se opor à "audaciosa" teoria de coordenação de Werner.

TABELA 2.2
O número de isômeros real *versus* o previsto para três geometrias diferentes de número de coordenação 6

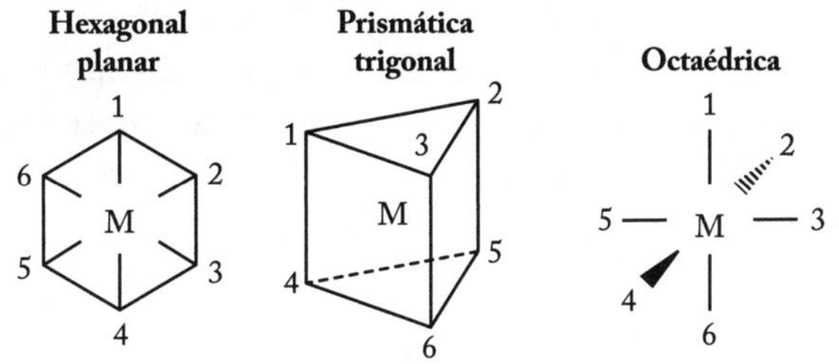

	Hexagonal planar	Prismática trigonal	Octaédrica	
Fórmula	Nº de isômeros previstos (números em parêntesis indicam a posição dos ligantes B)			Nº real de isômeros
MA_5B	Um	Um	Um	Um
MA_4B_2	Três	Três	Dois	Dois
	(1, 2)	(1, 2)	(1, 2)	
	(1, 3)	(1, 4)	(1, 6)	
	(1, 4)	(1, 6)		
MA_3B_3	Três	Três	Dois	Dois
	(1, 2, 3)	(1, 2, 3)	(1, 2, 3)	
	(1, 2, 4)	(1, 2, 4)	(1, 2, 6)	
	(1, 3, 5)	(1, 2, 6)		

Fonte: Adaptado de Bodie Douglas, Darl H. McDaniel e John J. Alexander, *Concepts and models of inorganic chemistry*, 2. ed. Copyright © 1983.

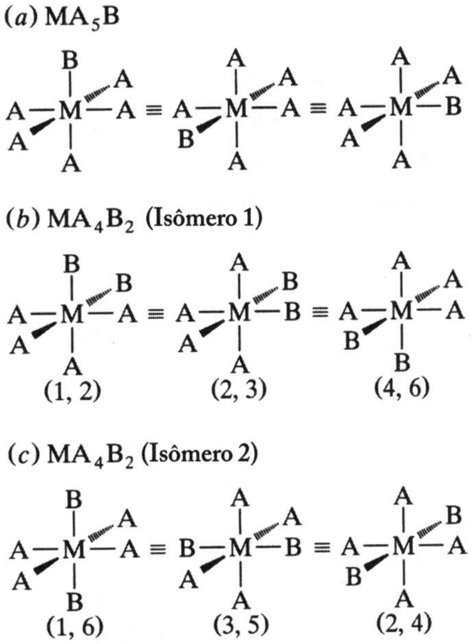

(*a*) MA_5B

(*b*) MA_4B_2 (Isômero 1)
(1, 2)   (2, 3)   (4, 6)

(*c*) MA_4B_2 (Isômero 2)
(1, 6)   (3, 5)   (2, 4)

FIGURA 2.4

Configurações equivalentes para alguns isômeros octaédricos.

Tudo isso serve para demonstrar, como é muito frequente no caso da ciência, que às vezes precisamos assumir alguns riscos. Devemos ocasionalmente seguir nossos instintos (ou, no caso de Werner, seu sonho) e defender uma nova e, algumas vezes, mal sustentada forma de pensar sobre um fenômeno, para que um avanço real e revolucionário ocorra. Blomstrand e Jørgensen tentaram estender as ideias estabelecidas de química orgânica para considerar os mais recentes compostos de coordenação. Fazendo isso, alguém poderia argumentar que eles na verdade prejudicaram o progresso do entendimento desse ramo da química. A dificuldade, certamente, é saber quando se apegar às ideias estabelecidas e quando romper com elas. Werner escolheu a segunda opção e, 20 anos depois, em 1913, recebeu o Prêmio Nobel de Química.

2.3 A VISÃO MODERNA DOS COMPOSTOS DE COORDENAÇÃO

Hoje, as fórmulas moleculares de compostos de coordenação são representadas de uma forma em que fica mais claro quais grupos fazem parte da esfera de coordenação e quais não fazem. Como indicado na introdução deste capítulo, o átomo ou íon metálico e os ligantes coordenados a ele aparecem entre colchetes. Assim, os cloretos de *amonato* de cobalto podem ser representados como

(1) $CoCl_3 \cdot 6NH_3$ $[Co(NH_3)_6]Cl_3$
(2) $CoCl_3 \cdot 5NH_3$ $[Co(NH_3)_5Cl]Cl_2$
(3) $CoCl_3 \cdot 4NH_3$ $[Co(NH_3)_4Cl_2]Cl$
(4) $CoCl_3 \cdot 3NH_3$ $[Co(NH_3)_3Cl_3]$

As moléculas de amônia e os íons cloreto dentro dos colchetes satisfazem o número de coordenação do cobalto. Os cloretos na esfera de coordenação têm duas funções, também ajudando a satisfazer o estado de oxidação 3+ do cobalto. Os cloretos fora dos colchetes, às vezes chamados de *contraíons*, ajudam a satisfazer somente o estado de oxidação. Eles são os únicos cloretos iônicos disponíveis para serem precipitados por nitrato de prata. Por exemplo, se o composto (2) for colocado na água e tratado com íons prata aquosos, a reação resultante seria representada pela Equação (2.2):

$$[Co(NH_3)_5Cl]Cl_2(s) + 2Ag^+ (aq) \rightarrow 2AgCl(s) + [Co(NH_3)_5Cl]^{2+} (aq) \qquad 2.2$$

Embora os compostos de cobalto fossem o assunto mais recorrente de seu programa de pesquisa, Werner e seus colaboradores trabalharam também com outros metais. Como um exemplo, considere a seguinte série de compostos de platina, apresentada no formato moderno. Observe que nesse caso a série é estendida para incluir íons complexos aniônicos. Os contraíons nos últimos casos, compostos (6) e (7), são cátions potássio:

(1) $[Pt(NH_3)_6]Cl_4$
(2) $[Pt(NH_3)_5Cl]Cl_3$
(3) $[Pt(NH_3)_4Cl_2]Cl_2$
(4) $[Pt(NH_3)_3Cl_3]Cl$
(5) $[Pt(NH_3)_2Cl_4]$
(6) $K[Pt(NH_3)Cl_5]$
(7) $K_2[PtCl_6]$

Complexos de cromo também foram investigados. Em 1901, Werner usou resultados de determinações de massa molecular e condutividades para propor que os dois compostos conhecidos de fórmula $CrCl_3 \cdot 6H_2O$ deveriam ser representados como $[Cr(H_2O)_6]Cl_3$, violeta, e $[Cr(H_2O)_4Cl_2]Cl \cdot 2H_2O$, verde-esmeralda.

A amônia foi certamente um dos mais famosos ligantes investigados por Werner. Ele é tratado como um *ligante monodentado*, que significa que compartilha somente um par de elétrons com o átomo ou íon metálico. A palavra *monodentado* vem do grego *monos* e do latim *dentis*, significando literalmente "um dente". Um ligante monodentado, então, tem apenas um par de elétrons para "morder" o metal. Alguns outros ligantes monodentados são mostrados na Tabela 2.3. (A nomenclatura para esses ligantes será discutida na próxima seção.) Não é de surpreender que também existam ligantes bidentados, tridentados e, de maneira geral, multidentados. Em geral, a *denticidade* de um ligante é definida como o número de pares de elétrons que ele compartilha com o átomo ou íon metálico. Alguns outros ligantes comuns multidentados também aparecem

TABELA 2.3
Ligantes comuns monodentados, multidentados, em ponte e ambidentados

	Ligantes usualmente monodentados	
F^-	fluoro	
Br^-	bromo	
I^-	iodo	
CO_3^{2-}	carbonato	
NO_3^-	nitrato	
SO_3^{2-}	sulfito	
$S_2O_3^{2-}$	tiossulfato	
SO_4^{2-}	sulfato	⎫
CO	carbonil	⎪
Cl^-	cloro	⎪
O^{2-}	oxo	⎬ Ligantes em ponte comuns
O_2^{2-}	peroxo	⎪
OH^-	hidroxo	⎪
NH_2^-	amido	⎭
CN^-	ciano/isociano	⎫ Ligantes ambidentados
SCN^-	tiocianato/isotiocianato	⎬
NO_2^-	nitro/nitrito	⎭
H_2O	aqua	
NH_3	amino	
CH_3NH_2	metilamino	
$P(C_6H_5)_3$	trifenilfosfino	
$As(C_6H_5)_3$	trifenilarsino	
N_2	dinitrogênio	
O_2	dioxigênio	
NO	nitrosil	
C_2H_4	etileno	
C_5H_5N	piridino	
	Ligantes multidentados	
$NH_2CH_2CH_2NH_2$ (−)	etilenodiamino (en)	(2)
$CH_3CCHCCH_3$ ‖ ‖ O O	acetilacetonato (acac)	(2)
$C_2O_4^{2-}$	oxalato (ox)	(2)
$NH_2CH_2COO^-$	glicinato (gli)	(2)
$NH_2CH_2CH_2NHCH_2CH_2NH_2$	dietilenotriamina (dien)	(3)
$N(CH_2COO)_3^{3-}$	nitrilotriacetato (NTA)	(4)
$(OOCCH_2)_2NCH_2CH_2N(CH_2COO)_2^{4-}$	etilenodiaminotetra-acetato (EDTA)	(6)

na Tabela 2.3. As denticidades desses ligantes são dadas entre parêntesis. Por exemplo, a denticidade da etilenodiamina é 2.

A etilenodiamina, mostrada na Figura 2.5, era um ligante bidentado de particular importância no trabalho de ambos, Werner e Jørgensen. Note que ambos os átomos de nitrogênio nesse composto têm um par de elétrons isolado que pode ser compartilhado com um metal. Note também que, quando os dois pares de elétrons interagem com o mesmo metal, a configuração resultante lembra um caranguejo segurando sua presa. Ligantes multidentados que formam um ou mais anéis com um átomo metálico dessa forma são chamados de *quelatos* ou *agentes quelantes*, termos derivados do grego *chele*, que significa "garra". Talvez, se você já teve algum contato com química orgânica, você tenha ficado um pouco surpreso com o nome etilenodiamina. Químicos orgânicos modernos chamariam esse composto de 1,2-diaminoetano, mas o uso do termo antigo, utilizando etileno como o radical $-C_2H_4-$, parece ser uma característica permanente na nomenclatura da química de coordenação.

Dois outros tipos gerais de ligantes são representados na Tabela 2.3 e devem ser brevemente mencionados aqui. O primeiro são os comuns *ligantes em ponte*, definidos como aqueles que contêm *dois* pares de elétrons compartilhados com dois átomos metálicos simultaneamente. A interação desses ligantes com átomos metálicos pode ser representada por M←:L:→M. Ligantes em ponte incluem amideto (NH_2^-), carbonila (CO), cloreto (Cl^-), cianeto (CN^-), hidróxido (OH^-), nitrito (NO_2^-), óxido (O^{2-}), peróxido (O_2^{2-}), sulfato (SO_4^{2-}) e tiocianato (SCN^-). Werner preparou muitos compostos de cobalto com amônia ou cobalto com etilenodiamina. O segundo tipo de ligante a ser discutido é o *ligante ambidentado*. Esses são ligantes que, dependendo das condições experimentais ou dos metais envolvidos, podem usar um de dois átomos diferentes para compartilhar um par de elétrons com um metal. Se representarmos esse tipo de ligante por :AB:, então ele pode formar uma de duas possíveis ligações covalentes coordenadas, seja M←:AB: ou :AB:→M, com o átomo metálico. Ligantes ambidentados comuns incluem cianeto, tiocianato e nitrito.

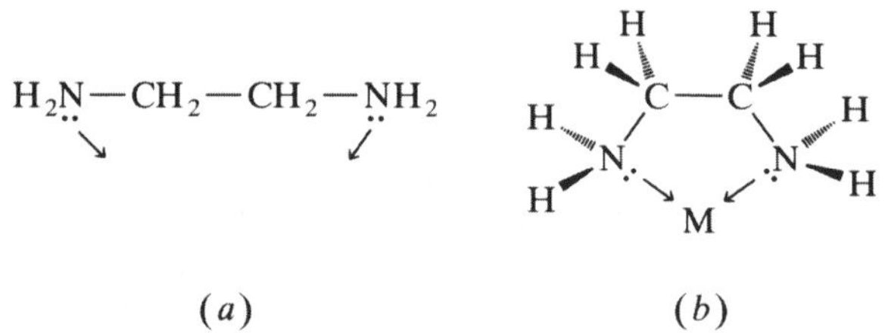

FIGURA 2.5

O ligante bidentado etilenodiamina. As setas indicam que o par de elétrons está sendo compartilhado com o átomo ou íon metálico.

2.4 UMA INTRODUÇÃO À NOMENCLATURA DOS COMPOSTOS DE COORDENAÇÃO

A nomenclatura de compostos de coordenação é introduzida em duas seções. Aqui consideraremos os conceitos básicos de nomenclatura de ligantes (incluindo multidentados, ambidentados e em ponte) que ocorrem em compostos de coordenação simples, neutros ou iônicos. No Capítulo 3, vamos nos concentrar na nomenclatura para compostos que apresentam uma variedade de isômeros possíveis.

A Tabela 2.4 fornece algumas regras para dar nomes aos ligantes e a compostos de coordenação simples. Note que o nome dos ligantes aniônicos é modificado alterando a terminação *-eto* ou *-ido* e para *-o*. Dessa forma, fluoreto se torna fluoro, amideto se torna amido, óxido se torna oxo e assim por diante. Ligantes aniônicos terminados em *-ato* e *-ito* não são alterados. Os poucos ligantes positivos são modificados adicionando *-io* à raiz do nome original. Os nomes dos ligantes neutros também devem terminar com *-o*, mas alguns ligantes neutros comuns possuem nomes especiais. Por exemplo, água se torna aqua, amônia é chamada de amino, monóxido de carbono é carbonil e monóxido de nitrogênio é nitrosil. Oxigênio e nitrogênio moleculares são referidos como dioxigênio e dinitrogênio, respectivamente.

TABELA 2.4
Regras de nomenclatura para compostos de coordenação simples

Ligantes							

1. Ligantes aniônicos terminam em -o.

F^-	fluoro	NO_2^-	nitro	SO_3^{2-}	sulfito	OH^-	hidroxo
Cl^-	cloro	ONO^-	nitrito	SO_4^{2-}	sulfato	CN^-	ciano
Br^-	bromo	NO_3^-	nitrato	$S_2O_3^{2-}$	tiossulfato	NC^-	isociano
I^-	iodo	CO_3^{2-}	carbonato	ClO_3^-	clorato	SCN^-	tiocianato
O^{2-}	oxo	$C_2O_4^{2-}$	oxalato	CH_3COO^-	acetato	NCS^-	isotiocianato

2. Ligantes neutros também terminam em -o.

C_2H_4	etileno	$(C_6H_5)_3P$	trifenilfosfino
$NH_2CH_2CH_2NH_2$	etilenodiamino	CH_3NH_2	metilamino

3. Quatro ligantes neutros apresentam nomes especiais.

H_2O	aqua	NH_3	amino	CO	carbonil	NO	nitrosil

4. Ligantes catiônicos terminam em -io.

$NH_2NH_3^+$ hidrazínio

5. Ligantes ambidentados são indicados:
   a. Usando nomes especiais para as duas formas, por exemplo, nitro e nitrito para $-NO_2^-$ e $-ONO^-$
   b. Posicionando o símbolo do átomo que está coordenando na frente do nome do ligante, por exemplo, *S*-tiocianato e *N*-tiocianato para $-SCN^-$ e $-NCS^-$

6. Ligantes em ponte são indicados posicionando-se μ- antes do nome do ligante.

Compostos de coordenação simples

1. Dê nome primeiro ao ânion, depois ao cátion.

2. Liste os ligantes alfabeticamente.

3. Indique o número (2, 3, 4, 5, 6) de cada tipo de ligante:
   a. Os prefixos *di-, tri-, tetra-, penta-, hexa-* para:
      (1) Todos os ligantes monoatômicos
      (2) Ligantes poliatômicos com nomes curtos
      (3) Ligantes neutros com nomes especiais
   b. Os prefixos *bis-, tris-, tetraquis-, pentaquis-, hexaquis-* para:
      (1) Ligantes cujos nomes contenham um prefixo do primeiro tipo (*di-, tri-* etc.)
      (2) Ligantes neutros sem nomes especiais
      (3) Ligantes iônicos com nomes particularmente longos

4. Se o ânion for complexo, adicione o sufixo *-ato* ao nome do metal. (Alguns metais, como cobre, ouro e prata, têm seus nomes usados em latim e ficam cuprato, aurato e argentato, respectivamente.)

5. Coloque o estado de oxidação em algarismos romanos entre parêntesis após o nome do metal central.

Ao dar nome a um composto de coordenação, o nome do ânion vem primeiro, seguido pelo nome do cátion, acrescentando a preposição "de" entre eles (ou seja, da mesma forma que para os sais comuns – por exemplo, cloreto de sódio ou nitrato de amônio). Para um dado complexo, os ligantes são sempre nomeados primeiro em ordem alfabética, seguido pelo nome do metal. (Note que, ao escrever as fórmulas para os compostos de coordenação, segue-se a ordem oposta, com o símbolo do metal aparecendo antes das fórmulas dos ligantes.) O estado de oxidação do metal é indicado por algarismos romanos entre parêntesis após o nome. (Um estado de oxidação zero é indicado pelo numeral zero, 0, entre parêntesis.) Se o complexo é um ânion, acrescenta-se o sufixo *-ato* ao nome do metal, fazendo-se as alterações necessárias. Por exemplo, cromo fica cromato, ferro passa a ferrato, manganês se torna manganato e assim por diante. Para alguns metais, como cobre, ouro ou prata, devem-se usar seus nomes em latim, ficando cuprato, aurato e argentato, respectivamente.

O número de ligantes é indicado pelo prefixo apropriado dado na Tabela 2.4. Note que há dois conjuntos de prefixos, um (*di-, tri-, tetra-* etc.) para íons monoatômicos, poliatômicos com nomes curtos ou os ligantes especiais neutros citados anteriormente e outro (*bis-*, *tris-*, *tetraquis-* etc.) para ligantes que já contenham um prefixo da primeira lista – por exemplo, etilenodiamino ou trifenilfosfino – ou para ligantes cujo nome normalmente aparece entre parêntesis. Na prática, o uso de parêntesis não é tão sistemático quanto se poderia esperar. Geralmente, ligantes neutros sem nomes especiais e ligantes iônicos com nomes particularmente longos aparecem entre parêntesis. Então, por exemplo, acetilacetonato geralmente aparece entre parêntesis, enquanto oxalato, não.

Há duas formas de lidar com ligantes ambidentados. Uma é usar uma forma um pouco diferente do nome, dependendo do átomo que está doando o par de elétrons ao metal. Uma segunda forma é colocar o símbolo do átomo que está doando antes do nome do ligante. Assim, $-SCN$ pode ser chamado de tiocianato ou *S*-tiocianato, enquanto $-NCS$ seria isotiocianato ou *N*-tiocianato. Todavia, $-NO_2^-$ e $-ONO$ são quase sempre chamados de nitro e nitrito, respectivamente.

Ligantes em ponte são designados posicionando a letra grega μ antes do nome do ligante. Então ligantes hidróxido (OH^-), amideto (NH_2^-) ou peróxido (O_2^{2-}) em ponte se tornam μ-hidroxo, μ-amido e μ-peroxo, respectivamente. Se houver mais de um dado ligante em ponte, o prefixo que indica o número de ligantes é colocado após μ. Por exemplo, se há dois ligantes cloreto em ponte, eles são indicados por μ-dicloro. Se houver dois ou mais ligantes em ponte diferentes, eles são escritos em ordem alfabética.

A melhor maneira de entender a Tabela 2.4 e a explicação é com uma série de exemplos. Vamos, inicialmente, dar nomes aos compostos para os quais foram dadas as fórmulas.

EXEMPLO 2.1

Dê o nome do composto $[Co(NH_3)_4Cl_2]Cl$.

Começamos dando nome ao complexo catiônico. Os ligantes são nomeados alfabeticamente, começando com amino e depois cloro. Há quatro aminas e dois cloretos, então são usados os prefixos *tetra-* e *di-*. O estado de oxidação do cobalto é determinado analisando-se as cargas como se segue: a carga líquida no cátion complexo tem de ser 1^+ para balancear o 1^- do ânion cloreto. Como há dois cloretos 1^- na esfera de coordenação, o cobalto deve ser 3^+ para que a carga líquida no cátion seja 1^+. Levando tudo isso em conta, o nome completo do composto é

cloreto de tetra-aminodiclorocobalto(III)

EXEMPLO 2.2

Dê o nome do composto $(NH_4)_2[Pt(NCS)_6]$.

Aqui temos um complexo aniônico contendo platina e o íon amônio, NH_4^+, como cátion. Como o ligante se apresenta com o símbolo N na frente, sabemos que se trata da forma isotiocianato (ou, alternativamente, *N*-tiocianato) do ligante ambidentado. Há seis desses ligantes, então usamos o prefixo *hexa-*. O ânion tem de ter uma carga líquida 2^- para balancear os dois 1^+ dos cátions amônio. Como o íon tiocianato também é 1^-, o estado de oxidação da platina deve ser 4^+ para que a carga líquida no ânion seja 2^-. Como a platina está presente em um complexo aniônico, seu nome deve terminar por *-ato*. Dessa forma, o nome completo do composto é

hexaisotiocianatoplatinato(IV) de amônio

EXEMPLO 2.3

Dê o nome do composto [Cu(NH$_2$CH$_2$CH$_2$NH$_2$)$_2$]SO$_4$.

Como no Exemplo 2.1, novamente temos um complexo catiônico. O ligante é a etilenodiamina, que geralmente é abreviado por "en", de forma que a fórmula desse composto normalmente é simplificada para [Cu(en)$_2$]SO$_4$. Há dois ligantes etilenodiamino, mas como se trata de um ligante neutro com *di-* em seu nome, o prefixo *bis-* é usado e, como é um ligante neutro sem nome especial, "etilenodiamino" aparece entre parêntesis. O estado de oxidação do cobre será o mesmo da carga líquida do complexo catiônico (uma vez que os ligantes são neutros). Essa carga deve ser 2$^+$ para equilibrar o 2$^-$ do íon sulfato. O nome completo do composto é

sulfato de bis(etilenodiamino)cobre(II)

EXEMPLO 2.4

Dê o nome do composto [Ag(CH$_3$NH$_2$)$_2$][Mn(H$_2$O)$_2$(C$_2$O$_4$)$_2$].

Nesse caso, tanto o cátion quanto o ânion são complexos. Para indicar que há dois ligantes metilamino no cátion, usaremos o prefixo *bis-*. [Note que, se usássemos o prefixo *di-*, teríamos "dimetilamino", que poderia ser interpretado como o ligante (CH$_3$)$_2$NH, em vez de dois ligantes CH$_3$NH$_2$.] No ânion, os dois ligantes aqua aparecem alfabeticamente antes dos dois ligantes oxalato. O nome manganês é alterado para manganato porque esse metal está em um complexo aniônico. Os estados de oxidação aqui devem ser de tal forma que respeitem a razão 1:1 entre o cátion e o ânion. Poderíamos ter Ag(I)/Mn(III), Ag(II)/Mn(II) ou valores similares, de forma que, nesse caso, a soma dos estados de oxidação seja 4. Considerando a química da prata e do manganês, o primeiro caso é mais apropriado. (Com o tempo, você se familiarizará com os estados de oxidação dos metais de transição, de forma que não será necessário discutir assuntos como esse.) O nome completo desse composto é

diaquadioxalatomanganato(III) de bis(metilamino)prata(I)

EXEMPLO 2.5

Dê o nome do composto

[(NH$_3$)$_3$Co(μ-OH)$_3$Co(NH$_3$)$_3$](NO$_3$)$_3$

Esse é nosso primeiro exemplo de composto com ligante em ponte. Os três hidróxidos fazem pontes entre os dois íons cobalto. Damos nome para esse tipo de composto da esquerda para a direita e lembrando de colocar μ na frente dos ligantes em ponte. Os estados de oxidação dos metais poderiam ser (III) e (III), (II) e (IV), (I) e (V) ou qualquer outra combinação que, somada, dê 6, mas, mesmo com a nossa breve exposição à química do cobalto, você provavelmente (e corretamente) escolheria a primeira opção. O nome completo do composto é

nitrato de triaminocobalto(III)-μ-tri-hidroxotriaminocobalto(III)

Agora vamos nos ater a alguns exemplos nos quais são dados os nomes de alguns compostos de coordenação e em que se pede para que sejam fornecidas as fórmulas. A propósito, as regras para escrever essas fórmulas, como para todos os compostos químicos, são determinadas pela União Internacional de Química Pura e Aplicada (International Union of Pure and Applied Chemistry – IUPAC). As regras da IUPAC, em relação à ordem na qual as fórmulas dos ligantes em um composto de coordenação devem ser escritas, são surpreendentemente complicadas e geralmente não são tratadas em um livro-texto, a essa altura. Em vez disso, seguiremos a prática comum e simplificada (mas não oficialmente correta) de escrever as fórmulas dos ligantes de um composto de coordenação na mesma ordem em que são nomeados – isto é, em ordem alfabética em relação à primeira letra do nome do ligante.

EXEMPLO 2.6

Escreva a fórmula para o composto cloreto de (acetilacetonato): tetra-aquacobalto(II).

A fórmula para o ligante bidentado acetilacetonato é dada na Tabela 2.3, mas esse ânion 1^- é usualmente abreviado por acac. O acac e as quatro águas constituem a esfera de coordenação que, com o cobalto(II), aparecem juntos entre colchetes. A carga líquida no complexo catiônico é 1^+ (porque o acac é 1^-), então um cloreto é necessário como contraíon. A fórmula do composto é

$$[Co(acac)(H_2O)_4]Cl$$

EXEMPLO 2.7

Escreva a fórmula para o composto fosfato de triaminocloro(etileno)nitroplatina(IV).

Esse composto possui quatro diferentes tipos de ligantes na esfera de coordenação: NH_3, Cl^-, C_2H_4 e NO_2^- (ligado pelo nitrogênio). A única dificuldade real em construir essa fórmula é descobrir quantos cátions e ânions estão presentes. O cátion tem uma carga líquida de 2^+ e o ânion, de 3^-. Então, deve haver três cátions e dois ânions para garantir a neutralidade eletrônica. A fórmula do composto é

$$[Pt(NH_3)_3Cl(C_2H_4)NO_2]_3(PO_4)_2$$

EXEMPLO 2.8

Escreva a fórmula para o sulfato de tetra-aminocromo(III)-μ-amido-μ-hidroxobis(etilenodiamino)ferro(III).

O OH^- e o NH_2^- são ligantes em ponte entre os cátions de cobalto e de ferro. A carga total nesse grande cátion é 4^+ ($6+$ dos dois cátions 3^+ e 2^- dos dois ânions 1^-). Então deve haver dois sulfatos 2^- na fórmula:

$$[(NH_3)_4Cr\underset{\underset{H}{O}}{\overset{\overset{H_2}{N}}{\diamondsuit}}Fe(en)_2](SO_4)_2$$

EXEMPLO 2.9

Escreva a fórmula para o triclorotântalo(III)-μ-triclorotriclorotantalato(III) de césio.

Nesse caso, o complexo é aniônico. Ele contém dois cátions tântalo(III) ligados por pontes com três íons cloreto. Cada tântalo também tem três cloretos monodentados ligados a ele. A carga total no ânion é 3^- (6^+ dos dois cátions tântalo e 9^- dos nove cloretos 1^-). Deve haver três cátions Cs^+ para equilibrar o ânion 3^-. A fórmula para esse composto é

$$Cs[Cl_3Ta(\mu\text{-}Cl)_3TaCl_3]$$

RESUMO

Compostos de coordenação são tipicamente caracterizados por quatro ou seis ligantes em uma esfera de coordenação em torno de um átomo ou íon metálico. Este capítulo inicia uma investigação sistemática da química de coordenação colocando sua história em perspectiva, introduzindo alguns ligantes típicos e definindo os conceitos básicos do esquema de nomenclatura.

A descoberta e a explicação dos compostos de coordenação devem ser vistas dentro de um contexto maior que envolve o progresso no entendimento da estrutura atômica, da tabela periódica e das ligações químicas. As contribuições de Proust e Lavoisier, entre outros, levaram Dalton a formular a primeira teoria atômica concreta em 1808. Mendeleev publicou sua primeira tabela periódica em 1869. Com as descobertas dos raios X, da radioatividade, dos elétrons e do núcleo, no início do século XX, a descrição mecânica-quântica moderna do átomo começou a emergir na década de 1920. Esse modelo dá uma explicação teórica para os espectros de linha atômicos e para a tabela periódica moderna.

Químicos orgânicos estavam à frente em relação à representação das ligações em moléculas. Eles acreditaram em conceitos como radicais (que mantinham suas identidades ao passarem por várias reações) e átomos com valências ou poderes de combinação. A partir da descoberta do elétron no início do século XX, Lewis foi capaz de explicar alguns aspectos das ligações químicas usando suas fórmulas em que elétrons são representados por pontos, aos pares; e a regra do octeto. As teorias da repulsão dos pares de elétrons da camada de valência (VSEPR), da ligação de valência (VB) e do orbital molecular (OM) surgiram em seguida, na década de 1930.

Compostos de coordenação foram preparados inicialmente no fim dos anos 1700. Durante o século seguinte, muitos compostos foram sintetizados e caracterizados, mas pouco progresso foi feito com relação à sua formulação e ao entendimento de suas estruturas moleculares. Tentativas de aplicar conceitos de radicais, cadeias de átomos interligados e valência fixa constante (todas as ideias que foram tão bem-sucedidas na organização dos compostos orgânicos) não funcionaram bem para compostos de coordenação.

A teoria das cadeias de Blomstrand-Jørgensen foi a mais bem-sucedida das teorias iniciais que tentaram explicar a conhecida série dos *amonatos* de cobalto. Essa teoria combinou átomos de cobalto trivalentes, radicais amônia divalentes e cloretos monovalentes para produzir estruturas que justificassem algumas das fórmulas, condutividades e reações desses compostos. Entretanto, quando um análogo de um composto fundamental foi finalmente sintetizado, a previsão da teoria das cadeias se mostrou errada e ela começou a perder adeptos.

Werner literalmente sonhou com a sua teoria moderna dos compostos de coordenação, em 1892. Ele visionou que metais tinham dois tipos de valência, os quais se referem aos atuais estado de oxidação e número de coordenação. Alguns ligantes satisfazem apenas o número de coordenação, enquanto outros simultaneamente satisfazem o estado de oxidação. Essas ideias explicam por que alguns cloretos, nos cloretos de *amonatos* de cobalto, são ionizáveis e outros, não. Comparando o número real de isômeros conhecidos com o número dos que deveriam existir para várias geometrias, Werner concluiu que os seis ligantes nos *amonatos* de cobalto estavam dispostos em um arranjo octaédrico.

A amônia é um exemplo de um ligante monodentado, o que significa que ela pode compartilhar apenas um par isolado de elétrons com um dado átomo metálico. A etilenodiamina, no entanto, é bidentada. Quando os dois átomos de nitrogênio compartilham um par de elétrons com um metal, um anel que inclui o metal é formado. Ligantes que formam anéis dessa maneira são chamados de quelatos ou agentes quelantes. Vários ligantes multidentados, em ponte e ambidentados são fornecidos em uma lista de ligantes comuns (Tabela 2.3).

A nomenclatura de compostos de coordenação simples é desenvolvida em um conjunto de regras para se referir a ligantes neutros e iônicos, ao número de cada tipo de ligante e ao estado de oxidação do metal. No texto são dados vários exemplos de nomenclatura de compostos e determinação de fórmulas.

PROBLEMAS

2.1 Exponha brevemente, com as próprias palavras, a teoria atômica de Dalton. Como o conceito de ganchos incorporados foi usado para explicar a existência de moléculas formadas considerando os átomos que Dalton descreveu?

2.2 A lei das composições definidas diz que os elementos em um dado composto estão sempre presentes na mesma proporção em massa. Como essa observação levou os primeiros químicos ao conceito da valência fixa?

2.3 Explique brevemente como o experimento em que partículas alfa eram direcionadas a uma folha fina de ouro levou Rutherford a propor que o átomo contém um núcleo.

*2.4 Escreva um parágrafo conciso que explique como o conceito do átomo mecânico-quântico ou de Schrödinger pode ser aplicado para explicar os espectros de emissão de linha dos elementos.

2.5 Explique brevemente como o conceito de valência levou aos famosos espaços vazios presentes nas primeiras tabelas periódicas de Mendeleev.

2.6 Resuma brevemente como as ideias de (*a*) cadeias de átomos de carbono, (*b*) valências fixas únicas para todos os átomos e (*c*) grupos de átomos ("radicais") também de capacidade fixa de combinação levaram a resultados decepcionantes na tentativa de representar as ligações em compostos de coordenação.

2.7 Se você estivesse no lugar de Jørgensen no final da década de 1890, como você teria tentado explicar os dois isômeros de $CoCl_3 \cdot 4NH_3$?

2.8 Da mesma forma que se imaginou que a molécula de amônia tivesse uma valência total de 2 e era representada como $-NH_3-$ na teoria das cadeias de Blomstrand-Jørgensen, a água pode ser representada por $-H_2O-$. Alguns compostos contendo cromo(III), água e cloreto são fornecidos a seguir:

Fórmula	Nº de íons Cl^- precipitados
(1) $CrCl_3 \cdot 6H_2O$	3
(2) $CrCl_3 \cdot 5H_2O$	2
(3) $CrCl_3 \cdot 4H_2O$	1

---

* Exercícios marcados com um asterisco (*) são mais desafiadores.

(a) Escreva uma equação balanceada para a reação do composto (1) com uma solução aquosa de nitrato de prata, $AgNO_3(aq)$.

(b) Como varia a condutividade das soluções aquosas desses compostos? Racionalize brevemente sua resposta.

(c) Desenhe diagramas apropriados do composto (2) da tabela, usando (i) a teoria das cadeias de Blomstrand-Jørgensen, (ii) a teoria de coordenação de Werner e (iii) o método atual de representar compostos de coordenação.

2.9 Os primeiros compostos considerados por Blomstrand, Jørgensen e Werner, durante suas tentativas de criar uma teoria para o que nós conhecemos agora por *compostos de coordenação*, foram os *amonatos* de cobalto. Outra série conhecida no fim dos anos 1800 foi a dos cloretos de *amonatos* de platina. Informações para essa série são fornecidas na tabela a seguir.

Composto	Nº de íons Cl⁻ precipitados com $AgNO_3$	Condutividade	Nº de isômeros conhecidos
(1) $PtCl_2 \cdot 4NH_3$	2		1
(2) $PtCl_2 \cdot 3NH_3$	1	Diminui	1
(3) $PtCl_2 \cdot 2NH_3$	0		2

(a) Escreva as fórmulas estruturais para esses três compostos como Blomstrand e Jørgensen poderiam ter escrito.

(b) Escreva as fórmulas estruturais para esses compostos [incluindo os dois isômeros do composto (3)] como Werner poderia ter escrito.

(c) Escreva as fórmulas estruturais como elas poderiam ser representadas hoje em dia. (*Dica:* a geometria em torno da platina é quadrática.)

2.10 De que forma você suspeita que a ideia de Jørgensen, de posicionar os cloretos menos reativos próximos do átomo de cobalto e os mais reativos, mais afastados, influenciou o pensamento de Werner?

2.11 Compostos de coordenação com fórmula MA_4 podem ser quadráticos ou tetraédricos. Quantos isômeros você prevê que existam para compostos de fórmula MA_2B_2 para essas duas geometrias? $Pt(NH_3)_2Cl_2$ tem dois isômeros conhecidos e $[CoBr_2I_2]^{2-}$ tem apenas um. Especule sobre as estruturas desses compostos.

*2.12 Para um número de coordenação 4, há duas possibilidades estruturais: tetraédrica e quadrática. Essas geometrias são mostradas a seguir. Observe que M = metal e L = ligante monodentado.

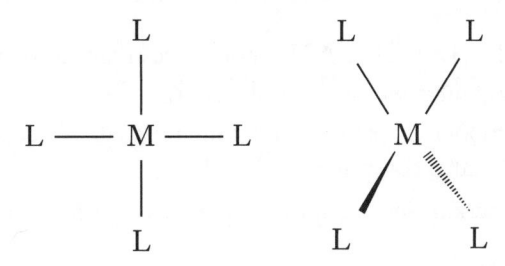

(a) O complexo $[Pt(NH_3)_2(SCN)_2]$ forma dois isômeros, enquanto o complexo $[Pt(en)(SCN)_2]$ forma apenas um. O que isso sugere sobre a geometria em torno do cátion platina nesses complexos? Observe: a molécula de etilenodiamina pode somente alcançar posições adjacentes, tanto em geometrias tetraédricas quanto em quadrática.

---

* Exercícios marcados com um asterisco (*) são mais desafiadores.

(b) Desenhe um diagrama mostrando como Alfred Werner representaria o complexo com etilenodiamino.

(c) Dado que a valência primária ou estado de oxidação da platina é 2+, o complexo com amino poderia ser explicado usando a teoria das cadeias? Se sim, mostre uma estrutura baseada nessa teoria. Se não, explique o porquê. (*Dica:* como parte de sua resposta, considere quantos tiocianatos poderiam ser precipitados a partir de uma solução aquosa desse composto, usando nitrato de prata.)

*2.13 Suponha que a *nebenvalenz* (valência secundária) de Werner mostrou dirigir-se para os cantos de um prisma trigonal. Desenhe todos os isômeros do cloreto de tetra-aminodiclorocobalto(III).

2.14 Suponha que a *nebenvalenz* de Werner mostrou-se dirigir para os cantos de um hexágono. Desenhe todos os isômeros do cátion tetra-aminodicloroplatina(IV).

2.15 Suponha que a *nebenvalenz* de Werner mostrou ser hexagonal planar em vez de octaédrica. Desenhe e dê o nome de *todos* os isômeros possíveis do $Cr(CO)_3Cl_3$.

2.16 Suponha que a *nebenvalenz* de Werner mostrou ser trigonal prismática em vez de octaédrica. Desenhe e dê o nome de *todos* os isômeros possíveis do $Cr(CO)_3Cl_3$.

2.17 Dado o composto $Cr(H_2O)_3Cl_3$:

(a) Desenhe um diagrama mostrando como Werner teria representado esse composto. Explique quais ligantes satisfariam as valências primária e secundária.

*(b) Quantos isômeros de $Cr(H_2O)_3Cl_3$ seriam possíveis se a esfera de coordenação desse complexo fosse prismática trigonal?

(c) Quantos, se fosse octaédrica?

Justifique suas respostas aos itens (b) e (c) usando diagramas desenhados claramente.

2.18 Desenhe diagramas similares aos da Figura 2.5 para o ligante bidentado oxalato. (*Dica:* esse ânion apresenta estruturas de ressonância.)

*2.19 Combinações de cobalto(III), amônia, ânions nitrito (NO_2^-) e cátions potássio (K^+) resultam na formação de uma série de sete compostos de coordenação.

(a) Escreva as fórmulas modernas para os membros dessa série. (*Dica:* nem todos os sete compostos possuem todos os quatro componentes.)

(b) Quantos nitritos iônicos estariam presentes em cada composto?

(c) Quantos isômeros cada composto teria, assumindo que cada um apresenta uma esfera de coordenação octaédrica?

*2.20 Combinações de ferro(II), H_2O, Cl^- e NH_4^+ podem resultar na formação de uma série de sete compostos de coordenação, um dos quais é $[Fe(H_2O)_6]Cl_2$.

(a) Escreva as fórmulas modernas para os outros membros da série. (*Dica:* nem todos os sete compostos contêm todos os quatro componentes.)

(b) Quantos cloretos poderiam ser precipitados para cada composto pela reação com nitrato de prata aquoso?

(c) Quantos isômeros cada composto teria, assumindo que cada um tenha uma esfera de coordenação octaédrica?

*2.21 Combinações de cátions platina(II), moléculas de amônia, ânions tiocianato e cátions amônio resultam na formação de uma série de cinco compostos de coordenação.

---
* Exercícios marcados com um asterisco (*) são mais desafiadores.

(*a*) Escreva as fórmulas modernas para os membros dessa série. (*Dica:* nem todos os cinco compostos possuem cada um dos componentes.)

(*b*) Dê o nome do composto que contém (i) o cátion de maior carga e (ii) o ânion de maior carga.

(*c*) Escreva a fórmula do membro neutro dessa série, como Werner teria escrito. Assumindo que o íon tiocianato sempre se liga através de seu átomo de enxofre e que platina(II) apresenta uma esfera de coordenação quadrática, quantos isômeros esse composto teria?

*2.22 Combinações de cátions paládio(II), moléculas de trifenilfosfina, ânions cloreto e cátions amônio resultam na formação de uma série de cinco compostos de coordenação.

(*a*) Escreva as fórmulas modernas para os membros dessa série. (*Dica:* nem todos os cinco compostos possuem cada um dos componentes.)

(*b*) Qual(is) composto(s) teria(m) a maior condutividade em solução? Explique brevemente sua resposta.

(*c*) Escreva a fórmula do membro neutro dessa série, como Werner teria escrito. Assumindo que o paládio(II) apresenta uma esfera de coordenação quadrática, quantos isômeros esse composto teria?

*2.23 Jørgensen sintetizou [CoCl$_2$(en)$_2$]Cl, que aparecia em duas formas, nomeadas devido às suas cores como violeo e praseo. Werner citou a existência desses dois (e somente dois) isômeros como prova de uma esfera de coordenação octaédrica.

(*a*) Lembrando que *en* representa a molécula bidentada etilenodiamina, desenhe as fórmulas estruturais para cada isômero. (*Dica:* a molécula de etilenodiamina só pode alcançar posições adjacentes no octaedro.)

(*b*) Suponha que a esfera de coordenação para o número de coordenação 6 seja prismática trigonal em vez da octaédrica de Werner. Quantos isômeros esse composto teria considerando essa suposição? Desenhe fórmulas estruturais para cada um. (*Dica:* a molécula de etilenodiamina só pode alcançar posições adjacentes nos lados triangulares e retangulares do prisma trigonal.)

(*c*) Suponha que a esfera de coordenação para o número de coordenação 6 seja hexagonal planar em vez da octaédrica de Werner. Quantos isômeros esse composto teria considerando essa suposição? Desenhe fórmulas estruturais para cada um. (*Dica:* a molécula de etilenodiamina só pode alcançar posições adjacentes no hexágono.)

*2.24 Antes de um sistema uniforme de nomenclatura para compostos de coordenação ter sido desenvolvido, alguns compostos recebiam nomes em homenagem aos químicos que originalmente os prepararam. Além disso, como a natureza das ligações nesses compostos não era clara, as fórmulas estruturais desses compostos parecem de certa forma estranhas para nós. Por exemplo, um composto conhecido como sal de Erdmann era escrito Co(NO$_2$)$_3$ · KNO$_2$ · 2NH$_3$.

(*a*) Escreva uma fórmula molecular moderna para esse composto e forneça seu nome.

(*b*) Usando a fórmula moderna, você esperaria que esse composto tivesse isômeros? Em caso positivo, desenhe a estrutura que representa cada isômero.

2.25 Dê o nome dos seguintes compostos:

(*a*) [Pt(NH$_3$)$_4$Cl$_2$]SO$_4$

(*b*) K$_3$[Mo(CN)$_6$F$_2$]

(*c*) K[Co(EDTA)]

(*d*) Co(NH$_3$)$_3$(NO$_2$)$_3$

---

* Exercícios marcados com um asterisco (*) são mais desafiadores.

2.26 Dê o nome dos seguintes compostos:
   (a) [Pt(NH$_3$)$_6$]Cl$_4$
   (b) [Ni(acac){P(C$_6$H$_5$)$_3$}$_4$]NO$_3$
   (c) (NH$_4$)$_4$[Fe(ox)$_3$]
   (d) W(CO)$_3$(NO)$_2$

2.27 Dê o nome dos seguintes compostos:
   (a) [Pt{P(C$_6$H$_5$)$_3$}$_4$](CH$_3$COO)$_4$
   (b) Ca$_3$[Ag(S$_2$O$_3$)$_2$]$_2$
   (c) Ru{As(C$_6$H$_5$)$_3$}$_3$Br$_2$
   (d) K[Cd(H$_2$O)$_2$(NTA)]

2.28 Dê o nome dos seguintes compostos:
   (a) [Fe(en)$_3$][IrCl$_6$]
   (b) [Ag(NH$_3$)(CH$_3$NH$_2$)]$_2$[PtCl$_2$(ONO)$_2$]
   (c) [VCl$_2$(en)$_2$]$_4$[Fe(CN)$_6$]

2.29 Muitos compostos de coordenação receberam inicialmente seus nomes devido a suas cores ou em homenagem à pessoa que primeiro os sintetizou. Dê os nomes dos seguintes compostos usando a nomenclatura moderna:
   (a) Um sal "róseo": [Co(NH$_3$)$_5$H$_2$O]Br$_3$
   (b) Cloreto pupureocobáltico: [Co(NH$_3$)$_5$Cl]Cl$_2$
   (c) Sal de Zeise: K[PtCl$_3$(C$_2$H$_4$)]
   (d) Sal de Vauquelin: [Pd(NH$_3$)$_4$][PdCl$_4$]

*__2.30__ Dê o nome do seguinte composto:

$$\left[(en)_2Co \underset{\underset{\underset{S}{|}}{\underset{C}{|}}}{\overset{\overset{\overset{N}{|}}{\overset{C}{|}}}{\overset{S}{\underset{N}{\diamond}}}} Cr(acac)_2 \right] (NO_3)_2$$

*__2.31__ Dê o nome do seguinte composto:

$$\left. \begin{array}{c} CH_3 \\ | \\ C \\ O \hspace{10pt} O \\ | \hspace{10pt} | \\ (H_2O)_3Cu \hspace{10pt} Cu(H_2O)_3 \\ | \hspace{10pt} | \\ O \hspace{10pt} O \\ C \\ | \\ CH_3 \end{array} \right\} = CH_3COO^- = \text{acetato}$$

---

* Exercícios marcados com um asterisco (*) são mais desafiadores.

2.32 Dê o nome do seguinte composto:

$$[(SCN)_3(H_2O)_2Cr\underset{O}{\overset{H}{\diagup\diagdown}}Co(NH_3)_5]SO_4$$

2.33 O íon nitreto, N^{3-}, pode ser um ligante monodentado ou em ponte. Dê o nome do seguinte composto:

$$(NH_4)_3[Br_4Ta\underset{}{\overset{N}{\diagup\diagdown}}TaBr_4]$$

2.34 Escreva as fórmulas para os seguintes compostos:
   (a) Cloreto de penta-amina(dinitrogênio)rutênio(II)
   (b) Nitrato de aquabis(etilenodiamino)tiocianatocobalto(III)
   (c) Hexaisocianatocromato(III) de sódio

2.35 Escreva as fórmulas para os seguintes compostos:
   (a) Acetato de bis(metilamina)prata(I)
   (b) Dibromodioxalatocobaltato(III) de bário
   (c) Carboniltris(trifenilfosfina)níquel(0)

2.36 Escreva as fórmulas para os seguintes compostos:
   (a) Cloreto de tetrakis(piridino)bis(trifenilarsino)cobalto(III)
   (b) Dicarbonilnitrosilcobaltato(-I) de amônio
   (c) Octacianomolibdato(V) de potássio
   (d) Diaminodicloroplatina(II) (sal de Peyrone)

2.37 Escreva as fórmulas para os seguintes compostos:
   (a) Pentaclorocuprato(II) de hexaminocobalto(III)
   (b) Tetracloroplatinato(II) de tetraquis(piridino)platina(II)
   (c) Bis(oxalato)aurato(III) de diaminobis(trifenilfosfino)paládio(II)

2.38 Escreva as fórmulas para os seguintes compostos:
   (a) Sulfato de (etilenodiamino)iodonitritocromo(III)-μ-di-hidroxotriaminoclorocobalto(III)
   (b) Nitrato de bis(etilenodiamino)cobalto(III)-μ-isociano-μ-tiocianatobis(acetilacetonato)cromo(III)

2.39 Escreva as fórmulas para os seguintes compostos:
   (a) Cloreto de pentaminocromo(III)-μ-hidroxopentamincromo(III)
   (b) Brometo de diamina(etilenodiamino)cromo(III)-μ-bis(dioxigênio)tetraminocobalto(III)

2.40 Escreva as fórmulas para os dois seguintes compostos:
   (a) Diclorobis(piridino)tungstênio(III)-μ-diclorodiclorobis(piridino)tungstênio(III)
   (b) Dicloroiodotungstênio(III)-μ-bromo-μ-cloro-μ-iododicloroiodotungstato(III) de amônio

CAPÍTULO 3

Estruturas dos compostos de coordenação

No Capítulo 2, começamos a investigar a natureza dos compostos de coordenação. Vimos como Werner foi capaz de explicar as estruturas dos *amonatos* de cobalto assumindo que o metal possui dois tipos de valências; hoje, nós as chamamos de estado de oxidação e número de coordenação. Após definirmos um isômero, demonstramos que, assumindo uma configuração octaédrica dos seis ligantes em torno do cobalto, há apenas dois isômeros possíveis para um composto de fórmula MA_4B_2. Uma vez que Werner só conseguiu preparar dois isômeros, ele e outros ficaram convencidos de que a configuração octaédrica estava correta.

Aqui, no Capítulo 3, conduziremos uma investigação sistemática das estruturas dos compostos de coordenação. Começaremos discutindo os vários tipos de isômeros possíveis e depois consideraremos os números de coordenação mais comuns. Vamos perceber que o número de coordenação 6 usualmente corresponde à configuração octaédrica, enquanto a geometria tetraédrica e a quadrática são possíveis se o número de coordenação for 4. A nomenclatura necessária para descrever os isômeros encontrados será desenvolvida conforme progredirmos.

3.1 ESTEREOISÔMEROS

A Figura 3.1 mostra como os vários tipos de isômeros se relacionam. Agora a palavra *isômero* (do grego *isomeres*) significa literalmente "ter partes iguais", de modo que compostos serão isômeros se tiverem o mesmo número e tipos de partes – nesse caso, *átomos*. Como mostrado na Figura 3.1, os isômeros podem ser subdivididos em duas categorias principais, se possuírem o mesmo número e tipos de *ligações químicas* ou não. Aqueles que apresentam o mesmo número e tipos de ligações são chamados de estereoisômeros e são o assunto aqui. Isômeros estruturais, que possuem diferentes números e tipos de ligações, serão tratados na Seção 3.6.

```
┌─────────────────────────────────────────────────┐
│ Isômeros: espécies químicas que apresentam os   │
│ mesmos números e tipos de átomos, mas diferentes│
│ propriedades.                                   │
└─────────────────────────────────────────────────┘
           │
     ┌─────┴─────┐
```

Estereoisômeros: aqueles com os mesmos números e tipos de ligações químicas, mas diferentes arranjos espaciais dessas ligações.

a. **Isômeros ópticos ou enantiômeros:** aqueles que apresentam a propriedade da quiralidade devido aos diferentes arranjos espaciais; aqueles que se apresentam como imagens especulares não sobreponíveis.
b. **Isômeros geométricos:** aqueles cujos diferentes arranjos espaciais resultam em diferentes geometrias.

Isômeros estruturais: aqueles com diferentes números e tipos de ligações químicas.

a. **Isômeros de coordenação:** aqueles que diferem devido a uma troca de posição de ligantes na esfera de coordenação.
b. **Isômeros de ionização:** aqueles que diferem devido a uma troca de grupos entre esferas de coordenação e contraíons.
c. **Isômeros de ligação:** aqueles que diferem devido ao sítio de ligação usado por um ligante bidentado.

FIGURA 3.1
Tipos de isômeros.

Estereoisômeros diferem no arranjo espacial de suas ligações. Se os arranjos espaciais resultam em diferentes geometrias, eles são conhecidos simplesmente por *isômeros geométricos*. A nomenclatura para esses isômeros geralmente distingue entre os possíveis arranjos geométricos pela adição de um prefixo descritivo como *cis-*, *trans-*, *mer-* ou *fac-* antes do nome do composto. Exemplos específicos serão encontrados conforme prosseguirmos com o estudo dos tipos de esferas de coordenação mais comuns.

O segundo tipo de estereoisômero ocorre em moléculas que apresentam a propriedade da quiralidade, uma palavra que vem do grego *cheir*, significando "a mão". Sabemos que as mãos se apresentam em duas formas, canhota e destra, e que elas são imagens especulares não sobreponíveis uma da outra. Tente um pequeno experimento. Encoste a palma de uma de suas mãos na palma da outra, com os dedos alinhados de forma que um dedão encoste no outro, um indicador no outro e assim por diante. Note que suas mãos são imagens especulares uma da outra. Agora tente mover suas mãos de forma que, quando você olhar para a palma delas, por exemplo, elas se pareçam exatamente iguais. Em outras palavras, tente sobrepor uma mão na outra. Você pode tentar quanto quiser, as mãos não podem parecer iguais, elas são imagens especulares não sobreponíveis uma da outra. Elas são quirais. Outros objetos (luvas, tesouras, floretes, várias ferramentas) também são quirais, ou seja, existem nas formas canhota e destra. Existem luvas de beisebol para destros e para canhotos, por exemplo.

Moléculas também existem em formas quirais que são imagens especulares não sobreponíveis uma da outra. Essas moléculas são conhecidas como isômeros ópticos ou enantiômeros. A palavra *enantiômero* vem do grego *enantios*, que significa "oposto", e *meros*, que significa "parte", de modo que *enantiômeros* são as formas canhota e destra de uma dada molécula quiral. Os enantiômeros sempre apresentam os mesmos pontos de fusão, pontos de ebulição, momentos dipolares, solubilidade e assim por diante, mas uma propriedade que os distingue é a capacidade de desviar o plano da luz polarizada em direções opostas.

A luz é comumente descrita como campos elétrico e magnético oscilantes ocupando planos perpendiculares, ambos incluindo a direção na qual ela se movimenta, como mostrado na Figura 3.2a. Note que um número infinito de planos é possível para ambos os campos elétrico e magnético, como mostrado na Figura 3.2b para o campo elétrico. Na luz comum não polarizada, nenhum plano tem preferência sobre outro. Todavia, se a luz comum passar através (ou, às vezes, for refletida) de um meio apropriado, ela pode ser polarizada ou passa a se mover como se estivesse confinada em apenas um dado plano. A polarização está representada na Figura 3.2c. A luz polarizada possui apenas um plano possível para seus campos oscilantes, elétrico e magnético.

No início da década de 1880, foi descoberto que certas substâncias (por exemplo, terebintina e outros líquidos orgânicos, soluções aquosas de açúcar, quartzo e outros minerais) são *opticamente ativas*, isto é, elas podem desviar o plano de um feixe de luz polarizada de um comprimento de onda particular. Essa situação

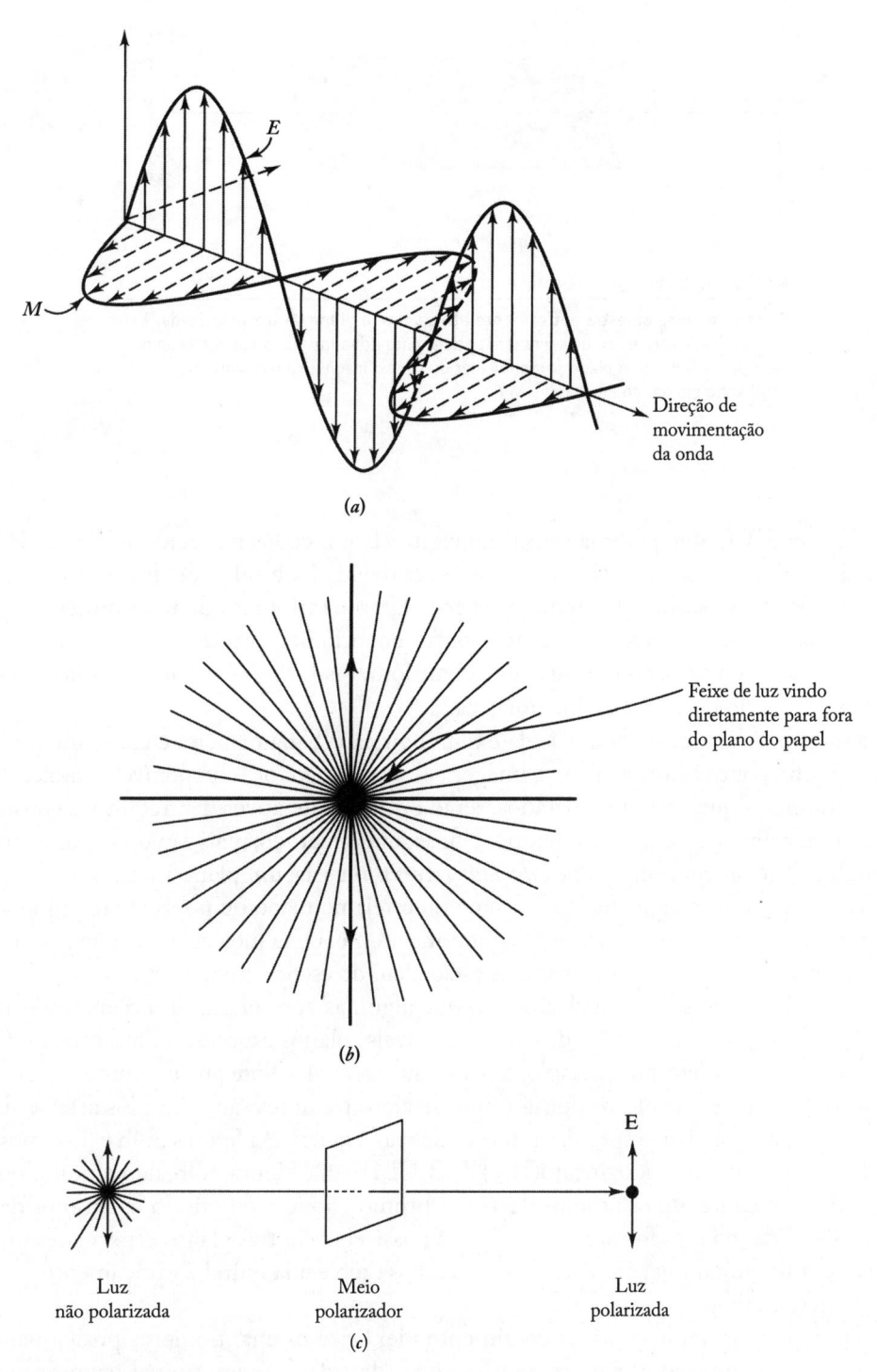

FIGURA 3.2

Luz como radiação eletromagnética. (*a*) Luz representada como campos elétrico (*E*) e magnético (*M*) perpendiculares. (*b*) Alguns dos possíveis planos do campo elétrico na luz não polarizada. (*c*) Luz não polarizada passando através de um meio polarizador que permite que passe somente uma orientação (plano) do campo elétrico.

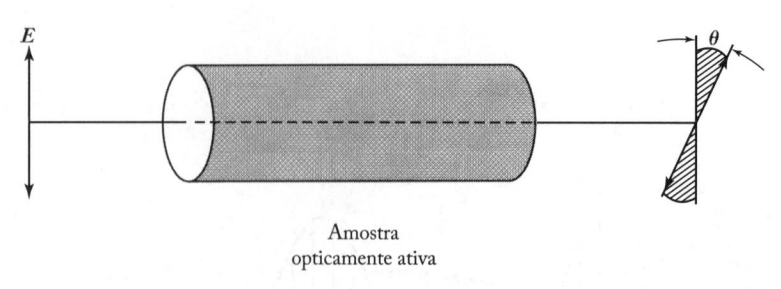

FIGURA 3.3

O efeito de uma amostra opticamente ativa sobre o plano da luz polarizada. Passar luz polarizada através de uma amostra opticamente ativa faz que o plano de campo elétrico oscilante (e o plano perpendicular do campo magnético oscilante, não mostrado aqui) sofra um desvio de um ângulo θ.

é mostrada na Figura 3.3. O que poderia causar tal efeito? Em meados do século XIX, Louis Pasteur sugeriu que a atividade óptica dessas substâncias poderia ser devida à quiralidade das moléculas. Hoje em dia, reconhecemos que Pasteur estava absolutamente certo. Um enantiômero de uma molécula quiral vai desviar a luz polarizada em uma direção, enquanto o outro enantiômero vai desviar a luz de forma igual, mas na direção oposta. Se o número de moléculas dos enantiômeros for igual, o que é conhecido como *mistura racêmica*, não haverá desvio do plano da luz polarizada.

Como podemos dizer se uma dada molécula é quiral ou não? Uma maneira é construir sua imagem especular e ver se ela é sobreponível à original. Se a imagem especular não for sobreponível, a molécula é quiral. Ela existe como enantiômeros que, quando separados, serão opticamente ativos. Entretanto, a construção de imagens especulares é trabalhosa e toma muito tempo. Um segundo método, mais rápido e quase sempre confiável para testar quiralidade, é procurar um *plano especular interno*, ou seja, um plano interno de simetria que passe através da molécula de tal forma que qualquer átomo ou esteja no plano ou possa ser refletido através dele de modo que do outro lado encontre-se exatamente o mesmo átomo. Uma molécula que não possua tal plano será quiral. (Há algumas exceções a essa regra, mas elas estão além do escopo deste texto.)

A Figura 3.4 mostra diversas moléculas, sendo que algumas apresentam um plano especular interno, e outras, não. A Figura 3.4a apresenta três (dos cinco possíveis) planos especulares internos no íon quadrático tetracloroplatinato(II). Considere, por exemplo, o plano marcado M_3. Note que ele contém o átomo de platina e dois dos átomos de cloro, enquanto os dois átomos de cloro restantes são refletidos através do plano. Uma vez que esse ânion possui um plano especular interno, ele não é quiral. As figuras 3.4b e 3.4c mostram espécies tetraédricas. O íon bromodicloroiodozincato(II), $[ZnBrCl_2I]^{2-}$, na Figura 3.4b, não é quiral porque tem um plano especular interno contendo os átomos de zinco, bromo e iodo e refletindo os átomos de cloro um no outro. Podemos tentar de todas as formas, mas não será possível encontrar planos especulares internos na molécula de bromoclorofluoroiodometano da Figura 3.4c. Essa molécula quiral é opticamente ativa e apresenta enantiômeros destro e canhoto.

A nomenclatura para isômeros ópticos geralmente identifica os enantiômeros posicionando o símbolo *R/S-* antes do nome do composto. *R* para *rectus* (do grego, "destro") e *S* para *sinister* (significando "canhoto"). A designação *R/S-* indica a existência desses enantiômeros. O símbolo *d/l-* antes do nome de um composto quiral considera as habilidades opostas de um par de enantiômeros de desviar o plano da luz polarizada em um comprimento de onda específico. O *d* indica *dextrorrotatório* (desvia a luz para a direita), e *l* indica *levorrotatório* (desvia a luz para a esquerda). (Uma importante colocação é que não há correspondência direta entre as terminologias *R/S-* e *d/l-*; por exemplo, moléculas rectus (*R*) nem sempre desviam a luz polar para a direita.) Por fim, as letras gregas maiúsculas Δ (delta) e Λ (lambda) também servem para indicar, ocasionalmente, a quiralidade de um composto. Exemplos específicos dessa nomenclatura vão aparecer no decorrer da viagem pelas geometrias comuns de esferas de coordenação na qual estamos prestes a embarcar.

FIGURA 3.4

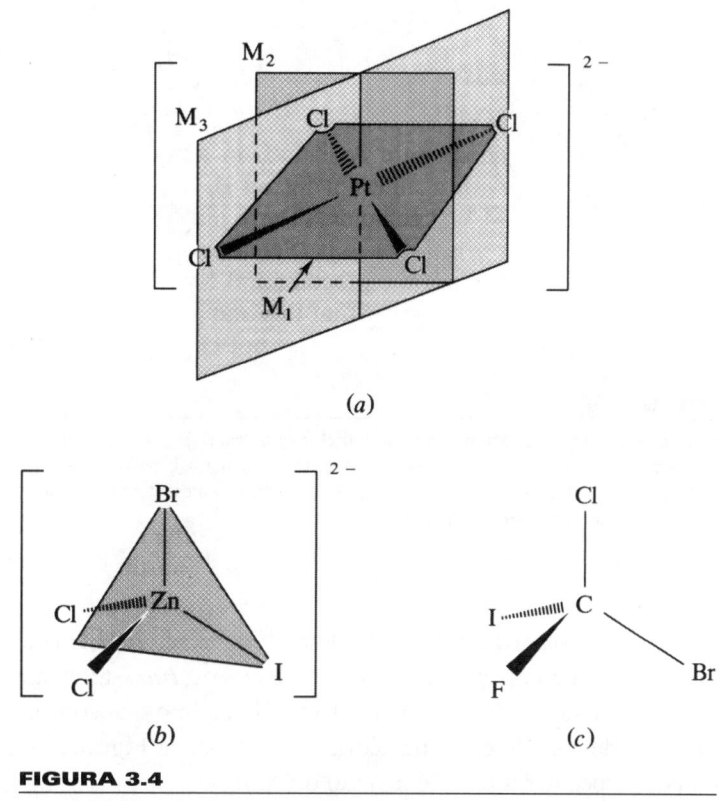

Planos especulares internos em três moléculas. (*a*) O [PtCl$_4$]$^{2-}$ planar possui cinco planos especulares internos, três dos quais são mostrados. (*b*) [ZnCl$_2$BrI]$^{2-}$ tem um plano especular interno que bissecta o ângulo Cl–Zn–Cl. (*c*) CBrClFI não possui planos especulares internos e é, portanto, quiral.

3.2 ESFERAS DE COORDENAÇÃO OCTAÉDRICAS

Vimos, no Capítulo 2, como Werner determinou que cobalto, cromo e uma variedade de outros metais têm uma valência secundária direcionada para os cantos de um octaedro. Agora vamos nos ater a uma detalhada descrição disso, a geometria mais comum encontrada para compostos de coordenação. Vamos ver que uma grande variedade de estereoisômeros tanto geométricos quanto ópticos é encontrada. A princípio, restringiremos nossa investigação a compostos envolvendo ligantes monodentados e depois avançaremos para alguns casos mais complicados, incluindo ligantes multidentados quelantes.

Compostos com ligantes monodentados

Lembre-se de que todas as seis posições em um octaedro são equivalentes. Então, quando um dos ligantes monodentados A em um composto de coordenação de fórmula MA$_6$ é substituído por um ligante diferente B, apenas uma configuração possível existe para o complexo MA$_5$B resultante. (Pode haver diferentes formas de desenhá-las, mas todas as estruturas são equivalentes. Veja a Figura 2.4a para mais detalhes.) Com apenas uma configuração possível, MA$_5$B octaédrico não possui isômeros geométricos. Você deve ter em mente que essa única estrutura possível contém pelo menos um plano especular interno e, portanto, não é quiral.

Quando um segundo ligante B substitui um ligante A para produzir um complexo de fórmula MA$_4$B$_2$, dois isômeros geométricos são possíveis. Como um exemplo, considere o cátion [Co(NH$_3$)$_4$Cl$_2$]$^+$ que ocorre em compostos como o cloreto de tetraminodiclorocobalto(III) [Co(NH$_3$)$_4$Cl$_2$]Cl. O isômero com os dois ligantes cloreto em lados opostos, como mostrado na Figura 3.5a, é chamado de *trans* (significando "no lado

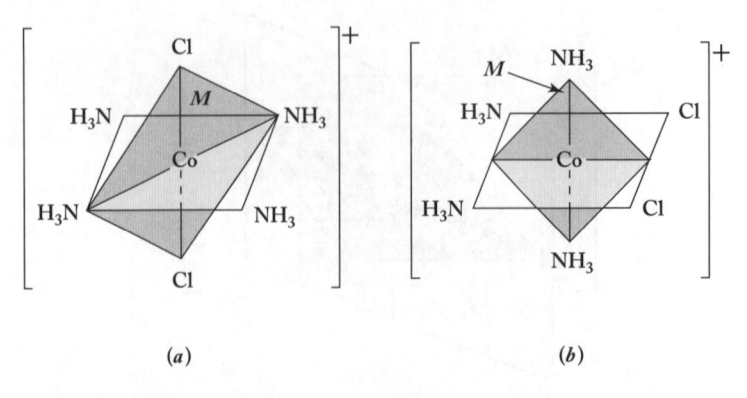

FIGURA 3.5

Isômeros cis e trans do cátion tetra-aminodiclorocobalto(III). (*a*) O isômero trans tem dois ligantes cloreto em lados opostos. (*b*) O isômero cis possui dois ligantes cloreto adjacentes. Ambos os isômeros geométricos apresentam um plano especular interno (*M*) e não são quirais.

oposto") e o que apresenta dois cloretos adjacentes, mostrado na Figura 3.5b, é chamado de *cis* (significando "no mesmo lado"). O nome completo do composto seria cloreto de *cis*- ou *trans*-tetra-aminodiclorocobalto(III). Foi a preparação de dois, e somente dois, isômeros geométricos desse tipo que convenceu Werner (e seu rival, Jørgensen) de que os complexos de cobalto eram octaédricos. Perceba, na Figura 3.5, que ambos os isômeros geométricos possuem um plano especular interno e não são quirais.

A substituição de um terceiro ligante A por B produz um complexo de fórmula MA_3B_3. Novamente, há dois isômeros geométricos possíveis, ocasionalmente também referidos usando os prefixos *cis*- e *trans*-. Um exemplo é o triaquatriclorocromo(III), mostrado na Figura 3.6. Como o isômero cis tem cloretos (e águas) nos vértices de uma face triangular do octaedro, é mais comum referir-se a ele como *isômero facial* e dar-lhe o prefixo *fac*-. O isômero trans tem cloretos (e também águas) ao longo de metade do meridiano do octaedro e é chamado de *isômero meridional* e lhe é dado o prefixo *mer*-. (Um meridiano é um grande círculo da Terra que passa através dos polos geográficos.) Como mostrado na figura, ambos os isômeros apresentam um plano especular interno e não são quirais.

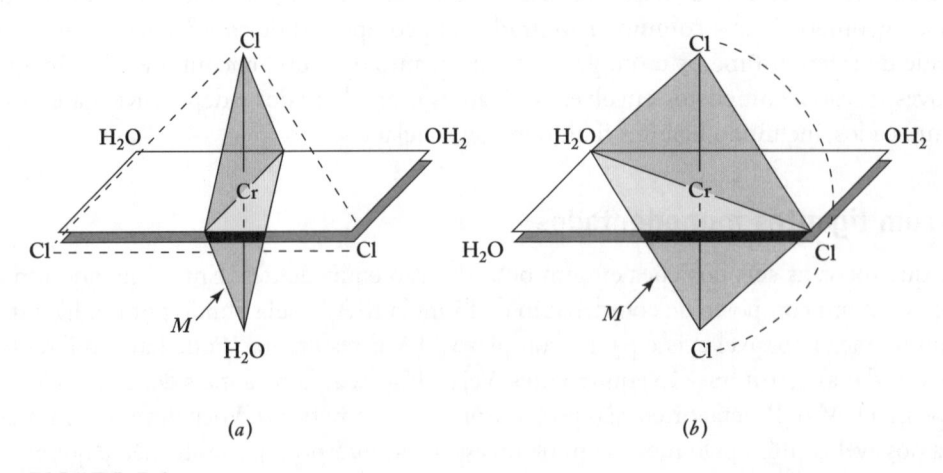

FIGURA 3.6

Isômeros fac (ou cis) e mer (ou trans) do triaquatriclorocromo(III). (*a*) O isômero fac (ou cis) com a face triangular com ligantes cloreto destacados (linhas tracejadas). (*b*) O isômero mer (ou trans) com os cloretos destacados (linhas tracejadas) ao longo de meio meridiano. Ambos os isômeros geométricos apresentam plano especular interno (*M*) e não são quirais.

Não é possível mostrarmos muito mais exemplos de esferas de coordenação octaédricas contendo apenas ligantes monodentados, mas devemos considerar um que apresenta tanto isômeros geométricos quanto ópticos. Considere o complexo de fórmula geral $MA_2B_2C_2$, um caso um pouco mais complicado do que os outros anteriormente apresentados. É melhor se abordarmos sistematicamente as possibilidades. Comece colocando os ligantes A trans um em relação ao outro e, então, coloque os ligantes B e C. As figuras 3.7a e 3.7b mostram as duas possibilidades de posicionamento dos ligantes B e dos ligantes C. O primeiro possui tanto os ligantes B quanto os C trans e o segundo, tanto os ligantes B quanto os C cis. Note que o caso no qual os ligantes B são cis e os C são trans é impossível. (Você deve ser capaz de se convencer de que isso é verdadeiro. Você pode construir alguns modelos como parte desse esforço.)

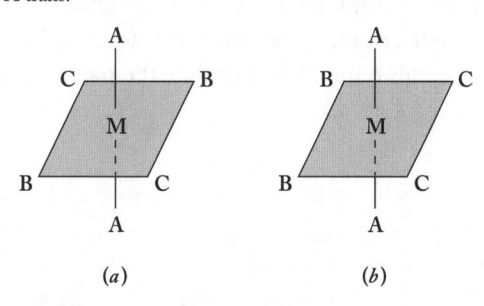

Olhando agora para os casos que apresentam os ligantes A cis, a Figura 3.7c tem os ligantes B trans e os C cis, a Figura 3.7d tem os C trans e os B cis e a Figura 3.7e tem tanto os B quanto os C cis. Há cinco isômeros geométricos nesse caso. Algum deles é quiral? As figuras mostram planos especulares internos para todos os casos, exceto o último. Dessa forma, o isômero cis-cis-cis é quiral, possuindo isômeros ópticos.

Agora vamos considerar a nomenclatura para esses complexos $MA_2B_2C_2$. Considere o composto cloreto de diaminodiaquadicianocobalto(III), que contém o cátion $[Co(NH_3)_2(H_2O)_2(CN)_2]^+$. As estruturas possíveis são mostradas na Figura 3.7 com $M = Co^{3+}$, $A = NH_3$, $B = H_2O$ e $C = CN^-$. O conjunto de nomes para os cinco isômeros geométricos deve claramente indicar os arranjos dos ligantes em cada caso:

1. *Trans*-diamino-*trans*-diaquadicianocobalto(III)
2. *Trans*-diamino-*cis*-diaquadicianocobalto(III)
3. *Cis*-diamino-*trans*-diaquadicianocobalto(III)
4. *Cis*-diamino-*cis*-diaqua-*trans*-dicianocobalto(III)
5. *R/S*-*cis*-diamino-*cis*-diaqua-*cis*-dicianocobalto(III)

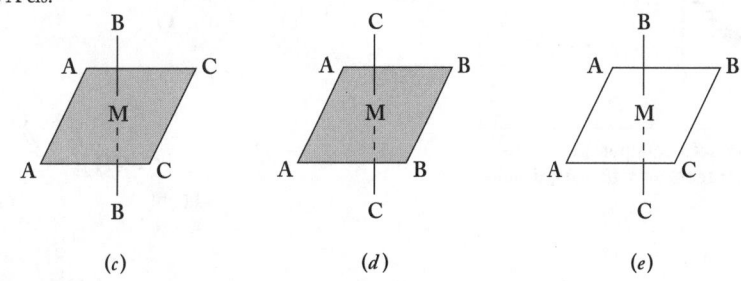

FIGURA 3.7

Os cinco isômeros geométricos de $MA_2B_2C_2$. (a) e (b) têm os dois ligantes A em posições trans, enquanto (c), (d) e (e) os têm em posição cis. Todos de (a) a (d) apresentam plano especular interno, mas o isômero todo-cis (e) não apresenta plano especular e é quiral.

Perceba que apenas nos últimos dois casos a natureza cis/trans dos ligantes cianeto deve ser especificada. Nos três primeiros casos, eles têm de ser trans, cis e cis, respectivamente. Por que isso tem de ser assim? A resposta vem do fato comentado anteriormente: uma vez que um par é cis em uma esfera de coordenação, sempre deve haver outro par cis. Para ver o motivo disso, pegue o segundo caso, mostrado como caso geral na Figura 3.7b, como exemplo. Note que, se especificamos que os ligantes A são trans e os B cis, os ligantes C (CN^-, no nosso composto específico) são obrigatoriamente cis. Nos dois últimos casos em que tanto os ligantes A quanto B eram cis, no entanto, os ligantes C podem ser trans, como mostrado no caso 4, ou cis, no caso 5. O último isômero geométrico, o caso cis-cis-cis, é quiral e o prefixo R/S- deve ser adicionado para indicar a existência de isômeros ópticos. Compostos desse tipo são difíceis de resolver (separar) em seus enantiômeros. Esse último composto só foi resolvido em 1979.

Um grande número de compostos de coordenação contém somente ligantes monodentados; alguns deles apresentam um surpreendente número de isômeros geométricos e ópticos. Por exemplo, um composto de fórmula MA_2BCDE tem 9 isômeros geométricos e 6 deles são quirais. Para o MABCDEF, há 15 isômeros geométricos, todos quirais. Nesses casos mais complicados, o uso dos prefixos *trans-* e *cis-* é incômodo. Em vez disso, é mais conveniente usar um sistema de numeração como o mostrado na Figura 3.8. Usando esse sistema, o caso precedente cis-cis-cis se torna R/S-1,2-diamino-3,4-diaqua-5,6-dicianocobalto(III).

Compostos com ligantes quelantes

Ligantes multidentados, frequentemente chamados de ligantes quelantes, foram introduzidos no Capítulo 2. Além da etilenodiaminoa, $H_2NCH_2CH_2NH_2$, mostrada na Figura 2.5, três outros agentes quelantes comuns são mostrados na Figura 3.9. Etilenodiaminoa, oxalato e acetilacetonato são ligantes quelantes simétricos (as duas metades dos ligantes são iguais), enquanto o glicinato é assimétrico. Atendo-nos à discussão sobre bidentados simétricos (representados como A–A) no momento, começaremos com complexos octaédricos de fórmula geral $M(A-A)_2B_2$.

É importante perceber que sítios de coordenação de ligantes bidentados geralmente podem alcançar apenas as posições cis de um octaedro. (Eles não são longos o suficiente para alcançar as posições trans.) Com isso em mente, vamos ver um exemplo específico de um complexo $M(A-A)_2B_2$, o ânion diaquadioxalatocromato(III), $[Cr(H_2O)_2(C_2O_4)_2]^-$. Os dois isômeros geométricos possíveis são mostrados na Figura 3.10. O isômero trans apresenta um plano de simetria interno (que inclui o metal e os oxalatos) e não é quiral. O isômero cis não tem um plano interno e é opticamente ativo.

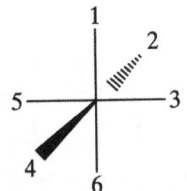

FIGURA 3.8

O sistema de numeração para posições de ligantes em casos octaédricos mais complicados.

FIGURA 3.9

Três ligantes quelantes comuns: (*a*) oxalato, $C_2O_4^{2-}$, (*b*) acetilacetonato $[CH_3COCHCOCH_3]^-$, (*c*) glicinato, $NH_2CH_2COO^-$.

FIGURA 3.10

Os dois isômeros geométricos do íon [Cr(H$_2$O)$_2$(C$_2$O$_4$)$_2$]$^-$: (a) trans- e (b) R/S-cis-diaquadioxalatocromato(III).

Quando três ligantes bidentados envolvem um metal, um complexo em forma de hélice se forma. Dois exemplos desse caso, o R/S-tris(acetilacetonato)cobalto(III) e o cátion R/S-tris(etilenodiamino)cromo(III), são mostrados na Figura 3.11. Ambos são espécies quirais.

Relembre que a comparação do número de isômeros *geométricos* previstos com o número real que pôde ser sintetizado constituiu uma importante, mas "negativa", evidência para valências secundárias octaédricas. A prova *positiva* de que Werner precisava tão desesperadamente foi obtida resolvendo os isômeros *ópticos* de compostos que contêm ligantes quelantes. Em 1911, Werner e Victor King, um doutorando americano, foram capazes de reportar a síntese e a resolução dos isômeros ópticos do cis-[Co(NH$_3$)Cl(en)$_2$]X$_2$, no qual X = Cl, Br ou I.

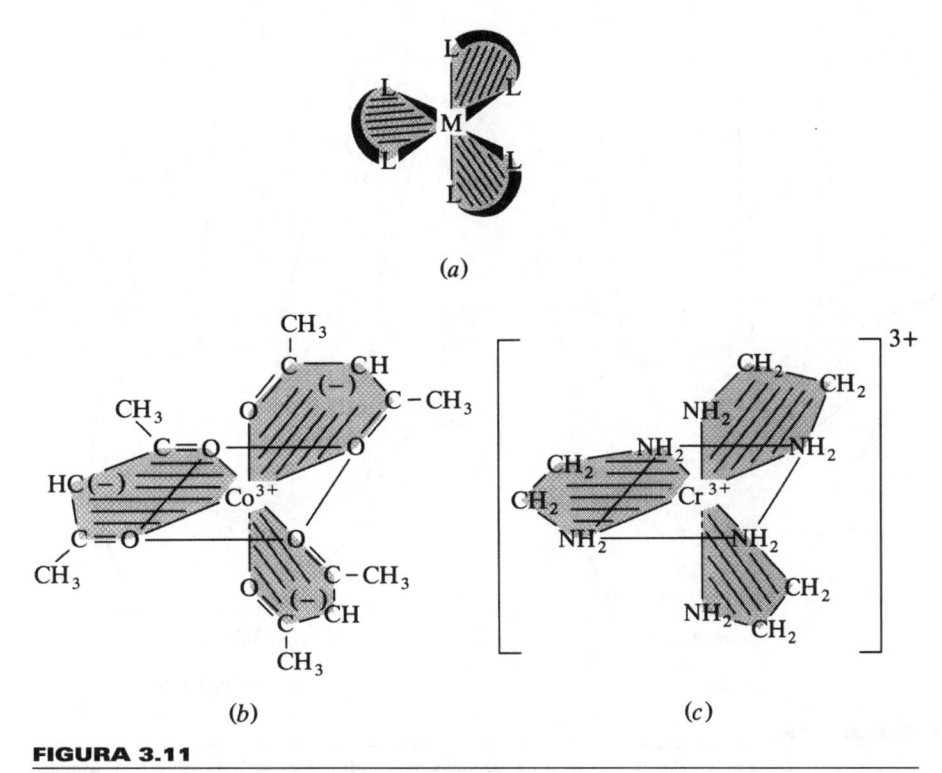

FIGURA 3.11

Complexos tris(A–A)M semelhantes a hélices: (a) uma vista mostrando a semelhança com uma hélice, (b) R/S-tris(acetilacetonato)cobalto(III) e (c) o cátion R/S-tris(etilenodiamino)cromo(III).

Como você poderia proceder com essa resolução? Werner e King usaram a forma destra do ânion quiral 2-ânion-3-bromocânfora-9-sulfonato para substituir os dois ânions haletos na mistura racêmica do sal. Agora, por definição, a mistura racêmica contém igual número dos enantiômeros destro e canhoto do cátion. O enantiômero destro do ânion que está sendo resolvido formará sais com as duas "mãos" do cátion. Esses sais terão diferentes relações espaciais entre os átomos que o compõem e, portanto, diferentes propriedades como solubilidades e pontos de fusão. A situação é representada usando desenhos de mãos reais na Figura 3.12. Note que as distâncias entre as posições dos dedos do par direita-esquerda é diferente das distâncias entre as posições no par direita-direita. Sais análogos ao par direita-esquerda teriam propriedades diferentes das dos análogos ao par direita-direita e, portanto, poderiam ser separados com sucesso.

Werner e seus alunos seguiram resolvendo, em um período de tempo extraordinariamente curto, um grande número de compostos de coordenação quirais que continham quelatos. Na verdade, esse trabalho levou diretamente ao Prêmio Nobel de Química recebido por Werner em 1913. Entretanto, uma dúvida ainda incomodava. Todos os compostos quirais sintetizados até aquele momento (a grande maioria por químicos orgânicos) continham carbono. Esse elemento poderia, como alguns críticos de Werner argumentaram, possuir alguma habilidade especial e misteriosa para produzir isomeria óptica? Talvez não fosse a configuração octaédrica de ligantes quelantes em torno de um átomo metálico que gerava a atividade óptica, e sim unicamente a habilidade especial dos átomos de carbono. Para solucionar essa última dúvida, Werner tentou resolver um composto de coordenação opticamente ativo que não continha absolutamente nenhum carbono. Em 1914, Werner e Sophie Matissen (Werner estava à frente de seu tempo ao orientar o trabalho de mulheres fazendo doutorado) reportaram a resolução do incrível composto mostrado na Figura 3.13. (De certa forma, era irônico o fato de que

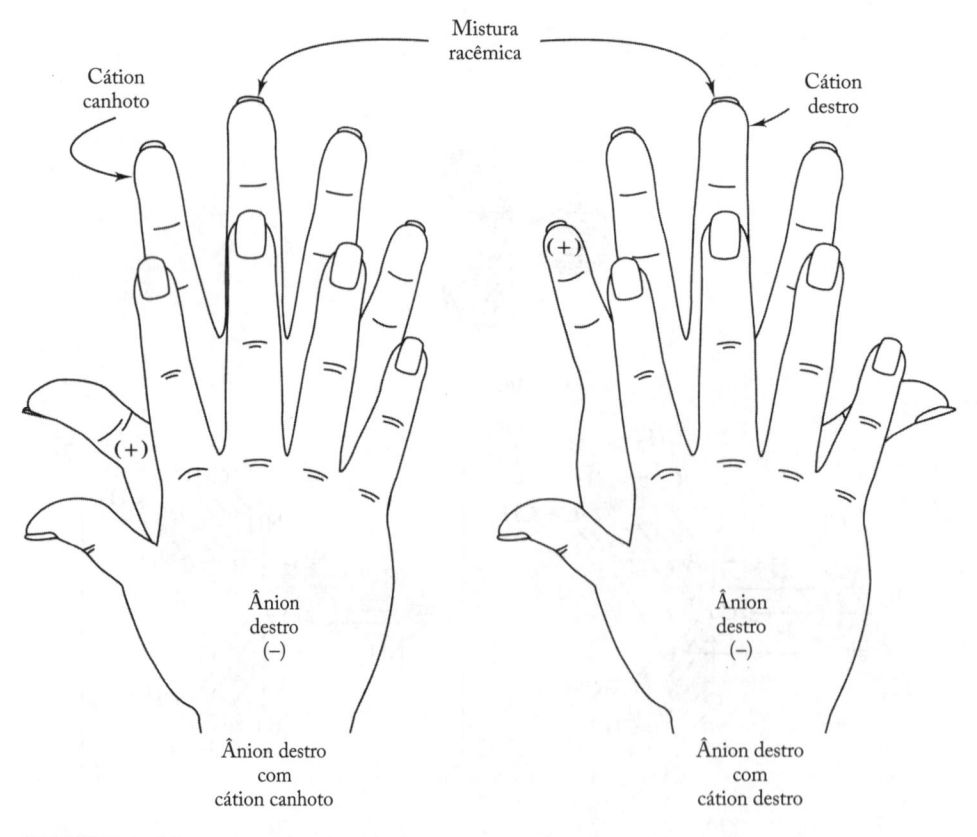

FIGURA 3.12

Uma representação da resolução de uma mistura racêmica de enantiômeros de um cátion (+), usando uma forma destra de um ânion (−) quiral. As formas canhota e destra dos cátions têm diferentes posições relativas à forma destra do ânion.

FIGURA 3.13

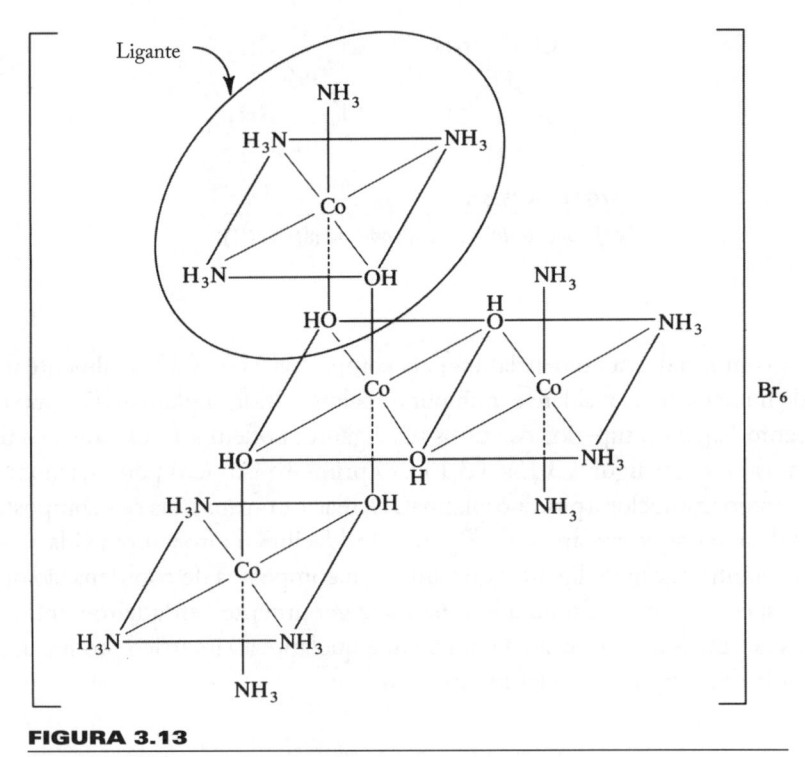

{Co[Co(OH)$_2$(NH$_3$)$_4$]$_3$}Br$_6$, um composto de coordenação quiral que não contém carbono, resolvido por Werner e Matissen.

esse composto havia sido sintetizado cerca de 16 anos antes por Jørgensen e seus alunos.) Note que nesse composto fantástico há três ligantes quelantes que são, eles próprios, complexos catiônicos. Os ligantes recebem o nome de tetra-amino μ-dihidroxocobalto(III). Cada ligante possui dois grupos hidroxo que fazem uma ponte entre o íon cobalto(III) do ligante e o cobalto(III) central. O nome completo do composto é brometo de R/S--tris[tetra-amino-μ-dihidroxocobalto(III)]cobalto(III). Perceba que esse composto quiral não possui carbono. A quiralidade não poderia mais ser considerada uma característica exclusiva da química do carbono.

3.3 ESFERAS DE COORDENAÇÃO QUADRÁTICAS

Embora o número de coordenação 6 seja certamente preponderante, 4 também é bem comum. A geometria associada a quatro ligantes em torno de um metal central é usualmente ou tetraédrica ou quadrática. Faz sentido que, quanto maior o ligante, menos deles se ajustem em torno de um cátion metálico pequeno. No entanto, uma explicação detalhada das razões pelas quais um certo metal tem um número de coordenação 4 em vez de 6 e uma forma quadrática em vez de tetraédrica terá de esperar nossa discussão sobre teorias de ligação (Capítulo 4) ou, para algum detalhamento, estruturas no estado sólido (Capítulo 7). Por enquanto, é suficiente dizer que complexos quadráticos são mais comuns em metais d^8 como Ni(II), Pd(II), Pt(II) e Au(III) e no metal d^9 Cu(II).

Analogamente ao caso MA$_5$B discutido anteriormente, apenas uma configuração é possível para MA$_3$B quadrático. Para MA$_2$B$_2$ há dois isômeros geométricos, cis e trans. Por exemplo, diaminodicloroplatina(II), Pt(NH$_3$)$_2$Cl$_2$, é mostrado na Figura 3.14. Como é comum no caso dos complexos quadráticos, o plano da molécula é o plano especular interno, e esses compostos raramente são quirais. Segue que compostos mais complicados, como os do tipo MA$_2$BC – por exemplo, o cátion no cloreto de aminoclorobis(piridino)platina(II), [Pt(NH$_3$)Cl(py)$_2$]Cl –, também apresentam dois isômeros geométricos possíveis, mas nenhum deles é quiral. Como nos

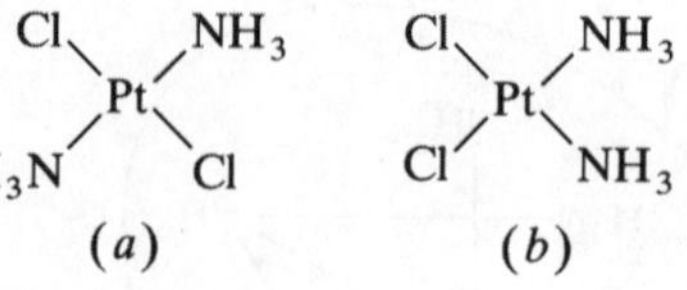

FIGURA 3.14

(a) Trans- e (b) cis-diaminodicloroplatina(II).

casos octaédricos mais complicados, a nomenclatura para compostos MABCD geralmente pode ser simplificada usando um sistema de numeração. Considere o aminobromocloro(piridino)platina(II) como exemplo. Mantendo o ligante amino no canto esquerdo superior, os outros três ligantes podem ser posicionados de maneira trans em relação a ele, como mostrado nas figuras 3.15a a 3.15c. O primeiro isômero pode ser nomeado livre de ambiguidade como *trans*-aminobromocloro(piridino)platina(II), mas os outros dois são compostos *cis*-aminobromo. Nesse caso, o sistema de numeração mostrado na Figura 3.15d facilita muito a nossa vida.

Lembre-se de que a introdução de ligantes quelantes em compostos de coordenação octaédricos gera uma maior incidência de espécies quirais. Embora isso não seja geralmente verdadeiro para casos quadráticos, há alguns bons exemplos nos quais a introdução de um ligante quelante assimétrico produz um complexo quadrático quiral. Um exemplo desse tipo é dado na Figura 3.16.

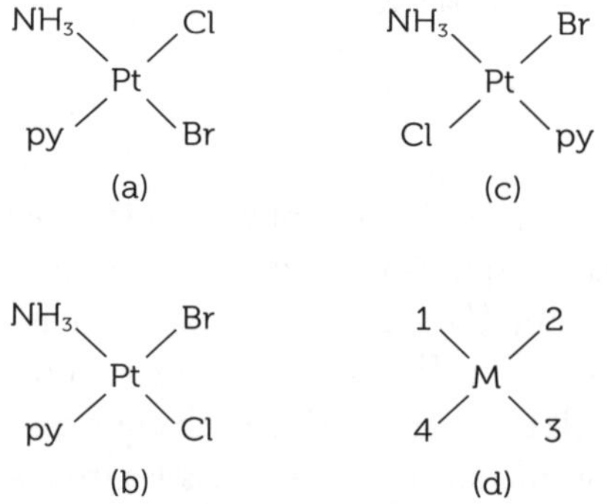

FIGURA 3.15

Os isômeros geométricos de Pt(NH$_3$)BrCl(py): (a) 1-amino-3-bromocloro(piridino)platina(II), (b) 1-aminobromo-3-cloro-(piridino)platina(II), (c) 1-aminobromocloro-3-(piridino)platina(II). (d) Esquema geral de numeração para compostos de coordenação quadráticos. (Fonte: Adaptado de Bodie Douglas, Darl H. McDaniel e John J. Alexander *Concepts and models of inorganic chemistry*. 2. ed. p. 305. Copyright © 1983.)

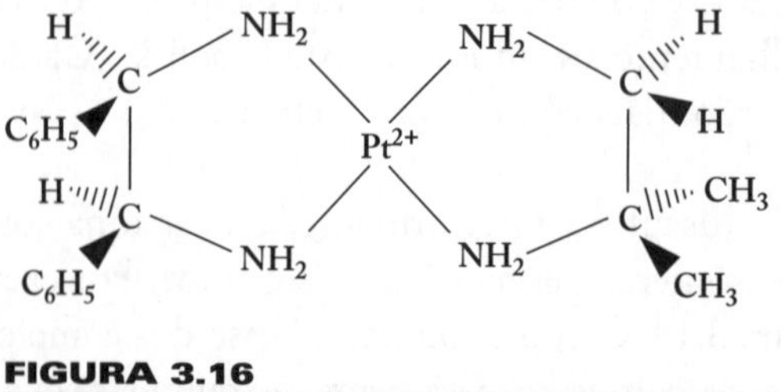

FIGURA 3.16

Um complexo quadrático quiral de platina(II) com dois derivados da etilenodiaminoa como agentes quelantes.

3.4 ESFERAS DE COORDENAÇÃO TETRAÉDRICAS

Como todas as quatro posições de um tetraedro são adjacentes uma em relação às outras, não pode haver isômeros geométricos cis/trans. Para se convencer de que isso é verdadeiro, comece com uma configuração tetraédrica MA_4 e substitua um ligante A por um B. A configuração do MA_3B resultante é a mesma, não importando qual ligante A foi inicialmente substituído. Agora substitua um segundo ligante A. Novamente, não importa qual dos ligantes A restantes é substituído, o MA_2B_2 resultante é sempre igual. Os ligantes B não podem estar atravessados em uma estrutura e, no mesmo lado, em outra. (De novo, construir um conjunto de modelos poderia ajudá-lo a visualizar essa situação.)

Há pelo menos duas formas de gerar estruturas tetraédricas quirais. A primeira é um composto análogo ao bromoclorofluoroiodometano representado na Figura 3.4c. Compostos desse tipo, contendo um átomo de metal de transição central, são difíceis de preparar, mas, em princípio, são quirais. A quiralidade também pode ser alcançada usando ligantes quelantes assimétricos. Exemplos desses ligantes assimétricos são raros, mas um é um derivado do acetilacetonato no qual um dos grupos metil (CH_3-) é substituído por um grupo fenil (C_6H_5-) e o outro grupo metil, por um grupo carboxila ($-COOH$). O nome oficial dessa molécula é "piruvato de benzoíla". A Figura 3.17 mostra a fórmula estrutural do complexo tetraédrico bis(piruvatodebenzoíla)berílio(II). Note que a estrutura não contém plano especular interno e, portanto, é quiral.

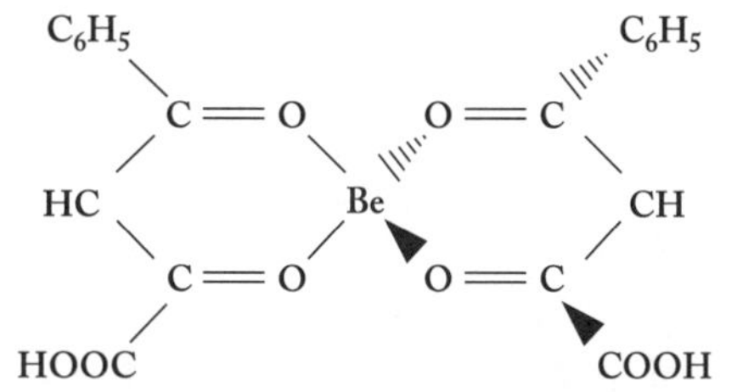

FIGURA 3.17

Bis(piruvatodebenzoíla)berílio(II). Este composto de coordenação tetraédrico não contém plano especular interno e é, portanto, quiral.

3.5 OUTRAS ESFERAS DE COORDENAÇÃO

Octaédrica, quadrática e tetraédrica eram certamente as geometrias mais comuns encontradas por Werner e seus contemporâneos, mas há uma crescente lista de outras. A maioria delas veio à tona com a introdução, na década de 1960, de métodos rotineiros de determinação estrutural, como técnicas de difração de raios X. Alguns números de coordenação representativos e estruturas correspondentes são dados na Tabela 3.1 e na Figura 3.18. O número de coordenação 2 é incomum entre os compostos de metais de transição. Como representado na Tabela 3.1, o número limitado dessas espécies que existem está restrito quase exclusivamente a complexos de prata(I), ouro(I), mercúrio(II) e (não mostrado), cobre(I). Embora alguns compostos pareçam ter um número de coordenação 3, apenas poucos, em uma análise rigorosa, realmente o possuem. Por exemplo, triclorocuprato(II) de césio, $Cs[CuCl_3]$, é, na verdade, feito de unidades de cadeias de tetraédricos $[CuCl_4]^{2-}$ com cloretos em ponte. Exemplos genuínos de número de coordenação 3 geralmente envolvem ligantes grandes e volumosos. Dois exemplos relativamente simples são dados na Tabela 3.1.

O número de coordenação 4, como vimos, envolve geometrias tanto tetraédricas quanto quadráticas. A primeira é normalmente encontrada para várias configurações eletrônicas d^5 ou d^{10}, enquanto a segunda, como anteriormente destacado, é mais frequentemente observada em metais d^8 e, ocasionalmente, d^9. Geralmente, a diferença energética entre essas duas configurações é muito pequena. Alguns exemplos representativos das duas geometrias são dados na Tabela 3.1. O número de compostos de coordenação com número de coordenação 4 só é menor que o número de compostos com número de coordenação 6.

FIGURA 3.18

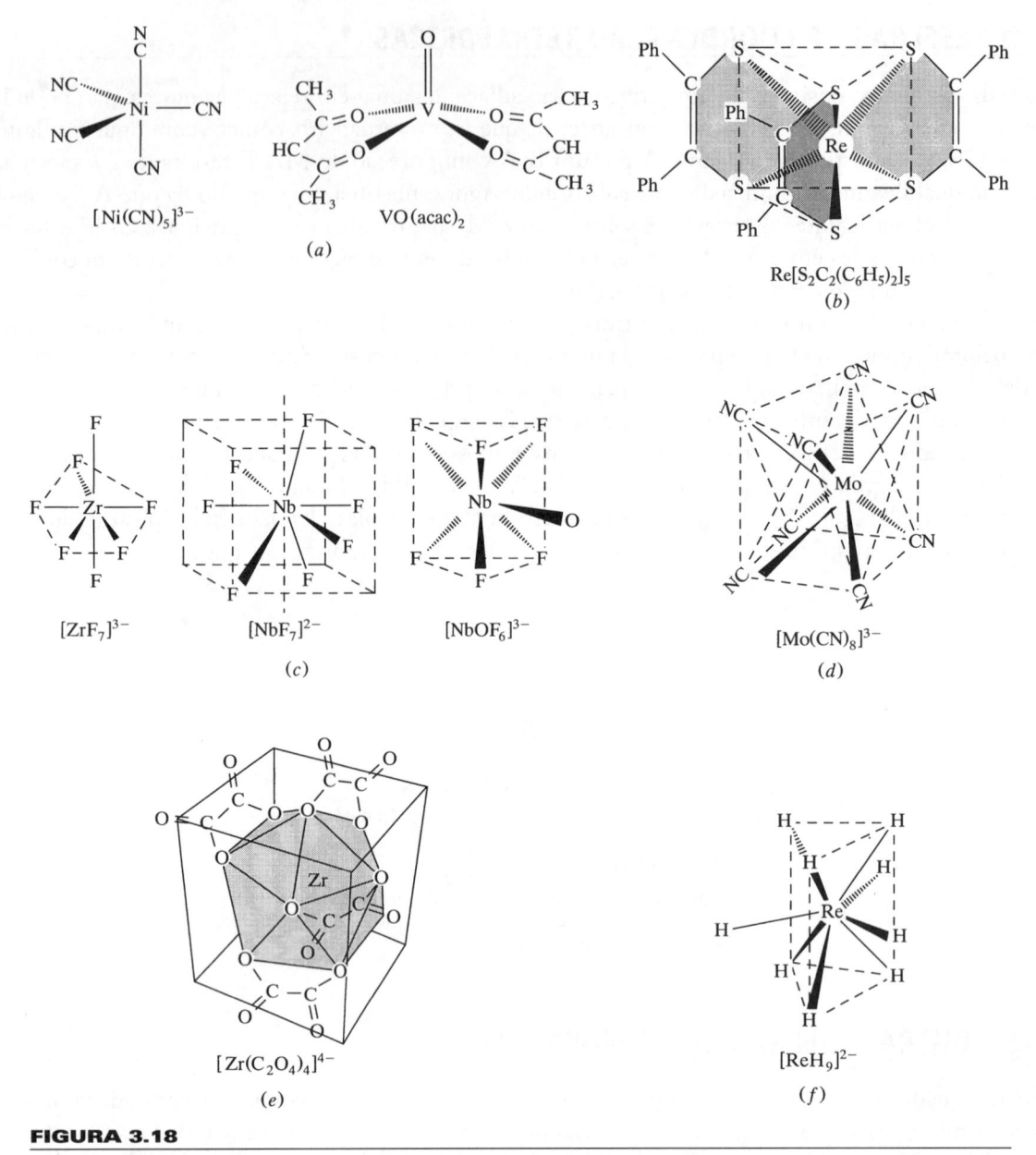

Alguns exemplos representativos de números de coordenação 5 a 9: (a) [Ni(CN)$_5$]$^{3-}$ bipiramidal trigonal e VO(acac)$_2$ piramidal quadrado; (b) Re[S$_2$C$_2$(C$_6$H$_5$)$_2$]$_3$ prismático trigonal; (c) [ZrF$_7$]$^{3-}$ bipiramidal pentagonal, [NbF$_7$]$^{2-}$ octaédrico trigonalmente encapuzado e [NbOF$_6$]$^{3-}$ prismático trigonal tetragonalmente encapuzado; (d) [Mo(CN)$_8$]$^{3-}$ antiprismático quadrado; (e) [Zr(C$_2$O$_4$)$_4$]$^{4-}$ dodecaedro de faces triangulares; (f) [ReH$_9$]$^{2-}$ prismático trigonal triencapuzado.

O número de coordenação 5 também apresenta duas geometrias predominantes, piramidal quadrada e bipiramidal trigonal, que diferem muito pouco em energia. Na verdade, esses compostos com número de coordenação 5 são muitas vezes exemplos de *compostos fluxionais*, aqueles que existem em duas ou mais configurações quimicamente equivalentes tão rapidamente interconvertidas que algumas medidas físicas não podem distinguir uma da outra. A Figura 3.19 mostra o que é conhecido como o *mecanismo de Berry* para a interconversão das duas formas do pentacarbonilferro(0), Fe(CO)$_5$, um composto fluxional típico. Note que apenas movimentos muito pequenos e de baixa energia dos ligantes estão envolvidos na conversão de uma bipirâmide trigonal em um estado de transição piramidal quadrado e de volta a uma segunda bipirâmide trigonal. Conforme a

TABELA 3.1
Ánalise de geometrias de esferas de coordenação

Número de coordenação	Estrutura	Exemplos
2	Linear	$[Ag(NH_3)_2]^+$, $[AuCl_2]^-$, $Hg(CN)_2$
3	Trigonal	$[HgI_3]^-$, $Pt(PPh_3)_3$
4	Tetraédrica Quadrática	MnO_4^-, $[CoBr_4]^{2-}$, ReO_4^-, $Ni(CO)_4$ $[PdCl_4]^{2-}$, $[Pt(NH_3)_4]^{2+}$, $[Ni(CN)_4]^{2-}$
5	Bipiramidal trigonal	$[CuCl_5]^{3-}$, $[CdCl_5]^{3-}$, $[Ni(CN)_5]^{3-}$
	Piramidal quadrada	$VO(acac)_2$, $[Ni(CN)_5]^{3-}$
6	Octaédrica Prismática trigonal	$[Co(NH_3)_6]^{3+}$ $Re(S_2C_2Ph_2)_3$
7	Bipiramidal pentagonal	$[ZrF_7]^{3-}$, $[HfF_7]^{3-}$, $[V(CN)_7]^{4-}$
	Octaedro trigonalmente encapuzado	$[NbF_7]^{2-}$, $[TaF_7]^{2-}$
	Prisma trigonal tetragonalmente encapuzado	$[NbOF_6]^{3-}$
8	Antiprisma quadrado	$[ReF_8]^{2-}$, $[TaF_8]^{3-}$, $[W(CN)_8]^{4-}$
	Dodecaedro de faces triangulares	$[Mo(CN)_8]^{4-}$, $Ti(NO_3)_4$
9	Prisma trigonal triencapuzado	$[ReH_9]^{2-}$

marcação dos ligantes carbonil mostra, esse mecanismo faz que seja facilmente possível para um dado ligante alternar entre as posições axial e equatorial. Essa interconversão frequentemente ocorre tão rapidamente que alguns métodos físicos, notadamente a espectroscopia de ressonância magnética nuclear (RMN), não conseguem distinguir entre os ligantes axial e equatorial da bipirâmide trigonal. Algumas vezes, a temperaturas mais baixas, essa rápida interconversão pode desacelerar até o ponto em que os ligantes axial e equatorial possam ser identificados.

Certamente, nem todos os compostos pentacoordenados são fluxionais. A Tabela 3.1 mostra alguns exemplos de espécies que adotam ou a configuração piramidal quadrada ou a bipiramidal trigonal. Perceba, entretanto, que o ânion pentacianoniquelato(II), $[Ni(CN)_5]^{3-}$, existe em ambas as formas. De fato, ambas as formas podem ser encontradas no mesmo composto, $[Cr(en)_3][Ni(CN)_5] \cdot 1,5H_2O$.

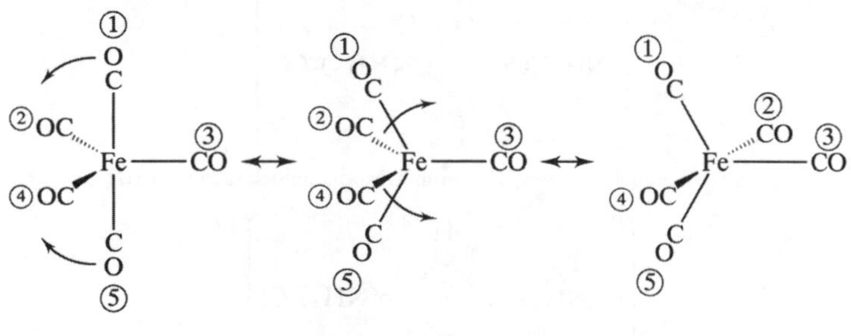

FIGURA 3.19

O mecanismo de Berry. O mecanismo de Berry é usado para a interconversão das formas bipiramidal trigonal e piramidal quadrada do $Fe(CO)_5$, um composto fluxional representativo. Um dado ligante pode ser axial em uma das bipirâmides trigonais, mas equatorial na outra.

Vimos que a configuração octaédrica é a geometria mais comum em compostos de coordenação. A Tabela 3.1 e a Figura 3.18 mostram, entretanto, um raro exemplo de geometria prismática trigonal para o número de coordenação 6. A maioria das evidências aponta para uma interação entre os átomos de enxofre que deixa a configuração prismática trigonal mais estável do que a configuração octaédrica esperada.

O número de coordenação 7 na verdade tem pelo menos três geometrias comuns que, novamente, são muito próximas em energia. Na maioria dos casos, números de coordenação maiores são favorecidos apenas com metais grandes (usualmente metais da segunda e terceira séries de transição e lantanídeos) e/ou ligantes pequenos como o fluoreto. Uma situação similar ocorre para números de coordenação 8 e 9. A Tabela 3.1 e a Figura 3.18 mostram exemplos representativos desses números de coordenação maiores.

3.6 ISÔMEROS ESTRUTURAIS

Isômeros estruturais são definidos na Figura 3.1 como aqueles que diferem no número e tipos de ligações químicas. Um grande número de nomes foi dado aos diferentes tipos de isômeros, mas vamos nos restringir a três: de coordenação, de ionização e de ligação.

Isômeros de coordenação são aqueles caracterizados por uma troca de ligantes entre esferas de coordenação. Um conjunto de compostos é $[Pt^{II}(NH_3)_4][Pt^{IV}Cl_6]$ e $[Pt(NH_3)_3Cl][Pt(NH_3)Cl_5]$. Dois compostos com o mesmo número e tipos de átomos, mas diferentes números e tipos de ligações químicas, eles são caracterizados pela troca de uma aminoa e um cloreto entre as esferas de coordenação quadrática da platina(II) e octaédrica da platina(IV). Um segundo conjunto de isômeros de coordenação, envolvendo a troca de ligantes entre Co(III) e Cr(III), é $[Co(NH_3)_6][Cr(CN)_6]$ e $[Co(NH_3)_5CN][Cr(NH_3)(CN)_5]$. Um terceiro exemplo envolvendo dois metais coordenados conectados por ligantes em ponte é mostrado na Figura 3.20.

Isômeros de ionização são aqueles caracterizados pela troca de grupos entre a esfera de coordenação e os contraíons. Como exemplo inicial temos o $[CoCl(en)_2(NO_2)]SCN$, no qual o contraíon tiocianato pode ser trocado pelos ligantes cloreto ou nitrito na esfera de coordenação para produzir $[Co(en)_2(NO_2)SCN]Cl$ e $[CoCl(en)_2SCN]NO_2$, respectivamente. $[Cr(H_2O)_6]Cl_3$, $[Cr(H_2O)_5Cl]Cl_2 \cdot H_2O$ e $[Cr(H_2O)_4Cl_2]Cl \cdot 2H_2O$ são isômeros de ionização nos quais os contraíons cloreto são trocados por águas na esfera de coordenação. Uma vez fora da esfera de coordenação, os antes ligantes aqua agora se tornam águas de hidratação.

Isômeros de ligação são aqueles formados quando um ligante ambidentado muda o seu átomo de coordenação. O primeiro caso identificado de isomeria de ligação envolvia o íon nitrito, NO_2^-. A estrutura de Lewis desse ânion envolve estruturas de ressonância, como mostrado na Figura 3.21a. O híbrido de ressonância,

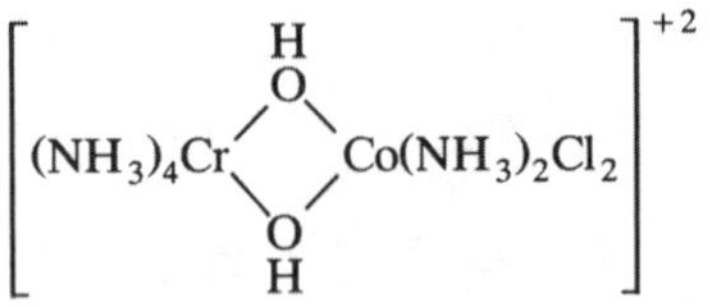

$$\left[(NH_3)_4Cr \underset{\underset{H}{O}}{\overset{\overset{H}{O}}{\diamond}} Co(NH_3)_2Cl_2 \right]^{+2}$$

tetra-aminoclorocromo(III)-μ-dihidroxodiaminoclorocobalto(III)

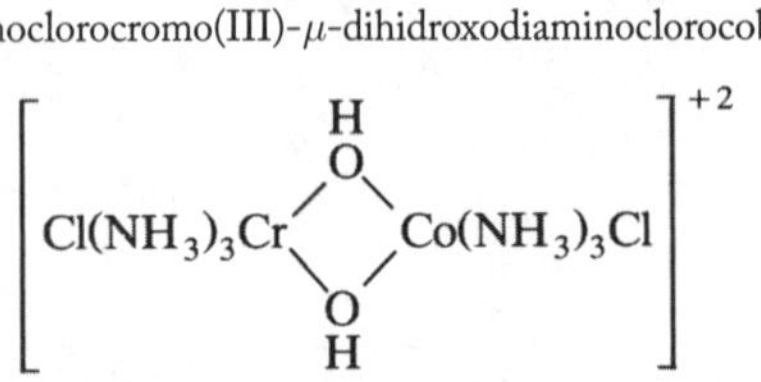

$$\left[Cl(NH_3)_3Cr \underset{\underset{H}{O}}{\overset{\overset{H}{O}}{\diamond}} Co(NH_3)_3Cl \right]^{+2}$$

tetra-aminoclorocromo(III)-μ-dihidroxodiaminoclorocobalto(III)

FIGURA 3.20
Dois isômeros de coordenação envolvendo cátions unidos por duas pontes.

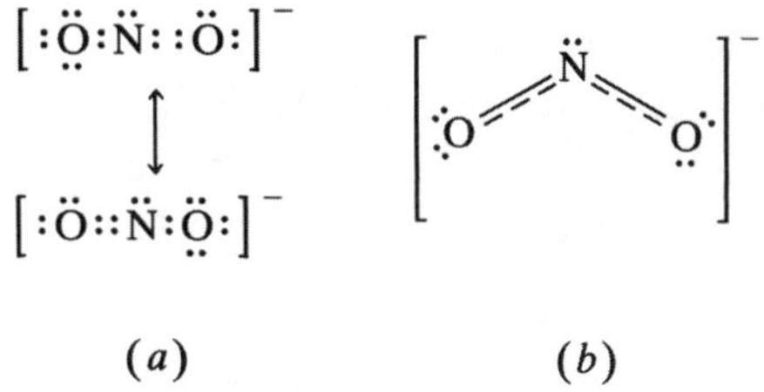

FIGURA 3.21

(a) Duas estruturas de ressonância e (b) o híbrido de ressonância para o íon nitrito, NO_2^-.

Figura 3.21b, apresenta a densidade de elétrons π espalhada pelos três átomos do ânion. A estrutura do híbrido mostra que os átomos de nitrogênio e oxigênio têm pares de elétrons que podem ser doados a um átomo metálico. Se o nitrogênio for o átomo de coordenação, o ligante se chama *nitro*, se for o oxigênio, ele mantém o nome de *nitrito*. Complexos de nitrito não só foram os primeiros, mas ainda estão entre os exemplos mais comuns de isomeria de ligação.

Em 1894, Jørgensen preparou duas formas do composto agora formulado como $[Co(NH_3)_5(NO_2)]Cl_2$. Uma forma era amarela e a outra, vermelha. Esse veio a se tornar o exemplo mais antigo de isomeria de ligação. Um é o nitro (ligado pelo N) e o outro é o nitrito (ligado por O). Mas qual é qual? Jørgensen e Werner trabalharam juntos nesse problema, mas não tinham nenhum desses equipamentos modernos usados hoje em dia para ajudá-los a distinguir entre os dois isômeros. Em vez disso, eles compararam as cores das duas formas com as de outros compostos conhecidos. Compostos que se sabia que possuíam seis interações $Co^{3+}-N$, como os que contêm os cátions $[Co(NH_3)_6]^{3+}$ e $[Co(en)_3]^{3+}$, eram uniformemente amarelos. Por outro lado, compostos que continham cinco ligações $Co^{3+}-N$ e uma $Co^{3+}-O$, como $[Co(NH_3)_5H_2O]^{3+}$ e $[Co(NH_3)_5NO_3]^{2+}$, eram vermelhos. Então, concluiu-se que o isômero amarelo de $[Co(NH_3)_5(NO_2)]Cl_2$ era ligado pelo N (nitro) e o vermelho era ligado pelo O (nitrito). As fórmulas corretas e os nomes correspondentes são

$[Co(NH_3)_5NO_2]Cl_2$ (amarelo)
cloreto de penta-aminonitrocobalto(III) ou cloreto de penta-amino-*N*-nitrocobalto(III)

e

$[Co(NH_3)_5ONO]Cl_2$ (vermelho)
cloreto de penta-aminonitritocobalto(III) ou cloreto de penta-amino-*O*-nitrocobalto(III)

O íon tiocianato, SCN^-, também é conhecido por formar vários isômeros de ligação. Análogo aos compostos de penta-aminocobalto(III) anteriormente descritos, o $[Co(NH_3)_5NCS]^{2+}$ é ligado pelo nitrogênio. O composto de pentacianocobalto(III) correspondente, no entanto, é ligado pelo S. As fórmulas completas e os nomes correspondentes são

$[Co(NH_3)_5NCS]Cl_2$
cloreto de penta-aminoisotiocianatocobalto(III) ou cloreto de penta-amino-*N*-tiocianatocobalto(III)

e

$K_3[Co(CN)_5SCN]$
pentacianotiocianatocobaltato(III) de potássio ou pentaciano-*S*-tiocianatocobaltato(III) de potássio

Há alguns exemplos isolados do cianeto, CN⁻, atuando como ligante ambidentado. Um exemplo, mostrado a seguir, ocorre com complexos de cobalto(III) do ligante tetradentado trietilenotetra-amino (trien), $NH_2CH_2CH_2NHCH_2CH_2NHCH_2CH_2NH_2$. Outro exemplo é o azul da Prússia ou de Turnbull, $Fe_4^{III}[Fe^{II}(CN)_6]_3 \cdot 4\,H_2O$, cuja estrutura é mostrada na Figura 6.1.

$$[Co(CN)_2(trien)]^+$$
cátion diciano(trietilenotetra-amino)cobalto(III) ou di-*C*-ciano(trietilenotetra-amino)cobalto(III)

$$[Co(NC)_2(trien)]^+$$
cátion di-isociano(trietilenotetra-amino)cobalto(III) ou di-*N*-ciano(trietilenotetra-amino)cobalto(III)

RESUMO

Para discutirmos as estruturas dos compostos de coordenação, primeiro definimos vários tipos de isômeros, compostos que têm o mesmo número e tipos de átomos, mas diferem em suas propriedades químicas. Estereoisômeros têm o mesmo número e tipos de ligações químicas, enquanto isômeros estruturais, não. Estereoisômeros podem ser divididos em isômeros geométricos e ópticos.

Isômeros ópticos são quirais, ou seja, existem nas formas canhota e destra, chamadas enantiômeros, que desviam o plano da luz polarizada para direções opostas. Uma mistura racêmica contém número igual de ambos os enantiômeros.

Um teste rápido para quiralidade é procurar pela presença de um plano especular interno. Uma molécula que não possui tal plano é quase sempre quiral ou opticamente ativa e frequentemente designada pelo esquema de nomenclatura *R* (*rectus* ou destro)/*S* (*sinister* ou canhoto).

A geometria mais comum encontrada em química de coordenação é a octaédrica. Começando com uma fórmula MA_6 e substituindo sucessivamente os ligantes monodentados A por outros designados B e C resulta em um grande número de isômeros. MA_4B_2 possui dois isômeros geométricos, designados cis e trans. MA_3B_3 também tem dois isômeros geométricos que usualmente são identificados como facial (*fac*-) e meridional (*mer*-). O composto geral $MA_2B_2C_2$ apresenta cinco isômeros geométricos, um deles sendo quiral.

Atividade óptica também aparece em moléculas com ligantes quelantes (A−A). Por exemplo, um composto de fórmula geral $M(A−A)_2B_2$ possui dois isômeros geométricos, um dos quais é quiral. Os compostos tris-quelados $M(A−A)_3$, com estrutura semelhante a uma hélice, são sempre quirais. Werner e seus colaboradores aproveitaram a atividade desses compostos para fornecer provas adicionais de que as esferas de coordenação de seus muitos e variados compostos de cobalto eram octaédricas. Após 20 anos de trabalho, a teoria de coordenação de Werner estava totalmente estabelecida, e ele recebeu o Prêmio Nobel de Química, em 1913. Em uma prova positiva final, Werner e seus colaboradores enterraram, de uma vez por todas, a ideia de que o carbono era de alguma forma o responsável pela quiralidade, preparando e resolvendo um composto quiral que não continha nenhum átomo de carbono.

Um número de coordenação 4 é o segundo mais recorrente, depois do número de coordenação octaédrico 6. Duas geometrias são comuns para o número de coordenação 4. Embora compostos quadráticos sejam raros, eles geralmente têm isômeros geométricos. Uma vez que todas as posições de um tetraedro são adjacentes umas às outras, compostos tetraédricos não podem ter isômeros geométricos. Um número limitado de exemplos de compostos tetraédricos quirais surge quando o ligante é assimétrico. Outros números de coordenação, não conhecidos nos tempos de Werner, só foram descobertos nos últimos 50 anos com o advento de técnicas modernas de determinação de estruturas. Compostos fluxionais têm duas ou mais configurações equivalentes, tão rapidamente interconvertidas que algumas medidas físicas não podem distinguir um do outro.

Isômeros estruturais, aqueles com diferentes números e tipos de ligações químicas, podem ser subdivididos em isômeros de coordenação, de ionização e de ligação. Isômeros de coordenação são caracterizados por uma troca de ligantes entre esferas de coordenação, e isômeros de ionização têm uma troca entre esferas de coordenação e contraíons. Isômeros de ligação ocorrem quando um ligante ambidentado muda seu átomo de coordenação. Nitrito (NO_2^-), tiocianato (SCN^-) e cianeto (CN^-) são comumente responsáveis pela maioria dos isômeros de ligação.

PROBLEMAS

3.1 Dois compostos têm a fórmula C_2H_6O. Um, conhecido como álcool de cereais ou etanol, é composto do radical etil (C_2H_5-) ligado ao grupo hidroxila ($-OH$), enquanto o segundo, éter dimetílico, um solvente orgânico extremamente volátil inapropriado para ingestão humana, tem dois grupos metila (CH_3-) ligados a um átomo de oxigênio central. Classifique esses compostos: eles são (*a*) isômeros, (*b*) isômeros estruturais e/ou (*c*) estereoisômeros? Mais de um desses termos pode ser aplicado.

3.2 Considere uma cadeira de praia típica. Ela pode ser totalmente aberta, ficando praticamente plana, como uma cama estreita, pode ficar na forma de uma cadeira comum ou ainda ser dobrada para ser guardada. Essas três formas se aproximam mais de serem isômeros estruturais ou estereoisômeros? Racionalize brevemente sua resposta.

3.3 Considere as duas formulações a seguir com base na teoria das cadeias do $CoCl_3 \cdot 6NH_3$. Elas seriam consideradas estereoisômeros ou isômeros estruturais? Explique brevemente sua resposta.

$$Co\begin{matrix}\nearrow NH_3-Cl \\ -NH_3-NH_3-NH_3-NH_3-Cl \\ \searrow NH_3-Cl\end{matrix} \qquad Co\begin{matrix}\nearrow NH_3-NH_3-Cl \\ -NH_3-NH_3-Cl \\ \searrow NH_3-NH_3-Cl\end{matrix}$$

3.4 Dados os isômeros listados para as esferas de coordenação hexagonal planar e prismática trigonal mostrados na Tabela 2.2, eles são isômeros estruturais ou estereoisômeros? Justifique brevemente sua resposta.

3.5 Explique cuidadosamente em um parágrafo bem redigido, usando suas próprias palavras, o que significa dizer que uma molécula é opticamente ativa.

3.6 Dados os isômeros listados para a esfera de coordenação hexagonal planar mostrados na Tabela 2.2, eles são isômeros geométricos ou ópticos? Para qualquer um dos isômeros geométricos para a estrutura hexagonal planar dados na tabela, quais deles, se houver, são quirais? Justifique brevemente sua resposta.

*3.7 Dados os isômeros listados para a esfera de coordenação prismática trigonal mostrados na Tabela 2.2, eles são isômeros geométricos ou ópticos? Para qualquer um dos isômeros geométricos para a estrutura prisma trigonal dados na tabela, quais deles, se houver, são quirais? Justifique brevemente sua resposta.

3.8 Redesenhe a estrutura do íon bromodicloroiodozincato(II) mostrada na Figura 3.4b. Além disso, desenhe sua imagem especular. É possível sobrepor essas duas imagens especulares? Que conclusão sobre a quiralidade desse ânion você pode tirar deste exercício? Essa mesma conclusão foi obtida considerando se a molécula tem um plano especular interno?

3.9 Redesenhe a estrutura da molécula de bromoclorofluoroiodometano mostrada na Figura 3.4c. Além disso, desenhe sua imagem especular. É possível sobrepor essas duas imagens especulares? Que conclusão sobre a quiralidade dessa molécula você pode tirar deste exercício? Essa mesma conclusão foi obtida considerando se a molécula tem um plano especular interno?

---

* Exercícios marcados com um asterisco (*) são mais desafiadores.

3.10 Originalmente, pensou-se que os quatro átomos ligados a um carbono tetravalente ocupavam os vértices de um quadrado. Todavia, quando quatro átomos diferentes se ligam a um átomo de carbono, as moléculas resultantes são opticamente ativas. (*a*) a molécula quadrática e/ou (*b*) a molécula tetraédrica é(são) responsável(is) pela quiralidade desse tipo de molécula? Justifique brevemente sua resposta.

3.11 Reescreva, com suas palavras, as condições para quiralidade que dependem (*a*) da sobreposição de imagens especulares e (*b*) da presença de um plano especular interno.

*3.12 Dados AlClBrI e PClBrI, use a teoria VSEPR para desenhar um diagrama mostrando a forma dessas moléculas e desenhe suas imagens especulares. Qual dessas espécies apresenta imagens especulares sobreponíveis? Alguma dessas espécies é quiral?

3.13 Entre as moléculas AlClBrI e PClBrI, qual tem planos especulares internos? Para aquela que tem, desenhe o plano no seu diagrama da forma molecular. Alguma dessas espécies é quiral?

3.14 Você esperaria que algum dos possíveis isômeros geométricos do PF_2Cl_3 fosse quiral? Por quê? Desenhe diagramas para sustentar sua resposta.

3.15 Desenhe fórmulas estruturais para os seguintes compostos:
(*a*) *Cis*-carbonilclorobis(trifenilfosfino)irídio(I)
(*b*) Nitrato de *trans*-cloronitrotetra-aminocromo(III)
(*c*) Nitrato de *trans*-diamino-*trans*-dinitritobis(piridino)cobalto(III)

3.16 Quantos planos especulares internos adicionais existem nas primeiras quatro partes da Figura 3.7? Desenhe diagramas que ilustrem esses planos adicionais.

3.17 Desenhe fórmulas estruturais para os seguintes compostos:
(*a*) *Trans*-diclorobis(oxalato)cobaltato(III) de potássio
(*b*) (Acetilacetonato)-*cis*-dicloro-*trans*-bis(trifenilarsino)rênio(III)
Esses compostos são quirais? Justifique brevemente sua resposta.

3.18 Desenhe fórmulas estruturais para (*a*) *cis*-dibromodioxalatorrodato(III) de bário e (*b*) sulfato de *cis*-cianobis(etilenodiamino)isocianocobalto(III). Esses compostos são quirais? Justifique brevemente sua resposta.

3.19 Escreva fórmulas para os seguintes íons ou moléculas:
(*a*) Trioxalatocromato(III)
(*b*) *Cis*-dicloro(etilenodiamino)platina(II)
Esses compostos são quirais? Justifique brevemente sua resposta.

3.20 Desenhe uma fórmula estrutural para (etilenodiaminotetra-acetato)cobaltato(III). Esse ânion é quiral? Justifique brevemente sua resposta.

*3.21 Explique brevemente como a síntese e a resolução de complexos de cobalto contendo agentes quelantes tiveram um papel fundamental em estabelecer a validade da teoria de coordenação de Werner.

3.22 Desenhe diagramas mostrando as estruturas e dê os nomes de todos os estereoisômeros de $[CoCl_2(en)_2]Cl$.

---

* Exercícios marcados com um asterisco (*) são mais desafiadores.

*3.23 Esboce e classifique todos os estereoisômeros possíveis de M(a-a)A$_2$B$_2$, no qual A e B são ligantes monodentados, a-a é ligante bidentado simétrico e M possui uma esfera de coordenação prismática trigonal. Indique se algum desses complexos é quiral.

*3.24 Jørgensen sintetizou [CoCl$_2$(en)$_2$]Cl, que era conhecido por existir em duas formas nomeadas pelas suas cores: violeo (cis) e praseo (trans). Werner citou a existência de dois (e somente dois) isômeros como prova de uma esfera de coordenação octaédrica. Dado que o ligante bidentado etilenodiaminoa só pode alcançar posições cis, quantos isômeros geométricos esse composto teria se tivesse uma esfera de coordenação prismática trigonal? Desses, quantos seriam quirais?

3.25 Em 1901, Edith Humphrey, uma estudante de doutorado de Alfred Werner, sintetizou dois isômeros do nitrato de bis(etilenodiamino)dinitrocobalto(III). Desenhe diagramas mostrando as estruturas de todos os estereoisômeros possíveis para esse composto.

3.26 Werner publicou pela primeira vez suas ideias sobre a possibilidade de compostos de coordenação quirais em 1899, quando descreveu o cloreto de bis(etilenodiamino)oxalatocobalto(III). Quantos isômeros geométricos e ópticos esse composto apresenta? Desenhe diagramas mostrando as estruturas moleculares desses isômeros.

3.27 Quando as atenções de Werner se voltaram para os compostos de platina, ele sintetizou o PtCl$_2$(NH$_3$)$_2$. Ele foi capaz de preparar dois isômeros geométricos desse composto (veja a Figura 3.14). Ele não sabia que o isômero cis, agora conhecido pelo nome de "cisplatina", tornar-se-ia um potente composto anticâncer (veja o Capítulo 6). Como conseguiu preparar dois isômeros geométricos desse composto, ele propôs que a platina tinha uma esfera de coordenação quadrática, em vez de tetraédrica. Usando diagramas das estruturas quadrática e tetraédrica, escreva um parágrafo curto sobre como ele chegou a essa conclusão.

3.28 Se o composto da Figura 3.16 fosse na verdade tetraédrico, em vez de quadrático, como mostrado, ele ainda seria quiral? Justifique brevemente sua resposta.

3.29 O complexo [Pt(NH$_3$)$_2$(SCN)$_2$] forma dois estereoisômeros, enquanto o complexo [Pt(en)(SCN)$_2$] forma somente um. Isso prova algo sobre a geometria desses compostos? Explique. Como parte de sua resposta, esboce e dê o nome desses três isômeros.

3.30 Nitrilotriacetato, (NTA), N(CH$_2$COO)$_3^{3-}$, é um ligante tetradentado com a seguinte estrutura:

$$:N\begin{matrix}\diagup CH_2COO^- \\ -CH_2COO^- \\ \diagdown CH_2COO^-\end{matrix}$$

Considere o seguinte composto de coordenação:

$$K_2[CoCl(NTA)(SCN)]$$

(*a*) Dê o nome do composto.

(*b*) Determine o número de estereoisômeros que o composto teria se fosse octaédrico. Justifique o número de espécies quirais.

*3.31 Quantos estereoisômeros o composto K$_2$[CoCl(NTA)(SCN)] teria se fosse prismático trigonal? Justifique o número de espécies quirais.

---

* Exercícios marcados com um asterisco (*) são mais desafiadores.

3.32 Dado o composto Ni(gly)$_2$, ele seria opticamente ativo se fosse tetraédrico? E se fosse quadrático? Discuta brevemente sua resposta.

3.33 Uma estrutura de ressonância do ligante acetilacetonato é mostrada na Figura 3.9b. (*a*) Acrescente os pares de elétrons isolados necessários para completar a estrutura e justifique a carga negativa no átomo de carbono central. (*b*) Forneça duas estruturas de ressonância adicionais e a estrutura do híbrido de ressonância do ligante. (*c*) Qual(is) das três estruturas de ressonância é(são) mais importante(s) na descrição desse ânion? (*d*) Dados os resultados dos três itens anteriores deste problema, sugira uma modificação na estrutura do *R/S*-tris(acetilacetonato)cobalto(III) mostrado na Figura 3.11b.

3.34 Uma estrutura de ressonância do ligante glicinato é mostrada na Figura 3.9c. (*a*) Acrescente os pares de elétrons isolados necessários para completar a estrutura e justifique o posicionamento de uma carga negativa na fórmula. (*b*) Forneça estruturas de ressonância adicionais viáveis e a estrutura do híbrido de ressonância desse ânion.

3.35 Fe(H$_2$O)$_2$(gly)$_2$, no qual gly = NH$_2$CH$_2$COO$^-$, é um pó fino usado como fonte de ferro na alimentação. Desenhe estruturas para os possíveis estereoisômeros desse composto.

3.36 Desenhe uma estrutura completa para o *cis*-bis(glicinato)níquel(II).

3.37 Forneça fórmulas estruturais para os estereoisômeros possíveis do tris(glicinato)ferro(III). (*Dica:* preste atenção no número de isômeros geométricos possíveis.)

3.38 Desenhe os dois isômeros de ligação do cloreto de penta-aminotiocianatocobalto(III). Um desses isômeros é laranja e o outro, violeta. Especule sobre a cor de cada isômero. Forneça uma breve racionalização de sua resposta.

3.39 Desenhe a estrutura do cátion diciano(trien)cobalto(III), que foi brevemente discutido na Seção 3.6.

3.40 Forneça os nomes dos compostos da Figura 3.18a.

3.41 Forneça os nomes dos compostos das figuras 3.18d e 3.18e.

3.42 (*a*) Desenhe a estrutura de Lewis do íon nitrato e discuta sobre seu potencial para ser um ligante ambidentado.

(*b*) Por que Jørgensen e Werner identificaram o complexo catiônico [Co(NH$_3$)$_5$NO$_3$]$^{2+}$ como contendo definitivamente cinco interações Co^{3+}−N e uma Co^{3+}−O?

3.43 Explique brevemente por que o cloreto de bis(etilenodiamino)dinitritocobalto(III), em oposição ao cloreto de bis(etilenodiamino)dinitrocobalto(III), deveria ter a mesma cor do cloreto de bis(etilenodiamino)dinitratocobalto(III).

3.44 Quando a aluna de Werner, Edith Humphrey, sintetizou pela primeira vez os sais complexos com a fórmula [Co(en)$_2$(NO$_2$)$_2$]X, eles foram levados a acreditar que se tratavam de formas de nitrito ligadas pelo O. Somente mais tarde eles os identificaram como ligados pelo N. Escreva as fórmulas e os nomes dos isômeros de ligação desse composto, no qual X é [AuCl$_4$]$^-$.

3.45 Desenhe uma estrutura de Lewis do íon tiocianato que contenha um ligação tripla carbono-nitrogênio. Foi mostrado que, quando o tiocianato se liga a um metal pelo átomo de enxofre, o ângulo da ligação M−S−C é de aproximadamente 108-109°, mas quando se liga pelo átomo de nitrogênio, o ângulo da ligação M−N−C é de 180°. Baseando-se na sua estrutura de Lewis para o SCN$^-$, racionalize brevemente essa diferença.

---

* Exercícios marcados com um asterisco (*) são mais desafiadores.

3.46 Desenhe uma estrutura de Lewis do íon cianeto, CN^-. Você esperaria para esse ligante ambidentado que as ligações $M-C-N$ e $M-N-C$ seriam lineares ou angulares para as formas ciano e isociano, respectivamente? Discuta brevemente sua resposta.

*3.47 Com base nas suas respostas aos Exercícios 3.45 e 3.46, combinado com seu conhecimento da amônia como ligante, especule por que $[Co(NH_3)_5NCS]Cl_2$ é ligado pelo N, mas o $K_3[Co(CN)_5SCN]$ é ligado pelo S. Considere a quantidade de espaço ocupado pelas formas do ligante tiocianato ligadas tanto por S quanto por N como parte de sua resposta.

3.48 O *trans*-bis(etilenodiamino)ditiocianatocobre(II) forma três isômeros de ligação. Dê as fórmulas estruturais e os nomes de cada isômero.

3.49 Quantos isômeros de coordenação podem ser formados a partir do $[Cu(NH_3)_4][PtBr_4]$? Dê as fórmulas e os nomes de cada isômero.

*3.50 O ligante *N,N*-dimetiletilenodiaminoa ou "dmen" possui a seguinte estrutura:

$$\text{dmen} = H_2NCH_2CH_2N\begin{smallmatrix}CH_3\\CH_3\end{smallmatrix} = N\frown N\!\!\!\!-$$

Desenhe e dê o nome dos possíveis isômeros do $[Pt(dmen)_2]Cl_2$. (*Dica:* assuma que se trata de um complexo quadrático.)

*3.51 Suponha que um metal desconhecido forme um complexo tetraédrico de fórmula $[M(dmen)_2]$. Quantos isômeros geométricos e ópticos seriam possíveis? Justifique brevemente sua resposta. (*Dica:* a estrutura do ligante "dmen" é dada no Exercício 3.50.)

3.52 Escreva a fórmula e dê o nome de um isômero de coordenação *ou* de ionização dos seguintes compostos:
(*a*) $[Co(NH_3)_5(NO_3)]SO_4$
(*b*) $[Cr(en)_3][Cr(C_2O_4)_3]$

Indique o tipo de isomeria que se aplica em cada caso.

3.53 Escreva a fórmula e dê o nome de um isômero de coordenação *ou* de ionização dos seguintes compostos:
(*a*) $[Pt(NH_3)_4Cl_2]Br_2$
(*b*) $[Cu(NH_3)_4][PtCl_4]$

Indique o tipo de isomeria que se aplica em cada caso.

*3.54 Escrevendo fórmulas ou desenhando estruturas relacionadas ao composto de fórmula $[Pt(NH_3)_4(C_2O_4)]Cl_2$, dê um exemplo de cada um dos tipos de isômeros, se possível: geométricos, ópticos, de ligação, de coordenação e de ionização. Dê o nome de cada composto que você citou.

*3.55 Escrevendo fórmulas ou desenhando estruturas relacionadas ao composto de fórmula $[Pd(NH_3)_2(NO_2)_2]$, dê um exemplo de cada um dos tipos de isômeros, se possível: geométricos, ópticos, de ligação, de coordenação e de ionização. Dê o nome de cada composto que você citou. Para simplificar, assuma que quaisquer íons nitrito atuando como ligantes em um dado composto estejam todos ligados pelo N ou todos ligados pelo O.

---

* Exercícios marcados com um asterisco (*) são mais desafiadores.

3.56 Escrevendo fórmulas ou desenhando estruturas relacionadas ao composto de fórmula [VCl$_2$(en)$_2$]NO$_2$, dê um exemplo de cada um dos tipos de isômeros, se possível: geométricos, ópticos, de ligação, de coordenação e de ionização. Dê o nome de cada composto que você citou. Para simplificar, assuma que quaisquer íons nitrito atuando como ligantes em um dado composto estejam todos ligados pelo N ou todos ligados pelo O.

3.57 Escrevendo fórmulas ou desenhando estruturas relacionadas ao composto de fórmula [Co(acac)$_2$(NH$_3$)(H$_2$O)][Co(SCN)$_4$], dê um exemplo de cada um dos tipos de isômeros, se possível: geométricos, ópticos, de ligação, de coordenação e de ionização. Dê o nome de cada composto que você citou.

---

* Exercícios marcados com um asterisco (*) são mais desafiadores.

CAPÍTULO 4

Teorias de ligação para compostos de coordenação

Nos capítulos 2 e 3, tratamos da história, nomenclatura e estruturas de compostos de coordenação. Nessas primeiras discussões, introduzimos a ligação covalente coordenada metal-ligante (M−L) na qual o ligante compartilha um par de elétrons com o átomo ou íon metálico. Agora estamos em posição de considerar a natureza da ligação M−L em maiores detalhes. Uma interação entre os elétrons do ligante e um cátion metálico positivamente carregado é majoritariamente iônica? Ou essa ligação M−L deveria ser apropriadamente descrita como de caráter predominantemente covalente? Qualquer que seja o caráter da ligação, a descrição das interações M−L deve considerar (1) a estabilidade dos complexos de metais de transição, (2) suas características eletrônicas e magnéticas e (3) a variedade notável de cores exibidas por esses compostos.

Neste capítulo investigaremos o surgimento das várias teorias de ligação que foram aplicadas aos compostos de coordenação de Werner. Veremos como as estruturas de Lewis foram aplicadas aos compostos de coordenação (nos anos 1920) e como a familiar regra do octeto foi transformada na regra do número atômico efetivo para esses compostos. Um pouco depois, nos anos 1930, a teoria do campo cristalino, a teoria da ligação de valência e a teoria do orbital molecular foram desenvolvidas e seguiu-se um debate intenso para determinar qual era a base teórica mais efetiva para as ligações em complexos de metais de transição. A teoria da ligação de valência caiu em certo desuso e é tratada brevemente neste capítulo. Embora promissora, a teoria do orbital molecular é muito abstrata, sendo difícil seu uso para quantificação. Isso faz que a teoria do campo cristalino (na qual a ligação M−L é tratada como puramente eletrostática na natureza) seja a melhor das três aproximações para as ligações em compostos de coordenação, particularmente em um nível inorgânico introdutório.

4.1 AS PRIMEIRAS TEORIAS DE LIGAÇÃO

A definição ácido-base de Lewis

Como descrito na Figura 2.1 e no resumo do Capítulo 2, teorias de ligação viáveis começaram a surgir a partir do modelo mecânico-quântico do átomo na década de 1920. G. N. Lewis propôs as familiares estruturas de Lewis e a regra do octeto para compostos simples no início dos anos 1920 e, no fim da década, Nevil Sidgwick aplicou essas ideias aos compostos de coordenação. Ele foi o primeiro a propor a ideia de ligação covalente coordenada discutida nos capítulos anteriores.

Para colocar as várias descrições da ligação M-L em uma perspectiva histórica apropriada, começaremos com uma breve revisão das teorias ácido-base. No fim do século XIX, as ideias de Svante Arrhenius sobre a existência de íons em soluções aquosas de sais, ácidos e bases levaram à sua classificação de ácidos e bases como substâncias que liberam íons hidrogênio (H^+) ou hidróxido (OH^-), respectivamente. Embora consideradas de escopo limitado hoje em dia, as definições de Arrhenius ainda são úteis na classificação de compostos e suas reações. Mais tarde, no início dos anos 1920, Johannes Brønsted e Thomas Lowry, de forma independente, propuseram uma definição mais geral que classificou ácidos como doadores de prótons e as bases, como receptoras de prótons. A definição de Brønsted-Lowry não era restrita a soluções aquosas, não requeria a presença de um grupo hidróxido em uma base e englobava mais compostos como ácidos e bases. Ela mostrou ser uma definição ácido-base mais abrangente e, de forma geral, mais útil do que a de Arrhenius.

Lewis propôs sua ainda mais abrangente e útil definição de ácidos e bases entre o fim dos anos 1920 e o início dos anos 1930. Classificando ácidos como receptores de pares de elétrons e bases como doadores, ele liberou totalmente a teoria ácido-base da sua antiga dependência quanto à presença do hidrogênio. A vantagem da definição de Lewis é que mais reações podem ser classificadas como ácido-base do que com o uso das teorias de Arrhenius ou de Brønsted-Lowry. O exemplo clássico usado para demonstrar a natureza mais geral da definição de Lewis é a reação em fase gasosa entre trifluoreto de boro e amônia, como representada na Equação (4.1):

$$BF_3(g) + :NH_3(g) \longrightarrow F_3B \longleftarrow :NH_3(s) \quad \quad \textbf{4.1}$$

receptor de par de elétrons doador de par de elétrons uma ligação covalente coordenada
(ácido de Lewis) (base de Lewis) entre o ácido e a base (sal ou aduto de Lewis)

Note que o BF_3 nem libera íons hidrogênio em solução nem é um doador de prótons, como requerido pelas definições de Arrhenius e de Brønsted-Lowry, respectivamente. De maneira similar, NH_3 não libera íons hidróxido em solução nem age como receptor de prótons. (Há situações em que a amônia é um receptor de prótons, mas ela não atua dessa forma nessa reação.) Por isso, essa não é uma reação ácido-base, por essas definições mais restritas. No entanto, o trifluoreto de boro é um receptor de par de elétrons e a amônia, um doador; e a reação pode ser classificada como ácido-base pela definição de Lewis. (De maneira lógica, o produto da reação entre um ácido e uma base de Lewis poderia ser chamado de *sal de Lewis*. Todavia, o termo mais técnico para esse produto é *aduto de Lewis*.)

Sidgwick aplicou essas ideias aos compostos de coordenação. Ele notou que compostos como os *amonatos* de cobalto, descritos tão habilmente pela teoria de coordenação de Alfred Werner, poderiam também ser classificados como adutos de Lewis. A Equação (4.2) mostra a formação do cátion hexa-aminocobalto (III) a partir do cátion Co^{3+} e seis moléculas de amônia:

$$Co^{3+}(aq) + 6\,:NH_3(aq) \longrightarrow \left[\begin{array}{c} NH_3 \\ \downarrow \\ H_3N: \rightarrow Co \leftarrow :NH_3 \\ \uparrow \\ NH_3 \end{array} \right]^{3+} \quad \textbf{4.2}$$

ácido de Lewis bases de Lewis

composto de coordenação =
sal ou aduto de Lewis

Note que o cátion metálico é um receptor de par de elétrons (ácido de Lewis) e que cada molécula de amônia é um doador de par de elétrons (base de Lewis). O composto de coordenação resultante pode ser considerado um sal ou aduto de Lewis.

Em paralelo à regra do octeto, que se aplica a estruturas de Lewis desenhadas para moléculas simples, a regra do *número atômico efetivo* (NAE) afirma que, em um composto de coordenação, a soma dos elétrons do metal mais aqueles doados pelos ligantes deve ser igual ao número de elétrons associado ao próximo gás nobre na tabela periódica. Por exemplo, no $[Co(NH_3)_6]^{3+}$, o íon cobalto 3^+ tem $27 - 3 = 24$ elétrons, e os seis ligantes amino doam $6 \times 2 = 12$ elétrons, totalizando 36 elétrons. Há também 36 elétrons associados ao criptônio, o gás nobre seguinte, encontrado na extrema direita do período que contém o cobalto. Assim como a regra do octeto, a regra do NAE é frequentemente desobedecida, mas trata-se de uma regra conveniente e útil. Uma ampla variedade de compostos de coordenação com metais {por exemplo, $Ni(CO)_4$, $[Pd(NH_3)_6]^{4+}$ e $[PtCl_6]^{2-}$}, envolvendo todas as três séries de transição, satisfaz a regra do NAE. Infelizmente, há também um grande número de compostos, perfeitamente estáveis {por exemplo, $[Cr(NH_3)_6]^{3+}$, $[PdCl_4]^{2-}$ e $[Pt(NH_3)_4]^{2+}$}, cuja regra do NAE não é obedecida. A regra do NAE funciona melhor para compostos organometálicos (aqueles que envolvem ligações metal-carbono), mas eles estão muito além do escopo deste livro.

Teorias do campo cristalino, da ligação de valência e do orbital molecular

Conforme descrito na introdução deste capítulo, na década de 1930 viu-se o surgimento de três teorias (do campo cristalino, da ligação de valência e do orbital molecular), que hoje reconhecemos como teorias muito promissoras e úteis para visualizar as ligações em compostos de coordenação. A teoria do campo cristalino (TCC), desenvolvida extensivamente pelos físicos Hans Bethe e John Van Vleck, considera as ligações metal--ligante como exclusivamente eletrostáticas. A TCC considerou o efeito de um "campo" octaédrico, tetraédrico ou quadrático de ligantes nas energias dos orbitais atômicos do metal. Basicamente parte do campo de estudos dos físicos, a TCC foi largamente ignorada pelos químicos inorgânicos até a década de 1950. A TCC, e sua versão ajustada que admitia algum caráter covalente [chamada de TCC ajustada (TCCA) ou teoria do campo ligante (TCL)], é agora a principal teoria de ligações para compostos de coordenação. Um de seus principais atrativos é sua simplicidade conceitual, tornando-a de grande valor, particularmente quando alguém está lidando com a questão das ligações em compostos de coordenação pela primeira vez.

A teoria da ligação de valência (TLV), basicamente o trabalho de Linus Pauling, considera as ligações caracterizadas pela sobreposição (*overlap*) de orbitais atômicos ou híbridos em átomos individuais. (Orbitais atômicos são às vezes chamados de orbitais "nativos" – aqueles originais ou naturais de um átomo livre –, enquanto combinações lineares desses orbitais atômicos nativos constituem os orbitais híbridos.) A TLV é muito bem-sucedida na determinação da estrutura de muitas moléculas simples, particularmente aquelas encontradas na química orgânica. Para um composto de coordenação octaédrico, a TLV visualiza a sobreposição de um conjunto octaédrico de orbitais híbridos d^2sp^3 do metal com os orbitais atômicos ou híbridos apropriados dos ligantes. Ambos os elétrons da ligação $M-L$ são doados pelo ligante. Embora a TLV tenha sido a principal forma pela qual os químicos inorgânicos visualizavam os compostos de coordenação até a década de 1950, ela caiu em desuso devido à sua incapacidade de explicar as várias propriedades magnéticas, eletrônicas e espectroscópicas desses compostos.

A teoria do orbital molecular (TOM), desenvolvida pouco a pouco por muitos químicos e físicos, representa os elétrons de uma molécula segundo as ondas estacionárias ou confinadas de elétrons que estão sob a influência de dois ou mais núcleos. Esses *orbitais moleculares*, análogos aos familiares orbitais atômicos, estão espalhados por todos os átomos da molécula. Orbitais moleculares, assim como seus primos atômicos, podem ser organizados em níveis de energia que explicam a estabilidade de várias moléculas. A TOM parecia ser a melhor maneira, no fim das contas, para entender as ligações químicas na maioria das moléculas, incluindo compostos de coordenação. Conceitualmente, ela é fácil de entender, mas sua aplicação quantitativa a moléculas poliatômicas relativamente simples, incluindo compostos de coordenação, é muito abstrata e matemática. Não é uma boa maneira para um iniciante começar a visualizar as ligações nesses compostos.

Dado esse conhecimento sobre os princípios básicos e as principais vantagens e desvantagens da TCC, da TLV e da TOM, não é surpreendente que nos concentremos na TCC para a visualização das ligações em compostos de coordenação.

4.2 TEORIA DO CAMPO CRISTALINO

A teoria do campo cristalino assume que todas as interações M−L são de natureza puramente eletrostática. Mais especificamente, ela considera o efeito eletrostático de um campo de ligantes sobre as energias dos orbitais da camada de valência de um metal. Para discutir a TCC, precisamos estar atentos a somente dois conceitos fundamentais: (1) a teoria coulômbica das interações eletrostáticas e (2) as formas dos orbitais de valência dos metais de transição – ou seja, dos orbitais nd ($n = 3$ para os metais da primeira série de transição etc.). O primeiro conceito envolve apenas ideias familiares de repulsão de cargas iguais e atração de cargas opostas. Quantitativamente, a *lei de Coulomb* estabelece que a energia potencial de duas cargas, Q_1 e Q_2, separadas por uma distância r é dada pela fórmula mostrada na Equação (4.3):

$$\text{Energia potencial} = \frac{Q_1 Q_2}{r} \quad \textbf{4.3}$$

O segundo conceito, as formas dos orbitais d, requer um pouco mais de desenvolvimento.

Formas dos orbitais 3d

Orbitais, como você pode recordar de cursos anteriores, são ondas de elétrons confinadas ou estacionárias. Em outras palavras, quando um elétron negativo – tratado como uma onda, como é permitido pela dualidade onda-partícula – está confinado à área em torno do núcleo positivo, certos padrões de onda ou *orbitais* são definidos (semelhantes aos vários padrões de onda permitidos em uma corda de violão ou em um prato de bateria). As formas dos vários orbitais representam as probabilidades de encontrar um elétron em uma área ao redor do núcleo de um átomo. Esses orbitais são descritos por um conjunto de números quânticos (n, l, m_l), e cada um tem uma energia característica. Os familiares orbitais hidrogenoides (aqueles gerados no caso de um elétron, tipicamente usados para representar o átomo de hidrogênio) são mostrados na Figura 4.1. A Figura 4.2 mostra as energias relativas dos orbitais $1s$, $2s$, $2p$, $3s$, $3p$, $4s$ e $3d$ em um típico metal da primeira série de transição.

Há algumas observações especiais a serem feitas sobre a forma como, como esses orbitais estão representados nas figuras. Primeiro, você deve reconhecer (na Figura 4.2) o padrão familiar do diagrama de níveis de energia. Dentro de uma camada (orbitais com o mesmo número quântico n), os orbitais são divididos em subcamadas (aquelas com o mesmo número quântico l). Por exemplo, $n = 3$ orbitais são divididos nas subcamadas $3s$, $3p$ e $3d$, que aumentam em energia conforme l aumenta de 0 para 1 para 2. Também recorde que o conjunto de três orbitais $3p$, assim como o conjunto de cinco orbitais $3d$, é degenerado, isto é, os orbitais em cada conjunto têm a mesma energia. É o efeito de um campo de ligantes nas energias dos cinco orbitais nd, que é o principal foco da TCC. Examinando cuidadosamente a Figura 4.1, você pode ficar um pouco surpreso com a forma quase esférica (ou circular, em duas dimensões) dos orbitais p e d. Em muitos cursos introdutórios (e, particularmente, em modelos mostrados nesses cursos), esses orbitais se parecem com balões amarrados ao núcleo. Na verdade, uma representação mais precisa é dada na Figura 4.1. Cada orbital, representado em diagramas bidimensionais de secção transversal, parece que foi cortado de um pedaço circular de "tecido". As linhas sólidas externas representam 90% das superfícies de fronteira (dentro das quais o elétron

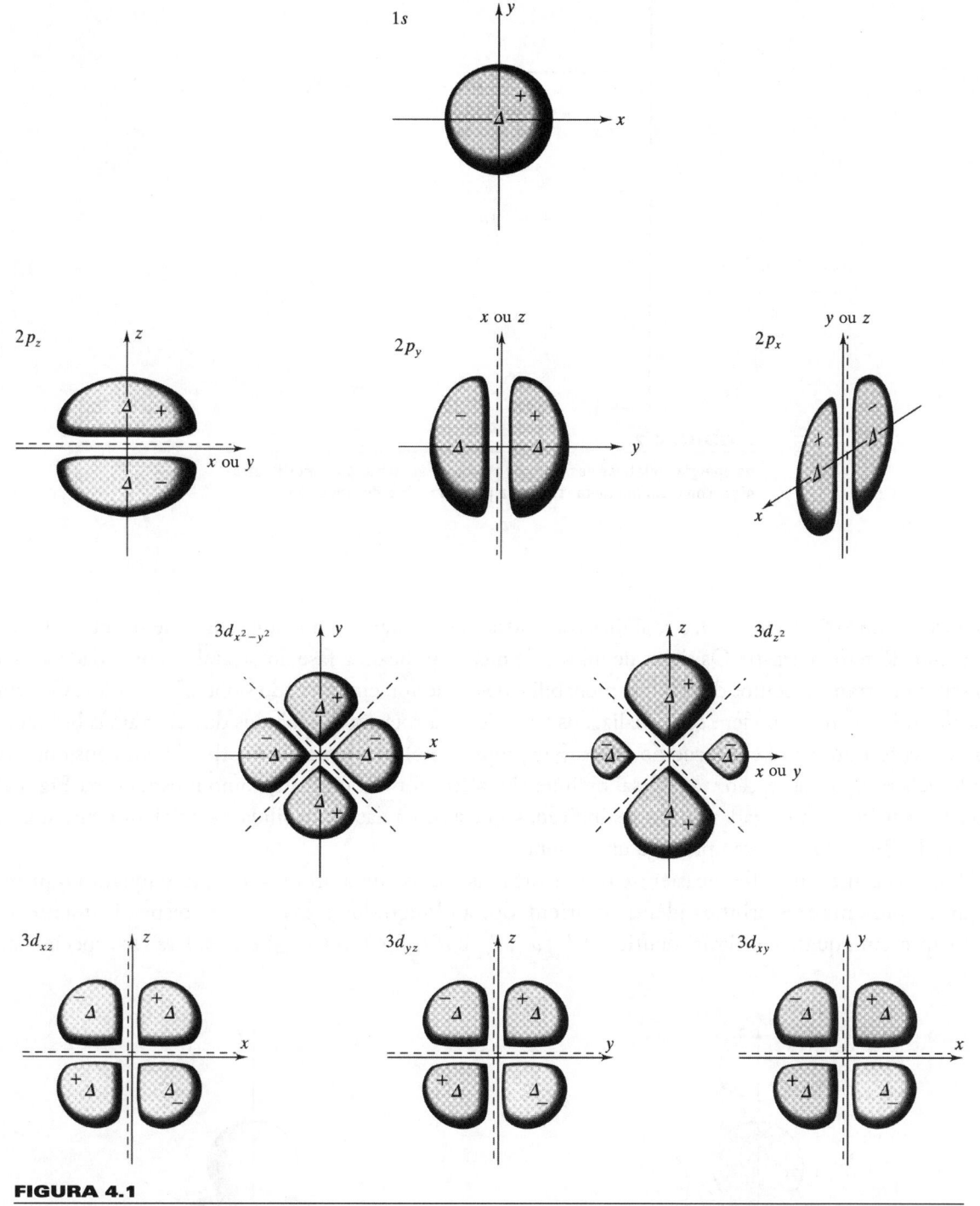

Capítulo 4: *Teorias de ligação para compostos de coordenação*

FIGURA 4.1

Esboços da secção transversal dos orbitais hidrogenoides 1s, 2p e 3d. Os orbitais são mostrados como superfícies de fronteira (com 90%, de probabilidade de encontrar o elétron), com sinais de mais e menos representando fases, e triângulos representando os pontos de máxima probabilidade de encontrar o elétron. Nós são representados como linhas tracejadas.

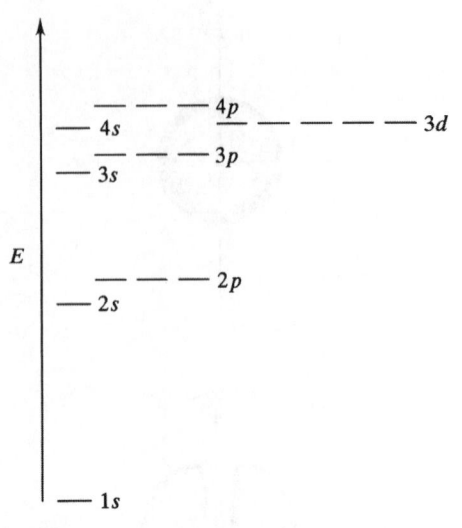

FIGURA 4.2

As energias relativas dos orbitais atômicos em um átomo multieletrônico, como em um metal típico da primeira série de transição.

será encontrado 90% do tempo), e as linhas tracejadas representam os nós, áreas em que o elétron tem uma probabilidade zero de existir. Os sinais de mais e de menos indicam a fase do orbital em uma dada área, e os triângulos mostram os pontos de máxima probabilidade de elétron em um dado "lóbulo" do orbital. Os orbitais reais em três dimensões podem ser visualizados fazendo-se a rotação dos lóbulos dos diagramas bidimensionais de secção transversal em torno do(s) eixo(s) apropriado(s). Por exemplo, o orbital tridimensional $3d_{z^2}$ é gerado pela rotação da secção transversal bidimensional em torno do eixo z, como mostrado na Figura 4.3. Não é tão surpreendente, dadas as formas indicadas, que a soma das probabilidades do elétron em uma dada subcamada ($3p$ ou $3d$, por exemplo) seja uma esfera.

Uma das principais diferenças entre os três orbitais p e os cinco orbitais d é que, enquanto o primeiro conjunto apresenta três orbitais idênticos orientados ao longo dos eixos x, y e z, respectivamente, o segundo apresenta quatro orbitais idênticos (d_{xy}, d_{yz}, d_{xz} e $d_{x^2-y^2}$) e um (o d_{z^2}) que *parece* ser especial, isto é,

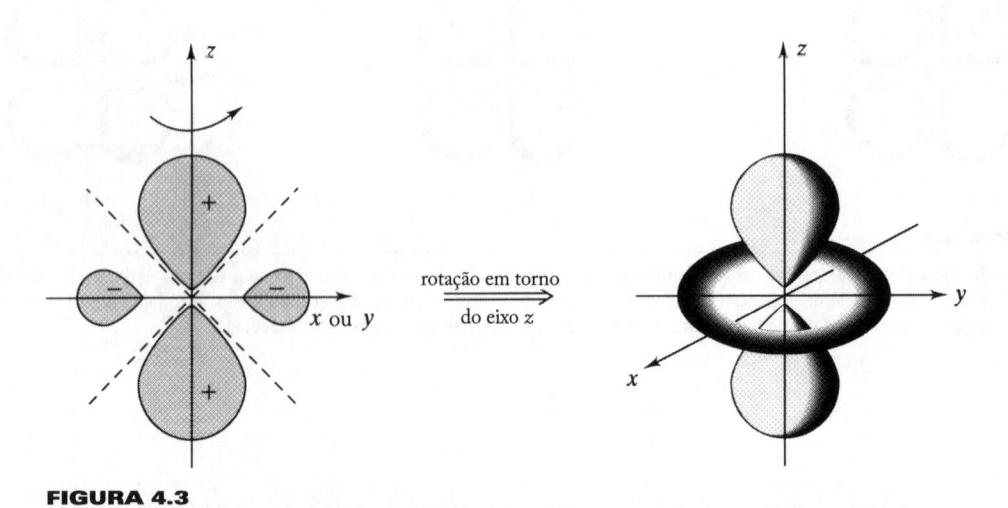

FIGURA 4.3

A rotação do esboço de corte transversal de um orbital $3d_{z^2}$ em torno do eixo z gera uma representação tridimensional desse orbital.

parece ser diferente dos outros quatro. Essa distinção entre o orbital d_{z^2} e os outros quatro precisa ser explicada com certo detalhamento porque um conhecimento completo das formas dos orbitais d é essencial para entender a TCC.

Na verdade, verifica-se que a matemática de Schrödinger, que gera a probabilidade de encontrar elétrons em vários orbitais, pode ser processada de muitas maneiras diferentes, levando a uma variedade de soluções. Os cinco orbitais $3d$ representados na Figura 4.1 são um conjunto possível de orbitais. (É o conjunto mais conveniente, por razões desnecessárias, para o próximo argumento.) Outra solução da matemática de Schrödinger leva de fato a *seis* orbitais *dependentes*. Orbitais dependentes têm esse nome porque qualquer um deles pode ser expresso como uma combinação linear de outros dois. Esses seis orbitais d dependentes são os orbitais d_{xy}, d_{yz}, d_{xz} e $d_{x^2-y^2}$ mostrados na Figura 4.1, mais dois similares ao $d_{x^2-y^2}$, identificados por $d_{z^2-y^2}$ e $d_{z^2-x^2}$. Estes dois últimos orbitais dependentes são mostrados no topo da Figura 4.4. Note que eles, assim como o orbital $d_{x^2-y^2}$, têm lóbulos apontando ao longo dos eixos dados em suas designações. Os seis orbitais d dependentes, como aqueles em outras subcamadas, são degenerados, ou seja, eles têm as mesmas energias em um íon ou átomo metálico livre.

Os cinco orbitais $3d$ *independentes* que normalmente utilizamos são gerados a partir de seis orbitais *dependentes*, fazendo-se uma combinação linear dos (ou seja, somando-se) orbitais $d_{z^2-y^2}$ e $d_{z^2-x^2}$ para gerar o orbital d_{z^2}, como representado na Figura 4.4. Note que todos esses orbitais dependentes apresentam uma probabili-

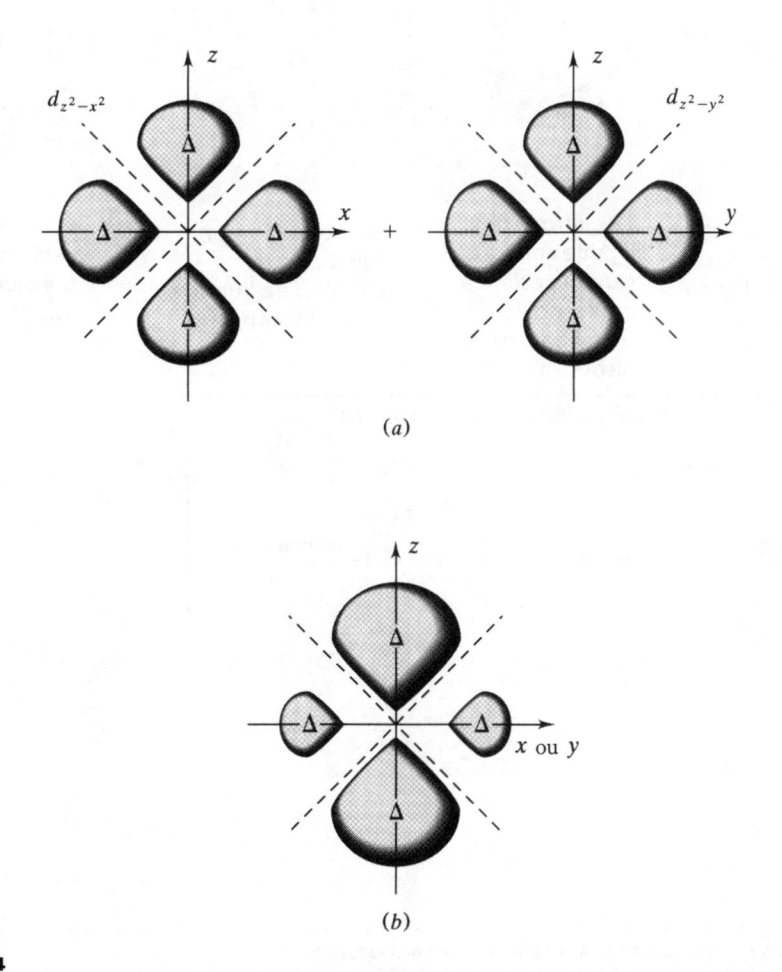

FIGURA 4.4

Orbitais *d* dependentes e independentes. (*a*) Os orbitais dependentes $d_{z^2-x^2}$ e $d_{z^2-y^2}$. (*b*) O orbital d_{z^2}, que resulta da combinação linear dos dois orbitais dependentes mostrados em (*a*). Note que o orbital $3d_{z^2}$ é do mesmo tamanho que seus orbitais dependentes constituintes, mas tem o dobro de probabilidade de encontrar um elétron ao longo dos eixos $+z$ e $-z$.

dade de encontrar elétrons ao longo do eixo z negativo e positivo, mas somente $d_{z^2-y^2}$ apresenta essa probabilidade ao longo do eixo y, e somente $d_{z^2-x^2}$ tem essa probabilidade ao longo do eixo x. Por isso, quando esses dois orbitais são somados, o orbital resultante d_{z^2} tem uma probabilidade de encontrar elétrons duas vezes maior ao longo do eixo z em relação aos outros dois eixos. Todavia, os pontos de máxima probabilidade (dados pelos triângulos) continuam os mesmos nos três orbitais. Agora estamos prontos para considerar o efeito de um campo cristalino de ligantes nos cinco orbitais $3d$ tradicionais. Entretanto, tenha em mente que o orbital d_{z^2} não é tão especial quanto parece. Ele é apenas uma combinação linear de dois orbitais dependentes que se parecem exatamente com os outros quatro orbitais na subcamada.

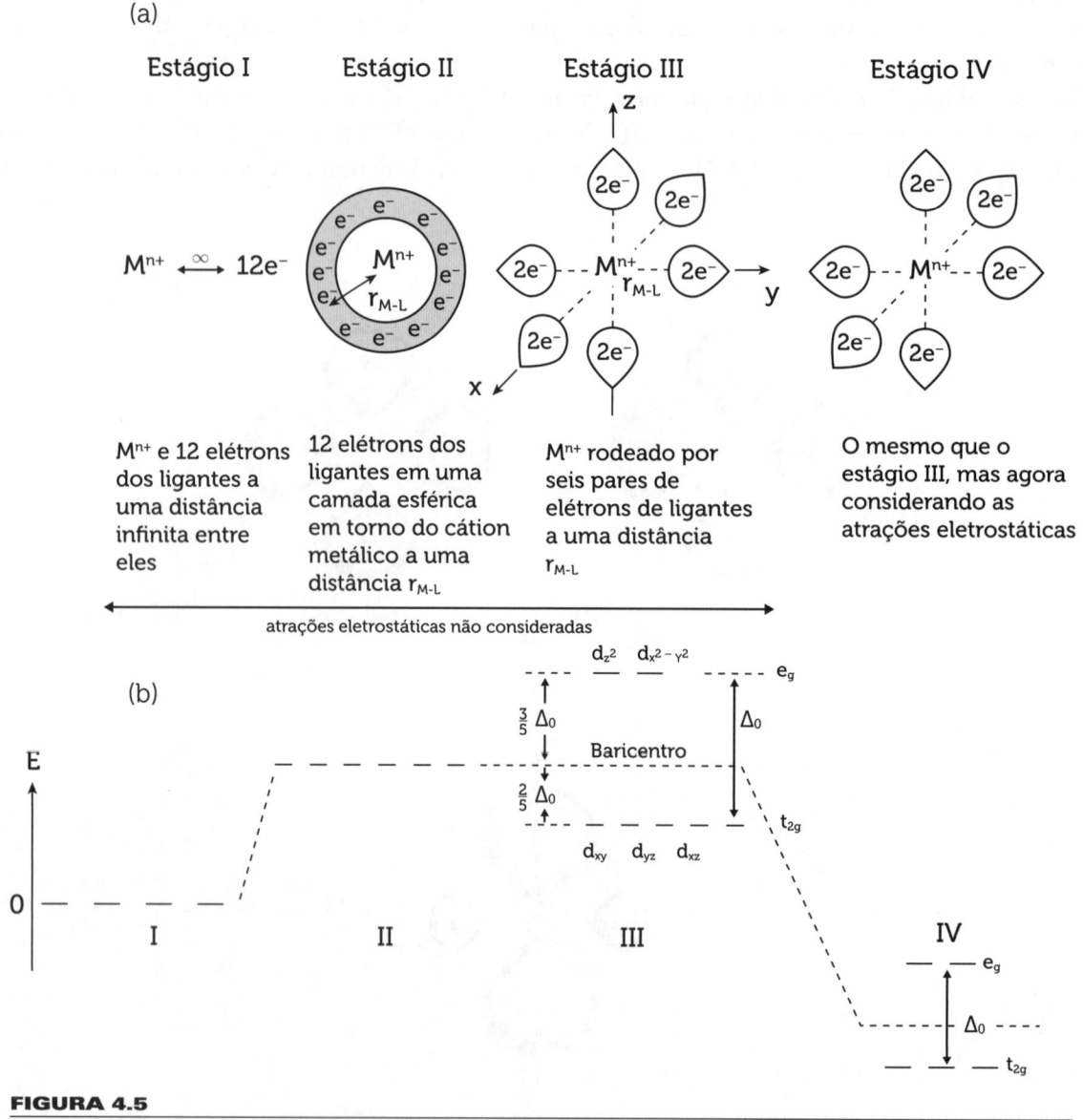

FIGURA 4.5

Mudanças estruturais e de energia na formação de um campo octaédrico.
(*a*) Quatro estágios hipotéticos da construção de um campo octaédrico em torno de um cátion metálico e (*b*) as energias dos orbitais *d* correspondentes a cada estágio. Observe que as variações de energia relativa não estão em escala. O desdobramento entre os orbitais *d* é, na verdade, muito menor do que as variações de energia que ocorrem dos estágios I para o II ou III para o IV. (Adaptado de Audrey Companion. *Chemical bonding*. p. 150-151. Copyright © 1979. McGraw-Hill.)

Campos octaédricos

Suponha que comecemos com um íon de um metal da primeira série de transição, M^{n+}, contendo um número não especificado de elétrons $3d$. A TCC considera o que acontece quando um campo octaédrico de ligantes é construído ao redor desse metal. Assumindo que cada um dos seis ligantes tem um par de elétrons para "doar" ao metal, há um total de 12 elétrons ligantes a considerar. A Figura 4.5 mostra a construção física do campo octaédrico em torno do metal em quatro estágios e a energia correspondente a cada estágio.

O estágio I tem o metal e os 12 elétrons separados por uma distância infinita. Os cinco orbitais $3d$ desse íon metálico livre não serão afetados pelos elétrons do ligante e permanecerão degenerados. Definimos a energia desse primeiro estágio como zero e será a referência para os outros três. No estágio II, os 12 elétrons dos ligantes são trazidos para o entorno do metal, formando uma camada esférica à distância $M-L$ apropriada. Uma vez que os elétrons dos ligantes estão espalhados por uma nuvem esfericamente simétrica, cada um dos orbitais $3d$ do metal é igualmente afetado e sua degeneração permanecerá intacta. No entanto, uma vez que os elétrons nesses orbitais $3d$ serão repelidos pelos elétrons dos ligantes, a energia potencial do sistema vai aumentar. [Tanto Q_1 quanto Q_2 na Equação (4.3) serão negativos, então a energia potencial do sistema será positiva.] Até aqui, o efeito das atrações eletrostáticas entre o cátion metálico positivo e os 12 elétrons dos ligantes foi ignorado.

No estágio III, os 12 elétrons estão realmente arranjados em um campo octaédrico, à mesma distância $M-L$ que no estágio II. (Por conveniência, os ligantes estão representados ao longo das três coordenadas cartesianas.) Uma vez que a distância entre o metal e os elétrons dos ligantes continua a mesma, a energia potencial líquida do sistema permanece a mesma. Outra forma de se dizer isso é que o *baricentro*, a energia média de um conjunto de orbitais na mesma camada, permanece constante ao ir do estágio II para o estágio III.

O diagrama de energia para o estágio III mostra três dos orbitais $3d$ diminuindo em energia (relativa ao baricentro) e dois aumentando. Quais são os fatores envolvidos nessas variações de energia? Note que os dois orbitais ($d_{x^2-y^2}$ e d_{z^2}) cujas energias aumentam apontam diretamente ao longo dos eixos cartesianos e, portanto, diretamente para os ligantes. Quaisquer elétrons nesses dois orbitais d serão repelidos pelos elétrons do ligante e serão menos estáveis (ou serão maiores em energia) do que seriam se estivessem no estágio II. [Ainda em dúvida sobre o porquê de isso ser assim? Olhe novamente para a lei de Coulomb mostrada na Equação (4.3). Outra maneira de enxergar essa situação é que colocar elétrons nesses dois orbitais d causa um aumento na energia potencial devido a interações negativo-negativo mais fortes.] Segue que a energia desses orbitais é maior do que o baricentro.

Incomoda a você o fato de o orbital d_{z^2} possuir a mesma energia de $d_{x^2-y^2}$, apesar de ambos apresentarem formas diferentes? Não deveria. Lembre-se de que o orbital d_{z^2} é uma combinação linear dos orbitais dependentes $d_{z^2-y^2}$ e $d_{z^2-x^2}$, que são parecidos e têm a mesma energia que o orbital $d_{x^2-y^2}$. (Todos esses três orbitais apontam diretamente para os ligantes.) Então, segue que os orbitais $d_{x^2-y^2}$ e d_{z^2} devem ter a mesma energia. Note que esses dois orbitais são referidos como o conjunto e_g. A base desse símbolo é obtida de vários argumentos de simetria, que não incluímos aqui.

Os três orbitais (d_{xy}, d_{yz} e d_{xz}) diminuem em energia relativa o ponto do baricentro entre os ligantes e, portanto, os elétrons do metal que os ocupam estão mais longe dos elétrons dos ligantes do que estavam no estágio II. Dessa forma, esses elétrons estão submetidos a menos repulsão pelos elétrons dos ligantes e, portanto, estão em um estado mais estável (de menor energia) do que estavam no estágio II. O símbolo de simetria coletivo para esses três orbitais em um campo octaédrico é t_{2g}.

Agora vamos nos ater a uma discussão sobre os aspectos quantitativos das variações nas energias dos conjuntos e_g e t_{2g}. Primeiro, definiremos a *energia de desdobramento do campo cristalino* (CC), Δ, como a diferença entre as energias dos orbitais d resultante da aplicação de um campo de ligantes. Uma vez que se trata de um campo octaédrico, designamos a energia de desdobramento do CC como Δ_o, no qual o o indica octaédrico. Agora, visto que a posição do baricentro permanece a mesma, observe que a diminuição total da energia de um conjunto de orbitais deve ser igual ao aumento total de energia do outro. Por isso, como há dois orbitais e_g, suas energias devem aumentar em $\frac{3}{5}\Delta_o$, e as dos três orbitais t_{2g} devem diminuir em $\frac{2}{5}\Delta_o$. Outra maneira de expressar essa relação é

$$\text{Diminuição da energia} = \text{Aumento da energia}$$

$$3\left(\frac{2}{5}\Delta_o\right) = 2\left(\frac{3}{5}\Delta_o\right)$$

4.4

Até aqui discutimos três dos quatro estágios da construção de um campo octaédrico de ligantes em torno de um íon metálico, como mostrado na Figura 4.5. Até esse ponto, a energia do sistema aumentou (o que usualmente significa que o processo não ocorrerá espontaneamente), mas há um fator adicional a considerar. Ainda temos de considerar o efeito das atrações eletrostáticas dos 12 elétrons dos ligantes e um íon metálico carregado positivamente. Esse fator, representado no estágio IV, resulta em uma diminuição do baricentro do sistema e um complexo que possui menor energia do que o íon metálico livre localizado a uma distância infinita em relação aos 12 elétrons ligantes. [A energia potencial dessa última etapa adiciona uma contribuição negativa à energia global do sistema porque uma carga (no íon metálico) é positiva e a outra (as cargas dos elétrons dos ligantes) é negativa.]

Isso completa a descrição da TCC básica aplicada a campos octaédricos. Procederemos agora a tratamentos mais breves de campos tetragonalmente distorcidos, quadráticos e tetraédricos. Após essas seções, estaremos em posição de investigar as consequências e as aplicações da teoria do campo cristalino.

Campos octaédricos tetragonalmente distorcidos e quadráticos

Um campo octaédrico tetragonalmente distorcido é produzido quando os ligantes do eixo z são aproximados ou afastados do átomo ou íon metálico. Aproximar os ligantes do eixo z um do outro gera uma compressão tetragonal e afastá-los gera uma elongação tetragonal do campo octaédrico original. Consideraremos a elongação aqui. (O termo *tetragonalmente distorcido* vem do fato de que, quando visto ao longo do eixo z, um octaedro se parece com um *tetragon*, um termo pouco usado para uma figura de quatro lados.) Por convenção (ou seja, por um procedimento acordado por um grande número de profissionais em um campo, para uniformidade e conveniência), escolhemos variar a distância do metal aos ligantes ao longo do eixo z, em vez do x ou y. Na maioria dos casos em que há algum eixo especial ou singular de algum tipo (outro exemplo é a designação do eixo de ligação), o eixo z deve ser designado como esse eixo.

O lado esquerdo da Figura 4.6 mostra tanto a variação física quanto a energética acompanhando a elongação tetragonal. Note atentamente que, ao mesmo tempo que os dois ligantes do eixo z são afastados do metal, os ligantes dos eixos x e y se aproximam um pouco. O pequeno movimento dos ligantes dos eixos x e y é permitido porque a remoção dos ligantes do eixo z cria uma pequena quantidade de espaço vazio em volta do metal. Então a atração coulômbica entre os elétrons do ligante e a carga do metal aproxima os ligantes para preencher esse espaço vazio.

Voltando agora para variações de energia que acompanham uma elongação tetragonal, assumiremos que o movimento simultâneo de seis ligantes mantém o baricentro do campo tetragonalmente alongado o mesmo do campo octaédrico original. Note que todos os orbitais com uma componente referente ao eixo z (d_{yz}, d_{xz}, d_{z^2}) se tornam mais estáveis, ou seja, suas energias diminuem. Isso é rapidamente entendido em termos de eletrostática. Quando os elétrons dos ligantes no eixo z forem afastados, um elétron do metal vai mais facilmente ocupar, por exemplo, o orbital d_{z^2} porque agora há menos repulsão elétron-elétron e a energia potencial será menor. A variação de energia do orbital d_{z^2} é significativamente maior que a dos orbitais d_{xz} e d_{yz} porque o primeiro aponta direto para o eixo z e sua energia é mais diretamente afetada pelos movimentos de ligantes ao longo desse

FIGURA 4.6

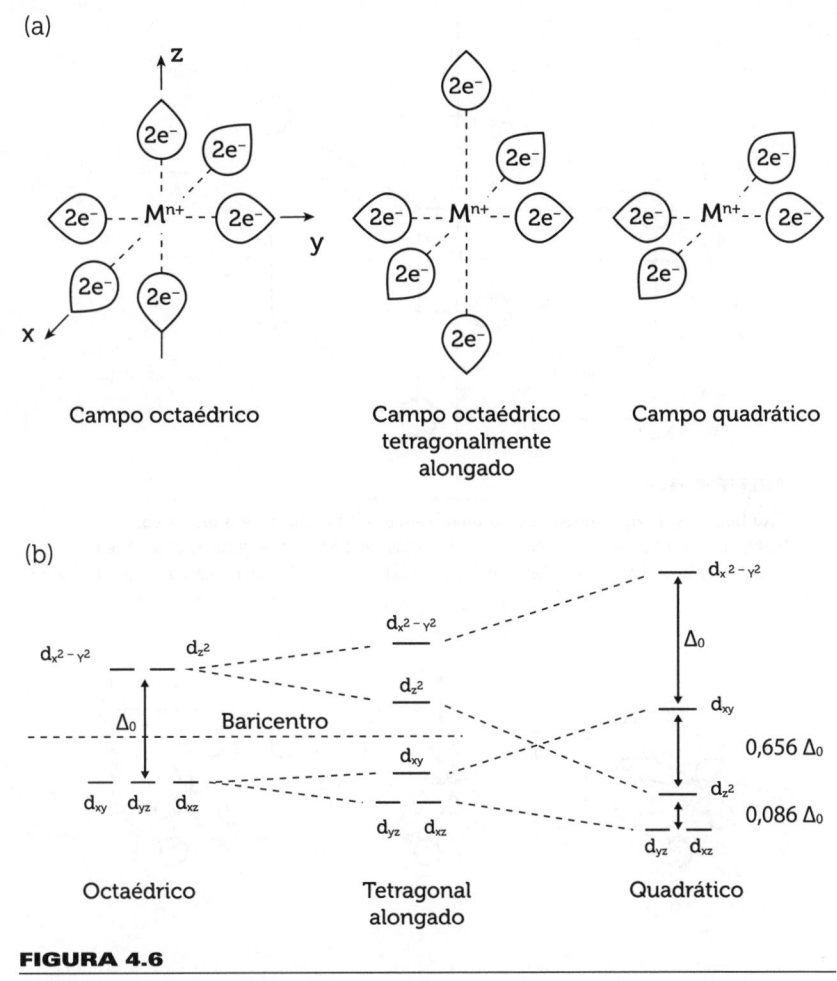

Mudanças estruturais e de energia na conversão de um campo octaédrico em um campo quadrático.
(*a*) A remoção gradual dos ligantes do eixo *z* resulta em uma progressão do campo octaédrico de ligantes para octaédrico tetragonalmente alongado para quadrático. (*b*) As variações nas energias dos orbitais *d* em um átomo ou íon central metálico correspondendo aos três campos.
(Adaptado de: F. A. Cotton e G. Wilkinson. *Advanced inorganic chemistry*. 4. ed. Copyright © 1980.)

eixo. A energia dos orbitais do metal aumenta no plano *xy* porque suas ocupações resultam em mais repulsões elétron-elétron e em um correspondente aumento em suas energias potenciais. A energia do orbital $d_{x^2-y^2}$ é mais afetada do que a do orbital d_{xy} porque o primeiro aponta direto para os ligantes dos eixos *x* e *y*.

O que acontece se continuarmos o movimento dos ligantes do eixo *z* até que eles sejam completamente removidos do metal? O resultado, como mostrado na Figura 4.6, é um campo de ligantes quadrático. Observe que os orbitais do metal com uma componente *z* continuam a ficar mais estáveis (diminuição da energia potencial) até o ponto em que a energia do orbital d_{z^2} fica abaixo da energia de d_{xy}. As diferenças de energia entre os vários orbitais para o caso quadrático são indicadas na figura. Note que não podemos assumir que os baricentros quadrático e octaédrico apresentam a mesma energia porque não há mais seis ligantes a uma distância M−L, mas apenas quatro ligantes a uma distância menor do que a distância M−L. (Veja o Exercício 4.23 para ter a oportunidade de ver uma dica de como calcular a posição do baricentro em um campo cristalino quadrático.)

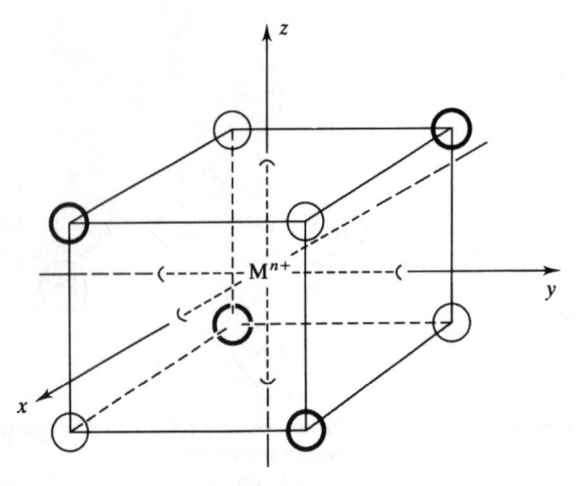

FIGURA 4.7

Oito ligantes de um campo cúbico envolvendo um átomo ou íon metálico.
Os ligantes em negrito representam um dos dois tetraedros que, juntos, constituem o campo cúbico. Os eixos cartesianos se projetam a partir de cada face do cubo.

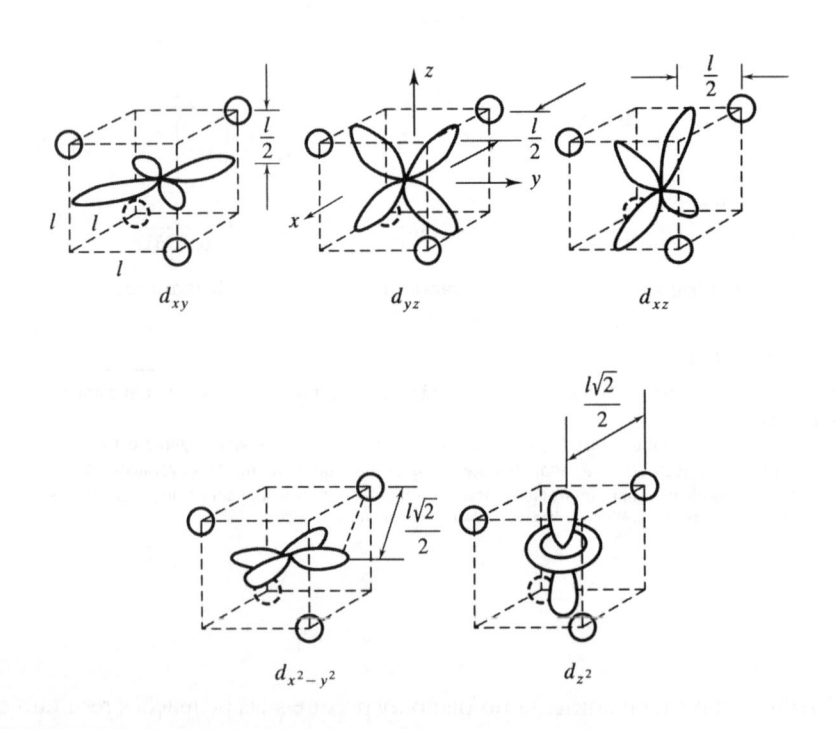

FIGURA 4.8

Os cinco orbitais *d* de um átomo ou íon metálico em um campo tetraédrico. Os três orbitais de cima (d_{xy}, d_{xz} e d_{yz}) estão a uma distância $l/2$ dos ligantes e os dois de baixo ($d_{x^2-y^2}$ e d_{z^2}) estão mais longe, a $l\sqrt{2}/2$. O l é definido como o comprimento da aresta do cubo.

Campos tetraédricos

O campo cristalino tetraédrico é mais difícil de visualizar do que o octaédrico e o quadrático. Uma maneira de simplificar o caso tetraédrico é considerar sua relação com um campo cúbico. A Figura 4.7 mostra um campo cúbico – ou seja, um campo de oito ligantes nos vértices de um cubo que contém o íon metálico no centro. Como ilustrado, o cubo pode ser pensado como uma soma de dois tetraedros. (Um tetraedro de ligantes está destacado em negrito para facilitar a visualização.) Por convenção, as coordenadas cartesianas são mostradas saindo do centro de cada uma das seis faces do cubo.

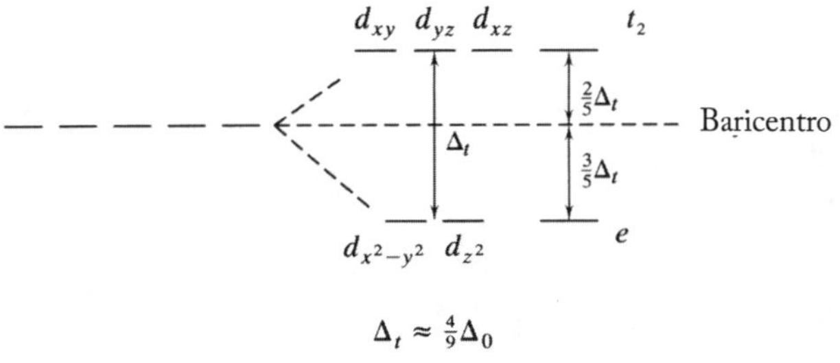

$$d_{xy}\ d_{yz}\ d_{xz}\quad t_2$$

$$\Delta_t \quad \tfrac{2}{5}\Delta_t$$

Baricentro

$$\tfrac{3}{5}\Delta_t$$

$$d_{x^2-y^2}\ d_{z^2}\quad e$$

$$\Delta_t \approx \tfrac{4}{9}\Delta_0$$

FIGURA 4.9

Os desdobramentos dos orbitais *d* por um campo tetraédrico.

Cada um dos cinco orbitais *d* é mostrado esquematicamente em um campo tetraédrico na Figura 4.8. Uma rápida análise dessa figura revela por que esse caso não é tão simples quanto os outros discutidos até aqui. *Nenhum* dos orbitais *d* aponta diretamente para um ligante. Em vez disso, *todos* eles apontam, em algum grau, para posições entre os ligantes. Para distinguir entre os conjuntos de orbitais, como fizemos no caso octaédrico, a distância de uma "ponta" de um dado orbital a um ligante é indicada na figura. (A distância é dada em termos de *l*, o comprimento da aresta do cubo.) Observe que os três orbitais de cima (d_{xy}, d_{yz} e d_{xz}) estão a $l/2 = 0{,}50l$ de cada ligante, enquanto o conjunto de baixo ($d_{x^2-y^2}$ e d_{z^2}) está um pouco mais longe, a $l\sqrt{2}/2 = 0{,}707l$. Segue que o conjunto de orbitais de cima é um pouco menos estável do que o de baixo. (Em outras palavras, elétrons do metal que ocupam o conjunto de cima experimentam mais repulsões elétron-elétron e apresentam uma maior energia potencial.)

A Figura 4.9 resume o desdobramento do CC para o caso tetraédrico. A diferença de energia entre os dois conjuntos é simbolizada por Δ_t, em que *t* indica tetraédrico. Usando o mesmo raciocínio adotado para o campo octaédrico, o conjunto superior de orbitais (agora chamado de conjunto t_2) está $\tfrac{2}{5}\Delta_t$ acima do baricentro, e o conjunto inferior (o conjunto *e*) está $\tfrac{3}{5}\Delta_t$ abaixo. Devido a uma pouca distinção entre esses dois conjuntos de orbitais quando comparados com o caso octaédrico, não é surpreendente que Δ_t seja apenas cerca da metade do obtido para o caso tetraédrico.

4.3 CONSEQUÊNCIAS E APLICAÇÕES DO DESDOBRAMENTO DO CAMPO CRISTALINO

Como acabamos de ver, a estabilidade de compostos de coordenação, de acordo com a TCC, é resultado direto de uma liberação de energia que acompanha a interação eletrostática ou coulômbica dos elétrons do ligante com um íon metálico. Agora estamos em posição de quantificar essa estabilidade e ver como a TCC pode não só explicar as cores como também as propriedades eletrônicas e magnéticas correspondentes desses compostos. A explicação dessas propriedades nos dará a confiança de que toda essa representação das ligações em compostos de coordenação é um modelo útil que vale a pena estudar. Como em qualquer modelo, particularmente um conceitualmente simples como esse, devemos também considerar suas várias deficiências e como elas podem ser resolvidas.

Energias de desdobramento do campo cristalino *versus* energias de pareamento

Começamos com um caso simples. Suponha que nos sejam fornecidos dois níveis de energia eletrônicos de valência não degenerados, chamados E_1 e E_2, separados por uma diferença de energia indicada por Δ. Como mostrado na Figura 4.10, esperamos conseguir colocar dois elétrons nos orbitais correspondentes a esses níveis

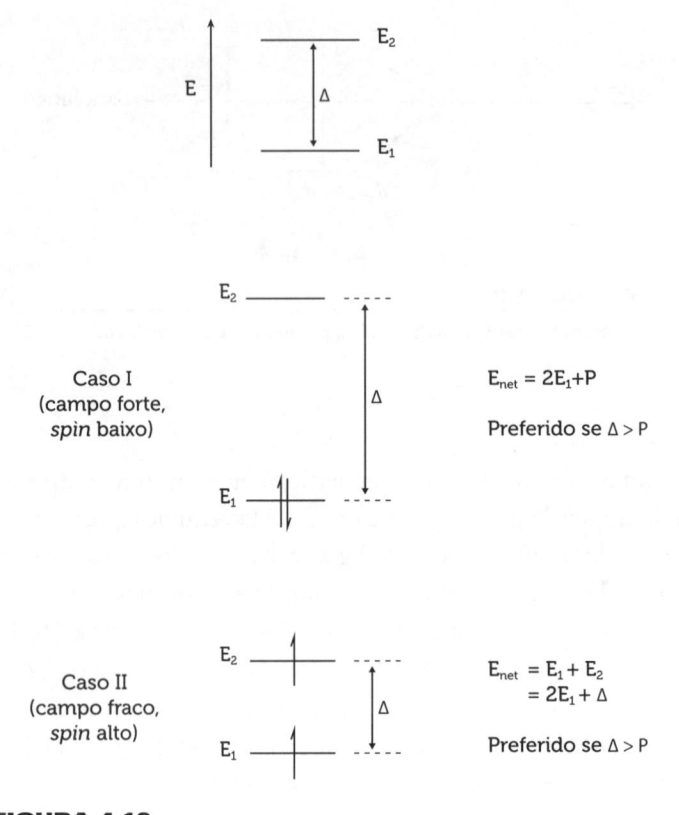

FIGURA 4.10

Casos campo forte, *spin* baixo e campo fraco, *spin* alto em dois níveis de energia não degenerados. Os valores relativos de Δ e P determinam o estado de energia mais baixo. O caso *spin* baixo é preferido se $\Delta > P$, enquanto o caso *spin* alto é preferido se $\Delta < P$. (Adaptado de: F. A. Cotton e G. Wilkinson. *Advanced inorganic chemistry*. 4. ed. p. 644. Copyright © 1980.)

de energia. O primeiro elétron, como esperado, vai ocupar o nível de energia mais baixo, E_1. Para onde o segundo elétron vai, todavia, merece alguma discussão.

Em qual nível de energia você esperaria encontrar o segundo elétron? Assumindo, corretamente, que um dado nível de energia pode conter dois elétrons e lembrando da experiência passada sobre configurações eletrônicas dos átomos e o princípio da construção, não seria surpreendente se você escolhesse o caso I mostrado na figura. Aqui o segundo elétron emparelha com o primeiro e também ocupa o nível de menor energia. Há, sem dúvida, outra possibilidade. O segundo elétron pode ocupar o nível de energia mais alto, E_2, mostrado no caso II. Uma configuração desse tipo usualmente é chamada de *estado excitado*, mas não vamos saltar (trocadilho intencional) para essa conclusão. Em vez disso, considere as energias relativas desses dois casos.

O caso I tem uma energia líquida de $2E_1 + P$, em que P representa a *energia de pareamento*, definida como a contribuição positiva à energia potencial de um sistema devido ao pareamento de dois elétrons no mesmo nível de energia. Uma consideração detalhada de energia de pareamento, como se vê, pode ser bastante complicada e não vale a pena discuti-la extensivamente agora. À primeira vista, no entanto, por que você supõe que se deve gastar energia para parear elétrons? Certamente, um dos mais importantes fatores seriam as repulsões elétron-elétron. Sabe-se que esses níveis de energia estão associados com orbitais, e colocar dois elétrons no mesmo orbital ou volume de espaço resulta em uma força repulsiva entre eles e uma contribuição positiva à energia potencial do sistema.

O caso II, por outro lado, tem uma energia líquida de $E_1 + E_2$, mas E_2 é igual a $E_1 + \Delta$, a diferença entre dois níveis de energia. Assim, a energia líquida do caso II é $2E_1 + \Delta$. Em que circunstâncias um sistema adotará o caso I ou o caso II? Sabemos que ele adotará a configuração de menor energia, a qual, por sua vez, será determinada pelas magnitudes relativas de Δ e P. Se Δ for um número grande, maior do que P, o caso I, chamado de *caso do campo forte*, será de menor energia e mais estável. Se Δ for um número relativamente pequeno, isso resultará no caso II, chamado de *caso do campo fraco*. Perceba também que o caso do campo forte resulta em menos (nenhum nesse exemplo, em particular) elétrons desemparelhados. Os dois *spins* dos elétrons vão se cancelar para obter um *spin* eletrônico líquido igual a zero. Chamamos isso de *caso do spin baixo*. Reciprocamente, o caso do campo fraco tem mais elétrons desemparelhados (dois, nesse exemplo) e é apropriadamente chamado de *caso do spin alto*. Vale a pena notar que os termos *campo forte* e *campo fraco* são termos *teóricos* baseados na TCC, enquanto os termos *spin baixo* e *spin alto* são termos *descritivos* obtidos a partir de observações experimentais.

Energias de estabilização do campo cristalino

O que acontece quando estendemos esses argumentos a sistemas que contêm níveis de energia degenerados como os produzidos em um metal por um campo cristalino octaédrico? A Tabela 4.1 mostra as possíveis configurações eletrônicas que são obtidas variando o número de elétrons d. {Note que elétrons são removidos de um metal de transição na ordem elétrons ns primeiro e depois elétrons $(n-1)d$. Segue que, por exemplo, enquanto a configuração eletrônica do titânio é $[Ar]4s^2 3d^2$, a do Ti^{3+} é $[Ar]3d^1$. Ti^{3+}, então, é chamado de um caso d^1.}

Para os casos d^1, d^2 e d^3, não há opções em relação a quais orbitais serão ocupados. Os orbitais t_{2g} são os de menor energia e os primeiros três elétrons podem ocupá-los sem ter de se emparelharem. No entanto, para o caso d^4 há opções. O quarto elétron pode se emparelhar em um dos orbitais t_{2g} ou ir para um orbital e_g de maior

TABELA 4.1
Configurações eletrônicas e energias de estabilização do campo cristalino para íons metálicos em campos octaédricos

Nº de elétrons d	Casos sem desdobramentos	Casos de *spin* alto (EECC)	Casos não ambíguos (EECC)	Casos de *spin* baixo (EECC)
1	1 _ _ _ _		t_{2g}^1 1 _ _ _ ($\frac{2}{5}\Delta_o$)	
2	1 1 _ _ _		t_{2g}^2 1 1 _ _ ($\frac{4}{5}\Delta_o$)	
3	1 1 1 _ _		t_{2g}^3 1 1 1 _ ($\frac{6}{5}\Delta_o$)	
4	1 1 1 1 _	$t_{2g}^3 e_g^1$ 1 1 1 1 ($\frac{3}{5}\Delta_o$)		t_{2g}^4 ⥮ 1 1 ($\frac{8}{5}\Delta_o - P$)
5	1 1 1 1 1	$t_{2g}^3 e_g^2$ 1 1 1 1 1 (0)		t_{2g}^5 ⥮ ⥮ 1 ($\frac{10}{5}\Delta_o - 2P$)
6	⥮ 1 1 1 1	$t_{2g}^4 e_g^2$ ⥮ 1 1 1 1 ($\frac{2}{5}\Delta_o$)		t_{2g}^6 ⥮ ⥮ ⥮ ($\frac{12}{5}\Delta_o - 2P$)
7	⥮ ⥮ 1 1 1	$t_{2g}^5 e_g^2$ ⥮ ⥮ 1 1 1 ($\frac{4}{5}\Delta_o$)		$t_{2g}^6 e_g^1$ ⥮ ⥮ ⥮ 1 _ ($\frac{9}{5}\Delta_o - P$)
8	⥮ ⥮ ⥮ 1 1		$t_{2g}^6 e_g^2$ ⥮ ⥮ ⥮ 1 1 ($\frac{6}{5}\Delta_o$)	
9	⥮ ⥮ ⥮ ⥮ 1		$t_{2g}^6 e_g^3$ ⥮ ⥮ ⥮ ⥮ 1 ($\frac{3}{5}\Delta_o$)	
10	⥮ ⥮ ⥮ ⥮ ⥮		$t_{2g}^6 e_g^4$ ⥮ ⥮ ⥮ ⥮ ⥮ (0)	

energia. Qual configuração eletrônica, t_{2g}^4 ou $t_{2g}^3 e_g^1$, será favorecida? Para responder a essa questão, introduzimos o conceito de *energia de estabilização do campo cristalino* (EECC), definida como a diminuição de energia, *relativa ao estado não desdobrado*, de um composto de coordenação causada pelo desdobramento dos orbitais d do metal por um campo de ligantes. EECCs são dadas entre parêntesis para cada configuração eletrônica na Tabela 4.1. Por exemplo, uma vez que os orbitais t_{2g} possuem uma energia $-\Delta_o$ menor do que o baricentro, a EECC para um caso d^1 é apenas $\frac{2}{5}\Delta_o$. Para o caso d^2, a EECC é duas vezes $\frac{2}{5}\Delta_o$ ou $\frac{4}{5}\Delta_o$, e assim por diante.

Para o caso d^4, as EECCs são diferentes para os casos de *spin* alto e *spin* baixo. Para o caso de *spin* baixo, há agora quatro elétrons no conjunto t_{2g}, mas dois deles devem estar pareados. No estado não desdobrado, nenhum pareamento é necessário. Dessa forma, a EECCs é $4(\frac{2}{5}\Delta_o)$ menos P, a energia de pareamento; isto é, uma vez que é necessária energia para parear dois dos elétrons, P deve ser subtraída da energia de estabilização que, caso contrário, resultaria de quatro elétrons ocupando o conjunto t_{2g}. Para o caso de *spin* alto, três elétrons têm $\frac{2}{5}\Delta_o$ de energia a menos, mas um tem $\frac{3}{5}\Delta_o$ mais energia. Então, a EECC é $3(\frac{2}{5}\Delta_o) - 1(\frac{3}{5}\Delta_o)$ ou apenas $\frac{3}{5}\Delta_o$. Tendo agora calculado essas EECCs, podemos decidir qual configuração é mais estável?

Como no exemplo não degenerado descrito anteriormente, a estabilidade relativa dos dois casos se resume à diferença entre Δ_o e P. Para ver isso mais claramente, as expressões para as EECCs em cada caso são reorganizadas como segue:

$$\begin{array}{cc} \textit{Spin baixo} & \textit{Spin alto} \\ (t_{2g}^4) & (t_{2g}^3 e_g^1) \\ \text{EECC} = \dfrac{8}{5}\Delta_o - P & \text{EECC} = \dfrac{3}{5}\Delta_o = \dfrac{8}{5}\Delta_o - \Delta_o \end{array}$$

Note que a única diferença entre essas energias é o valor relativo de Δ_o versus P. Se $\Delta_o > P$, o caso de *spin* baixo terá maior EECC e será favorecido. Se, por outro lado, $\Delta_o < P$, o caso de *spin* alto apresenta uma maior EECC e é favorecido.

Tudo isso parece ser bem direto, certo? No entanto, vamos fazer mais um caso, que é um pouco mais complicado. Veja o caso de *spin* alto d^6 na Tabela 4.1. A EECC é dada como $\frac{2}{5}\Delta_o$, mas o diagrama mostra dois elétrons pareados em um dos orbitais t_{2g}. A EECC não deveria ser $\frac{2}{5}\Delta_o - P$ por causa desse par de elétrons? Não. Lembre-se de que a EECC é calculada *relativamente ao estado não desdobrado*. Tanto o estado não desdobrado quanto o caso de *spin* alto têm um par de elétrons. Então, não há energia de pareamento para ser subtraída no cálculo da EECC. No caso do *spin* baixo, há três pares de elétrons no caso desdobrado (t_{2g}^6) e um par de elétrons no caso sem desdobramento. Então, $2P$ (não $3P$) é subtraído para calcular a EECC.

Similar ao caso d^4, podemos reorganizar as duas expressões como segue:

$$\begin{array}{cc} \textit{Spin baixo} & \textit{Spin alto} \\ (t_{2g}^6) & (t_{2g}^4 e_g^2) \\ \dfrac{12}{5}\Delta_o - 2P & \dfrac{2}{5}\Delta_o = \dfrac{12}{5}\Delta_o - 2\Delta_o \end{array}$$

Tanto no exemplo de d^4 quanto no dos não degenerados, a estabilidade relativa para os dois casos resume-se à diferença entre Δ_o e P. Se $\Delta_o > P$, o caso de *spin* baixo é favorecido; se $\Delta_o < P$, o caso de *spin* alto é favorecido.

Resultados similares são obtidos nos casos d^5 e d^7, nos quais tanto o caso de *spin* alto quanto o de *spin* baixo são possíveis. (Como é comum em um texto de química, você mesmo deveria verificar esses resultados. O caso d^5 é similar em complexidade ao caso d^4. O caso d^7 é similar ao caso d^6, no qual é importante notar que o número de energias de pareamento que são subtraídas é *relativo ao caso não desdobrado*. Trabalhe as expressões de energia. O Exercício 4.37 também pede a você que verifique essas expressões de energia.) Quando passamos aos casos d^8 a d^{10}, há, novamente, apenas uma configuração eletrônica possível. Então, resumindo, embora os níveis de energia degenerados resultantes de um campo octaédrico pareçam, de certa forma, mais complicados, a estabilidade relativa dos casos de *spin* alto e *spin* baixo ainda é decidida pelas magnitudes relativas de Δ_o e a energia de pareamento P.

Fatores que afetam a magnitude das energias de desdobramento do campo cristalino

Energias de pareamento, particularmente para os metais da primeira série de transição, são relativamente constantes. Então, a escolha entre campos forte ou fraco, *spin* alto ou baixo, resume-se à análise da magnitude das energias de desdobramento do campo cristalino, Δ. Quanto maior o valor de Δ, mais alta será a chance de uma configuração eletrônica de campo forte, *spin* baixo. Quanto menor o valor de Δ, mais alta será a chance de uma configuração eletrônica de campo fraco, *spin* alto.

Já discutimos um fator que afeta a magnitude das energias de desdobramento do campo cristalino – a saber, a geometria do campo. Para um dado íon metálico e conjunto de ligantes, Δ_o é duas vezes maior que Δ_t. De fato, como regra prática, Δ_t é sempre menor do que P, e complexos tetraédricos são sempre de campo fraco, *spin* alto. Campos quadráticos (veja a Figura 4.6) têm energias de desdobramento aproximadamente iguais àquelas de campos octaédricos e podem ser de *spin* alto ou baixo.[*]

Que outros fatores afetam o grau de desdobramento de orbitais d por um campo cristalino? Considere agora as propriedades dos cátions metálicos. Por exemplo, quanto maior a carga em um íon metálico, maior a magnitude de Δ. Para um dado íon metálico, M^{n+}, por exemplo, Δ é sempre maior para uma carga 3^+ do que

TABELA 4.2
Energias de desdobramento do campo cristalino octaédrico Δ_o, cm^{-1}

$(M')^{2+}$		$(M')^{3+}$		$(M'')^{3++}$		$(M''')^{3+}$	
\multicolumn{8}{c}{$Cr^{2+}, Cr^{3+}, Mo^{3+}$}
$[CrCl_6]^{4-}$	13.000	$[CrCl_6]^{3-}$	13.200	$[MoCl_6]^{3-}$	19.200		
$[Cr(H_2O)_6]^{2+}$	14.000	$[Cr(H_2O)_6]^{3+}$	17.400				
		$[Cr(NH_3)_6]^{3+}$	21.500				
$[Cr(en)_3]^{2+}$	18.000	$[Cr(en)_3]^{3+}$	21.900				
		$[Cr(CN)_6]^{3-}$	26.600				
\multicolumn{8}{c}{$Co^{2+}, Co^{3+}, Rh^{3+}, Ir^{3+}$}
				$[RhCl_6]^{3-}$	20.000	$[IrCL_6]^{3-}$	25.000
$[Co(H_2O)_6]^{2+}$	9.300	$[Co(H_2O)_6]^{3+}$	18.200	$[Rh(H_2O)_6]^{3+}$	27.000		
$[Co(NH_3)_6]^{2+}$	10.100	$[Co(NH_3)_6]^{3+}$	22.900	$[Rh(NH_3)_6]^{3+}$	34.100	$[Ir(NH_3)_6]^{3+}$	41.000
$[Co(en)_3]^{2+}$	11.000	$[Co(en)_3]^{3+}$	23.200	$[Rh(en)_3]^{3+}$	34.600	$[Ir(en)_3]^{3+}$	41.400
		$[Co(CN)_6]^{3-}$	33.500	$[Rh(CN)_6]^{3-}$	45.500		
\multicolumn{8}{c}{Mn^{2+}, Mn^{3+}}
$[MnCl_6]^{4-}$	7.500	$[MnCl_6]^{3-}$	20.000				
$[Mn(H_2O)_6]^{2+}$	8.500	$[Mn(H_2O)_6]^{3+}$	21.000				
$[Mn(en)_3]^{2+}$	10.100						
\multicolumn{8}{c}{Fe^{2+}, Fe^{3+}}
		$[FeCl_6]^{3-}$	11.000				
$[Fe(H_2O)_6]^{2+}$	8.500	$[Fe(H_2O)_6]^{3+}$	14.300				
$[Fe(CN)_6]^{4-}$	32.800	$[Fe(CN)_6]^{3-}$	35.000				

---

[*] N. da R.T. Campos quadráticos são quase sempre de *spin* baixo.

para uma 2^+. A Tabela 4.2 mostra uma variedade de íons metálicos e sistemas de ligantes. Observe que em cada caso o desdobramento para o íon 3^+ é maior que o do 2^+ correspondente. Qual a lógica dessa observação? De maneira simples, usando a TCC eletrostática: quanto maior a carga do metal, mais os ligantes são atraídos em sua direção e, portanto, mais os elétrons do ligante são capazes de afetar ou desdobrar as energias dos orbitais d do metal.

O tamanho do metal também tem um efeito no desdobramento do campo cristalino. Compare íons metálicos similarmente carregados (por exemplo, na Tabela 4.2, Cr^{3+} e Mo^{3+} ou Co^{3+}, Rh^{3+} e Ir^{3+}) e note que, para os maiores íons de metais da segunda e terceira séries de transição, os Δ_o são sempre maiores. A lógica por trás disso é que o íon maior é mais espaçoso, de forma que um dado conjunto de ligantes pode se aproximar mais sem se repelir. (Pode ser útil, nesta e em outras discussões a seguir, definir o termo *impedimento estérico*, o impedimento à formação de uma dada configuração de uma molécula devido à interferência espacial ou "aglomeração" de vários átomos ou grupos de átomos na molécula.)

A situação é mostrada na Figura 4.11. Aqui vemos uma seção transversal de quatro de seis ligantes de um campo octaédrico em volta de um átomo ou íon metálico. (Em outras palavras, para deixar mais claro, os ligantes do eixo z não são mostrados.) Como mostrado na Figura 4.11a, quando os ligantes se aglomeram em torno de um átomo ou íon metálico relativamente pequeno, eles logo começam a se sobrepor. Dizemos que há um impedimento estérico significativo nessa situação. Se, como mostrado na Figura 4.11b, os ligantes retroce-

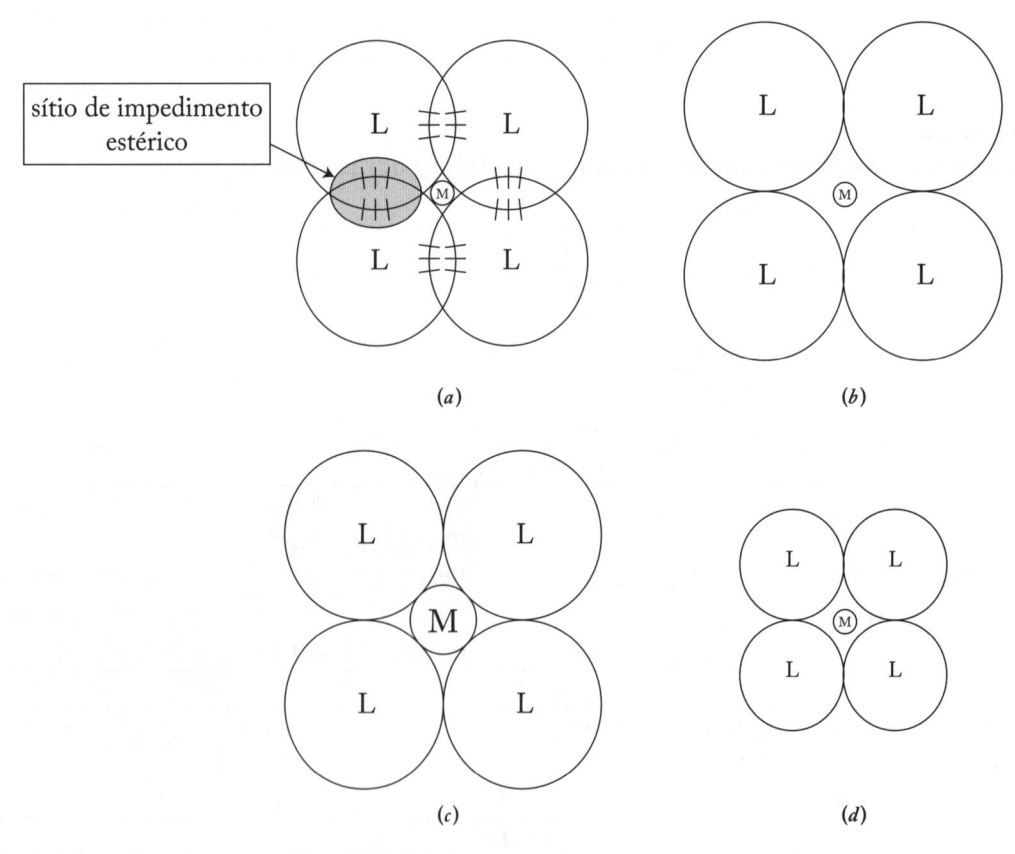

FIGURA 4.11

Impedimento estérico em um campo octaédrico de ligantes. São mostrados quatro dos seis ligantes (L) de um campo octaédrico em torno de um átomo ou íon metálico (M). (*a*) Ligantes grandes tentam se aproximar de um metal pequeno, mas experimentam um grande grau de impedimento estérico; (*b*) os ligantes retrocedem em relação ao metal, mas agora não conseguem desdobrar efetivamente os orbitais d do metal (menor Δ_o); (*c*) um átomo ou íon metálico maior permite que os ligantes se aproximem mais sem experimentar impedimento estérico. Os orbitais d de um metal maior são desdobrados mais efetivamente pelo campo octaédrico de ligantes (maior Δ_o). (*d*) Se os ligantes forem menores, eles podem chegar mais perto do átomo ou íon metálico menor e produzir um maior Δ_o.

derem para minimizar esse impedimento, sua distância maior em relação ao metal os torna menos efetivos no desdobramento dos orbitais d. Se o átomo ou íon metálico for maior, como mostrado na Figura 4.11c, os mesmos ligantes podem se aproximar mais dele e desdobrar os orbitais d mais efetivamente. Em resumo, podemos dizer que um dado campo de ligantes experimenta menos impedimento estérico em torno de um íon metálico maior. Quanto mais próximo os ligantes podem chegar, mais seus pares de elétrons são capazes de afetar ou desdobrar as energias dos orbitais d do metal.

Observe como a TCC avalia bem o grau de desdobramento dos orbitais d causado pelo tipo de campo e pela carga e tamanho do átomo central. No entanto, vamos agora nos ater à habilidade relativa dos *ligantes* para desdobrar orbitais d. A Tabela 4.2 mostra que, para os 11 cátions metálicos listados, os cinco ligantes podem ser organizados na seguinte ordem crescente de capacidade de desdobrar orbitais d de metais: Cl^-, H_2O, NH_3, en e CN^-. Uma lista expandida desse tipo, chamada de *série espectroquímica*, é mostrada a seguir:

$$I^- < Br^- < Cl^- < SCN^- < NO_3^- < F^- < OH^- < C_2O_4^{2-} < H_2O$$
$$< NCS^- < gly < C_5H_5N < NH_3 < en < NO_2^- < PPh_3 < CN^- < CO$$

Agora, a questão é: podemos entender essa série usando a TCC? Essa tarefa, como se pode ver, é, de certa forma, mais difícil do que a análise anterior das variações de carga e tamanho do metal. É animador perceber que o efeito do tamanho dos ligantes é notado no fato de que ligantes maiores e mais volumosos parecem se concentrar na extremidade mais baixa da série. O efeito da diminuição do tamanho do ligante é mostrado esquematicamente nas figuras 4.11b e 4.11d. Conforme os ligantes diminuem de tamanho (por exemplo, os haletos diminuem na ordem I^-, Br^-, Cl^-, F^-), sua capacidade de desdobrar orbitais d aumenta. Isso é consistente com nossos argumentos iniciais sobre campo cristalino. Devido a um aumento do impedimento estérico, ligantes maiores e mais volumosos não são capazes de se aproximar tanto de um íon metálico e, portanto, não afetam muito as energias relativas dos orbitais d.

Alguns aspectos da série espectroquímica, no entanto, *não* são prontamente explicados em termos da TCC puramente iônica. Por exemplo, poderíamos pensar que ligantes que carregam cargas negativas desdobrariam orbitais d melhor do que ligantes neutros de aproximadamente mesmo tamanho. Esse não é necessariamente o caso. Por exemplo, a água é mais eficiente do que o OH^- na série. Ou, como um segundo exemplo, poderíamos pensar que, quanto maior o momento de dipolo de um ligante (resultando em uma maior concentração de densidade eletrônica no átomo doador do ligante), maior sua capacidade na série. Novamente, isso não é sustentado pelos dados: a amônia tem um momento de dipolo menor do que o da água e, mesmo assim, a amônia está em posição mais alta na série.

Talvez o mais surpreendente de tudo: olhe atentamente para os ligantes na extremidade superior da série espectroquímica. Por exemplo, a trifenilfosfina, PPh_3, é um ligante neutro muito volumoso, com momento de dipolo pequeno e, mesmo assim, está bem no alto da série. O monóxido de carbono ou carbonil, CO, é neutro e tem um momento de dipolo pequeno e, ainda assim, é o mais alto na série. Claramente, a TCC, com sua suposição de que as interações M−L são completamente eletrostáticas, parece não racionalizar particularmente bem a série espectroquímica. Longe de abandonar a TCC totalmente, o que precisamos fazer para modificá-la de forma que possamos obter algum grau de explicação para a série? Parece lógico que precisamos investigar a possibilidade de ajustar a TCC para admitir alguma contribuição covalente à ligação M−L.

O último fator que afeta o desdobramento dos orbitais d a ser discutido, então, é o grau e a natureza das interações M−L covalentes. Os elétrons do ligante, afinal, devem estar associados com vários orbitais que podem ser capazes de se sobrepor (*overlap*) com vários orbitais do metal. Algumas das possíveis interações covalentes metal-ligante são mostradas na Figura 4.12.

A metade de cima da figura mostra interações do tipo sigma (σ). Lembre-se de que ligações σ envolvem a sobreposição frontal de orbitais atômicos. Como mostrado, os orbitais mais importantes de um metal capazes de fazer ligações sigma são os dos tipos p e d. Especificamente, para os metais da primeira série de transição, seriam os orbitais 4p e 3d. Para ocorrer a sobreposição frontal, os orbitais 3d devem ser os do conjunto e_g – ou seja, $d_{x^2-y^2}$ e d_{z^2}. Apenas esses orbitais apontam diretamente para os ligantes. Consistentes com a natureza da ligação covalente coordenada proposta por Sidgwick, os orbitais e_g do metal estão geralmente vazios, e os dois elétrons que participam da ligação vêm do ligante. (Em complexos octaédricos, como discutido anteriormente, os orbitais e_g apresentam maior energia e são os mais prováveis de estarem vazios.) Os orbitais correspondentes do ligante são de dois tipos principais: orbitais p (por exemplo, no Cl⁻) e vários tipos de orbitais híbridos (por exemplo, sp e sp³ no CO e no H₂O, respectivamente). Usando esses orbitais, um grau de sobreposição M−L e correspondente caráter covalente podem ser postulados. Verifica-se que, uma vez que todos os ligantes são capazes de interagir dessa forma, isso não é de grande importância para explicar as anormalidades (pelo menos como verificadas do ponto de vista da TCC eletrostática) na série espectroquímica.

A metade de baixo da Figura 4.12 mostra interações do tipo pi (π). Recorde que estas envolvem a sobreposição em paralelo dos orbitais que participam da ligação. Os orbitais do metal de maior importância aqui são os orbitais d do tipo t_{2g}. Esses orbitais não apontam para os ligantes e são posicionados apropriadamente

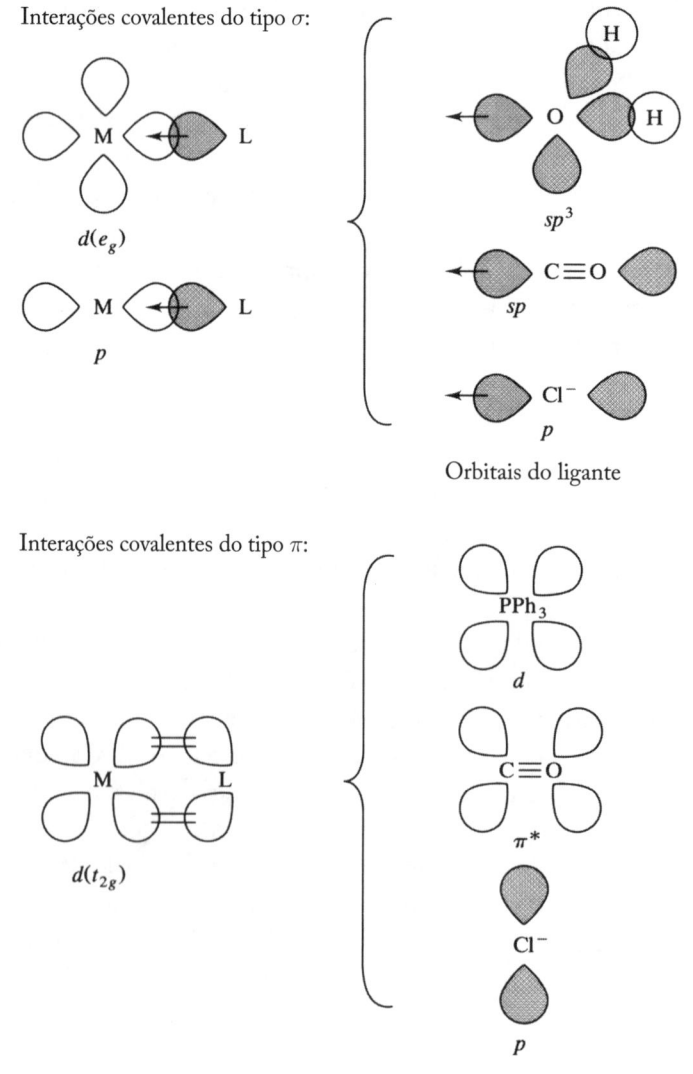

FIGURA 4.12

Algumas interações covalentes σ e π metal-ligante possíveis. Os orbitais participantes do metal são mostrados à esquerda, e os orbitais do ligante (em quatro ligantes representativos, H₂O, CO, Cl⁻ e PPh₃) estão listados à direita. Elétrons ligantes sigma (σ) são doados pelo ligante. Elétrons ligantes pi (π) podem vir tanto do metal quanto do ligante.

(frequentemente é dito que eles têm *a simetria correta*) para formar ligações π com os orbitais do ligante. Os orbitais do ligante capazes de fazer ligações π são os orbitais do tipo p e d, assim como os chamados orbitais π^*-antiligantes. [Orbitais moleculares antiligantes resultam da sobreposição fora de fase de orbitais p dos átomos de um dado ligante. Dos ligantes que consideramos, CO, CN$^-$, NO e etileno (C$_2$H$_4$) possuem esses orbitais. Mais informações sobre a natureza geral desses orbitais, obtidas a partir de uma consideração quantitativa da TOM, podem ser encontradas na maioria dos livros de química geral.] Agora, o que acontece quando ligações π M−L são formadas? Além disso, essas interações π podem, pelo menos parcialmente, explicar as anormalidades na série espectroquímica?

A Figura 4.13 mostra dois tipos de ligação π que podem ocorrer em compostos de coordenação. O primeiro (Figura 4.13a) está entre um orbital preenchido do metal e um orbital vazio do ligante. (O termo *retrodoação* é normalmente usado para se referir a esse tipo de interação. Após um ligante formar uma ligação σ com um metal – e alguma densidade eletrônica ser transferida do ligante para o metal, como resultado –, dizemos que o metal está retrodoando um pouco dessa densidade eletrônica vaipara o ligante.) A retrodoação, então, resulta em alguma densidade eletrônica que é transferida para o ligante e então produz uma maior carga negativa no ligante e uma maior carga positiva no metal, ou seja, a ligação M−L se torna mais polar devido à retrodoação. Essa polaridade aumentada resulta em maior interação eletrostática entre o metal e o ligante e, em termos da TCC, um maior desdobramento entre os orbitais d do metal. Alguns dos ligantes capazes desse tipo de interação são as fosfinas, o carbonil e o íon isoeletrônico cianeto. Perceba que esses ligantes aparecem na extremidade superior da série espectroquímica.

O segundo tipo de ligação π M−L é mostrado na Figura 4.13b. Aqui, a sobreposição covalente é entre um orbital preenchido do ligante e um orbital vazio do metal. Dessa vez, o compartilhamento resulta em uma transferência de densidade eletrônica π do ligante para o metal, fazendo com que a ligação M−L fique menos

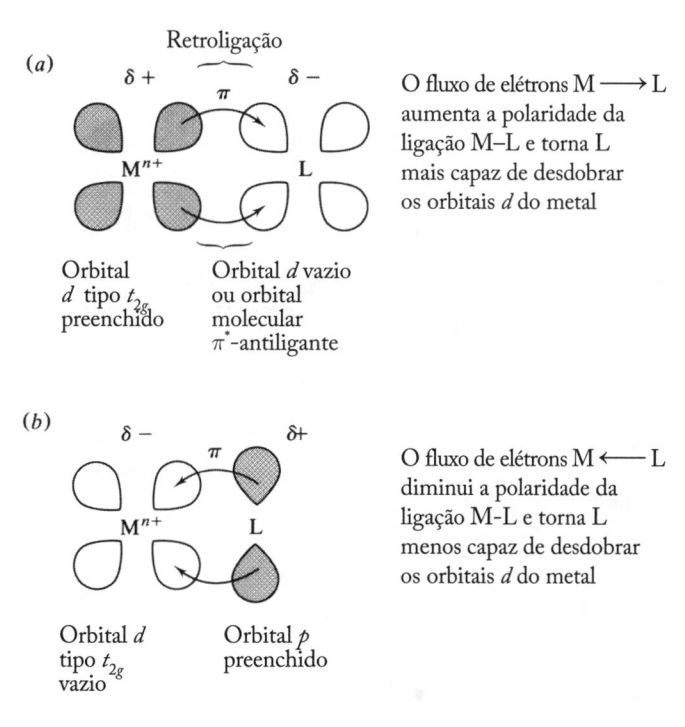

FIGURA 4.13

Dois tipos de ligação π M-L. (*a*) Retrodoação, uma interação π entre um orbital preenchido do metal e um orbital vazio do ligante, resulta em uma maior polaridade da ligação M-L e um aumento do desdobramento dos orbitais d do metal. L pode ser ligantes como as fosfinas, PR$_3$, as arsinas, AsR$_3$, cianeto, CN$^-$, e carbonil, CO.
(*b*) Uma interação π entre um orbital vazio do metal e um orbital preenchido do ligante gera uma ligação M-L menos polar e um menor desdobramento. Aqui, L pode ser ligantes como hidróxido, OH$^-$, óxido, O^{2-}, ou os haletos, I$^-$, Br$^-$, Cl$^-$.

polar. Assim, a interação eletrostática M—L resulta em menor desdobramento entre os orbitais *d* do metal. Ligantes capazes desse tipo de interação são o hidróxido, o óxido e os haletos. Note que esses ligantes tendem a se concentrar na extremidade inferior da série espectroquímica.

Vimos que a TCC avalia bem os efeitos da carga e do tamanho do metal na magnitude da energia do desdobramento do campo cristalino. Para explicar a habilidade relativa dos ligantes no desdobramento dos orbitais *d*, um certo grau de caráter covalente na ligação M—L deve ser admitido. Essa modificação na TCC permite explicar muitas das maiores anomalias na série espectroquímica. Como notado no início deste capítulo, a TCC modificada para permitir pequenas interações covalentes é às vezes referida como teoria do campo cristalino ajustada (TCCA) ou teoria do campo ligante (TCL).

Deve ser observado aqui que há duas ferramentas adicionais para abordar a natureza das interações M—L e o tópico relacionado sobre a estabilidade geral de compostos de coordenação. Elas são a teoria de ácidos e bases duros e moles (*hard-soft-acid-base* – HSAB) e o "efeito quelato". Uma discussão dessas ferramentas encontra-se na Seção 6.2 ("Dois conceitos-chave para a estabilidade de complexos de metais de transição"), no capítulo sobre aplicações de compostos de coordenação. A estabilidade desses compostos e suas inúmeras e diversas aplicações (incluindo a produção e purificação de metais, fotografia, métodos analíticos, formulações de detergentes, transporte de oxigênio, tratamentos de envenenamento por metais pesados e agentes antitumor) são frequentemente mais prontamente compreendidos usando a teoria HSAB e o efeito quelato.

Propriedades magnéticas

Como discutido anteriormente, a magnitude do desdobramento do campo cristalino determina amplamente o número de elétrons desemparelhados em um dado composto. Isso, por sua vez, como veremos nesta seção, tem influência direta sobre as propriedades magnéticas dos compostos de coordenação.

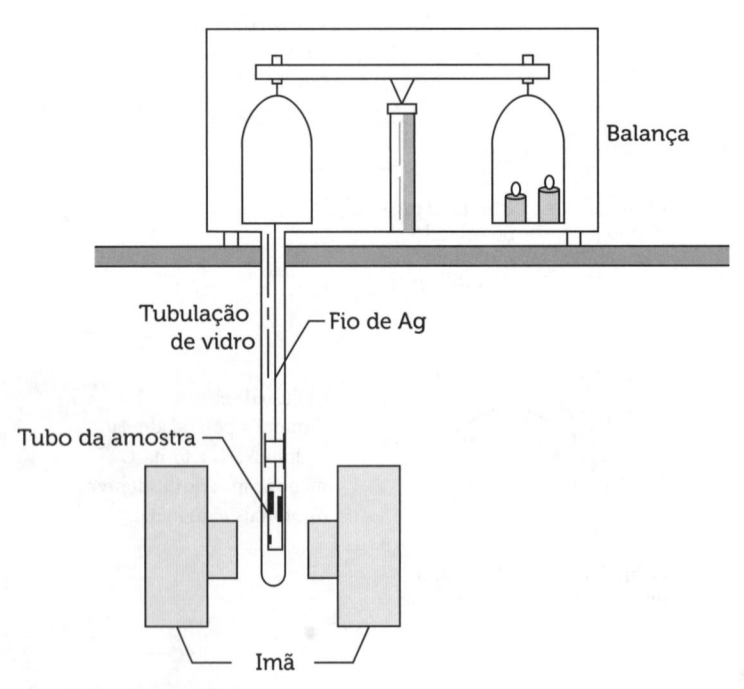

FIGURA 4.14

Um diagrama esquemático de uma balança de Guoy para medidas de susceptibilidades magnéticas. A amostra é suspensa entre os polos de um eletroímã poderoso e pesada com o eletroímã ligado e desligado. A diferença nas pesagens está relacionada com as susceptibilidades por grama e molar. (Adaptado de Robert J. Angelici *synthesis and technique in inorganic chemistry*, 1. ed. p. 51. Copyright © 1977 Brooks/Cole, uma divisão da Cengage Learning, Inc.)

A *susceptibilidade molar*, X_M, pode ser definida como uma medida do grau com que um mol de uma substância interage com um campo magnético aplicado. Ela pode ser medida em um equipamento especial chamado balança de Guoy, mostrada esquematicamente na Figura 4.14. Essa balança é ajustada de forma que a amostra, tipicamente contida em um pequeno tubo de vidro, seja suspensa até a metade de um espaço entre os polos de um eletroímã. Usando uma balança sensível, medem-se as massas da amostra com o eletroímã ligado e desligado. A diferença entre essas massas leva ao valor da susceptibilidade por grama, X_g, que é então convertido para a susceptibilidade molar, X_M.

O *diamagnetismo* é uma propriedade induzida de todos os compostos que resulta em uma substância ser repelida por um campo magnético. O *paramagnetismo* é uma propriedade de compostos com um ou mais elétrons desemparelhados que resulta em uma substância a ser atraída por um campo magnético aplicado. O paramagnetismo é algumas ordens de grandeza (potências de 10) mais forte do que o diamagnetismo, de forma que uma substância paramagnética atraída por um campo magnético aplicado parece pesar mais quando o eletroímã está ligado. Substâncias que são apenas diamagnéticas parecem pesar um pouco menos quando o eletroímã está ligado.

A susceptibilidade molar é uma propriedade macroscópica que reflete o momento magnético, μ, uma propriedade microscópica dos elétrons. A relação geral entre X_M e μ é dada na Equação (4.5):

$$\mu = 2{,}84\sqrt{X_M T} \quad \textbf{4.5}$$

em que T = temperatura, K

μ = momento magnético, em uma unidade cgs, chamada magnetons de Bohr (BM)

X_M = susceptibilidade molar, $(BM)^2 K^{-1}$

Momentos magnéticos são obtidos quando partículas carregadas são colocadas em movimento. Classicamente (ou seja, nesse caso, tratando o elétron como uma partícula), podemos visualizar dois tipos de movimento do elétron que geram momentos magnéticos. O primeiro é a rotação do elétron em torno de seu próprio eixo. O momento resultante desse "*spin* do elétron" é chamado de *momento magnético de spin*, μ_S. O segundo é o elétron orbitando o núcleo, resultando no *momento magnético orbital*, μ_L. Embora a base teórica do comportamento magnético esteja significativamente além do escopo deste livro, podemos observar que μ_S contribui muito mais para os momentos magnéticos observados (especialmente para os metais da primeira série de transição) do que o momento orbital; μ_S pode ser relacionado ao número de elétrons desemparelhados, como mostrado na Equação (4.6):

$$\mu_S = \sqrt{n(n+2)} \quad \textbf{4.6}$$

em que n = número de elétrons desemparelhados

μ_S = momento magnético de *spin*, em magnetons de Bohr (BM)

A Tabela 4.3 mostra o momento magnético de *spin* para um a cinco elétrons desemparelhados. O resultado dessas relações é que a medida da susceptibilidade molar de uma substância paramagnética pode ser convertida

TABELA 4.3
Momentos magnéticos de *spin* para um a cinco elétrons desemparelhados

Nº de elétrons desemparelhados n	Momento magnético de *spin* μ_S, BM
1	1,73
2	2,83
3	3,87
4	4,90
5	5,92

em um momento magnético. Esses momentos podem ser comparados com momentos de *spin* para que seja obtido o número de elétrons desemparelhados em um composto.

Por exemplo, considere dois compostos de ferro(III), hexacianoferrato(III) de potássio, $K_3[Fe(CN)_6]$, e hexafluoroferrato(III) de potássio, $K_3[FeF_6]$. Os cianetos são ligantes de campo forte, enquanto os fluoretos são de campo fraco. Além disso, Fe^{3+} (d^5) é capaz de se apresentar nos estados de *spin* alto e baixo, de modo que esses compostos podem ter configurações eletrônicas diferentes e, portanto, características magnéticas diferentes. Se medirmos a susceptibilidade molar de cada um à temperatura ambiente (25 °C) (e corrigi-las para as várias contribuições diamagnéticas envolvidas em cada complexo), os resultados serão $1,41 \times 10^{-3}$ $(BM)^2K^{-1}$ e $14,6 \times 10^{-3}$ $(BM)^2K^{-1}$, respectivamente. Usando a Equação (4.5), podem-se calcular momentos magnéticos obtidos experimentalmente:

$$K_3[Fe(CN)_6] : \mu = 2,84\sqrt{(1,41 \times 10^{-3})(298)} = 1,84 \text{ BM}$$

$$K_3[FeF_6] : \mu = 2,84\sqrt{(14,6 \times 10^{-3})(298)} = 5,92 \text{ BM}$$

Da Tabela 4.3, vemos que o momento magnético experimental do composto de cianeto é consistente com um elétron desemparelhado. (Um momento experimental um pouco diferente do valor do momento magnético de *spin* é usualmente atribuído a uma pequena contribuição do movimento orbital dos elétrons desemparelhados.) Esse resultado é de fato consistente com um estado t_{2g}^5 de campo forte, *spin* baixo com um elétron desemparelhado. O composto de fluoreto, por outro lado, tem um momento experimental consistente com um estado $t_{2g}^3 e_g^2$ de campo fraco, *spin* alto com cinco elétrons desemparelhados.

Vemos então que as propriedades magnéticas dos compostos de coordenação são consistentes com a TCC. Além disso, essas propriedades podem ser usadas para justificar a série espectroquímica de ligantes.

Absorção espectroscópica e as cores dos compostos de coordenação

Uma das mais incríveis propriedades observadas, desde o início dos mais de dois séculos de trabalho com compostos de coordenação, é sua grande variedade de cores, frequentemente brilhantes e intensas. Sabemos que as cores são resultado da absorção de uma porção do espectro visível. As frequências não absorvidas são refletidas ou atravessam a substância até nossos olhos para produzir uma sensação que chamamos de cor. Mas o que faz que os compostos de coordenação apresentem essa tão fantástica variedade de cores?

Para responder a essa pergunta, vamos começar com uma situação hipotética. Suponha, por exemplo, que um dado composto de coordenação ML_6 seja laranja, enquanto um composto diferente que contém o mesmo metal ML'_n (em que L e L' são ligantes diferentes e n pode ou não ser 6) é roxo. Podemos propor razões para esses dois compostos terem cores diferentes? Além disso, as cores diferentes apresentadas por compostos que contêm o mesmo metal nos levam a tentar concluir qualitativamente que isso está relacionado com L e L' ou talvez com n? Considere ML_6 primeiro. Dissemos que ele transmite ou reflete laranja. Então, é mais provável que ele absorva luz visível de altas frequências, como mostrado na Figura 4.15a. Entretanto, ML'_n parece absorver luz visível de baixa frequência. Recorde que a frequência absorvida é diretamente relacionada à energia absorvida por $E = h\nu$, a equação proposta por Max Planck. Então, como indicado na figura, parece haver uma diferença maior entre os níveis de energia em ML_6 do que em ML'_n. A ideia-chave para explicar as cores desses compostos é que esses níveis de energia (responsáveis pela absorção da luz visível e, portanto, das cores apresentadas) são atribuídos aos vários conjuntos degenerados de orbitais d estabelecidos para os compostos de coordenação pela TCC.

Uma explicação da diferença de cores do ML_6 e ML'_n pode envolver L' estando abaixo de L na série espectroquímica e, portanto, ML_6 absorvendo uma menor frequência de luz. Ou, outra possibilidade pode ser uma mudança na geometria do campo cristalino, talvez para um campo tetraédrico, no qual a diferença de energia entre os conjuntos de orbitais d é tipicamente menor do que em campos octaédricos. Então, diferentes

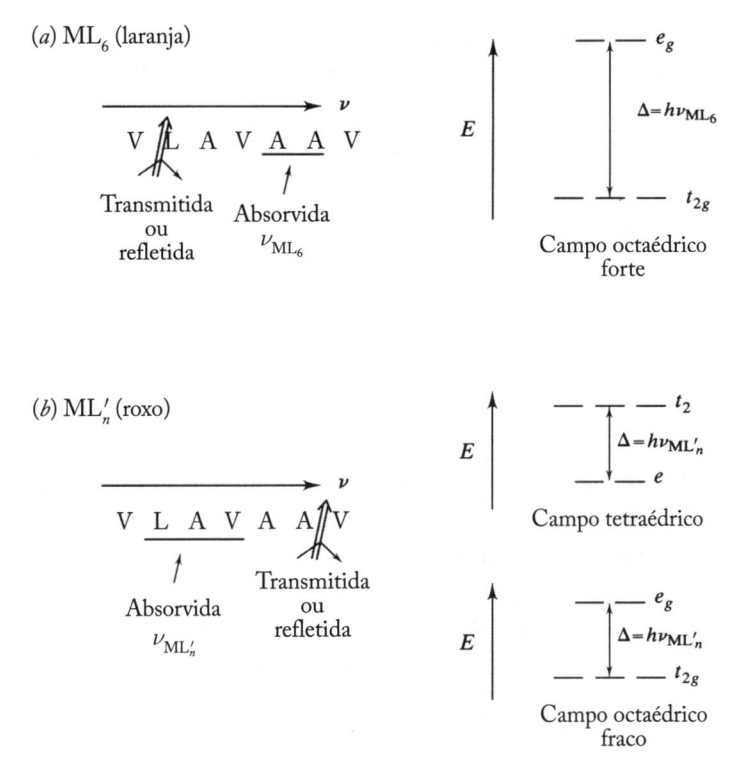

(a) ML_6 (laranja)

FIGURA 4.15
Frequências da luz visível absorvidas e transmitidas (ou refletidas) por dois compostos de coordenação hipotéticos. (a) ML_6 absorve frequências maiores e transmite ou reflete frequências menores da luz visível e parece laranja. A frequência absorvida pode corresponder à grande diferença de energia entre os conjuntos de orbitais d degenerados em um campo forte octaédrico. (b) ML'_n absorve frequências menores e transmite ou reflete frequências maiores da luz visível e parece violeta. A frequência menor absorvida pode corresponder a um campo tetraédrico ou octaédrico fraco. As letras VLAVAA*V correspondem às cores da luz visível, da menor para a maior frequência.

* N.T. anil ou índigo.

combinações de ligantes, números de coordenação e metais (incluindo seus estados de oxidação) parecem ser responsáveis pela variedade de cores exibidas pelos compostos de coordenação.

Um exemplo excelente dessas mudanças de cor é um tipo de "tinta invisível" baseada em complexos de cobalto. A forma da "tinta" com a qual se escreve é uma solução rosa-clara que é quase incolor e, portanto, praticamente invisível quando ela seca. Essa solução é preparada dissolvendo uma pequena quantidade do sólido cloreto de hexa-aquacobalto(II), $[Co(H_2O)_6]Cl_2$, às vezes escrito como $CoCl_2 \cdot 6H_2O$, em água. Nessa forma, a mensagem pode ser passada por um observador desavisado que vê, em uma inspeção rápida, apenas um pedaço de papel em branco. A cor rosa é atribuída ao cátion hexa-aquacobalto(II). Quando quem recebe a mensagem expõe o papel a uma fonte de calor (por exemplo, um fósforo ou um secador de cabelos), a água é expelida do complexo original e a mensagem é "revelada", mostrando-se azul-escura, cor atribuída ao ânion do produto, tetraclorocobaltato(II) de cobalto, como indicado na Equação (4.7):

$$2[Co(H_2O)_6]Cl_2(s) \xrightarrow{calor} Co[CoCl_4](s) + 12H_2O(g)$$
rosa → azul

4.7

As cores desses dois complexos de cobalto(II) são diferentes porque os seis ligantes água são expulsos, e apenas o número limitado de ligantes cloreto permanece no complexo com o cobalto(II). O complexo octaédrico hexa-

-aqua é caracterizado por um maior Δ porque a água está acima do cloreto na série espectroquímica e porque o campo é octaédrico. O tetraclorocobaltato(II) é azul porque seu Δ é menor devido ao seu campo tetraédrico e ao fato de que o cloreto está abaixo na série espectroquímica. Assim, os desdobramentos diferentes do campo cristalino são responsáveis pelas cores diferentes dos dois complexos. A situação é ilustrada a seguir:

$$[Co(H_2O)_6]^{2+}: \quad \underset{\underset{\text{refletida}}{\frown}}{V \; L \; A} \; \underset{\underset{\text{absorvida}}{\uparrow}}{V} \; A \; A \; V \longrightarrow \nu$$

$$[CoCl_4]^{2-}: \quad \underset{\underset{\text{absorvida}}{\uparrow}}{V \; L \; A} \; V \; A \; \underset{\underset{\text{refletida}}{\frown}}{A \; V} \longrightarrow \nu$$

Agora, não deveria ser grande surpresa que a explicação dada no parágrafo anterior seja uma apresentação muito simplificada das razões para cores diferentes em compostos de coordenação. Alguns dos detalhes e complicações vêm à tona quando começamos a olhar o espectro real UV-visível. Alguns deles – por exemplo, o espectro do $[Ti(H_2O)_6]^{3+}$ (*aq*) fornecido na Figura 4.16 – mostram uma conexão direta entre o desdobramento do campo cristalino (Δ), as frequências absorvidas e transmitidas e as cores exibidas. Soluções aquosas de Ti^{3+} absorvem nas frequências em torno do verde e transmitem vermelho e azul. Então, elas parecem vermelho-violeta aos nossos olhos. O comprimento de onda na máxima absorção é em torno de 520 nm. Mas agora vamos investigar como esses espectros levam a valores de Δ para complexos de metais de transição.

Primeiro, precisamos discutir brevemente as unidades de comprimento de onda e energia comumente usadas ao analisar esses espectros. Comprimento de onda é usualmente dado em nanômetros (1 nanômetro = 10^{-9} metro). Usualmente, esperaríamos que as frequências fossem dadas em hertz (ou ciclos por segundo), mas essas unidades, como mostrado na Equação (4.8) para o caso do $[Ti(H_2O)_6]^{3+}$, resultam em números inconvenientes:

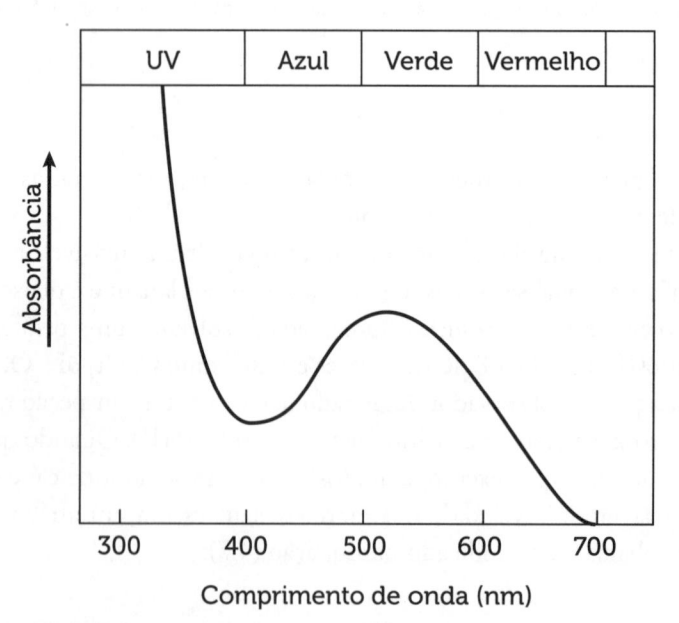

FIGURA 4.16

O espectro de absorção no visível do $[Ti(H_2O)_6]^{3+}$. Soluções contendo apenas essa espécie absorvem a luz verde, mas transmitem azul e vermelho, parecendo ser vermelho-violetas aos nossos olhos. O comprimento de onda na máxima absorção é cerca de 520 nm, o que corresponde à frequência (e à energia de desdobramento do campo cristalino) de 19.200 cm^{-1}. (Adaptado de F. Basolo e R. C. Johnson. *Coordination chemistry*, 2. ed. p. 36. Copyright © 1986.)

$$\nu = \frac{c}{\lambda} = \frac{3,00 \times 10^8 \, \text{m}^{-1}\text{s}}{520 \times 10^{-9} \, \text{m}} = 5,77 \times 10^{14} \, \text{s}^{-1} \, (\text{Hz}) \qquad \textbf{4.8}$$

Em vez disso, as frequências (e também as energias, como se vê) são tabeladas em termos de uma unidade especial chamada *número de onda*, $\bar{\nu}$, que é exatamente o inverso do comprimento de onda em centímetros. Então, a frequência absorvida pelo $[\text{Ti}(\text{H}_2\text{O})_6]^{3+}$ seria calculada como na Equação (4.9):

$$\bar{\nu}(\text{cm}^{-1}) = \frac{1}{\lambda} = \frac{1}{(520 \times 10^{-9} \, \text{m})(100 \, \text{cm/m})} = 19.200 \, \text{cm}^{-1} \qquad \textbf{4.9}$$

Por razões de contexto histórico e conveniência, energias de desdobramento do campo cristalino (Δ's) também aparecem nessas mesmas unidades. Para alguns íons de metais de transição (aqueles com um, quatro, seis e nove elétrons d, por exemplo), normalmente há uma correspondência direta entre a energia absorvida e a energia de desdobramento do campo cristalino. Para o $[\text{Ti}(\text{H}_2\text{O})_6]^{3+}$, Δ_o é de fato tabelado como 19.200 cm^{-1}. Um valor de Δ_o, em quilojoules por mol, pode ser calculado como mostrado na Equação (4.10), mas essas unidades não são comumente usadas para energias de desdobramento. Em vez disso, como vemos na Tabela 4.2, elas são dadas em inverso de centímetros (cm^{-1}), ou números de onda.

$$\begin{aligned}\Delta_o(\text{kJ/mol}) &= \frac{hc}{\lambda} N \\ &= \underbrace{\frac{(6,626 \times 10^{-34} \, \text{J} \cdot \text{s})(3,00 \times 10^8 \, \text{ms}^{-1})}{520 \times 10^{-9} \, \text{m}}}_{\text{J/íon}} \times \underbrace{6,023 \times 10^{23}}_{\text{íons/mol}} \\ &= 230.000 \, \text{J/mol} = 230 \, \text{kJ/mol}\end{aligned} \qquad \textbf{4.10}$$

Quando mudamos o ligante coordenado ao titânio(III), o comprimento de onda na máxima absorção muda. Para o hexaclorotitanato(III), $[\text{TiCl}_6]^{3-}$, $\lambda_{\text{max}} = 770$ nm. Esse deslocamento é atribuído à diferente capacidade dos ligantes cloreto de desdobrar os orbitais d do Ti(III). Nesse caso, Δ_o vem a ser 13.000 cm^{-1} (160 kJ/mol), consistente com o cloreto estando abaixo na série espectroquímica.

Os casos do titânio(III) (d^1) são exemplos nos quais há uma correspondência direta entre as frequências absorvidas e as energias de desdobramento do campo cristalino. Uma correspondência mais ou menos direta também é observada nos casos de *spin* alto d^4, *spin* alto d^6 e d^9. Todavia, normalmente não é tão fácil assim. Alguns exemplos de espectros mais complicados são mostrados na Figura 4.17. Por exemplo, olhe para o espectro de absorção para o caso do V^{3+} (d^2), isto é, o íon complexo $[\text{V}(\text{H}_2\text{O})_6]^{3+}$. Ele mostra dois picos. Por que é dessa forma? A Figura 4.18 mostra o estado fundamental para d^2. Os dois elétrons poderiam ocupar qualquer um dos três orbitais t_{2g}, mas vamos assumir, para simplificar, que eles ocupam os orbitais d_{xy} e d_{yz}. Agora, quando esse íon complexo absorve luz visível, vamos assumir que um desses elétrons t_{2g} (por exemplo, o elétron no orbital d_{yz}) é promovido (ou excitado) para o conjunto e_g. Se for promovido para o orbital d_{z^2}, ele ocupa um espaço (predominantemente ao longo do eixo z) que, na maior parte do tempo, não corresponde ao espaço ocupado pelo elétron t_{2g} remanescente no orbital d_{xy}. Nessa situação, que pode ser representada por $(d_{xy})^1 (d_{z^2})^1$, as repulsões intereletrônicas são relativamente baixas. Essa promoção está mostrada no lado esquerdo da Figura 4.18. Por outro lado, se o elétron promovido agora ocupar o orbital $d_{x^2-y^2}$, os elétrons t_{2g} e e_g ocupam espaços muito próximos um do outro no plano xy. Nessa situação, que podemos representar por $(d_{xy})^1 (d_{x^2-y^2})^1$, existem repulsões intereletrônicas maiores e a energia desse estado excitado é maior. Essa promoção é mostrada no lado

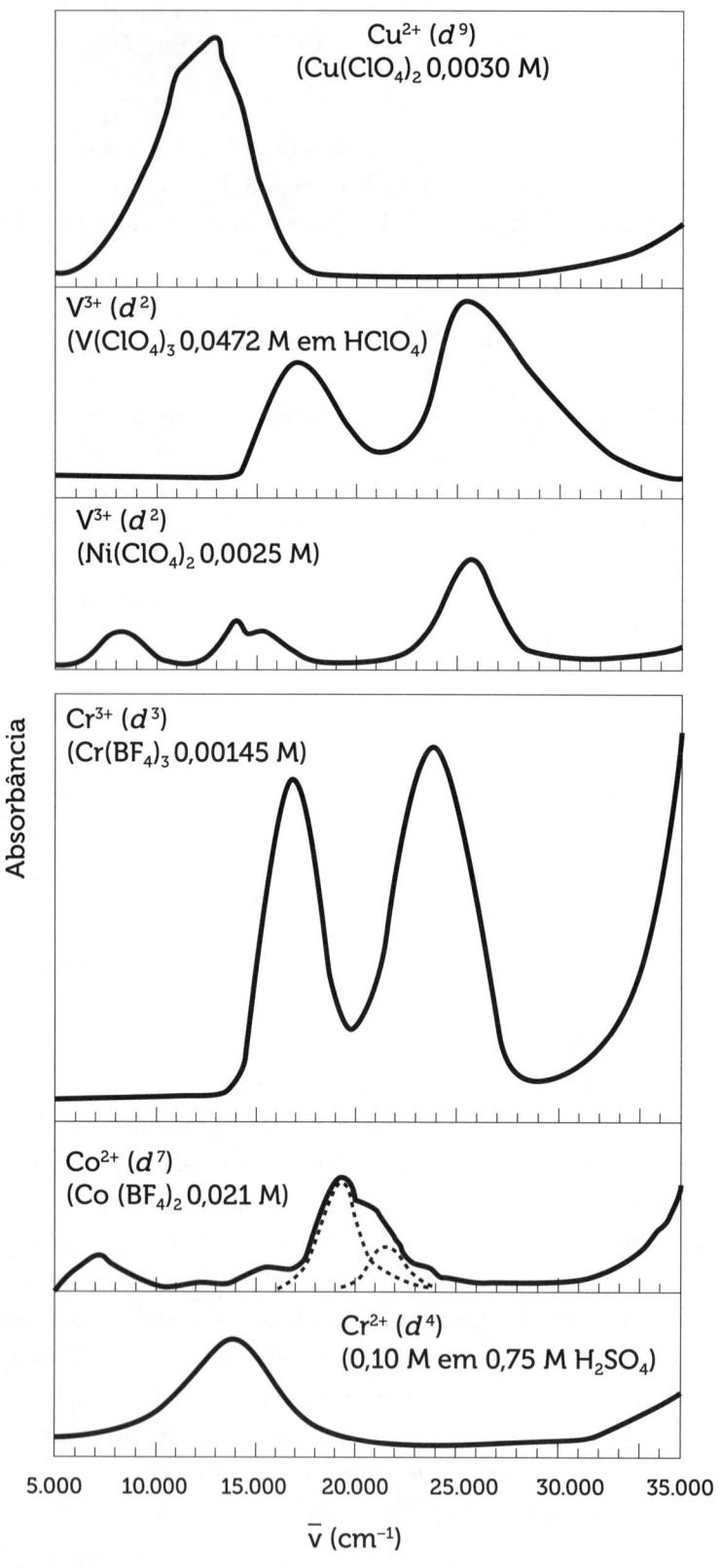

FIGURA 4.17

Alguns exemplos de espectros de absorção de complexos de metais da primeira série de transição. (Adaptado de B. N. Figgis *introduction to ligand fields*. p. 221 e 224. Copyright © 1966.)

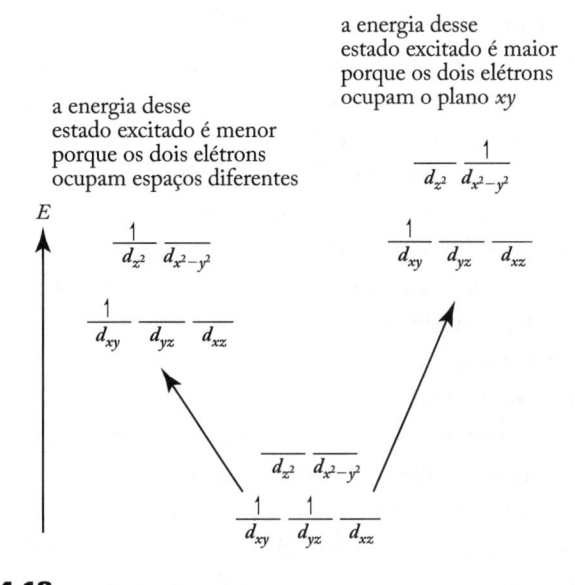

FIGURA 4.18

Um diagrama de níveis de energia que mostra um caso d^2 no qual o elétron promovido pode ocupar tanto o orbital d_{z^2} quanto o orbital $d_{x^2-y^2}$. Há repulsões intereletrônicas maiores no caso em que ambos os elétrons ocupam o plano xy, e esse estado excitado é o de maior energia.

direito da Figura 4.18. Uma vez que os dois estados excitados apresentam diferentes energias, há dois picos no espectro de absorção do íon complexo do V^{3+} (aq). Como se pode ver, nenhuma dessas frequências de absorção corresponde ao Δ_o para esse íon complexo. Além disso, as razões para isso são consideravelmente mais complicadas do que as descritas anteriormente e, portanto, significativamente além do escopo desta discussão. Em geral, elas envolvem repulsões intereletrônicas do tipo que acabamos de discutir e um fenômeno conhecido como acoplamento *spin*-órbita. Esses tópicos são tipicamente tratados em um curso de química inorgânica ministrado após um curso de físico-química.

RESUMO

A primeira representação moderna (pós-mecânica quântica) das ligações em compostos de coordenação era uma extensão das ideias das estruturas de Lewis. Sidgwick propôs que a interação metal-ligante seria mais bem pensada como uma ligação covalente coordenada na qual ambos os elétrons da ligação são doados para o átomo ou íon metálico por um ligante. Essa representação classifica os ligantes como bases de Lewis (doadores de pares de elétrons) e metais como ácidos de Lewis (receptores de pares de elétrons). Os complexos resultantes geralmente seguem a regra do número atômico efetivo.

As teorias do campo cristalino, da ligação de valência e do orbital molecular (respectivamente, TCC, TLV e TOM) eram explicações viáveis das ligações em compostos de coordenação. A TCC trata a interação M−L como exclusivamente eletrostática, enquanto a TLV a trata como a sobreposição de orbitais atômicos e híbridos apropriados. A TOM constrói orbitais moleculares multinucleares análogos aos orbitais atômicos mononucleares. A TCC, particularmente com a admissão de algum grau de caráter covalente, é a teoria de ligação mais valiosa disponível, principalmente para iniciantes.

Ao considerar a TCC, iniciamos com dois conceitos fundamentais: a teoria coulômbica das interações eletrostáticas e um conhecimento detalhado das formas dos orbitais d. Secções transversais em duas dimensões de orbitais hidrogenoides os mostram como pedaços circulares de tecido contendo vários nós. A soma das probabilidades de encontrar um elétron em uma dada subcamada é uma esfera. Os cinco orbitais d parecem ser compostos de quatro orbitais similares e um orbital especial, o d_{z^2}. Para ver que o orbital d_{z^2} não é singular em forma ou energia, um conjunto de seis orbitais d dependentes é visualizado primeiro. O orbital d_{z^2} passa a ser a combinação linear de dois desses orbitais dependentes que se parecem exatamente com os outros quatro.

Quando um campo octaédrico é construído em torno de um átomo ou íon de metal de transição, os cinco orbitais d independentes do metal se desdobram em dois grupos, os orbitais t_{2g}, de menor energia, que apontam para entre os ligantes, e os orbitais de maior energia, e_g, que apontam diretamente para os ligantes. As energias desses dois conjuntos degenerados podem ser calculadas relativas ao baricentro, a média de energia de um conjunto de orbitais na mesma subcamada. A diferença entre esses dois conjuntos de orbitais é chamada de energia de desdobramento do campo cristalino, Δ.

Quando um campo octaédrico é tetragonalmente alongado pela remoção gradual de ligantes no eixo z, as energias dos orbitais d são alteradas. Qualquer ligante com um componente no eixo z torna-se mais estável. A remoção completa dos ligantes do eixo z resulta em um campo quadrático. As diferenças entre as energias dos vários orbitais em um campo quadrático são tabeladas relativas àquelas encontradas em um campo octaédrico. Um campo tetraédrico pode ser visualizado como metade de um campo cúbico. Tanto no caso tetraédrico quanto no cúbico, todos os orbitais apontam para entre os ligantes em vários graus. Três orbitais (o conjunto t_2) apontam mais diretamente para os ligantes do que os outros dois (o conjunto e). A energia de desdobramento do campo cristalino tetraédrico é cerca de metade da do campo octaédrico.

Os valores relativos da energia de pareamento, P, e a energia de desdobramento do campo cristalino, Δ, determinam se um complexo será de campo forte, *spin* baixo, ou de campo fraco, *spin* alto. Ambas as possibilidades existem para os casos octaédricos d^4, d^5, d^6 e d^7. As EECCs podem ser calculadas para todos esses casos.

Os fatores que afetam a magnitude da energia de desdobramento do campo cristalino incluem (1) a geometria do campo, (2) a carga e o tamanho do metal, (3) a capacidade do ligante de desdobrar os orbitais d e (4) o grau e a natureza das contribuições covalentes na ligação M−L. A TCC totalmente eletrostática avalia bem os dois primeiros fatores. No entanto, não funciona bem ao tentar explicar a série espectroquímica na qual os ligantes são organizados em ordem crescente de habilidade de desdobrar orbitais d. Para começar a explicar essa série, um grau de caráter covalente M−L deve ser introduzido. Interações covalentes, particularmente do tipo π, podem ser representadas como modificadoras da polaridade das interações M−L, explicando parcialmente as posições de alguns ligantes na série.

A confirmação da TCC vem da consideração das propriedades magnéticas dos compostos de coordenação. Susceptibilidades molares, obtidas de medidas usando uma balança de Guoy, podem ser relacionadas ao momento magnético do complexo. Uma comparação desse momento magnético experimental com momentos magnéticos de *spin* resulta no número de elétrons desemparelhados no composto. Os resultados obtidos da consideração das propriedades magnéticas são consistentes com a TCC.

Compostos são coloridos porque absorvem alguns comprimentos de onda da luz visível enquanto refletem ou transmitem outros. As diferenças nas energias dos vários conjuntos de orbitais d, causadas pela presença de um campo de ligantes, são de tal forma que a luz de frequências visíveis é usualmente absorvida. Diferentes combinações de ligantes, números de coordenação e metais resultam na grande variedade de cores exibida por essas substâncias.

As frequências da luz absorvidas e as energias de desdobramento do campo cristalino relacionadas são geralmente dadas em inverso de centímetro (cm^{-1}), ou números de onda. As frequências obtidas do espectro UV-visível podem, em certos casos, estar diretamente relacionadas à energia de desdobramento do campo cristalino. Todavia, em outros casos, repulsões intereletrônicas e acoplamento *spin*-órbita fazem que essa correspondência direta seja inválida. A série espectroquímica é obtida diretamente dessas considerações sobre o espectro UV-visível.

PROBLEMAS

4.1 A reação ácido-base clássica entre íons hidrogênio e íons hidróxido para produzir água pode ser vista pelas definições de Arrhenius, Brønsted-Lowry e Lewis. Atribua a cada reagente o nome do ácido ou da base, para cada uma das definições, justificando as atribuições para cada reagente, se atua como ácido ou como base para cada definição e explique brevemente essas determinações.

4.2 A figura à direita mostra a estrutura do ácido bórico, $B(OH)_3$. Ele reage com o íon hidróxido, OH^-, para produzir tetra hidroxoborato, $B(OH)_4^-$. Usando estruturas de Lewis para os dois ânions, escreva uma equação que represente essa reação. Indique qual reagente atua como ácido e qual atua como base.

4.3 A hemoglobina é o agente de transporte de oxigênio na maioria dos animais. Nesse processo, uma molécula diatômica de oxigênio é ligada ao cátion de ferro central da hemoglobina, e a oxihemoglobina resultante é transportada dos pulmões para os tecidos. De que maneira a respiração pode ser vista como uma reação ácido-base?

4.4 As seguintes reações podem ser descritas como reações ácido-base de Lewis. Em cada caso, identifique o ácido e a base de Lewis.

(a) $Zn(OH)_2(s) + 2OH^-(aq) \longrightarrow [Zn(OH)_4]^{2-}(aq)$

(b) $AgCl(s) + 2NH_3(aq) \longrightarrow [Ag(NH_3)_2]^+(aq) + Cl^-(aq)$

4.5 Determine o número atômico efetivo (NAE) do metal em cada composto de coordenação ou íon complexo a seguir:

(a) $[IrCl_6]^{3-}$
(b) $Fe(CO)_5$
(c) $Cr(CO)_6$
(d) $[Co(NH_3)_2(NO_2)_4]^-$
(e) $RuCl_2(PPh_3)_3$

Quais dessas espécies seguem a regra do NAE?

4.6 Determine o número atômico efetivo (NAE) do metal em cada composto de coordenação ou íon complexo a seguir:

(a) $[Cu(NH_3)_4]^{2+}$
(b) $[Ag(NH_3)_2]^+$
(c) $[Fe(CN)_6]^{4-}$
(d) $Mo(CO)_6$
(e) $[Fe(C_2O_4)_3]^{3-}$

Quais dessas espécies seguem a regra do NAE?

4.7 Usando a lei de Coulomb [Equação (4.3)], explique brevemente por que dizemos que energia é liberada quando um próton e um elétron, iniciando a uma distância infinita um do outro, são aproximados até se juntarem para formar um átomo de hidrogênio.

4.8 Usando a lei de Coulomb [Equação (4.3)], explique brevemente por que dizemos que a energia potencial de um sistema que consiste de dois elétrons aumenta quando eles são aproximados desde uma distância infinita entre eles até que estejam lado a lado.

4.9 Esboce desenhos bem definidos dos orbitais $3d_{xy}$ e $3d_{x^2-y^2}$.

4.10 Esboce desenhos bem definidos de todos os orbitais $3d$ que apontam para o meio dos eixos cartesianos.

*4.11 Esboce desenhos bem definidos de todos os orbitais $3d$ que apontam ao longo dos eixos cartesianos.

*4.12 Esboce desenhos bem definidos dos três orbitais atômicos dependentes $3d$ que apontam ao longo dos eixos cartesianos.

*4.13 Com suas próprias palavras, explique como o orbital $3d_{z^2}$ está relacionado aos outros quatro orbitais $3d$.

4.14 Com suas próprias palavras, explique como os seis orbitais independentes $3d$ são condensados nos cinco orbitais independentes $3d$ que normalmente consideramos.

4.15 A figura à direita mostra lóbulos dos cinco orbitais $3d$ em um campo octaédrico. (O toro do orbital $3d_{z^2}$ foi omitido para simplificar o desenho.) Indique a qual orbital $3d$ se refere cada lóbulo do diagrama. (Diagrama adaptado de: James E. Huheey. *Inorganic chemistry: principles of structure and reactivity*, 4. ed. p. 397. Copyright © 1993. O diagrama foi modificado.)

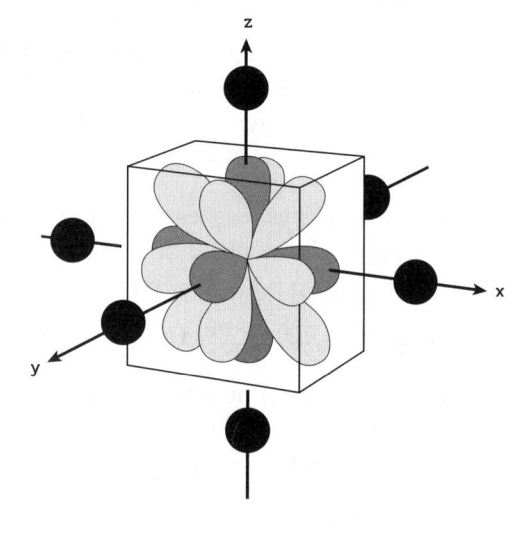

4.16 Como os orbitais $3p$ se desdobrariam em um campo octaédrico? Justifique brevemente sua resposta.

*4.17 Usando os seis orbitais d dependentes em vez dos cinco que comumente usamos hoje em dia:

(*a*) Desenhe um diagrama de energias bem definido mostrando o desdobramento dos seis orbitais d em um campo octaédrico. Indique Δ_o e determine a posição do baricentro da subcamada.

(*b*) Usando d_{xz} e $d_{z^2-x^2}$ como exemplos representativos, explique brevemente as posições relativas dos orbitais d no diagrama de níveis de energia do item (*a*).

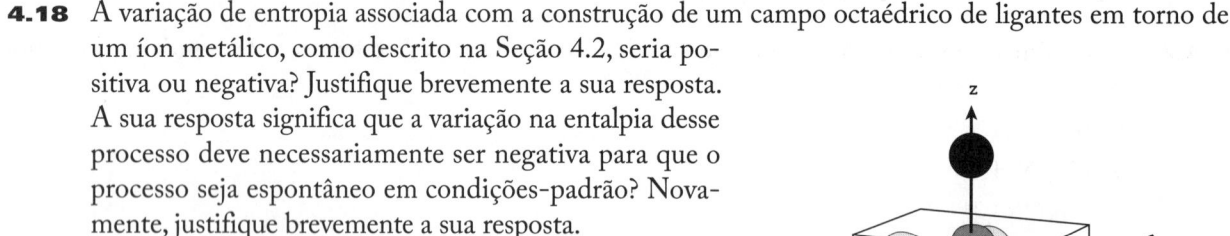

4.18 A variação de entropia associada com a construção de um campo octaédrico de ligantes em torno de um íon metálico, como descrito na Seção 4.2, seria positiva ou negativa? Justifique brevemente a sua resposta. A sua resposta significa que a variação na entalpia desse processo deve necessariamente ser negativa para que o processo seja espontâneo em condições-padrão? Novamente, justifique brevemente a sua resposta.

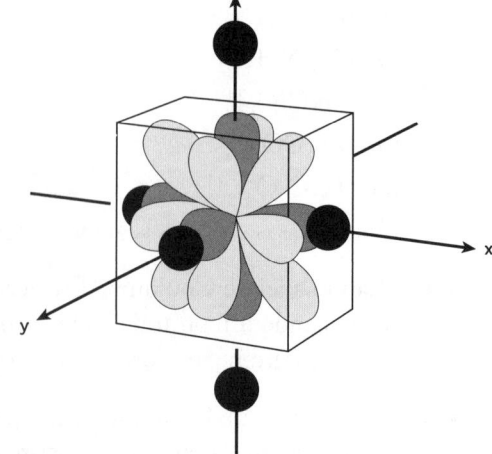

*4.19 Explique brevemente, com suas palavras, por que os orbitais $3d_{z^2}$ e $3d_{x^2-y^2}$ devem ser degenerados em um campo octaédrico, mesmo apresentando formas bem diferentes.

4.20 A figura ao lado mostra os lóbulos dos cinco orbitais $3d$ em um campo tetragonalmente alongado. (O toro do orbital $3d_{z^2}$ foi omitido para simplificar o desenho.) Indique a qual orbital $3d$ se refere cada lóbulo do dia-

---
* Exercícios marcados com um asterisco (*) são mais desafiadores.

grama. Usando esse diagrama, escreva um parágrafo explicando o posicionamento de cada um dos cinco orbitais $3d$ no diagrama de níveis de energia da Figura 4.6. (Diagrama adaptado de James E. Huheey. *Inorganic chemistry: principles of structure and reactivity.* 3. ed. p. 321. Copyright © 1983. O diagrama foi modificado.)

4.21 Suponha um campo octaédrico tetragonalmente comprimido ao longo do eixo z. (Ou seja, assuma que os ligantes do eixo z se aproximam do metal, enquanto os ligantes dos eixos x e y se afastam.) Desenhe um diagrama bem definido mostrando o efeito na energia dos cinco orbitais d, começando das suas posições no campo octaédrico. Explique brevemente a variação na energia de cada orbital.

*4.22 Um diagrama de níveis de energia sem atribuições, para um campo linear orientado ao longo do eixo z, é mostrado a seguir:

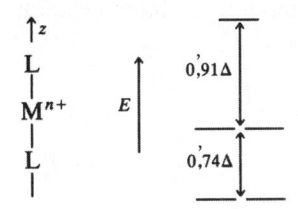

(a) Posicione cada orbital no diagrama e explique brevemente suas escolhas.

(b) Dadas as diferenças de energia no diagrama, calcule a posição do baricentro no campo linear. (*Dica:* lembre-se de que o aumento líquido de energia a partir do baricentro deve ser igual à diminuição líquida.)

*4.23 Use a Figura 4.6 para determinar a posição do baricentro para um campo cristalino quadrático. (*Dica:* lembre-se de que o aumento líquido de energia a partir do baricentro deve ser igual à diminuição líquida.)

4.24 Esboce um diagrama de níveis de energia para os orbitais $3p$ em um campo quadrático disposto no plano xy. Identifique todos os orbitais e suas energias relativas.

*4.25 Um complexo d^9 tetragonalmente alongado seria mais ou menos estável do que um complexo octaédrico? Desenhe os diagramas dos desdobramentos dos níveis de energia para sustentar sua resposta.

4.26 (a) Usando coordenadas cartesianas relativas a oito ligantes nos vértices de um cubo, como representado na Figura 4.7, mostre o desdobramento dos orbitais d em um "campo cúbico" de ligantes.

(b) Usando orbitais d_{xy} e $d_{x^2-y^2}$ como exemplos, explique o posicionamento desses dois orbitais no diagrama de desdobramento do campo cristalino do item anterior.

*4.27 O diagrama de desdobramento do campo cristalino para um campo cristalino *piramidal de base quadrada* é dado a seguir. (O eixo z passa através do topo da pirâmide e os quatro ligantes equatoriais estão localizados ao longo dos eixos x e y positivos e negativos.)

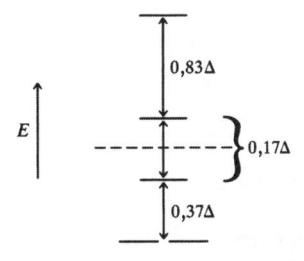

(a) Atribua cada nível de energia ao orbital $3d$ apropriado. Justifique brevemente suas atribuições.

(b) Demonstre que a linha tracejada no diagrama de níveis de energia representa o baricentro.

---
* Exercícios marcados com um asterisco (*) são mais desafiadores.

4.28 Desenhe um diagrama de níveis de energia para os seis orbitais d dependentes em um campo cristalino linear (assuma que os dois ligantes estão posicionados ao longo dos eixos z positivo e negativo). Posicione um baricentro no seu diagrama. Explique brevemente seu diagrama de níveis de energia.

*4.29 Desenhe um diagrama bem definido mostrando como os orbitais p triplamente degenerados em um átomo ou íon livre deveriam se desdobrar em um campo cristalino linear orientado ao longo do eixo z. Mostre a posição do baricentro e a energia de cada orbital em termos de Δ_L, a energia de desdobramento do campo cristalino para um campo linear.

4.30 O diagrama de desdobramento do campo cristalino para um campo cristalino bipiramidal trigonal é mostrado a seguir. A partir das informações dadas, determine *quantitativamente* a posição do baricentro (indicado qualitativamente como uma linha tracejada).

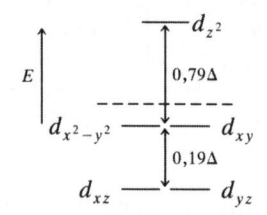

$$
\begin{array}{c}
\phantom{d_{x^2-y^2}}\underline{}\,d_{z^2} \\
\uparrow 0{,}79\Delta \\
-\,-\,-\,-\,-\,-\,-\,-\,- \\
d_{x^2-y^2}\underline{}\ \underline{}\,d_{xy} \\
\downarrow 0{,}19\Delta \\
d_{xz}\underline{}\ \underline{}\,d_{yz}
\end{array}
$$

4.31 Complexos tetraédricos são sempre de *spin* alto, enquanto complexos octaédricos podem ser de *spin* alto ou baixo, dependendo do metal e/ou do ligante. Qual é a explicação mais razoável para esse resultado experimental?

4.32 Suponha que casos tanto de *spin* alto quanto de baixo sejam possíveis para complexos tetraédricos. Quais números de elétrons d, d^n teriam possibilidades para o *spin* alto e o *spin* baixo? Para sustentar sua resposta, dê as configurações eletrônicas (em termos de t_2 e e) para essas possibilidades.

*4.33 Dado que apenas o desdobramento entre os dois maiores níveis de energia de um campo quadrático pode dar origem aos estados de *spin* alto e baixo, que números de elétrons d, d^n teriam ambas as possibilidades? Justifique brevemente sua resposta.

4.34 Dado que o desdobramento entre os dois maiores níveis de energia de um campo bipiramidal trigonal (veja o Exercício 4.30) pode dar origem aos estados de *spin* alto e baixo, que números de elétrons d, d^n teriam ambas as possibilidades? Justifique brevemente sua resposta.

4.35 Quantos elétrons d há na camada de valência de cada um dos seguintes íons: Cr^{3+}, Co^{2+}, Pd^{4+}, Pt^{2+} e Cu^{2+}?

4.36 Quantos elétrons desemparelhados existem em cada um dos seguintes casos?

(*a*) d^4, octaédrico, *spin* baixo

(*b*) d^6, tetraédrico, *spin* alto

(*c*) d^9, quadrático

(*d*) d^7, octaédrico, *spin* alto

(*e*) d^2, cúbico

(*f*) d^8, octaédrico com alongamento tetragonal

4.37 Calcule a EECC para os casos octaédricos d^3 e d^8.

*4.38 Verifique as EECCs encontradas na Tabela 4.1 para os casos d^5 e d^7 (*spin* alto e baixo).

---

* Exercícios marcados com um asterisco (*) são mais desafiadores.

4.39 Determine a EECC em termos de Δ e P para os seguintes casos:

(a) $[Fe(CN)_6]^{4-}$

(b) $[Ru(NH_3)_6]^{3+}$

(c) $[Co(NH_3)_6]^{3+}$

Onde houver possibilidades de *spin* alto e baixo, justifique brevemente qual você escolheu para calcular a EECC.

4.40 Determine a EECC em termos de Δ e P para os seguintes casos:

(a) $[Fe(H_2O)_6]^{3+}$

(b) $[PtCl_6]^{2-}$

(c) $[Cr(NH_3)_6]^{3+}$

Onde houver possibilidades de *spin* alto e baixo, justifique brevemente qual você escolheu para calcular a EECC.

*__4.41__ Complexos com oito elétrons d (d^8) são às vezes quadráticos, às vezes octaédricos. Considere os complexos de *spin* alto de $[NiCl_4]^{2-}$ e $[NiCl_6]^{4-}$. Dados os diagramas de desdobramento para esses dois campos e os resultados do Exercício 4.22, calcule as EECC para os dois casos d^8 e preveja qual configuração é favorecida e em quais condições.

4.42 Usando os resultados do Exercício 4.30, determine a EECC de um íon d^6 em um campo bipiramidal trigonal. (Se ambos os casos de *spin* alto e baixo são possíveis, calcule a EECC para os dois casos e diga sob quais condições o caso de *spin* baixo será mais estável.)

*__4.43__ O diagrama de desdobramento do campo cristalino para um campo cristalino *piramidal de base quadrada* é dado a seguir. (O eixo z atravessa o topo da pirâmide e os quatro ligantes equatoriais estão posicionados ao longo dos eixos x e y positivos e negativos). Quando um ligante é substituído por outro em uma esfera de coordenação octaédrica, a primeira etapa é frequentemente a perda de um ligante para formar um intermediário piramidal de base quadrada.

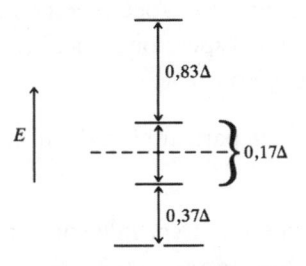

Quando essa etapa é acompanhada por um ganho na EECC relativa ao do complexo octaédrico, a substituição é geralmente rápida, enquanto se a EECC é perdida, a substituição é lenta. Calcule a EECC para as formas octaédrica e piramidal quadrada para um complexo de Co^{3+} de campo forte. Você espera que reações de substituição desses complexos sejam rápidas ou lentas?

4.44 Aplique o termo *impedimento estérico* em uma breve descrição do movimento dos ligantes xy em uma compressão tetragonal.

4.45 As energias de desdobramento do campo cristalino, Δ_o, para $[PtF_6]^{2-}$, $[PtCl_6]^{2-}$ e $[PtBr_6]^{2-}$ são 33.000, 29.000 e 25.000 cm^{-1}, respectivamente. Esses valores são grandes ou pequenos? Discuta brevemente esses valores em relação a outros encontrados na Tabela 4.2.

---

* Exercícios marcados com um asterisco (*) são mais desafiadores.

4.46 Você esperaria um estado de *spin* alto ou baixo para um complexo $[Ru(NH_3)_6]^{2+}$? Explique cuidadosamente sua resposta.

4.47 (a) Organize os seguintes íons em ordem crescente de desdobramento entre os conjuntos t_{2g} e e_g de orbitais d – ou seja, em ordem crescente de Δ_o.

$[CoF_6]^{3-}$ _____

$[CoF_6]^{4-}$ _____

$[Rh(H_2O)_6]^{3+}$ _____ Ordem crescente de desdobramento

$[Rh(CN)_6]^{3-}$ _____ entre os orbitais d

$[RhF_6]^{3-}$ _____

$[Ir(CN)_6]^{3-}$ _____

(b) Explique brevemente o posicionamento dos complexos contendo F^- na série anterior.

4.48 Quantos elétrons desemparelhados $[Re(CN)_6]^{3-}$ e $[MnCl_6]^{4-}$ têm? Forneça as configurações eletrônicas para cada íon em termos dos conjuntos t_{2g} e e_g. Explique cuidadosamente as suas respostas.

4.49 Explique brevemente por que fosfinas (PR_3) são geralmente ligantes de campo mais forte do que aminoas (NR_3).

4.50 Baseando-se na TCC, o íon fluoreto deveria ser um ligante de campo particularmente forte, enquanto a molécula de trifenilfosfina, PR_3 (em que $R = C_6H_5$), deveria ser um ligante de campo extremamente fraco. Explique brevemente essa diferença, com base na TCC puramente eletrostática.

*__**4.51**__ Entre trifenilfosfina, PPh_3, e trifluorfosfina, PF_3, qual seria o ligante de campo mais forte? Discuta duas possíveis razões para a sua resposta. Inclua considerações sobre o caráter covalente da ligação M–P em cada caso.

4.52 Sulfetos, R_2S, podem servir como ligantes. Você esperaria que eles estivessem relativamente no alto, no meio ou na parte de baixo da série espectroquímica? (*Dica:* considere a possibilidade de que esses ligantes sejam capazes de fazer ligações π.)

4.53 Estime o momento magnético de *spin* para um íon d^6 em campos octaédrico e tetraédrico gerados por ligantes de campo fraco e forte.

4.54 $Na_2[Ni(CN)_4] \cdot 3H_2O$ é diamagnético. Especule sobre a geometria básica do complexo aniônico $[Ni(CN)_4]^{2-}$. Explique brevemente sua resposta.

4.55 Os momentos magnéticos experimentais para quatro complexos de manganês são dados abaixo. Determine se os complexos são de *spin* alto ou baixo. Também escreva as configurações eletrônicas (nos conjuntos t_{2g} e e_g dos orbitais $3d$) que sejam consistentes com os momentos magnéticos observados.

Complexo	μ_{exp}, BM
$[Mn(CN)_6]^{4-}$	1,8
$[Mn(CN)_6]^{3-}$	3,2
$[Mn(NCS)_6]^{4-}$	6,1
$Mn(acac)_3$	5,0

---

* Exercícios marcados com um asterisco (*) são mais desafiadores.

*4.56 O diagrama de desdobramento do campo cristalino para um campo cristalino *piramidal de base quadrada* é dado a seguir. (O eixo z passa através do topo da pirâmide e os quatro ligantes equatoriais estão localizados ao longo dos eixos x e y positivos e negativos.)

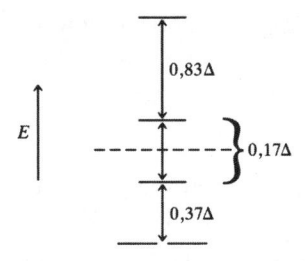

$$
\begin{array}{l}
\uparrow\ 0{,}83\Delta \\
---\ \}0{,}17\Delta \\
\downarrow\ 0{,}37\Delta
\end{array}
$$

Um dado complexo piramidal de base quadrada RuL_5 contendo Ru^{2+} (d^6) tem um momento magnético de 2,90 BM. Calcule a EECC desse complexo. Comece posicionando os seis elétrons no diagrama de desdobramento do campo cristalino anterior.

4.57 Para qual dos três complexos contendo F^-, $[CoF_6]^{3-}$, $[CoF_6]^{4-}$ e $[RhF_6]^{3-}$ você esperaria a maior susceptibilidade molar? Explique brevemente. Como parte de sua resposta, calcule um valor para o momento de *spin* desse complexo.

4.58 Um complexo de níquel(II), $NiCl_2(PPh_3)_2$, possui um momento magnético de 2,96 BM. O composto análogo de paládio(II) é diamagnético. Desenhe e dê o nome de todos os isômeros possíveis que existirão para o composto de paládio. Justifique brevemente sua resposta.

4.59 As susceptibilidades magnéticas molares dos dois complexos de rutênio, $[RuF_6]^{4-}$ e $[Ru(PR_3)_6]^{2+}$, são $1{,}01 \times 10^{-2}$ $(BM)^2 K^{-1}$ e aproximadamente zero, respectivamente. Esses resultados magnéticos são consistentes com quantos elétrons desemparelhados? (Assuma $T = 298$ K.) Justifique brevemente a sua resposta.

Um disco de cores como o mostrado a seguir pode ser usado para aproximar a relação entre cores observadas e absorvidas. Cores complementares aparecem em lados opostos do disco de cores. Assim, se uma substância absorve luz vermelha, ela será vista como verde. O disco de cores será útil para responder aos exercícios 4.60, 4.61 e 4.62.

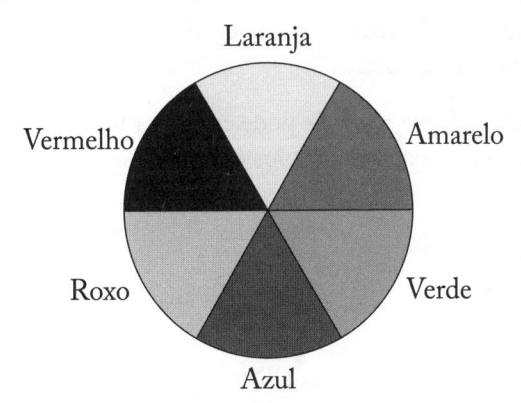

*4.60 Use o disco de cores anterior para explicar qualitativamente por que muitos complexos de metais de transição divalentes contendo ligante CN^- são amarelos, enquanto muitos complexos aquosos desses íons são azuis ou verdes.

---

* Exercícios marcados com um asterisco (*) são mais desafiadores.

4.61 Você se surpreenderia de aprender que $[CoF_6]^{3-}$, $[CoF_6]^{4-}$, $[Rh(H_2O)_6]^{3+}$, $[Rh(CN)_6]^{3-}$ $[RhF_6]^{3-}$ e $[Ir(CN)_6]^{3-}$ se apresentam em vários tons de magenta (vermelho-roxo)? Use o disco de cores anterior para explicar brevemente sua resposta.

4.62 Complexos diamagnéticos ($\mu = 0$) de cobalto(III) como $[Co(NH_3)_6]^{3+}$, $[Co(en)_3]^{3+}$ e $[Co(NO_2)_6]^{3-}$ são amarelo-laranja. Em contraste, os compostos paramagnéticos $[CoF_6]^{3-}$ e $Co(H_2O)_3F_3$ são azuis. Use o disco de cores anterior para explicar qualitativamente essa diferença de cores e de momento magnético.

4.63 Há uma boa chance de que cianeto de *trans*-diaquabis(etilenodiaminoo)níquel(II) seja *termocromático* – ou seja, quando é aquecido, ele pode exibir uma distinta mudança de cor em uma dada temperatura. Nesse caso, há uma boa chance de que, sob esse aquecimento, esse composto perca 2 mols de água e produza um complexo diamagnético de uma cor distintamente diferente.

(*a*) Escreva uma equação para a reação que esse composto pode sofrer sob aquecimento.

(*b*) Especule sobre a estrutura do complexo resultante. Explique sua especulação o mais cuidadosamente possível, usando as mudanças nas características magnéticas e a cor como parte de seu argumento.

4.64 Quando o azul e paramagnético cloreto de *trans*-diaquabis(*N*,*N*-dietiletilenodiaminoo)níquel(II), $[Ni(H_2O)_2(deen)_2]Cl_2$, é aquecido para expulsar os dois ligantes H_2O, ele forma o complexo paramagnético e verde *trans*-diclorobis(*N*,*N*-dietiletilenodiaminoo)níquel(II), $[NiCl_2(deen)_2]$. Explique o paramagnetismo desses dois complexos e a mudança de cor que ocorre quando o reagente é aquecido. A *N*,*N*-dietiletilenodiaminoa (deen) é $(CH_3CH_2)_2NCH_2CH_2NH_2$, um ligante bidentado similar à etilenodiaminoa.

*4.65 Quando o azul e paramagnético brometo de *trans*-diaquabis(*N*,*N*-dietiletilenodiaminoo)níquel(II), $[Ni(H_2O)_2(deen)_2]Br_2$, é aquecido para expulsar os dois ligantes H_2O, ele forma o complexo diamagnético e laranja brometo de bis(*N*,*N*-dietiletilenodiaminoo)níquel(II), $[Ni(deen)_2]Br_2$. Explique as mudanças de cor e magnética que ocorrem durante essa reação. A *N*,*N*-dietiletilenodiaminoa (deen) é $(CH_3CH_2)_2NCH_2CH_2NH_2$, um ligante bidentado similar à etilenodiaminoa.

*4.66 Uma solução de $[Ni(H_2O)_6]^{2+}$ é verde e paramagnética ($\mu = 2{,}90$ BM), enquanto uma solução de $[Ni(CN)_4]^{2-}$ é incolor e diamagnética. Sugira uma explicação qualitativa para essas observações. Inclua diagramas mostrando a geometria molecular e os níveis de energia dos orbitais *d* desses complexos iônicos como parte de sua resposta.

4.67 Em um parágrafo conciso, indique como se pode construir uma parte da série espectroquímica usando espectroscopia no visível – ou seja, medindo os comprimentos de onda da luz visível absorvida pelos compostos.

4.68 Há muitas evidências experimentais que sustentam a TCC. Dê o nome e descreva brevemente a natureza de duas dessas evidências.

---

* Exercícios marcados com um asterisco (*) são mais desafiadores.

CAPÍTULO 5

Velocidades e mecanismos de reações de compostos de coordenação

Tendo discutido a história e a nomenclatura (Capítulo 2), as estruturas (Capítulo 3) e as ligações (Capítulo 4) dos compostos de coordenação, vamos agora nos ater ao tratamento das reações desses compostos. Vamos começar com uma discussão dos tipos comuns de reações geralmente encontradas, mas essa simples categorização leva rapidamente a questões mais importantes de como essas reações realmente acontecem. Por exemplo, consideramos se essas reações acontecem principalmente porque (1) duas moléculas reagentes colidem para produzir um intermediário que subsequentemente se parte nas moléculas dos produtos ou (2) uma molécula dos reagentes se parte primeiro e um fragmento resultante colide com outro reagente para gerar uma molécula de produto. Essas são questões que consideram os caminhos, ou *mecanismos*, para reações envolvendo compostos de coordenação. Vemos, então, que o mecanismo favorecido – isto é, o mais apto a acontecer - é caracterizado por um menor aumento de energia na formação do intermediário de reação. Uma investigação das variações de energia envolve nosso conhecimento, recentemente visto no último capítulo, de ligações em vários reagentes, produtos e, possivelmente, moléculas intermediárias.

5.1 UMA BREVE ANÁLISE DOS TIPOS DE REAÇÃO

A Figura 5.1 classifica as reações mais comuns dos compostos de coordenação. Começando no centro com um composto geral $[ML_n]^{n+}$, reações de substituição, dissociação, adição, redox (transferência de elétrons) e a reação de um ligante coordenado estão indicadas. Observe que há uma grande simplificação na Figura 5.1 – a de que todos os ligantes no composto de partida são mostrados como idênticos. (Essas es-

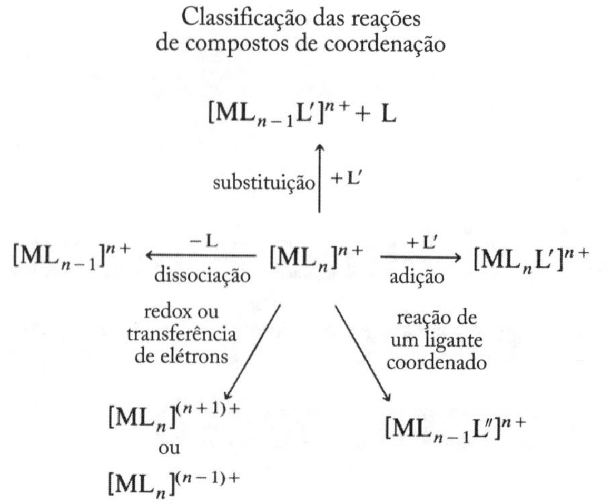

Classificação das reações
de compostos de coordenação

$$[ML_{n-1}L']^{n+} + L$$

$$\uparrow \text{substituição} \;\; +L'$$

$$[ML_{n-1}]^{n+} \xleftarrow[\text{dissociação}]{-L} [ML_n]^{n+} \xrightarrow[\text{adição}]{+L'} [ML_nL']^{n+}$$

redox ou transferência de elétrons ↙   ↘ reação de um ligante coordenado

$$[ML_n]^{(n+1)+}$$
ou
$$[ML_n]^{(n-1)+}$$

$$[ML_{n-1}L'']^{n+}$$

FIGURA 5.1

Cinco diferentes tipos de reações de compostos de coordenação: substituição, dissociação, adição, redox ou transferência de elétrons e a reação de um ligante coordenado.

pécies são conhecidas como *compostos homolépticos*, aqueles nos quais todos os ligantes que estão ligados ao átomo ou íon metálico central são idênticos.) A maioria das reações de compostos de coordenação na verdade envolvem *compostos heterolépticos* (aqueles com mais de um tipo de ligante), mas, para simplificar, eles não estão especificamente representados na figura. Além disso, como veremos, um número significativo de reações é uma combinação de mais de um dos tipos mostrados na figura. Com essas ressalvas, podemos agora prosseguir para uma breve discussão de cada tipo de reação.

Reações de substituição, mostradas no topo da Figura 5.1, são as mais comuns. Elas envolvem a substituição de um ligante em uma esfera de coordenação por outro sem qualquer mudança no número de coordenação ou no estado de oxidação do metal. Às vezes ocorre uma troca indiscriminada de todos os ligantes de um composto homoléptico por um ligante diferente, como mostrado na Equação (5.1), porém é mais comum a substituição de apenas uma fração dos ligantes originais, como mostrado nas Equações (5.2) e (5.3):

$$[Cu(H_2O)_4]^{2+}(aq) + 4NH_3(aq) \longrightarrow [Cu(NH_3)_4]^{2+}(aq) + 4H_2O \qquad \textbf{5.1}$$

$$Cr(CO)_6 + 3PPh_3 \longrightarrow Cr(CO)_3(PPh_3)_3 + 3CO(g) \qquad \textbf{5.2}$$

$$[PtCl_4]^{2-}(aq) + NH_3(aq) \longrightarrow [Pt(NH_3)Cl_3]^-(aq) + Cl^-(aq) \qquad \textbf{5.3}$$

A tendência de essas reações ocorrerem frequentemente é analisada em termos das constantes de equilíbrio das etapas do processo e da constante de equilíbrio do processo global. Por exemplo, a reação do íon tetra-aquacobre(II) com amônia em solução aquosa, mostrada na Equação (5.1), pode ser desdobrada na substituição em etapas de um ligante água por vez, como dado nas Equações (5.4) a (5.7):

$$[Cu(H_2O)_4]^{2+} + NH_3 \longrightarrow [Cu(NH_3)(H_2O)_3]^{2+} + H_2O \qquad \textbf{5.4}$$

$$\left(K_1 = \frac{[\{Cu(NH_3)(H_2O)_3\}^{2+}]}{[\{Cu(H_2O)_4\}^{2+}][NH_3]} \right)$$

$$[Cu(NH_3)(H_2O)_3]^{2+} + NH_3 \longrightarrow [Cu(NH_3)_2(H_2O)_2]^{2+} + H_2O \qquad \textbf{5.5}$$

$$K_2 = \frac{[\{Cu(NH_3)_2(H_2O)_2\}^{2+}]}{[\{Cu(NH_3)(H_2O)_3\}^{2+}][NH_3]}$$

$$[Cu(NH_3)_2(H_2O)_2]^{2+} + NH_3 \longrightarrow [Cu(NH_3)_3(H_2O)]^{2+} + H_2O \qquad \mathbf{5.6}$$

$$K_3 = \frac{[\{Cu(NH_3)_3(H_2O)\}^{2+}]}{[\{Cu(NH_3)_2(H_2O)_2\}^{2+}][NH_3]}$$

$$[Cu(NH_3)_3(H_2O)]^{2+} + NH_3 \longrightarrow [Cu(NH_3)_4]^{2+} + H_2O \qquad \mathbf{5.7}$$

$$K_4 = \frac{[\{Cu(NH_3)_4\}^{2+}]}{[\{Cu(NH_3)_3(H_2O)\}^{2+}][NH_3]}$$

A constante de equilíbrio, K_n, para cada substituição sucessiva de um ligante por outro é chamada, de forma lógica, *constante de equilíbrio intermediária*. Uma vez que essas reações são realizadas em soluções aquosas em que a concentração da água é praticamente constante, ela – [H_2O] – não aparece nas expressões das constantes de equilíbrio, mas, em vez disso, é incorporada ao valor de K. (Você deve estar familiarizado com essa notação de seus estudos anteriores – por exemplo, as expressões para K_a e K_b usadas na discussão de exercícios de equilíbrio ácido-base em meio aquoso.) A substituição global dos quatro ligantes água por ligantes amônia [Equação (5.1)] pode ser descrita por uma *constante de equilíbrio global*, simbolizada por β. E, já que os quatro ligantes são substituídos, ela é designada β_4. A constante global é exatamente o produto das quatro constantes intermediárias, como mostrado na Equação (5.8):

$$\beta_4 = \frac{[\{Cu(NH_3)_4\}^{2+}]}{[\{Cu(H_2O)_4\}^{2+}][NH_3]^4} = K_1 K_2 K_3 K_4 \qquad \mathbf{5.8}$$

Como vimos no Capítulo 3 sobre estruturas de compostos de coordenação, há muito mais exemplos de complexos heterolépticos do que de homolépticos. Esses também sofrem reações de substituição. As Equações (5.9) e (5.10) mostram dois exemplos comuns. O primeiro, a reação de um complexo com água, é uma *reação de aquação*; o segundo, a reação com um ânion, é uma *reação de substituição de ligantes neutros por ligantes aniônicos*.

$$[Co(NH_3)_5NO_3]^{2+}(aq) + H_2O \longrightarrow [Co(NH_3)_5H_2O]^{3+}(aq)$$
$$+ NO_3^-(aq) \qquad \mathbf{5.9}$$

$$[Co(NH_3)_5(H_2O)]^{3+}(aq) + Cl^-(aq) \longrightarrow [Co(NH_3)_5Cl]^{2+}(aq) + H_2O \qquad \mathbf{5.10}$$

Retornaremos a uma discussão mais detalhada sobre essas várias reações na Seção 5.3.

Reações de dissociação, mostradas no centro à esquerda na Figura 5.1, envolvem uma diminuição no número de ligantes e uma mudança no número de coordenação do metal. A reação da "tinta invisível" discutida no capítulo anterior e repetida na Equação (5.11) é um bom exemplo desse tipo de reação. Como você pode lembrar, a esfera de coordenação do cobalto(II) muda de octaédrica para tetraédrica durante o curso dessa reação. A Equação (5.12) mostra um segundo exemplo também acompanhado por uma mudança de cor distinta, conforme a esfera de coordenação do níquel(II) muda de octaédrica para quadrática.

$$2[Co(H_2O)_6]Cl_2(s) \xrightarrow{\Delta} Co[CoCl_4](s) + 12H_2O \qquad \mathbf{5.11}$$
vermelho $\qquad\qquad$ azul

$$[\text{Ni(en)}_2(\text{H}_2\text{O})_2](\text{CF}_3\text{SO}_3)_2(s) \xrightarrow{\Delta} [\text{Ni(en)}_2](\text{CF}_3\text{SO}_3)_2(s) + 2\text{H}_2\text{O}(g) \qquad \textbf{5.12}$$
roxo   amarelo/dourado

($CF_3SO_3^-$ é conhecido como ânion triflato.)

Reações de adição, mostradas no centro, à direita, da Figura 5.1, ocorrem com aumento no número de coordenação do metal. Por razões estéricas, a maioria das reações de adição ocorre com complexos nos quais o metal tem, inicialmente, um número de coordenação baixo. Por exemplo, a Equação (5.13) mostra um composto tetraédrico de titânio recebendo dois ligantes cloreto adicionais para gerar um complexo octaédrico hexaclorotitanato(IV). A Equação (5.14) mostra uma molécula quadrática de bis(acetilacetonato)cobre(II) recebendo um ligante piridina (py) para formar um produto piramidal de base quadrada:

$$\text{TiCl}_4 + 2\text{Cl}^- \longrightarrow [\text{TiCl}_6]^{2-} \qquad \textbf{5.13}$$

$$\text{Cu(acac)}_2 + \text{py} \longrightarrow \text{Cu(acac)}_2\text{py} \qquad \textbf{5.14}$$

Reações de oxidação-redução ou *de transferência de elétrons*, mostradas na parte de baixo, à esquerda, na Figura 5.1, envolvem a oxidação ou redução de um átomo ou íon de metal de transição coordenado. A figura representa o caso mais simples de transferência de elétrons – o caso no qual o número de coordenação permanece constante. A Equação (5.15) mostra um exemplo no qual o íon hexa-aminorrutênio(III) é reduzido pela reação com o íon cromo(II), e a Equação (5.16) mostra a oxidação de um complexo de hexacianoferrato(II) pelo hexacloroiridato(IV). Em nenhum desses complexos, o número de coordenação é alterado.

$$[\text{Ru(NH}_3)_6]^{3+} + \text{Cr}^{2+} \longrightarrow [\text{Ru(NH}_3)_6]^{2+} + \text{Cr}^{3+} \qquad \textbf{5.15}$$

$$[\text{Fe(CN)}_6]^{4-} + [\text{IrCl}_6]^{2-} \longrightarrow [\text{Fe(CN)}_6]^{3-} + [\text{IrCl}_6]^{3-} \qquad \textbf{5.16}$$

Há exemplos, não representados na Figura 5.1, nos quais a oxidação de um átomo ou íon metálico complexado é acompanhada pela adição de um ou mais ligantes de forma a aumentar o número de coordenação. Essas reações são bastante comuns, sendo chamadas de *reações de adição oxidativa*. Uma das primeiras reações desse tipo foi caracterizada inicialmente por L. Vaska, na década de 1960, e é mostrada na Equação (5.17):

$$\textit{trans-}\text{Ir(CO)Cl(PPh}_3)_2 + \text{HCl} \longrightarrow \text{Ir(CO)Cl}_2\text{H(PPh}_3)_2 \qquad \textbf{5.17}$$

Perceba que no reagente, frequentemente chamado de *composto de Vaska*, o número de coordenação do íon irídio(I) é 4, enquanto no produto o irídio possui formalmente um estado de oxidação +3 e tem um número de coordenação 6.

O oposto à adição oxidativa, logicamente, é chamado de *eliminação redutiva*. A Equação (5.18) mostra a reação de eliminação redutiva do carbonilclorodihidridobis(trifenilfosfino)irídio(III) para formar o hidrogênio diatômico e o composto de Vaska:

$$\text{Ir(CO)ClH}_2(\text{PPh}_3)_2 \longrightarrow \text{Ir(CO)Cl(PPh}_3)_2 + \text{H}_2 \qquad \textbf{5.18}$$

Reações de ligantes coordenados, mostradas na parte de baixo, à direita, na Figura 5.1, são reações que ocorrem em um ligante sem quebrar a ligação metal-ligante. A Equação (5.19) mostra um ligante água no hexa-aquacromo(III) reagindo com um íon hidróxido para produzir o complexo contendo o ligante OH^- correspondente. Aqui a ligação $Cr-OH_2$ não foi quebrada, mas a água coordenada perdeu um próton para produzir o ligante coordenado hidroxo. A Equação (5.20) mostra a reação do penta-aminocarbonatocobalto(III) com ácido para formar penta-aminoaquacobalto(III). Essa reação ocorre sem a quebra da ligação $Co-OCO_2$.

Outro ligante comum que reage enquanto permanece coordenado é o acetilacetonato (acac). A Equação (5.21) mostra a substituição de um átomo de hidrogênio central do acac pelo átomo de bromo.

$$[Cr(H_2O)_6]^{3+} + OH^- \longrightarrow [Cr(H_2O)_5(OH)]^{2+} + H_2O \qquad \textbf{5.19}$$

$$[Co(NH_3)_5CO_3]^+ + 2H_3O^+ \longrightarrow [Co(NH_3)_5(H_2O)]^{3+} + 2H_2O + CO_2 \qquad \textbf{5.20}$$

$$Cr\left(\begin{array}{c} O-C\diagdown^{CH_3} \\ C-H \\ O=C\diagup_{CH_3} \end{array}\right)_3 + 3\,Br_2 \longrightarrow Cr\left(\begin{array}{c} O-C\diagdown^{CH_3} \\ C-Br \\ O=C\diagup_{CH_3} \end{array}\right)_3 + 3\,HBr \qquad \textbf{5.21}$$

Antes de finalizarmos essa breve análise dos tipos de reação, precisamos mencionar como o progresso dessas várias reações pode ser monitorado. Como já discutimos no Capítulo 4, diferentes complexos têm diferentes espectros no UV-visível (ou de absorção). A substituição, dissociação, adição ou alteração de um ligante ou ligantes frequentemente altera o comprimento de onda máximo da luz UV-visível absorvida. O mesmo pode ser dito quando o estado de oxidação do metal muda. Essas mudanças no espectro UV-visível (geralmente acompanhadas por mudanças da cor dos compostos) podem ser usadas para monitorar a velocidade dessas reações. Variações da susceptibilidade molar podem ser usadas de maneira similar. Outras técnicas físicas como espectroscopias no infravermelho (IV) e de ressonância magnética nuclear (RMN), não discutidas neste texto, também podem ser usadas para monitorar o progresso de uma dada reação.

5.2 COMPOSTOS DE COORDENAÇÃO LÁBEIS E INERTES

Para classificar as várias velocidades de reação de compostos de coordenação (mais comumente em relação à substituição), Henry Taube, que recebeu o Prêmio Nobel de Química em 1983 pelo seu trabalho sobre cinética de compostos de coordenação, sugeriu os termos *lábil* e *inerte*. Se considerarmos uma solução aquosa 0,1 M, um *composto de coordenação lábil* é aquele que, nessas circunstâncias, tem uma meia-vida de menos de um minuto. (Lembre-se de que *meia-vida* é a quantidade de tempo necessária para que a concentração do reagente diminua para a metade da sua concentração inicial.) Por outro lado, um *composto de coordenação inerte* é aquele cuja meia-vida é maior do que um minuto.

Precisamos ter bem claro que os termos *lábil* e *inerte* são termos *cinéticos*. Eles se referem à velocidade da reação que, por sua vez, é determinada pela sua energia de ativação, E_a. (Aqui, você pode querer rever o conteúdo de cinética química introduzido em cursos anteriores.) Esses termos relacionam o quão rápido um composto reage em relação a quão estável ele é. *Estável* e *instável* são termos *termodinâmicos*. Eles estão relacionados às variações na energia livre, entalpia e entropia de reações que envolvem o composto. Reações com uma grande variação negativa na energia livre e uma correspondente constante de equilíbrio grande se processam espontaneamente da esquerda para a direita; os produtos dessas reações são considerados mais estáveis do que os reagentes. A variação na energia livre pode, por sua vez, ser relacionada a variações na entalpia e na entropia (lembre-se de que $\Delta G = \Delta H - T\Delta S$).

Para ilustrar a diferença entre labilidade cinética e estabilidade termodinâmica, vamos considerar alguns exemplos específicos. Veja o familiar complexo de Werner, o cátion hexa-aminocobalto(III), $[Co(NH_3)_6]^{3+}$; ele reage espontaneamente com ácido. Na verdade, a constante de equilíbrio para a reação correspondente à Equação (5.22) é muito grande, da ordem de 10^{30}:

$$[Co(NH_3)_6]^{3+} + 6H_3O^+ \longrightarrow [Co(H_2O)_6]^{3+} + 6NH_4^+ \qquad \textbf{5.22}$$

Por isso, diríamos que esse cátion é *instável* em relação à sua reação com ácido. Por outro lado, leva vários dias à temperatura ambiente para que essa reação se processe significativamente da esquerda para a direita, mesmo em HCl 6 *M*. Dessa forma, a velocidade da reação é tão baixa que o $[Co(NH_3)_6]^{3+}$ deve ser classificado como *inerte* sob essas circunstâncias. O complexo catiônico, então, é instável (termodinamicamente), mas inerte (cineticamente) em relação à reação com ácido.

Em contraste, tetracianoniquelato(II), $[Ni(CN)_4]^{2-}$ é excepcionalmente *estável* (termodinamicamente). A constante de equilíbrio para sua formação, representada na Equação (5.23), é muito grande, também na casa dos 10^{30}:

$$Ni^{2+} + 4CN^- \longrightarrow [Ni(CN)_4]^{2-} \qquad (K = 10^{30}) \qquad \textbf{5.23}$$

Ao mesmo tempo, esse complexo aniônico é *lábil*; ou seja, os ligantes cianeto na esfera de coordenação são rapidamente trocados pelos encontrados livres em solução aquosa. A velocidade dessa troca pode ser medida quando íons cianeto marcados com carbono-14 são colocados em solução com o complexo, como representado na Equação (5.24):

$$[Ni(CN)_4]^{2-} + 4\,^{14}CN^- \longrightarrow [Ni(^{14}CN)_4]^{2-} + 4CN^- \qquad \textbf{5.24}$$

Os cianetos marcados trocam de lugar com os não marcados rapidamente. Em questão de segundos, metade dos cianetos não marcados é substituída pelos ligantes marcados. O íon tetracianoniquelato(II), então, é estável, mas lábil.

Em resumo, alguns compostos de coordenação são cineticamente inertes, enquanto outros são lábeis. Além disso, essa labilidade parece não estar relacionada com a estabilidade termodinâmica do composto. Agora, como um estudante veterano de química, treinado para elaborar questionamentos críticos, você está para perguntar: como podemos dizer quais complexos serão inertes e quais serão lábeis? Como você pode suspeitar, essa é realmente uma questão crítica. Verifica-se que *complexos de íons de metais da primeira série de transição, com exceção do Cr^{3+} e do Co^{3+}, são geralmente lábeis, enquanto a maioria dos íons de metais da segunda e terceira séries é inerte*. Mas *como*, você pergunta, explicamos tal afirmação? Por que, por exemplo, as velocidades das reações envolvendo Co^{3+} e Cr^{3+} são diferentes daquelas envolvendo outros átomos e cátions de metais da primeira série de transição? O que há nesses cátions em particular que faz que eles sejam tão inertes? Para começar a responder a esses questionamentos, vamos nos ater agora a uma discussão sobre algumas das reações de compostos de coordenação mais extensivamente estudadas, aquelas envolvendo substituição em complexos octaédricos.

5.3 REAÇÕES DE SUBSTITUIÇÃO DE COMPLEXOS OCTAÉDRICOS

Mecanismos possíveis

A reação global de substituição de um complexo homoléptico está representada na Figura 5.1. Todavia, para discutir mecanismos, é útil considerar uma situação mais específica. Considere, por exemplo, um composto de coordenação octaédrico contendo um metal ligado a cinco ligantes inertes (L) e a um ligante lábil (X) que está para ser substituído por um ligante que está se aproximando (Y). A equação global para essa reação é

$$ML_5X + Y \longrightarrow ML_5Y + X \qquad \textbf{5.25}$$

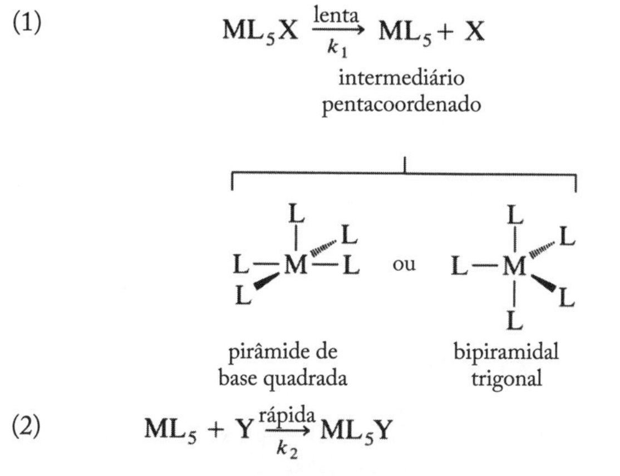

(1) $\text{ML}_5\text{X} \xrightarrow[k_1]{\text{lenta}} \text{ML}_5 + \text{X}$

intermediário pentacoordenado

$$\begin{array}{cc} \text{L} & \text{L} \\ | & | \\ \text{L---M---L} \quad \text{ou} \quad \text{L---M---L} \\ | & | \\ \text{L} & \text{L} \end{array}$$

pirâmide de base quadrada   bipiramidal trigonal

(2) $\text{ML}_5 + \text{Y} \xrightarrow[k_2]{\text{rápida}} \text{ML}_5\text{Y}$

Velocidade da reação global = velocidade da etapa determinante da velocidade (1)

$$= -\frac{\Delta[\text{ML}_5\text{X}]}{\Delta t} = k_1[\text{ML}_5\text{X}]$$

FIGURA 5.2

O mecanismo dissociativo. O mecanismo dissociativo (*D*) para a substituição de um ligante por outro em um complexo octaédrico, ML_5X (L = ligantes inertes, X = ligante lábil e Y = ligante que se aproxima). O mecanismo assume que a etapa (1), a quebra da ligação M–X para formar o intermediário pentacoordenado ML_5, é a etapa determinante da velocidade da reação. A velocidade da reação depende somente da concentração do complexo original, $[\text{ML}_5\text{X}]$.

Como essa substituição realmente ocorre em nível molecular? Ou, perguntando de outra forma, qual é o *mecanismo da reação* – ou seja, a sequência de etapas em nível molecular envolvidas na reação? Em um primeiro momento, há pelo menos dois mecanismos possíveis: o mecanismo dissociativo (*D*) e o mecanismo associativo (*A*).

No *mecanismo dissociativo*, representamos o ligante X saindo do reagente para produzir o intermediário pentacoordenado ML_5 (Figura 5.2). (Esse intermediário pode muito bem assumir uma geometria piramidal quadrática ou talvez uma geometria bipiramidal trigonal.) Em uma segunda e mais rápida reação, o intermediário e o ligante que se aproxima se juntam para formar o produto. Note que a primeira etapa, a da dissociação, é mais lenta, sendo a etapa determinante da velocidade da reação. (A essa altura, você pode querer revisar o conteúdo sobre mecanismos de reações elementares visto em cursos anteriores. Lembre-se de que a etapa determinante da velocidade, às vezes chamada de *etapa gargalo*, é a reação elementar mais lenta no mecanismo. A velocidade dessa etapa determina a velocidade global da reação.) O mecanismo dissociativo prevê que a velocidade da reação global de substituição depende somente da concentração do complexo original, $[\text{ML}_5\text{X}]$, e é independente da concentração do ligante que está entrando, $[\text{Y}]$.

Uma outra rota lógica pela qual uma reação de substituição pode ocorrer é o *mecanismo associativo* (Figura 5.3). Nesse caso, a etapa determinante da velocidade é a colisão entre o complexo original, ML_5X, e o ligante que se aproxima, Y, para produzir um intermediário heptacoordenado, ML_5XY. (Esse intermediário pode assumir uma estrutura "octaédrica monoencapuzada", na qual os ligantes X e Y dividem um dos sítios octaédricos normais, ou possivelmente uma geometria bipiramidal pentagonal.) A segunda etapa, mais rápida, é a dissociação do ligante X para produzir o produto desejado. O mecanismo associativo prevê que a velocidade da reação de substituição depende da concentração de ambos, ML_5X e Y.

Assim, você pode começar a pensar: decidir se o mecanismo é associativo ou dissociativo não deve ser particularmente difícil. Parece que tudo o que precisamos fazer é determinar a lei de velocidade para a reação: se a velocidade depender somente de $[\text{ML}_5\text{X}]$, ele é dissociativo; se a velocidade *também* depender de $[\text{Y}]$, ele é associativo. Porém, não é surpresa que a cinética da química de coordenação não seja tão simples assim. Duas

(1) $\text{ML}_5\text{X} + \text{Y} \xrightarrow[k_1]{\text{lenta}} \text{ML}_5\text{XY}$ (intermediário heptacoordenado)

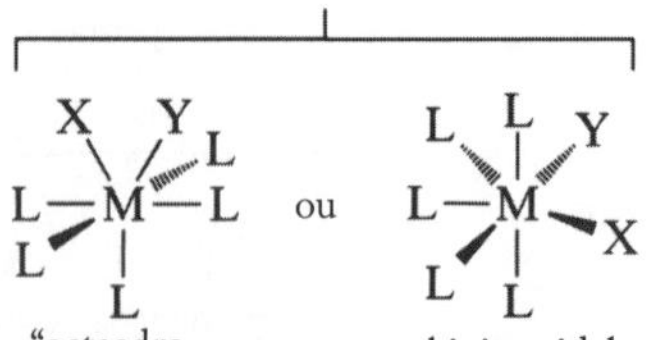

"octaedro monoencapuzado" ou bipiramidal pentagonal

(2) $\text{ML}_5\text{XY} \xrightarrow[k_2]{\text{rápida}} \text{ML}_5\text{Y} + \text{X}$

Velocidade da reação global = velocidade da etapa determinante da velocidade (1)

$$= -\frac{\Delta[\text{ML}_5\text{X}]}{\Delta t} = k_1[\text{ML}_5\text{X}][\text{Y}]$$

FIGURA 5.3

O mecanismo associativo. O mecanismo associativo (*A*) para a substituição de um ligante por outro em um complexo octaédrico, ML_5X (L = ligantes inertes, X = ligante lábil e Y = ligante que se aproxima). O mecanismo assume que a etapa (1), a formação da ligação M–Y para formar o intermediário heptacoordenado ML_5XY, é a etapa determinante da velocidade da reação. A velocidade da reação depende tanto da concentração do complexo original, $[\text{ML}_5\text{X}]$, quanto da concentração do ligante que está entrando, [Y].

complicações vêm imediatamente à tona. Primeiro, os mecanismos reais podem ser mais complicados do que os mecanismos claramente diferentes *D* e *A* descritos anteriormente. Em segundo lugar, condições experimentais especiais podem "mascarar" ou esconder a dependência da concentração do ligante que está entrando em relação à velocidade da reação.

Primeiro, considere que as ideias de um mecanismo puramente associativo e de um mecanismo puramente dissociativo, embora úteis para iniciarmos uma discussão sobre cinética de compostos de coordenação, são possibilidades muito idealizadas e provavelmente simplificadas demais. Não é um pouco irreal, por exemplo, supor que a ligação M–X quebre *totalmente* e o intermediário pentacoordenado ML_5 resultante exista por um período de tempo substancial antes de colidir subsequentemente com Y para gerar o produto final? Ou estamos esperando demais ao supor que o intermediário ML_5XY na rota associativa tenha um tempo de vida mensurável antes de a ligação M–X se quebrar e resultar no ML_5Y? No fim das contas, se os mecanismos reais fossem assim claros e simples, deveríamos ser capazes de isolar uma variedade de intermediários ML_5 e/ou ML_5XY e, dessa forma, ajudar a sustentar que uma dada reação é *D* ou *A*. Infelizmente, o isolamento desses intermediários é muito raro. Dada essa discussão, precisamos considerar um outro tipo de rota reacional, chamada de *mecanismo de intercâmbio* (*I*).

Considere uma situação na qual o ligante que está entrando, Y, permaneça imediatamente fora da esfera de coordenação do complexo ML_5X e, conforme a ligação M–X comece a quebrar e X comece a sair, a ligação M–Y simultaneamente começa a se formar e Y entra na esfera de coordenação. Nesse caso, os ligantes de ataque (Y) e abandonador (X) gradualmente trocam de lugar na esfera de coordenação do metal e não é formado um intermediário penta ou heptacoordenado (ou, pelo menos, não se encontra disponível para ser isolado). Tal rota reacional, às vezes chamada de *mecanismo concertado* ou *de intercâmbio*, é mais realista do que um mecanismo puramente *D* ou *A*.

Tendo descrito o mecanismo *I*, é importante notar que não temos que descartar totalmente a ideia de mecanismos dissociativos e associativos. Por exemplo, se a ligação M–X se quebra preferencialmente no intercâmbio, então o intercâmbio é mais parecido com um mecanismo dissociativo do que com um mecanismo associativo. Nesse caso, poderíamos designar o mecanismo I_d (*intercâmbio-dissociativo*), em que o subscrito *d* indica a natureza dissociativa do intercâmbio. De maneira similar, quando a formação da ligação M–Y é favorecida, o mecanismo seria designado como I_a (*intercâmbio-associativo*).

FIGURA 5.4

O mascaramento da dependência da concentração em solução aquosa. (*a*) Um mecanismo dissociativo é de primeira ordem em relação à concentração do complexo reagente. (*b*) Um mecanismo associativo é de primeira ordem em relação tanto ao complexo reagente quanto ao ligante água que está entrando. No entanto, uma vez que a concentração da água em uma solução aquosa é muito grande e praticamente constante, [H$_2$O] é combinada com k', gerando a constante global de velocidade k. A lei de velocidades resultante é de pseudo primeira ordem. A dependência da concentração do ligante água que está se aproximando, em relação ao mecanismo associativo, foi mascarada.

(*a*) Dissociativo:

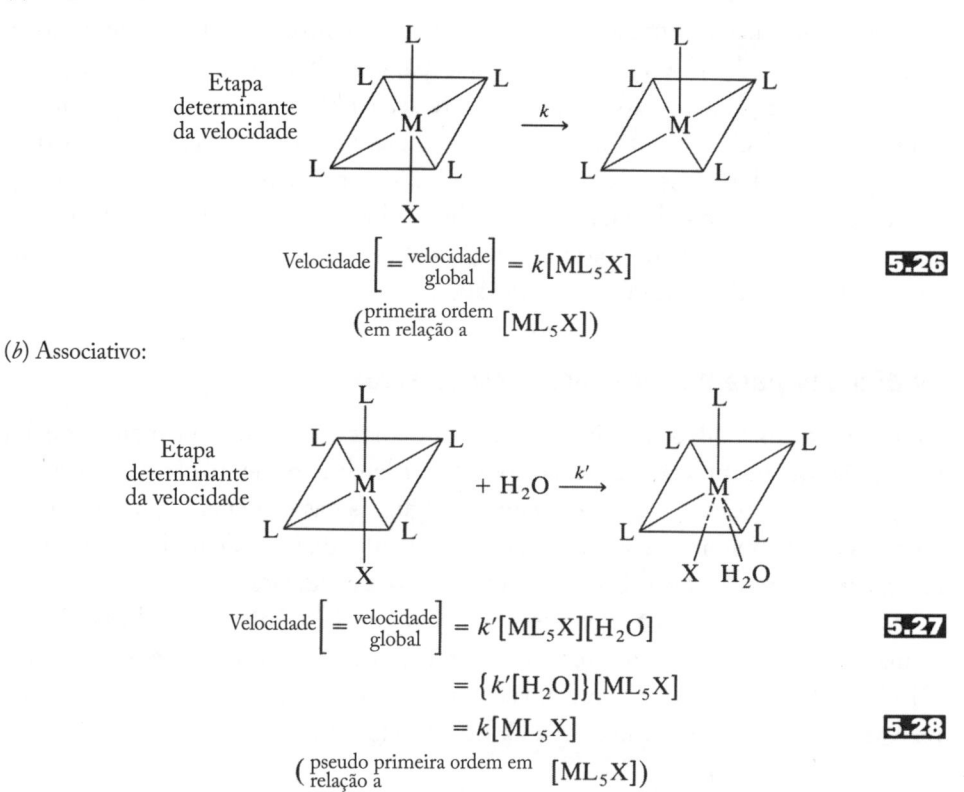

$$\text{Velocidade}\begin{bmatrix}=\text{velocidade}\\ \text{global}\end{bmatrix} = k[\text{ML}_5\text{X}] \quad \mathbf{5.26}$$

$$\begin{pmatrix}\text{primeira ordem}\\ \text{em relação a}\end{pmatrix} [\text{ML}_5\text{X}])$$

(*b*) Associativo:

$$\text{Velocidade}\begin{bmatrix}=\text{velocidade}\\ \text{global}\end{bmatrix} = k'[\text{ML}_5\text{X}][\text{H}_2\text{O}] \quad \mathbf{5.27}$$

$$= \{k'[\text{H}_2\text{O}]\}[\text{ML}_5\text{X}]$$

$$= k[\text{ML}_5\text{X}] \quad \mathbf{5.28}$$

$$\begin{pmatrix}\text{pseudo primeira ordem em}\\ \text{relação a}\end{pmatrix} [\text{ML}_5\text{X}])$$

Assim, em resumo, descrevemos cinco tipos de mecanismo, D, A, I, I_d e I_a. Vamos assumir daqui para a frente que, embora falaremos geralmente sobre mecanismos dissociativo e associativo, os termos D e A são reservados para situações nas quais intermediários penta e heptacoordenados já foram isolados ou ao menos positivamente identificados. Se não foram isolados ou identificados os intermediários, as designações I_d e I_a são mais apropriadas.

Complicações experimentais

Nas figuras 5.2 e 5.3, consideramos as leis de velocidades resultantes de mecanismos dissociativos e associativos, respectivamente. No final, você deve lembrar, parecia que essas rotas podiam ser prontamente diferenciadas pela dependência ou não da concentração do ligante que está entrando, Y, em relação às suas leis de velocidades. Como visto anteriormente, precisamos discutir a possibilidade de que essa dependência possa ter sido mascarada por certas condições experimentais.

Exemplos comuns desse mascaramento da dependência da concentração são reações de substituição executadas em solução aquosa. Novamente considerando a mesma substituição global de X por Y no reagente ML$_5$X, duas etapas determinantes da velocidade prováveis são mostradas na Figura 5.4. Perceba que o mecanismo dissociativo ainda prevê uma dependência da concentração do complexo inicial, [ML$_5$X], em relação à velocidade. Esse resultado é mostrado na Equação (5.26).

Para o mecanismo associativo, assume-se que a reação do complexo inicial com a *molécula de água* é a etapa determinante da velocidade. Tal suposição é inesperada porque a concentração de água em uma solução aquosa diluída é muito alta (aproximadamente 55,6 M), muito maior do que a concentração de Y (talvez algo como 0,1 M). A probabilidade de o complexo de partida colidir com uma molécula de água é muito maior do que uma colisão com Y. Como mostrado na Equação (5.27), a velocidade dessa etapa depende de *ambas* as concentrações de ML_5X e de H_2O. Mas agora temos de reconhecer, como visto anteriormente, que $[H_2O]$ é tão grande que, nessa situação, ela é essencialmente constante. Então, como mostrado, as duas constantes na Equação (5.27), k' e $[H_2O]$, são combinadas para resultar na Equação (5.28). Note que, embora o resultado aparente seja de primeira ordem apenas em relação a $[ML_5X]$, sabemos que ele é de primeira ordem também em relação a $[H_2O]$. No entanto, essa última dependência foi mascarada ou escondida pela natureza da situação experimental. Por essa razão, a Equação (5.28) é frequentemente dita como representando uma reação de pseudo primeira ordem. Então, nos casos discutidos, as leis de velocidades para os mecanismos dissociativo e associativo são, por motivos práticos, idênticas. Nessa situação, não podemos decidir entre os dois mecanismos analisando as leis de velocidades observadas.

Evidências para mecanismos dissociativos

Ao longo de nossa discussão, ainda não respondemos à questão fundamental: qual mecanismo tem preferência em reações de substituição de compostos de coordenação octaédricos? A resposta é que *mecanismos dissociativos têm preferência*. Nesta seção, investigaremos algumas das evidências que sustentam tal conclusão. Mencionamos três tipos diferentes de reações: (1) as velocidades de troca de moléculas de água, (2) reações de *substituição de ligantes neutros com ligantes aniônicos* e (3) reações de aquação.

Começaremos com o que parece ser um conjunto estranho de medidas. Elas envolvem a troca entre moléculas de água comuns em esferas de hidratação de vários íons metálicos e *água* isotopicamente marcada (H_2O^{18}). (A Seção 11.2 apresenta uma descrição mais detalhada da estrutura da água.) Uma equação geral que representa esse tipo de reação é dada na Equação (5.29):

$$M(H_2O)_6^{n+} + H_2O^{18} \xrightarrow{k} M(H_2O)_5(H_2O^{18})^{n+} + H_2O \quad \textbf{5.29}$$

As medidas das velocidades dessas reações são feitas por vários métodos, alguns muito sofisticados, dependendo da magnitude da velocidade da troca. Esses métodos demonstram que essas reações são de primeira ordem em relação à concentração do cátion hidratado original, $M(H_2O)_6^{n+}$; dessa forma, a lei de velocidades para essas reações é dada na Equação (5.30):

$$-\frac{[M(H_2O)_6]}{} = [M(H_2O)_6] \quad \textbf{5.30}$$

Conforme discutido anteriormente, o fato de que essas reações são de primeira ordem é consistente com um mecanismo dissociativo, mas certamente não é uma prova definitiva disso.

As velocidades relativas para um grande número de íons metálicos são dadas na Figura 5.5 em termos do log da constante de velocidade para a reação. Note que essas constantes de velocidade (e, portanto, as próprias velocidades) variam 16 ordens de grandeza, uma incrível faixa de velocidades.

Uma análise atenta desses dados revela que um aumento definido na velocidade de troca (refletido em um aumento na constante de velocidade) ocorre descendo em vários grupos da tabela periódica. Olhe, por exemplo, para os resultados do Grupo 1A (Li^+, Na^+, K^+, Rb^+ e Cs^+) ou do Grupo 2A (Be^{2+}, Mg^{2+}, Ca^{2+}, Sr^{2+} e Ba^{2+}). A comparação desses dois grupos também revela que os íons de carga mais alta $+2$ do Grupo 2A têm velocidades menores do que os íons carregados $+1$ do Grupo 1A. Podemos explicar esses resultados, mas essa explicação é consistente com um mecanismo dissociativo para essas reações de troca?

A explicação gira em torno do efeito da carga e do tamanho do cátion metálico na força da ligação $M_{n+}-OH_2$. Deveria fazer sentido para você que, quanto maior a carga, maior a atração eletrostática entre o metal carregado positivamente e o par de elétrons do ligante água. Assim, a força da ligação $M_{n+}-OH_2$ deve aumentar com o aumento da carga. Por outro lado, quanto maior o íon metálico, mais longe o centro de sua

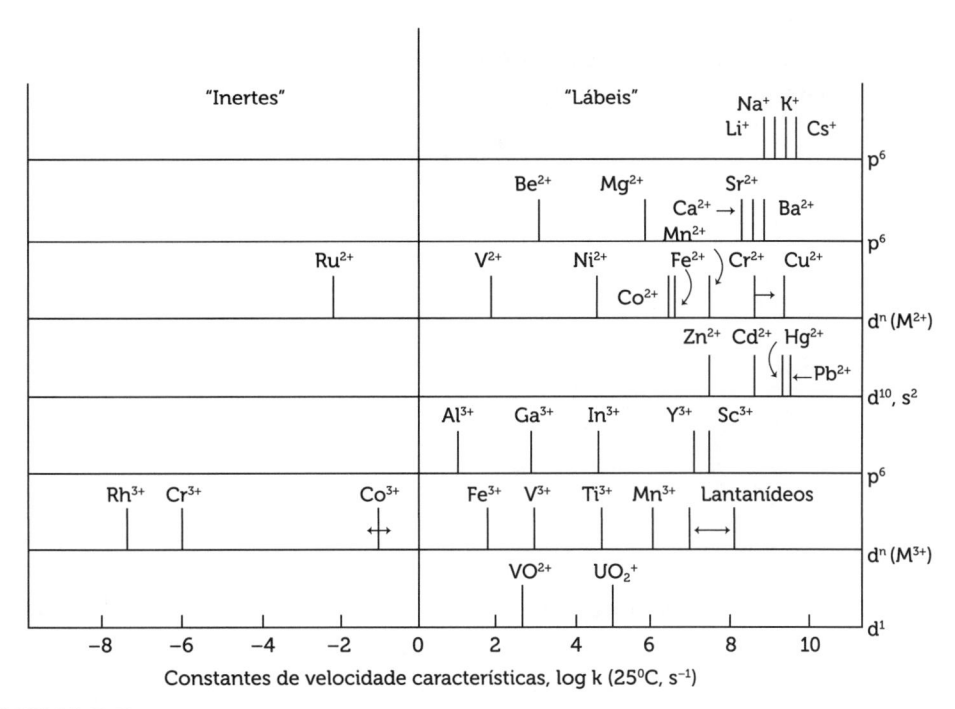

FIGURA 5.5

Constantes de velocidade para a troca de água para vários íons: $[M(H_2O)_6]^{m+} + H_2O^{18} \xrightarrow{k} [M(H_2O)_5(H_2O^{18})]^{m+} + H_2O$. Os dados estão tabelados como log da constante de velocidade a 25 °C. Íons hidratados inertes, aqueles que apenas trocam lentamente moléculas de água entre a esfera de hidratação e a estrutura da água pura, são dados à esquerda, e os íons hidratados lábeis estão à direita. (Adaptado de: D. W. Margerone et al. *Coordination chemistry*, v. 2, A. E. Martell, ed., ACS Monograph #178. Copyright® 1978 American Chemical Society.)

carga positiva está do par de elétrons do ligante e, consequentemente, mais fraca será a ligação. Esses dois fatores podem ser combinados no que chamamos de *densidade de carga*, definida como a razão entre a carga do cátion metálico e seu raio iônico. Por definição, a densidade de carga de um cátion metálico aumenta com o aumento da carga e a diminuição do tamanho. Conclui-se, a partir da discussão anterior, que com o aumento da densidade de carga, também aumenta a força da ligação $M-OH_2$. (A densidade de carga é também discutida nas seções 8.1 e 9.2.)

Agora vamos verificar se as informações para essas reações de troca são consistentes com um mecanismo dissociativo. Dentro de um dado grupo, todos os cátions têm a mesma carga e apenas o tamanho varia. Assim, no Grupo 1A, conforme descemos no grupo, os cátions ficam maiores e a densidade de carga diminui. Isso, por sua vez, significa que a ligação M^+-OH_2 está enfraquecendo e é mais facilmente quebrada. Em um mecanismo dissociativo, a etapa determinante da velocidade é, certamente, a quebra da ligação $M_n{}^+-OH_2$. Por isso, conforme a ligação enfraquece e fica mais fácil de quebrar, faz sentido que a velocidade da reação de troca de água aumente.

Quando analisamos os íons de carga dobrada do Grupo 2A, a densidade de carga deve ser maior e, portanto, a força das ligações $M^{2+}-OH_2$ deve ser maior. Dessa forma, conclui-se, a partir de um mecanismo dissociativo, que a velocidade da troca deve ser menor. A comparação dos dados para os Grupos 1A e 2A mostra que esse é exatamente o caso. Assim, vemos que esses dados são consistentes com o (mas não necessariamente uma prova do) mecanismo dissociativo para essas reações. Vamos adiar, até a próxima seção, a nossa discussão sobre o restante dos dados mostrados na Figura 5.5, especificamente as tendências nos metais de transição.

Reações de *substituição de ligantes neutros por ligantes aniônicos* foram definidas anteriormente como aquelas nas quais um ânion substitui um outro ligante neutro em um dado complexo. A Equação (5.31) representa a *reação de substituição de ligantes neutros por ligantes aniônicos* de um cátion hexa-aqua metal com um ânion −1:

TABELA 5.1
Constantes de velocidade para reações de substituição de $[Ni(H_2O)_6]^{2+}$

$[Ni(H_2O)_6]^{2+} + L \xrightarrow{k} [Ni(H_2O)_5L]^{n+} + H_2O$		
L	k, s^{-1}	log k
F$^-$	8×10^3	3,9
SCN$^-$	6×10^3	3,8
CH$_3$COO$^-$	30×10^3	4,3
NH$_3$	3×10^3	3,5
H$_2$O	25×10^3	4,4

Fonte: Dados de R. G. Wilkins, *Acc. Chem. Res.*, n. 3, p. 408, 1970.

$$[M(H_2O)_6]^{n+} + X^- \longrightarrow [M(H_2O)_5X]^{(n-1)+} + H_2O \qquad (5.31)$$

Essas reações poderiam proceder tanto por um mecanismo dissociativo quanto por um associativo, mas a maioria das evidências parece, novamente, favorecer o dissociativo. Por exemplo, a Tabela 5.1 mostra as constantes de velocidade para três reações de substituição de ligantes neutros por ligantes aniônicos de $[Ni(H_2O)_6]^{2+}$, assim como as reações com os ligantes neutros amônia e água. Veja que essas constantes e, portanto, as velocidades de reação mostram pouca ou nenhuma dependência (menos de uma ordem de grandeza) com a identidade do ligante que está entrando. Além disso, os valores são todos muito similares aos da velocidade da troca de água. (Veja o valor do log k para L = H$_2$O na Tabela 5.1; também note que esse valor é consistente com aquele obtido lendo a Figura 5.5.) Essas informações são consistentes com uma etapa dissociativa determinante da velocidade na qual uma molécula de água se separa do níquel(II) e, em uma etapa rápida subsequente, é substituída por L.

Reações de aquação envolvem a substituição de um ligante (outro que não seja a própria água) por uma molécula de água. Uma quantidade considerável de trabalho foi feita com reações desse tipo envolvendo muitos complexos inertes de cobalto(III). Por exemplo, a Equação (5.32) representa a aquação de vários cátions penta-amino(ligante)cobalto(III):

$$[Co(NH_3)_5L]^{n+} + H_2O \xrightarrow{k} [Co(NH_3)_5(H_2O)]^{(n+1)+} + L^- \qquad (5.32)$$

A Tabela 5.2 fornece alguns dados cinéticos e termodinâmicos dessa reação. Primeiro, note que as constantes de velocidade, diferentemente daquelas para as reações de substituição de ligantes neutros com ligantes aniônicos discutidas recentemente, agora *realmente* parecem variar significativamente entre vários ligantes, L$^-$. Essa variação é consistente com uma etapa determinante da velocidade na qual ligações M–L de forças variadas são quebradas.

Podemos correlacionar as constantes de velocidade de aquação (dadas na terceira coluna da Tabela 5.2) com a medida da força da ligação M–L? A quarta coluna da Tabela 5.2 mostra as constantes de equilíbrio para as reações nas quais um ligante água é substituído pelo ânion L$^-$ em cada caso. Perceba que a única grande diferença entre essas várias reações parece ser a força da ligação M–L. De fato, pode-se mostrar que log K_a para essas reações é diretamente proporcional à força da ligação M–L. (Veja o Exercício 5.31 para uma oportunidade de demonstrar essa relação.) A relação entre log K_a e k está, por sua vez, representada graficamente na Figura 5.6. Ela mostra uma relação linear entre esses dois parâmetros e, portanto, uma forte correlação entre a constante de velocidade e a força da ligação M–L. Em outras palavras, conforme a força da ligação M–L aumenta, fica mais difícil de remover o L, e a velocidade diminui. O número de evidências para rotas dissociativas continua a crescer.

TABELA 5.2
Constantes de velocidade para a aquação de complexos de penta-amino(ligante)cobalto(III) e constantes de equilíbrio para reações de substituição de ligantes neutros por ligantes aniônicos de penta-aminoaquacobalto(III) com vários ânions

	L	k, s^{-1}	K_a, M^{-1}	
	NCS$^-$	$5{,}0 \times 10^{-10}$	470	Ligações M–L mais fortes
Menor velocidade de reação	F$^-$	$8{,}6 \times 10^{-8}$	20	
↑	H$_2$PO$_4^-$	$2{,}6 \times 10^{-7}$	7,4	
	Cl$^-$	$1{,}7 \times 10^{-6}$	1,25	
	Br$^-$	$6{,}3 \times 10^{-6}$	0,37	
Maior velocidade de reação	I$^-$	$8{,}3 \times 10^{-6}$	0,16	
	NO$_3^-$	$2{,}7 \times 10^{-5}$	0,077	Ligações M–L mais fracas

As constantes de velocidade k referem-se às seguintes reações de aquação:

$$[\text{Co(NH}_3)_5\text{L}]^{2+} + \text{H}_2\text{O} \xrightarrow{k} [\text{Co(NH}_3)_5(\text{H}_2\text{O})]^{3+} + \text{L}^-$$

As constantes de equilíbrio K_a referem-se às seguintes reações de substituição de ligantes neutros por ligantes aniônicos:

$$[\text{Co(NH}_3)_5(\text{H}_2\text{O})]^{3+} + \text{L}^- \xrightleftharpoons{K_a} [\text{Co(NH}_3)_5\text{L}]^{2+} + \text{H}_2\text{O}$$

As menores velocidades de aquação correspondem às maiores constantes de equilíbrio para a reação de substituição de ligantes neutros por ligantes aniônicos.

Fonte: Informações de F. Basolo e R. G. Pearson. *Mechanisms of inorganic reactions, a study of metal complexes in solution.* 2. ed. (Nova York: Wiley, 1968). p. 164-166.

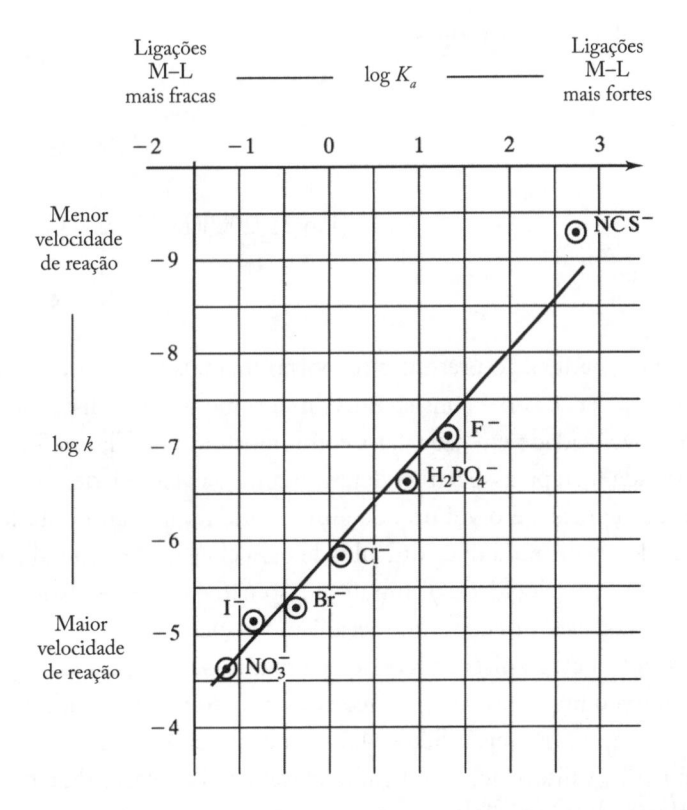

FIGURA 5.6

Uma representação gráfica de log K_a em função de log k para vários complexos catiônicos de penta-amino(ligante)cobalto(III).

As constantes de velocidade k referem-se às seguintes reações de aquação: $[\text{Co(NH}_3)_5\text{L}]^{2+} + \text{H}_2\text{O} \xrightarrow{k} [\text{Co(NH}_3)_5\text{H}_2\text{O}]^{3+} + \text{L}^-$.

As constantes de equilíbrio K_a referem-se às seguintes reações de substituição de ligantes neutros por ligantes aniônicos: $[\text{Co(NH}_3)_5\text{H}_2\text{O}]^{3+} + \text{L}^- \xrightleftharpoons{K_a} [\text{Co(NH}_3)_5\text{L}]^{2+} + \text{H}_2\text{O}$. O valor de K_a é uma medida da força da ligação M–L, com as ligações mais fortes tendo os maiores valores de K_a. O valor de k é uma medida da velocidade da aquação. Os menores valores de log k apresentam as menores velocidades de reação. O gráfico mostra que, quanto mais forte a ligação M–L, menor é a velocidade da aquação.

TABELA 5.3
Constantes de velocidade para a aquação de complexos de *trans*-bis(etilenodiamina-substituída)diclorocobalto(III):

trans-[CoCl$_2$(H$_2$N—CR$_1$R$_2$—CR$_3$R$_4$—NH$_2$)$_2$]$^+$ + H$_2$O $\xrightarrow{k}$

trans-[(H$_2$O)ClCo(H$_2$N—CR$_1$R$_2$—CR$_3$R$_4$—NH$_2$)$_2$]$^{2+}$ + Cl$^-$

	Grupos no amino bidentado					
	R$_1$	R$_2$	R$_3$	R$_4$	k, s^{-1}	
Aumento do volume do ligante amino bidentado ↓	H	H	H	H	$3{,}2 \times 10^{-5}$	Aumento da velocidade da reação ↓
	CH$_3$	H	H	H	$6{,}2 \times 10^{-5}$	
	CH$_3$	H	CH$_3$	H	$4{,}2 \times 10^{-4}$	
	CH$_3$	CH$_3$	H	H	$2{,}2 \times 10^{-4}$	
	CH$_3$	CH$_3$	CH$_3$	CH$_3$	$3{,}2 \times 10^{-2}$	

Fonte: Dados retirados de F. Basolo e R. G. Pearson. *Mechanisms of inorganic reactions, a study of metal complexes in solution.* 2. ed. Nova York: Wiley, 1968. p. 162.

Outras reações de aquação fornecem mais evidências relativas ao mecanismo mais favorecido de reações de substituição octaédricas. Considere as informações para a aquação de vários complexos de amina bidentada de cobalto(III) como mostrados na Equação (5.33) e na Tabela 5.3:

$$[CoCl_2(H_2N-\underset{R_2}{\overset{R_1}{C}}-\underset{R_4}{\overset{R_3}{C}}-NH_2)_2]^+ + H_2O \longrightarrow$$

$$[Co(H_2O)Cl(H_2N-\underset{R_2}{\overset{R_1}{C}}-\underset{R_4}{\overset{R_3}{C}}-NH_2)_2]^+ + Cl^- \quad (5.33)$$

Note que, quanto mais grupos metil estão presentes (e, portanto, mais volumosa é a amina bidentada), maior é a velocidade da aquação. Para ver se isso é consistente com um mecanismo dissociativo ou associativo, considere a etapa determinante da velocidade em cada caso, como mostrado na Figura 5.7.

Na Figura 5.7a, é mostrada a etapa associativa determinante da velocidade. O que aconteceria com a velocidade desse tipo de reação conforme o volume da amina bidentada é aumentado? Simplificadamente, o ligante água que está entrando encontraria mais dificuldade para chegar até o metal para formar o intermediário heptacoordenado e, portanto, a velocidade diminuiria. Isso não é o que os dados na Tabela 5.3 indicam e, portanto, esses dados não são consistentes com um mecanismo associativo.

Na Figura 5.7b, é mostrada a etapa dissociativa determinante da velocidade. Aqui o aumento do volume da amina bidentada aumentaria o impedimento estérico em torno do metal e ajudaria a forçar o ligante cloreto para fora da esfera de coordenação. (Reveja a Seção 4.3 se você precisar refrescar sua memória em relação ao termo "impedimento estérico"). A dissociação do ligante cloreto seria favorecida conforme aumenta o volume da amina e, portanto, a velocidade da reação aumentaria. Esse aumento com o aumento do volume do ligante é exatamente o que a Tabela 5.3 indica. Portanto, os dados são consistentes com um mecanismo dissociativo.

Por fim, considere o efeito de alterar a carga global de um complexo. Novamente, muito trabalho foi feito nessa área com compostos de cobalto(III). Para as duas reações mostradas nas Equações (5.34) e (5.35), note que a maior velocidade (maior constante de velocidade) ocorre com a menor carga líquida:

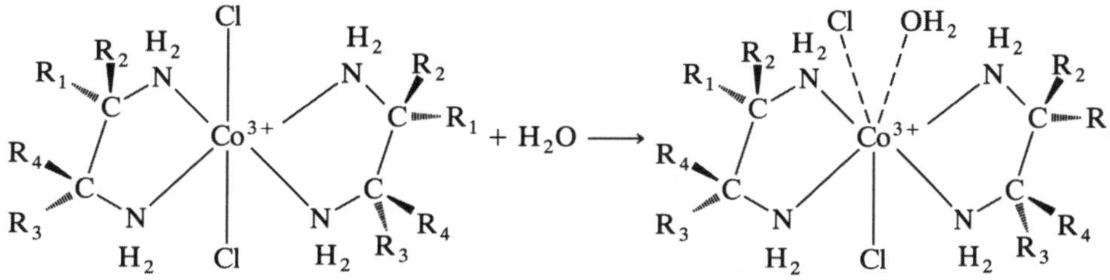

(a) Etapa associativa determinante da velocidade

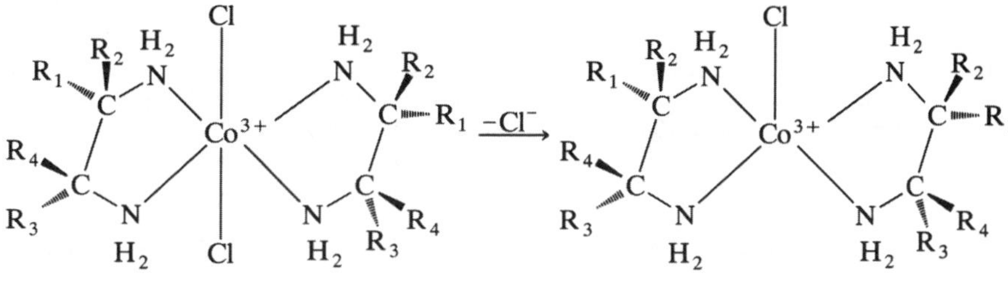

(b) Etapa dissociativa determinante da velocidade

FIGURA 5.7

Etapas associativa e dissociativa determinantes da velocidade. (a) Etapa associativa determinante da velocidade. O ligante água que está entrando ataca o Co^{3+} para formar o intermediário heptacoordenado do mecanismo associativo. Conforme o volume da amina bidentada aumenta, o ligante água vai encontrar mais dificuldade para chegar ao cátion metálico. Portanto, a velocidade da etapa determinante da velocidade deve diminuir com o aumento do volume da amina. (b) Etapa dissociativa determinante da velocidade. O ligante cloreto se dissocia para formar o intermediário pentacoordenado do mecanismo dissociativo. Conforme aumenta o volume da amina bidentada, o ligante cloreto vai experimentar um maior impedimento estérico e será expulso da esfera de coordenação mais facilmente. Portanto, a velocidade da etapa determinante da velocidade deve aumentar com o aumento do volume da amina.

$$[Co(NH_3)_5Cl]^{2+} + H_2O \longrightarrow [Co(NH_3)_5(H_2O)]^{3+} + Cl^-$$
$$(k = 6{,}7 \times 10^{-6}\,s^{-1})$$
5.34

$$trans\text{-}[Co(NH_3)_4Cl_2]^+ + H_2O \longrightarrow [Co(NH_3)_4(H_2O)Cl]^{2+} + Cl^-$$
$$(k = 1{,}8 \times 10^{-3}\,s^{-1})$$
5.35

Isso é consistente com um mecanismo dissociativo ou associativo? Na etapa dissociativa, quanto maior a carga no complexo catiônico, mais difícil seria remover o ânion cloreto dele e, portanto, a velocidade da dissociação seria menor. Isso é consistente com as velocidades dadas. Por outro lado, no mecanismo associativo, quanto maior a carga líquida, mais atraído seria o ligante água que está entrando e mais rápida seria a etapa determinante da velocidade. Esse mecanismo é inconsistente com os dados.

Para concluir esta seção, vimos que muitas informações sobre (1) velocidades de troca de água, (2) reações de substituição de ligantes neutros por ligantes aniônicos e (3) várias reações de aquação parecem geralmente favorecer um mecanismo dissociativo para reações de substituição de compostos octaédricos.

Explicação de complexos inertes *versus* complexos lábeis

Agora que temos bem estabelecido que o mecanismo dissociativo geralmente se aplica para as reações de substituição de complexos octaédricos, estamos em boa posição para começar a responder a algumas das nossas questões críticas iniciais sobre complexos inertes *versus* complexos lábeis. Como definido anteriormente, *lábil* e *inerte* são termos cinéticos para descrever as velocidades das reações de compostos de coordenação. Como você deve lembrar de cursos anteriores, velocidades dependem da magnitude da energia de ativação, E_a, da etapa determinante da velocidade.

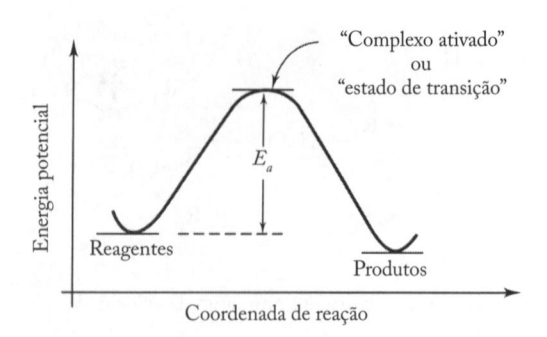

FIGURA 5.8

Um perfil reacional: uma representação gráfica da energia potencial em função da coordenada de reação. Reagentes têm de adquirir a energia de ativação, E_a, para atingir o estado de transição ou complexo ativado, antes que possam ser transformados em produtos. Quanto maior a energia de ativação, mais lenta é a reação.

A Figura 5.8 mostra um perfil reacional típico – isto é, uma representação gráfica de energia potencial em função da *coordenada de reação*. Lembre-se de que os reagentes devem ser convertidos em um *estado de transição* ou *complexo ativado* antes que possam ser transformados nos produtos. A diferença de energia entre os reagentes e o estado de transição é chamada de *energia de ativação* e deve ser atingida antes de a reação se iniciar. Em geral, as etapas determinantes de reações lentas são caracterizadas por altas energias de ativação, enquanto as reações rápidas, por baixas E_a. A equação de Arrhenius, $k = Ae^{-E_a/RT}$, fornece a exata dependência da constante de velocidade (e, portanto, da própria velocidade) em relação à energia de ativação. (R é a constante dos gases, T é a temperatura em kelvin e A é uma constante frequentemente chamada de *frequência de colisão*.)

Agora, para uma reação de substituição na qual a etapa determinante da velocidade é a dissociação do ligante, quais são os vários fatores que contribuem para a energia de ativação? Alguns deles foram discutidos anteriormente, mas não no contexto da E_a. Por exemplo, dissemos antes que o tamanho e a carga do cátion metálico influenciam a força da ligação M–L. Agora podemos dizer que, uma vez que essa ligação é quebrada durante a etapa determinante da velocidade, ela afeta diretamente a magnitude de E_a. Metais com maiores densidades de carga [ou razões carga/raio (Z/r)] têm ligações M–L mais fortes, maiores energias de ativação e, portanto, menores velocidades de substituição. Também discutimos o impedimento estérico em torno do metal e a carga global em um complexo tendo efeito sobre a velocidade das reações de substituição. Complexos com pouco impedimento estérico ou uma carga global alta terão forças da ligação M–L maiores, maiores energias de ativação e menores velocidades de reação.

Dados esses fatores, podemos começar a explicar por que, como notado anteriormente, os metais da primeira série de transição (com exceção do Co^{3+} e Cr^{3+}) geralmente são lábeis, enquanto os da segunda e terceira séries são inertes? Com base nos fatores anteriores, podemos avaliar em parte por que os metais maiores são mais aptos a serem inertes. Como eles são significativamente maiores do que os elementos da primeira série, há menos impedimento estérico entre os ligantes e, portanto, menos tendência para um dado ligante ser forçado a sair da esfera de coordenação. Além disso, esses metais são frequentemente mais altamente carregados do que seus congêneres mais leves, levando a ligações M–L mais fortes, que devem ser quebradas durante a etapa determinante da velocidade.

Assumindo uma contribuição covalente significativa na interação da ligação M–L (veja a discussão na Seção 4.3, para mais detalhes), uma razão adicional para a inércia dos metais da segunda e terceira séries pode ser oferecida. Esses metais maiores usam orbitais $4d$ e $5d$ em suas interações tipo ligação sigma com um ligante. Esses orbitais maiores $4d$ e $5d$ se estendem mais em torno do ligante e se sobrepõem melhor com seus orbitais. Portanto, essa contribuição covalente adicional para a força da ligação M–L faz que essas ligações M–L (em que M = metais da segunda ou terceira série de transição) sejam mais fortes e mais difíceis de quebrar na etapa determinante da velocidade de uma reação de dissociação.

TABELA 5.4
Variações da energia de estabilização do campo cristalino[a]

d^n	EECC ML_6 (oct)	EECC ML_5 (pq)	ΔEECC
d^1	0,40	0,46	+0,06
d^2	0,80	0,91	+0,11
d^3	1,20	1,00	−0,20

	Spin baixo – campo forte			*Spin* alto – campo fraco		
	EECC ML_6 (oct)	EECC ML_5 (pq)	ΔEECC	EECC ML_6 (oct)	EECC ML_5 (pq)	ΔEECC
d^4	1,60 – P	1,46 – P	−0,14	0,60	0,91	+0,31
d^5	2,00 – 2P	1,91 – 2P	−0,09	0	0	0
d^6	2,40 – 2P	2,00 – 2P	−0,40	0,40	0,46	+0,06
d^7	1,80 – P	1,91 – P	+0,11	0,80	0,91	+0,11

	EECC ML_6 (oct)	EECC ML_5 (pq)	ΔEECC
d^8	1,20	2,00	−0,20
d^9	0,60	0,91	+0,31
d^{10}	0	0	0

[a] As EECCs (em unidades de Δ_o) para campos octaédrico (oct) e piramidal de base quadrada (pq) são mostradas seguidas pela variação na EECC para o processo ML_6 (octaédrico) $\longrightarrow ML_5$ (piramidal de base quadrada). Um sinal de + indica um ganho na EECC durante o processo e um sinal de – indica uma perda na EECC.

Então, agora que temos um bom entendimento de por que os metais da segunda e terceira séries são inertes, podemos nos ater à discussão das labilidades relativas dos íons da primeira série. Lembre-se de que a maioria deles é lábil, excetuando-se o Co^{3+} e o Cr^{3+}, que são inertes. Por que isso acontece? A chave para esse mistério está na variação da energia de estabilização do campo cristalino (EECC), indo do reagente octaédrico para o complexo ativado pentacoordenado. A Tabela 5.4 mostra a EECC para campos octaédrico e piramidal de base quadrada. O mais importante para o argumento apresentado aqui é a *variação* na EECC mostrada em cada caso. Um sinal positivo significa que há um ganho na EECC indo do reagente octaédrico para o intermediário piramidal de base quadrada, enquanto um sinal negativo representa uma perda na EECC.

Qual é a consequência de um ganho ou uma perda de EECC indo do reagente octaédrico para o estado de transição piramidal de base quadrada? Faz sentido pensar que, se há uma EECC adicional no estado de transição, então a sua formação é favorecida e a etapa determinante da velocidade é mais rápida. Por outro lado, se há menos EECC no estado de transição do que nos reagentes, isso o deixaria menos estável (energia mais alta) e mais difícil de ser atingido. Portanto, a reação seria mais lenta.

Para ver mais claramente o efeito da variação da energia de estabilização do campo cristalino (ΔEECC), considere a reação geral de substituição mostrada na Equação (5.36):

$$[CrL_5X]^{3+} + Y \longrightarrow [CrL_5Y]^{3+} + X \qquad \textbf{5.36}$$

O perfil reacional para a etapa determinante da velocidade, a dissociação do ligante X, é mostrado esquematicamente na Figura 5.9. A curva superior (linha tracejada) mostra as variações de energia sem as EECCs. Agora considere o efeito de subtrair as EECCs de ambos os complexos inicial e do estado de transição. Se Δ_o do reagente octaédrico for 208 kJ/mol (o valor para X = L = H_2O), então EECCs = 1,20Δ_o = 250 kJ/mol. (Veja a entrada d^3 na Tabela 5.4 para as EECCs em termos de Δ_o para complexos de Cr^{3+}. Confuso sobre de

Etapa determinante da velocidade: $[CrL_5X]^{3+} \longrightarrow [CrL_5]^{3+} + X$

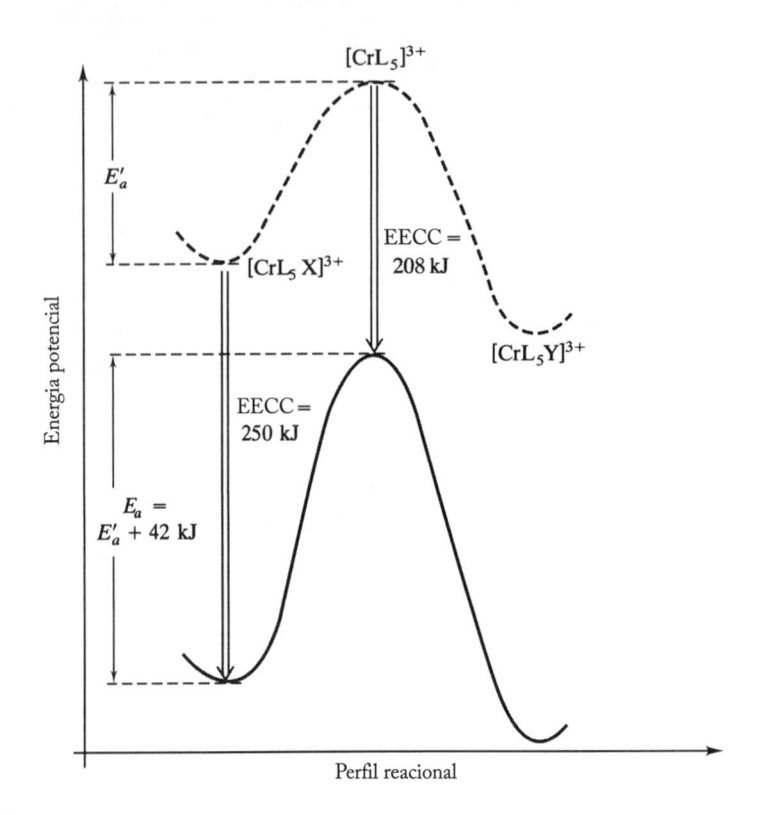

FIGURA 5.9

O perfil reacional para a etapa determinante da velocidade de uma reação de substituição de $[CrL_5X]^{3+}$, assumindo um mecanismo dissociativo. A curva superior (linha tracejada) mostra uma energia de ativação E'_a sem considerar o efeito da EECC. A curva inferior (linha contínua) é resultante da subtração das EECCs para os complexos reagente, produto e do estado de transição. Se $X = L = H_2O$, a energia de ativação E_a é 42 kJ/mol maior na curva inferior como resultado da perda de EECC, indo do reagente octaédrico para o estado de transição piramidal de base quadrada.

onde surgiu o valor 208 kJ/mol para Δ_o? Primeiro, encontre o valor de Δ_o em cm^{-1} para $[Cr(H_2O)_6]^{3+}$ na Tabela 4.2. Então converta esse valor para kJ/mol. (Se você tiver problemas para fazer esse cálculo, consulte-o no final da Seção 4.3. Veja o Exercício 5.35 para uma oportunidade de fazer esse cálculo e verificar sua resposta.) Então, o complexo inicial é 250 kJ/mol mais estável devido ao efeito de seu campo cristalino octaédrico. Para o estado de transição $[Cr(H_2O)_5]^{3+}$, EECC = Δ_o = 208 kJ/mol, o que significa que o estado de transição é 208 kJ/mol mais estável devido ao efeito de seu campo cristalino piramidal de base quadrada. A variação resultante na EECC (ΔEECC = $-0{,}20\Delta_o$ = -42 kJ/mol), indo do reagente para o estado de transição, é uma perda de 42 kJ/mol. A curva inferior (linha contínua) é o perfil reacional resultante. Note atentamente que a energia de ativação da curva inferior é agora 42 kJ/mol maior do que aquela mostrada na curva superior. Esse resultado é que *a EECC perdida foi adicionada diretamente à energia de ativação* para a reação.

Podemos usar os resultados dados na Tabela 5.4 para explicar por que complexos de Cr^{3+} e de Co^{3+} são inertes? A tabela indica que d^3, d^6 (*spin* baixo, campo forte) e d^8 têm as ΔEECC mais negativas. Desses três casos, dois também ocorrem em metais com carga +3, Cr^{3+} (d^3) e Co^{3+} (d^6). (Devido à carga +3, complexos de Co^{3+} são geralmente de *spin* baixo, campo forte.) Esses dois casos, então, envolvem ligações M^{3+}–L fortes e uma perda de EECC indo para o estado de transição. Dessa forma, etapas dissociativas determinantes da velocidade envolvendo Co^{3+} de *spin* baixo e Cr^{3+} têm altas energias de ativação e são comparativamente lentas. Aqui temos uma explicação para o fato de que complexos de Cr^{3+} e de Co^{3+} são "inertes".

E os outros cátions metálicos que têm uma carga de apenas +2, mas apresentam uma perda de EECC? A Figura 5.5 mostra que V^{2+} (d^3) e Ni^{2+} (d^8), embora não sejam considerados inertes, têm algumas das menores constantes de velocidade para troca de água, entre os metais lábeis. Também perceba que Cu^{2+} (d^9) e Cr^{2+} (d^4), com apenas cargas +2 e *ganhos* significativos de EECC indo para o estado de transição, apresentam algumas das maiores velocidades de troca de água. Assim, vemos que os dados de estudos sobre a velocidade de troca de água de vários metais se correlacionam bem com os resultados da Tabela 5.4.

5.4 REAÇÕES REDOX OU DE TRANSFERÊNCIA DE ELÉTRONS

Nas reações de substituição anteriores, os estados de oxidação dos metais permaneciam constantes; não havia transferência de elétrons para ou a partir dos íons metálicos. Agora vamos nos ater a reações nas quais elétrons são realmente transferidos de um metal para outro. Lembre-se de que se um átomo ou íon, usualmente um cátion metálico complexado nos casos que vamos considerar, perde elétrons, seu estado de oxidação aumenta e dizemos que ele está oxidado. Se o metal ganha elétrons, seu estado de oxidação diminui e ele está reduzido. (A base teórica das reações redox é mais detalhadamente desenvolvida no Capítulo 12, no qual consideraremos a força de vários agentes oxidantes e redutores usando o conceito de potenciais-padrão de redução.)

Qual é a sequência específica de etapas em nível molecular que resulta em um elétron sendo transferido de um íon metálico coordenado para outro? Ou seja, quais são os possíveis mecanismos para essas reações redox? Parece que há duas possibilidades, delineadas inicialmente por Henry Taube, no começo dos anos 1950. No mecanismo de esfera externa, as esferas de coordenação dos metais permanecem intactas; no mecanismo de esfera interna, elas são alteradas de alguma forma.

Mecanismos de esfera externa

Para ficar mais fácil para um elétron se mover de um íon metálico para outro, faz sentido pensar que eles devem estar o mais próximo possível um do outro. Assumindo, por enquanto, que suas duas esferas de coordenação permanecem intactas, a distância entre dois íons metálicos estará em um mínimo quando as duas esferas de coordenação estiverem em contato. Um *mecanismo de esfera externa* ocorre quando um elétron é transferido entre íons metálicos cujas esferas de coordenação intactas estão em contato pelas suas superfícies externas.

Acredita-se que uma grande variedade de reações ocorre por um mecanismo desse tipo. Alguns exemplos com suas correspondentes constantes de velocidade (segunda ordem) são mostrados na Tabela 5.5. As entradas no topo da tabela são *reações de autotroca* nas quais dois íons coordenados, totalmente idênticos, exceto pelo estado de oxidação do metal, simplesmente trocam um elétron. Um íon metálico é oxidado, o outro é reduzido, mas não há reação química líquida porque os produtos são indistinguíveis dos reagentes. O conjunto inferior de reações, chamadas *reações cruzadas*, envolve uma transferência (ou um "cruzamento") de um elétron entre íons metálicos coordenados diferentes. Esses exemplos, conforme mostrado, resultam em reações químicas líquidas.

Considere como um exemplo para discussão a reação de autotroca entre os íons hexa-aquarrutênio(III) e hexa-aquarrutênio(II) mostrada na Equação (5.37):

$$[Ru(H_2O)_6]^{2+} + [Ru(H_2O^{18})_6]^{3+} \longrightarrow [Ru(H_2O)_6]^{3+} + [Ru(H_2O^{18})_6]^{2+} \quad \mathbf{5.37}$$

Reações como essa são acompanhadas marcando um dos complexos com um traçador isotópico radioativo. Nesse caso, moléculas de água no complexo de Ru^{3+} reagente podem conter o isótopo ^{18}O, em vez do normal ^{16}O. Determinou-se que essa reação é de primeira ordem em relação à concentração de *ambos* os reagentes (segunda ordem global) e possui uma constante de velocidade (veja a Tabela 5.5) de aproximadamente 44 $M^{-1} s^{-1}$. Por outro lado, a velocidade de troca de água no $[Ru(H_2O)_6]^{2+}$ é consideravelmente menor (com uma constante

TABELA 5.5
Algumas reações de transferência de elétrons de esfera externa

Reações de autotroca	$k, M^{-1} s^{-1}$
$[Mn(CN)_6]^{3-} + [Mn(CN)_6]^{4-} \rightarrow [Mn(CN)_6]^{4-} + [Mn(CN)_6]^{3-}$	$\geq 10^4$
$[IrCl_6]^{3-} + [IrCl_6]^{2-} \rightarrow [IrCl_6]^{2-} + [IrCl_6]^{3-}$	$\approx 10^3$
$[Ru(NH_3)_6]^{3+} + [Ru(NH_3)_6]^{2+} \rightarrow [Ru(NH_3)_6]^{2+} + [Ru(NH_3)_6]^{3+}$	$\approx 8 \times 10^2$
$[Fe(CN)_6]^{4-} + [Fe(CN)_6]^{3-} \rightarrow [Fe(CN)_6]^{3-} + [Fe(CN)_6]^{4-}$	$\approx 7 \times 10^2$
$[Ru(H_2O)_6]^{2+} + [Ru(H_2O)_6]^{3+} \rightarrow [Ru(H_2O)_6]^{3+} + [Ru(H_2O)_6]^{2+}$	≈ 44
$[Co(H_2O)_6]^{3+} + [Co(H_2O)_6]^{2+} \rightarrow [Co(H_2O)_6]^{2+} + [Co(H_2O)_6]^{3+}$	≈ 5
$[Co(en)_3]^{3+} + [Co(en)_3]^{2+} \rightarrow [Co(en)_3]^{2+} + [Co(en)_3]^{3+}$	$\approx 1 \times 10^{-4}$
$[Co(C_2O_4)_3]^{3-} + [Co(C_2O_4)_3]^{4-} \rightarrow [Co(C_2O_4)_3]^{4-} + [Co(C_2O_4)_3]^{3-}$	$\approx 1 \times 10^{-4}$
$[Cr(H_2O)_6]^{3+} + [Cr(H_2O)_6]^{2+} \rightarrow [Cr(H_2O)_6]^{2+} + [Cr(H_2O)_6]^{3+}$	$\approx 2 \times 10^{-5}$
$[Co(NH_3)_6]^{3+} + [Co(NH_3)_6]^{2+} \rightarrow [Co(NH_3)_6]^{2+} + [Co(NH_3)_6]^{3+}$	$\approx 1 \times 10^{-6}$
Reações cruzadas	
$[Fe(CN)_6]^{4-} + [IrCl_6]^{2-} \rightarrow [Fe(CN)_6]^{3-} + [IrCl_6]^{3-}$	$\approx 4 \times 10^5$
$[Cr(H_2O)_6]^{2+} + [Fe(H_2O)_6]^{3+} \rightarrow [Cr(H_2O)_6]^{3+} + [Fe(H_2O)_6]^{2+}$	$\approx 2 \times 10^3$
$[Cr(H_2O)_6]^{2+} + [Ru(H_2O)_6]^{3+} \rightarrow [Cr(H_2O)_6]^{3+} + [Ru(H_2O)_6]^{2+}$	$\approx 2 \times 10^2$
$[Ru(NH_3)_6]^{3+} + [V(H_2O)_6]^{2+} \rightarrow [Ru(NH_3)_6]^{2+} + [V(H_2O)_6]^{3+}$	$\approx 8 \times 10^1$
$[Co(NH_3)_6]^{3+} + [Ru(NH_3)_6]^{2+} \rightarrow [Co(NH_3)_6]^{2+} + [Ru(NH_3)_6]^{3+}$	$\approx 1 \times 10^{-2}$
$[Co(NH_3)_6]^{3+} + [V(H_2O)_6]^{2+} \rightarrow [Co(NH_3)_6]^{2+} + [V(H_2O)_6]^{3+}$	$\approx 4 \times 10^{-3}$
$[Co(en)_3]^{3+} + [V(H_2O)_6]^{2+} \rightarrow [Co(en)_3]^{2+} + [V(H_2O)_6]^{3+}$	$\approx 2 \times 10^{-4}$
$[Co(NH_3)_6]^{3+} + [Cr(H_2O)_6]^{2+} \rightarrow [Co(NH_3)_6]^{2+} + [Cr(H_2O)_6]^{3+}$	$\approx 9 \times 10^{-5}$
$[Co(en)_3]^{3+} + [Cr(H_2O)_6]^{2+}$ S $[Co(en)_3]^{2+} + [Cr(H_2O)_6]^{3+}$	$\approx 2 \times 10^{-5}$

de velocidade entre 10^{-2} e 10^{-3} s^{-1}, de acordo com a Figura 5.5). A velocidade de troca de água no $[Ru(H_2O)_6]^{3+}$ seria ainda menor devido à carga +3 do íon metálico central. Dado o quão lentas essas reações de troca de água são, conclui-se que a reação de transferência de elétrons na Equação (5.37) não pode ocorrer por um mecanismo que envolva a quebra das ligações $Ru^{n+}-OH_2$. [Também note que, se moléculas de água realmente se dissociassem de seus respectivos cátions, as moléculas de H_2O^{18} estariam aleatoriamente distribuídas entre os produtos e não concentradas no produto, o complexo hexa-aquarrutênio(II).] Ficamos com uma transferência de elétron entre esferas de coordenação intactas como o mecanismo mais plausível para essa reação.

Então, o que exatamente ocorre no mecanismo de transferência de elétrons de esfera externa? A primeira etapa, representada na Equação (5.38), seria a colisão dos dois íons coordenados reagentes para formar um *complexo de esfera externa* ou o que às vezes é chamado de um *par iônico*. Em seguida, a transferência de elétrons, representada na Equação (5.39), ocorre instantaneamente nesse par iônico. Finalmente, como mostrado na Equação (5.40), os dois produtos iônicos se separam:

$$[Ru(H_2O^{18})_6]^{3+} + [Ru(H_2O)_6]^{2+} \rightleftharpoons [Ru(H_2O^{18})_6]^{3+} / [Ru(H_2O)_6]^{2+} \qquad \textbf{5.38}$$

$$[Ru(H_2O^{18})_6]^{3+} / [Ru(H_2O)_6]^{2+} \longrightarrow [Ru(H_2O^{18})_6]^{2+} / [Ru(H_2O)_6]^{3+} \qquad \textbf{5.39}$$

$$[Ru(H_2O^{18})_6]^{2+} / [Ru(H_2O)_6]^{3+} \longrightarrow [Ru(H_2O^{18})_6]^{2+} / [Ru(H_2O)_6]^{3+} \qquad \textbf{5.40}$$

Há mais uma observação a ser feita. A transferência de elétrons na esfera externa será extremamente rápida, a ponto de podermos vê-la como ocorrendo instantaneamente. (Elétrons muito leves movem-se muito mais rapidamente do que os complexos iônicos mais pesados.) Mas há um problema aqui. Se as distâncias M–L dos reagentes (as duas distâncias $Ru^{n+} - OH_2$ no exemplo anterior) forem muito diferentes, haverá uma grande barreira energética – ou seja, energia de ativação – envolvida para que a transferência de elétrons ocorra. Consequentemente, faz sentido pensar que, quanto maior a diferença nas distâncias M–L nos reagentes, mais lenta será a reação. A propósito, a melhor forma de imaginar esse processo é pensar nas duas distâncias M–L diferentes chegando a um ponto intermediário no qual a transferência do elétron ocorre. A energia adicional necessária para ajustar as distâncias M–L para esse valor intermediário contribui diretamente para a energia de ativação. No entanto, os comprimentos das ligações $Ru^{2+} - OH_2$ e $Ru^{3+} - OH_2$ são bastante similares, 2,03 Å e 2,12 Å, respectivamente, de forma que essa reação de autotroca, como notamos, ocorre rapidamente.

O que aconteceria se os comprimentos da ligação M–L nos dois complexos iônicos fossem mais radicalmente diferentes? Exemplos dessa situação são reações de autotroca envolvendo íons Co^{3+} e Co^{2+}. (Note como essas reações estão concentradas nas partes inferiores de ambas as partes da Tabela 5.5.) Especificamente, a reação de autotroca envolvendo complexos de hexa-amino, como mostrado na Equação (5.41), é um caso em que os comprimentos das ligações M–L são suficientemente diferentes para que essa reação seja muito lenta:

$$[Co(NH_3)_6]^{3+} + [Co(NH_3)_6]^{2+} \longrightarrow [Co(NH_3)_6]^{2+} + [Co(NH_3)_6]^{3+} \qquad \textbf{5.41}$$

$Co^{3+} - NH_3$ $\qquad$ $Co^{2+} - NH_3$

$= 1,94$ Å $\qquad$ $= 2,11$ Å $\qquad\qquad\qquad k \approx 10^{-6} M^{-1} s^{-1}$

Há uma explicação para o fato de as distâncias $Co^{n+} - NH_3$ serem tão diferentes. O Co^{3+} octaédrico (*spin* baixo) tem uma configuração eletrônica t_{2g}^6 com todos os elétrons do metal em orbitais que apontam para entre os ligantes. O Co^{2+} octaédrico tem uma configuração eletrônica t_{2g}^6 e e_g^1 (se for de *spin* baixo) ou t_{2g}^5 e e_g^2 (se for de *spin* alto). Em ambos os casos, não apenas a carga que age sobre os ligantes água é menor no Co^{2+}, como também o sétimo elétron (e o sexto, se for de *spin* alto) está em um orbital que aponta diretamente para os ligantes. Portanto, as distâncias M–L são consideravelmente maiores em complexos de Co(II).

Um exemplo de uma reação de autotroca rápida na qual a variação nas distâncias M–L é particularmente pequena é aquele envolvendo complexos de hexacianoferrato, como mostrado na Equação (5.42):

$$[Fe(CN)_6]^{4-} + [Fe(CN)_6]^{3-} \longrightarrow [Fe(CN)_6]^{3-} + [Fe(CN)_6]^{4-} \qquad \textbf{5.42}$$

$Fe^{2+} - CN$ $\qquad$ $Fe^{3+} - CN$

$= 1,92$ Å $\qquad$ $= 1,95$ Å $\qquad\qquad\qquad k \approx 700 M^{-1} s^{-1}$

Perceba que nesses dois cátions [Fe^{2+} (*spin* baixo): t_{2g}^6; Fe^{3+} (*spin* baixo): t_{2g}^5] um elétron é simplesmente transferido entre os conjuntos t_{2g} de orbitais (que apontam entre os ligantes), e, portanto, as distâncias M–L não variam apreciavelmente.

Mecanismos de esfera interna

Como acabamos de discutir, as esferas de coordenação de ambos os reagentes permanecem intactas durante uma reação de transferência de elétrons de esfera externa. No entanto, o mesmo não é verdadeiro para as reações de esfera interna que começaremos a considerar. Reações de transferência de elétrons de *esfera interna* envolvem a formação de um complexo em ponte no qual os dois íons metálicos são conectados por um ligante em ponte que ajuda a promover a transferência de elétrons. Frequentemente, mas nem sempre, o ligante em ponte é ele mesmo transferido de um centro metálico para o outro. Transferência de ligante, então, é um bom sinal (mas não uma prova absoluta) de que um mecanismo de esfera interna está se processando. Logicamente, se não há um ligante disponível que possa fazer ponte, então o mecanismo de esfera interna não pode estar correto. Se o ligante que pode fazer ponte está disponível, mas não é transferido, tanto um mecanismo de esfera interna quanto de esfera externa pode ser possível.

O primeiro, e agora clássico, conjunto de reações envolvendo mecanismos de transferência de elétrons de esfera interna foi relatado, em 1953, por Taube e seu grupo. A reação global é dada na Equação (5.43):

$$[Co^{III}(NH_3)_5X]^{2+} + [Cr^{II}(H_2O)_6]^{2+} + 5H_3O^+ \longrightarrow [Cr^{III}(H_2O)_5X]^{2+} + [Co^{II}(H_2O)_6]^{2+} + 5NH_4^+$$

$$\uparrow \underline{\qquad e^- \qquad} \mid$$

$$X^- = F^-, Cl^-, Br^-, I^-, NCS^-, NO_3^-, CN^-$$

5.43

Note que Co^{3+} é reduzido para Co^{2+}, enquanto Cr^{2+} é oxidado para Cr^{3+}. Um ligante em ponte (X^-) é transferido da esfera de coordenação do cobalto para a do cromo.

Como fizemos para o caso da esfera externa, começaremos mostrando a sequência de etapas do mecanismo. Primeiro notamos que, dos dois reagentes, um [complexo de Co(III)] é inerte e o outro [o complexo de Cr(II)] é lábil. Isso nos leva a postular que a primeira etapa [mostrada na Equação (5.44)] é a dissociação de uma molécula de água do composto lábil. A segunda etapa [Equação (5.45)] é a formação do complexo em ponte conectando os dois íons metálicos. A terceira etapa (determinante da velocidade) [Equação (5.46)] é a transferência de elétron ao longo da ponte feita pelo ligante X^-. Na quarta etapa, como mostrado na Equação (5.47), Co^{2+} é agora o metal lábil e ele dissocia o ligante em ponte formando dois complexos separados. Por último, na Equação (5.48), os ligantes amina no complexo Co^{2+} são protonados e substituídos por moléculas de água.

$$[Cr^{II}(H_2O)_6]^{2+} \longrightarrow [Cr^{II}(H_2O)_5]^{2+} + H_2O$$
lábil

5.44

$$[Co^{III}(NH_3)_5X]^{2+} + [Cr^{II}(H_2O)_5]^{2+} \longrightarrow [(NH_3)_5Co^{III}-X^--Cr^{II}(H_2O)_5]^{4+}$$
inerte

5.45

$$[(NH_3)_5Co^{III}-X^--Cr^{II}(H_2O)_5]^{4+} \longrightarrow [(NH_3)_5Co^{II}-X^--Cr^{III}(H_2O)_5]^{4+}$$
$$\uparrow \underline{\quad e^- \quad} \mid$$

5.46

$$[(NH_3)_5Co^{II}-X^--Cr^{III}(H_2O)_5]^{4+} \longrightarrow [Cr^{III}(H_2O)_5X]^{2+} + [Co^{II}(NH_3)_5]^{2+}$$
lábil   inerte

5.47

$$[Co^{II}(NH_3)_5]^{2+} + 5H_3O^+ \xrightarrow{H_2O} [Co^{II}(H_2O)_6]^{2+} + 5NH_4^+$$
lábil

5.48

Há um grande número de variações nesse esquema básico que, se juntas, sustentam fortemente o mecanismo de esfera interna ou de *ligante em ponte*. Por exemplo, se X^- for o íon cloreto e for isotopicamente marcado com ^{36}Cl, a marcação é sempre transferida para a esfera de coordenação do cromo. Reciprocamente, se a reação se processar em uma solução contendo íons $^{36}Cl^-$ livres, nenhum desses íons marcados é encontrado nos produtos. Se X^- for o S-tiocianato, SCN^-, o produto contém predominantemente N-tiocianato, NCS^-, conforme se poderia prever se o SCN^- agisse como um ligante em ponte. (Veja o Exercício 5.54 para uma oportunidade de trabalhar com esse mecanismo.)

TABELA 5.6
Constantes de velocidade comparativas para a reação de transferência de elétrons de esfera interna

X^-	$k, M^{-1} s^{-1}$
F^-	$2,5 \times 10^5$
Cl^-	$6,0 \times 10^5$
Br^-	$1,4 \times 10^6$
I^-	$3,0 \times 10^6$

Fonte: Dados de F. Basolo e R. G. Pearson. *Mechanisms of inorganic reactions, a study of metal complexes in solution.* 2. ed. Nova York: Wiley, 1968. p. 481.

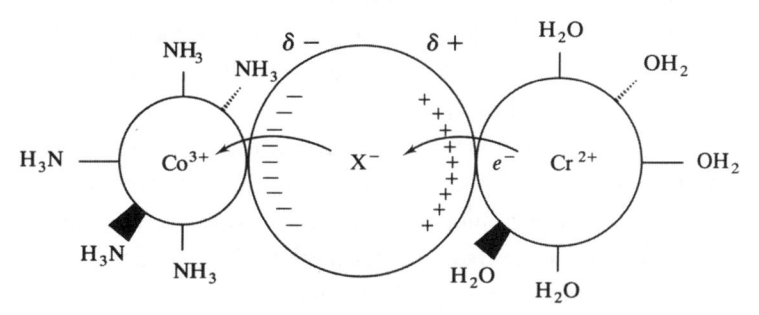

FIGURA 5.10

A etapa de transferência de elétrons no complexo de esfera interna, $[(NH_3)_5Co^{III}-X-Cr^{II}(H_2O)_5]$. O mais altamente carregado Co^{3+} polariza o ligante em ponte X^-. O resultante dipolo induzido de X^- facilita a transferência de um elétron do Cr^{2+} para o Co^{3+}.

A Tabela 5.6 mostra a variação das velocidades da reação anterior conforme o ligante em ponte X^- varia entre os quatro haletos. Podemos chegar a alguma conclusão sobre as habilidades relativas desses ligantes em facilitar a etapa de transferência de elétrons (determinante da velocidade)? Parece que, quanto maior o haleto, mais rápida é a reação. Por que isso é dessa forma? A razão parece estar conectada com a polarizabilidade do haleto. (*Polarizabilidade* é a facilidade com a qual uma nuvem eletrônica de um átomo, molécula ou íon pode ser distorcida de forma a gerar um momento dipolar. Geralmente, espécies grandes e difusas, cujas nuvens eletrônicas não estão muito atraídas pelas suas cargas nucleares, são mais polarizáveis do que espécies pequenas e compactas. Essa propriedade é discutida em maiores detalhes no Capítulo 9, Seção 9.2.) Uma vez que o intermediário em ponte é formado, como mostrado na Figura 5.10, o haleto, polarizado pelo cátion mais altamente carregado Co^{3+}, atrai o elétron do Cr^{2+} e facilita sua transferência. Conclui-se que, quanto maior e mais polarizável o haleto, maior o momento dipolar que pode ser induzido nele e mais fácil a transferência do elétron.

5.5 REAÇÕES DE SUBSTITUIÇÃO EM COMPLEXOS QUADRÁTICOS: O EFEITO CINÉTICO TRANS

Uma reação geral de substituição de complexos quadráticos é mostrada na Equação (5.49):

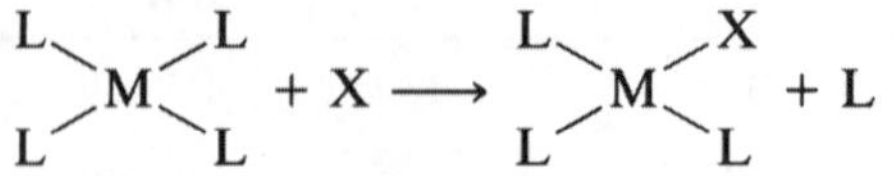

$$\begin{array}{c}L\\L\end{array}\!\!>\!\!M\!\!<\!\!\begin{array}{c}L\\L\end{array} + X \longrightarrow \begin{array}{c}L\\L\end{array}\!\!>\!\!M\!\!<\!\!\begin{array}{c}X\\L\end{array} + L \qquad\qquad \textbf{5.49}$$

Embora a grande maioria das evidências para reações de substituição de complexos octaédricos indique que elas mais frequentemente procedam por um mecanismo dissociativo, a maioria das evidências obtidas em trabalhos com complexos quadráticos indica que eles são substituídos por uma rota associativa. Essa diferença não é particularmente surpreendente. Afinal, um complexo quadrático tem dois locais (acima e abaixo do plano da molécula) em que um ligante que se aproxima pode prontamente atacar o metal para formar um intermediário pentacoordenado.

Como vimos, complexos quadráticos usualmente ocorrem com metais d^8 como Pt(II), Pd(II), Ni(II) e Au(III). Os complexos de platina(II) são particularmente inertes e, como suas reações são tão lentas que podem ser acompanhadas por métodos tradicionais e diretos, foram extensivamente estudados e analisados.

Uma característica particular dessas reações de substituição é o *efeito cinético trans*, definido como a relação entre a velocidade de substituição de complexos quadráticos e a natureza das espécies trans ao ligante que está sendo deslocado. Para entender esse efeito mais claramente, considere as reações gerais de substituição dadas na Figura 5.11. Os ligantes não lábeis A e B podem ser classificados na ordem de suas habilidades de deslocar os ligantes trans em relação a eles. Por exemplo, se o ligante não lábil A é um melhor direcionador trans do que B, então a reação I ocorre. De modo inverso, se B for melhor direcionador trans, então o ligante trans em relação a B é preferencialmente deslocado e a reação II ocorre.

Depois de um grande número de experimentos comparativos ter sido executado, uma *série direcionadora trans*, como a mostrada a seguir, pode ser construída:

$$CN^- \geq CO > NO_2^- > I^-, SCN^- > Br^- > Cl^- > py \geq NH_3 > H_2O$$

Uma série desse tipo, embora obtida empiricamente, pode ser muito útil na preparação de isômeros de alta pureza de complexos quadráticos. Para demonstrar isso, suponha que comecemos com o íon tetracloroplatinato(II), $[PtCl_4]^{2-}$, e examinemos algumas de suas reações típicas de substituição. Primeiro, considere dois fatos empíricos adicionais: (1) Geralmente é mais fácil substituir um ligante cloreto ligado à Pt(II) do que substituir outros ligantes; ou seja, outros ligantes vão, quase sempre, deslocar cloretos. A única forma de processar o inverso é

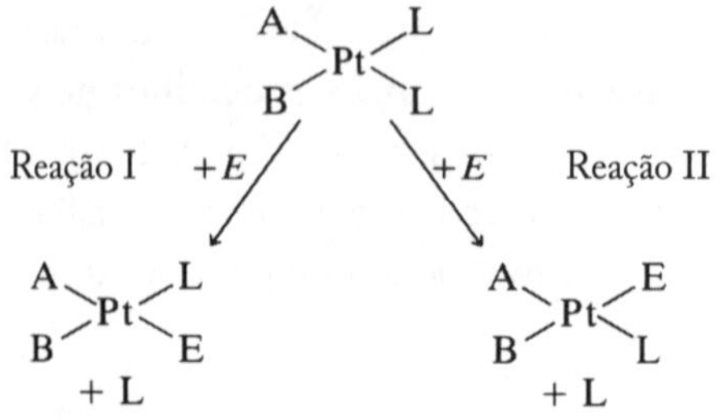

FIGURA 5.11

O efeito cinético trans. Um ligante que esteja entrando (E) pode deslocar qualquer dos ligantes (L) abandonadores, dependendo da habilidade direcionadora trans dos ligantes não lábeis (A e B). Se A for um transdirecionador melhor do que B, a reação I ocorre. Se B for um direcionador trans melhor, a reação II ocorre.

acrescentar ao sistema um grande excesso de Cl⁻ (um exemplo do princípio de Le Chatelier), como indicado pelas setas de desigualdade na Equação (5.50):

$$[PtCl_4]^{2-} + L \rightleftharpoons [PtCl_3L]^- + Cl^-$$ **5.50**

(2) Em uma reação de substituição na qual há mais de uma possibilidade sobre qual cloreto será substituído, a série direcionadora trans é usada para prever qual cloreto será substituído.

Por exemplo, suponha que desejamos preparar *cis*- e *trans*-aminodicloronitroplatinato(II). Como devemos proceder? O processo é descrito na Figura 5.12. Se começarmos com o tetracloroplatinato(II) e o tratarmos primeiro com amônia e depois com nitrito, o isômero cis será preparado com alta pureza. Note que, quando aminotricloroplatinato(II) é tratado com nitrito, um cloreto trans a outro cloreto é substituído preferencialmente ao cloreto trans à amina. Isso se aproveita do fato de que o cloreto está acima da amônia na série direcionadora trans. Por outro lado, quando tricloronitroplatinato(II) é tratado com amônia, o cloreto trans ao ligante nitro é substituído preferencialmente. Aqui, o íon nitrito está acima do cloreto na série.

Como podemos explicar o efeito cinético trans? Uma ainda popular, mas parcial, explicação foi dada por A. Grinberg nos anos 1930. Ela sustenta que a habilidade direcionadora trans de um ligante está relacionada com sua polarizabilidade. Como visto na seção sobre reações de transferência de elétrons de esfera interna, a polarizabilidade pode ser pensada como a facilidade com a qual um momento de dipolo pode ser induzido em uma espécie. A Figura 5.13 ilustra a teoria da polarização. A primeira etapa é a indução de um dipolo instantâneo no ligante direcionador trans pelo cátion de platina. Na segunda etapa, esse dipolo, por sua vez, induz um dipolo no grande e polarizável cátion de platina. A ligação Pt^{2+}–Cl^- é enfraquecida pela repulsão entre o ligante carregado negativamente e a extremidade negativa do dipolo induzido no cátion. Então, o cloreto trans em relação a A é substituído preferencialmente. A sustentação dessa teoria é demonstrada olhando para a série direcionadora trans. Os ligantes mais polarizáveis, como $-SCN^-$ e I^- e os ligantes que contêm nuvens π (por exemplo, CO e CN^-), têm grande habilidade na série, enquanto ligantes menos polarizáveis, como amônia e água, têm habilidade menor. Uma sustentação adicional vem da observação de que complexos de platina apresentam um efeito trans mais pronunciado do que os de cátions paládio(II) e níquel(II), menos polarizáveis.

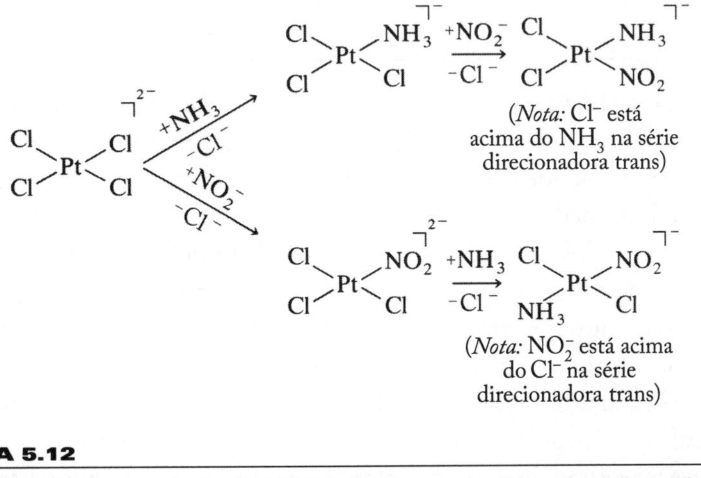

FIGURA 5.12

A preparação do *cis*- e *trans*-[Pt(NH₃)(NO₂)Cl₂]. *Cis*- e *trans*-aminodicloronitroplatinato(II) podem ser preparados em alta pureza variando a ordem na qual os ligantes amina e nitrito são adicionados ao tetracloroplatinato(II).

FIGURA 5.13

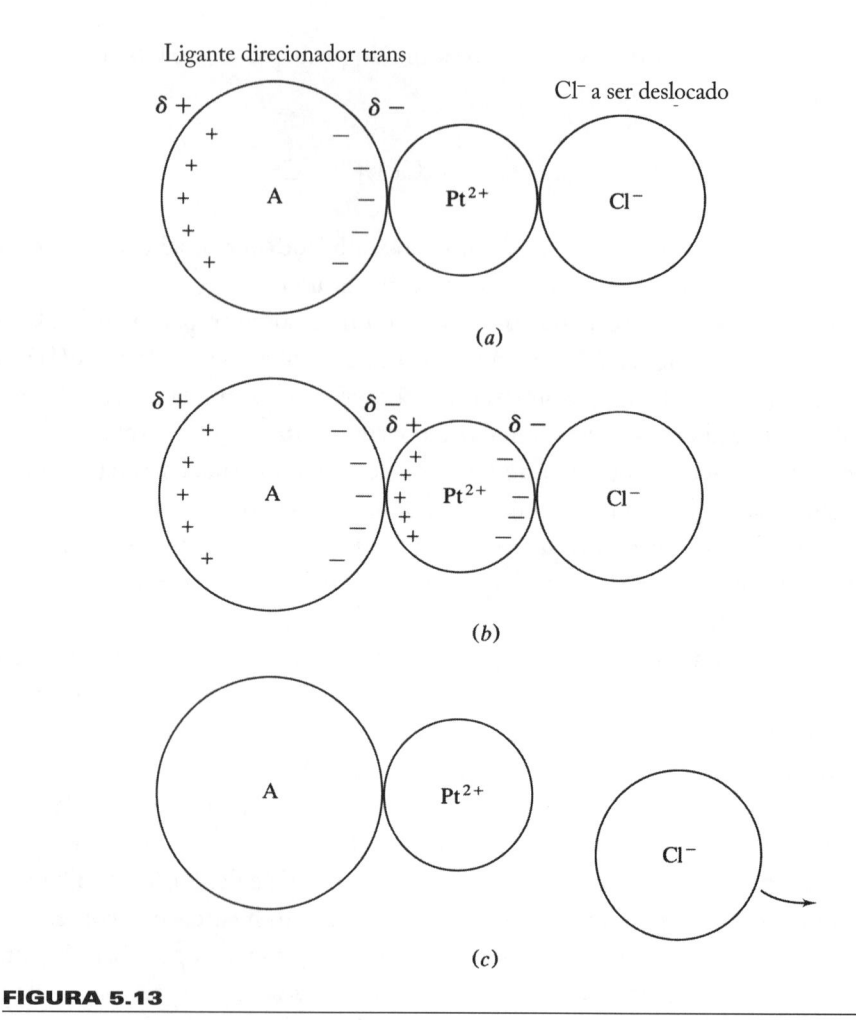

A teoria da polarização para explicar o efeito cinético trans em complexos quadráticos de platina(II). (*a*) O cátion platina(II) induz um dipolo no ligante A direcionador trans polarizável. (*b*) O dipolo induzido no ligante A induz um dipolo no cátion Pt^{2+} polarizável. (*c*) O ânion cloreto trans A é mais facilmente desprendido devido às forças repulsivas extras entre sua carga negativa e o dipolo induzido do cátion platina(II).

RESUMO

Este capítulo inicia-se com uma breve análise dos cinco tipos de reação de compostos de coordenação: (1) substituição, (2) dissociação, (3) adição, (4) redox ou de transferência de elétrons e (5) reações de ligantes coordenados. A tendência de um composto de coordenação de sofrer uma reação de substituição é tabelada por meio de constantes de equilíbrio intermediárias e globais. Reações de aquação e de substituição de ligantes neutros por ligantes aniônicos são exemplos especiais de reações de substituição. Reações de associação e dissociação envolvem a adição ou remoção de ligantes da esfera de coordenação, respectivamente; reações de redução e oxidação envolvem adicionar ou remover elétrons do metal. Reações de adição oxidativa e de eliminação redutiva, cada uma combinando dois dos tipos de reação citados, são logicamente as opostas umas das outras. Reações de ligantes coordenados ocorrem sem a quebra ou a formação de qualquer ligação metal-ligante.

Lábil e *inerte* são termos cinéticos que classificam compostos de coordenação pela velocidade com a qual reagem. Compostos lábeis reagem rapidamente, e compostos inertes, lentamente. Esses termos cinéticos não devem ser confundidos com os termos termodinâmicos *estável* e *instável*. Compostos podem ser termodinamicamente instáveis, mas cineticamente inertes ou, inversamente, estáveis, mas lábeis. Complexos de metais da primeira série de transição, excetuando-se Cr^{3+} e Co^{3+}, são geralmente lábeis, enquanto compostos de coordenação de íons de metais da segunda e terceira série de transição são inertes.

Há duas possibilidades para se iniciar o estudo de mecanismos de reações de substituição octaédricas. A etapa determinante da velocidade do mecanismo dissociativo (D) envolve a quebra de uma ligação M–L para formar um intermediário pentacoordenado que rapidamente adiciona o novo ligante. No mecanismo associativo (A), a etapa determinante da velocidade é a colisão do novo ligante com o reagente octaédrico para produzir um intermediário heptacoordenado do qual o ligante original é rapidamente expelido. O mecanismo D, que prevê que a velocidade da reação é de primeira ordem em relação apenas ao composto de coordenação original, deve ser claramente distinguível de um mecanismo A, que é consistente com uma lei de velocidade de primeira ordem em relação a *ambos* os reagentes.

Todavia, há duas complicações experimentais que atrapalham essas distinções. Primeira, os mecanismos D e A se mostram extremos idealizados e simplificados demais. As reações ocorrem mais provavelmente por um mecanismo de intercâmbio (I) no qual a quebra e a formação de ligações ocorrem quase simultaneamente. Se a quebra de ligações é favorecida (mesmo que pouco), o mecanismo é simbolizado por I_d (intercâmbio-dissociativo); se a formação de ligações for favorecida, um mecanismo I_a (intercâmbio-associativo) é indicado. Estes dois últimos termos são favorecidos se intermediários penta ou heptacoordenados, respectivamente, não puderem ser isolados ou identificados positivamente. A segunda complicação experimental envolve o mascaramento da dependência da lei de velocidade em relação à concentração do ligante que está entrando. Esse efeito de mascaramento é comum, particularmente, em reações que se processam em soluções aquosas.

Apesar dessas complicações, muitas evidências (obtidas de análises de reações de troca de água, substituição de ligantes neutros com ligantes aniônicos e aquação) favorecem o mecanismo dissociativo. Primeiro, as velocidades de troca de água são consistentes com um mecanismo dissociativo no qual a etapa determinante da velocidade é a quebra da ligação $M-OH_2$. Essa etapa de quebra de ligação depende, entre outros fatores, da densidade de carga do íon metálico. Quanto maior a densidade de carga, mais forte a ligação $M-OH_2$ e mais lenta a etapa de rompimento da ligação. As velocidades de reações de substituição de ligantes neutros por ligantes aniônicos de íon metálicos hidratados são consistentes com a quebra da ligação $M-OH_2$ sendo a etapa inicial e determinante da velocidade. Por fim, as velocidades das reações de aquação dependem da força da ligação entre o metal e o ligante que está sendo substituído. As velocidades das reações de aquação variam consideravelmente com a identidade do ligante deslocado, o volume dos ligantes inertes que permanecem na esfera de coordenação e a carga global do complexo.

Com o mecanismo de dissociação firmemente estabelecido para reações de substituição octaédrica, uma explicação sobre a labilidade de complexos pode ser formulada em termos de energia de ativação da etapa de quebra da ligação. O tamanho e carga do íon metálico, assim como quaisquer variações na energia de estabilização do campo cristalino (EECC) devidas à dissociação de ligantes, influenciam a energia de ativação. Usando esses parâmetros, as tendências na labilidade de compostos de coordenação podem ser explicadas. Especificamente, complexos de Cr^{3+} (d^3) e Co^{3+} (d^6) são inertes devido às suas altas cargas e perdas significativas de EECC na dissociação de ligantes.

Taube formulou dois mecanismos principais para reações de transferência de elétrons: de esfera externa e de esfera interna. Uma grande variedade de reações de autotroca e cruzadas ocorre pelo mecanismo de esfera externa. Após a formação de um par iônico composto das duas esferas de coordenação intactas dos dois metais reagentes, um elétron é transferido e o par iônico é dissociado. As reações de esfera externa mais rápidas são aquelas em que as distâncias M–L precisam ser ajustadas somente um pouco no curso da reação. Um mecanismo de esfera interna envolve a formação de um complexo em ponte cujo ligante em ponte facilita a transferência do elétron, e ele mesmo é frequentemente transferido de um metal para outro. Quanto mais polarizável o potencial ligante em ponte, mais rápida é a reação.

Reações de substituição em complexos quadráticos ocorrem por mecanismos associativos. No efeito cinético trans, uma série pode ser construída; nnela, as espécies são colocadas em ordem de suas habilidades de tornar lábeis ligantes trans em relação a eles próprios. Usando essa série, isômeros quadráticos planares de alta pureza podem ser prontamente sintetizados. A habilidade direcionadora trans de um ligante está também relacionada à sua polarizabilidade.

PROBLEMAS

5.1 Demonstre que o produto das constantes K_1 a K_4 para as substituições em etapas das águas em $[Cu(H_2O)_4]^{2+}$ por amônias [dadas nas Equações (5.4) a (5.7)] resulta na expressão para β_4 dada na Equação (5.8).

5.2 Os ligantes água no cátion hexa-aquaníquel(II) podem ser substituídos por amônia.

(a) Mostre equações químicas e escreva expressões de concentrações para a substituições por etapas de cada água por uma amônia.

(b) Escreva uma equação para a substituição global dos seis ligantes água por seis ligantes amônia e depois demonstre que β_6, a constante de equilíbrio global, é dada pelo produto das seis constantes intermediárias.

5.3 Escreva as expressões intermediárias e global para a reação

$$Cr(CO)_6 + 3PPh_3 \longrightarrow Cr(CO)_3(PPh_3)_3 + 3CO$$

5.4 Escreva as expressões intermediárias e global para a reação

$$[Fe(H_2O)_6]^{3+} + 3en \longrightarrow [Fe(en)_3]^{3+} + 6H_2O$$

5.5 Escreva as expressões intermediárias e global para a reação

$$[Cr(H_2O)_6]^{3+}(aq) + 3C_2O_4^{2-}(aq) \longrightarrow [Cr(C_2O_4)_3]^{3-}(aq) + 6H_2O$$

5.6 Se você fosse escrever a expressão de concentrações para representar a reação do ácido acético diluído, $HC_2H_3O_2(aq)$, com água para gerar íons acetato e hidroxônio aquosos, a água geralmente estaria incluída? Por quê? Como o valor da $[H_2O]$ seria encontrado?

5.7 Escreva a expressão para a constante de equilíbrio da base fraca amônia, NH_3, em solução aquosa correspondente à seguinte reação:

$$NH_3 + H_2O \rightleftharpoons NH_4^+ + OH^-$$

5.8 Classifique cada uma das seguintes reações. Mais de uma das cinco classificações básicas pode ser aplicada.

(a) $W(CO)_6 \longrightarrow W(CO)_5 + CO$

(b) $[Co(CN)_5]^{2-} + I^- \longrightarrow [Co(CN)_5I]^{3-}$

(c) $[PdCl_4]^{2-} + C_2H_4 \longrightarrow [PdCl_3(C_2H_4)]^- + Cl^-$

(d) $IrBr(CO)(PPh_3)_2 + HBr \longrightarrow IrBr_2(CO)H(PPh_3)_2$

(e) $[Co(NH_3)_5Cl]^{2+} + [Cr(H_2O)_6]^{2+} \longrightarrow [Co(NH_3)_5(H_2O)]^{2+} + [Cr(H_2O)_5Cl]^{2+}$

5.9 Classifique cada uma das seguintes reações. Mais de uma das cinco classificações básicas pode ser aplicada.

(a) $[Co(NH_3)_5NO_3]^{2+} + [Ru(NH_3)_6]^{2+} \longrightarrow [Co(NH_3)_5NO_3]^+ + [Ru(NH_3)_6]^{3+}$

(b) $[PtCl_6]^{2-} \longrightarrow [PtCl_4]^{2-} + Cl_2$

(c) $[Cr(H_2O)_6]^{3+} + H_2O \longrightarrow [Cr(H_2O)_5OH]^{2+} + H_3O^+$

(d) $Cr(CO)_6 + 3PPh_3 \longrightarrow Cr(CO)_3(PPh_3)_3 + 3CO$

(e) $[Zn(NH_3)_4]^{2+} + 2NH_3 \longrightarrow [Zn(NH_3)_6]^{2+}$

5.10 Complexos de níquel com etilenodiamina e seus análogos substituídos sofrem muitos tipos de reação, dependendo do volume do ligante. Quatro reações representativas são apresentadas a seguir. Classifique cada reação como um ou mais tipos de reação mostrados na Figura 5.1. Alguma dessas reações é uma reação de substituição de ligantes neutros com ligantes aniônicos ou de aquação?

(a) $[Ni(H_2O)_2(deen)_2](CF_3SO_3)_2 \longrightarrow [Ni(deen)_2](CF_3SO_3)_2 + 2H_2O$

(b) $[Ni(H_2O)_2(dmen)_2]Br_2 \longrightarrow NiBr_2(dmen)_2 + 2H_2O$

(c) $NiCl_2(en)_2 + 2H_2O \longrightarrow [Ni(H_2O)_2(en)_2]Cl_2$

(d) $[Ni(deen)_2]Br_2 + 2H_2O \longrightarrow [Ni(H_2O)_2(deen)_2]Br_2$

[*Nota:* $CF_3SO_3^-$ = ânion triflato; dmen = *N,N*-dimetiletilenodiamina, $(CH_3)_2NCH_2CH_2NH_2$; deen = *N,N*-dietiletilenodiamina, $(CH_3CH_2)_2NCH_2CH_2NH_2$.]

5.11 Na Equação (5.19) (repetida a seguir), se o reagente hidróxido for marcado com ^{18}O, onde essa marcação apareceria entre os produtos? Explique brevemente sua resposta.

$$[Cr(H_2O)_6]^{3+} + OH^- \longrightarrow [Cr(H_2O)_5(OH)]^{2+} + H_2O$$

5.12 Na Equação (5.20) (repetida a seguir), se os átomos de oxigênio forem marcados com ^{18}O, onde essa marcação apareceria entre os produtos? Explique brevemente sua resposta.

$$[Co(NH_3)_5CO_3]^+ + 2H_3O^+ \longrightarrow [Co(NH_3)_5(H_2O)]^{3+} + 2H_2O + CO_2$$

*****5.13** Especule brevemente sobre por que muitos compostos de cobalto(III) são preparados pela oxidação de sais de Co(II) e não pela substituição de ligantes em complexos de cobalto(III).

*****5.14** Especule brevemente sobre por que muitos compostos de cromo(III) são preparados pela redução de cromatos e dicromatos e não pela substituição de ligantes em complexos de cromo(III).

5.15 Classifique os seguintes complexos iônicos como inertes ou lábeis:

(a) $[Co(NH_3)_6]^{2+}$

(b) $[Co(NH_3)_5NO_2]^{2+}$

(c) $[CoI_6]^{4-}$

(d) $[Fe(H_2O)_5(NCS)]^{2+}$

(e) $[Ni(en)_3]^{2+}$

(f) $[IrCl_6]^{3-}$

5.16 Classifique os seguintes complexos iônicos como inertes ou lábeis:

(a) $[Ru(NH_3)_5py]^{3+}$

(b) $Cr(acac)_3$

(c) $[Cr(en)_3]Cl_2$

(d) $[Mo(CN)_6]^{3+}$

(e) $[V(H_2O)_6]^{3+}$

(f) $[MnF_6]^{3-}$

---

* Exercícios marcados com um asterisco (*) são mais desafiadores.

5.17 Dos seguintes complexos contendo cianeto, $[Ni(CN)_4]^{2-}$, $[Mn(CN)_6]^{3-}$ e $[Cr(CN)_6]^{3-}$, qual você mais esperaria que fosse (*a*) lábil ou (*b*) inerte? Justifique brevemente a sua resposta.

5.18 Nos termos da Figura 5.2, você esperaria que a concentração de ML_5 seria baixa ou alta (comparando com as concentrações dos reagentes e produtos) durante a reação? Explique brevemente sua resposta em termos de produção e consumo relativo durante a reação.

*5.19 Suponha que a etapa determinante da velocidade na Figura 5.2 seja a segunda etapa, na qual o intermediário ML_5 e Y se juntam para formar o produto. Nesse caso, qual é a lei de velocidades prevista?

*5.20 Suponha que a etapa determinante da velocidade na Figura 5.3 seja a segunda etapa, na qual o intermediário heptacoordenado se quebra para formar ML_5Y e X. Nesse caso, qual é a lei de velocidades prevista?

*5.21 Suponha que a etapa determinante da velocidade na Figura 5.3 seja a segunda etapa, na qual o intermediário heptacoordenado se quebra para formar ML_5Y e X. Você esperaria que a concentração de ML_5XY seria relativamente baixa ou alta (comparando com as concentrações dos reagentes e produtos)? Explique brevemente sua resposta em termos de produção e consumo relativo durante a reação.

5.22 Desenhe um diagrama mostrando o mecanismo de intercâmbio (*I*) nos três estágios a seguir:

(*a*) A situação resultante após um ligante Y que está entrando se posicionar no limite da esfera de coordenação do complexo de partida ML_5X.

(*b*) O ponto intermediário do intercâmbio entre os ligantes Y que ataca e X abandonador quando as ligações M–X e M–Y têm aproximadamente metade da força.

(*c*) A situação após a ligação M–X ter sido completamente substituída pela ligação M–Y, mas o ligante X agora está no limite (mas na parte de fora) da esfera de coordenação do produto complexo ML_5Y.

(*d*) Classifique esse mecanismo como I_a ou I_d.

5.23 Assumindo que não há complicações experimentais, explique, com as próprias palavras, algumas maneiras para diferenciar mecanismos associativos (*A*) de dissociativos (*D*) para a substituição em complexos octaédricos.

*5.24 Suponha que as reações de troca de água da Figura 5.5 se processem por um mecanismo associativo, em vez de dissociativo. Você esperaria, nesse caso, que as velocidades aumentariam ou diminuiriam com (*a*) o aumento da carga do metal ou (*b*) o aumento do tamanho do metal? Explique brevemente sua resposta.

5.25 Em um parágrafo bem escrito, resuma a evidência que favorece um mecanismo dissociativo ou intercâmbio-dissociativo para a substituição em compostos de coordenação octaédricos.

5.26 Foi mostrado que a reação de substituição de ligantes neutros com ligantes aniônicos do $[Co(H_2O)(CN)_5]^{2-}$ na qual o ligante água é substituído por uma variedade de ânions (X^-) procede por um mecanismo dissociativo (*D*). (Nesse caso, o intermediário pentacoordenado foi identificado.) Escreva as etapas desse mecanismo. Você espera que as velocidades dessas reações dependam da identidade do ligante X^-? Por quê?

5.27 As constantes de velocidade para algumas reações de substituição de ligantes neutros por ligantes aniônicos do $[Cr(NH_3)_5H_2O]^{3+}$ são mostradas a seguir. Esses dados são consistentes com um mecanismo dissociativo ou associativo? Escreva uma equação para a etapa determinante da velocidade dessas reações e justifique brevemente sua resposta.

$$[Cr(NH_3)_5H_2O]^{3+} + L^- \xrightarrow{k} [Cr(NH_3)_5L]^{2+} + H_2O$$

---
* Exercícios marcados com um asterisco (*) são mais desafiadores.

L⁻	k, $M^{-1}\,s^{-1}$	$\log k$
NCS⁻	$4{,}2 \times 10^{-4}$	−3,38
Cl⁻	$0{,}7 \times 10^{-4}$	−4,1
Br⁻	$3{,}7 \times 10^{-4}$	−3,43
CF₃COO⁻	$1{,}4 \times 10^{-4}$	−3,85

Fonte: Informações retiradas do trabalho de T. Ramasami e A. G. Sykes, *J. C. S. Chem. Commun.*, p. 378, 1976.

5.28 As constantes de velocidade (a 45 °C) para a reação de substituição de ligantes neutros por ligantes aniônicos do $[Co(NH_3)_5H_2O]^{3+}$ com três ânions é mostrada a seguir. Esses dados são consistentes com um mecanismo dissociativo ou associativo? Escreva uma equação para a etapa determinante da velocidade dessas reações e justifique brevemente sua resposta.

$$[Co(NH_3)_5H_2O]^{3+} + L^{n-} \xrightarrow{k} [Co(NH_3)_5L]^{(3-n)+} + H_2O$$

L^{n-}	k, s^{-1}	$\log k$
NCS⁻	$1{,}6 \times 10^{-5}$	−4,80
Cl⁻	$2{,}1 \times 10^{-5}$	−4,60
SO₄²⁻	$2{,}4 \times 10^{-5}$	−4,62

Fonte: R. G. Wilkins. *The study of kinetics and mechanism of reactions of transition metal complexes.* Boston: Allyn and Bacon, 1974. p. 188.

5.29 A constante de velocidade para troca do ligante água no $[Co(NH_3)_5H_2O]^{3+}$ é $1{,}0 \times 10^{-4}\,s^{-1}$ a 45 °C. Compare esse valor com os dados mostrados no Exercício 5.28. Que conclusões podem ser tiradas dessa comparação?

*5.30 As constantes de velocidade à mesma temperatura para a reação de substituição de ligantes neutros por ligantes aniônicos de $[Cr(H_2O)_6]^{3+}$ com uma série de quatro ânions são mostradas a seguir.

(*a*) Esses dados são consistentes com um mecanismo dissociativo ou associativo?

(*b*) Escreva uma equação para a etapa determinante da velocidade dessas reações e justifique brevemente sua resposta.

(*c*) Explique as tendências nos dados de constantes de velocidade.

$$[Cr(H_2O)_6]^{3+} + L^- \xrightarrow{k} [Cr(H_2O)_5L]^{2+} + H_2O$$

L⁻	k, $M^{-1}\,s^{-1}$	$\log k$
NCS⁻	$1{,}8 \times 10^{-6}$	−5,74
NO₃⁻	$7{,}3 \times 10^{-7}$	−6,14
Cl⁻	$2{,}9 \times 10^{-8}$	−7,54
I⁻	$8{,}0 \times 10^{-10}$	−9,10

Fonte: Informações retiradas do trabalho de S. T. D. Lo e D. W. Watte, *Aust. J. Chem.*, n. 28, p. 491, 501, 1975.

*5.31 Como notado no texto na Seção 5.3, subseção "Evidências para mecanismos dissociativos", precisamos demonstrar que para reações do tipo geral

$$[Co(NH_3)_5H_2O]^{3+} + L^- \rightleftharpoons [Co(NH_3)_5L]^{2+} + H_2O$$

---

* Exercícios marcados com um asterisco (*) são mais desafiadores.

log K_a é proporcional a D_{M-L}. Lembre-se de que $\Delta G° = \Delta H° - T\Delta S°$ e que $\Delta G° = -RT \ln K = -2{,}3RT \log K$. Primeiro determine a relação entre $\Delta H°$ e a força da ligação M–L (D_{M-L}) analisando que ligações são quebradas e formadas nessa reação. Assuma que $\Delta S°$ seja aproximadamente constante para várias reações desse tipo.

5.32 As constantes de velocidade a 25 °C para a aquação de complexos de fórmula geral $[\text{CoCl(L)(en)}_2]^{n+}$ são dadas na tabela a seguir. Esses dados são consistentes com um mecanismo dissociativo ou associativo? Explique brevemente sua resposta.

$$cis\text{-}[\text{Co(L)Cl(en)}_2]^{n+} + H_2O \xrightarrow{k} cis\text{-}[\text{Co(H}_2\text{O)Cl(en)}_2]^{2+} + L$$

L	k, s^{-1}	log k
OH$^-$	$1{,}2 \times 10^{-2}$	$-1{,}92$
Cl$^-$	$2{,}4 \times 10^{-4}$	$-3{,}62$
NH$_3$	5×10^{-7}	$-6{,}3$

Fonte: Informações retiradas do trabalho de M. L. Tobe et al.: Para exemplo, veja *Sci. Prog.* n. 48, p. 484, 1960.

5.33 Compare e explique as constantes de equilíbrio para as reações de aquação dos seguintes complexos *trans*-cobalto(III):

$$[\text{Co(NH}_3)\text{Br(en)}_2]^{2+} + H_2O \xrightarrow{k=1{,}2\times10^{-6}\text{s}^{-1}} [\text{Co(NH}_3)(H_2O)(en)_2]^{3+} + Br^-$$

$$[\text{CoBr}_2(en)_2]^+ + H_2O \xrightarrow{k=1{,}4\times10^{-4}\text{s}^{-1}} [\text{Co(H}_2O)Br(en)_2]^{2+} + Br^-$$

5.34 Escreva um parágrafo conciso explicando a relação entre as velocidades das reações de substituição e as variações na EECC. Assuma que a dissociação de um ligante de um reagente octaédrico para formar um intermediário pentacoordenado é a etapa limitante da velocidade.

5.35 Na Tabela 4.2, Δ_o para $[\text{Cr(H}_2O)_6]^{3+}$ é dado como 17.400 cm^{-1}. Converta esse valor para kJ/mol.

5.36 O íon hexacianoferrato(II), $[\text{Fe(CN)}_6]^{4-}$, é um complexo de campo forte/*spin* baixo. Calcule a variação na energia de desdobramento do campo cristalino (ΔEECC) em kJ/mol para esse complexo iônico quando um dos ligantes cianeto é dissociado para formar um intermediário quadrático. (*Dica:* consulte tabelas 4.2 e 5.4 para informações necessárias.)

5.37 O diagrama de desdobramento para um campo cristalino piramidal de base quadrada é dado a seguir. Verifique a variação na EECC dada na Tabela 5.4 para um íon metálico com uma configuração eletrônica d^3.

$$\begin{array}{ll}
— & +0{,}914\Delta \\
\\
— & +0{,}086\Delta \\
\text{- - - - -} & \text{Baricentro} \\
— & -0{,}086\Delta \\
\\
— \quad — & -0{,}457\Delta
\end{array}$$

5.38 Usando o diagrama de desdobramento do campo cristalino piramidal de base quadrada dado no Exercício 5.37, verifique a variação na EECC dada na Tabela 5.4 para um íon metálico com uma configuração eletrônica d^6 de *spin* baixo.

5.39 O diagrama de desdobramento para um campo cristalino bipiramidal trigonal é dado a seguir. Calcule a variação na EECC para um íon metálico d^3 quando ele perde um ligante de sua configuração octaédrica inicial para gerar um estado de transição bipiramidal trigonal. Compare seu resultado com o dado na Tabela 5.4. Dado o seu resultado, você concluiria que esses íons são cineticamente inertes?

$$-d_{z^2} \quad 0{,}707\Delta$$

$$E \uparrow$$

------ Baricentro

$$d_{x^2-y^2}- \quad -d_{xy} \quad -0{,}082\Delta$$

$$d_{xz}- \quad -d_{yz} \quad -0{,}272\Delta$$

5.40 Usando o diagrama de desdobramento do campo cristalino bipiramidal trigonal dado no Exercício 5.39, calcule a variação da EECC para um íon M^{2+} d^8 quando o campo muda de octaédrico para bipiramidal trigonal. (Assuma estados de *spin* alto.)

(a) Você concluiria que esses íons são cineticamente estáveis?

(b) Com base na ΔEECC você também concluiria que um estado de transição bipiramidal trigonal é mais favorecido do que um piramidal de base quadrada? Por quê?

5.41 Discuta concisamente e precisamente as razões pela quais apenas os íons Cr^{3+} e Co^{3+} são inertes entre todos os íons metálicos da primeira série de transição. Defina cuidadosamente os termos *inerte* e *lábil* como parte de sua resposta.

5.42 Os íons Fe^{3+} e V^{3+}, embora de carga +3 como Cr^{3+} e Co^{3+}, não são classificados como inertes. Explique brevemente por quê.

5.43 Complexos iônicos octaédricos de Ni^{2+}, embora experimentem reduções na EECC ao perderem ligantes para formar estados de transição piramidais de base quadrada, não são classificados como inertes. Explique brevemente por quê.

*__5.44__ Embora complexos octaédricos de Cu^{3+} devessem provavelmente ser inertes, poucos deles têm sido observados.

(a) Explique por que se espera que esses compostos sejam inertes.

(b) Explique por que não há muitos compostos de Cu^{3+} conhecidos.

*__5.45__ Qual das seguintes reações de substituição você acreditaria ser mais rápida? Discuta brevemente seu raciocínio. Relate sua suposição sobre a natureza da etapa determinante da velocidade como parte de sua resposta.

(a) $[NiCl_2(dmen)_2] + 2H_2O \longrightarrow [Ni(H_2O)_2(dmen)_2]Cl_2$

(b) $[NiCl_2(deen)_2] + 2H_2O \longrightarrow [Ni(H_2O)_2(deen)_2]Cl_2$

[*Nota:* dmen = N,N-dimetiletilenodiamina, $(CH_3)_2NCH_2CH_2NH_2$; deen = N,N-dietiletilenodiamina, $(CH_3CH_2)_2NCH_2CH_2NH_2$.]

*__5.46__ Qual das seguintes reações de eliminação você acreditaria ser mais rápida? Discuta brevemente seu raciocínio.

(a) $[Ni(H_2O)_2(en)_2]Br_2 \longrightarrow [Ni(en)_2]Br_2 + 2H_2O$

(b) $[Ni(H_2O)_2(deen)_2]Br_2 \longrightarrow [Ni(deen)_2]Br_2 + 2H_2O$

[*Nota:* deen = N,N-dietiletilenodiamina, $(CH_3CH_2)_2NCH_2CH_2NH_2$.]

---

* Exercícios marcados com um asterisco (*) são mais desafiadores.

5.47 Tanto $[Fe(CN)_6]^{4-}$ quanto $[IrCl_6]^{4-}$ trocam seus ligantes lentamente, ainda que a reação cruzada entre eles (mostrada a seguir) ocorra bem rapidamente ($k = 4 \times 10^5\ M^{-1}\ s^{-1}$). Proponha um mecanismo que considere essa observação.

$$[Fe(CN)_6]^{4-} + [IrCl_6]^{2-} \longrightarrow [Fe(CN)_6]^{3-} + [IrCl_6]^{3-}$$

5.48 Discuta o provável mecanismo da seguinte reação:

$$[Co(NH_3)_6]^{3+} + [Ru(NH_3)_6]^{2+} \longrightarrow [Co(NH_3)_6]^{2+} + [Ru(NH_3)_6]^{3+}$$

Também especule por que essa reação é lenta ($k = 1 \times 10^{-2}\ M^{-1}\ s^{-1}$).
(*Dica:* examine a ocupação de orbitais *d* durante a reação.)

5.49 A transferência de elétrons por autotroca entre $[Co(en)_3]^{3+}$ e $[Co(en)_3]^{2+}$ é lenta ($k \approx 10^{-4}$). Explique essa observação com base na ocupação dos orbitais *d*.

5.50 As unidades das constantes de velocidade na Tabela 5.5 são consistentes com uma reação de segunda ordem global? Demonstre claramente sua resposta.

5.51 As distâncias M–L nos complexos de *tris*-(etilenodiamino) com Ru(II) e Ru(III) são 2,12 Å e 2,10 Å, respectivamente. Especule sobre o mecanismo e a velocidade da reação de transferência de elétron por autotroca entre esses dois complexos. Como parte de sua resposta, escreva uma equação que represente a reação.

*5.52 Além da energia envolvida no reajuste dos comprimentos das ligações M–L nos íons metálicos coordenados que servem de reagentes, há muitas outras contribuições para a energia de ativação de uma reação redox de esfera externa. Especule sobre o que essas contribuições podem envolver.

5.53 Para cada uma das seguintes reações de transferência de elétron, especule se o mecanismo é de esfera externa ou interna:

(*a*) $[IrCl_6]^{2-} + [W(CN)_8]^{4-} \longrightarrow [IrCl_6]^{3-} + [W(CN)_8]^{3-}$
(*b*) $[Co(NH_3)_5CN]^{2+} + [Cr(H_2O)_6]^{2+} \longrightarrow [Cr(H_2O)_5NC]^{2+} + [Co(NH_3)_5(H_2O)]^{2+}$
(*c*) $[^*Cr(H_2O)_6]^{2+} + [Cr(H_2O)_5F]^{2+} \longrightarrow [^*Cr(H_2O)_5F]^{2+} + [Cr(H_2O)_6]^{2+}$

5.54 Escreva o mecanismo para a reação de transferência de elétron de esfera interna entre $[Co(NH_3)_5SCN]^{2+}$ e $[Cr(H_2O)_6]^{2+}$ que produz o cátion penta-aqua-*N*-tiocianatocromo(III) como um de seus produtos.

5.55 Embora a forma *N*-tiocianato do $[Cr(H_2O)_5NCS]^{2+}$ seja o produto principal (aproximadamente 70%) da transferência de elétron de esfera interna anterior (veja o Exercício 5.54), a ligação *S*-tiocianato também se forma. Escreva o mecanismo que mostra como o isômero ligado pelo *S* pode ser formado.

5.56 Para reações do tipo geral

$$[^*Cr(H_2O)_6]^{2+} + [Cr(H_2O)_5X]^{2+} \longrightarrow [^*Cr(H_2O)_5X]^{2+} + [Cr(H_2O)_6]^{2+}$$

constantes de velocidade aumentam na ordem $X^- = F^-, Cl^-, Br^-$. Escreva o mecanismo para a reação anterior e discuta a tendência nos dados de constantes de velocidade à luz de seu mecanismo proposto.

5.57 Dado que a substituição de complexos quadráticos ocorre por um mecanismo associativo, especule (*a*) sobre a ordem de reação com relação aos vários reagentes e (*b*) sobre a dependência da velocidade dessas reações em relação ao volume estérico dos ligantes do complexo que não reagem, ao volume e à carga dos ligantes que estão entrando e à carga global presente no complexo reagente.

---

* Exercícios marcados com um asterisco (*) são mais desafiadores.

5.58 Usando o efeito cinético trans, mostre como o *trans*-aminobromocloro(piridino)platina(II) pode ser preparado partindo do $[PtCl_4]^{2-}$.

5.59 A "cisplatina", *cis*-diaminodicloroplatina(II), é um agente antitumor extremamente potente. Mostre como ele pode ser preparado com alta pureza pela exclusão do isômero trans empregando o efeito cinético trans.

5.60 Dada a teoria de polarização para explicar o efeito cinético trans, onde você acredita que o íon hidróxido, OH^-, iria aparecer na série direcionadora trans? Justifique sua resposta.

5.61 Dada a teoria de polarização para explicar o efeito cinético trans, onde você acredita que os sulfetos orgânicos, R_2S, iriam aparecer na série direcionadora trans? Justifique sua resposta.

5.62 Preveja os produtos das seguintes reações:

(a) $[Pt(CO)Cl_3]^- + py \longrightarrow$

(b) $\begin{bmatrix} & Cl & Cl & \\ & \backslash & / & \\ & & Pt & \\ & / & \backslash & \\ & H_3N & NO_2 & \end{bmatrix} + NH_3 \longrightarrow$

(c) $[PtCl_3SCN]^{2-} + H_2O \longrightarrow$

(d) $[PtCl_3CN]^{2-} + NH_3 \longrightarrow$

CAPÍTULO 6

Aplicações de compostos de coordenação

O que a obtenção de prata e ouro a partir de seus minérios, a cópia heliográfica,[*] a purificação do níquel, os fixadores fotográficos, os agentes coadjuvantes de detergentes, a cor do sangue, o envenenamento por monóxido de carbono, a amigdalina, os antídotos para envenenamento por chumbo, o dimercaprol,[**] a difenilcloroarsina e os agentes antitumor têm em comum? A resposta é que cada um envolve uma aplicação, de uma forma ou de outra, de compostos de coordenação. Neste capítulo, investigaremos sistematicamente essas aplicações anteriores e muitas outras. Começaremos com complexos que envolvem ligantes monodentados e depois passaremos para aqueles que envolvem muitos quelantes multidentados.

6.1 APLICAÇÕES DE COMPLEXOS MONODENTADOS

Muitos estudantes prepararam compostos de coordenação em cursos de química anteriores, mas, em geral, não os entendem completamente nem sequer os identificam como tais. Por exemplo, no Grupo I do esquema de análise qualitativa, chumbo(II), mercúrio(I) e prata(I) são isolados como precipitados brancos $PbCl_2$, Hg_2Cl_2 e $AgCl$, respectivamente. Para separar a prata dos outros dois cátions, amônia aquosa é adicionada para formar o complexo linear diaminoprata(I), $[Ag(NH_3)_2]^+$, como mostrado na Equação (6.1):

$$AgCl(s) + 2NH_3(aq) \longrightarrow [Ag(NH_3)_2]^+(aq) + Cl^-(aq) \quad \mathbf{6.1}$$

---
[*] N.T.: do inglês *blueprint*, referente a desenhos técnicos.
[**] N.T.: também conhecido como *British anti-Lewisite* (BAL).

Uma vez que nem o cloreto de chumbo(II) nem o cloreto de mercúrio(I) reagem dessa forma, a prata é separada com sucesso dos outros dois metais.

Cobre(II) algumas vezes é incluído no Grupo I do esquema de análise qualitativa. Seu cloreto é solúvel, mas ele forma um complexo tetra-amino, como mostrado na Equação (6.2):

$$Cu^{2+}(aq) + 4NH_3(aq) \longrightarrow [Cu(NH_3)_4]^{2+}(aq)$$
azul-escuro

6.2

Esse complexo quadrático absorve luz visível para produzir uma cor azul-escura característica que pode ser usada para indicar a presença de íons de cobre.

De maneira similar, a presença de ferro(III) na água de abastecimento pode ser detectada adicionando uma pequena quantidade de tiocianato de potássio, KSCN, para produzir o complexo vermelho-escuro tiocianatoferro(III), como mostrado na Equação (6.3):

$$Fe^{3+}(aq) + SCN^-(aq) \longrightarrow FeSCN^{2+}(aq)$$
vermelho

6.3

Para ser mais específico, o produto dessa reação é, na verdade, o penta-aquatiocianatoferro(III), mas geralmente é abreviado como mostrado.

Estes dois últimos cátions coordenados, $FeSCN^{2+}$ e $[Cu(NH_3)_4]^{2+}$, são intensamente coloridos devido às suas fortes absorções de luz visível. Sabemos, do Capítulo 4, que diferenças de energia entre os orbitais *d* causadas por vários campos cristalinos muito frequentemente correspondem a frequências visíveis da luz. Assim, complexos de metais de transição são quase sempre coloridos. (No entanto, deve-se deixar claro que, transições *d–d* podem não ser responsáveis por todas essas cores intensas. A cor do $FeSCN^{2+}$, por exemplo, é mais provavelmente devida a um fenômeno chamado de *transição de transferência de carga*, um tópico além do escopo deste texto.) De fato, suas cores intensas e vibrantes têm feito que vários compostos de coordenação de metais de transição sejam úteis como componentes de pigmentos, corantes e tintas. Por exemplo, o azul da Prússia, descoberto primeiro no início dos anos 1700, é um complexo de ferro e cianeto produzido com a adição de hexacianoferrato(II) de potássio a qualquer sal de ferro(III), como mostrado na Equação (6.4). O azul de Turnbull, que durante muito tempo pensou-se ser um composto diferente, mas sabe-se agora que é idêntico ao azul da Prússia, é produzido de forma análoga, adicionando hexacianoferrato(III) de potássio a qualquer sal de ferro(II):

$$\begin{array}{c} Fe^{III}(aq) + K_4[Fe^{II}(CN)_6](aq) \\ \searrow \\ Fe^{III}_4[Fe^{II}(CN)_6]_3 \cdot 4H_2O \\ \text{azul da Prússia ou de Turnbull} \\ \nearrow \\ Fe^{II}(aq) + K_3[Fe^{III}(CN)_6](aq) \end{array}$$

6.4

A estrutura desses pigmentos de hexacianoferrato levou muito tempo para ser caracterizada, mas nos anos 1970 foi demonstrado ser como mostra a Figura 6.1. Aqui, os ligantes cianeto ligam-se em ponte com os cátions ferro(II) e ferro(III).

Esses complexos de ferro e ciano também eram as bases do processo original da cópia heliográfica, inventado pelo astrônomo John Herschel em meados de 1800. Ele notou que, cobrindo uma folha de papel com uma solução de "ferricianeto de potássio" {ou, usando nomenclatura moderna, hexacianoferrato(III) de potássio, $K_3[Fe(CN)_6]$}, deixando-a secar e, então, expondo-a à luz do sol por várias horas, produzia um azul-escuro que cobria o papel. Se um objeto fosse colocado no papel antes da exposição, uma impressão negativa do objeto era produzida no fundo azul, ou seja, o resultado era uma impressão azul (*blueprint*). Esse é um exemplo de fotólise porque fótons de luz reduzem parte do ferro(III) a ferro(II) e produzem o azul da Prússia.

FIGURA 6.1

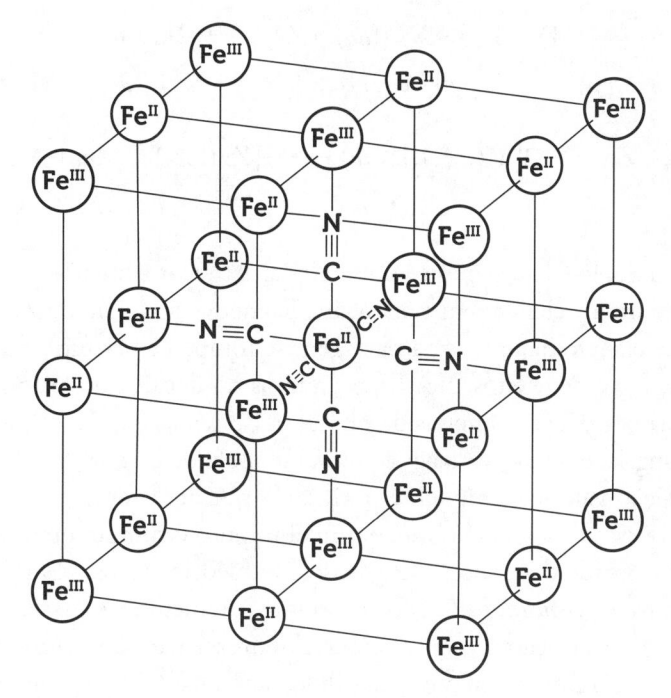

Uma parte da estrutura do azul da Prússia ou de Turnbull, hexacianoferrato(II) de ferro(III) tetra-hidratado. As águas de hidratação foram omitidas para tornar o esquema mais claro. Os ligantes cianeto se ligam em ponte entre os cátions ferro(II) e ferro(III). Alguns dos íons cianeto são ocasionalmente substituídos por moléculas de água ligadas aos cátions Fe(III). Vacâncias ocasionais (não mostradas) também estão na estrutura. (Adaptado de *Inorganic chemistry*, v. II, por H. J. Buser. Copyright © 1977 American Chemical Society.)

Subsequentemente, Herschel adicionou citrato férrico de amônia à solução de recobrimento para obter uma cor mais nítida do que a que era produzida, com menos exposição ao sol. (O método original também produz pequenas quantidades do venenoso gás cianeto de hidrogênio! Nenhuma evidência foi obtida de que Herschel tenha sofrido algum mal devido à exposição a esse gás!)

A cópia heliográfica é um exemplo de processo de impressão cianótipo, levando esse nome pelo uso de complexos de cianeto de ferro. Plantas em larga escala de arquitetura ou engenharia de edifícios, navios, locomotivas férreas ou outras estruturas, originalmente preparadas com tinta preta em uma folha translúcida de papel vegetal, eram colocadas sobre o papel não exposto coberto tanto com, ferricianeto de potássio quanto com citrato de amônio férrico de potássio. Uma breve exposição à luz ultravioleta produzia a cópia heliográfica (o citrato é o doador de elétrons). Compostos de cianeto e ferro não expostos eram lavados com água ou com uma solução contendo sais de ferro(III). Essas impressões podiam ser produzidas, rapidamente e com baixo custo, e distribuídas para vários trabalhadores do projeto de uma vez. Por quase um século (até os anos 1950), as cópias heliográficas eram o método dominante para a cópia de desenhos em larga escala. Atualmente, foram substituídas por métodos digitais. O nome *cianeto* vem do grego *kýanos*, significando "azul" devido ao seu papel no azul da Prússia. Ainda nos referimos ao azul em impressoras modernas como "ciano" pela mesma razão etimológica. (Verifique na loja em que você compra seus cartuchos de tinta.)

Complexos de cianeto também são usados para separar ouro e prata de seus minérios (um processo conhecido como *cianetação*). O minério triturado, contendo pequenas quantidades do metal livre, é submetido a uma solução diluída de um sal de cianeto, enquanto é simultaneamente oxidado, fazendo passar ar através dele. Como resultado, complexos solúveis de dicianoargentato(I) e dicianoaurato(I) são formados, como mostrado na Equação (6.5). A prata ou ouro (ou, às vezes, uma liga Ag–Au) é, então, isolada pela reação com um bom metal redutor como o zinco, como mostrado na Equação (6.6).

$$4M(s) + 8CN^-(aq) + O_2(g) + 2H_2O(l) \longrightarrow$$
$$4[M(CN)_2]^-(aq) + 4OH^-(aq) \quad (M = Au, Ag) \quad \mathbf{6.5}$$

$$Zn(s) + 2[M(CN)_2]^-(aq) \longrightarrow [Zn(CN)_4]^{2-}(aq) + 2M(s)$$
$$(M = Au, Ag) \quad \mathbf{6.6}$$

Conforme detalhado na Seção 6.5, o cianeto é um material extremamente tóxico e deve ser manuseado com extremo cuidado. O vazamento de cianeto em Baia Mare, Romênia, no início de 2000, demonstrou os efeitos devastadores de rejeitos de cianeto quando uma barragem se rompeu e permitiu que cerca de 100 toneladas fossem derramadas de uma lagoa de rejeitos. Nesse caso, muitos rios locais e toda a bacia do rio Danúbio foram afetados. O Danúbio forma partes das fronteiras da Hungria, Romênia, Sérvia e Bulgária e depois deságua no mar Negro. Apenas na Hungria, um quarto da água potável foi poluído e 1.360 toneladas de peixes morreram.

Outro metal de transição valioso, o níquel, é purificado por um processo formulado inicialmente por Ludwig Mond nos anos 1890. No *processo Mond*, o níquel impuro é submetido a um fluxo aquecido (aproximadamente 75 °C) de monóxido de carbono. O gasoso e tetraédrico tetracarbonilníquel(0), $Ni(CO)_4$ (frequentemente chamado de *tetracarbonilníquel*), é formado imediatamente e é passado por uma câmara a cerca de 225 °C. (Outros metais de transição presentes como impurezas não são complexados da mesma forma.) Na temperatura mais alta, o equilíbrio entre o níquel sólido, o monóxido de carbono e o carbonilníquel [como mostrado na Equação (6.7)] é invertido e níquel puro é depositado.

$$Ni(s) + 4CO(g) \underset{225\,°C}{\overset{75\,°C}{\rightleftharpoons}} Ni(CO)_4(g) \quad \mathbf{6.7}$$

O monóxido de carbono altamente tóxico é reciclado continuamente no processo. O tetracarbonilníquel, ainda mais tóxico do que o CO e certamente o composto de níquel mais perigoso conhecido, é um líquido volátil à temperatura ambiente. Deve-se tomar extremo cuidado no seu manuseio.

Um exemplo final de aplicação de complexos envolvendo ligantes monodentados é a formação de íons bis(tiossulfato)argentato(I) durante o uso de "fixadores" fotográficos. A fotografia em preto e branco depende da sensibilidade à luz de vários haletos de prata. Esses sais, geralmente o brometo de prata, mas ocasionalmente o iodeto para filmes particularmente "rápidos", são uniformemente incorporados à superfície gelatinosa do filme. Quando exposto à luz visível, o haleto perde seu elétron, que, por sua vez, é recebido pelos cátions de prata para produzir prata atômica e um ponto escuro, ou "exposto", no filme. Após a revelação (o termo para o realce desses pontos escuros), o excesso de haleto de prata (e não exposto) deve ser removido do filme. Essa "fixação" da imagem é obtida com tiossulfato de sódio ou tiossulfato de amônio, como ilustrado na Equação (6.8):

$$AgBr(s) + 2Na_2S_2O_3(aq) \longrightarrow Na_3[Ag(S_2O_3)_2](aq) + NaBr(aq) \quad \mathbf{6.8}$$

Ambos os produtos iônicos dessa reação são solúveis em água e limpam facilmente a superfície do filme.

6.2 DOIS CONCEITOS-CHAVE PARA A ESTABILIDADE DE COMPLEXOS DE METAIS DE TRANSIÇÃO

Para entender melhor as aplicações anteriores, assim como as que ainda veremos, é útil introduzir duas ideias a essa altura. A primeira é a teoria de ácidos e bases duros e moles, e a segunda é o efeito quelato.

Ácidos e bases duros e moles

Conforme discutido no Capítulo 4, compostos de coordenação são sais ou adutos de Lewis compostos de um ácido de Lewis (o átomo ou íon metálico) e várias bases de Lewis (os ligantes). Ácidos de Lewis recebem pares de elétrons, enquanto bases de Lewis os doam. No início dos anos 1960, Ralph Pearson introduziu a ideia de ácidos e bases duros e moles. *Ácidos duros* são definidos como receptores de pares de elétrons pequenos, compactos e altamente carregados, e *bases duras* são doadores de pares de elétrons pequenos e altamente eletronegativos. Ácidos e bases moles, pelo contrário, são espécies grandes, difusas e polarizadas. Com essa definição, cátions metálicos, como Al^{3+} e Cr^{3+} são ácidos duros, enquanto ligantes como F^-, NH_3 e H_2O são bases duras. Contrariamente, os cátions metálicos Hg^{2+}, Ag^+ e Au^+ e ligantes contendo fósforo, enxofre e ligações π difusas (exemplos CN^- e CO) são moles. Uma lista mais completa de ácidos e bases duros e moles é dada na Tabela 6.1.

A utilidade especial da ideia ácido-base-duro-mole (hard-soft-acid-base – HSAB) é que *ácidos moles se ligam preferencialmente a bases moles, e ácidos duros, a bases duras*. Essa regra, praticamente empírica (isto é, baseada em observações), é útil para explicar e prever as estabilidades relativas de complexos de metais de transição de outros compostos. Por exemplo, vamos analisar as últimas três aplicações de compostos de coordenação discutidas na seção anterior. O complexo bis(tiossulfato)argentato(I), formado na fixação de imagens fotográficas em preto e branco, é caracterizado por uma ligação covalente coordenada mole-mole Ag^+–S, em vez de uma mole-dura Ag^+–O. Níquel(0), um átomo metálico mole, forma complexos estáveis com moléculas moles de carbonil, que têm nuvens de elétrons π grandes e difusas. Por fim, note que prata(I) e ouro(I), cátions +1 grandes e difusos de metais da segunda e terceira séries de transição, formam ligações fortes com o ligante mole cianeto.

A partir desses exemplos, podemos ver que a ideia HSAB é certamente útil. Todavia, algum cuidado é necessário. Embora muitos complexos sigam as regras HSAB, vários perfeitamente estáveis não seguem. Por exemplo, o complexo diaminoprata(I) na Equação (6.1) envolve um ácido mole e uma base dura, enquanto o complexo tiocianoferro(III) envolve o inverso. Assim, embora a regra HSAB seja uma boa ideia para organizar nossas ideias sobre a estabilidade de complexos de metais de transição, ela certamente não é infalível e deve ser lembrada apenas como uma regra prática útil.

Tem havido muitas tentativas de explicar a ideia HSAB, mas até hoje sua base teórica não é completamente entendida. A maioria dessas explicações está baseada na ideia de que interações duro-duro tendem a ser estabilizadas por forças iônicas fortes, enquanto interações mole-mole são estabilizadas por ligações covalentes e/ou forças de dispersão de London.

TABELA 6.1
Lista parcial de ácidos e bases duros e moles

	Ácidos	Bases[a]
Duros	H^+, Li^+, Na^+, K^+	NH_3, RNH_2
	$Be^{2+}, Mg^{2+}, Ca^{2+}$	H_2O, OH^-, O^{2-}
	Al^{3+}	F^-, Cl^-
	$Cr^{3+}, Co^{3+}, Fe^{3+}$	NO_3^-, ClO_4^-
	$Ti^{4+}, Zr^{4+}, Hf^{4+}, Th^{4+}$	SO_4^{2-}
	Cr^{6+}	PO_4^{3-}
		CH_3COO^-
Limite	$Fe^{2+}, Co^{2+}, Ni^{2+}, Cu^{2+}$	N_2, py
	$Zn^{2+}, Sn^{2+}, Pb^{2+}$	NO_2^-, SO_3^{2-}
	$Ru^{2+}, Rh^{2+}, Ir^{3+}$	Br^-
Moles	$Cd^{2+}, Hg_2^{2+}, Hg^{2+}$	H^-
	Cu^+, Ag^+, Au^+, Tl^+	CN^-, C_2H_4, CO
	$Pd^{2+}, Pt^{2+}, Pt^{4+}$	PR_3, AsR_3, R_2S, RSH
	M^0 (átomos metálicos)	$SCN^-, S_2O_3^{2-}$
		I^-

[a] $R = CH_3-, CH_3CH_2-, C_6H_5-$ etc.

O efeito quelato

O *efeito quelato* pode ser definido como a estabilidade incomum de um composto de coordenação que envolva um ligante quelante multidentado comparado com compostos equivalentes que envolvem ligantes monodentados. Para vermos a magnitude desse efeito, considere as duas seguintes reações representadas nas Equações (6.9) e (6.10):

$$Ni^{2+}(aq) + 6NH_3(aq) \longrightarrow [Ni(NH_3)_6]^{2+} \qquad (\beta = 4,0 \times 10^8) \qquad \textbf{6.9}$$

$$Ni^{2+}(aq) + 3en(aq) \longrightarrow [Ni(en)_3]^{2+} \qquad (\beta = 2,0 \times 10^{18}) \qquad \textbf{6.10}$$

Note que a constante de estabilidade global β do complexo de tris(etilenodiamino) é cerca de 10 ordens de grandeza maior do que a do complexo equivalente de hexa-amino.

Qual poderia ser a causa de uma diferença tão grande na estabilidade termodinâmica? Afinal, o número de ligações covalentes coordenadas $Ni^{2+}-N$ é seis em ambos os produtos dessas duas reações, e as variações de entalpia (ΔH) envolvidas quando essas ligações se formam devem ser bastante similares. Isso parece deixar para a entropia a principal explicação para o efeito. Na verdade, existem duas explicações para o efeito quelato, ambas relacionadas às probabilidades relativas de essas duas reações ocorrerem. Primeiro, considere o número de reagentes e produtos nos dois casos. Conforme escrito mais explicitamente nas Equações (6.11) e (6.12), está claro que o número de íons e moléculas dispersas na água permanece constante na primeira reação (sete, tanto entre os reagentes quanto entre os produtos). No entanto, na segunda reação, três moléculas de etilenodiamina substituem seis moléculas de água na esfera de coordenação, e o número de moléculas dispersas aleatoriamente pela solução aquosa aumenta de quatro para sete. O maior número de moléculas distribuídas aleatoriamente na solução representa um estado de maior probabilidade ou maior entropia para os produtos da segunda reação. Assim, a segunda reação é mais favorecida que a primeira devido a esse efeito entrópico.

$$\underbrace{[Ni(H_2O)_6]^{2+} + 6NH_3}_{\text{7 "moléculas"}} \longrightarrow \underbrace{[Ni(NH_3)_6]^{2+} + 6H_2O}_{\text{7 "moléculas"}} \qquad \textbf{6.11}$$

$$\underbrace{[Ni(H_2O)_6]^{2+} + 3en}_{\text{4 "moléculas"}} \longrightarrow \underbrace{[Ni(en)_3]^{2+} + 6H_2O}_{\text{7 "moléculas"}} \qquad \textbf{6.12}$$

Lembre-se de que a importância relativa das variações de entalpia e entropia em uma reação é dada pela expressão para a energia livre, mostrada na Equação (6.13):

$$\Delta G° = \Delta H° - T\Delta S° \qquad \textbf{6.13}$$

Um grande aumento na entropia de uma reação é refletido em um valor mais negativo para $\Delta G°$. A constante de equilíbrio é, por sua vez, relacionada com a variação na energia livre pela expressão dada na Equação (6.14):

$$\Delta G° = -RT \ln K \qquad \textbf{6.14}$$

Deve estar claro que um $\Delta G°$ mais negativo implica um maior valor positivo para a constante de equilíbrio. (Você pode achar útil rever esses conceitos de química.) Assim, vemos que esse aumento significativo na entropia na segunda reação é o que causa, em grande parte, o maior valor de β, a constante de estabilidade global para essa reação.

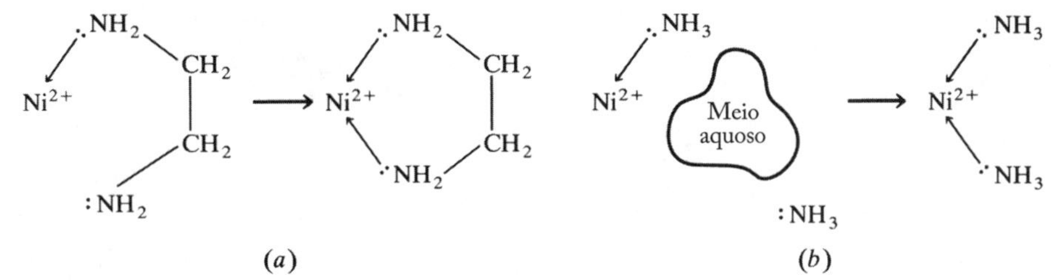

FIGURA 6.2

O efeito quelato. (*a*) A segunda amina de uma molécula de etilenodiamina complexa com um cátion níquel(II) para formar um anel de cinco membros. (*b*) Uma segunda molécula de amônia se liga ao mesmo cátion. A probabilidade de a primeira reação ocorrer é maior porque o segundo ligante está unido ao níquel pela cadeia do quelato. A "concentração local" do segundo ligante no entorno do íon metálico é maior no primeiro caso.

Uma segunda maneira de explicar o efeito quelato é ver o que acontece quando uma extremidade do ligante bidentado etilenodiamina se liga ao metal. A situação é mostrada na Figura 6.2. Perceba que a concentração da segunda base de Lewis com nitrogênio (o outro grupo amino da etilenodiamina) é agora maior no entorno do íon Ni^{2+} do que seria se a segunda base de Lewis com nitrogênio (por exemplo, um segundo ligante monodentado NH_3) estivesse livre para se mover aleatoriamente por toda a solução. Frequentemente essa situação é expressa em termos da "concentração local" ou "efetiva" do segundo ligante. Em outras palavras, a concentração da segunda base de Lewis na vizinhança local do íon metálico é efetivamente maior quando o segundo grupo está ligado ao primeiro por uma cadeia relativamente curta de dois carbonos. Então, a reação envolvendo o bidentado é mais provável e tem uma constante de equilíbrio maior.

Feitos esses comentários sobre concentração local, não é surpreendente que o comprimento da cadeia do quelato tenha uma influência direta na probabilidade de a segunda base de Lewis formar uma ligação covalente coordenada com o metal. Um ligante etilenodiamina tem dois carbonos entre as bases de Lewis e forma anéis de cinco membros (incluindo o metal) quando as duas extremidades estão coordenadas. Uma estrutura de anel desse tipo é muito estável. Anéis de seis membros também são estáveis, mas quando as cadeias e os anéis ficam muito maiores que isso, o efeito sobre a concentração local diminui e os complexos resultantes ficam menos estáveis.

6.3 APLICAÇÕES DE COMPLEXOS MULTIDENTADOS

Não surpreendentemente, muitas aplicações tiram proveito do efeito quelato. Nesta seção, começaremos discutindo *métodos analíticos quantitativos complexométricos*, que envolvem a formação de um complexo como a chave para a medida da quantidade de um material em uma amostra.

Métodos gravimétricos são aqueles que envolvem a produção, o isolamento e a pesagem de um sólido para determinar a quantidade de material em uma amostra. Talvez o método mais frequentemente citado, embora não complexométrico, seja a precipitação de AgCl(*s*) na determinação da porcentagem de prata e/ou cloreto em uma substância. Um dos processos gravimétricos *complexométricos* mais comuns envolve o uso de um agente quelante bidentado, dimetilglioximato ($dmgH^-$), para determinar níquel. A estrutura da dimetilglioxima, $dmgH_2$, é mostrada na Figura 6.3a, assim como a do complexo $Ni(dmgH)_2$. Note que dois anéis de cinco membros são formados no complexo e que eles interagem entre si por ligações hidrogênio.

Outro procedimento gravimétrico comum envolve a determinação de alumínio com um agente quelante conhecido como 8-hidroxiquinolina (às vezes chamado de 8-quinolinol ou oxima). Esse agente complexante, mostrado na Figura 6.3b, é um exemplo de um *heterociclo*. Um dos anéis deslocalizados no composto contém

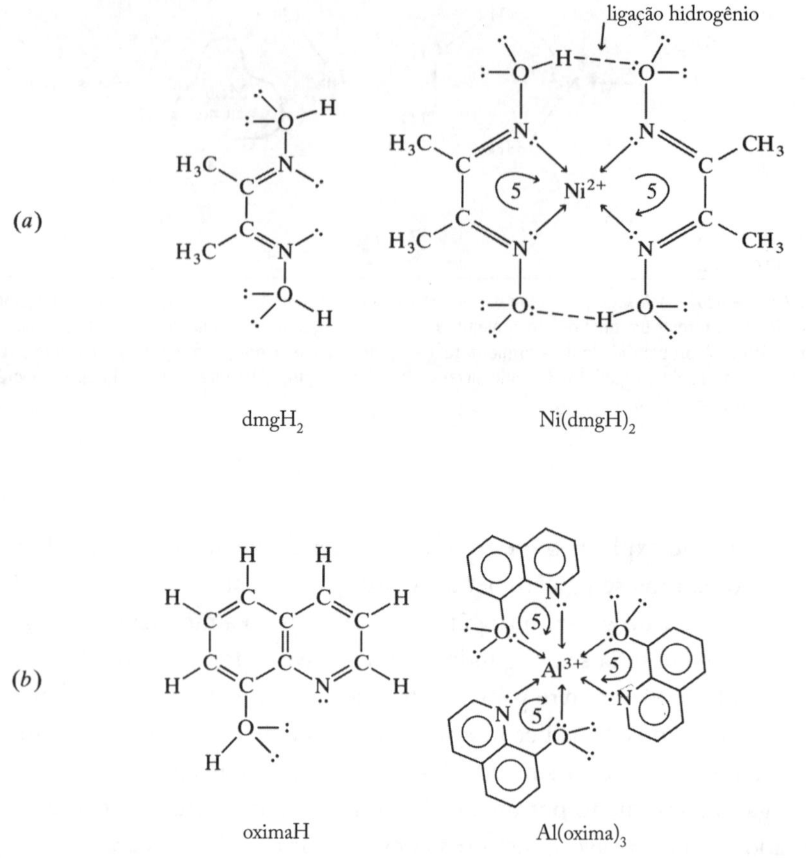

FIGURA 6.3

As estruturas dos ligantes não coordenados e os compostos de coordenação resultantes envolvidos nas determinações gravimétricas de níquel(II) e alumínio(III): (a) o ligante dimetilglioxima livre, dmgH$_2$, e o complexo bis(dimetilglioximato)níquel(II), Ni(dmgH)$_2$, e (b) o ligante 8-hidroxiquinolina ou oxima livre, oximaH, e o complexo tris(8-hidroxiquinolato)alumínio(III), Al(oxima).

mais de um tipo de átomo – nesse caso, carbono e nitrogênio. Novamente, o ligante bidentado forma anéis estáveis de cinco membros com o íon metálico.

Métodos titulométricos complexométricos envolvem a formação de um complexo metálico como o ponto final da titulação. Nesses procedimentos, a solução do íon metálico é usualmente titulada com um agente quelante de concentração conhecida. Antes de a titulação começar, uma pequena quantidade de um indicador (também um ligante) é adicionada. O indicador forma um composto de coordenação com uma pequena quantidade do íon metálico. O restante do metal, chamado de metal livre, não está complexado. Conforme a titulação se processa, os íons metálicos livres são complexados primeiro pelo agente quelante. No entanto, quando todo o metal livre reagiu, o agente quelante começa a remover o metal do complexo M-indicador. O indicador livre tem uma cor diferente do complexo M-indicador e a solução muda de cor, indicando que o ponto final estequiométrico foi atingido.

Exemplos de titulações complexométricas incluem o uso de trietilenotetra-amina (trien) para titular cobre(II), 1,10-fenantrolina (phen) para titular ferro(III), e ácido etilenodiaminotetra-acético (H$_4$EDTA) para titular uma grande variedade de íons metálicos 2$^+$ e 3$^+$. Esses agentes quelantes e seus complexos metálicos representativos são mostrados na Figura 6.4. Note que o H$_4$EDTA pode ser pensado como um derivado da etilenodiamina na qual os quatro hidrogênios das aminas foram substituídos por partes de ácido acético (–CH$_2$COOH). Quando o EDTA se coordena a um cátion metálico, ele pode ocupar todos os seis sítios octaédricos e forma cinco anéis estáveis com cada metal.

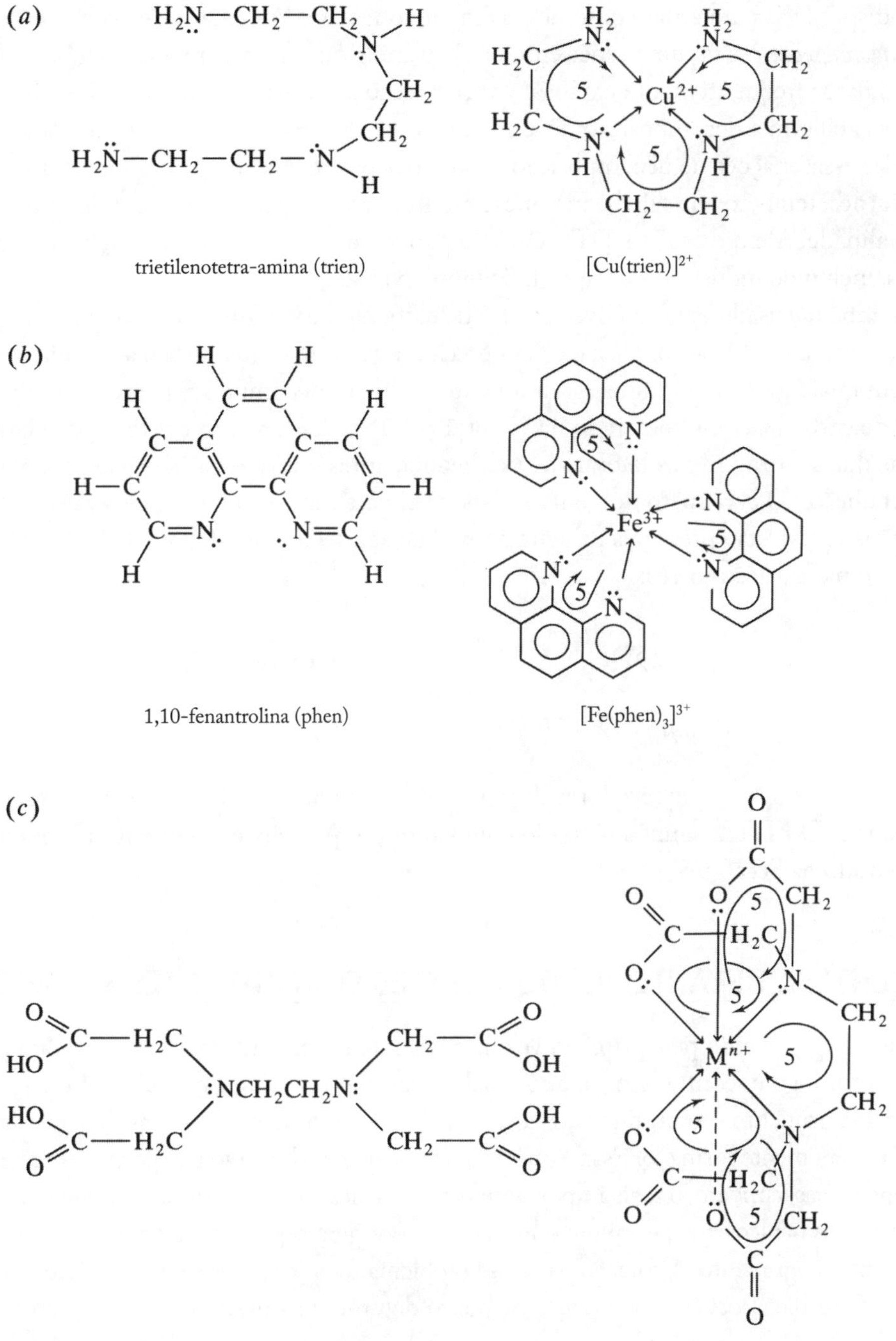

(a) trietilenotetra-amina (trien)   [Cu(trien)]$^{2+}$

(b) 1,10-fenantrolina (phen)   [Fe(phen)$_3$]$^{3+}$

(c) ácido etilenodiaminotetra-acético (H$_4$EDTA)   M(EDTA)$^{(4-n)-}$

FIGURA 6.4

Três agentes quelantes diferentes: (a) trietilenotetra-amina (trien), (b) 1,10-fenantrolina (phen) e (c) ácido etilenodiaminotetra-acético (H$_4$EDTA) e os íons coordenados resultantes empregados em várias titulações complexométricas.

Devido aos complexos especialmente estáveis formados pelo EDTA, ele apresenta vários usos. Em um dos mais comuns, titulações com EDTA são usadas para determinar concentrações de íons em água dura, Ca^{2+} e Mg^{2+}, em águas de abastecimento naturais (mais sobre água dura pode ser encontrado na Seção 6.4, assim como na Seção 13.3.). Como o EDTA retém tantos cátions 2$^+$ e 3$^+$ na forma complexa, esses metais não ficam quimicamente disponíveis para atuar como normalmente o fariam. Por essa razão, o EDTA é algumas vezes referido como *agente sequestrante*, uma espécie que isola e anula quimicamente íons metálicos. Deixados livres, esses traços metálicos frequentemente catalisam várias reações, muitas das quais indesejáveis. Por exemplo, traços de metais catalisam a decomposição de alimentos e outros produtos, deixando-os rançosos e descoloridos. Para retardar essas reações de decomposição catalisadas por metais, pequenas quantidades de EDTA são adicionadas a carnes, temperos de salada, maionese, molhos, patês e até sopas, além de outros produtos, para aumentar sua validade. Além disso, o EDTA é usado para controlar os níveis de traços de metais em muitos processos fabris, incluindo indústrias de papel, laticínios e borracha.

O EDTA também é usado para remover crostas de carbonato e sulfato de cálcio que se formam em aquecedores de água e caldeiras. O carbonato de cálcio precipita quando a água dura é aquecida porque o bicarbonato presente em qualquer fonte de água naturalmente aerada se decompõe pela ação do calor em carbonato, água e dióxido de carbono, como mostrado na Equação (6.15). (Essa reação é a fonte de algumas das bolhas muito pequenas que se formam nas laterais de um béquer, antes que a água que está sendo aquecida dentro dele entre em ebulição.) O carbonato fica, então, disponível para ser precipitado pelos cátions cálcio, magnésio e ferro que, muitas vezes, estão presentes na água natural de abastecimento. Essa reação de precipitação é mostrada para o cálcio na Equação (6.16):

$$2HCO_3^-(aq) \xrightarrow{calor} H_2O + CO_2(g) + CO_3^{2-}(aq) \qquad \textbf{6.15}$$

$$Ca^{2+}(aq) + CO_3^{2-}(aq) \longrightarrow CaCO_3(s) \qquad \textbf{6.16}$$

O sulfato de cálcio se forma em aquecedores de água e caldeiras porque ele é menos solúvel em água quente do que em água fria. O EDTA também é usado como antídoto para envenenamento por metais pesados, um tópico a ser discutido na Seção 6.5.

6.4 AGENTES QUELANTES COMO AGENTES COADJUVANTES DE DETERGENTES

No final dos anos 1940, quando pela primeira vez lavadoras de roupas automáticas chegaram ao mercado, um grande problema foi logo encontrado. Quando o sabão comum era usado nessas máquinas, um precipitado branco, gelatinoso e grudento – o produto de várias reações entre o sabão e os íons da água dura, como Ca^{2+}, Mg^{2+} e Fe^{3+} – era geralmente formado. Essa "escuma" não era apenas desagradável porque frequentemente se depositava na lavagem mas, também, o mais importante para o fabricante de lavadoras, porque entupia o sistema da máquina. Os pequenos buracos que permitem que a água de lavagem seja drenada da máquina eram logo entupidos por esse precipitado grudento. A solução para esse problema foi a formulação de novos detergentes sintéticos.

A Procter & Gamble (P&G) introduziu o primeiro detergente sintético nos anos 1930. Ele continha o primeiro agente de limpeza sintético ou *surfactante*, que é uma molécula semelhante à do sabão, o qual faz a limpeza. Ele não precipitava a escuma do sabão, mas não fazia um trabalho particularmente bom para lavar roupas muito sujas de terra. Pesquisadores da P&G perceberam que podiam melhorar o detergente sintético adicionando coadjuvantes ao surfactante, ou seja, acrescentando compostos químicos que lidam mais efetivamente com os íons da água dura. Após extensiva pesquisa, eles determinaram que o melhor coadjuvante era o tripolifosfato de sódio, $Na_3[P_3O_{10}]$, que anulava ou "sequestrava" esses cátions aquosos. O tripolifosfato (TPP), como mostrado na Figura 6.5a, é, na verdade, um agente quelante tridentado que complexa íons da água dura, representados por Ca^{2+} na figura. O sal de sódio era barato para fabricar, capaz de estabelecer e manter o pH apropriado para uma ação mais efetiva dos surfactantes e um excelente agente sequestrante. A P&G deu o nome de *Tide* ao produto resultante. Sua introdução no mercado, em 1947, revolucionou a indústria de sabões/detergentes.

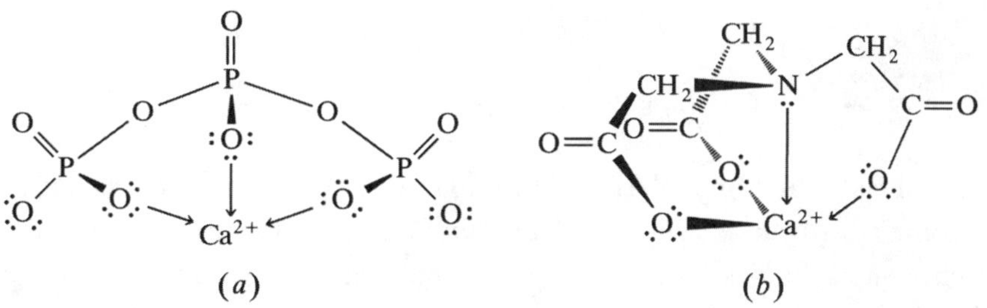

FIGURA 6.5

Dois agentes quelantes coadjuvantes de detergentes: (*a*) tripolifosfato (TPP) e (*b*) nitrilotriacetato (NTA). Cada um é mostrado complexado com Ca^{2+}, um íon representativo da água dura.

Parecia haver apenas um problema com os fosfatos. Como muitos jardineiros sabem, fosfatos (assim como carbonatos, nitratos, sais de potássio e de magnésio etc.) são nutrientes. Conforme a popularidade dos detergentes com fosfato crescia, toneladas e toneladas deles, amplamente não tratadas pelas estações de tratamento de esgoto, eram despejadas em córregos, rios, lagoas e lagos. Lá, descobriu-se que esses fosfatos (com uma grande e complicada variedade de nutrientes de outras fontes, como fosfatos, nitratos, nitritos e amônia de fontes domésticas e industriais não detergentes, assim como fosfatos de escoamentos de áreas agropecuárias) eram responsáveis por vastas florações de algas e outras plantas aquáticas.

No fim dos anos 1960, fosfatos relacionados aos detergentes foram identificados como uma das principais causas controláveis da eutrofização avançada. *Eutrofização* é um processo natural pelo qual um corpo aquático gradualmente envelhece se enchendo de vida vegetal aquática, podendo, eventualmente, virar primeiro um pântano e, por fim, uma pradaria. Normalmente, um processo desse tipo leva milhares de anos. A *eutrofização avançada* é a aceleração do processo natural de envelhecimento do corpo aquático causada por excesso de fertilização com nutrientes, resultando em um rápido e excessivo crescimento da vida vegetal aquática. Como um resultado de sua associação com a eutrofização avançada, fosfatos relacionados a detergentes foram severamente limitados em algumas áreas e até banidos em outras. Muitos estados norte-americanos aprovaram leis limitando o conteúdo de fósforo em detergentes a 8,7%, o que corresponde a 34% de tripolifosfato de sódio.

A pesquisa focava um substituto para os fosfatos como principal agente coadjuvante de detergente. Um candidato, desenvolvido a um custo considerável pela P&G, era o agente quelante quadridentado ácido nitrilotriacético (H_3NTA). Em um processo similar ao que vimos para o H_4EDTA, H_3NTA pode ser pensado como um derivado da amônia no qual todos os três átomos de hidrogênio foram substituídos pelo grupo acético (–CH_2COOH). Na Figura 6.5b, o ânion resultante, nitrilotriacetato, é mostrado quelando um íon representativo da água dura. Ele é um excelente agente quelante e coadjuvante de detergente sintético. Infelizmente, alguns relatos iniciais (1970) sugeriram que o NTA poderia também complexar mercúrio, cádmio e chumbo e, nessas formas complexas, carregá-los por várias barreiras do corpo (a barreira placentária e a barreira hematoencefálica, para citar duas) e causar malformações congênitas e danos cerebrais. Em meados da década de 1970, o NTA também foi indicado como uma causa de danos aos rins e câncer. Esses relatos iniciais agora parecem ser totalmente infundados. Em 1980, de fato, a Agência de Proteção Ambiental dos Estados Unidos (Enviromental Protection Agency – EPA) relatou que não havia razão para regular o NTA em detergentes. No entanto, o dano já estava feito e o NTA ainda não é amplamente usado como um agente coadjuvante de detergentes sintéticos nos Estados Unidos, embora encontre significativo uso em outros países, como Canadá e Alemanha.

Então, o que substituiu os fosfatos nos detergentes sintéticos? Uma rápida pesquisa entre os produtos de limpeza mostra que muitos deles usam carbonato de sódio, Na_2CO_3, como agente coadjuvante. Carbonatos precipitam íons da água dura como um precipitado fino e granular, um processo representado na Equação (6.17); silicatos também precipitam íons da água dura [Equação (6.18)] e encontram uso limitado como substitutos dos fosfatos:

$$\text{Ca}^{2+}(aq) + \text{CO}_3^{2-}(aq) \longrightarrow \text{CaCO}_3(s) \qquad \textbf{6.17}$$

$$\text{Ca}^{2+}(aq) + \text{SiO}_3^{2-}(aq) \longrightarrow \text{CaSiO}_3(s) \qquad \textbf{6.18}$$

Mais recentemente, zeólitas ou aluminossilicatos têm sido usados para sequestrar esses íons. (Veja Seção 15.5 para mais detalhes sobre a estrutura e função dos aluminossilicatos.) Os próprios fosfatos ainda são usados (embora limitados, em muitos estados norte-americanos, a 8,7% em detergentes para roupas), particularmente em limpadores industriais e detergentes de máquinas de lavar louças.

6.5 APLICAÇÕES BIOINORGÂNICAS DA QUÍMICA DE COORDENAÇÃO

A bioquímica, a química de sistemas vivos, apresenta substancialmente conteúdos de química inorgânica, em geral, e de química de coordenação, em particular. De fato, a química bioinorgânica é um campo interdisciplinar relativamente novo e ainda em crescimento da química. Algumas das áreas mais produtivas investigadas pela química bioinorgânica nos últimos 50 anos são a natureza e a ação da hemoglobina no transporte de oxigênio como parte da respiração celular. Outras incluem agentes quelantes terapêuticos e agentes antitumorais de platina.

Transporte de oxigênio

Respiração celular é o processo de uso de oxigênio para quebrar glicose e produzir dióxido de carbono, água e energia para ser usada pela célula. Em animais superiores, o oxigênio é transportado para as células pela ação da hemoglobina, uma proteína tetramérica com uma massa molecular espantosa (pelo menos para um químico inorgânico) de cerca de 64.500 u. Duas visualizações da hemoglobina são dadas na Figura 6.6. A primeira é uma representação global da molécula inteira, difícil de fazer em grande detalhe para uma molécula desse tamanho! A maior parte dessa molécula de quatro partes é proteica e, não tratado aqui, mas incorporados nessas cadeias proteicas, há quatro estruturas planares similares a discos, chamadas *grupos heme*. A Figura 6.6b mostra uma visualização mais detalhada deles. Em cada heme, quatro átomos de nitrogênio estão coordenados a um cátion Fe^{2+} para formar um arranjo quadrático plano. Diretamente abaixo do cátion ferro, um grupo histidina, derivado da infraestrutura proteica da molécula, ocupa um quinto sítio. A sexta posição em torno do ferro está disponível para transportar uma molécula de oxigênio dos pulmões, brânquias ou, simplesmente, da pele de um organismo para as várias células que precisam dele.

Nos seres humanos e na maioria dos animais, a hemoglobina é encontrada no sangue e lhe dá sua cor característica. (Nas espécies sem hemoglobina, o sangue tem uma cor diferente ou é incolor.) Uma representação muito simplificada da respiração é dada na Equação (6.19):

$$\text{Hb} + \text{O}_2(g) \rightleftharpoons \text{HbO}_2 \qquad \textbf{6.19}$$

Aqui Hb representa um dos sítios heme da hemoglobina. Oxigênio e hemoglobina (vermelho-roxo escuro) estão em equilíbrio com HbO_2, oxi-hemoglobina (vermelho vivo brilhante). Quando os sítios heme livres no sangue encontram uma alta concentração ou pressão parcial de gás oxigênio nos alvéolos (pequenas bolsas de ar) dos pulmões, o equilíbrio se desloca para a direita. Quando a oxi-hemoglobina encontra uma célula na qual a pressão parcial de oxigênio é baixa, o equilíbrio se desloca de volta para a esquerda e o oxigênio é liberado.

O modo como a molécula diatômica de oxigênio se liga ao Fe^{2+} no grupo heme tem sido um grande alvo de discussão entre os químicos bioinorgânicos ao longo dos anos. Conforme mostrado na Figura 6.6b, a maioria das evidências parece favorecer uma estrutura angular consistente com o oxigênio doando um de seus pares isolados para o ferro. A habilidade de cada grupo heme de aceitar uma molécula de oxigênio parece depender

FIGURA 6.6

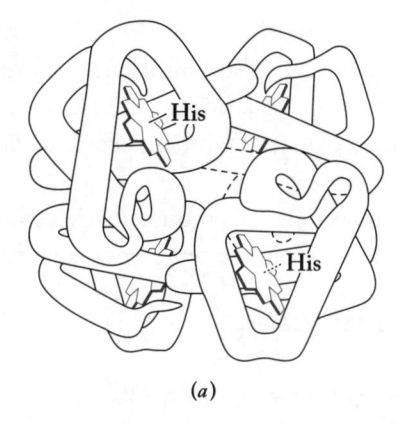

Hemoglobina e heme. (*a*) Hemoglobina é uma proteína tetramérica que contém quatro grupos heme, mostrados como estruturas irregulares de quatro lados semelhantes a discos. As seções tubulares são estruturas da proteína, enquanto grupos histidina são identificados por His. (Adaptado de: *Chemistry* 9 ed. K. W. Whitten, R. E. Davis, L. Peck e G. G. Stanley, p. 909. Copyright © 2010 Brooks/Cole, uma parte da Cengage Learning, Inc.)
(*b*) Heme é o complexo da hemoglobina contendo ferro que transporta moléculas de oxigênio no processo de respiração celular. Quatro átomos de nitrogênio nos anéis heterocíclicos formam um arranjo quadrático em torno do Fe(II) e um grupo histidina (também ligado à parte proteica da proteína) e uma molécula de oxigênio estão ligados em posições axiais.

de quantos dos outros três grupos já estão coordenados a outras moléculas de oxigênio; ou seja, os quatro grupos heme parecem se ligar cooperativamente a moléculas de oxigênio. Quando um grupo heme aceita um oxigênio, os outros grupos tornam-se ainda mais receptivos à ligação de um segundo oxigênio. Evidentemente, a ligação de um oxigênio, por meio de uma série de etapas particularmente não muito bem compreendidas, abre canais, fazendo que seja mais fácil para as moléculas de oxigênio seguintes chegarem aos outros grupos heme.

Surpreendentemente, quando se pensa com detalhes, o oxigênio não oxida o íon Fe^{2+} a Fe^{3+}. Evidentemente, a estrutura da proteína fornece proteção, algumas vezes referida como "bolso hidrofóbico", contra essa oxidação. Na ausência desse envoltório protetor, o ferro é oxidado e não se liga mais ao oxigênio. Em vez disso, uma molécula de água ocupa o sexto sítio e o composto é marrom. (Essa oxidação também ocorre na hemoglobina fora do corpo e é responsável pela cor do sangue seco ou carne não fresca.)

Quando a hemoglobina é exposta tanto ao gás oxigênio quanto ao gás monóxido de carbono, o complexo de carbonil, chamado *carboxi-hemoglobina*, é formado. A reação resultante é representada na Equação (6.20):

$$Hb + CO(g) \rightleftharpoons HbCO \qquad \mathbf{6.20}$$

A constante de equilíbrio para a formação da carboxi-hemoglobina é cerca de 250 vezes maior que a para a oxi-hemoglobina. O resultado é que respirar monóxido de carbono priva as células de oxigênio e a vítima acaba asfixiada. Poucos sítios da hemoglobina (cerca de 0,5%) são normalmente ocupados pelo monóxido de carbono em indivíduos saudáveis. Fumantes têm maior risco porque 5% a 12% de sua Hb está comprometida como HbCO. Conforme a porcentagem de HbCO aumenta, os efeitos na saúde são mais pronunciados. O sistema nervoso começa a ser comprometido em 2,5%, dores de cabeça ocorrem entre 10% e 20%, tonturas e vômitos entre 30% e 40%, colapso entre 40% e 50% e a morte ocorre quando HbCO está acima de 60%.

O íon cianeto, CN^-, isoeletrônico ao monóxido de carbono, também se liga ao cátion ferro nos grupos heme. Todavia, em vez de atacar principalmente a hemoglobina, o cianeto interfere na função de um grupo de compostos chamados *citocromos*. Citocromos de vários tipos (identificados como c, a, a_3 etc.) são proteínas que têm um ou mais grupos heme. Elas estão integralmente envolvidas no transporte de elétrons que proporcionam a redução do oxigênio molecular à água como parte do processo de respiração celular. Quando cátions ferro nesses grupos heme no fim do processo de transporte de elétrons estão ligados preferencialmente pelo íon cianeto, em vez do oxigênio molecular, O_2, a respiração celular essencialmente para.

Envenenamento por cianeto pode ocorrer de várias formas. No laboratório de química e local de trabalho, sempre se deve estar alerta quando se empregam sais de cianeto (como o cianeto de potássio, KCN) ou o cianeto de hidrogênio, HCN, gasoso. O HCN tem odor de amêndoas amargas, mas uma em cada cinco pessoas não pode detectar esse odor – fazendo-se necessária muita precaução em áreas em que o cianeto é utilizado. Além de serem usados para extrair ouro e prata de seus minérios e para fazer vários corantes (como mencionado anteriormente), cianetos também são utilizados no refino e galvanização de metais e para extrair prata de filmes fotográficos e de raios X. O gás HCN é usado em câmaras de gás e como um fumigante para matar várias pragas encontradas em casas, armazéns e porões de navios.

Outras fontes de cianeto são menos conhecidas. Por exemplo, as sementes de várias frutas, como maçãs, cerejas, pêssegos, damascos e ameixas, contêm compostos chamados *glicosídeos cianogênicos* que liberam cianeto na digestão. A dose fatal para uma criança pequena é de apenas 5 a 25 sementes. No entanto, elas são perigosas apenas se as cápsulas das sementes forem quebradas. A amigdalina, considerada uma cura para o câncer, é feita a partir de sementes de damasco e contém uma substância que libera cianeto. Ela já causou envenenamento fatal por cianeto. Por fim, o pentacianonitrosilferrato(III) de sódio, $Na_2[Fe(CN)_5NO]$, algumas vezes chamado de *nitroprussiato de sódio*, é útil no controle da pressão sanguínea alta, mas também libera íons cianeto, e uma superdosagem pode levar ao envenenamento por cianeto.

Agentes quelantes terapêuticos para metais pesados

O que deve ser feito quando uma criança pequena é levada ao pronto-socorro com envenenamento por chumbo causado pela ingestão de lascas de tinta contendo chumbo ou por beber suco de laranja de uma jarra de cerâmica impropriamente tratada? Essas e outras emergências similares ocorrem diariamente pelo mundo.

De fato, o chumbo está bastante disperso nos locais em que vivemos e trabalhamos. (O chumbo é encontrado em tintas, cerâmicas, soldas, cristais, canos de água e no solo e vegetação em torno de casas mais antigas e áreas de beira de estrada, apenas para citar alguns exemplos.) Os níveis médios de chumbo encontrados em adultos modernos é cerca de 10 vezes maior do que o encontrado em múmias egípcias. (Veja Seção 15.4 para mais informações sobre compostos e toxicologia do chumbo.) Crianças são particularmente susceptíveis aos muitos efeitos do envenenamento por chumbo: fadiga, tremores, redução da coordenação motora, diminuição do QI, problemas de atenção e comportamento, menores tempos de reação e menor coordenação olho-mão. O chumbo também pode atravessar as barreiras placentária e hematoencefálica e causar danos cerebrais e malformações congênitas. Em casos extremos, pode levar ao coma e à morte.

O modo de ação do chumbo e outros metais pesados é se ligar a vários aminoácidos precursores de proteínas. As proteínas, macromoléculas biológicas que controlam uma ampla variedade de funções no corpo, frequentemente contêm grupos com enxofre que podem funcionar como bases de Lewis. Esses átomos moles de enxofre são facilmente coordenados a vários cátions de metais pesados. Os complexos mole-mole estáveis resultantes fazem que a proteína seja incapaz de funcionar normalmente.

Quando uma criança que sofre de envenenamento por chumbo é levada para tratamento, a prioridade é reduzir a concentração de chumbo na corrente sanguínea o mais rápido possível. A primeira linha de tratamento é mais frequentemente a terapia com EDTA. Como vimos na Seção 6.3, o ácido etilenodiaminotetra-acético é um excelente agente quelante hexadentado. Ele efetivamente complexa e sequestra praticamente todos os metais 2^+ e 3^+, incluindo o chumbo. No entanto, por essa mesma razão o EDTA não pode ser usado para um tratamento de longo prazo; ele é quelante indiscriminado e, deixando-o agir, vai quelar íons metálicos vitais incluindo Mg^{2+}, Fe^{2+}, Cu^{2+} e, o mais importante, Ca^{2+}. (Para ajudar a minimizar a perda de cálcio, o EDTA é comumente administrado como sais de cálcio, como CaH_2EDTA e $CaNa_2EDTA$.) Além disso, o EDTA não pode ser administrado por via oral porque o chumbo no trato gastrointestinal pode ser quelado e se espalhar pelo resto do corpo. Em vez disso, ele é administrado intravenosa ou intramuscularmente. A terapia com EDTA também é usada para desintoxicação de ferro, manganês, zinco, cobre, berílio e cobalto.

Outro agente quelante para envenenamento por chumbo envolve o dimercaprol. Ele foi desenvolvido originalmente durante a Primeira Guerra Mundial, como um antídoto contra os agentes vesicantes contendo arsênio *lewisite* (assim denominado devido a Winford Lee Lewis, químico norte-americano) e difenilcloroarsina, mostrados nas figuras 6.7a e 6.7b. (Mais informações sobre compostos que contêm arsênio podem ser encontradas na Seção 16.1.) O dimercaprol, mostrado na Figura 6.7c, é mais apropriadamente chamado de 2,3-dimercapto-1-propanol. Seus dois grupos moles mercapto (–SH) fazem que ele seja particularmente efetivo contra metais moles. No corpo, o dimercaprol perde seus dois prótons S–H, e o ânion 2^- resultante se complexa com o cátion Pb^{2+} para formar espécies neutras que são prontamente excretadas. O complexo de chumbo é mostrado na Figura 6.7d. Dada sua origem, não é surpreendente que o dimercaprol também seja efetivo no tratamento de envenenamento por arsênio, mesmo se uma dose letal tenha sido recebida. Ele também pode ser usado para desintoxicação por ouro, mas não deve ser usado contra mercúrio ou bismuto porque os metais quelados podem se espalhar pelo corpo. O dimercaprol não é solúvel em água e não pode ser administrado por via oral. O dimercaprol é assim chamado devido à presença em sua estrutura de dois grupos mercapto e um grupo álcool.

Outro agente quelante dimercapto comumente usado para tratar envenenamento por chumbo é o ácido 2,3-dimercaptossuccínico (DMSA), também conhecido como "succimer" ou "Chemet". Sua estrutura é mostrada na Figura 6.8a. A vantagem principal do succimer é que ele pode ser administrado oralmente. Assim como o dimercaprol, ele também é efetivo no tratamento do envenenamento por arsênio.

Uma terceira linha de tratamento do envenenamento por chumbo é a *penicilamina*, às vezes chamada de "cuprimine". Ela é usada quando o paciente apresenta reações adversas ao $CaNa_2EDTA$, ao dimercaprol

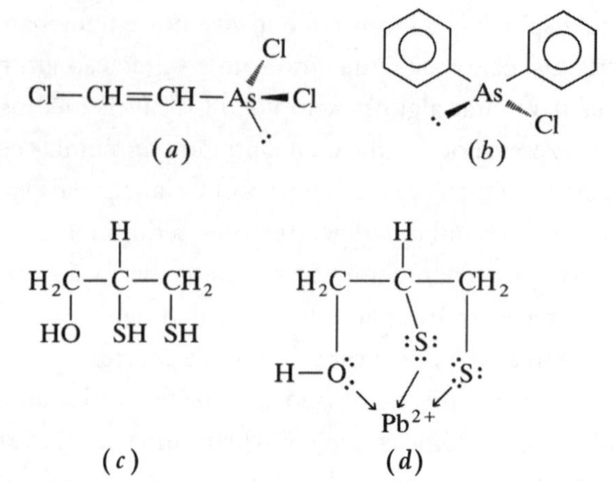

FIGURA 6.7

Dois agentes vesicantes e seu antídoto, dimercaprol: (*a*) lewisite (2-clorovinildicloroarsina) e (*b*) difenilcloroarsina; (*c*) o ligante livre dimercaprol (2,3-dimercaptopropanol); (*d*) o complexo com chumbo do dimercaprol.

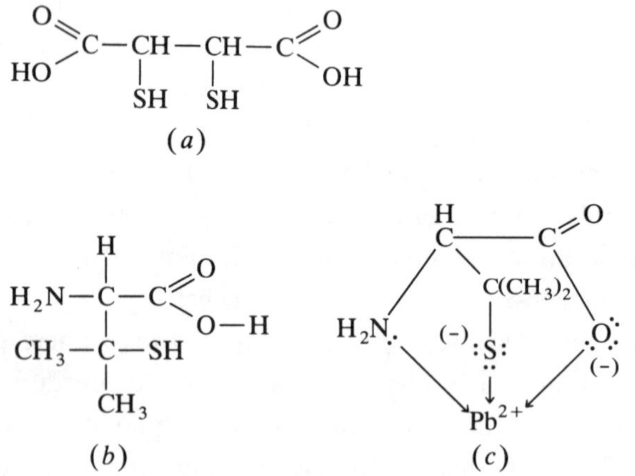

FIGURA 6.8

Dois agentes quelantes terapêuticos para chumbo: (*a*) ácido 2,3-dimercaptossuccínico (DMSA), também conhecido como "succimer" ou "Chemet"; (*b*) penicilamina, às vezes chamada de "cuprimine"; (*c*) penicilamina desprotonada complexada com chumbo(II).

e ao DMSA. Sua estrutura é representada na Figura 6.8b. Como mostrado na Figura 6.8c, ela é um agente quelante tridentado, mas o grupo mercapto desprotonado é o mais importante dos três sítios quelantes na molécula. A interação mole-mole entre o par isolado do enxofre e um cátion Pb^{2+} faz que a penicilamina seja um antídoto específico para o chumbo e outros metais pesados e moles, como ouro, bismuto e mercúrio. Ela também é efetiva contra o mole tetracarbonilníquel. A penicilamina é solúvel em água e pode ser administrada oralmente.

Tanto a penicilamina quanto o dimercaprol têm sido usados para o tratamento da doença de Wilson, uma disfunção metabólica caracterizada pelo acúmulo de cobre no corpo. Um claro sintoma dessa doença são os *anéis de Kayser-Fleischer da córnea*, anéis cor de bronze ou cobre que se desenvolvem nos olhos de pessoas afetadas por essa moléstia. O acúmulo sintomático de cobre é mais bem tratado com penicilamina. Após os níveis de cobre terem sido baixados para um nível seguro, a doença de Wilson pode ser controlada pela administração de sais de zinco que bloqueiam a absorção intestinal do cobre e previnem que ele volte a se acumular. Outro

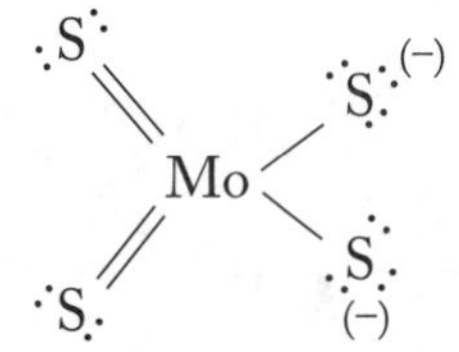

FIGURA 6.9
Tetratiomolibdato, um agente quelante usado no combate à doença de Wilson.

agente quelante efetivo contra a doença de Wilson é o tetradentado trietilenotetra-amina ("trien" ou "trientina") mostrado na Figura 6.4a. O bidentado tetratiomolibdato, $[MoS_4]^{2-}$, comumente encontrado como o sal vermelho de amônio, $(NH_4)_2MoS_4$, está atualmente em testes clínicos para tratamento da doença de Wilson. Sua estrutura tetraédrica simples é mostrada na Figura 6.9. Uma vez que o tetratiomolibdato de amônio geralmente remove íons cobre extras do corpo, ele também está sendo investigado como agente terapêutico anticâncer. A presença do cobre promove a "angiogênese tumoral", a formação de novos vasos sanguíneos de que os tumores precisam para crescer.

O primeiro incidente na era moderna que trouxe o mercúrio e seus malefícios aos olhos da população ocorreu na baía de Minamata, Japão, em 1953. Lá, muitos pescadores e seus familiares foram acometidos de envenenamento por mercúrio quando comeram peixes e mariscos que continham altas quantidades de mercúrio, que se verificou ser proveniente do efluente de uma fábrica de poli(cloreto de vinila) nas imediações. Mercúrio em peixes, particularmente atum, agulhão e peixe-espada, que estão no topo das cadeias alimentares aquáticas, logo se tornou um assunto relevante. Outra fonte significativa de mercúrio estão nos grãos, frequentemente tratados com um fungicida que contém mercúrio. Infelizmente, esses grãos nem sempre são usados como se pretendia. Quando são utilizados para alimentar humanos diretamente ou animais de pastoreio usados para consumo humano, frequentemente causam resultados trágicos. Outras fontes de mercúrio no meio ambiente incluem mineração, queima de combustíveis, o processo cloro-álcali para a fabricação de cloro (veja Seção 18.1), tintas, termômetros, explosivos, equipamentos elétricos e baterias.

Os sintomas de envenenamento por mercúrio incluem tremores, tontura, falta de coordenação, sede, vômito, diarreia e, por fim, em exposições altas o suficiente, coma, dano cerebral e morte. Envenenamento por mercúrio geralmente resulta em danos irreversíveis, mas, sob algumas circunstâncias pode ser tratado com penicilamina e outros agentes quelantes mono- e dimercapto que contenham bases de Lewis moles.

Agentes antitumor de platina

Em 1964, Barnett Rosenberg e seus associados estavam tentando avaliar o efeito de campos elétricos na velocidade de crescimento das células de *Escherichia coli* (*E. coli*). Eles descobriram, de certa forma por acidente, que uma pequena quantidade de platina dos eletrodos que estavam usando foi transformada em *cis*-diaminodicloroplatina(II), $PtCl_2(NH_3)_2$, e era responsável por uma diminuição radical na velocidade de divisão das células. No início dos anos 1970, estudos clínicos diretos mostraram que esse composto de coordenação, que rapidamente se tornou conhecido por *cisplatina*, era capaz de parar completamente o crescimento de vários tumores sólidos, particularmente aqueles associados com cânceres nos testículos e nos ovários. Estudos adicionais com animais mostraram que ela também tinha atividade contra uma grande variedade de carcinomas, incluindo os da bexiga, cabeça, pescoço e pulmões. No entanto, como a maioria das drogas antitumor, percebeu-se que a cisplatina apresenta alguns efeitos colaterais sérios, o mais notável sendo danos renais severos.

Essas descobertas levaram a um esforço combinado para determinar como a cisplatina age contra esses tumores. Tal informação, acreditava-se, seria útil para levar a modificações que a tornariam mais efetiva e/ou

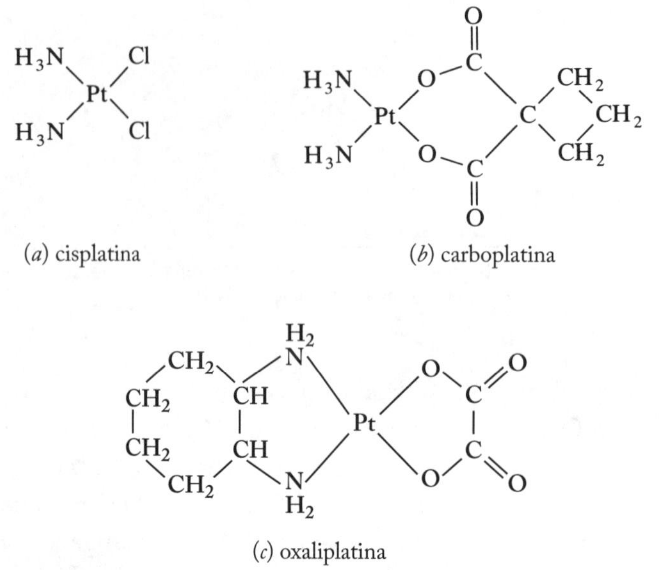

(a) cisplatina

(b) carboplatina

(c) oxaliplatina

FIGURA 6.10

Cisplatina e alguns compostos antitumor relacionados: (a) cis-diaminodicloroplatina(II), **cisplatina;** (b) diamino(1,1-ciclobutanodicarboxilato)platina(II), **carboplatina;** (c) 1,2-diaminociclo-hexano(oxalato)platina(II), **oxaliplatina.**

apresentasse menos efeitos colaterais e menos severos. O resultado foi uma segunda geração de agentes antitumor baseados na descoberta inicial de Rosenberg. A cisplatina e dois dos mais recentes compostos antitumor são mostrados na Figura 6.10. A carboplatina é menos tóxica que a cisplatina, com menos efeitos colaterais e menos severos. Ela é clinicamente aprovada para tratar uma grande variedade de cânceres. A oxaliplatina é aprovada para o uso no combate ao câncer colorretal. É importante notar que esses compostos possuem dois ligantes relativamente lábeis (perdidos facilmente) com orientação cis. Na cisplatina, eles são ligantes cloreto; na carboplatina, eles são aminas; na oxaliplatina, eles são grupos amino do diaminociclo-hexano. Essa similaridade estrutural cis em comum é importante, uma vez que os compostos trans correspondentes apresentam pouca ou nenhuma atividade antitumor.

O mecanismo desses compostos no combate aos tumores parece estar relacionado com suas habilidades de formar complexos com alguma das bases nitrogenadas do ácido desoxirribonucleico (DNA), um dos blocos de construção molecular da vida. Especificamente, quando o DNA se replica, ele se divide em duas fitas, cada uma das quais deve ser perfeitamente copiada. (Uma fita simples de DNA é composta de uma série de nucleotídeos, cada um sendo, por sua vez, formado por três partes: um fosfato, um açúcar e uma base nitrogenada heterocíclica.) (Veja o início da Seção 6.3 para uma definição de heterociclo.) Os arranjos relativos dessas partes estão representados na Figura 6.11a. (Nessa figura, a base nitrogenada heterocíclica específica mostrada é chamada guanina.) O par isolado do átomo de nitrogênio na guanina é o mais provável ponto de ataque dos compostos antitumor que contêm platina.

Os complexos neutros de platina podem ser transportados através da célula e membranas nucleares, onde é mais provável que eles sofram hidrólise para produzir espécies que, por sua vez, são atraídas pelo DNA. Uma vez que um nitrogênio da guanina é coordenado, alguns segundos pontos de ataque são possíveis. Estes envolvem o oxigênio na mesma guanina (e então a guanina age como um ligante bidentado), o nitrogênio de uma guanina vizinha na mesma fita de DNA (uma ligação cruzada dentro da mesma fita) ou o nitrogênio de uma guanina na segunda fita de DNA (uma ligação cruzada entre fitas). Os dois tipos de ligação cruzada são mostrados na Figura 6.11b. Em alguns casos, um nitrogênio de uma base adenina pode competir com

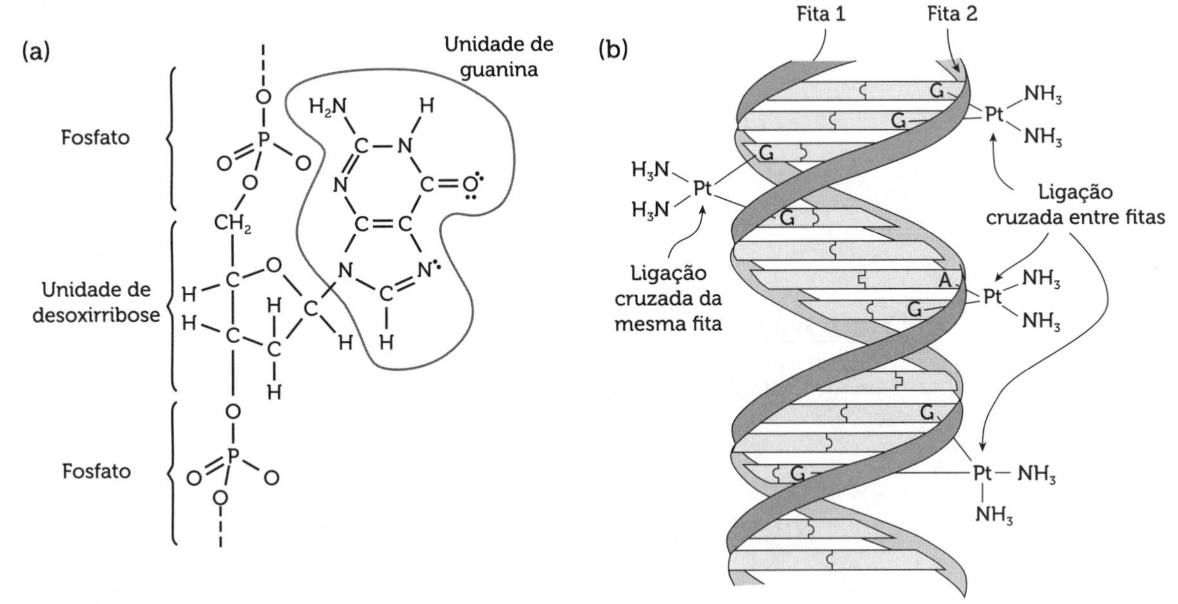

FIGURA 6.11

Uma unidade de ácido desoxirribonucleico (DNA) e dois tipos de ligação cruzada formada entre o DNA e compostos anticâncer de platina.
(*a*) O ácido desoxirribonucleico (DNA) é um polímero feito de uma série de nucleotídeos, cada um, por sua vez, composto de um fosfato, um açúcar e uma base nitrogenada. A base nitrogenada mostrada aqui é a guanina. O par de elétrons isolado do átomo de nitrogênio da unidade de guanina pode se ligar ao átomo de platina da cisplatina ou semelhante. (Adaptado de: *Insights into specialty inorganic chemicals*, ed. por David Thompson, p. 41. Copyright © 1995 The Royal Society of Chemistry.) (*b*) Ligações cruzadas em uma mesma fita ou entre fitas diferentes formadas entre os átomos de nitrogênio da guanina (G) e compostos anticâncer de platina. (Também mostrada uma ligação cruzada em uma fita entre um átomo de nitrogênio de uma adenina (A) e um composto anticâncer de platina.) (Adaptado de: "Metals in medicine" Peter J. Sadler in Bertini et al. *Biological inorganic chemistry: structure and reactivity*. University Science Books, 2007.)

sucesso para complexar a platina. Investigações detalhadas mostram que a ligação cruzada dentro da mesma fita é o modo de interação predominante. Com essas ligações cruzadas posicionadas, o DNA não pode mais ser fielmente replicado. Em vez disso, a presença desse complexo leva a um erro (ou mutação) na replicação do DNA e à destruição da célula cancerosa. Por razões que não estão claras, células cancerosas não conseguem reparar tais erros rápido o suficiente, mas células normais e saudáveis frequentemente conseguem. Em todos esses casos, a estrutura cis é necessária para permitir a interação desejada com o DNA. Várias proteínas, como a cisteína e a metionina possuem átomos "moles" de enxofre que podem se ligar com a platina. (Veja Exercício 6.37 com as estruturas da cisteína e da metionina.) Essas interações desativam a platina e o chumbo em relação a alguns de seus vários efeitos colaterais.

Nem todos os compostos relacionados com a cisplatina são compostos quadráticos de platina(II). A Figura 6.12 mostra o composto octaédrico de platina(IV), conhecido como satraplatina (anteriormente chamado de JM-216) que, no momento em que este livro está sendo escrito, está próximo ao fim dos testes clínicos. Ele parece ser efetivo no combate aos cânceres de próstata, mama e pulmão, e também possui a vantagem de poder ser administrado por via oral. Ele também é ativo contra tumores malignos resistentes à cisplatina. Esse composto, cineticamente inerte, pode resistir à passagem através das membranas da célula, onde pode ser reduzido *in vivo* a platina(II) e perder seus ligantes acetato axiais. A partir daí, ele age de maneira similar às cis-, carbo- e oxaliplatinas.

A Figura 6.13 mostra o composto trinuclear de platina(II) conhecido como triplatina. Como o nome indica, ele tem três centros de platina que podem interagir com o DNA. Esse composto de cadeia longa parece agir por ligações cruzadas tanto dentro da mesma fita quanto entre fitas diferentes, que podem estar separadas por até seis pares de bases. Infelizmente, ele apresenta muitos efeitos colaterais que limitam sua dose. Modificações moleculares futuras poderão reduzir esses efeitos colaterais.

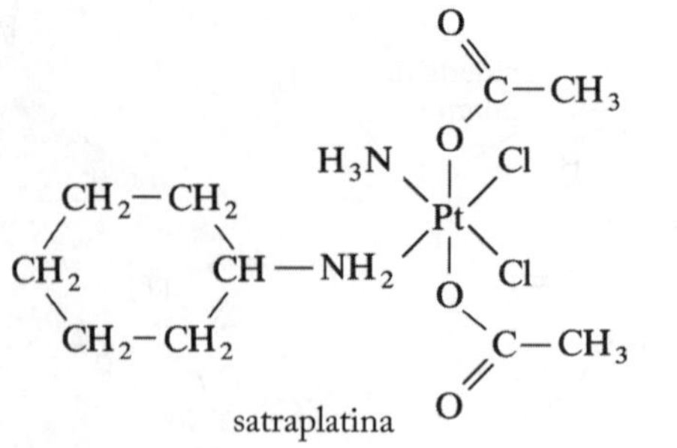

FIGURA 6.12

Satraplatina. Trans-bis(acetato)aminocis-dicloro(ciclo-hexilamino) platina(IV), **satraplatina**, também conhecida como JM-216.

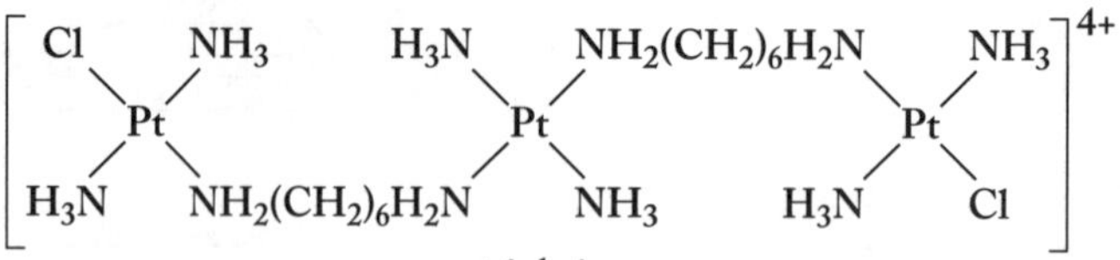

FIGURA 6.13

Triplatina. Cátion trans-diaminocloroplatina(II)-no-(1,6-hexanodiamino)-trans-diaminocloroplatina(II), **triplatina**, também conhecida como BBR-3464.

Agentes antitumor de rutênio

A cisplatina, a carboplatina e outros análogos de platina foram os primeiros compostos de coordenação a mostrar propriedades anticâncer. Não é surpresa que essa descoberta acidental tenha inspirado uma pesquisa por outros compostos desse tipo. Os análogos de paládio da cisplatina não têm tais propriedades paralelas, mas alguns complexos de acetilacetonato de titânio ou molibdênio assimetricamente substituídos as têm. Complexos de rutênio foram as próximas grandes descobertas. Inicialmente o cloreto de cis-tetra-aminodiclororrutênio(III) e o fac-triaminotriclororrutênio(III) mostraram excelente atividade anticâncer, mas não eram solúveis o suficiente para o uso clínico. Uma variedade de ligantes e contracátions foi usada para aumentar tanto a solubilidade quanto as propriedades anticâncer de ambos os complexos de Ru(III) e Ru(IV). Usando ligantes heterocíclicos contendo nitrogênio e contraíons (materiais de certa forma similares às bases nitrogenadas heterocíclicas do DNA), produziram-se compostos que são particularmente efetivos no combate a carcinomas que desenvolveram resistência à cisplatina ou a carcinomas contra os quais a cisplatina nunca foi efetiva. Três compostos desse tipo são mostrados na Figura 6.14. O HIm trans-$[RuCl_4(im)_2]$ e o HInd trans-$[RuCl_4(ind)_2]$ foram descobertos por Bernard Keppler em 1989. "Im" e "Ind" indicam imidazol e indazol, respectivamente, e HIm e HInd são as formas protonadas desses dois heterociclos de nitrogênio. O complexo de imidazol é particularmente efetivo no combate a carcinomas colorretais e é somente pouco tóxico. O complexo de indazol é efetivo contra cânceres de pulmão, mama e rins e é ainda menos tóxico (ele causa menos efeitos colaterais, e menos severos). Há evidências de que esses complexos de rutênio(III) são reduzidos *in vivo* aos correspondentes compostos de Ru(II). Como era no caso da cisplatina e de seus derivados, o complexo de rutênio(II) é hidrolisado na célula e esses produtos atacam a base nitrogenada guanina no DNA. Ambos os complexos parecem ser seletivos para células tumorais em relação a células normais porque células tumorais têm uma grande necessidade de ferro e o rutênio é similar ao ferro, estando no mesmo grupo da tabela periódica. A atividade anticâncer desses dois com-

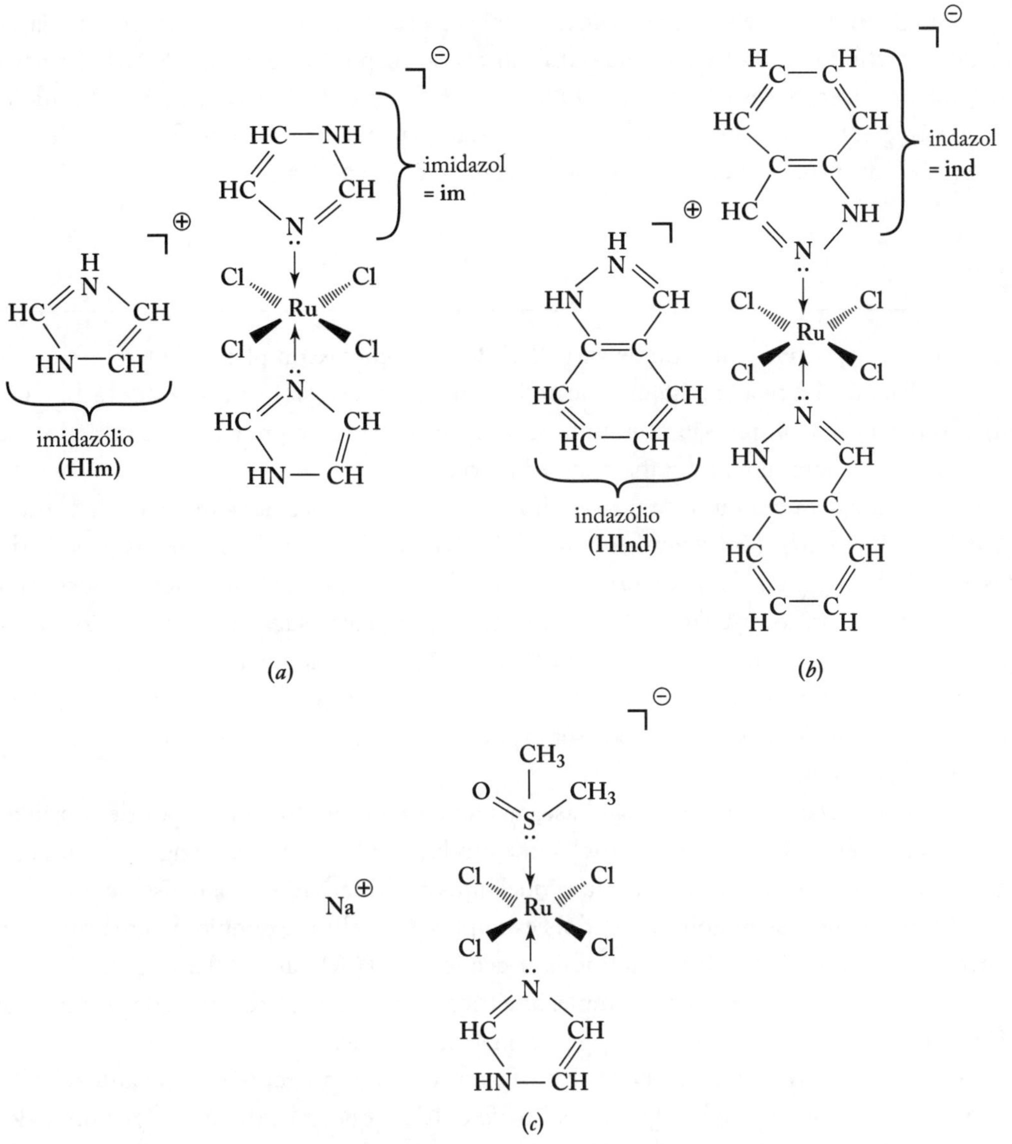

FIGURA 6.14

Três compostos anticâncer de rutênio: (a) trans-tetraclorobis(imidazol)rutenato(III) de imidazólio, HIm trans-$[RuCl_4(im)_2]$; (b) trans-tetraclorobis(indazol)rutenato(III) de indazólio, HInd trans-$[RuCl_4(ind)_2]$; (c) tetracloro-trans--(S-dimetilsulfóxido)(imidazol)rutenato(III) de sódio, também conhecido como NAMI.

postos não deve depender somente de seu ataque à guanina. Há evidências de que esses compostos interferem na habilidade do DNA de manter a própria estrutura topológica durante a replicação, e as anomalias estruturais resultantes levam a célula cancerosa à morte.

O terceiro composto na Figura 6.14, NAMI, é um complexo de dimetilsulfóxido (DMSO). O DMSO é um ligante ambidentado capaz de se ligar tanto pelo seu átomo de enxofre quanto pelo de oxigênio. Uma vez que o Ru(III) é um metal mole, o DMSO é ligado preferencialmente pelo S nesse complexo de imidazol. A propósito, você pode se perguntar como um composto cujo nome oficial é tetracloro-trans-(S-dimetilsulfóxido)(imidazol)rutenato(III) de sódio, $Na[RuCl_4\text{-}trans\text{-}(S\text{-}DMSO)(im)]$, tem um nome de NAMI. Às vezes, os nomes de medicamentos parecem totalmente ininteligíveis, mas, nesse caso, NAMI é simplesmente o acrônimo de *new antitumour metastasis inhibitor*, ou "novo antitumor inibidor de metástases". Ele ganhou essa designação porque ele mostra excelente atividade no combate a carcinomas com metástase, ou seja, aqueles que estão espalhados a partir do local original para outros locais do corpo. Nesse caso, o NAMI é particularmente eficiente no combate a metástases no pulmão. O mecanismo de ação do NAMI não é conhecido e pode não estar relacionado à sua interação com o DNA. Ele pode estar relacionado à sua interferência com óxido nítrico, NO, no corpo (veja Seção 16.3 para mais informações sobre o óxido nítrico).

RESUMO

Compostos de coordenação têm uma grande variedade de aplicações. Complexos de ligantes monodentados são usados em análises qualitativas, na identificação de cobre(II) e ferro(II), em corantes [azul da Prússia (ou de Turnbull)], no processo de impressão cianótipo, na separação de ouro e prata de seus minérios, na purificação do níquel e como fixadores em fotografia preto e branco.

Duas ideias que auxiliam para um total entendimento das aplicações de compostos de coordenação são a teoria ácido-base-duro-mole (*hard-soft-acid-base*, HSAB) e o efeito quelato. Metais (ácidos de Lewis) e ligantes (bases de Lewis) podem ser categorizados como duros ou moles. *Duro* refere-se a substâncias com nuvens eletrônicas pequenas, compactas e difíceis de distorcer, enquanto substâncias *moles* são grandes, difusas e facilmente distorcidas. Interações duro-duro e mole-mole são frequentemente mais favoráveis do que duro-mole. O efeito quelato refere-se à estabilidade incomum de um composto de coordenação que envolve um ligante quelante multidentado. Esse efeito pode ser explicado de duas formas diferentes, ambas relacionadas a variações de entropia na complexação.

Métodos complexométricos analíticos são baseados no entendimento da química de coordenação. Procedimentos complexométricos gravimétricos incluem a produção, isolamento e pesagem de um composto de coordenação, frequentemente envolvendo agentes quelantes multidentados. A análise de níquel usando dimetilglioxima e ferro usando 8-quinolinol são dois exemplos. O melhor exemplo de uma titulação complexométrica envolve o uso do ácido etilenodiaminotetra-acético (EDTA) para titular uma grande variedade de cátions 2^+ e 3^+ na presença de indicadores complexométricos adequados. A estabilidade especial dos complexos M–EDTA origina muitas aplicações desse agente quelante hexadentado.

Detergentes sintéticos são compostos de um surfactante e de um agente coadjuvante. O último é frequentemente um agente quelante como o íon tripolifosfato. Ele sequestra cátions da água dura, deixando-os incapazes de interferir na ação do surfactante. No entanto, fosfatos são nutrientes e têm sido considerados a principal causa da eutrofização avançada. Uma grande variedade de substitutos para o fosfato tem sido considerada, incluindo o controverso ácido nitrilotriacético (NTA). Carbonato de sódio e aluminossilicatos são atualmente agentes coadjuvantes populares, mas os fosfatos ainda são usados em muitos produtos.

Aplicações bioinorgânicas de compostos de coordenação incluem hemoglobina, agentes quelantes terapêuticos e compostos antitumor. A hemoglobina é responsável pelo transporte de oxigênio na maioria dos animais superiores. A parte ativa da hemoglobina é um grupo heme que contém um cátion Fe^{2+} coordenado a quatro átomos de nitrogênio e a um grupo histidina. O sexto sítio octaédrico está disponível para ligar moléculas de oxigênio. A interação cooperativa entre moléculas de oxigênio e os quatro grupos heme da hemoglobina envolve ligações angulares Fe—O=O, mas não ocorre oxidação dos cátions ferro(II). Monóxido de carbono e cianeto se ligam mais fortemente aos cátions ferro nos grupos heme da hemoglobina e a vários citocromos, respectivamente, do que o oxigênio, fazendo que sejam reagentes extremamente perigosos.

Agentes quelantes terapêuticos são usados como antídotos para envenenamento por metais pesados. Envenenamento por chumbo torna as proteínas incapazes de realizar suas funções normais, mas pode ser tratado com agentes quelantes, como EDTA, dimercaprol, succimer e penicilamina. O EDTA é um agente quelante não seletivo e deve ser rapidamente substituído pelo dimercaprol, succimer ou penicilamina, que contêm bases de Lewis moles (com enxofre), as quais são mais seletivas para cátions de metais pesados. A doença de Wilson e o envenenamento por mercúrio também são tratados com uma variedade de agentes quelantes terapêuticos.

Há quase 40 anos, descobriu-se que a cisplatina, um composto de coordenação quadrático de platina(II), era um agente antitumor efetivo. Ela forma complexos com algumas bases nitrogenadas do DNA, produzindo mutações durante a replicação de células cancerosas. Uma segunda geração de complexos quadráticos de platina(II), como a carboplatina e a oxaliplatina, que apresentam efeitos colaterais menos severos, está agora disponível. Complexos octaédricos de platina(IV), como a satraplatina e a triplatina, um complexo trinuclear de platina(II), estão em vários estágios de desenvolvimento. Uma nova classe de complexos anticâncer de rutênio(III) é uma promessa de tratamento de outros tipos de câncer com menos efeitos colaterais.

PROBLEMAS

6.1 Em termos de configurações eletrônicas e teoria do campo cristalino, por que o diaminoprata(I) é incolor, enquanto o tetra-aminocobre(II) é colorido? Seja específico.

6.2 Especule sobre as cores de soluções aquosas que contêm íons $[Au(CN)_2]^-$ e $[Ag(CN)_2]^-$. Justifique brevemente sua resposta.

*6.3 Levando em conta o que você sabe sobre a dependência da temperatura do processo Mond, você suspeita que a formação do tetracarbonilníquel a partir do níquel e do monóxido de carbono é endotérmica ou exotérmica? Explique brevemente sua resposta.

6.4 Assim como o níquel, o ferro também pode ser purificado usando um composto de carbonil. O ferro purificado dessa forma é chamado de *carbonilferro*, e o ferro tem um estado de oxidação zero. Explique brevemente por que o ferro(III) não forma um complexo com carbonil, enquanto o Fe(0) forma. Baseado na regra do NAE, especule sobre o complexo homoléptico de carbonil mais provável formado pelo ferro(0).

6.5 Em um parágrafo curto, explique por que forças iônicas devem ser mais importantes em interações ácido-base-duro-duro do que em mole-mole.

6.6 Em um parágrafo curto, explique por que forças de dispersão de London devem ser mais importantes em interações ácido-base-mole-mole do que em duro-duro.

6.7 Explique brevemente por que complexos de *S*-tiocianato são encontrados com metais como mercúrio, mas o *N*-tiocianato é encontrado com cobalto.

6.8 Especule brevemente sobre e desenhe um esboço da geometria da esfera de coordenação no $K_6[W(SCN)_6Br_2]$. Especule brevemente se o ligante ambidentado SCN^- preferirá estar ligado pelo *S* ou pelo *N* nesse composto. Dê uma breve explicação para sua resposta.

6.9 Muitos estudantes de letras são artífices das palavras. Uma estudante de letras percebe que a palavra usada para a tinta azul de impressoras é "ciano". Ela reconhece essa palavra como derivada da química, percebe a similaridade com a palavra "cianeto" e pede que você explique a origem química desses termos. Escreva um parágrafo curto que resuma sua resposta. Pontos extras podem ser ganhos se você puder documentar que, na verdade, explicou a etimologia de *ciano* e *cianeto* a uma estudante de letras.

---

* Exercícios marcados com um asterisco (*) são mais desafiadores.

6.10 A constante de equilíbrio global para a reação do hexa-aquaferro(II) com 2 mols de acetato para formar diacetatotetra-aquaferro(II) é 120, enquanto a constante para a reação com 1 mol de malonato, $^-$OOCCH$_2$COO$^-$, é 630. Escreva equações que representem essas reações e explique brevemente as diferenças nas magnitudes das constantes de equilíbrio.

6.11 Cianeto de níquel(II) é solúvel em solução aquosa para produzir hexa-aquaníquel(II) e íons cianeto. Suponha que [Ni(en)$_2$(H$_2$O)$_2$](CN)$_2$ possa ser formado diretamente a partir de uma solução aquosa de Ni(CN)$_2$ e etilenodiamina livre.

(a) Escreva a equação global para sua síntese.

(b) Assumindo também que o cianeto de tetra-aminodiaquaníquel(II) pode ser formado a partir de uma solução aquosa de Ni(CN)$_2$ e amônia aquosa combinados em proporções estequiométricas apropriadas, escreva a equação global balanceada para essa síntese. Desses dois complexos de níquel, qual você suporia ser termodinamicamente mais estável? (isto é, qual das duas reações de síntese teria o valor de $\Delta G°$ mais negativo ou o maior valor de K?) Explique brevemente sua resposta.

6.12 A constante de equilíbrio global para a reação do hexa-aquacobalto(II) com 2 mols de acetato para formar diacetatotetra-aquacobalto(II) é 80, enquanto a constante para a reação com 1 mol de oxalato, $^-$OOCCOO$^-$, é da ordem de 5,0 × 10^4. Escreva equações que representem essas reações e explique brevemente as diferenças nas magnitudes das constantes de equilíbrio.

6.13 Explique brevemente o fato de que complexos de acetona

$$\begin{array}{c} CH_3CCH_3 \\ \| \\ O \end{array}$$

não são particularmente estáveis, mas os de acetilacetonato são.

*6.14 A constante de equilíbrio para a reação do hexa-aquacobalto(II) com 2 mols de malonato, $^-$OOCCH$_2$COO$^-$, é aproximadamente 5,0 × 10^3. Use essa informação e a dada no Exercício 6.12 para decidir qual complexo de Co^{2+}, de malonato ou de oxalato, é mais estável. Desenhe as possíveis estruturas dos complexos quelatos resultantes. O que sua resposta leva a concluir sobre a estabilidade relativa de anéis quelatos de cinco e seis membros nesse caso?

6.15 Usando a informação dada neste capítulo, determine uma constante de equilíbrio para a seguinte reação:

$$[Ni(NH_3)_6]^{2+}(aq) + 3en(aq) \longrightarrow [Ni(en)_3]^{2+}(aq) + 6NH_3(aq)$$

Essa reação é termodinamicamente favorável? Explique brevemente sua resposta.

6.16 Usando os dados fornecidos no Exercício 6.12, determine uma constante de equilíbrio para a seguinte reação:

$$[Co(CH_3COO)_2(H_2O)_4] + C_2O_4^{2-} \longrightarrow [Co(H_2O)_4(C_2O_4)] + 2CH_3COO^-$$

Essa reação é termodinamicamente favorável? Explique brevemente sua resposta.

6.17 Uma amostra de 0,3456 g de minério de níquel gera 0,7815 g de Ni(dmgH)$_2$ em uma determinação gravimétrica. Determine a porcentagem de níquel na amostra.

6.18 Um minério de alumínio contém aproximadamente 24% de alumínio. Que massa, em gramas, de minério deve ser tratada com 8-quinolinol para produzir cerca de 0,50 g de precipitado?

---

* Exercícios marcados com um asterisco (*) são mais desafiadores.

6.19 0,2000 g de uma amostra que contém cálcio é titulada com uma solução 0,04672 M de EDTA. Se 23,94 mL da solução são requeridos para que o ponto final seja atingido usando um indicador complexométrico, determine a porcentagem de cálcio na amostra.

6.20 Uma solução que contém Pb^{2+} e Cd^{2+} pode ser titulada usando EDTA. Se um excesso de cianeto for adicionado à solução, diz-se que o cádmio é mascarado pela formação de um complexo de cianeto. Suponha que 20,00 mL de uma solução que contém apenas chumbo e cádmio são primeiro titulados com 45,94 mL de uma solução 0,02000 M de EDTA. Após adicionar um excesso de cianeto de sódio, apenas 34,87 mL da mesma solução de EDTA produzem um ponto final. Calcule as molaridades do chumbo e do cádmio na solução original.

*****6.21** Uma amostra de 0,2005 g de cobre é dissolvida e diluída até a marca em um balão volumétrico de 100 mL. Então, 10,00 mL da solução são removidos e titulados com uma solução 0,01000 M de trien. Se 22,75 mL da solução de trien são necessários, calcule a porcentagem de cobre na amostra original.

6.22 Suponha que 43,28 mL de uma solução 0,1000 M de 1,10-fenantrolina são necessários para titular uma solução de $Fe^{3+}(aq)$. Quantos gramas de ferro estavam presentes na solução?

6.23 Verifique que o limite de 8,7% em massa de fósforo em um detergente corresponde a 34% de tripolifosfato de sódio, $Na_5P_3O_{10}$.

6.24 Pirofosfato de sódio, $Na_4[O_3POPO_3]$, age como um agente sequestrante para ajudar a evitar o escurecimento das batatas após o aquecimento. O escurecimento é devido à formação de um complexo de ferro. Desenhe um diagrama que mostre a natureza desse complexo. Assuma uma proporção Fe-pirofosfato de 1:1.

6.25 Explique a um estudante de economia que prestou bastante atenção às aulas de química do ensino médio por que fosfatos são um importante componente dos detergentes sintéticos. Pontos extras podem ser ganhos se forem apresentadas evidências de que isso foi feito pessoalmente.

6.26 O sal pentassódico do ácido dietilenotriaminopenta-acético pode ser usado para quelar íons da água dura e muitos metais pesados. Desenhe uma fórmula estrutural desse ligante multidentado. Você suspeitaria que a denticidade total desse ligante pudesse ser empregada na sua interação com esses metais?

*****6.27** Explique a um estudante de biologia que lutou para concluir seu curso introdutório de química na faculdade por que o sangue humano apresenta dois tons de vermelho, um vermelho-escuro, quando retorna ao coração, e um vermelho-claro, quando sai dos pulmões. Pontos extras podem ser obtidos se forem apresentadas evidências de que isso foi feito pessoalmente.

6.28 Esboce um diagrama (detalhes sobre química orgânica não precisam ser mostrados) representando a estrutura da carboxi-hemoglobina. Identifique *todas* as bases e ácidos de Lewis nessa estrutura.

6.29 O nitroprussiato de sódio, $Na_2[Fe(CN)_5NO]$, é usado para controlar a pressão sanguínea alta. Ele libera CN^- após sua administração. Explique a um médico que esqueceu toda a química, menos a mais elementar, por que isso pode ser um problema.

*****6.30** Quando uma molécula de oxigênio se liga à hemoglobina, evidências substanciais mostram que o ferro(II) muda de um estado d^6 de *spin* baixo para um estado de *spin* alto. Como isso poderia afetar o tamanho do cátion de ferro e sua habilidade para se ajustar no sítio quadrático no grupo heme? Evidências mostram que essa mudança de tamanho é o que inicia a interação cooperativa entre os quatro sítios heme na proteína.

---

* Exercícios marcados com um asterisco (*) são mais desafiadores.

6.31 O chumbo é mais frequentemente encontrado na natureza como sulfeto, em vez de óxido. Forneça uma breve explicação para esse fato.

6.32 A palavra *mercaptana*, da qual vem a expressão "grupo mercapto" (–SH), é derivada de palavras do latim para "captura de mercúrio". O mercúrio é geralmente encontrado associado a grupos que contêm enxofre. Forneça uma breve explicação para esse fato.

6.33 Entre EDTA, penicilamina e demercaprol, qual(is), se algum, é(são) opticamente ativo(s)? Discuta brevemente sua resposta.

6.34 Histidina e cisteína são usadas para desintoxicação por cobalto. Com base nas estruturas dadas a seguir, explique esse fato.

$$NH_2-CH-COOH$$
$$|$$
$$CH_2$$
$$|$$
$$C$$
$$HN \diagup \diagdown CH$$
$$| \quad \|$$
$$HC=N$$
histidina

$$NH_2-CH-COOH$$
$$|$$
$$CH_2$$
$$|$$
$$SH$$
cisteína

6.35 Entre histidina e cisteína (veja Exercício 6.34 para estruturas), qual seria um antídoto melhor no combate a metais pesados?

6.36 As estruturas da serina e da cisteína são mostradas a seguir. Qual desses aminoácidos seria um antídoto melhor no combate a metais pesados? Explique brevemente sua resposta.

$$NH_2-CH-COOH$$
$$|$$
$$CH_2$$
$$|$$
$$OH$$
serina

$$NH_2-CH-COOH$$
$$|$$
$$CH_2$$
$$|$$
$$SH$$
cisteína

*6.37 As estruturas da metionina e da cisteína são mostradas a seguir. Qual desses aminoácidos seria um antídoto melhor no combate a metais pesados?

$$NH_2-CH-COOH$$
$$|$$
$$CH_2$$
$$|$$
$$CH_2$$
$$|$$
$$S$$
$$|$$
$$CH_3$$
metionina

$$NH_2-CH-COOH$$
$$|$$
$$CH_2$$
$$|$$
$$SH$$
cisteína

*6.38 Explique a um estudante de letras que prestou razoável atenção a suas aulas de química do ensino médio por que a cisplatina age contra tumores, mas o composto correspondente trans não age. Pontos extras podem ser obtidos se forem apresentadas evidências de que isso foi feito pessoalmente.

6.39 Faça uma pesquisa na internet para "comparação entre cisplatina carboplatina oxaliplatina" e escreva um parágrafo atualizando as eficiências relativas desses três compostos de platina contra vários carcinomas.

---

* Exercícios marcados com um asterisco (*) são mais desafiadores.

6.40 Use uma pesquisa na internet ou em alguma outra fonte (talvez um colega estudante familiarizado com bioquímica) para determinar a estrutura da base nitrogenada adenina. Cite sua fonte. Use seus resultados para desenhar uma estrutura similar à da Figura 6.11a, na qual a adenina é mostrada, em vez da guanina.

6.41 Faça uma pesquisa na internet para determinar se a satraplatina completou seus testes clínicos e se é agora um remédio anticâncer aprovado.

6.42 Faça uma pesquisa na internet para determinar a situação atual da triplatina como um medicamento anticâncer.

6.43 Escreva uma estrutura de Lewis e determine a geometria molecular do dimetilsulfóxido (DMSO), $(CH_3)_2SO$. Desenhe um esboço do DMSO atuando como ligante em complexo anticâncer NAMI.

6.44 Faça uma pesquisa na internet para determinar o que se sabe atualmente sobre o mecanismo de ação do NAMI como um complexo anticâncer.

PARTE II

QUÍMICA DO ESTADO SÓLIDO

Nesta parte a química do estado sólido é introduzida ao longo de dois capítulos, que são:

CAPÍTULO 7   Estruturas no estado sólido

CAPÍTULO 8   Energética do estado sólido

CAPÍTULO 7

Estruturas no estado sólido

Como delineado no Capítulo 1, o reino da química inorgânica foi expandido consideravelmente no início do século XX quando Max von Laue mostrou que cristais tinham as dimensões certas para difratar raios X. A descoberta provou que raios X eram formas de radiação eletromagnética de alta frequência e de pequeno comprimento de onda e que os padrões de difração resultantes poderiam dar informações detalhadas sobre as estruturas no estado sólido. Quando os meandros do estado cristalino vieram gradualmente à luz, as bases teóricas que descrevem as forças que mantêm essas estruturas unidas foram concebidas, testadas e refinadas. Esses próximos dois capítulos exploram um pouco do que hoje é conhecido sobre as estruturas e a energética do estado sólido inorgânico.

Sólidos são normalmente compostos de átomos, moléculas ou íons arranjados em um rígido padrão de repetição geométrica de partículas conhecido como *rede cristalina*. Antes de vermos a variedade de redes cristalinas, começaremos o capítulo com uma análise dos tipos de cristal com base na natureza das forças entre as partículas.

7.1 TIPOS DE CRISTAL

Os cristais são geralmente categorizados pelo tipo de interações que atuam entre os átomos, moléculas ou íons da substância. Essas interações incluem ligações iônicas, metálicas e covalentes, assim como forças intermoleculares, como as ligações hidrogênio, as forças dipolo-dipolo e as forças de dispersão de London.

Cristais iônicos

Como você sabe da química geral, quando dois elementos, um metal com baixa energia de ionização e um não metal com uma afinidade eletrônica altamente exotérmica, são combinados, os elétrons são transferidos para formar cátions ou ânions. Esses íons são unidos por forças eletrostáticas não direcionais conhecidas como *ligações iônicas*. A Figura 7.1 ilustra uma visão hipotética da for-

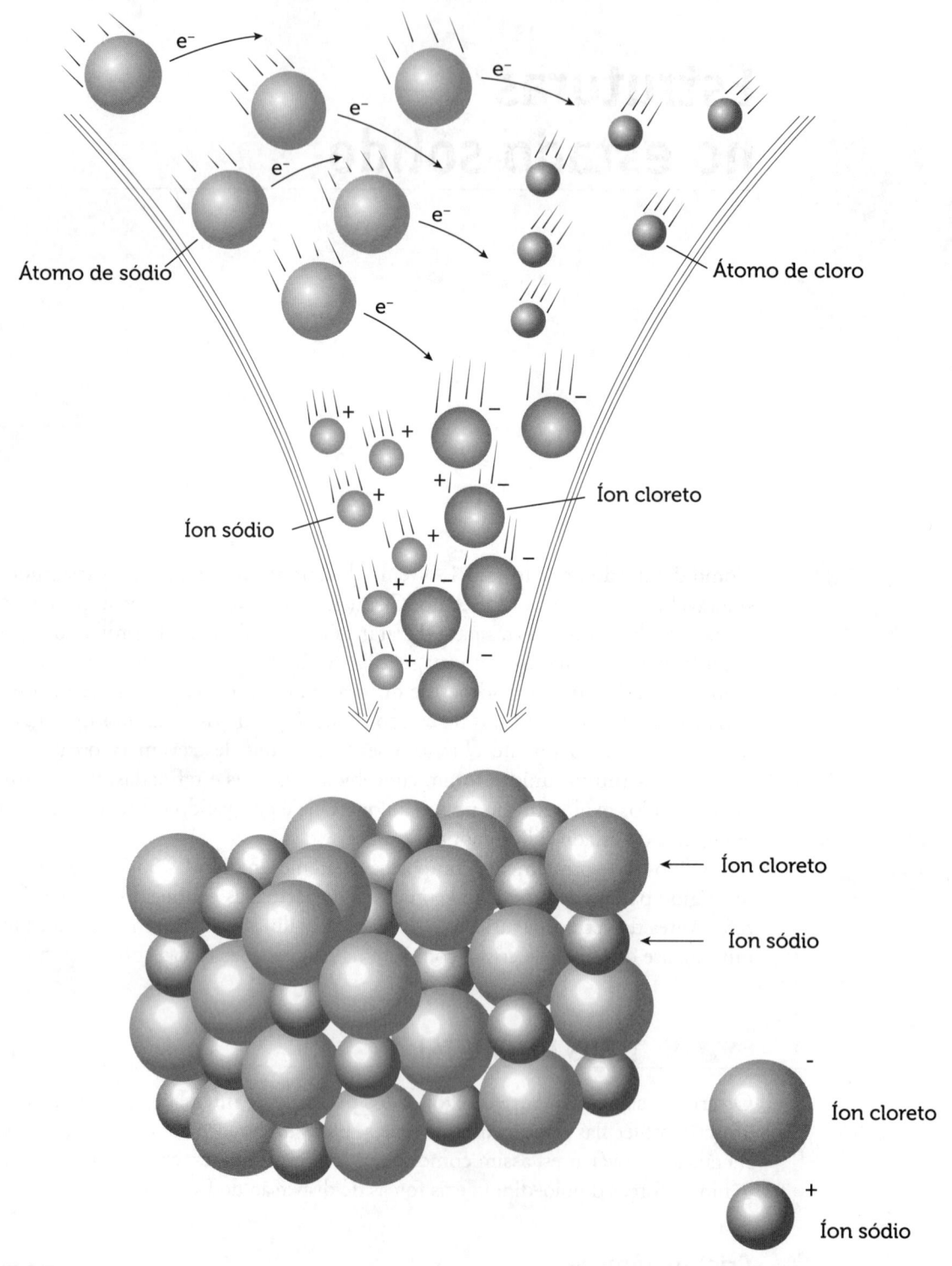

FIGURA 7.1

A formação do cloreto de sódio. Em uma visão hipotética, os elementos constituintes são combinados, os elétrons são transferidos e as ligações iônicas são formadas entre os íons sódio e cloreto. (Adaptado de: S. M. Cherim e L. E. Kallan. *The Joy of Chemistry*, 1. ed. Copyright © 1976 Books/Cole, uma parte de Cengage Learning, Inc.)

mação do cloreto de sódio, NaCl, talvez o exemplo mais comum de um cristal iônico, a partir de seus átomos constituintes. Ao tomar qualquer cátion sódio aleatoriamente, note que um ânion cloreto poderia se aproximar a partir de qualquer direção; isso é, não há direção especial em que a interação cátion-ânion será mais forte. Colocando de outra forma, o ânion pode vir até o cátion de qualquer ponto ou direção do espaço e ainda experimentar a mesma força eletrostática. Assim, dizemos que a ligação iônica é *não direcional*. Como veremos mais adiante, o arranjo dos ânions ao redor do cátion não é determinado por uma direção preferida necessária à maximização da interação iônica, mas sim pelos tamanhos relativos e pelas cargas dos cátions e ânions. Alguns exemplos de compostos que formam cristais iônicos são o cloreto de césio (CsCl), o fluoreto de cálcio (CaF_2), o nitrato de potássio (KNO_3) e o cloreto de amônio (NH_4Cl).

Cristais metálicos

Metais, aqueles elementos do lado esquerdo da tabela periódica, formam cristais nos quais cada átomo foi ionizado para formar um cátion (de carga dependente da sua configuração eletrônica) e um número correspondente de elétrons. Os cátions são retratados para formar uma estrutura cristalina, que é mantida unida por um "mar de elétrons" – algumas vezes chamados de *mar de Fermi*. Os elétrons do mar não estão mais associados a um cátion particular, mas estão livres para se deslocar sobre a rede de cátions. Dada essa descrição, podemos definir um *cristal metálico* como uma rede de cátions mantidos juntos por um mar de elétrons livres. Uma representação geral bidimensional de tal cristal é mostrada na Figura 7.2. Note que a analogia do mar nos permite imaginar elétrons fluindo na rede, de um lugar a outro. Isso é, suponha que moldemos o metal (cobre é um bom exemplo) em um fio. Se pusermos elétrons em uma extremidade do fio, eles vão colidir ao longo da rede de cátions até que alguns elétrons serão empurrados para fora na outra extremidade. O resultado desse fluxo de elétrons é a condutividade elétrica, uma das propriedades mais características dos metais.

Cristais de rede covalente

Um *cristal covalente* é composto de átomos ou grupos de átomos arranjados em uma estrutura cristalina, que é mantida unida por uma rede de ligações covalentes.

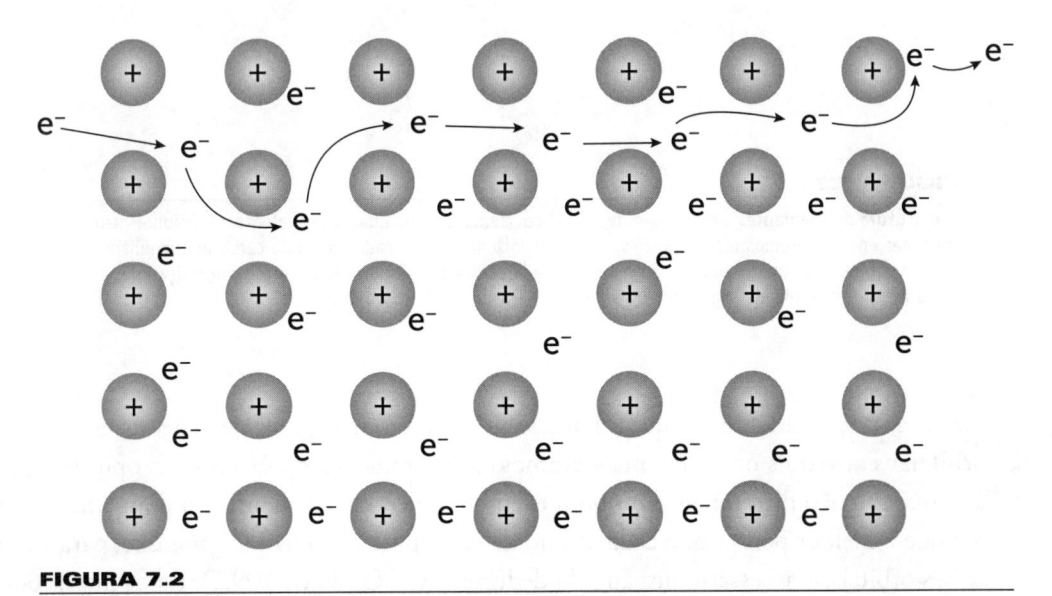

FIGURA 7.2

Condutividade elétrica em uma rede metálica. A rede de cátions é mantida unida por um "mar de elétrons". Um elétron entra pela esquerda e colide com outros elétrons através da rede até que um elétron emerge do lado direito
(Adaptado de: Ebbing e Gammon, *General chemistry*, 9. ed., p. 352. Copyright © 2009 Brooks/Cole, uma parte de Cengage Learning, Inc.)

FIGURA 7.3

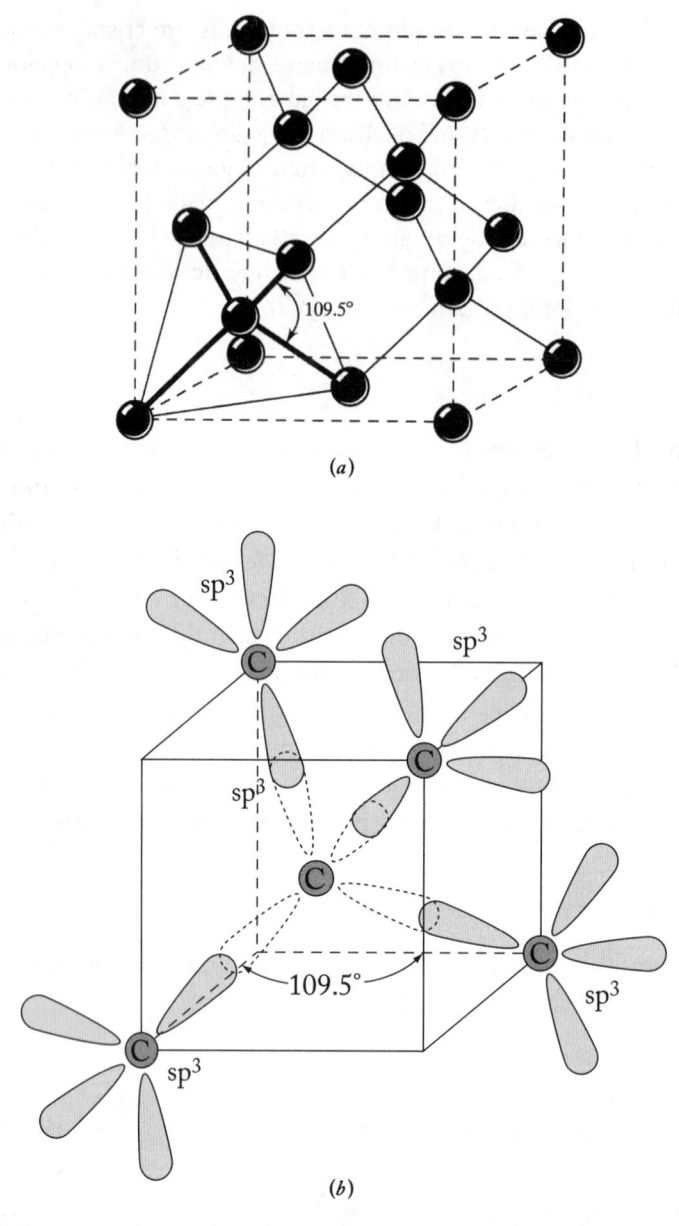

A estrutura do diamante: um exemplo de cristal covalente em que ligações covalentes direcionais são formadas entre os átomos individuais. (a) Um segmento mostrando cada átomo de carbono circundado por um tetraedro de quatro outros carbonos. (b) Cada carbono é hibridizado sp^3 e a sobreposição desses orbitais é maximizada, mantendo os ângulos de ligação C—C—C em 109,5°.

Ligações covalentes (o resultado do compartilhamento de um ou mais pares de elétrons em uma região de sobreposição orbitalar entre dois ou talvez mais átomos) são interações *direcionais* em oposição às ligações iônica e metálica, que são não direcionais. Um bom exemplo de cristal covalente é o diamante, mostrado na Figura 7.3. Note que é melhor pensar que cada átomo de carbono é hibridizado sp^3 e que, para maximizar a sobreposição desses orbitais, é necessário um ângulo de ligação C—C—C de 109,5°. Essas interações são, por conseguinte, de natureza direcional. Outros compostos que formam cristal covalente são o dióxido de silício (quartzo ou cristobalita, SiO_2), grafite, silício elementar (Si), nitreto de boro (BN) e fósforo preto.

FIGURA 7.4

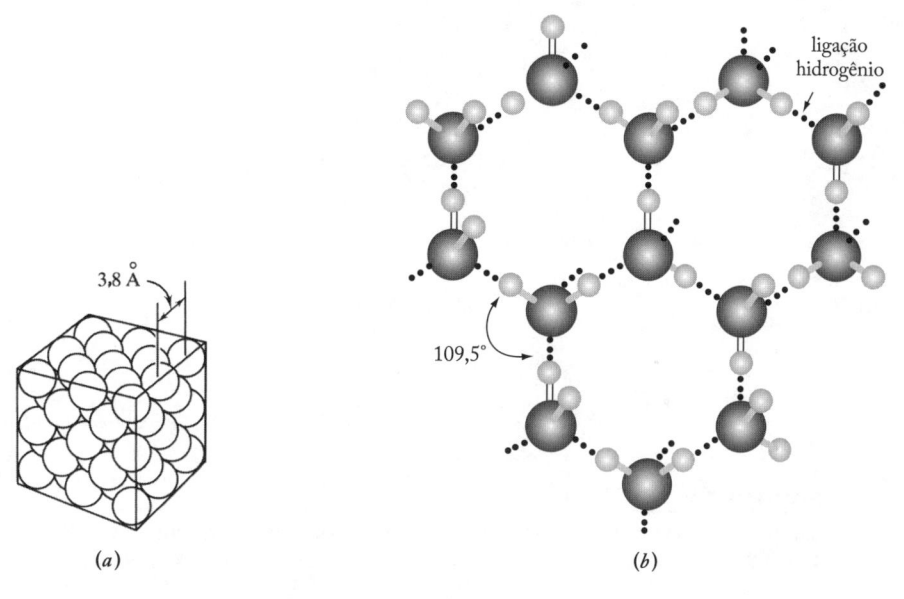

Dois exemplos de cristais atômico-moleculares. (a) Átomos de argônio mantidos unidos por forças intermoleculares de dispersão de London não direcionais. (Adaptado de R. E. Dickerson, H. B. Gray, M. Y. Darensbourg e D. J. Darensbourg *Chemical Principles*. 3. ed. Copyright © 1979 The Benjamin/Cummings Publishing Company, Inc. Reproduzido com permissão de Pearson Education, Inc.) (b) Moléculas de água mantidas unidas por ligações hidrogênio direcionais. Devido à estrutura de uma única molécula de água, o ângulo da ligação H–O•••H mais eficiente é 109,5°. (Adaptado de: Ebbing e Gammon, *General chemistry*, 9. ed., Fig. 11.51, p. 463. Copyright © 2009 Brooks/Cole, uma parte de Cengage Learning, Inc.)

Cristais atômico-moleculares

Quando os átomos ou moléculas de uma rede cristalina são mantidos unidos por forças intermoleculares relativamente fracas como (em ordem crescente de força) forças de dispersão de London, forças dipolo-dipolo ou ligações hidrogênio, o resultado é um *cristal atômico* ou *molecular*. Você pode querer voltar e rever essas forças de seu curso de química geral. Ligações hidrogênio, particularmente aquelas na água, são abordadas no Capítulo 11. As forças intermoleculares podem ser tanto não direcionais, como no caso de cristais de argônio (Figura 7.4a), quanto direcionais, como no caso do gelo (Figura 7.4b). No último caso, o ângulo H–O–––H é 109,5°, um ângulo determinado pela geometria de cada molécula de água. Outros compostos que formam cristais atômico-moleculares são gelo-seco (CO_2) e as formas sólidas do metano (CH_4), cloreto de hidrogênio (HCl) e fósforo branco (P_4).

7.2 RETÍCULOS CRISTALINOS DO TIPO A

Retículos e células unitárias

Independentemente da natureza das forças envolvidas, uma rede cristalina pode ser descrita usando os seguintes conceitos. Um *retículo* é um modelo de pontos que descreve os arranjos de íons, átomos ou moléculas em uma rede cristalina. Uma *célula unitária* é a menor fração microscópica de um retículo que (1) quando movido a uma distância igual às próprias dimensões, em várias direções, gera o retículo inteiro e (2) reflete tão próximo quanto possível a forma geométrica ou simetria do cristal macroscópico. Antes de vermos a variedade de exemplos tridimensionais de retículos e de células unitárias, vamos considerar a mais simples porção bidimensional de um retículo, mostrada na Figura 7.5.

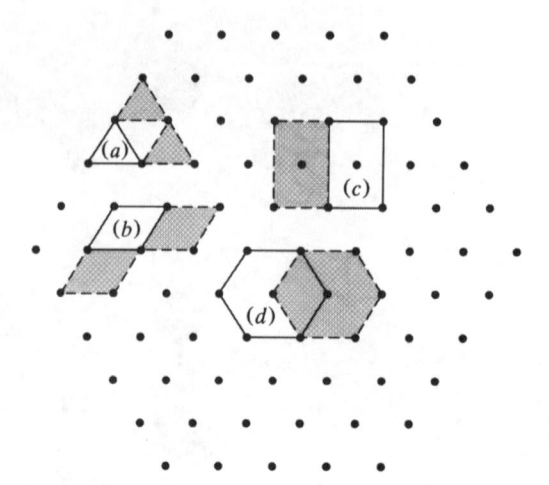

FIGURA 7.5
Uma fração de um retículo hexagonal bidimensional mostrando quatro possíveis células unitárias: (a) Um triângulo equilátero, que não gera um retículo inteiro; (b) um losango; (c) um retângulo, que gera um retículo, mas não reflete a simetria global do cristal macroscópico; e (d) um hexágono, que é a célula unitária escolhida.

Note que não sabemos o que os pontos representam nessa rede ou o tipo de interação que existe entre eles. Além disso, devemos assumir que esses pontos representam um cristal que, por uma questão de argumento, contém 1 mol ou o número de Avogadro ($6{,}02 \times 10^{23}$) de átomos, moléculas ou íons. Em outras palavras, esses pontos se estendem em duas dimensões para tão longe quanto a mente possa imaginar. Nossa tarefa é descrever esse retículo inteiro em termos de uma única célula unitária. Quais as formas geométricas que devemos considerar para essa célula? Começamos com o triângulo equilátero marcado (a) na Figura 7.5. É uma célula unitária? Quando movido a uma distância igual às próprias dimensões, em várias direções, são gerados outros triângulos equiláteros, que estão sombreados na figura. Podemos gerar todo o retículo dessa maneira? Não, não podemos, porque metade do retículo (a dos triângulos equiláteros invertidos) não foi considerada. Esse triângulo não é uma célula unitária.

Considere o losango marcado (b). Seria uma célula unitária? Ele seria um melhor candidato que o triângulo porque todo o espaço pode ser considerado, quando ele for movido. E quanto ao retângulo (c)? Novamente, ele criará todo o retículo. Note, entretanto, que nem o losango nem o retângulo refletem a forma ou simetria global do retículo ou, pelo menos, aquela seção do retículo representada na figura. Finalmente, olhe o hexágono marcado (d). Note que, além de gerar o retículo inteiro, sua forma é a que melhor reflete a forma global do retículo. O hexágono é, portanto, a melhor célula unitária para esse retículo. (Note que não importa que as células unitárias hexagonais se sobreponham uma à outra).

Retículos do tipo A

Retículos do tipo A são aqueles em que todos os átomos, íons ou moléculas do cristal são do mesmo tamanho e tipo, "tipo A". Vamos explorar muitos dos vários retículos possíveis deste que é o tipo mais simples. Primeiro, entretanto, devemos considerar uma importante simplificação. É conveniente representar as partículas de um cristal como esferas maciças. Com certeza, sabemos que átomos, íons e moléculas não são esferas maciças; átomos e íons simples são nuvens de elétrons com um núcleo no centro. Moléculas são sobreposições de nuvens de elétrons que mantêm um dado número de núcleos juntos. Ainda assim, o modelo que emprega esferas para representar tais entidades funciona muito bem mesmo, embora mais adiante será necessário apontar em que ponto esse modelo começa a falhar. Com a simplificação da esfera maciça em mente, poderemos seguir com as várias possibilidades para retículos do tipo A. Começamos com o caso mais fácil de visualizar, o retículo cúbico simples, e vamos aumentando a complexidade. [À medida que exploremos sistematicamente vários retículos, seria didático (e divertido!) usar bolas de isopor de vários tamanhos. Algumas dúzias de bolas de 2 polegadas serviriam e talvez, como reserva, bolas de outros tamanhos ($1\frac{1}{2}$, 1 e $\frac{3}{4}$ de polegada) para as estruturas mais complexas e uma caixa de palitos de dentes para juntar as bolas – cuidado, palitos podem estar afiados! Com esse material em mãos, você pode tentar construir as estruturas, como faremos neste capítulo. (Se você for capaz de comer seus produtos, pense em comprar balas de goma!)]

Uma visualização do retículo cúbico simples começa com a camada de esferas rígidas, como mostrado na Figura 7.6a. Observe que todas as esferas se tocam em um mesmo ângulo e cada uma tem quatro *vizinhos mais próximos*, átomos que tocam uma dada esfera. Definimos o *número de coordenação* como o número de vizinhos próximos; então o número de coordenação, nesse caso, é 4. A Figura 7.6b mostra a porção de um retículo bidimensional correspondente ao mesmo arranjo. Ambas as representações ilustram a célula unitária (um quadrado) para essa camada. Note que a célula unitária se conecta com os centros de quatro esferas e que somente um quarto de cada esfera está realmente na célula unitária. Segue, então, que o número de esferas completas na célula unitária é 1 ($= 4 \times \frac{1}{4}$). Outra maneira de visualizar essa situação é observar que a esfera sombreada está em quatro células unitárias diferentes (três outras são mostradas com linhas tracejadas), e assim só pode existir um quarto da célula unitária original. Se empilharmos outra camada de esferas diretamente no topo da primeira, obteremos um *retículo cúbico simples*. A Figura 7.7a mostra uma porção desse retículo, que ilustra que o número de coordenação de cada esfera agora é 6. A célula unitária é agora um cubo conectando os centros das oito esferas apropriadas. A Figura 7.7b mostra em detalhes uma dada esfera, ilustrando que ela é somente um oitavo na célula unitária. A Figura 7.7c mostra a porção do retículo correspondente. Note que o ponto destacado pertence a oito células unitárias (sete outras são mostradas com linhas tracejadas), e assim só pode existir um oitavo em uma dada célula unitária. Então, considerando os argumentos anteriores, o número de esferas completas na célula unitária é 1 ($= 8 \times \frac{1}{8}$).

Nesse momento, é apropriado discutir três outros aspectos do retículo cúbico simples: as dimensões da célula unitária, a fração do espaço ocupado pelas esferas e a densidade. Primeiro, observe na Figura 7.7b que as esferas tocam umas às outras ao longo da aresta da célula unitária. Sendo l a aresta da célula e d o diâmetro da esfera, segue que $l = d$. Em segundo lugar, podemos calcular a fração da célula unitária realmente ocupada pelas esferas. Uma vez que a célula unitária exprime o retículo inteiro, essa fração também indica qual por-

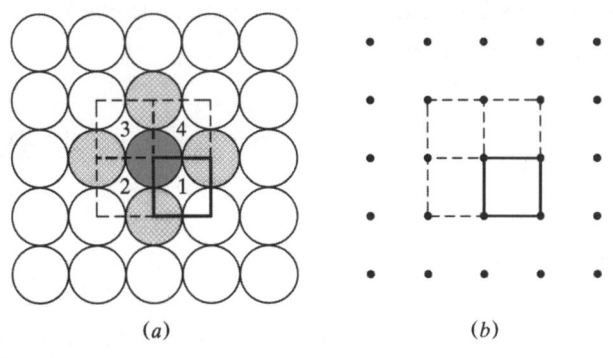

FIGURA 7.6

Uma camada de um retículo cúbico simples. (a) Uma camada de esferas como outra esfera (sombreada) contendo quatro vizinhos próximos (esferas sombreadas mais claras) e um número de coordenação de 4. A célula unitária quadrada (linhas sólidas conectando os centros de quatro esferas) contém um quarto de cada quatro esferas e, portanto, um total de 1 ($= 4 \times \frac{1}{4}$) esfera. A esfera dada está em quatro diferentes células unitárias (numeradas). (b) Uma porção do retículo para a camada e a correspondente célula unitária. São mostradas outras três células unitárias com linhas tracejadas.

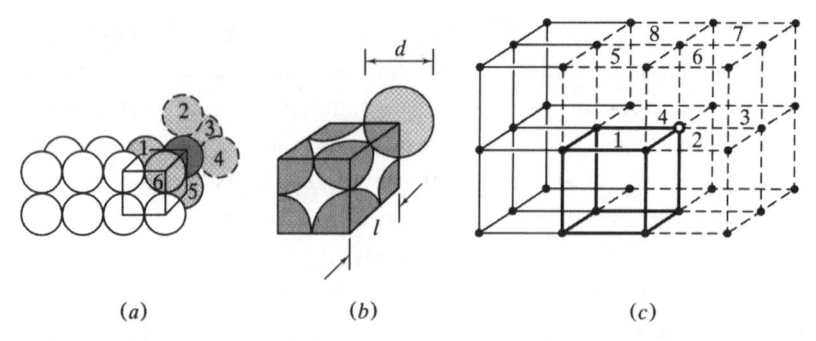

168 *Química inorgânica descritiva, de coordenação e do estado sólido*

FIGURA 7.7

O retículo cúbico simples. (*a*) A célula unitária do retículo é mostrada por linhas sólidas. A esfera sombreada tem um número de coordenação 6. (*b*) Uma vista em detalhes mostrando que a esfera sombreada é um oitavo da célula unitária. (*c*) Uma porção do retículo mostrando que o ponto destacado (um círculo vazado) pertence a oito células unitárias diferentes (numeradas na face superior de cada cubo). A célula unitária original é mostrada com linhas sólidas e em negrito; as sete células unitárias restantes são mostradas com linhas tracejadas.

centagem do retículo está ocupada por esferas e é a medida da eficiência com que as esferas são empacotadas. Desde que só há uma única esfera por célula unitária e o volume de uma célula unitária cúbica é dado por l^3 (e, portanto, d^3), segue que

$$\text{Fração do espaço ocupado por esferas} = \frac{[(4\pi/3)(d/2)^3] \times 1}{d^3} = 0{,}52 \qquad \textbf{7.1}$$

Note que o termo d^3 se cancela e que a fração do espaço ocupado é 0,52; isto é, cerca da metade do espaço é ocupado pelas esferas.

Em terceiro lugar, é possível calcular a densidade de tal configuração. Lembre-se de que cada esfera representa um átomo, íon ou molécula para o qual podemos calcular a massa. Se assumirmos que a esfera é um átomo e que sua massa, como comumente calculada na química geral, é sua massa atômica (MA) dividida pelo número de Avogadro (em gramas/mol dividido por átomos/mol, que equivale a gramas/átomo), então a expressão para a densidade em um retículo cúbico simples é

$$\text{Densidade (g/cm}^3) = \frac{1 \text{ átomo } (\text{MA}/6{,}02 \times 10^{23})(\text{g/átomo})}{d^3 \text{cm}^3} \qquad \textbf{7.2}$$

A Tabela 7.1 resume nossa discussão sobre o retículo cúbico simples.

Um segundo retículo do tipo A é chamado *cúbico de corpo centrado* (ccc) e, como o nome indica, difere do retículo cúbico simples, uma vez que uma segunda esfera é colocada no centro da célula cúbica. Uma célula unitária é mostrada na Figura 7.8b. Enquanto as oito esferas nos vértices são somente um oitavo na célula unitária, a esfera central está completamente incorporada no corpo da célula e, portanto, tem um número de coordenação de 8. O número de esferas por célula unitária é, portanto, $2 \ [= 1 + 8(\tfrac{1}{8})]$. Uma vez que as esferas do vértice não se tocam (portanto, $l \neq d$), precisamos deduzir uma nova relação entre a aresta da célula e o diâmetro da esfera.

TABELA 7.1
Retículos do tipo A

Nome	Nº de coord.	Nº de esferas por célula unitária	Esferas se tocando	Fração do espaço ocupado por esferas	Expressão da densidade
Cúbico simples	6	$8 \times \frac{1}{8} = 1$	Aresta da célula $= l = d$	$\dfrac{\left[\frac{4}{3}\pi(d/2)^3\right] \times 1}{d^3} = 0{,}52$	$\dfrac{1 \text{ átomo}(MA/6{,}02 \times 10^{23})(g/\text{átomo})}{d^3 \text{cm}^3}$
Cúbico de corpo centrado (ccc)	8	$1 + (8 \times \frac{1}{8}) = 2$	Diagonal interna $= 2d = l\sqrt{3}$	$\dfrac{\left[\frac{4}{3}\pi(d/2)^3\right] \times 2}{(2d/\sqrt{3})^3} = 0{,}68$	$\dfrac{2 \text{ átomos}(MA/6{,}02 \times 10^{23})(g/\text{átomo})}{(2d/\sqrt{3})^3 \text{ cm}^3}$
Empacotamento cúbico compacto (cc) ou cúbico de face centrada (cfc)	12	$6(\frac{1}{2}) + 8(\frac{1}{8}) = 4$	Diagonal da face $= 2d = l\sqrt{2}$	$\dfrac{\left[\frac{4}{3}\pi(d/2)^3\right] \times 4}{(d/\sqrt{2})^3} = 0{,}74$	$\dfrac{4 \text{ átomos}(MA/6{,}02 \times 10^{23})(g/\text{átomo})}{(d/\sqrt{2})^3 \text{ cm}^3}$
Hexagonal compacto (hc)	12	$2(\frac{1}{2}) + 3 + 12(\frac{1}{6}) = 6$	Ver conjunto de soluções para o Exercício 7.16	$\dfrac{\left[\frac{4}{3}\pi(d/2)^3\right] \times 6}{\left[24\sqrt{2}(d/2)^3\right]} = 0{,}74$	$\dfrac{6 \text{ átomos}(MA/6{,}02 \times 10^{23})(g/\text{átomo})}{24\sqrt{2}(d/2)^3 \text{ cm}^3}$

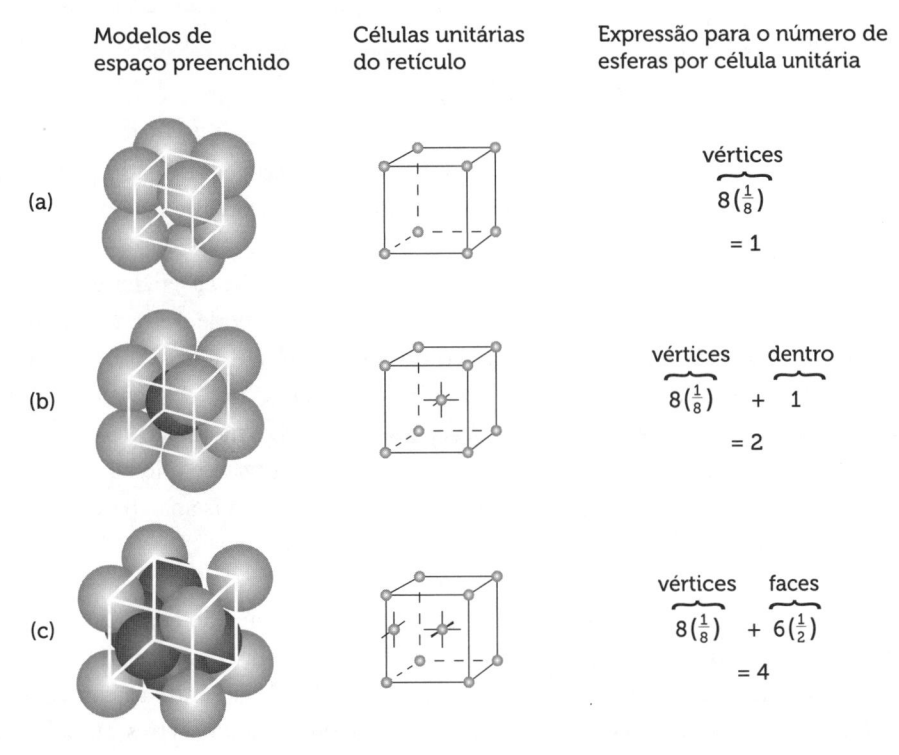

FIGURA 7.8

Células unitárias de retículos cúbicos (a) simples, (b) de corpo centrado e (c) de face centrada. Os desenhos do topo representam as verdadeiras células unitárias de "espaço preenchido". Abaixo delas, os desenhos mostram somente os centros de cada esfera no retículo. Note que a célula unitária abrange somente o volume do cubo que liga os centros das esferas aos vértices do cubo. O número de esferas por célula unitária é mostrado abaixo de cada desenho. (DESENHOS DO TOPO: De Moore, *Chemistry: the molecular science* 4. ed., Fig. 11.13, p. 502. Copyright © 2011 Brooks/Cole, uma parte de Cengage Learning, Inc.; DESENHOS DO MEIO: De Ebbing e Gammon, *General chemistry*, 9. ed., Fig. 11.33, p. 450. Copyright © 2009 Brooks/Cole, uma parte de Cengage Learning, Inc.)

FIGURA 7.9

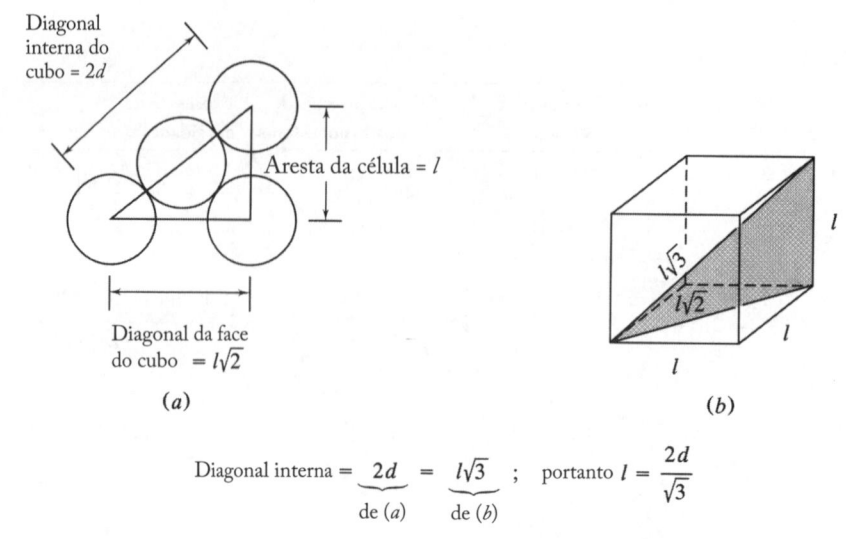

A relação entre o diâmetro da esfera e a aresta da célula em uma célula unitária cúbica de corpo centrado. (*a*) As esferas se tocam ao longo da diagonal interna, mas não ao longo da diagonal da face ou da aresta da célula. (*b*) Se a aresta da célula é l, a diagonal da face é $l\sqrt{2}$, e a diagonal interna é $l\sqrt{3}$. Resolvendo a aresta da célula, temos $l = 2d/\sqrt{3}$.

Na Figura 7.9a, note que as esferas se tocam ao longo da diagonal interna do cubo e que essa diagonal é $2d$. A relação entre a diagonal interna e a aresta da célula é mostrada na Figura 7.9b. Assim, segue que

$$l = 2d/\sqrt{3} \qquad \text{7.3}$$

Com esse resultado, podemos explicar as expressões para a fração do espaço ocupado pelas esferas e a densidade, como dadas na Tabela 7.1. Note que o retículo ccc é o modo mais eficiente de empacotar as esferas (68% comparado com 52%) do que o cúbico simples.

Você já deve ter percebido que a Figura 7.6a não é a melhor (isso é, a mais eficiente) forma de empacotar esferas em uma camada. Para aumentar a eficiência de empacotamento, podemos encaixar uma determinada esfera na abertura ou na depressão entre duas outras, como mostrado na Figura 7.10a. Considere isso como a camada A das estruturas cúbica compacta (cc) e hexagonal compacta (hc). A segunda camada (camada B) é estabelecida de tal modo que uma dada esfera se encaixa na depressão triangular deixada por três esferas na camada A. Essas duas camadas juntas são mostradas na figura 7.10b. Observe que há agora dois tipos de depressão triangular na camada B: aquelas marcadas com *a*, que não têm esferas abaixo delas e aquelas marcadas com *b*, que têm esferas da camada A diretamente abaixo delas.

Se uma terceira camada for colocada nas depressões *a*, uma nova camada C será criada. O esquema de empacotamento resultante ABCABC (mostrado na Figura 7.10c) é conhecido como *estrutura cúbica compacta (cc)* e é o nosso terceiro retículo do tipo A. Embora não seja aparente na visão mostrada na Figura 7.10c, a estrutura cc, como o nome indica, tem uma célula unitária cúbica. A relação entre as camadas ABC e a célula unitária é mais claramente mostrada nas figuras 7.11 e 7.12. Note que, quando as três camadas da Figura 7.11a são reorientadas para as visualizações das figuras 7.11b e 7.11c, a *célula unitária cúbica de face centrada (cfc)* (uma célula unitária cúbica com pontos adicionais no centro de cada uma das seis faces do cubo) se torna aparente. A Figura 7.12 mostra claramente que o número de coordenação de uma dada esfera é 12. É muito importante que você se convença de que a estrutura cc tem uma célula unitária cfc. Um bom resumo é a "equação"

$$\text{cc} = \text{ABCABC} = \text{cfc}$$

FIGURA 7.10

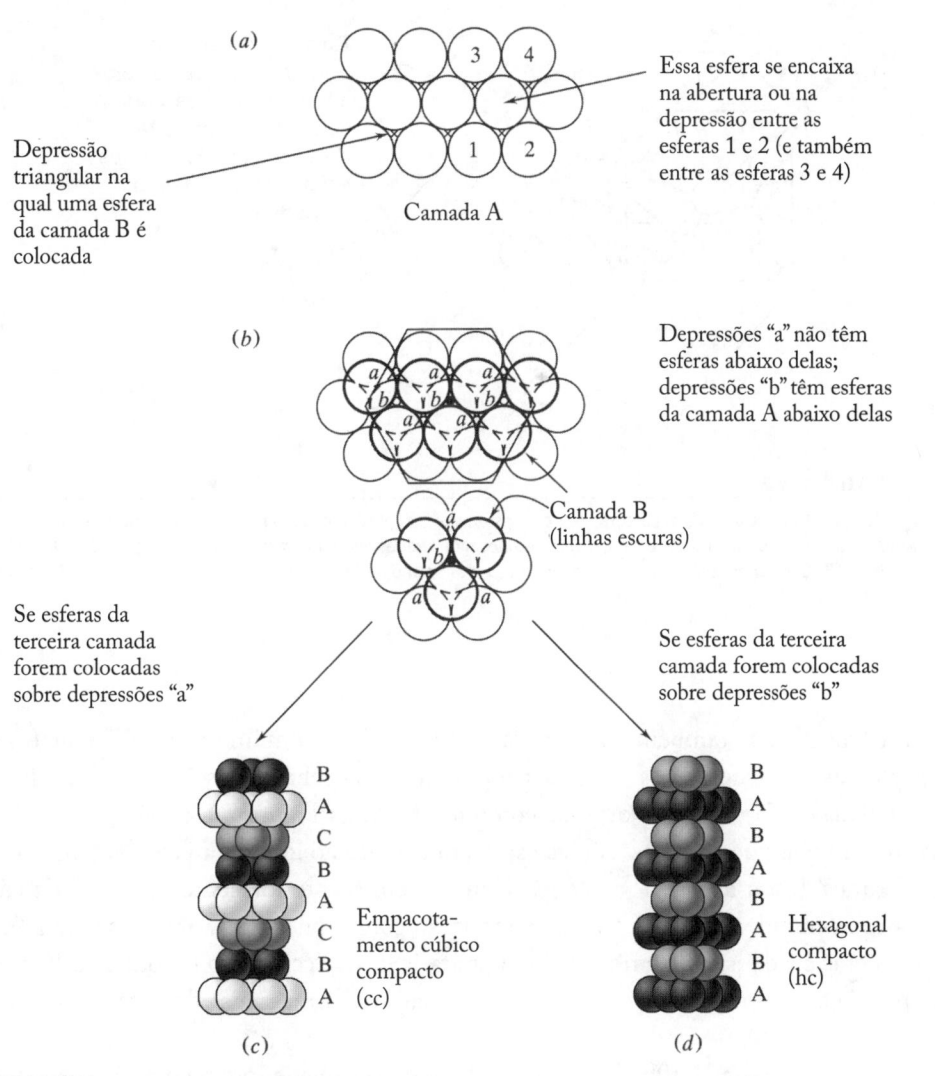

Estruturas cúbica compacta (cc) e hexagonal compacta (hc). (a) Camada A de ambas as estruturas. (b) Camadas A e B de ambas as estruturas, mostrando dois tipos de depressão. (c) Esquema de camadas ABCABC produz uma estrutura cúbica compacta. (d) Esquema de camadas ABABAB produz uma estrutura hc.

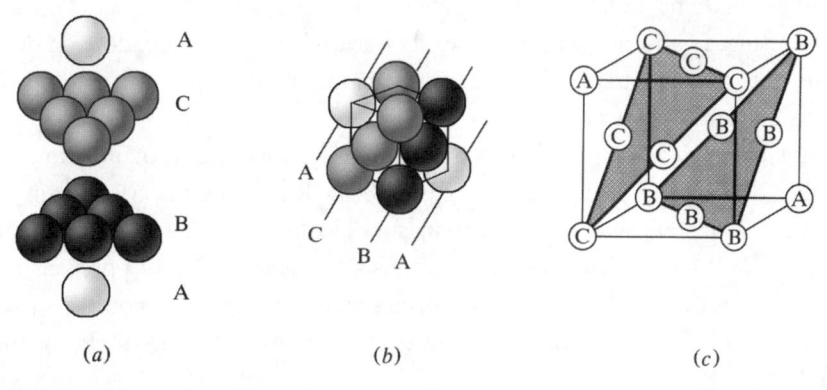

FIGURA 7.11

Três visões da estrutura cúbica compacta (cc) que tem uma célula unitária cúbica de face centrada (cfc)
(a) As três camadas ABCABC. (b) Uma visão do preenchimento espacial da célula unitária cfc mostrando a orientação das camadas ABCABC. (c) Uma visão do retículo de uma célula unitária cfc com as camadas ABCABC.

FIGURA 7.12

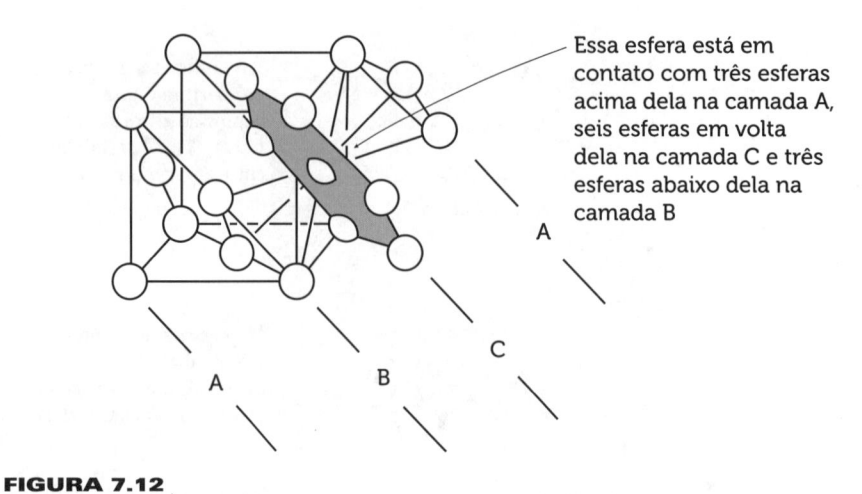

A célula unitária cúbica de face centrada com esferas extras para mostrar tanto o esquema de camadas ABCABC quanto o de uma dada esfera (centro do hexágono) que tem um número de coordenação 12 (Adaptado de: Harry B. Gray, *Chemical bond: an introduction to atomic and molecular structure*, p. 208. Copyright © 1973. W.A. Benjamin, Inc.)

Essa esfera está em contato com três esferas acima dela na camada A, seis esferas em volta dela na camada C e três esferas abaixo dela na camada B

A célula unitária cfc, que também é mostrada na Figura 7.8c, contém um total de quatro esferas. Como no cúbico simples, as oito esferas nos vértices são um oitavo na célula. As seis esferas nas faces do cubo são metade em uma dada célula unitária. Portanto, como mostrado na Figura 7.13a, há $4[= 8(\frac{1}{8}) + 6(\frac{1}{2})]$ esferas por célula. Note também que agora as esferas estão em contato ao longo da face diagonal, o que leva, como mostrado na Figura 7.13b, à relação $l = d/\sqrt{2}$. Como fizemos anteriormente nos casos do cúbico simples e do cúbico de corpo centrado, podemos usar esse resultado para explicar as expressões para a fração do espaço ocupado pelas esferas e a densidade em uma célula unitária cfc (= cc), como foi dado na Figura 7.1. Observe que a célula unitária cfc (com o empacotamento hexagonal) é a forma mais eficiente de empacotar esferas no espaço tridimensional (74%).

Retornemos agora à Figura 7.10b. Se as esferas da terceira camada forem colocadas nas depressões *b*, elas gerarão outra camada A, o que resulta no esquema de empacotamento ABABAB, mostrado na Figura 7.10d. Esse é o retículo *hexagonal compacto* (hc) e é a última das nossas estruturas do tipo A. A Figura 7.14a mostra a célula unitária hexagonal prismática da estrutura hc. A Figura 7.14b enfatiza que o número de coordenação de uma dada esfera é 12. Observe que, da Figura 7.14c, há seis esferas por célula unitária. O volume da célula unitária vem a ser aquele dado na Tabela 7.1. Veja a solução do Exercício 7.16 para detalhes de como a expressão é obtida. Com o resultado anterior, as expressões da fração do espaço ocupado e da densidade podem ser obtidas. Novamente, note que os retículos hc e cc resultam em 74% do espaço ocupado e são os esquemas de empacotamento mais eficientes possíveis.

Isso completa nossa descrição detalhada dos quatro mais importantes retículos do tipo A e suas células unitárias. Uma análise da Tabela 7.2 mostra que mais de 80% dos elementos cristalizam em um desses retículos. Além disso, muitas substâncias moleculares, cujas moléculas individuais se aproximam muito a esferas (por exemplo, CH_4, HCl e H_2), assumem essas estruturas. Na realidade, há 14 possíveis retículos do tipo A. Formulados inicialmente por M. A. Bravais em 1850, eles ainda são referidos como *retículos de Bravais* e são apresentados na Figura 7.15. Teremos uma melhor ocasião para nos referirmos a eles quando discutirmos os retículos do tipo AB_n.

As distâncias interatômicas entre dois átomos em contato em qualquer desses retículos podem ser determinadas por difração de raios X. Embora o raio de um átomo isolado seja essencialmente infinito, considera-se que o raio de um átomo em contato com um átomo vizinho em um retículo é apenas metade da distância

(a)

Esfera do vértice $\frac{1}{8}$ da célula unitária

Esfera da face $\frac{1}{2}$ da célula unitária

Total de esferas por célula unitária cfc = $8\left(\frac{1}{8}\right)$ + $6\left(\frac{1}{2}\right)$ = 4
vértices   vértices

(b)

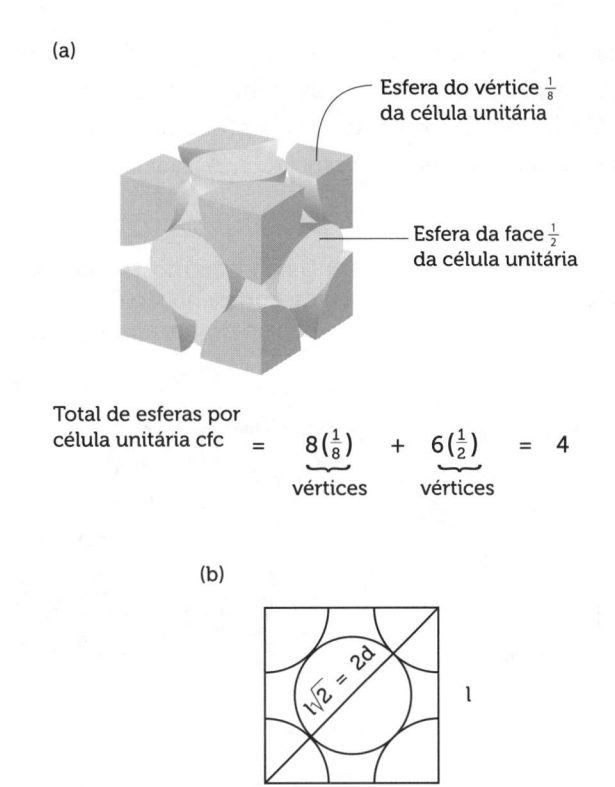

$l\sqrt{2} = 2d$

Diagonal da face = $l\sqrt{2}$ = 2d; portanto $l = \dfrac{2d}{\sqrt{2}} = d\sqrt{2}$

FIGURA 7.13

A célula unitária cúbica de face centrada. (*a*) As esferas do vértice são um oitavo, e as esferas da face são metade da célula unitária, para um total de quatro esferas. (*b*) Uma face da célula unitária da cfc mostrando a relação entre o diâmetro da esfera e a aresta da célula unitária (De Kotz, *Chemistry & chemical reactivity*, 7. ed., Fig. 13.4, p. 591. Copyright © 2009 Brooks/Cole, uma parte da Cengage Learning, Inc.).

TABELA 7.2
As estruturas mais estáveis de um cristal assumidas pelos elementos em sua fase sólida

																	He hc
Li cfc	Be hc											B ro	C d	N hc	O cs	F —	Ne cc
Na cfc	Mg hc											Al cc	Si d	P cs	S orto	Cl tet	Ar cc
K cfc	Ca cc	Sc hc	Ti hc	V cfc	Cr cfc	Mn cfc	Fe cfc	Co hc	Ni cc	Cu cc	Zn hc	Ga cs	Ge d	As ro	Se hc	Br orto	Kr cc
Rb cfc	Sr cc	Y hc	Zr hc	Nb cfc	Mo cfc	Tc hc	Ru hc	Ro cc	Pd cc	Ag cc	Cd hc	In tet	Sn tet	Sb ro	Te hc	I orto	Xe cc
Cs cfc	Ba cfc	La hc	Hf hc	Ta cfc	W cfc	Re hc	Os hc	Ir cc	Pt cc	Au cc	Hg ro	Tl hc	Pb cc	Bi ro	Po mono	At —	Rn cc

Nota: hc = hexagonal compacto, cc = cúbico compacto, ccc = cúbico de corpo centrado, cs = cúbico simples, tet = tetragonal, ro = romboédrico, d = diamante, orto = ortorrômbico, mono = monoclínico.

interatômica entre eles. Se os elementos forem metais, uma compilação de *raios metálicos* pode ser obtida; se o cristal for de átomos não ligados mantidos unidos por forças intermoleculares de van der Waals, então o resultado serão *raios de van der Waals*. Em cristais covalente e, é claro, em moléculas discretas, os átomos são ligados covalentemente, e, portanto, *raios covalentes* podem ser tabelados. A Tabela 7.3 apresenta esses três tipos de raio.

(a) A célula unitária hexagonal compacta

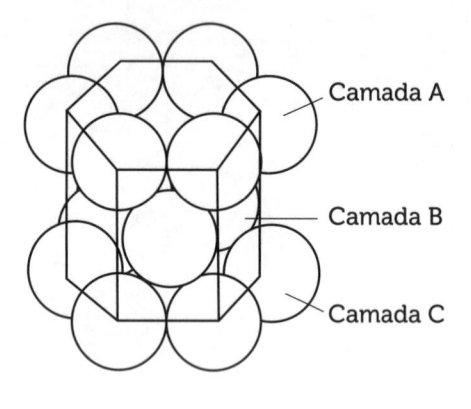

Camada A
Camada B
Camada C

(b) Uma visão mostrando que o número de coordenação de uma dada esfera (no centro do hexágono) é 12

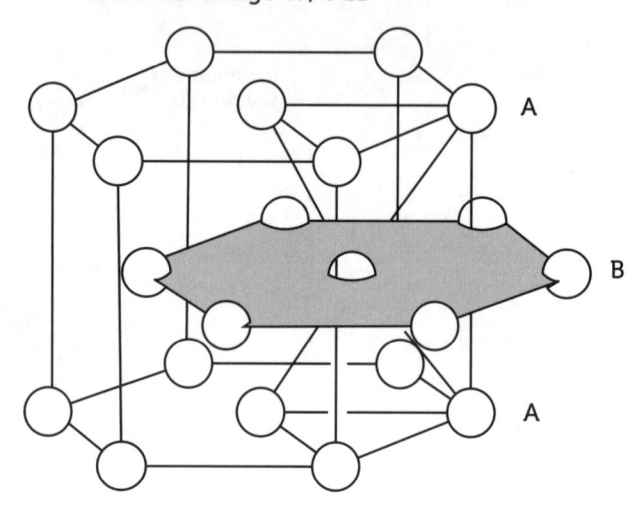

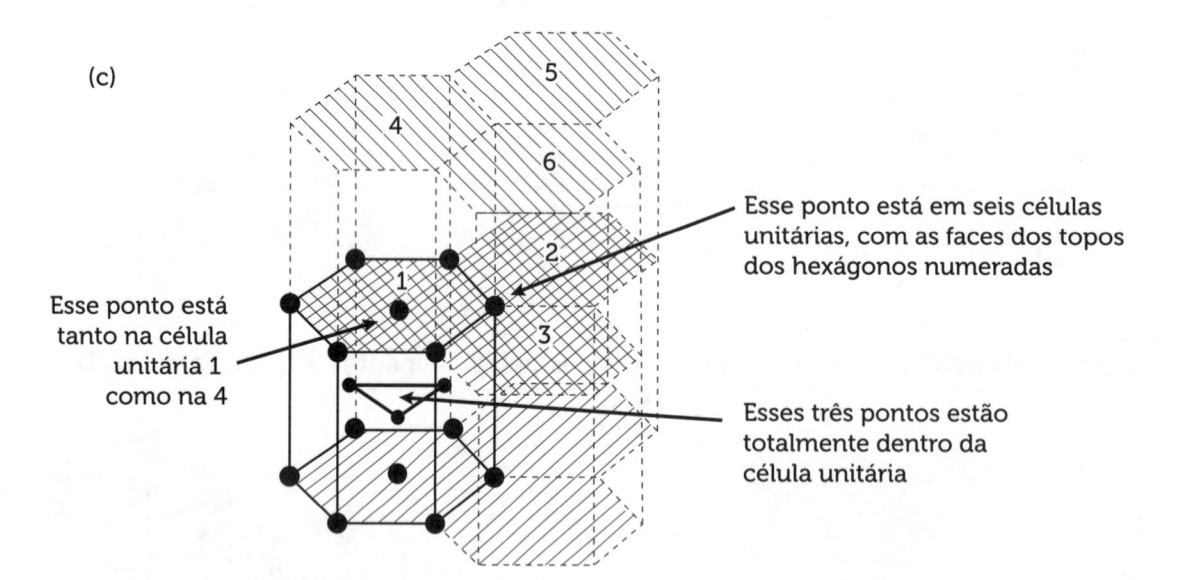

(c)

Esse ponto está tanto na célula unitária 1 como na 4

Esse ponto está em seis células unitárias, com as faces dos topos dos hexágonos numeradas

Esses três pontos estão totalmente dentro da célula unitária

Total de pontos por célula unitária hc = $2(\frac{1}{2})$ + 3 + $12(\frac{1}{6})$ = 6

em faces hexagonais | totalmente dentro da célula | nos vértices dos hexágonos

FIGURA 7.14

Três visões da célula unitária hexagonal compacta. (*a*) O esquema de camadas ABABAB. (*b*) O número de coordenação de uma dada esfera (centro do hexágono sombreado) é 12. (*c*) O número de esferas por célula unitária é seis. [(a) Adaptado de: Darrell D. Ebbing, *General Chemistry*, 3. ed. p. 290. Copyright © 1990 Houghton Mifflin Company. (b) Adaptado de: Harry B. Gray, *Chemical bond: introduction to atomic and molecular structure*, p. 208. Copyright © 1973. W.A. Benjamin, Inc.]

FIGURA 7.15

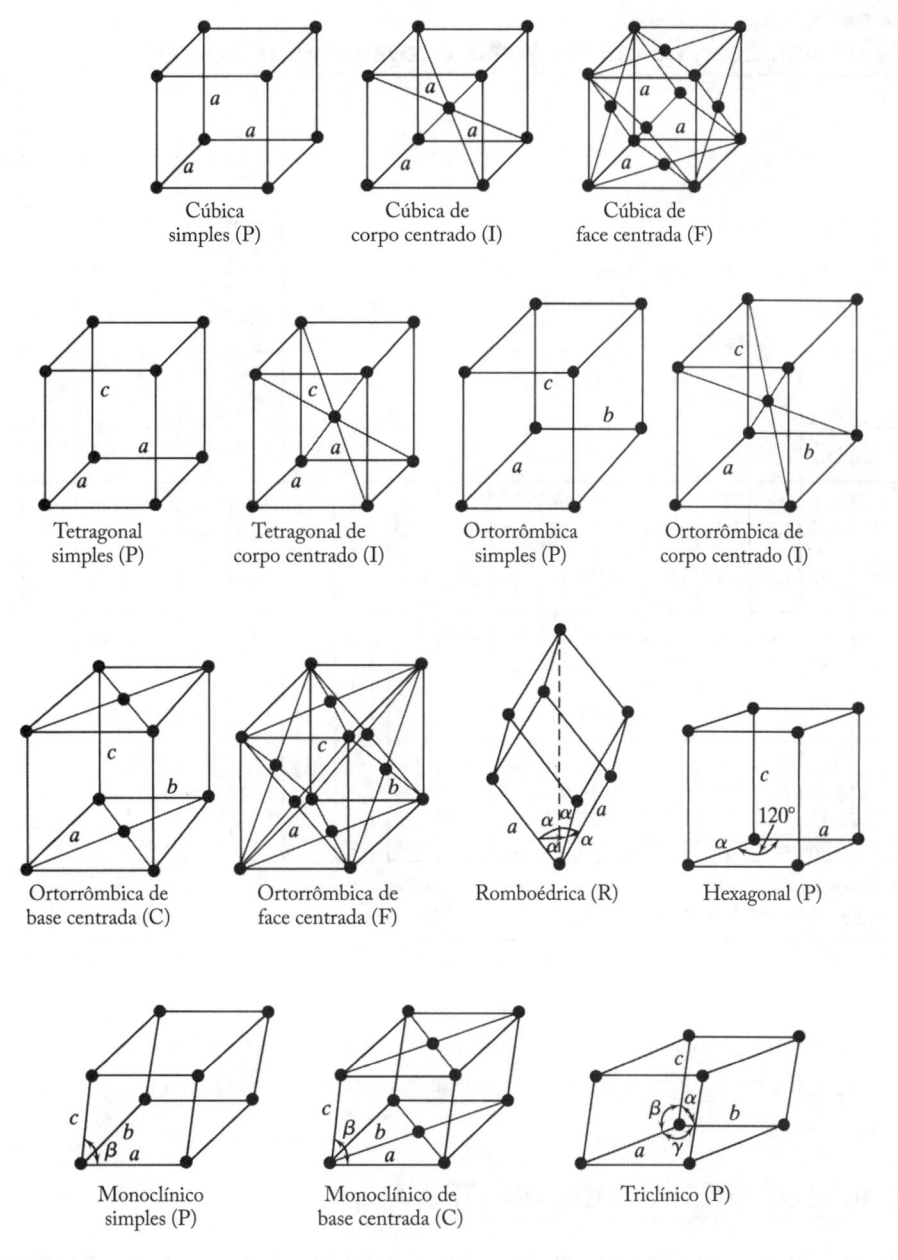

Os **14 retículos de Bravais** são compostos de sete células unitárias essenciais: cúbica, tetragonal, ortorrômbica, romboédrica, hexagonal, monoclínica e triclínica. (P = primitivo ou simples; I = corpo centrado; F = face centrada; C = base centrada)

Quão bom é esse modelo da química do estado sólido? Para demonstrar, calculamos a densidade de um elemento listado na Tabela 7.2 e comparamos o nosso resultado com a densidade conhecida. Considere o cobre como exemplo. Ele assume uma estrutura cc, o que significa que tem uma célula unitária cfc. O valor aceito para o raio metálico do cobre encontrado na Tabela 7.3 é 1,28 Å. Sabemos, por discussões anteriores, que há quatro átomos de cobre por célula unitária e que os átomos se tocam ao longo da face diagonal. Usando a expressão para a densidade encontrada na Tabela 7.1, podemos calcular a densidade da seguinte maneira:

$$\text{Densidade} = \frac{4 \text{ átomos} \left(\dfrac{63,54 \text{ g/mol}}{6,02 \times 10^{23} \text{ átomo/mol}} \right)}{[2(1,28 \times 10^{-8})\sqrt{2}]^3 \text{ cm}^3} = 8,90 \text{ g/cm}^3 \qquad \textbf{7.4}$$

TABELA 7.3
Raios metálicos, de van der Waals e covalentes selecionados

Legenda: Símbolo
Raio metálico[a]
Raio de van der waals
Raio covalente
(todos os valores em unidades Å)

H				He
...				...
1,20				1,40
0,37				...

Li	Be		B	C	N	O	F	Ne
1,57	1,12		...	...	...	...	...	...
1,82	...		..	1,70	1,55	1,52	1,47	1,54
1,34	0,90		0,82	0,77	0,75	0,73	0,72	...

Na	Mg		Al	Si	P	S	Cl	Ar
1,91	1,60		1,43	...	...	...	...	...
2,27	1,73		..	2,10	1,80	1,80	1,75	1,88
1,54	1,30		1,18	1,17	1,06	1,02	0,99	...

K	Ca	Sc	Ti	V	Cr	Mn	Fe	Co	Ni	Cu	Zn	Ga	Ge	As	Se	Br	Kr
2,35	1,97	1,64	1,47	1,35	1,29	1,37	1,26	1,25	1,25	1,28	1,37	1,53	1,39	...	...	...	...
2,75	...	...	...	...	...	...	...	...	1,63	1,43	1,39	1,87	...	1,85	1,90	1,85	2,02
1,96	1,74	1,44	1,32	1,25	1,27	1,46	1,20	1,26	1,20	1,38	1,31	1,26	1,22	1,20	1,16	1,14	1,15

Rb	Sr	Y	Zr	Nb	Mo	Tc	Ru	Rh	Pd	Ag	Cd	In	Sn	Sb	Te	I	Xe
2,50	2,15	1,82	1,60	1,47	1,41	1,35	1,34	1,34	1,37	1,44	1,52	1,67	1,58	1,61	...	...	...
...	...	...	...	...	...	,...	,...	...	1,63	1,72	1,58	1,93	2,17	...	2,06	1,96	2,16
2,11	1,92	1,62	1,48	1,37	1,45	1,56	1,26	1,35	1,31	1,53	1,48	1,44	1,41	1,40	1,36	1,33	1,26

Cs	Ba	La	Hf	Ta	W	Re	Os	Ir	Pt	Au	Hg	Tl	Pb	Bi			
2,72	2,24	1,88	1,59	1,47	1,41	1,37	1,35	1,36	1,39	1,44	1,55	1,71	1,75	1,82			
...	...	...	...	...	...	...	...	...	1,72	1,66	1,55	1,96	2,02	...			
2,25	1,98	1,69	1,49	1,38	1,46	1,59	1,28	1,37	1,28	1,43	1,51	1,52	1,47	1,46			

[a] Os raios metálicos variam um pouco com os números de coordenação. Para simplificar, esses valores são para átomos com número de coordenação = 12.

A densidade experimental é 8,96 g/cm³. O erro entre os valores de densidade, calculado e real, é de 0,7%. Nada mau para um modelo que representa os átomos de cobre como esferas maciças, como as bolas de bilhar.

7.3 RETÍCULOS CRISTALINOS DO TIPO AB_n

Retículos do tipo AB são aqueles nos quais as esferas que representam os átomos, íons ou moléculas são de dois tamanhos diferentes. O exemplo mais comum desses retículos são os cristais iônicos, nos quais o ânion é maior do que o cátion. Nesse caso, é melhor imaginar os ânions formando um retículo do tipo A e os cátions se encaixando nos "interstícios" do retículo. Na medida em que o cristal é puramente iônico, o empacotamento assumido pelos ânions é determinado, em grande medida, pelos tamanhos relativos das duas espécies. Isto é, os interstícios no retículo aniônico devem ser de tamanho apropriado para acomodar os cátions adequadamente. O primeiro tópico que precisamos cobrir, então, é o número e o tipo de interstícios presentes em um retículo do tipo A.

Interstícios cúbicos, octaédricos e tetraédricos

O interstício deixado no centro de uma célula unitária cúbica simples é referido naturalmente como um *interstício cúbico*. A Figura 7.16 mostra um modelo de preenchimento de espaço de tal célula unitária com uma das esferas do vértice removida e o interstício sombreado para maior clareza. O raio desse interstício é cerca

FIGURA 7.16

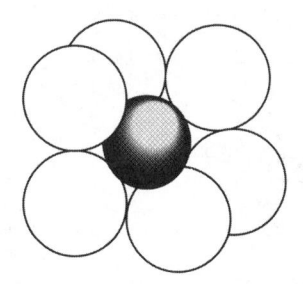

Uma representação do preenchimento do espaço de um interstício cúbico (sombreado) em uma célula unitária cúbica simples.
(Uma esfera do vértice foi removida para maior clareza.)

de três quartos dos das esferas que o formam (veja Exercício 7.29). Já decidimos antes que há uma esfera por célula unitária cúbica simples. O interstício cúbico está completamente dentro da célula unitária, de modo que também há um interstício por célula unitária. Conclui-se que há um interstício cúbico por esfera nesse retículo.

Os interstícios nos retículos cúbico e hexagonal compactos são ou tetraédricos ou octaédricos. Em última análise, queremos saber não só onde esses interstícios estão locados, mas também o quanto deles há por esfera. A Figura 7.17a ilustra um *interstício tetraédrico* encontrado dentro de um tetraedro formado pelas esferas maiores. Sempre que olhamos para um desenho ou um modelo de um retículo cc ou hc, o tetraedro é convenientemente identificado tanto como uma esfera posicionada em uma depressão formada por outras três (Figura 7.17b) quanto como um triângulo de três esferas apoiadas em cima de uma única esfera (Figura 7.17c). Um *interstício octaédrico* é encontrado dentro de um octaedro de esferas maiores, que pode ser visto ou como um quadrado de quatro esferas, com a quinta e a sexta esferas posicionadas acima e abaixo dele (Figura 7.17d), ou, mais facilmente, como um triângulo de três esferas acima de um segundo triângulo de três, rotacionado 60° em relação ao primeiro (Figura 7.17e).

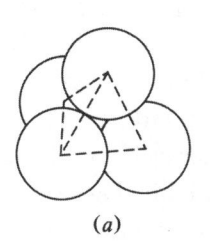

Interstícios tetraédricos

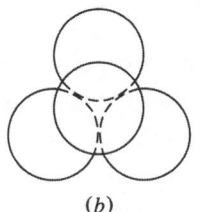

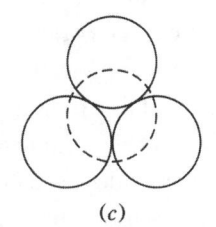

(a)   (b)   (c)

Interstícios octaédricos

(d)   (e)

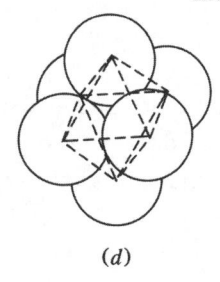

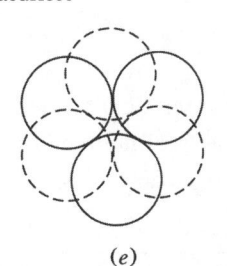

FIGURA 7.17

Várias maneiras de visualizar interstícios tetraédricos e octaédricos. Um interstício tetraédrico no centro de (a) um tetraedro visto pelo lado, (b) um triângulo de esferas com a quarta esfera posicionada no topo e (c) um triângulo de esferas apoiadas em uma única esfera. Um interstício octaédrico no centro de (d) um octaedro visto como quatro esferas em um quadrado com uma no topo e outra embaixo e (e) um octaedro visto como um triângulo de esferas posicionado no topo de outro triângulo de esferas rotacionado 60° em relação ao primeiro.

FIGURA 7.18

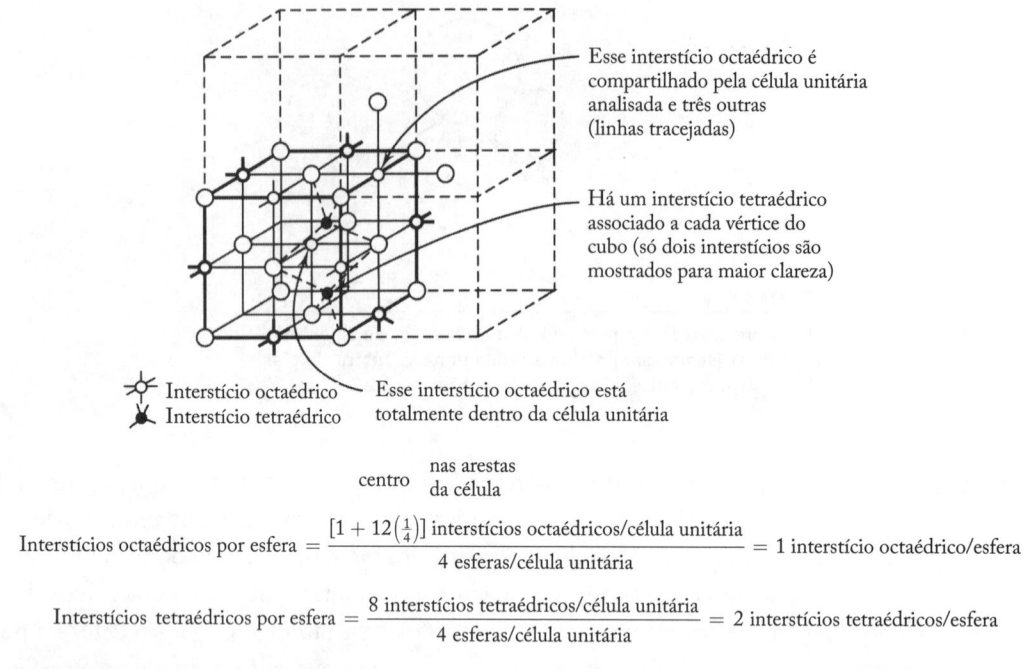

Uma célula unitária cúbica de face centrada mostrando as posições e os números de interstícios octaédricos e tetraédricos por célula unitária. Há interstícios octaédricos no centro e no meio das 12 arestas da célula unitária e um interstício tetraédrico associado a cada vértice da célula unitária. Uma vez que há quatro esferas por célula unitária, há um interstício octaédrico e dois interstícios tetraédricos por esfera.

$$\text{Interstícios octaédricos por esfera} = \frac{[1 + 12(\tfrac{1}{4})] \text{ interstícios octaédricos/célula unitária}}{4 \text{ esferas/célula unitária}} = 1 \text{ interstício octaédrico/esfera}$$

$$\text{Interstícios tetraédricos por esfera} = \frac{8 \text{ interstícios tetraédricos/célula unitária}}{4 \text{ esferas/célula unitária}} = 2 \text{ interstícios tetraédricos/esfera}$$

Onde esses interstícios estão localizados em um retículo compacto? Observando a Figura 7.10b, você será capaz de confirmar que os interstícios octaédricos são depressões *a* e os interstícios tetraédricos são depressões *b*. (Seus modelos com bolas de isopor ou balas de goma poderão ajudar a visualizar esses interstícios). Agora, quantos interstícios há por esfera? Considere a célula unitária cfc de um retículo cc, como é mostrado na Figura 7.18. Lembre-se de que determinamos (veja a Figura 7.13) que há quatro esferas por célula unitária cfc. Note que há um interstício octaédrico no centro da célula e outros 12 localizados em cada aresta do cubo. Cada um desses 12 interstícios é compartilhado entre quatro células unitárias como mostrado; portanto, cada um é um quarto de uma dada célula unitária. Como indicado na figura, há, portanto, um total de quatro interstícios octaédricos por célula unitária. Isso leva à conclusão de que há um interstício octaédrico por esfera. Há um interstício tetraédrico associado a cada um dos oito vértices da célula unitária. Da mesma forma, isso nos leva a concluir que há dois interstícios tetraédricos por esfera. Essas razões de interstícios por esfera são as mesmas para uma estrutura hc.

Razões radiais

Você deve ter imaginado que o interstício tetraédrico deva ser muito pequeno, mas o interstício octaédrico é um pouco maior. (Verifica-se que o primeiro é um quarto do raio das esferas que o formam, enquanto o último é quatro décimos do raio). Assim, os tamanhos relativos dos interstícios são os seguintes:

Tamanho do interstício	cúbico	>	octaédrico	>	tetraédrico
Nº de coordenação	8		6		4

Agora, se espécies menores, como um cátion, fossem do tamanho certo para caber exatamente em um desses interstícios, eles teriam o número de coordenação como o indicado. Note que o número de coordenação é diretamente proporcional ao tamanho do interstício.

(a) Plano equatorial — Um cátion ocupando um interstício octaédrico formado por seis ânions

(b) Uma seção transversal através do plano equatorial

$$\operatorname{sen} 45° = \frac{r^+ + r^-}{2r^-} = 0{,}707, \qquad \text{que fornece } = \frac{r^+}{r^-} = 0{,}414$$

FIGURA 7.19

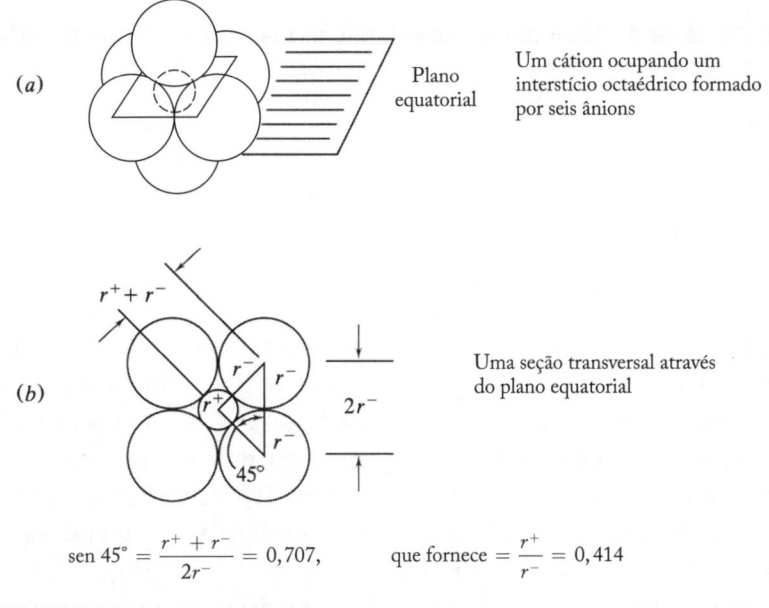

Duas vistas de um interstício octaédrico. (a) Uma vista tridimensional e (b) uma vista em corte transversal de um cátion ocupando um interstício octaédrico em um retículo de ânions do tipo A. A razão radial r^+/r^- característica de um interstício octaédrico é calculada como 0,414.

Como podemos calcular o tamanho relativo de um interstício e, portanto, do cátion que caberia dentro dele? Considere a Figura 7.19, que mostra uma seção transversal de um interstício octaédrico tomada pelo plano equatorial. É mostrado um cátion do tamanho certo ocupando o interstício. A geometria analítica e a trigonometria fornecem como resultado que a razão do raio do cátion para o raio do ânion, assumindo que são as maiores espécies, é 0,414. Cálculos similares para interstícios trigonais, tetraédricos e cúbicos fornecem as seguintes razões radiais:

Tipos de interstício	r^+/r^-
Trigonal	0,155
Tetraédrico	0,225
Octaédrico	0,414
Cúbico	0,732

(Um interstício trigonal, aquele no centro de um triângulo de esferas, é tão pequeno que raramente é ocupado.)

Que informação essas razões radiais fornecem? A Tabela 7.4 mostra como o número de coordenação (N.C.) e o tipo de interstício correspondem às razões. Essa tabela fornece um guia de qual tipo de interstício será ocupado em uma determinada situação. Tome como exemplo o NaCl. O raio iônico do Na^+ é 1,16 Å, enquanto o raio iônico do Cl^- é 1,67 Å. (Esses raios iônicos são dados nas tabelas 7.5 e 7.7, respectivamente. Discutiremos o conceito de raio iônico, como ele é calculado e alguns detalhes sobre como usar as tabelas 7.5 a 7.7 na próxima seção.) Usando esses raios como dados no momento, r^+/r^- vem a ser 0,695, que cai na faixa 0,414'''0,732. Da tabela, prevemos que o Cl^- formará um retículo do tipo A, verifica-se que do tipo cc, e os cátions de Na^+ se encaixam nos interstícios octaédricos do retículo. O N.C. máximo dos cátions é previsto e, de fato, acaba sendo 6.

Observe que 0,414, a razão radial que calculamos quando o cátion se encaixa em um interstício octaédrico em um retículo aniônico do tipo A, é o limite inferior da faixa na qual os interstícios octaédricos serão

TABELA 7.4
Correlação entre razões de raio, números de coordenação máximos e tipos de interstícios ocupados

r^+/r^-	0,155	até	0,225	até	0,414	até	0,732	até	valores mais altos
N.C. máximo possível		3		4		6		8	
Tipo de interstício		Trigonal		Tetraédrico		Octaédrico		Cúbico	

ocupados. Em outras palavras, a razão radial pode ser maior, mas não menor do que o valor ideal. Por que isso ocorre? O que precisa acontecer para que o valor da razão radial se desvie do valor ideal de 0,414? Se o cátion aumentar em tamanho, causando um aumento na razão, ele forçará os ânions a perderem contato uns com os outros. Energeticamente, esse é um processo favorável porque separar ânions carregados negativamente reduz as forças repulsivas entre eles e resulta num retículo mais estável. Assim, mesmo se o cátion for maior do que o interstício octaédrico ideal, ele força a separação dos ânions e continua a ocupar esse lugar.

Novamente, começando com uma razão radial de 0,414 como aquela em que o cátion se encaixa em um interstício octaédrico em um retículo de ânions, considere o que deverá acontecer se o cátion diminuir de tamanho causando uma queda na razão radial a valores menores que 0,414. Os ânions ainda estariam atraídos pelo cátion que agora está "se chacoalhando" em um interstício maior que ele é. Os ânions se juntariam ao redor do cátion e, portanto, estariam esbarrando uns nos outros. Isso levaria a uma grande repulsão entre as nuvens eletrônicas dos ânions, uma situação energeticamente desfavorável. Dessa forma, se o cátion é menor do que o interstício octaédrico ideal, a resposta mais favorável é para o cátion mudar para um interstício menor. Por exemplo, no sulfeto de berílio, BeS, a razão radial é 0,35. Se os cátions berílio fossem ocupar os interstícios octaédricos no retículo dos ânions sulfeto, haveria muita repulsão entre os ânions, e os cátions berílio mudariam para ocupar um interstício tetraédrico, produzindo uma situação mais favorável energeticamente.

Finalmente, você deve notar também que a Tabela 7.4 indica os números de coordenação máximos para uma dada razão radial. Por exemplo, no ZnS, a razão radial é 0,52, indicando que o número de coordenação máximo dos cátions zinco é 6. De acordo com a discussão acima, o número de coordenação não pode ser 8 porque o pequeno cátion zinco se chacoalharia muito no maior interstício cúbico. O número de coordenação poderia, entretanto, ser 4, o que resultaria nos íons sulfeto duplamente negativos (S^{2-}) organizados em um tetraedro ao redor do cátion zinco, sendo forçados a se separarem. De fato, cátions zinco ocupam interstícios tetraédricos e têm um número de coordenação 4. As estruturas cristalinas para o ZnS serão discutidas em mais detalhes na próxima seção.

As discussões anteriores ilustram a utilidade geral da Tabela 7.4, mas está claro que devemos abordar essas questões com muito cuidado. Em uma seção posterior ("Estruturas AB"), veremos que a correlação entre o número de coordenação real e o previsto pelas razões radiais varia de 33% a 100%, dependendo da estrutura. De uma maneira geral, a correlação é cerca de 2 em 3. Uma das muitas razões pelas quais a Tabela 7.4 pode ser considerada apenas um guia está na incerteza quanto à determinação do raio iônico.

Raios iônicos

Como observado anteriormente (Seção 7.2), quando discutimos raios metálicos, de van der Waals e covalentes, os métodos de difração de raios X fornecem informações acuradas sobre distâncias interatômicas. Em cristais iônicos, as análogas *distâncias interiônicas* são disponibilizadas a partir dessas medições. Entretanto, o que não pôde ser determinado foi onde um íon termina e um outro inicia; isto é, não se sabe como repartir a distância interiônica entre o cátion e o ânion. Mais recentemente, foi possível produzir análises de raios X de alta resolução como aquelas mostradas na Figura 7.20 para o NaCl. Localizando a densidade eletrônica mínima ao longo

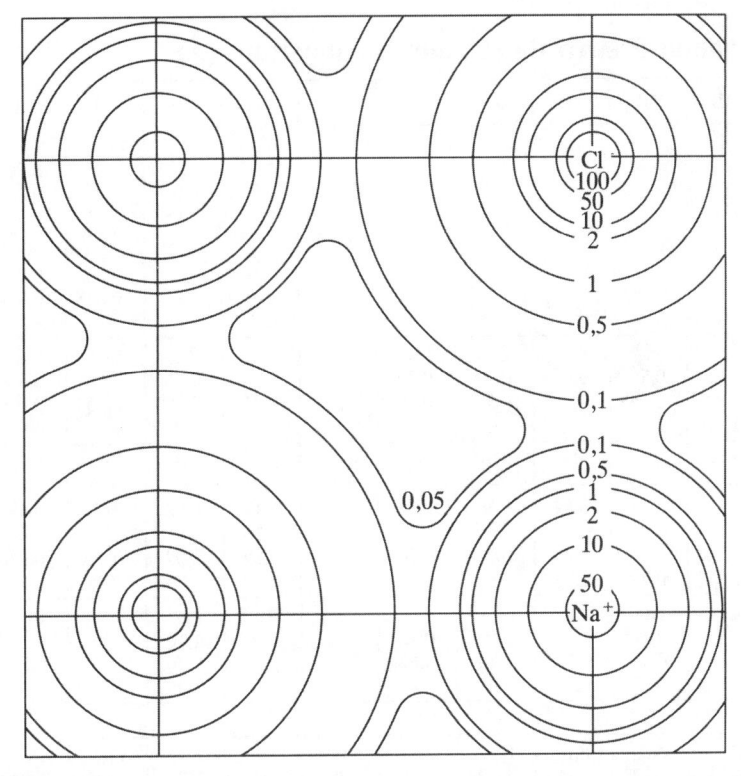

FIGURA 7.20

Um mapa de difração de raios X de alta resolução dos contornos densidade eletrônica no cloreto de sódio. Os números indicam a densidade eletrônica (elétrons/Å³) ao longo de cada linha de contorno. A "fronteira" de cada íon é definida como o mínimo na densidade eletrônica entre dois íons. (Adaptado de: G. Schoknecht, *Z. Naturforsch*, 1957, 12A, 983.)

da distância interiônica, foram determinados valores precisos do raio tanto do cátion como do ânion. Essas análises são a base dos raios iônicos de Shannon-Prewitt apresentados nas tabelas de 7.5 a 7.7. Perceba que os não metais geralmente não formam os cátions altamente carregados listados na tabela 7.5. Os raios iônicos dos ânions comuns dos não metais são encontrados na Tabela 7.7.

Note que essas tabelas mostram que o raio iônico varia um pouco com o número de coordenação. Para o cátion sódio, essa variação é a seguinte:

N.C.	Raio do Na^+, Å
4	1,13
6	1,16
8	1,32

Esses resultados fazem sentido porque, como o número de ânions ao redor do cátion aumenta, eles vão se aglomerar até certo ponto e causar um aumento aparente no raio catiônico. Para o cálculo das razões radiais a fim de utilizar a Tabela 7.2 na determinação do interstício ocupado e do número de coordenação, normalmente usamos valores de número de coordenação, N.C., igual a 6.

Estruturas do tipo AB

A Tabela 7.8 apresenta informações sobre razões radiais, números de coordenação e estruturas tanto de cátions como de ânions para quatro retículos iônicos do tipo AB. A Figura 7.21 fornece um desenho de cada um des-

TABELA 7.5
Raios iônicos de Shannon-Prewitt de cátions em angstrom (Å)

N.C.	1A	2A	3B	4B	5B	6B	7B		1B	2B	3A	4A	5A	6A	7A
3	Li	Be									B	C	N		
4	—	0,30									0,15	0,06	0,044		
6	0,73	0,41									0,25	0,29	—		
	0,90	0,59									0,41	0,30	0,27		
	Na	Mg									Al	Si	P	S	Cl
4	1,13	0,71									0,53	0,40	0,31	0,26	0,22
6	1,16	0,86									0,675	0,540	0,52	0,43	0,41
8	1,32	1,03									—	—	—	—	—
	K	Ca	Sc	Ti	V	Cr	Mn		Cu	Zn	Ga	Ge	As	Se	Br
4	1,51	—	—	0,56	0,495	0,40	0,39		0,74	0,74	0,61	0,530	0,475	0,42	0,39
6	1,52	1,14	0,885	0,745	0,68	0,58	0,60		0,91	0,880	0,760	0,670	0,60	0,56	0,53
8	1,65	1,26	1,010	0,88	—	—	—		—	1,040	—	—	—	—	—
	Rb	Sr	Y	Zr	Nb	Mo	Tc		Ag	Cd	In	Sn	Sb	Te	I
2									0,81						
4	—	—	—	0,73	0,62	0,55	0,51		1,14	0,92	0,76	0,69	—	0,57	0,56
									1,16						
6	1,66	1,32	1,040	0,86	0,78	0,73	0,70		1,29	1,09	0,940	0,830	0,74	0,70	0,67
8	1,75	1,40	1,159	0,98	0,88	—	—		1,42	1,24	1,06	0,95	—	—	—
	Cs	Ba	La	Hf	Ta	W	Re		Au	Hg	Tl	Pb	Bi	Po	At
4	—	—	—	0,72	—	0,56	0,52		—	1,10	0,89	—	—	—	—
6	1,81	1,49	1,172	0,85	0,78	0,74	0,67		1,51	1,16	1,025	0,79	0,90	0,81	0,76
8	1,88	1,56	1,300	0,97	0,88	—	—		—	1,28	1,12	0,915	—	—	—

	La	Ce	Pr	Nd	Pm	Sm	Eu	Gd	Tb	Dy	Ho	Er	Tm	Yb	Lu
6	1,172	1,15	1,13	1,123	1,11	1,098	1,087	1,078	1,063	1,052	1,041	1,030	1,020	1,008	1,001
7	1,24	1,21	—	—	—	1,16	1,15	1,14	1,12	1,11	—	1,085	—	1,065	—
8	1,300	1,283	1,266	1,249	1,233	1,219	1,209	1,193	1,180	1,167	1,155	1,144	1,134	1,125	1,117
	Ac^{III}	Th^{IV}	Pa^{V}	U^{VI}	Np^{IV}	Pu^{IV}	Am^{IV}	Cm^{IV}	Bk^{IV}	Cf^{IV}				No^{III}	
6	1,26	1,08	0,92	0,87	1,01	1,00	0,99	0,99	0,97	0,961				1,24	
8	—	1,19	1,05	1,00	1,12	1,10	1,09	1,09	1,07	1,06					

Nota: A carga do cátion é a mesma que o número do grupo, exceto como observado nos actinídeos.
Fonte: Valores de R. D. Shannon, *Acta Crystallogr.*, **A32**:751 (1976). As referências incluem outros estados de oxidação e números de coordenação.
Fonte: tabela adaptada de: Bodie Douglas, Darl H. McDaniel e John J. Alexander, *Concepts and models of inorganic chemistry*, 2. ed. Copyright © 1983.

---

ses retículos. Em cada caso, você deve comparar as informações dadas nessas duas fontes e, se possível, estudar um modelo do retículo, enquanto lê as breves descrições a seguir.

O cloreto de sódio, ou "sal de rocha", é uma das estruturas mais comumente encontradas. Como observado anteriormente, sua razão radial é consistente com os cátions sódio ocupando os interstícios octaédricos em uma rede cc de ânions cloreto. A Figura 7.21a mostra a estrutura de camadas ABCABC de cloretos, que é consistente com uma célula unitária cfc. Os íons sódio são mostrados nos interstícios octaédricos tanto no centro da célula unitária como nas arestas da célula. A Figura 7.21b mostra uma porção maior do retículo, indicando novamente o meio octaédrico ao redor de cada cátion. Ela mostra também que o cristal pode ser representado por uma célula unitária com íons sódio cfc e íons cloreto nos interstícios octaédricos. Você deve confirmar que o número de coordenação tanto dos cátions como dos ânions é 6 e que há um total de quatro íons cloreto $[8(\frac{1}{8}) + 6(\frac{1}{2})]$ e quatro íons sódio $[1+ 12(\frac{1}{4})]$ por célula unitária, consistente com a estequiometria 1:1 para esse composto.

Usando a descrição anterior, devemos ser capazes de calcular o valor para a densidade de cloreto de sódio. Tomando a célula unitária como base para a determinação (como fizemos para as estruturas do tipo A), podemos calcular a massa das quatro fórmulas unitárias do NaCl e dividi-la pelo volume da célula unitária.

TABELA 7.6
Raios iônicos de Shannon-Prewitt de cátions com estados de oxidação variável em angstrom (Å)

Número de oxidação													
2	Ti 1,00	V 0,93	Cr 0,94 0,87^{SB}	Mn 0,970 0,81^{SB}	Fe 0,77(4) 0,92 0,75^{SB}	Co 0,72(4) 0,88,5 0,79^{SB}	Ni 0,69(4) 0,63(4)^{Qp} 0,83	Cu 0,71(4) 0,71(4)^{Qp} 0,87	Zn 0,74(4) 0,88	Ga	Ge	As	Se
3	0,810	0,780	0,755	0,785 0,72^{SB}	0,785 0,69^{SB} 0,63(4)	0,75 0,68,5^{SB}	0,74 0,70^{SB}	0,68^{SB}		0,76		0,72	
4	0,745	0,72	0,69	0,67	0,725	0,67	0,62^{SB}				0,67		0,64
	Zr	Nb	Mo	Tc	Ru	Rh	Pd	Ag	Cd	In	Sn	Sb	Te
2	—	—	—	—	—	—	0,78(4)^{Qp}	0,93(4)^{Qp} 0,81(4)^{Qp}	1,09	—	1,22^a(8)	—	—
3	—	0,86	0,83	—	0,82	0,805	0,90		—	0,94	—	0,94(5)	—
4	0,86	0,82	0,79	0,785	0,76	0,74	0,755	—	—	—	0,83	—	1,11
	Hf	Ta	W	Re	Os	Ir	Pt	Au	Hg	Tl	Pb	Bi	Po
1	—	—	—	—	—	—	—	1,51	1,33 1,11(3)	1,64	—	—	—
2	—	—	—	—	—	—	0,74(4)^{Qp}	—	1,16	—	1,33	—	—
3	—	0,86	—	—	—	0,82	—	0,82(4)^{Qp}	—	1,025	—	1,17	—
4	0,85	0,82	0,80	0,77	0,770	0,765	0,765	—	—	—	0,915	—	1,08
	Ce^{IV} 1,01	Pr^{IV} 0,99	Sm^{II} 1,41(8)	Eu^{II} 1,31	Tb^{IV} 0,90	Tm^{II} 1,17	Yb^{II} 1,16						
	Pa^{IV} 1,04	U^{IV} 1,03	Np^{VI} 0,86	Pu^{VI} 0,85	Am^{III} 1,115	Cm^{III} 1,11	Bk^{III} 1,10	Cf^{III} 1,09					

Fonte: valores de R. D. Shannon, *Acta Crystallogr.*, **A32**:751 (1976). O valores de *spin* baixo (SB) e de coordenação quadrática (QP) são designados por sobrescritos.
Nota: valor para N.C. 8 de R. D. Shannon e C. T. Prewitt, *Acta Crystallogr.*, B25:925 (1969). O valor provavelmente é duvidoso, uma vez que ele não foi incluído na tabulação revisada.
N.C. = 6 salvo indicação contrária
Fonte: tabela adaptada de: Bodie Douglas, Darl H. McDaniel e John J. Alexander, *Concepts and models of inorganic chemistry*. 2. ed. Copyright © 1983.

TABELA 7.7
Raios iônicos de Shannon-Prewitt de ânions comuns em angstrom (Å)

	OH$^-$	H$^-$
	1,23	1,53^a
N^{3-}	O^{2-}	F$^-$
1,32	1,26	1,19
(N.C. 4)	S^{2-}	Cl$^-$
	1,70	1,67
	Se^{2-}	Br$^-$
	1,84	1,82
	Te^{2-}	I$^-$
	2,07	2,06

Fonte: Valores de R. D. Shannon, *Acta Crystallogr.*, A32:751 (1976).
Nota: N.C. = 6, salvo indicação contrária. D. F. C. Morris e G. L. Reed, *J. Inorg. Nucl. Chem.*, 27: 1715 (1965).
Fonte: tabela adaptada de: Bodie Douglas, Darl H. McDaniel e John J. Alexander, *Concepts and models of inorganic chemistry*. 2. ed. Copyright © 1983.

TABELA 7.8
Retículos do tipo AB: razões radiais, estruturas e números de coordenação

Estrutura	r^+/r^{-a}	Ânions		Cátions	
		Estrutura	N.C.	Estrutura	N.C.
Cloreto de sódio (NaCl)	$\frac{1,16}{1,67}$ = 0,69	cc (cfc)	6	Todos os interstícios octaédricos	6
Blenda de zinco (ZnS)	$\frac{0,88}{1,70}$ = 0,52	cc (cfc)	4	Metade dos interstícios tetraédricos	4
Wurtzita (ZnS)	$\frac{0,88}{1,70}$ = 0,52	hc	4	Metade dos interstícios tetraédricos	4
Cloreto de césio (CsCl)	$\frac{1,81}{1,67}$ = 1,08[b]	Todos os interstícios cúbicos	8	Cúbica simples	8

[a] sobrescrito Raio iônico de Shannon-Prewitt para N.C. = 6.
[b] $r^-/r^+ = 0,93$.

Lembre-se de que os ânions cloreto não estão em contato porque os cátions sódio são um pouco maiores do que o raio ideal para um interstício octaédrico. Entretanto, os cátions e os ânions estão em contato ao longo da aresta da célula, de modo que $1 = 2r(Na^+) + 2r(Cl^-) = 2(1,16) + 2(1,67) = 5,66$ Å. A densidade é calculada como é mostrado na Equação (7.5):

$$\text{Densidade} = \frac{\frac{4(22,99) + 4(35,45)}{6,02 \times 10^{23}}\,g}{(5,66 \times 10^{-8})^3 \,cm^3} = 2,14\, g/cm^3 \qquad \textbf{7.5}$$

A densidade real do NaCl é 2,165 g/cm³. A diferença entre a densidade real e a calculada é cerca de 1%.

Embora o número de coordenação do cátion no NaCl resulte como previsto pela regra da razão radial, e a densidade calculada para o NaCl seja bem próxima da real, é instrutivo saber quão boa é a correlação entre a estrutura cristalina conhecida e a prevista pelos cálculos de razão radial em cada um dos casos AB_n que vamos discutir. A Tabela 7.9 mostra que 58% dos compostos que assumem estruturas do sal de rocha são consistentes com o cálculo de razão radial. Novamente, vemos que, apesar de as razões radiais serem uma regra útil, precisamos ter cautela ao tirarmos conclusões sobre estruturas cristalinas de modelos de esfera rígida puramente iônicas.

A razão radial do sulfeto de zinco é 0,52, indicando que o número de coordenação máximo para os cátions zinco deve ser 6. Como descrito anteriormente, entretanto, os cátions zinco ocupam interstícios tetraédricos e não octaédricos, na rede do sulfeto. Se os sulfetos formarem uma estrutura cc, o retículo resultante é chamado *blenda de zinco*. Se os sulfetos forem hc, o retículo é chamado *wurtzita*. (Um terceiro nome algumas vezes aplicado ao ZnS é *esfalerita*. Isso normalmente se refere ao mineral contendo sulfeto de zinco, apesar de algumas fontes usarem o nome de *esfalerita* alternando com *blenda de zinco*.) A Figura 7.21c mostra uma visão da estrutura da blenda de zinco que enfatiza tanto o arranjo ABCABC como a célula unitária cfc de ânions. Note que os cátions zinco ocupam quatro dos oito interstícios tetraédricos. Um dos quatro interstícios tetraédricos não ocupados está indicado na figura. Se você prestar atenção, verá que os próprios interstícios tetraédricos ocupados também formam um tetraedro. Consistente com a estequiometria 1:1, há quatro $[8(\frac{1}{8}) + 6(\frac{1}{2})]$ íons sulfeto para combinar com quatro cátions zinco encontrados completamente dentro da célula unitária. A Figura 7.21d mostra a estrutura da wurtzita. Os sulfetos formam uma estrutura de camadas ABABAB (hc) e os

Capítulo 7: *Estruturas no estado sólido*

(a) NaCl

(b) NaCl

(c) Blenda de zinco

(d) Wurtzita

(e) CsCl

FIGURA 7.21

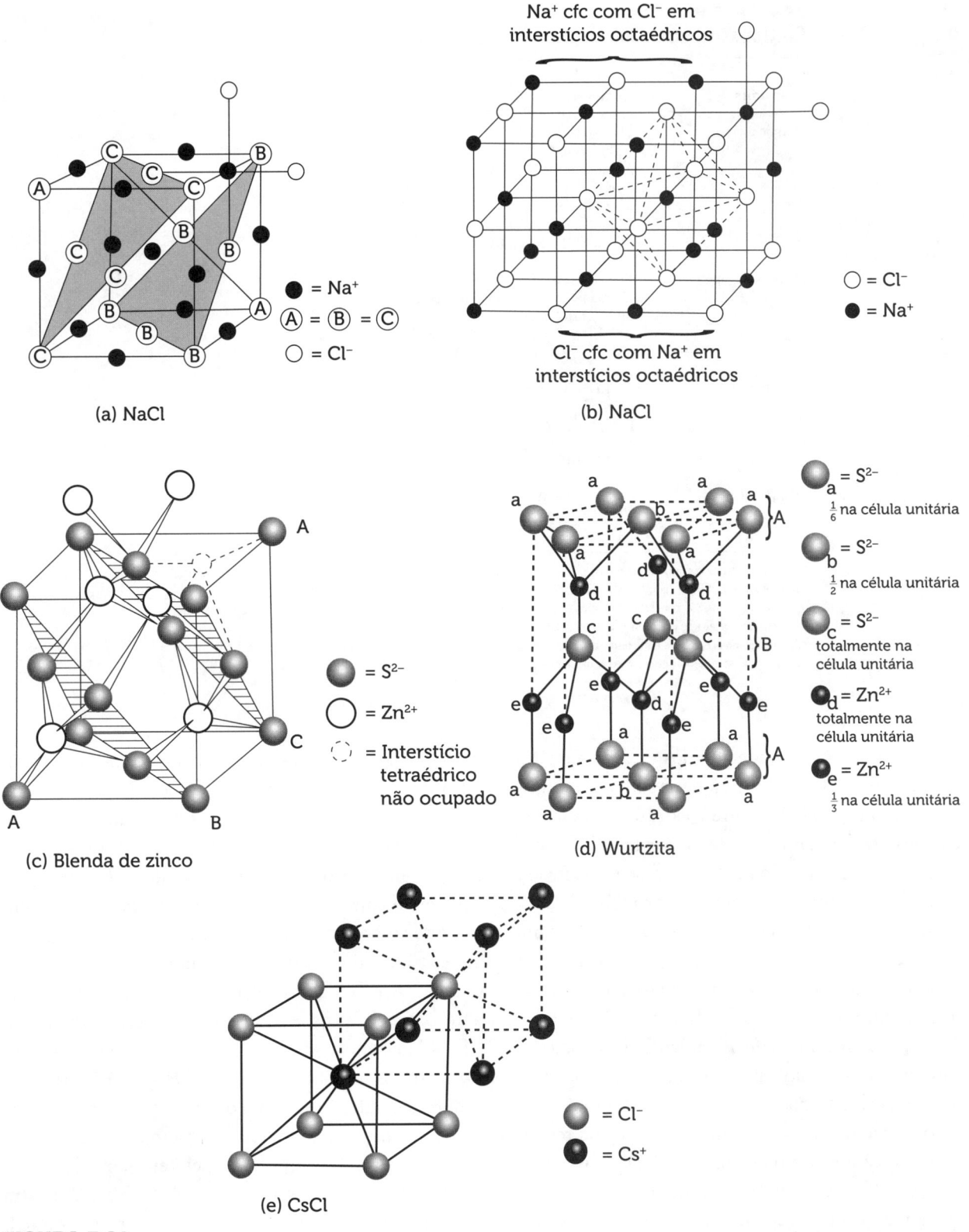

Estruturas do tipo AB. (*a*) NaCl enfatizando as camadas ABCABC dos ânions cloreto e dos cátions sódio nos interstícios octaédricos. (*b*) O NaCl visto como Cl^- cfc com Na^+ nos interstícios octaédricos, ou vice-versa. (*c*) Blenda de zinco com o Zn^{2+} ocupando metade dos interstícios tetraédricos em S^{2-} cfc. (*d*) Wurtzita com Zn^{2+} ocupando metade dos interstícios tetraédricos em S^{2-} hc. (*e*) CsCl com Cs^+ nos interstícios cúbicos de Cl^-, ou vice-versa. (De James E. Huheey, *Inorganic chemistry: principles of structure and reativity*, p. 191. Copyright © 1983. Reproduzido com permissão de Pearson Education, Inc.)

TABELA 7.9
Compostos com estruturas AB comuns

Estrutura	Compostos	Porcentagem de correlação[a]
Sal de rocha	Haletos alcalinos[b] e hidretos AgF, AgCl, AgBr Monóxidos de Mg, Ca, Sr, Ba, Mn, Fe, Co, Ni, Cd Monossulfetos de Mg, Ca, Sr, Ba, Mn, Pb TiC, VC, InP, InAs, SnP, SnAs NH_4I, KOH, KSH, KCN	58
Blenda de zinco	BeX, ZnX, CdX, HgX (X = S, Se, Te) Diamante, silício, germânio, estanho cinza SiO_2 (cristobalita) BN, BP, SiC, CuX (X = F, Cl, Br, I) XY (X = Al, Ga, In; Y = P, As, Sb)	33[c]
Wurtzita	ZnX (X = O, S, Te) CdX (X = S, Se) BeO, MgTe, NH_4F MN (M = Al, Ga, In) AgI, NH_4F	33[c]
Cloreto de césio	CsX (X = Cl, Br, I, SH, CN) TlX (X = Cl, Br, I, CN) NH_4X (X = Cl, Br, CN)	100

[a] Porcentagem dos compostos para os quais a razão radial se correlaciona com (isto é, é consistente com) a estrutura conhecida. De L. C. Nathan, *J. Chem. Educ.*, 62(3):215 (1985). Raios de Shannon-Prewitt para N.C. = 6 usado para todos os raios. Os resultados são apenas ligeiramente melhores quando se utilizam em que onde o número de coordenação correto de cada íon é levado em conta.
[b] Alguns, como KF, RbF e CsF, têm cátions que são maiores do que os ânions.
[c] Esse resultado é para as estruturas da blenda de zinco e da wurtzita analisadas em conjunto.

cátions zinco ocupam metade dos interstícios tetraédricos no retículo. Consistente com a estequiometria 1:1, há seis $[12(\frac{1}{6}) + 2(\frac{1}{2}) + 3]$ ânions sulfeto, assim como seis $[4 + 6(\frac{1}{3})]$ cátions zinco. A Tabela 7.8 mostra uma correlação muito baixa entre a estrutura conhecida e as razões radiais para as estruturas da blenda de zinco e da wurtzita. Uma importante razão para a baixa correlação parece ser o grau em que a ligação nos cristais desse tipo é de caráter covalente. Há uma boa evidência de que os átomos de zinco e de enxofre no sulfeto de zinco, a um grau significativo, assumem orbitais híbridos sp^3 e de que o composto deve ser descrito, pelo menos em parte, como um retículo covalente como o diamante, em vez de como um retículo puramente iônico.

O cloreto de césio tem uma razão radial de 1,08 porque, utilizando os raios de Shannon-Prewitt, o cátion césio é maior do que o ânion cloreto. Nesse caso, precisamos na realidade calcular r^+/r^- ($= 0,93$) e assumir que os cátions formam um retículo do tipo A e os cloretos preenchem os interstícios apropriados. Note que 0,93 cai na faixa interstícios cúbico/N.C. = 8, da Tabela 7.4. Como mostrado na Figura 7.21e, os cátions césio formam um retículo cúbico simples, e os ânions cloreto ocupam os interstícios cúbicos. De modo alternativo, os ânions cloreto podem ser mostrados como formando um retículo do tipo A com os cátions césio nos interstícios cúbicos. Ao usar as linhas sólidas para representar a célula unitária, note que o número de coordenação, tanto do cátion como do ânion, é 8. Observe, também, que há um total de um $[8(\frac{1}{8})]$ cloreto por célula unitária e, é claro, um cátion césio no interior, o que é consistente com a estequiometria 1:1. A Tabela 7.9 mostra que a maior correlação (100%), entre a estrutura conhecida e as razões radiais ocorre para a estrutura do CsCl.

A Tabela 7.9 mostra, também, vários compostos que assumem as estruturas AB descritas anteriormente. A estrutura do diamante é listada como mostrando uma estrutura da blenda de zinco em que, é lógico, todas as esferas são do mesmo tamanho. Recorra à Figura 7.3a e veja se você pode confirmar essa comparação. Essa situação é também consistente com o caráter covalente tanto do diamante como do sulfeto de zinco.

TABELA 7.10
Retículos do tipo AB$_2$: Razões radiais, estruturas e números de coordenação

Estrutura	$r^+/r^{-\,a}$	Ânions		Cátions	
		Estrutura	N.C.	Estrutura	N.C.
Fluorita (CaF$_2$)	$\dfrac{1,14}{1,19} = 0,96$	1. Cúbica simples 2. Toda tetraédrica	4	1. Metade dos interstícios cúbicos 2. cfc	8
Iodeto de cádmio (CdI$_2$)	$\dfrac{1,09}{2,06} = 0,53$	hc	3	Metade dos interstícios octaédricos	6
Rutilo (TiO$_2$)	$\dfrac{0,745}{1,26} = 0,59$	Tetraédrica simples	3	Interstícios octaédricos	6

^{a} Raios iônicos de Shannon-Prewitt para N.C. = 6

Estruturas AB$_2$

A Tabela 7.10 e a Figura 7.22 apresentam informações e esquemas de estruturas AB$_2$. Antes de considerá-los, vamos olhar mais atentamente a relação entre os números de coordenação do cátion e do ânion. Nos compostos AB, os números de coordenação de cada íon eram idênticos. Isso acaba sendo uma aplicação da relação encontrada na Equação (7.6):

$$(\text{N.C. de A}) \times (\text{n}^{\text{o}} \text{ de A na fórmula}) = (\text{N.C. de B}) \times (\text{n}^{\text{o}} \text{ de B na fórmula}) \quad \boxed{7.6}$$

Uma vez que o número de esferas A é igual ao número de esferas B em compostos AB, os números de coordenação também são iguais.

A fluorita, CaF$_2$, apresenta uma razão radial de 0,96, o que prevê que os íons cálcio vão ocupar interstícios cúbicos formados pelos ânions fluoreto. Note, na Figura 7.22a, que os íons cálcio na verdade ocupam esses locais. Entretanto, como requerido pela estequiometria (veja Exercício 7.39), metade dos interstícios cúbicos deve estar desocupada. (Observe que o centro da célula unitária é um interstício cúbico desocupado formado por íons fluoreto.) A célula unitária do retículo, entretanto, não pode ser cúbica simples de fluoretos com um cálcio no corpo. Preferencialmente, a descrição mais apropriada é uma maior célula unitária cfc de íons cálcio com fluoretos preenchendo os interstícios tetraédricos. Note que o número de coordenação dos fluoretos é 4, o que é consistente com a Equação (7.6). A Tabela 7.11 indica que há 90% de correlação entre a estrutura conhecida do cristal e a razão radial calculada para os compostos que assumem a estrutura da fluorita.

O iodeto de cádmio, CdI$_2$, mostra uma razão radial de 0,53, o que prevê que os cátions cádmio vão ocupar os interstícios octaédricos. A Figura 7.22b mostra a estrutura resultante. Novamente, por razões estequiométricas (veja Exercício 7.40), somente metade dos interstícios octaédricos pode ser ocupada. Note que os iodetos são hc e que os interstícios octaédricos ocupados ocorrem em camadas. Uma análise mais criteriosa desse retículo mostra que as camadas de iodeto com cátions cádmio nos interstícios octaédricos entre elas estão mais próximas do que aquelas em que os interstícios octaédricos estão desocupados. Certamente isso faz sentido do ponto de vista eletrostático. A correlação entre as estruturas conhecidas e os cálculos de razão radial é de 74%, para a estrutura do CdI$_2$.

A estrutura rutilo do dióxido de titânio, TiO$_2$, não é compacta. A razão radial de 0,59 se enquadra na região interstício octaédrico/N.C. = 6, e o desenho da estrutura na Figura 7.22c mostra ser esse o caso. Note que essa não é uma célula unitária cúbica, mas sim tetragonal (veja a Figura 7.15). O número de coordenação

FIGURA 7.22

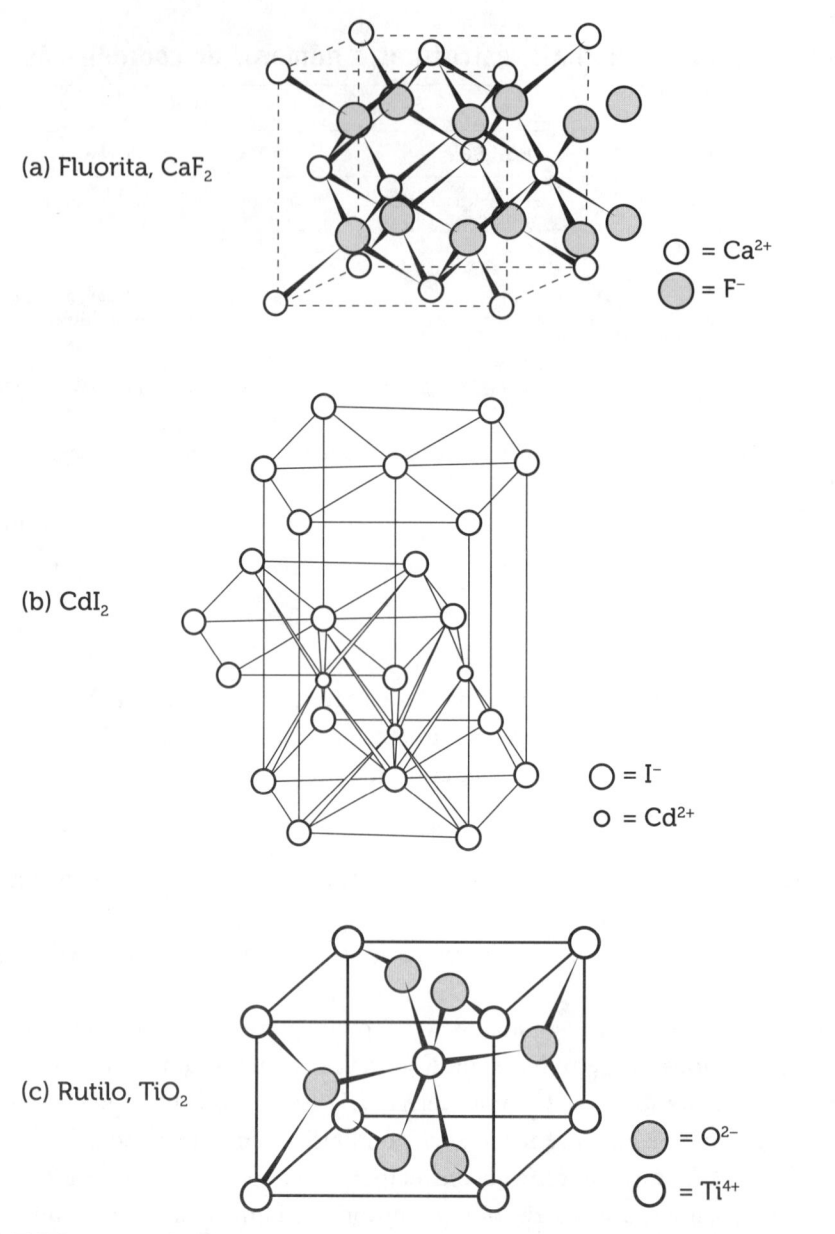

Estruturas do tipo AB$_2$. (a) Fluorita, CaF$_2$, com F$^-$ ocupando todos os interstícios tetraédricos em um cfc de Ca^{2+} ou com Ca^{2+} ocupando metade dos interstícios cúbicos em um arranjo cúbico simples de F$^-$. (De A. F. Wells, *Structure inorganic chemistry*, 3. ed. Oxford University Press, 1962. Reproduzido com permissão.) (b) Iodeto de cádmio, CdI$_2$, com Cd^{2+} ocupando metade dos interstícios octaédricos da estrutura hc I$^-$. (De McKay, McKay e Henderson, *Introduction to modern inorganic chemistry*, 5. ed., Fig. 5.10a, p. 85. Reproduzido com permissão de Taylor & Francis Group.) (c) Rutilo, TiO$_2$, com Ti^{4+}, ocupando os interstícios octaédricos em um arranjo não compacto de íons óxido. (Adaptado de: McKay, McKay e Henderson, *Introduction to modern inorganic chemistry*, 5. ed., Fig. 5.3a, p. 78.)

dos óxidos é 3, o que é consistente com a regra afirmada anteriormente. Para a estrutura do rutilo, a correlação entre a estrutura conhecida e os cálculos de razão radial é de 75%.

A Tabela 7.11 mostra alguns compostos que assumem as estruturas AB$_2$ representadas. Está incluída uma lista de compostos com estrutura de antifluorita, nos quais as posições dos cátions e dos ânions estão invertidas em relação à fluorita. O exemplo básico de antifluorita é o óxido de lítio, Li$_2$O, no qual os óxidos são cc (cfc) com os cátions lítio menores ocupando todos os interstícios tetraédricos.

TABELA 7.11
Compostos com estruturas AB_2 comuns

Estrutura	Compostos	Porcentagem de correlação[a]
Fluorita	MF_2 (M = Ca, Cd, Hg, Sn) MCl_2 (M = Sr e Ba) MO_2 (M = Po, Zr, Hf, Ce, Pr, e vários actinídeos) Di-hidretos de metais de transição	90
Antifluorita[b]	$M^1_2 X$ (M^1 = Li, Na, K; X = O, S, Se, Te) $Rb_2 X$ (X = O, S)	50
Iodeto de cádmio	MBr_2 (M = Mg, Fe, Co, Ni, Cd) MCl_2 (M = Ti, V) MI_2 (M = Mg, Ca, Ti, Mn, Fe, Co, Ni, Zn, Cd, Pb) $M(OH)_2$ (M = Mg, Ca, Mn, Fe, Co, Ni, Cd) MS_2 (M = Ti, Zr, Pt, Sn) MSe_2 (M = Ti, V) MTe_2 (M = Ti, V, Co, Ni)	74
Rutilo	MF_2 (M = Mg, Cr, Mn, Fe, Co, Ni, Cu, Zn) MO_2 (M = Si, Ge, Sn, Pb, Te, Ti, V, Cr, Mn, Zr, Mo, Os, Ir, Ce)	75

[a] Porcentagem dos compostos para os quais a razão radial se correlaciona com (isso é, é consistente com) a estrutura conhecida. Retirado de L. C. Nathan, *J. Chem. Educ.*, 62(3):215 (1985). Raios de Shannon-Prewitt para N.C.= 6 usado para todos os raios. Os resultados são apenas ligeiramente melhores quando se utilizam raios nos quais o número de coordenação correto de cada íon é levado em conta.
[b] Na estrutura da antifluorita, as posições dos cátions e dos ânions são invertidas em relação à fluorita.

7.4 ESTRUTURAS ENVOLVENDO MOLÉCULAS E ÍONS POLIATÔMICOS

Temos discutido sobre algumas das mais simples e comuns estruturas do tipo AB_n, em que os pontos da rede representam as posições dos átomos e dos íons. Quando espécies monoatômicas são substituídas por espécies poliatômicas, a situação torna-se significativamente mais complicada e geralmente vai além do escopo deste texto. Entretanto, há uma variedade de exemplos em que essas entidades poliatômicas simplesmente assumem matrizes análogas àquelas que acabamos de discutir. Por exemplo, o dióxido de carbono sólido, ou gelo-seco, mostrado na Figura 7.23a, é apenas uma matriz de face centrada de moléculas de CO_2. A Figura 7.23b mostra a célula unitária do hexacloroplatinato(IV) de potássio, K_2PtCl_6, que possui um ânion octaédrico complexo $[PtCl_6]^{2-}$, do tipo discutido no Capítulo 3. O composto cristaliza em uma estrutura de antifluorita com os ânions $[PtCl_6]^{2-}$ em uma célula unitária cfc e os íons potássio em todos os interstícios tetraédricos.

Muitos compostos com um cátion e/ou um ânion poliatômico assumem uma estrutura de sal de rocha. Esses compostos incluem desde KSH, KCN e NH_4I, em que os íons poliatômicos são relativamente simples (veja Tabela 7.9), até um exemplo mais complicado como hexaclorotalato(III) de hexa-aminocobalto(III), $[Co(NH_3)_6][TlCl_6]$, em que tanto o cátion como o ânion são íons complexos. Em todos esses casos, os ânions assumem uma matriz cfc e os cátions ocupam os interstícios octaédricos.

Os exemplos em que a simetria cúbica foi degradada são muito numerosos para serem tratados de forma sistemática aqui. No entanto, dois exemplos são mostrados nas figuras 7.23c e 7.23d; eles são o carbeto de cálcio, CaC_2 (que contém o ânion C_2^{2-}), e o carbonato de cálcio. O primeiro é uma célula unitária tetragonal e o último é uma romboédrica. Veja a Figura 7.15 para detalhes sobre essas células unitárias.

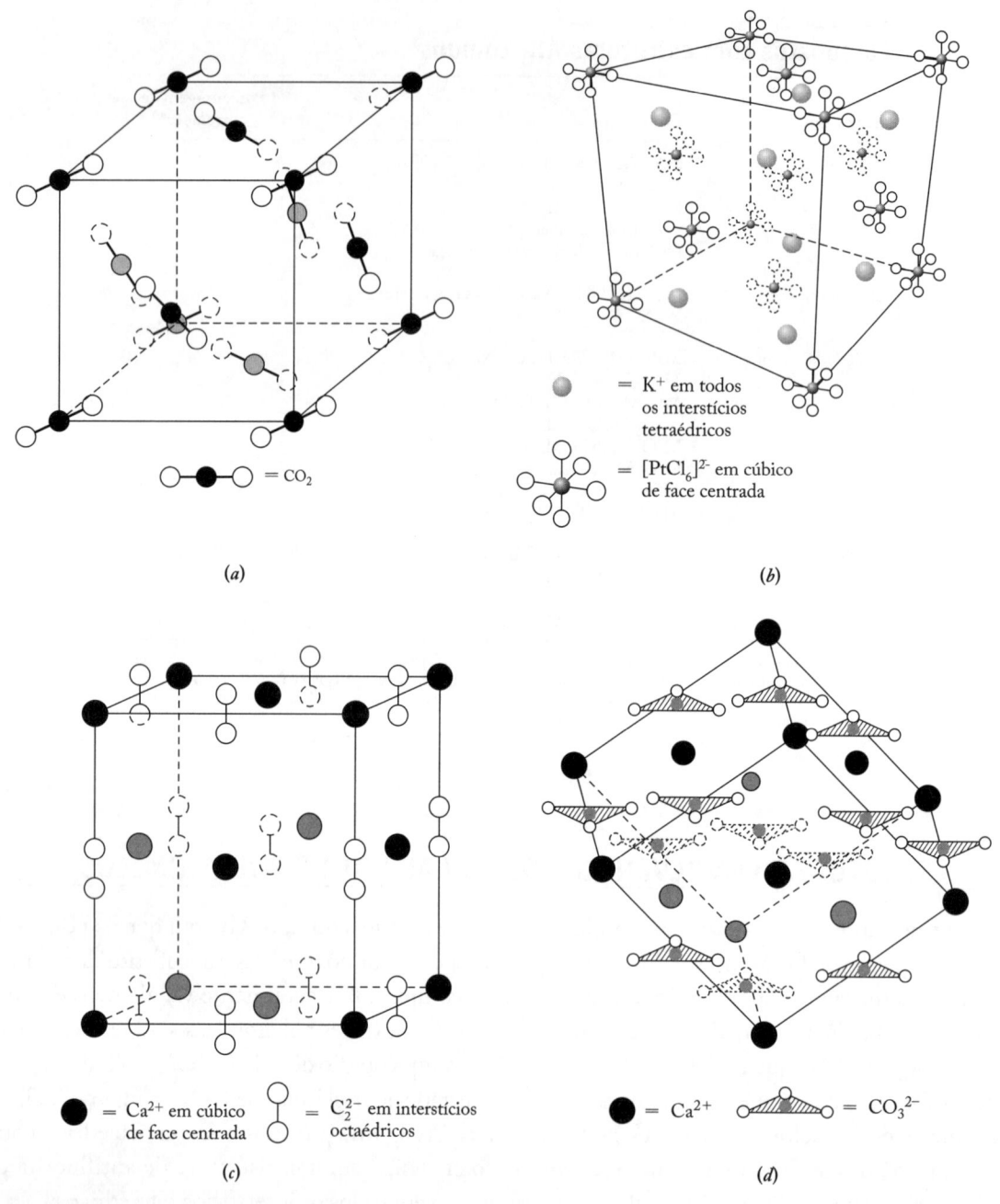

FIGURA 7.23

Estruturas com moléculas e íons poliatômicos. (a) Gelo-seco, $CO_2(s)$, com moléculas de CO_2 em matriz cfc.
(b) Hexacloroplatinato(IV) de potássio, K_2PtCl_6, em uma estrutura de antifluorita com o K^+ ocupando todos os interstícios tetraédricos em cfc. (c) Carbeto de cálcio, CaC_2, com C_2^{2-} ocupando interstícios octaédricos em uma cfc alongada de Ca^{2+}.
(d) Carbonato de cálcio, $CaCO_3$, com CO_3^{2-} em interstícios octaédricos distorcidos da estrutura romboédrica de face centrada de Ca^{2+}.

7.5 ESTRUTURAS DOS DEFEITOS

Até esse ponto, assumimos que os sólidos sempre formam retículos cristalinos perfeitos. Dado o que você aprendeu sobre a espontaneidade de reações em química geral, é provável que possa prever que estruturas nas quais várias imperfeições são distribuídas aleatoriamente ao longo do retículo são de alta probabilidade estatística – isto é, alta entropia – e podem ser formadas bem facilmente. Os exemplos de imperfeições incluem

(1) vacâncias simples; (2) ocupação inesperada de interstícios; (3) incorporação de impurezas – isto é, outros átomos ou íons além daqueles do cristal inicial (primitivo) e (4) várias imperfeições do retículo.

Um átomo faltante em uma rede cristalina metálica ou covalente ou uma fórmula unitária de íons que está ausente em um cristal iônico são situações conhecidas como *defeitos de Schottky* e são mostradas na Figura 7.24a. Esses defeitos ocorrem em baixas concentrações, por exemplo, em haletos de metais alcalinos como NaCl, KCl, KBr e CsCl. Mesmo em baixas concentrações, é comum encontrar um milhão de defeitos (10^6) em um centímetro cúbico do sólido. Maiores concentrações são encontradas, por exemplo, nos óxidos, sulfetos e hidretos de metais de transição. Em um *defeito de Frenkel*, mostrado na Figura 7.24b, um cátion é deslocado de sua posição normal em um retículo iônico e ocupa outro *interstício*. Os defeitos de Frenkel ocorrem frequentemente em sais de prata como o AgCl, AgBr e AgI e em sais que assumem a estrutura da wurtsita e da blenda de zinco. Em ambos os defeitos, de Schottky e de Frenkel, a estequiometria do cristal é mantida.

Se um cátion estiver faltando em um determinado sítio, a neutralidade elétrica pode ser mantida por outro cátion que perdeu um ou mais elétrons extras. Um bom exemplo disso é o óxido de ferro(II), FeO. Para cada íon Fe^{2+} que falta, dois serão oxidados a Fe^{3+}, mantendo a amostra neutra, mas resultando em uma razão ferro-para-oxigênio um pouco menor do que 1. Por essa razão, a estequiometria do óxido de Fe(II) real é normalmente cerca de $Fe_{0,95}O$. Esse é um bom exemplo de um *composto não estequiométrico* (aquele em que há uma razão de átomos não integral) e é mostrado em uma parte de uma camada do retículo cristalino do FeO na Figura 7.24c.

Quando um dado íon, átomo ou molécula é substituído por espécies de tamanho similar de um elemento ou composto diferente, a amostra é impura. Essa é uma ocorrência comum na natureza e frequentemente resulta em alguns minerais preciosos, como rubis e esmeraldas (veja Seção 14.5). Ocasionalmente, amostras são propositalmente "dopadas" com uma impureza para alcançar uma determinada propriedade. Investigaremos esse procedimento em detalhes quando discutirmos semicondutores no Capítulo 15.

Uma variedade de imperfeições de retículos depende das condições presentes quando ocorre a cristalização. Um desses defeitos de retículo, uma *discordância em cunha* em um cristal metálico, é mostrado na Figura 7.24d. Aqui o cristal tem um semiplano extra de átomos. O ponto no qual o semiplano termina é considerado a discordância. As discordâncias em cunha fazem que os cristais sejam mais fáceis de deformar, o que resulta em uma maior maleabilidade (a habilidade de ser moldado ou conformado sem quebrar). Dois bons exemplos de metais maleáveis que comumente têm discordância em cunha são o chumbo e o estanho branco, ambos com estruturas cúbicas de corpo centrado. Quando uma força é aplicada a um material com discordância em cunha, o defeito pode se propagar por todo o cristal. Isso pode ser comparado a mover uma ruga ou uma ondulação por um tapete. Metais com estruturas compactas hexagonal ou cúbica (cobre, prata e ouro, por exemplo) são mais maleáveis do que aqueles com estruturas de corpo centrado. Algumas vezes, as discordâncias em cunha podem ser marteladas; por exemplo, quando o fio de cobre é martelado, ele se torna mais rígido e forte. Isso também é verdade para ferraduras forjadas à mão, que são marteladas depois de serem moldadas, para que fiquem mais fortes.

7.6 ESTRUTURAS DE ESPINÉLIOS: CONECTANDO OS EFEITOS DO CAMPO CRISTALINO COM AS ESTRUTURAS DO ESTADO SÓLIDO

Uma vez que você já passou pela teoria do campo cristalino (TCC) (Capítulo 4), está agora em posição de unir os conhecimentos sobre a TCC e as estruturas do estado sólido para melhor entender uma classe de compostos chamados de *espinélios*. O $MgAl_2O_4$ é um representante desses compostos, que têm como fórmula genérica $A^{II}B_2^{III}O_4$. Os ânions óxido são considerados cc (cfc) e, em um espinélio *normal*, os cátions A(II) ocupam um oitavo dos interstícios octaédricos e os cátions B(III) ocupam metade dos interstícios octaédricos. Uma seção do retículo é mostrada na Figura 7.25. Esteja certo de que você poderá verificar que essa figura e as frações dos

(a) defeito de Schottky no NaCl

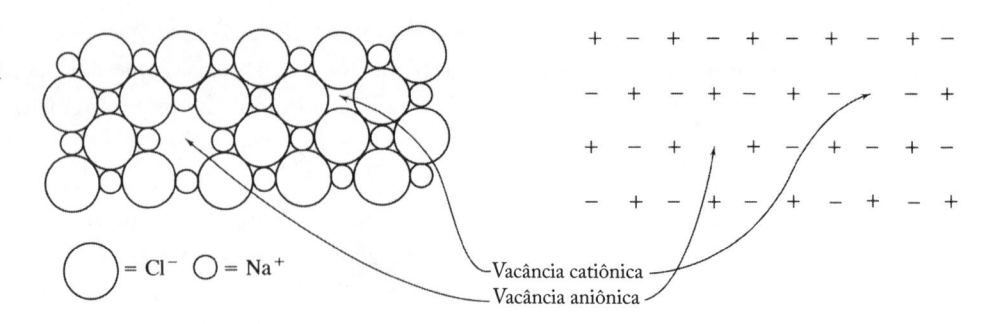

◯ = Cl^- ○ = Na^+

Vacância catiônica
Vacância aniônica

(b) Defeito de Frenkel no AgBr

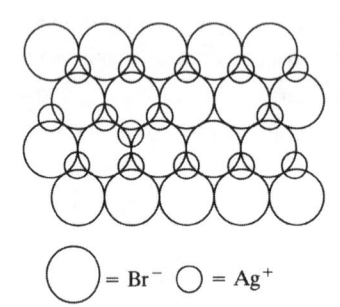

◯ = Br^- ○ = Ag^+

(c) Uma representação de uma camada no não estequiométrico $Fe_{0,95}O$

Fe^{3+}	O^{2-}	Fe^{2+}	O^{2-}	Fe^{2+}	O^{2-}	Fe^{2+}
O^{2-}	▢	O^{2-}	Fe^{3+}	O^{2-}	Fe^{2+}	O^{2-}
Fe^{2+}	O^{2-}	Fe^{2+}	O^{2-}	Fe^{2+}	O^{2-}	Fe^{2+}
O^{2-}	Fe^{2+}	O^{2-}	Fe^{2+}	O^{2-}	Fe^{2+}	O^{2-}

(d) Discordância em cunha

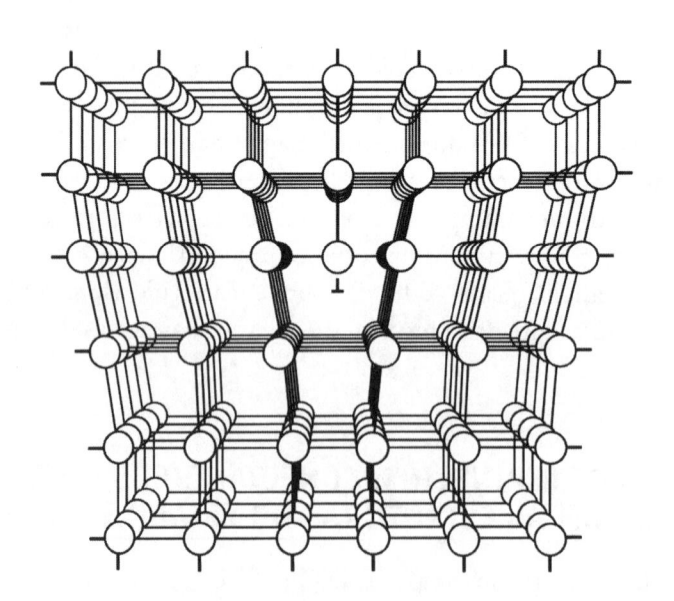

FIGURA 7.24

Estrutura dos defeitos do estado sólido. (a) Defeito de Schottky. (b) Defeito de Frenkel. (c) O não estequiométrico $Fe_{0,95}O$. (d) Uma discordância em cunha. [(a), (b), (De Bodie Douglas, Darl H. McDaniel e John J. Alexander, *Concepts and models of inorganic chemistry*. 2. ed. p. 230, 231. Copyright © 1983 Reproduzido com permissão de John Wiley & Sons, Inc.); (d) (De James E. Huheey, *Inorganic chemistry: principles of structure and reactivity*. P. 191. Copyright © 1983 Reproduzido com permissão de Pearson Education, Inc.)]

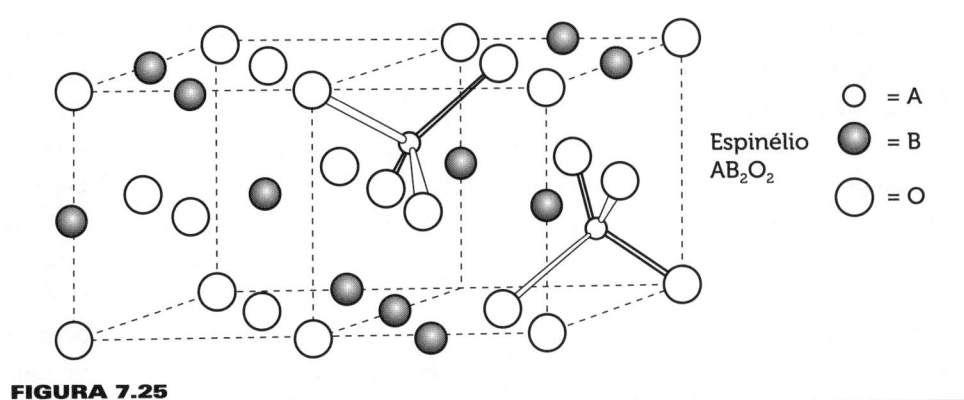

FIGURA 7.25

Uma parte do retículo da estrutura do espinélio $A^{II}B_2^{III}O_4$ mostrando os cátions A(II) (pequenos círculos intersticios) ocupando dois dos 16 possíveis sítios tetraédricos (ou um oitavo dos interstícios tetraédricos) e os cátions B(III) (pequenos círculos sólidos) ocupando quatro dos oito possíveis sítios octaédricos (ou metade dos interstícios octaédricos). (Adaptado de: W. W. Porterfield, *Inorganic chemistry: a unified approach*. 2. ed, p. 147. Copyright © 1993.)

interstícios ocupados resultam na estequiometria correta (um A para quatro óxidos; dois B para quatro óxidos) (veja Exercício 7.58). Embora a maioria dos mais de 100 compostos classificados como espinélios seja normal, uma minoria significativa é *invertida* metade dos cátions B(III) troca de lugar com todos os cátions A(II). Por que isso acontece?

Um importante fator para determinar se um espinélio será normal ou invertido é a energia de estabilização do campo cristalino (EECC) dos cátions que ocupam os interstícios tetraédricos ou octaédricos. Tome o Ni-Fe_2O_4 como um exemplo. O Ni^{2+} tem uma estrutura d^8. Iria ele preferir um interstício tetraédrico, o que seria uma situação normal, ou poderia ele ser mais estável em um interstício octaédrico? Conforme desenvolvido na Seção 4.3, a EECC é calculada como mostrado na Figura 7.26a. Note que os óxidos são ligantes de campo

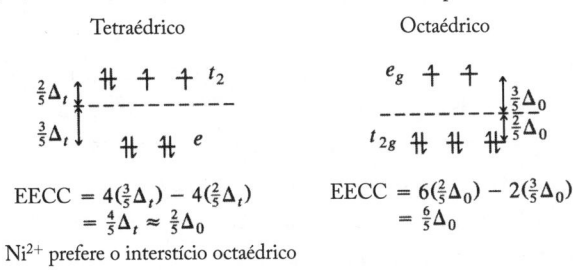

(a) Ni^{2+} em interstícios tetraédricos e octaédricos de campo fraco

Tetraédrico

EECC = $4(\frac{3}{5}\Delta_t) - 4(\frac{2}{5}\Delta_t)$
    = $\frac{4}{5}\Delta_t \approx \frac{2}{5}\Delta_0$

Octaédrico

EECC = $6(\frac{2}{5}\Delta_0) - 2(\frac{3}{5}\Delta_0)$
    = $\frac{6}{5}\Delta_0$

Ni^{2+} prefere o interstício octaédrico

(b) Fe^{3+} em interstícios tetraédricos e octaédricos de campo fraco

Tetraédrico

EECC = $2(\frac{3}{5}\Delta_t) - 3(\frac{2}{5}\Delta_t)$
    = 0

Octaédrico

EECC = $3(\frac{2}{5}\Delta_0) - 2(\frac{3}{5}\Delta_0)$
    = 0

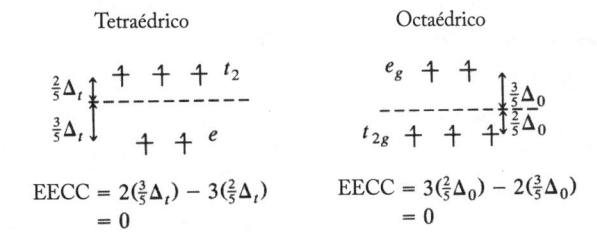

Fe^{3+} não mostra preferência por qualquer um dos interstícios

FIGURA 7.26

Cálculo das energias de estabilização do campo cristalino. (a) Ni^{2+} (d^8) e (b) Fe^{3+} (d^5) em interstícios tetraédricos e octaédricos de campo fraco.

fraco (*spin* alto) e, como sempre, o desdobramento dos orbitais *d* em um campo octaédrico é aproximadamente duas vezes o do campo tetraédrico dos mesmos ligantes. O resultado é uma maior energia de estabilização se o Ni^{2+} ocupar um sítio octaédrico. Um cálculo similar para o Fe^{3+}, uma configuração d^5, é dado na Figura 7.26b e indica que o Fe^{3+} não apresenta nenhuma preferência com base na EECC. Portanto, se o Ni^{2+} ocupar sítios octaédricos no lugar de metade dos íons Fe^{3+}, isso resultará em uma estrutura mais estável. De fato, o $NiFe_2O_4$ assume uma estrutura de espinélio invertido: os íons Ni^{2+} ocupam um quarto dos interstícios octaédricos e os íons Fe^{3+} ocupam um quarto dos interstícios octaédricos e um oitavo dos interstícios tetraédricos.

Observe que esses cálculos e as conclusões resultantes assumem que todos os outros fatores energéticos se mantiveram os mesmos. Isso parece ser um caso em que foi feita uma grande simplificação, entretanto a correlação entre as estruturas previstas e reais é notavelmente boa. Esse é mais um caso em que a extremamente direta teoria do campo cristalino (TCC) faz um excelente trabalho na previsão das propriedades dos compostos de coordenação.

RESUMO

Os cristais iônicos, metálicos, covalente e atômico-moleculares são categorizados pelos tipos de força que os mantém unidos. Os cristais iônicos são caracterizados por forças eletrostáticas não direcionais entre os íons, e os cristais metálicos são descritos como um mar de elétrons em torno de uma rede de cátions. Os cristais covalentes mostram ligações covalentes direcionais interligadas, e os cristais atômico-moleculares são mantidos unidos por forças intermoleculares entre os átomos ou moléculas discretas.

Estruturas do estado sólido são descritas adequadamente assumindo que átomos, íons ou moléculas agem como esferas maciças compactadas de diversas formas. A geometria das estruturas é resumida em termos de células unitárias de um retículo. Em um retículo do tipo A, todos os átomos, íons ou moléculas são idênticos. Entre os retículos mais comuns do tipo A estão o cúbico simples, o cúbico de corpo centrado (ccc), o cúbico compacto (cc) e o hexagonal compacto (hc). O retículo cúbico compacto corresponde ao esquema de empacotamento ABCABC e a uma célula unitária cúbica de face centrada. O retículo hexagonal compacto corresponde a um esquema ABABAB. A geometria do retículo é caracterizada pelo número de coordenação das esferas, o número de esferas por célula unitária, a fração do espaço ocupado e por uma expressão da densidade.

Em estruturas do tipo AB_n há dois tipos de átomos, íons ou moléculas. As esferas maiores normalmente formam um retículo do tipo A, e as menores ocupam algumas frações dos interstícios (cúbicos, octaédricos ou tetraédricos) na rede. A razão radial de duas esferas vai predizer quais interstícios serão ocupados. Para os cristais iônicos, a razão radial é normalmente calculada como o raio do cátion em relação ao do ânion. Os raios iônicos são obtidos de análises com raios X de alta resolução.

Os retículos comuns AB incluem a estrutura do cloreto de sódio, ou sal de rocha, a estrutura do CsCl e as formas blenda de zinco e wurtzita do sulfeto de zinco. Os retículos AB_2 incluem as estruturas da fluorita, do iodeto de cádmio e do rutilo. Cada um é caracterizado por uma razão radial, a estrutura e o número de coordenação tanto dos ânions quanto dos cátions. Muitas estruturas de moléculas e íons poliatômicos podem também ser descritas por meio desses tipos de retículo.

São muitas as imperfeições das estruturas do estado sólido, entre elas os defeitos de Schottky e de Frenkel, que podem levar a compostos não estequiométricos. Discordâncias em cunha podem tornar um metal mais maleável. São exemplos o chumbo, o estanho branco e o ferro de ferraduras.

As estruturas de espinélio, $A^{II}B_2^{III}O_4$, são determinadas não só pelo raio dos íons envolvidos, mas também pelas energias de estabilização do campo cristalino dos cátions que ocupam os interstícios octaédricos e tetraédricos em um retículo cúbico compacto de íons óxido. Essas estruturas oferecem a oportunidade de combinar um conhecimento da teoria do campo cristalino obtido em capítulos anteriores com o conhecimento das estruturas do estado sólido tratadas neste capítulo.

PROBLEMAS

7.1 Além de Max von Laue, o time de pai-e-filho de William Henry Bragg e William Lawrence Bragg contribuiu para os primeiros usos dos raios X na determinação das estruturas cristalinas. Usando a internet, determine o seguinte: (*a*) Quem era o pai e quem era o filho? (*b*) Qual Bragg ganhou o Prêmio Nobel e em que ano? (c) Qual Bragg foi nomeado cavaleiro? (*d*) Qual fórmula é normalmente associada a seus nomes?

7.2 Cuidadosamente, defina e dê exemplos de cristais metálicos, covalente e atômico-moleculares.

*7.3 Que tipos de cristal são formados pelos seguintes elementos e compostos sólidos: Si, SiH_4, SiO_2 e Na_2O? Em cada caso, diga que tipo de força ocorre entre as partículas que compõem o retículo. (*Dica:* Tente pesquisar na internet "estrutura do dióxido de silício".)

*7.4 Que tipos de cristal são formados pelos seguintes elementos e compostos sólidos: C, CCl_2F_2, $CaCO_3$ e NH_4F? Em cada caso, diga que tipo de força ocorre entre as partículas que compõem o retículo.

*7.5 Que tipos de cristal são formados pelos seguintes elementos e compostos sólidos: BF_3, BN e $(NH_4)_2CO_3$? Em cada caso, diga que tipo de força ocorre entre as partículas que compõem o retículo. (*Dica:* Tente pesquisar na internet a "estrutura do nitreto de boro".)

*7.6 Que tipos de cristal são formados pelos seguintes elementos e compostos sólidos: Ca, CaF_2 e CaF_4? Em cada caso, diga que tipo de força ocorre entre as partículas que compõem o retículo.

7.7 Brevemente, defina e mostre um diagrama que ilustre (*a*) as forças de dispersão de London, (*b*) as forças dipolo-dipolo e (*c*) as ligações hidrogênio.

7.8 Quando o gelo derrete, algumas moléculas de água passam a não mais estarem unidas por ligações hidrogênio. Usando essa informação e a Figura 7.4b, especule por que a densidade da água líquida é maior do que a do gelo.

7.9 Dado o seguinte arranjo bidimensional de pontos e células unitárias possíveis, discuta as vantagens e as desvantagens de cada possível célula unitária. Qual você acha que é a melhor célula unitária?

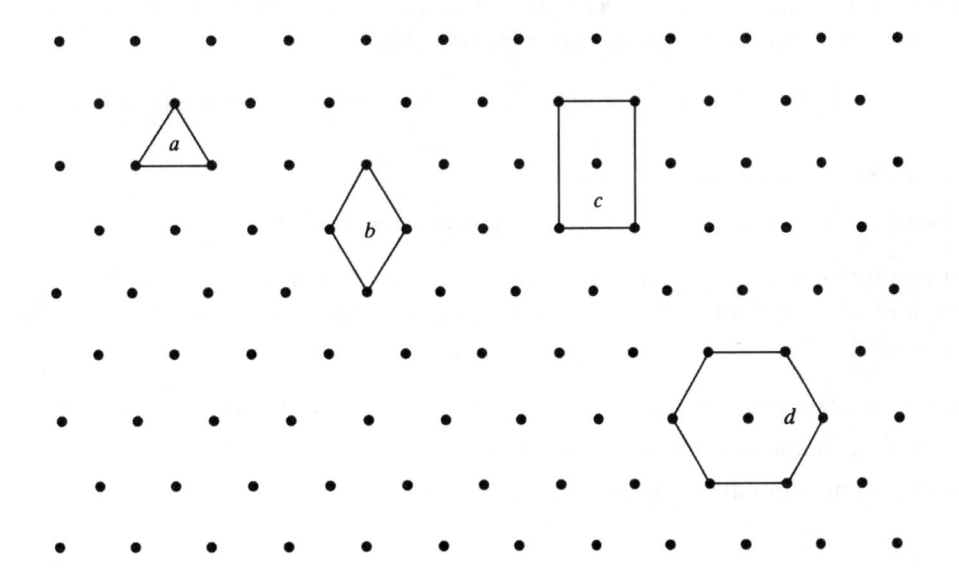

---

* Exercícios marcados com um asterisco (*) são mais desafiadores.

7.10 Ao descrever a célula unitária cúbica de corpo centrado, observou-se que o átomo no centro tem um número de coordenação 8. Usando a Figura 7.8a como um guia, desenhe um diagrama ampliado do retículo de corpo centrado e demonstre que um átomo de vértice tem também um número de coordenação 8.

7.11 Dado um arranjo de átomos cúbico de face centrada (cfc) no qual os átomos do vértice são do tipo A e aqueles nos centros da face são do tipo B, qual é a fórmula empírica do composto em termos de A e de B? A melhor descrição desse arranjo é cfc? Por quê?

7.12 Dada uma célula unitária ortorrômbica de base centrada como na Figura 7.15, quantas partículas há por célula unitária? Explique brevemente sua resposta.

7.13 Dada uma célula unitária monoclínica de base centrada como na Figura 7.15, quantas partículas há por célula unitária? Explique brevemente sua resposta.

7.14 Descreva brevemente como calcular o número de átomos que existem em uma célula unitária de um arranjo hexagonal compacto de átomos.

7.15 Suponha que você tem um arranjo hexagonal compacto misto em que a célula unitária tem todos os átomos de vértice e de face do tipo A e todos os átomos internos são do tipo B. Qual é a fórmula empírica?

*7.16 Suponha que você tem esferas maciças de raio r em contato umas com as outras em um arranjo hexagonal compacto. Obtenha equações (em termos de r) que possam ser usadas para calcular:

(a) o volume da célula unitária em tal arranjo.

(b) a fração do volume que realmente está ocupado pelas esferas maciças. (*Dica:* determine primeiro a altura da célula unitária e, então, a área de seu corte transversal.)

7.17 Identifique brevemente a fórmula abaixo e explique a sua identificação o mais claramente possível.

$$\frac{\left[\frac{4}{3}\pi(d/2)^3\right] \times 2}{(2d/\sqrt{3})^3}$$

7.18 O gálio (Ga) cristaliza em um retículo cúbico simples. A densidade do gálio é 5,904 g/cm³. Determine um valor para o raio atômico ou metálico do gálio.

7.19 O ouro cristaliza em um arranjo cúbico de face centrada. O comprimento da célula unitária observado é 4,070 Å.

(a) Calcule o raio do átomo do ouro.

(b) Calcule a densidade do ouro em gramas por centímetro cúbico.

7.20 O alumínio cristaliza em um arranjo cúbico de face centrada. Se a densidade observada para o alumínio metálico é 2,70 g/cm³, calcule o valor do comprimento da aresta da célula unitária (em unidades Ångstrom).

7.21 O európio cristaliza em um retículo cúbico de corpo centrado. A densidade do európio é 5,26 g/cm³.

(a) Calcule o comprimento da aresta da célula unitária.

(b) Calcule um valor para o raio metálico do európio.

---

* Exercícios marcados com um asterisco (*) são mais desafiadores.

7.22 O molibdênio (Mo) cristaliza em um retículo cúbico de corpo centrado. A densidade do molibdênio é 10,2 g/cm^3.

(a) Calcule o comprimento da aresta da célula unitária.

(b) Calcule um valor para o raio metálico do molibdênio. (A massa atômica do molibdênio é 95,94 g/mol.)

7.23 O padrão de difração de raios X para o criptônio sólido mostra que essa substância exibe uma estrutura cúbica compacta. A densidade do criptônio sólido é 3,5 g/cm^3.

(a) Quantos átomos de criptônio estão presentes em uma célula unitária?

(b) Quais as dimensões da célula unitária para o criptônio sólido?

(c) Estime o raio do átomo de criptônio.

***7.24** Dada a densidade do níquel de 8,90 g/cm^3 e assumindo que o níquel cristaliza em uma estrutura cúbica compacta, calcule um valor para o número de Avogadro. (A massa atômica e o raio metálico do níquel são 58,70 g/mol e 1,25 Å, respectivamente.)

***7.25** Dada a densidade do zinco de 7,134 g/cm^3 e assumindo que o zinco cristaliza em uma estrutura hexagonal compacta, calcule um valor para o número de Avogadro. (A massa atômica e o raio metálico do zinco são 65,39 g/mol e 1,37 Å, respectivamente.)

7.26 O magnésio metálico tem um arranjo de átomos muito próximo de hexagonal compacto. Estudos com raios X mostraram que a distância Mg–Mg é 3,203 Å. Calcule um valor para a densidade do magnésio metálico. (A densidade observada é 1,745 g/cm^3.)

7.27 Mostre que um interstício triangular em um arranjo compacto pode acomodar esferas com razão radial de 0,155.

***7.28** Mostre que um interstício tetraédrico em um arranjo compacto pode acomodar esferas com razão radial de de 0,23.

7.29 Desenhe um diagrama apropriado e calcule uma razão radial para um interstício cúbico.

7.30 Quantas fórmulas unitárias MX há por célula unitária nas estruturas (a) da blenda de zinco e (b) da wurtzita?

7.31 Quantas fórmulas unitárias MX$_2$ há por célula unitária nas estruturas (a) da fluorita e (b) do rutilo?

7.32 Dada a densidade da fluorita de 3,18 g/cm^3 e a distância interiônica Ca–F de 2,37 Å, calcule um valor para o número de Avogadro.

***7.33** Usando as razões radiais, sugira uma possível estrutura para cada um dos seguintes cristais iônicos do tipo AB.

(a) BeO   (e) AgCl

(b) BeS   (f) AgBr

(c) MgO   (g) AgI

(d) MgS   (h) TlCl

Usando a Tabela 7.9, determine quais de suas sugestões são corretas.

***7.34** Usando as razões radiais, sugira uma possível estrutura para cada um dos seguintes cristais iônicos do tipo AB$_2$:

---

* Exercícios marcados com um asterisco (*) são mais desafiadores.

(a) SrCl$_2$ (d) SnS$_2$
(b) Li$_2$O   (e) MgF$_2$
(c) K$_2$O   (f) MgI$_2$

Usando a Tabela 7.11, determine quais de suas sugestões são corretas.

7.35 O césio e o ouro formam um composto iônico, Cs$^+$Au$^-$, com uma distância césio-ouro de 3,69 Å. Qual tipo de retículo o CsAu adotará?

7.36 Uma parte da estrutura do NaCl é reproduzida a seguir. Que retículo do tipo A os ânions Cl$^-$ assumem? Descreva esse retículo em termos de um esquema de camadas ABCD e assim por diante. Que tipos de interstício são ocupados pelos cátions Na$^+$? Indique todos os interstícios tetraédricos e octaédricos na figura.

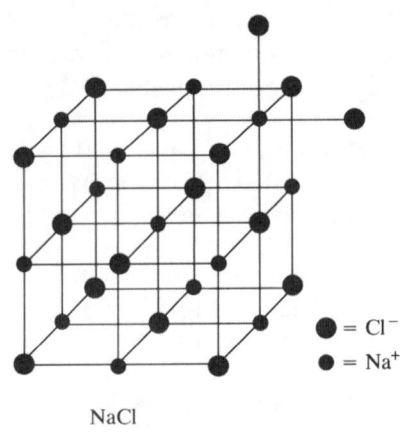

NaCl

7.37 Uma parte da estrutura da blenda de zinco é reproduzida a seguir. Que retículo do tipo A os ânions S^{2-} assumem? Descreva esse retículo em termos de um esquema de camadas ABCD e assim por diante. Que tipos de interstício são ocupados pelos cátions Zn^{2+}? Indique todos os interstícios tetraédricos e octaédricos na figura.

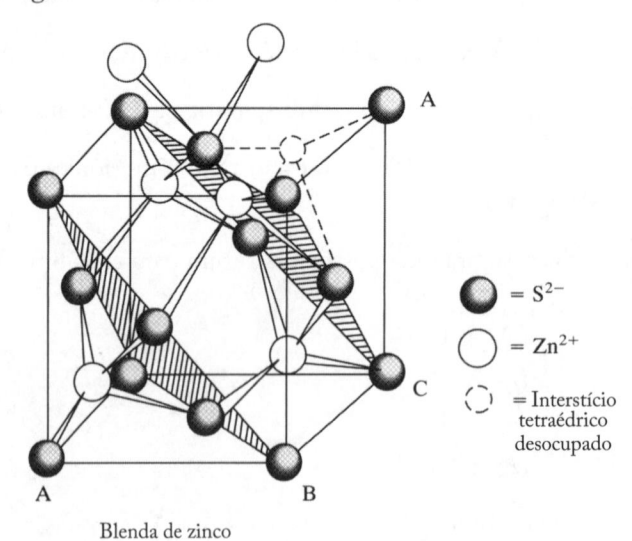

Blenda de zinco

7.38 Na estrutura da blenda de zinco, reproduzida no problema anterior, os interstícios tetraédricos ocupados formam um tetraedro. Isso também é verdadeiro na estrutura da wurtzita? Se for, indique o tetraedro na estrutura da wurtzita reproduzida a seguir. Se não for, os interstícios tetraédricos ocupados formam outro sólido tridimensional comum? Qual?

$\bigcirc_a$ = S²⁻
⅙ dentro da célula unitária

$\bigcirc_b$ = S²⁻
½ dentro da célula unitária

$\bigcirc_c$ = S²⁻
completamente dentro da célula unitária

$\bullet_d$ = Zn²⁺
completamente dentro da célula unitária

$\bullet_e$ = Zn²⁺
⅓ dentro da célula unitária

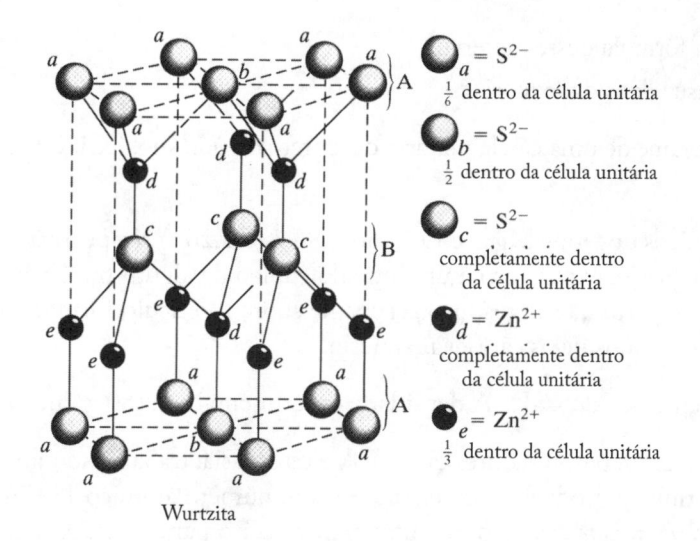

Wurtzita

7.39 Discutindo a estrutura da fluorita, citamos a exigência estequiométrica como a razão de somente metade dos interstícios cúbicos ser ocupada pelos cátions. Determine a estequiometria resultante, caso os cátions ocupem todos os interstícios cúbicos.

7.40 Discutindo a estrutura do iodeto de cádmio, citamos a exigência estequiométrica como a razão de somente metade dos interstícios octaédricos ser ocupada pelos cátions. Determine a estequiometria resultante, caso os cátions ocupem todos os interstícios octaédricos.

***7.41** Muitos compostos do tipo MX com N.C. = 6 têm a estrutura do NaCl, enquanto poucos têm a estrutura do NiAs na qual os átomos de As assumem um retículo tipo A hexagonal compacto e os átomos de Ni ocupam os interstícios octaédricos. Quantas fórmulas unitárias de NiAs há por célula unitária nessa estrutura?

***7.42** Os raios iônicos (para N.C. = 6) para o Cs⁺ e o F⁻ são 1,81 Å e 1,19 Å, respectivamente.

(*a*) Usando as razões radiais como uma ajuda para o seu raciocínio, desenhe um diagrama que mostre uma célula unitária razoável para o CsF.

(*b*) Quantos átomos de césio e de flúor estão na célula unitária? Mostre um cálculo como parte da sua resposta.

(*c*) Assumindo que a sua célula unitária esteja correta, calcule um valor para a densidade do CsF.

7.43 O fluoreto de potássio, KF, tem uma estrutura cristalina do tipo do sal de rocha. A densidade do KF é 2,468 g/cm³.

(*a*) Calcule as dimensões da célula unitária do KF.

(*b*) Escreva uma expressão pela qual se pode calcular a fração do espaço ocupado no cristal de KF.

*(*c*) Você ficaria surpreso se o resultado desse cálculo mostrasse uma fração maior do que 0,75? Por quê?

7.44 Se uma alta pressão fosse aplicada a um composto MX, qual estrutura, CsCl ou NaCl, seria favorecida?

7.45 Um sólido específico tem uma estrutura na qual átomos W estão localizados nos vértices do cubo, átomos O nos centros das arestas do cubo e átomos Na nos centros do cubo. A aresta do cubo é 3,86 Å.

---

* Exercícios marcados com um asterisco (*) são mais desafiadores.

(*a*) Qual é a fórmula desse material?

(*b*) Calcule sua densidade teórica.

*7.46 Calcule o volume de uma célula unitária de cloreto de potássio, KCl. Calcule, então, calcule a densidade desse sal.

*7.47 Os raios iônicos dos íons Mg^{2+} e O^{2-} são 0,86 Å e 1,26 Å, respectivamente. Dado que o composto óxido de magnésio, MgO, forma um retículo cúbico de algum tipo, calcule um valor para a sua densidade. Como parte da sua resposta, especule sobre o retículo formado pelos íons óxido e o tipo de interstícios ocupados pelos cátions magnésio.

*7.48 Calcule a densidade do CaF_2. A densidade experimental é 3,180 g/cm^3.

*7.49 No início de 1999, pesquisadores dos EUA e da Rússia, trabalhando junto em Dubna, Rússia, anunciaram que tinham produzido um elemento com número atômico 114. Além do nome pentassilábico complicado *ununquadium*, não há outro nome aceito para esse elemento no momento em que este texto é escrito**. Entretanto, uma vez que o líder do grupo era Yuri Oganessian, supôs-se que o elemento viria a ser conhecido como "ogânio". Embora somente um átomo do elemento tivesse sido produzido, o grupo alegou que ele sobreviveria tempo suficiente para que seus compostos fossem estudados. O ogânio estaria no mesmo grupo do chumbo na tabela periódica, então, com alguma extrapolação razoável, suposições para os raios iônicos do Og^{2+} e do Og^{4+} seriam, respectivamente, 1,5 Å e 1,0 Å. Tendo ainda em conta que o raio iônico do íon óxido (O^{2-}) é 1,26 Å, preveja as estruturas cristalinas tanto para o OgO [óxido de ogânio(II)] como para o OgO_2 [óxido de ogânio(IV)]. Explique seu raciocínio cuidadosamente. Em cada caso, descreva o papel do cátion ogânio e do ânion óxido no retículo que você está propondo.

*7.50 Usando razões radiais, preveja qual estrutura seria assumida pelo RbBr. Justifique brevemente sua previsão. Usando essa estrutura que você previu, calcule um valor para a densidade do RbBr(*s*). O valor experimental é 3,35 g/cm^3. Calcule a diferença percentual entre o seu valor e o real. Suponha que as regras de razão radial fossem violadas para o RbBr e ele assumisse uma estrutura de sal de rocha. Calcule uma densidade para essa estrutura de RbBr.

*7.51 Que informação a fórmula a seguir forneceria? Para que tipo de estrutura ela seria aplicável? Discuta brevemente sua resposta. Desenhe um diagrama que ajude sua explicação.

$$\frac{4(\frac{4}{3}\pi r_1^3) + 4(\frac{4}{3}\pi r_2^3)}{(2r_1 + 2r_2)^3}$$

7.52 O cátion amônio é quase esférico e tem um raio estimado de 1,37 Å. Sugira estruturas prováveis para o iodeto, cloreto e fluoreto de amônio, NH_4X. Usando a Tabela 7.9, determine qual das suas sugestões é correta.

7.53 O ânion hidróxido é quase esférico e tem um raio estimado de 1,33 Å. Proponha estruturas prováveis para os hidróxidos de magnésio e de cálcio, $M(OH)_2$. Usando a Tabela 7.11, determine qual de suas sugestões é a correta.

7.54 O $NaSbF_6$ (densidade = 4,37 g/cm^3) assume a estrutura do sal de rocha. Admitindo que o ânion seja esférico, calcule o raio do SbF_6^-. (*Dica:* use o raio do Na^+, a densidade, a massa-fórmula e o número de unidades de fórmula por célula unitária.)

---

* Exercícios marcados com um asterisco (*) são mais desafiadores.
** N. T.: Em 30 de maio de 2012, a Iupac oficializou o nome fleróvio (Fl) para o elemento 114.

7.55 Como pode existir um composto de estequiometria $Cu_{1,77}S$? Os estados de oxidação comuns do cobre são +1 e +2.

7.56 Especule sobre a(s) razão(ões) pela(s) qual(is) óxidos de metais de transição são mais frequentemente não estequiométricos quando comparados com óxidos de metais que não são de transição.

7.57 A equação que determina se um dado composto vai se formar sob condições normais é $\Delta G° = \Delta H° - T\Delta S°$. Sabendo que a formação de um composto iônico como o NaCl é quase sempre exotérmica, como a formação de um defeito de Schottky ou de Frenkel afetaria os valores de $\Delta S°$, $\Delta H°$ e, portanto, de $\Delta G°$? E se o termo $\Delta H°$ fosse apenas um número negativo relativamente pequeno, a formação de cristais impuros seria mais ou menos provável? Por quê?

7.58 Em uma estrutura de espinélio, $A^{II}B_2^{III}O_4$, os óxidos estão em um arranjo cúbico compacto, os cátions A(II) ocupam um oitavo dos interstícios tetraédricos e os cátions B(III) ocupam metade dos interstícios octaédricos. Quantos ânions óxido, interstícios tetraédricos e octaédricos existem por célula unitária? Se um oitavo dos interstícios tetraédricos e metade dos interstícios octaédricos estão ocupados como indicado, verifique as razões estequiométricas.

7.59 Que tipo de estrutura você prevê para os compostos Cr_2CoO_4 e Fe_2CoO_4? Explique as diferenças.

7.60 Você esperaria que o Mn_3O_4 formasse um espinélio *normal* ou *invertido*? Defina cuidadosamente esses termos e justifique sua resposta.

CAPÍTULO 8

Energética do estado sólido

No Capítulo 7, sobre estrutura do estado sólido, notamos que as ligações iônicas e covalentes, como também as forças metálicas e intermoleculares, são as principais interações entre as partículas que constituem um sólido. Neste capítulo, vamos nos concentrar nos cristais iônicos cujas ligações são caracterizadas principalmente por forças eletrostáticas entre íons de cargas opostas. Como no capítulo anterior, veremos que o modelo cujos íons são tratados como esferas maciças serve de bom ponto de partida. Mesmo assim, ele é complicado por várias razões, (1) a intricada geometria tridimensional dos retículos, (2) a necessária interpretação de que íons não são cargas pontuais, mas sim nuvens de elétrons que, em certo alcance, podem exercer forças repulsivas poderosas uma sobre a outra, e (3) a contribuição de interações covalentes entre íons.

Começamos este segundo e último capítulo sobre o estado sólido com a descrição da determinação teórica da energia reticular. Em seguida, discutiremos como a energia reticular pode ser determinada experimentalmente usando os princípios da termoquímica que você aprendeu nos cursos de química anteriores. Seguem discussões de tópicos tais como: o grau de caráter covalente em cristais iônicos, a fonte dos valores para afinidades eletrônicas, a estimativa de calores de formação de compostos desconhecidos e o estabelecimento de raios termoquímicos de íons poliatômicos. Concluímos com uma seção especial que aborda os efeitos do campo cristalino sobre os raios e as energias reticulares de metais de transição.

8.1 ENERGIA RETICULAR: UMA AVALIAÇÃO TEÓRICA

Energia reticular, ou de rede, é a variação de energia que acompanha o processo no qual os íons gasosos isolados de um composto se juntam para formar 1 mol do sólido iônico. Para um sólido composto de íons monoatômicos e monocarregados, tal como o cloreto de sódio, a energia reticular é a energia correspondente à reação representada na Equação (8.1):

$$Na^+(g) + Cl^-(g) \longrightarrow NaCl(s) \qquad \text{8.1}$$

Veremos em breve que a energia é liberada em tal processo; a energia dos produtos é menor do que a energia dos reagentes. Usamos sempre a convenção termoquímica familiar (valores termoquímicos exotérmicos têm sinal negativo), de modo que a energia reticular é sempre um número negativo. (Verifica-se que algumas fontes de dados termodinâmicos não seguem a convenção usual e definem a energia reticular como a magnitude da energia liberada e mostrada como número positivo.)

Como podemos aproximar uma avaliação teórica da energia reticular? O ponto de partida mais simples é a interação eletrostática em um "par iônico", composto de um cátion sódio e de um ânion cloreto. Assumindo que a energia dos íons gasosos isolados é zero, a energia potencial do par iônico é fornecida pela lei de Coulomb e é mostrada na Equação (8.2):

$$E = \frac{(Z^+e)(Z^-e)}{r} \qquad \text{8.2}$$

em que Z^+ = carga total do cátion
Z^- = carga total do ânion
e = carga fundamental de um elétron = $1{,}602 \times 10^{-19}$ C
r = distância interiônica medida do centro do cátion ao centro do ânion

Se queremos a distância interiônica em Ångstrom e a energia em quilojoules (kJ), a relação exata para a lei de Coulomb* para um par iônico Na^+Cl^- é dada na Equação (8.3):

$$E = \frac{AZ^+Z^-}{r} \qquad \text{8.3}$$

em que $A = 2{,}308 \times 10^{-21}$
E = energia em kJ
r = distância interiônica em Å

A energia coulômbica total associada a um dado cátion sódio, entretanto, deve considerar *todas* as espécies carregadas ao redor do cátion. A Figura 8.1a mostra uma parte do retículo do sal de rocha NaCl, com um dado cátion sódio destacado. A Figura 8.1b mostra as distâncias do cátion para vários conjuntos de vizinhos, tanto ânions como outros cátions. Observe, a partir das duas partes da figura, que existem 6 ânions a uma distância r, outros 12 cátions a uma distância $r\sqrt{2}$ e 8 ânions a uma distância $r\sqrt{3}$. Uma pequena extrapolação adicional o convencerá de que existem 6 cátions adicionais a uma distância $2r$. A soma de todas essas interações coulômbicas será a energia coulômbica total para um cátion sódio, E_{coul}, e é fornecida pela Equação (8.4):

$$E_{coul} = 6\frac{AZ^+Z^-}{r} + 12\frac{AZ^+Z^+}{r\sqrt{2}} + 8\frac{AZ^+Z^-}{r\sqrt{3}} + 6\frac{AZ^+Z^+}{r} + \qquad \text{8.4}$$

---

* Usando unidades do SI, a lei de Coulomb toma a forma $E = Z^+Z^- e^2/(4\varepsilon r)$, em que ε, constante dielétrica ou permissividade, é $8{,}854 \times 10^{-12}, C^2 m^{-1} J^{-1}$, r, em metros e E em joules. Se o r for convertido para Ångstrom e E estiver em quilojoules, obtemos a Equação (8.3).

FIGURA 8.1

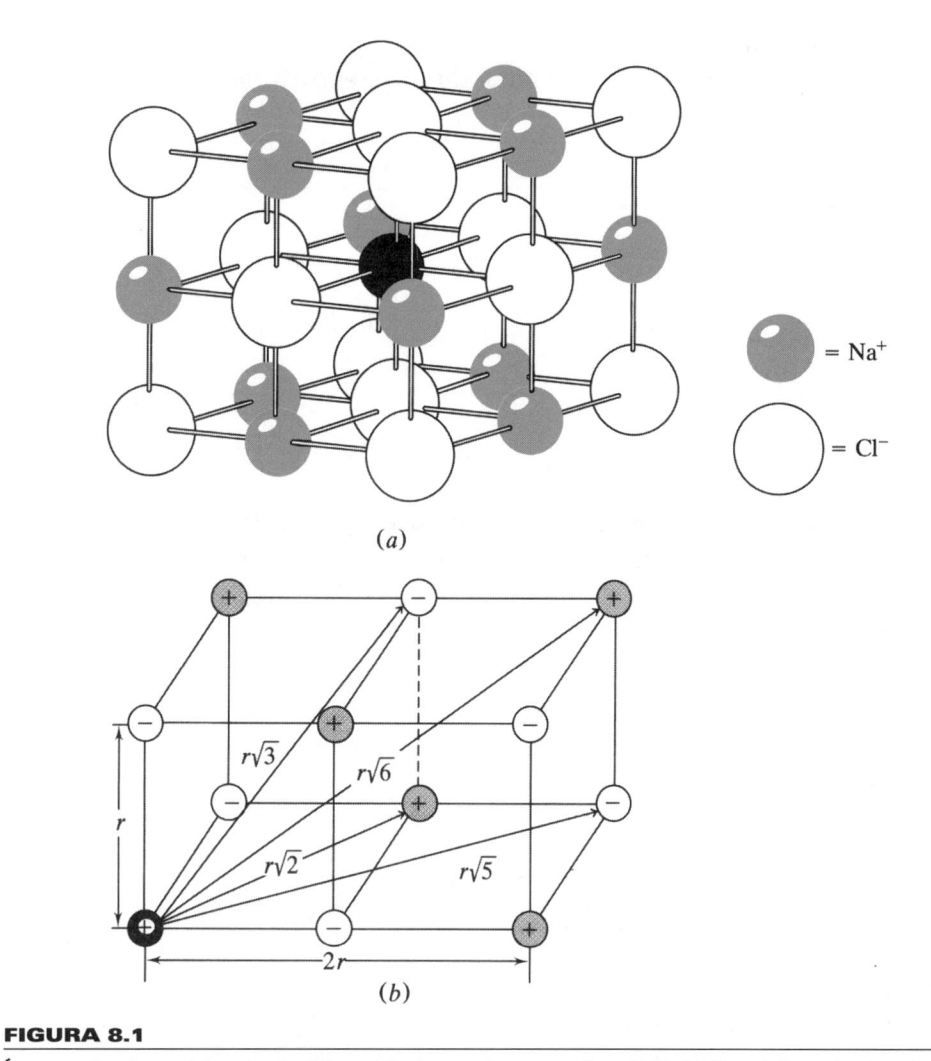

Íons ao redor de um determinado cátion sódio (mostrado em preto) no NaCl. (*a*) Uma visão mostrando três conjuntos completos de vizinhos mais próximos. (De W. W. Porterfield, *Inorganic chemistry: a unified approach*. 2. ed., p. 70. Copyright © 1993 Academic Press. Reproduzido com permissão de Elsevier.) (*b*) Um esquema mostrando as distâncias para os seis conjuntos de vizinhos mais próximos. (Adaptado de J. J. Lagowski, *Modern inorganic chemistry*, p. 79. Copyright © 1973 Reproduzido por cortesia de Marcel Dekker, Inc.).

Note primeiro que, no NaCl, $Z^+ = -Z^-$, e rearranjando, obtemos a Equação (8.5):

$$E_{\text{coul}} = \frac{AZ^+Z^-}{r}\left(6 - \frac{12}{\sqrt{2}} + \frac{8}{\sqrt{3}} - \frac{6}{2} + \cdots\right) \quad \textbf{8.5}$$

A série geométrica entre parêntesis é uma constante que depende da estrutura cristalina. Em outras palavras, se os cátions sódio e os ânions cloreto assumirem a estrutura cristalina do CsCl, da blenda de zinco, da wurtzita ou de qualquer outra, a série entre parêntesis seria diferente da fornecida para o NaCl. Essas séries exclusivas para cada estrutura cristalina são conhecidas como *constantes de Madelung* (*M*) e estão listadas na Tabela 8.1. Utilizando o símbolo M_{NaCl} para a constante de Madelung exclusiva para a estrutura do cloreto de sódio, a Equação (8.5) pode ser simplificada, obtendo-se a Equação (8.6):

$$E_{\text{coul}} = \frac{AZ^+Z^-M_{\text{NaCl}}}{r} \quad \textbf{8.6}$$

TABELA 8.1
Constantes de Madelung para algumas estruturas cristalinas comuns

Estrutura cristalina	Constante de Madelung
Cloreto de sódio	1,748
Cloreto de césio	1,763
Blenda de zinco	1,638
Wurtzita	1,641
Fluorita	2,519
Rutilo	2,408
Iodeto de cádmio	2,191

Note que E_{coul} da Equação (8.6) é a energia coulômbica total para um cátion sódio, assumindo que todos os íons são *cargas pontuais*, isto é, cargas que atuam como se estivessem no centro das esferas maciças que representam os íons. No Capítulo 7, notamos a utilidade do modelo de esferas maciças, mas deve-se tomar cuidado ao utilizá-lo. Os íons, na realidade, não são esferas maciças, eles são nuvens de elétrons ao redor de um núcleo. Entretanto, continuando com a analogia, se essas esferas maciças se aproximarem muito umas das outras, temos uma forte força repulsiva. Isso corresponde às esferas maciças (na realidade, nuvens cheias de elétrons) começando a penetrar uma na outra. A energia dessa interação, E_{rep}, foi modelada pelo físico alemão Max Born (em 1918) e é mostrada na Equação (8.7)

$$E_{rep} = \frac{B}{r^n} \qquad \text{8.7}$$

em que B = uma constante
r = distância interiônica
n = expoente de Born, variando de 5 a 12

A energia reticular de um cátion no cristal é, em primeira aproximação, a soma de E_{coul} e E_{rep}, que representa um balanço entre o termo de atração (negativo) E_{coul} e o termo de repulsão (positivo) E_{rep}.

Quando comparados com a dependência inversa de (r^{-1}) no termo E_{coul}, os valores relativamente altos de n, o expoente de Born, indicam que E_{rep} será bem pequena para grandes distâncias interiônicas, mas significativa quando essas distâncias forem pequenas. Em outras palavras, E_{rep} será uma função sensível para distâncias interiônicas e importante em distâncias muito pequenas – isto é, em "curto alcance". Pode-se estimar n a partir de medições de compressibilidade, com as quais se determina a pressão necessária para alterar o volume de uma substância iônica. A Figura 8.2 mostra um gráfico obtido dessa maneira. Observe que no ponto (*b*) a compressão do cristal torna-se muito difícil; ou seja, é necessário um acentuado aumento de pressão para comprimir ou reduzir mais o volume do cristal. Verificou-se que os expoentes de Born obtidos de tais medições estão relacionados com o valor do número quântico principal do elétron mais externo de um íon, como mostra a Tabela 8.2.

Tendo estabelecido que os dois principais componentes da energia reticular, U, são E_{coul}, um termo de atração (negativo) decorrente das interações eletrostáticas de cargas pontuais, e E_{rep}, um termo de repulsão de curto alcance (positivo), podemos escrever a Equação (8.8),

$$U = NE_{coul} + NE_{rep}$$
$$= \frac{NAZ^+Z^-M_{NaCl}}{r} + \frac{NB}{r^n} \qquad \text{8.8}$$

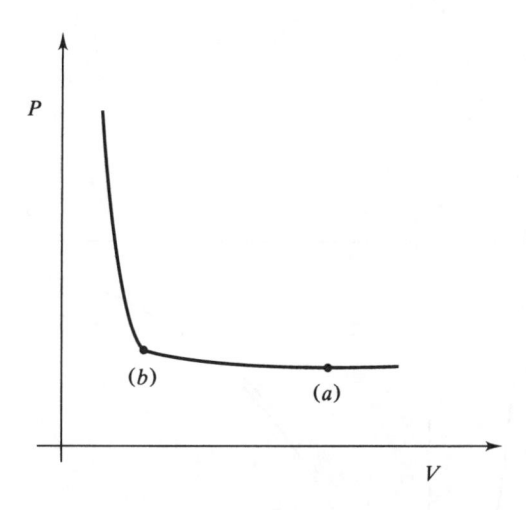

FIGURA 8.2

Uma representação gráfica da pressão em função do volume para um cristal quando ele é comprimido. No ponto (a), um pequeno aumento na pressão resulta numa significativa redução no volume. No ponto (b), um grande aumento de pressão se faz necessário para comprimir o cristal. Dados de tais medidas podem ser relacionados ao expoente de Born para um determinado íon.

TABELA 8.2
Valores dos expoentes de Born para várias configurações eletrônicas

Átomo/íon	Número quântico principal do elétron mais externo	Configuração eletrônica	n
He	1	$1s^2$	5
Ne	2	$[He]2s^2 2p^6$	7
Ar	3	$[Ne]3s^2 3p^6$	9
Cu^+	3	$[Ne]3s^2 3p^6 3d^{10}$	9
Kr	4	$[Ar]4s^2 3d^{10} 4p^6$	10
Ag^+	4	$[Kr]4d^{10}$	10
Xe	5	$[Kr]5s^2 4d^{10} 5p^6$	12
Au^+	5	$[Xe]5d^{10}$	12

a qual deve dar uma aproximação da energia reticular total para um cristal iônico tal como NaCl. Observe que, a fim de colocar a energia em base molar, E_{coul} e E_{rep} foram multiplicadas pelo número de Avogadro, N. Um gráfico de E_{coul}, E_{rep} e a U resultante está na Figura 8.3.

Como antecipamos no início desta seção, o processo de formação de um sólido iônico, a partir de seus íons constituintes no estado gasoso, é exotérmico. Note também que U passa por um mínimo em r_0, conhecido como a distância de equilíbrio interiônico. Dependendo do seu conhecimento de cálculo, você estará mais ou menos familiarizado com a ideia de que a derivada de uma função é igual a zero quando essa função passa pelo mínimo (ou máximo). Tomando a derivada de U em relação a r, definindo-a igual a zero em $r = r_0$, resolvendo para B e substituindo o resultado na Equação (8.8), temos a Equação (8.9), que é conhecida como equação de *Born-Landé*:

$$U_0 = 1.389 \frac{Z^+ Z^- M}{r_0}\left(1 - \frac{1}{n}\right)$$ 8.9

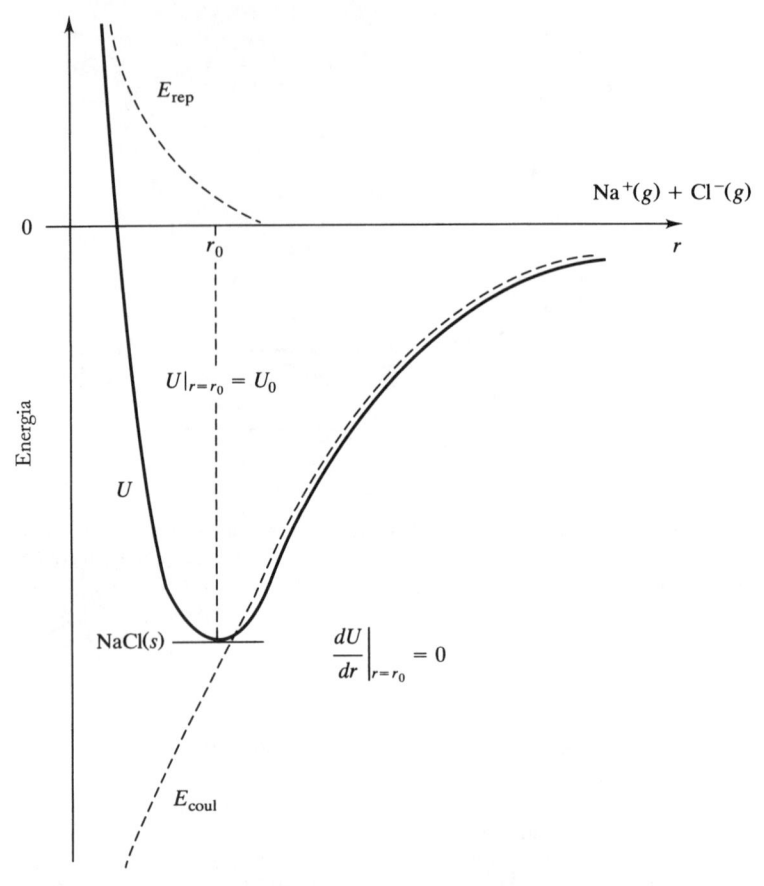

FIGURA 8.3

A energia reticular, U, como uma função da distância interiônica (linha contínua). As contribuições das energias repulsiva, de curto alcance, e coulômbica são mostradas nas linhas pontilhadas. Note que a derivada de U em relação a r pode ser definida como zero no ponto de mínimo, no qual $r = r_0$, a distância de equilíbrio interiônico. A constante B é obtida usando o resultado desse cálculo.

em que $U_0 = $ energia reticular, kJ/mol, calculada em r_0
  $Z^+, Z^- = $ cargas totais do cátion e do ânion
  $M = $ constante de Madelung (Tabela 8.1)
  $r_0 = $ distância interiônica de equilíbrio, Å
  $n = $ expoente de Born (Tabela 8.2)

Observe que combinamos N e A para obter a constante 1389. O símbolo U_0 indica que essa é a energia reticular calculada em r_0. Note ainda que, devido a Z^+ e Z^- terem sinais diferentes, a energia reticular é um número negativo. Isso quer dizer que o sólido iônico, com seus arranjos de íons em um retículo cristalino, tem uma energia mais baixa do que os íons gasosos a partir dos quais é formado.

Tendo chegado tão longe, estamos em condições de calcular efetivamente a energia reticular do NaCl, usando a equação de Born-Landé. Z^+ e Z^- são $+1$ e -1, respectivamente, e $M_{NaCl} = 1,748$. As tabelas 7.5 e 7.7 fornecem os valores dos raios iônicos, r_{Na^+} e r_{Cl^-}, cuja soma nos dá o valor de r_0. O expoente de Born, n, é determinado pela média dos valores de cada íon. Na Tabela 8.2, temos que o íon Na^+ corresponde à configuração do Ne, para a qual $n = 7$, e o íon Cl^- corresponde à configuração do Ar, para a qual $n = 9$; assim, n para o cristal é 8, a média dos dois valores. A substituição desses valores na Equação (8.9) é mostrada na Equação (8.10):

$$U_0 = 1.389 \frac{(+1)(-1)(1{,}748)}{1{,}16 + 1{,}67}\left(1 - \frac{1}{8}\right) = -751 \text{ kJ/mol} \qquad \boxed{8.10}$$

Observamos que a formação de 1 mol de NaCl, a partir de seus íons constituintes no estado gasoso, é um processo *altamente* exotérmico. Embora existam outros refinamentos para a estimativa da energia reticular – tais como a pequena contribuição das forças de van der Waals entre íons e o que é conhecido como a *energia do ponto zero* –, são fatores bastante pequenos, que não consideramos neste texto.

Uma análise da equação de Born-Landé mostra que dois fatores afetam a magnitude da energia reticular. Um fator é a carga iônica, uma vez que, quanto mais carregados são os íons, mais alta é a energia reticular. O outro fator é a distância interiônica r_0; quanto menor for essa distância, maior é a energia reticular. Para um dado cátion ou ânion, podemos combinar esses dois fatores no que chamamos de *razão carga-raio* (Z/r), comumente conhecida como *densidade de carga*. Conforme Z^+/r^+ ou Z^-/r^- aumentam, também aumenta a energia reticular. Uma representação gráfica da magnitude da energia reticular, $|U|$, em função da distância interiônica de equilíbrio, r_0, é apresentada na Figura 8.4 e ilustra essa dependência para uma variedade de compostos iônicos; todos eles têm a estrutura do sal de rocha (exceto o CsCl, colocado para comparação). Observe que os compostos $2^+/2^-$ têm energia reticular quatro vezes maior do que os compostos $1^+/1^-$. Note também que, para a série $1^+/1^-$, LiCl, NaCl, KCl e RbCl (ou a série curta $2^+/2^-$, MgO e CaO), na qual o raio iônico do cátion

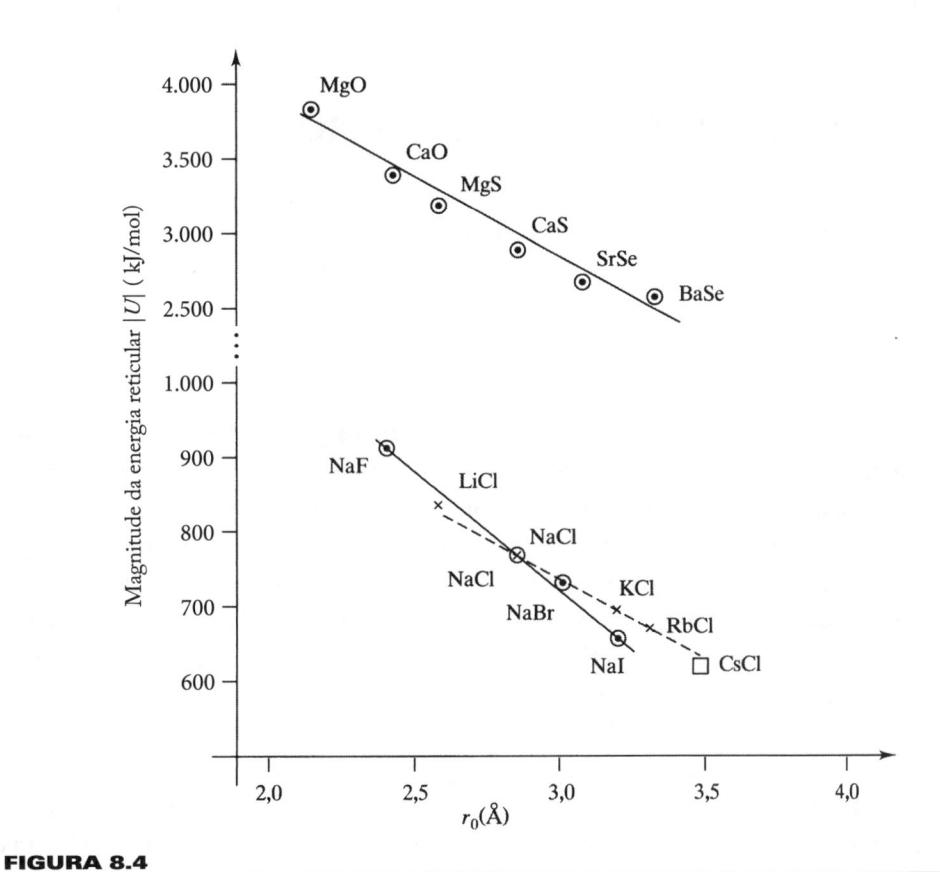

FIGURA 8.4

Energia reticular em função da distância interiônica. A magnitude da energia reticular, $|U|$ (calculada usando a equação de Born-Landé), representada graficamente em função da distância interiônica de equilíbrio, r_0, para compostos com a estrutura do cloreto de sódio. Para sais monopositivo-mononegativo, a linha contínua inferior mostra o efeito do aumento do tamanho do ânion, e a linha tracejada mostra o efeito do aumento do tamanho do cátion. A energia reticular para o CsCl (quadrado aberto) é mostrada para comparação. A linha superior mostra o efeito da variação na carga e nos tamanhos do cátion e do ânion para sais envolvendo cargas duplamente positiva e negativa.

aumenta, a energia reticular diminui. O efeito do aumento do raio do ânion pode ser observado por comparação aos valores para NaF, NaCl, NaBr e NaI na série $1^+/1^-$ ou nos valores para MgO e MgS da série $2^+/2^-$.

Existe uma segunda aproximação teórica para o cálculo das energias reticulares. Anatolii Kapustinskii sugeriu que, na falta de um conhecimento específico sobre a estrutura cristalina de um composto, a energia reticular poderia ser estimada pela Equação (8.11):

$$U = \frac{1.202 v Z^+ Z^-}{r_0}\left(1 - \frac{0,345}{r_0}\right) \quad \text{8.11}$$

em que
U = energia reticular, kJ/mol
v = número de íons por fórmula unitária do composto
Z^+, Z^- = cargas totais de cátion e ânion
r_0 = distância interiônica de equilíbrio, Å

Em uma equação obtida empiricamente, tal como essa, a natureza da dependência da energia reticular de Z^+, Z^-, v e r_0 é conhecida qualitativamente e, assim, as constantes são escolhidas de forma a fornecer a melhor aproximação quantitativa em relação às energias reticulares disponíveis experimentalmente. Aplicando a equação de Kapustinskii para o NaCl (no qual $v = 2$, $Z^+ = +1$, $Z^- = -1$ e $r_0 = 1{,}16$ Å $+ 1{,}67$ Å), a energia reticular seria -746 kJ/mol, que é bastante similar ao valor calculado pela equação de Born-Landé.

8.2 ENERGIA RETICULAR: CICLOS TERMODINÂMICOS

Gostaríamos de comparar os valores calculados anteriormente para as energias reticulares com aqueles obtidos experimentalmente. Infelizmente, a energia reticular correspondente à reação mostrada na Equação (8.12) não pode ser medida diretamente porque não é possível produzir os íons isolados na fase gasosa.

$$M^{n+}(g) + X^{n-}(g) \underset{-U}{\overset{U}{\rightleftharpoons}} MX(s) \quad \text{8.12}$$

A vaporização de um sólido iônico resulta em pares de íons e outros aglomerados mais complicados. Se uma medição direta da energia reticular é impossível, como poderemos confirmar, ou não, os resultados da equação de Born-Landé (ou de Kapustinskii)? A resposta está nos ciclos termodinâmicos.

Ciclos termodinâmicos são aplicações da *lei de Hess*, a qual afirma que a variação total de entalpia para (ou o *calor de*) uma reação é independente do caminho seguido dos reagentes aos produtos. Em 1917, Max Born e Fritz Haber aplicaram a lei de Hess para um sólido iônico. O ciclo de Born-Haber para um haleto de metal alcalino genérico ($M^I X$) é mostrado na Figura 8.5. A Equação (8.13) logo acima do ciclo mostra a formação de MX(s) a partir de seus elementos constituintes em seus estados-padrão e, consequentemente, corresponde à entalpia padrão de formação. As reações no boxe da figura constituem uma série de etapas (um segundo caminho de reação), que se somam chegando à mesma reação global. De acordo com a Lei de Hess, a soma das energias dessas etapas deverá ser igual ao calor-padrão de formação, ΔH_f°, como mostrado na Equação (8.14), na figura. Excetuando-se a energia reticular, todas as grandezas da Equação (8.14) são conhecidas e, dessa maneira, o valor para a energia reticular pode ser calculado com base em valores termoquímicos experimentais.

A Tabela 8.3 mostra os dados e o resultado experimental para energias reticulares, denominadas por U_{B-H}, para os haletos de metais alcalinos. As energias reticulares de Born-Landé (U_{B-L}) e a muito similar Kapustinskii (U_{Kap}) também estão na tabela. Observe que U_{B-H} para o NaCl (-787 kJ/mol) é apenas 4,6% maior

$$M(s) + \tfrac{1}{2}X_2(g) \xrightarrow{\Delta H_f^\circ} MX(s)$$

With the cycle showing ΔH_{sub}°, ΔH_g, AE, EI, and U^{B-H} connecting $M(s) \to M(g) \to M^+(g)$ and $\tfrac{1}{2}X_2(g) \to X(g) \to X^-(g)$ combining to form $MX(s)$.

8.13

$$\Delta H_f^\circ = \Delta H_{sub}^\circ + EI + \Delta H_g + AE + U^{B-H}$$

em que ΔH_f° = entalpia padrão de formação
ΔH_{sub}° = calor de sublimação de M(s)
EI = energia de ionização de M
ΔH_g = entalpia de formação de X gasoso
AE = afinidade eletrônica de X
U^{B-H} = energia reticular de MX

8.14

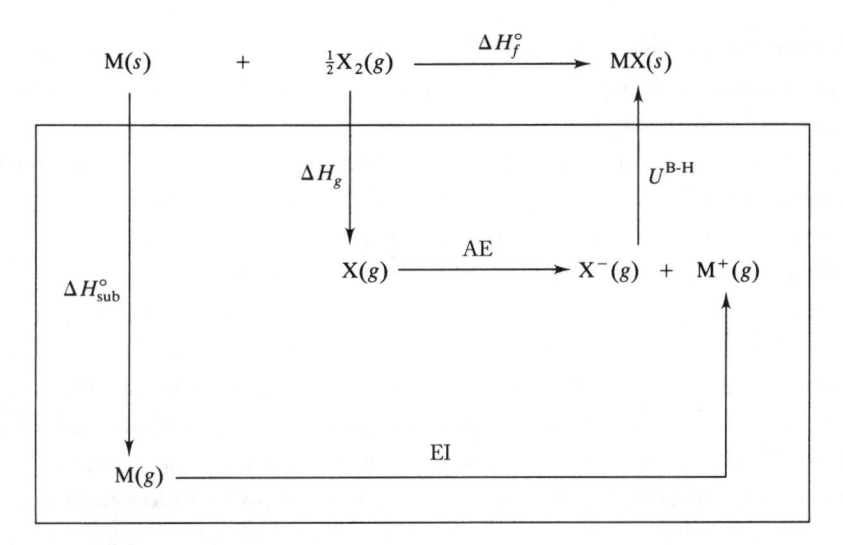

FIGURA 8.5

O ciclo de Born-Haber para um haleto de metal alcalino. A Equação (8.13) corresponde à entalpia padrão de formação de MX(s). As equações na caixa representam um segundo caminho para a formação de MX(s) a partir de seus elementos constituintes. A Equação (8.14) representa a lei de Hess da somatória desses dois caminhos.

TABELA 8.3
Dados termoquímicos e energias reticulares para haletos de metais alcalinos

	ΔH_f° 298	ΔH_{sub}° [a]	EI	ΔH_g [b]	AE[c]	U_{B-H}[d]	U_{B-L}[e]	% dif.[f]	U_{kap}[g]
LiF	−616,0	159,4	520,3	79,0	−328,0	−1046,7	−968	7,5	−960
NaF	−573,6	107,3	495,9	79,0	−328,0	−927,8	−886	4,5	−873
KF	−567,3	89,2	418,9	79,0	−328,0	−826,4	−784	5,1	−774
RbF	−557,7	80,9	403,1	79,0	−328,0	−792,7	−752	5,1	−741
CsF	−553,5	76,1	375,8	79,0	−328,0	−756,4	−724	4,3	−709
LiCl	−408,6	159,4	520,3	121,7	−349,0	−861,0	−810	5,9	−810
NaCl	−411,1	107,3	495,9	121,7	−349,0	−787,0	−751	4,6	−746
KCl	−436,8	89,2	418,9	121,7	−349,0	−717,6	−677	5,7	−672
RbCl	−435,3	80,9	403,1	121,7	−349,0	−692,0	−652	5,8	−647
CsCl	−443,0	76,1	375,8	121,7	−349,0	−667,6	−637	4,6	−622
LiBr	−351,2	159,4	520,3	111,9	−324,7	−818,1	−774	5,4	−772
NaBr	−361,1	107,3	495,9	111,9	−324,7	−751,5	−719	4,3	−713
KBr	−393,8	89,2	418,9	111,9	−324,7	−689,1	−650	5,6	−645
RbBr	−394,6	80,9	403,1	111,9	−324,7	−665,8	−628	5,7	−622
CsBr	−395,0	76,1	375,8	111,9	−324,7	−634,1	−613	3,3	−599
LiI	−270,4	159,4	520,3	106,8	−295,2	−761,7	−724	5,0	−718
NaI	−287,6	107,3	495,9	106,8	−295,2	−702,6	−675	3,9	−667
KI	−327,9	89,2	418,9	106,8	−295,2	−647,6	−614	5,2	−607
RbI	−333,8	80,9	403,1	106,8	−295,2	−629,4	−593	5,8	−586
CsI	−346,6	76,1	375,8	106,8	−295,2	−610,1	−580	4,9	−566

Fonte: Todos os dados são do *Handbook of chemistry and physics*, 67· ed., 1986-1987. Chemical Rubber Company Press, West Palm Beach, Fla. (Todos os valores em kJ/mol.)
[a] Essa grandeza é também conhecida como *calor de atomização*.
[b] Para o flúor e o cloro, ΔH_g a entalpia de formação do X gasoso corresponde aproximadamente a $\tfrac{1}{2}D$, em que D é a energia da ligação X–X, mas não para o bromo e o iodo.
[c] A convenção de sinal utilizada para afinidade eletrônica é a normal da termodinâmica, em que o sinal negativo corresponde a um processo exotérmico.
[d] U_{B-H} é a energia reticular calculada pelo ciclo termodinâmico de Born-Haber.
[e] U_{B-L} é a energia reticular calculada pela equação de Born-Landé, Equação (8.9). Utilizado o raio iônico de Shannon-Prewitt (N.C.= 6). Sem correções para as forças de van der Waals ou energia do ponto zero.
[f] % dif. = [$(U_{B-H} − U_{B-L})/U_{B-H}$] × 100.
[g] U_{Kap} é a energia reticular calculada pela equação de Kapustinskii, Equação (8.11). Usado o raio iônico de Shannon-Prewitt (N.C.= 6).

do que os −751 kJ/mol obtidos pela equação de Born-Landé, a qual sabemos assume uma interação eletrostática entre íons considerados como esferas rígidas. Essa similaridade dos resultados, embora não seja a prova de quanto iônico esses compostos são, é certamente um sinal encorajador de que nossas suposições a respeito das contribuições para a energia reticular são consistentes com as observações termoquímicas. Geralmente, os valores experimentais da energia reticular U_{B-H} da Tabela 8.3 são de 4% a 6% maiores (seriam menores se as forças de van der Waals e a energia de ponto zero fossem consideradas) do que os valores teóricos. A diferença é normalmente atribuída à contribuição covalente para a energia reticular.

Sob quais condições poderíamos esperar uma contribuição covalente significativa para a energia reticular? Você aprendeu em cursos anteriores que compostos iônicos simples são o resultado de dois átomos que têm diferenças de eletronegatividade significativas. Como regra, consideramos uma "diferença significativa", sendo qualquer valor maior do que 1,5. Por exemplo, a diferença em eletronegatividade, $\Delta(EN)$, entre o sódio e o cloro é 2,1 (= 3,0 − 0,9). Dessa maneira, quando átomos desses elementos são combinados (veja Figura 7.1), esperamos que haja transferência de elétrons resultando em um composto iônico. Agora você deve lembrar-se de que, embora haja uma variedade de ligações desde o tipo puramente covalente até o puramente iônico, nenhuma ligação é 100% iônica. Haverá sempre algum grau de caráter covalente – isto é, superposição de nuvens eletrônicas e compartilhamento de elétrons. Gostaríamos de antecipar que o grau de caráter covalente deve aumentar quando as eletronegatividades tornam-se mais semelhantes e, portanto, esperamos encontrar um maior caráter covalente no NaI [$\Delta(EN) = 1,6$] do que no NaF [$\Delta(EN) = 3,1$]. No entanto, como mostrado na Tabela 8.4, a porcentagem da diferença entre U_{B-H} e U_{B-L} para esses compostos é essencialmente a mesma. Parece que a correlação entre U_{B-H} e U_{B-L} não é uma medida particularmente sensível do caráter covalente quando $\Delta(EN)$ está muito acima de 1,5. Isso poderia muito bem indicar que a contribuição iônica para a energia reticular diminui com o aumento da contribuição covalente.

Entretanto, quando $\Delta(EN)$ cai abaixo de 1,5, podemos começar a notar alguma correlação entre um esperado alto grau de caráter covalente e a diferença percentual entre U_{B-H} e U_{B-L}. Por exemplo, note que a diferença de eletronegatividade entre a prata e o iodo é somente 0,6 e U_{B-H} é 30,4% maior que o U_{B-L}. AgCl e AgBr mostram resultados similares, como também os significativamente covalentes sais de cloreto, brometo e iodeto de tálio.

Esse é um bom lugar para salientar que esperávamos um grau significativo de caráter covalente para o sulfeto de zinco, ZnS, para o qual $\Delta(EN)$ é apenas 0,9. [Um valor para a segunda afinidade eletrônica do enxofre

TABELA 8.4
Uma comparação entre as energias reticulares de Born-Haber e de Born-Landé para haletos de sódio, prata e tálio

	U_{B-H}* kJ/mol	$U_{B,L}$** kJ/mol	Dif. EN***	% dif.****
NaF	−927,8	−886	3,1	4,5
NaCl	−787,0	−751	2,1	4,6
NaBr	−751,5	−719	1,9	4,3
NaI	−702,6	−675	1,6	3,9
AgCl	−915,5	−734	1,1	19,8
AgBr	−903,3	−703	0,9	22,2
AgI	−889,1	−619	0,6	30,4
TlCl	−748,4	−669	1,2	10,6
TlBr	−732,0	−643	1,0	12,2
TlI	−707,1	−607	0,7	14,2

* U_{B-H} é a energia reticular calculada pelo ciclo termodinâmico de Born-Haber
** U_{B-L} é a energia reticular calculada pela equação de Born-Landé, Equação (8.9). Utilizado o raio iônico de Shannon-Prewitt (N.C. = 6). Sem correções para forças de van der Waals ou energia do ponto zero.
*** Usando eletronegatividades de Pauling.
**** % dif. = [$(U_{B-H} - U_{B-L})/U_{B-H}$] × 100.

($S^- \longrightarrow S^{2-}$) independentemente do ciclo de Born-Haber não é viável e, portanto, nesse caso, não é possível comparar U_{B-H} e U_{B-L}.] Isso é consistente com o raciocínio (veja Seção 7.3) de que o caráter covalente do ZnS é pelo menos parcialmente responsável pela formação da estrutura da blenda de zinco e da wurtzita, nas quais os íons de Zn^{2+} ocupam interstícios tetraédricos, em vez de interstícios octaédricos, como previsto pelas razões radiais. Esses últimos, vimos, estão previstos usando um modelo iônico. A preferência pela ocupação dos interstícios tetraédricos é consistente com a presença de ligações covalentes direcionais (usando orbitais híbridos sp^3) entre os átomos de zinco e de enxofre, em vez de ligações iônicas não direcionais.

Afinidades eletrônicas

Embora os ciclos de Born-Haber em combinação com as estimativas de energia reticular das equações de Born-Landé ou de Kapustinskii tenham sido as primeiras fontes de afinidades eletrônicas, uma gama de métodos está agora disponível para a obtenção de valores mais confiáveis. No entanto, os métodos mais recentes proporcionam apenas valores para a primeira afinidade eletrônica, como representado na Equação (8.15):

$$X(g) + e^-(g) \longrightarrow X^-(g) \qquad \textbf{8.15}$$

Caso desejarmos um valor para a segunda afinidade eletrônica, precisamos utilizar o ciclo termodinâmico e as equações de Born-Landé ou de Kapustinskii. Por exemplo, suponha que queremos o valor da segunda afinidade eletrônica do oxigênio, retratada na Equação (8.16):

$$O^-(g) + e^-(g) \longrightarrow O^{2-}(g) \qquad \textbf{8.16}$$

Necessitamos construir um ciclo termodinâmico envolvendo um óxido de metal para o qual todos os valores, exceto a segunda afinidade eletrônica, ou são conhecidos experimentalmente ou, no caso da energia reticular, são disponíveis pelas equações de Born-Landé ou Kapustinskii. Um ciclo para o óxido de magnésio é mostrado na Figura 8.6.

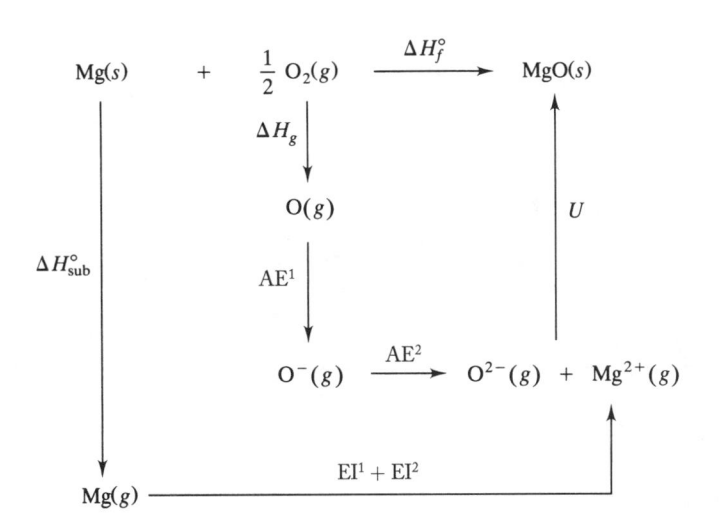

$$\Delta H_f^\circ = \Delta H_{sub}^\circ + EI^1 + EI^2 + \Delta H_g + AE^1 + AE^2 + U \qquad \textbf{8.17}$$

$$\begin{aligned}AE^2 &= \Delta H_f^\circ - \Delta H_{sub}^\circ - EI^1 - EI^2 - \Delta H_g - AE^1 - U \\ &= -601{,}7 - 147{,}7 - 737{,}8 - 1450{,}8 - 249{,}1 - (-141{,}0) - (-3930) \\ &= -880 \text{ kJ/mol}\end{aligned} \qquad \textbf{8.18}$$

FIGURA 8.6

Cálculo da segunda afinidade eletrônica do oxigênio. Ciclo de Born-Haber para o óxido de magnésio utilizado para calcular a segunda afinidade eletrônica do oxigênio.

MgO assume uma estrutura de sal de rocha, e sua energia reticular é obtida da equação de Born-Landé, como mostra a equação (8.19):

$$U = 1.389 \frac{(+2)(-2)(1,748)}{(0,86 + 1,26)} \left(1 - \frac{1}{7}\right) = -3.930 \text{ kJ/mol}$$

8.19

Substituindo o resultado na Equação (8.18), obtemos o valor de 880 kJ/mol para a segunda afinidade eletrônica. (Um valor melhor poderá ser obtido para a segunda afinidade eletrônica do oxigênio tirando a média dos resultados de vários cálculos, do tipo descrito, para diversos óxidos salinos.) Lembre-se de que um valor negativo para a afinidade eletrônica corresponde ao fato de um ânion ser mais estável do que um átomo neutro. Conclui-se, então, que o valor positivo para a segunda afinidade eletrônica do oxigênio indica que o íon $O^{2-}(g)$ é instável relativamente ao $O^-(g)$. Entretanto, uma vez que o MgO se forma prontamente e é um composto estável, parece que a energia necessária para adicionar um elétron ao $O^-(g)$ é mais do que compensada pela energia reticular exotérmica para um composto como o MgO.

Calores de formação para compostos desconhecidos

Você já pensou por que sempre se assume que o sódio e o cloro formam NaCl, em vez de $NaCl_2$, ou por que cálcio e cloro formam $CaCl_2$, em vez de CaCl ou $CaCl_3$? Isso é normalmente discutido em cursos iniciais quanto à estabilidade especial da configuração eletrônica dos gases nobres. Estamos agora em posição de calcular o calor de formação dessas diversas possibilidades e analisar os resultados. A Figura 8.7 mostra um ciclo de Born-Haber para a formação de $CaCl_n$, onde $n = 1$ até 3. Podemos usar a equação de Kapustinskii para estimar as energias reticulares. Os raios de Shannon-Prewitt (N.C. = 6) para Ca^{2+} e Cl^- são, respectivamente, 1,14 Å e 1,67 Å. O Ca^+ deve ser significativamente maior do que Ca^{2+} devido à adição de um elétron 4s. Com

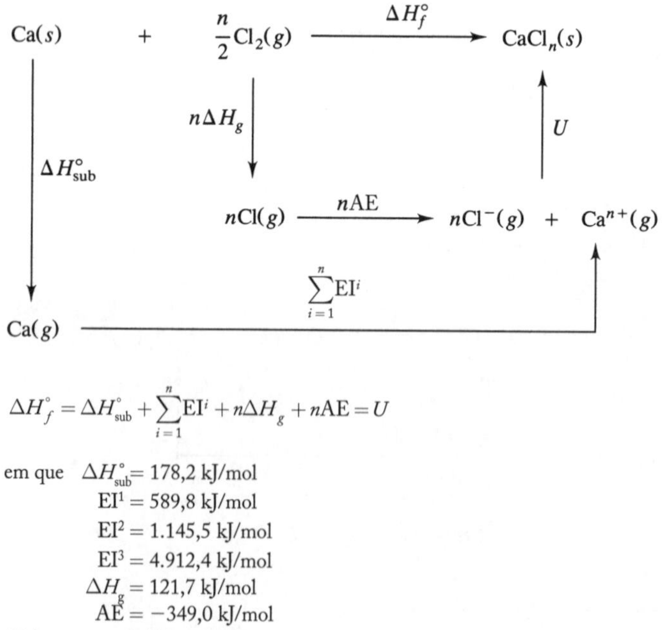

$$\Delta H_f^\circ = \Delta H_{sub}^\circ + \sum_{i=1}^{n} EI^i + n\Delta H_g + nAE = U$$

8.20

em que $\Delta H_{sub}^\circ = 178,2$ kJ/mol
$EI^1 = 589,8$ kJ/mol
$EI^2 = 1.145,5$ kJ/mol
$EI^3 = 4.912,4$ kJ/mol
$\Delta H_g = 121,7$ kJ/mol
$AE = -349,0$ kJ/mol
U da equação de Kapustinskii

FIGURA 8.7

Cálculo de ΔH_f° para $CaCl_n$ ($n = 1, 2, 3$). Usando os ciclos de Born-Haber para $CaCl_n$ ($n = 1, 2, 3$) no cálculo de ΔH_f° para esses três compostos.

TABELA 8.5
Raios dos Ca^{n+}, U_{Kap_n} e $\Delta H_f°$ para $CaCl_n$

$CaCl_n$	$r(Ca^{n+})$, Å	U_{Kap_n}, kJ/mol	$\Delta H_f°$, kJ/mol
CaCl	1,5	−670*	−130*
$CaCl_2$	1,14	−2.250	−792**
$CaCl_3$	1,1	−4.500*	1.600*

*O número de algarismos significativos nos raios estimados permite somente dois algarismos significativos nesse resultado.

**Valor real de $\Delta H_f°$ [$CaCl_2$] = −795,8 kJ/mol.

o propósito de fazer um cálculo aproximado, usaremos um valor arbitrário, porém razoável, de 1,5 Å para o raio do Ca^+. Devido à remoção de um dos seis elétrons $3p$ do Ca^{2+} não produzir um efeito particularmente grande, o Ca^{3+} deve ser um pouco menor do que o Ca^{2+}; então, usamos o valor de 1,1 Å. O cálculo de U_{Kap} é mostrado na Equação (8.21):

$$U_{Kap_n} = \frac{1.202\,(n+1)\,(+n)\,(-1)}{r(Ca^{n+}) + 1,67}\left[1 - \frac{0,345}{r(Ca^{n+}) + 1,67}\right] \qquad \mathbf{8.21}$$

Os resultados para U_{Kap} e $\Delta H_f°$ são mostrados na Tabela 8.5. Observe que o CaCl é um composto termodinamicamente viável, mas o $CaCl_2$ é mais estável e, portanto, mais viável. Podemos ver que a energia de ionização extra necessária para produzir o Ca^{2+} é maior do que compensada pela energia reticular liberada na formação do retículo do $CaCl_2$. O $CaCl_3$ não é termodinamicamente viável devido à terceira energia de ionização do cálcio ser excessivamente alta, a qual é resultado da retirada de um elétron de uma camada completa de Ne em que a carga nuclear efetiva é muito alta. Apesar de a magnitude da energia reticular para o $CaCl_3$ ser mais do que duas vezes a do $CaCl_2$, ela não é suficiente para compensar a terceira energia de ionização. Com esse esclarecimento, não é surpresa que nem o CaCl nem o $CaCl_3$ existam.

Raios termoquímicos

Com a disponibilidade de energias reticulares termoquímicas (veja Tabela 8.6 para alguns valores representativos) para sais que envolvam ânions e cátions poliatômicos, a equação de Kapustinskii pode ser utilizada para estimar os raios desses íons. Como exemplo, vamos considerar o perclorato de sódio. A energia reticular termoquímica para o $NaClO_4$ é fornecida na Tabela 8.6 como −648 kJ/mol. Usamos esse valor como energia reticular na equação de Kapustinskii, como demonstrado na Equação (8.22), e calculamos r_0.

$$U_{Kap} = 1.202\,\frac{vZ^+Z^-}{r_0}\left(1 - \frac{0,345}{r_0}\right) \qquad \mathbf{8.22}$$

$$= 1.202\,\frac{(2)(+1)(-1)}{r_0}\left(1 - \frac{0,345}{r_0}\right)$$

$$= -648 \text{ kJ/mol}$$

Calculando r_0, temos os valores de 3,32 Å e 0,38 Å, sendo o último valor fisicamente impossível. Consultando a Tabela 7.5, encontramos o raio de Shannon-Prewitt para o cátion sódio: 1,16 Å (N.C. = 6). Como r_0 é a soma de $r(Na^+)$ e $r(ClO_4^-)$, podemos calcular um valor de 2,16 Å para o raio do ânion perclorato.

TABELA 8.6
Energias reticulares para alguns sais selecionados que contêm íons poliatômicos

Nome	Fórmula	Energia reticular calculada, kJ/mol	Energia reticular termoquímica, kJ/mol
Tetraboro-hidreto de sódio	$NaBH_4$	−703	
Tetraborofluoreto de sódio	$NaBF_4$	−657	−619
Carbonato de sódio	Na_2CO_3	−2301	−2030
Cianeto de sódio	NaCN	−738	−739
Bromato de sódio	$NaBrO_3$	−803	−814
Clorato de sódio	$NaClO_3$	−770	−770
Hidreto de sódio	NaH	−782	
Hidróxido de sódio	NaOH	−887	−900
Nitrato de sódio	$NaNO_3$	−755	−756
Nitrito de sódio	$NaNO_2$	−774	−748
Óxido de sódio	Na_2O	−2.481	
Perclorato de sódio	$NaClO_4$	−643	−648
Sulfeto de sódio	Na_2S	−2.192	−2.203
Sulfato de sódio	Na_2SO_4	−1.827	−1.938
Tetracloroaluminato de sódio	$NaAlCl_4$	−556	
Tiocianato de sódio	NaSCN	−682	−682
Hexacloroplatinato(IV) de potássio	K_2PtCl_6	−1.468	
Nitrato de amônio	NH_4NO_3	−661	−676
Perclorato de amônio	NH_4ClO_4	−583	−580

Fonte: H. D. B. Jenkins, *Handbook of chemistry and physics*, 67. ed., 1986-1987, Chemical Rubber Company Press, West Palm Beach, Fla., p. D-100. (Ref. 22.)

TABELA 8.7
Raios termoquímicos selecionados

Íon	Raio, Å	Íon	Raio, Å
BH_4^-	1,93	NO_2^-	1,92
BF_4^-	2,32	O^{2-}	1,49
CO_3^{2-}	1,78	ClO_4^-	2,40
CN^-	1,91	S^{2-}	1,91
BrO_3^-	1,54	SO_4^{2-}	2,58
ClO_3^-	1,71	$AlCl_4^-$	2,95
H^-	1,73	SCN^-	2,13
OH^-	1,33	$PtCl_6^{2-}$	3,13
NO_3^-	1,79	NH_4^+	1,37

Fonte: H. D. B. Jenkins e K. P. Thakur, *J. Chem. Edu.*, 56(9):577 (1979).

Raios obtidos dessa maneira, a partir de ciclos termoquímicos e de energias reticulares calculadas, são conhecidos como *raios termoquímicos*. Alguns valores representativos estão na Tabela 8.7. São valores médios de uma série de sais envolvendo o íon listado. A interpretação desses resultados deve ser feita com cautela, mas eles nos dão uma indicação dos tamanhos efetivos dos íons poliatômicos.

8.3 ENERGIAS RETICULARES E RAIOS IÔNICOS: CONECTANDO EFEITOS DO CAMPO CRISTALINO COM ENERGIAS DO ESTADO SÓLIDO

Se você já estudou a teoria do campo cristalino (Capítulo 4), então estamos prontos para aplicá-la na discussão das energias reticulares de compostos do estado sólido contendo metais de transição. Começaremos com os raios iônicos dos metais da primeira série de transição.

As linhas tracejadas na Figura 8.8 mostram os raios esperados para os íons M^{2+} e M^{3+}. Da química geral (veja também Capítulo 9), você sabe que seria esperada uma diminuição dos raios (atômicos ou iônicos) por um período. Resumidamente, isso acontece porque, como elétrons são adicionados à subcamada $3d$, esses

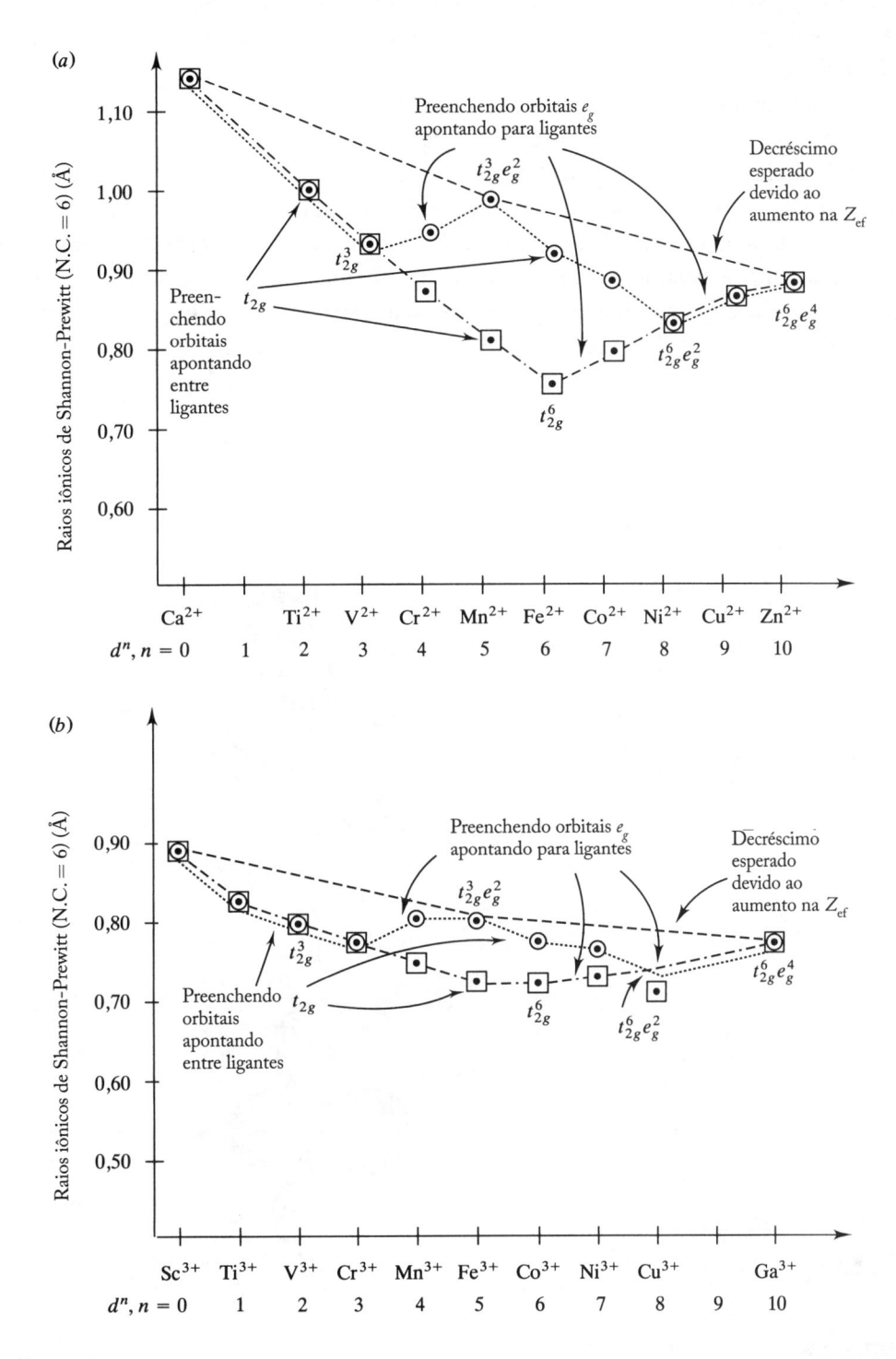

FIGURA 8.8

Raios iônicos de Shannon-Prewitt para os cátions (a) M^{2+} **e (b)** M^{3+} que têm configurações eletrônicas $3d^n$, com $n = 0$ até 10. Círculos abertos = casos de *spin* alto; quadrados abertos = casos de *spin* baixo; linhas tracejadas = tendência para o conjunto de orbitais com simetria esférica; linhas pontilhadas = tendência para casos de campo fraco, *spin* alto; linhas pontilhadas e tracejadas = tendência para casos de campo forte, *spin* baixo.

elétrons, que estão em média à mesma distância do núcleo, não blindam muito bem um ao outro do núcleo. O número de elétrons de blindagem (a camada [Ar] nos metais da primeira série de transição) permanece constante, enquanto a carga nuclear aumenta da esquerda para a direita. Conclui-se que a carga nuclear efetiva (a carga nuclear real menos o número de elétrons de blindagem) aumenta da esquerda para a direita e ajuda a puxar a parcialmente preenchida nuvem de elétrons $3d$ para mais perto do núcleo. Consequentemente, os raios diminuem pelo período.

A Figura 8.8 também mostra os raios reais de M^{2+} e M^{3+} para configurações eletrônicas para *spin* alto e *spin* baixo em campos octaédricos. Campos cristalinos octaédricos ocorrem quando o íon do metal de transição ocupa o interstício octaédrico em um retículo do tipo A de ânions. Selecionando dois exemplos frequentemente citados, os mais comuns são óxidos e cloretos. Esses ânions situam-se bastante abaixo na série espectroquímica e, portanto, resultam num caso de campo octaédrico fraco de *spin* alto. Sabemos que o desdobramento dos orbitais d em um campo octaédrico é como mostrado na Figura 8.9 e que os três primeiros elétrons $3d$ entram no conjunto de orbitais t_{2g}, que apontam para entre os ligantes aniônicos (Figura 8.9a). A repulsão entre os ligantes e os elétrons $3d$ do metal será menor que o normal (isto é, menor do que se os elétrons do metal es-

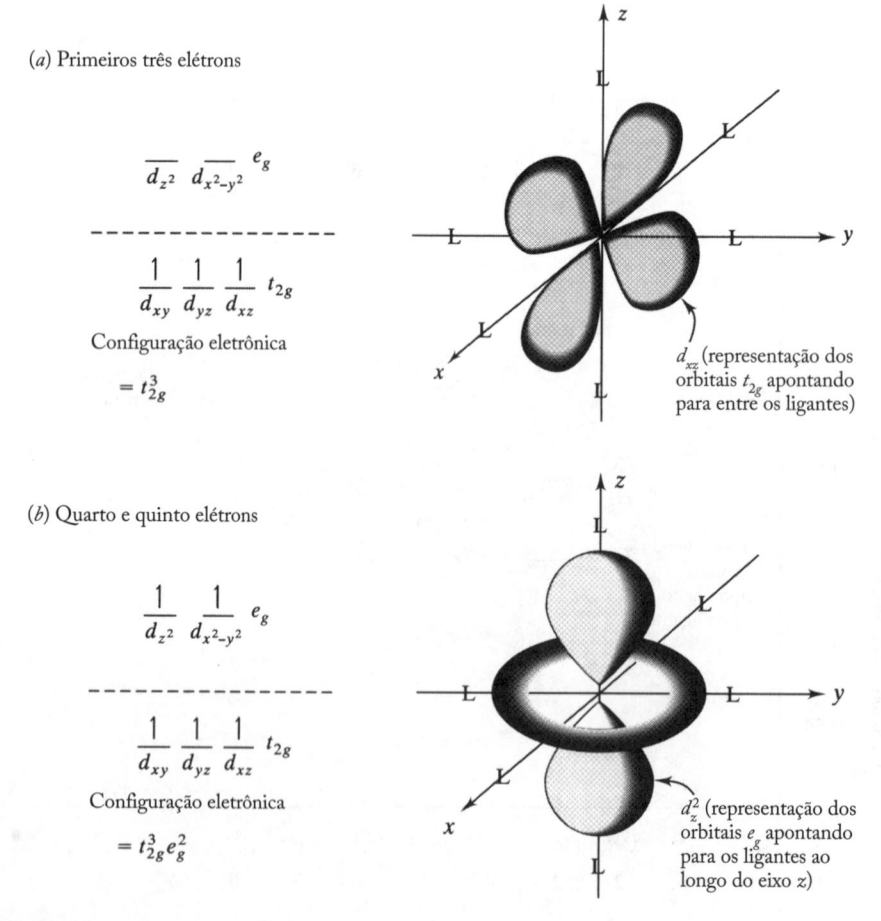

FIGURA 8.9

Explicação das tendências em raios iônicos de cátions M^{n+} de campo fraco. A colocação dos cinco primeiros elétrons d em um caso de campo octaédrico fraco, *spin* alto. (a) Os primeiros três elétrons ocupam os orbitais t_{2g} apontando para entre os ligantes. Os raios iônicos dos íons com essas configurações são menores do que o esperado. (b) O quarto e quinto elétrons ocupam os orbitais e_g apontando diretamente para os ligantes. Os raios iônicos dos íons com essas configurações aumentam devido às repulsões elétron-elétron.

FIGURA 8.10

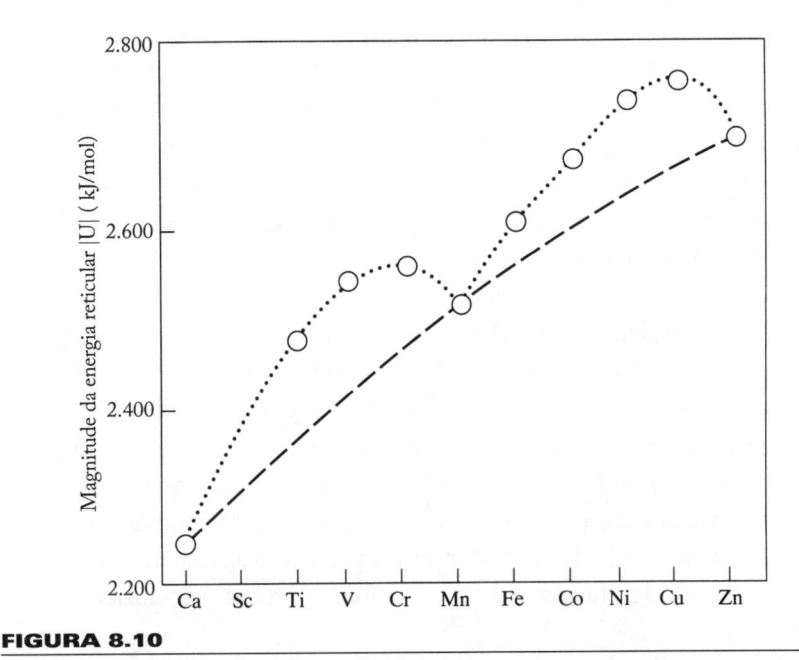

As energias reticulares para cloretos de cátions M^{2+} de metais de transição. A linha tracejada conecta os casos d^0, d^5 e d^{10}; a linha pontilhada mostra a curva duplamente ondulada que reflete a tendência para os raios iônicos dos íons M^{2+} em um campo octaédrico fraco. (Adaptado de F. A. Cotton e G. Wilkinson, *Advanced inorganic chemistry*, 4. ed., p. 683. Copyright © 1980. Reproduzido com permissão de John Wiley & Sons, Inc.)

tivessem em um orbital simetricamente esférico ou em um conjunto deles; veja Seção 4.2 para detalhes) e, consequentemente, os ligantes serão capazes de se aproximar mais do íon metálico. Uma vez que o raio do ligante é uma constante, o raio do íon metálico diminuirá mais do que o esperado nesses casos. Quando o quarto e o quinto elétrons entram nos orbitais e_g, que apontam diretamente para os ligantes (Figura 8.9b), a repulsão entre esses elétrons e os ligantes será maior que o normal e o raio do metal aumentará. A configuração eletrônica resultante $t_{2g}^3 e_g^2$ (d^5) é simetricamente esférica e, consequentemente, seu raio se situa na linha que representa a tendência esperada na ausência de efeitos do campo cristalino. Essa diminuição (enquanto os orbitais t_{2g} são preenchidos) e esse aumento (enquanto os orbitais e_g são preenchidos) se repetirão conforme forem adicionados do sexto ao décimo elétron $3d$. Novamente, a configuração $t_{2g}^6 e_g^4$ (d^{10}) é simetricamente esférica.

Em um caso de campo octaédrico forte, *spin* baixo, os primeiros seis elétrons ocupam o conjunto t_{2g} e os raios diminuem mais do que o esperado. Os últimos quatro elétrons ocupam o conjunto e_g e os raios aumentam até que a configuração simetricamente esférica $t_{2g}^6 e_g^4$ seja novamente atingida.

Dadas essas tendências para os íons de metais de transição em campos octaédricos, podemos nos voltar para a discussão da energia reticular nesses compostos. A Figura 8.10 mostra as magnitudes das energias reticulares para cloretos de M^{2+}. Na falta de efeitos do campo cristalino (linha tracejada), esperamos um aumento na energia reticular à medida que o raio for decrescendo. Trata-se de uma consequência da dependência da energia reticular da razão carga-raio (Z/r) do cátion, que discutimos quando abordamos a equação de Born-Landé. Uma vez que a carga do cátion metálico é sempre $2+$, a energia reticular aumenta com a diminuição do raio iônico. Considerando a curva duplamente ondulada para os raios metálicos que se aplica para cloretos de campo fraco, não é surpresa que a energia reticular real reflita a tendência dos raios, aumentando quando os raios diminuem e vice-versa (linha pontilhada). Estimativas quantitativas de energias de estabilização dos campos cristalinos podem ser obtidas comparando as tendências em energias reticulares com e sem efeitos do campo cristalino (veja Exercício 8.44).

RESUMO

A energia reticular de um composto pode ser estimada teoricamente usando as equações de Born-Landé e de Kapustinskii, e determinada experimentalmente usando ciclos termoquímicos. O modelo teórico de Born-Landé considera (1) a série de interações coulômbicas e eletrostáticas entre os vários íons de um cristal (E_{coul}) e (2) a repulsão forte, porém de curto alcance (E_{rep}), entre nuvens eletrônicas preenchidas interpenetradas. Somando essas contribuições, temos a equação de Born-Landé para a energia reticular de um composto predominantemente iônico. Analisando essa equação, temos que as energias reticulares são diretamente dependentes da razão carga-raio (Z/r) (ou densidade de carga) dos íons envolvidos. Para compostos para os quais desconhecemos a estrutura cristalina, a equação empírica de Kapustinskii se presta para estimar a energia reticular.

Energias reticulares não podem ser determinadas diretamente por experimentos. Em vez disso, elas podem ser determinadas pelos ciclos termoquímicos de Born-Haber, baseados na lei de Hess da soma de calores. Considerando que existem vários dados termoquímicos disponíveis, as energias reticulares podem ser determinadas e comparadas com o resultado do modelo teórico. Em geral, essa comparação fica entre 4% e 6% para compostos em que se tem um elevado grau de caráter iônico previsto pela diferença de eletronegatividade. Para compostos com caráter covalente significativo, observa-se uma diferença percentual maior entre os resultados teóricos e os termoquímicos.

Usando uma combinação de abordagens teórica e experimental, podemos calcular (1) valores mais confiáveis de afinidades eletrônicas, incluindo aquela de ânions monoatômicos como O^- e S^-, (2) calores de formação de compostos desconhecidos, tais como CaCl ou $NaCl_2$, e (3) raios termoquímicos (ou *efetivos*) de íons poliatômicos.

A avaliação das energias reticulares dos compostos de metais de transição proporciona uma explicação das tendências dos raios iônicos desses elementos, bem como uma estimativa das energias de estabilização do campo cristalino. Esse tratamento oferece uma ponte entre as seções (capítulos 2 até 6) sobre compostos de coordenação e aquelas (capítulos 7 e 8) que envolvem estruturas e energias do estado sólido.

PROBLEMAS

8.1 Vimos que Max Born foi um importante colaborador nos primórdios dos estudos das energias do estado sólido. Ele e Fritz Haber elaboraram, em 1917, o ciclo de Born-Haber e, em 1918, Born e Alfred Landé formularam a equação de Born-Landé. Muitos anos depois em 1954, Born recebeu o Prêmio Nobel de Física. Por qual descoberta ele recebeu esse prêmio? Mencione uma fonte em sua resposta.

8.2 (*a*) Utilizando as tabelas 7.5 e 7.7 de raios iônicos de Shannon-Prewitt, identifique e esboce uma célula unitária plausível para o $RbBr_{(s)}$.

(*b*) Utilizando informações adicionais encontradas nas tabelas 8.1 e 8.2, calcule a energia reticular do $RbBr_{(s)}$ pelas equações de Born-Landé e de Kapustinskii.

8.3 Calcule a energia reticular do iodeto de lítio, usando as equações de Born-Landé e de Kapustinskii; compare esses valores com os da Tabela 8.3.

8.4 A energia reticular do cloreto de frâncio, FrCl, foi estimada em −632 kJ/mol. Calcule o valor para o raio do cátion Fr^+. Enumere as premissas que você fez para calcular. O seu resultado fez sentido relativamente aos de outros metais alcalinos? Explique brevemente.

8.5 Assuma que a estrutura cristalina do fluoreto de lantânio(III), LaF_3, é desconhecida. Usando a equação de Kapustinskii, estime a energia reticular.

8.6 Embora o berquélio esteja disponível somente em quantidades muito pequenas, foi preparado o suficiente para a determinação de alguns parâmetros estruturais.

(a) Utilizando o valor de 0,97 Å para o raio iônico do Bk^{4+} e usando um retículo cristalino consistente com a regra da razão radial, calcule a energia reticular do óxido de berquélio(IV), BkO_2.

(b) Assuma que a regra da razão radial foi violada e que o BkO_2 forma um retículo de iodeto de cádmio. Que diferença isso faz na sua resposta?

(c) Compare os valores anteriores com os obtidos da equação de Kapustinskii.

8.7 Calcule a energia reticular do OgO usando a equação de Kapustinskii. Veja o Exercício 7.49 para mais informações sobre o "ogânio", nome que demos para o elemento 114, descoberto pela equipe liderada por Yuri Oganessian (*Nota*: O nome oficial do elemento 114 é, na realidade, *ununquádio***.)

8.8 Explique as seguintes observações: óxido de magnésio (MgO) e fluoreto de sódio (NaF) têm a mesma estrutura cristalina e aproximadamente a mesma fórmula-massa, mas o MgO é quase duas vezes mais duro do que o NaF. Os pontos de fusão do MgO e do NaF são 2.852 °C e 993 °C, respectivamente. Os pontos de ebulição do MgO e do NaF são 3.600 °C e 1.695 °C, respectivamente.

8.9 Usando a equação de Born-Landé como base para a sua resposta, a que você pode atribuir o fato de que o MgS é mais duro e tem ponto de fusão maior do que o LiBr? [$r(Li^+) = 0,90$ Å, $r(Mg^{2+}) = 0,86$ Å, $r(Br^-) = 1,82$ Å, $r(S^{2-}) = 1,70$ Å] Você pode assumir que ambos exibem a mesma estrutura cristalina? Por quê?

*8.10 Tem havido muita especulação sobre o fato de que um composto iônico de gás nobre, com estequiometria Xe^+F^-, possa ser preparado. Usando as equações de Born-Landé e de Kapustinskii, estime a energia reticular desse composto hipotético. Apresente cuidadosamente todas as suposições que você fez para estabelecer um valor de raio iônico para o Xe^+. Os raios atômicos são dados na Tabela 7.3.

8.11 Considere uma linha de cátions e ânions que se alternam, como mostrado a seguir. Estime um valor para a constante de Madelung para esse "retículo". (*Dica*: realize uma pesquisa na internet para "série harmônica alternada". Diga ao seu professor de matemática que você fez isso!)

$- \quad + \quad - \quad + \quad - \quad + \quad - \quad + \quad - \quad + \quad - \quad + \quad - \quad + \quad -$

$\longrightarrow | \quad r_0 \quad | \longleftarrow$

*8.12 Comece com a relação encontrada na Equação (8.8) para a energia reticular total. Derive os dois lados da equação em relação a r e, quando $r = r_0$, iguale o resultado a zero e resolva para B. Substitua sua expressão para B na equação e mostre que o resultado é a equação de Born-Landé, Equação (8.9).

8.13 Calcule a energia reticular do LiF. Use as informações a seguir. $IE_{Li} = 520,3$ kJ/mol; $\Delta H°_{sub}(Li) = 159,4$ kJ/mol; $AE_F = -328,0$ kJ/mol; $\frac{1}{2}D_{F-F} = \Delta H_g = 79,0$ kJ/mol; $\Delta H°_f$(LiF) $= -616,0$ kJ/mol. Compare sua resposta com o fornecido na Tabela 8.3.

8.14 Calcule a energia reticular do cloreto de bário, $BaCl_2$. Utilize os dados a seguir. $EI^1_{Ba} = 502,7$ kJ/mol; $EI^2_{Ba} = 965,0$ kJ/mol; $\Delta H°_{sub}(Ba) = 175,6$ kJ/mol; $AE_{Cl} = -349,0$ kJ/mol; $\frac{1}{2}D_{Cl-Cl} = \Delta H_g = 121,7$ kJ/mol; $\Delta H°_f$($BaCl_2$) $= -858,6$ kJ/mol. Compare seu resultado com aquele calculado com a equação de Born-Landé. (*Nota*: Você terá de determinar a estrutura cristalina desse composto.)

8.15 Calcule a energia reticular do fluoreto de cálcio (fluorita), CaF_2. Utilize os seguintes dados: $EI^1_{Ca} = 589,8$ kJ/mol; $EI^2_{Ca} = 1145,5$ kJ/mol; $\Delta H°_{sub}(Ca) = 178,2$ kJ/mol; $AE_F = -328,0$ kJ/mol;

---
* Exercícios marcados com um asterisco (*) são mais desafiadores.
** N.T.: Em 30 de maio de 2012, a Iupac oficializou o nome flevório (Fl) para o elemento 114.

$\frac{1}{2} D_{F-F} = \Delta H_g = 79,0$ kJ/mol; $\Delta H_f^\circ (CaF_2) = -1219,6$ kJ/mol. Compare seu resultado com aquele calculado com a equação de Born-Landé.

*8.16 Escreva um ciclo termodinâmico para o calor de formação do KX. Para os casos em que X = F e Cl, compare as afinidades eletrônicas, as energias de ligação X–X e as energias reticulares (pela equação de Born-Landé). Comente o fato de que F_2 é mais reativo do que o Cl_2 embora $AE_F < AE_{Cl}$. (*Dica*: assuma que ambos os compostos formam a estrutura do sal de rocha.)

8.17 Dadas as informações a seguir, mais aquelas encontradas nas tabelas do texto, calcule um valor para o calor padrão de formação do fluoreto de cobre(I), CuF. [$EI_{Cu} = 745,3$ kJ/mol; $\Delta H_{sub}^\circ (Cu) = 338,3$ kJ/mol.] (A energia reticular do CuF deve ser determinada usando a equação de Born-Landé. Assuma o CuF com uma estrutura de blenda de zinco.)

8.18 Descreva como o calor padrão de formação do óxido de ogânio(II), OgO, pode ser estimado e quais informações adicionais sobre o ogânio seriam necessárias. Veja o Exercício 7.49 para mais informações sobre o "ogânio". Seja bem específico.

8.19 A energia de dissociação da molécula do ClF é 256,2 kJ/mol e o calor padrão de formação do ClF(g) é $-56,1$ kJ/mol. Sabendo que a energia de dissociação do Cl_2 é 243,4 kJ/mol, use um ciclo termodinâmico para calcular a energia de dissociação do F_2.

*8.20 Calcule a afinidade por próton da amônia, $NH_3(g) + H^+(g) \longrightarrow NH_4^+(g)$, com os seguintes dados: NH_4F cristaliza em uma estrutura de wurtzita (ZnS); o expoente de Born para o cristal é 8; a distância do íon amônio para o íon fluoreto é 2,56 Å; a entalpia de formação do $NH_4F(s)$ é $-468,6$ kJ/mol; a entalpia de formação da amônia gasosa é $-1171,5$ kJ/mol; $\frac{1}{2} D_{H-H} = \Delta H_g = 218,0$ kJ/mol; EI_H é 1305,0 kJ/mol; $\frac{1}{2} D_{F-F} = \Delta H_g = 79,0$ kJ/mol; $AE_F = -328,0$ kJ/mol.

*8.21 Como você pode estimar a alteração da entalpia-padrão no processo CsCl (forma comum) $\longrightarrow$ CsCl (forma de NaCl)?

8.22 (*a*) Construa um ciclo termoquímico que possibilite a você calcular a afinidade eletrônica do brometo, usando dados da formação do brometo de rubídio, RbBr.

(*b*) Use o valor da energia reticular de Born-Landé que você obteve no item (*b*) do Exercício 8.2 e os dados termoquímicos selecionados da Tabela 8.3 e calcule a afinidade eletrônica do brometo conforme o ciclo de Born-Haber. Compare seu resultado com aquele fornecido na Tabela 8.3.

8.23 (*a*) Escreva um ciclo termodinâmico para a síntese de $Na_2O(s)$ a partir de seus elementos constituintes em seus estados-padrão. Identifique todos os dados termoquímicos necessários para completar o ciclo.

(*b*) Estime o valor da energia reticular do $Na_2O(s)$ usando a equação de Kapustinskii.

(*c*) Calcule um valor da segunda afinidade eletrônica do oxigênio utilizando os dados termoquímicos a seguir e o valor da energia reticular determinado no item (*b*). $\Delta H_{sub}^\circ (Na) = 107,3$ kJ/mol; $EI_{Na} = 495,9$ kJ/mol; $\Delta H_f^\circ [Na_2O(s)] = -418,0$ kJ/mol; $\Delta H_g [O(g)] = 249,1$ kJ/mol; AE^1 do oxigênio = $-141,0$ kJ/mol.

*8.24 O calor padrão de formação do ZnS (estrutura de wurtzita) é $-192,6$ kJ/mol.

(*a*) Estime o valor da energia reticular do ZnS, utilizando a equação de Born-Landé.

(*b*) Determine um valor para a segunda afinidade eletrônica do enxofre usando os dois valores acima e os seguintes dados termodinâmicos: $\Delta H_{sub} (Zn) = 130,8$ kJ/mol; $\Delta H_g (S) = 278,8$ kJ/mol; $EI_{Zn}^1 = 906,4$ kJ/mol; $EI_{Zn}^2 = 1733$ kJ/mol; AE^1 do enxofre = $-200,4$ kJ/mol.

---

* Exercícios marcados com um asterisco (*) são mais desafiadores.

8.25 A energia reticular e o calor padrão de formação do NaH são, respectivamente, −782 kJ/mol e −56,3 kJ/mol. O calor padrão de formação ΔH_f° de $H(g)$ é 218,0 kJ/mol. Utilizando esses dados e outros da Tabela 8.3, calcule o valor para a afinidade eletrônica do hidrogênio.

8.26 Usando os dados da Tabela 8.5 para o $CaCl_n$, calcule o calor da seguinte reação de desproporcionamento:

$$2CaCl(s) \longrightarrow CaCl_2(s) + Ca(s)$$

Você diria que tal reação é possível? Por quê?

*8.27 Usando o ciclo de Born-Haber, calcule um valor razoável para o ΔH_f° do $NaCl_2$. Estime a energia reticular de acordo com a equação de Kapustinskii. Explique o valor que você usar para o raio iônico do Na^{2+}. Comente as razões principais pelas quais o $NaCl_2$ seria ou não termodinamicamente viável $[EI^2(Na) = 4563$ kJ/mol$]$.

8.28 Construa um ciclo de Born-Haber que permita o cálculo de um valor razoável para o ΔH_f° do Ne^+Cl^-. Estime a energia reticular usando a equação de Kapustinskii. Explique o valor utilizado para o raio iônico do Ne^+. Comente as razões principais pelas quais o NeCl seria ou não termodinamicamente viável $[EI(Ne) = 2.080$ kJ/mol$]$.

8.29 A energia reticular do Xe^+F^- foi estimada no Exercício 8.10. Use tal informação para estimar o valor do ΔH_f° para esse composto $[EI(Xe) = 1170$ kJ/mol$]$.

*8.30 Vimos que ΔH_f° para o $CaCl_3$ era +1.600 kJ/mol e, portanto, ele não deve se formar. Você esperaria que o ΔS_f° para a formação do $CaCl_3$ fosse positivo ou negativo? Explique seu raciocínio e indique se o fator entropia pode, de alguma forma, ser usado para forçar a produção do $CaCl_3$.

8.31 O raio para o íon hexacloroberquelato(IV), $[BkCl_6]^{2-}$, foi estimado em 3,61 Å. Usando esse dado, calcule um valor para a energia reticular do hexacloroberquelato(IV) de potássio, K_2BkCl_6.

8.32 Descreva sucintamente como o raio efetivo de um íon poliatômico pode ser determinado utilizando medições termoquímicas.

8.33 Os calores padrão de formação do $NH_4^+(g)$ e do $NH_4Br(s)$ são, respectivamente, 630,2 kJ/mol e −270,3 kJ/mol.

   (a) Usando esses valores, outros encontrados no texto e no ciclo de Born-Haber, calcule a energia reticular do $NH_4Br(s)$.

   (b) Usando a equação de Kapustinskii, calcule o raio termoquímico do cátion amônio. Compare o seu resultado com o dado na Tabela 8.7. (*Dica*: o raio iônico do íon brometo é 1,82 Å.)

8.34 Os calores padrão de formação do $OH^-(g)$ e do $NaOH(s)$ são, respectivamente, −143,5 kJ/mol e −425,6 kJ/mol.

   (a) Usando esses valores, outros encontrados no texto e no ciclo de Born-Haber, calcule o valor da energia reticular do $NaOH(s)$.

   (b) Usando a equação de Kapustinskii, calcule o raio termoquímico do ânion hidróxido. Compare o seu resultado com o dado na Tabela 8.7. (*Dica*: o raio iônico do cátion sódio é 1,16 Å.)

8.35 O calor padrão de formação e a energia reticular do tetraboro-hidreto de sódio, $NaBH_4(s)$, são, respectivamente, −183,3 kJ/mol e −703 kJ/mol. Escreva as equações químicas correspondentes a essas energias. Utilizando um ciclo termoquímico e outras informações do texto teórico, estime o calor padrão de formação do $BH_4^-(g)$.

---

* Exercícios marcados com um asterisco (*) são mais desafiadores.

8.36 A energia reticular e o calor padrão de formação do perclorato de sódio, $NaClO_4(s)$, são, respectivamente, -648 kJ/mol e $-382,8$ kJ/mol. Escreva as equações químicas correspondentes a essas energias. Utilizando um ciclo termoquímico e outras informações encontradas no texto, estime um valor para o calor padrão de formação do ânion do perclorato gasoso, $ClO_4^-(g)$.

8.37 O calor padrão de formação do $[PtCl_6]^{2-}$ é -774 kJ/mol. A energia reticular do $K_2PtCl_6(s)$ é -1468 kJ/mol. Usando outras informações encontradas no texto, calcule o valor do calor padrão de formação do hexacloroplatinato(IV) de potássio, $K_2PtCl_6(s)$.

8.38 A energia reticular do tetraboro-hidreto de sódio, $NaBH_4(s)$, é -703 kJ/mol. Calcule um valor para o raio termoquímico do íon tetraboro-hidreto, $BH_4^-(g)$. Compare o seu resultado com o dado na Tabela 8.7. (*Dica*: o raio iônico do cátion de sódio é 1,16 Å.)

8.39 A energia reticular do $CaC_2(s)$ é -2.911 kJ/mol. Calcule um valor para o raio termoquímico do íon carbeto, C_2^{2-}.

8.40 Assumindo, para o momento, em que o perclorato de sódio forma uma estrutura de sal de rocha, estime o valor para a densidade desse composto. (Use os raios iônicos dados nas tabelas 7.5 e 8.7, respectivamente.)

8.41 Dado que a energia reticular do cloreto de penta-aminonitrocobalto(III), $[Co(NH_3)_5(NO_2)]Cl_2$, é -1.013 kJ/mol, estime o raio iônico efetivo para o complexo catiônico e especule sobre a estrutura cristalina desse composto ($r_{Cl^-} = 1,67$ Å).

8.42 Quem teria o maior raio iônico, o ferro(II) de *spin* baixo ou o ferro(II) de *spin* alto? Explique brevemente sua resposta. (Assuma um campo octaédrico.)

8.43 Que íon, o Cr^{3+} ou o Fe^{3+}, terá o raio iônico maior em um campo octaédrico fraco? Explique brevemente sua resposta.

***8.44** Utilizando os valores de energia reticular tabelados a seguir, estime a magnitude de Δ_0 em cristais octaédricos de VO, de MnO e de FeO. Explique sua metodologia de cálculo.

Óxido	Energia reticular, kJ/mol	Óxido	Energia reticular, kJ/mol
CaO	$-3.465,2$	FeO	$-3.922,9$
TiO	$-3.881,9$	CoO	$-3.991,9$
Vo	$-3.916,6$	NiO	$-4.076,0$
MnO	$-3.813,3$	ZnO	$-4.035,0$

***8.45** O calor de hidratação é definido como a energia associada à seguinte equação geral:

$$M^{n+}(g) + xH_2O(l) \longrightarrow [M(H_2O)_x]^{n+}$$

Os calores de hidratação, como as energias reticulares, dependem da razão carga-raio (Z/r), ou densidade de carga, do cátion metálico. Os calores de hidratação, ΔH_{hid}, a 25 °C e os parâmetros de desdobramento do campo ligante, Δ_0, para alguns íons bivalentes coordenados octaedricamente de metais de transição, são tabelados a seguir.

---
* Exercícios marcados com um asterisco (*) são mais desafiadores.

M^{2+}	ΔH_{hid}, kJ/mol	Δ_0, cm^{-1}
Ca^{2+}	2.470	0
V^{2+}	2.780	12.600
Cr^{2+}	2.794	13.900
Mn^{2+}	2.736	7.800
Fe^{2+}	2.845	10.400
Co^{2+}	2.916	9.300
Ni^{2+}	3.000	8.500
Cu^{2+}	3.000	12.600
Zn^{2+}	2.930	0

(a) Represente graficamente os valores de calor de hidratação ($-\Delta H_{hid}$) negativos na ordenada e o número de elétrons d na abscissa.

(b) Como você explica o (i) aumento geral em $-\Delta H_{hid}$ e (ii) as duas ondulações no gráfico?

(c) Calcule a energia de estabilização do campo cristalino (EECC), em termos de Δ_0, para as várias configurações de *spin* alto, de d^1 até d^9.

(d) Utilize os valores dados de Δ_0 para determinar a EECC em kJ/mol para cada um dos íons. (*Nota*: 1 cm^{-1} = 0,0120 kJ/mol.)

(e) Aplique essas EECCs como um termo de correção para os valores dados de calores de hidratação e represente graficamente os calores de hidratação estimados na ausência dos efeitos do campo ligante em função do número de elétrons d. Qual é o formato final da curva?

PARTE III

QUÍMICA DESCRITIVA DOS ELEMENTOS REPRESENTATIVOS

Nesta parte, a química descritiva dos elementos representativos é introduzida ao longo de 11 capítulos, que estão listados a seguir:

CAPÍTULO 9	Construindo uma rede de ideias para explicar a tabela periódica
CAPÍTULO 10	Hidrogênio e hidretos
CAPÍTULO 11	Oxigênio, soluções aquosas e o caráter ácido-base de óxidos e hidróxidos
CAPÍTULO 12	Grupo 1A: os metais alcalinos
CAPÍTULO 13	Grupo 2A: os metais alcalinoterrosos
CAPÍTULO 14	Elementos do Grupo 3A
CAPÍTULO 15	Elementos do Grupo 4A
CAPÍTULO 16	Grupo 5A: os pnicogênios
CAPÍTULO 17	Enxofre, selênio, telúrio e polônio
CAPÍTULO 18	Grupo 7A: os halogênios
CAPÍTULO 19	Grupo 8A: os gases nobres

CAPÍTULO 9

Construindo uma rede de ideias para explicar a tabela periódica

Um dos aspectos mais atraentes da ciência química é a maneira como tudo se encaixa. Em geral, os alunos primeiro aprendem os conceitos básicos das estruturas atômica e molecular, adicionam algum conhecimento de termodinâmica, cinética e equilíbrio e, então, começam a aplicar essas ideias em tópicos mais avançados. Por exemplo, você pode já ter estudado os capítulos 2 a 6 deste livro e visto como os assuntos que tanto buscou dominar, em seus cursos anteriores de química, fornecem a base para o estudo dos compostos de coordenação. Ou talvez você tenha lido os capítulos 7 e 8, sobre estruturas e energias da química do estado sólido. Também, você pode ter pulado diretamente do Capítulo 1 para este, a fim de começar um estudo da tabela periódica e seus elementos representativos. Seja como for, não importa em que ordem você começou a trilhar seu caminho pela disciplina que chamamos de química, a meta é desenvolver uma rede interconectada de ideias que você possa usar para explicar e prever muitos comportamentos químicos. Em nenhum outro lugar, uma rede desse tipo é tão essencial quanto no estudo do que veio a ser conhecido como *química descritiva*: as propriedades, estruturas, reações e aplicações dos elementos e seus compostos mais importantes.

Na segunda metade do século XIX, a evolução da tabela periódica praticamente coincidiu e com boa razão com o desenvolvimento da química inorgânica. Mesmo um século atrás, a grande obra-prima empírica de Mendeleiev foi a base para a organização de quaisquer estudos sobre os elementos e seus compostos. Uma vez que a revolução quântica do início do século XX estabeleceu firmemente sua base eletrônica, a tabela periódica tornou-se uma poderosa ferramenta para o estudo da química descritiva. Agora, conforme caminhamos pela segunda década do século XXI, a química conhecida dos 118 elementos [112 com nomes aprovados pela União Internacional de Química Pura e Aplicada (International Union of Pure and Applied

Chemistry — Iupac)] é incrivelmente rica e diversa e está em crescimento. Dominar mesmo uma pequena parte dessa química não será uma tarefa fácil. Precisamos escolher cuidadosamente nosso ponto de partida e nos mover lenta e logicamente por esse grande campo de estudo.

Neste capítulo, iniciaremos essa tarefa. Aqui começamos a construir uma rede de ideias específicas e organizadas sobre a qual basearemos nosso entendimento da tabela periódica e da química dos *elementos do grupo principal* ou *representativos*. (Estes são usualmente definidos como aqueles nos quais os orbitais ns e np estão parcialmente preenchidos, mas aqui incluiremos também os gases nobres, cujos orbitais np estão completamente preenchidos.) As ideias cobertas neste capítulo são: (1) a familiar lei periódica, (2) o princípio da singularidade, (3) o efeito diagonal, (4) o efeito do par inerte e (5) a linha metal-não metal. Conforme desenvolvermos e aplicarmos esses componentes da rede, cada um será representado por um ícone na margem esquerda da página. Esses ícones são mostrados na Tabela 9.1. Procure-os conforme os cinco componentes da rede forem introduzidos neste capítulo. O aparecimento desses ícones em capítulos posteriores vai alertá-lo quanto ao seu uso nessas discussões.

Os próximos capítulos estabelecem as bases para um estudo sistemático da química dos elementos. No Capítulo 10, veremos o hidrogênio e os hidretos e, então, no Capítulo 11, oxigênio, óxidos e hidróxidos. No Capítulo 12, dedicado aos metais alcalinos, Grupo 1A, começamos o estudo dos oito grupos de elementos representativos. No curso desses três capítulos, também adicionaremos duas ideias à nossa rede. No Capítulo 11, o caráter ácido-base de óxidos metálicos e não metálicos (e hidróxidos em solução aquosa) torna-se o sexto componente e, no Capítulo 12, o sétimo componente, um conhecimento dos potenciais padrão de redução é adicionado. Por fim, mais para a frente, no Capítulo 15, adicionamos o último componente, relacionado a ligações $d\pi$–$p\pi$ envolvendo elementos do segundo e terceiro períodos. Os últimos três componentes da rede serão representados pelos ícones mostrados na Tabela 9.2.

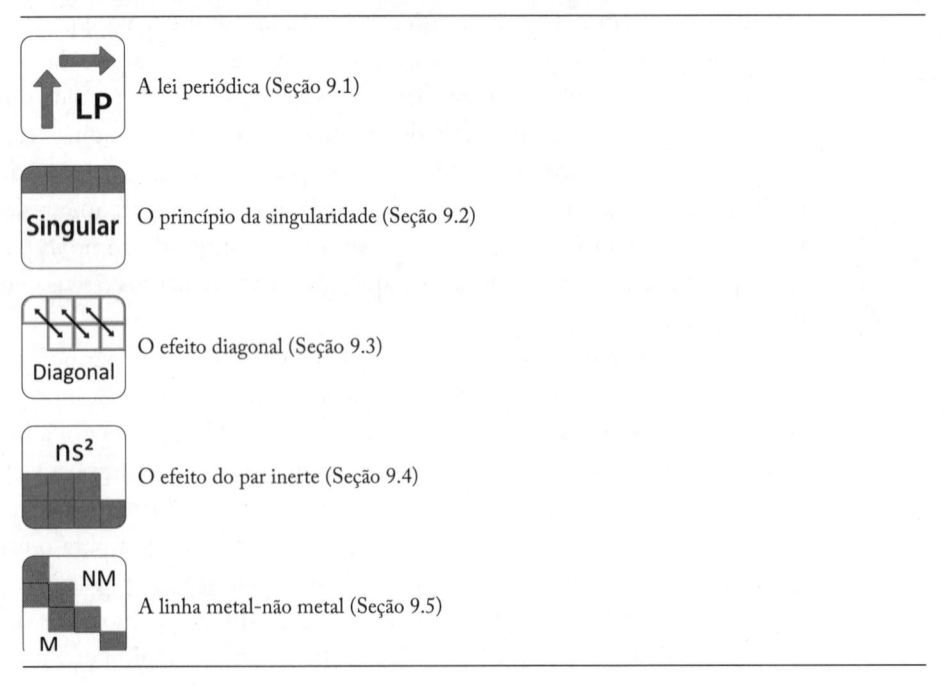

TABELA 9.1
Ícones para os cinco primeiros componentes da rede de ideias interconectadas para o entendimento da tabela periódica
Esses componentes são introduzidos aqui no Capítulo 9

Ícone	Descrição
LP	A lei periódica (Seção 9.1)
Singular	O princípio da singularidade (Seção 9.2)
Diagonal	O efeito diagonal (Seção 9.3)
ns^2	O efeito do par inerte (Seção 9.4)
NM / M	A linha metal-não metal (Seção 9.5)

TABELA 9.2
Ícones para os últimos três componentes da rede de ideias interconectadas para o entendimento da tabela periódica.
Esses componentes são introduzidos no capítulo indicado

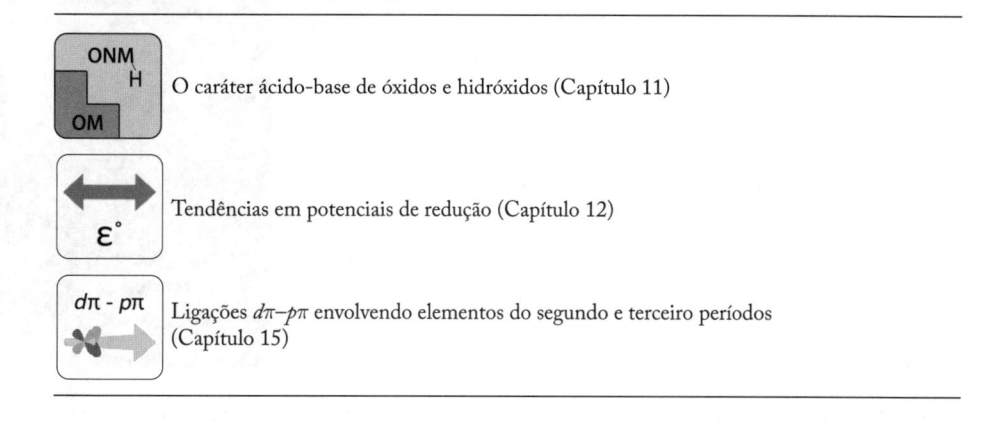

ONM / H / OM	O caráter ácido-base de óxidos e hidróxidos (Capítulo 11)
⟷ ε°	Tendências em potenciais de redução (Capítulo 12)
dπ - pπ	Ligações $d\pi$–$p\pi$ envolvendo elementos do segundo e terceiro períodos (Capítulo 15)

Espera-se que você ache esclarecedor e útil o processo de construção dessa rede de oito ideias para entender a tabela periódica. O objetivo é colocá-lo em posição de comando para entender, discutir e aplicar a química do grupo principal ou dos elementos representativos.

9.1 A LEI PERIÓDICA

A primeira e mais importante das ideias básicas na nossa rede tem de ser a *lei periódica*. Originalmente formulada por Dmitri Mendeleiev (e independentemente por Lothar Meyer) nos anos 1860 e 1870, a versão moderna dessa lei diz que uma repetição periódica de propriedades físicas e químicas ocorre quando os elementos são organizados em ordem crescente de número atômico.

Lembre-se de que, quando Mendeleiev construiu suas tabelas periódicas (um exemplo delas é dado na Figura 9.1), ordenou os elementos por massa atômica, em vez de número atômico, e tentou posicionar os que tinham valências similares no mesmo grupo. Sua análise mostrou lacunas maiores do que o esperado em massas atômicas, valências e outras propriedades. Por essa razão, ele deixou vazios em sua tabela como forma de representar os elementos que aparentemente estavam faltando e ainda tinham de ser descobertos. Por interpolação das propriedades dos elementos em torno dos vazios, Mendeleiev previu os valores de muitas das propriedades desses elementos desconhecidos. Três deles, não descobertos, foram designados como eka-alumínio (MA = 68), eka-silício (MA = 72) e eka-boro (MA = 44), em que, por exemplo, eka-alumínio indica o primeiro elemento abaixo do alumínio na sua tabela. (Note que tanto o boro quanto o eka-boro estão no topo à esquerda da coluna "Gruppe III", e o alumínio e o eka-alumínio estão no topo à direita.) Nos 15 anos seguintes, esses elementos (denominados gálio, germânio e escândio, respectivamente, em homenagem à terra natal de seus descobridores) foram isolados e caracterizados. A concordância entre os valores experimentais das propriedades desses elementos e os previstos por Mendeleiev certamente forneceu uma expressiva sustentação para suas ideias.

Como esperado, tem havido muitas mudanças na tabela periódica desde os dias de Mendeleiev. A organização por número atômico, em vez de massa atômica, por exemplo, e a descoberta (feita durante a vida de Mendeleiev) dos gases nobres são duas das mais significativas. A Figura 9.2 mostra o número de elementos conhecidos em função do tempo. Note que apenas cerca de 60 elementos eram conhecidos quando Mendeleiev se ateve à questão da organização. A descoberta de outros 58, somado ao entendimento do papel da

| | Gruppe I. | Gruppe II. | Gruppe III. | Gruppe IV. | Gruppe V. | Gruppe VI. | Gruppe VII. | Gruppe VIII. |
| | — | — | — | RH⁴ | RH³ | RH² | RH | — |
Reihen	R²O	RO	R²O³	RO²	R²O⁵	RO³	R²O⁷	RO⁴
1	H = 1							
2	Li = 7	Be = 9.4	B = 11	C = 12	N = 14	O = 16	F = 19	
3	Na = 23	Mg = 24	Al = 27.3	Si = 28	P = 31	S = 32	Cl = 35.5	Fe = 56, Co = 59,
4	K = 39	Ca = 40	— = 44	Ti = 48	V = 51	Cr = 52	Mn = 55	Ni = 59, Cu = 63,
5	(Cu = 63)	Zn = 65	— = 68	— = 72	As = 75	Se = 78	Br = 80	
6	Rb = 85	Sr = 87	?Yt = 88	Zr = 90	Nb = 94	Mo = 96	— = 100	Ru = 104, Rh = 104, Pd = 106, Ag = 108,
7	(Ag = 108)	Cd = 112	In = 113	Sn = 118	Sb = 122	Te = 125	J = 127	
8	Cs = 133	Ba = 137	?Di = 138	?Ce = 140	—	—	—	— — — —
9	(—)	—	—	—	—	—	—	
10	—	—	?Er = 178	?La = 180	Ta = 182	W = 184	—	Os = 195, Ir = 197, Pt = 198, Au = 199,
11	(Au = 199)	Hg = 200	Ti = 204	Pb = 207	Bi = 208	—	—	
12	—	—	—	Th = 231	—	U = 240	—	— — — —

FIGURA 9.1

Uma tabela periódica publicada em 1872 por Dmitri Mendeleiev. Eka-alumínio, eka-silício e eka-boro (sombreados) foram posteriormente descobertos e denominados gálio, germânio e escândio, em homenagem à terra natal de seus descobridores. (De Ebbing, Darrell D., *General chemistry*, 3. ed. p. 290. Copyright © 1990 Houghton Mifflin Company. Reimpresso com permissão.)

estrutura atômica na organização desses elementos, resultou na nossa tabela periódica moderna, mostrada na Figura 9.3. No entanto, perceba que a ideia original de Mendeleiev, de grupos de elementos com propriedades similares, está muito em evidência, embora 140 anos depois de seu trabalho. A alguns desses grupos, como o dos metais alcalinos, halogênios e gases nobres, foram dados nomes especiais. Uma listagem completa de nomes comumente aceitos (e alguns mais obscuros) de grupos e períodos é indicada na Figura 9.4.

A Figura 9.3 é a "forma curta" da tabela periódica e é mais provável que tenha sido aquela com a qual você cresceu. A "forma longa", mostrada na Figura 9.5, tem os lantanídeos (elementos de 57 a 70) e os actinídeos (elementos de 89 a 102) inseridos entre os Grupos 2A e 3B. Pensando em "termos da forma longa", o número de elementos nos períodos aumenta na ordem 2, 8, 8, 18, 32 e 32. Em seus cursos anteriores de química, você deve ter tido uma boa ideia de por que esses comprimentos variam dessa forma. Se o que ver a seguir não parecer familiar, então será um bom momento para voltar e rever seu material de química geral. Mas leia o parágrafo a seguir primeiro. Você provavelmente se recordará de uma boa parte dele.

Da mecânica quântica, você sabe que existem quatro números quânticos (o "principal", n; o "orbital", l; o "magnético", m_l, e o "de *spin*", m_s) que governam o número e os tipos de orbitais que os elétrons podem ocupar.

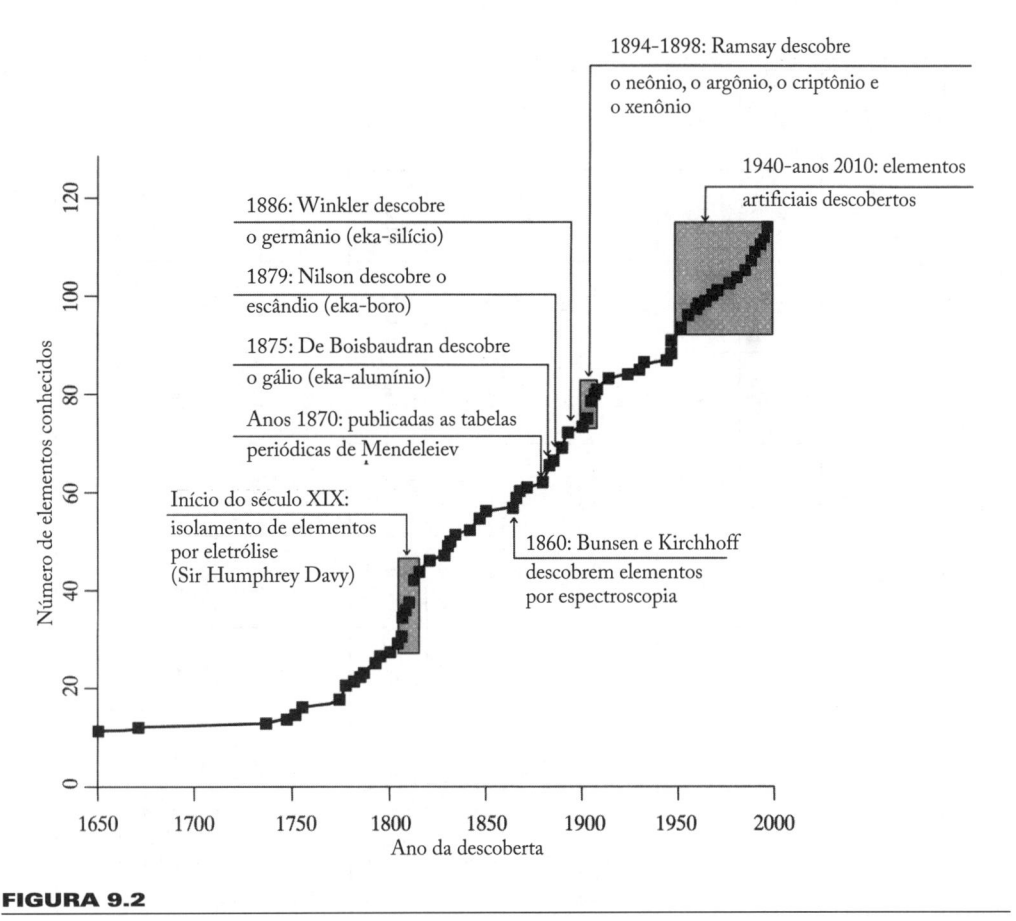

FIGURA 9.2
Um gráfico do número de elementos conhecidos em função do tempo.

Cada um desses números quânticos possui apenas alguns valores permitidos; por exemplo, n só pode ser um número inteiro positivo (1, 2, 3, 4,...) e, para cada valor de n, l só pode ter valores de 0, 1, 2, até $n-1$. Esses valores permitidos nos dizem quais orbitais existem. Por exemplo, $3d$ ($n = 3, l = 2$) existe, mas $2d$ ($n = 2, l = 2$), não. Uma regra adicional nos diz que, para cada valor de l, há $2l + 1$ valores permitidos de m_l e assim por diante. Essa regra significa que sempre há um (1) orbital do tipo s, três (3) orbitais do tipo p, cinco (5) orbitais do tipo d, sete (7) do tipo f e assim por diante. Os dois valores permitidos de m_s nos mostram que dois elétrons podem ocupar um dado orbital. Por isso, dois (2) elétrons cabem em cada um dos orbitais ns, seis (6) nos três orbitais np, dez (10) nos nd, quatorze (14) nos nf e assim por diante.

Para resumir até aqui, os valores permitidos desses quatro números quânticos determinam os tipos e os números de orbitais permitidos (s, p, d, f) que os elétrons podem ocupar em um dado período. Por exemplo, o primeiro período tem dois elementos, correspondendo ao preenchimento do orbital $1s$ com dois (2) elétrons, enquanto o quarto período tem 18 elementos, correspondendo ao preenchimento dos orbitais $4s$(2), $3d$(10) e $4p$(6). Como você sabe, isso pode ficar complicado. Por exemplo, o sétimo período possui 32 elementos que correspondem ao preenchimento dos orbitais $7s$(2), $5f$(14), $6d$(10) e $7p$(6)! Então, como você já aprendeu em cursos anteriores, o formato da tabela periódica não é arbitrário. Ao contrário, ele é determinado pelo número de valores permitidos dos quatro números quânticos n, l, m_l e m_s. Essa é uma informação poderosa e incrível, mas, embora tendamos a aceitar isso como certo, Mendeleiev não tinha a menor ideia sobre os princípios que seriam descobertos para determinar o formato daquela que talvez seja a maior ideia da química, a tabela periódica.

234 *Química inorgânica descritiva, de coordenação e do estado sólido*

	1A	2A	3B	4B	5B	6B	7B		8B		1B	2B	3A	4A	5A	6A	7A	8A
1	1 **H** $1s^1$																	2 **He** $1s^2$
2	3 **Li** $2s^1$	4 **Be** $2s^2$											5 **B** $2s^22p^1$	6 **C** $2s^22p^2$	7 **N** $2s^22p^3$	8 **O** $2s^22p^4$	9 **F** $2s^22p^5$	10 **Ne** $2s^22p^6$
3	11 **Na** $3s^1$	12 **Mg** $3s^2$											13 **Al** $3s^23p^1$	14 **Si** $3s^23p^2$	15 **P** $3s^23p^3$	16 **S** $3s^23p^4$	17 **Cl** $3s^23p^5$	18 **Ar** $3s^23p^6$
4	19 **K** $4s^1$	20 **Ca** $4s^2$	21 **Sc** $4s^23d^1$	22 **Ti** $4s^23d^2$	23 **V** $4s^23d^3$	24 **Cr** $4s^13d^5$	25 **Mn** $4s^23d^5$	26 **Fe** $4s^23d^6$	27 **Co** $4s^23d^7$	28 **Ni** $4s^23d^8$	29 **Cu** $4s^13d^{10}$	30 **Zn** $4s^23d^{10}$	31 **Ga** $4s^24p^1$	32 **Ge** $4s^24p^2$	33 **As** $4s^24p^3$	34 **Se** $4s^24p^4$	35 **Br** $4s^24p^5$	36 **Kr** $4s^24p^6$
5	37 **Rb** $5s^1$	38 **Sr** $5s^2$	39 **Y** $5s^24d^1$	40 **Zr** $5s^24d^2$	41 **Nb** $5s^14d^4$	42 **Mo** $5s^14d^5$	43 **Tc** $5s^24d^5$	44 **Ru** $5s^14d^7$	45 **Rh** $5s^14d^8$	46 **Pd** $4d^{10}$	47 **Ag** $5s^14d^{10}$	48 **Cd** $5s^24d^{10}$	49 **In** $5s^25p^1$	50 **Sn** $5s^25p^2$	51 **Sb** $5s^25p^3$	52 **Te** $5s^25p^4$	53 **I** $5s^25p^5$	54 **Xe** $5s^25p^6$
6	55 **Cs** $6s^1$	56 **Ba** $6s^2$	71 **Lu** $6s^24f^{14}5d^1$	72 **Hf** $6s^25d^2$	73 **Ta** $6s^25d^3$	74 **W** $6s^25d^4$	75 **Re** $6s^25d^5$	76 **Os** $6s^25d^6$	77 **Ir** $6s^25d^7$	78 **Pt** $5s^15d^9$	79 **Au** $6s^15d^{10}$	80 **Hg** $6s^25d^{10}$	81 **Tl** $6s^26p^1$	82 **Pb** $6s^26p^2$	83 **Bi** $6s^26p^3$	84 **Po** $6s^26p^4$	85 **At** $6s^26p^5$	86 **Rn** $6s^26p^6$
7	87 **Fr** $7s^1$	88 **Ra** $7s^2$	103 **Lr** $7s^25f^{14}6d^1$	104 **Rf** $7s^26d^2$	105 **Db** $7s^26d^3$	106 **Sg** $7s^26d^4$	107 **Bh** $7s^26d^5$	108 **Hs** $7s^26d^6$	109 **Mt** $7s^26d^7$	110 **Ds** $7s^26d^8$	111 **Rg** $7s^26d^9$	112 **Cn** $7s^26d^{10}$	113 **Uut** $7s^27p^1$	114 **Uuq** $7s^27p^2$	115 **Uup** $7s^27p^3$	116 **Uuh** $7s^27p^4$	117 **Uus** $7s^27p^5$	118 **Uuo** $7s^27p^6$

57 **La** $6s^25d^1$	58 **Ce** $6s^24f^15d^1$	59 **Pr** $6s^24f^3$	60 **Nd** $6s^24f^4$	61 **Pm** $6s^24f^5$	62 **Sm** $6s^24f^6$	63 **Eu** $6s^24f^7$	64 **Gd** $6s^24f^75d^1$	65 **Tb** $6s^24f^9$	66 **Dy** $6s^24f^{10}$	67 **Ho** $6s^24f^{11}$	68 **Er** $6s^24f^{12}$	69 **Tm** $6s^24f^{13}$	70 **Yb** $6s^24f^{14}$
89 **Ac** $7s^26d^1$	90 **Th** $7s^26d^2$	91 **Pa** $7s^25f^26d^1$	92 **U** $7s^25f^36d^1$	93 **Np** $7s^25f^46d^1$	94 **Pu** $7s^25f^6$	95 **Am** $7s^25f^7$	96 **Cm** $7s^25f^76d^1$	97 **Bk** $7s^25f^9$	98 **Cf** $7s^25f^{10}$	99 **Es** $7s^25f^{11}$	100 **Fm** $7s^25f^{12}$	101 **Md** $7s^25f^{13}$	102 **No** $7s^25f^{14}$

FIGURA 9.3
Tabela periódica moderna, na forma curta e com configurações eletrônicas abreviadas.

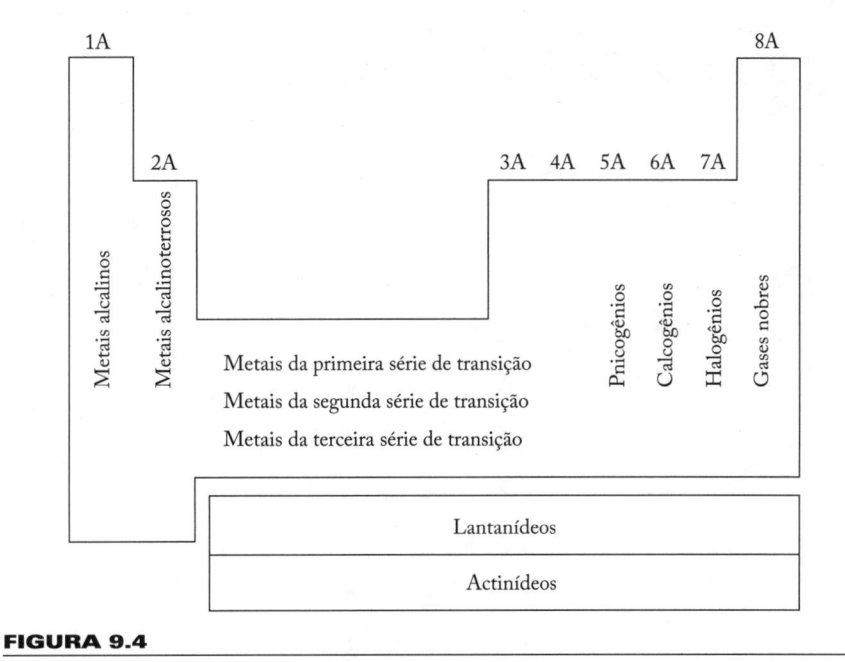

FIGURA 9.4
Nomes comuns de grupos e períodos na tabela periódica.

Lembre-se também, nos cursos anteriores, de que os elementos de um dado grupo têm configurações eletrônicas de valência similares. Configurações eletrônicas abreviadas foram incluídas na Figura 9.3. Por exemplo, os elementos do Grupo 1A (os metais alcalinos) têm a configuração eletrônica geral [gás nobre]ns^1, enquanto os elementos do Grupo 7A (os halogênios) têm a configuração [gás nobre]ns^2np^5, [gás nobre]$(n-1)d^{10}ns^2np^5$ ou, ainda, [gás nobre]$(n-2)f^{14}(n-1)d^{10} ns^2 np^5$. Então, por exemplo, bromo (Br) e astato (At), ambos halogênios, têm configurações eletrônicas [Ar]$4s^23d^{10}4p^5$ e [Xe]$6s^24f^{14}5d^{10}6p^5$, respectivamente. [Quando subcamadas $(n-1)d$ e mesmo $(n-2)f$ preenchidas estão presentes, além das subcamadas ns e np preenchidas, esses grupos de orbitais preenchidos algumas vezes são chamados coletivamente de *configurações de pseudogás nobre*. Assim, por exemplo, os agrupamentos [Ar]$3d^{10}$ e [Xe]$4f^{14}5d^{10}$ são conhecidos como *configurações de pseudogás nobre*.] Dadas essas similaridades eletrônicas, esperamos, e realmente encontramos, muitas similaridades químicas correspondentes entre os membros de um dado grupo.

Quais características e propriedades dos elementos mostram tendências periódicas? Você provavelmente estudou várias delas em cursos anteriores de química e pode achar útil revê-las neste momento. Raios atômicos, energias de ionização, afinidades eletrônicas e eletronegatividades estão entre as mais importantes em nossa rede. Antes de passarmos a uma discussão sobre periodicidade, faz-se necessário um alerta. *Não memorize as tendências periódicas apresentadas*; em vez disso, confie na sua rede em desenvolvimento para ajudar a explicá-las e prevê-las. Se você realmente entender esses conceitos, tente escrever suas ideias. Quando você conseguir produzir um parágrafo bem escrito sobre as tendências em cada propriedade, é porque realmente começou a entender, não apenas a decorar, a tabela periódica.

Carga nuclear efetiva

Um conceito-chave para o entendimento das propriedades periódicas é o conceito de carga nuclear efetiva (Z_{ef}). Embora as ideias por trás da Z_{ef} sejam quase sempre apresentadas em cursos introdutórios, o termo Z_{ef} nem sempre é definido explicitamente ou mesmo discutido. A *carga nuclear efetiva* que age em um dado elétron é a carga nuclear real (número atômico) menos uma constante de blindagem, que leva em conta os *elétrons*

	1A	2A		3B	4B	5B	6B	7B	←	8B	→	1B	2B	3A	4A	5A	6A	7A	8A
1	H 1																		He 2
2	Li 3	Be 4												B 5	C 6	N 7	O 8	F 9	Ne 10
3	Na 11	Mg 12												Al 13	Si 14	P 15	S 16	Cl 17	Ar 18
4	K 19	Ca 20		Sc 21	Ti 22	V 23	Cr 24	Mn 25	Fe 26	Co 27	Ni 28	Cu 29	Zn 30	Ga 31	Ge 32	As 33	Se 34	Br 35	Kr 36
5	Rb 37	Sr 38		Y 39	Zr 40	Nb 41	Mo 42	Tc 43	Ru 44	Rh 45	Pd 46	Ag 47	Cd 48	In 49	Sn 50	Sb 51	Te 52	I 53	Xe 54
6	Cs 55	Ba 56	La 57	Lu 71	Hf 72	Ta 73	W 74	Re 75	Os 76	Ir 77	Pt 78	Au 79	Hg 80	Tl 81	Pb 82	Bi 83	Po 84	At 85	Rn 86
7	Fr 87	Ra 88	Ac 89	Lr 103	Rf 104	Db 105	Sg 106	Bh 107	Hs 108	Mt 109	Ds 110	Rg 111	Cn 112	Uut 113	Uuq 114	Uup 115	Uuh 116	Uus 117	Uuo 118

		Ce 58	Pr 59	Nd 60	Pm 61	Sm 62	Eu 63	Gd 64	Tb 65	Dy 66	Ho 67	Er 68	Tm 69	Yb 70
		Th 90	Pa 91	U 92	Np 93	Pu 94	Am 95	Cm 96	Bk 97	Cf 98	Es 99	Fm 100	Md 101	No 102

FIGURA 9.5

Forma longa da tabela periódica moderna.

de blindagem, elétrons mais próximos do núcleo do que o elétron que está sendo considerado. A relação entre a carga nuclear real Z, a constante de blindagem σ e a carga nuclear efetiva Z_{ef} é mostrada na Equação (9.1):

$$Z_{ef} = Z - \sigma \qquad \textbf{9.1}$$

Em muitos cursos introdutórios, σ é considerado um número inteiro que representa o número de elétrons das camadas internas, ou de blindagem. Por exemplo, considere o neônio, que tem uma configuração eletrônica $1s^2 2s^2 2p^6$. Para calcular sua carga nuclear efetiva agindo em um elétron $2s$ ou $2p$ da camada de valência, notamos que há dois ($1s$) elétrons da camada interna. Tomar σ como 2 leva a uma carga nuclear efetiva de (10 − 2 =) +8. Na execução desse cálculo, assume-se que os dois elétrons $1s$ no caroço de hélio blindam completamente os elétrons $2s$ e $2p$ da camada de valência da carga nuclear +10, enquanto os elétrons $2s$ e $2p$, todos a uma mesma distância do núcleo, não blindam um ao outro. Consequentemente, estimamos que os elétrons de valência experimentam uma carga líquida de +8. Note que a suposição de que σ é igual ao número de elétrons do caroço gera uma carga nuclear efetiva que é igual ao número do grupo do elemento. Segue que Z_{ef} para qualquer gás nobre é +8. Também note que esse resultado requer que as subcamadas preenchidas $(n-1)d^{10}$ e $(n-2)f^{14}$ (em que n é o número quântico principal dos elétrons de valência) sejam consideradas constituídas de elétrons de blindagem. Por exemplo, a Z_{ef} para o criptônio, $[Ar]4s^2 3d^{10} 4p^6$, também vem a ser (36 − 28 =) +8, em que os elétrons $3d$ são considerados de blindagem. Essa correlação da carga nuclear efetiva com o número do grupo será útil durante nossa discussão sobre elementos representativos. Por exemplo, verifique você mesmo que a Z_{ef} para o Ca é +2.

Regras de Slater: regras empíricas para determinar sigma

Em 1930, J. S. Slater formulou um conjunto de regras empíricas para a determinação de valores da constante de blindagem σ. Essas regras foram baseadas em cálculos cujas energias e tamanhos dos orbitais atômicos de átomos com muitos elétrons ou polieletrônicos são estimados pelo *método do campo autoconsistente* (SCF*). O método SCF considera que um dado elétron está no campo potencial devido à carga nuclear mais o efeito líquido de todas as nuvens negativamente carregadas dos outros elétrons. O campo é continuamente refinado nos cálculos até que se torne autoconsistente. Embora o método esteja além do escopo deste texto, tais cálculos estão dentro de um intervalo, de um a dois pontos percentuais, em relação às energias dos orbitais atômicos obtidas dos espectros de linha atômicos.

As regras de Slater para a determinação da constante de blindagem σ são dadas na Tabela 9.3. Para ver como essas regras são usadas, primeiro calculamos a carga nuclear efetiva atuando sobre um elétron de valência $2s$ ou $2p$ do neônio. (Então, podemos comparar nossos resultados com aqueles obtidos pela associação σ com o número de elétrons do caroço.) Para usar as regras de Slater, primeiro escrevemos a configuração eletrônica na forma apropriada (regra 1): $(1s^2)(2s^2, 2p^6)$. Os outros sete elétrons de valência têm uma contribuição de $7 \times 0,35$ (regra 2b), e os elétrons $1s$ têm uma contribuição de $2 \times 0,85$ (regra 2c). A carga nuclear efetiva é calculada como mostrado na Equação (9.2):

$$Z_{ef} = 10 - [(7 \times 0,35) + (2 \times 0,85)] = 5,85 \qquad \textbf{9.2}$$

Esse resultado é um pouco menor do que o valor de 8, que calculamos assumindo que apenas os elétrons mais internos blindam completamente o elétron de valência do núcleo. Um valor menor é consistente com a ideia de que os elétrons $2s$ e $2p$ realmente blindam uns aos outros da carga nuclear em pequeno grau (35%). De qualquer forma, 5,85 ainda é um valor alto e demonstra por que é tão difícil ionizar um elétron de um gás nobre.

---

* N.T.: do inglês *self-consistent field*.

TABELA 9.3
Regras de Slater para a determinação de constantes de blindagem

1. Quando escrever a configuração eletrônica para um elemento, agrupe os orbitais e liste-os na seguinte ordem:
   $(1s)$ $(2s, 2p)$ $(3s, 3p)$ $(3d)$ $(4s, 4p)$ $(4d)$ $(4f)$ $(5s, 5p)$ ...
2. Para determinar a constante de blindagem para qualquer elétron, some as seguintes contribuições:
   (a) Contribuição zero para quaisquer elétrons em grupos externos (à direita) em relação ao que está sendo considerado.
   (b) Uma contribuição de 0,35 para cada um dos outros elétrons no mesmo grupo (exceto no grupo $1s$, para o qual uma contribuição de 0,30 é usada).
   (c) Se o elétron analisado está em um grupo (ns, np), usa-se uma contribuição de 0,85 para cada um dos elétrons na próxima camada interna $(n-1)$ e uma contribuição de 1,00 para cada um dos elétrons em qualquer camada $(n-2)$ ou menor.
   (d) Se o elétron analisado está em um grupo (nd) ou (nf), usa-se uma contribuição de 1,00 para cada elétron nos grupos internos (à esquerda) em relação ao que está sendo considerado.

A carga nuclear efetiva atuando sobre um elétron $1s$ do neônio seria ainda maior, como mostrado na Equação (9.3):

$$Z_{ef} = 10 - [(8 \times 0,0) + (1 \times 0,30)] = 9,7 \qquad (9.3)$$

A carga nuclear efetiva atuando sobre um elétron de valência $4s$ ou $4p$ de um átomo de criptônio é calculada na Equação (9.4), usando a seguinte configuração eletrônica:

$$(1s^2)(2s^2, 2p^6)(3s^2, 3p^6)(3d^{10})(4s^2, 4p^6)$$

$$Z_{ef} = 36 - [(7 \times 0,35) + (18 \times 0,85) + (10 \times 1,00)] = 8,25 \qquad (9.4)$$

Raios atômicos

A Figura 9.6 mostra a variação nos raios atômicos dos elementos representativos. Devemos ser capazes de usar o conceito recém-apresentado de carga nuclear efetiva para explicar essas tendências. Note que a carga nuclear efetiva (que podemos associar com o número do grupo) aumenta ao longo de um período, e esse aumento, por sua vez, relaciona-se a uma diminuição nos raios atômicos. Essa diminuição faz sentido, já que a nuvem eletrônica dos orbitais que são preenchidos ao longo de um período vai se contrair conforme a carga nuclear efetiva positiva no centro aumenta. (Veja Exercício 9.21 para resultados quando as regras de Slater são usadas para calcular a carga nuclear efetiva ao longo de um período.) Quando um novo período se inicia, o raio atômico retorna ao valor, ainda grande, devido ao aumento do tamanho dos orbitais atômicos com o valor de n, o número quântico principal, e o retorno a uma menor carga nuclear efetiva. Observe, por exemplo, os raios atômicos dos elementos do Grupo 1A. O raio atômico do potássio é maior do que o do sódio, e assim por diante, descendo no grupo.

Você provavelmente percebeu que muitos estudantes tentam memorizar tendências como as que já discutimos. Conforme nossa rede se desenvolve, relações como a entre Z_{ef} e raios atômicos se tornarão mais claras. Como sugerido anteriormente, tente construir um parágrafo explicando como a Z_{ef} varia horizontal e verticalmente e como tendências nos raios atômicos acompanham essa variação. Tendo feito isso com sucesso, você não vai precisar se preocupar em decorar tais coisas. Você vai conhecê-las porque as entende!

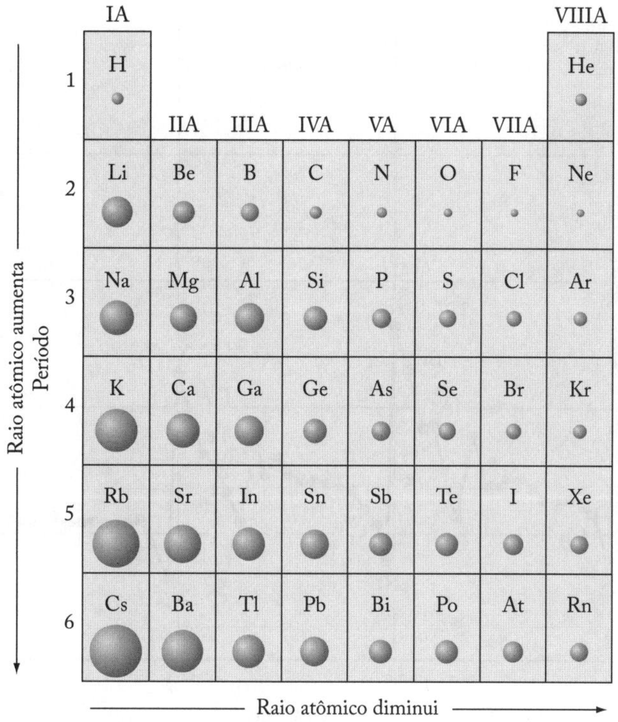

FIGURA 9.6
Raios atômicos. A variação nos raios atômicos nos elementos representativos. (Adaptado de: Ebbing, *General chemistry*, 9. ed., Fig. 8.17, p. 313. Copyright© 2009 Brooks/Cole, uma parte de Cengage Learning, Inc.)

Energia de ionização

Tendências similares em energia de ionização, afinidade eletrônica e eletronegatividade podem ser explicadas referindo-se à carga nuclear efetiva e ao tamanho dos átomos. Lembre-se de que *energia de ionização* é a energia necessária para remover um elétron de um átomo neutro na fase gasosa. Ela varia com o número atômico, como mostrado na Figura 9.7. Note que o aumento na Z_{ef} ao longo de um dado período explica o aumento da energia de ionização da esquerda para a direita. As exceções para essa tendência geral, por exemplo, ao ir do berílio ao boro ou do nitrogênio ao oxigênio no segundo período, são prontamente explicadas. Você estudou isso em cursos de química anteriores, e não vamos perder muito tempo aqui explicando. Basta dizer que a exceção entre os Grupos 2A e 3A ocorre porque um elétron np está sendo removido agora, em vez de um elétron ns. Um elétron em um orbital np é de mais alta energia do que o orbital ns e, consequentemente, requer menos energia para sua remoção.

A exceção entre os Grupos 5A e 6A é prontamente explicada ao analisar o diagrama de orbitais, para um elemento do Grupo 6A, mostrado a seguir:

$$[\text{gás inerte}] \quad \frac{\uparrow\downarrow}{ns} \quad \frac{\uparrow\downarrow}{np_x} \quad \frac{\uparrow}{np_y} \quad \frac{\uparrow}{np_z}$$

Note que o elétron a ser removido (circulado) ocupa o mesmo volume de espaço (e está emparelhado) com o outro elétron naquele orbital. O elétron circulado np é mais fácil de ser removido do que o esperado devido à repulsão elétron-elétron entre esses dois elétrons.

Verticalmente, remover o elétron $4s$ de um átomo de potássio deve exigir menos energia do que remover o elétron $3s$ do sódio, porque o elétron que está sendo removido está mais longe da carga nuclear efetiva.

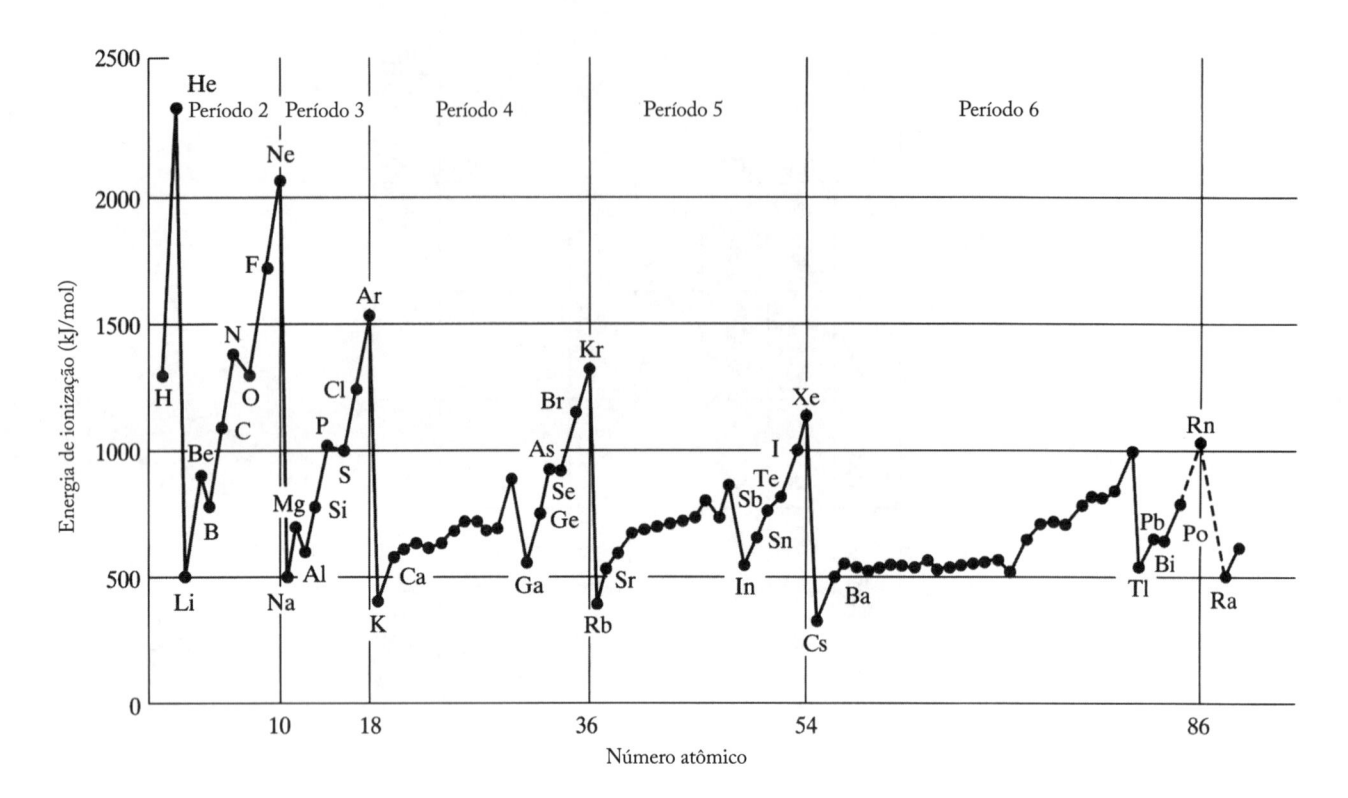

FIGURA 9.7

Energias de ionização. Um gráfico de energias de ionização (em quilojoules por mol) em função do número atômico. Energias de ionização geralmente aumentam ao longo de um período e diminuem descendo em um grupo.

Os Exercícios 9.31 e 9.32 também abordam essas exceções em tendências horizontais, as quais são geralmente discutidas em cursos introdutórios de química, então você pode querer revisá-las por sua conta em maiores detalhes e tentar resolver os exercícios.

Afinidade eletrônica (AE)

Afinidade eletrônica (AE) é a variação de energia quando um elétron é adicionado a um átomo neutro na fase gasosa. Deve ser mais fácil adicionar um elétron a um átomo de um elemento à direita em um período, em que a carga nuclear efetiva é maior, do que a um átomo de um elemento à esquerda do período. (E, portanto, aqueles à direita liberarão mais energia e terão valores mais negativos para suas afinidades eletrônicas. Lembre-se de que a liberação de energia é um processo favorável e resulta em um estado final mais estável.) Essa tendência esperada é observada nos dados mostrados na Figura 9.8. [Observe, por exemplo, os valores para o sódio (−53 kJ/mol) e o cloro (−349 kJ/mol) no terceiro período.] Verticalmente, adicionar um elétron a um átomo grande como o iodo deve ser menos favorável (e envolve a liberação de menos energia) do que a adição de um elétron a um átomo menor, como o cloro. Isso é verdadeiro porque o elétron, sendo adicionado a um átomo maior, está mais longe da carga nuclear efetiva.

Afinidades eletrônicas (AE) exibem exceções às tendências gerais, similarmente àquelas vistas para as energias de ionização. Você pode ter estudado isso em cursos anteriores. Duas exceções horizontais são encontradas (1) indo dos elementos do Grupo 1A aos do Grupo 2A e (2) indo dos elementos do Grupo 4A aos do Grupo 5A. A primeira exceção é exemplificada comparando a AE do berílio (0) com a do lítio (−60 kJ/mol). Se a tendência geral fosse obedecida, a AE do berílio seria mais negativa do que a do lítio. Na verdade, o valor

1A							8A (a)
H −73	2A (a)	3A	4A	5A	6A	7A	He 0
Li −60	Be 0	B −27	C −122	N 0	O −141	F −328	Ne 0
Na −53	Mg 0	Al −43	Si −134	P −72	S −200	Cl −349	Ar 0
K −48	Ca 0	Ga −30	Ge −120	As −78	Se −195	Br −325	Kr 0
Rb −47	Sr 0	In −30	Sn −120	Sb −103	Te −190	I −295	Xe 0
Cs −46	Ba 0	Tl −20	Pb −35	Bi −91	Po −180	At −270	Rn 0

(a) Afinidade eletrônica zero de um elemento indica que um ânion estável A⁻ do elemento não existe em fase gasosa.

FIGURA 9.8

Afinidades eletrônicas. Variação nas afinidades eletrônicas (em quilojoules por mol) dos elementos representativos. (Adaptado de Kotz, *Chemistry & chemical reactivity*, 9. ed., Tabela 14, p. A-21. Copyright © 2009 Brooks/Cole, uma parte de Cengage Learning, Inc.)

zero para o berílio indica que não existe ânion estável de berílio em fase gasosa. A segunda exceção é mostrada comparando a AE do nitrogênio (0) com a do carbono (−122 kJ/mol). Aqui, novamente, a tendência geral indica que a AE do nitrogênio deveria ser mais negativa do que a do carbono, que está à sua esquerda. Uma exceção vertical é encontrada entre os elementos do segundo e terceiro períodos. Por exemplo, o flúor tem uma AE menos negativa (−328 kJ/mol) do que a do cloro (−349 kJ/mol).

A primeira exceção é explicada analisando os diagramas de orbitais dos elementos 1A e 2A mostrados a seguir. Note que o elétron que está entrando em um elemento 2A deve ocupar um orbital np, que apresenta maior energia do que o orbital ns a ser ocupado pelo elétron que está entrando no elemento 1A. Dessa forma, menos energia será liberada no caso do elemento 2A e, de fato, ânions desses elementos não existem em fase gasosa.

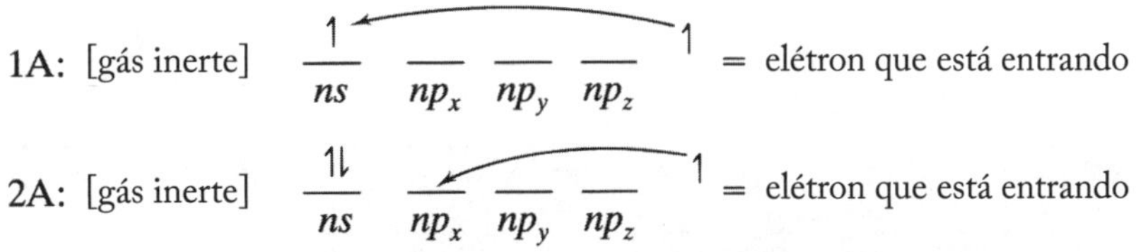

1A: [gás inerte] $\frac{\uparrow}{ns}$ $\frac{}{np_x}$ $\frac{}{np_y}$ $\frac{}{np_z}$ ↑ = elétron que está entrando

2A: [gás inerte] $\frac{\uparrow\downarrow}{ns}$ $\frac{}{np_x}$ $\frac{}{np_y}$ $\frac{}{np_z}$ ↑ = elétron que está entrando

A segunda exceção também é explicada examinando um conjunto apropriado de diagramas de orbitais. Como mostrado a seguir, o elétron que está entrando em um elemento 4A ocupa o orbital np vazio restante; para um elemento 5A, o novo elétron deve ser adicionado a um orbital np já ocupado. Dessa forma, no segundo caso, as repulsões elétron-elétron fazem que o elétron que está entrando seja mais difícil de ser adicionado (e menos energia é liberada) do que o esperado, baseando-se somente em tendências de carga nuclear efetiva.

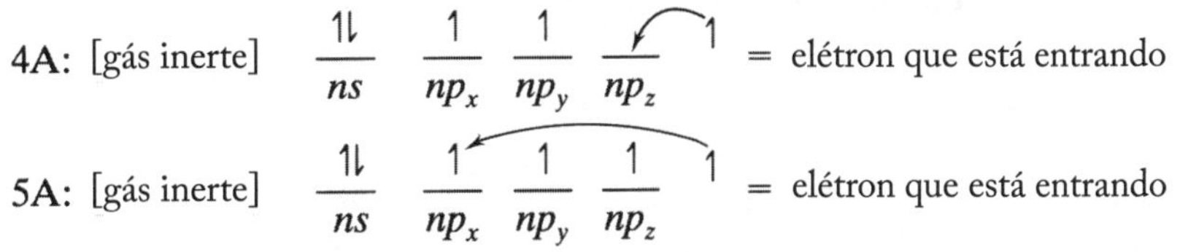

4A: [gás inerte] $\frac{\uparrow\downarrow}{ns}$ $\frac{\uparrow}{np_x}$ $\frac{\uparrow}{np_y}$ $\frac{}{np_z}$ ↑ = elétron que está entrando

5A: [gás inerte] $\frac{\uparrow\downarrow}{ns}$ $\frac{\uparrow}{np_x}$ $\frac{\uparrow}{np_y}$ $\frac{\uparrow}{np_z}$ ↑ = elétron que está entrando

A exceção vertical vem do fato de que os elementos do segundo período são muito menores do que os elementos do terceiro período e é muito mais difícil adicionar um elétron a esses elementos menores, devido a uma repulsão elétron-elétron intensa. (Discutiremos essa ideia detalhadamente em breve.)

Note que nossa capacidade de entender e prever tendências periódicas está baseada em ideias bastante simples e básicas, como configurações eletrônicas, cargas nucleares efetivas, tamanhos de orbitais e interações coulômbicas.

Eletronegatividade

As tendências em *eletronegatividade*, a capacidade de um átomo em uma molécula de atrair elétrons para si, são diretas. A eletronegatividade deve aumentar ao longo de um período devido ao aumento da carga nuclear efetiva e diminuir em um grupo devido ao aumento do tamanho dos átomos. Essas tendências estão evidentes na Figura 9.9. Note que essas tendências em eletronegatividade, uma propriedade mais qualitativa, em geral não apresentam as exceções do tipo que encontramos para a energia de ionização e afinidade eletrônica. Para resumir e enfatizar sua importância para a nossa rede de ideias, a lei periódica e as tendências gerais em carga nuclear efetiva, raios atômicos, energia de ionização, afinidade eletrônica e eletronegatividade estão resumidas na Figura 9.10. Em nossas discussões futuras sobre a lei periódica, ela será representada pelo ícone "LP" à esquerda. As setas no ícone nos lembram de que podemos discernir tendências nas propriedades periódicas, considerando carga nuclear efetiva e tamanho dos orbitais. Também há uma versão colorida da Figura 9.10 disponível on-line. Ícones como esses à esquerda alertam você sobre a presença de versões coloridas das figuras on-line. Experimente consultar a internet e veja a versão colorida da Figura 9.10. Seguiremos agora para o nosso segundo componente da rede, o qual ainda não lhe é familiar, pois não foi visto em estudos anteriores. Ele é chamado *princípio da singularidade*.

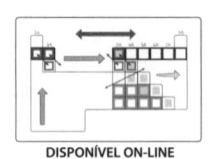

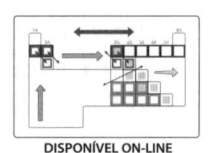

						H 2,1											
Li 1,0	Be 1,5											B 2,0	C 2,5	N 3,0	O 3,5	F 4,0	
Na 0,9	Mg 1,2											Al 1,5	Si 1,8	P 2,1	S 2,5	Cl 3,0	
K 0,8	Ca 1,0	Sc 1,3	Ti 1,5	V 1,6	Cr 1,6	Mn 1,5	Fe 1,8	Co 1,9	Ni 1,9	Cu 1,9	Zn 1,6	Ga 1,6	Ge 1,8	As 2,0	Se 2,4	Br 2,8	
Rb 0,8	Sr 1,0	Y 1,2	Zr 1,4	Nb 1,6	Mo 1,8	Tc 1,9	Ru 2,2	Rh 2,2	Pd 2,2	Ag 1,9	Cd 1,7	In 1,7	Sn 1,8	Sb 1,9	Te 2,1	I 2,5	
Cs 0,7	Ba 0,9	La–Lu 1,0–1,2	Hf 1,3	Ta 1,5	W 1,7	Re 1,9	Os 2,2	Ir 2,2	Pt 2,2	Au 2,4	Hg 1,9	Tl 1,8	Pb 1,9	Bi 1,9	Po 2,0	At 2,2	
Fr 0,7	Ra 0,9	Ac 1,1	Th 1,3	Pa 1,4	U 1,4	Np-No 1,4-1,3											

FIGURA 9.9

Eletronegatividades. Os valores de eletronegatividade de Pauling. (De Zumdahl, *Chemistry*, 8. ed., Fig. 8.3, p. 245. Copyright © 2010 Brooks/Cole, uma parte de Cengage Learning, Inc.)

A rede de ideias interconectadas

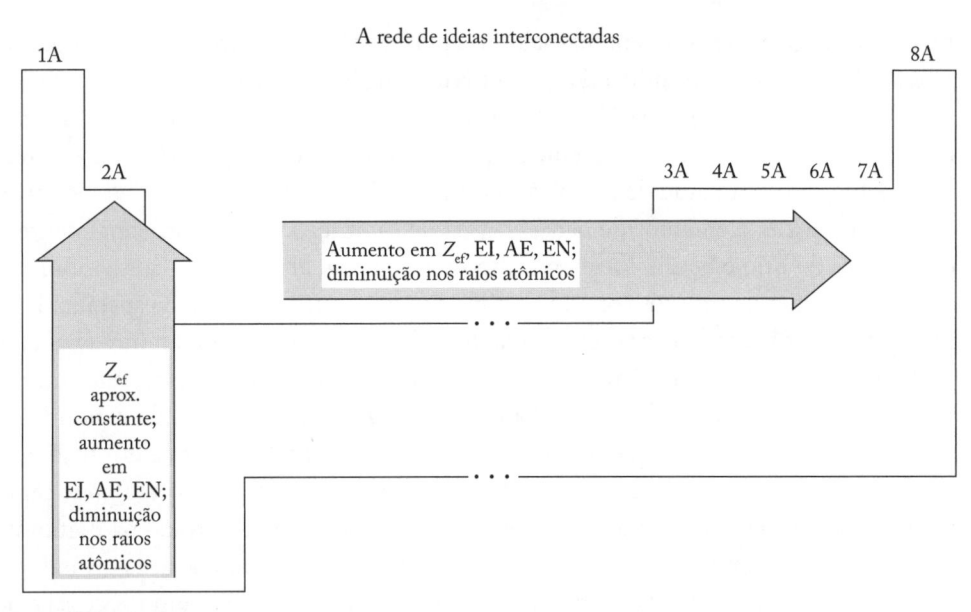

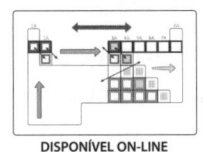

FIGURA 9.10

A lei periódica. Um resumo das tendências periódicas gerais, horizontais e verticais, em carga nuclear efetiva (Z_{ef}), raios atômicos (r), energias de ionização (EI), afinidades eletrônicas (AE) e eletronegatividades (EN). Uma versão colorida dessa figura também está disponível on-line. A existência de versões coloridas é indicada por ícones como os mostrados ao lado. A lei periódica é o primeiro componente da rede de ideias interconectadas para o entendimento da tabela periódica.

9.2 O PRINCÍPIO DA SINGULARIDADE

Embora a familiar lei periódica seja o princípio fundamental unificador para o estudo da química descritiva, não deve ser surpresa que outras ideias organizadoras devam fazer parte de nossa rede. Uma ideia desse tipo, que será um tema recorrente durante nossa análise da química do grupo principal, é o *princípio da singularidade*, que diz que a química dos elementos do segundo período (Li, Be, B, C, N, O, F, Ne) é com frequência significativamente diferente da dos outros elementos em seus respectivos grupos. Na verdade, esses oito elementos são tão diferentes de seus *congêneres* (elementos no mesmo grupo) que alguns livros-texto de química inorgânica têm um capítulo ou capítulos separados sobre eles. Vamos manter a química dos grupos como nosso mais importante princípio organizacional, mas certamente é importante saber que o primeiro elemento *não* é o mais representativo do grupo como um todo. De fato, como veremos, é melhor considerar o segundo elemento de cada grupo (Na, Mg, Al, Si, P, S, Cl, Ar) como o mais representativo. Por que os primeiros elementos dos grupos são tão diferentes de seus congêneres? Essencialmente, há três razões: (1) seus tamanhos excepcionalmente pequenos, (2) sua maior capacidade de formar ligações π e (3) a indisponibilidade de orbitais d nesses elementos.

O pequeno tamanho dos primeiros elementos

Uma referência casual à Figura 9.6 revela que os primeiros elementos são excepcionalmente pequenos comparados com seus congêneres. Essa incrível diferença de tamanho leva a correspondentes diferenças em afinidades eletrônicas. As afinidades eletrônicas dos primeiros elementos são, de fato, inesperadamente baixas. (Observe, por exemplo, que a afinidade eletrônica do flúor, como mostrado na Figura 9.8, não é maior do que a do cloro, como poderíamos esperar de acordo com nossa discussão anterior. Isso também é verdadeiro para o oxigênio comparado com o enxofre.) Elétrons sendo adicionados a esses átomos pequenos e compactos do topo de cada grupo experimentam maiores repulsões elétron-elétron; dessa forma, adicionar um elétron a esses átomos é um pouco mais difícil do que aos seus congêneres maiores.

Outro aspecto da singularidade dos primeiros elementos (particularmente Li, Be, B e C) que está relacionado ao seus tamanhos incomumente pequenos é o relativo alto grau de caráter covalente encontrado em seus compostos. Um estudante de química iniciante poderia muito bem esperar, por exemplo, que compostos dos Grupos 1A e 2A, elementos de baixa energia de ionização, fossem principalmente iônicos. De fato, todos os congêneres do lítio e berílio formam compostos com um alto grau de caráter iônico, mas esses dois elementos tendem a formar compostos com um caráter covalente maior do que o esperado. E por quê? Como um exemplo representativo, considere o cloreto de lítio, LiCl, que, com base em uma baixa energia de ionização para o lítio e uma afinidade eletrônica altamente exotérmica para o cloro, assumiríamos ser mais apropriadamente pensado como Li^+Cl^-. A Figura 9.11a mostra os tamanhos relativos do cátion lítio e do ânion cloreto. Note que o cátion lítio muito pequeno pode chegar bem próximo à nuvem eletrônica preenchida do ânion cloreto – tão perto, na verdade, que a grande e difusa nuvem eletrônica do cloreto pode ser distorcida ou "polarizada", pelo compacto e positivamente carregado cátion de lítio, como mostrado na Figura 9.11b. Essa distorção torna mais provável a sobreposição de orbitais entre os dois íons. A sobreposição orbitais e o resultante compartilhamento entre as duas espécies (como mostrado na Figura 9.11c) são, como você sabe de conhecimentos anteriores, característicos de uma ligação covalente.

O pequeno tamanho do cátion lítio não explica tudo. Quanto maior a carga positiva do cátion, maior o seu poder de distorção ou de polarização e mais covalente será o caráter da ligação. Geralmente, esses efeitos são

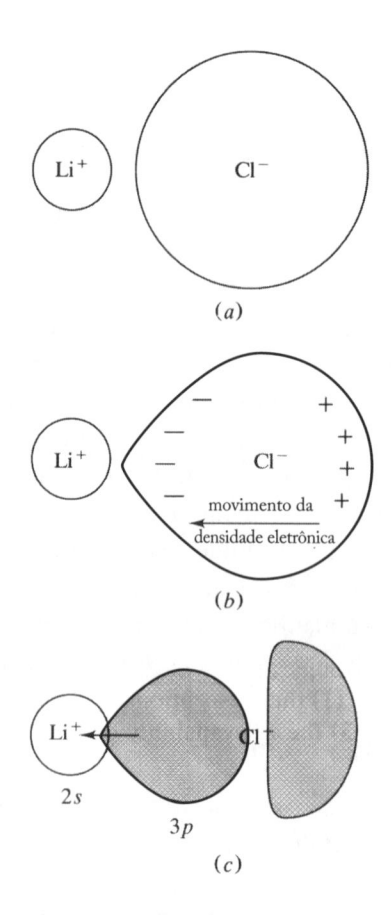

FIGURA 9.11

A polarização do ânion cloreto pelo cátion lítio. (a) O pequeno Li^+ é capaz de chegar muito perto da nuvem eletrônica grande e mais difusa do Cl^-; (b) a nuvem eletrônica do Cl^- é distorcida, ou polarizada, pelo Li^+; (c) a oportunidade para sobreposição entre os orbitais de valência no Li^+ (2s vazio) e o Cl^- (3p completo) é aumentada.

FIGURA 9.12

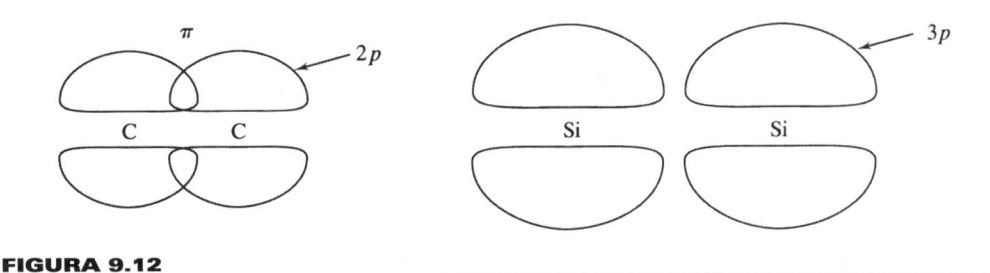

Ligações π no carbono e no silício. A sobreposição paralela de orbitais, ou ligações π, é mais efetiva nos (a) primeiros elementos menores – por exemplo, o carbono – do que nos (b) seus congêneres maiores – por exemplo, silício.

resumidos dizendo que, quanto maior a razão carga/raio (Z/r) do cátion, às vezes referida como a *densidade de carga*, maior é o poder polarizante. (Veja o final da Seção 8.1 para um outro contexto para o termo *densidade de carga*.) Detalharemos as consequências desse efeito nos capítulos sobre os grupos individuais, mas note, por enquanto, que nossa rede nos dá meios de *entender* por que o LiCl, sendo de caráter significativamente covalente, é mais solúvel em solventes menos polares (álcoois, por exemplo) do que seria esperado.

O aumento da probabilidade de ligações π nos primeiros elementos

O pequeno tamanho dos primeiros elementos aumenta a probabilidade de formação de ligação π entre eles e com outros elementos. Ligações π, como você sabe, envolvem sobreposições paralelas entre, por exemplo, dois orbitais *p*. (Ligações π podem ocorrer usando orbitais *d* e orbitais moleculares antiligantes de algumas moléculas. Discutimos isso em algum grau no Capítulo 4, no entanto isso não é vital para o argumento que está sendo apresentado aqui.) Se os dois átomos envolvidos são grandes, a sobreposição paralela do tipo π será menos efetiva. Essa situação é mostrada na Figura 9.12. Uma importante consequência dessas considerações é uma incidência maior de ligações duplas e triplas, utilizando tanto ligações π quanto σ na química dos primeiros elementos (C=C, C≡C, O=O, C=O, C≡O, N≡N e assim por diante) do que em seus congêneres.

A falta de disponibilidade de orbitais *d* nos primeiros elementos

A terceira razão para a singularidade dos primeiros elementos de cada grupo é a falta de disponibilidade de orbitais *d*. Começando com elementos como silício, fósforo, enxofre e cloro e continuando em períodos seguintes, verificamos que orbitais *d* são de energia baixa o suficiente para que sejam ocupados sem um gasto desnecessário de *energia de promoção*, a energia necessária para "promover" um elétron de um orbital de menor energia para um de maior energia. A disponibilidade de tais orbitais *d* nos congêneres mais pesados de cada grupo faz que os "octetos expandidos" sejam possíveis, enquanto nos primeiros elementos eles não são.

Há muitas consequências dessa diferença na disponibilidade de orbitais *d*. Por exemplo, o carbono pode somente formar compostos como CF_4, mas o silício pode formar o íon hexafluorsilicato, SiF_6^{2-}, como no Na_2SiF_6. Em termos de teoria da ligação de valência, a hibridização no átomo de carbono no CF_4 seria sp^3 (Figura 9.13a), enquanto o átomo de silício seria hibridizado sp^3d^2 (Figura 9.13b). Um segundo exemplo envolve a química dos halogênios. O flúor, em geral, só pode formar ligações simples com um outro elemento, como no F_2 ou no HF. No entanto, o cloro pode formar um grande número de compostos nos quais ele está ligado a três outros átomos – por exemplo, trifluoreto de cloro, ClF_3, no qual o Cl é hibridizado sp^3d (Figura 9.13c). Há muitos outros exemplos de diferenças relacionadas entre os primeiros elementos em cada grupo e seus congêneres. Procure por eles, conforme começamos nossas descrições dos vários grupos. (Para aqueles que leram os capítulos 2 a 6 sobre química de coordenação, lembrem-se de que a razão pela qual as fosfinas, PR_3, são ligantes melhores do que as aminas, como a amônia, NH_3, é que as primeiras podem interagir com átomos e íons metálicos usando seus orbitais *d* vazios.)

FIGURA 9.13

A disponibilidade de orbitais *d* nos congêneres mais pesados dos primeiros elementos faz que os octetos expandidos sejam possíveis. (*a*) O carbono é hibridizado sp^3 no CF_4. (*b*) O silício é hibridizado sp^3d^2 no SiF_6^{2-}. (*c*) O cloro é hibridizado sp^3d no ClF_3.

As três razões para a singularidade do primeiro elemento de cada grupo são resumidas na Figura 9.14, que destaca o elemento do topo de cada grupo. Uma versão colorida da Figura 9.14 está disponível on-line. Em nossas futuras discussões, o princípio da singularidade será representado pelo ícone à esquerda. Ele simbolicamente nos lembra de que os elementos representativos no topo da tabela periódica são especiais.

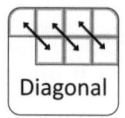

9.3 O EFEITO DIAGONAL

A lei periódica e a singularidade dos primeiros elementos em cada grupo são dois dos princípios organizadores da nossa rede. Que outros existem? Um terceiro é o *efeito diagonal*, que diz que existe uma relação diagonal entre a química do primeiro membro de um grupo e a do segundo

FIGURA 9.14

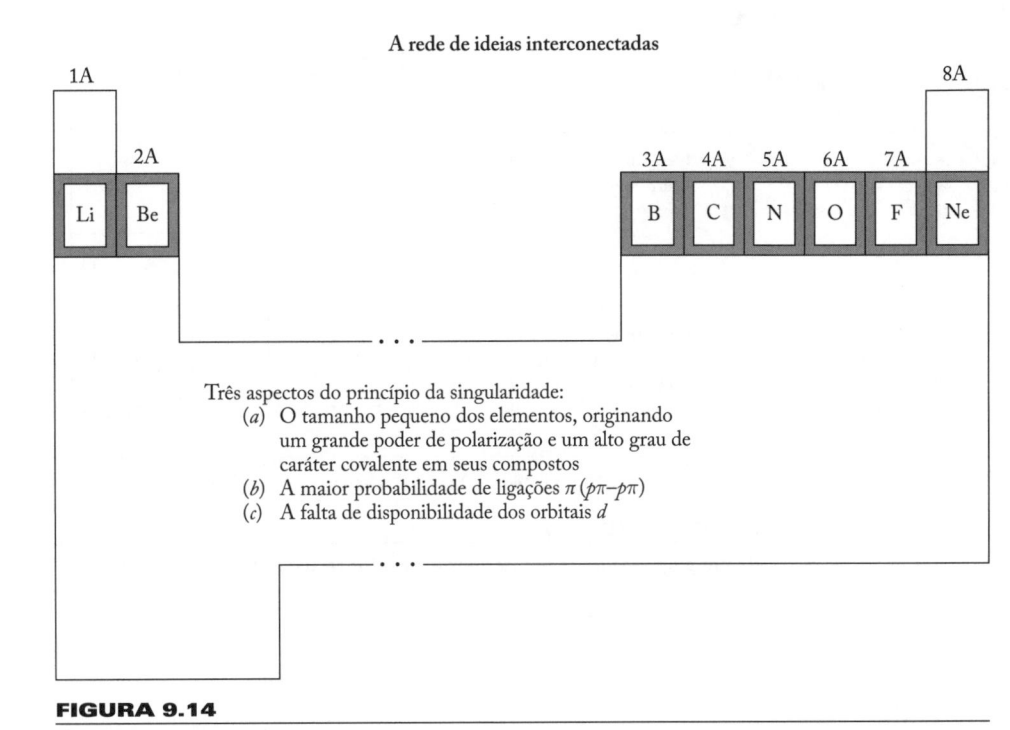

O princípio da singularidade. Um resumo das três razões para o princípio da singularidade, que diz que a química dos elementos do segundo período (Li, Be, B, C, N, O, F e Ne) é significativamente diferente da de seus congêneres.

Três aspectos do princípio da singularidade:
(a) O tamanho pequeno dos elementos, originando um grande poder de polarização e um alto grau de caráter covalente em seus compostos
(b) A maior probabilidade de ligações π ($p\pi-p\pi$)
(c) A falta de disponibilidade dos orbitais d

membro do grupo seguinte. Na verdade, esse efeito é importante apenas para os três primeiros grupos, em que encontramos que o lítio e o magnésio são surpreendentemente similares, assim como o berílio e o alumínio, e o boro e o silício.

Parece haver três principais fatores que explicam por que esses pares – considere o berílio e o alumínio como um exemplo representativo – têm tanta química em comum. Um fator é o tamanho iônico; os outros são a densidade de carga (ou razão carga/raio, Z/r) e a eletronegatividade. A Figura 9.15 mostra as cargas, os raios, as densidades de carga e as eletronegatividades de oito elementos apropriados. Note que o raio iônico do Be^{2+} (0,41 Å) é mais similar ao do Al^{3+} (0,53 Å) do que ao do Mg^{2+} (0,71 Å). Isso significa que o berílio e o alumínio devem ser mais intercambiáveis em vários retículos cristalinos do que seriam o berílio e o maior magnésio. (Veja Seção 7.3 para mais informações sobre o papel das razões radiais na determinação da estabilidade relativa de várias estruturas cristalinas.)

Diferenças de eletronegatividade entre átomos que se ligam quimicamente são indicativos do caráter covalente relativo dessa ligação. Uma vez que tanto o berílio quanto o alumínio têm uma eletronegatividade de 1,5, conclui-se que ligações Be–X e Al–X (nas quais X é tipicamente um não metal) devem ter caráter covalente semelhante. Discutimos densidade de carga em dois contextos anteriores: (1) considerando as implicações da equação de Born-Landé para energias reticulares (Seção 8.1) e (2) na explicação da razão pela qual os primeiros elementos de cada grupo são singulares (Seção 9.2). Note, na Figura 9.15, que as densidades de carga do berílio e do alumínio são 4,9 e 5,7, respectivamente. Os dois íons metálicos, então, vão polarizar similarmente o átomo X na ligação M–X e dar origem a um caráter covalente similar. Vemos, então, que a relação diagonal Be–Al parece ser devida, em grande parte, às similaridades no tamanho iônico, eletronegatividade e densidade de carga desses átomos. No Capítulo 13, detalharemos a incrível similaridade da química de compostos desses dois elementos.

Argumentos análogos podem ser elaborados sobre os outros pares (Li–Mg e B–Si) que mostram uma relação diagonal. Devemos observar aqui alguns alertas. Primeiro, tenha em mente que relações de grupo (por exemplo, entre berílio e magnésio) ainda são o fator dominante. Certamente veremos muitos exemplos disso

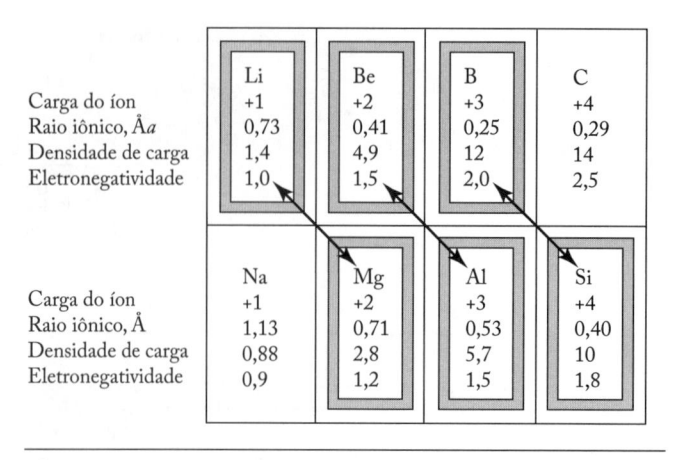

	Li	Be	B	C
Carga do íon	+1	+2	+3	+4
Raio iônico, Å[a]	0,73	0,41	0,25	0,29
Densidade de carga	1,4	4,9	12	14
Eletronegatividade	1,0	1,5	2,0	2,5

	Na	Mg	Al	Si
Carga do íon	+1	+2	+3	+4
Raio iônico, Å	1,13	0,71	0,53	0,40
Densidade de carga	0,88	2,8	5,7	10
Eletronegatividade	0,9	1,2	1,5	1,8

[a] Raios de Shannon-Prewitt para N.C. = 4. (Veja discussão na Seção 7.3 para mais informações.)

FIGURA 9.15

Quatro propriedades relevantes dos elementos relacionadas ao efeito diagonal.

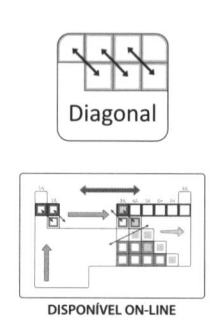

A rede de ideias interconectadas

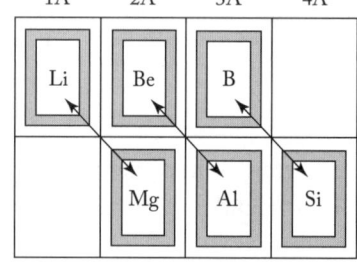

FIGURA 9.16

Os elementos do efeito diagonal. Lítio e magnésio, berílio e alumínio, e boro e silício, cada par localizado diagonalmente, têm propriedades similares.

em capítulos específicos sobre grupos. Em segundo lugar, os íons listados na Figura 9.15, particularmente os de carga mais alta B^{3+}, C^{4+} e Si^{4+}, na verdade, não existem dessa forma. Considere BCl_3, por exemplo. Se ele existisse momentaneamente como B^{3+} $3Cl^-$, B^{3+} imediatamente polarizaria os íons cloreto e, principalmente, ligações covalentes seriam formadas. Apesar disso, mesmo com esses alertas, a relação diagonal ainda é um bom princípio organizador e deve agora assumir seu lugar na nossa rede. O efeito diagonal é resumido na Figura 9.16, que mostra os seis elementos afetados por esse conceito organizador. Uma versão colorida da Figura 9.16 está disponível on-line. Em nossas discussões futuras, o efeito diagonal será representado pelo ícone mostrado à esquerda. Ele nos lembra simbolicamente dessas relações diagonais.

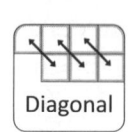

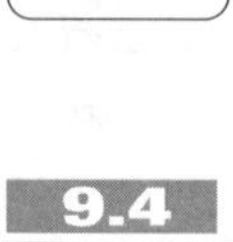

9.4 O EFEITO DO PAR INERTE

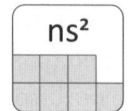

Vários nomes são dados para esse efeito. Além de *efeito do par inerte*, ele tem sido chamado de *efeito do par inerte 6s e efeito do par s inerte*. Não importa como chamamos essa ideia, ela diz que os elétrons de valência ns^2 de elementos metálicos, particularmente os pares $5s^2$ e $6s^2$, presentes em metais da segunda e terceira séries de transição, são menos reativos do que esperaríamos com base nas tendências de carga nuclear efetiva, tamanhos atômicos e energias de ionização. Isso se traduz no fato de que In, Tl, Sn, Pb, Sb, Bi e, em alguma extensão, Po, nem sempre apresentam seu estado máximo de oxidação esperado, mas algumas vezes formam compostos nos quais o estado de oxidação é 2 a menos do que a valência esperada para o grupo. Esse efeito é mais descritivo e de explicação não tão direta quanto as três primeiras ideias da nossa rede, mas estamos aprendendo a não nos contentarmos apenas com descrições. Então, como podemos explicar total ou, pelo menos, parcialmente esse efeito?

Parece haver dois principais aspectos para a explicação. Um é a tendência das energias de ionização ao descer em um grupo. Em geral, uma diminuição é esperada devido ao aumento no tamanho atômico. A Tabela 9.4 mostra a soma da segunda e terceira energias de ionização para os elementos do terceiro grupo. Note que a diminuição esperada do boro ao alumínio é evidente, mas o gálio e o tálio, em particular, têm valores maiores do que o esperado. Por que isso acontece? A melhor explicação é que os elétrons 4s, 5s e 6s de Ga, In e Tl, respectivamente, não são blindados tão efetivamente do núcleo pelas subcamadas preenchidas *d* e *f*. Não podemos explicar essa diminuição na eficiência de blindagem da forma que gostaríamos nesse contexto, mas podemos citar outras evidências de que isso é verdadeiro. Por exemplo, a Figura 9.17 mostra que há uma diminuição geral da esquerda para a direita nos raios dos elementos de transição, assim como nos lantanídeos. De fato, a diminuição do tamanho dos lantanídeos algumas vezes é referida como *contração latanídica*. Também note que os elementos Lu a Hg, em seguida à contração dos latanídica, têm tamanhos muito similares aos seus congêneres imediatamente acima (Y a Cd). Por exemplo, o raio do cádmio (antes dos lantanídeos) é 1,54 Å, e o raio do mercúrio (após os lantanídeos) é 1,57 Å. Essas similaridades são todas uma indicação de que os elétrons *nd* e *nf* não apenas *não* blindam uns aos outros do núcleo, como esperado, mas também não blindam bem os elétrons seguintes do núcleo. Se blindassem, os elementos após as várias contrações seriam maiores do que são. Como isso tudo está relacionado ao efeito do par inerte? Isso simplesmente significa que os elétrons 4s, 5s e 6s experimentam uma carga nuclear efetiva maior do que a esperada e que, consequentemente, são mais difíceis de ionizar. Se esta seção o deixar implorando por mais informações, mais detalhes sobre esse argumento

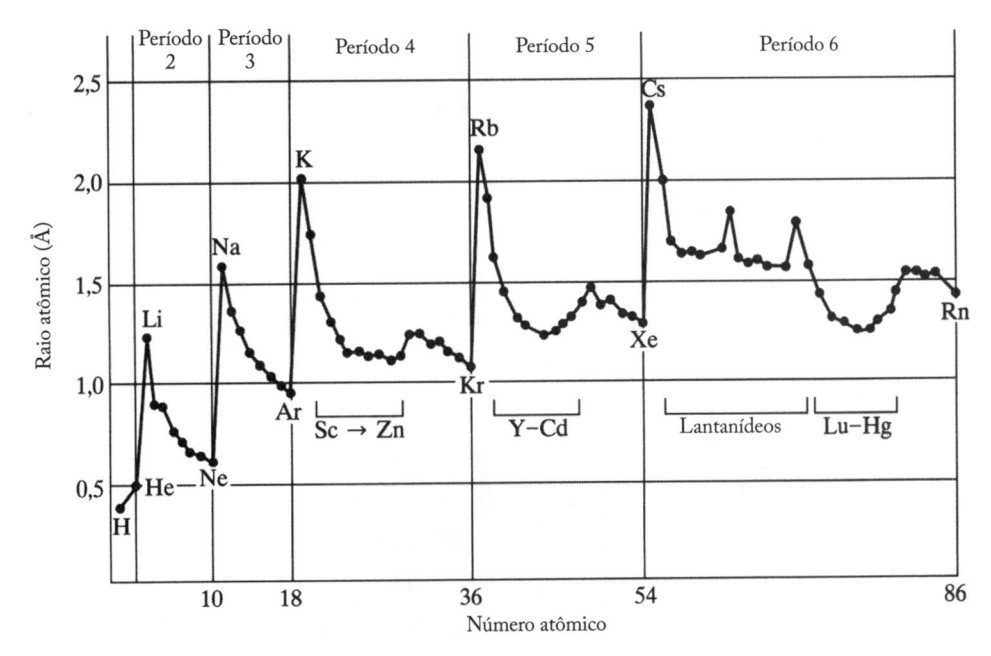

FIGURA 9.17

Os raios atômicos dos elementos em função do número atômico. (De Ebbing e Gammon, *General chemistry*, 9. ed., Fig. 8.16, p. 313. Copyright © 2009 Brooks/Cole, uma divisão de Cengage Learning, Inc. Reproduzido com permissão. www.cengage.com/permissions.)

são apresentados no Capítulo 14 (Seção 14.2), no qual consideramos o efeito do par inerte nos elementos do Grupo 3A.

O segundo aspecto da explicação do efeito do par inerte são as tendências nas energias de ligação descendo em um grupo como o Grupo 3A. As energias de ligação para os cloretos, que consideraremos como representativos, também são mostradas na Tabela 9.4. Esperamos uma diminuição na energia de ligação descendo em um grupo devido ao aumento no tamanho dos átomos e, portanto, à distância da ligação. Consequentemente, os elétrons da ligação, na região da sobreposição dos orbitais de valência desses átomos maiores, estão mais longe do núcleo dos átomos e têm menor capacidade de manter os dois núcleos unidos.

A combinação desses dois efeitos, (1) as energias de ionização mais altas do que o esperado para Ga, In e Tl e (2) as menores energias de ligação como esperado para compostos envolvendo esses elementos são ao menos parcialmente responsáveis pelo efeito do par inerte. Em outras palavras, para o tálio, por exemplo, mais energia é necessária para fazer que os elétrons $6s$ formem ligações, mas essa energia não é suficientemente recuperada na formação dessa ligação. Assim, compostos de tálio(I) são mais importantes do que se poderia esperar para um elemento do Grupo 3A.

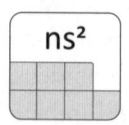

O efeito do par inerte está resumido na Figura 9.18, que mostra os sete elementos afetados por esse conceito organizador. Uma versão colorida da Figura 9.18 está disponível on-line. Em nossas futuras discussões, esse componente da rede será representado pelo ícone à esquerda. Ele

TABELA 9.4
Energias de ionização e energias de ligação dos elementos do Grupo 3A

Elemento	Configuração eletrônica	Soma de EI^2 e EI^3 kJ/mol	$2 \times D_{M-Cl}$ kJ/mol
B	[He]$2s^22p^1$	6087	912
Al	[Ne]$3s^23p^1$	4562	842
Ga	[Ar]$3d^{10}4s^24p^1$	4942	708
In	[Kr]$4d^{10}5s^25p^1$	4526	656
Tl	[Xe]$4f^{14}5d^{10}6s^26p^1$	4849	548

A rede de ideias interconectadas

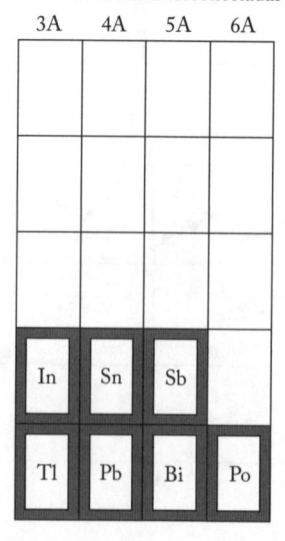

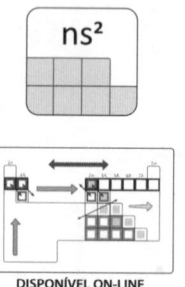

3A	4A	5A	6A
In	Sn	Sb	
Tl	Pb	Bi	Po

FIGURA 9.18

O efeito do par inerte. Os elementos do efeito do par inerte. Os elementos mostrados formam compostos nos quais o estado de oxidação é 2 a menos do que a valência esperada para o grupo.

representa os sete elementos da extremidade inferior de quatro dos grupos representativos e nos lembra de que esse efeito é devido à estabilidade incomum dos elétrons ns^2.

9.5 A LINHA METAL-NÃO METAL

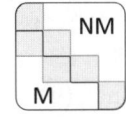

A tabela periódica é frequentemente dividida em metais na parte inferior esquerda, os não metais na parte superior direita e os semimetais, ou metaloides, entre eles. Dada a situação da nossa rede de princípios organizadores nesse ponto, não é surpreendente que os metais (com suas baixas energias de ionização e afinidades eletrônicas negativas baixas ou zero) tendam a perder elétrons para formar íons positivos. Inversamente, os não metais (com suas altas energias de ionização e afinidades eletrônicas negativas altas) tendem a ganhar elétrons para formar íons negativos. A divisão entre metais e não metais, como mostrado na Figura 9.19, é a linha diagonal em degraus encontrada em muitas tabelas periódicas. Os elementos ao longo dessa fronteira têm tanto características metálicas quanto não metálicas e são chamados de *metaloides* ou *semimetais*. Uma vez que os metais são geralmente condutores de eletricidade e os não metais não o são, conclui-se, de maneira lógica, que semimetais são também, em geral, semicondutores. (Esses materiais serão discutidos em detalhes no Capítulo 15.) Conforme discutimos cada grupo, perceberemos que *metais* geralmente têm altos pontos de fusão e ebulição, brilham e existem em estruturas empacotadas compactas de cátions envolvidos por um mar de elétrons (veja Capítulo 7 para uma discussão mais detalhada sobre estruturas cristalinas). *Não metais*, por outro lado, apresentam baixos pontos de fusão e ebulição, não brilham e existem em cadeias, anéis ou moléculas diatômicas. Também veremos que óxidos de metais são básicos e óxidos de não metais são ácidos.

A linha metal-não metal é o quinto componente da nossa rede de ideias interconectadas para entender a tabela periódica. Ela está resumida na Figura 9.19, que mostra tanto a linha diagonal em degraus na tabela periódica quanto os elementos metaloides ao longo dessa linha. Uma versão colorida da Figura 9.19 está dis-

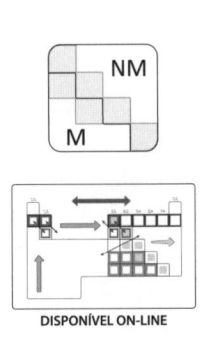

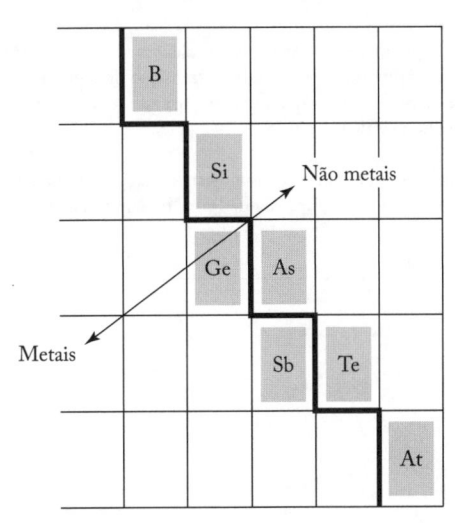

FIGURA 9.19

A linha metal-não metal na tabela periódica. Elementos na parte inferior esquerda são metais; elementos na parte superior direita são não metais. Os metaloides, ou semimetais, estão sombreados.

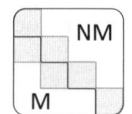

ponível on-line. Em nossas futuras discussões, o componente linha metal-não metal da rede será representado pelo ícone mostrado à esquerda. Ele representa simbolicamente essa linha irregular que separa os metais dos não metais.

A situação da rede de ideias interconectadas

Para a química descritiva dos elementos representativos fazer sentido, definimos e discutimos as bases dos cinco primeiros componentes de uma rede de ideias interconectadas para entender a tabela periódica. Esses princípios organizadores são (1) a lei periódica, (2) o princípio da singularidade, (3) o efeito diagonal, (4) o efeito do par inerte e (5) a linha metal-não metal. As definições desses componentes estão resumidas na Tabela 9.5. Os cinco componentes também estão resumidos na Figura 9.20. Uma versão colorida dessa figura está disponível on-line.

TABELA 9.5
As definições dos cinco primeiros componentes da rede de ideias interconectadas para o entendimento da tabela periódica

A lei periódica: uma repetição periódica de propriedades físicas e químicas ocorre quando os elementos são organizados em ordem crescente de número atômico.

O princípio da singularidade: A química dos elementos do segundo período (Li, Be, B, C, N, O, F, Ne) é com frequência significativamente diferente da dos outros elementos nos respectivos grupos.

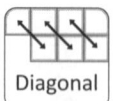

O efeito diagonal: Uma relação diagonal existe entre a química do primeiro membro de um grupo e o segundo membro do grupo seguinte. Aplica-se apenas aos Grupos 1A, 2A e 3A.

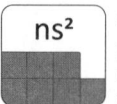

O efeito do par inerte: Os elétrons de valência ns^2 de elementos metálicos, particularmente os pares $5s^2$ e $6s^2$ presentes nos metais de transição da segunda e terceira séries de transição, são menos reativos do que o esperado com base nas tendências em carga nuclear efetiva, tamanhos de átomos e energias de ionização.

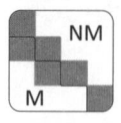

A linha metal-não metal: A divisão entre metais e não metais é uma linha diagonal em degraus. Metais encontram-se à esquerda da linha, não metais à direita da linha e semimetais ao longo da linha.

A rede de ideias interconectadas

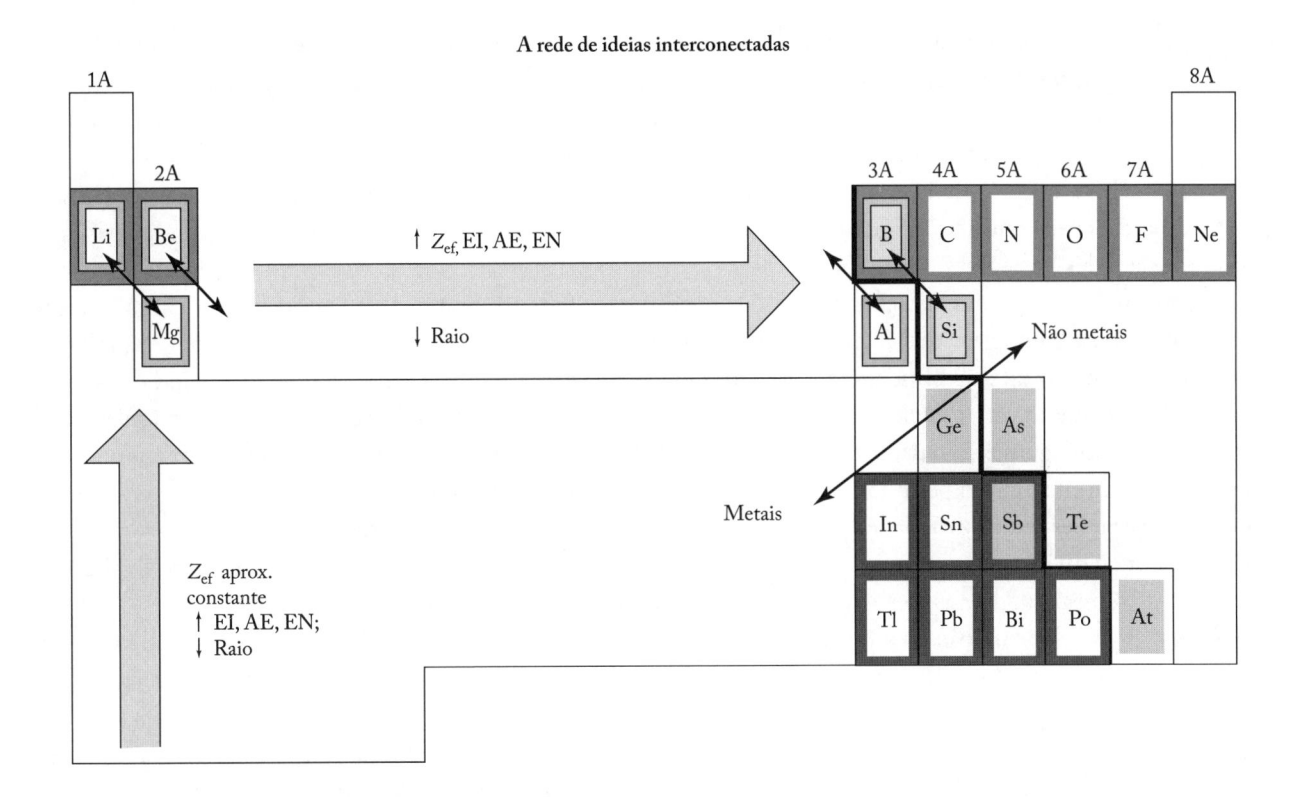

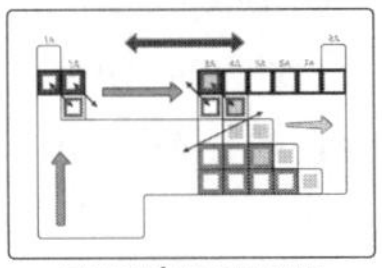

FIGURA 9.20
Um resumo dos primeiros cinco componentes da rede de ideias interconectadas para o entendimento da tabela periódica. Cada componente é definido na Tabela 9.5. Versões coloridas das figuras representando cada uma das ideias (figuras 9.10, 9.14, 9.16, 9.18 e 9.19) a figura que resume todas elas estão disponíveis on-line.

DISPONÍVEL ON-LINE

LP — A lei periódica, Figura 9.10

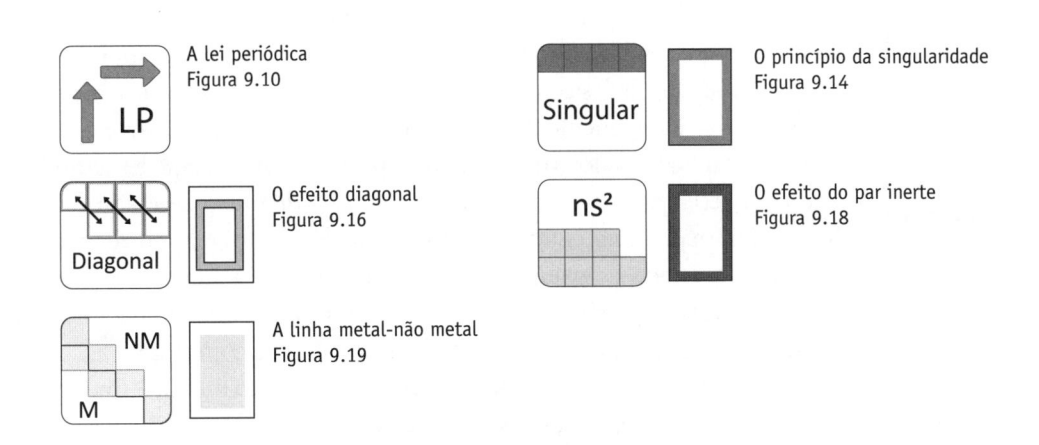

Singular — O princípio da singularidade, Figura 9.14

Diagonal — O efeito diagonal, Figura 9.16

ns^2 — O efeito do par inerte, Figura 9.18

NM / M — A linha metal-não metal, Figura 9.19

RESUMO

Dominar a química descritiva do grupo principal ou elementos representativos da tabela periódica é uma tarefa formidável. Para ordenar o estudo desse tópico, começamos a construir uma rede de ideias interconectadas. Cinco componentes foram descritos neste capítulo. Três componentes adicionais serão definidos e descritos nos próximos capítulos. Os cinco primeiros componentes são: a lei periódica, o princípio da singularidade, o efeito diagonal, o efeito do par inerte e a linha metal-não metal.

A **lei periódica** é o primeiro e mais útil princípio da rede. Mendeleiev foi o primeiro a estabelecer de maneira sólida a natureza de uma tabela que mostra a repetição periódica de propriedades físicas e químicas dos elementos. Usando a tabela periódica, Mendeleiev pôde organizar e verificar similaridades e tendências dos elementos conhecidos e prever com precisão as descobertas e propriedades dos elementos ainda desconhecidos. Mais tarde, com a estrutura do átomo revelada, percebeu-se que as configurações eletrônicas dos átomos em um grupo ou período ajudam a explicar essas propriedades periódicas.

O conceito de carga nuclear efetiva, Z_{ef}, é central para o entendimento da lei periódica. A carga nuclear efetiva, que é a carga nuclear real Z menos uma constante de blindagem σ, pode ser calculada de duas formas. Na primeira, a constante de blindagem é considerada sendo exatamente o número de elétrons do caroço do átomo. Isso resulta na carga nuclear efetiva sendo identificada pelo número do grupo. No segundo método, a constante de blindagem é calculada usando as regras de Slater. Em ambos os casos, a Z_{ef} aumenta indo da esquerda para a direita em um período e fica aproximadamente constante em um grupo. Usando essas tendências em Z_{ef}, as variações em propriedades periódicas como raios atômicos, energias de ionização, afinidade eletrônica e eletronegatividade são prontamente explicadas. Exceções nessas propriedades periódicas são explicadas empregando análises mais detalhadas de configurações eletrônicas.

O **princípio da singularidade** é o segundo componente da rede. Três razões são dadas para explicar o fato de que a química dos elementos do segundo período é com frequência significativamente diferente da de seus congêneres mais pesados: (1) os elementos mais leves são surpreendentemente bem menores do que seus congêneres. Esse efeito do tamanho leva a menores afinidades eletrônicas, maiores densidades de carga e maior grau de caráter covalente em seus compostos. (2) Os primeiros elementos de cada grupo, também devido ao seu tamanho muito pequeno, apresentam uma maior probabilidade de fazer ligações π e são capazes de formar ligações duplas e triplas fortes. (3) Os elementos mais leves não apresentam disponibilidade de orbitais d e, portanto, não podem formar compostos com octetos expandidos.

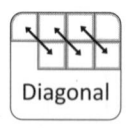

O **efeito diagonal**, o terceiro componente da rede, mostra uma forte relação diagonal entre o primeiro membro de um grupo e o segundo membro do grupo seguinte. Esse efeito relaciona o lítio ao magnésio, o berílio ao alumínio e o boro ao silício. Tamanho iônico, densidade de carga e eletronegatividade são citados como os três fatores mais importantes na explicação do efeito diagonal.

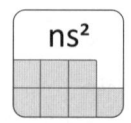

O quarto componente da rede, o **efeito do par inerte**, diz que os elétrons de valência ns^2 dos elementos metálicos do grupo principal, particularmente aqueles à direita dos metais da segunda e terceira séries de transição, são menos reativos do que o esperado. Esses pares ns^2 relativamente inertes fazem que elementos como In, Tl, Sn, Pb, Sb, Bi e Po formem frequentemente compostos nos quais o estado de oxidação é 2 a menos do que a valência esperada para o grupo. As duas principais razões para esse efeito são: (1) a carga nuclear efetiva maior do que o normal nesses elementos e (2) menores energias de ligação em seus compostos.

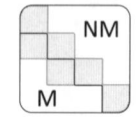

O quinto componente da rede, a **linha metal-não metal**, é simplesmente a divisão da tabela periódica em regiões de metais, não metais e metaloides.

A Figura 9.20 é a representação dos primeiros cinco componentes da rede. (Três outros serão introduzidos nos próximos capítulos.) Essa é a estrutura sobre a qual construiremos nosso estudo da química descritiva. Como qualquer superestrutura quando é erguida pela primeira vez, seja a estrutura de uma casa seja a de um arranha-céu, ela tem muitos buracos. No entanto, essa figura representa uma estrutura mental que pode ser intensificada lentamente nos capítulos que se sucedem. Se continuarmos a adicionar conhecimento à nossa estrutura, a memorização será mantida em um grau mínimo e, no fim, teremos um excelente conhecimento trabalhado da química dos elementos.

Uma versão colorida da Figura 9.20 está disponível on-line. Você provavelmente está começando a entender o significado desse diagrama.

PROBLEMAS

*9.1 Quando Mendeleiev previu as propriedades de seus "eka" elementos, ele o fez por interpolação, ou seja, ele sabia as propriedades dos elementos acima e abaixo e antes e depois do elemento faltante. Suponha que o eka-silício (germânio) ainda não tenha sido descoberto. Usando um *handbook* de química e física e informações de qualquer parte deste livro-texto, preveja valores para as seguintes propriedades do elemento não descoberto: massa atômica, densidade, ponto de fusão, ponto de ebulição, eletronegatividade, energia de ionização, afinidade eletrônica e raio atômico. Para cada propriedade, compare sua "previsão" com o valor real.

9.2 Gálio, germânio e escândio foram nomeados em homenagem à terra natal de seus descobridores. Você pode identificar três outros elementos nomeados de forma similar? Quando cada um foi descoberto?

9.3 Os nomes *pnicogênio*, para um elemento do Grupo 5A, e *pnicoteto*, para um composto simples de um elemento do Grupo 5A com um elemento eletropositivo, parecem ter sido derivados do grego *pnigos*, que significa "asfixiante" ou "estrangulador". A partir do que você conhece sobre nitrogênio, fósforo e/ou arsênio e seus compostos, especule sobre a conveniência desses nomes pouco usados para os elementos do Grupo 5A.

9.4 Procure *calcogênio* em um bom dicionário. Se você não conseguir encontrar esse verbete, veja se você consegue achar um significado para a raiz principal (*calco*) e o sufixo (*–gen*) da palavra. Especule por que os elementos do Grupo 6A são assim designados.

9.5 Procure *halogênio* em um bom dicionário. Especule por que os elementos do Grupo 7A são assim designados.

9.6 Além das formas curta e longa da tabela periódica moderna, outra tabela de popularidade crescente é a chamada tabela periódica de "degrau à esquerda"** ou de "Janet". Faça uma pesquisa na internet para encontrar uma representação desse formato. Por que ela é chamada de tabela de "Janet"? Forneça uma referência em sua resposta.

9.7 No momento em que este livro estava sendo escrito, era controverso o posicionamento de lantânio (La)/actínio (Ac) e lutécio (Lu)/laurêncio (Lr). É o "erro de poste da cerca"*** na tabela periódica, com os "postes" representados a seguir. Faça uma pesquisa na internet e descreva a essência dessa controvérsia. Forneça uma referência em sua resposta.

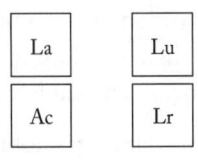

La		Lu
Ac		Lr

*9.8 Sabemos que as regras que governam os valores permitidos dos quatro números quânticos (números quânticos n, o "principal"; l, o "orbital"; m_l, o "magnético", e m_s, o de "*spin*") governam o número e o tipo de orbitais que os elétrons podem ocupar e, portanto, o formato da tabela periódica. Suponha que as regras que governam esses números quânticos foram alteradas da seguinte forma:

$n = 1, 2, 3, 4,...$

$l = 0, 1, 2, ... n$ (em vez de $n − 1$)

---

* Exercícios marcados com um asterisco (*) são mais desafiadores.
** N. T.: em inglês, "*left step*".
*** N. T.: em inglês, "*fence post error*".

$m_l = 0, 1, 2, \ldots l$ (sem valores negativos)

$m_s = +\frac{1}{2}$ (sem valores negativos)

Faça um esboço mostrando o formato da tabela periódica que inclui os primeiros 28 elementos. (Você pode usar símbolos aceitos atualmente para esses elementos, ou seja, H para o número atômico 1, He, para o número atômico 2, e assim por diante.) Apresente tanto a forma curta quanto a longa dessa tabela.

9.9 A existência do elemento 117 foi confirmada em 2010. Faça uma pesquisa na internet para determinar quem o descobriu e como foi sintetizado. Forneça uma referência para a sua resposta.

9.10 Reescreva a lei periódica com suas palavras.

9.11 Um gráfico de volumes atômicos em função da massa atômica é mostrado a seguir. Discuta a relação entre esse gráfico e a lei periódica. (Figura de G. Holton, D. H. D. Roller e D. Roller, *Foundations of modern physical science*, p. 421. Copyright © 1958, Addison-Wesley Publishing Company.)

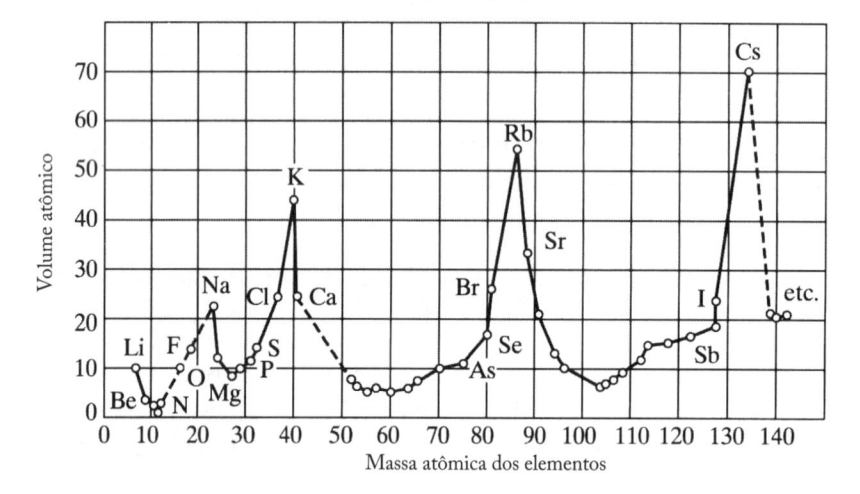

9.12 Suponha que o valor do volume atômico do rubídio esteja faltando no gráfico encontrado no Exercício 9.11. Você poderia prever um valor para ele? Com base em que você faria essa previsão?

9.13 Escreva configurações eletrônicas completas para os seguintes elementos: (*a*) fósforo, (*b*) cobre, (*c*) arsênio e (*d*) tálio.

9.14 Escreva um diagrama de orbital abreviado (gás nobre ou pseudogás nobre, mais os elétrons de valência entre colchetes) para os elementos listados no Exercício 9.13. (*Dica:* se você não está certo da definição de um diagrama de orbital, procure em seu livro de química geral.)

9.15 Escreva um diagrama de orbital abreviado (gás nobre ou pseudogás nobre, mais os elétrons de valência entre colchetes) para o recém-nomeado copernício (número atômico = 112).

9.16 Escreva um diagrama orbital abreviado (gás nobre ou pseudogás nobre, mais os elétrons de valência entre colchetes) para o ainda sem nome unuunéxio, Uuh, elemento 116. Especule brevemente sobre os seus estados de oxidação mais comuns. Dê uma explicação curta para sua resposta.

9.17 Discuta os prós e contras de se usar uma designação como "configuração pseudo gás nobre". Existe um pseudo gás nobre?

9.18 Usando a suposição de que σ é igual ao número de elétrons do caroço, calcule a carga nuclear efetiva sentida por um elétron de valência nos seguintes elementos:

(*a*) cálcio, (*b*) silício, (*c*) gálio e (*d*) argônio.

9.19 Usando a suposição de que σ é igual ao número de elétrons do caroço, calcule um valor para a carga nuclear efetiva sentida por (a) um elétron sendo adicionado ao orbital 3s de um átomo de neônio e (b) um elétron sendo ionizado a partir do orbital 2p do átomo de neônio. Comente sobre seus resultados com relação à estabilidade da configuração eletrônica do átomo de neônio.

*__9.20__ Usando as regras de Slater, calcule um valor para a carga nuclear efetiva sentida por (a) um elétron sendo adicionado ao orbital 3s de um átomo de neônio e (b) um elétron sendo ionizado a partir do orbital 2p do átomo de neônio. Comente sobre seus resultados com relação à estabilidade da configuração eletrônica do átomo de neônio.

*__9.21__ Calcule a Z_{ef} para os elétrons de valência nos átomos do Li ao Ne usando (a) a suposição de que σ é igual ao número de elétrons do caroço e (b) as regras de Slater. Represente os dois conjuntos em um mesmo gráfico e discuta.

9.22 Escreva um parágrafo conciso explicando as tendências da carga nuclear efetiva ao longo do segundo período (Li → Ne). Sua resposta deve incluir uma definição concisa de *carga nuclear efetiva*.

*__9.23__ Usando as regras de Slater, calcule e compare a Z_{ef} para ambos os elétrons 4s e 3d para um átomo de cobre. Discuta os resultados com relação ao fato conhecido de que os elétrons 4s são os primeiros a serem ionizados nos metais da primeira série de transição.

*__9.24__ Usando as regras de Slater, calcule e compare a Z_{ef} para os elétrons 4s e depois 3p do cálcio. Discuta os resultados em relação à primeira, segunda e terceira energias de ionização.

9.25 Calcule a Z_{ef} para o elétron de valência ns de lítio, sódio e potássio usando a suposição de que σ é igual ao número de elétrons do caroço. Seus resultados são consistentes com as tendências em energia de ionização para esses elementos? Discuta brevemente por quê.

9.26 Usando as regras de Slater, calcule a Z_{ef} que atua sobre o primeiro elétron a ser ionizado de Al, Al^+, Al^{2+} e Al^{3+}, respectivamente. Discuta seus resultados com relação às energias de ionização esperadas para essas espécies.

*__9.27__ Relembre por que a energia de um orbital *ns* é menor do que a de um orbital *np*. Use essa informação para discutir a suposição de que esses orbitais são sempre considerados um grupo (*ns*, *np*) nas regras de Slater.

*__9.28__ Um gráfico da probabilidade de encontrar elétrons 3s, 3p, 3d e 4s em função da distância radial a partir do núcleo é mostrado a seguir. Discuta essas probabilidades em relação às regras 2c e 2d de Slater.

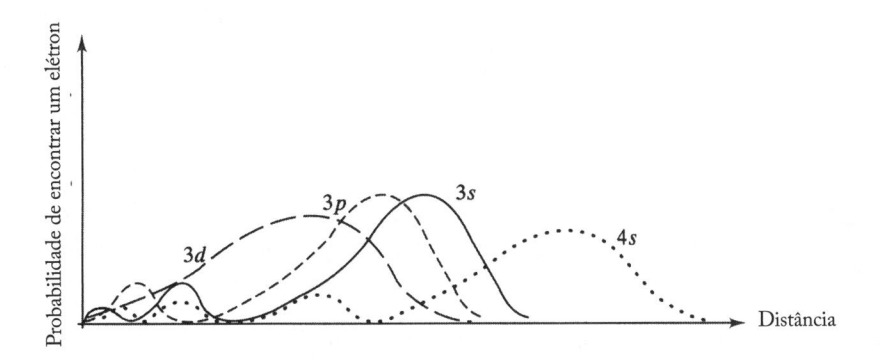

---

* Exercícios marcados com um asterisco (*) são mais desafiadores.

9.29 Escreva um parágrafo conciso explicando a tendência geral para raios atômicos dos (*a*) elementos do terceiro período e (*b*) metais alcalinos.

9.30 Escreva um parágrafo conciso explicando as tendências gerais horizontal e vertical para energias de ionização. Sua resposta deve incluir uma definição de *energia de ionização*.

9.31 Escreva as configurações eletrônicas para o magnésio e o alumínio. Explique brevemente por que a energia de ionização do alumínio é menor do que a do magnésio quando a tendência geral esperada preveria o oposto.

*9.32 Escreva as configurações eletrônicas para o fósforo e o enxofre. Explique brevemente por que a energia de ionização do fósforo é maior do que a do enxofre.

9.33 Escreva um parágrafo conciso explicando as tendências gerais para afinidade eletrônica. Sua resposta deve incluir uma definição dessa propriedade.

*9.34 Sem se referir à Figura 9.7, preveja qual desses três elementos, alumínio, silício ou fósforo, teria a afinidade eletrônica mais negativa. Verifique seus resultados consultando a figura. Explique brevemente os valores relativos dessas afinidades eletrônicas.

9.35 Escreva as configurações eletrônicas para o sódio e o magnésio. Explique brevemente por que as afinidades eletrônicas desses dois elementos não estão de acordo com as tendências gerais esperadas.

9.36 Escreva as configurações eletrônicas para o carbono e o nitrogênio. Explique brevemente por que as afinidades eletrônicas desses dois elementos não estão de acordo com as tendências gerais esperadas.

9.37 Esboce uma tabela periódica, indicando a tendência das eletronegatividades da menor para a maior. Relacione brevemente essas tendências à carga nuclear efetiva e ao tamanho atômico. Sua resposta deve incluir uma definição concisa de *eletronegatividade*.

9.38 Esboce o ícone que representa a lei periódica. Explique brevemente como o ícone representa simbolicamente o primeiro componente da rede de ideias interconectadas para o entendimento da tabela periódica.

9.39 O grafite é composto de camadas de átomos de carbono organizados em anéis hexagonais mantidos unidos por ligações π, como mostrado a seguir. Por que não há um análogo de silício do grafite?

9.40 O oxigênio elementar é caracterizado por moléculas diatômicas mantidas unidas por ligações O–O σ e π, enquanto o enxofre elementar é caracterizado por anéis e cadeias mantidas unidas por ligações simples S–S. Explique brevemente a diferença na forma elementar desses elementos.

9.41 O estado mais estável do nitrogênio elementar é a molécula N_2, caracterizada por uma ligação tripla forte. Entretanto, o estado mais estável do fósforo elementar é a molécula P_4 caracterizada como um

---

* Exercícios marcados com um asterisco (*) são mais desafiadores.

tetraedro de átomos de fósforo (mostrado a seguir) mantidos unidos por ligações simples fortes. Comente brevemente essa diferença.

*9.42 Entre cloro, oxigênio, flúor e neônio, qual tem a maior (ou seja, a *mais negativa*) afinidade eletrônica? Explique breve, mas cuidadosamente, sua resposta em relação a dois dos componentes da rede de ideias interconectadas para dar sentido à tabela periódica. Como parte de sua resposta, calcule as cargas nucleares efetivas que atuam sobre elétrons sendo adicionados ao flúor, ao oxigênio e ao neônio.

9.43 Esboce o ícone que representa o princípio da singularidade. Explique brevemente como o ícone representa simbolicamente o segundo componente da rede de ideias interconectadas para o entendimento da tabela periódica.

9.44 Explique brevemente por que a força polarizante de um cátion está diretamente relacionada à sua razão carga-raio ou densidade de carga.

9.45 Quais são as unidades das densidades de carga dadas na Figura 9.15?

9.46 Existem dois cloretos de chumbo conhecidos: cloreto de chumbo(II), $PbCl_2$, e cloreto de chumbo(IV), $PbCl_4$. Explique brevemente a existência desses dois compostos com base na rede de ideias interconectadas para o entendimento da tabela periódica. Qual desses você suspeita que seja um sal mais típico – ou seja, qual composto teria um maior caráter iônico? Explique brevemente sua resposta em termos de outro componente da rede.

9.47 O nitrogênio forma o tricloreto de nitrogênio, mas fósforo, arsênio e antimônio formam tanto os tricloretos, XCl_3, quanto os pentacloretos, XCl_5. Comente sobre essa situação. Qual é a hibridização do átomo central nesses compostos?

9.48 Diferentemente de fósforo, arsênio e antimônio, o bismuto não forma um pentacloreto. Comente brevemente.

9.49 Esboce o ícone que representa o efeito diagonal. Explique brevemente como o ícone representa simbolicamente o terceiro componente da rede de ideias interconectadas para o entendimento da tabela periódica.

9.50 O oxigênio forma o composto OF_2, mas enxofre, selênio e telúrio formam hexafluoretos, XF_6. Comente sobre essa situação. Qual é a hibridização do átomo central nesses compostos?

9.51 Os haletos mais estáveis de boro e alumínio são os tri-haletos; para o tálio, os mono-haletos (TlX) são os mais estáveis. De forma similar, a maioria dos óxidos estáveis de boro e alumínio tem a fórmula M_2O_3; para o tálio, o óxido mais estável é o Tl_2O. Comente sobre essa química.

9.52 Esboce o ícone que representa o efeito do par inerte. Explique brevemente como o ícone representa simbolicamente o quarto componente da rede de ideias interconectadas para o entendimento da tabela periódica.

---

* Exercícios marcados com um asterisco (*) são mais desafiadores.

9.53 Ambos os cloretos de estanho(II) e estanho(IV), $SnCl_2$ e $SnCl_4$, são conhecidos, assim como o complexo iônico $SnCl_6^{2-}$. Todavia, os cloretos de um único carbono são essencialmente limitados ao tetracloreto de carbono, CCl_4. Discuta brevemente esse fato.

*9.54** Usando as regras de Slater, calcule a carga nuclear efetiva atuando sobre o elétron de valência $3p^1$ do alumínio. Faça um cálculo similar para os elétrons de valência np^1 do gálio, índio e tálio, respectivamente. Comente sobre os resultados em relação à primeira energia de ionização desses elementos.

9.55 Escreva um parágrafo conciso explicando o significado de *efeito do par inerte* e como ele pode ser justificado.

9.56 Escreva um parágrafo conciso explicando o significado de *efeito diagonal* e como ele pode ser justificado.

9.57 Comente sobre o caráter metálico dos seguintes elementos: (*a*) mercúrio, (*b*) índio, (*c*) germânio, (*d*) fósforo e (*e*) oxigênio.

9.58 Comente sobre o caráter metálico dos seguintes elementos: (*a*) sódio, magnésio, alumínio, silício, fósforo e enxofre e (*b*) zinco, gálio, germânio, arsênio, selênio e bromo.

9.59 Esboce o ícone que representa a linha metal-não metal. Explique brevemente como o ícone representa simbolicamente o quinto componente da rede de ideias interconectadas para o entendimento da tabela periódica.

---

* Exercícios marcados com um asterisco (*) são mais desafiadores.

CAPÍTULO 10

Hidrogênio e hidretos

10.1 A ORIGEM DOS ELEMENTOS (E A NOSSA!)

De onde viemos? De onde o Sol e a Lua, a Terra e outros planetas e as estrelas e galáxias vieram? Desde quando o Sol existe? Quanto tempo ele vai durar? E o universo – ele sempre existiu ou teve um início? E quando será o fim? Todas essas são questões que a humanidade tem feito desde o momento em que pudemos coçar nossas cabeças pensando. Além disso, como químicos (alguém poderia dizer, com um brilho nos olhos, uma espécie singular e extraordinária da humanidade), temos questionamentos mais específicos. De onde vieram os elementos que vemos dispostos na tabela periódica? Eles foram construídos de alguma forma? Quais surgiram primeiro? Podemos explicar as abundâncias conhecidas no universo e na Terra? Por que há apenas um pouco mais de 100 dessas substâncias fundamentais? Algumas dessas questões devem estar sendo feitas há algumas centenas de milhares de anos (acredita-se que o *Homo sapiens* evoluiu há cerca de 100.000 anos), e as pessoas têm elaborado algumas histórias criativas para tentar explicá-las. Apenas no século passado começamos a obter algumas evidências empíricas que indicam que as histórias (que agora chamamos de teorias) das últimas poucas gerações estão no caminho certo.

A história, ou teoria, atualmente aceita sobre o início do universo tem um nome estranho e que, de certa forma, soa trivial: a "teoria do *big bang*", um termo popularizado pelo físico George Gamow nos anos 1940. De acordo com essa teoria, o universo estava inicialmente contido na singularidade ou *ylem* – uma palavra cunhada por Aristóteles para designar a substância a partir da qual o universo foi criado. Pouco se sabe sobre a natureza do ylem antes do chamado tempo de Planck, $t = 10^{-43}$ segundos após o *big bang*. Antes desse tempo, a teoria geral da relatividade e a mecânica quântica se contradizem, fazendo que seja muito difícil determinar a possível natureza da singularidade. Apesar dessa dificuldade, alguns cientistas sustentam que, em um tempo $t = 0$, o ylem era um ponto matemático de tamanho zero caracterizado por temperatura, densidade de energia, pressão e até mesmo curvatura do espaço infinitas. Em um ponto definido no tempo, ideias atuais indicam algo da ordem de 13,7 bilhões de anos atrás, o ylem explodiu em um inimaginável *flash* de luz e calor. Logo após ($t = 10^{-35}$ s) uma "inflação" cósmica importante, porém temporária, produziu uma dispersa "sopa de quarks" a partir da qual o universo foi formado. Os seis quarks ("up", "down", "charm", "strange", "top" e "bottom") podem se combinar em várias proporções para formar os constituintes dos átomos (prótons, nêutrons, elétrons) e outras partículas subnucleares. À medida que o universo se expandiu a partir de seu violento começo, energia foi convertida, ou poderíamos dizer "condensada", em matéria na forma de aproximadamente três partes de hidrogênio para uma de hélio. Essa matéria inicial foi unida por forças gravitacionais e, como o universo era "disperso", começou a formar as galáxias e suas estrelas constituintes. Assim, considera-se que o hidrogênio e o hélio foram os primeiros elementos, e o hidrogênio é o mais abundante do universo. [Acredita-se que apenas cerca de 5% do universo é matéria comum – "matéria escura" (~23%) e "energia escura" (~72%) constituem o resto. Acredita-se que a "matéria escura" tenha um importante papel na formação da galáxia e que a "energia escura" esteja causando a expansão do universo em uma velocidade crescente.]

O interior dessas primeiras nuvens de hidrogênio e hélio gradualmente se aqueceu devido a forças friccionais. A cerca de 10 milhões de graus, a força das colisões entre essas partículas era suficiente para que esses núcleos – em vez de se chocarem e se afastarem uns dos outros como imaginaríamos usualmente pela teoria cinética dos gases – começassem a se unir para formar núcleos maiores, um processo conhecido como *fusão nuclear*. Para estar em posição de escrever equações para fusão e outros processos nucleares, lembre-se de que o formato padrão para representar o núcleo de um elemento é $^{A}_{Z}X$, em que X é o símbolo do elemento, Z é o *número atômico* (o número de prótons) e A é o *número de massa* (o número total de prótons e nêutrons, conhecido coletivamente como *nucleons*).

Usando a notação anterior, podemos representar a reação de fusão mais simples, a que requer menos energia cinética (e, portanto, a menor temperatura), como mostrado na Equação (10.1):

$$^{1}_{1}H + ^{1}_{1}H \longrightarrow ^{2}_{1}H + ^{0}_{+1}e + \text{energia} \qquad (10.1)$$

Note que o primeiro produto também é um núcleo de hidrogênio, mas um que contém um nêutron e um próton e, portanto, tem um número de massa 2. Lembre-se de que espécies que têm o mesmo número atômico, mas diferentes números de massa, são *isótopos*. O segundo produto é um pósitron, às vezes referido como *partícula beta positiva*. Um pósitron tem a mesma massa de um elétron, mas carga oposta. O símbolo para uma partícula que não seja um elemento é representado por uma letra minúscula. Algumas outras partículas subnucleares e seus símbolos são dados na Tabela 10.1. Nesses casos, o subscrito representa a carga da partícula: -1 no caso de um elétron, $+1$ para um pósitron, zero para um nêutron e assim por diante.

A Equação (10.1) é uma equação nuclear balanceada, ou seja, a soma dos números atômicos em ambos os lados é a mesma, assim como a soma dos números de massa. Então, de onde vem a energia? Cálculos diretos mostram que a soma das massas dos reagentes é somente muito pouco maior do que a dos produtos, essa diferença sendo conhecida como *defeito de massa*. A conversão do defeito de massa em energia usando a bem conhecida relação de Einstein $E = mc^2$ mostra que a reação simples de fusão da Equação (10.1) produziria $9,9 \times 10^7$ kJ/mol! Reações de fusão nuclear produzem quatro ou cinco ordens de grandeza (ou seja, potências de 10) mais energia do que reações químicas.

As Equações (10.2) e (10.3) mostram duas reações de fusão adicionais que acredita-se que ocorram em uma estrela comum como o Sol:

TABELA 10.1
Os símbolos e massas para as partículas nucleares e sub-nucleares mais comuns

Partícula	Símbolo	Massa, u
Nuclear		
Próton (núcleo do hidrogênio)	$_1^1H$	1,00728
Partícula alfa (núcleo do hélio)	$_2^4He$	4,0015
Sub-nuclear		
Elétron (partícula beta)	$_{-1}^{0}e$	$5,488 \times 10^{-4}$
Pósitron (elétron positivo)	$_{+1}^{0}e$	$5,488 \times 10^{-4}$
Nêutron	$_0^1n$	1,008665

$$_1^2H + {_1^1H} \longrightarrow {_2^3He} + \text{energia} \qquad \mathbf{10.2}$$

$$_2^3He + {_2^3He} \longrightarrow {_2^4He} + 2\,_1^1H + \text{energia} \qquad \mathbf{10.3}$$

Essas reações ocorrem sequencialmente, e o resultado líquido [2(10.1) + 2(10.2) + (10.3)] é conhecido como o *ciclo próton-próton* mostrado na Equação (10.4):

$$4\,_1^1H \longrightarrow {_2^4He} + 2\,_{+1}^{0}e + \text{energia} \qquad \mathbf{10.4}$$

O resultado dessas reações nucleares é a "queima" de hidrogênio (a uma velocidade de 4 milhões de toneladas de hidrogênio por segundo) para produzir hélio. A energia é liberada na forma de calor e luz, que experimentamos na forma de luz solar. Nosso Sol, que calcula-se ter sido formado há 5 bilhões de anos, deve continuar a queimar hidrogênio por outros 5 bilhões de anos e depois, após um breve, mas espetacular estágio de gigante vermelha na qual os planetas internos serão consumidos, morrerá reduzido a cinzas nucleares.

Mas, e os outros elementos? Mesmo uma descrição moderadamente completa do processo de *nucleossíntese*, o processo pelo qual todos os outros elementos são sintetizados a partir do hidrogênio e do hélio, está fora do escopo deste texto, e o que está a seguir é o mais simples dos esboços. Em uma estrela pesada, uma que tenha de 8 a 10 vezes a massa do Sol, o hélio pode também queimar para produzir berílio, carbono, oxigênio, neônio e magnésio (todos múltiplos do hélio-4), e esses e outros elementos são formados no interior da estrela. Outras reações nucleares podem produzir todos os elementos, até o ferro, inclusive. Reações de fusão envolvendo ferro são endotérmicas (não exotérmicas, como todas as anteriores) e não ocorrem espontaneamente. Com a produção do ferro, a fusão para e a estrela, com sua estrutura agora lembrando uma cebola composta por camadas de diferentes elementos, com o ferro no centro e hélio e hidrogênio na superfície, contrai devido à força da gravidade. Essa contração resulta em uma densidade intoleravelmente alta (postula-se que os núcleos, na verdade, se tocam) e temperaturas e pressões tão altas que a estrela sofre uma enorme explosão de supernova. Supernovas são ocorrências raras, mas certamente espetaculares. De longe a mais brilhante e a mais poderosa supernova já observada foi descoberta na primeira metade de 2007. Ela está a 240 milhões de anos-luz da Terra. Acredita-se que seja nessas supernovas que elementos mais pesados do que o ferro sejam sintetizados. Os restos de tais estrelas que explodem são arrastados juntamente com hidrogênio e hélio interestelares para produzir estrelas de segunda e terceira gerações, como o nosso Sol. A observação espectroscópica de elementos como cálcio e ferro no Sol é evidência de que ele é, ao menos, uma estrela de segunda geração.

10.2 DESCOBERTA, PREPARAÇÃO E USOS DO HIDROGÊNIO

Pare um instante para pensar cuidadosamente sobre a escala de tempo descrita na seção anterior. O hidrogênio foi o primeiro elemento a se formar após o *big bang*, 13,7 bilhões de anos atrás. Ele é o principal componente do Sol, surgido há 5 bilhões de anos, e é um dos principais componentes da vida, cuja maior expressão (de longe) é a espécie *Homo sapiens*, que se desenvolveu talvez 100.000 anos atrás. E essas criaturas só ficaram cientes da existência do hidrogênio há cerca de 340 anos! Em 1671, Robert Boyle preparou um gás, posteriormente identificado como hidrogênio, dissolvendo ferro em ácido clorídrico ou sulfúrico diluído. Tal procedimento ainda é usado para a produção do gás em laboratório. Uma representação esquemática da aparelhagem usualmente empregada é mostrada na Figura 10.1.

Nicolas Lémery, no início do século XVIII, também preparou hidrogênio como descrito anteriormente, e notou que o "vapor pegará fogo imediatamente e, ao mesmo tempo, produzirá uma explosão violenta e estridente". Embora conheçamos melhor hoje em dia, não é surpreendente que alguém, que tenha explodido um balão cheio de hidrogênio, que Lémery tenha pensado ter descoberto a origem dos raios e trovões!

Em 1766, Henry Cavendish, em um raro relato à Royal Society de Londres, descreveu suas minuciosas investigações das propriedades do gás hidrogênio. Cavendish, que era tão tímido a ponto de raramente falar a um grupo de pessoas (se é que alguma vez falou), construiu uma entrada separada em sua casa, de forma que não encontraria ninguém (particularmente uma mulher) toda vez que entrasse ou saísse dela. Embora tenha realizado pesquisas produtivas por mais de 60 anos, Cavendish publicou apenas 20 artigos. No entanto, ele reportou seu trabalho sobre o hidrogênio e usualmente lhe é dado o crédito pela sua descoberta. Ele mostrou que o hidrogênio é mais leve do que o ar e que água é produzida quando hidrogênio reage com oxigênio. Tanto o hidrogênio (gerador de água) quanto o oxigênio (gerador de ácido) foram nomeados por Antoine Lavoisier entre o fim dos anos 1770 e o início dos anos 1780.

A reação de um metal como o ferro ou o zinco com um ácido forte como o sulfúrico ou o clorídrico [mostrado na Equação (10.5)] ainda é a maneira mais comum de produzir hidrogênio no laboratório. Também é

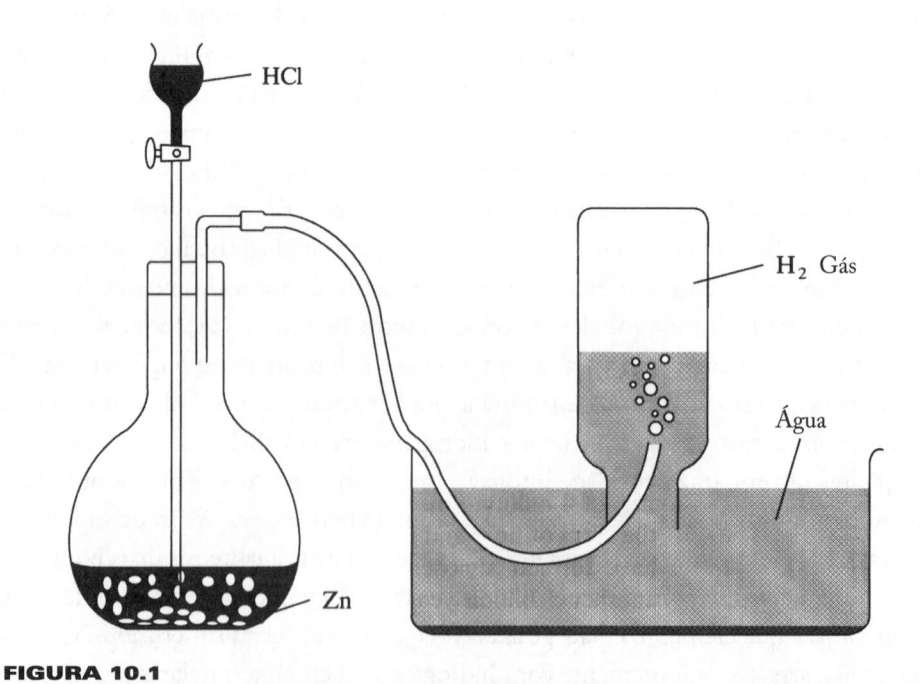

FIGURA 10.1

Aparelhagem para a produção de gás hidrogênio em laboratório.

muito comum reverter a reação entre o hidrogênio e oxigênio fazendo a eletrólise da água, como representado na Equação (10.6). O ácido sulfúrico é necessário para conduzir a corrente elétrica através da água não condutora:

$$Zn(s) + 2HCl(aq) \longrightarrow ZnCl_2(aq) + H_2(g) \qquad \textbf{10.5}$$

$$2H_2O(l) \xrightarrow[\text{eletrólise}]{H_2SO_4} 2H_2(g) + O_2(g) \qquad \textbf{10.6}$$

A preparação industrial mais comum do hidrogênio é o *processo de reforma catalítica a vapor de hidrocarbonetos* [Equações (10.7) e (10.8)]:

$$C_3H_8(g) + 3H_2O(g) \xrightarrow[\text{Ni}]{\text{calor}} \underbrace{3CO(g) + 7H_2(g)}_{\text{gás de síntese}} \qquad \textbf{10.7}$$

$$CO(g) + H_2O(g) \xrightarrow[\text{Fe}_2O_3]{\text{calor}} CO_2(g) + H_2(g) \qquad \textbf{10.8}$$

Designado apropriadamente, esse processo trata uma mistura de hidrocarbonetos (propano, C_3H_8, é mostrado como um exemplo representativo) do gás natural ou do óleo cru com vapor (700 °C – 1.000 °C) sobre um catalisador de níquel e a reforma a uma mistura de gases CO e H_2, que é chamada de *gás de síntese*. A segunda reação é conhecida como *reação de deslocamento do gás d'água*, talvez porque ela troca o oxigênio de um reagente para o outro e assim ajusta a composição do gás de síntese. Ela é executada a temperaturas elevadas (325 °C – 350 °C) sobre um catalisador de óxido de ferro(III).

A gaseificação do carvão foi originalmente desenvolvida nos anos 1780 para produzir um gás para iluminação e para cozinhar. De 1850 a 1940, muitas cidades da América do Norte e da Europa usaram esse "gás de cidade" para aquecimento e iluminação, mas ele foi amplamente substituído pelo gás natural a partir dos anos 1940. Ele foi seriamente considerado como uma fonte alternativa de energia durante a crise de energia dos anos 1970, mas tem sido apenas uma tecnologia aguardando para ser usada, desde então. A primeira etapa é a reação do carvão, uma mistura complexa constituída principalmente de carbono semelhante ao grafite (assim como impurezas indesejáveis, como compostos de enxofre e de nitrogênio, mas aqui está representado apenas como carbono), com vapor quente. Essa *reação de vapor de carbono* está representada na Equação (10.9):

$$C(\text{carvão}) + H_2O(g) \xrightarrow[\text{Fe ou Ru}]{\text{calor}} CO(g) + H_2(g) \qquad \textbf{10.9}$$

Antigamente, o gás de síntese resultante (às vezes referido como *gás d'água*) era usado diretamente como combustível antes que se soubesse o quão perigoso o monóxido de carbono era. A reação de deslocamento do gás d'água dada na Equação (10.8), é usada para converter o gás de síntese em dióxido de carbono e hidrogênio. Se o hidrogênio for o produto desejado, ele pode ser usado para muitas aplicações a essa altura. Se são desejados hidrocarbonetos, pode-se fazer uma *metanação* para obter um produto muito semelhante ao gás natural [Equação (10.10)]:

$$CO(g) + 3H_2(g) \xrightarrow[\text{Ni}]{\text{calor}} \underset{\text{metano}}{CH_4(g)} + H_2O(g) \qquad \textbf{10.10}$$

Outros catalisadores levam a hidrocarbonetos diferentes. Note que todas as reações anteriores requerem o uso de catalisadores metálicos. A pesquisa e o desenvolvimento de catalisadores mais eficientes e um melhor entendimento de seus papéis são um tópico de considerável interesse no campo em desenvolvimento da química inorgânica. Mais informações sobre o uso desses processos podem ser encontradas na Seção 10.6, sobre fontes alternativas de energia.

O principal uso do hidrogênio é para a produção de amônia pelo processo Haber [Equação (10.11)]:

$$N_2(g) + 3H_2(g) \xrightarrow[\text{Fe}]{\text{altas } T \text{ e } P} 2NH_3(g)$$

10.11

que, por sua vez, produz a matéria-prima para inúmeros compostos úteis de nitrogênio, como fertilizantes e explosivos. Mais informações sobre esses compostos podem ser encontradas no Capítulo 16 sobre a química do Grupo 5A.

O gás hidrogênio é usado para hidrogenar parcialmente óleos para produzir gorduras sólidas usadas como gorduras vegetais hidrogenadas e margarinas, assim como para produzir sabões. O hidrogênio também é usado para converter vários óxidos (como os de prata, cobre, chumbo, bismuto, mercúrio, molibdênio e tungstênio) em metais livres, como representado na Equação (10.12) para um óxido de M^{II}:

$$MO(s) + H_2(g) \longrightarrow M(s) + H_2O(l)$$

10.12

Conforme discutimos, uma das mais espetaculares reações do hidrogênio é com o oxigênio. (Ela certamente impressionou Lémery e continua a impressionar toda nova geração de químicos.) A maioria das pessoas está familiarizada com o dramático incêndio do dirigível cheio de hidrogênio *Hindenburg*, em 1937. Desde então, dirigíveis ou aeronaves mais leves do que o ar, como os dirigíveis da Goodyear, são mantidos no alto pelo hélio, em vez do hidrogênio. Hidrogênio e oxigênio líquidos são comumente usados como combustível de foguetes, por exemplo, nos veículos de lançamento *Saturno-Apollo* do programa espacial norte-americano. Os motores principais contêm algumas centenas de milhares de litros de hidrogênio e oxigênio líquidos, que são mantidos separados em uma "unidade de foguete bipropelente" e só são misturados no lançamento. A tecnologia por trás do uso desses gases é muito sofisticada. Foram necessários uma boa engenharia e talvez um pouco de sorte para evitarmos outros acidentes como as explosões da *Challenger* (no lançamento, no início de 1986) e da *Columbia* (no retorno da órbita) no início de 2003.

O calor extremo gerado em acidentes em usinas nucleares, como os de Three Mile Island (1979) e Chernobyl (1987), é suficiente para dividir a água em gases hidrogênio e oxigênio. Acredita-se que uma grande explosão hidrogênio-oxigênio iniciada por uma pequena explosão química foi responsável pela grande destruição da usina de Chernobyl. Em Three Mile Island, uma explosão desse tipo foi evitada drenando lentamente a bolha de gás hidrogênio que se formou no topo da estrutura de contenção e estocando-o até que pudesse ser descartado com segurança.

10.3 ISÓTOPOS DO HIDROGÊNIO

O hidrogênio apresenta três isótopos, que estão listados na Tabela 10.2. O deutério foi descoberto em 1931, por Harold Urey e seus colaboradores. Eles evaporaram 4 litros de hidrogênio líquido até que restasse 1 mL de um líquido que exibia algumas fracas linhas de absorção (na série visível de Balmer), além daquelas do hidrogênio comum. Cálculos de mecânica quântica confirmaram que o dobro da massa do hidrogênio explicava

TABELA 10.2
Os isótopos do hidrogênio

Nome	Nº de nêutrons	Símbolo	Massa, u	Abundância percentual	Meia-vida, anos
Hidrogênio (H) (ou prótio)	0	^1_1H	1,007825	99,985	
Deutério (D)	1	^2_1H	2,014102	0,015	
Trítio (T)	2	^3_1H	3,016049	10^{-17}	12,3

essas novas linhas espectrais. O trítio não poderia ser detectado dessa forma e foi preparado pela primeira vez por Marcus Oliphant, em 1934, por uma transmutação nuclear (veja a Seção 10.4 sobre processos nucleares). Embora a maioria dos elementos tenha uma variedade de isótopos, apenas aos do hidrogênio são dados nomes e símbolos especiais. (Os nomes *prótio*, *deutério* e *trítio* vêm do grego *protus*, *deuteros* e *tritos*, que significam "primeiro", "segundo" e "terceiro", respectivamente.) Nomes especiais foram dados ao hidrogênio-2 e hidrogênio-3 devido às diferenças significativas em suas massas em relação ao hidrogênio comum (razões 2:1 e 3:1), o que faz com que eles tenham diferenças significativas em propriedades físicas como densidade, ponto de fusão, ponto de ebulição, pressão de vapor e calores de fusão e de vaporização (veja os Exercícios 10.23 a 10.25).

Essas diferenças em propriedades atômicas são percebidas nos compostos contendo hidrogênio. Por exemplo, "água pesada" ou óxido de deutério, D_2O, pode ser separada da água comum por eletrólise. Uma razão para isso é que íons de hidrogênio (H^+) se movem para o eletrodo negativo mais rapidamente do que os íons de deutério (D^+), duas vezes mais pesados. Conclui-se que o gás hidrogênio comum, H_2, é o produto preferencial e que a concentração de óxido de deutério na água que resta aumenta conforme a eletrólise avança. A água que resta se torna cada vez mais pesada (por unidade de volume) e, não surpreendentemente, é frequentemente chamada de *água pesada*. Durante a Segunda Guerra Mundial, quando o D_2O repentinamente se tornou importante (como um moderador, veja a Seção 10.4) nos primeiros reatores de fissão nuclear, o controle alemão das usinas de D_2O norueguesas (construídas para aproveitar a energia hidrelétrica barata e abundante) se tornou estrategicamente importante. (Quem assistiu ao filme *Os heróis de Telemark*, estrelado por Kirk Douglas e Richard Harris, sabe muito bem a que ponto chegaram os aliados para destruir as usinas norueguesas de produção de água pesada.)

O óxido de deutério é encontrado em maiores concentrações no mar Morto e em outras fontes de água que não disponham de outras formas de perda de água além da evaporação. A água leve, de menor massa molecular, tem uma maior velocidade média a uma dada temperatura e escapa da superfície do mar mais rapidamente do que a água pesada. (Lembre-se, da teoria cinética molecular, que duas substâncias à mesma temperatura têm a mesma energia cinética média, $\frac{1}{2}mv^2$, e, portanto, as moléculas da substância mais leve – nesse caso, H_2O – têm uma maior velocidade média do que as moléculas da substância mais pesada – nesse caso, D_2O.) Dito de outra forma, H_2O possui uma maior pressão de vapor do que D_2O, e a evaporação aumenta a concentração de óxido de deutério na água remanescente.

Logo após D_2O ter sido produzido, uma questão intrigante e inevitável foi levantada. A água pesada sustentaria a vida da mesma forma que a água comum? Não sustentaria. Se grandes quantidades de D_2O são dadas a ratos, eles primeiro apresentam sinais de extrema sede e depois morrem. Parece que o D_2O, novamente por ter uma menor velocidade média, apresenta uma menor velocidade de difusão para dentro das células. Outro fator que contribui pode ser o fato de que a transferência de D^+, catalisada por várias enzimas, é mais lenta do que a do H^+. Independentemente dos detalhes do mecanismo biológico, não importa quanto D_2O o rato beba, mesmo assim ele vai morrer de desidratação!

Ambos, deutério e trítio, podem ser incorporados em vários compostos que contêm hidrogênio e são usados para acompanhar (ou *traçar*) o curso de reações que envolvem esses compostos. Por exemplo, pode-se acompanhar a velocidade de absorção e excreção da água no corpo usando pequenas quantidades de D_2O. Um pouco do D_2O é quase que imediatamente excretado, mas após 9 ou 10 dias, metade dele ainda permanece. Calcula-se que uma molécula de água média permaneça no sistema humano por cerca de 14 dias. Ou podem-se acompanhar a ingestão, armazenamento e excreção de gorduras usando uma gordura marcada com deutério. Os depósitos de gordura permanecem imóveis em um sistema vivo até que eles sejam necessários? Ou há uma outra possibilidade, com gorduras ingeridas sendo depositadas e gorduras estocadas sendo usadas em uma troca dinâmica? Verifica-se que o modelo dinâmico é o correto.

Quando vários compostos que contêm hidrogênio são dissolvidos em água pesada, os hidrogênios ligados a átomos eletronegativos, como oxigênio, nitrogênio, enxofre ou um dos halogênios, são substituídos por deutérios, enquanto hidrogênios ligados a carbonos não são. Por que isso acontece? Se X representar um átomo eletronegativo, a situação é como mostrada nas Equações (10.13) e (10.14):

$$H-X + D_2O \longrightarrow D-X + D-O-H \quad \textbf{10.13}$$

$$H-\overset{|}{\underset{|}{C}}- + D_2O \longrightarrow \text{não ocorre reação} \quad \textbf{10.14}$$

A substituição de um átomo de hidrogênio comum por um átomo de deutério, como mostrado na Equação (10.13), é conhecida como *deuteração*. A razão pela qual ligações H−X podem ser deuteradas, enquanto as ligações C−H não podem, é descrita na Figura 10.2. Óxido de deutério, contém ligações O−D que podem interagir por forças dipolo-dipolo com a H−X polar. Ligações C−H não são polares e, portanto, não interagem com as ligações polares O−D do óxido de deutério.

O trítio, como visto anteriormente, não está disponível na natureza em quantidade suficiente para ser isolado quimicamente. No entanto, uma vez disponível a partir dos processos nucleares descritos na próxima seção, ele pode ser usado para fazer a *tritiação*[*] de compostos, de forma análoga à deuteração. Em outras palavras, os átomos de hidrogênio leve em compostos, contendo ligações H−X podem ser substituídos por átomos de trítio quando dissolvidos em "água superpesada" −T_2O (ou água comum enriquecida com T_2O). Conclui-se que compostos marcados com trítio também podem ser usados como traçadores para acompanhar o progresso de várias reações. Por exemplo, óxido de trítio pode ser usado para acompanhar a água a partir de uma fonte até um lençol freático e, depois, até sair dele. No entanto, há uma diferença significativa entre a marcação com deutério e com trítio. Átomos de hidrogênio ligados ao carbono podem ser trocados por átomos de trítio simplesmente armazenando o composto sob trítio gasoso por alguns dias ou semanas. Isso não é possível com deutério gasoso. O decaimento beta do trítio radioativo evidentemente facilita a troca. Isso traz à tona uma discussão sobre processos radioativos relacionados à química do hidrogênio.

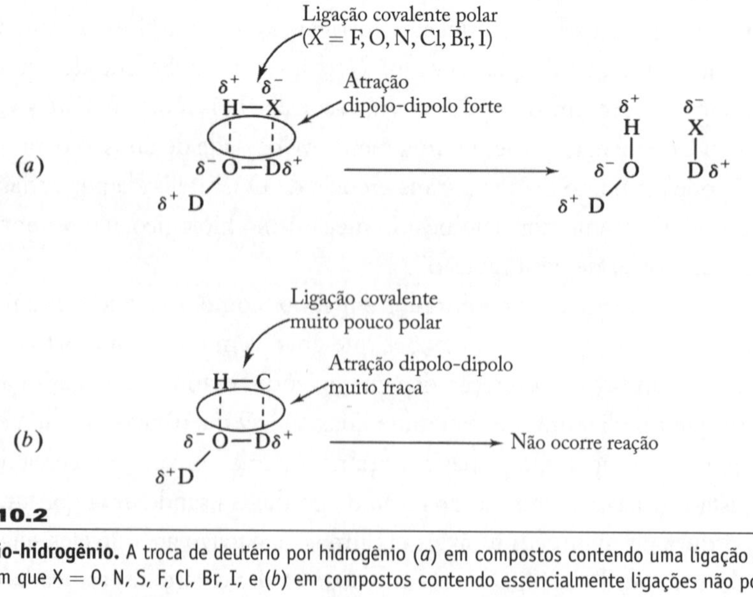

FIGURA 10.2

Troca deutério-hidrogênio. A troca de deutério por hidrogênio (*a*) em compostos contendo uma ligação covalente polar H−X, em que X = O, N, S, F, Cl, Br, I, e (*b*) em compostos contendo essencialmente ligações não polares H−C.

---

* N.T.: do inglês *tritiation*.

10.4 PROCESSOS RADIOATIVOS ENVOLVENDO HIDROGÊNIO

Decaimentos alfa e beta, fissão nuclear e deutério

Na Seção 10.1 discutimos a reação de fusão mais simples [Equação (10.1)] na qual uma partícula β^+ – ou seja, um pósitron ($_{+1}^{0}e$) – é um produto. Outras partículas nucleares e subnucleares são dadas na Tabela 10.1. Tendo discutido a descoberta e um pouco da química do deutério e do trítio, estamos agora prontos para analisar mais profundamente processos nucleares, particularmente aqueles relacionados ao hidrogênio.

A maioria dos cursos introdutórios de química discute radiação alfa, beta e gama no contexto da história da estrutura atômica. Lembre-se de que Rutherford e seus colegas (incluindo alunos de graduação) investigaram o efeito de lançar partículas alfa (mais tarde identificadas como núcleos de hélio, $_{2}^{4}He$) contra finas lâminas metálicas. A partir das deflexões observadas, Rutherford concluiu que o átomo deve ter um núcleo pesado, denso e positivamente carregado. Rutherford, Becquerel (que descobriu a radioatividade em 1896) e os Curies contribuíram para a descoberta das partículas alfa e beta e da radiação eletromagnética de alta energia chamada raios gama.

Um isótopo é considerado radioativo se ele se decompõe ou decai espontaneamente através da emissão de uma partícula e/ou radiação. A emissão de uma partícula alfa, conhecida como *decaimento alfa*, é identificada posicionando um α sobre a seta da equação que representa o processo. O decaimento alfa do urânio-238 é mostrado na Equação (10.15):

$$_{92}^{238}U \xrightarrow{\alpha} {}_{2}^{4}He + {}_{90}^{234}Th \qquad \textbf{10.15}$$

Note que a reação nuclear está balanceada, como descrito anteriormente. Verifica-se que há dois tipos de decaimento beta, o decaimento β^+ (que produz um pósitron) e o decaimento β^- (que produz um elétron comum). Perceba, no entanto, que esse elétron, embora indistinguível de qualquer outro elétron, é o produto do decaimento, ou da desintegração de um núcleo. Decaimentos β^- e β^+ são identificados posicionando um β^- ou um β^+ sobre a seta. O trítio se desintegra por decaimento β^-, como mostrado na Equação (10.16):

$$_{1}^{3}H \xrightarrow{\beta^-} {}_{-1}^{0}e + {}_{2}^{3}He \qquad \textbf{10.16}$$

Um exemplo de um isótopo que decai por emissão β^+ é um boro-8, o isótopo radioativo do boro de vida mais longa. A reação para o seu decaimento é representada na Equação (10.17):

$$_{5}^{8}B \xrightarrow{\beta^+} {}_{+1}^{0}e + {}_{4}^{8}Be \qquad \textbf{10.17}$$

Isótopos radioativos duram quanto tempo? Isso é medido por uma grandeza familiar a quem quer que tenha estudado cinética química. Você deve estar lembrado de ter estudado reações de primeira e segunda ordens e de ter discutido o conceito de meia-vida de cada caso. (A propósito, o decaimento radioativo segue uma cinética de primeira ordem). *Meia-vida* é definida como o tempo necessário para a concentração de um reagente diminuir à metade de sua concentração inicial. A Figura 10.3 mostra a concentração de um isótopo radioativo em função do tempo. Note que, após uma meia-vida, sobra metade do isótopo; após duas meias-vidas, há um quarto do original restando, e assim por diante. A meia-vida do urânio-238 em relação ao decaimento alfa, do trítio em relação ao decaimento β^- e do boro-8 em relação ao decaimento β^+ são $4{,}51 \times 10^9$ (4,51 bilhões de anos), 12,3 anos e 0,77 ano, respectivamente.

Dois outros processos radioativos importantes são a fusão e a fissão. A fusão, na qual núcleos mais leves se unem para formar núcleos mais pesados, foi introduzida na Seção 10.1. A *fissão* é o processo no qual um núcleo grande se divide para formar núcleos menores e um ou mais nêutrons. Durante o fim dos anos 1930 (esse

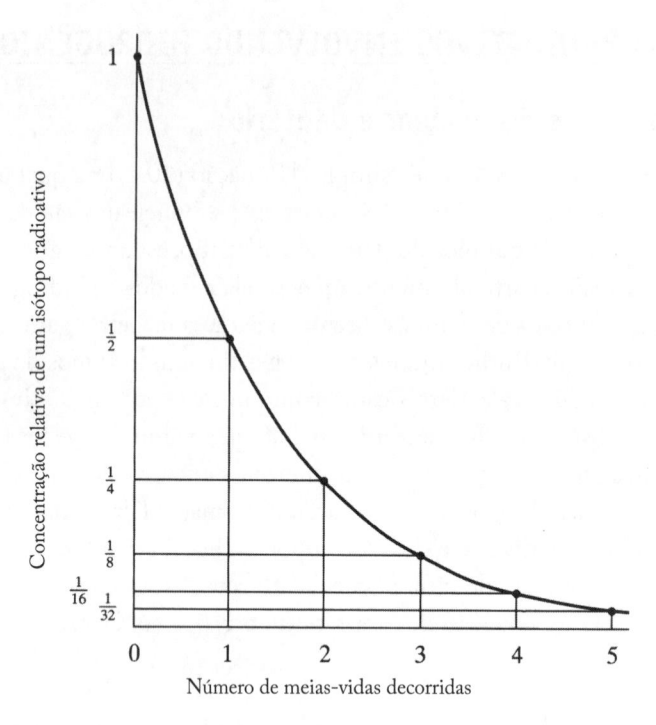

FIGURA 10.3

Variação na concentração de um isótopo radioativo em função do tempo em números de meias-vidas.

período, conforme discutimos brevemente, é especialmente significativo aqui), descobriu-se que o urânio-235 sofria fissão ao ser bombardeado por nêutrons ($^{1}_{0}n$). Há um grande número de esquemas reacionais possíveis para esse processo, um dos quais é mostrado na Equação (10.18) e também na Figura 10.4a:

$$^{235}_{92}U + ^{1}_{0}n \longrightarrow [^{236}_{92}U] \longrightarrow ^{90}_{38}Sr + ^{143}_{54}Xe + 3^{1}_{0}n \qquad \textbf{10.18}$$

Assim como na fusão, a massa dos reagentes é apenas um pouco maior do que a massa dos produtos (embora, logicamente, a equação esteja balanceada) com a diferença, o "defeito de massa", sendo convertida em energia. A energia liberada na fissão, embora grande o suficiente para ser a base da bomba atômica e dos reatores nucleares atuais, é várias ordens de grandeza menor do que a liberada na fusão.

Os nêutrons produzidos podem atingir outros núcleos fissionáveis de ^{235}U e rapidamente criar uma *reação nuclear em cadeia*, uma sequência autossustentável de reações de fissão nuclear. Tal processo é mostrado na Figura 10.4b. A massa mínima de um material fissionável necessária para produzir uma reação em cadeia autossustentável é conhecida como *massa crítica*. Agora chegamos à propriedade especial do óxido de deutério, D_2O, que tanto interessou alemães e aliados durante a Segunda Guerra Mundial. Para maximizar a eficiência da fissão do ^{235}U, que estava sendo desenvolvida por ambos os lados como as bases da bomba atômica, os nêutrons devem ser freados, isto é, suas velocidades devem ser moderadas. Um *moderador* é uma substância que reduz a energia cinética ou velocidade dos nêutrons. A água leve comum é um bom moderador, mas ela tende a absorver nêutrons numa extensão em que reduz a eficiência da reação em cadeia. O D_2O freia os nêutrons, mas não os absorve tanto. Isso é significativo, porque o uso do D_2O como moderador permite que se use o urânio natural (uma mistura do ^{235}U fissionável e, predominantemente, o ^{238}U não fissionável) em reatores nucleares, em vez do urânio enriquecido em ^{235}U, que é de difícil produção e muito caro.

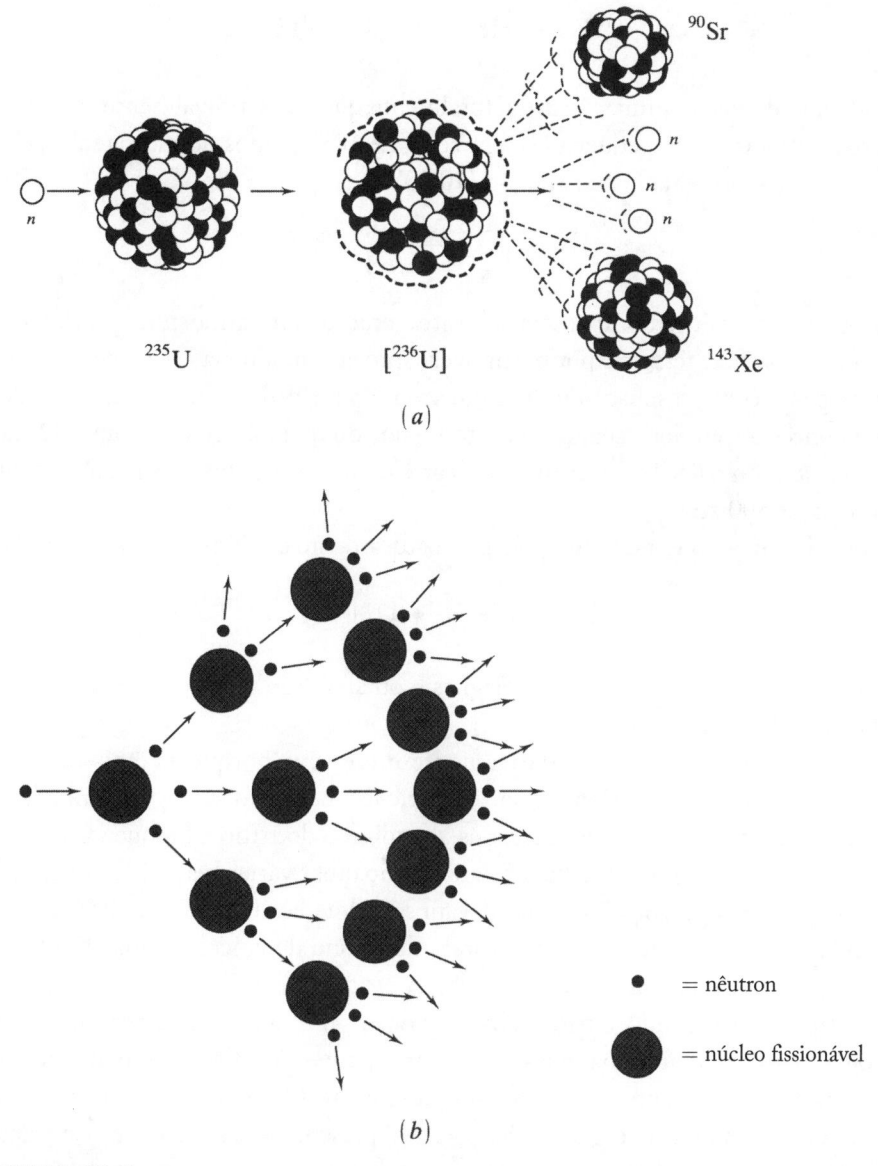

FIGURA 10.4

Fissão nuclear. (a) Um núcleo de urânio-235 absorve um nêutron e, então, *sofre fissão*, ou *se divide* em dois dos muitos produtos de fissão possíveis e mais três nêutrons. (b) Uma reação em cadeia autossustentável se processa quando uma massa crítica do isótopo fissionável está presente. (Adaptado de: Zumdahl, Steven. *Chemistry*. 2. ed. p. 960. Copyright 1989 D.C. Heath and Company.).

Trítio

O trítio foi preparado pela primeira vez por *transmutação nuclear*, definida como a conversão de um elemento em outro por um processo nuclear. Rutherford, além de todas as outras contribuições para a química e a física, foi o primeiro a realizar o sonho dos alquimistas. Em 1919, Rutherford ainda estava trabalhando com partículas alfa, dessa vez lançando-as em vários gases. Quando ele usou gás nitrogênio, os resultados indicaram que o núcleo do hidrogênio era ocasionalmente produzido. De onde esse hidrogênio veio? Trabalhos posteriores revelaram que as partículas alfa estava se chocando e se fundindo com os núcleos de nitrogênio, levando à expulsão de um próton ou núcleo de hidrogênio e deixando um oxigênio-17 para trás. A equação para esse processo é a Equação (10.19):

$$^{14}_{7}\text{N} + {}^{4}_{2}\text{He} \longrightarrow {}^{17}_{8}\text{O} + {}^{1}_{1}\text{H} \qquad \textbf{10.19}$$

O trítio é produzido de forma similar tanto naturalmente quanto artificialmente. Embora a concentração natural do trítio seja extremamente pequena (10 em cerca de 10^{18} átomos de hidrogênio), ele é produzido na alta atmosfera pela reação representada na Equação (10.20):

$$^{14}_{7}\text{N} + {}^{1}_{0}n \longrightarrow {}^{12}_{6}\text{C} + {}^{3}_{1}\text{H} \qquad \textbf{10.20}$$

Aqui, nêutrons dos raios cósmicos bombardeiam o nitrogênio da alta atmosfera, produzindo carbono-12 e trítio. O trítio chega à superfície terrestre por precipitação, provavelmente na forma de compostos como HTO (água com um hidrogênio comum substituído por um átomo de trítio). Como a meia-vida do trítio é de apenas 12,3 anos, sua concentração nos oceanos é muito menor do que na água da chuva. Durante o início dos anos 1950, quando testes atmosféricos de armas nucleares eram executados, a concentração do trítio na água da chuva atingiu cerca de 500 átomos/10^{18} átomos.

O trítio é produzido em reatores nucleares pelo bombardeamento de lítio-6 com nêutrons [Equação 10.21]:

$$^{6}_{3}\text{Li} + {}^{1}_{0}n \longrightarrow {}^{3}_{1}\text{H} + {}^{4}_{2}\text{He} \qquad \textbf{10.21}$$

O lítio é geralmente incorporado a uma liga de magnésio ou alumínio que é colocada em um reator de fissão, no qual ele é bombardeado com nêutrons.

Verifica-se que a radiação do trítio é relativamente inofensiva porque as emissões beta [ver Equação (10.16)] são de energia muito baixa. Além disso, as partículas beta não são acompanhadas por raios gama, como é bastante comum em outras reações nucleares. A radiação do trítio é bloqueada por cerca de 6 mm de ar. Por essas razões, usar trítio como um traçador para acompanhar várias reações químicas é bastante seguro, embora todas as medidas de segurança indicadas devam ser adotadas. Em outra aplicação de seu decaimento beta de baixa energia, o trítio é usado com uma mistura de sulfeto de zinco, um material fosforescente que se ilumina quando atingido por uma partícula carregada, na produção de tintas luminosas para mostradores de relógios e coisas do tipo. Nesse sentido, o trítio substituiu o perigoso rádio, usado antigamente nesses produtos. A mesma tecnologia é usada para iluminar bússolas noturnas, miras de rifles e metralhadoras, e placas de saída de emergência. Essas placas "autoluminescentes" estão sempre acesas, mas só podem ser vistas à noite ou em um edifício escuro devido à falta de energia elétrica. O trítio presente nessas placas está encapsulado em estruturas plásticas de alto impacto, resistentes a choques, e projetadas para serem à prova de violação e vandalismo.

10.5 HIDRETOS E A REDE

No Capítulo 9, começamos a desenvolver uma rede de ideias para dar sentido à tabela periódica. Os cinco componentes desenvolvidos naquele momento eram (1) a lei periódica (tendências em carga nuclear efetiva, raios, energia de ionização, afinidade eletrônica e eletronegatividade), (2) o princípio da singularidade, (3) o efeito diagonal, (4) o efeito do par inerte e (5) a linha metal-não metal. Esses componentes estão definidos na Tabela 9.5 e são exibidos na Tabela 9.20 e, na sua versão colorida, disponível on-line. Embora nossa rede fique completa somente quando começarmos a discutir os oito grupos dos elementos representativos, podemos certamente usar algumas dessas ideias em uma discussão sobre os compostos de hidrogênio, conhecidos comumente como *hidretos*.

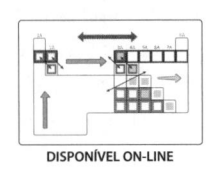

A Tabela 10.3 mostra algumas propriedades selecionadas do hidrogênio em comparação com as do lítio e do flúor. Note, inicialmente, que o hidrogênio tem um elétron de valência como o lítio, mas tam-

TABELA 10.3
Algumas propriedades selecionadas de hidrogênio, lítio e flúor

	Lítio	Hidrogênio	Flúor
Elétrons de valência	$1s^2 2s^1$	$1s^1$	$2s^2 2p^5$
Raio atômico, Å	1,55	0,32	0,72
Raio iônico, Å (N.C. = 6)	1,16	1,53 (H^-) 0,000015 (H^+)	1,19
EN de Pauling Z/r (r = iônico)	1,0 0,86	2,1 0,65 (H^-) 67000 (H)	4,0 0,84
Estados de oxidação	+1	+1 (covalente) −1 (iônico)	−1
Energia de ionização, kJ/mol	520	1312	1680
Afinidade eletrônica, kJ/mol	−60	−73	−328
Energia da ligação X−X, kJ/mol	...	436,4	150,6

bém necessita de um elétron para completar uma configuração de gás inerte, assim como o flúor. Não é mostrado o fato de o hidrogênio ter uma eletronegatividade muito próxima à do carbono. Isso implica que o hidrogênio deve ter algumas propriedades em comum com todos esses três elementos. De fato, o hidrogênio pode ser visto como tendo "dupla personalidade", se você perdoar o uso dessa frase em um contexto químico, e essa ideia é refletida nas várias posições atribuídas ao hidrogênio na tabela periódica. Mais comumente – por exemplo, na Figura 9.3 – ele está posicionado sobre os metais alcalinos (Grupo 1A), mas ocasionalmente ele também será posicionado sobre os halogênios (Grupo 7A). Mais raramente, ele será encontrado sobre o carbono. Algumas tabelas ainda o mostram sobre os três grupos ou totalmente segregado de qualquer grupo.

Independentemente de onde o hidrogênio seja posicionado, ele não é particularmente reativo. Lembre-se de que, embora sua reação com o oxigênio seja certamente impressionante, é necessário uma chama, uma faísca ou um catalisador para que ela se inicie. Parte da razão para sua letargia química é a alta energia da ligação H−H, de 436,4 kJ/mol. (Essa é a mais alta energia de uma ligação simples homonuclear conhecida.) Entretanto, uma vez que se consiga que o hidrogênio reaja, ele forma um número incrivelmente grande de compostos. Na verdade, são conhecidos mais compostos de hidrogênio do que de qualquer outro elemento, inclusive o carbono. Por enquanto, vamos nos limitar a discutir os *hidretos binários*, compostos nos quais o hidrogênio está ligado a um outro elemento diferente.

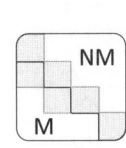

Conhecer a linha metal – não metal nos ajuda a entender os estados de oxidação formais nos hidretos binários. A Figura 10.5 mostra a linha M−NM, com os não metais posicionados acima à direita e os metais abaixo à esquerda. A faixa de eletronegatividade dos não metais (2,1 a 4,0) e dos metais (0,7 a 2,0) também é mostrada. (As tendências em eletronegatividade e sua dependência da carga nuclear efetiva e tamanho atômico foram tratadas no Capítulo 9 em conexão com nossa discussão sobre a lei periódica, o primeiro dos componentes da nossa rede.) Note que a eletronegatividade do hidrogênio (2,1) está exatamente na fronteira entre as EN dos metais e dos não metais. Conclui-se que, em hidretos não metálicos em que $EN_{NM} \geq EN_H$, o estado de oxidação formal do hidrogênio é quase sempre +1. (O fósforo é a exceção aqui, pois ele é o único não metal com eletronegatividade igual à do hidrogênio.) Similarmente, em hidretos metálicos em que $EN_M < EN_H$, o estado de oxidação formal do hidrogênio é −1. É possível que você esteja se perguntando como esses estados de oxidação são determinados. Ajuda lembrar que estados de oxidação (ou números de oxidação) são obtidos atribuindo os elétrons da ligação ao átomo mais eletronegativo que participa da ligação. Por exemplo, considere a ligação H−Cl no hidreto do cloro, um não metal. Lembre-se de

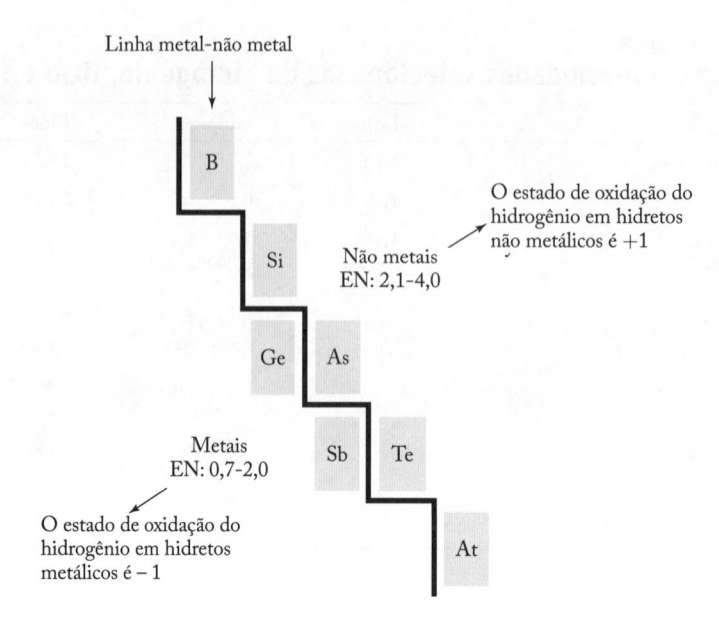

FIGURA 10.5

Determinação dos estados de oxidação em hidretos metálicos e não metálicos. A linha metal – não metal separa os metais (EN < 2,1) dos não metais (EN ≥ 2,1). Os semimetais ou metaloides são mostrados em cinza, ao longo da linha. O estado de oxidação do hidrogênio (EN = 2,1) em hidretos não metálicos é +1, enquanto o estado de oxidação do hidrogênio em hidretos metálicos é −1.

que o traço significa um par de elétrons, os "elétrons da ligação". A fim de determinar estados de oxidação, o par de elétrons da ligação é atribuído ao átomo de cloro mais eletronegativo. Assim, o estado de oxidação do Cl (EN = 3,0) é −1, enquanto o estado de oxidação do H (EN = 2,1) é +1. Ou, como um segundo exemplo, considere o hidreto do lítio (EN = 1,0), um metal. Aqui, os elétrons da ligação Li−H são atribuídos ao hidrogênio, e o estado de oxidação do hidrogênio é −1. Então, para generalizar, o hidrogênio tem um estado de oxidação +1 em hidretos não metálicos e −1 em hidretos metálicos. Com esses estados de oxidação formais em mente, começaremos uma discussão mais detalhada dos hidretos com compostos em que o hidrogênio apresenta estado de oxidação +1, ou seja, com os "hidretos covalentes".

Hidretos covalentes

Note, na Tabela 10.3, que a energia de ionização do hidrogênio é alta. É maior do que a do lítio, como esperado (porque o elétron do hidrogênio está muito mais próximo de sua carga nuclear efetiva), mas é quase tão grande quanto a do flúor, que é caracterizado por uma alta carga nuclear efetiva. Conclui-se que, mesmo que o estado de oxidação formal do hidrogênio em hidretos covalentes seja +1, é difícil ionizar o hidrogênio para obter o estado totalmente iônico +1. Note também que, se o hidrogênio perder totalmente um elétron, ele formará o cátion hidrogênio, que é apenas um próton. Devido ao raio muito pequeno dessa espécie, sua densidade de carga é extremamente alta, maior do que qualquer outra espécie iônica. Aprendemos, em nossa discussão sobre o princípio da singularidade, no Capítulo 9, que uma grande densidade de carga leva a um grande poder de polarização e a uma tendência à formação de ligações covalentes. Dados sua alta energia de ionização e seu poder de polarização extremamente alto, o hidrogênio no estado de oxidação +1 nunca é encontrado como um próton isolado; em vez disso, ele sempre está ligado covalentemente a algum outro átomo.

Exemplos de hidretos covalentes são dados na Figura 10.6. Eles podem ser subdivididos em dois tipos: aqueles que formam unidades moleculares discretas, independentes e neutras, ou carregadas positivamente,

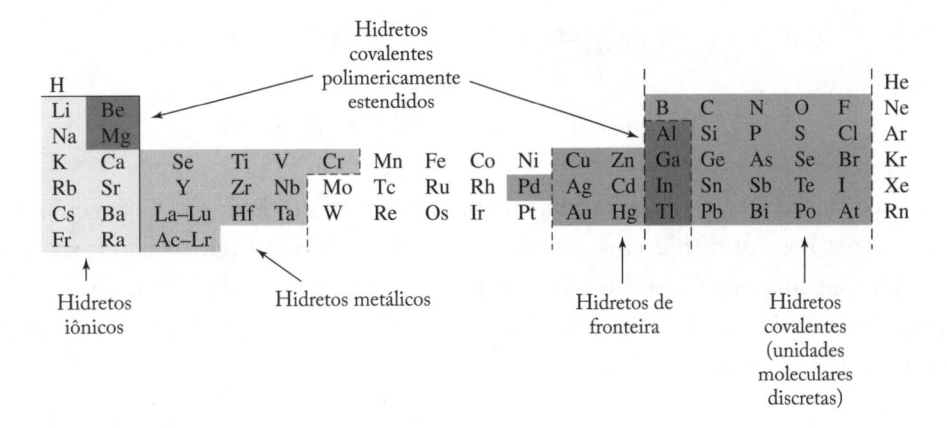

FIGURA 10.6
Classificações dos hidretos binários.

como HCl, H_2O, H_3O^+, NH_3 e NH_4^+, e aqueles que assumem uma estrutura polimérica extensa, como BeH_2 ou AlH_3. A química desses hidretos covalentes será explorada nos capítulos específicos sobre cada grupo.

Hidretos iônicos

A Figura 10.6 mostra que os hidretos iônicos ocorrem apenas com os metais menos eletronegativos, aqueles dos Grupos 1A e 2A. Note, na Tabela 10.3, que a afinidade eletrônica do hidrogênio é baixa, comparada com a dos halogênios (representados pelo flúor), significando que uma energia relativamente pequena é liberada quando H^- é formado. Essa baixa afinidade eletrônica é consistente com o tamanho muito pequeno do átomo de hidrogênio, de forma que, quando o segundo elétron $1s$ é adicionado, ele experimenta uma repulsão elétron--elétron significativa em relação ao outro elétron. A repulsão elétron – elétron também fornece uma explicação para o raio atômico do hidrogênio (0,32 Å) aumentar quase sete vezes para um raio iônico de 2,08 Å no íon livre não associado H^-. De qualquer maneira, se não é liberada muita energia na adição de um elétron a um átomo de hidrogênio para produzir H^-, então muita energia não pode ser despendida na formação desses compostos, caso contrário o calor de formação seria positivo, o que tenderia a fazer que os compostos fossem relativamente instáveis. [Se você já estudou as energias no estado sólido (Capítulo 8), então está preparado para lidar com essas considerações de balanço de energia em mais detalhes e pode querer tentar resolver os Exercícios 10.49-10.56.]

Tendo notado a bastante restrita faixa de hidretos iônicos (às vezes chamados de *hidretos salinos*, devido às suas características semelhantes às dos sais), devemos perceber que boas evidências mostram que esses compostos são verdadeiramente iônicos. (1) Hidretos iônicos fundidos, assim como os sais, conduzem bem a eletricidade, o que supõe a existência de espécies carregadas. (2) No estado líquido, libera hidrogênio no ânodo positivo ao ser submetido à eletrólise, o que é consistente com a espécie H^-. (3) Análises de raios-X mostram que, no LiH, 80% – 100% da densidade eletrônica do lítio é transferida ao hidrogênio. Por outro lado, os resultados de raios-X também mostram que o raio efetivo do íon hidreto em tais compostos é de apenas 1,5 Å, em vez de 2,08 Å calculados para o íon livre H^-. Assim, nem toda a densidade eletrônica é transferida ao hidrogênio e/ou talvez esse íon, contendo apenas dois elétrons em um volume relativamente grande, seja bastante compressível.

Os hidretos iônicos, usualmente sólidos brancos ou cinza, formados por combinação direta do metal com hidrogênio a altas temperaturas, são usados como agentes secantes ou redutores, como bases fortes e alguns como fontes seguras de hidrogênio puro. O hidreto de cálcio, CaH_2, é particularmente útil como agente secante para solventes orgânicos, reagindo brandamente com a água, como representado na Equação (10.22). O CaH_2 também age para reduzir óxidos metálicos ao metal livre, como mostrado na Equação (10.23):

$$CaH_2(s) + 2H_2O(l) \longrightarrow Ca^{2+}(aq) + 2H_2(g) + 2OH^-(aq) \qquad \text{10.22}$$

$$CaH_2(s) + MO(s) \xrightarrow{\text{calor}} CaO(s) + M(s) + H_2(g) \qquad \text{10.23}$$

O hidreto de sódio, NaH, reage violentamente com a água para produzir gás hidrogênio, $H_2(g)$, e hidróxido em solução e, como os outros hidretos iônicos, é uma base forte. O LiH e o CaH_2 são fontes portáteis convenientes de hidrogênio puro. O LiH também reage com o cloreto de alumínio, como será discutido no Capítulo 14, para formar o *hidreto complexo* tetra-hidreto aluminato de lítio, $LiAlH_4$, que é extremamente útil como um agente redutor na química orgânica.

Hidretos metálicos

O hidrogênio reage com muitos metais de transição, incluindo lantanídeos e actinídeos (veja a Figura 10.6), para produzir um terceiro tipo de hidreto que não é muito bem entendido. Esses sólidos quebradiços geralmente têm uma aparência metálica, são bons condutores de eletricidade e têm composição variável. Suas proporções hidrogênio – metal com frequência não são proporções de números inteiros pequenos e, portanto, são referidos com *compostos não estequiométricos*. Exemplos incluem $TiH_{1,7}$, TiH_2, $PdH_{0-0,7}$, $LaH_{1,86}$ e UH_3.

Pensava-se, antigamente, que esses hidretos metálicos eram *compostos intersticiais* com hidrogênio atômico se encaixando nos buracos (os *interstícios*, para usar uma palavra mais elegante) deixados na estrutura cristalina do metal puro. No entanto, em muitos casos, verificou-se que o arranjo dos átomos metálicos no hidreto é diferente daquele do metal puro. Embora ainda precisando de clareza e sustentação, um modelo melhor parece estar surgindo. Podemos usar o hidreto de titânio como um exemplo para descrever esse modelo. A estrutura cristalina do TiH_2 é bem caracterizada, mas a natureza exata da ligação, não. O titânio pode muito bem estar no estado de oxidação +4, com dois dos elétrons ionizados e tendo sido transferidos aos átomos de hidrogênio para produzir íons H^-, enquanto os outros dois elétrons são capazes de fluir livremente e, portanto, explicar a capacidade condutora do composto. (Mais informações sobre a estrutura de cristais metálicos e sua capacidade de conduzir eletricidade são fornecidas na Seção 7.1.) Pode haver um caráter covalente significativo entre o metal e os íons hidreto, mas mais clarificação é necessária para saber com certeza.

Esses hidretos metálicos têm algumas aplicações importantes. Primeiro, note que eles são formados facilmente a partir da combinação direta do gás hidrogênio com o metal. A absorção de hidrogênio é invertida a altas temperaturas, gerando metais finamente divididos e gás hidrogênio. Dessa forma, esses compostos são uma boa maneira de estocar e purificar hidrogênio, assim como para produzir metais finamente divididos. O sistema paládio – hidrogênio é particularmente adaptável. O gás hidrogênio (o H_2 molecular) reage prontamente com o paládio metálico para formar um composto não estequiométrico expresso como a faixa $PdH_{0-0,7}$. Na proporção hidrogênio-para-paládio máxima de 0,7, o metal absorveu 935 vezes o seu volume (à temperatura e pressão padrão) em gás hidrogênio. As evidências apontam para os átomos ou íons de hidrogênio ocupando os interstícios na estrutura cristalina do metal puro. Submetido a essa absorção, o metal escurece, perde seu brilho metálico e pode se ondular ou dobrar. Uma vez que o gás hidrogênio é absorvido unicamente para formar o hidreto de paládio intersticial e, então, é prontamente liberado (novamente na forma de H_2), esse sistema proporciona uma excelente forma de separar e purificar hidrogênio de outros gases. O hidreto de urânio, UH_3, é um bom ponto de partida para vários compostos de urânio e também é uma forma conveniente de estocar o isótopo trítio.

10.6 O PAPEL DO HIDROGÊNIO EM VÁRIAS FONTES DE ENERGIA ALTERNATIVAS

A economia do hidrogênio

Nestes dias de alta demanda energética, reservas de combustíveis fósseis diminuindo, volatilidade política no Oriente Médio e a preocupação com o meio ambiente, o hidrogênio tem sido apresentado como a fonte energética do futuro. De fato, há aqueles que defendem que deveríamos trabalhar na direção do que se tornou conhecido como *economia do hidrogênio* ou a produção, estocagem, transporte e uso do hidrogênio como a principal fonte de energia da economia mundial. Tal sistema é apresentado esquematicamente na Figura 10.7.

A instalação de produção de hidrogênio poderia ser baseada em (1) eletrólise da água usando fontes de energia tradicionais ou renováveis, (2) conversão do óleo cru, carvão ou mesmo gás natural ao gás hidrogênio, (3) processos fotoquímicos avançados usando energia solar e catalisadores melhorados e (4) processos termoquímicos usando várias fontes de energia, como queima de carvão, nuclear e/ou fontes renováveis. A eletrólise é mostrada na Equação (10.6). A produção do hidrogênio a partir do óleo ou carvão foi descrita na Seção 10.2. Ela envolve o processo de reforma catalítica a vapor de hidrocarbonetos [Equações (10.7) e (10.8)] para óleo e gás natural e a reação carbono-vapor d'água [Equação (10.9)] para o carvão. Em ambos os casos, o gás de

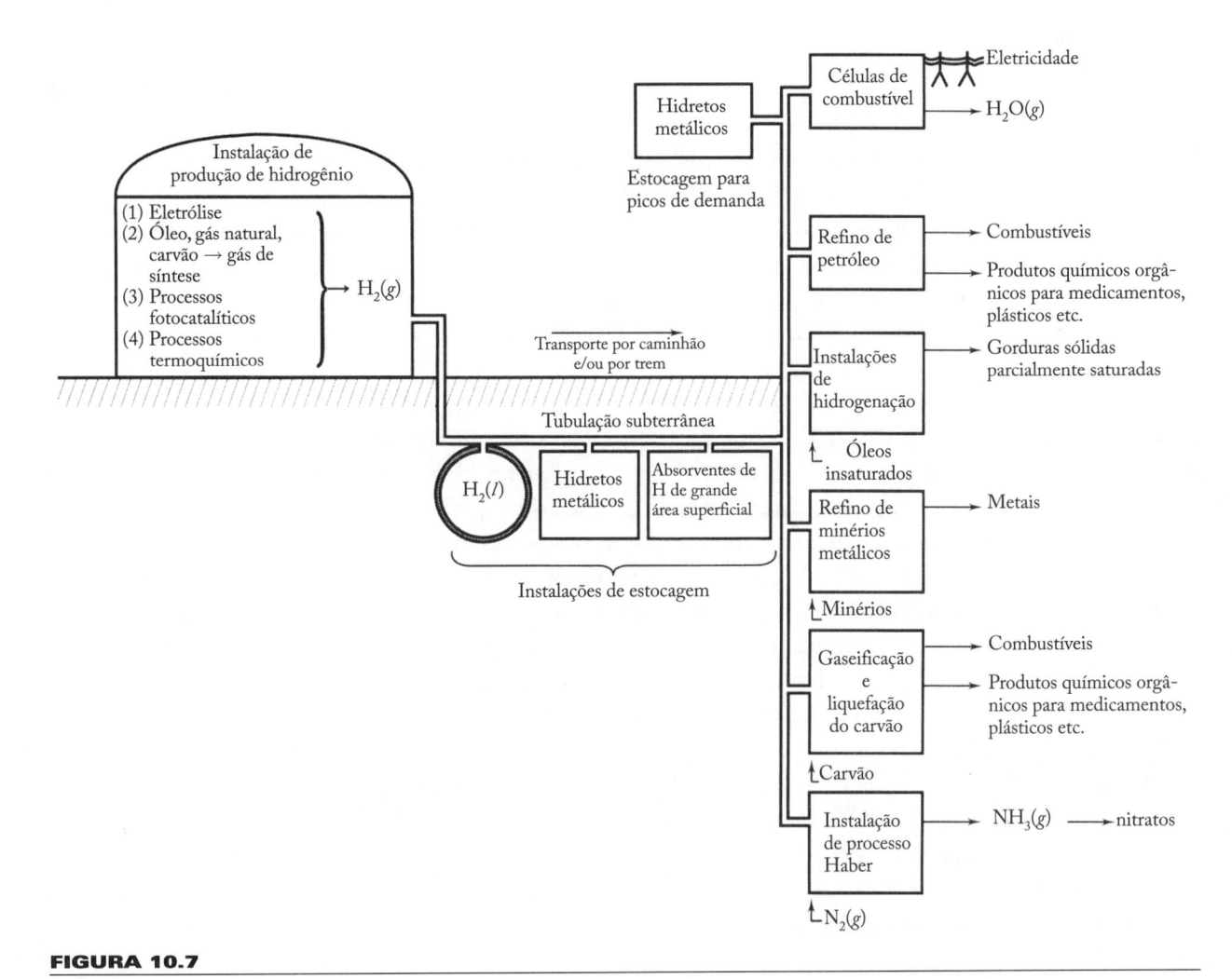

FIGURA 10.7
A economia do hidrogênio. Um resumo da produção, estocagem e usos do hidrogênio.

síntese resultante pode ser convertido em hidrogênio e dióxido de carbono pela reação de deslocamento do gás d'água [Equação (10.8)]. No entanto, o dióxido de carbono é a principal causa do *forçamento radioativo* que, indiscutivelmente, já deve ter começado a aquecer a atmosfera terrestre a níveis que, se não forem revertidos, poderão causar inundações catastróficas de cidades costeiras, devido ao derretimento da cobertura de gelo dos polos. (Veja a Seção 11.6 para mais detalhes sobre esse efeito e suas consequências.) O uso de um processo fotoquímico em um ou mais ciclos termoquímicos poderia evitar a produção de dióxido de carbono.

O desenvolvimento de uma nova geração de catalisadores e semicondutores será necessário para um processo fotoquímico (usando radiação solar) ser viável, mas pesquisa e desenvolvimento nessa área estão crescendo rapidamente. As fontes de hidrogênio incluem hidrocarbonetos, álcoois e ácidos orgânicos. Catalisadores de rutênio, de ródio e de irídio e vários arsenetos, selenetos e teluretos semicondutores (veja o Capítulo 15), podem levar a um sistema eficiente.

Sistemas termoquímicos cíclicos que começam com água e produzem hidrogênio e oxigênio, com regeneração simultânea dos reagentes, são assuntos de investigações atuais. Tal esquema é representado na Equação de três partes (10.24):

$$H_2O(g) + A \xrightarrow{calor} H_2(g) + C \qquad \textbf{10.24a}$$

$$B + C \xrightarrow{calor} \frac{1}{2}O_2(g) + D \qquad \textbf{10.24b}$$

$$D \xrightarrow{calor} A + B \qquad \textbf{10.24c}$$

Note que A e B são regenerados no fim do processo, enquanto C e D são produzidos e consumidos. O resultado líquido é que a água é "dividida" nos gases hidrogênio e oxigênio. Exemplos de reagentes iniciais (A) incluem óxidos, hidretos e hidróxidos. Uma das mais atraentes fontes de energia calorífica para fazer esses ciclos funcionarem é a própria radiação solar. Essa radiação pode ser refletida e coletada usando vários tipos de espelhos que acompanham o Sol, chamados de heliostatos, que focam a luz solar para um ponto concentrado ou *receptor solar*. Outra importante fonte de energia calorífica para esses ciclos termoquímicos podem ser as usinas nucleares.

A estocagem do gás hidrogênio liquefeito tem sido feita rotineiramente em instalações de baixa temperatura e isoladas a vácuo, como parte do programa espacial norte-americano. Como notado anteriormente, metais têm uma grande capacidade de absorver e, então, regenerar hidrogênio formando hidretos de várias composições. Recentemente, muitos absorventes de grande área superficial têm sido desenvolvidos para estocar grandes quantidades de hidrogênio eficientemente. Esses absorventes incluem nanotubos de carbono descritos na Seção 15.4, assim como as "estruturas metalorgânicas" (MOFs[*]).

O transporte do hidrogênio líquido ou de hidretos sólidos pode ser feito por estradas, por linhas férreas ou ele pode ser bombeado por tubulações subterrâneas, da mesma forma que o gás natural é distribuído atualmente. No entanto, cuidados devem ser tomados, porque muitos hidretos metálicos são quebradiços, e as tubulações podem ficar suscetíveis à ruptura. Alguns problemas com vazamentos de hidrogênio também podem ser encontrados. O transporte do hidrogênio e de hidretos produzidos (e talvez estocados) em minas de carvão distantes seria mais eficiente do que a transmissão de eletricidade produzida pela queima do carvão. A eletricidade não pode ser estocada, então instalações de geração de eletricidade caras têm de estar disponíveis para atender o pico de demanda de invernos frios (principalmente nos países de clima mais frio do hemisfério norte) e de verões quentes. Com o hidrogênio, tais problemas são resolvidos estocando-se hidrogênio ou hidretos para tais ocasiões.

---

[*] N.R.T.: do inglês *metalorganic frameworks*.

A grande vantagem do uso do hidrogênio como base da economia é que sua combustão produz essencialmente água como o produto principal. Não há a produção de óxidos de enxofre e muito menos de óxidos de nitrogênio. Assim, os componentes da chuva ácida (veja o Capítulo 17) seriam muito reduzidos se mudássemos para uma economia baseada no hidrogênio. Além disso, diferentemente de combustíveis baseados em hidrocarbonetos, o dióxido de carbono também não é um produto. [O CO_2 pode, todavia, ser um subproduto da produção do gás hidrogênio, como discutido anteriormente e representado nas Equações (10.7) a (10.9).] De qualquer forma, não podemos imaginar um sistema de produção de energia muito mais limpo do que isso.

Como a Figura 10.7 mostra e como estudamos, em parte, em seções anteriores, há uma variedade de usos para o hidrogênio no fim da tubulação. Células de combustível avançadas poderiam usar o hidrogênio para produzir eletricidade diretamente. O refino de petróleo, usinas de hidrogenação, usinas de gasolina ou metanol, instalações de processo Haber e instalações de redução de minérios metálicos poderiam todos ser supridos. Mesmo usinas de gaseificação e liquefação do carvão para produzir gás de síntese, gasolina e outros combustíveis poderiam entrar nesse processo. Um benefício adicionado a esse uso do carvão é que o enxofre e o nitrogênio poderiam ser removidos mais facilmente pela hidrogenação do que pelas tecnologias existentes. Uma vez se pensou que automóveis poderiam ser redesenhados para funcionar por hidrogênio gerado conforme o necessário, a partir de um combustível sólido de hidreto metálico. Todavia, o uso do hidrogênio como um combustível, mesmo se for gerado conforme a necessidade, apresenta muitos riscos e atualmente parece ser apenas uma possibilidade para o longo prazo.

Fusão nuclear

Um outro uso do hidrogênio como uma fonte energética do futuro depende de sua física, em vez da química. Como discutimos na Seção 10.1, a energia do Sol provém da fusão nuclear do hidrogênio, formando hélio [Equação (10.4)]. Nos anos 1950, a humanidade aprendeu a usar as mesmas forças para produzir uma bomba de hidrogênio; agora, após a virada do milênio, esperamos que ela possa produzir uma fonte de energia segura e limpa para o século XXI. Para fazer que dois núcleos se fundam, eles devem se chocar a velocidades enormes para superar as forças eletrostáticas entre eles. Esse requisito se traduz em dois objetivos para a pesquisa na área de fusão. Os núcleos devem estar a temperaturas extremamente altas (algo na ordem dos 100 milhões de graus), e o plasma resultante (núcleos desprovidos de seus elétrons) deve estar com uma alta densidade. Para atingir tais temperaturas, grandes quantidades de energia devem ser aplicadas, mas, uma vez que a fusão se inicia, a reação será exotérmica e autossustentável. Têm sido propostas inúmeras técnicas para atingir esses dois objetivos simultaneamente. Lasers de pulsos múltiplos são frequentemente usados para atingir as altas temperaturas em pequenas pastilhas de material suscetível à fusão nuclear. O plasma resultante é confinado de várias formas. O reator de fusão nuclear Tokamak, atualmente sendo construído na França, é um dos mais promissores com essa configuração. Ele usa um campo magnético de formato toroidal para confinar o plasma. Outra técnica, chamada *fusão de confinamento inercial*, está sendo usada no National Ignition Facility, na Califórnia, Estados Unidos.

Alguns dos mais promissores sistemas de reação de fusão são mostrados nas Equações (10.25) a (10.27):

$$^{2}_{1}H + ^{2}_{1}H \longrightarrow ^{3}_{1}H + ^{1}_{1}H + 3,8 \times 10^{8} \text{ kJ/mol} \qquad \textbf{10.25}$$

$$^{3}_{1}H + ^{2}_{1}H \longrightarrow ^{4}_{2}He + ^{1}_{0}n + 1,7 \times 10^{9} \text{ kJ/mol} \qquad \textbf{10.26}$$

$$^{6}_{3}Li + ^{2}_{1}H \longrightarrow 2^{4}_{2}He + 2,2 \times 10^{9} \text{ kJ/mol} \qquad \textbf{10.27}$$

Note que essas reações envolvem deutério e trítio. O deutério pode ser obtido em grandes quantidades a partir da água do mar e por técnicas discutidas na Seção 10.3, e o trítio pode ser preparado em reatores de fissão nuclear, como mostrado na Equação (10.21) e descrito na Seção 10.4.

RESUMO

Acredita-se que o hidrogênio tenha sido o primeiro elemento sintetizado no *big bang* e que seja o elemento mais abundante no universo. Ele provê luz solar pela fusão nuclear, o que faz que a vida na Terra seja possível. Isolado e caracterizado pela primeira vez no século XVIII por Henry Cavendish, o hidrogênio é agora gerado em grandes quantidades para a produção de gás de síntese e de outros combustíveis, de produtos químicos orgânicos, de amônia e nitratos, de metais a partir de seus minérios e de eletricidade.

O hidrogênio forma três isótopos: prótio, deutério e trítio. Prótio e deutério podem ser separados por vários processos físicos e químicos. O hidrogênio leve comum em ligações H—X pode ser substituído por deutério, que fornece, então, um meio de acompanhar o progresso de várias reações. Água pesada é usada como um moderador em reatores de fissão. O trítio, produzido naturalmente na alta atmosfera e artificialmente em reatores de fissão, é um emissor beta moderado e é usado como traçador e para fazer tintas luminosas e placas de saída autoluminescentes.

Embora o gás hidrogênio diatômico seja apenas moderadamente reativo, o hidrogênio forma mais compostos do que qualquer outro elemento; os hidretos resultantes são usualmente classificados como covalentes, iônicos ou metálicos. No Capítulo 9, desenvolvemos os primeiros cinco componentes de uma rede de ideias interconectadas para entender a tabela periódica. Algumas das ideias apresentadas lá são úteis na discussão sobre estados de oxidação formais e propriedades de várias classes de hidretos. As ligações em hidretos metálicos ainda não são muito bem compreendidas, embora esses compostos possam ser usados para purificar e estocar hidrogênio.

A produção, estocagem, transporte e uso do hidrogênio podem chegar a suprir toda a economia mundial. A fusão nuclear pode ser a mais importante fonte de energia do futuro. Um conhecimento da química e da física do hidrogênio é fundamental para entender o futuro, assim como o passado e o presente.

PROBLEMAS

10.1 Em um parágrafo conciso, resuma o que significa a "teoria do *big bang*" ou a "expansão do *ylem*".

10.2 Em um parágrafo conciso, descreva as circunstâncias que levam a explosões de supernovas e por que esses eventos são críticos no processo de nucleossíntese.

10.3 Determine o número de prótons e nêutrons nos seguintes núcleos:

(a) $^{11}_{5}B$ (b) $^{17}_{8}O$ (c) $^{60}_{27}Co$ (d) $^{239}_{94}Pu$

10.4 Além das reações que, somadas, resultam no ciclo próton-próton [Equação (10.4)], há várias outras possíveis reações de fusão que ocorrem no Sol, duas das quais são mostradas a seguir. Em cada caso, preencha os espaços para o produto faltante e balanceie a reação.

(a) $^{2}_{1}H + ^{2}_{1}H \longrightarrow$ _____ $+ ^{1}_{1}H$

(b) $^{3}_{2}He + ^{2}_{1}H \longrightarrow ^{4}_{2}He +$ _____

10.5 As seguintes reações são parte do *ciclo do carbono*, uma rota diferente para a conversão do hidrogênio em hélio. Em cada reação, um produto ou reagente foi omitido. Balanceando cada equação, preencha com o reagente ou produto faltante e verifique se o resultado do ciclo é a conversão do hidrogênio em hélio.

(a) $^{12}_{6}C + ^{1}_{1}H \longrightarrow$ _____

(b) $^{13}_{7}N \longrightarrow ^{13}_{6}C +$ _____

(c) $^{13}_{6}C +$ _____ $\longrightarrow ^{14}_{7}N$

(d) $^{14}_{7}N +$ _____ $\longrightarrow \, ^{15}_{8}O$

(e) $^{15}_{8}O \longrightarrow \, ^{15}_{7}N +$ _____

(f) $^{15}_{7}N + \, ^{1}_{1}H \longrightarrow \, ^{12}_{6}C +$ _____

10.6 A síntese dos elementos com número atômico ímpar sempre foi uma questão difícil para cosmologistas explicarem. Escreva uma equação nuclear balanceada para as duas seguintes reações propostas.

(a) Boro-11 (e dois prótons) é produzido a partir da colisão de um próton com carbono-12.

(b) Lítio-7 (e dois núcleos de hélio-4 e um próton) é produzido a partir da colisão de um núcleo de hélio-4 com carbono-12.

10.7 Em 2006, cientistas do Joint Institute for Nuclear Research em Dubna, Rússia, e do Lawrence Livermore National Laboratory na Califórnia, Estados Unidos, anunciaram que haviam preparado o ununoctium-294, Uuo-294. Eles bombardearam califórnio-249 com cálcio-48 (na forma de íons) e produziram três nêutrons, juntamente com o Uuo-294.

(a) Escreva uma equação nuclear para esse processo.

(b) Eles também notaram que o Uuo-294 decai por emissão alfa. Escreva uma equação para esse processo e dê o nome do nuclídeo produzido além da partícula alfa.

10.8 Um defeito de massa de 1 unidade de massa atômica (u) corresponde à liberação de $8,984 \times 10^{10}$ kJ/mol. Dadas as massas dos núcleos nas tabelas 10.1 e 10.2, calcule o defeito de massa (em unidades de massa atômica) e a energia liberada por mol para o ciclo próton – próton.

10.9 Lavoisier deu nome ao oxigênio acreditando que ele era um componente necessário dos ácidos. Dê o nome de quatro ácidos que sejam consistentes com a crença de Lavoisier e pelo menos duas exceções.

*__10.10__ Procure o verbete *Robert Boyle* na *Asimov's biographical encyclopedia of science and technology* (2. ed. rev., Nova York, Doubleday, 1982). Ele menciona a preparação do hidrogênio por Boyle? Agora procure por Henry Cavendish nessa mesma referência. Por que o crédito pela descoberta desse elemento é dado a Cavendish?

*__10.11__ (a) Use dados de calor padrão de formação (a 298 K), encontrados em um livro-texto introdutório de química, para calcular o calor do processo de reforma catalítica a vapor d'água de hidrocarbonetos [Equação (10.7), reproduzida a seguir]:

$$C_3H_8(g) + 3H_2O(g) \xrightarrow{Ni} 3CO(g) + 7H_2(g)$$

(b) Explique brevemente por que essa reação se processa melhor a altas temperaturas.

(c) A presença de um catalisador de níquel alteraria o calor da reação?

*__10.12__ (a) Usando calores padrão de formação (a 298 K), encontrados em um livro-texto introdutório de química, calcule o calor de reação da reação carbono-vapor d'água [Equação (10.9), reproduzida a seguir, admitindo-se o carbono a partir do carvão como grafite puro]:

$$C(\text{grafite}) + H_2O(g) \xrightarrow{\text{Fe ou Ru}} CO(g) + H_2(g)$$

(b) Por que é melhor processar essa reação a altas temperaturas?

(c) Seria melhor usar alta ou baixa pressão para aumentar o rendimento dessa reação? Por quê?

---

* Exercícios marcados com um asterisco (*) são mais desafiadores.

10.13 Gás de síntese (CO e H_2) foi usado antigamente na forma direta como combustível. Escreva uma equação para a combustão desses dois gases e calcule o calor da reação, usando calores padrão de formação (a 298 K), encontrados em um livro-texto introdutório de química.

10.14 Para a reação de um óxido de metal(II) com gás hidrogênio [Equação (10.12), reproduzida a seguir], o que está sendo oxidado? O que está sendo reduzido? Escreva uma equação similar para a reação dos óxidos de prata e de bismuto.

$$MO(s) + H_2(g) \longrightarrow M(s) + H_2O(l)$$

10.15 O principal óxido de molibdênio é o MoO_3. Escreva a reação para a redução desse óxido com gás hidrogênio para produzir molibdênio livre e água.

10.16 A massa atômica do hidrogênio está listada como 1,008 u. Explique esse valor em termos da informação dada na Tabela 10.2.

10.17 O oxigênio, como o hidrogênio, tem três isótopos principais: ^{16}O, ^{17}O e ^{18}O, com massas atômicas 15,995, 16,999 e 17,999 u, respectivamente. Compare o aumento percentual de massa do ^{16}O para o ^{17}O para o ^{18}O com o aumento do hidrogênio para o deutério para o trítio. Como as diferenças entre as velocidades de difusão e efusão entre os isótopos de oxigênio diferem das velocidades dos isótopos do hidrogênio? (*Dica:* lembre-se da lei da efusão de Graham.)

10.18 Os pontos de fusão e ebulição do D_2O são 3,8 °C e 101,4 °C, respectivamente. Explique brevemente esses valores em comparação com H_2O. Admita que uma ligação O–H tenha a mesma polaridade de uma ligação O–D.

10.19 Usando as massas moleculares do D_2O e do H_2O, calcule a razão das velocidades médias, v_{H_2O}/v_{D_2O}, que é a mesma que a razão das velocidades de efusão ou difusão, dessas duas moléculas. Explique brevemente por que H_2O evapora mais rapidamente do que D_2O. (*Dica:* lembre-se da lei da efusão de Graham.)

10.20 Quando a água é eletrolisada, a densidade da água contida no frasco da reação aumenta gradualmente. Escreva um parágrafo curto que explique essa observação.

*10.21 Quando H. C. Urey e seus colaboradores isolaram a água pesada pela primeira vez, não tinham certeza se esse aumento de peso era causado pelo hidrogênio ou pelo oxigênio. Eles eletrolisaram a água pesada para formar hidrogênio e oxigênio diatômicos, mas ainda não tinham certeza da composição dos gases; por exemplo, o hidrogênio poderia ser H_2 ou D_2, o oxigênio poderia ser $^{16}O_2$ ou $^{18}O_2$. Suponha que os produtos da eletrólise da água pesada reajam com hidrogênio e oxigênio comuns. Como eles poderiam decidir a causa exata do maior peso da água pesada?

*10.22 Há apenas uma xícara de D_2O em 400 galões de água. Quantos gramas de água pesada há nos oceanos do mundo? (O volume total dos oceanos é estimado em $3,2 \times 10^8$ km^3.) (1 xícara = 0,236 litro; 1 galão = 3,78 litros; densidade do D_2O = 1,10 g/mL.)

*10.23 Com base no que você pode recordar de conhecimentos químicos anteriores, explique o fato de que os pontos de ebulição do H_2, D_2 e T_2 são 20,4, 23,7 e 25,0 K, respectivamente.

10.24 Admitindo-se que H_2 e D_2 são gases ideais, calcule os valores das densidades desses dois gases e compare seus resultados com os valores conhecidos de 0,0899 e 0,180 g/L à temperatura e pressão padrão.

---

* Exercícios marcados com um asterisco (*) são mais desafiadores.

10.25 Qual teria a maior pressão de vapor, $H_2(l)$ ou $D_2(l)$? Explique seus resultados em termos da teoria cinética molecular dos gases.

10.26 A estrutura da glicose (açúcar) é mostrada a seguir. Quais átomos de hidrogênio poderiam ser substituídos por átomos de deutério? Por quê?

$$\begin{array}{c} \text{H}\text{H}\text{H} \\ ||| \\ \text{H}\text{O}\text{H}\text{O}\text{O} \\ ||||| \\ \text{O}=\text{C}-\text{C}-\text{C}-\text{C}-\text{C}-\text{CH}_2\text{OH} \\ |||| \\ \text{H}\text{O}\text{H}\text{H} \\ | \\ \text{H} \end{array}$$

10.27 Quando cloreto de metilamônio, $CH_3NH_3^+Cl^-$, é dissolvido em óxido de deutério, apenas metade dos átomos de hidrogênio é substituída por átomos de deutério. Explique esse resultado.

10.28 (*Ponto extra*.) Após assistir ao filme *Os heróis de Telemark*, escreva um parágrafo curto resumindo o enredo como visto pelos olhos de um químico.

10.29 O carbono-14 decai por emissão β^- com uma meia-vida de 5.730 anos. Escreva uma equação nuclear para esse processo.

10.30 O potássio-40 decai tanto por emissão β^- quanto por emissão β^+. Escreva uma equação nuclear para cada processo.

10.31 O cobalto-60 decai por emissão β^+. Escreva uma equação nuclear para esse processo.

10.32 Quando ^{238}U é bombardeado com um nêutron, o instável ^{239}U é formado. ^{239}U decai por emissão β^-. Escreva uma equação nuclear para esse processo.

10.33 O rádio-226 decai por emissão alfa. Escreva uma equação nuclear para esse processo.

10.34 Quem foi Lise Meitner e como e por que hoje em dia honramos sua memória? (*Dica:* uma pesquisa rápida na internet ajudaria a responder a essa questão.)

10.35 Quem foi Ida Noddack? Descreva seu papel na descoberta da fissão nuclear. (*Dica:* uma pesquisa rápida na internet ajudaria a responder a essa questão.)

10.36 Algumas reações de fissão fornecem três nêutrons como produtos, enquanto outras, como a mostrada a seguir, geram somente dois nêutrons. Preencha o produto que está faltando nessa reação.

$$^{235}_{92}U + ^{1}_{0}n \longrightarrow ^{96}_{37}Rb + \underline{} + 2\,^{1}_{0}n$$

10.37 O plutônio-239 também é um isótopo fissionável. Em uma das possíveis reações, ele produz três nêutrons e estrôncio-90. Escreva uma equação nuclear para esse processo.

10.38 O urânio-233 também é um isótopo fissionável. Ele é produzido por bombardeamento do tório-232 (para produzir tório-233), seguido por duas emissões β^-. Escreva equações nucleares para esses três processos.

---

* Exercícios marcados com um asterisco (*) são mais desafiadores.

10.39 O tório-229 é o núcleo mais leve que sofre fissão por nêutrons térmicos. Ele é produzido pelo decaimento alfa do urânio-233. Escreva uma equação nuclear que represente esse processo, seguida por uma segunda equação mostrando a possível fissão do tório-229 formando dois nêutrons e estrôncio-90.

10.40 Para controlar uma reação de fissão nuclear, varetas de cádmio ou boro são inseridas no reator. Cada núcleo de cádmio-113 absorve um nêutron e emite raios gama, enquanto cada boro-10 absorve um nêutron e emite uma partícula alfa. Escreva equações nucleares para esses processos.

10.41 O chumbo-210 decai por emissão alfa e o mercúrio-206 decai por emissão β^-. É possível transmutar chumbo em ouro usando esses dois esquemas de decaimento? Mostre equações que sustentem sua resposta.

10.42 Na produção de trítio na alta atmosfera, algumas evidências mostram que prótons de alta energia de raios cósmicos interagem primeiro com átomos de nitrogênio na alta atmosfera para produzir nêutrons e oxigênio. Esses nêutrons, então, reagem com o nitrogênio para produzir trítio, conforme mostrado na Equação (10.20). Escreva uma reação nuclear para a ação dos prótons sobre o nitrogênio para produzir nêutrons.

10.43 A energia de ionização do hidrogênio é maior do que a do lítio, mesmo com o elétron experimentando uma carga nuclear efetiva de aproximadamente +1 em cada caso. Dada essa informação, por que esperaríamos que a energia de ionização fosse maior para o hidrogênio?

10.44 Desenhe estruturas de Lewis para os hidretos de estrôncio e de enxofre. Usando suas estruturas e uma tabela de eletronegatividades (veja a Figura 9.9), determine o estado de oxidação do hidrogênio em cada caso. Forneça um nome para cada hidreto.

10.45 Desenhe estruturas de Lewis para os hidretos de bromo e de bário. Usando suas estruturas e uma tabela de eletronegatividades (veja a Figura 9.9), determine o estado de oxidação do hidrogênio em cada caso. Forneça um nome para cada hidreto.

10.46 O conceito de densidade de carga foi desenvolvido em conexão com a introdução do "princípio da singularidade" no Capítulo 9. Em um parágrafo curto e bem escrito, explique como a densidade de carga é usada para explicar por que hidretos de não metais são sempre covalentes.

*10.47 Assuma por um momento que um próton possa existir independentemente na água. Como esse próton interagiria com uma molécula de H_2O? Desenhe um diagrama como parte de sua resposta.

*10.48 O valor do raio iônico do H^- em alguns hidretos varia como mostrado a seguir. Explique brevemente esses valores em termos da eletronegatividade do metal.

Composto	MgH_2	LiH	NaH	KH	RbH	CsH
$r(H^-)$, Å	1,30	1,37	1,46	1,52	1,54	1,52
EN (metal)	1,2	1,0	0,9	0,8	0,8	0,7

*10.49 Diferentemente dos haletos que ocorrem com elementos de uma grande parte da tabela periódica, os hidretos salinos ou iônicos são restritos aos elementos dos Grupos 1A e 2A. Para demonstrar quantitativamente por que isso ocorre, use os valores de energias de ligação e as afinidade eletrônicas do hidrogênio e do flúor encontradas na Tabela 10.3 para calcular a energia do seguinte processo, no qual X = H e F:

$$\frac{1}{2}X_2(g) + e^-(g) \longrightarrow X^-(g)$$

---

* Exercícios marcados com um asterisco (*) são mais desafiadores.

Discuta como esses resultados implicam que hidretos iônicos só se formarão com os metais mais eletropositivos (ou menos eletronegativos).

10.50 Escreva um ciclo de Born-Haber para a formação do hidreto de potássio, KH, e use-o para calcular um valor para a energia reticular desse composto. (O calor padrão de formação do KH é −57,8 kJ/mol; outras grandezas termoquímicas podem ser encontradas nas tabelas 8.3 e 10.3.)

10.51 Supondo que o KH assuma a estrutura do NaCl, calcule a energia reticular usando a equação de Born-Landé e compare sua resposta com aquela obtida no Problema 10.50. (Raios iônicos podem ser encontrados nas tabelas 7.5 e 10.3.)

10.52 Escreva um ciclo de Born-Haber para a formação do CuH e use-o para calcular um valor para a energia reticular desse composto. (O calor padrão de formação do CuH é +21 kJ/mol; o calor de sublimação e a primeira energia de ionização do cobre são 338,3 e 745 kJ/mol, respectivamente; outras grandezas termoquímicas podem ser encontradas na Tabela 10.3.)

10.53 Sem conhecer a estrutura cristalina do CuH, calcule um valor para sua energia reticular usando a equação de Kapustinskii. (Raios iônicos podem ser encontrados nas tabelas 7.5 e 10.3.)

10.54 Escreva um ciclo de Born-Haber para a formação do CaH_2 e use-o para calcular um valor para a energia reticular desse composto. (O calor padrão de formação do CaH_2 é 186 kJ/mol; o calor de sublimação e a primeira e segunda energias de ionização do cálcio são 178,2, 589,8 e 1145 kJ/mol, respectivamente; outras grandezas termoquímicas podem ser encontradas na Tabela 10.3.)

10.55 Sem conhecer a estrutura cristalina do CaH_2, calcule um valor para sua energia reticular usando a equação de Kapustinskii. (Raios iônicos podem ser encontrados nas tabelas 7.5 e 10.3.)

*10.56 Usando os dados fornecidos a seguir (todos os valores estão em kJ/mol) e ciclos de Born–Haber para a formação do hidreto e do cloreto de sódio, calcule os calores padrão de formação em cada caso. Que tipo de composto é mais estável? Discuta brevemente as principais razões para as diferenças nas estabilidades determinadas pelo calor padrão de formação. Você esperaria que diferenças na entropia de formação mudariam suas conclusões?

	ΔH_{sub}	EI	ΔH_g	AE	U_{B-H}
NaH	107,3	495,9	218,2	−73	−808
NaCl	107,3	495,9	121,7	−349	−787

10.57 O hidreto de cálcio é usado para reduzir o óxido de tântalo, Ta_2O_5, ao metal puro. Escreva uma equação para esse processo.

10.58 Dada a estrutura do TiH_2 (Ti^{4+}, $2H^-$ e $2e^-$ fornecem a condutividade elétrica desse composto), especule por que deve haver um caráter covalente significativo entre o metal e os íons hidreto.

*10.59 O seguinte ciclo termoquímico foi proposto como um método de dividir quimicamente a água em seus elementos constituintes. Mostre que o resultado líquido desse processo é a produção de hidrogênio e de oxigênio e que todos os reagentes necessários são regenerados nas quantidades estequiométricas necessárias. Usando dados de calor padrão de formação, calcule o calor de cada reação e da reação global.

$$CaBr_2(s) + H_2O \xrightarrow{calor} CaO(s) + 2HBr(g)$$

---

* Exercícios marcados com um asterisco (*) são mais desafiadores.

$$\text{Hg}(l) + 2\text{HBr}(g) \xrightarrow{\text{calor}} \text{HgBr}_2(s) + \text{H}_2(g)$$

$$\text{HgBr}_2(s) + \text{CaO}(g) \xrightarrow{\text{calor}} \text{HgO}(s) + \text{CaBr}_2(s)$$

$$\text{HgO}(s) \xrightarrow{\text{calor}} \text{Hg}(l) + \frac{1}{2}\text{O}_2(g)$$

*10.60 O ciclo termoquímico a seguir foi proposto como um método de dividir quimicamente a água em seus elementos constituintes. Mostre que o resultado líquido desse processo é a produção de hidrogênio e de oxigênio e que todos os reagentes necessários são regenerados nas quantidades estequiométricas necessárias. Usando dados de calor padrão de formação, calcule o calor de cada reação e da reação global.

$$3\text{FeCl}_2(g) + 4\text{H}_2\text{O} \xrightarrow{\text{calor}} \text{Fe}_3\text{O}_4(s) + 6\text{HCl}(g) + \text{H}_2(g)$$

$$\text{Fe}_3\text{O}_4(s) + \frac{3}{2}\text{Cl}_2(g) + 6\text{HCl}(g) \xrightarrow{\text{calor}} 3\text{FeCl}_3(s) + 3\text{H}_2\text{O}(g) + \frac{1}{2}\text{O}_2(g)$$

$$3\text{FeCl}_3 \xrightarrow{\text{calor}} 3\text{FeCl}_2(s) + \frac{3}{2}\text{Cl}_2(g)$$

*10.61 O ciclo termoquímico a seguir foi proposto como um método de dividir quimicamente a água em seus elementos constituintes. Mostre que o resultado líquido desse processo é a produção de hidrogênio e de oxigênio e que todos os reagentes necessários são regenerados nas quantidades estequiométricas necessárias. Usando dados de calor padrão de formação, calcule o calor de cada reação e da reação global.

$$2\text{HI}(g) \xrightarrow{\text{calor}} \text{I}_2(g) + \text{H}_2(g)$$

$$2\text{H}_2\text{O}(g) + \text{SO}_2(g) + \text{I}_2(g) \xrightarrow{\text{calor}} \text{H}_2\text{SO}_4(l) + 2\text{HI}(g)$$

$$\text{H}_2\text{SO}_4(l) \xrightarrow{\text{calor}} \text{SO}_2(g) + \text{H}_2\text{O}(g) + \frac{1}{2}\text{O}_2(g)$$

10.62 A necessidade de um plasma a temperaturas muito altas está relacionada à teoria das colisões da cinética química. Descreva brevemente as similaridades e uma diferença significativa entre reações químicas e reações nucleares como a fusão.

10.63 Bombas de hidrogênio contêm deutereto de lítio, LiD, muito bem compactado. A detonação é conseguida usando uma bomba de fissão para prover as altas temperaturas necessárias para iniciar a fusão entre o lítio-6 e o deutério, que resulta em hélio-4. Escreva uma equação para essa reação de fusão.

Vamos supor que você tenha uma tia chamada Emília, que tem uma formação educacional muito boa e, para sua sorte e de seus irmãos, é bastante rica. Tia Emília se formou na universidade há cerca de 20 anos. Ela não é graduada em ciências, mas sempre gostou e cursou três ou quatro cursos introdutórios de ciências. Logicamente, isso foi há 20 anos, e ela não se lembra de detalhes desses cursos, mas certamente está disposta e, de fato, ansiosa para ouvir sobre o que você tem estudado em química inorgânica. Tia Emília pergunta a você as questões listadas a seguir. Sua tarefa é explicar para a tia Emília as respostas a essas questões. Em cada uma de suas explicações, você deve ter o cuidado de usar uma linguagem direta, não envolvendo muito jargão técnico. Você também deve ter cuidado para não

---

* Exercícios marcados com um asterisco (*) são mais desafiadores.

subestimar sua tia. Ela é inteligente e perceptiva e, uma vez que se graduou há 20 anos, tem condições de entender explicações técnicas de maneira relativamente rápida. Seja tão específico quanto você acha que pode ser baseado no que você conhece da tia Emília.

10.64 Que processo é responsável pela luz solar? Se possível, forneça uma ou mais equações nucleares para esse processo e explique para a tia Emília o que essas equações significam e de onde vem a luz solar.

10.65 O que é nucleossíntese? A nucleossíntese pode se processar em uma estrela como o nosso Sol? Por quê? Se não pode, dê à tia Emília uma visão geral de como chegamos aos 100 elementos.

10.66 Como funcionaria uma usina de força a fusão nuclear? Quais são os principais problemas que precisam ser resolvidos para que a fusão seja uma fonte de energia viável no futuro? Também explique à tia Emília como dependemos atualmente da fusão nuclear como uma fonte de energia.

CAPÍTULO 11

Oxigênio, soluções aquosas e o caráter ácido-base de óxidos e hidróxidos

No último capítulo, discutimos o hidrogênio, que forma mais compostos do que qualquer outro elemento. Neste capítulo, temos três objetivos principais: (1) introduzir a química do oxigênio, que forma compostos com todos os elementos, exceto os gases nobres mais leves, (2) descrever a estrutura da água e de soluções aquosas e (3) discutir óxidos e hidróxidos, com ênfase particular na sua química ácido–base em meio aquoso. Esse último tema é tão importante que se tornará o sexto componente da nossa rede de ideias interconectadas para entender a tabela periódica. É esperado que a rede e as descrições de óxidos e hidróxidos neste capítulo, combinadas com aquelas dos hidretos tratadas no último capítulo, serão muito úteis no nosso caminho entre os capítulos 12 e 19, nos quais descreveremos a química dos elementos representativos.

11.1 OXIGÊNIO

Descoberta

Como vimos, o crédito para a descoberta do hidrogênio vai para Henry Cavendish. Tanto Robert Boyle quanto Nicolas Lémery prepararam o gás, mas nenhum deles o descreveu de forma detalhada ou o reconheceu como um novo elemento, como Cavendish fez. Por outro lado, a descoberta do oxigênio não é tão simples assim e levanta a questão do que realmente significa "descobrir" um elemento. A descoberta ocorre quando um elemento é preparado pela primeira vez em uma forma razoavelmente pura? Ou ele deve ser caracterizado por várias propriedades químicas e físicas? Para ser creditado com a descoberta, o cientista tem de reconhecer a substância como um novo elemento? O que acontece se uma pessoa é a primeira a preparar e caracterizar um novo elemento, mas não é a primeira a publicar seus resultados? Todas essas questões têm um papel na atribuição do descobridor do oxigênio.

O inglês Joseph Priestley e o sueco-alemão Karl Wilhelm Scheele são usualmente listados como codescobridores independentes do oxigênio. Scheele, um farmacêutico que se concentrou em pesquisa, teve participação na descoberta de vários elementos (cloro, manganês, bário, molibdênio, tungstênio e nitrogênio, além do oxigênio), mas não recebeu o crédito individual pela descoberta de nenhum deles. Ele também foi o primeiro a preparar um grande número de ácidos e, surpreendentemente, documentou o sabor (lembrando amêndoas amargas) do mortalmente venenoso gás cianeto de hidrogênio! Conforme descrito em seu caderno de anotações de laboratório em 1771, Scheele conseguiu isolar oxigênio razoavelmente puro (o que ele chamou de "ar de fogo") de vários compostos e o caracterizou suficientemente bem para que, em circunstâncias normais, ele fosse listado como o único descobridor. Tragicamente, mas não devido a seu próprio erro, houve um atraso na publicação do trabalho de Scheele, de forma que quando ele realmente apareceu, em 1777, Priestley havia vencido a disputa, tendo publicado seu trabalho três anos antes. (Você consegue imaginar a agonia e o desapontamento que Scheele deve ter sentido quando viu o artigo de Priestley?) No entanto, devido à sua documentação cuidadosa, Scheele é usualmente listado como codescobridor do elemento. Uma moral dessa história é dar ouvidos aos seus professores quando eles lhe dizem o quanto é importante manter um caderno de anotações de laboratório completo e preciso.

Como um não conformista ou dissidente, na Inglaterra do século XVIII, Priestley se recusou a jurar fidelidade à Igreja da Inglaterra e foi proibido de ingressar em qualquer uma das grandes universidades inglesas, como Oxford e Cambridge. De fato, suas crenças religiosas e políticas (por exemplo, como um inglês, ele apoiou a Revolução Americana nos anos 1770) fizeram que ele fosse rotulado, de certa forma, como um pária* por toda a sua vida, pelo menos até se fixar no Estados Unidos, em 1794. Embora tenha sido educado como um clérigo e tenha sido pastor em várias igrejas pela Inglaterra, Priestley provavelmente é mais lembrado por seu trabalho nas ciências experimentais. Ele foi encorajado a prosseguir com seu interesse pelas ciências por Benjamin Franklin, com quem se encontrou em Londres, em 1769, enquanto Franklin estava lá para discutir a controvérsia sobre os impostos entre as colônias norte-americanas e a Coroa britânica. Franklin, embora visto principalmente como um inventor e um estadista pelos norte-americanos, havia vendido há muito tempo seu prelo, jornal e almanaque e usado a fortuna obtida para mais investigações sobre a nova ciência da eletricidade. Em 1771, com o encorajamento de Franklin, Priestley publicou seu artigo "History and Present State of Electricity". Essa publicação incluía alguns de seus próprios experimentos e estabeleceu sua reputação nas ciências.

Quando Priestley começou a trabalhar com gases, ou "ares", como eles eram chamados naquela época, apenas o ar comum, o dióxido de carbono e o hidrogênio eram conhecidos. Seu trabalho coletando gases sobre mercúrio, assim como sobre água, lhe permitiu que isolasse muitos gases solúveis em água, como amônia, dióxido de enxofre e cloreto de hidrogênio. Em agosto de 1774, Priestley (então trabalhando para o nobre Lorde Shelburne em suas propriedades em Calne, ao sul da Inglaterra) gerou oxigênio, ao focalizar a luz solar através de uma lente poderosa em uma amostra de óxido de mercúrio vermelho. Ele notou que o gás insolúvel em água sustentou a combustão e que ratos viviam mais em meio a ele do que em meio ao ar comum. Ele verificou que era fácil respirá-lo e escreveu que "eu verifiquei que meu peito ficou peculiarmente leve e ficou fácil de respirar por algum tempo depois. Até agora, apenas dois ratos e eu tivemos o privilégio de respirá-lo".

Portanto, tanto Scheele quanto Priestley prepararam um gás que Priestley chamou de *ar deflogisticado*. A "teoria de combustão do flogisto", proposta inicialmente por Georg Stahl por volta de 1700, dizia que objetos queimando emanavam uma substância chamada *flogisto* e que, quando o ar era saturado com essa substância, a combustão não poderia ocorrer. O ar que sustentava a combustão particularmente bem era dito ser sem flogisto ou deflogisticado. Cavendish, Scheele e Priestley foram devotos da teoria do flogisto por toda a vida. Alguns meses após o isolamento desse novo ar, Priestley, então viajando com Lorde Shelburne, teve a oportu-

---

* N. T.: indivíduo que está à margem da sociedade, não desfrutando dos mesmos benefícios do restante da sociedade.

nidade de discutir isso com Antoine Lavoisier, durante um jantar em Paris. Foi Lavoisier que reconheceu que a teoria do flogisto era inadequada para explicar a combustão e que o ar de Priestley, que Lavoisier chamou de *oxigênio*, era um novo elemento que se combinava com materiais durante o processo de combustão.

Lavoisier sustentou que, uma vez que foi o primeiro a reconhecer o oxigênio como um novo elemento, deveria receber o crédito como seu verdadeiro descobridor, mas ele não é tão reconhecido hoje em dia. Ele deu nome a dois elementos, hidrogênio e oxigênio (o último porque era um "gerador de ácido"), formulou a teoria atual da combustão e fez tantas contribuições à nova ciência da química que às vezes é chamado de pai da disciplina. Seguindo essa tradição, o capítulo introdutório deste livro usa o período da vida de Lavoisier como marco do início da química como uma ciência independente. Todavia, apesar de todos os seus feitos, ele nunca conseguiu realizar sua grande ambição de descobrir um elemento. Em 1794, Lavoisier foi decapitado, como resultado de suas atividades na França pré-revolucionária.

Priestley seguiu fazendo muitas outras contribuições para a química. Quando assumiu um pastorado em Leeds, que era próximo a uma cervejaria, ele trabalhou com o "ar fixo", ou dióxido de carbono, que é liberado como um subproduto da fermentação. Aproveitando a oportunidade que lhe foi apresentada, ele logo encontrou uma maneira de "impregnar" a água com esse gás e obteve uma bebida ácida, borbulhante e bastante interessante, que hoje em dia conhecemos como água gaseificada. Com essa descoberta, ele pode apropriadamente ser chamado de pai da indústria moderna de refrigerantes. (Poderíamos nos perguntar se preferiria Coca-Cola ou Pepsi!) Ele foi o primeiro a reconhecer que respirar ar faz que este logo seja impróprio para que continue sendo usado com essa finalidade, mas esse mesmo ar pode ser restabelecido se plantas verdes em crescimento forem colocadas nesse meio.

Em 1794, após alguns incidentes especialmente desagradáveis, atribuídos às suas crenças políticas e religiosas, Priestley emigrou para os Estados Unidos. Ele deixou a Grã-Bretanha apenas uma semana antes de Lavoisier ser executado na França. Ele se estabeleceu em Northumberland, na Pensilvânia, onde descobriu o monóxido de carbono, foi considerado um candidato à presidência e fez muito para promover a causa do unitarismo. Sua casa e laboratório estão preservados para que todos vejam. Em 1874, muitos químicos se reuniram em Northumberland para celebrar o centenário de sua descoberta do oxigênio e estabelecer as bases para a fundação da American Chemical Society.

Ocorrência, preparação, propriedades e usos

Os isótopos de ocorrência natural do oxigênio estão listados na Tabela 11.1. Note que as abundâncias percentuais variam entre as diferentes fontes. A precisão da massa atômica do elemento é, de certa forma, limitada por essa variação, mas mesmo assim a massa atômica do oxigênio serviu de padrão de comparação para outros elementos até 1961, quando a International Union of Pure and Applied Chemistry (Iupac) adotou o carbono–12 como o novo padrão.

O oxigênio é o elemento mais abundante na crosta e nos oceanos da Terra. A atmosfera contém, no momento, 21% de oxigênio, mas nem sempre foi assim. A atmosfera original da Terra recém-formada continha

TABELA 11.1
Os isótopos estáveis do oxigênio

Designação	Símbolo	Massa, uma	Abundância percentual	Faixa da abundância %
Oxigênio 16	$^{16}_{8}O$	15,994915	99,763	
Oxigênio 17	$^{17}_{8}O$	16,999134	0,037	0,035-0,041
Oxigênio 18	$^{18}_{8}O$	17,999160	0,200	0,188-0,209

muito pouco. Todo o oxigênio da atmosfera atual é resultado de atividade biológica – ou seja, através da ação da fotossíntese [representada na Equação (11.1)], processada pelos membros do reino vegetal:

$$6CO_2(g) + 6H_2O(l) \xrightarrow{h\nu} C_6H_{12}O_6(g) + 6O_2(g) \qquad \textbf{11.1}$$

É significativo que Priestley, reconhecendo que plantas verdes podem restabelecer a propriedade do ar de sustentar a vida, já estava na direção da ideia básica do ciclo do oxigênio e da fotossíntese, mais de 200 anos atrás. A propósito, o oxigênio–18 pode ser usado como traçador para mostrar que ambos os átomos do produto oxigênio diatômico vêm da água e nenhum do dióxido de carbono. Conclui-se que a fotossíntese é uma reação complexa, de várias etapas, sendo significativamente mais complicada do que a Equação (11.1) sugere.

Industrialmente, o oxigênio é usualmente preparado por separação do ar liquefeito através da destilação fracionada. Os pontos de ebulição do nitrogênio líquido e do oxigênio líquido são −195,8 °C e −183,0 °C, respectivamente, e, portanto, o nitrogênio entra em ebulição primeiro, deixando principalmente oxigênio (e um pouco de argônio) para trás. O oxigênio é normalmente armazenado e transportado no estado líquido. (Você já viu um caminhão-tanque transportando oxigênio líquido?)

No laboratório, o oxigênio normalmente é produzido pela decomposição do clorato de potássio, $KClO_3$, como mostrado na Equação (11.2):

$$2KClO_3(s) \xrightarrow[MnO_2]{calor} 2KCl(s) + 3O_2(g) \qquad \textbf{11.2}$$

Essa reação era usualmente empregada em atividades do laboratório de química do primeiro ano, mas relatos isolados de explosões forçaram sua eliminação dessas situações. Muito cuidado deve ser tomado ao se preparar oxigênio dessa forma. Um método mais seguro é oxidar uma solução diluída de peróxido de hidrogênio com permanganato de potássio em solução ácida, como mostrado na Equação (11.3):

$$5H_2O_2(aq) + 2MnO_4^-(aq) + 6H^+(aq) \longrightarrow 5O_2(g) + 2MnO^{2+}(aq) + 8H_2O(l) \qquad \textbf{11.3}$$

O oxigênio é, não surpreendentemente, um excelente agente oxidante. (Um tratamento quantitativo de agentes oxidantes e redutores e reações redox é dado no próximo capítulo e se tornará uma parte de nossa rede.) O que, para um leigo, é uma combustão comum, é mais propriamente chamado de *oxidação* por um químico. Uma das reações de combustão-oxidação mais comuns é a de hidrocarbonetos – por exemplo, aqueles encontrados no gás natural, óleo cru e gasolina. Os produtos da combustão ou oxidação completa de hidrocarbonetos são apenas dióxido de carbono e vapor de água, como mostrado na Equação (11.4) para o hexano, um componente da gasolina:

$$C_6H_{14}(l) + \frac{19}{2}O_2(g) \xrightarrow{faísca} 6CO_2(g) + 7H_2O(l) \qquad \textbf{11.4}$$

Por muito tempo, acreditou-se que, se a combustão completa de combustíveis fósseis pudesse ser obtida, a poluição do ar seria coisa do passado. No entanto, mais recentemente, o dióxido de carbono foi considerado como o principal fator no agravamento do *forceamento radioativo*, um fenômeno mencionado pela primeira vez neste livro no capítulo anterior. Detalhes sobre esse processo e suas possíveis consequências ambientais podem ser encontrados na Seçãot 11.6.

O oxigênio é um dos produtos químicos industriais mais importantes. Ele é usado no *processo básico de oxigênio* (*basic oxygen process* – BOP) para converter o ferro-gusa em aço pela oxidação de várias impurezas de silício, manganês, fósforo e enxofre. (O ferro obtido diretamente dos altos-fornos usado para ser fundido em grandes lingotes é chamado *gusa*.) Ele também é usado na fabricação de uma grande variedade de produtos químicos, como auxílio à respiração (por exemplo, tendas de oxigênio), como propelente de foguetes e em maçaricos oxigênio-metano, oxi-hidrogênio e oxiacetileno. O maçarico de oxigênio-metano [Equação (11.5)] é usualmente utilizado para derreter vidros de borossilicato usados em laboratórios científicos, enquanto maçaricos de oxi-hidrogênio apresentam uma temperatura maior e são empregados para cortar e soldar vários metais. Um maçarico de oxiacetileno [Equação (11.6)] atinge temperaturas ainda maiores e é usado em trabalhos de construção.

$$CH_4(g) + 2O_2(g) \longrightarrow CO_2(g) + 2H_2O(g) \qquad \textbf{11.5}$$

$$2C_2H_2(g) + 5O_2(g) \longrightarrow 4CO_2(g) + 2H_2O(g) \qquad \textbf{11.6}$$

11.2 ÁGUA E SOLUÇÕES AQUOSAS

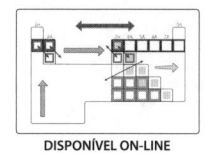

Até aqui, incluímos na nossa rede de ideias interconectadas a lei periódica, o princípio da singularidade, o efeito diagonal, o efeito do par inerte e a linha metal-não metal (veja a Figura 9.20). Agora, queremos adicionar um sexto componente, um conhecimento sobre a química ácido-base em meio aquoso dos óxidos e seus correspondentes hidróxidos. Para fazer isso, primeiro temos de discutir sobre a água e as soluções aquosas.

A água é, sem dúvida, o mais importante composto de oxigênio – ou seja, o óxido mais importante. Um entendimento de sua estrutura e propriedades é fundamental para a compreensão não só da química, mas também de toda a natureza. Quando somos tentados a pensar que a humanidade tem um conhecimento grande e de longa data sobre a natureza, é constrangedor lembrar que, até os experimentos de Cavendish nos anos 1760 provarem que a água era um composto envolvendo hidrogênio, ainda havia a tendência de considerá-la (juntamente com os familiares fogo, terra e ar) como um dos quatro elementos que compõem todas as substâncias (não vivas).

A estrutura da molécula de água

Embora você deva estar familiarizado com a estrutura de uma molécula individual de água de cursos anteriores, isso é tão importante para os argumentos que se seguem que devemos revisá-la brevemente aqui. As representações da água pela estrutura de Lewis, pela geometria determinada pela teoria de repulsão dos pares de elétrons da camada de valência (VSEPR*) e pela teoria da ligação de valência (TLV) são mostradas na Figura 11.1. Os seis elétrons do átomo de oxigênio, juntamente com os dois elétrons dos átomos de hidrogênio, ficam organizados para gerar a familiar estrutura de Lewis da Figura 11.1a, em que o oxigênio está com um octeto de elétrons.

Todos sabemos que a água é uma molécula angular. (Há quanto tempo você acha que isso é sabido? A resposta é apenas cerca de 90 anos!) Como podemos explicar essa forma não linear? Não podemos usar a estrutura de Lewis porque ela considera apenas os elétrons e explica uma fórmula em particular, mas não prevê uma geometria. Uma rápida e confiável estimativa da geometria molecular é usualmente estabelecida usando a teoria VSEPR. Os quatro pares de elétrons (dois pares ligantes e dois pares não ligantes ou isolados) se organizam em um tetraedro para minimizar as repulsões elétron-elétron, como mostrado na Figura 11.1b. O ângulo tetraédrico básico de 109,5° é um pouco comprimido pela presença dos dois pares isolados, de modo que o ângulo H—O—H da água seja, de certa forma, menor do que 109,5°. Lembre-se de que pares isolados, estando confinados por apenas um núcleo, tendem a se espalhar e ocupar um maior volume do que os pares ligantes que estão confinados por ambos os núcleos de hidrogênio e oxigênio. O arranjo resultante, com o ângulo experimental da ligação H—O—H de 104,5°, é mostrado na Figura 11.1c.

* N. T.: do inglês *valence-shell electron-pair repulsion*.

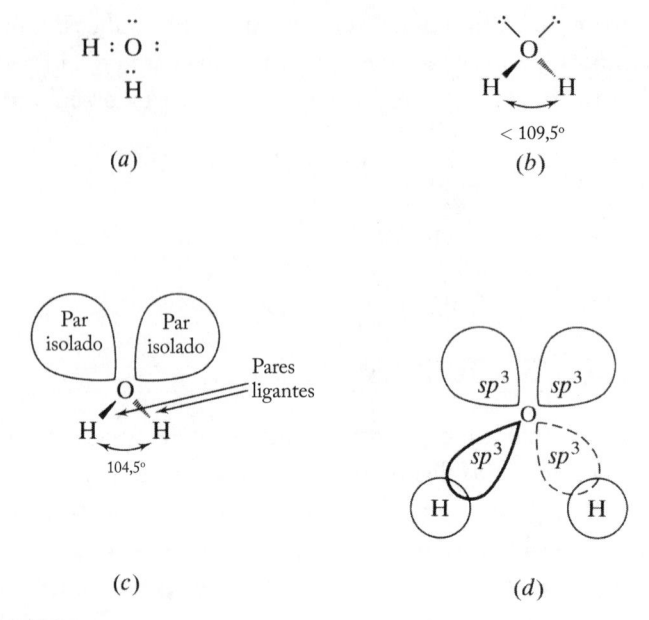

FIGURA 11.1

Várias representações das ligações em uma molécula de água. (*a*) A estrutura de Lewis mostrando um octeto de elétrons ao redor do átomo de oxigênio. (*b*) A representação pela teoria VSEPR, com os quatro pares de elétrons ao redor do oxigênio arranjados tetraedricamente para minimizar as repulsões elétron-elétron. (*c*) Os pares isolados se espalham e fazem que os pares ligantes se aproximem, comprimindo o ângulo H-O-H de 109,5° para 104,5°. (*d*) A representação pela teoria da ligação de valência, mostrando quatro orbitais sp^3 ao redor do oxigênio. Dois desses orbitais contêm pares de elétrons não ligantes e os outros dois contêm pares ligantes.

Na abordagem da TLV, a sobreposição dos orbitais moleculares de valência dos átomos constituintes resulta na estrutura mostrada na Figura 11.1d. Aqui, os orbitais $2s$ e os três orbitais $2p$ do oxigênio estão hibridizados para formar orbitais híbridos sp^3. Na molécula de água, dois desses híbridos contêm os elétrons de pares isolados e dois contêm pares ligantes que formam ligações com os átomos de hidrogênio. Novamente, os pares isolados ocupam mais espaço do que os pares ligantes, resultando em um ângulo da ligação H−O−H de 104,5°.

A água é um composto polar. Uma vez que a eletronegatividade do oxigênio é maior do que a do hidrogênio, cada ligação O−H é covalente polar, ou seja, o par de elétrons é compartilhado entre os dois átomos, mas não de forma igualitária. Na média, o par está mais próximo do oxigênio, resultando em uma carga parcial negativa (δ^-) no átomo de oxigênio e uma carga parcial positiva (δ^+) no átomo de hidrogênio, como mostrado na Figura 11.2a. Lembre-se de que a polaridade resultante de uma ligação é representada por uma flecha apontando para o átomo mais eletronegativo. É dito que tal ligação tem um momento de dipolo no qual os centros de carga positiva e negativa estão em dois polos ou pontos diferentes no espaço. Dessa forma, é dito que a ligação O−H possui um momento de dipolo apontando para o átomo de oxigênio, como mostrado na figura. Verifica-se que a água é um composto polar quando os dois momentos de dipolo O−H são somados vetorialmente para produzir o momento de dipolo resultante, representado pela dupla-flecha mostrada na Figura 11.2b. Se a molécula fosse linear, os momentos de dipolo das ligações se cancelariam e o momento de dipolo resultante seria zero e a molécula seria apolar.

Gelo e água líquida

O que acontece quando um grande conjunto (como no número de Avogadro) de moléculas de água está na fase sólida, líquida ou gasosa? Para responder a essa questão, começaremos com a análise da estrutura do gelo,

Capítulo 11: *Oxigênio, soluções aquosas e o caráter ácido-base de óxidos e hidróxidos*

FIGURA 11.2

A natureza polar da água. (*a*) Uma ligação O−H mostrando as eletronegatividades relativas, a posição do par elétrons compartilhado, as cargas parciais resultantes e a representação vetorial do momento de dipolo. (*b*) Os dois momentos de dipolo O−H individuais se somam vetorialmente para produzir um momento de dipolo resultante diferente de zero e, portanto, uma molécula polar.

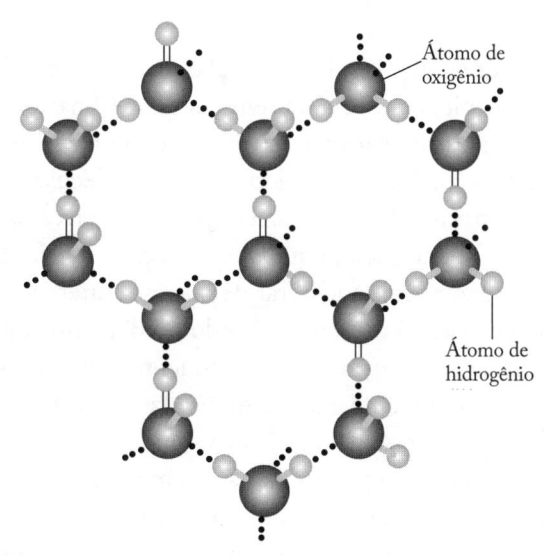

FIGURA 11.3

A estrutura do gelo. Ligações hidrogênio são mostradas como linhas pontilhadas. (De Ebbing e Gammon, *General chemistry*, 9. ed., Fig. 11.51, p. 463. Copyright © 2009 Brooks/Cole, uma divisão da Cengage Learning, Inc.)

mostrada na Figura 11.3. As moléculas individuais de água no gelo são mantidas unidas por ligações hidrogênio (mostradas por linhas pontilhadas). Novamente, recorremos a assuntos já tratados na maioria dos cursos introdutórios de química. Lembre-se de que forças intermoleculares entre moléculas polares são chamadas de *forças dipolo-dipolo*. Se a molécula polar possuir um átomo de hidrogênio ligado covalentemente a um átomo eletronegativo como o flúor, o oxigênio, o nitrogênio ou mesmo o cloro, as forças dipolo-dipolo entre tais moléculas serão fortes o suficiente para que sejam merecedoras do nome especial *ligações hidrogênio*. (Ligações hidrogênio são, na verdade, consideravelmente mais envolventes do que simplesmente forças dipolo-dipolo muito fortes. Elas acabam sendo ligações covalentes polares que envolvem dois elétrons em um orbital molecular que se estende sobre três átomos. Essas ligações de três centros, dois elétrons são usualmente tratadas em cursos posteriores, embora uma breve introdução a elas seja dada no Capítulo 14.) Dado um conjunto de moléculas contendo ligações H−X, a força da ligação hidrogênio intermolecular entre elas é maior quando X é o flúor (F) e diminui na ordem F, O, N, Cl. Podemos nos referir a isso usando um artifício de memorização, a "regra FONCl". Ligações hidrogênio ocorrem entre moléculas que contenham ligações H−X (em que X = F, O, N ou Cl), e sua força diminui na ordem F para O para N para Cl.

FIGURA 11.4
A forma hexagonal familiar de um floco de neve reflete a estrutura do gelo a nível molecular.

Note que a combinação de estrutura angular das moléculas de água individuais e a natureza linear ou praticamente linear das ligações hidrogênio, H $\cdots$ X–H (em que X = O na água), leva a uma estrutura do gelo caracterizada por buracos hexagonais bastante grandes. A forma do floco de neve, um exemplo do qual é mostrado na Figura 11.4, reflete essa simetria hexagonal global a nível molecular. Quando o gelo derrete, algumas moléculas de água se libertam da estrutura do gelo e preenchem os buracos hexagonais, levando a uma maior densidade (na temperatura de fusão) para a água líquida em relação ao gelo. Esse aumento na densidade na fusão é muito incomum. (Você pode também se lembrar de que essa diferença na densidade leva a uma inclinação negativa incomum na linha de equilíbrio sólido-líquido no diagrama de fases da água e, não por acaso, permite a prática de esportes como a patinação artística, o hóquei no gelo ou a pesca no gelo.)

A água líquida é representada como uma mistura de moléculas que estão (1) unidas por ligações hidrogênio em um agregado molecular* semelhante ao gelo e (2) livres ou não unidas por ligações hidrogênio. Em um dado momento, uma molécula individual de água pode estar no meio de algum agregado molecular, enquanto, no momento seguinte, a mesma molécula pode ser encontrada nos limites de um agregado molecular diferente. E depois, ainda, poderia estar "livre" de qualquer agregado molecular. Esse modelo de agregados, no qual a molécula passa rapidamente por essas estruturas, está representado na Figura 11.5. O número de agregados moleculares assim como o número de moléculas por agregado, diminui conforme a temperatura aumenta. Alguns agregados persistem mesmo na fase gasosa.

Ligações hidrogênio são as mais fortes das várias forças intermoleculares. É necessária mais energia para quebrar tais ligações do que para vencer outros tipos de forças intermoleculares e, portanto, a água tem um calor de fusão, um calor de vaporização e uma capacidade calorífica remarcavelmente altos. Além disso, você pode já estar familiarizado com a surpreendente representação do efeito das ligações hidrogênio nos pontos de ebulição de vários hidretos, mostrada na Figura 11.6. Os anormalmente altos pontos de ebulição da água, amônia e fluoreto de hidrogênio são todos devido à presença de ligações hidrogênio que necessitam ser quebradas para converter o líquido em gás. Note que o ponto de ebulição do HCl também é um pouco mais alto do que o esperado, um fato que sustenta a inclusão do Cl entre os elementos que, ao se ligarem ao hidrogênio, geram ligações hidrogênio.

Solubilidade de substâncias em água

Por que Priestley teve sucesso em preparar tantos gases que outros antes dele não conseguiram detectar? Lembre--se, da primeira seção deste capítulo, que apenas ar comum, dióxido de carbono e hidrogênio eram conhecidos

---

* N. T.: o termo em inglês *cluster* também é bastante usado.

FIGURA 11.5

O modelo de agregados moleculares da água líquida. Uma dada molécula de água (circulada) está (*a*) no meio de um agregado no tempo t_1, (*b*) no limite de um agregado diferente no tempo t_2 e (*c*) livre no tempo t_3. As várias moléculas de água são mostradas relativamente estacionárias no espaço de um momento para outro. Na realidade, cada uma se move (translação e rotação) mais do que é mostrado aqui.

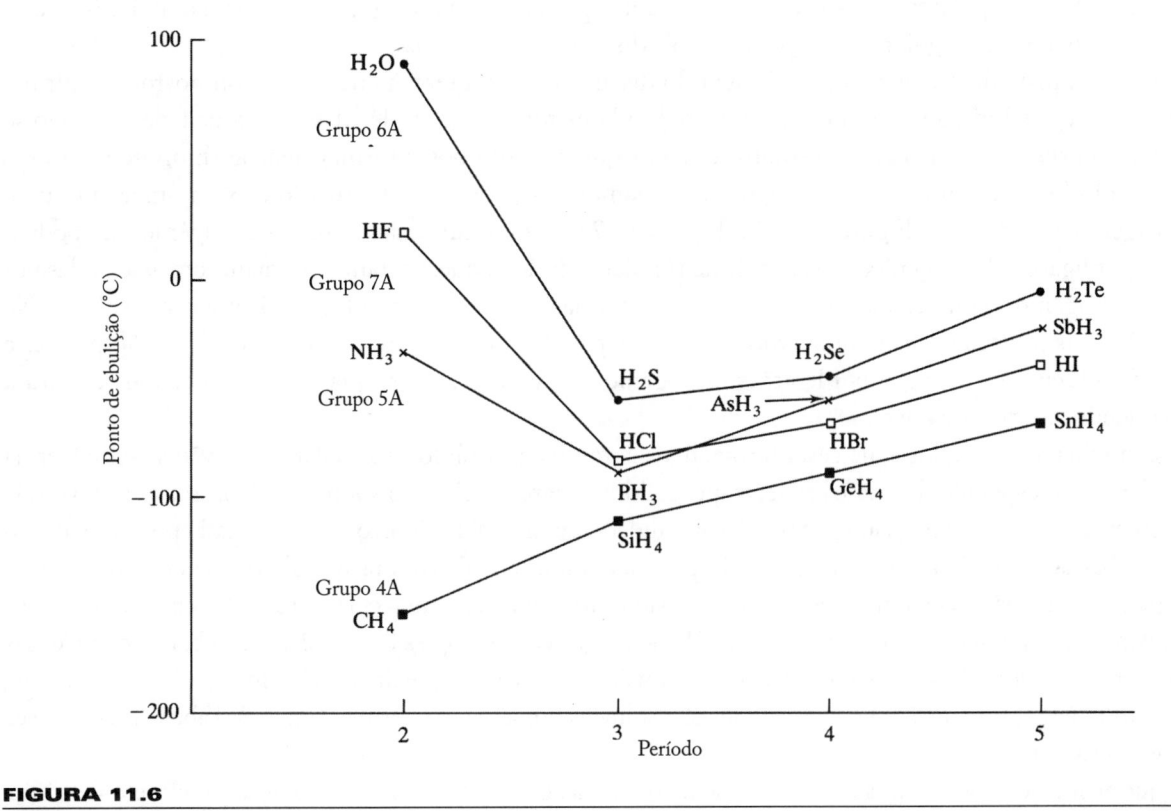

FIGURA 11.6

Os pontos de ebulição dos hidretos dos elementos dos Grupos 4A, 5A, 6A e 7A. Note que os pontos de ebulição do HF, H_2O, NH_3 e HCl são elevados em relação ao que é esperado com base apenas nas massas moleculares.

antes de Priestley iniciar seu trabalho. Por outro lado, ele foi capaz de gerar, coletar e caracterizar vários gases (NH_3, HCl, H_2S e SO_2, entre outros) que, como se viu, eram solúveis em água, mas insolúveis em mercúrio líquido, que Priestley usou com bastante frequência. Isso nos leva à questão de por que a água é um solvente tão bom para tantas substâncias e como podemos explicar as características de solubilidade de vários solutos em água.

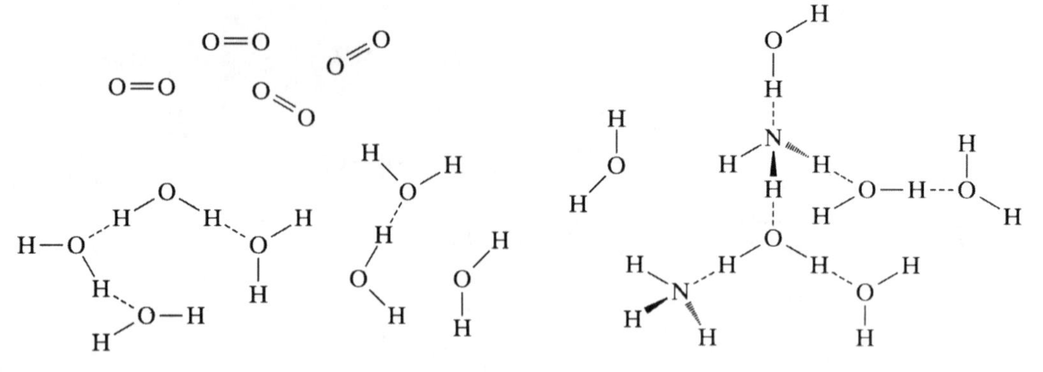

FIGURA 11.7

Moléculas de oxigênio (O_2) e amônia (NH_3) em água. Uma representação mostrando (*a*) a relativa insolubilidade das moléculas de O_2 e (*b*) a solubilidade das moléculas de NH_3 em água líquida. O O_2 não interage por ligações hidrogênio com as moléculas de água, enquanto o NH_3 interage.

A regra geral para prever a solubilidade de vários solutos covalentes é a familiar "semelhante dissolve semelhante". Solutos polares se dissolvem em solventes polares (como a água) e solutos não polares se dissolvem em solventes não polares, mas polar não se dissolve em não polar e vice-versa. Por que isso ocorre? (Tivemos uma pista do que estava por vir quando discutimos a deuteração de vários compostos, no último capítulo.) Ligações hidrogênio são forças intermoleculares fortes, e as moléculas individuais de água vão se associar para excluir as moléculas do soluto, a menos que o soluto possa formar ligações hidrogênio, forças dipolo-dipolo fortes ou interações íon-dipolo com as moléculas de água. A situação é exemplificada usando gases oxigênio e amônia, na Figura 11.7. Na Figura 11.7a, as moléculas não polares de oxigênio não podem interagir por ligações hidrogênio com as moléculas polares de água que, portanto, permanecem associadas por ligações hidrogênio. As moléculas de oxigênio são excluídas e o gás é, portanto, relativamente insolúvel. Na Figura 11.7b, as moléculas de amônia (você deve ser capaz de comprovar a estrutura do NH_3) são polares e capazes de interagir com a água por ligações hidrogênio. Dessa forma, a amônia é "incorporada" na estrutura da água, sendo, portanto, solúvel.

A solubilidade de sólidos é, de certa forma, mais complicada. Sólidos não polares não vão se dissolver na água polar, como esperado. Podemos esperar que sólidos polares, incluindo sólidos iônicos, seriam universalmente solúveis em água. Esse não é o caso. A solubilidade de um soluto iônico é determinada por um balanço de energia bastante difícil de calcular, necessário para quebrar o retículo de íons no sólido (a energia reticular) e a energia liberada quando os íons se associam a ou são hidratados pelas moléculas de água (a energia de hidratação). Ambas as energias dependem da densidade de carga (veja as seções 8.1 e 9.2), mas o balanço entre elas é muito sensível, e seus detalhes são mais assunto da físico-química do que da química inorgânica. No entanto, é importante ter alguma noção de quais sólidos são solúveis em água e quais não o são. A Tabela 11.2 fornece algumas regras para serem lembradas.

O que acontece quando um sólido iônico se dissolve na água? Considere a dissolução do cloreto de sódio, conforme mostrado na Figura 11.8, como um exemplo representativo. O sólido NaCl(*s*) está na forma de um arranjo regular ou retículo cristalino de íons sódio e cloreto se alternando. (Veja o Capítulo 7 para detalhes sobre retículos cristalinos.) Moléculas de água alinham seus átomos de hidrogênio parcialmente positivos com um ânion cloreto em um vértice do retículo e superam as interações iônicas entre o cloreto e seus vizinhos cátions sódio. O ânion cloreto está *hidratado* – isto é, cercado por moléculas de água – e assume seu lugar na estrutura da água. Em outro vértice do retículo, cátions sódio são atacados de forma similar pelas moléculas de água, que agora orientam suas extremidades parcialmente negativas, constituídas pelo oxigênio,

TABELA 11.2
Algumas regras gerais de solubilidade em água para solutos iônicos comuns

Usualmente solúveis	
Grupo 1A: $Li^+, Na^+, K^+, Rb^+, Cs^+$ e amônio = NH_4^+	Todos os sais do Grupo 1A (metais alcalinos) e de amônio são solúveis.
Nitratos: NO_3^-	Todos os nitratos são solúveis.
Cloretos, brometos e iodetos: Cl^-, Br^-, I^-	Todos os cloretos, brometos e iodetos comuns são solúveis, exceto $AgCl, Hg_2Cl_2, PbCl_2$; $AgBr, Hg_2Br_2, PbBr_2$; AgI, Hg_2I_2, PbI_2.
Sulfatos: SO_4^{2-}	A maioria dos sulfatos é solúvel; exceções incluem $CaSO_4, SrSO_4, BaSO_4$, e $PbSO_4$.
Cloratos: ClO_3^-	Todos os cloratos são solúveis.
Percloratos: ClO_4^-	Todos os percloratos são solúveis.
Acetatos: CH_3COO^-	Todos os acetatos são solúveis.
Usualmente insolúveis	
Fosfatos: PO_4^{3-}	Todos os fosfatos são insolúveis, exceto os de NH_4^+ e dos íons do Grupo 1A (cátions de metais alcalinos).
Carbonatos: CO_3^{2-}	Todos os carbonatos são insolúveis, exceto os de NH_4^+ e dos íons do Grupo 1A (cátions de metais alcalinos).
Hidróxidos: OH^-	Todos os hidróxidos são insolúveis, exceto os de NH_4^+ e dos íons do Grupo 1A (cátions de metais alcalinos). $Sr(OH)_2, Ba(OH)_2$ e $Ca(OH)_2$ são pouco solúveis.
Oxalatos: $C_2O_4^{2-}$	Todos os oxalatos são insolúveis, exceto os de NH_4^+ e dos íons do Grupo 1A (cátions de metais alcalinos).
Sulfetos: S^{2-}	Todos os sulfetos são insolúveis, exceto os de NH_4^+, dos íons do Grupo 1A (cátions de metais alcalinos) e do Grupo 2A (MgS, CaS e BaS são moderadamente solúveis).

Fonte: Moore, Stanitski e Jurs, *Chemistry: the molecular science*, 4. ed., Tabela 5.1, p. 163. © 2011 Brooks/Cole, uma parte da Cengage Learning, Inc. Reproduzido com permissão. www.cengage.com/permissions.

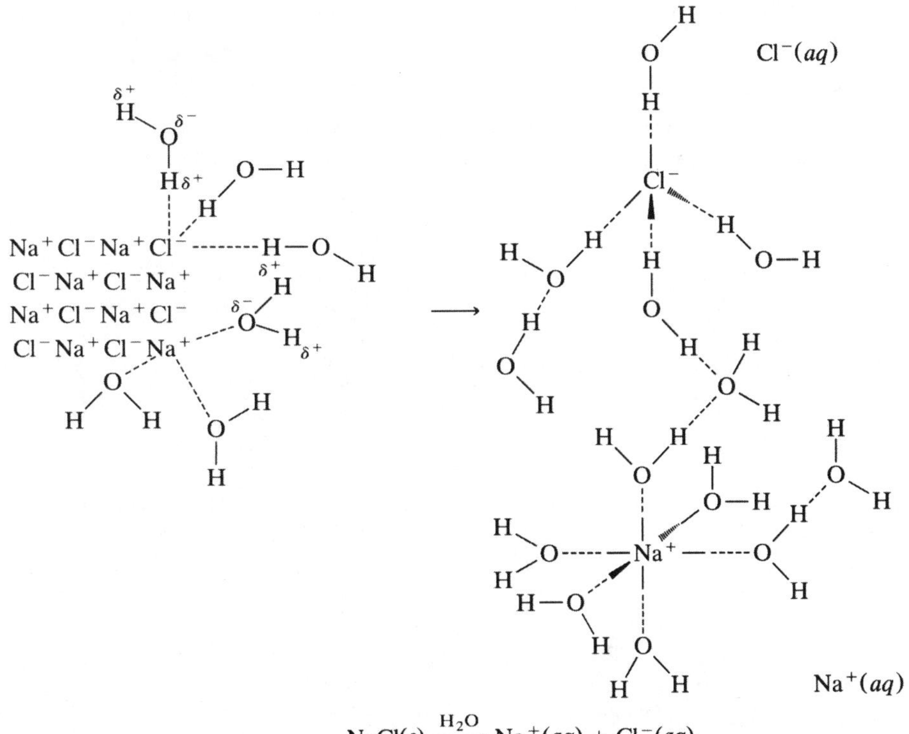

$$NaCl(s) \xrightarrow{H_2O} Na^+(aq) + Cl^-(aq)$$

FIGURA 11.8
A interação da água com uma seção do retículo cristalino do cloreto de sódio. Os cátions e ânions são retirados do retículo e incorporados na estrutura da água. Os íons sódio e cloreto hidratados são representados como $Na^+(aq)$ e $Cl^-(aq)$, respectivamente.

na direção do cátion. Íons sódio hidratados também são incorporados na estrutura da água. Para o NaCl, a liberação de energia de hidratação quando íons sódio e cloreto estão cercados por moléculas de água deve ser comparável com (e talvez maior do que) a energia necessária para superar a energia reticular que mantém o cristal de cloreto de sódio unido.

Autoionização da água

Antes de finalizarmos uma discussão sobre as propriedades da água e das soluções aquosas, devemos discutir sua autoionização. Lembre-se de que a definição de Brønsted-Lowry de ácidos e bases é em termos de doadores e receptores de prótons, respectivamente. A água é uma substância anfótera, ou seja, ela pode atuar tanto como um ácido quanto como uma base, conforme mostrado na Equação (11.7):

$$H_2O + H_2O \longrightarrow H_3O^+(aq) + OH^-(aq) \quad \textbf{11.7}$$

(receptor de próton (base)) (doador de próton (ácido))

Note que a água pode atuar tanto como um doador de próton (ácido) quanto como um receptor de próton (base). Como mostrado na Figura 11.9, o íon hidroxônio (H_3O^+) e o íon hidróxido (OH^-) resultantes são hidratados de uma maneira similar à dos íons sódio e cloreto.

A Equação (11.7) tem uma constante de equilíbrio (frequentemente representada por K_w) de aproximadamente $1{,}0 \times 10^{-14}$ (a 298 K), e um cálculo simples de equilíbrio ácido-base produz o resultado de que, na água pura, $[H_3O^+] = [OH^-] = 1{,}0 \times 10^{-7}$ M. Conclui-se que o pH ($-\log[H_3O^+] = -\log[H^+]$) da água é 7,00 à temperatura ambiente. Portanto, a Equação (11.7) é a base da escala de pH como comumente apresentada em química geral. Qualquer substância que aumente a concentração de íons H_3O^+ produz um pH menor do que 7 e é um ácido. Qualquer substância que diminua a concentração do íon hidroxônio ou aumente a concentração do íon hidróxido produz um pH maior do que 7 e é uma base. Observe que o valor pequeno do K_w indica que o processo de autoionização ocorre em pequena extensão. Outra forma de perceber que há realmente poucos íons hidroxônio na água pura é ter consciência de que a concentração de moléculas de água na água pura é de 55,6 M; portanto, para cada íon hidroxônio, há ($55{,}6/1{,}0 \times 10^{-7} =$) 556×10^6, ou 556 milhões de moléculas de água.

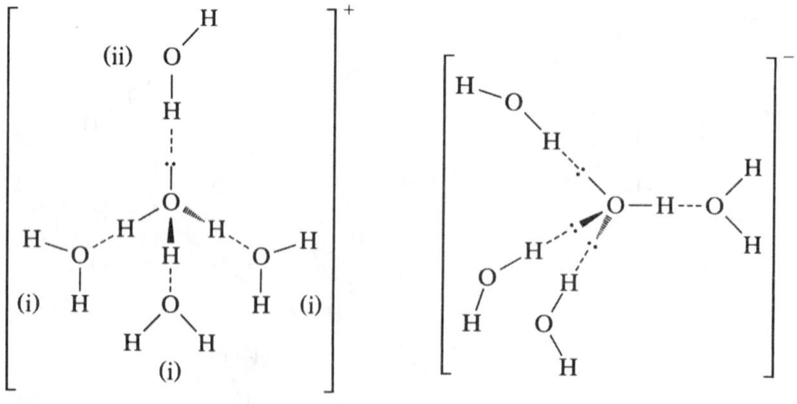

FIGURA 11.9

Íons (*a*) hidroxônio (H_3O^+) e (*b*) hidróxido (OH^-) hidratados. As moléculas de água identificadas por (i) podem, às vezes, ser isoladas com o íon hidroxônio, formando cátions de fórmula $H_9O_4^+$.

Você pode ter visto a Equação (11.7) em uma forma um pouco diferente. Às vezes, a autoionização da água é representada como mostra a Equação (11.8):

$$H_2O \longrightarrow H^+(aq) + OH^-(aq) \qquad \text{11.8}$$

Essa é uma notação simplificada para o que realmente ocorre em solução. Note que nunca um íon hidrogênio ou próton ocorre sozinho em solução aquosa. Discutimos as razões para isso quando tratamos dos hidretos covalentes, no Capítulo 10. A densidade de carga de um próton (e, portanto, seu poder de polarização) é tão grande que ele imediatamente forma uma ligação covalente com o que estiver presente – nesse caso, moléculas de água. O resultado é o íon H_3O^+ ou algo ainda mais complexo. Os cátions $H_5O_2^+$, $H_7O_3^+$ e $H_9O_4^+$ foram isolados a partir de soluções de ácidos fortes como HBr e $HClO_4$. Eles correspondem de uma a três moléculas de água do tipo das identificadas por (i) na Figura 11.9a, sendo isoladas com o íon hidroxônio. Usaremos frequentemente H_3O^+ para representar as espécies ácidas em solução aquosa, mas é importante perceber que mesmo isso é muito provavelmente uma simplificação drástica.

11.3 O CARÁTER ÁCIDO-BASE DE ÓXIDOS E HIDRÓXIDOS EM SOLUÇÃO AQUOSA: O SEXTO COMPONENTE DA REDE DE IDEIAS INTERCONECTADAS PARA ENTENDER A TABELA PERIÓDICA

Óxidos: expectativas gerais baseadas na rede

O oxigênio forma compostos com todos os elementos, exceto hélio, neônio, argônio e criptônio. Ele *reage diretamente* com todos os elementos, exceto os halogênios, alguns metais nobres como prata e ouro, e os gases nobres. A Figura 11.10 mostra os principais óxidos binários dos elementos representativos. Como esperado de nossas discussões anteriores sobre a rede de ideias (Capítulo 9) e sobre os hidretos (Seção 10.5), não estamos surpresos em observar uma tremenda variedade de tipos de ligações encontrados nos óxidos. Como a Figura 11.10 indica, óxidos de metais são sólidos iônicos, enquanto óxidos de não metais são líquidos e gases covalentes moleculares discretos. Os óxidos dos não metais mais pesados e dos semimetais tendem a ser sólidos poliméricos covalentes. Os óxidos de metais de transição são ocasionalmente não estequiométricos. (Veja a Seção 7.5 para uma discussão mais detalhada sobre esses últimos tipos de compostos.)

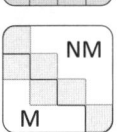

De que outras formas esperamos que nossa rede se aplique aos óxidos? Pense primeiro no princípio da singularidade. Mesmo nossa limitada experiência com ele neste ponto nos leva a antecipar que compostos de oxigênio demonstrarão um alto grau de caráter covalente e uma tendência de fazer ligações π (através de orbitais *p* do oxigênio, mas não através de orbitais *d*). Com base no efeito do par inerte, esperamos que os elementos mais pesados dos Grupos 3A, 4A, 5A e 6A tendam a formar óxidos com um estado de oxidação 2 a menos do que o número do grupo. Por fim, não ficaremos surpresos ao verificar que as propriedades variáveis dos óxidos, como mostrado na Figura 11.10 e discutido na próxima seção sobre propriedades ácido-base dos óxidos em solução aquosa, estão fortemente correlacionadas com a posição da linha metal-não metal. Na maioria dos casos, os detalhes sobre os óxidos foram deixados para as discussões grupo a grupo dos elementos representativos, encontradas nos capítulos 12 a 19.

Óxidos em solução aquosa (anidridos ácidos e básicos)

Um dos aspectos mais importantes da química dos óxidos são suas propriedades ácido-base. Muitos óxidos são *anidridos ácidos* ou *básicos*, isto é, são compostos formados pela remoção de água do ácido ou base correspondente. Uma comparação das figuras 11.10 e 11.11 mostra que os óxidos iônicos são geralmente anidridos

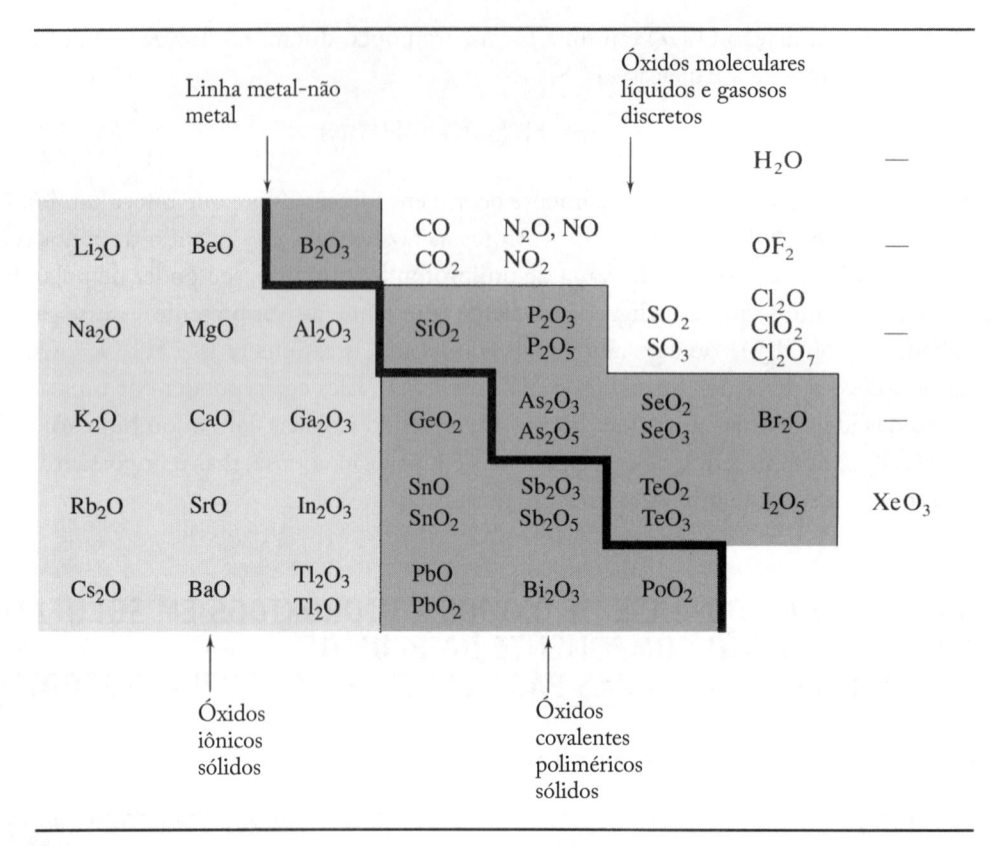

FIGURA 11.10

Classificação dos óxidos binários.

		Linha metal-não metal ↓			Óxidos moleculares líquidos e gasosos discretos ↓		
						H_2O	—
Li_2O	BeO	B_2O_3	CO / CO_2	N_2O, NO / NO_2		OF_2	—
Na_2O	MgO	Al_2O_3	SiO_2	P_2O_3 / P_2O_5	SO_2 / SO_3	Cl_2O / ClO_2 / Cl_2O_7	—
K_2O	CaO	Ga_2O_3	GeO_2	As_2O_3 / As_2O_5	SeO_2 / SeO_3	Br_2O	—
Rb_2O	SrO	In_2O_3	SnO / SnO_2	Sb_2O_3 / Sb_2O_5	TeO_2 / TeO_3	I_2O_5	XeO_3
Cs_2O	BaO	Tl_2O_3 / Tl_2O	PbO / PbO_2	Bi_2O_3	PoO_2		

↑ Óxidos iônicos sólidos   ↑ Óxidos covalentes poliméricos sólidos

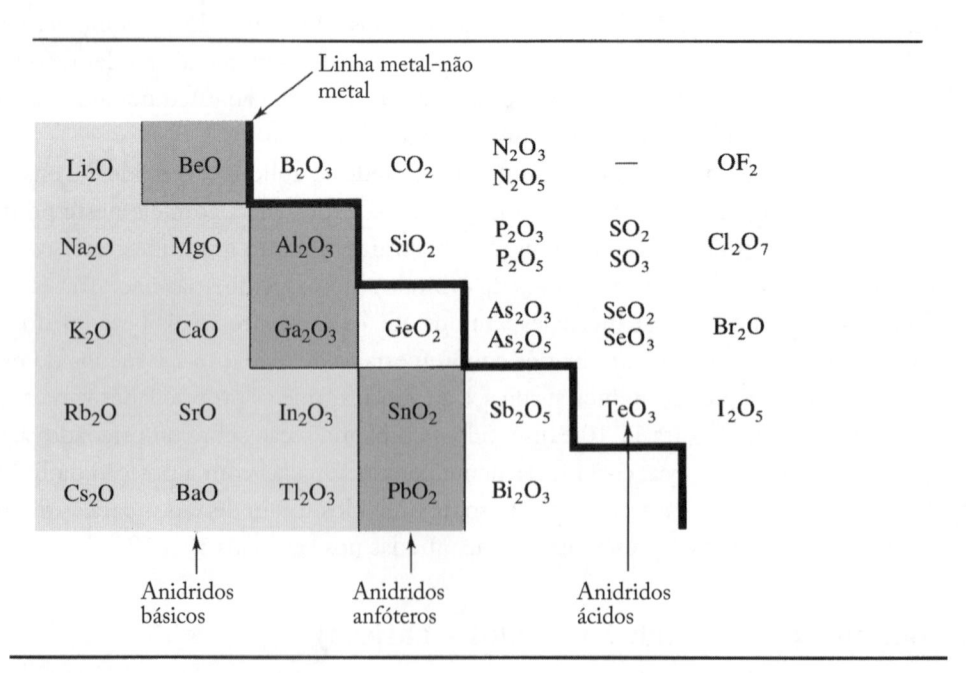

FIGURA 11.11

Óxidos como anidridos básicos, anfóteros e ácidos.

		Linha metal-não metal				
Li_2O	BeO	B_2O_3	CO_2	N_2O_3 / N_2O_5	—	OF_2
Na_2O	MgO	Al_2O_3	SiO_2	P_2O_3 / P_2O_5	SO_2 / SO_3	Cl_2O_7
K_2O	CaO	Ga_2O_3	GeO_2	As_2O_3 / As_2O_5	SeO_2 / SeO_3	Br_2O
Rb_2O	SrO	In_2O_3	SnO_2	Sb_2O_5	TeO_3	I_2O_5
Cs_2O	BaO	Tl_2O_3	PbO_2	Bi_2O_3		

↑ Anidridos básicos   ↑ Anidridos anfóteros   ↑ Anidridos ácidos

básicos, enquanto os óxidos covalentes são geralmente anidridos ácidos. Alguns óxidos de semimetais são anidridos anfóteros, capazes de atuar como um ácido ou uma base, dependendo das circunstâncias. Dessa forma, se listarmos os óxidos de um dado período – digamos, o terceiro – encontraremos uma progressão ordenada de seus caráteres ácido-base, conforme mostrado a seguir:

$$\underset{\text{básicos}}{Na_2O \quad MgO} \longrightarrow \underset{\text{anfótero}}{Al_2O_3} \longrightarrow \underset{\text{ácidos}}{SiO_2 \quad P_2O_5 \quad SO_3 \quad Cl_2O_7}$$

Os óxidos iônicos são caracterizados pela presença do íon óxido, O^{2-}, que, assim como o íon H^+, não pode existir sozinho em solução aquosa. A reação entre o óxido e uma molécula de água é mostrada na Equação (11.9):

$$:\!\ddot{O}\!:^{2-} + \overset{\delta^+}{H}\!\!\overset{}{\underset{}{\}}}\!\!\overset{\delta^-}{O}\!\underset{\underset{H}{\overset{\delta^+}{|}}}{} \longrightarrow 2\; :\!\ddot{O} - H^- \qquad \boxed{11.9}$$

Note que o óxido carregado 2– ataca e forma uma ligação com um átomo de hidrogênio parcialmente positivo da molécula de água. A quebra subsequente (representada pela descontinuidade na ligação) da ligação O−H produz dois íons hidróxido. A constante de equilíbrio para a Equação (11.9) é maior do que 10^{22}, de modo que essa reação está bastante deslocada para a direita. Considerando o óxido de sódio como um exemplo, a reação completa de um óxido iônico com a água é representada na Equação (11.10):

$$Na_2O(s) + H_2O(l) \longrightarrow 2NaOH(aq) \longrightarrow 2Na^+ + 2OH^-(aq) \qquad \boxed{11.10}$$

Uma forma de pensar no processo é em termos da sequência partindo do óxido do metal, passando a hidróxido do metal e depois se dissociando nos íons aquosos hidróxido e do metal. Conclui-se que o óxido de sódio é um anidrido básico; ele produz a base hidróxido de sódio em solução aquosa. A Figura 11.12 mostra alguns dos anidridos básicos mais comuns e suas bases correspondentes. Note que, quanto maior o grau de caráter iônico no óxido, mais básico ele é. Na próxima seção, discutiremos a natureza dos hidróxidos de metais e exploraremos por que eles se dividem para produzir cátions metálicos e ânions hidróxido.

Óxidos de não metais reagem com água para produzir o que conhecemos como oxiácidos, ácidos que contêm uma unidade NM−O−H, em que NM = não metal. Um óxido de não metal é usualmente caracterizado por ligações covalentes polares, em vez das essencialmente iônicas de um óxido de metal. Conforme representado na Equação (11.11), o átomo de oxigênio parcialmente negativo de uma molécula de água atacará o átomo do não metal parcialmente positivo, ao mesmo tempo que o oxigênio do óxido é atraído para um dos átomos de hidrogênio da água. A quebra da ligação O−H da água produz um oxiácido que, como explicamos anteriormente, se divide para produzir o ânion aquoso correspondente e íons hidroxônio:

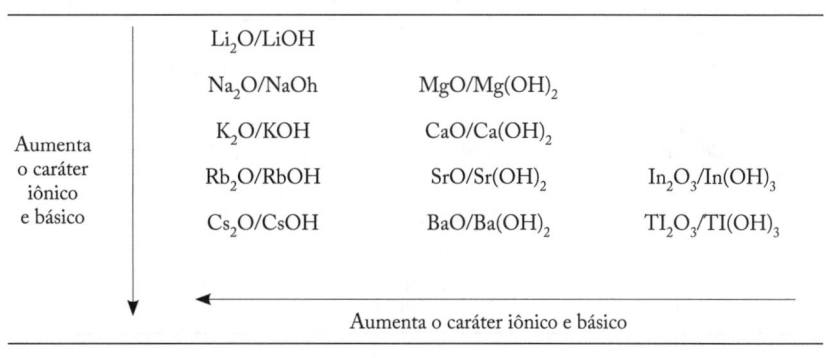

Aumenta o caráter iônico e básico ↓			
	Li_2O/LiOH		
	Na_2O/NaOh	MgO/Mg(OH)$_2$	
	K_2O/KOH	CaO/Ca(OH)$_2$	
	Rb_2O/RbOH	SrO/Sr(OH)$_2$	In_2O_3/In(OH)$_3$
	Cs_2O/CsOH	BaO/Ba(OH)$_2$	Tl_2O_3/Tl(OH)$_3$
	← Aumenta o caráter iônico e básico		

FIGURA 11.12

Alguns óxidos comuns de metais (anidridos básicos) e suas bases correspondentes.

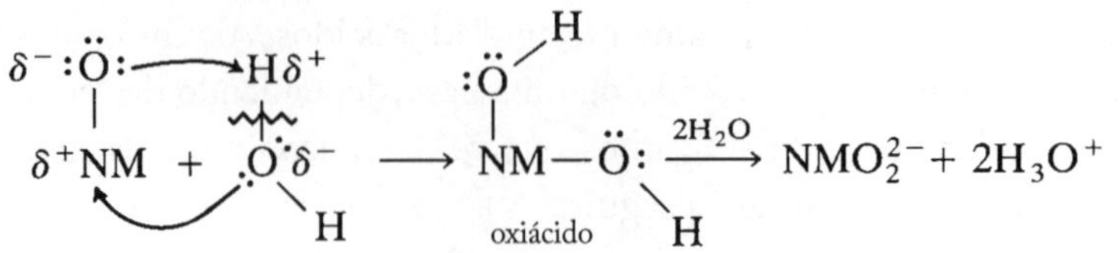

304 *Química inorgânica descritiva, de coordenação e do estado sólido*

$$\delta^- : \ddot{O} : \longrightarrow H\delta^+ \qquad \qquad H$$
$$| \qquad \qquad \qquad \ddot{O}$$
$$\delta^+ NM + \ddot{O}\delta^- \longrightarrow NM-\ddot{O} : \xrightarrow{2H_2O} NMO_2^{2-} + 2H_3O^+ \qquad \boxed{11.11}$$
$$\qquad \qquad H \qquad \qquad \text{oxiácido} \qquad H$$

A Equação (11.12) mostra um exemplo específico iniciando com o trióxido de enxofre como o óxido de não metal que produz ácido sulfúrico como o oxiácido que, por sua vez, se dissocia nos íons sulfato e hidroxônio. Nesse caso, o trióxido de enxofre é o anidrido ácido do ácido sulfúrico.

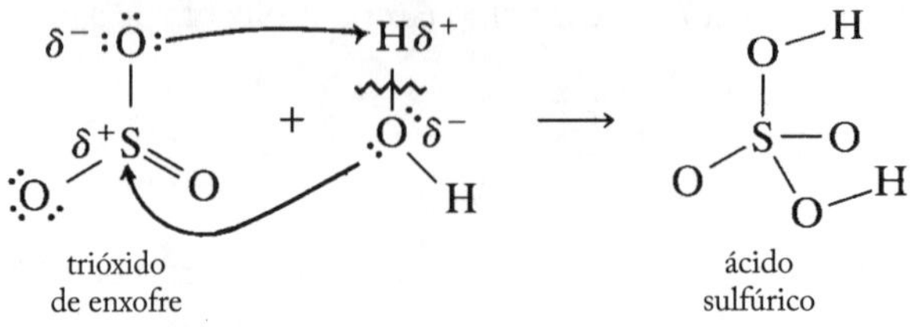

$$\begin{array}{c} \text{trióxido} \\ \text{de enxofre} \end{array} + \begin{array}{c} \\ \end{array} \longrightarrow \begin{array}{c} \text{ácido} \\ \text{sulfúrico} \end{array} \qquad \boxed{11.12a}$$

$$\xrightarrow{2H_2O} \left[\begin{array}{c} O \\ | \\ O-S-O \\ | \\ O \end{array} \right]^{2-} + 2H_3O^+ \qquad \boxed{11.12b}$$

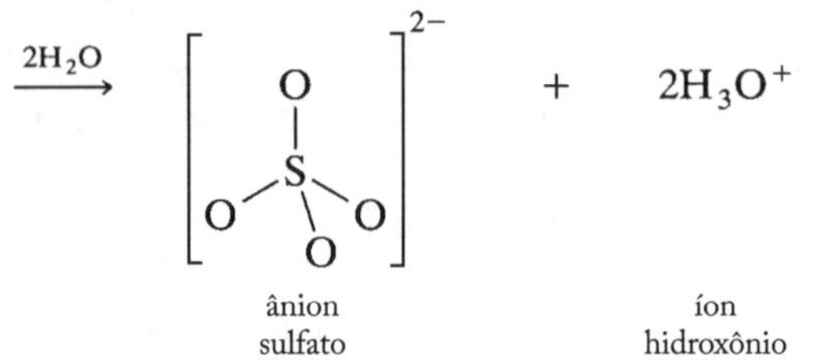

ânion sulfato   íon hidroxônio

A Figura 11.13 mostra alguns dos anidridos ácidos mais comuns e seus oxiácidos correspondentes.

B_2O_3	CO_2	N_2O_3		
$B(OH)_3$ ou H_3BO_3 Ácido bórico	$CO(OH)_2$ ou H_2CO_3 Ácido carbônico	$NO(OH)$ ou HNO_2 Ácido nitroso		
		N_2O_5		
		$NO_2(OH)$ ou HNO_3 Ácido nítrico		
	SiO_2	P_4O_6	SO_2	
	$Si(OH)_4$ ou H_4SiO_4 Ácido silícico	$HPO(OH)_2$ ou H_3PO_3 Ácido fosforoso	$SO(OH)_2$ ou H_2SO_3 Ácido sulfuroso	
		P_4O_{10}	SO_3	Cl_2O_7
		$PO(OH)_3$ ou H_3PO_4 Ácido fosfórico	$SO_2(OH)_2$ ou H_2SO_4 Ácido sulfúrico	$ClO_3(OH)$ ou $HClO_4$ Ácido perclórico

FIGURA 11.13

Alguns óxidos comuns de não metais (anidridos ácidos) e seus oxiácidos correspondentes.

Anidridos anfóteros frequentemente são óxidos de semimetais. Embora esses óxidos sejam geralmente insolúveis em água, os hidróxidos correspondentes podem agir tanto como ácidos quanto como bases. O hidróxido de alumínio é mostrado na Equação (11.13) como um exemplo:

$$Al(OH)_3(aq) \begin{array}{c} \xrightarrow{+3H^+} Al^{3+}(aq) + 3H_2O \\ \xrightarrow{+OH^-} Al(OH)_4^-(aq) \end{array}$$

11.13

Note que ele pode reagir tanto como uma base (quando reage com íons hidrogênio) ou como um ácido (quando reage com íons hidróxido). Mais detalhes sobre a natureza exata dessas substâncias anfóteras serão apresentados nos capítulos dos grupos apropriados.

O caráter ácido-base dos óxidos em solução aquosa é uma propriedade importante. Nos capítulos subsequentes, essas propriedades serão listadas para os elementos de um dado grupo.

A unidade E–O–H em solução aquosa

Como visto anteriormente, óxidos tanto de metais quanto de não metais reagem com água para produzir compostos com uma unidade E–O–H. Se E for um metal (M), a unidade atua como uma base, liberando íons hidróxido em solução; se E for um não metal (NM), íons hidroxônio são liberados. Qual é a diferença? Como a natureza do átomo E determina se a unidade será um ácido, uma base ou anfótera? Para entender isso, precisamos analisar mais de perto as eletronegatividades relativas dos átomos da unidade.

Se E é um metal, as eletronegatividades relativas são mostradas na Figura 11.14. A Figura 11.14a mostra que a maior diferença de eletronegatividade é entre o metal e o oxigênio, fazendo que a ligação M–O seja mais polar (a ponto de ela poder ser classificada como predominantemente iônica). Essa natureza altamente polar (praticamente iônica) é indicada por símbolos de carga parcial maiores em torno da ligação M–O. Como mostrado na Figura 11.14b, a ligação M–O mais polar é mais suscetível ao ataque das moléculas polares de

(a)
$$\underset{EN \quad 0,7-1,5 \quad 3,5}{M \overset{\delta^+}{-} \overset{\delta^-}{O}} \overset{\delta^+}{H}$$
2,1

A ligação M–O é mais polar devido à maior diferença nas eletronegatividades

$\downarrow H_2O$

(b) [estrutura mostrando M central coordenado com moléculas de H₂O]

A ligação M–O mais polar é atacada pelas moléculas polares de água

$\downarrow$

(c) $M^+(aq) + OH^-(aq)$

Produzindo uma base em solução

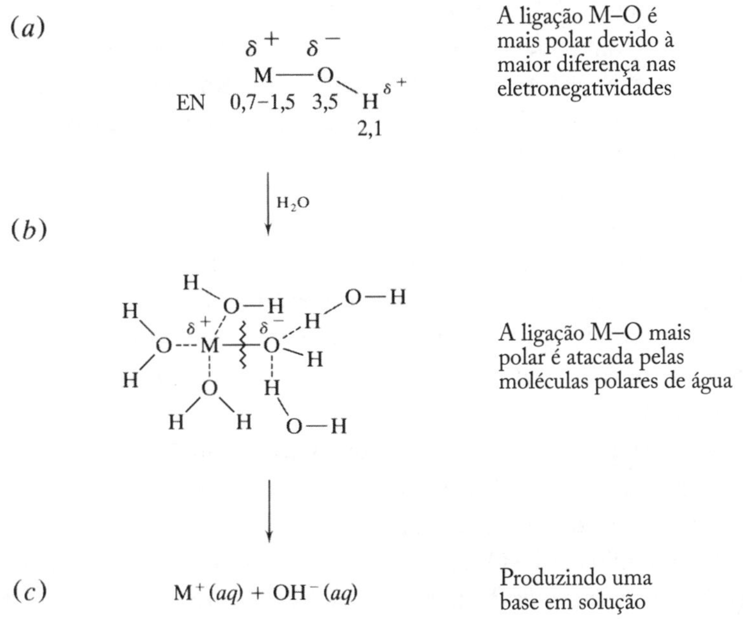

FIGURA 11.14

O efeito da água em uma unidade M–O–H.

(a)
$$\overset{\delta+}{NM}\!\!-\!\!\overset{\delta-}{O}\!\!-\!\!\overset{\delta+}{H}$$
EN 2,3–3,5 3,5 2,1

A ligação O–H é mais polar devido à maior diferença nas eletronegatividades

↓ H₂O

(b) Estrutura mostrando NM–O interagindo com quatro moléculas de água via ligações de hidrogênio com o H δ^+ central.

A ligação O–H mais polar é atacada pelas moléculas polares de água

↓

(c) $NMO^-(aq) + H_3O^+(aq)$ Produzindo um ácido em solução

FIGURA 11.15

O efeito da água em uma unidade NM–O–H.

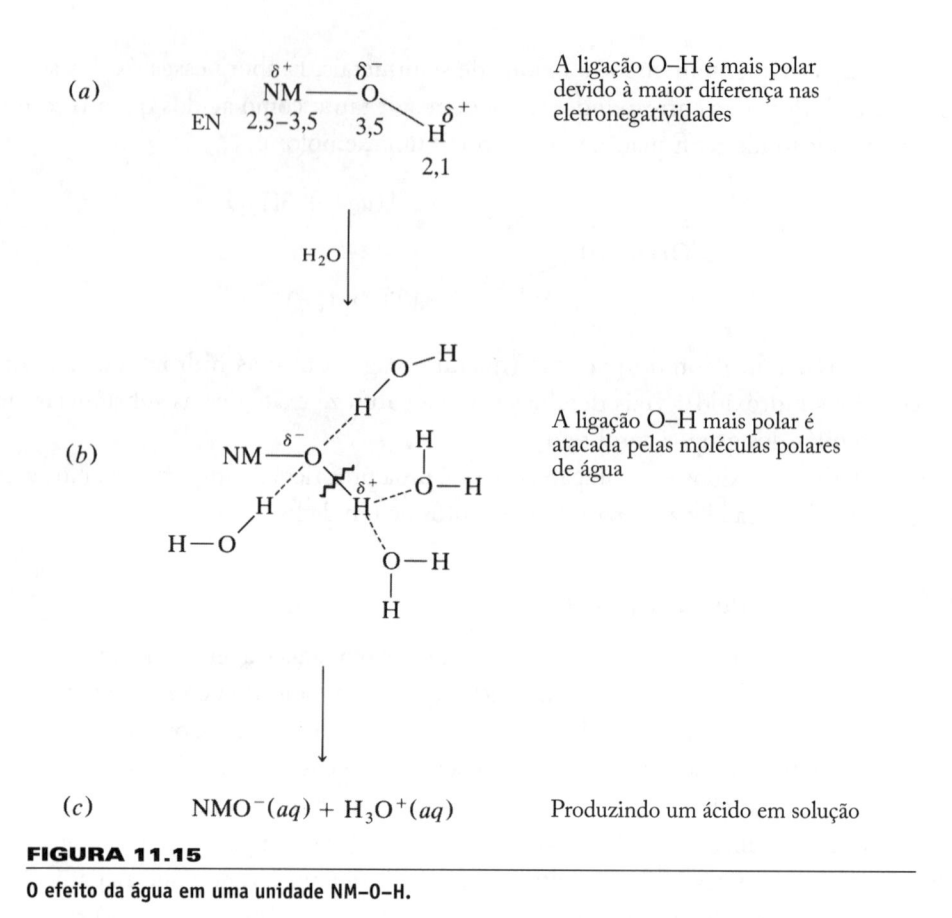

água, e isso resulta na quebra da ligação M–O para produzir o cátion metálico aquoso e o ânion hidróxido em solução, como mostrado na parte (c).

Se E for um não metal, a Figura 11.15 mostra que agora a ligação O–H é mais polar e é atacada preferencialmente pelas moléculas de água, resultando no oxiânion e no íon hidroxônio em solução.

Se E for um semimetal, as duas ligações da unidade E–O–H têm aproximadamente a mesma polaridade, e qualquer uma delas pode ser quebrada, dependendo das circunstâncias. Nesse caso, a unidade é anfótera.

Uma adição à rede

A Figura 9.20 apresentou um resumo dos cinco componentes da rede de ideias interconectadas desenvolvida no Capítulo 9 para começar a dar um sentido para a tabela periódica. Foi apresentada em preto e branco e está disponível on-line em cores. O caráter ácido-base de óxidos e hidróxidos em solução aquosa é de importância grande o suficiente para que se torne agora o sexto componente da rede. Nós o representaremos pelo ícone mostrado ao lado.

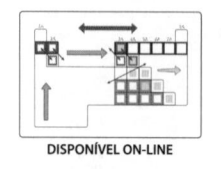

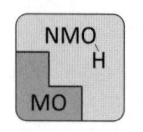

Com a adição deste sexto componente, a Figura 11.16 mostra o resumo atual da nossa rede. Note que uma indicação do caráter básico dos óxidos de metais e do caráter ácido dos óxidos de não metais foi adicionada aos dois lados da linha metal-não metal, e que a divisão da unidade E–O–H em função da natureza de E também foi indicada em cada caso. Uma versão colorida da Figura 11.16 está disponível on-line. A sequência das figuras disponíveis on-line destaca como estamos continuando a construir nossa rede de ideias para o entendimento da tabela periódica.

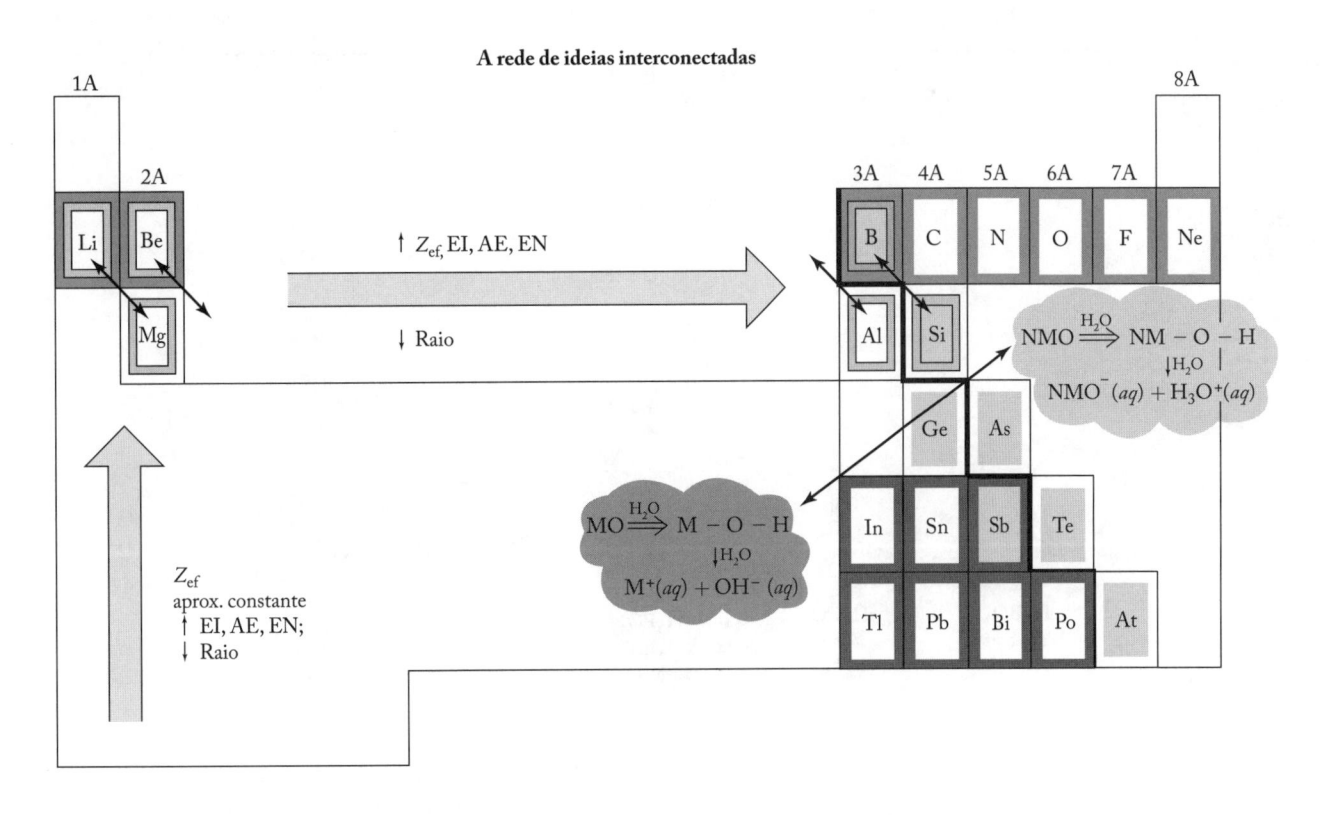

A rede de ideias interconectadas

$\uparrow Z_{ef}$, EI, AE, EN

$\downarrow$ Raio

$NMO \underset{H_2O}{\Longrightarrow} NM-O-H$
$\downarrow H_2O$
$NMO^-(aq) + H_3O^+(aq)$

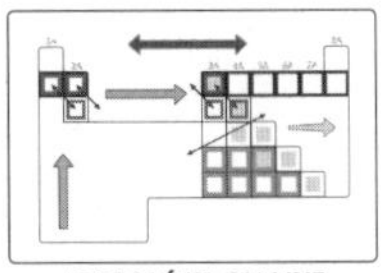

$MO \underset{H_2O}{\Longrightarrow} M-O-H$
$\downarrow H_2O$
$M^+(aq) + OH^-(aq)$

Z_{ef} aprox. constante
$\uparrow$ EI, AE, EN;
$\downarrow$ Raio

FIGURA 11.16

Os seis componentes da rede de ideias interconectadas para o entendimento da tabela periódica. O sexto componente, o caráter ácido-base de óxidos de metais (M) e de não metais (NM) em solução aquosa se junta aos cinco componentes originais, que incluem a lei periódica, o princípio da singularidade, o efeito diagonal, o efeito do par inerte e a linha metal-não metal. Uma versão em cores dessa figura está disponível on-line.

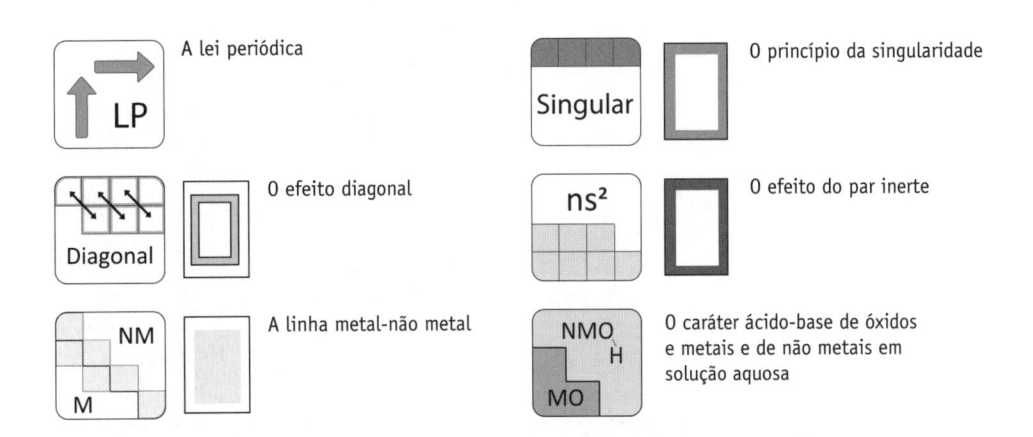

DISPONÍVEL ON-LINE

LP — A lei periódica

Singular — O princípio da singularidade

Diagonal — O efeito diagonal

ns^2 — O efeito do par inerte

NM / M — A linha metal-não metal

NMO / H / MO — O caráter ácido-base de óxidos e metais e de não metais em solução aquosa

11.4 AS FORÇAS RELATIVAS DOS OXIÁCIDOS E HIDRÁCIDOS EM SOLUÇÃO AQUOSA

Oxiácidos

A Figura 11.17 mostra as estruturas de alguns dos oxiácidos mais comuns. Na seção anterior, discutimos como todos esses compostos contêm uma unidade NM—O—H que se divide entre os átomos de oxigênio e hidrogênio pelo ataque da água polar. Agora podemos avançar para investigar dois fatores adicionais que determinam

FIGURA 11.17

As estruturas dos oxiácidos mais comuns.

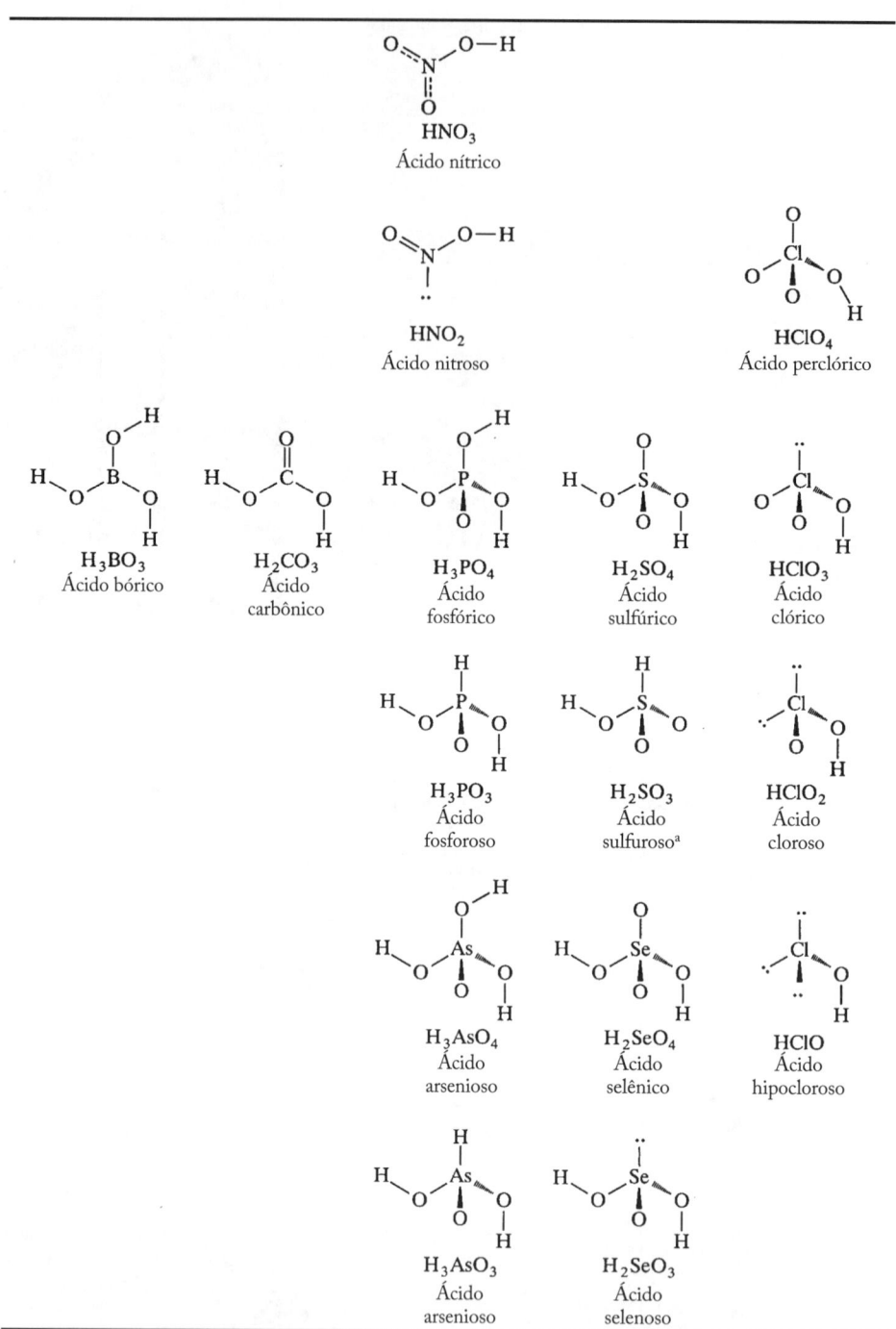

^{a} O ácido sulfuroso é às vezes mais precisamente representado como o hidrato do dióxido de enxofre, $SO_2 \cdot H_2O$.

suas forças ácidas relativas. Esses fatores são (1) a eletronegatividade do átomo central e (2) o número de oxigênios, que não fazem parte de hidroxilas, que se ligam ao átomo central.

Conforme aumenta a eletronegatividade do átomo central, também aumenta sua capacidade de retirar densidade eletrônica de seus átomos vizinhos. Os átomos de oxigênio que estão em volta têm uma alta eletronegatividade, de modo que o átomo central não pode retirar densidade eletrônica deles. De onde, então, vem a densidade eletrônica? A resposta é: das ligações O—H. O átomo (ou talvez átomos) de hidrogênio tem uma eletronegatividade relativamente baixa e não pode competir com outros átomos mais eletronegativos na molécula. Com a diminuição da densidade eletrônica da ligação O—H, o hidrogênio se torna mais parcialmente positivo e, portanto, a ligação O—H fica mais polar e mais suscetível ao ataque pelas moléculas de água. O resultado de tudo isso é que a força ácida do oxiácido aumenta com o aumento da eletronegatividade do átomo central. Por exemplo, o ácido sulfúrico é um ácido mais forte do que o ácido selênico, o ácido fosfórico é mais forte que o ácido arsênico e o ácido perclórico é mais forte, que o ácido perbrômico (embora a força ácida exata deste último não seja muito bem conhecida).

Conforme aumenta o número de oxigênios que não fazem parte de hidroxilas (isto é, átomos de oxigênio que não estão em grupos O—H), eles retiram mais densidade eletrônica do átomo central, deixando-o mais parcialmente positivo. O átomo central, por sua vez, retira mais densidade eletrônica de sua única fonte disponível para isso, a ligação O—H. Novamente, o átomo de hidrogênio se torna mais parcialmente positivo e o O—H se torna mais polar e, portanto, mais suscetível ao ataque pela água. O resultado é que, com o aumento do número de oxigênios que não fazem parte de hidroxilas, aumenta a força ácida do oxiácido. Por exemplo, a força ácida aumenta na sequência ácido hipocloroso, cloroso, clórico e perclórico e do ácido nitroso para o nítrico e do ácido sulfuroso para o sulfúrico.

Nomenclatura dos oxiácidos e dos sais correspondentes (opcional)

Embora você possa ter sido introduzido à nomenclatura de oxiácidos e de seus sais correspondentes em cursos anteriores, há uma grande e, com frequência, confusa lista de nomes a serem dominados. Uma abordagem sistemática certamente ajuda. O sistema a ser apresentado aqui começa com o que chamamos de "ácidos representativos –*ico*" listados na Tabela 11.3. Note que esses cinco (seis, contando o ácido nítrico) ácidos são os únicos que você precisa conhecer completamente. Todos os outros oxiácidos comuns são nomeados usando as regras dadas na tabela. Outra maneira de visualizar essas regras é dada no "mapa" de nomenclatura mostrado na Figura 11.18. Por exemplo, começando com o ácido clórico, podemos nomear os outros oxiácidos que contêm cloro seguindo o mapa. A adição de um oxigênio ao ácido clórico leva ao ácido perclórico, $HClO_4$. A subtração de oxigênios leva ao ácido cloroso, $HClO_2$, e depois ao ácido hipocloroso, $HClO$.

TABELA 11.3
Um sistema de nomenclatura para oxiácidos e seus sais correspondentes

Ácidos representativos -*ico* em cada grupo da tabela periódica				
3A	4A	5A*	6A	7A
H_3BO_3 Ácido bórico	H_2CO_3 Ácido carbônico	H_3PO_4 Ácido fosfórico	H_2SO_4 Ácido sulfúrico	$HClO_3$ Ácido clórico

Regras de nomenclatura para outros oxiácidos

1. Adição de um oxigênio ao ácido: ácido per ... -*ico*
2. Subtração de um oxigênio do ácido: ácido ... -*oso*
3. Subtração de dois oxigênios do ácido: ácido hipo ... -*oso*
4. Todos os outros ácidos análogos no mesmo grupo da tabela periódica são nomeados de maneira similar.

Regras de nomenclatura para ânions de oxiácidos

1. Ácidos terminando por -*ico* são associados com ânions de terminação -*ato*.
2. Ácidos terminando por -*oso* são associados com ânions de terminação -*ito*.
3. O ânion é obtido pela remoção de todos os íons hidrogênio.
4. Ânions nos quais um ou mais, mas não todos, íons hidrogênio foram removidos são nomeados com o número de hidrogênios remanescentes indicado antes do nome do ânion como determinado pelas regras 1 a 3. Se um de dois íons hidrogênio é removido, o ânion é comumente referido usando o prefixo -*bi*.

*HNO_3 é uma exceção em relação aos outros ácidos no Grupo 5A e é chamado de ácido nítrico.

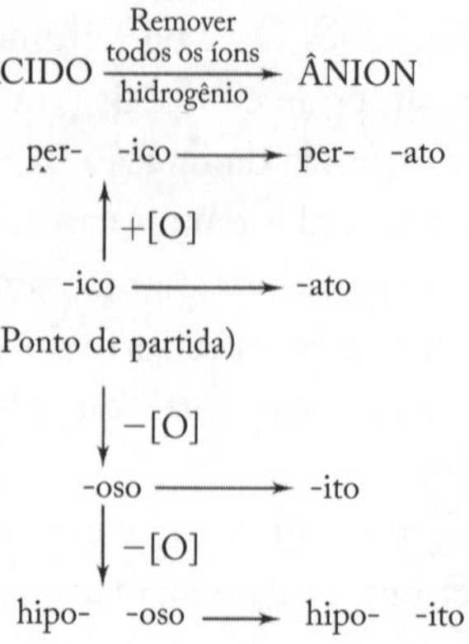

```
                    Remover
            todos os íons
ÁCIDO  ─────────────────→  ÂNION
            hidrogênio

per-  -ico  ───────→  per-  -ato

    ↑ +[O]

-ico  ─────────────→  -ato

(Ponto de partida)

    ↓ −[O]

-oso  ─────────────→  -ito

    ↓ −[O]

hipo-  -oso  ──────→  hipo-  -ito
```

FIGURA 11.18

Um "mapa" de nomenclatura para os oxiácidos e seus sais.

O procedimento é o mesmo para qualquer ácido com um átomo central de qualquer dos grupos mostrados na Tabela 11.3. Por exemplo, por analogia com o ácido sulfúrico, H_2SeO_4 é o ácido selênico e, se um oxigênio for subtraído, temos H_2SeO_3, que é o ácido selenoso. Ou, por analogia com o ácido clórico, $HBrO_3$ é o ácido brômico. A adição de um oxigênio leva ao $HBrO_4$, ácido perbrômico, e a subtração de oxigênios leva ao $HBrO_2$, ácido bromoso, e ao $HBrO$, ácido hipobromoso.

O sistema também organiza os nomes dos ânions correspondentes (e, portanto, dos sais) dos oxiácidos. O ânion é obtido removendo todos os íons hidrogênio do ácido. Por exemplo, quando ambos os hidrogênios são removidos do ácido carbônico, H_2CO_3, obtém-se a espécie CO_3^{2-}. Conforme estabelecido na Tabela 11.3, ácidos *-ico* se tornam ânions *-ato* e ácidos *-oso* se tornam ânions *-ito*. Conclui-se que o CO_3^{2-} é o ânion carbonato. De forma similar, se quisermos um nome para o ânion NO_2^-, começamos com o ácido representativo que contém nitrogênio HNO_3, que é o ácido nítrico. A remoção de um oxigênio leva ao HNO_2, que é o ácido nitroso. A remoção do íon hidrogênio leva ao íon NO_2^-, que é o nitrito. Podemos até dar nome a compostos que nunca vimos antes. Por exemplo, como você chamaria o íon IO_2^-? Comece com o ácido representativo do grupo, que nesse caso é o ácido clórico. Então, avance para chegar à "espécie misteriosa", como mostrado a seguir:

$$HClO_3 \longrightarrow HIO_3 \longrightarrow HIO_2 \longrightarrow IO_2^-$$
ácido clórico   ácido iódico   ácido iodoso   iodito

Portanto, o IO_2^- é propriamente chamado de *íon iodito*.

Há um outro ponto a ser discutido em relação à nomenclatura. O que acontece se nem todos os íons hidrogênio forem removidos? Por exemplo, e se removermos apenas um hidrogênio do H_2CO_3, formando HCO_3^-? A regra para a nomenclatura de ânions indica que chamaríamos esse íon de hidrogenocarbonato ou de bicarbonato. O $H_2PO_4^-$ é o ácido fosfórico com um íon hidrogênio removido e dois restantes, então ele seria o di-hidrogenofosfato. O HPO_4^{2-} seria o hidrogenofosfato.

Hidrácidos

Até aqui, consideramos os ácidos que contêm átomos de oxigênio. Lavoisier teria ficado contente com a seção anterior, pois ele renomeou o ar deflogisticado de Priestley como oxigênio, que significa que "gerador de ácido". Mas sabemos que há ácidos que não contêm oxigênio. Eles são chamados de *hidrácidos*. A Figura 11.19 mostra alguns hidrácidos representativos e seus valores de K_a, juntamente com os raios e as eletronegatividades dos átomos centrais. Tenha em mente que a eletronegatividade do hidrogênio é 2,1.

H–N(H)–H (H below) $r_N = 0{,}75$ Å $EN_N = 3{,}0$ $K_a = 10^{-39}$	O(H)(H) $r_O = 0{,}73$ Å $EN_O = 3{,}5$ $K_a = 10^{-16}$	F–H $r_F = 0{,}72$ Å $EN_F = 4{,}0$ $K_a = 6{,}7 \times 10^{-4}$
H–P(H)–H $r_P = 1{,}06$ Å $EN_P = 2{,}1$ $K_a = 10^{-27}$	S(H)(H) $r_S = 1{,}02$ Å $EN_S = 2{,}5$ $K_a = 10^{-7}$	Cl–H $r_{Cl} = 0{,}99$ Å $EN_{Cl} = 3{,}0$ $K_a = 2 \times 10^6$
H–As(H)–H $r_{As} = 1{,}20$ Å $EN_{As} = 2{,}0$ $K_a = 10^{-23}$	Se(H)(H) $r_{Se} = 1{,}16$ Å $EN_{Se} = 2{,}4$ $K_a = 10^{-4}$	Br–H $r_{Br} = 1{,}14$ Å $EN_{Br} = 2{,}8$ $K_a = 5 \times 10^8$
	$r_{Te} = 1{,}36$ Å $EN_{Te} = 2{,}1$ $K_a = 2 \times 10^{-3}$ Te(H)(H)	I–H $r_I = 1{,}33$ Å $EN_I = 2{,}5$ $K_a = 2 \times 10^9$

Aumenta a força ácida →

Aumenta a força ácida ↓

FIGURA 11.19
Forças ácidas de hidrácidos comuns.

O que deve acontecer com a força ácida conforme nos movemos horizontalmente da esquerda para a direita? Nossa rede (especificamente, a lei periódica que prevê as tendências nas propriedades baseadas na carga nuclear efetiva e nos tamanhos de orbitais e moleculares) e a Figura 11.19 mostram que a eletronegatividade do átomo central aumenta. Isso faz que a ligação H–X seja mais polar e mais suscetível ao ataque pela água. O tamanho do átomo central não muda de forma apreciável e não é um fator. Portanto, esperaríamos que o ácido fluorídrico, HF, fosse um ácido mais forte do que a água, como realmente ocorre.

O que deve acontecer à força ácida conforme descemos em um dado grupo? Aqui temos dois efeitos para investigar. A eletronegatividade do átomo central diminui descendo em um grupo, o que faz que a ligação H–X seja menos polar e menos suscetível ao ataque pela água. Isso indicaria uma diminuição na força ácida. No entanto, o tamanho do átomo central aumenta significativamente descendo no grupo. Que efeito isso teria sobre a força ácida? Você deve se lembrar de que, quanto maior o comprimento da ligação, mais fraca a força da ligação. Isso faz sentido? Sim, porque, como mostrado na Figura 11.20, com o aumento do comprimento da ligação, o par de elétrons da ligação está mais longe das cargas nucleares efetivas dos dois átomos e não pode mantê-los unidos tão bem. Conforme a força da ligação diminui descendo em um grupo, a ligação fica mais fácil de ser quebrada, fazendo que o ácido seja mais forte. Qual efeito, a diminuição da eletronegatividade ou o aumento do raio, é o dominante? Verifica-se que a resposta é o segundo. A diminuição da força da ligação causando ácidos mais fortes ao descer no grupo é o efeito dominante. O ácido clorídrico é um ácido mais forte do que o fluorídrico, o sulfídrico (H_2S) é um ácido mais forte do que a água, e assim por diante.

FIGURA 11.20

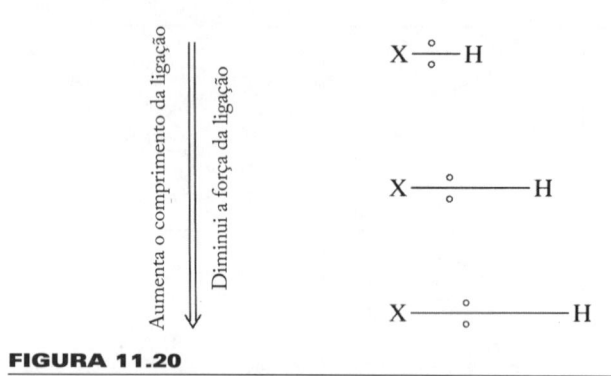

O aumento do comprimento da ligação H−X descendo em um grupo. Conforme o comprimento da ligação aumenta, a força da ligação diminui devido ao fato de o par ligante estar mais longe das cargas nucleares efetivas dos dois átomos.

11.5 OZÔNIO

Um *alótropo* é uma forma molecular diferente de um dado elemento. O oxigênio diatômico, O_2, é o alótropo mais familiar do elemento oxigênio, mas o ozônio, O_3, é o segundo mais importante. O ozônio foi descoberto por Christian Schönbein, em 1839, quando ele começou a investigar o odor peculiar produzido pela aparelhagem elétrica de seu laboratório. De fato, a palavra *ozônio* vem do grego *ozein*, que significa "cheirar". O ozônio é um gás azul e, de certa forma, tóxico com um odor pungente que pode ser prontamente detectado [em quantidades tão baixas quanto 0,01 parte por milhão (ppm)] nas proximidades de um metrô, após uma tempestade elétrica ou nas proximidades de um equipamento elétrico. Ele também é um dos principais componentes do *smog* fotoquímico.

A estrutura de Lewis do ozônio é mostrada na Figura 11.21a. Note que há duas formas de ressonância para a molécula. A representação VSEPR mostrando a geometria do híbrido de ressonância, Figura 11.21b, tem um ângulo O−O−O menor do que 120° devido à presença de um par de elétrons isolado.

O ozônio é preparado pela ação de uma descarga elétrica ou de luz ultravioleta (uv) sobre o oxigênio comum, como representado na Equação (11.14):

$$3O_2(g) \xrightarrow{\text{descarga elétrica}} 2O_3(g)$$

11.14

Uma vez que ele é muito reativo para ser transportado com segurança, geralmente é gerado conforme a necessidade.

FIGURA 11.21

Estruturas do ozônio. (*a*) A estrutura de Lewis da molécula de ozônio inclui duas estruturas de ressonância. (*b*) A geometria do híbrido de ressonância, como determinado pela teoria VSEPR. O ângulo O−O−O é menor do que 120° devido à presença de um par isolado no átomo de oxigênio central.

O ozônio é um agente oxidante poderoso, mais poderoso do que o oxigênio diatômico comum. Por exemplo, o mercúrio não reage com O_2 em uma velocidade apreciável à temperatura ambiente, mas reage com o ozônio, como mostrado na Equação (11.15):

$$3Hg(l) + O_3(g) \longrightarrow 3HgO(s) \qquad \text{11.15}$$

Na verdade, essa reação é a base de um teste comum para o ozônio, pois a presença do óxido de mercúrio faz que o metal líquido se torne amorfo e fique preso nas paredes do tubo de vidro.

Nos Estados Unidos, o ozônio está sendo considerado como um substituto para o gás cloro, $Cl_2(g)$, para a purificação e tratamento da água. (Ele tem sido usado para esses fins em muitos países europeus, desde os anos 1950.) O ozônio tem duas vantagens sobre o cloro: (1) ele não reage com os vários hidrocarbonetos para produzir produtos clorados (como o clorofórmio, $CHCl_3$) que têm sido apontados como carcinogênicos e (2) ele evita o sabor e o odor desagradáveis da água clorada. Sua principal desvantagem é o custo. O ozônio também é usado como alvejante, desodorizador e conservante em uma variedade de materiais.

Em 1913, o ozônio foi descoberto na alta atmosfera. Hoje em dia, ouvimos muitas discussões sobre a "camada de ozônio", mas essa expressão é, de certa forma, ilusória. A concentração máxima na estratosfera (10-50 km sobre a Terra) é de apenas 12 ppm a cerca de 30 km. Isso mal constitui uma camada! Embora a concentração seja baixa, ela é de importância crítica porque a formação e destruição do ozônio na estratosfera resultam na absorção de grandes quantidades da perigosa radiação solar uv. A produção e destruição do ozônio na estratosfera são governadas pelas "Reações de Chapman", propostas pela primeira vez por Sydney Chapman, em 1930. Estas são rotas reacionais comprovadas para a transformação do oxigênio diatômico em ozônio e vice-versa. O ozônio é formado quando radiação uv de baixo comprimento de onda (~240 nm) ou de energia relativamente alta atinge a ligação dupla do oxigênio diatômico, produzindo átomos de oxigênio isolados, conforme mostrado na Equação (11.16a). Então, esses átomos reativos podem se combinar com outras moléculas de oxigênio diatômico produzindo ozônio, como mostrado na Equação (11.16b). A destruição do ozônio também é possível pela absorção de radiação uv, mas agora de comprimento de onda maior (~330 nm), como mostrado na Equação (11.17). Note que a ligação O—O mais fraca no ozônio requer uma radiação menos energética (maior comprimento de onda) para a sua destruição do que a ligação dupla do oxigênio diatômico, O_2.

$$O_2(g) \xrightarrow[\text{(~240 nm)}]{\text{luz UV}} 2O(g) \Big\} \text{ formação do ozônio} \qquad \text{11.16a}$$

$$O(g) + O_2(g) \longrightarrow O_3(g) \} \text{ formação do ozônio} \qquad \text{11.16b}$$

$$O_3(g) \xrightarrow[\text{(~330 nm)}]{\text{luz UV}} O(g) + O_2(g) \Big\} \text{ destruição do ozônio} \qquad \text{11.17}$$

O átomo de oxigênio gerado aqui pode produzir ainda mais ozônio por repetição da Equação (11.16b) ou, na presença de um terceiro corpo, M, ele pode atingir um segundo átomo de oxigênio para reformar a molécula diatômica, como mostrado na Equação (11.18a). (O terceiro corpo carrega consigo parte da energia liberada quando a ligação oxigênio-oxigênio é formada.) Alternativamente, o átomo de oxigênio pode atingir uma molécula de ozônio para reformar a molécula diatômica, como mostrado na Equação (11.18b):

$$M + O(g) + O(g) \longrightarrow O_2(g) + M^* \qquad \text{11.18a}$$
$$\text{(em que } M = \text{um terceiro corpo)}$$

$$O(g) + O_3(g) \longrightarrow 2O_2(g) \qquad \text{11.18b}$$

Note que o efeito global desses vários processos é (1) a absorção de radiação uv que, caso contrário, atingiria a superfície terrestre e (2) não há variação líquida nas concentrações estratosféricas de ozônio.

Vários compostos podem destruir o ozônio. A identificação e a avaliação de seus efeitos líquidos constituem um debate contínuo. As principais ameaças ao ozônio estratosférico envolvem (1) clorofluorcarbonos (CFCs), usados como agentes de formação de espuma, refrigerantes, solventes e propelentes para aerossóis e (2) compostos de bromo usados em fumigantes e extintores de incêndio. (Esses compostos e seus efeitos potenciais sobre a concentração do ozônio estratosférico são discutidos em detalhes no Capítulo 18, sobre os elementos do Grupo 7A.)

Embora desejemos preservar o ozônio na estratosfera, queremos minimizar sua produção na troposfera, a parte da atmosfera na qual vivemos. O *smog* fotoquímico produzido como resultado da ação da radiação solar sobre os gases de escape dos automóveis é a principal fonte de ozônio na troposfera. O "gatilho" para o *smog* fotoquímico é baseado na química dos óxidos de nitrogênio, de modo que vamos adiar nossa discussão até o Capítulo 16, sobre a química do Grupo 5A.

11.6 O EFEITO ESTUFA E O AQUECIMENTO GLOBAL

Nos anos 1780, Antoine Lavoisier definiu combustão como a reação de uma substância com o oxigênio. Para usar a palavra cunhada por Lavoisier, a "oxidação" completa de hidrocarbonetos usados como combustíveis produz dióxido de carbono e água. Sabemos, de longa data, que a contínua poluição do ar com vários óxidos de nitrogênio e enxofre pode causar problemas graves à saúde e ao meio ambiente para as futuras gerações. Enquanto John Tyndall, em 1859, propôs que o dióxido de carbono e a água bloqueavam a chegada da radiação térmica à Terra, apenas recentemente percebemos o tamanho do problema que isso poderia vir a ser. Na verdade, o objetivo de muitos equipamentos antipoluição empregados nas indústrias de transporte e energia tem sido a conversão completa dos hidrocarbonetos combustíveis em CO_2 e H_2O. No entanto, nos últimos anos, viemos a reconhecer que esses dois gases, aparentemente inócuos como os outros "gases de efeito estufa", apresentam problemas sobre os quais a comunidade mundial precisa discutir. Um *gás de efeito estufa* é aquele que absorve radiação infravermelha na atmosfera. Além do vapor de água e do dióxido de carbono, os principais gases de efeito estufa incluem o metano e o óxido nitroso, assim como o ozônio e os clorofluorcarbonos (CFCs). Em seu relatório de 2007, o Painel Intergovernamental sobre Mudanças Climáticas (Intergovernmental Panel on Climate Change - IPCC) concluiu que há uma probabilidade maior do que 90% de que "aumentos nas concentrações antropogênicas de gases de efeito estufa (...) causaram a maior parte (ou seja, mais de 50%) dos aumentos das temperaturas médias globais desde a metade do século XX". Esse fenômeno é conhecido como *aquecimento global*.

A Figura 11.22 demonstra como o efeito estufa funciona. A radiação solar atravessa a atmosfera e aquece a Terra, que reirradia luz de frequências no infravermelho, o que comumente chamamos de *calor*. Vários gases de efeito estufa absorvem essa radiação infravermelha e a espalham pela atmosfera. Alguma radiação infravermelha acaba escapando para o espaço, mas uma porção significativa fica presa na atmosfera terrestre, em um processo análogo ao que ocorre em uma estufa de plantas. Da mesma forma que em uma estufa, o balanço entre radiação solar que entra e a radiação infravermelha que sai mantém a nossa atmosfera confortavelmente quente. Na verdade, estima-se que, sem esse efeito, a Terra seria de 28 °C a 33 °C mais fria, uma temperatura na qual boa parte da água da Terra estaria na forma de gelo. Mas quando a atividade humana adiciona gases de efeito estufa à atmosfera, mudamos o balanço. Essa mudança é calculada oficialmente em termos do que se conhece por *forceamento radiativo* (FR), que o IPCC define como "uma medida de como o balanço de energia do sistema Terra-atmosfera é influenciado quando fatores que afetam o clima são alterados". Postula-se que o aumento da concentração de gases de efeito estufa causa um forceamento radiativo positivo, a retenção de mais radiação infravermelha na atmosfera e, portanto, aquecimento global.

FIGURA 11.22

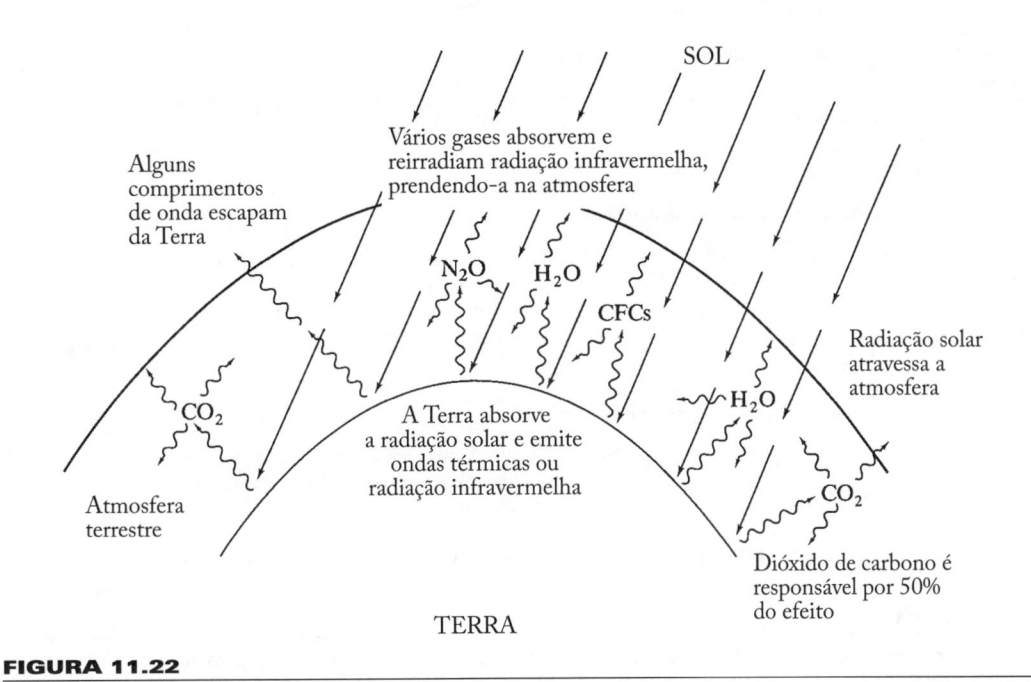

O efeito estufa. Radiação solar (setas retas) atravessa a atmosfera terrestre. A Terra absorve essa radiação e reirradia comprimentos de onda no infravermelho (setas onduladas). Vários gases absorvem e reirradiam a luz infravermelha, prendendo efetivamente parte dela na atmosfera. ("CFCs" indica os clorofluorcarbonos.)

Por que há alguns gases atmosféricos que retêm calor, enquanto outros, não? Como você deve se lembrar, de cursos anteriores, os átomos em uma molécula não são estáticos em distâncias e ângulos internucleares permanentes e imutáveis. Em vez disso, eles apresentam variações dessas distâncias e ângulos devido à vibração com frequências que ocorrem na parte infravermelha do espectro eletromagnético. Se uma dada vibração muda o momento de dipolo da molécula, um campo elétrico oscilante se forma e, uma vez que a luz também é um campo elétrico (e magnético) oscilante, eles podem interagir, e a molécula absorve luz infravermelha. As moléculas vibram temporariamente com uma amplitude maior, mas rapidamente liberam essa energia na forma de calor. As vibrações simples de estiramento das moléculas do oxigênio (O_2) e do nitrogênio (N_2) diatômicos não mudam seus momentos de dipolo (eles são sempre zero), mas as vibrações de uma molécula de água ou de dióxido de carbono mudam e, portanto, elas podem absorver radiação infravermelha ou calor. No entanto, nem todas as vibrações do dióxido de carbono mudam o momento de dipolo da molécula. A Figura 11.23 mostra, entre essas vibrações, as três mais fáceis de serem visualizadas, os chamados estiramentos simétrico e assimétrico e a deformação angular. Note que, quando uma molécula de CO_2 vibra simetricamente, o momento de dipolo é sempre zero e, portanto, nenhuma mudança ocorre. (Lembre-se de que momentos de dipolo de ligação são representados por setas apontando para o átomo mais eletronegativo. O momento de dipolo resultante, obtido pela combinação dos dipolos de ligação, é frequentemente representado como uma seta de linha dupla. O símbolo para momento de dipolo é a letra grega mi, μ.) No entanto, quando a molécula vibra assimetricamente, o momento de dipolo muda para a frente e para trás, de um lado para o outro. Portanto, a vibração assimétrica absorve luz infravermelha que corresponde à frequência da vibração (2349 cm^{-1}). A vibração de deformação angular também muda o momento de dipolo e absorve luz infravermelha (667 cm^{-1}). A unidade cm^{-1} é chamada de *número de onda* e é descrita em maiores detalhes na Seção 4.3. A luz infravermelha ocorre na faixa de 4.000 a 200 cm^{-1}.

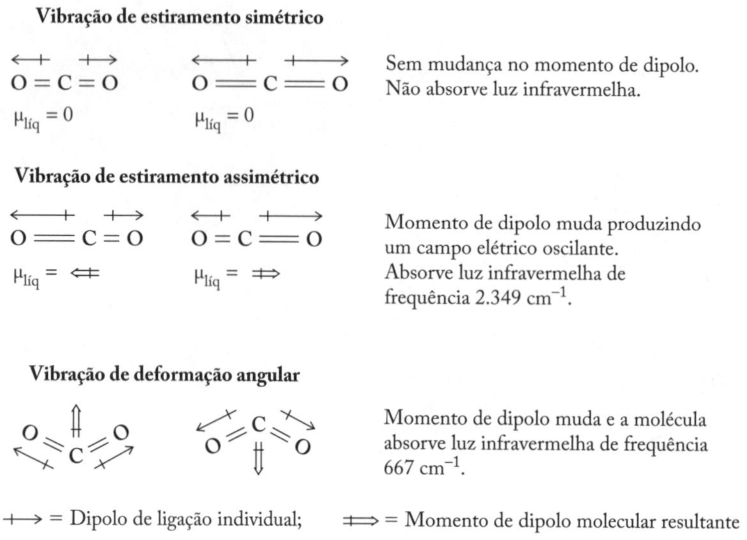

Vibração de estiramento simétrico

O = C = O   O═══C═══O   Sem mudança no momento de dipolo.
$\mu_{líq} = 0$ $\mu_{líq} = 0$ Não absorve luz infravermelha.

Vibração de estiramento assimétrico

O═══C = O   O = C═══O   Momento de dipolo muda produzindo um campo elétrico oscilante.
$\mu_{líq} = \Leftarrow$ $\mu_{líq} = \Rightarrow$ Absorve luz infravermelha de frequência 2.349 cm^{-1}.

Vibração de deformação angular

Momento de dipolo muda e a molécula absorve luz infravermelha de frequência 667 cm^{-1}.

$\longrightarrow$ = Dipolo de ligação individual; $\Longrightarrow$ = Momento de dipolo molecular resultante

FIGURA 11.23

Três vibrações moleculares do dióxido de carbono. Os extremos de cada vibração são mostrados de forma exagerada. O estiramento assimétrico e as vibrações de deformação angular resultam na absorção de luz infravermelha.

Agora podemos começar a entender por que o dióxido de carbono não é tão inofensivo quanto parecia. Como mostrado na Tabela 11.4, o CO_2 é o mais importante dos gases de efeito estufa. Outros incluem o vapor da água, o metano (CH_4), o óxido nitroso (N_2O) e os clorofluorcarbonos (CFC_s), principalmente o CFC-12 (CF_2Cl_2) e o CFC-11 ($CFCl_3$). A tabela mostra algumas informações pertinentes sobre esses gases, incluindo suas fontes principais devido à atividade humana e as contribuições estimadas para o forceamento radioativo positivo ou para o aquecimento da atmosfera.

A Tabela 11.5 mostra as concentrações dos principais gases de efeito estufa e quanto suas concentrações aumentaram desde 1750. Vemos aqui que o impacto do dióxido de carbono é muito grande devido à sua con-

TABELA 11.4
Dados sobre gases de efeito estufa

Gás de efeito estufa	Principais fontes humanas	Forceamento radioativo (watts/metro²)	Contribuição estimada ao aquecimento global, %
Dióxido de carbono (CO_2)	Combustão do carvão, gasolina, óleo combustível, gás natural, desmatamento	1,66	63
Metano (CH_4)	Cultivo de arroz, gado, aterros, petróleo e produção de gás	0,48	18
Óxido nitroso (N_2O)	Fertilizantes, queima de combustíveis fósseis	0,16	6,1
CFC-12 (CCl_2F_2)	Fluido de compressor para refrigeração	0,17	6,5
CFC-11 (CCl_3F)	Solvente de expansão para espuma plástica, solvente de limpeza de placas de circuitos elétricos	0,063	2,4

Fonte: Climate Change 2007: The Physical Science Basis: Contribution of Working Group I to the Fourth Assessment Report of the Intergovernmental Panel on Climate Change.

TABELA 11.5
As concentrações e velocidades de aumento da concentração dos gases de efeito estufa

Gás de efeito estufa	Concentração média, ppbv[a]	Aumento desde 1750, ppbv/ano
Dióxido de carbono (CO_2)	387.000	107.000
Metano (CH_4)	1.745	1.045
Óxido nitroso (N_2O)	314	44

Fonte: Climate Change 2007: The Physical Science Basis: Contribution of Working Group I to the Fourth Assessment Report of the Intergovernmental Panel on Climate Change.

[a]ppbv = partes por bilhão em volume; 1.000 ppb = 1 ppm

centração relativamente alta. (Ela continua a aumentar cerca de 1.500 a 2.000 ppbv ou 1,5 a 2 ppmv por ano.) As maiores fontes de CO_2 são usinas elétricas baseadas na queima de carvão ou óleo, transportes e indústrias, em ordem decrescente de contribuição. Estimativas variam, mas se continuarmos a liberar dióxido de carbono na atmosfera na velocidade atual, o IPCC projeta que a temperatura média da Terra poderia aumentar de 1,8 °C a 3,9 °C ao fim do século XXI. As consequências seriam dramáticas. Secas seriam mais comuns. Poderiam existir maiores mudanças em padrões e zonas climáticas. As calotas polares poderiam derreter parcialmente, causando um aumento no nível do mar (talvez de 0,3 m a 0,9 m, dependendo se esse derretimento vai continuar), o que resultaria em inundações da maioria das cidades costeiras e países de terras baixas ou ilhas.

Vamos analisar mais atentamente as tendências nos níveis de dióxido de carbono nos últimos 50 anos. A Figura 11.24 mostra a variação na concentração do dióxido de carbono atmosférico de 1958 a 2010, medida no National Oceanic and Atmospheric Administration's Mauna Loa Observatory, no Havaí. Duas tendências

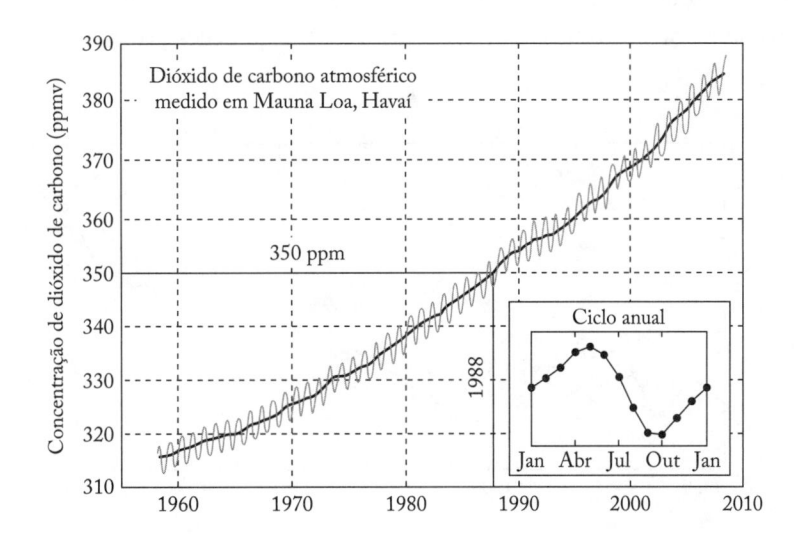

FIGURA 11.24

Concentrações atmosféricas de dióxido de carbono 1958-2010. Medidas no National Oceanic and Atmospheric Administration's Mauna Loa Observatory, no Havaí. A curva preta mostra as concentrações anuais globais, enquanto a curva cinza (e também o gráfico menor) mostra a variação sazonal anual causada pelo começo e fim da temporada de crescimento com sua absorção fotossintética de CO_2. http://en.wikipedia.org/wiki/File:Mauna_Loa_Carbon_Dioxide-en.svg, acesso em março de 2010. (Atmospheric carbon dioxide concentrations, measured at Mauna Loa, Hawaii.)

estão bem aparentes. Primeiro, como mostrado no gráfico menor, as concentrações de dióxido de carbono variam sazonalmente, com a ação da fotossíntese na primavera diminuindo os valores até o outono, quando a temporada de crescimento acaba. Em segundo lugar, e mais importante para essa discussão, as concentrações anuais globais de CO_2 têm aumentado constantemente desde 1958 e, no momento, se aproximam de um valor próximo de 400 ppm. De forma crítica, a concentração ultrapassou o valor de 350 ppm em 1988. Muitos cientistas climáticos acreditam que valores permanentes acima de 350 ppm produzirão impactos irreversíveis no meio ambiente terrestre e que um retorno a esse nível é necessário para evitar esses efeitos.

Então, em que extensão o aquecimento global realmente começou? Embora essa questão continue a ser muito debatida (mais recentemente, no momento em que este livro está sendo escrito, na conferência em Copenhague), há pouca dúvida na comunidade científica de que ele está tendo um efeito significativo. A Figura 11.25 mostra a variação na temperatura média global durante o último século e meio (1852 a 2005). (Quanto mais se volta no tempo, menos confiáveis são esses dados. Valores mais recentes são significativamente mais precisos devido ao advento de tecnologias baseadas em satélites.) Embora dados desse tipo sejam caracterizados por flutuações naturais (da ordem de ±0,1 °C), estima-se que a temperatura média global aumentou cerca de 0,8 °C nos últimos 155 anos. De fato, embora 1998 tenha sido o ano mais quente registrado nesse período de tempo e, talvez, o ano mais quente do último milênio, há, no momento em que este livro é escrito, uma forte evidência de que 2010 vai superar todos esses recordes. (No entanto, o ano de 1998 pode ter sido atípico devido ao fenômeno do El Niño, que ocorreu durante o fim de 1997 e o início de 1998.) Dadas essas informações, podemos responder à questão: *o aquecimento global começou?* A esmagadora maioria da comunidade científica está convicta de que a resposta é quase certamente "sim, ele começou".

Como podemos minimizar a quantidade de dióxido de carbono e de outros gases de efeito estufa liberados na atmosfera? No fim de 1997, na United Nations Framework Convention on Climate Change sediada em Kyoto, Japão, cerca de 160 países aprovaram o "Protocolo de Kyoto" para a redução das emissões de dióxido de carbono e de outros gases de efeito estufa. Ele entrou em vigor em 2005, mas nunca foi ratificado nos Estados Unidos. Desde então, muitos encontros ocorreram, o mais recente foi a Conferência de 2009 sobre Mudanças Climáticas das Nações Unidas, sediada em Copenhague, onde pouco progresso foi feito. No momento em que este livro era escrito, a comunidade internacional não foi capaz de chegar a um acordo para a redução dos níveis de dióxido de carbono e de outros gases de efeito estufa. A ação necessária mais óbvia para reduzir essas

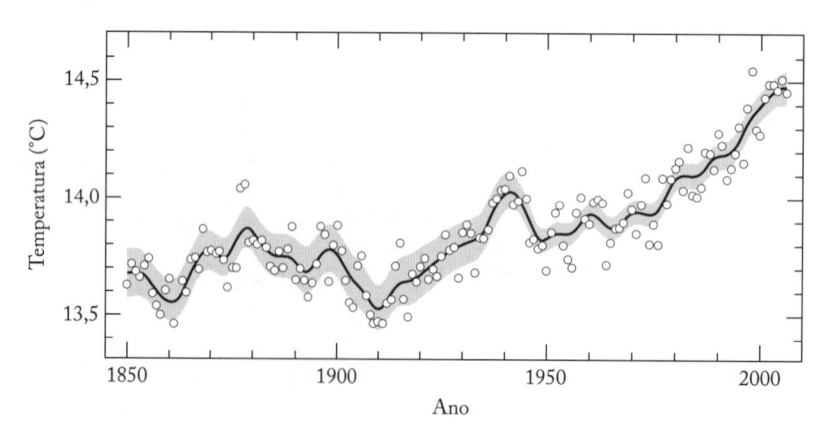

FIGURA 11.25

Variações observadas na temperatura média superficial global (1850–2005). As áreas sombreadas são os intervalos de incerteza estimados de uma análise abrangente de incertezas conhecidas. Fonte: FIGURA SPM-3 do arquivo Summary of Policy Makers (PDF) do quarto relatório de avaliação de 2007 do Painel Intergovernamental sobre Mudanças Climáticas (IPCC) (De Painel Intergovernamental sobre Mudanças Climáticas: Climate Change 2007: The Physical Science Basis: Contribution of Working Group I to the Fourth Assessment Report of the Intergovernmental Panel on Climate Change [S. Solomon, D. Qin, M. Manning, Z. Chen, M. Marquis, K. B. Averyt, M. Tignor e H. L. Miller (eds.)], Figura SPM-3, p. 6. Cambridge University Press, Reino Unido e Nova York. Copyright © 2007.)

emissões é diminuir a quantidade de combustíveis fósseis, particularmente carvão e óleo, que nós consumimos. O problema é que um corte drástico em seu uso causaria problemas críticos e talvez colocasse a economia mundial em um declínio significativo. Que medidas adicionais podemos tomar? Uma é reverter a tendência de diminuição do uso da energia nuclear. Os Estados Unidos recuaram na busca da alternativa nuclear nas últimas três ou quatro décadas, mas há alguns indícios de que está se iniciando o desenvolvimento de instalações nucleares mais seguras para preencher essa lacuna. Outras alternativas incluem acelerar a pesquisa e o desenvolvimento da economia do hidrogênio e da fusão nuclear (veja a Seção 10.6), assim como de outras fontes de energia renováveis como solar, eólica e geotérmica. Há também muito trabalho sendo feito sobre captura e sequestro de carbono. Por fim, precisamos controlar o intenso desmatamento que tem ocorrido por séculos e se acelerou nas últimas poucas décadas. Árvores e outras plantas, como Priestley sabia, absorvem dióxido de carbono no processo que conhecemos hoje como fotossíntese, Equação (11.1). Mas temos cortado árvores, e florestas tropicais, por exemplo, continuam a desaparecer em uma velocidade alarmante. Estima-se que o inventário total de árvores foi reduzido pela metade desde o início da agricultura.

Portanto o debate, mais na arena política do que na científica, continua. Nós, da comunidade científica, precisaremos manter uma vigília constante nas várias dimensões dessa importante questão internacional. Precisamos continuar a monitorar o meio ambiente, desenvolver alternativas potenciais de fontes energéticas e propor uma gama de técnicas para diminuir os níveis de dióxido de carbono e de outros gases de efeito estufa. Enquanto isso, pode-se chegar à conclusão de que se trata de uma questão de população. Muitos poderiam argumentar que estamos introduzindo mais dióxido de carbono na atmosfera, usando nossas florestas em velocidades alarmantes, e assim por diante, porque há muitas pessoas no mundo. A humanidade pode, por fim, ter de perceber que uma maneira de lidar com o problema do potencial aquecimento global é deter a maré de números que aumentam. Talvez se chegue à conclusão de que devemos reconhecer o desejo bem conhecido do personagem Pogo, da tira cômica de Walt Kelly, que disse "encontramos o inimigo, e ele somos nós".

RESUMO

O oxigênio foi descoberto por Scheele e Priestley, mas Lavoisier foi o primeiro a descrever corretamente seu papel na combustão. Industrialmente, o oxigênio é usualmente separado do ar, mas no laboratório ele é gerado a partir do clorato de potássio ou, preferencialmente, a partir do peróxido de hidrogênio. O oxigênio tem muitas aplicações, a maioria delas baseada no seu papel na combustão.

A água é o óxido mais importante. A estrutura angular da molécula individual, o grande momento de dipolo resultante e as fortes ligações hidrogênio intermoleculares nas fases sólida e líquida lhe dão propriedades únicas como solvente e como meio para ácidos e bases.

Nossa rede de ideias pode ser aplicada aos óxidos, que se dividem nos tipos metálico iônico e não metálico covalente. Óxidos iônicos são anidridos básicos que produzem hidróxidos metálicos e íons hidróxido em solução aquosa. Óxidos de não metais são anidridos ácidos que produzem oxiácidos e íons hidroxônio em solução. Essas correlações se tornaram o sexto componente de nossa rede de ideias. As forças relativas de oxiácidos e hidrácidos podem ser explicadas usando outras partes da rede. Uma abordagem sistemática para a nomenclatura de oxiácidos é baseada nos cinco ácidos representativos –*ico*.

O ozônio é um alótropo importante do oxigênio e absorve radiação uv na alta atmosfera. Várias ameaças à "camada" de ozônio serão detalhadas em capítulos posteriores. O dióxido de carbono é o gás de efeito estufa principal que, se continuar a ser liberado para a atmosfera em quantidades cada vez maiores, pode ser responsável pelo forceamento radioativo que ameaça aquecer a Terra e produzir uma variedade de efeitos dramáticos.

PROBLEMAS

11.1 Escreva uma equação para representar o método pelo qual Priestley gerou gás oxigênio. Note que ele não sabia que se tratava de uma molécula diatômica. Isso não estava estabelecido até o primeiro Congresso Internacional de química, em 1860.

11.2 Priestley notou que respirar ar logo o deixa inadequado para que se continue seu uso para sustentar a vida animal, mas esse ar poderia ser restabelecido por plantas em crescimento. Explique brevemente o que ele observou; use uma ou duas equações ao longo de sua explicação.

11.3 Priestley testou a "virtude" do ar, ou o que chamaríamos de seu conteúdo de oxigênio, usando óxido nítrico, NO, um gás incolor que se combina com o oxigênio para formar o gás marrom-avermelhado dióxido de nitrogênio, NO_2. Por que o "ar deflogisticado" produzia de quatro a cinco vezes mais dióxido de nitrogênio do que o "ar comum"? Escreva uma equação como parte de sua resposta.

11.4 Quando Priestley isolou seu "ar deflogisticado" (oxigênio), verificou que era essencialmente insolúvel em água, e isso o convenceu de que não se tratava do "ar fixo" (dióxido de carbono), originalmente descoberto por Joseph Black. Priestley verificou que a água poderia ser "impregnada" com ar fixo, produzindo água com gás, uma bebida borbulhante e de sabor agradável. A partir do que você sabe sobre as estruturas modernas do O_2 e do CO_2, explique por que o primeiro é muito menos solúvel em água do que o último.

11.5 No século IV, o famoso alquimista chinês Ko Hung escreveu que calcinar cinábrio, HgS, ao ar produz um líquido metálico prateado e um odor pungente e irritante, que frequentemente sentimos quando acendemos um fósforo. Escreva uma equação balanceada que represente essa reação.

11.6 (*Ponto extra.*) Após assistir à peça *Oxigênio* (ou ler o livro), de Carl Djerassi e Roald Hoffmann, escreva um parágrafo curto resumindo o roteiro, como visto pelos olhos de um químico moderno.

11.7 Mesmo nos tempos de Stahl, era conhecido o fato de que metais, ao serem calcinados, ganham massa. Considerando o que você sabe sobre a teoria do flogisto, que conclusões você poderia tirar sobre a massa do elemento flogisto?

11.8 O isótopo radioativo do oxigênio de vida mais longa é o ^{15}O, que decai por emissão β^+ e tem uma meia – vida de 124 s. Escreva uma equação nuclear para esse processo de decaimento.

11.9 O oxigênio-15 é preparado bombardeando o oxigênio-16 com partículas de hélio-3 acompanhado pela emissão de partículas alfa. Escreva uma equação nuclear para esse processo.

*11.10 Usando as abundâncias percentuais dadas na Tabela 11.1, calcule a massa atômica média do oxigênio. Compare seu resultado com o listado na tabela periódica.

*11.11 Explique brevemente por que o ponto de ebulição do nitrogênio diatômico (–195,8 °C) é menor que o do oxigênio diatômico (–183,0 °C).

11.12 Escreva uma equação para a combustão completa do pentano, C_5H_{12}.

11.13 Brevemente, qual é a diferença entre ferro e aço? Qual a utilidade do oxigênio na conversão do ferro em aço? (*Dica:* você pode querer consultar um dicionário ou uma enciclopédia ou a internet para responder a essa questão.)

---

* Exercícios marcados com um asterisco (*) são mais desafiadores.

11.14 Desenhe (i) estruturas de Lewis e (ii) diagramas mostrando as geometrias moleculares (incluindo os ângulos aproximados de ligação) para as seguintes moléculas e íons: (a) NH_3, (b) SO_3, (c) CO_2, (d) OF_2, (e) NO_2^- e (f) CS_2. Para cada caso, diga se a molécula ou íon é polar ou não polar. Para aqueles que são polares, mostre o momento de dipolo resultante no diagrama da geometria molecular.

*11.15 Desenhe diagramas baseados na teoria de ligação de valência, mostrando a sobreposição dos orbitais moleculares e/ou híbridos para (a) NH_3, (b) SO_3, (c) CO_2, (d) OF_2, (e) NO_2^- e (f) CS_2. Classifique os orbitais híbridos do átomo central de cada espécie.

11.16 Explique, com suas próprias palavras, por que um par isolado de elétrons em um átomo central ocupa mais espaço do que um par ligante.

11.17 Quando descrevemos como chegamos à conclusão de que a molécula de água é um composto polar, começamos com a afirmação de que a eletronegatividade do oxigênio é maior do que a do hidrogênio. Sem recorrer à tendência de eletronegatividades decorada, explique a diferença de eletronegatividade entre esses dois átomos.

*11.18 Se você já estudou o Capítulo 7 sobre estruturas do estado sólido, comente sobre a relação entre a estrutura do gelo, mostrada na Figura 11.3, e a estrutura da azurita, mostrada na Figura 7.21d.

11.19 Qual é a diferença entre as forças intramoleculares e intermoleculares? Dê um exemplo de cada. (*Dica:* um dicionário comum ou uma rápida pesquisa na internet podem ser úteis aqui.)

11.20 Quais, se alguma, das seguintes moléculas se mantêm unidas por ligações hidrogênio: (a) CH_4, (b) CHF_3, (c) CH_3OH (semelhante à água, mas um grupo metila, $-CH_3$, substitui um dos átomos de hidrogênio), (d) glicose (veja a figura no Exercício 11.30) e (e) CH_3COOH. Mostre um diagrama em cada caso. (*Dica:* Seja cuidadoso. Alguns átomos de hidrogênio em alguns desses compostos podem participar de ligações hidrogênio, enquanto outros, na mesma molécula, não.)

11.21 Explique, com suas próprias palavras, a regra FONCl.

*11.22 Usando referências a estruturas moleculares, explique, a um estudante de letras, por que o gelo flutua. (Pontos extras podem ser dados se estiver documentado que você fez isso oralmente ou por escrito.)

11.23 Referindo-se à Figura 11.5, que mostra os arranjos em torno de uma molécula de água em meio líquido, escreva um parágrafo curto descrevendo o que significa a frase "modelo de agregado molecular oscilante" aplicada à estrutura da água líquida.

11.24 Referindo-se à Figura 11.6, por que se espera que os pontos de ebulição dos hidretos do Grupo 7A aumentem com o aumento da massa molecular? Ignore os efeitos das ligações hidrogênio ao responder a esta questão.

11.25 Explique por que a água tem um calor de vaporização remarcavelmente alto.

11.26 As solubilidades do $CO_2(g)$, do $SO_2(g)$ e do $NH_3(g)$ são 88, 3.937 e 70.000 litros de gás por 100 litros de água, respectivamente. Explique esses valores relativos em termos da estrutura e natureza desses solutos.

11.27 Cavendish conseguiu coletar $H_2(g)$ sobre água. Isso é surpreendente? Seja específico.

---

* Exercícios marcados com um asterisco (*) são mais desafiadores.

11.28 Priestley mediu o que chamou de "virtude" de um gás recém-preparado pela sua reação com o óxido nítrico, NO, para formar NO_2, um gás marrom que é prontamente solúvel em água. Hoje, representaríamos o processo como segue:

$$NO(g) + \frac{1}{2}O_2(g) \longrightarrow NO_2(g)$$

NO_2, dióxido de nitrogênio, é muito mais solúvel em água do o $O_2(g)$ ou o $NO(g)$. Explique essas solubilidades em termos da estrutura molecular e da natureza da água. Desenhe um diagrama a nível molecular (do tipo visto na Figura 11.7) mostrando o NO_2 dissolvido em água. Seu diagrama deve incluir uma pequena parte da estrutura da água.

11.29 Considere a variação da entropia que acompanha a dissolução do cloreto de sódio na água. Esse fator é favorável ou desfavorável ao processo de dissolução? Discuta brevemente sua resposta.

11.30 A glicose, $C_6H_{12}O_6$ (MM = 180 u), tem a estrutura mostrada a seguir. O hidrocarboneto linear $CH_3(CH_2)_{11}CH_3$ tem uma massa molecular similar (184 u). Qual seria mais solúvel em água? Explique brevemente sua resposta.

11.31 Por que o peróxido de hidrogênio, H_2O_2, é um composto xaroposo, viscoso e solúvel em água? Forneça uma estrutura para esse composto como parte de sua resposta.

11.32 Desenhe um diagrama similar à Figura 11.8 para a estrutura da solução aquosa resultante da dissolução do nitrato de cobalto(II), $Co(NO_3)_2$, em água. Não se preocupe com os detalhes da estrutura do retículo cristalino do $Co(NO_3)_2$. Resuma o processo de dissolução em uma equação.

11.33 Desenhe um diagrama similar à Figura 11.8 para a estrutura da solução aquosa resultante da dissolução do sulfato de amônio, $(NH_4)_2SO_4$, em água. Não se preocupe com os detalhes da estrutura do retículo cristalino do $(NH_4)_2SO_4$. Resuma o processo de dissolução em uma equação.

11.34 Se K_w para a autoionização da água é $1,0 \times 10^{-14}$, calcule as concentrações dos íons hidroxônio e hidróxido. Verifique que o pH da água é 7,00.

11.35 O valor de K_w para a autoionização da água é $5,47 \times 10^{-14}$ à temperatura de 50 °C. Calcule o pH da água a essa temperatura.

11.36 Por que aumentar a concentração de íons hidroxônio em solução aquosa é equivalente a diminuir a concentração de íons hidróxido? Assuma uma temperatura constante.

11.37 A autoionização da água pesada, D_2O, tem uma constante de equilíbrio de $1,4 \times 10^{-15}$ a 25 °C. Escreva uma equação para a autoionização do D_2O. Forneça uma definição de pD de forma que seja equivalente ao pH definido para a água comum. Calcule o valor do pD para a água pesada pura.

11.38 Explique o isolamento da espécie $H_{11}O_5^+$ a partir de soluções de ácidos fortes.

11.39 Considerando a densidade da água igual a 1,00 g/mL, calcule a molaridade da água na substância pura.

---

* Exercícios marcados com um asterisco (*) são mais desafiadores.

11.40 Escreva as fórmulas para os óxidos de potássio, gálio, arsênio e selênio. Classifique cada um como ácido, básico ou anfótero.

11.41 Escreva a fórmula para os óxidos de alumínio e de tálio mais estáveis.

11.42 Para cada um dos seguintes óxidos, escreva uma equação em duas partes mostrando suas reações quando em contato com a água. A equação deve mostrar (i) o hidróxido correspondente ou oxiácido na forma molecular e (ii) os produtos ionizados em solução aquosa:

(a) K_2O, (b) In_2O_3, (c) B_2O_3, (d) N_2O_3 e (e) SO_3

11.43 Mostre um *mecanismo de reação* (sequência de eventos moleculares) que detalha como a água ataca o trióxido de nitrogênio, N_2O_3, cuja estrutura é mostrada a seguir, para produzir ácido nitroso em solução. Também mostre os produtos da ionização do ácido nitroso em meio aquoso.

11.44 Mostre o mecanismo (sequência de eventos moleculares) da reação que ocorre quando o dióxido de carbono é colocado em contato com a água. Mostre os produtos da reação final como íons aquosos bicarbonato e hidroxônio.

11.45 Mostre o mecanismo (sequência de eventos moleculares) da reação que ocorre quando o dióxido de enxofre é colocado em contato com a água. Mostre os produtos da reação final como íons aquosos bissulfito e hidroxônio.

11.46 Mostre o mecanismo (sequência de eventos moleculares) da reação que ocorre quando o óxido de dibromo, Br_2O, é colocado em contato com a água. Explique brevemente o seu mecanismo. Dê o nome do ácido ou base resultante antes de sua dissociação em solução aquosa.

11.47 Mostre o mecanismo (sequência de eventos moleculares) da reação que ocorre quando o óxido de estrôncio é colocado em contato com a água.

11.48 No Capítulo 10, discutimos a reação de hidretos iônicos com a água. Uma reação representativa é a do hidreto de sódio, mostrada a seguir. Aplique o que você aprendeu sobre reações que ocorrem com a água para explicar como essa reação deve ocorrer.

$$Na^+H^-(s) + H_2O(l) \longrightarrow Na^+(aq) + H_2(g) + OH^-(aq)$$

11.49 Explique, com suas próprias palavras, por que, em solução aquosa, a unidade E−O−H produz íons hidroxônio, se E for um não metal, ou íons hidróxido, se E for um metal.

11.50 Explique por que o ácido sulfúrico, normalmente escrito H_2SO_4, também é encontrado escrito como $SO_2(OH)_2$.

11.51 Desenhe um diagrama mostrando a estrutura da solução aquosa resultante quando ácido nítrico é adicionado à água. Além de estruturas geometricamente precisas das espécies dominantes que existem em solução, inclua no seu diagrama uma representação dos agregados moleculares oscilantes da estrutura da água. Indique as ligações hidrogênio representativas em seu diagrama.

11.52 Identifique os seguintes compostos como ácidos, básicos ou anfóteros: (a) NO(OH), (b) $Be(OH)_2$, (c) $Ti(OH)_4$ e (d) $Si(OH)_4$.

---

* Exercícios marcados com um asterisco (*) são mais desafiadores.

11.53 Os compostos FOH e FrOH são extremamente difíceis, se não impossíveis, de preparar e caracterizar. No entanto, suponha que você os tenha em mãos e possa testá-los para o caráter ácido-base em solução aquosa. Especule sobre os resultados. Eles seriam considerados ácidos fortes ou bases fortes? Justifique cuidadosamente suas respostas com o uso criterioso de diagramas.

11.54 Dados os seguintes pares de ácidos em solução aquosa, identifique o mais forte em cada caso. Para cada par, explique brevemente sua resposta.
(a) $HClO_3$, HIO_3
(b) H_3AsO_4, H_3SbO_4
(c) H_3PO_3, H_3AsO_3
(d) HSO_4^-, $HSeO_4^-$

11.55 Dados os seguintes pares de ácidos em solução aquosa, identifique o mais forte em cada caso. Para cada par, explique brevemente sua resposta.
(a) HIO_3, HIO_4
(b) H_3PO_3, H_3PO_4
(c) $HSeO_4^-$, $HSeO_3^-$
(d) $HClO$, $HClO_2$

11.56 Dados os seguintes conjuntos de ácidos em solução aquosa, identifique o mais forte em cada caso. Para cada conjunto, explique brevemente sua resposta.
(a) $HBrO_2$, $HBrO$, $HClO_2$
(b) H_2SO_3, H_2SeO_3, $HClO_4$,
(c) H_3PO_4, H_3AsO_4, H_3AsO_3

11.57 Dê o nome dos seguintes oxiácidos: (a) $HBrO$, (b) HIO_4, (c) H_3AsO_3 e (d) HNO_2.

11.58 Escreva as fórmulas dos seguintes oxiácidos: (a) ácido iodoso, (b) ácido perbrômico e (c) ácido persulfúrico.

11.59 Escreva as fórmulas dos seguintes ânions derivados de oxiácidos: (a) HSO_3^-, (b) $H_2AsO_4^-$, (c) HPO_3^{2-}, (d) $HSeO_4^-$ e (e) BrO^-.

11.60 Escreva fórmulas para os seguintes ânions: (a) bisselenito, (b) bromito e (c) di-hidrogenoarsenito e (d) periodato.

11.61 Para os seguintes compostos, H_3PO_4 e H_3AsO_3:
(a) Desenhe diagramas mostrando a estrutura molecular (o mais preciso possível, geometricamente) e dê o nome de cada composto.
(b) Identifique qual deles seria um ácido mais forte em solução aquosa. Explique cuidadosamente.
(c) A partir de que óxido cada composto seria obtido? Mostre duas equações balanceadas que ilustrem a relação entre os dois ácidos e os dois óxidos apropriados.

11.62 Para os seguintes compostos, $HClO_4$ e HIO_2:
(a) Desenhe diagramas mostrando a estrutura molecular e dê o nome de cada composto.
(b) Identifique qual deles seria um ácido mais forte em solução aquosa. Explique cuidadosamente.
(c) A partir de que óxido cada composto seria obtido?

---
* Exercícios marcados com um asterisco (*) são mais desafiadores.

11.63 Qual é o ácido mais forte, H_2O ou H_2S? Explique brevemente por quê.

11.64 Qual é o ácido mais forte, H_2S ou HCl? Explique brevemente por quê.

11.65 Organize os seguintes compostos em ordem crescente de força ácida: PH_3, H_2Se, HBr.

*__11.66__ Avalie a seguinte afirmação: o ácido fluorídrico é o ácido mais forte de todos porque o flúor é o elemento mais eletronegativo.

11.67 Quando se pede a estudantes de química introdutória que desenhem uma estrutura de Lewis para o ozônio, às vezes aparecem representações na forma cíclica.

Analise as cargas formais dos três átomos de oxigênio nessa estrutura. Isso parece razoável? Por quê? Por que você supõe que a estrutura cíclica é usualmente desconsiderada como estrutura não plausível relativamente à estrutura de Lewis mostrada na Figura 11.21?

11.68 Faça uma pesquisa na internet de "O_3 cíclico" (ou "O3 cíclico") e veja o que você encontra. Sob que circunstâncias, se há alguma, o ozônio cíclico seria estável?

11.69 Você esperaria encontrar um composto S_3 equivalente ao alótropo ozônio encontrado na química do oxigênio? Por quê?

11.70 Cite dois artigos da mídia que mostrem a atual situação do debate sobre o aquecimento global.

11.71 A estrutura tetraédrica do metano, CH_4, é dada a seguir. Posicione momentos de dipolo de ligação individuais no diagrama. Que valor você atribuiria ao momento de dipolo molecular resultante? As vibrações de estiramento simétrico e assimétrico do metano estão indicadas nas diferentes orientações do metano, mostradas no centro e à direita. Quais, se houver alguma, dessas vibrações resultariam em absorção de radiação infravermelha? Explique brevemente sua resposta.

estiramento simétrico   estiramento assimétrico

11.72 A estrutura do CFC-12 ou Freon-12 (CF_2Cl_2) é dada a seguir, com seus dipolos de ligação individuais e o momento de dipolo molecular resultante. Por que os dipolos das ligações $C-F$ estão representados por setas mais longas do que as dos dipolos das ligações $C-Cl$? A vibração de estiramento simétrico dessa molécula absorveria radiação infravermelha?

---

* Exercícios marcados com um asterisco (*) são mais desafiadores.

11.73 A estrutura do óxido nitroso é dada a seguir. Posicione os momentos de dipolo de ligação individuais no diagrama. A vibração de estiramento N—O absorveria radiação infravermelha?

$$N \equiv N - O$$

11.74 Suponha que sua avó lhe pergunte sobre o que você tem estudado em química e você responda dizendo gases de efeito estufa, forceamento radioativo e aquecimento global. Ela diz que ouviu falar de aquecimento global e até de efeito estufa, mas não está familiarizada com os termos *gás de efeito estufa* e *forceamento radioativo*. Escreva um parágrafo que resuma como você explicaria esses dois conceitos para sua avó ou outra pessoa leiga interessada em assuntos relacionados ao meio ambiente. (Pontos extras podem ser dados se estiver documentado que você fez isso oralmente ou por escrito.)

CAPÍTULO 12

Grupo 1A: Os metais alcalinos

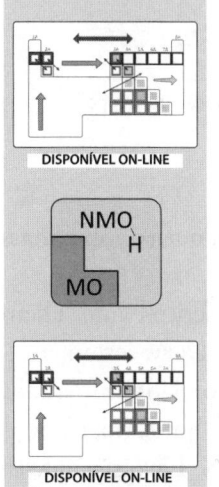

No Capítulo 9, estabelecemos os cinco primeiros componentes da nossa rede de ideias interconectadas para o entendimento da tabela periódica. Estes incluíam a lei periódica, o princípio da singularidade, o efeito diagonal, o efeito do par inerte e a linha metal-não metal. Esses componentes estão disponíveis em figuras coloridas on-line. No Capítulo 10, discutimos o hidrogênio e os hidretos (assim como os processos nucleares básicos). No Capítulo 11, discutimos a química do oxigênio, revimos e estendemos nosso conhecimento sobre a natureza da água e das soluções aquosas e adicionamos um sexto componente à nossa rede: o caráter ácido-base de óxidos e seus hidróxidos e oxiácidos correspondentes. A rede com esse componente adicional é mostrada em cores on-line.

Começaremos agora um estudo sistemático, capítulo a capítulo, dos oito grupos dos elementos representativos. Em cada um desses capítulos, nosso objetivo será discutir a história da descoberta dos elementos, o modo como nossa rede em desenvolvimento pode ser aplicada para prever e explicar a química do grupo e as características especiais e práticas que esses elementos têm. Também exploraremos profundamente pelo menos um tópico especial para cada grupo. Neste capítulo, discutiremos os metais alcalinos (lítio, sódio, potássio, rubídio, césio e frâncio) e adicionaremos um sétimo componente (um conhecimento dos potenciais de redução) à rede. O tópico especial para aprofundamento são soluções de amônia líquida dos metais dos Grupos 1A e 2A.

12.1 DESCOBERTA E ISOLAMENTO DOS ELEMENTOS

Na Figura 9.2, vimos uma representação gráfica do número de elementos conhecidos em função do tempo. Na Figura 12.1, informações sobre as descobertas dos metais

FIGURA 12.1

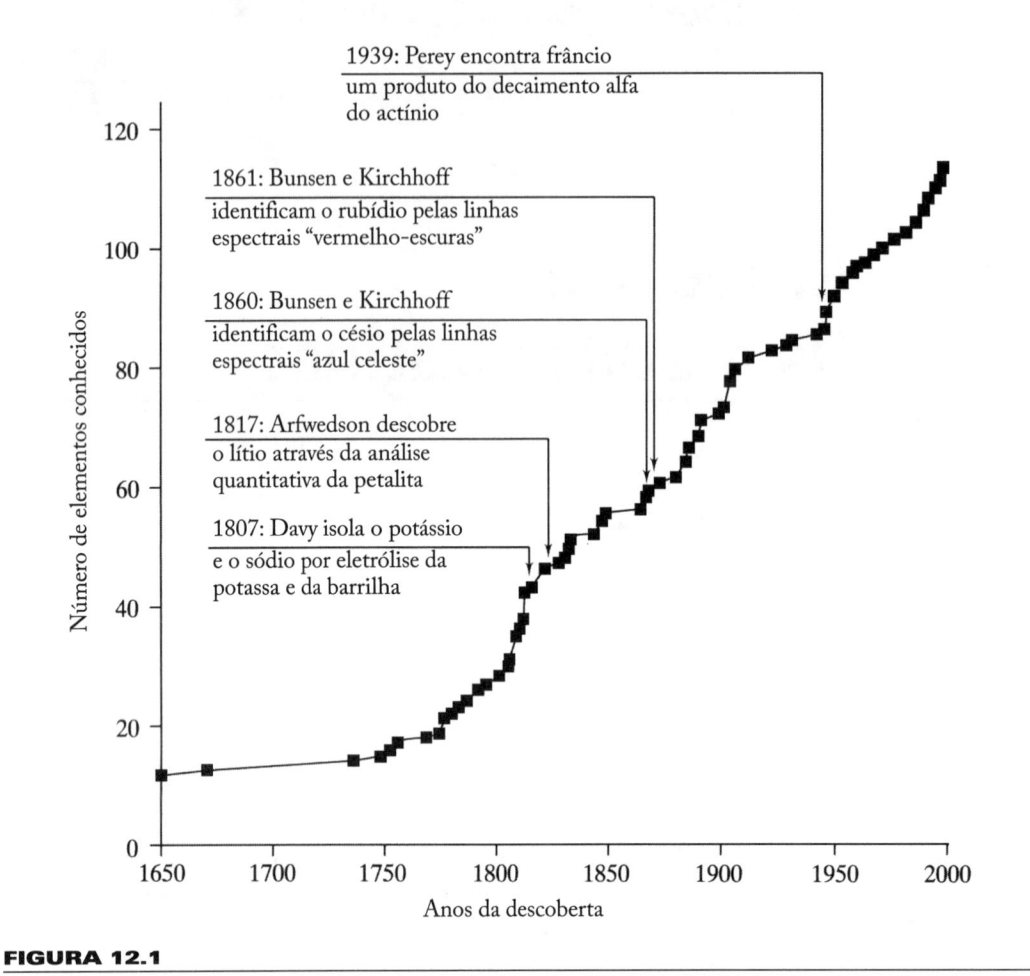

A descoberta dos metais alcalinos sobreposta no gráfico de número de elementos conhecidos em função do tempo.

alcalinos estão sobrepostas nesse mesmo gráfico. Note que levou mais de 130 anos para que se completasse o Grupo 1A, ficando da forma como conhecemos hoje em dia.

O sódio e o potássio foram descobertos e isolados por Humphry Davy, que foi descrito como "cheio de travessuras, com inclinação para explosões (...) um químico nato" (Kenyon, ver p. 595). Davy, certamente um dos personagens mais fascinantes da história da química, nasceu em 1778 no ermo condado minerador de estanho da Cornualha, no sudoeste da Inglaterra, próximo ao Land's End. Aprendiz de boticário, começou a estudar química em 1797, lendo o original em francês de *Elementos de química*, de Antoine Lavoisier, que tinha sido guilhotinado poucos anos antes. Pouco tempo depois, em 1798, ele foi convidado a se mudar para o norte, para Bristol, para ser o diretor de um recém-criado "instituto pneumático" para o estudo do efeito de gases na melhora da saúde humana. Esses gases incluíam o "ar deflogisticado" de Priestley e também outro gás que ele descobriu e chamou de "ar nitroso deflogisticado". Embora Davy fosse devoto do "imortal" Priestley, nessa época exilado nos Estados Unidos, ele também aceitou a revolução química de Lavoisier e sua nova nomenclatura. Dessa forma, ele se referia aos dois gases como *oxigênio* e *óxido nitroso*.

No instituto, Davy continuou a ter uma atitude temerária em relação à química, que logo o colocaria no caminho do estrelato na química. Ele testou sistematicamente seus materiais em si mesmo, incluindo respirar grandes quantidades dos gases que estava estudando. O oxigênio era inofensivo e, na verdade, terapêutico, com certeza, mas era o levemente intoxicante e de odor adocicado óxido nitroso (N_2O) que realmente atraiu sua atenção. Notícias sobre suas investigações se espalharam rapidamente, e ele cuidadosamente o caracterizou e a outros óxidos comuns de nitrogênio (NO e NO_2). No início, Davy teve uma vida encantada; amostras impuras de óxido nitroso podem conter dióxido de nitrogênio (NO_2), um potente irritante dos pulmões. Por outro lado, N_2O na forma pura causa morte por asfixia. (Pessoas ainda morrem todo ano por autoadministração desse gás.) Veja a Seção 16.3 para mais informações sobre o óxido nitroso, às vezes chamado de "gás hilariante". Davy também respirou o óxido nítrico (NO), que queimou severamente sua língua, céu da boca e dentes, e o "gás d'água" (uma mistura de hidrogênio e monóxido de carbono), que produziu fortes dores no peito e quase o matou. Mesmo que sua atitude descuidada de respirar esses gases não o tenha matado diretamente, essa e outras práticas imprudentes realmente diminuíram sua vida consideravelmente. Ele ficou inválido aos 33 anos e morreu logo após seu quinquagésimo aniversário.

Devido às suas investigações minuciosas sobre os óxidos de nitrogênio e sua inclinação para o drama, ele foi convidado a ir a Londres em 1801, para ser um conferencista da recém-criada Royal Institution. Lá, ele se tornou um sucesso imediato. Suas excelentes palestras eram bem montadas para cidadãos comuns e acrescidas de demonstrações impressionantes. Some-se a isso o fato de que ele era um jovem muito bonito, com o dom de conduzir a plateia, e podemos entender por que atraía tanta gente para suas palestras, incluindo muitas jovens daquela época.

Davy não permaneceu como "químico pneumático" por muito tempo. Em 1800, um pouco antes de o jovem Davy chegar a Londres, Alessandro Volta havia anunciado a construção da primeira bateria química (uma "pilha voltaica"), capaz de produzir uma corrente sustentável e previsível. Logo que as informações dessa bateria chegaram a Davy, ele construiu uma e – você adivinhou! – imediatamente a testou, dando uma série de choques em si mesmo! Imediatamente, Davy percebeu que seu futuro estava na eletroquímica, não na química pneumática.

Por muitos anos, ele regularmente produziu uma série de palestras imensamente populares sobre as últimas descobertas e aplicações da química. Ativo na pesquisa, ele descobriu seis elementos em dois anos (1807-1808), refutou conclusivamente a hipótese de Lavoisier de que o oxigênio estava presente em todos os ácidos (1810) e "descobriu" e lançou Michael Faraday para sua carreira de estrela da química. Em 1812, ele foi condecorado cavaleiro e, em 1815, inventou a lâmpada de segurança para os mineiros, que veio a salvar muitas vidas.

Seu trabalho no isolamento dos metais alcalinos (e dos metais alcalinoterrosos) se iniciou no começo dos anos 1800, quando ele construiu uma pilha voltaica muito grande e a experimentou, passando correntes elétricas através de vários materiais, incluindo amostras fundidas de potassa e de barrilha, o que hoje conhecemos como carbonatos de potássio e de sódio.

Naquela época, no entanto, a natureza química exata desses "álcalis", literalmente substâncias derivadas das cinzas da madeira e de outras plantas, era desconhecida. Quando Davy aplicou sua pilha voltaica (bateria) à potassa fundida, em 1807, produziu no eletrodo negativo um metal macio e brilhante que imediatamente se inflamava. Quando esse metal era colocado na água, ele dançava freneticamente pela superfície, produzindo um assobio e uma chama bonita cor de lavanda. Costuma-se dizer que, ao ver isso, o próprio Davy saiu dançando freneticamente pelo laboratório! O experimento análogo com a barrilha produziu o correspondente sódio metálico, embora não com resultados tão espetaculares (nem no metal nem, presume-se, no experimentador!).

Sódio e potássio ainda são produzidos, hoje em dia, de formas similares. Como mostrado na Equação (12.1), o sódio é obtido a partir da eletrólise de cloreto de sódio fundido, ao qual um pouco de cloreto de cálcio é adicionado para diminuir o ponto de fusão. Embora o potássio possa ser preparado a partir da eletrólise do cloreto de potássio, é mais conveniente reduzir este sal com sódio metálico a altas temperaturas e remover continuamente o potássio gasoso, como mostrado na Equação (12.2). Tanto o sódio quanto o potássio são metais moles e altamente reativos, que são facilmente cortados com uma faca. Eles reagem com a água, como mostrado na Equação (12.3), produzindo gás hidrogênio, que pode se inflamar da forma como Henry Cavendish acharia familiar. (Veja a discussão sobre potenciais de redução na Seção 12.3, para mais detalhes sobre essa reação.) Esses metais devem ser armazenados em substâncias inertes, como óleos minerais ou mesmo querosene, para mantê-los afastados da água da atmosfera. Como você pode imaginar, eles nunca são encontrados como metais livres na natureza.

$$2NaCl(l) \xrightarrow[600\,°C]{CaCl_2(l)} 2Na(l) + Cl_2(g) \qquad \mathbf{12.1}$$

$$KCl(l) + Na(g) \xrightarrow{600\,°C} NaCl(s) + K(g) \qquad \mathbf{12.2}$$

$$2M(s) + 2H_2O(l) \longrightarrow 2M^+(aq) + H_2(g) + 2OH^-(aq) \qquad \mathbf{12.3}$$

Jovens químicos têm coração! O lítio foi descoberto por Johan Arfwedson, um sueco que estava fazendo apenas sua segunda análise mineralógica. Em 1817, com 25 anos, Arfwedson era assistente no laboratório de Jöns Jakob Berzelius – um dos químicos mais influentes da primeira metade do século XIX e o inventor dos símbolos modernos dos elementos – quando começou a analisar quantitativamente o mineral petalita, que tinha sido descoberto anos antes por um metalurgista brasileiro[*]. Embora Arfwedson não tenha conseguido isolar o metal, o qual nomeou baseado no termo em grego *lithos*, que significa "pedra", ele produziu meia dúzia de seus sais. Ele notou uma certa similaridade entre esses sais e os do magnésio. Davy foi capaz de isolar uma pequena quantidade de lítio a partir do carbonato de lítio por eletrólise, mas hoje em dia usa-se o cloreto de lítio. O lítio é muito menos reativo com a água do que com o sódio ou o potássio.

Rubídio e césio, como mostrado na Figura 12.1, foram descobertos pelos químicos alemães Robert Bunsen e Gustav Kirchhoff, no início dos anos 1860. Antes disso, testes de chama eram usados rotineiramente para identificar elementos. Por exemplo, sais de sódio fornecem chamas amarelas características, enquanto as chamas de sais de potássio são cor de lavanda. Bunsen havia inventado anteriormente seu famoso queimador, que foi útil para esses experimentos porque não emitia cor própria e, portanto, não interferia nesses testes de chama. Kirchhoff, 13 anos mais do jovem que Bunsen, mas fonte de ideias fundamentais nessa colaboração, sugeriu que a luz desses testes fosse passada através de um prisma. Esse foi o primeiro espectroscópio Bunsen–Kirchoff que, subsequentemente, teve um papel importante na descoberta de vários elementos. (Tl, In, Ga, He, Yb, Ho, Tm, Sm, Nd, Pr e Lu e alguns outros.)

O césio foi identificado em 1860, em um sal isolado da água mineral. Ele foi caracterizado por várias linhas espectrais azuis-celestes, que até aquele momento não tinham sido identificadas em nenhuma outra substância. Seu nome vem do latim *caesius*, que significa "cinza azulado", e a palavra usada, Bunsen e Kirchhoff diziam, "designava o azul da parte mais alta do firmamento". O metal puro não foi isolado até cerca de 20 anos depois. Ele é um dos poucos metais (juntamente com o mercúrio e o gálio) que são líquidos à temperatura ambiente ou próximos a ela. O rubídio foi identificado um ano depois do césio, no mineral lepidolita. Ele fornece duas linhas vermelho-escuras, e seu nome vem do latim *rubidus*, que significa "o vermelho mais escuro". Nesse caso, Bunsen e Kirchhoff conseguiram isolar o elemento por eletrólise. A propósito, Kirchhoff identificou mais seis elementos no Sol, com o auxílio de seu recém-desenvolvido espectroscópio.

Houve muitas tentativas de isolar o metal alcalino mais pesado, que era referido pelo termo mendeleieviano *eka-césio* por muitos anos. Ele foi encontrado, com o uso de técnicas radioquímicas, pela francesa Marguerite Perey, em 1939. Trabalhando no Instituto Curie, em Paris, ela descobriu que cerca de 1% do actínio-227 decaía via emissão alfa, como mostrado na Equação (12.4), produzindo o que chamou de frâncio, em homenagem à sua terra natal:

---

[*] N.T.: o também estadista e poeta José Bonifácio de Andrada e Silva.

Capítulo 12: *Grupo 1A: Os metais alcalinos* **331**

$$^{227}_{89}\text{Ac} \xrightarrow{\alpha} {}^{223}_{87}\text{Fr} + {}^{4}_{2}\text{He}$$

12.4

O frâncio-223, com uma meia-vida de 22 minutos, é o isótopo de vida mais longa do elemento. Desde então, verificou-se que ele ocorre naturalmente, mas há provavelmente menos de 30 gramas do elemento na crosta terrestre em um dado momento. O frâncio, por extrapolação dos pontos de fusão dos outros metais alcalinos, seria muito provavelmente um líquido, se uma quantidade suficiente dele pudesse ser isolada. Até agora, não foram produzidas quantidades grandes o suficiente do elemento para serem pesadas.

12.2 PROPRIEDADES FUNDAMENTAIS E A REDE

A Figura 12.2 mostra os metais alcalinos sobrepostos na rede de ideias interconectadas como a deixamos ao fim do último capítulo. A Tabela 12.1 mostra várias propriedades dos elementos do Grupo 1A. Uma rápida consulta à tabela mostra que esses elementos ilustram muitas variações clássicas e esperadas nas propriedades periódicas.

O primeiro componente de nossa rede de ideias interconectadas para o entendimento da tabela periódica foi a lei periódica. Descendo no Grupo 1A, a carga nuclear efetiva é constante em um valor de um (1), enquanto o tamanho dos orbitais de valência ns ocupados está aumentando. Portanto, esperamos que a energia de ionização, a afinidade eletrônica e a eletronegatividade

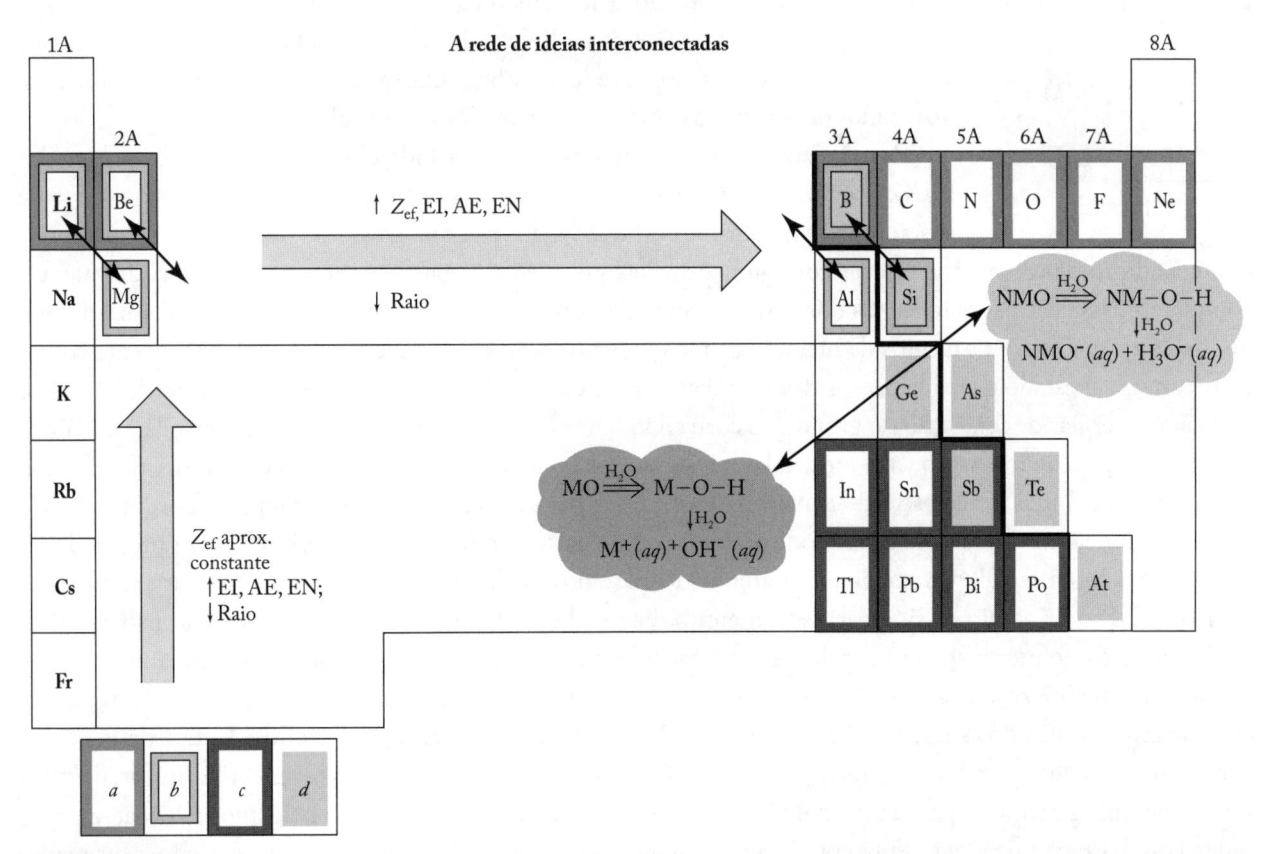

FIGURA 12.2

Os metais alcalinos sobrepostos na rede de ideias interconectadas. Estas incluem a lei periódica, (a) o princípio da singularidade, (b) o efeito diagonal, (c) o efeito do par inerte, (d) a linha metal–não metal e o caráter ácido-base dos óxidos de metais (M) e de não metais (NM) em solução aquosa.

diminuam e o raio atômico aumente. Uma rápida leitura da Tabela 12.2 confirma que essas propriedades geralmente variam como o previsto pela lei periódica.

Há uma pequena irregularidade nessas propriedades no rubídio, o primeiro elemento após os metais da primeira série de transição. Por exemplo, note que a energia de ionização diminui menos, do potássio ao rubídio, se comparada com qualquer outro par de elementos do grupo.

Discutimos isso brevemente no Capítulo 9 (Seção 9.2) e concluímos que elétrons em subcamadas nd e nf completas não blindam elétrons de camadas mais externas em relação ao núcleo tão bem quanto o esperado. (Maiores detalhes sobre a capacidade de blindagem desses elétrons são apresentados no Capítulo 14, Seção 14.2, quando o efeito do par inerte é discutido em conexão com os elementos do Grupo 3A.)

Hidretos, óxidos, hidróxidos e haletos

Como previsto nos capítulos anteriores sobre hidrogênio e oxigênio, estamos agora em posição de analisar a química dos hidretos, óxidos e hidróxidos desse e de outros grupos usando a rede. Por exemplo, da nossa discussão sobre cargas nucleares efetivas, energias de ionização, afinidades eletrônicas e eletronegatividades relativas, esperamos que tanto os hidretos quanto os óxidos dos metais alcalinos sejam iônicos na natureza. Os óxidos, nem todos produzidos por reação direta com o oxigênio diatômico (veja a Tabela 12.1 e as discussões sobre peróxidos e superóxidos na Seção 12.4), são anidridos básicos, como esperado. Os hidróxidos, caracterizados por unidades M–O–H, são bases porque a ligação M–O é mais polar do que a ligação O–H e, portanto, mais suscetível ao ataque pelas moléculas polares de água. Conforme os metais se tornam menos eletronegativos descendo no grupo, as ligações M–O se tornam mais polares e os hidróxidos, mais básicos, descendo no grupo.

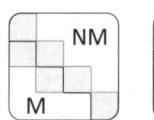

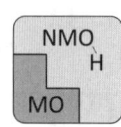

Essas tendências nos óxidos e hidróxidos são esperadas com base no quinto e sexto componentes da nossa rede, a linha metal–não metal e o caráter ácido-base dos óxidos de metais (M) e de não metais (NM) em solução aquosa.

Reações entre os hidróxidos (MOH) e os hidrácidos de halogênios apropriados (HX) prontamente produzem os haletos de metais alcalinos, MX. Como você pode se lembrar, os haletos são caracterizados por um estado de oxidação −1, correspondente à adição de um elétron às suas configurações eletrônicas $ns^2\ np^5$ para se obter uma camada de valência completa. Dessa forma, as fórmulas dos vários haletos dão uma forte indicação das valências encontradas em um dado grupo. Todos os haletos de metais alcalinos mostram uma razão metal-haleto 1:1, consistente com o quase universal estado de oxidação +1 desses metais. Isso é consistente com os valores relativamente baixos de primeiras energias de ionização do grupo que correspondem à remoção dos elétrons ns^1. A segunda e as subsequentes energias de ionização (não mostradas na Tabela 12.1) são muito maiores porque todos os elétrons das camadas preenchidas remanescentes experimentam cargas nucleares efetivas muito maiores. Portanto, muito sobre a química dos metais alcalinos pode ser deduzida a partir de discussões anteriores sobre propriedades periódicas, a linha metal–não metal e o caráter ácido-base dos óxidos. O que resta para se discutir sobre esses elementos? E o princípio da singularidade, o efeito diagonal e o efeito do par inerte? O último não se aplica aqui porque não temos ainda um par de elétrons na subcamada ns, mas o princípio da singularidade e o efeito diagonal realmente se aplicam. Vamos tratar dos dois juntamente na próxima seção. O que mais? E os potenciais de redução listados na Tabela 12.1? Precisamos discutir (e/ou rever) esse conceito e, então, de fato, esse conhecimento sobre potenciais de redução se tornará o sétimo componente de nossa rede. Por fim, as, de certa forma, estranhas fórmulas para os produtos das reações dos metais alcalinos com o oxigênio? Elas são inesperadas, com base na nossa rede, então precisamos discuti-las em algum detalhe. Começaremos com o princípio da singularidade e o efeito diagonal.

TABELA 12.1
As propriedades fundamentais dos elementos do Grupo 1A

	Lítio	Sódio	Potássio	Rubídio	Césio	Frâncio
Símbolo	Li	Na	K	Rb	Cs	Fr
Número atômico	3	11	19	37	55	87
Isótopos naturais A/abundância %	6/7,42 7/92,58	23/100	39/93,1 40/0,0118 41/6,88	85/72,15 87/27,85	133/100	223/100
Número total de isótopos	5	7	9	17	21	20
Massa atômica	6,941	22,99	39,10	85,47	132,9	(223)
Elétrons de valência	$2s^1$	$3s^1$	$4s^1$	$5s^1$	$6s^1$	$7s^1$
pf/pe, °C	186/1326	97,5/889	63,65/774	38,89/688	28,5/690	27/677[a]
Densidade, g/cm^3	0,534	0,971	0,862	1,53	1,87	
Raio atômico, (metálico), Å	1,57	1,91	2,35	2,50	2,72	
Raio iônico, Shannon-Prewitt, Å (N.C.)	0,73(4)	1,13(4)	1,51(4)	1,66(6)	1,81(6)	
EN de Pauling	1,0	0,9	0,8	0,8	0,7	0,7
Densidade de carga (carga/raio iônico), unidade de carga/Å	1,4	0,88	0,66	0,60	0,55	
$E°$,[b] V	−3,05	−2,71	−2,92	−2,93	−2,92	
Estados de oxidação	+1	+1	+1	+1	+1	
Energia de ionização, kJ/mol	520	496	419	403	376	
Afinidade eletrônica, kJ/mol	−60	−53	−48	−47	−46	
Descoberto por/data	Arfwedson 1817	Davy 1807	Davy 1807	Bunsen-Kirchhoff 1861	Bunsen-Kirchhoff 1860	Perey 1939
prc[c] O_2	Li_2O	Na_2O Na_2O_2	K_2O_2 KO_2	RbO_2	CsO_2	
Caráter ácido-base do óxido, M_2O	Básico	Básico	Básico	Básico	Básico	
prc N_2	Li_3N	Nenhum	Nenhum	Nenhum	Nenhum	
prc halogênios	LiX	NaX	KX	RbX	CsX	
prc hidrogênio	LiH	NaH	KH	RbH	CsH	
Estrutura cristalina	ccc	ccc	ccc	ccc	ccc	

[a]Dados do *CRC Handbook of Chemistry and Physics*, mesmo não tendo sido isolada uma massa mensurável do elemento.
[b]$E°$ é o potencial padrão de redução, $M^+(aq) \rightarrow M(s)$.
[c]prc = produto da reação com.

Aplicação do princípio da singularidade e do efeito diagonal

Singular

Na Seção 9.2 sobre o princípio da singularidade, discutimos por que se espera que os compostos de lítio sejam, de certa forma, menos solúveis em água e outros solventes polares do que poderíamos normalmente antecipar. O pequeno cátion lítio tem uma grande capacidade de polarizar uma grande variedade de ânions, e as ligações resultantes têm um maior caráter covalente do que normalmente esperaríamos. Uma vez que "semelhante dissolve semelhante" (veja a Seção 11.2), esses compostos de lítio menos polares têm uma maior tendência a se dissolver em solventes de baixa polaridade, como álcoois. Não é surpreendente, então, quando verificamos que vários sais de lítio, como o hidróxido, o fluoreto, o carbonato e o fosfato, são todos menos solúveis em água e mais solúveis em álcoois e outros solventes orgânicos polares do que os sais de sódio correspondentes.

Em um assunto relacionado, você pode ter notado, na Tabela 12.1, que o lítio é o único metal alcalino que forma um nitreto. Isso ressalta a singularidade do lítio, mas não está tão claro por que o lítio é especial em relação a isso. Presume-se (tenha cuidado, essa palavra geralmente pressupõe que podemos estar tratando de uma boa explicação para algo que, na verdade, não ocorre dessa forma) que o alto poder polarizante do cátion lítio resulta em um maior grau de caráter covalente no nitreto predominantemente iônico do que para outros metais alcalinos. Isso pode também estar relacionado a uma maior energia reticular e, portanto, uma maior estabilidade global para esse composto, devido ao seu caráter covalente. (Veja a discussão na Seção 9.2, para mais detalhes sobre a contribuição do caráter covalente para as energias reticulares.)

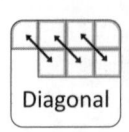

O efeito diagonal (Seção 9.3) é baseado nos raios iônicos, nas densidades de carga e nas eletronegatividades similares dos pares de elementos Li−Mg, Be−Al e B−Si. (Lembre-se de que similaridades em um grupo ainda são a principal maneira de organizar pensamentos em relação à tabela periódica; o efeito diagonal é um efeito secundário.) Especificamente, preocupamo-nos aqui com as similaridades entre o lítio e o magnésio.

Como notado na Seção 12.1, a similaridade entre os sais de lítio e de magnésio foi catalogada pelo próprio Arfwedson. Conforme a mineralogia completa do lítio foi investigada com o passar dos anos, sua associação com o magnésio se tornou cada vez mais óbvia. A menor solubilidade de sais de lítio em água tem paralelo nos sais de magnésio correspondentes. Ambos os metais formam o nitreto, assim como o carbeto, por reação direta com o elemento. Ambos formam óxidos normais, em vez dos mais exotéricos peróxidos e superóxidos encontrados com os metais alcalinos mais pesados. As estabilidades de seus sais quando aquecidos – ou seja, suas *estabilidades térmicas* – são semelhantes. Por exemplo, tanto o nitrato de lítio quanto o de magnésio se decompõem em óxido e tetróxido de dinitrogênio, como mostrado na Equação (12.5), e ambos os carbonatos se decompõem em óxido e dióxido de carbono, como mostrado na Equação (12.6):

$$2\text{LiNO}_3(s) \xrightarrow{\Delta} \text{Li}_2\text{O}(s) + \text{N}_2\text{O}_4(g) + \frac{1}{2}\text{O}_2(g) \quad \textbf{12.5a}$$

$$2\text{Mg(NO}_3)_2(s) \xrightarrow{\Delta} 2\text{MgO}(s) + 2\text{N}_2\text{O}_4(g) + \text{O}_2(g) \quad \textbf{12.5b}$$

$$\text{Li}_2\text{CO}_3(s) \xrightarrow{\Delta} \text{Li}_2\text{O}(s) + \text{CO}_2(g) \quad \textbf{12.6a}$$

$$\text{MgCO}_3(s) \xrightarrow{\Delta} \text{MgO}(s) + \text{CO}_2(g) \quad \textbf{12.6b}$$

Usualmente, tanto os sais de lítio quanto os de magnésio são altamente hidratados, enquanto os sais de sódio não o são.

Qual é a razão para essas similaridades? Principalmente, trata-se de um efeito do tamanho. Os íons lítio e magnésio (raios iônicos = 0,73 Å e 0,86 Å, respectivamente) têm o tamanho apropriado para se encaixarem em um retículo formado por íons óxido (raio iônico = 1,26 Å), de forma que a atração entre cátions e ânions é maximizada e as repulsões entre os ânions maiores são minimizadas. (Veja o Capítulo 8 para mais detalhes sobre as energias do estado sólido.) Os ânions carbonato e nitrato (raios = 1,78 Å e 1,79 Å, respectivamente) são grandes o suficiente para que suas repulsões mútuas se tornem um fator dominante. Dessa forma, os carbonatos e os nitratos se decompõem em óxidos, mais favoráveis energeticamente.

A tendência de uma maior hidratação para os sais de lítio e de magnésio é baseada no mesmo tipo de explicação. Esses íons pequenos e altamente polarizantes formam uma interação mais forte com moléculas de água, de forma que elas passam a fazer parte do retículo do sólido. Consequentemente, o perclorato de lítio é encontrado como o tri-hidrato, $\text{LiClO}_4 \cdot 3\text{H}_2\text{O}$, no qual cada uma das três moléculas de água está associada com dois cátions lítio, como mostrado na Figura 12.3a. De forma similar, o perclorato de magnésio é encontrado como o hexa-hidrato, $\text{Mg(ClO}_4)_2 \cdot 6\text{H}_2\text{O}$, que é estruturalmente semelhante ao sal de lítio, mas com um Mg^{2+} substituindo os dois cátions Li^+, como mostrado na Figura 12.3b. Essas interações fortes íon–água

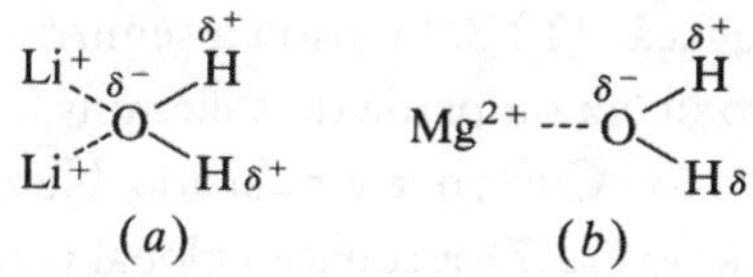

$$\text{Li}^+ \overset{\delta-}{\cdots} \overset{\delta+}{\underset{H \delta+}{\overset{H}{O}}} \qquad \text{Mg}^{2+} \overset{\delta-}{\cdots} \overset{\delta+}{\underset{H \delta+}{\overset{H}{O}}}$$
$$\text{Li}^+$$
$$(a) \qquad\qquad (b)$$

FIGURA 12.3

Íons lítio e magnésio interagindo com moléculas de água. (a) No $\text{LiClO}_4 \cdot 3\text{H}_2\text{O}$, dois pequenos e altamente polarizantes cátions lítio interagem com cada uma das três moléculas de água. (b) No $\text{Mg(ClO}_4)_2 \cdot 6\text{H}_2\text{O}$, um similarmente pequeno e altamente polarizante cátion magnésio interage com seis moléculas de água.

fazem que os sais de lítio estejam entre os sais mais *higroscópicos* (que têm tendência a absorver água do ar) conhecidos. Por exemplo, tanto o LiCl quanto o LiBr são usados em desumidificantes por essa razão. Também veremos, na próxima seção, que essa interação lítio-água excepcionalmente forte é parcialmente responsável pelas tendências nos potenciais de redução desse grupo.

12.3 POTENCIAIS DE REDUÇÃO E A REDE

Antes de discutirmos os potenciais de redução dos metais alcalinos, devemos lembrar de algumas definições relacionadas às reações de oxidação-redução ou redox. (Isso não é mais do que uma revisão superficial. Você pode precisar consultar seu livro-texto introdutório ou notas de aula para maiores esclarecimentos.) Lembre-se de que, de quando uma substância é reduzida, seu estado de oxidação (ou o estado de oxidação de algum elemento constituinte) diminui. Quando uma substância é oxidada, o estado de oxidação aumenta. A redução está associada com o ganho de elétrons, enquanto a oxidação corresponde a uma perda. (Alguns estudantes fazem com que essas definições sejam diretas ao usarem a frase mneumônica, "LEO goes GER.")[*]

Outro conjunto de definições usadas para descrever reações redox são os termos *agente oxidante* e *agente redutor*. Um *agente redutor* causa a redução de uma outra substância e fornece elétrons para essa substância. Uma vez que o agente redutor *perde elétrons* para a substância que ele reduz, ele deve ser *oxidado* (LEO)[**]. De forma similar, um *agente oxidante* causa a oxidação de uma outra substância e retira elétrons dessa substância. Uma vez que o agente oxidante *ganha elétrons* da substância que ele oxida, ele deve ser *reduzido* (GER)[***]. (Podemos adicionar essa informação para a frase mneumônica, que ficaria "LEORA goes GEROA."[****] Como um exemplo do uso desses termos, considere a reação redox representada na Equação (12.7):

$$\text{Zn}(s) + \text{Cu}^{2+}(aq) \longrightarrow \text{Zn}^{2+}(aq) + \text{Cu}(s) \qquad \textbf{12.7}$$

Nessa reação, o zinco metálico é oxidado ao cátion Zn(II) aquoso, enquanto o íon Cu(II) aquoso é reduzido a cobre metálico. Adicionalmente, referimo-nos ao zinco metálico como o agente redutor e ao cobre(II) como o agente oxidante. Suponha que você queira medir a tendência de a reação anterior acontecer. O que você faria? Embora não seja crucial aos argumentos apresentados aqui, você pode lembrar de experiências anteriores em que uma célula eletroquímica pode ser montada com eletrodos de zinco e de cobre conectados um ao outro por um fio e uma ponte salina. Quando a célula está completamente montada, a diferença de voltagem (E) entre os dois eletrodos pode ser medida e, então, relacionada à tendência de a reação ocorrer.

Para analisar e tabelar os resultados de tal experimento, a equação global de oxidação-redução é frequentemente dividida no que conhecemos por semirreações, uma representando a parte da redução e outra, a parte da

---

[*] N.T.: A frase mneumônica não foi traduzida. Seu significado químico é "*Loses Electrons Oxidized, Gains Electrons Reduced.*" Em português, oxidado perde elétrons, reduzido ganha elétrons.
[**] N.T.: Vide nota [*].
[***] N.T.: Vide nota [*].
[****] N.T.: RA indica *reducing agent* e OA, *oxidizing agent*. Dessa forma, a frase completa traduzida para o português fica: agente oxidado perde elétrons para agente redutor e agente reduzido ganha elétrons de agente oxidante.

oxidação. Para a reação $Zn-Cu^{2+}$, a Equação (12.8a) mostra a semirreação de oxidação, e a Equação (12.8b), a de redução. Note que o zinco metálico libera ou perde dois elétrons (e, portanto, é oxidado) e que esses elétrons são, por sua vez, transferidos para o íon Cu^{2+}, que é reduzido. Note também que essas duas semirreações podem ser somadas para se obter a Equação (12.7), a equação global para a reação.

Oxidação: $\quad Zn(s) \longrightarrow Zn^{2+}(aq) + 2e^-$ 12.8a

Redução: $\quad Cu^{2+}(aq) + 2e^- \longrightarrow Cu(s)$ 12.8b

(Os dois elétrons em cada lado da equação global se cancelam, pois o número de elétrons perdidos pelo zinco é igual ao número de elétrons ganhos pelo Cu^{2+}. Você pode se lembrar de que igualar o número de elétrons perdidos e ganhos é o princípio central de vários métodos de balanceamento de equações redox.)

Com essa breve revisão de reações redox, podemos agora nos ater à discussão dos potenciais padrão de redução dos metais alcalinos, que estão listados na Tabela 12.1. Especificamente, queremos conhecer que informações eles podem nos fornecer e como tais informações podem ser colocadas em uso para um melhor entendimento das características não apenas dos metais alcalinos, mas também de outros grupos da tabela periódica. Considere o lítio como um exemplo. A semirreação para a redução dos íons lítio aquosos a lítio metálico é mostrada na Equação (12.9):

$$Li^+(aq) + e^- \longrightarrow Li(s) \qquad \text{12.9}$$

Agora, gostaríamos de *comparar* as tendências do cátion lítio aquoso e de outros cátions aquosos de metais alcalinos de serem reduzidos. Para fazer isso sistematicamente, os potenciais de redução devem ser medidos sob certas *condições padrão*. Não precisamos nos preocupar com os detalhes do estado padrão; é suficiente observar que uma primeira aproximação para o estado padrão de uma solução aquosa especifica que todos os solutos estão em uma concentração de 1 molar (M) e todos os gases estão a 1 atm de pressão. Além disso, essas condições quase sempre especificam a temperatura de 25 °C ou 298 K. Nessas condições, podemos nos referir ao *potencial padrão de redução* como a medida da tendência de uma substância ser reduzida sob condições padrão. O símbolo para isso é $E°$, no qual o sinal de grau especifica as condições padrão.

Agora, seria muito conveniente se pudéssemos medir *independentemente* a voltagem associada com a Equação (12.9) ou qualquer outra semirreação individual, mas é importante perceber que não é possível medir tais voltagens absolutas. Por que não? Porque a Equação (12.9) é apenas uma *semirreação* e não pode ocorrer sozinha. Elétrons livres não podem ser despejados em um béquer e, subsequentemente, se combinar com íons lítio. Os elétrons devem vir de uma substância que perdeu seus elétrons – isto é, que foi oxidada.

Para atribuir um valor para o $E°$ de uma dada semirreação, experimentos são montados e/ou cálculos são feitos, de forma que a semirreação em estudo seja pareada com um assim chamado eletrodo padrão, usualmente o *eletrodo padrão de hidrogênio*, cuja semirreação é mostrada na Equação (12.10):

$$2H^+(aq) + 2e^- \longrightarrow H_2(g) \qquad \text{12.10}$$

À tendência para essa reação ocorrer é *arbitrariamente* atribuído um valor de zero, e ela se torna o padrão através do qual as voltagens de todas as outras semirreações são medidas. Em outras palavras, admitimos o potencial padrão de redução ($E°$) para eletrodo padrão de hidrogênio como sendo exatamente 0,000 V, e os $E°$ para todas as outras semirreações são, portanto, conhecidos em relação a esse valor padrão, mas arbitrário.

Agora, o potencial padrão de redução para a redução dos íons lítio aquosos a lítio metálico é dado na Tabela 12.1 como sendo –3,05 V. O que isso significa? Isso significa que o cátion lítio tem uma maior ou menor tendência a ser reduzido em relação aos íons hidrogênio do eletrodo padrão de hidrogênio? A resposta é uma menor tendência. Em geral, se $E°$ for menor do que zero, a substância tem uma *menor* tendência a ser reduzida do que o hidrogênio; se $E°$ for maior do que zero, ela tem uma *maior* tendência a ser reduzida do que o hidrogênio. Uma tabela de potenciais padrão de redução é chamada de *série eletroquímica*, e uma versão

TABELA 12.2
Potenciais padrão de redução a 25°C

Semirreação	$E°, V$
$Li^+(aq) + e^- \rightarrow Li(s)$	−3,05
$K^+(aq) + e^- \rightarrow K(s)$	−2,93
$Ba^{2+}(aq) + 2e^- \rightarrow Ba(s)$	−2,90
$Sr^{2+}(aq) + 2e^- \rightarrow Sr(s)$	−2,89
$Ca^{2+}(aq) + 2e^- \rightarrow Ca(s)$	−2,87
$Na^+(aq) + e^- \rightarrow Na(s)$	−2,71
$Mg^{2+}(aq) + 2e^- \rightarrow Mg(s)$	−2,37
$Be^{2+}(aq) + 2e^- \rightarrow Be(s)$	−1,85
$Al^{3+}(aq) + 3e^- \rightarrow Al(s)$	−1,66
$Mn^{2+}(aq) + 2e^- \rightarrow Mn(s)$	−1,18
$N_2(g) + 4H_2O(l) + 4e^- \rightarrow N_2H_4(g) + 4OH^-(aq)$	−1,16
$2H_2O(l) + 2e^- \rightarrow H_2(g) + 2OH^-(aq)$	−0,83
$Fe^{2+}(aq) + 2e^- \rightarrow Fe(s)$	−0,44
$Tl^+(aq) + e^- \rightarrow Tl(s)$	−0,33
$PbSO_4(s) + 2e^- \rightarrow Pb(s) + SO_4^{2-}(aq)$	−0,31
$Sn^{2+}(aq) + 2e^- \rightarrow Sn(s)$	−0,14
$Pb^{2+}(aq) + 2e^- \rightarrow Pb(s)$	−0,13
$2H^+(aq) + 2e^- \rightarrow H_2(g)$	0,00
$S_4O_6^{2-}(aq) + 2e^- \rightarrow 2S_2O_3^{2-}(aq)$	+0,08
$Sn^{4+}(aq) + 2e^- \rightarrow Sn^{2+}(aq)$	+0,13
$S(s) + 2H^+(aq) + 2e^- \rightarrow H_2S(g)$	+0,14
$SO_4^{2-}(aq) + 4H^+(aq) + 2e^- \rightarrow SO_2(g) + 2H_2O(l)$	+0,20
$Cu^{2+}(aq) + 2e^- \rightarrow Cu(s)$	+0,34
$SO_a^-(aq) + 8H^+(aq) + 6e^- \rightarrow S(s) + 4H_2O(1)$	+0,37
$O_2(g) + 2H_2O(l) + 4e^- \rightarrow 4OH^-(aq)$	+0,40
$CO(g) + 2H^+(aq) + 2e^- \rightarrow C(s) + H_2O(l)$	+0,52
$I_2(s) + 2e^- \rightarrow 2I^-(aq)$	+0,54
$MnO_4^-(aq) + 2H_2O(l) + 3e^- \rightarrow MnO_2(s) + 4OH^-(aq)$	+0,59
$O_2(g) + 2H^+(aq) + 2e^- \rightarrow H_2O_2(aq)$	+0,68
$Fe^{3+}(aq) + e^- \rightarrow Fe^{2+}(aq)$	+0,77
$Ag^+(aq) + e^- \rightarrow Ag(s)$	+0,80
$NO_3^-(aq) + 2H^+(aq) + e^- \rightarrow NO_2(g) + H_2O(l)$	+0,80
$OCl^-(aq) + H_2O(l) + 2e^- \rightarrow Cl^-(aq) + 2OH^-(aq)$	+0,89
$NO_3^-(aq) + 4H^+(aq) + 3e^- \rightarrow NO(g) + 2H_2O(l)$	+0,96
$Br_2(l) + 2e^- \rightarrow 2Br^-(aq)$	+1,07
$O_2(g) + 4H^+(aq) + 4e^- \rightarrow 2H_2O(l)$	+1,23
$MnO_2(s) + 4H^+(aq) + 2e^- \rightarrow Mn^{2+}(aq) + 2H_2O(1)$	+1,23
$Cr_2O_7^{2-}(aq) + 14H^+(aq) + 6e^- \rightarrow 2Cr^{3+}(aq) + 7H_2O(l)$	+1,33
$Cl_2(g) + 2e^- \rightarrow 2Cl^-(aq)$	+1,36
$PbO_2(s) + 4H^+(aq) + 2e^- \rightarrow Pb^{2+}(aq) + 2H_2O(l)$	+1,46
$MnO_4^-(aq) + 8H^+(aq) + 5e^- \rightarrow Mn^{2+}(aq) + 4H_2O(l)$	+1,51
$Cl^{4+}(aq) + e^- \rightarrow Cl^{3+}(aq)$	+1,61
$2HOCl(aq) + 2H^+(aq) + 2e^- \rightarrow Cl_2(g) + 2H_2O(l)$	+1,63
$PbO_2(s) + 4H^+(aq) + SO_4^{2-}(aq) + 2e^- \rightarrow$ $PbSO_4(s) + 2H_2O(l)$	+1,70
$BrO_4^-(aq) + 2H^+(aq) + 2e^- \rightarrow BrO_3^-(aq) + H_2O(l)$	+1,74
$H_2O_2(aq) + 2H^+(aq) + 2e^- \rightarrow 2H_2O(l)$	+1,77
$N_2O(g) + 2H^+(aq) + 2e^- \rightarrow N_2(g) + H_2O(l)$	+1,77
$Co^{3+}(aq) + e^- \rightarrow Co^{2+}(aq)$	+1,82
$S_2O_8^{2-}(aq) + 2e^- \rightarrow 2SO_4^{2-}(aq)$	+2,01
$O_3(g) + 2H^+(aq) + 2e^- \rightarrow O_2(g) + H_2O(l)$	+2,07
$XeO_3(aq) + 6H^+(aq) + 6e^- \rightarrow Xe(g) + 3H_2O(l)$	+2,10
$XeF_2(aq) + 2H^+(aq) + 2e^- \rightarrow Xe(g) + 2HF(aq)$	+2,64
$F_2(g) + 2e^- \rightarrow 2F^-(aq)$	+2,87

Aumento da força como agente oxidante ↓

Aumento da força como agente redutor ↑

razoavelmente completa dela é dada na Tabela 12.2. ($E°$ seria a *força eletromotriz*, um termo que relaciona a força ou tendência de mover elétrons.)

Note que o lítio, especificamente o íon aquoso, tem a menor tendência de ser reduzido entre todas as substâncias listadas; ou seja, ele tem a menor tendência a ganhar elétrons. De forma inversa, conclui-se que, entre todas as substâncias listadas, o lítio metálico tem a maior tendência de perder elétrons – isto é, de ser oxidado – e é o melhor agente redutor da tabela.

Embora, provavelmente, você já tenha visto esses conceitos antes, e tendo em mente que queremos nos manter bastante próximos da química inorgânica e não nos envolver demais com a base teórica das forças eletromotrizes, devemos relacionar brevemente o potencial de redução a uma medida mais familiar de tendência de uma reação ocorrer. Essa é, você deve se lembrar, a variação da energia livre do sistema, $\Delta G°$ (em que, novamente, o sinal de grau especifica o valor sob condições padrão). Se $\Delta G°$ for menor do que zero, a reação é espontânea no sentido direto. Se $\Delta G°$ for maior do que zero, a reação é espontânea no sentido inverso. Se $\Delta G°$ for igual a zero, a reação está em equilíbrio e não há reação líquida ocorrendo espontaneamente. A relação entre o potencial padrão de redução $E°$ e $\Delta G°$ é dada na Equação (12.11):

$$\Delta G° = -nFE° \qquad \text{12.11}$$

em que $\Delta G°$ = variação da energia livre da reação, medida em kJ e calculada em base molar; n = número de elétrons transferidos; F = constante de Faraday, 96,5 kJ/V, e $E°$ = potencial padrão de redução, V. As conexões entre potencial de redução, variação da energia livre e espontaneidade estão resumidas na Tabela 12.3.

Levando tudo isso um passo adiante, podemos usar as semirreações e os potenciais de redução atribuídos a elas para descobrir o que acontecerá quando vários agentes oxidantes e redutores forem colocados em contato. Por exemplo, o que acontece se um pedaço recém-cortado de sódio metálico é colocado na água? Começamos analisando as possibilidades. O potencial padrão de redução do sódio é dado na Tabela 12.1 como sendo $-2,71$ V. Escrevendo isso na forma de equação, vemos que a redução dos íons sódio aquosos a sódio metálico, como mostrado na Equação (12.12), tem um $E°$ negativo e um $\Delta G°$ positivo e, portanto, não ocorre espontaneamente quando medida em relação ao eletrodo padrão de hidrogênio:

$$Na^+(aq) + e^- \longrightarrow Na(s) \qquad \text{12.12}$$

$$(E° = -2,71 \text{ V})$$

$$[\Delta G° = -(96,5 \text{ kJ/V})(-2,71 \text{ V})$$

$$= 262 \text{ kJ/mol}]$$

Se invertermos a reação, sabemos que o sinal do $\Delta G°$ deve ser alterado e, usando a nossa relação entre $E°$ e $\Delta G°$, isso corresponde a uma mudança no sinal do potencial, como mostrado na Equação (12.13):

$$Na(s) \longrightarrow Na^+(aq) + e^- \qquad \text{12.13}$$

$$(\Delta G° = -262 \text{ kJ/mol})$$

$$(E° = \frac{\Delta G°}{-nF}$$

$$= \frac{-262 \text{ kJ/mol}}{-1 \times 96,5 \text{ kJ/V}}$$

$$= 2,71 \text{ V})$$

TABELA 12.3
As conexões entre potencial de redução, variação da energia livre e espontaneidade de uma reação

Variação da energia livre	Espontaneidade da reação	Potencial de redução
$\Delta G° > 0$	Reação não espontânea no sentido direto; espontânea no sentido inverso	$E° < 0$
$\Delta G° = 0$	Reação em equilíbrio, não é espontânea em nenhum dos sentidos	$E° = 0$
$\Delta G° < 0$	Reação espontânea no sentido direto	$E° > 0$

$$\Delta G° < -nFE°$$

Dessa forma, esse último processo tem um $\Delta G°$ negativo (e um $E°$ positivo) e, portanto, tende a ser espontâneo em combinação com uma outra semirreação.

Agora, em solução aquosa, o que poderia ser reduzido pelo sódio ou, dito de outra forma, que substância poderia ganhar os elétrons liberados pelo sódio na Equação (12.13)? Sabemos, da discussão anterior na Seção 12.1, que a resposta é a própria água. (Parece que Humphry Davy ficaria entusiasmado em comprovar o fato de que o sódio reage dramaticamente com a água. Podemos bem imaginar que ele provavelmente – e imprudentemente – diria para adicionar porções cada vez maiores de sódio à água para ver se o efeito dramático poderia ser aumentado!) Uma rápida consulta à Tabela 12.2 mostra que a redução da água a íons hidróxido aquosos e gás hidrogênio tem um potencial padrão de redução de $-0,83$ V. Quando combinamos essas duas semirreações, a teoria vai sustentar o que já sabemos na prática, que o sódio reage espontaneamente com a água para produzir gás hidrogênio? Ou seja, o $E°$ da reação global será positivo, correspondendo a um $\Delta G°$ negativo? O cálculo é mostrado a seguir.

Semirreação de redução: quando a água é reduzida, ela ganha dois elétrons, como mostrado na Equação (12.14).

$$2H_2O + 2e^- \longrightarrow H_2(g) + 2OH^-(aq) \quad \mathbf{12.14}$$

$$(E° = -0,83 \text{ V})$$

$$[\Delta G° = -2(96,5)(-0,83)$$

$$= 160 \text{ kJ/mol}]$$

Semirreação de oxidação: para fornecer dois elétrons para a redução da água, devemos multiplicar por 2 a semirreação do sódio, como mostrado na Equação (12.15).

$$2 \times [Na(s) \longrightarrow Na^+(aq) + e^-] \quad \mathbf{12.15}$$

$$(E° = 2,71 \text{ V})$$

$$[\Delta G° = -2(96,5)(2,71)$$

$$= -523 \text{ kJ/mol}]$$

(Note que multiplicar a semirreação por 2 não afeta o valor do $E°$. A tendência de ganhar ou perder elétrons não depende de quantos mols da substância estão envolvidos. Dito isso, você pode lembrar, de experiências anteriores, que $E°$ é uma propriedade intensiva. A quantidade de energia livre liberada, todavia, *depende* da quantidade de substância envolvida, isto é, $\Delta G°$ é uma propriedade extensiva.)

Somando as duas semirreações, obtemos a seguinte reação global com um $\Delta G°$ negativo e um $E°$ global positivo:

$$2\text{Na}(s) + 2\text{H}_2\text{O} \longrightarrow 2\text{Na}^+(aq) + \text{H}_2(g) + 2\text{OH}^-(aq) \quad \textbf{12.16}$$

$$(\Delta G° = -363 \text{ kJ})$$

$$\left[E° = \frac{\Delta G°}{-nF} = \frac{-363 \text{ kJ}}{-(2)(96,5 \text{ kJ/V})}\right.$$

$$= 1{,}88 \text{ V}]$$

Portanto, vimos que o resultado do cálculo é consistente com o resultado experimental. Sódio metálico *vai* reduzir água para produzir gás hidrogênio e íons hidróxido aquosos (todos sob condições padrão). Resultados similares são obtidos para todos os metais alcalinos. Todos eles são bons agentes redutores.

Você pode estar se perguntando se teremos de fazer essa análise (incluindo uma consideração do $\Delta G°$) toda vez que quisermos determinar se uma dada reação redox será espontânea ou não. Felizmente, não. Por exemplo, note que há outra maneira de obter o resultado de 1,88 V para o $E°$ global da reação mostrada na Equação (12.16). Se pegarmos os valores de $E°$ para as duas semirreações – ou seja, a semirreação de oxidação ($E°_{ox}$) e a semirreação de redução ($E°_{red}$) – e os somarmos, teremos o $E°$ global. Vamos tentar fazer isso. $E° = E°_{ox} + E°_{red} = +2{,}71 \text{ V} + (-0{,}83 \text{ V}) = 1{,}88 \text{ V}$. *Voilà!* Funciona – e não foi muito complicado. Além disso, perceba que sequer precisamos balancear equações para determinar a viabilidade termodinâmica da reação de oxidação-redução. Agora temos um progresso. (Há um porém, ou aviso, que deve ser inserido aqui: esse método de somar $E°_{ox}$ com $E°_{red}$ funciona somente quando consideramos um processo em que a perda de elétrons é igual ao ganho. Se somarmos semirreações que resultem em ganho ou perda de elétrons, esse atalho *não* vai funcionar. Veremos mais sobre isso em breve.)

Agora, podemos seguir para considerarmos as *tendências* nos potenciais de redução do Grupo 1A. Antes de olharmos para os valores reais de $E°$ em detalhes, pergunte-se sobre o que você *espera* dessas tendências. Por exemplo, dos seis elementos do grupo, você espera que o lítio seja o mais fácil ou o mais difícil de oxidar? Em que fatores você está embasando suas expectativas? Agora, olhe para os valores de $E°$ no lado esquerdo da Figura 12.4. Como mostrado, o cátion lítio aquoso tem o potencial de redução mais negativo. Como sabemos, isso significa que o cátion tem a menor tendência a ser reduzido, e o metal tem a maior tendência a ser oxidado quando combinado com (ou medido em relação a) outra semirreação. Você está surpreso com esse resultado? Você pode muito bem estar, particularmente se baseou suas expectativas principalmente nas energias de ionização relativas dos elementos. O lítio tem a maior energia de ionização e, portanto – é tentador concluir –, deveria ser o mais difícil, não o mais fácil, de oxidar.

Para ver por que o lítio é o metal mais facilmente oxidado entre os metais alcalinos e entender as tendências gerais nos potenciais padrão de redução do grupo, precisamos analisar alguns fatores, como tamanho iônico, densidade de carga e poder polarizante que, juntamente com a energia de ionização, contribuem para a variação dos potenciais de redução. Eles estão todos resumidos na Figura 12.4. Note que, conforme descemos no grupo, as energias de ionização *realmente* diminuem como o esperado, e conclui-se que os elétrons ns^1 *realmente* ficam cada vez mais fáceis de serem retirados dos átomos em fase gasosa. Como indicado anteriormente, esse fator pode ter levado você a prever que o lítio seria particularmente difícil de oxidar. Isso também levou você a prever (erroneamente, como se vê) que os metais alcalinos ficam mais fáceis de oxidar ao descer no grupo.

No entanto, o tamanho dos íons é um outro importante fator que tem uma grande influência nas tendências de potenciais de redução. Não nos surpreendemos quando somos lembrados que o tamanho dos cátions dos metais alcalinos aumenta, descendo no grupo. Conclui-se que as densidades de carga [razões carga-raio (Z/r)] vão diminuir, assim como o poder polarizante desses cátions. Isso leva a uma diminuição na força das interações desses cátions com as moléculas de água ao redor. A consideração desses fatores nos levaria a acreditar (corretamente, dessa vez) que o lítio deve ser o mais fácil de oxidar, uma vez que seu cátion hidratado interage muito fortemente com as águas de hidratação que estão ao seu redor, em solução aquosa. Extrapolando para todo o grupo, essas tendências preveriam que os metais alcalinos deveriam ficar mais difíceis de oxidar descendo no grupo. Assim, para resumir até aqui, temos uma situação em que as tendências em energias de ionização indicam um aumento na tendência a ser oxidado, enquanto considerações de tamanho nos levam para a conclusão oposta.

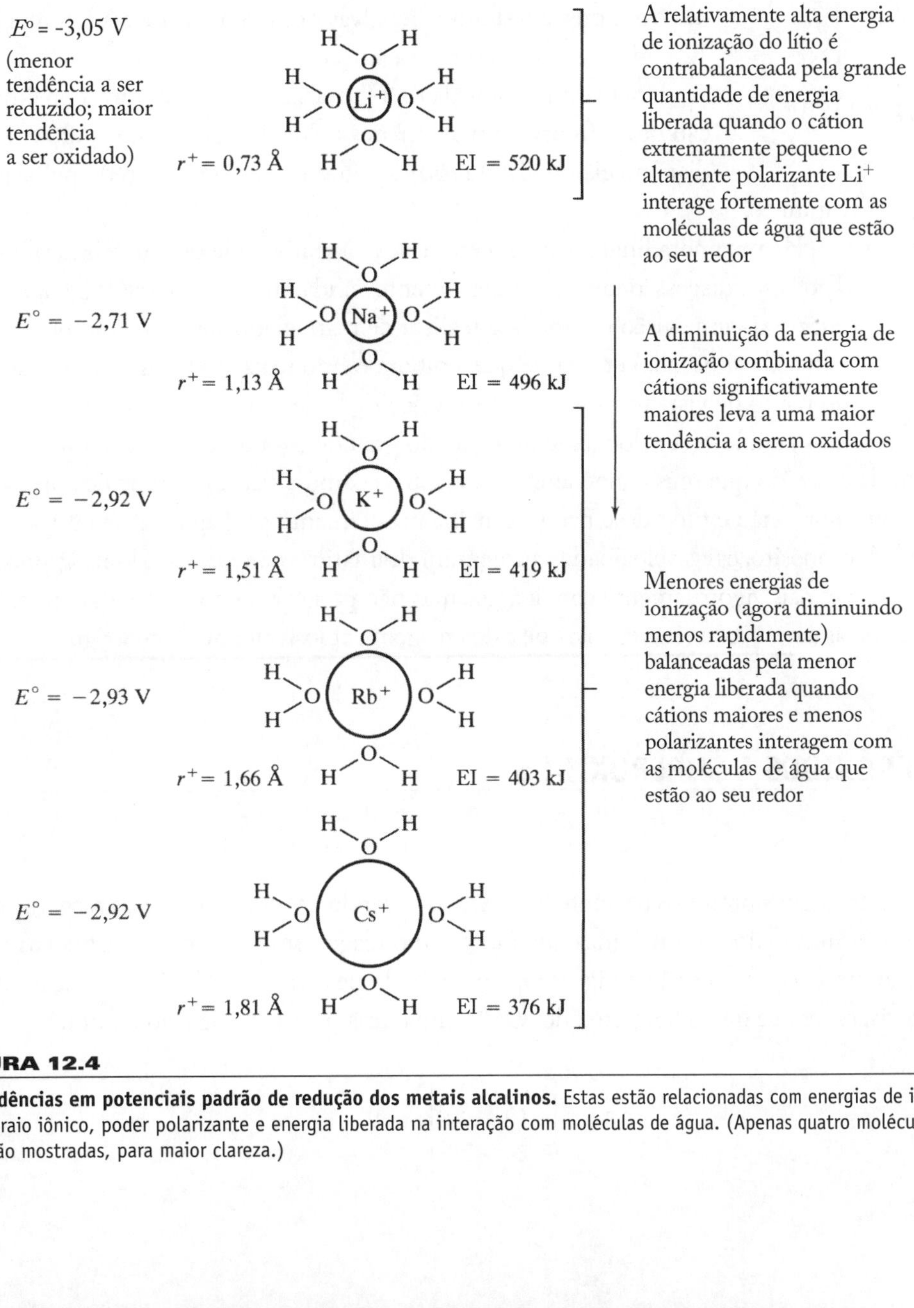

FIGURA 12.4

As tendências em potenciais padrão de redução dos metais alcalinos. Estas estão relacionadas com energias de ionização, raio iônico, poder polarizante e energia liberada na interação com moléculas de água. (Apenas quatro moléculas de água são mostradas, para maior clareza.)

A Figura 12.4 mostra como essas previsões conflitantes são resolvidas. Três regiões são indicadas descendo no lado direito da figura. No topo do grupo, o extremamente pequeno tamanho do cátion lítio domina. Apesar de sua grande energia de ionização, a alta estabilidade do cátion lítio hidratado faz que esse elemento seja relativamente fácil de oxidar. No meio do grupo, a energia de ionização em queda rápida é o fator mais importante, e os elementos sódio, potássio e (em uma extensão muito pequena) rubídio são sucessivamente mais fáceis de oxidar. Na parte inferior do grupo, a diminuição na energia de ionização se torna menos pronunciada e parece ser balanceada pelas menores quantidades de energia liberadas quando os cátions maiores e menos polarizantes interagem com a água.

Dessa forma, vimos que um conhecimento sobre potenciais padrão de redução em solução aquosa nos fornece outra ferramenta para analisar a química dos metais alcalinos. Conforme avancemos nos próximos sete capítulos para discutir a química dos grupos dos outros elementos representativos, veremos que esse conhecimento continuará a ser de grande valia. Na verdade, potenciais padrão de redução são tão valiosos que fazemos dele agora o sétimo componente da nossa rede de ideias interconectadas para o entendimento da tabela periódica. Esse componente será representado pelo ícone mostrado na margem. Potenciais de redução fornecerão informações sobre as propriedades oxidantes e redutoras relativas dos elementos e seus compostos. A Figura 12.5 mostra a rede com essa adição.

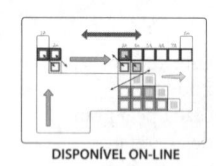

Uma versão colorida da Figura 12.5 está disponível on-line. A comparação dessa figura com as versões coloridas das figuras 9.20 e 11.16 (também disponíveis on-line) ressalta como construímos a rede pelos últimos quatro capítulos.

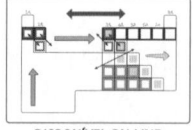

Há uma nota final a ser feita em relação à reatividade dos metais alcalinos com a água. Toda essa discussão anterior é certamente válida, mas está baseada *apenas* em *termodinâmica*. Para uma visão completa e realista de reatividade, devemos também considerar a cinética da situação. Verifica-se que, embora o lítio reaja com a água mais espontaneamente do ponto de vista termodinâmico, a velocidade de sua reação é menor do que as velocidades dos congêneres mais pesados. (A velocidade depende do grau de contato do metal com a água. O lítio tem um maior ponto de fusão do que seus congêneres e portanto – como a reação exotérmica prossegue e fornece energia térmica ou calor – não é fundido e não se espalha prontamente pela água. Portanto, sua velocidade de reação é menor.) A propósito, essas velocidades aumentam dramaticamente descendo no grupo, de forma que o sódio metálico reage mais vigorosamente com a água, mas não perigosamente, o potássio metálico se inflama quando colocado na água e os congêneres mais pesados reagem explosivamente com a água.

12.4 PERÓXIDOS E SUPERÓXIDOS

Peróxidos

A Tabela 12.1 mostra alguns produtos bastante inesperados quando os metais alcalinos reagem com o oxigênio molecular. O lítio forma o óxido normal, mas quando o sódio reage com o oxigênio, particularmente a temperaturas elevadas, o produto é o amarelo e higroscópico peróxido de sódio, Na_2O_2. Como mostrado na seguinte estrutura de Lewis, espera-se que o íon peróxido, O_2^{2-}, tenha uma ordem de ligação de um:

$$\left[:\ddot{\underset{..}{O}}:\ddot{\underset{..}{O}}: \right]^{2-}$$

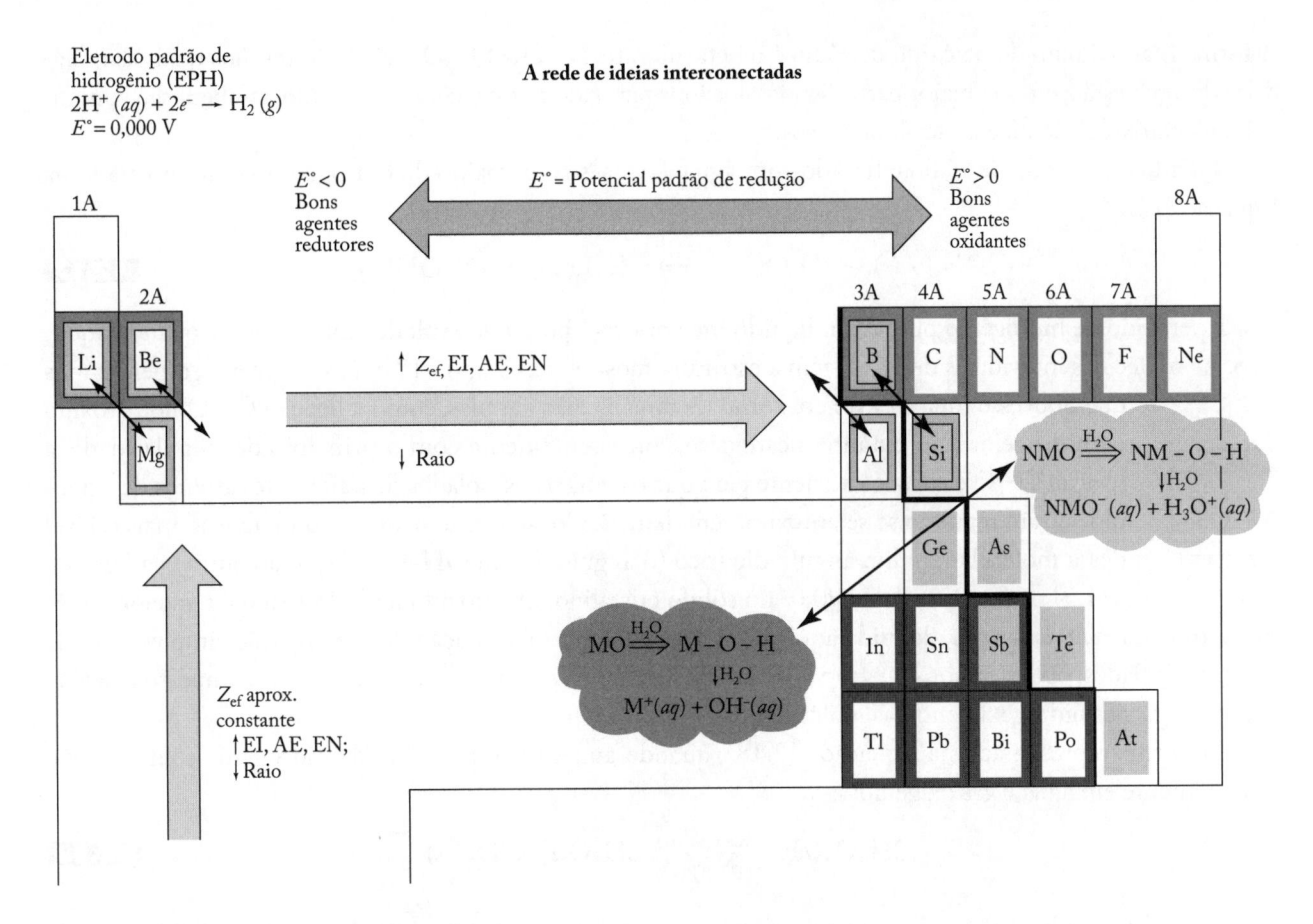

Capítulo 12: *Grupo 1A: Os metais alcalinos* **343**

Eletrodo padrão de hidrogênio (EPH)
$2H^+ (aq) + 2e^- \rightarrow H_2 (g)$
$E° = 0,000$ V

A rede de ideias interconectadas

$E° < 0$ Bons agentes redutores ←—— $E°$ = Potencial padrão de redução ——→ $E° > 0$ Bons agentes oxidantes

1A | 2A | ↑ Z_{ef}, EI, AE, EN | ↓ Raio | 3A 4A 5A 6A 7A | 8A

Li, Be, Mg

B, C, N, O, F, Ne
Al, Si
Ge, As
In, Sn, Sb, Te
Tl, Pb, Bi, Po, At

$NMO \overset{H_2O}{\Longrightarrow} NM-O-H$
$\downarrow H_2O$
$NMO^- (aq) + H_3O^+ (aq)$

$MO \overset{H_2O}{\Longrightarrow} M-O-H$
$\downarrow H_2O$
$M^+ (aq) + OH^- (aq)$

Z_{ef} aprox. constante
↑ EI, AE, EN;
↓ Raio

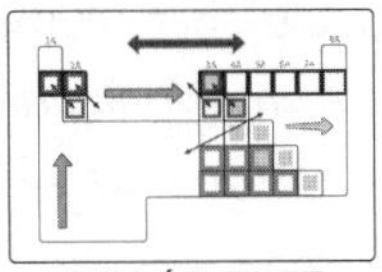

DISPONÍVEL ON-LINE

FIGURA 12.5

Os sete componentes da rede de ideias interconectadas. As tendências em potenciais padrão de redução se juntam à lei periódica, ao princípio da singularidade, ao efeito diagonal, ao efeito do par inerte, à linha metal-não metal e ao caráter ácido-base dos óxidos metálicos (M) e não metálicos (NM) em solução aquosa.

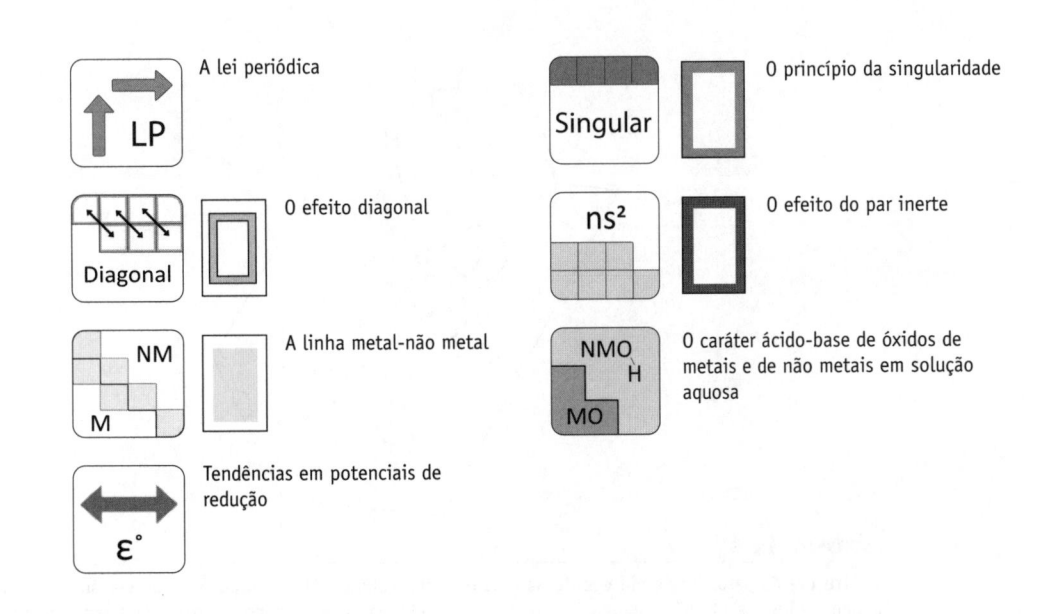

LP — A lei periódica

Singular — O princípio da singularidade

Diagonal — O efeito diagonal

ns² — O efeito do par inerte

NM / M — A linha metal-não metal

NMO / MO H — O caráter ácido-base de óxidos de metais e de não metais em solução aquosa

$\varepsilon°$ — Tendências em potenciais de redução

A forma mais comum do peróxido de sódio é o octa-hidrato, $Na_2O_2 \cdot 8H_2O$. Tais hidratos, nos quais as moléculas de água estão, em sua maior parte, ligadas aos íons peróxido por ligações hidrogênio, também são comuns entre os peróxidos de metais alcalinoterrosos.

Quando o peróxido de sódio é tratado com água, forma-se o peróxido de hidrogênio, como mostrado na Equação (12.17):

$$Na_2O_2(s) + 2H_2O(l) \longrightarrow H_2O_2(aq) + 2NaOH(aq) \qquad \mathbf{12.17}$$

O peróxido de hidrogênio puro é um líquido incolor e xaroposo que explode violentamente quando aquecido. As moléculas individuais de H_2O_2 têm a estrutura mostrada na Figura 12.6. Normalmente, esperaríamos que houvesse rotação livre em torno de uma ligação simples, como a ligação O—O no peróxido de hidrogênio. No entanto, neste caso, consistentemente com o princípio da singularidade, a ligação O—O é curta o suficiente para que os dois pares isolados dos diferentes átomos de oxigênio sofram repulsão se se aproximarem demais. Consequentemente, a configuração mais estável dessa molécula tem um ângulo diédrico (o ângulo de um OH em relação ao outro) na faixa de 111,5° na fase gasosa até 90,0° no sólido cristalino. O peróxido de hidrogênio é a menor molécula a mostrar *rotação restrita*, definida aqui como a interferência na rotação de uma ligação simples causada por pares isolados, outros átomos ou grupos de átomos. A natureza xaroposa e viscosa desse composto é devida às fortes ligações hidrogênio entre as moléculas.

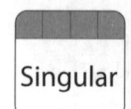

Conforme representado na Equação (12.18), quando aquecido, o peróxido de hidrogênio se decompõe violentamente em água e gás oxigênio:

$$2H_2O_2(l) \xrightarrow[\text{catalisador}]{\text{calor ou}} 2H_2O(l) + O_2(g) \qquad \mathbf{12.18}$$

A reação também é catalisada por vários sais, iodetos e óxidos de metais (por exemplo, Fe, Mn, Cu), bem como por partículas de poeira ou traços de matéria orgânica. Essa decomposição é um exemplo de *reação de desproporcionamento*, na qual um elemento em um composto é tanto oxidado quanto reduzido. Nesse caso, o oxigênio

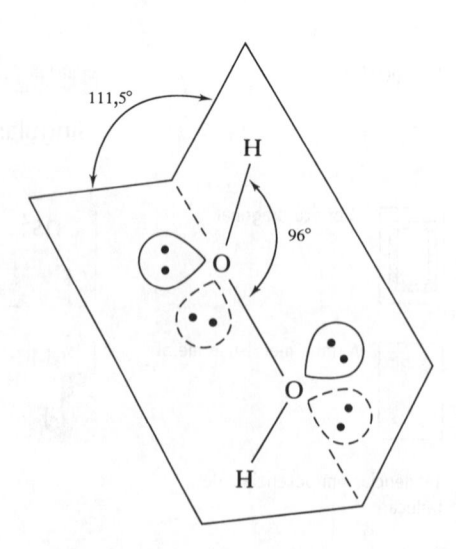

FIGURA 12.6

A estrutura do peróxido de hidrogênio na fase gasosa. O ângulo de um grupo O–H em relação ao outro (o ângulo diédrico) é 111,5°. O ângulo O–O–H é cerca de 96°. Pares isolados no plano são mostrados com linhas contínuas, enquanto aqueles abaixo ou atrás do plano são mostrados por linhas tracejadas. H_2O_2 é a menor molécula a exibir rotação restrita em torno de uma ligação simples. (De W. W. Porterfield, *Inorganic chemistry: a unified approach*, 2. ed., Fig. 5.13, p. 263. Copyright © 1993 Academic Press.)

no peróxido (estado de oxidação −1) é reduzido a água (estado de oxidação −2) e oxidado a oxigênio elementar (estado de oxidação 0). Devido à natureza instável dessa substância, soluções altamente concentradas são particularmente perigosas de armazenar, e medidas de segurança apropriadas devem ser tomadas. Quando elas devem ser armazenadas, soluções de 30% (ou mais) de H_2O_2 devem ser mantidas refrigeradas em frascos de polietileno. A decomposição do H_2O_2 é catalisada por traços de metais no vidro, e o gás oxigênio produzido pode causar um grande aumento de pressão. Mesmo os frascos de polietileno usados para armazenar tais soluções devem ser equipados com válvulas de escape em suas tampas, para evitar a deformação do frasco. Frascos de polietileno sem essa válvula são conhecidos por ficarem com o fundo convexo e balançarem para a frente e para trás, conforme se caminha pela área de armazenamento! (Essa é uma perspectiva bastante assustadora. Se você não seguir bons procedimentos de segurança quando está trabalhando com soluções concentradas de peróxido de hidrogênio, caminhe cuidadosamente!)

O potencial de redução do peróxido de hidrogênio para a água em solução ácida, mostrado na Equação (12.19), é dado na Tabela 12.2 e é consistente com o fato de que o H_2O_2 é um agente oxidante moderadamente forte:

$$H_2O_2(aq) + 2H^+(aq) + 2e^- \longrightarrow 2H_2O(l) \quad (E° = 1,77\text{ V}) \quad \textbf{12.19}$$

(Lembre-se, da discussão anterior, que $E°$ positivos são consistentes com uma grande tendência a ser reduzido e, portanto, indicam bons agentes oxidantes.) Por exemplo, o peróxido de hidrogênio pode oxidar Fe^{2+} a Fe^{3+}, como mostrado a seguir:

$$H_2O_2(aq) + 2H^+(aq) + 2e^- \longrightarrow 2H_2O(l) \quad (E° = 1,77\text{ V})$$
$$2[Fe^{2+}(aq) \longrightarrow Fe^{3+}(aq) + e^-] \quad (E° = -0,77\text{ V})$$
$$\overline{H_2O_2(aq) + 2H^+(aq) + 2Fe^{3+}(aq) \longrightarrow}$$
$$2Fe^{3+}(aq) + 2H_2O(l) \quad (E° = 1,00\text{ V})$$

Note novamente que, quando temos uma reação redox balanceada, os potenciais padrão de redução para as semirreações de oxidação e redução são aditivos; isto é, podemos usar a equação $E° = E°_{ox} + E°_{red} = -0,77 + 1,77 = 1,00$ V. (Se você ainda não está convencido disso, pode querer tentar, mais uma vez, calcular os $\Delta G°$ de cada semirreação, somá-los e obter um $\Delta G°$ global e, então, calcular o $E°$ resultante.)

No exemplo anterior, H_2O_2 está sendo reduzido e, portanto, atua como agente oxidante. O peróxido de hidrogênio também pode servir como agente redutor. Nesse caso, ele é oxidado a oxigênio, $O_2(g)$, o que faz que seja uma fonte conveniente desse gás no laboratório (veja a Seção 11.1 para mais detalhes). A forma apropriada da semirreação da Tabela 12.2 é mostrada na Equação (12.20):

$$O_2(g) + 2H^+(aq) + 2e^- \longrightarrow H_2O_2(aq) \quad (E° = 0,68\text{ V}) \quad \textbf{12.20}$$

Com um $E°$ de apenas 0,68 V, não é tão difícil de imaginar que, se usarmos o agente oxidante apropriado, podemos oxidar $H_2O_2(aq)$ para produzir $O_2(aq)$. Por exemplo, peróxido de hidrogênio pode ser oxidado por (ou atua como agente redutor para) permanganato em solução ácida, como mostrado a seguir:

$$5[H_2O_2(aq) \longrightarrow O_2(g) + 2H^+(aq) + 2e^-] \quad (E° = -0,68\text{ V})$$
$$2[MnO_4^-(aq) + 8H^+(aq) + 5e^- \longrightarrow Mn^{2+}(aq) + 4H_2O] \quad (E° = 1,51\text{ V})$$
$$\overline{5H_2O_2(aq) + 2MnO_4^-(aq) + 6H^+(aq) \longrightarrow}$$
$$5O_2(g) + 2Mn^{2+}(aq) + 8H_2O \quad (E° = 0,83\text{ V})$$

Aqui, o $E°_{red}$ de 1,51 V para o permanganato é mais do que suficiente, quando combinado com o $E°_{ox}$ de −0,68 V, para a oxidação do peróxido de hidrogênio a gás oxigênio, para fazer que o $E°$ global seja positivo e a reação, espontânea, sob condições padrão. A última reação não é apenas usada para produzir oxigênio no laboratório, mas também serve de base para a determinação quantitativa da concentração de uma solução desconhecida de peróxido.

Aplicações dos peróxidos incluem soluções diluídas de peróxido de hidrogênio como antisséptico, removedores de manchas recentes de sangue, branqueadores de ossos para a exposição de esqueletos, e branqueadores de cabelo (daí vem o termo "loiro oxigenado"). Soluções mais concentradas são usadas como alvejantes para farinha, fibras e gorduras, assim como para a polpa e o papel – alvejar e retirar a tinta de papel reciclado. Soluções ainda mais concentradas são usadas no tratamento de água de reúso municipal e industrial. Peróxido de hidrogênio (80-90%) e hidrazina (N_2H_2) têm sido usados como combustível de foguete. (Veja o Capítulo 16 para mais detalhes sobre a hidrazina.) O peróxido de hidrogênio também é usado como propelente em mochilas a jato. Nesse caso, o peróxido comprimido é decomposto a vapor e oxigênio pela ação de um catalisador de prata ou platina.

Superóxidos

Quando potássio, rubídio e césio reagem com o oxigênio molecular, os superóxidos, MO_2, são produzidos. Uma relação bastante clara parece existir entre o tamanho do cátion do metal alcalino e a estabilidade dos superóxidos. Nos sais de cátions menores, como os de lítio e sódio, muito contato entre os grandes íons superóxido evidentemente desestabiliza os retículos. Os maiores cátions fornecem um melhor acerto dos tamanhos iônicos. Não é surpreendente, portanto, que o superóxido mais estável seja o de césio.

Superóxidos têm sido úteis em um tipo de sistema chamado *rebreather*[*], usado em áreas fechadas como submarinos, minas e veículos espaciais. Um *rebreather* ou "equipamento de mergulho de circuito fechado" remove o dióxido de carbono e produz oxigênio conforme necessário. Há uma grande variedade desses sistemas; um deles utiliza uma série de reações usando o superóxido de potássio como um componente primário. A reação está representada na Equação (12.21):

$$4KO_2(s) + 2H_2O(l) \longrightarrow 4KOH(s) + 3O_2(g) \quad \textbf{12.21a}$$

$$2[2KOH(s) + CO_2(g) \longrightarrow K_2CO_3(s) + H_2O(l)] \quad \textbf{12.21b}$$

$$\text{Soma: } 4KO_2(s) + 2CO_2(g) \longrightarrow 2K_2CO_3(s) + 3O_2(g) \quad \textbf{12.21c}$$

Note que o superóxido de potássio reage conforme necessário com a umidade da respiração para produzir hidróxido e gás oxigênio. Subsequentemente, o KOH absorve dióxido de carbono e gera o carbonato e mais água para reagir com o superóxido novamente. A reação líquida envolve uma controlada conversão de dióxido de carbono em oxigênio. Quanto maior a frequência respiratória (produzindo dióxido de carbono e água), mais oxigênio será produzido.

12.5 REAÇÕES E COMPOSTOS DE IMPORTÂNCIA PRÁTICA

Tanto o sódio quanto o potássio são bastante abundantes na superfície terrestre (Na, 2,6%, e K, 2,4%), mas o potássio, devido à sua maior solubilidade e subsequente uso pela vida vegetal, é muito menos prevalente no

---

[*] N.T.: equipamento usado para respirar de novo um ar que já foi respirado.

mar. De fato, o potássio é tão vital para as plantas que seu maior uso, normalmente na forma de cloreto ou sulfato, é em fertilizantes. Isso certamente não é uma tecnologia nova. Mesmo há séculos atrás, fazendeiros sabiam que espalhar cinzas de madeira em suas terras fazia sua plantação crescer melhor. Agora sabemos que o potássio nessas cinzas era o principal responsável pelo efeito. Tanto os íons sódio quanto os íons potássio estão presentes nas plantas e nos animais e são essenciais para funções bioquímicas normais, particularmente para a manutenção das concentrações dos íons pelas várias membranas celulares, funções enzimáticas e o disparo de impulsos nervosos.

O modo de ação do lítio para o tratamento de *transtornos bipolares* (um termo que substitui o antigo "distúrbio maníaco-depressivo") parece estar relacionado à função do sódio e do potássio no corpo. Tais pacientes sofrem de estados que alternam alegria e raiva, seguidos por uma profunda depressão. Esses altos e baixos parecem estar relacionados a excessos ou escassez de disparos nervosos que liberam neurotransmissores. O lítio, administrado como carbonato, é, certamente, o mais efetivo no tratamento dessa condição. Muita pesquisa ainda precisa ser feita, mas o lítio parece alterar o transporte de sódio nos nervos e em outras células e, dessa forma, controla e nivela os disparos dos impulsos nervosos na fase maníaca dos transtornos bipolares. A terapia com lítio não tem efeito na fase da depressão. A terapia com lítio, como aprovada pela Food and Drug Administration dos Estados Unidos, tem mais de 40 anos, mas já era usada há muito mais tempo. Incrivelmente, um "refrigerante de lima-limão litiado" foi apresentado em 1929 com o *slogan*: *Take the 'ouch' of 'grouch'*.*
O refrigerante continha citrato de lítio até 1950 e ainda existe hoje em dia, com o nome de "7-Up". Em uma nota mais séria, verificou-se que doses diárias de carbonato de lítio também retardam a progressão da esclerose lateral amiotrófica (ELA) ou doença de Lou Gehrig.

Como poderíamos suspeitar, de discussões anteriores, metais alcalinos são altamente conceituados como agentes redutores em várias aplicações. O sódio tem sido usado na produção do cromo, manganês e alumínio, a partir de seus óxidos, e do titânio e zircônio, a partir de seus cloretos. No entanto, essas rotas para obter o metal livre têm sido largamente substituídas por outros métodos. Até bem recentemente, uma liga de sódio-chumbo era usada em grandes quantidades para fabricar o chumbo tetraetila (TEL), um aditivo antidetonante da gasolina. No entanto, nos Estados Unidos, gasolinas com chumbo foram banidas por razões ambientais. O tetrahidretoaluminato de lítio, $LiAlH_4$, permanece como um popular agente redutor, particularmente em síntese orgânica.

Outros usos eletroquímicos dos metais do Grupo 1A incluem o lítio em baterias e o césio em células fotoelétricas. As baterias de lítio, nas quais o metal funciona como ânodo e é facilmente oxidado a íons lítio por vários sistemas catódicos em solventes não aquosos, tem a vantagem do baixo peso, pequeno tamanho, bom prazo de validade e correntes muito altas. Tais baterias podem ser fabricadas em tamanhos tão pequenos que podem ser montadas em chips de memória para computadores ou usados em marca-passos cardíacos. Pesquisas atuais focam a produção da nova geração de baterias recarregáveis de lítio para uso em *notebooks*, telefones, *e-readers,* e assim por diante, e também em veículos elétricos. Esses muitos usos atuais e potenciais do lítio inspiraram uma pesquisa global por fontes de minério de lítio em locais como China, Chile, Bolívia e Estados Unidos.

O césio, devido à sua energia de ionização extremamente baixa, pode ser ionizado pelo uso da luz visível. Isso faz que o metal seja útil em células fotoelétricas nas quais um feixe de luz produz uma corrente elétrica que, por sua vez, pode ser usada para várias tarefas, como ativar um alarme ou fazer a leitura de informações impressas em cartões ou embalagens.

Outras aplicações desses elementos aproveitam suas propriedades nucleares. Por exemplo, um importante método para estabelecer a idade dos primeiros hominídeos é o procedimento de datação por potássio-argônio,

---

* N. T.: *ouch* significa algo como *ai!* (interjeição); *grouch* significa *mau humor*. Sendo assim, uma tradução livre poderia ser algo como "Transforme o mau humor em bom humor".

desenvolvido nos anos 1950. O potássio-40 tem uma meia-vida de 1,3 bilhão de anos e decai tanto por emissão β^- quanto por emissão β^+, como mostrado nas Equações (12.22) e (12.23):

$$^{40}_{19}K \xrightarrow{\beta^-} {}^{0}_{-1}e + {}^{40}_{20}Ca \quad (89\%)$$ 12.22

$$^{40}_{19}K \xrightarrow{\beta^+} {}^{0}_{+1}e + {}^{40}_{18}Ar \quad (11\%)$$ 12.23

(Uma vez que o corpo humano médio – admitindo-se ter 70 kg – contém cerca de 140 g de potássio e 0,0164 g de ^{40}K, verifica-se que aproximadamente 4.230 átomos de potássio-40 decaem por segundo no corpo. A unidade para uma desintegração por segundo é um becquerel, Bq, então esse resultado é propriamente escrito como 4.230 Bq por segundo. Por ano, isso se torna $1,33 \times 10^{11}$ Bq, ou cerca de 133 bilhões. Nossa!) O decaimento β^+ é o responsável pela relativamente alta quantidade de gás argônio em nossa atmosfera. Quando o magma vulcânico se derrama e se resfria, o gás argônio começa a acumular. Algumas rochas têm uma estrutura que resiste aos vazamentos, de forma que o argônio pode ser coletado e, conhecendo sua meia-vida, usado para obter uma data para o evento vulcânico. Isso, por sua vez, pode ser usado para estabelecer uma data para quaisquer restos mortais que venham a ser encontrados nessa camada da Terra. Por exemplo, essa foi a técnica usada para datar "Lucy" e "Selam" (o fóssil de uma criança, frequentemente chamada de a *filha de Lucy*), dois hominídeos *Australopithecus afarensis* encontrados na Etiópia em 1974 e 2000, respectivamente. Lucy viveu há 3,18 milhões de anos e Selam, 3,3 milhões.

Outros usos dos metais alcalinos relacionados às suas propriedades nucleares incluem o uso do lítio–6 e do lítio–7 em reatores nucleares para produzir trítio, como mostrado nas Equações (12.24) e (12.25):

$$^{6}_{3}Li + {}^{1}_{0}n \longrightarrow {}^{4}_{2}He + {}^{3}_{1}H$$ 12.24

$$^{7}_{3}Li + {}^{1}_{0}n \longrightarrow {}^{4}_{2}He + {}^{3}_{1}H + {}^{1}_{0}n$$ 12.25

O trítio estaria, então, prontamente disponível para o uso em reatores de fusão. (Veja o Capítulo 10, Seção 10.6, para mais detalhes sobre a fusão como uma fonte alternativa de energia no futuro.)

12.6 TÓPICO SELECIONADO PARA APROFUNDAMENTO: SOLUÇÕES METAL–AMÔNIA

Embora soluções de metais alcalinos e alcalinoterrosos (exceto o berílio) em amônia líquida tenham sido inicialmente estudadas nos anos 1860, apenas recentemente os detalhes de suas estruturas ficaram claros. Essas soluções têm algumas propriedades bastante estranhas. Por exemplo, as soluções começam com uma cor azul escura, mas uma fase bronze começa a flutuar no topo conforme mais metal é adicionado. Prosseguindo, chega-se a um ponto em que a fase bronze, que tem as propriedades de um metal líquido, predomina. Se a amônia for evaporada da solução feita com um metal alcalino, o metal original é recuperado. A evaporação de soluções feitas com os metais do Grupo 2A produz *amonatos* de fórmula $M(NH_3)_x(s)$. A cor azul independe do metal usado. Conforme o metal é adicionado à amônia, há um evidente aumento do volume e uma correspondente diminuição na densidade da solução. A condutividade da solução é mais como a de vários eletrólitos quando colocados em amônia. A solução começa altamente paramagnética, consistente com um grande número de elétrons desemparelhados, mas se torna diamagnética e depois levemente paramagnética, conforme o metal é adicionado.

Qual é a explicação para essas propriedades? A Equação (12.26) representa a formação das soluções:

$$M(s) \xrightarrow{NH_3(l)} \underbrace{M(NH_3)_x^+}_{M^+(am)} + \underbrace{[e(NH_3)_y]^-}_{e^-(am)}$$

12.26

[Note que (*am*) é usado de forma análoga ao (*aq*) quando discutimos essas soluções.] A formação do cátion amoniacal não é particularmente surpreendente, mas o segundo produto, chamado de *elétron amoniacal* (ou, em um termo mais geral, *solvatado*) é bastante inesperado. A cor azul parece ser devida a essa espécie. (Isso significa que elétrons solvatados são azuis?) O elétron aparentemente permanece em uma cavidade na estrutura da amônia líquida, como mostrado na Figura 12.7. Note que as cavidades são formadas por ligações hidrogênio entre as moléculas de amônia e são responsáveis pelo aumento no volume e pela diminuição na densidade da solução em relação ao solvente puro. Os *spins* individuais dos elétrons iniciam em paralelo, mas eventualmente formam pares representados por e_2^{2-} (*am*) e levam a um intermediário diamagnético.

Essas soluções não são particularmente estáveis e se tornam remarcavelmente bons agentes redutores de um elétron. Quando qualquer impureza, um pouco de ferrugem ou poeira ou qualquer coisa com grande área superficial, é adicionada às soluções metal-amônia, gás hidrogênio e uma amida solvatada são produzidos, como mostrado na Equação (12.27):

$$NH_3(l) + e^-(am) \longrightarrow NH_2^-(am) + \frac{1}{2}H_2(g)$$

12.27

(Note que, nesse caso, o hidrogênio foi reduzido para o estado elementar.) Se oxigênio for adicionado, ele pode ser reduzido a superóxido (estado de oxidação $= -\frac{1}{2}$) e, então, ao peróxido, como mostrado na Equação (12.28):

$$e^-(am) + O_2 \longrightarrow \underset{\text{superóxido}}{O_2^-(am)} \xrightarrow{e^-(am)} \underset{\text{peróxido}}{O_2^{2-}(am)}$$

12.28

Se outros metais forem adicionados, eles podem ser reduzidos a estados de oxidação negativos muito incomuns, como mostrado na Equação (12.29) para o ouro:

$$Au(s) + e^-(am) \longrightarrow Au^-(am)$$

12.29

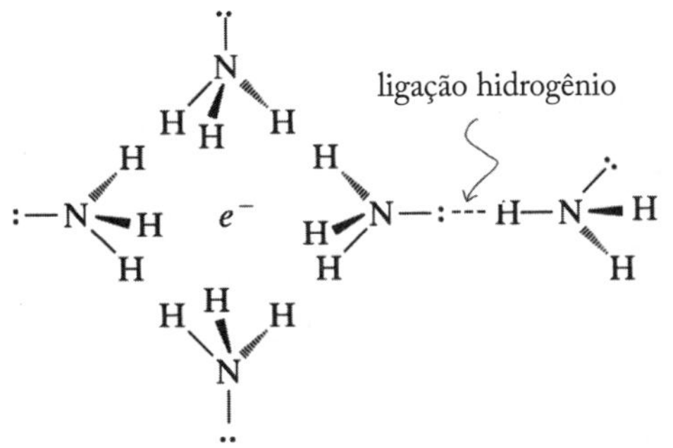

FIGURA 12.7

O elétron amoniacal. O elétron solvatado, ou amoniacal, está representado em uma cavidade na estrutura da amônia líquida, cujas moléculas se unem por ligações hidrogênio.

Como se esses resultados já não fossem estranhos o suficiente, alguns íons realmente únicos foram isolados na presença de alguns compostos especiais de estabilização, chamados *éteres coroa* e *criptandos*. Éteres coroa e os relacionados criptandos são mostrados na Figura 12.8. Éteres coroa são grandes estruturas em anel com alguns átomos de carbono separando os átomos de oxigênio. Eles foram descobertos pelo químico da DuPont Charles Pederson, em 1967. (Ele dividiu o Prêmio Nobel de química de 1987 pela sua descoberta.) Os nomes dos compostos refletem o número total de átomos no anel e o número de átomos de oxigênio. Dessa forma, 18-coroa-6 tem 6 átomos de oxigênio em anel de 18 membros. (O nome vem do fato de que o composto livre parece, de certa forma, uma coroa de desenho animado, com os átomos de oxigênio nas pontas.) A cavidade acima da coroa varia em tamanho, dependendo do número de átomos de oxigênio. Portanto, o tamanho da cavidade pode ser ajustado para acomodar cátions metálicos de vários tamanhos. Usando 18-coroa-6 (abreviado 18-C-6) e césio, a solução de amônia líquida azul escura produz um sólido azul escuro e paramagnético de fórmula $[Cs(18-C-6)]^+e^-$. Isso é um exemplo de um *eletreto*, no qual o contra-ânion é um elétron! Interações íon–dipolo entre o íon metálico e os átomos de oxigênio parcialmente negativos mantêm o complexo catiônico unido. Outros exemplos de eletretos incluem $[Cs(18-C-6)_2]^+e^-$ e $[Cs(15-C-5)_2]^+e^-$. O isolamento desses eletretos cristalinos é difícil, mas eles parecem ser favorecidos usando dois éteres coroas para envolver o cátion de metal alcalino.

Criptandos, contendo átomos de nitrogênio bem como de oxigênio, separados por cadeias carbônicas, são apenas um pouco mais crípticos (!), mas eles estão entre os primeiros a gerar compostos ainda mais estranhos e extremamente raros. Para se ligar ao cátion sódio, o 2,2,2-criptando tem o tamanho adequado. Soluções de etilamina (meramente uma molécula de amônia com um átomo de hidrogênio substituído por um grupo etila, CH_3CH_2-), sódio e 2,2,2-criptando geram um composto de fórmula $[Na(2,2,2\text{-criptando})]^+Na^-$, o qual possui uma forma *aniônica* do sódio chamada, de maneira suficientemente lógica, de *sodieto*. O cátion potássio é um pouco grande para o criptando e o análogo $[K(2,2,2\text{-criptando})]^+K^-$, contendo o ânion potassieto, é menos

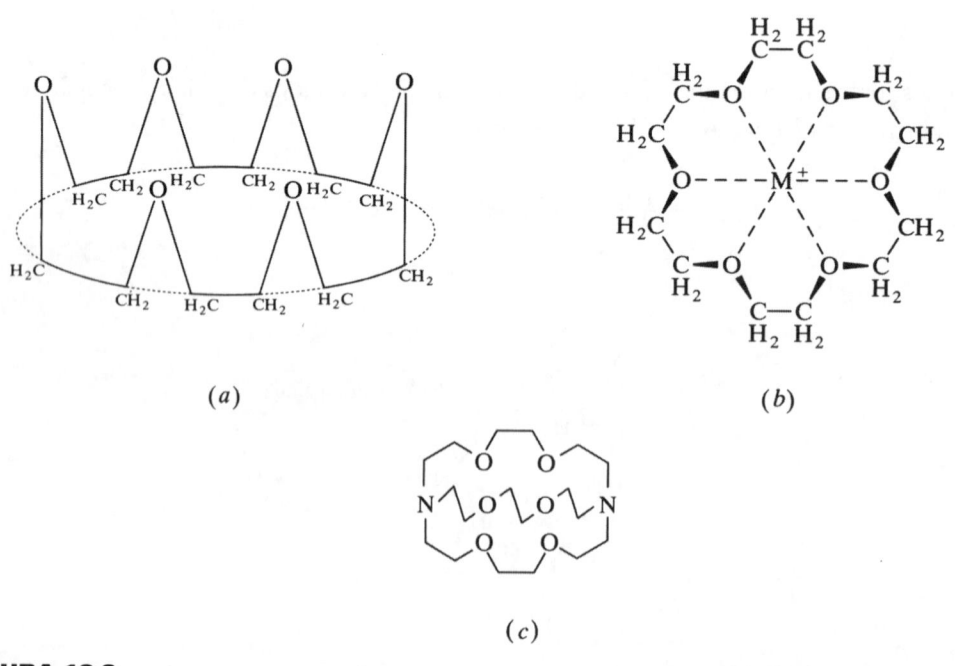

FIGURA 12.8

Éteres coroa e criptandos. (*a*) Uma representação de 18-coroa-6 mostrando sua similaridade com uma coroa de desenho animado. (*b*) Um cátion de metal alcalino na cavidade de 18-coroa-6. (*c*) Um criptando.

estável. Em geral, ânions de metais alcalinos são chamados *alcalietos*. Outros exemplos de alcalietos envolvem éteres coroa e incluem [Rb(15–C–5)$_2$]$^+$Na$^-$, [K(18–C–6)(12–C–4)]$^+$K$^-$ com um potassieto, [Rb(18–C–6)(12–C–4)]$^+$Rb$^-$ com um rubidieto e [Cs(18–C–6)]$^+$Cs$^-$ com um cesieto. Litietos contendo um ânion lítio são desconhecidos.

As estruturas cristalinas de vários alcalietos e eletretos foram obtidas e confirmam que os elétrons presos podem servir como os ânions mais leves da natureza e que os metais alcalinos formam os maiores ânions monoatômicos conhecidos, com raios variando de 2,5 Å, para o Na$^-$, a 3,5 Å, para o Cs$^-$ (para comparação, o raio do I$^-$ é de 2,06 Å).

RESUMO

Os metais alcalinos foram descobertos por diversos indivíduos especiais, usando algumas novas técnicas. O *showman* temerário Davy isolou o potássio e o sódio por eletrólise de sais fundidos, o jovem sueco Arfwedson identificou o lítio por análise quantitativa, Bunsen e Kirchhoff identificaram espectroscopicamente o rubídio e o césio e Perey preparou quantidades ínfimas de frâncio por métodos radioquímicos.

Nossa rede de ideias interconectadas nos ajuda a explicar muitas propriedades esperadas dos metais alcalinos. Os hidretos, óxidos, hidróxidos e haletos desses elementos são iônicos. Os óxidos e hidróxidos têm caráter básico. O lítio, embora ainda um metal alcalino, com muito em comum com seus congêneres, é certamente um bom exemplo do princípio da singularidade. Ele tem muito em comum com o magnésio, como previsto pelo efeito diagonal.

Depois de uma breve revisão de oxidação e redução (LEORA goes GEROA!*), potenciais padrão de redução parecem ser úteis para tabelar substâncias em ordem de tendência a serem reduzidas ou oxidadas. Os metais alcalinos têm pequena tendência a serem reduzidos e são excelentes agentes redutores. Os potenciais de redução estão relacionados à variação na energia livre de uma reação e, portanto, podem prever a espontaneidade termodinâmica. A análise dos potenciais padrão de redução aponta para ainda outro critério, que faz que o lítio seja único em seu grupo. Potenciais padrão de redução são tão úteis que são designados como o sétimo componente da nossa rede de ideias interconectadas para o entendimento da tabela periódica.

Alguns metais alcalinos (e alcalinoterrosos) formam peróxidos e superóxidos quando combinados com o oxigênio molecular. Sódio e potássio formam peróxidos, que geralmente são sólidos hidratados. O peróxido de sódio é uma fonte rápida de peróxido de hidrogênio, a menor molécula a apresentar rotação restrita. O peróxido de hidrogênio sofre desproporcionamento violento quando aquecido, é um potente agente oxidante, mas também pode ser um agente redutor brando. Os peróxidos têm vários usos, desde antissépticos brandos e alvejantes a combustível de foguete. Os maiores metais alcalinos (potássio, rubídio e césio) formam os superóxidos. O superóxido de potássio é usado em equipamentos de respiração autônomos.

Outras aplicações práticas dos metais alcalinos e de seus compostos incluem sódio e potássio em sistemas vivos, lítio como tratamento para transtorno bipolar (transtorno maníaco-depressivo), sódio e lítio elementares como agentes redutores, lítio em uma nova geração de baterias, césio em equipamentos fotoelétricos, datação potássio-argônio e lítio como uma fonte de trítio para fornecer combustível para a economia do hidrogênio.

Soluções de metais alcalinos (e alcalinoterrosos) em amônia líquida mostram algumas propriedades estranhas que podem ser explicadas em termos de elétrons solvatados. O elétron solvatado é um excelente agente redutor de um elétron e pode ser usado para produzir peróxidos, superóxidos e metais com estados de oxidação negativos. Compostos envolvendo éteres coroa e criptandos dos metais alcalinos em amônia e solventes relacionados geram os muito raros eletretos e alcaletos.

---

* N. T.: Ver notas *, **, *** e ****, Seção 12.3.

PROBLEMAS

12.1 Dadas as informações nos capítulos 10 a 12, organize as principais contribuições de Arfwedson, Bunsen, Davy, Cavendish, Kirchhoff, Lavoisier, Mendeleiev e Priestley em ordem cronológica.

12.2 Compostos de sódio são conhecidos há séculos, mas não pelos seus nomes modernos. Mesmo hoje em dia, vários produtos, por exemplo, contêm o nome "soda". Faça uma rápida pesquisa na internet para determinar os nomes químicos modernos para (*a*) fermento químico*, (*b*) soda cáustica e (*c*) soda.

12.3 Compostos de potássio são conhecidos há séculos, mas não pelos seus nomes modernos. Faça uma rápida pesquisa na internet para determinar os nomes químicos modernos para (*a*) potassa e (*b*) potassa cáustica. Qual é a origem do nome "potassa"?

12.4 Como se notou, Humphry Davy voltou suas atenções para a eletroquímica após começar a trabalhar com a "pilha voltaica", frequentemente descrita como a primeira bateria química capaz de produzir uma corrente sustentável. Faça uma rápida pesquisa na internet para determinar como uma pilha voltaica funciona. Desenhe um diagrama como parte de sua resposta.

12.5 Quantos metais alcalinos já tinham sido descobertos quando Mendeleiev publicou sua primeira tabela periódica em 1869?

12.6 O que aconteceria se o indicador fenolftaleína fosse adicionado à água na qual sódio metálico foi introduzido? Especificamente, para que cor a fenolftaleína mudaria, se mudar? Interprete brevemente o resultado. (*Dica:* as cores dos indicadores podem ser encontradas em qualquer bom livro-texto introdutório ou analítico.)

12.7 Escreva equação(ões) balanceada(s) para a reação do sódio metálico com o gás oxigênio.

12.8 Escreva equação(ões) balanceada(s) para a reação do potássio metálico com o gás oxigênio.

12.9 Escreva equação(ões) balanceada(s) para a reação do rubídio metálico com o gás oxigênio.

12.10 Por que adicionar cloreto de cálcio ao cloreto de sódio diminui o ponto de fusão do último?

12.11 Embora o frâncio seja o produto do decaimento alfa do actínio, a maior parte do actínio decai por emissão β^-. Escreva uma equação para esse processo.

12.12 O frâncio tem 33 isótopos conhecidos, mas o frâncio-223 tem a maior meia-vida, 22,0 minutos. Ele decai por emissão alfa. Escreva uma equação nuclear para esse processo.

12.13 O segundo isótopo do frâncio de vida mais longa é o frâncio-222. Ele decai por emissão β^- apenas. Escreva uma equação nuclear para esse processo.

**12.14 Represente graficamente os valores de (*a*) raio atômico, (*b*) energia de ionização, (*c*) afinidade eletrônica e (*d*) eletronegatividade para os elementos do Grupo 1A em função do número atômico. Discuta as pequenas anomalias nessas propriedades as quais ocorrem com o rubídio.

**12.15 Notamos que os hidróxidos de metais alcalinos se tornam bases mais fortes descendo no grupo. Todavia, mesmo o hidróxido de sódio é considerado completamente ionizado em solução aquosa. Poderíamos medir a diferença nas basicidades dos hidróxidos de metais alcalinos em solução aquosa?

---
* N. T.: em inglês, também se trata de uma "soda": *baking soda*.
** Exercícios marcados com dois asteriscos (**) são mais desafiadores.

Que outro tipo de solvente poderia nos fornecer informações adicionais sobre as basicidades relativas desses compostos? Discuta brevemente sua resposta.

12.16 Escreva uma equação balanceada que represente a reação entre o óxido de potássio e a água.

12.17 Descreva, com algum detalhamento, fornecendo algumas condições experimentais, como você poderia preparar os iodetos de lítio, de sódio e de potássio. Escreva uma equação geral balanceada para essas sínteses como parte de sua resposta.

12.18 Escreva uma equação balanceada representando a reação entre o hidreto de sódio e a água.

*12.19 Se o nitreto de sódio realmente existisse, você esperaria que ele fosse mais ou menos salino do que o nitreto de lítio? Sustente brevemente sua resposta.

12.20 Baseando-se em sua experiência, o cloreto de sódio é higroscópico? Você esperaria que ele fosse tão higroscópico quanto o cloreto de lítio? Discuta brevemente sua resposta.

12.21 Explique, com suas próprias palavras, a frase mneumônica "LEORA goes GEORA.**"

12.22 Por que o potencial padrão de redução de $2H^+(aq) + 2e^- \longrightarrow H_2(g)$ é zero volt?

12.23 Considere a reação entre o lítio e os íons hidrogênio em solução:

$$Li(s) + H^+(aq) \longrightarrow H_2(g) + Li^+(aq)$$

(a) Separe a reação global em duas semirreações.

(b) Indique os agentes redutor e oxidante.

(c) Balanceie cada semirreação e, então, a reação global.

(d) Calcule $E°$ e $\Delta G°$ para a reação global.

12.24 Baseando-se em potenciais padrão de redução, o gás cloro seria um agente redutor ou um agente oxidante? Discuta brevemente sua resposta.

12.25 Baseando-se na análise de potenciais padrão de redução, deve ser mais difícil eletrolisar cloreto de lítio ao lítio metálico ou cloreto de sódio ao sódio metálico? Forneça uma breve explicação para sua resposta.

*12.26 Explique, com suas próprias palavras, por que (a) os potenciais padrão de redução do potássio, rubídio e césio são tão similares e (b) por que o potencial padrão de redução do lítio é tão diferente dos três anteriores.

*12.27 O calor padrão de hidratação, $\Delta H°_{hid}$, é a variação da energia que acompanha a adição de água a – ou seja, a hidratação de – uma substância gasosa. Uma equação que corresponde ao calor padrão de hidratação de cátions gasosos de metais alcalinos é representada a seguir:

$$M^+(g) + nH_2O \xrightarrow{\Delta H°_{hid}} [M(H_2O)_n]^+ \quad \text{ou} \quad M^+(aq)$$

Essa reação seria exotérmica ou endotérmica? O que deveria acontecer com a magnitude das entalpias de hidratação conforme se move do lítio para o césio, descendo entre os metais alcalinos? Explique brevemente suas respostas.

---

* Exercícios marcados com um asterisco (*) são mais desafiadores.

** N.T.: Ver notas *, **, *** e ****, Seção 12.3.

12.28 Termodinamicamente, o lítio é menos estável na água do que o sódio, mas cineticamente o lítio é menos reativo. Explique brevemente a diferença.

12.29 Você esperaria que o peróxido de hidrogênio fosse solúvel em água? Por quê? Discuta brevemente sua resposta.

12.30 Relacione a rotação restrita encontrada no peróxido de hidrogênio ao princípio da singularidade.

12.31 O composto H_2S_2, embora não seja particularmente estável, não mostra rotação restrita em torno da ligação S−S. Discuta brevemente por quê.

12.32 O peróxido de hidrogênio pode ser preparado pela reação do peróxido de bário com o ácido sulfúrico aquoso. Escreva uma equação balanceada representando essa reação.

*12.33 Escreva as duas semirreações envolvidas no desproporcionamento do peróxido de hidrogênio a água e oxigênio diatômico. Balanceie a equação. Usando a Tabela 12.2, calcule o $E°$ para a equação global.

12.34 Reações de desproporcionamento às vezes são chamadas de *reações autorredox*. Descreva brevemente por quê.

12.35 Usando potenciais padrão de redução, decida se o peróxido de hidrogênio poderia ser usado para oxidar Co^{2+} a Co^{3+} em solução aquosa ácida.

12.36 Usando potenciais padrão de redução, decida se o peróxido de hidrogênio poderia ser usado para oxidar cério(III) a cério(IV) em solução aquosa ácida.

12.37 Usando potenciais padrão de redução, decida se o sódio metálico poderia ser usado para reduzir o Al^{3+} a alumínio metálico.

12.38 O peróxido de hidrogênio poderia ser usado para oxidar o sódio metálico? Use potenciais padrão de redução para sustentar sua resposta.

*12.39 O peróxido de hidrogênio pode ser um agente oxidante ou um agente redutor.
(*a*) A que o $H_2O_2(aq)$ se reduz quando atua como agente oxidante?
(*b*) Escreva uma equação balanceada na qual o peróxido de hidrogênio oxida o iodeto a iodo sob condições ácidas.

*12.40 O peróxido de hidrogênio pode ser um agente oxidante ou um agente redutor.
(*a*) A que o $H_2O_2(aq)$ se oxida quando atua como agente redutor?
(*b*) Escreva uma equação balanceada na qual o peróxido de hidrogênio reduz o permanganato ao íon manganoso, Mn^{2+}, sob condições ácidas.

12.41 Dois agentes oxidantes comuns de laboratório são o íon permanganato aquoso, $MnO_4^-(aq)$, e o íon dicromato aquoso, $Cr_2O_7^{2-}(aq)$. Como se compara o peróxido de hidrogênio com esses dois excelentes agentes oxidantes e com o próprio oxigênio, $O_2(g)$? Coloque esses quatro agentes oxidantes na ordem do pior para o melhor sob condições padrão.

12.42 O potencial padrão de redução de $O_3(g)$ a $O_2(g)$ é +2,07 V. Escreva uma semirreação para essa redução em solução ácida. Como o ozônio se compara ao gás cloro, $Cl_2(g)$, como um agente oxidante? Qual a importância prática, benéfica e ambiental da capacidade oxidante do ozônio? (*Dica:* consulte o Capítulo 11, se necessário.)

---

* Exercícios marcados com um asterisco (*) são mais desafiadores.

12.43 Determine os estados de oxidação dos átomos de oxigênio no íon superóxido.

***12.44** Separe a seguinte reação não balanceada entre o superóxido de potássio e a água em duas semirreações e balanceie a reação. (*Dica:* determine o papel dos íons potássio nessa reação.)

$$KO_2(s) + H_2O(l) \longrightarrow KOH(s) + O_2(g)$$

12.45 O superóxido de potássio é particularmente útil em equipamentos de respiração autônomos porque responde ao metabolismo do usuário. Explique como ocorre essa resposta.

12.46 Há alguma evidência de que o lítio possa ser efetivo no tratamento do transtorno bipolar porque regula o balanço magnésio-cálcio no corpo. Isso parece fazer sentido do ponto de vista de um químico inorgânico? Por quê?

12.47 O sódio metálico é preparado pela eletrólise do cloreto de sódio, produzindo o metal e o gás cloro. Usando os potenciais de redução da Tabela 12.2, calcule o $E°$ e $\Delta G°$ para essa reação.

12.48 O sódio pode ser usado para reduzir óxidos de (*a*) cromo(III) e (*b*) alumínio(III) aos metais livres. Escreva equações balanceadas para esses processos.

12.49 O sódio pode ser usado para reduzir cloretos de (*a*) titânio(IV) e (*b*) zircônio(IV) aos metais livres. Escreva equações balanceadas para esses processos.

12.50 Baterias de lítio/dióxido de enxofre oferecem uma alta densidade de energia, prazo de validade extremamente longo, uma grande faixa de temperatura de operação e excelente durabilidade. A reação global é dada na seguinte equação:

$$2Li(s) + 2SO_2(l) \longrightarrow Li_2S_2O_4(s)$$

Escreva as semirreações para essa reação e identifique o agente redutor e o agente oxidante. (*Dica:* O produto contém o íon ditionito, $S_2O_4^{2-}$.)

12.51 Explique, com suas próprias palavras, como o processo de datação potássio-argônio funciona.

12.52 (*a*) O césio-137 é um produto da fissão nuclear. Ele decai por emissão β^- com uma meia-vida de cerca de 30 anos. Escreva uma equação para esse processo.

(*b*) Estima-se que os produtos da fissão devam ser armazenados por cerca de 20 meias-vidas antes de sua radioatividade não ser mais perigosa. Por quanto tempo o césio-137 tem de ser armazenado?

12.53 A explosão de Chernobyl, em 1986, na Ucrânia é considerada o pior desastre em usina elétrica nuclear na história. Entre outros nuclídeos radioativos, césio-135 foi liberado durante esse evento. Ele tem uma meia-vida de $2{,}3 \times 10^6$ anos e decai por emissão β^-. Escreva uma equação nuclear para esse decaimento.

***12.54** Liste quatro propriedades significativas das soluções de metal–amônia dos metais alcalinos e, em uma resposta de uma ou duas sentenças no máximo, responda como cada propriedade é explicada pelo modelo físico ou pela teoria dessas soluções.

12.55 Esboce a estrutura do éter coroa 12-coroa-4. Especule sobre sua utilidade na formação do eletreto de césio, da mesma maneira que o 18-coroa-6.

---

* Exercícios marcados com um asterisco (*) são mais desafiadores.

12.56 Dê o nome do seguinte composto. (*Dica:* Seja cuidadoso, trata-se de uma "pegadinha"!)

```
       O—P—O
      /     \
     E       R
    /         \
   O           O
   \           /
    C         I
     \       /
      O—N—O
```

12.57 Nem o [Cs(2,2,2-criptando)]$^+$ nem o [Li(2,2,2-criptando)]$^+$ existem. Especule por quê.

CAPÍTULO 13

Grupo 2A: Os metais alcalinoterrosos

Este capítulo continua nossa viagem pelos elementos representativos. Os metais alcalinoterrosos (berílio, magnésio, cálcio, estrôncio, bário e rádio) são similares aos metais alcalinos em relação ao fato de que seus compostos eram conhecidos pelos povos antigos, porém a maioria dos metais propriamente ditos não foi isolada até o século XIX. Em ambos os grupos, o congênere mais pesado é raro e radioativo. Novamente, começamos com a história de suas descobertas e depois avançamos para ver como nossa rede pode ser aplicada para prever e explicar as propriedades do grupo. A lei periódica, o princípio da singularidade, o efeito diagonal, o caráter ácido-base dos óxidos e, em uma menor extensão, os potenciais padrão de redução são as partes mais importantes da rede necessárias para organizar a química desse grupo. Uma seção sobre aplicações práticas desses elementos e seus compostos é seguida pelo tópico para aprofundamento, o uso comercial de compostos de cálcio.

13.1 DESCOBERTA E ISOLAMENTO DOS ELEMENTOS

A Figura 13.1 mostra informações sobre as descobertas dos metais alcalinoterrosos sobrepostas no gráfico do número de elementos conhecidos em função do tempo.

Os egípcios usaram *gesso*, que hoje conhecemos como um hidrato do sulfato de cálcio, como material estrutural nas pirâmides de Gizé, nos templos de Karnak e na tumba de Tutancâmon. Os romanos usaram calcário e mármore (ambos carbonato de cálcio) em suas construções magníficas. Sua argamassa era preparada a partir da areia e cal (óxido de cálcio obtido da queima ou calcinação do calcário). Quando não havia mármore disponível, como no caso do norte europeu, eles usaram blocos de arenito construídos com uma argamassa de cal obtida do giz (também carbonato de

FIGURA 13.1

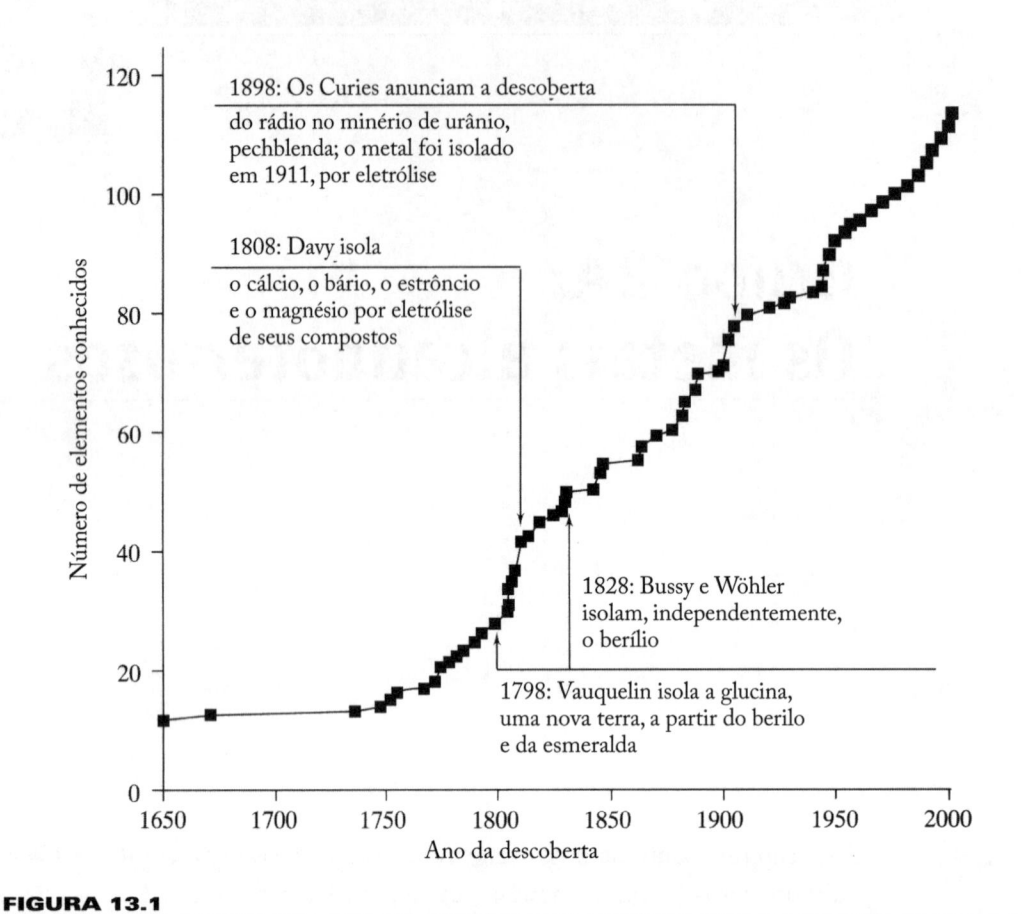

A descoberta dos metais alcalinoterrosos sobreposta no gráfico de número de elementos conhecidos em função do tempo.

cálcio) – que, após a mineração, deixava para trás enormes cavernas. Hoje, algumas dessas cavernas na província de Champanhe, na França, são usadas para armazenar milhões de garrafas do vinho branco espumante, que recebe seu nome devido à província.

A cal é uma *terra* que, para os místicos alquimistas da Idade Média (não confundir com os competentes químicos de meia-idade), era uma substância sólida que não derretia e não era convertida em outra substância pelo fogo. Os álcalis (do árabe *al-qili*, que significa "as cinzas de salsola", uma planta que cresce em regiões salinas) são conhecidos por ter um sabor amargo e a capacidade de neutralizar ácidos. Os álcalis que não se fundiam eram, então, de forma lógica, chamados de *terras alcalinas* e incluíam a barita (BaO), a berília (BeO), a cal (CaO), a magnésia (MgO) e a estronciana (SrO). A maioria dos químicos do século XVIII pensou que essas terras eram elementos, mas Lavoisier supôs (corretamente) que elas eram óxidos. Joseph Black, um químico escocês, verificou nos anos 1750 que o calcário, quando aquecido, produzia cal e também liberava "ar fixo" (ar que poderia ser fixado ou imobilizado em uma forma sólida), que conhecemos hoje como dióxido de carbono. Lembre-se de que Priestley usou esse ar para fazer água com gás. A relação entre o calcário, a cal e o dióxido de carbono é mostrada na Equação (13.1):

$$CaCO_3(s) \xrightarrow{calor} CaO(s) + CO_2(g)$$

calcário — cal — "ar fixo"

H$_2$O

13.1

Essa reação é reversível e mostra como a cal hidratada, quando exposta ao dióxido de carbono do ar, pode ser convertida no calcário, semelhante à rocha, servindo de argamassa.

Cálcio, bário e estrôncio

Quem você supõe ter sido uma das pessoas mais importantes no isolamento dos metais dessas terras alcalinas? Quem mais senão Sir Humphry Davy, revigorado após o seu isolamento bem-sucedido do sódio e do potássio. Ele verificou que era mais difícil isolar os metais 2A, mas, com a ajuda do trabalho feito por Berzelius e M. M. af Pontin, conseguiu, em 1808, eletrolisar a cal úmida na presença de óxido de mercúrio para fazer um amálgama – isto é, uma liga de mercúrio, que com dificuldade produz o cálcio metálico branco-prateado. Hoje, o cálcio é preparado pela eletrólise do $CaCl_2$ fundido na presença de CaF_2, adicionado para diminuir o ponto de fusão, como mostrado na Equação (13.2):

$$CaCl_2(l) \xrightarrow[CaF_2(l)]{\text{eletrólise}} Ca(l) + Cl_2(g) \qquad \textbf{13.2}$$

O nome *cálcio*, cunhado por Davy, vem do latim *calx*, que significa "cal".

A terra, ou óxido de bário, é de alta densidade e, portanto, foi chamada de *barita* (do grego *barýs*, que significa "pesado"). Ela foi distinguida da cal pela primeira vez em 1774, por Karl Scheele, enquanto ele estava esperando pela publicação de seu relato atrasado sobre a descoberta do oxigênio (veja o Capítulo 11, Seção 11.1). Davy também isolou o bário metálico por eletrólise da barita, em 1808. O metal é, na verdade, bastante leve, de modo que o nome *bário* é, de certa forma, impreciso, porém é um acidente histórico bem estabelecido. Reestabelecendo nossa fé nos registros históricos, estão o estrôncio e seu óxido, estronciana, que têm seus nomes devido à região de Strontian, Escócia, onde um mineral raro foi encontrado em uma mina de chumbo. Davy produziu o metal (em 1808, seu ano marcante) pela eletrólise do cloreto (obtido pela dissolução do mineral de Strontian com ácido clorídrico) misturado com cloreto de potássio.

Magnésio

No início dos anos 1600, uma água amarga que promovia a cura de feridas na pele foi encontrada em Epsom, Inglaterra, que logo se tornou o local de um popular *spa*. O *sal de Epsom*, obtido dessa água e de outras fontes, é principalmente $MgSO_4 \cdot 7H_2O$. Ao longo da história, ele frequentemente foi usado como um *purgante* – isto é, um laxante –, mas muito forte para os padrões de hoje. Adicionado a uma banheira quente, ele ainda provê uma solução de imersão popular para o alívio de dores corporais. O magnésio e seu óxido, magnésia, têm seus nomes devido à Magnesia, um distrito da Tessália, Grécia, lar do lendário Aquiles e de Jasão dos Argonautas, que procurou pelo velocino de ouro. A magnésia foi uma primeira fonte de minerais que continham o elemento. Davy (você consegue adivinhar em que ano?) isolou uma pequena quantidade do metal branco-acinzentado a partir da eletrólise de sua terra. Ele chamou o metal originalmente de "magnium", porque na língua inglesa os nomes *magnésio* e *manganês* podem ser confundidos (*magnesium* e *manganese*, respectivamente). Ele certamente estava correto, mas não parece que sua sugestão tenha sido a melhor.

Em 1831, Antoine-Alexandre-Brutus Bussy, um químico e farmacêutico francês, desenvolveu um método melhor de preparar magnésio pelo aquecimento do cloreto com potássio em condições isoladas, como mostrado na Equação (13.3):

$$MgCl_2(s) + 2K(s) \xrightarrow{\text{calor}} 2KCl(s) + Mg(s) \qquad \textbf{13.3}$$

O cloreto de magnésio está prontamente disponível em grandes quantidades na água do mar, e esse método ainda é usado hoje em dia. Um segundo método moderno é o processo ferro-silício, no qual misturas de carbonatos fundidos reagem com uma liga de ferro e silício, como mostrado na Equação (13.4):

$$\underset{\text{dolomita}}{2CaCO_3 \cdot MgCO_3} + FeSi \longrightarrow Fe + Ca_2SiO_4 + 2Mg(l) + 4CO_2(g) \qquad \mathbf{13.4}$$

Berílio

O mineral berílio era conhecido em tempos antigos. Ele se apresenta em uma variedade de cores, dependendo das impurezas presentes. A água-marinha azul-clara ou azul-esverdeada é berilo com traços de ferro, e o verde-escuro da esmeralda é verificado quando pequenas quantidades de cromo estão presentes. A similaridade entre esmeraldas e outras formas do berílio foi a motivação para o químico francês Louis Nicolas Vauquelin, em 1798, proceder a uma análise quantitativa cuidadosa que demonstrou a presença de uma nova terra. Devido ao gosto doce de seus sais, Vauquelin chamou sua terra de "glucina", do grego *glykys*, "doce". (Espere um pouco! Não siga os passos do imprudente Humphry Davy! Não corra para provar sais de berílio. Eles não são somente doces, mas também extremamente tóxicos, como discutiremos na Seção 13.3.) O metal foi isolado pela primeira vez, independentemente, por Friedrich Wöhler e Bussy, em 1828, pela redução do cloreto com potássio, como mostrado na Equação (13.5):

$$BeCl_2(s) + 2K(s) \longrightarrow Be(s) + 2KCl(s) \qquad \mathbf{13.5}$$

Wöhler preferiu o nome *berílio* a glucínio, porque sais de outros metais, como o ítrio, também têm sabor doce.

Rádio

A história do trabalho de Marie Sklodowska Curie para isolar o rádio a partir do minério de urânio pechblenda é uma das mais marcantes na história da química. Emigrando da Polônia para estudar na Sorbonne, em 1891, ela logo conheceu o professor Pierre Curie e casou com ele, em 1895. É significativo que Pierre rapidamente tenha reconhecido o talento extraordinário de Marie e tenha desistido de seu trabalho sobre a dependência da temperatura do magnetismo para se tornar assistente dela. A existência de raios oriundos de vários minérios de urânio havia sido recém-estabelecida por Antoine Henri Becquerel, em 1896, mas foi Marie Curie que cunhou o termo *radioatividade*, do latim *radius*, que significa "raio". (Lembre-se de que "becquerel" é a unidade para uma desintegração por segundo para qualquer substância radioativa.) Após o nascimento de sua primeira filha, em 1897, Marie começou a investigar a radioatividade de vários minérios de urânio. Ela verificou que alguns deles eram muito mais ativos do que deveriam ser com base apenas em seu conteúdo de urânio. Ela supôs que esses minérios deviam conter uma quantidade muito pequena de um ou mais elementos desconhecidos de radioatividade extraordinariamente intensa. Em 1898, os Curies foram capazes de anunciar a descoberta de dois elementos, que eles chamaram de *polônio*, em homenagem à terra natal de Marie, e *rádio* (de *radius*). Sete *toneladas* do minério de urânio chamado *pechblenda* são necessárias para produzir um único grama de rádio. A pechblenda era muito cara para ser comparada pelos Curies em quantidades suficientes, de modo que eles tiveram de trabalhar com os rejeitos após o processamento do minério no local da mina. Depois de pagar do próprio bolso para ter esse resíduo marrom entregue a partir das minas de St. Joachimsthal (que ficava na Tchecoslováquia, atual República Tcheca), eles o processaram em um barracão mal equipado, localizado em um beco em Paris. Trabalhando com quantidades próximas de 40 kg, eles arduamente reduziram o material aos insolúveis sulfatos e carbonatos de bário e de rádio até que, finalmente, em 1902, isolaram 0,120 g de cloreto de rádio quase puro.

FIGURA 13.2

Uma fotografia de 2,7 g de brometo de rádio, obtida a partir da própria luz em 15 de outubro de 1922. (Fonte: R. Wolke. Marie Curie's doctoral thesis: prelude to a Nobel Prize. *Chem. Educ.*, 65(7): 561 (1988).)

Em junho de 1903, Marie Curie se graduou doutora. Em dezembro, ela, Pierre e Becquerel dividiram o Prêmio Nobel de Física pelos seus estudos sobre a radioatividade. Em 1911, Marie recebeu o Prêmio Nobel de Química pelo isolamento do rádio e do polônio.

Naqueles dias, ninguém sabia exatamente quão perigosa a radiação era. O rádio é um emissor alfa extremamente poderoso, como representado na Equação (13.6):

$$^{226}_{88}Ra \xrightarrow{\alpha} {}^{4}_{2}He + {}^{222}_{86}Rn(g) \qquad \textbf{13.6}$$

Ele também emite partículas beta e raios gama; suas emissões são tão intensas que ionizam constantemente o ar ao seu redor, produzindo um brilho. (A Figura 13.2 mostra uma fotografia de alguns gramas de brometo de rádio obtida a partir da própria luz!) Os Curies escreveram sobre retornar ao seu laboratório-barracão à noite e ver suas várias frações brilhando no escuro! O rádio permanece perpetuamente ionizado, lançando poderosos raios através da matéria, e queima os tecidos humanos sem o sentimento de calor ao toque! Os Curies eram constantemente submetidos a essa radiação ionizante, e o caderno de notas de laboratório de Marie está atualmente indisponível para consulta direta, pois está contaminado pelos materiais com os quais ela e seu marido trabalharam diariamente. Mesmo reimpressões de sua tese, publicada na Grã-Bretanha, em 1903, devem ser verificadas quanto à radioatividade, pois podem ter sido usadas em laboratórios contaminados no mundo. Não surpreendentemente, Marie Curie teve uma saúde frágil em grande parte de sua vida adulta e morreu de leucemia, aos 66 anos.

O rádio se tornou um remédio milagroso no início dos anos 1900. Ele era usado para tratar problemas cardíacos, vários tipos de cânceres, tuberculose, reumatismo, pressão sanguínea elevada, asma, úlceras, impotência e até mesmo algumas doenças mentais. A terapia com rádio foi a precursora da moderna terapia com radiação. O rádio, em várias formas, foi também usado para uma variedade de aplicações mais triviais, incluindo linimento, pasta de dentes, cremes para a pele, tônicos capilares, enxaguatórios bucais, água engarrafada (conhecida como "brilho do sol líquido") e uma tinta para mostradores de relógios que brilhava no escuro. Essa tinta continha uma pequena quantidade de um sal de rádio e sulfeto de zinco, um fósforo que brilha no escuro quando atingido por uma partícula energizada; nesse caso, uma partícula alfa do decaimento do rádio. Infelizmente, as mulheres empregadas para pintar os ponteiros e os números dos relógios com pincéis finos (que elas inseriam em suas bocas para obter uma ponta bem fina) pagaram caro pela ignorância sobre os efeitos da radioatividade. Como mencionado no Capítulo 10, o trítio substituiu o rádio nessas tintas. Devido às aplicações encontradas para ele e a sua grande escassez, o rádio logo se tornou extremamente caro. No início dos anos 1920, a própria Marie Curie não podia comprá-lo. Ela fez duas visitas aos Estados Unidos, e as mulheres para quem ela lecionou lhe deram algumas centenas de milhares de dólares, de forma que a "moça do rádio" pôde comprar 2 g de rádio para poder continuar a pesquisa sobre o elemento que ela mesma havia descoberto!

13.2 PROPRIEDADES FUNDAMENTAIS E A REDE

A Figura 13.3 mostra os metais alcalinoterrosos sobrepostos na rede interconectada de ideias desenvolvida até aqui. (Uma oitava e última ideia será acrescentada no Capítulo 15.) A Tabela 13.1 mostra várias propriedades dos elementos do Grupo 2A.

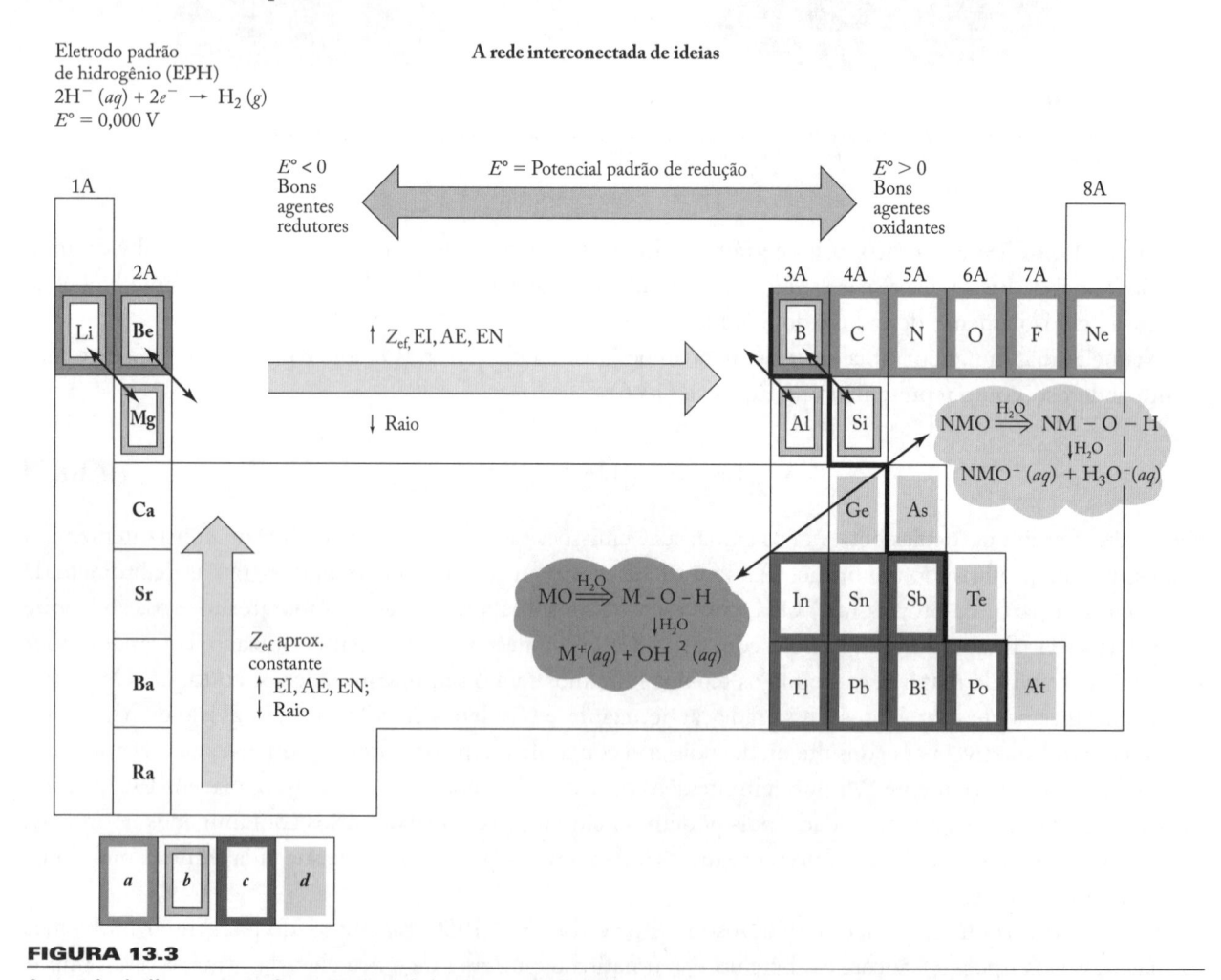

FIGURA 13.3

Os metais alcalinoterrosos sobrepostos na rede interconectada de ideias. Estas incluem tendências em propriedades periódicas, o caráter ácido-base dos óxidos de metais e de não metais, tendências em potenciais padrão de redução, (a) o princípio da singularidade, (b) o efeito diagonal, (c) o efeito do par inerte, (d) a linha metal-não metal.

TABELA 13.1
As propriedades fundamentais dos elementos do grupo 2A

	Berílio	Magnésio	Cálcio	Estrôncio	Bário	Rádio
Símbolo	Be	Mg	Ca	Sr	Ba	Ra
Número atômico	4	12	20	38	56	88
Isótopos naturais A/abundância %	9/100	24/78,99 25/10,00 26/11,01	40/96,95 42/0,646 43/0,135 44/2,08 46/0,186 48/0,18	84/0,56 86/9,86 87/7,02 88/82,56	130/0,101 132/0,097 134/2,42 135/6,59 136/7,81 137/11,32 138/71,66	226/100
Número total de isótopos	6	8	14	16	20	16
Massa atômica	9,012	24,31	40,08	87,62	137,3	(226)
Elétrons de valência	$2s^2$	$3s^2$	$4s^2$	$5s^2$	$6s^2$	$7s^2$
pf/pe, °C	1283/2970	650/1120	845/1420	770/1380	725/1640	700/1140
Densidade, g/cm^3	1,85	1,74	1,55	2,60	3,51	5
Raio atômico, Å	1,12	1,60	1,97	2,15	2,24	
Raio iônico, Shannon-Prewitt, Å (N.C.)	0,41(4)	0,71(4)	1,14(6)	1,32(6)	1,49(6)	
EN de Pauling	1,5	1,2	1,0	1,0	0,9	0,9
Densidade de carga (carga/raio iônico), unidade de carga/Å	4,9	2,8	1,7	1,5	1,3	
$E°$,[a] V	−1,85	−2,37	−2,87	−2,89	−2,90	−2,92
Estados de oxidação	+2	+2	+2	+2	+2	+2
Energia de ionização, kJ/mol	899	738	590	549	503	
Afinidade eletrônica estimada, kJ/mol[c]	0	0	0	0	0	
Descoberto por/data	Wöhler/Bussy 1828	Davy 1808	Davy 1808	Davy 1808	Davy 1808	Curie 1911
prc[b] O_2	BeO	MgO	CaO	SrO, SrO_2	BaO_2	RaO
Caráter ácido-base do óxido	Anfótero	Base fraca	Base	Base	Base	Base
prc N_2	Nenhum	Mg_3N_2	Ca_3N_2	Sr_3N_2	Ba_3N_2	Ra_3N_2
prc halogênios	BeX_2	MgX_2	CaX_2	SrX_2	BaX_2	RaX_2
prc hidrogênio	Nenhum	MgH_2	CaH_2	SrH_2	BaH_2	
Estrutura cristalina	hc	hc	cc	cc	ccc	

[a] $E°$ é o potencial padrão de redução, $M^{2+}(aq) \to M(s)$.
[b] prc = produto da reação com.
[c] Uma afinidade eletrônica zero indica que um ânion estável do elemento não existe em fase gasosa.

Pode ser instrutivo compararmos brevemente os metais alcalinoterrosos com os alcalinos. Note que ambos os grupos mostram muitas variações em propriedades periódicas que nós esperaríamos. [No entanto, também note que algumas propriedades dos metais alcalinoterrosos (ponto de fusão e ebulição, densidade) mostram algumas irregularidades que não são prontamente explicadas, mesmo pelo nosso vasto conhecimento interconectado!] Como esperado, o berílio, assim como o lítio em seu grupo, é o elemento singular. O magnésio – assim como o sódio – tem caráter intermediário, e os congêneres mais abaixo (de ambos os grupos) formam uma série de elementos bastante semelhantes.

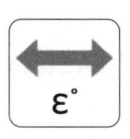

Os potenciais padrão de redução, particularmente aqueles dos congêneres mais pesados, são similares aos dos metais alcalinos mais pesados. Esses são todos bons agentes redutores. Os quase constantes valores de $E°$ para o cálcio, estrôncio, bário e rádio refletem um equilíbrio entre os valores de calor de atomização, energia de ionização e energia de hidratação. (Veja o Exercício 13.23.) Logicamente, dois elétrons devem ser ionizados a partir dos metais alcalinoterrosos, mas os cátions 2+ resultantes liberam mais energia quando interagem com a água. De qualquer maneira, o equilíbrio aproximado é mantido. Uma diferença entre os dois grupos é que o potencial padrão de redução do berílio não é a mais negativa de seu grupo como é a do lítio entre os metais alcalinos. Presume-se (lá vamos nós de novo) que isso seja porque a energia necessária para ionizar o berílio ao estado +2 não é totalmente compensada pela energia liberada quando o íon Be^{2+} é hidratado. (Veja o Exercício 13.24 para ter uma oportunidade de conduzir uma análise mais profunda.)

Assim como com os metais alcalinos, os potenciais padrão de redução dos metais alcalinoterrosos indicam que esses elementos reagirão prontamente com a água. Dado que os E^o se tornam mais negativos descendo no grupo, prevemos que sua reatividade deveria aumentar. Essa previsão termodinâmica é sustentada pela química atual. Os metais alcalinoterrosos são mais eletronegativos, menores e menos reativos do que os metais alcalinos, mas descendo no grupo eles realmente se tornam progressivamente mais reativos com a água. O berílio essencialmente não é afetado, mesmo pelo vapor, enquanto o magnésio reage lentamente com água à temperatura ambiente (mas não com água fria), produzindo hidróxido e gás hidrogênio. O cálcio reage prontamente e o bário, violentamente, mesmo com água fria.

Hidretos, óxidos, hidróxidos e haletos

Seguindo o conjunto precedente na discussão dos elementos do Grupo 1A, vamos analisar mais atentamente os hidretos, os óxidos, os hidróxidos e os haletos desse grupo.

Esperamos que o hidreto de berílio (baseado no princípio da singularidade) e, em alguma extensão, o hidreto de magnésio (baseado na sua similaridade diagonal com o lítio) sejam covalentes, enquanto os congêneres mais pesados deveriam ser iônicos. (As classificações dos hidretos são apresentadas na Figura 10.6.) Verifica-se que esse realmente é o caso. O hidreto de berílio não é produzido pela combinação direta do elemento com o hidrogênio. Ele é um hidreto covalente polimérico caracterizado por ligações de um tipo que ainda não tínhamos encontrado. Essas são chamadas *ligações deficientes em elétrons, de três centros e dois elétrons*. Elas são mais comuns na química do Grupo 3A, algo também consistente com o efeito diagonal, e serão tratadas em detalhes na Seção 14.5. O hidreto de magnésio é mais iônico, mas mantém um grau significativo de caráter covalente. Os hidretos de cálcio, estrôncio e bário são iônicos, como discutido no Capítulo 10. Eles são prontamente formados pela reação do metal com o gás hidrogênio e reagem com a água para liberar o hidrogênio de volta, como mostrado para o cálcio nas Equações (13.7) e (13.8):

$$Ca(s) + H_2(g) \longrightarrow CaH_2(s) \qquad \textbf{13.7}$$

$$CaH_2(s) + 2H_2O(l) \longrightarrow Ca(OH)_2(s) + H_2(g) \qquad \textbf{13.8}$$

Essas reações fazem que os hidretos iônicos sejam fontes portáteis de hidrogênio, úteis em balões meteorológicos e talvez, eventualmente, em uma economia do hidrogênio (veja Seção 10.6). Também baseado na Equação (13.8), o hidreto de cálcio, conforme mencionado no Capítulo 10, serve de reagente desidratante para solventes orgânicos.

Os óxidos, ou as *terras*, são, como vimos, difíceis de fundir. O óxido de berílio é um sólido de caráter covalente significativo, mais como o óxido de alumínio, e bastante diferente de seus congêneres. Ambos são anidridos anfóteros, em vez de básicos (veja a Seção 11.3 e a Figura 11.11). O magnésio reage vigorosamente com o oxigênio, formando o óxido, como mostrado na Equação (13.9):

$$2Mg(s) + O_2(g) \longrightarrow 2MgO(s) \qquad \textbf{13.9}$$

Essa reação do magnésio com o oxigênio produz uma chama brilhante e extremamente quente e é a base do uso do magnésio como incendiário em granadas, bombas e assemelhados. Tanto o MgO quanto o BeO encontram uso como *refratário*, um material difícil de fundir, reduzir ou trabalhar. O óxido de magnésio é usado para cobrir os elementos que se aquecem em aquecedores elétricos, pois ele se funde a altas temperaturas e conduz bem o calor. Os óxidos de cálcio, de estrôncio e de bário são anidridos iônicos e básicos, conforme esperado. O óxido de cálcio – cal – é usado para diminuir a acidez de solos e lagos afetados pela chuva ácida. Esse procedimento de adicionar cal para diminuir a acidez é às vezes chamado de *calagem*. A temperaturas elevadas, o bário reage com o oxigênio do ar para produzir o peróxido, em vez do óxido. O maior Ba^{2+} forma um retículo mais estável com o maior íon peróxido do que com o menor óxido. O peróxido de bário reage com a água para gerar peróxido de hidrogênio (veja o Capítulo 11) e, portanto, como o próprio H_2O_2, funciona como um poderoso agente oxidante e alvejante.

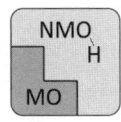

Exceto para o berílio, todos os outros óxidos são anidridos básicos. Como representado na Equação (13.10), o óxido de magnésio reage lentamente com a água para produzir o familiar antiácido brando chamado *leite de magnésia*, $Mg(OH)_2$:

$$MgO(s) + H_2O(l) \longrightarrow Mg(OH)_2(s) \qquad \textbf{13.10}$$

A cal, CaO, reage com a água, produzindo a "cal hidratada", "cal apagada" ou "cal extinta", $Ca(OH)_2$. Esses hidróxidos são boas bases, mas não são particularmente solúveis em água. O $Ba(OH)_2$ é praticamente uma base tão forte quanto um hidróxido de metal alcalino e é uma base útil e, de certa forma, solúvel.

Os haletos dos metais alcalinoterrosos são prontamente sintetizados pela reação direta (mas frequentemente violenta) dos elementos ou, de forma mais simples, tratando os óxidos (ou os hidróxidos) com o hidrácido de halogênio apropriado, HX, como mostrado na Equação (13.11) para o brometo de magnésio:

$$MgO(aq) + 2HBr(aq) \longrightarrow MgBr_2(aq) + H_2O(l) \qquad \textbf{13.11}$$

Todos esses haletos têm fórmula geral MX_2, um fato que novamente demonstra o grau com que o estado de oxidação +2 domina a química desses elementos. (Veja o Capítulo 8 para uma discussão termoquímica estendida sobre por que esses elementos não formam sais MX ou MX_3.)

A singularidade do berílio e a relação diagonal com o alumínio

Devido ao tamanho excepcionalmente pequeno e ao alto poder polarizante do berílio, esperamos que seus compostos sejam mais covalentes do que os de seus congêneres. Realmente, como acabamos de ver, o hidreto, o óxido e o hidróxido de berílio têm caráter predominantemente covalente. Na verdade, a ideia de um íon Be^{2+} separado é realmente uma formalidade, havendo pouca evidência de que tal espécie já tenha existido.

A estrutura dos haletos de berílio, BeX_2, é mostrada na Figura 13.4 usando (*a*) uma estrutura de Lewis, (*b*) um diagrama da geometria linear em fase gasosa, como determinada pela teoria VSEPR, e (*c*) uma descrição pela teoria da ligação de valência. Esses compostos são caracteristicamente deficientes de elétrons, estando muito aquém do octeto na estrutura de Lewis. Os haletos de berílio são frequentemente usados em cursos introdutórios para ilustrar híbridos *sp* pela primeira vez (que explicam a geometria linear e a equivalência das duas ligações Be-X na forma gasosa desses compostos).

Não surpreendentemente, compostos BeX_2 são excelentes ácidos de Lewis ou receptores de pares de elétrons. Por exemplo, o BeF_2 reagirá com dois íons fluoreto adicionais para produzir o BeF_4^{2-}, como mostrado na Equação (13.12):

$$BeX_2 + 2X^- \longrightarrow BeX_4^{2-} \qquad (X = F, Cl, Br) \qquad \textbf{13.12}$$

Dessa forma, um octeto ao redor do átomo de berílio é atingido. Nesses ânions, o átomo de berílio está hibridizado sp^3. Uma segunda maneira de atingir o octeto em torno de átomos de berílio é pela formação de

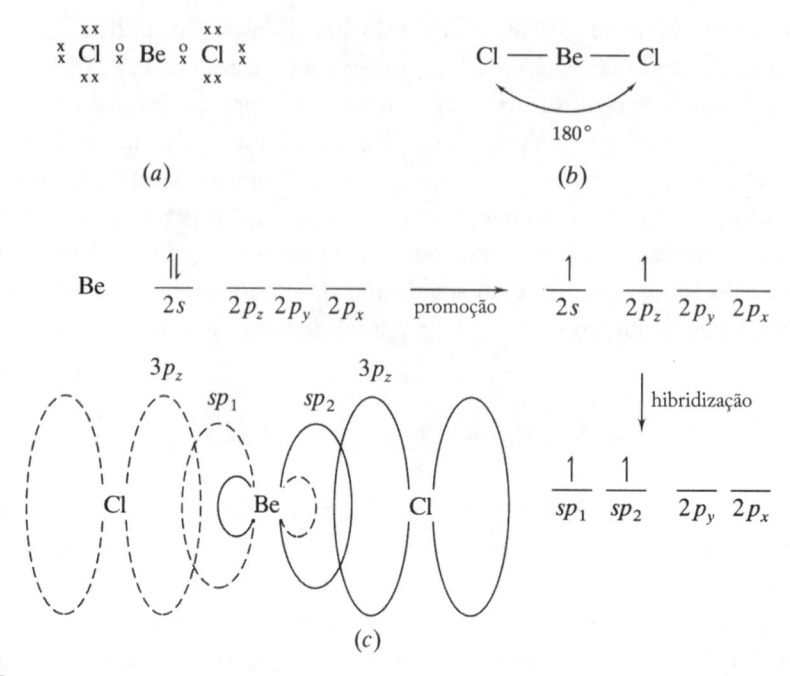

FIGURA 13.4

As ligações no cloreto de berílio em fase gasosa mostradas como (*a*) uma estrutura de Lewis, (*b*) um diagrama VSEPR da geometria molecular e (*c*) uma descrição pela teoria da ligação de valência (TLV). Na TLV, o estado fundamental é mostrado primeiro e depois um elétron é promovido para qualquer um dos três orbitais 2*p*. Os orbitais 2*s* e 2*p_z* são combinados para formar dois orbitais híbridos *sp* equivalentes. A sobreposição entre esses orbitais *sp* e os orbitais 3*p_z* dos átomos de cloro gera duas ligações Be–Cl equivalentes.

polímeros de cadeia infinita do tipo mostrado na Figura 13.5a. Note que cada átomo de berílio está envolvido por quatro cloretos, aproximando-se de um tetraedro. Outro composto de berílio que não tem análogo entre os congêneres mais pesados é o básico acetato de berílio, mostrado na Figura 13.6. Aqui, o átomo de oxigênio no centro está covalentemente ligado a quatro átomos de berílio em um arranjo tetraédrico. Cada par de átomos de berílio é unido por um íon acetato em ponte. Um composto de nitrato similar também existe. Esses compostos predominantemente covalentes são solúveis em solventes não polares, como os alcanos, e insolúveis em solventes polares, como a água ou mesmo o metanol ou o etanol.

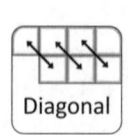

Lembre-se de que na Seção 9.3 usamos berílio e alumínio para introduzir o efeito diagonal. Não precisamos repetir aquela explicação aqui. Basta dizer que esses dois elementos têm muito em comum, incluindo (1) o berílio é mais facilmente separado de seus congêneres do que do alumínio, (2) ambos os óxidos são anfóteros, em vez de básicos, (3) o cloreto de alumínio forma

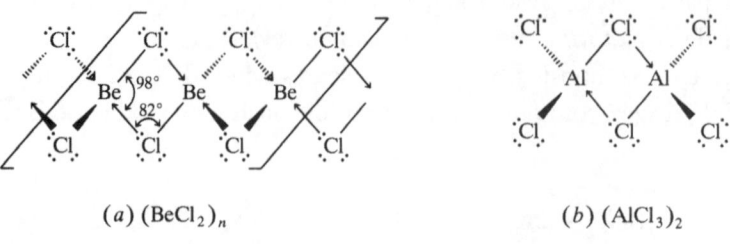

FIGURA 13.5

Cloreto em ponte no (BeCl$_2$)$_n$ e no Al$_2$Cl$_6$. (*a*) O cloreto em ponte entre moléculas de cloreto de berílio permite um octeto de elétrons em torno de cada metal e produz um polímero linear de cadeia infinita, (BeCl$_2$)$_n$. (*b*) Uma ponte similar no cloreto de alumínio produz um dímero, (AlCl$_3$)$_2$ ou Al$_2$Cl$_6$.

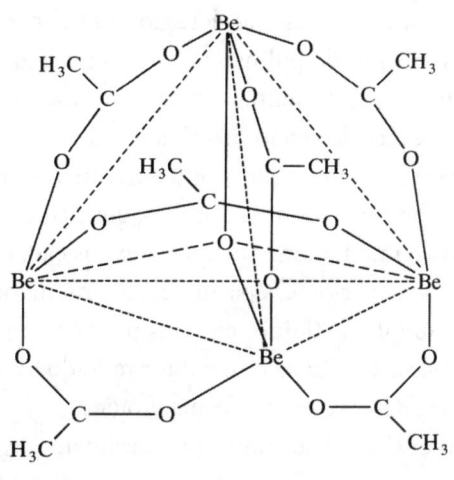

FIGURA 13.6

O acetato de berílio básico, OBe$_4$(CH$_3$COO)$_6$, tem um oxigênio central covalentemente ligado a quatro átomos de berílio na forma de um tetraedro. Os seis íons acetato se estendem pelas arestas do tetraedro.

um dímero estruturalmente relacionado aos polímeros de haletos de berílio, como mostrado na Figura 13.5b e (4) a resistência de ambos os metais a serem atacados por ácidos devido à presença de um filme forte de óxido. Para que não haja complacência sobre a habilidade da nossa rede de explicar todas essas coisas, deve ser notado que o berílio mostra quase tantas similaridades com o zinco quanto com o alumínio.

13.3 REAÇÕES E COMPOSTOS DE IMPORTÂNCIA PRÁTICA

Assim como o sódio e o potássio, compostos de magnésio e de cálcio são abundantes na natureza e essenciais para a vida como a conhecemos. Os íons hidratados, $[M(H_2O)_6]^{n+}$, nos quais $n = 1$ ou 2, podem passar por várias barreiras no corpo e, dessa forma, produzir uma corrente elétrica do tipo necessário para a neurotransmissão. O magnésio é a parte central da molécula de clorofila, responsável pela fotossíntese. O cálcio é o componente catiônico dos ossos e dentes e é importante na atividade cardíaca, na contração muscular e na transmissão de impulsos nervosos.

Doença do berílio

O berílio, por outro lado, é tóxico. A doença do berílio, originalmente chamada de *beriliose*, foi notada pela primeira vez nos anos 1930, em fábricas alemãs e russas configuradas para extrair o metal de minérios de berílio, como o berilo. Conforme o uso desse metal aumentou, também aumentou a incidência da doença. Ela ocorre tanto na forma aguda quanto na crônica.

A doença crônica do berílio (DCB) tem sido encontrada na extração do metal, na produção de ligas, nas indústrias de lâmpadas fluorescentes e placas de neon (antes de terem substituído o material fosforescente de berílio por vários outros compostos) e, mais recentemente, em armas nucleares, usinas nucleares e no desenvolvimento de novos aviões e naves espaciais. Estudos mostraram que a exposição a, até mesmo as muito pequenas, quantidades de partículas de berílio pode causar sensibilidade alérgica em 2-5% das pessoas expostas. A DCB é vista em indivíduos que foram sensibilizados ao berílio e tipicamente se desenvolve entre 10 e 15 anos após a exposição. Principalmente em uma doença nos pulmões, os sintomas incluem fadiga, falta de apetite e perda de peso, assim como desconforto respiratório (por exemplo, tosse persistente, falta de ar ao fazer exercícios físicos, dores no peito e nas articulações e aceleração dos batimentos cardíacos) muito semelhante à doença dos mineiros de carvão e sua "doença do pulmão preto". Nos estágios mais avançados, ela causa incapacidade e morte. Não surpreendentemente, os pacientes também mostram um equilíbrio de cálcio bastante perturbado, resultando na formação de pedras de cálcio nos rins e vários outros corpos calcificados nos pulmões. De maneira perversa, sabe-se que essa forma também afeta enfermeiras, trabalhadores de escritórios e outras pessoas em fábricas que operam com berílio e até suas famílias, que não estão em contato direto com o metal.

A forma aguda, que se desenvolve imediatamente após a exposição, frequentemente aparece como uma inflamação severa do trato respiratório superior. Os pacientes têm muita dificuldade de respirar, desenvolvem uma tosse incapacitante e têm um acúmulo de fluidos em seus pulmões. Se o berílio se alojar em alguma fenda da pele, desenvolve-se uma úlcera que só se cura se o metal for retirado. A maioria dos pacientes afetados com a forma aguda se recupera, mas alguns desenvolvem a forma crônica.

Ambas as formas da doença do berílio estão muito provavelmente ligadas à capacidade do berílio de se ligar covalentemente aos átomos de nitrogênio e oxigênio em proteínas. O berílio substitui o magnésio em enzimas ativadas pelo magnésio e, portanto, interfere nas funções normais desses compostos no corpo. O caráter covalente da ligação Be−X (X = O, N) é maior do que nas ligações Mg−X devido à maior densidade de carga do Be^{2+}, que faz que ele tenha um maior poder polarizante. Como sabemos do nosso estudo do princípio da singularidade na Seção 9.2, as distorções dos orbitais resultantes fazem que a sobreposição entre o berílio e o oxigênio ou o nitrogênio seja mais provável.

Usos radioquímicos

O rádio não é o único elemento a ter a radioquímica relacionada a implicações práticas. O berílio é um excelente moderador e, portanto, tem uma longa história de uso em armas e usinas nucleares. Misturado com uma fonte de partículas alfa, comumente o rádio, o berílio também é uma boa fonte de nêutrons em laboratório, como mostrado na Equação (13.13):

$$^{9}_{4}Be + {}^{4}_{2}He \longrightarrow {}^{1}_{0}n + {}^{12}_{6}C \qquad \mathbf{13.13}$$

Foi a interpretação bem-sucedida dessa reação que levou James Chadwick a descobrir o nêutron em 1932. Os nêutrons produzidos dessa forma também foram usados nos primeiros experimentos de Enrico Fermi sobre fissão do urânio.

O estrôncio-90 é um produto da fissão problemático devido (1) à sua meia-vida longa (28,1 anos), (2) à emissão de partículas beta [como mostrado na Equação (13.14)]

$$^{90}_{38}Sr \xrightarrow{\beta^-} {}^{0}_{-1}e + {}^{90}_{39}Y \qquad \mathbf{13.14}$$

que penetram nos tecidos melhor do que partículas alfa e (3) a similaridade química com o cálcio. Durante os testes atmosféricos de armas nucleares nos anos 1950, havia uma grande preocupação se esse isótopo iria contaminar o suprimento de leite e, assim, colocar em perigo a saúde das crianças cuja estrutura óssea estava em rápido desenvolvimento. (O estrôncio pode substituir o cálcio no tecido ósseo.) Mais recentemente, essa mesma preocupação foi renovada pelo fato de a nuvem de detritos originária do desastre da usina nuclear de Chernobyl, na Ucrânia, conter estrôncio-90. O problema mais sério no longo prazo é o descarte seguro dos produtos de fissão de vida longa (estrôncio-90 e césio-137) obtidos do uso dos elementos combustível urânio e plutônio. Estes devem ser armazenados por cerca de seis séculos (20 meias-vidas) antes de deixarem de ser considerados uma ameaça ao meio ambiente! Atualmente, nos Estados Unidos, a busca por um local adequado para construir um repositório geológico, para o combustível nuclear usado e os rejeitos altamente radioativos produzidos pelo país, está parada. Entre 1987 e 2009, o local mais promissor era o Yucca Mountain Repository, em Nevada. Sua localização remota, o clima seco e os lençóis freáticos extremamente profundos faziam dele um forte candidato para tal instalação. Após grandes protestos de ambientalistas e residentes locais, o Departamento de Energia dos Estados Unidos retirou seu apoio à instalação em 2010.

Usos metalúrgicos

Os metais do Grupo 2A, em particular o magnésio e também o cálcio, são usados como agentes redutores para isolar outros metais a partir de seus haletos e óxidos. Duas reações representativas são dadas nas Equações (13.15) e (13.16):

$$2Mg(l) + TiCl_4(g) \xrightarrow{\Delta} Ti(s) + 2MgCl_2(l) \qquad \textbf{13.15}$$

$$5Ca(l) + V_2O_5(s) \xrightarrow{\Delta} 2V(l) + 5CaO(s) \qquad \textbf{13.16}$$

O magnésio também é usado para isolar alumínio, urânio, zircônio, berílio e háfnio, entre outros.

Além de serem fortes e de baixa densidade, ligas de berílio não absorvem nêutrons e, portanto, são úteis em reatores nucleares. O próprio berílio é cerca de seis vezes mais forte do que o aço, de modo que não é surpreendente que ele seja adicionado a outros metais para uma grande variedade de aplicações. Estas incluem molduras de para-brisas e outras estruturas em aeronaves de alta velocidade e veículos espaciais, espelhos de satélites, o Telescópio Espacial Hubble, sistemas de navegação inercial e giroscópios. A adição de 2% de berílio ao cobre aumenta em seis vezes sua força. Essas ligas são usadas em interruptores elétricos, maquinaria, ferramentas leves e que não emitem faíscas para a indústria de óleo e partes móveis críticas de motores de aeronaves, obturadores de câmeras e assim por diante. Ligas de berílio-níquel são usadas em *air bags* automotivos. Uma liga de berílio-alumínio é usada em aviões de caça, helicópteros e sistemas de mísseis. É essa rápida expansão do uso do berílio em ligas que faz que aumente a importância da conscientização sobre a doença do berílio.

Ligas de magnésio, também leves e fortes, têm seu uso aumentado em aeronaves, cascos de navios, malas de viagem, instrumentos ópticos e fotográficos, cortadores de grama, ferramentas portáteis, revestimentos para motores automotivos e assim por diante. Fãs do Fusca Volkswagen original podem se interessar em saber que 20 kg de liga de magnésio foram usados em seu motor.

Fogos de artifício e raios X

Os metais do Grupo 2A têm um importante papel nos fogos de artifício e aplicações relacionadas. Fogos de artifício são constituídos de um oxidante, um combustível, e vários tipos de agentes aglutinantes. Sais de potássio, bário e estrôncio, como os nitratos, cloratos, percloratos e peróxidos, são agentes oxidantes comuns. (Já discutimos os peróxidos; em capítulos futuros, investigaremos as propriedades oxidantes dos nitratos, cloratos e percloratos.) Combustíveis incluem enxofre, carvão, boro, magnésio e alumínio. As substâncias que dão origem às cores são usualmente sais de estrôncio (escarlate), cálcio (vermelho-tijolo), lítio (vermelho-escuro), bário (verde), cobre (verde-azulado), sódio (amarelo) e magnésio elementar (branco). Grânulos de ferro e alumínio resultam em faíscas douradas e brancas, enquanto corantes orgânicos são responsáveis pelas fumaças coloridas. Titânio em pó resulta em um som estrondoso. Aplicações relacionadas incluem chamas coloridas e balas traçadoras usando estrôncio e, em anos passados, *flash* fotográfico usando magnésio. Davy continuaria a ter a glória em relação aos elementos que ele ajudou a isolar!

A tecnologia de raios X é ajudada pela química dos metais do Grupo 2A. O berílio absorve raios X apenas em uma extensão muito pequena e serve de janela para tubos de raios X. O sulfato de bário, entretanto, é opaco aos raios X. Na forma de uma suspensão finamente dividida do sulfato, o "bário metálico" é dado ao paciente para que se obtenham fotografias de boa qualidade do trato digestório. Nem todos os sais de bário são não tóxicos como o sulfato insolúvel. O cloreto solúvel causa fibrilação ventricular, uma perigosa falha do músculo cardíaco.

Água dura

A *água dura* contém íons cálcio e/ou magnésio. A água mole não os contém. Em particular, os íons cálcio chegam até o suprimento de água pela dissolução do carbonato de cálcio na presença do dióxido de carbono. O dióxido de carbono está presente na camada superficial do solo devido à atividade bacteriológica. Como a água da chuva filtra a superfície do solo, dissolve e carrega o CO_2 até encontrar um depósito de $CaCO_3$. O $CaCO_3$ se dissolve nesse ambiente principalmente devido à formação do bicarbonato, como mostrado na Equação (13.17):

$$CaCO_3(s) + CO_2(aq) + H_2O(l) \longrightarrow Ca^{2+}(aq) + 2HCO_3^-(aq) \qquad \textbf{13.17}$$

Se houver um depósito concentrado do carbonato, ele vai se dissolver e formar uma caverna de calcário ou, se ela colapsar, um buraco como os que há anos têm causado muitos problemas na Flórida, nos Estados Unidos.

A água dura causa grandes problemas em nossa sociedade por duas razões. A primeira é que, quando ela é aquecida, o carbonato de cálcio pode precipitar na chaleira, aquecedor de água, tubo de água quente ou caldeira. A reação é representada na Equação (13.18):

$$\underbrace{HCO_3^-(aq)}_{\text{Ácido}} + \underbrace{HCO_3^-(aq)}_{\text{Base}} \xrightarrow{\text{calor}} H_2CO_3(aq) + CO_3^{2-}(aq) \qquad \textbf{13.18a}$$

$$\downarrow$$

$$H_2O(l) + CO_2(g)$$

$$Ca^{2+}(aq) + CO_3^{2-}(aq) \longrightarrow CaCO_3^-(s) \qquad \textbf{13.18b}$$

Note que o íon bicarbonato aquoso, quando aquecido, reage tanto como um ácido quanto como uma base, produzindo o íon carbonato e o *ácido carbônico*, que é mais apropriadamente representado como dióxido de carbono dissolvido em água. (Você já notou as pequenas bolhas que se formam quando a água dura é aquecida, mas antes de ferver. Elas são compostas em parte pelos usuais gases nitrogênio e oxigênio, que saem da solução quando a água é aquecida, mas também pelo gás dióxido de carbono obtido no processo anterior.) Os íons carbonato resultantes se combinam com os íons cálcio para precipitar o carbonato na forma de incrustações e depósitos do tipo mostrado na Figura 13.7. O carbonato de magnésio é formado por um processo similar. Note que os íons cálcio e magnésio que podem ser precipitados pelo processo de aquecimento [Equação (13.18)] contribuem para o que é conhecido como *dureza temporária*, enquanto aqueles que ficam para trás após o aquecimento contribuem para a *dureza permanente*.

A segunda dificuldade causada pelos íons cálcio e magnésio da água dura é que eles reagem com o sabão, produzindo um precipitado grudento e branco que adere à pele, aos cabelos, a banheiras e roupas, assim como entope os pequenos buracos para drenagem em máquinas de lavar. A formação desse precipitado pode ser eliminada de duas formas. Uma é instalar um trocador de íons para eliminar esses cátions antes que eles cheguem

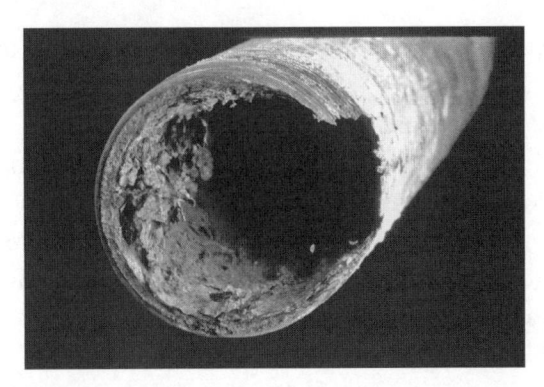

FIGURA 13.7
Um cano de água quente severamente estreitado por um depósito composto, predominantemente, de $CaCO_3$. (De Moore, Stanitski e Jurs, *Chemistry: the molecular science*, 3. ed., p. 170. Copyright © 2008 Brooks/Cole, uma parte da Cengage Learning, Inc.)

às pessoas ou às lavadoras. A segunda forma é usar um detergente que contenha uma molécula de *surfactante* similar ao sabão, assim como um *coadjuvante* para prevenir os íons da água dura de interferir. No passado, os coadjuvantes mais comuns eram agentes quelantes, como os tripolifosfatos, que foram discutidos no Capítulo 6. Esses fosfatos, no entanto, foram acusados de causar crescimento de algas e, em geral, o envelhecimento de corpos-d'água. Nos anos 1970, os fosfatos em detergentes foram substituídos pelo *carbonato de sódio suspenso*, que simplesmente precipita os íons cálcio e magnésio como $CaCO_3$ e $MgCO_3$ granulares e cristalinos, que não aderem às pessoas, roupas ou máquinas de lavar. Zeólitas e aluminossilicatos (veja a Seção 15.5) também têm sido usados recentemente como coadjuvantes, frequentemente combinados com o carbonato de sódio.

Cálcio nas estruturas dos ossos e dentes

Uma variação do fosfato de cálcio é o principal componente de ossos e dentes em todos os vertebrados, incluindo os humanos. Esses fosfatos de cálcio são usualmente referidos coletivamente como "apatitas biológicas", que são compostos não estequiométricos baseados nas apatitas puras, $Ca_5(PO_4)_3X$, em que X pode ser flúor (F), cloro (Cl) ou hidroxila (OH). (Esses são chamados de *fluor-*, *cloro-* e *hidroxiapatita*, respectivamente.) Nas apatitas biológicas, os cátions cálcio podem ser substituídos por quantidades variáveis de íons de estrôncio, magnésio, sódio e potássio, e os ânions fosfato podem ser substituídos por hidrogenofosfatos e hidrogenocarbonatos.

Os ossos humanos contêm 60-70% (em massa) de fosfato de cálcio. Eles fornecem sustentação mecânica, mas também armazenam os íons cálcio e fosfato que são usados no corpo para várias funções. Ossos não são estruturas permanentes, mas existem em um estado de equilíbrio dinâmico com os tecidos em volta. A apatita biológica é continuamente dissolvida e recristalizada no corpo. Esse estado de equilíbrio faz que seja possível manter as concentrações necessárias de íons cálcio e fosfato nos fluidos corporais, como sangue e saliva.

Os dentes humanos também são compostos principalmente de apatita biológica. As duas camadas mais externas de um dente humano consistem de um esmalte por fora e a dentina por baixo. A dentina e os ossos são muito similares em composição e propriedades mecânicas, mas o esmalte é praticamente hidroxiapatita pura, $Ca_5(PO_4)_3OH$. O esmalte dentário é a parte mais dura do corpo humano. Além disso, a dureza do esmalte dentário é aumentada pela presença de íons fluoreto no lugar dos hidróxidos. (Assim, vemos a importância dos tratamentos com fluoreto e das pastas de dente. Veja o Capítulo 18 para mais informações sobre esse tópico ainda controverso.)

O equilíbrio dinâmico envolvendo a dissolução e a recristalização da apatita biológica é alterado por várias condições. Por exemplo, a osteoporose (a perda de densidade óssea com o tempo) é uma desmineralização (ou seja, um deslocamento do equilíbrio para o sentido da dissolução *in vivo*) do osso, enquanto a ocorrência de cáries dentárias é a substituição das menos solúveis e mais duras apatitas pelos mais solúveis e moles hidrogenofosfatos de cálcio que reagem com ácidos produzidos na boca. A arteriosclerose ("endurecimento das artérias") e o tártaro dentário (a placa que seu dentista remove de seus dentes a cada seis meses) são resultantes do deslocamento do equilíbrio dinâmico no sentido da recristalização. Na arteriosclerose, o bloqueio do vaso sanguíneo é causado pela formação de uma placa contendo, entre outras coisas, colesterol e fosfato de cálcio.

Com essas informações, fica clara a necessidade de manter concentrações apropriadas de cálcio no corpo. O equilíbrio dinâmico da dissolução/recristalização dos ossos muda com a idade. A formação dos ossos excede a reabsorção em crianças em crescimento, enquanto em adultos jovens ou maduros os dois processos são relativamente iguais. Em adultos mais velhos, especialmente mulheres pós-menopausa, a dissolução dos ossos excede a recristalização, resultando em perda nos ossos. O cálcio em fluidos intercelulares tem um papel vital em muitas funções corporais, incluindo as do coração, sangue, nervos e músculos. Ingestão apropriada de cálcio, portanto, é importante em todas as idades. Ingerir alimentos ricos em cálcio, assim como suplementos de cálcio conforme necessário, tem um importante papel na manutenção de níveis apropriados desse elemento essencial.

13.4 TÓPICO SELECIONADO PARA APROFUNDAMENTO: OS USOS COMERCIAIS DOS COMPOSTOS DE CÁLCIO

CaCO₃ (calcário)

Assim como o carbonato de cálcio foi um dos pilares da economia romana, ele ainda o é hoje em dia. O calcário e o mármore continuam populares para materiais de construção, embora sejam degradados pela chuva ácida ao mais solúvel gesso, como representado na Equação (13.19):

$$\underset{\text{calcário e mármore}}{CaCO_3(s)} + \underset{\text{chuva ácida}}{H_2SO_4(aq)} + H_2O \longrightarrow \underset{\text{gesso}}{CaSO_4 \cdot 2H_2O(s)} + CO_2(g) \qquad \textbf{13.19}$$

Os danos resultantes em construções e estátuas são às vezes chamados de "lepra da pedra".

Também veremos que compostos de cálcio ainda estão presentes em formulações de argamassa. As figuras 13.8 e 13.9 resumem muitos dos aspectos comerciais da química do cálcio. A Figura 13.8 mostra os usos do calcário, $CaCO_3$. Alguns desses usos foram mencionados em outros pontos, mas o processo Solvay, os depuradores de chaminés e o cimento Portland precisam de mais explicações.

O processo Solvay [Equação (13.20) na Figura 13.8] para a produção de carbonato de sódio se inicia (*a*) com calcário ou giz ($CaCO_3$), que é aquecido para produzir cal viva (CaO), e dióxido de carbono. (*b*) O dióxido de carbono é combinado com a amônia aquosa para produzir os íons amônio e bicarbonato. Embora o bicarbonato de sódio seja bastante solúvel, a manutenção de um excesso de íons sódio (do NaCl) mantém o equilíbrio de (*c*) deslocado para a direita para precipitar o sal. (*d*) Aquecendo o bicarbonato de sódio, ocorre a produção do produto principal desejado, o carbonato de sódio, e novamente o dióxido de carbono, que é reciclado. O produto cal viva de (*a*) é combinado com o íon amônio de (*b*) para produzir mais amônia, que é reciclada para (*b*). Em (*f*), os íons cloreto (do sal) e os íons cálcio produzem o subproduto cloreto de cálcio.

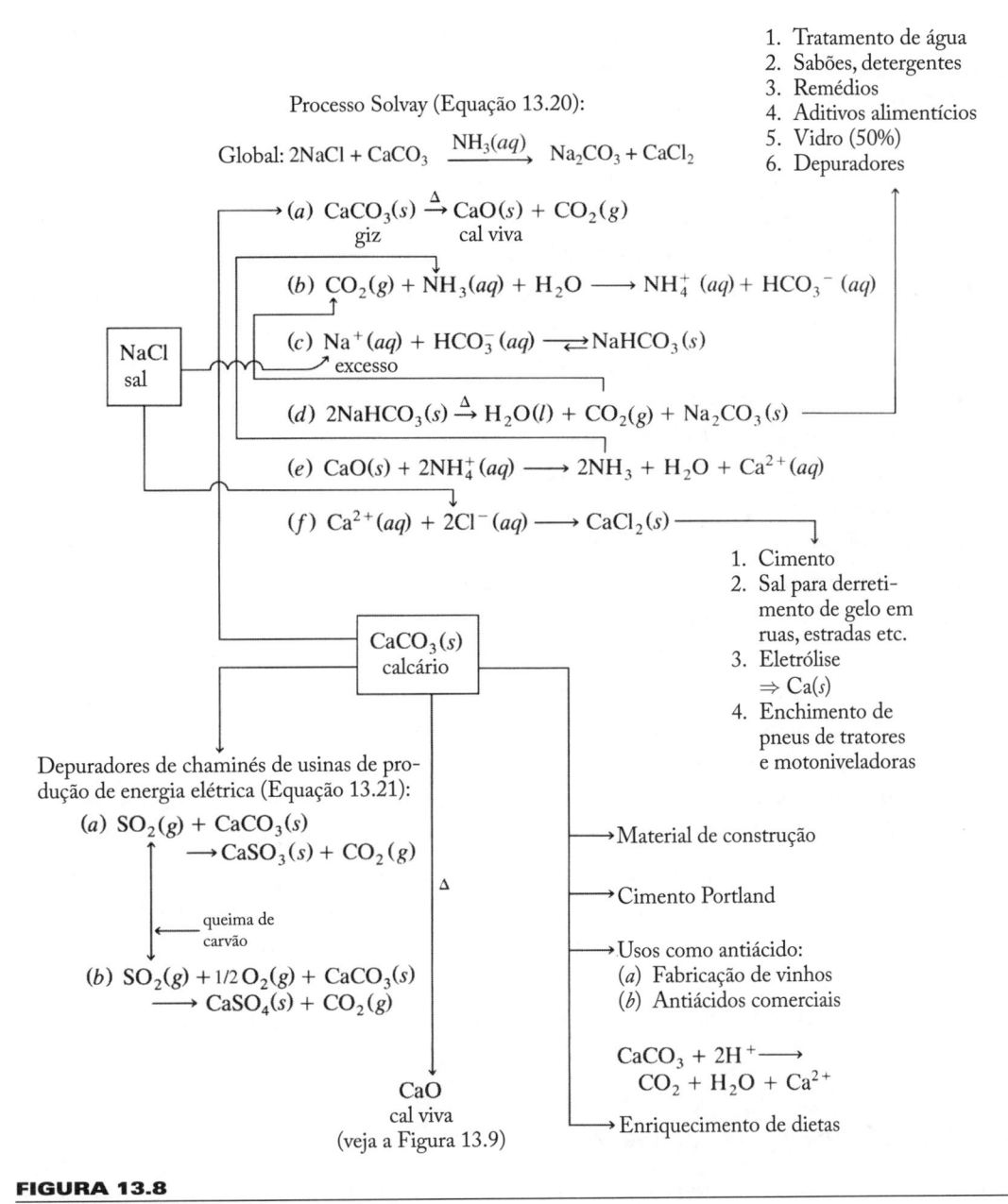

FIGURA 13.8
Alguns usos comerciais do calcário, $CaCO_3$.

Processo Solvay (Equação 13.20):

Global: $2NaCl + CaCO_3 \xrightarrow{NH_3(aq)} Na_2CO_3 + CaCl_2$

(a) $CaCO_3(s) \xrightarrow{\Delta} CaO(s) + CO_2(g)$
    giz — cal viva

(b) $CO_2(g) + NH_3(aq) + H_2O \longrightarrow NH_4^+(aq) + HCO_3^-(aq)$

(c) $Na^+(aq) + HCO_3^-(aq) \rightleftharpoons NaHCO_3(s)$
    excesso

(d) $2NaHCO_3(s) \xrightarrow{\Delta} H_2O(l) + CO_2(g) + Na_2CO_3(s)$

(e) $CaO(s) + 2NH_4^+(aq) \longrightarrow 2NH_3 + H_2O + Ca^{2+}(aq)$

(f) $Ca^{2+}(aq) + 2Cl^-(aq) \longrightarrow CaCl_2(s)$

NaCl sal

$CaCO_3(s)$ calcário

CaO cal viva (veja a Figura 13.9)

Usos de Na_2CO_3:
1. Tratamento de água
2. Sabões, detergentes
3. Remédios
4. Aditivos alimentícios
5. Vidro (50%)
6. Depuradores

Usos de $CaCl_2$:
1. Cimento
2. Sal para derretimento de gelo em ruas, estradas etc.
3. Eletrólise $\Rightarrow Ca(s)$
4. Enchimento de pneus de tratores e motoniveladoras

Depuradores de chaminés de usinas de produção de energia elétrica (Equação 13.21):

(a) $SO_2(g) + CaCO_3(s) \longrightarrow CaSO_3(s) + CO_2(g)$

queima de carvão

(b) $SO_2(g) + 1/2\,O_2(g) + CaCO_3(s) \longrightarrow CaSO_4(s) + CO_2(g)$

Usos do $CaCO_3$:
→ Material de construção
→ Cimento Portland
→ Usos como antiácido:
  (a) Fabricação de vinhos
  (b) Antiácidos comerciais
  $CaCO_3 + 2H^+ \longrightarrow CO_2 + H_2O + Ca^{2+}$
→ Enriquecimento de dietas

O resultado líquido é que NaCl e $CaCO_3$ são combinados para produzir $CaCl_2$ e Na_2CO_3. Cerca de metade do carbonato de sódio é usada para a produção de vidro, e o resto vai para os usos mostrados na figura. Embora o Solvay continue sendo o principal processo para a produção de carbonato de sódio, esse importante produto químico industrial tem sido cada vez mais obtido de minerais como o natrão (Na_2CO_3) e a trona ($Na_2CO_3 \cdot NaHCO_3 \cdot 2H_2O$). Uma das razões para se tentar reduzir a dependência do processo Solvay é a dificuldade de encontrar uso para as grandes quantidades de cloreto de cálcio que ele produz.

O carbonato de cálcio também é usado para "purificar" as emissões de chaminés de usinas elétricas e outras indústrias que queimam carvão. O carvão contém enxofre que, no processo de combustão, é convertido em dióxido e trióxido de enxofre, que continuam sendo as principais causas da chuva ácida (veja a Seção 17.6).

Uma solução para esse problema é remover os óxidos de enxofre antes que eles sejam emitidos pelas chaminés. Para fazer isso, os gases da chaminé passam através de uma pasta de carbonato de cálcio, onde, como mostrado na Equação (13.21) da Figura 13.8, os di- e trióxidos de enxofre são convertidos em sulfitos e sulfatos, respectivamente. Muita controvérsia tem cercado a implantação desses depuradores como parte do processo de "dessulfurização de gases de combustão" (DGC). A indústria de produção de energia elétrica afirma que eles são muito caros e ineficientes, mas ambientalistas sustentam que eles são a melhor tecnologia disponível para prevenir a chuva ácida. No momento em que este livro era escrito, instalações DGC, incluindo esses depuradores, estavam sendo montadas em usinas elétricas que usam o carvão no mundo todo. (Para mais informações sobre o processo DGC, consulte a Seção 17.6.) O leitor mais atento pode ter notado que esse método aumenta a quantidade de dióxido de carbono liberada para a atmosfera, o que poderia contribuir para aumentar o efeito estufa e o aquecimento global (veja a Seção 11.6).

Uma maneira de controlar o aquecimento global é pelo "sequestro de carbono", definido aqui como processos biológicos, químicos ou físicos para o armazenamento de longo prazo do dióxido de carbono ou outras formas de carbono, com o propósito de diminuir o aquecimento global. Em alguns meios, modificações no processo Solvay foram propostas como um componente do sequestro de carbono. Ele converteria dióxido de carbono em carbonato de sódio, que poderia ser reciclado ou retirado permanentemente de circulação. O sequestro direto pela reação de minérios comuns contendo cálcio e magnésio (frequentemente contendo silicatos) para produzir carbonatos de cálcio ou de magnésio parece ser mais promissor. Esses carbonatos são relativamente insolúveis e podem ser armazenados em aterros ou talvez, em alguns casos, reciclados para melhorar a qualidade dos solos ou como material de construção para ruas e estradas. Esse processo às vezes é chamado de *sequestro mineral de carbono*.

Nenhuma equação química pode chegar perto de representar as complexidades do processo pelo qual o cimento Portland forma o concreto. O nome *cimento Portland* vem do produto concreto que lembra o calcário natural encontrado na ilha de Portland, Inglaterra. O cimento é uma mistura de óxido de cálcio, obtido do aquecimento do calcário, assim como dos óxidos de silício, de alumínio, de magnésio e de ferro que, quando misturados com água e areia, endurecem, formando o concreto. O processo de endurecimento envolve a hidratação de vários sais e, consequentemente, o concreto recém-despejado deve ser mantido úmido por alguns dias. O endurecimento do cimento, na verdade, continua por anos e gera um produto cada vez mais forte com o passar do tempo.

CaO (cal viva) e Ca(OH)$_2$ (cal apagada)

A Figura 13.9 mostra os usos comerciais da cal viva e da cal apagada. Note que nem sempre está claro se é o calcário ou o produto de sua queima, a *cal viva*, que é, na verdade, a matéria-prima. Às vezes, o calcário é adicionado diretamente à fornalha ou estufa e imediatamente convertido em cal viva, que é mostrada como o reagente. De qualquer forma, os três maiores usos da cal viva estão listados. O óxido de cálcio se combina com vários óxidos para livrar o minério de ferro de suas impurezas de silício, alumínio e fósforo, como mostrado na Equação (13.22) na Figura 13.9. Ele é um componente principal (juntamente com o carbonato de sódio do processo Solvay) para a indústria do vidro. (Veremos mais informações sobre isso no Capítulo 15, quando discutirmos sobre os silicatos.) Por fim, ele é usado para produzir carbeto de cálcio que, por sua vez, é usado para produzir acetileno [Equação (13.23b) na Figura 13.9].

Quando água é adicionada à cal viva (CaO), a *cal apagada*, ou Ca(OH)$_2$, é produzida. A Figura 13.9 lista os quatro principais usos da cal apagada, como argamassa, para tratamento da água (amolecendo temporariamente a água dura), nas indústrias de polpa de celulose e papel e em alvejantes. As principais equações relativas a esses usos, Equações (13.24) a (13.27), são listadas na figura.

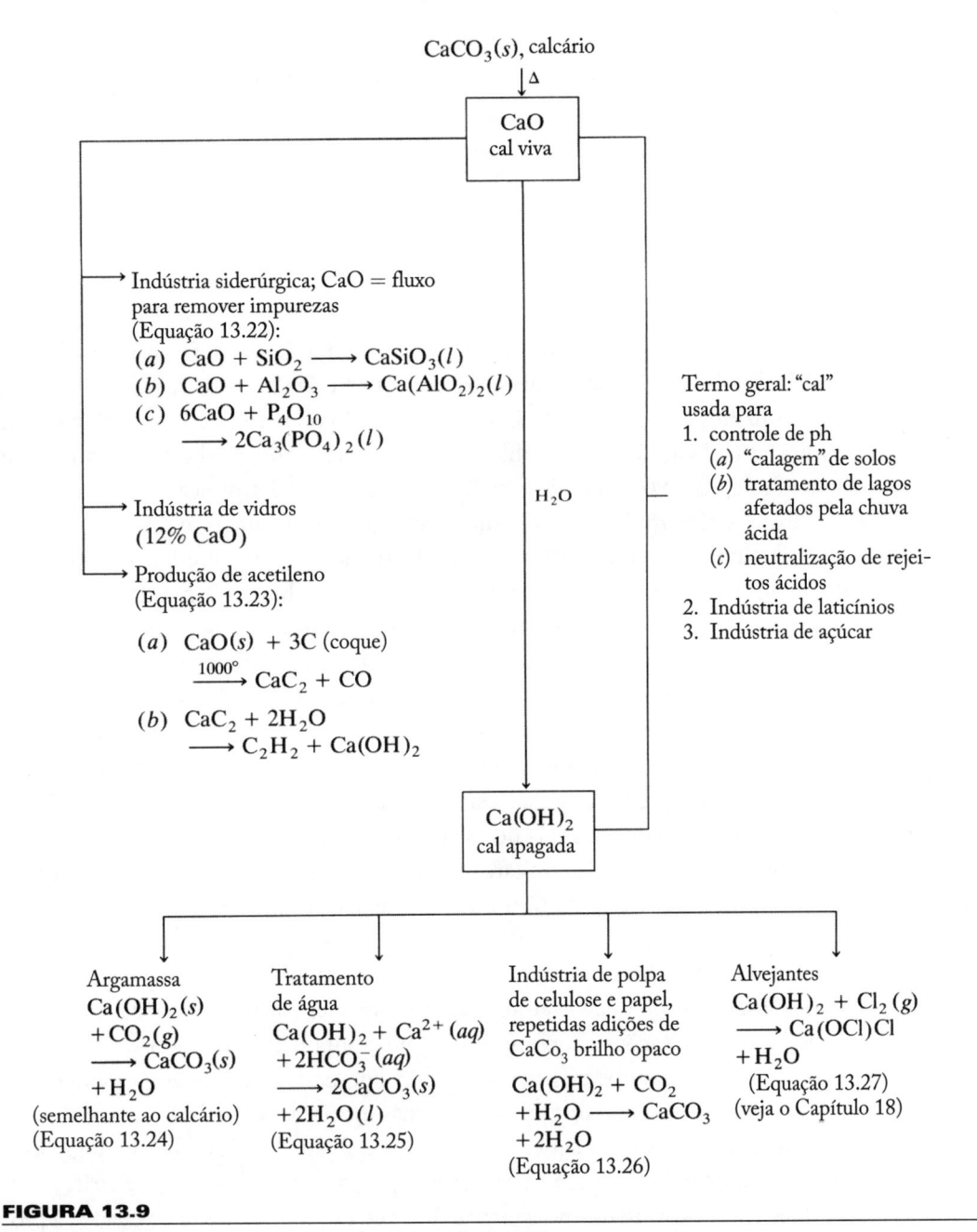

Capítulo 13: Grupo 2A: Os metais alcalinoterrosos

$CaCO_3(s)$, calcário
↓ Δ

CaO cal viva

→ Indústria siderúrgica; CaO = fluxo para remover impurezas (Equação 13.22):
(a) $CaO + SiO_2 \longrightarrow CaSiO_3(l)$
(b) $CaO + Al_2O_3 \longrightarrow Ca(AlO_2)_2(l)$
(c) $6CaO + P_4O_{10} \longrightarrow 2Ca_3(PO_4)_2(l)$

→ Indústria de vidros (12% CaO)

→ Produção de acetileno (Equação 13.23):
(a) $CaO(s) + 3C$ (coque) $\xrightarrow{1000°} CaC_2 + CO$
(b) $CaC_2 + 2H_2O \longrightarrow C_2H_2 + Ca(OH)_2$

H_2O

Termo geral: "cal" usada para
1. controle de ph
   (a) "calagem" de solos
   (b) tratamento de lagos afetados pela chuva ácida
   (c) neutralização de rejeitos ácidos
2. Indústria de laticínios
3. Indústria de açúcar

$Ca(OH)_2$ cal apagada

Argamassa
$Ca(OH)_2(s)$
$+ CO_2(g)$
$\longrightarrow CaCO_3(s)$
$+ H_2O$
(semelhante ao calcário)
(Equação 13.24)

Tratamento de água
$Ca(OH)_2 + Ca^{2+}(aq)$
$+ 2HCO_3^-(aq)$
$\longrightarrow 2CaCO_3(s)$
$+ 2H_2O(l)$
(Equação 13.25)

Indústria de polpa de celulose e papel, repetidas adições de $CaCO_3$ brilho opaco
$Ca(OH)_2 + CO_2$
$+ H_2O \longrightarrow CaCO_3$
$+ 2H_2O$
(Equação 13.26)

Alvejantes
$Ca(OH)_2 + Cl_2(g)$
$\longrightarrow Ca(OCl)Cl$
$+ H_2O$
(Equação 13.27)
(veja o Capítulo 18)

FIGURA 13.9
Alguns usos comerciais da cal viva, CaO, e da cal apagada, $Ca(OH)_2$.

Por fim, a figura mostra alguns usos para a *cal*, um termo geral para a cal viva e a cal apagada em conjunto. Ela é usada para controle de pH nas indústrias de laticínios e de açúcar.

O sulfato de cálcio também é usado em várias aplicações comerciais. O di-hidrato, minerado como gesso, é usado no cimento Portland e para acabamentos em gesso. Quando o di-hidrato é aquecido, ele gera o pó fino hemi-hidrato, $CaSO_4 \cdot \frac{1}{2}H_2O$, conhecido como *gesso de Paris*. Quando o gesso de Paris é misturado com água, ele produz uma pasta, ou lama, que endurece para formar moldes precisos. Essas reações estão resumidas na Equação (13.20):

$$\underset{\text{gesso}}{\text{CaSO}_4 \cdot 2\text{H}_2\text{O}(s)} \xrightarrow[\text{"calcinação"}]{250\,°C} \underset{\text{gesso de Paris}}{\text{CaSO}_4 \cdot \tfrac{1}{2}\text{H}_2\text{O}} \quad \boxed{\textbf{13.20}}$$

$$\uparrow\!\!\!\underline{\qquad\qquad}\!\!\!\!\!\!\!\!\!\!\!\!$$
$$\text{H}_2\text{O}$$

RESUMO

Os egípcios e os romanos usaram várias formas do calcário como material de construção e argamassa. Terras que eram álcalis são conhecidas desde a Idade Média, mas somente em 1808 Davy isolou o cálcio, o magnésio, o bário e o estrôncio de seus óxidos e cloretos. O berílio foi encontrado no berilo e na esmeralda por Vauquelin, em 1798, e isolado eletroliticamente por Bussy e Wöhler, em 1828. O cloreto de rádio foi obtido de minérios de urânio por Marie e Pierre Curie, em 1902. O rádio metálico foi preparado eletroliticamente em 1911.

Os metais alcalinoterrosos têm muitas semelhanças com os metais alcalinos. Em ambos os grupos, o elemento mais leve é singular, o segundo elemento tem um caráter intermediário, o terceiro, quarto e quinto elementos formam uma série com características bem semelhantes e o sexto elemento é raro e radioativo. A rede nos ajuda a explicar e prever as propriedades de ambos os grupos. Os componentes da rede de importância particular são a lei periódica, o princípio da singularidade, o efeito diagonal e o caráter ácido--base dos óxidos. Os metais alcalinoterrosos têm propriedades redutoras semelhantes, entram em ebulição e se fundem a temperaturas mais altas e são menos eletropositivos e reativos do que os metais alcalinos.

Exceto para o berílio e, em alguma extensão, para o magnésio, os hidretos e óxidos dos elementos do Grupo 2A são iônicos e seguem as descrições gerais estabelecidas nos capítulos 10 e 11. Os hidróxidos são bases fortes, e os haletos demonstram a dominância do estado de oxidação +2.

Os compostos de berílio são covalentes e similares aos do alumínio. O BeO é anfótero, assim como o Al_2O_3. Tanto o cloreto de berílio polimérico quanto o cloreto de alumínio dimérico são caracterizados por pontes de cloretos. O $BeCl_2$ é linear (em fase gasosa) e é mais bem descrito em termos de orbitais híbridos sp em torno do metal. Os compostos de berílio são ácidos de Lewis e formam ânions complexos, como o BeF_4^{2-}.

Tópicos de importância prática sobre metais alcalinoterrosos incluem sua significância em sistemas vivos, a incidência da doença do berílio, aplicações radioquímicas como componentes e resíduos de usinas nucleares, usos metalúrgicos para preparar metais puros e ligas, uso em fogos de artifício e tecnologia de raios X, a definição e propriedades da água dura e o papel do fosfato de cálcio nas estruturas dos ossos e dentes.

Compostos como o calcário ($CaCO_3$), a cal viva (CaO), a cal apagada [$Ca(OH)_2$] e o gesso ($CaSO_4 \cdot 2H_2O$) têm muitas aplicações comerciais nas indústrias siderúrgica, de vidro, de energia elétrica, de laticínios, de açúcar e de papel e celulose. Eles são usados no controle de pH e estão bastante relacionados à produção de diversos materiais, como sabões, detergentes, aditivos alimentícios, antiácidos, cimento, material de construção, acetileno e alvejantes.

PROBLEMAS

13.1 Use um bom dicionário ou a internet para procurar pela expressão *luz oxídrica*. Como ela está relacionada aos metais alcalinoterrosos?

13.2 Escreva uma equação para o método pelo qual Davy isolou o estrôncio.

13.3 Faça uma pesquisa na internet da palavra "curieterapia". Forneça uma breve definição do termo. Ela ainda está em uso? Em caso afirmativo, em que contexto?

13.4 Compostos de magnésio são conhecidos há séculos, mas não por seus nomes modernos. Por exemplo, faça uma rápida pesquisa na internet para determinar o nome químico moderno para o leite de magnésia. Esse nome ainda é usado hoje em dia? Em que contexto?

13.5 O estrôncio pode ser preparado pela redução do óxido de estrôncio (estronciana) com alumínio. Escreva uma equação para esse processo.

13.6 O bário pode ser preparado a partir de seu óxido e alumínio. Escreva uma equação para esse processo.

13.7 No Capítulo 10, verificou-se que dois tipos de partículas subnucleares, os hádrons e os bárions, estão presentes no *ylem*. Com base no material apresentado neste capítulo, qual dessas partículas você acredita que seja mais pesada? Explique brevemente sua resposta.

13.8 Como você prepararia o sal de Epsom a partir da magnésia?

*13.9 A água do mar apresenta 0,13% (em massa) de magnésio. Se continuarmos a extrair magnésio na velocidade atual (cerca de 100 milhões de toneladas/ano), quanto demoraria para a porcentagem ser reduzida para 0,12%? (O volume dos mares terrestres é de aproximadamente $1,5 \times 10^9$ km^3. Assuma que a densidade da água do mar seja de 1,025 g/cm^3.)

13.10 Lebeau, em 1898, foi o primeiro a preparar o berílio eletroliticamente a partir do fluoreto de berílio misturado com fluoreto de sódio ou de potássio. Escreva uma equação para a reação. Especule sobre a função dos sais de metais alcalinos.

13.11 O rádio metálico foi isolado pela primeira vez pela eletrólise do cloreto, em 1911. Escreva uma equação para essa reação.

13.12 O rádio é tanto um emissor de partículas alfa quanto de partículas β^-. Escreva uma equação para seu decaimento beta.

13.13 O rádio é um produto do decaimento do urânio-238, que passa por decaimentos sucessivos alfa, beta, beta, alfa e alfa. Escreva as cinco equações representando esse decaimento sequencial. Todas as emissões beta envolvem partículas β^-.

13.14 O rádio-226 é um emissor alfa com uma meia-vida de 1.600 anos. Escreva uma equação para o seu decaimento.

13.15 A fissão nuclear é a fonte de energia de um reator nuclear ou da bomba atômica. Quando nêutrons atingem um núcleo de U-235, o grande núcleo se divide em fragmentos menores ("produtos da fissão") e mais dois ou três nêutrons que dividem outros núcleos de U-235, iniciando uma reação em cadeia. Uma questão que frequentemente vem à mente é: de onde vem o nêutron inicial? Os projetistas de reatores e bombas se preocuparam com isso também, de modo que disponibilizaram uma fonte de nêutrons composta de rádio-226 e berílio-9. Explique como essa combinação atua como fonte de nêutrons. Forneça duas equações nucleares como parte de sua resposta.

*13.16 Marie Curie determinou a massa atômica do rádio convertendo quantitativamente o cloreto de rádio em cloreto de prata. Ela começou com 0,10925 g de cloreto de rádio e terminou com 0,10647 g de cloreto de prata. Determine a massa atômica do rádio usando as informações disponíveis para ela.

*13.17 Suponha que um isótopo bastante estável de frâncio tenha sido descoberto. A química decide determinar sua massa atômica convertendo quantitativamente uma amostra de cloreto de frâncio em

---

* Exercícios marcados com um asterisco (*) são mais desafiadores.

cloreto de prata. Suponha que ela inicie com 0,00476 g de cloreto de frâncio e termine com 0,00263 g de cloreto de prata. Determine a massa atômica do frâncio usando essas informações.

13.18 Baseado na rede de ideias, explique as tendências nos raios, energias de ionização, afinidades eletrônicas e eletronegatividades dos elementos do Grupo 2A.

13.19 Escreva equação(ões) balanceada(s) para a reação do estrôncio com o gás oxigênio.

13.20 Você ficaria surpreso em aprender que o bário emite elétrons tão facilmente quando aquecido que suas ligas são usadas em eletrodos de velas de ignição? Explique brevemente.

13.21 Embora as tendências de pontos de fusão e ebulição no Grupo 2A sejam irregulares e difíceis de explicar, elas são consideravelmente mais altas do que os valores correspondentes para os metais alcalinos. Explique brevemente esse ponto. (*Dica:* lembre-se do conceito de ligação metálica abordado no Capítulo 7.)

13.22 Analise o que acontece quando o cálcio é adicionado à água, usando potenciais padrão de redução dados na Tabela 12.2. Calcule o $E°$ global e o $\Delta G°$ para a reação.

***13.23** Monte ciclos termoquímicos para a redução dos íons cálcio, estrôncio e bário aos metais livres. Determine a entalpia dessas reduções, $\Delta H_{red}(Ca)$, $\Delta H_{red}(Sr)$ e $\Delta H_{red}(Ba)$, usando as informações dadas a seguir. Relacione brevemente seus resultados aos potenciais padrão de redução desses elementos.

	EI^1, kJ/mol	EI^2, kJ/mol	$\Delta H_{átomo}$, kJ/mol	ΔH_{hid}, kJ/mol	$E°$, V
Cálcio	590	1158	178	−1577	−2,87
Estrôncio	549	1077	164	−1443	−2,89
Bário	503	977	180	−1305	−2,90

***13.24** Monte ciclos termoquímicos para a redução do $Li^+(aq)$ a $Li(s)$ e $Be^{2+}(aq)$ a $Be(s)$. Determine a entalpia dessas reduções, $\Delta H_{red}(Li)$ e $\Delta H_{red}(Be)$, usando as informações dadas a seguir. Relacione brevemente seus resultados aos potenciais padrão de redução desses elementos.

	EI^1, kJ/mol	EI^2, kJ/mol	$\Delta H_{átomo}$, kJ/mol	ΔH_{hid}, kJ/mol	$E°$, V
Lítio	520	7298	159	−519	−3,05
Berílio	899	1757	324	−2494	−1,85

13.25 O hidreto de cálcio é usado no processo Hydrimet para reduzir vários óxidos aos metais correspondentes. Escreva uma equação para as reações do CaH_2 com o rutilo (TiO_2) e com a badeleíta (ZrO_2).

***13.26** Mostre um mecanismo (uma sequência de eventos em nível molecular) para a reação do hidreto de cálcio com a água para produzir cátions cálcio e ânions hidróxido aquosos, bem como gás hidrogênio.

13.27 Mostre um mecanismo (uma sequência de eventos em nível molecular) para a reação do BaO com a água para produzir cátions bário e ânions hidróxido aquosos.

13.28 Explique por que o hidróxido de cálcio é escrito como $Ca(OH)_2$, em vez de H_2CaO_2, e age como uma base, em vez de agir como um ácido.

---

* Exercícios marcados com um asterisco (*) são mais desafiadores.

13.29 Como os haletos de cálcio podem ser prontamente sintetizados a partir dos óxidos? Dê uma equação geral para essas reações como parte de sua resposta.

13.30 Procure pelo significado da palavra *formalidade*. Relacione-a à existência do íon Be^{2+}.

13.31 O cátion berílio em solução aquosa está rodeado por quatro moléculas de água, enquanto os cátions correspondentes mais pesados estão rodeados por seis. Isto é, $Be^{2+}(aq)$ é mais provavelmente $[Be(H_2O)_4]^{2+}$, enquanto seus congêneres são $[M(H_2O)_6]^{2+}$. Especule sobre uma razão para essa diferença.

13.32 Escreva uma equação envolvendo a reação de um íon berílio aquoso com uma base forte para formar $[Be(OH)_4]^{2-}$. Desenhe estruturas de Lewis, use VSEPR e a TLV para representar o íon tetra-hidroxoberilato. Estime os ângulos de ligação do ânion.

13.33 Forneça uma explicação para o fato de que BeI_4^{2-} *não* é formado, enquanto compostos similares com os outros halogênios o são, como mostrado na Equação (13.12).

*13.34 Mesmo que nós ainda não tenhamos abordado o Grupo 3A, especule sobre a natureza do cloreto de alumínio. Ele será covalente ou iônico? Será solúvel em água? E em solventes orgânicos não polares? Ele será um ácido ou uma base de Lewis?

13.35 Especule sobre por que a ingestão de berílio às vezes resulta na formação de pedras contendo cálcio nos rins.

13.36 Como consequência imediata do desastre da usina nuclear de Chernobyl, em 1986, houve preocupação com o estrôncio-90, o césio-137, o césio-135 e o iodo-131 na nuvem radioativa resultante. O iodo-131 é um emissor β^- com uma meia-vida de 8,0 dias. Escreva uma equação para o seu decaimento e discuta os perigos que ele pode causar em comparação com o estrôncio-90.

13.37 O alumínio é produzido pela redução do cloreto de alumínio com magnésio metálico. Escreva uma equação para esse processo.

13.38 Escreva equações que representem o uso do magnésio para obter zircônio e háfnio metálicos a partir de seus cloretos.

13.39 Quando Marie Curie estava separando sais de rádio da pechblenda, eles frequentemente precipitavam com sais de bário. Ela continuou recristalizando até que seu cloreto de rádio fosse espectroscopicamente puro. Especule sobre o que isso pode significar nesse contexto.

13.40 Encanadores podem livrar os encanamentos da casa dos depósitos de carbonato de cálcio pelo uso criterioso de ácido clorídrico. Escreva uma equação para esse recurso.

13.41 No Capítulo 12, definimos *desproporcionamento* como uma reação na qual um elemento é tanto oxidado quanto reduzido. Uma reação como a representada na Equação (13.18a), e repetida a seguir, é também às vezes referida como um desproporcionamento:

$$2HCO_3^-(aq) \longrightarrow H_2O(l) + CO_2(g) + CO_3^{2-}(aq)$$

O bicarbonato é oxidado ou reduzido nessa reação? Se nenhum dos dois, em que sentido você imagina que ele sofre desproporcionamento? A Equação (11.7), a autoionização da água, é às vezes referida como um desproporcionamento. Em que sentido essa designação é feita?

---

* Exercícios marcados com um asterisco (*) são mais desafiadores.

13.42 Proponha um mecanismo (uma sequência de eventos em nível molecular) para a autoionização do bicarbonato (veja a Equação 13.18a) quando aquecido.

13.43 Uma outra maneira de eliminar a formação do precipitado branco e pegajoso que se forma entre os íons da água dura e o sabão é adicionar $Na_2CO_3 \cdot 10H_2O$. Explique por que esse processo funciona.

13.44 O carbonato de cálcio é o ingrediente ativo de vários antiácidos populares. Escreva uma equação para a reação do $CaCO_3$ com o ácido do estômago (HCl).

13.45 Por que muitas pessoas arrotam quando usam um antiácido do tipo da questão anterior?

13.46 O bicarbonato de sódio também é um antiácido. Escreva uma equação para a sua reação com o ácido do estômago (HCl).

13.47 Por que o carbonato de sódio é menos solúvel em uma solução saturada com íons sódio do que em água pura? Dê um nome para esse fenômeno que você provavelmente estudou em experiências químicas anteriores.

13.48 O carbonato de sódio está listado no *CRC Handbook of Chemistry and Physics* como tendo uma solubilidade de 7,1 g/100 cm³ de água fria. Calcule um valor de K_{ps} para esse sal.

13.49 As reações representadas na Equação (13.22) (na Figura 13.11) são reações redox? Em caso positivo, que reagentes são oxidados e quais são reduzidos?

---

* Exercícios marcados com um asterisco (*) são mais desafiadores.

CAPÍTULO 14

Os elementos do Grupo 3A

O Grupo 3A não tem um nome, como os metais alcalinos, os metais alcalinoterrosos ou os halogênios. Isso se deve, em parte, porque o boro, o alumínio, o gálio, o índio e o tálio não são quimicamente similares, como os elementos dos três grupos citados. Após a costumeira seção sobre a descoberta e o isolamento dos elementos, veremos que todos os componentes da rede estabelecidos até aqui contribuem significativamente para o entendimento do grupo. Essas contribuições tornam-se particularmente evidentes no estudo das propriedades dos óxidos, hidróxidos e haletos. Uma discussão dos aspectos estruturais particulares da química do boro é seguida por descrições do alumínio metálico, suas ligas, alúmens e alumina. O tópico selecionado para aprofundamento é o dos compostos deficientes de elétrons que são dominantes, mas, certamente, não são restritos à química do Grupo 3A.

14.1 DESCOBERTA E ISOLAMENTO DOS ELEMENTOS

A Figura 14.1 mostra as datas das descobertas desses elementos sobrepostas no gráfico do número total de elementos conhecidos desde 1650 até o presente.

Boro

O boro era conhecido na Antiguidade na forma de bórax, que era utilizado em diversos tipos de vidro. O boro é quase sempre encontrado diretamente ligado ao oxigênio e é difícil de ser preparado na forma pura. Em 1808, o fervoroso químico Sir Humphry Davy, aquele que encontramos como o descobridor do potássio e do sódio (Seção 12.1) e também do magnésio, do cálcio, do estrôncio e do bário

FIGURA 14.1

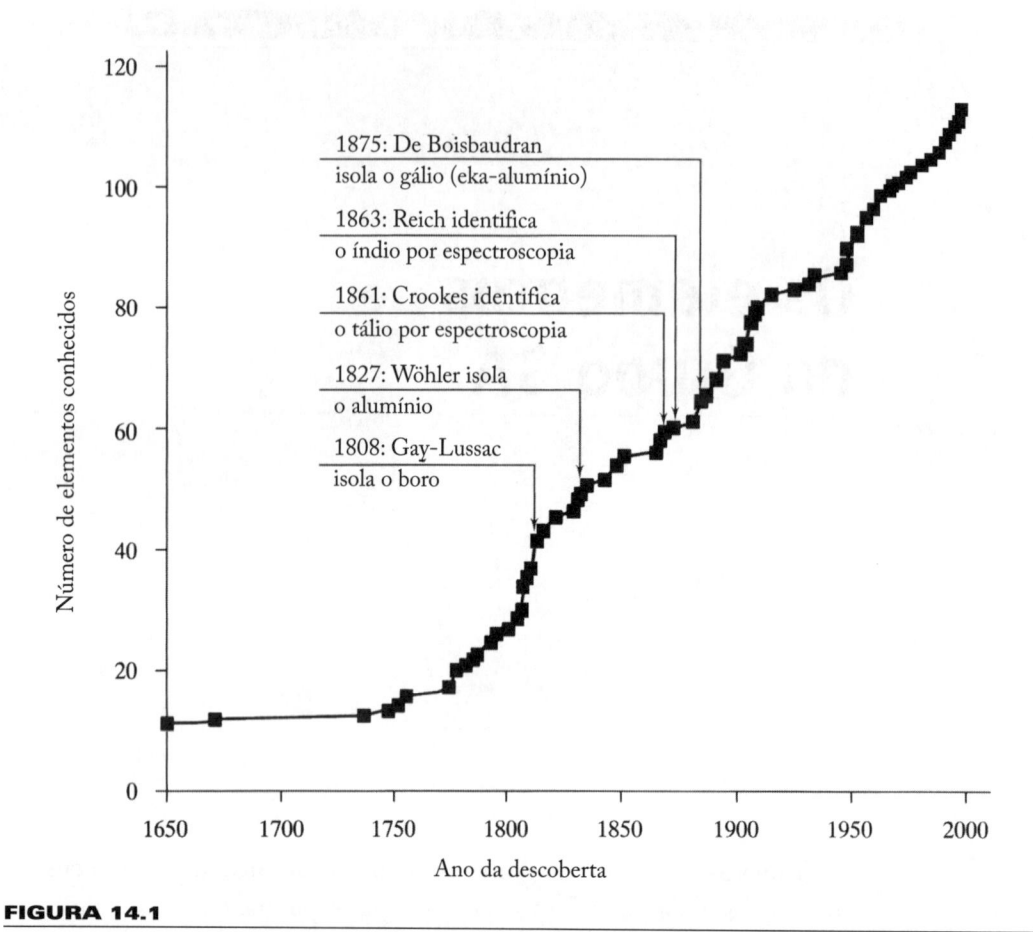

As datas da descoberta dos elementos do Grupo 3A sobrepostas no gráfico do número de elementos conhecidos em função do tempo.

(Seção 13.1), foi superado (por nove dias) na descoberta do boro pelos químicos franceses Joseph Louis Gay-Lussac e Louis Jacques Thénard. Sim, esse é o mesmo Gay-Lussac que provou (em 1802) que o volume de um gás é diretamente proporcional à temperatura. (Jacques Charles, um físico francês, na realidade formulou essa relação 15 anos antes, mas não publicou seus resultados.) Ironicamente, Gay-Lussac e Thénard utilizaram o potássio de Davy com óxido de boro para isolar o boro elementar.

Davy propôs (para a língua inglesa) o nome *boron* (boron = borax + carbon) porque o elemento se origina do mineral bórax e tem aparência similar à do carbono. O bórax, encontrado nos desertos e em áreas anteriormente vulcânicas, constitui a fonte principal de compostos de boro. Uma das maiores minas de borato a céu aberto do mundo está localizada na Califórnia (Estados Unidos), cuja cidade mineira tem o nome apropriado de Boron. O boro é um dos poucos elementos cuja abundância isotópica percentual varia significativamente de uma região para outra. Por exemplo, os boratos da Califórnia têm pouco ^{10}B, enquanto os da Turquia têm muito desse isótopo. Na verdade, há mais incerteza relativa ao peso atômico do boro do que ao de qualquer outro elemento.

Alumínio

O alumínio tem seu nome derivado de alúmen, $KAl(SO_4)_2 \cdot 12H_2O$, vermelho, que, na Antiguidade, era usado como adstringente, uma substância que, utilizada em lesões da pele, provoca a constrição dos tecidos e vasos sanguíneos, com o consequente estancamento do fluxo de sangue. Dessa vez, Davy foi incapaz de isolar o elemento, porém, em 1807, propôs, para a língua inglesa, o nome de *alumium* e, posteriormente, *aluminum* para o elemento ainda não descoberto. Friedrich Wöhler, que isolou o berílio, é também comumente reconhecido pelo isolamento, em 1928, do que foi finalmente chamado de *aluminium*. Não é de surpreender, pelo que vimos anteriormente, que ele tenha reduzido $AlCl_3$ com potássio metálico para produzir o metal livre. O mundo continua a chamar o elemento, na língua inglesa, de *aluminium*, mas, em 1925, a American Chemical Society decidiu que os Estados Unidos adotariam o *aluminum* de Davy para o elemento. Mesmo hoje em dia, essa disparidade gera uma confusão inicial entre populações de língua inglesa.

Métodos eficientes de preparação desse metal, o mais abundante da crosta terrestre, foram desenvolvidos lentamente. Ele foi considerado um metal precioso, na década de 1850, e exposto como tal na Exposição de Paris, em 1855. Existem relatos de que o imperador Luis Napoleão III e seus convidados especiais usavam talheres e louças de mesa de alumínio em cerimônias de Estado (enquanto os convidados de menor importância tinham de se contentar com os convencionais, de ouro e prata) e de que o filho dele brincava com um chocalho de alumínio. Em 1884, uma pirâmide de base quadrada, com quase 3 kg desse metal precioso, foi colocada no topo do recém-construído Monumento a Washington. A colocação da cobertura de alumínio está representada na Figura 14.2. Essa ponteira foi projetada para fazer parte de um sistema de aterramento para direcionar raios a um leito arenoso de aproximadamente 5 metros abaixo da fundação. Essa ponteira, até hoje no mesmo lugar, foi considerada por alguns "a joia da coroa da indústria do alumínio".

FIGURA 14.2

Colocação da cobertura de alumínio no topo do recém-concluído Monumento a Washington (1884). O ápice piramidal era parte de um elaborado sistema de aterramento. O alumínio, um excelente condutor elétrico, ainda era considerado um metal precioso naquela época.

Como o alumínio se tornou um metal comum do nosso dia a dia? Essa é uma história clássica. No ano letivo de 1882-1883, um aluno do terceiro ano da Faculdade de Oberlin, Charles Martin Hall, teve aulas de química com o professor Franklin Jewett, que estava familiarizado com o alumínio porque havia conhecido Wöhler quando estudou na Universidade de Göttingen, na Alemanha. O professor Jewett desafiou seus alunos com a seguinte declaração: "A pessoa que descobrir o processo pelo qual o alumínio pode ser produzido comercialmente abençoará a humanidade e fará fortuna para si mesmo". Pois bem, todos os bons alunos de química escutaram cuidadosamente o professor, certo? Porém, Charles Hall não só o escutou, mas se ocupou por vários anos com o desafio do professor e, em 1886, com o apoio vital da irmã mais velha, Júlia (que também estudou e se graduou em química na Oberlin), e de Jewett, ele encontrou uma maneira de separar o alumínio eletroliticamente (usando eletrodos de grafite) a partir da bauxita, um minério impuro de óxido hidratado, dissolvida em criolita, Na_3AlF_6, fundida. A reação desse processo é mostrada na Equação (14.1):

$$3C(s) + 4Al^{3+} + 6O^{2-} \xrightarrow{\text{por eletrólise}} 4Al(s) + 3CO_2(g) \qquad \textbf{14.1}$$

Quase ao mesmo tempo, na França, Paul Louis Héroult descobriu o mesmo processo e, consequentemente, o método é chamado de *processo Hall-Héroult*. Em uma dessas coincidências surpreendentes, Héroult nasceu oito meses antes de Hall e também morreu oito meses antes. Eles tinham 23 anos quando descobriram o processo que mudou a história humana, para não mencionar a própria vida deles.

Não podemos encerrar a discussão sobre o processo de Hall-Héroult sem destacar o fato de que quase 3% da energia elétrica produzida nos Estados Unidos são utilizadas na produção de alumínio. Como já comentado, a queima de combustíveis fósseis para produzir eletricidade tem grande impacto ambiental. O dióxido de carbono resultante alimenta o efeito estufa (veja Seção 11.6), enquanto os óxidos de enxofre são responsáveis, em grande parte, pela chuva ácida (veja Seção 17.6). É óbvia a necessidade de maximizar a reciclagem do alumínio, de maneira a minimizar a demanda de energia em sua produção. Em uma reviravolta do destino, a acidez nos lagos causada pela chuva ácida é acompanhada pela dissolução de vários metais, como o mercúrio, o cromo, o cádmio, o chumbo e, claro, o alumínio.

Com os índices de pH sendo registrados agora em alguns corpos d'água canadenses e americanos, foi constatado que o alumínio é tóxico para peixes e outros organismos aquáticos. Talvez a próxima geração de químicos, com o mesmo espírito investigativo e empreendedor demonstrado por Charles e Júlia Hall e Paul Héroult, possa encontrar uma resposta para alguns desses problemas.

Gálio

O gálio foi descoberto por Paul Émile Lecoq de Boisbaudran, em 1875. Cinco anos antes, o químico russo Mendeleiev o havia chamado de eka-alumínio, deixando um espaço em branco em sua tabela e prevendo várias de suas propriedades. De Boisbaudran identificou o elemento em uma amostra de minério de zinco, utilizando o ainda novo campo da espectroscopia que Bunsen e Kirchhoff empregaram para detectar as "impressões" de elementos como o césio e o rubídio (veja Seção 12.1). Em um mês, ele completou uma série de conversões, finalizando-a com uma eletrólise de uma solução aquosa do hidróxido e potassa (carbonato de potássio). Ele separou o suficiente do metal, facilmente fundido (ponto de fusão = 29,78 °C), para medir suas propriedades e, até mesmo, apresentar um pouco dele para a Academia Francesa de Ciências. Uma comparação entre as propriedades do gálio e aquelas previstas para o eka-alumínio é mostrada na Tabela 14.1.

De Boisbaudran determinou a densidade do metal originalmente como 4,7 g/cm³, mas depois que Mendeleiev lhe escreveu sugerindo que refizesse a medição (!), o francês encontrou um valor que era aproximado ao da tabela. De Boisbaudran nomeou o novo elemento em homenagem a *Gallus*, o nome latino para o território

TABELA 14.1
Uma comparação das propriedades do eka-alumínio, previstas por Mendeleiev, com as propriedades do gálio encontradas por De Boisbaudran

	Previsões de Mendeleiev para o eka-alumínio (1871)	Propriedades do gálio observadas por De Boisbaudran (1875)
Massa atômica	≈ 68	69,9
Valência	3	3
Densidade, g/cm³	5,9	5,93
Ponto de fusão	Baixo	30,1 °C
Volatilidade	Baixa	Baixa
Fórmula do óxido	M_2O_3	Ga_2O_3
Fórmula do cloreto	MCl_3	$GaCl_3$
Modo de descoberta	Espectroscopia	Espectroscopia

que incluía o que conhecemos como a França moderna. Certamente, o nome *Lecoq* significa "galo", que em latim é *gallus*, e assim provavelmente houve duas razões para De Boisbaudran ter escolhido esse nome.

Atualmente, o gálio é obtido como um subproduto da indústria de alumínio. Como um sólido à temperatura ambiente, ele é um metal branco-azulado e macio, que facilmente derrete nas mãos. Ele permanece líquido até a temperatura de 2.403 °C, proporcionando o maior intervalo conhecido no estado líquido.

Índio e tálio

O índio e o tálio também foram descobertos pelo uso da espectroscopia. Em 1863, o índio foi identificado, pela primeira vez, por Ferdinand Reich e seu aluno Hieronymus Theodor Richter, o qual identificou uma linha de emissão índigo em um minério de zinco. (É interessante notar que Richter, apesar de identificar o novo elemento pela cor, era daltônico.) Richter tentou, posteriormente, receber sozinho os créditos da descoberta. A cor da linha de emissão levou ao nome do elemento. Em 1861, o tálio foi descoberto por Sir William Crookes, que pode ser associado com a ampola (ou tubo) de Crookes e com os trabalhos iniciais que levaram J. J. Thomson à descoberta do elétron. Enquanto Crookes "esmiuçava" o elétron e analisava minérios de selênio, encontrou uma linha de emissão não identificada de um verde muito bonito. O elemento recebeu o nome derivado de *thallos*, uma palavra grega que significa "galho verde".

Sabemos agora que o tálio é extremamente tóxico e deve ser manuseado cuidadosamente. Porém, nos primeiros 50 anos após sua descoberta, ele era considerado como tratamento efetivo para sífilis, gonorreia, gota, disenteria e tuberculose. A localização do elemento entre o mercúrio e o chumbo, na tabela periódica, deveria ter causado questionamentos. O seu uso como medicamento tem muitos efeitos colaterais – sem mencionar a toxicidade –, como a alopecia (queda de cabelo). Mais tarde, os compostos de tálio, como o incolor e inodoro Tl_2SO_4 (note que nesse composto o tálio está no estado de oxidação +1), foram usados como veneno de rato e de formiga, porém, devido à toxicidade do tálio, esses usos e outros similares foram proibidos em vários países.

14.2 PROPRIEDADES FUNDAMENTAIS E A REDE

A Figura 14.3 mostra os elementos do Grupo 3A sobrepostos na rede, e a Tabela 14.2 apresenta a tabulação usual das propriedades do grupo. Olhe cuidadosamente a Figura 14.3. Compare-a com a Figura 12.6, apresentada justamente quando o sétimo componente da rede foi adicionado. Note que essas duas figuras são extraordinariamente similares. (Somente o símbolo do gálio foi adicionado na Figura 14.3.) Essa similaridade é significativa porque os elementos do Grupo 3A estão intimamente vinculados à nossa rede. O boro está en-

FIGURA 14.3

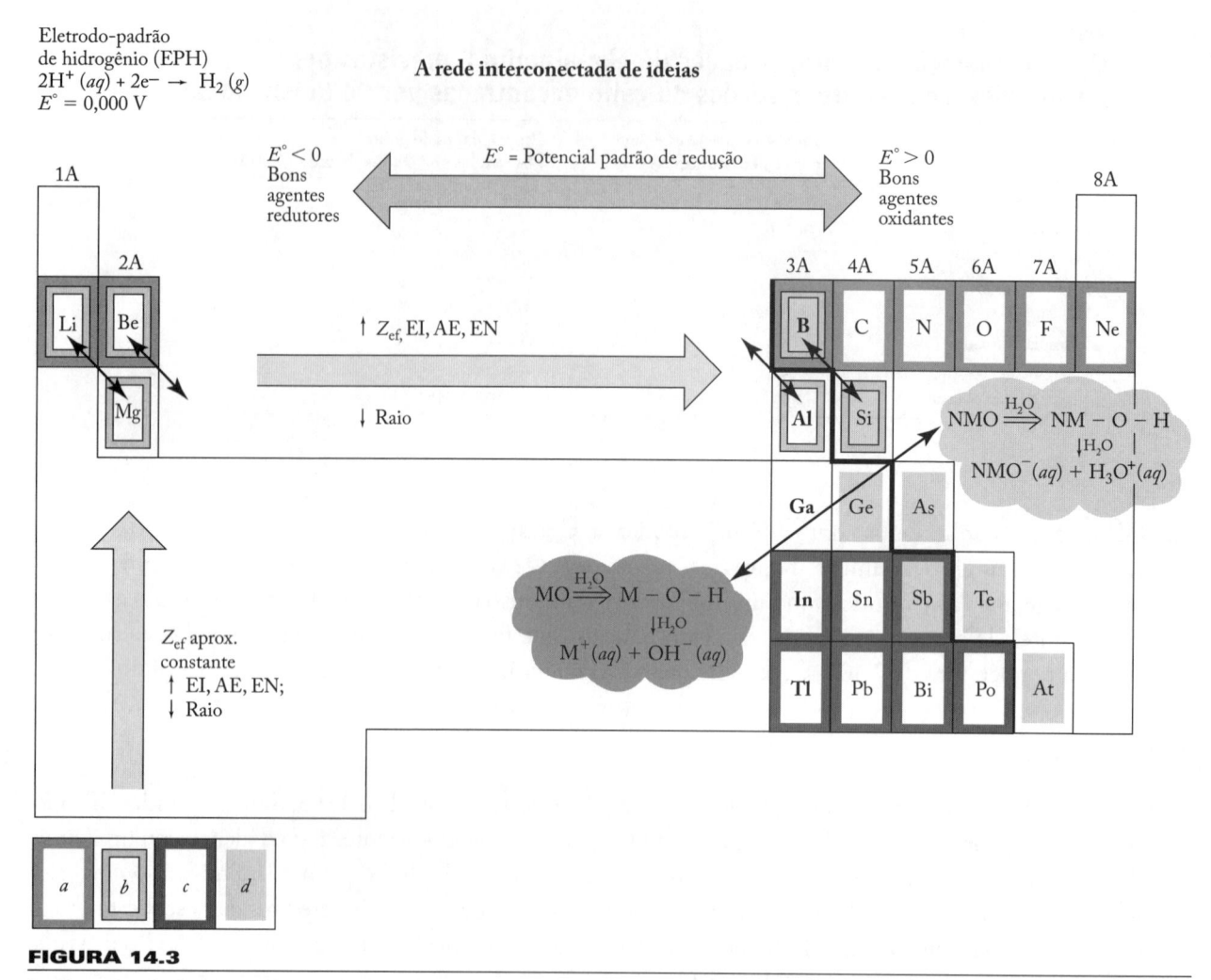

Os elementos do Grupo 3A sobrepostos na rede interconectada de ideias. Isso inclui a lei periódica, (a) o princípio da singularidade, (b) o efeito diagonal, (c) o efeito do par inerte, (d) a linha metal-não metal, o caráter ácido-base dos óxidos dos metais (M) e não metais (NM) em solução aquosa e as tendências em potenciais de redução.

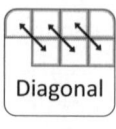

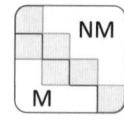

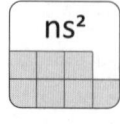

volvido no princípio da singularidade, no efeito diagonal, e é um metaloide localizado na linha metal-não metal. O alumínio é diagonalmente relacionado com o berílio (ambos são metais na linha metal-não metal), e o índio e o tálio estão envolvidos no efeito do par inerte. Com a ajuda da rede, sabemos muito sobre o Grupo 3A, mesmo antes de começarmos a olhar as propriedades de seus elementos em detalhes.

Uma rápida verificação da Tabela 14.2 nos mostra muitas das variações previstas pela lei periódica. Mas, como sempre, existem algumas irregularidades. Note que o gálio tem um raio atômico apenas 0,10 Å maior do que o do alumínio e também uma eletronegatividade maior do que o esperado (como também o índio e o tálio). Além disso, a energia de ionização do gálio é virtualmente a mesma do alumínio, em vez de ser menor, como esperado. Todas essas propriedades podem ser rastreadas pela suposição de que as subcamadas nd^{10} e nf^{14} não são particularmente boas para blindar os elétrons que se sucedem da carga nuclear. (Veja a discussão do efeito do par inerte na Seção 9.4.)

TABELA 14.2
As propriedades fundamentais dos elementos do Grupo 3A

	Boro	Alumínio	Gálio	Índio	Tálio
Símbolo	B	Al	Ga	In	Tl
Número atômico	5	13	31	49	81
Isótopos naturais, A/abundância %	^{10}B/19,78 ^{11}B/80,22	^{27}Al/100	^{69}Ga/60,4 ^{71}Ga/39,6	^{113}In/4,28 ^{115}In/95,72	^{203}Tl/29,50 ^{205}Tl/70,50
Número total de isótopos	6	7	14	19	21
Massa atômica	10,81	26,98	69,72	114,82	204,37
Elétrons de valência	$2s^22p^1$	$3s^23p^1$	$4s^24p^1$	$5s^25p^1$	$6s^26p^1$
pf/pe, °C	2300/2550	660/2467	29,78/2403	156,6/2080	303,5/1457
Densidade, g/cm^3	2,34	2,70	5,90	7,30	11,85
Raio atômico, metálico, Å	–	1,43	1,53	1,67	1,71
Raio iônico, Shannon-Prewitt, Å (N.C.)	(0,25) (4)	0,53(4)	0,76(6)	0,94(6)	(+3)1,02(6) (+1)1,64(6)
EN de Pauling	2,0	1,5	1,6	1,7	1,8
Densidade de carga (carga/raio iônico), unidade de carga/Å	12,0	5,7	4,0	3,2	(+3)2,9 (+1)0,61
$E°$,^{a}V	–0,90	–1,66	–0,56	–0,34	–0,33
Estados de oxidação	(+3) covalente	+3	+1, +3	+1, +3	+1, +3
Energia de ionização, kJ/mol	801	578	579	558	589
Afinidade eletrônica kJ/mol	–27	–43	–30	–30	–20
Descoberto por/data	Gay-Lussac 1808	Wöhler 1827	De Boisbaudran 1875	Reich 1863	Crookes 1861
prc^b O$_2$	B$_2$O$_3$	Al$_2$O$_3$	Ga$_2$O$_3$	In$_2$O$_3$	Tl$_2$O
Caráter ácido-base do óxido	Ácido	Anfótero	Anfótero	Anfótero	Base
prc N$_2$	BN	AlN	GaN	InN	Nenhum
prc halogênios	BX$_3$	Al$_2$X$_6$	Ga$_2$X$_6$	In$_2$X$_6$	TlX
prc hidrogênio	–	–	–	–	–
Estrutura cristalina	Hexagonal	cfc	Cúbica	Tetragonal	Hexagonal

^{a} $E°$ é o potencial padrão de redução em solução ácida, B(OH)^3 → B; M^{3+}(aq) → M(s) para M = Al, Ga e In; M$^+$(aq) → M(s) para M = Tl.
^{b}prc = produto da reação com.

Dediquemos um tempo para acrescentar alguns detalhes a esse argumento. A Figura 14.4 mostra uma representação esquemática da densidade eletrônica (ou "probabilidade de elétron") em função do raio atômico para os orbitais 4f, 5d e 6s. (A densidade eletrônica é definida aqui como a função $4\pi r^2\psi^2$, algumas vezes conhecida como *função de distribuição radial*. Ela fornece a probabilidade de encontrar o elétron em uma superfície de uma série de esferas concêntricas de raio *r*. Você deve ter estudado em cursos de química anteriores, mas não precisa saber os detalhes matemáticos para entender o argumento que segue.) Note que, na maior parte do tempo, o elétron 6s, como esperado, encontra-se mais afastado do núcleo (localizado em *r* = 0) do que os elétrons 4f e 5d. Dizemos que o elétron 6s está "blindado" em relação ao núcleo pela intervenção dos elétrons 4f e 5d.

Agora vamos considerar um exemplo específico do Grupo 3A, o tálio. Sua configuração eletrônica é [Xe] $4f^{14}5d^{10}6s^26p^1$. Como os orbitais completos 4f e 5d estão posicionados entre os dois elétrons 6s e o núcleo, essa é a razão principal pela qual os subníveis 4f e 5d blindam os elétrons 6s da carga nuclear. Entretanto, como evidenciado pelos cinco pequenos máximos na densidade eletrônica do 6s, existe uma pequena, porém significativa, probabilidade de que os elétrons 6s penetrem os subníveis preenchidos 4f e 5d e, assim, experimentem mais efetivamente a carga nuclear (Z_{ef}) do que seria esperado exclusivamente pela lei periódica. É essa Z_{ef} extra que explica o efeito do par inerte; isto é, o par de elétrons $6s^2$ é relativamente inerte porque eles são atraídos por esse aumento de Z_{ef}. Agora, você pode se perguntar: o que aconteceu com o elétron 6p? Por razões de clareza, sua densidade eletrônica não é mostrada na Figura 14.4. Entretanto, ele também tem um pequeno máximo (um a menos do que a função 6s) e, por conseguinte, penetra, ainda que um pouco menos, através das nuvens

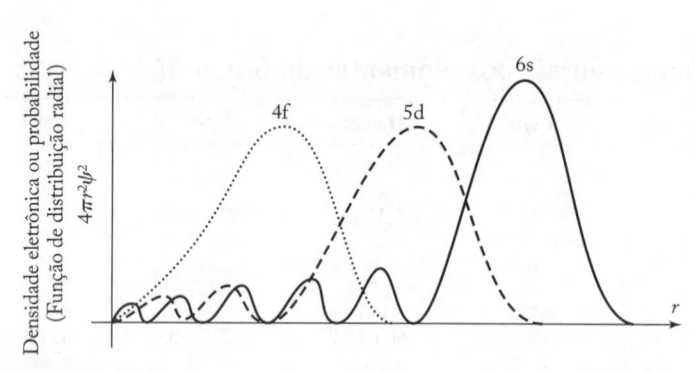

FIGURA 14.4

Uma representação esquemática das densidades eletrônicas (funções de distribuição radial, RDFs) dos orbitais **4f, 5d e 6s**. O elétron 6s tem cinco pequenos máximos de densidade eletrônica (ou probabilidade) principalmente dentro das RDFs de 4f e 5d. Isso permite ao orbital 6s penetrar nas nuvens de elétrons 4f e 5d e, assim, experimentar uma carga nuclear efetiva maior do que se esperaria. O elétron 6p (não mostrado, para maior clareza) é similar ao 6s, mas tem um pequeno máximo de densidade eletrônica a menos.

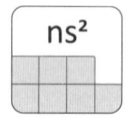

eletrônicas completas 4f e 5d. É por essa razão que é mais difícil remover o elétron 6p – isto é, ionizar – do que o esperado. A maior e inesperada eletronegatividade do tálio é explicada pela atuação da Z_{ef} (maior do que a esperada) que atua sobre o novo elétron p. Argumento similar pode ser feito para o índio, com sua configuração eletrônica $[Kr]4d^{10}5s^25p^1$. Novamente, o orbital 5s e, em menor extensão, o 5p penetram através da camada preenchida 4d e experimentam uma Z_{ef} maior do que a esperada. Assim como, ocorre também com o gálio, $[Ar]3d^{10}4s^24p^1$, cujos orbitais 4s e 4p experimentam uma Z_{ef} um pouco maior do que a esperada. (Você poderá ver, no gráfico associado ao Exercício 9.28, as densidades eletrônicas 4s e 3d.)

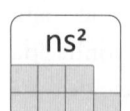

Certamente não estamos surpresos em aprender que o boro é singular no grupo. O íon teórico B^{3+} é uma espécie formal pequena, altamente carregada, com grande poder de polarização. Os compostos de boro são todos predominantemente covalentes. O alumínio tem caráter intermediário, mas, tal como o berílio, ainda é um metal autêntico. Os elementos remanescentes são claramente metais e esperamos que seus óxidos e hidróxidos reajam como metais. O estado de oxidação 3^+ predomina no alumínio, porém o estado $+1$ torna-se mais importante ao descer no grupo até que seja, na verdade, o estado de oxidação mais comum para o tálio. Note que o TlX e o Tl_2O são produtos comuns da reação do tálio com os halogênios e o oxigênio, respectivamente.

Hidretos, óxidos, hidróxidos e haletos

Para solidificar ainda mais nossa compreensão sobre esse grupo, baseada na rede, faríamos normalmente um retrospecto sobre os hidretos, óxidos, hidróxidos e haletos desses compostos. Entretanto, os hidretos são compostos muitos especiais e foram tratados no tópico selecionado para aprofundamento, no fim deste capítulo. Como esperado, eles começam predominantemente covalentes e tornam-se mais iônicos à medida que descemos no grupo.

Consistente com a posição da linha metal-não metal (e o correspondente caráter ácido-base dos óxidos metálicos e não metálicos), o óxido de boro é um anidrido ácido, enquanto os óxidos dos elementos mais pesados progridem no comportamento de um caráter anfotérico para básico. Assim, o óxido de boro reage com a água, como mostrado na Equação (14.2), para produzir o ácido bórico, $B(OH)_3$ ou H_3BO_3.

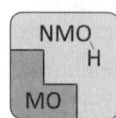

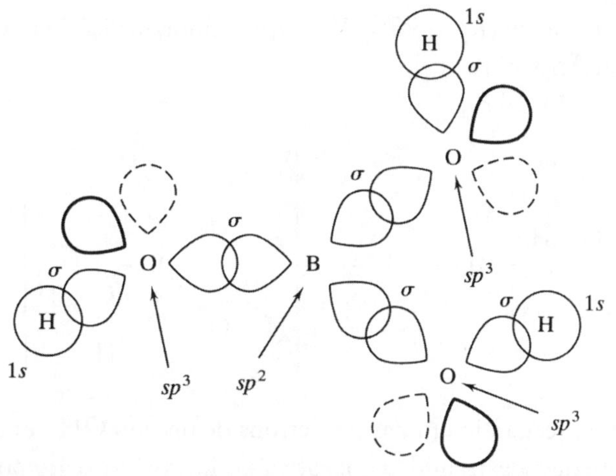

FIGURA 14.5

A estrutura molecular plana do ácido bórico, B(OH)$_3$.

$$B_2O_3 + 3H_2O \longrightarrow 2B(OH)_3 \qquad \text{14.2}$$

O ácido bórico, que (como uma solução aquosa) você pode conhecer como um antisséptico brando e um desinfetante para os olhos e a boca, tem sua estrutura plana mostrada na Figura 14.5. O átomo de boro assume a hibridização sp^2, enquanto o oxigênio é sp^3. A teoria da repulsão dos pares de elétrons da camada de valência (VSEPR) prevê que o ângulo de ligação O−B−O é 120°, enquanto o ângulo B−O−H é algo menor do que 109,5°, devido à presença de dois pares isolados em cada oxigênio. Há uma rotação livre em todas as ligações σ da molécula. No sólido, as unidades B(OH)$_3$ individuais são ligadas ao hidrogênio por estruturas planas como folhas, mostradas na Figura 14.6. Essas camadas são facilmente quebradas, o que explica a textura floculenta do composto.

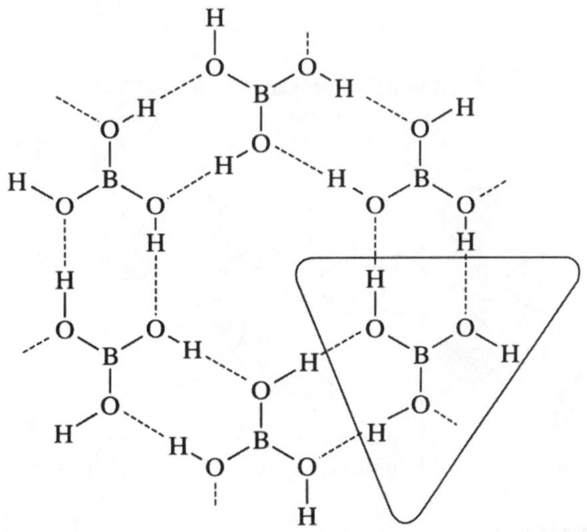

FIGURA 14.6

A estrutura plana como folha do ácido bórico. As moléculas individuais (uma em destaque) são mantidas juntas por ligações hidrogênio (linhas tracejadas).

Apesar de o B(OH)$_3$ ser um ácido ($K_a = 5{,}9 \times 10^{-10}$), é melhor analisá-lo usando a definição de Lewis do que as de Brønsted-Lowry ou Arrhenius.

Como é mostrado na Equação (14.3),

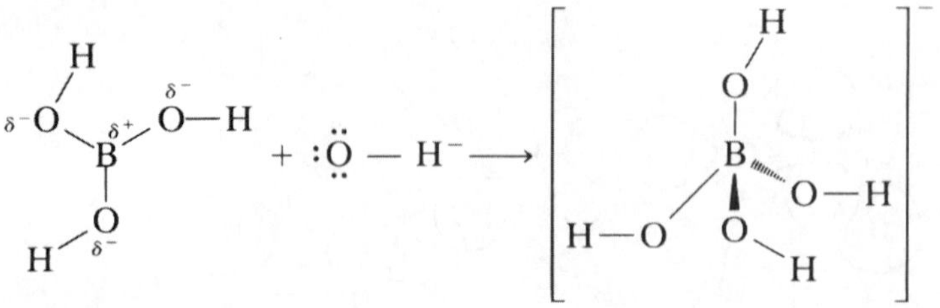

$$\underset{H}{\overset{H}{\underset{|}{\overset{|}{O}}}}\!}$$

14.3

o B(OH)$_3$ atua como um ácido, aceitando um par de elétrons de um íon OH$^-$ que chega, em vez de transferir um próton ao hidróxido. Note que a extremidade negativa do hidróxido, o átomo de oxigênio, ataca o átomo de boro parcialmente positivo do ácido, para produzir uma quarta ligação B–OH. Nesse processo, o átomo de boro assume a hibridização sp^3 no produto. Só um grupo OH$^-$ é aceito, de modo que esse composto é *monobásico*, e não tribásico, como se poderia suspeitar a partir da fórmula, H$_3$BO$_3$. O ácido bórico, a propósito, é similar ao ácido silícico, Si(OH)$_4$, enquanto o Al(OH)$_3$ – como você deve lembrar da química introdutória, é o hidróxido de alumínio, não "ácido alumínico" – essencialmente uma base com algum caráter anfotérico.

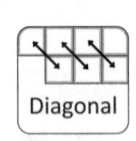

Diagonal

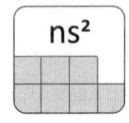

ns²

Os óxidos e os hidróxidos remanescentes, como esperado de nossa discussão anterior na Seção 11.3, são progressivamente mais básicos, descendo no grupo. Consistente com o efeito do par inerte, o óxido e o hidróxido mais estáveis do tálio são o Tl$_2$O e o TlOH, e não o Tl$_2$O$_3$ e o Tl(OH)$_3$. O óxido de tálio(I) é um anidrido básico brando, ao passo que o hidróxido de tálio(I) é uma base moderadamente forte.

Os haletos de boro, BX$_3$, são compostos moleculares voláteis, altamente reativos e com ligações covalentes. O BF$_3$ e o BCl$_3$ são gases, o BBr$_3$ é um líquido e o BI$_3$ é um sólido branco. Essas fases refletem os pontos de fusão e de ebulição que aumentam com o crescimento do peso molecular e da intensidade das forças intermoleculares de London. Essas moléculas, previsivelmente, são trigonal planas apolares, como pode ser visto na Figura 14.7, cujo átomo de boro é hibridizado sp^2. As distâncias das ligações B–X são menores do que as esperadas, e as energias das ligações B–X são correspondentemente maiores. De fato, a energia da ligação

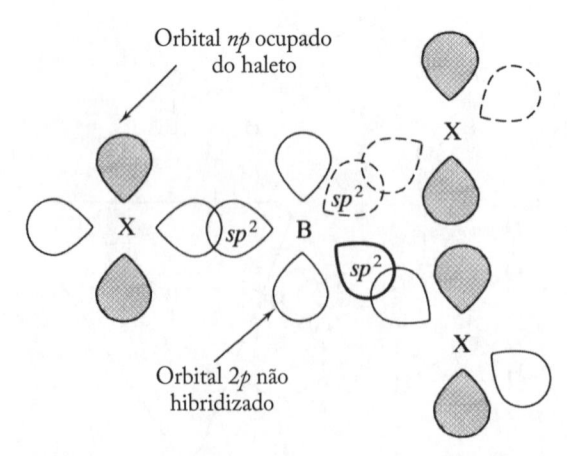

FIGURA 14.7

As estruturas das moléculas de BX$_3$. O átomo de boro é hibridizado sp^2. Existe alguma evidência de que algumas ligações π possam ocorrer entre o orbital não hibridizado 2p do boro e os orbitais ocupados np (sombreados) dos haletos.

Singular B—F (646 kJ/mol) é a maior conhecida para uma ligação simples. Tudo isso levou à proposição de que algumas ligações π podem ocorrer entre o orbital $2p$ não hibridizado do boro e os orbitais ocupados np dos haletos. Tal proposição é consistente com uma das razões para a singularidade dos primeiros elementos em cada grupo (veja Seção 9.2).

O trifluoreto de boro gasoso, altamente corrosivo, é preparado pela ação do ácido sulfúrico concentrado sobre uma mistura de óxido e fluoreto de cálcio [Equação (14.4)]:

$$CaF_2(s) + H_2SO_4(l) \longrightarrow CaSO_4(s) + 2HF(g) \qquad (14.4a)$$

$$B_2O_3(s) + 6HF(g) \longrightarrow 2BF_3(g) + 3H_2O(l) \qquad (14.4b)$$

O ácido sulfúrico concentrado é um agente desidratante e remove o excesso de água produzido na Equação (14.4b). O cloreto e o brometo são preparados pela interação dos elementos a temperaturas elevadas, e o iodeto é preparado tanto pela reação direta dos elementos como pelo tratamento do BCl_3 com HI, também em altas temperaturas.

Os haletos de boro, assim como o ácido bórico, são ácidos de Lewis; isto é, eles podem aceitar rapidamente um par de elétrons em seus orbitais p não hibridizados vagos. Algumas reações representativas do BF_3 são mostradas nas Equações (14.5) a (14.7):

$$BF_3 + F^- \longrightarrow BF_4^- \qquad (14.5)$$

$$BF_3 + CH_3Cl \longrightarrow [CH_3^+][BF_3Cl]^- \qquad (14.6)$$

$$BF_3 + \underset{\text{ácido nítrico}}{HONO_2} \longrightarrow \underset{\text{cátion nitrônio}}{[NO_2]^+} + [BF_3(OH)]^- \qquad (14.7)$$

Note que, em cada caso, o reagente negativo ou a porção do reagente mais parcialmente negativa (o F^-, o cloro do CH_3Cl ou o oxigênio do OH do ácido nítrico) ataca o boro central do trifluoreto. Os resultantes CH_3^+ e NO_2^+ são extremamente úteis em síntese orgânica porque proporcionam rotas econômicas para uma enorme variedade de produtos químicos orgânicos, incluindo grande número de polímeros.

Uma vez que o BF_3 é um gás corrosivo e reativo, é difícil manuseá-lo diretamente. Frequentemente, ele é usado na forma do aduto do éter dimetílico (mostrado na Figura 14.8), que pode ser considerado um sal de Lewis. O "eterato" é um líquido que entra em ebulição a 126 °C. Todos os haletos de boro, mas particularmente o cloreto e o brometo, reagem com a água para formar ácido bórico e seu correspondente hidrácido de halogênio, como mostra a Equação (14.8):

$$BX_3 + 3H_2O \longrightarrow B(OH)_3 + 3HX \qquad (14.8)$$

Consideremos agora os haletos de alumínio, de gálio e de índio. Os haletos anidros podem ser preparados através da reação direta dos elementos. (O tratamento dos hidróxidos ou dos óxidos com hidrácido de halogênio aquoso, HX, frequentemente gera os tri-hidratos, $MX_3 \cdot 3H_2O$.) O AlF_3 anidro é produzido pela adição de $HF(g)$ ao Al_2O_3 a 700 °C. Você deve ter notado, examinando a Tabela 14.2, que os haletos anidros têm a fórmula geral M_2X_6. Compostos com a fórmula empírica AlF_3 e $AlCl_3$ existem no estado sólido, porém nenhuma unidade de AlX_3 está presente, somente estruturas bastante complicadas em camadas envolvendo octaedros distorcidos de AlX_6. Quando o sólido $AlCl_3$ funde, a estrutura muda para o dímero Al_2Cl_6, que persiste por meio de vaporização até que finalmente, a altas temperaturas, é formada a unidade trigonal plana $AlCl_3$ (como os haletos de boro). Os brometos e iodetos de alumínio, assim como cloretos, brometos e iodetos de gálio e de índio, assumem, todos, a estrutura dimérica, particularmente na fase de vapor, a baixa temperatura.

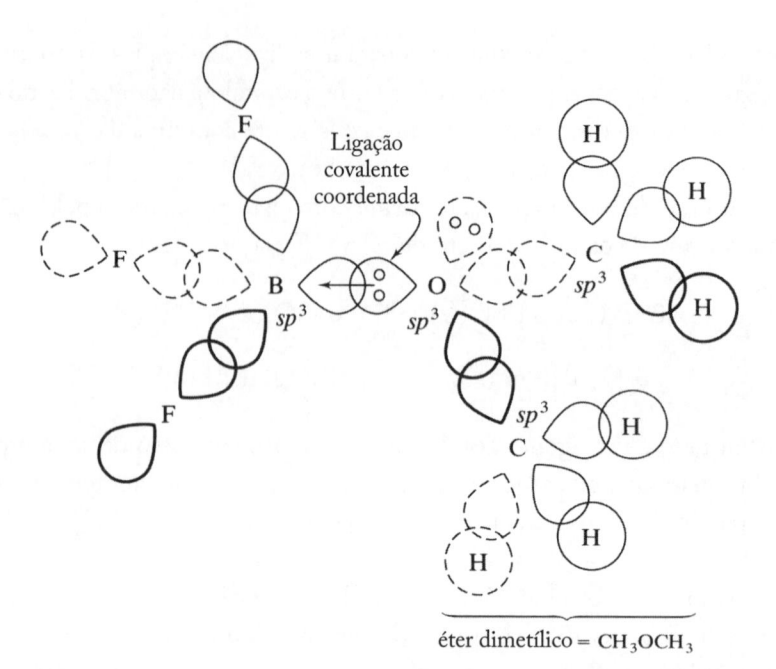

éter dimetílico = CH$_3$OCH$_3$

FIGURA 14.8

O "eterato" do BF$_3$ é um sal de Lewis. O éter dimetílico (a base de Lewis) contribui com um par de elétrons isolado para o orbital 2p não preenchido e não hibridizado do BF$_3$ (o ácido de Lewis). O átomo de boro é reibridizado a sp^3. Uma molécula caracterizada por uma ligação na qual ambos os elétrons de ligação vêm de um átomo e é conhecida como *aduto* ou, algumas vezes, como um *composto de adição*. A ligação é chamada de *ligação dativa* ou, ainda, de *ligação covalente coordenada*.

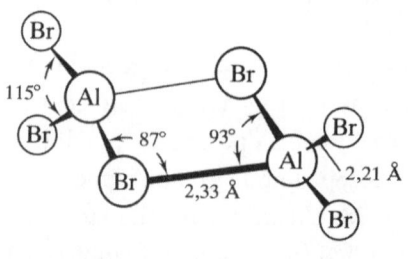

FIGURA 14.9

A estrutura do Al$_2$Br$_6$ que mostra os átomos de bromo em ponte entre os dois átomos de alumínio.

A estrutura da forma dimérica é mostrada na Figura 14.9. Ela é caracterizada por halogênios em ponte entre os átomos do metal, que assume uma configuração aproximadamente tetraédrica. A estrutura parece resultar da tendência do metal em alcançar um octeto de elétrons. Como discutido na Seção 13.2, o cloreto de berílio forma polímeros de uma maneira análoga, o que é esperado, em vista do efeito diagonal. Uma vez que esses compostos são ácidos de Lewis, da mesma maneira que os haletos de boro, não é de surpreender que esses dímeros sejam quebrados por reação com uma molécula doadora, como representado na Equação (14.9):

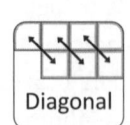

$$Al_2Cl_6 + 2Cl^- \longrightarrow 2AlCl_4^-$$ (14.9)

O AlCl$_3$, como o BF$_3$, é usado intensivamente na química orgânica sintética. Como mostrado na Equação (14.10), o Al$_2$Cl$_6$ também reage com o hidreto de lítio para produzir o "complexo hidrídico", LiAlH$_4$:

$$Al_2Cl_6 + 8LiH \xrightarrow{\text{éter}} 2LiAlH_4 + 6LiCl(s) \qquad \text{14.10}$$

O tetra-hidretoaluminato de lítio, $LiAlH_4$, assim como seu similar $NaBH_4$, são agentes redutores versáteis. Quando o $LiAlH_4$ reage com o dímero cloreto de alumínio, resultam os hidretos de alumínio, ou alanos. Estes estão entre os muitos compostos deficientes de elétrons que serão discutidos na Seção 14.5.

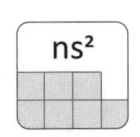

A química dos haletos de tálio é dominada pelo estado de oxidação +1, como discutido anteriormente na Seção 9.4, sobre o efeito do par inerte. Note, na Tabela 14.2, que a reação direta do tálio com halogênios produz TlX, e não TlX_3, como esperado. [Os haletos de tálio(I), TlX, podem também ser preparados pela adição de hidrácido de halogênio apropriado a vários outros sais de tálio(I), como o nitrato ou o sulfato.] A análise dos potenciais padrão de redução fornece uma compreensão adicional sobre a importância do estado de oxidação +1. O $E°$ do Tl^{3+} relativo ao Tl^+ é 1,25 V, indicando que o Tl^{3+} ganha elétrons rapidamente (é reduzido para formar Tl^+) e é, portanto, um agente oxidante relativamente forte em solução aquosa (Seção 12.3). O potencial padrão de redução do Tl^+ relativo ao $Tl(s)$ é $-0,33$ V, indicando que o $Tl(s)$ é um agente redutor moderado em solução aquosa, como mostrado na Equação (14.11):

$$Tl^+(aq) + e^- \longrightarrow Tl(s) \qquad (E° = -0,33 \text{ V}) \qquad \text{14.11a}$$
$$Tl(s) \longrightarrow Tl^+(aq) + e^- \qquad (E° = 0,33 \text{ V}) \qquad \text{14.11b}$$
$$[\Delta G° = -(1)(96,5)(0,33)$$
$$= -32 \text{ kJ/mol}]$$

Lembre-se da discussão no Capítulo 12 (Seção 12.3) que aborda que essas semirreações não estão sozinhas, mas devem ser medidas em relação a outra semirreação, como o eletrodo padrão de hidrogênio. (Veja Exercícios 14.24-14.26 para uma compreensão adicional sobre a utilidade dos potenciais padrão de redução na química do tálio.)

Em resumo, a química dos óxidos, dos hidróxidos e dos haletos do Grupo 3A traça uma progressão do singular metaloide boro, do qual os compostos são tipicamente covalentes, aos típicos metais abaixo, alumínio até tálio. No topo do grupo, o estado de oxidação +3 é predominante, mas, descendo no grupo, o estado +1 torna-se mais estável até que predomine na química do tálio.

14.3 ASPECTOS ESTRUTURAIS DA QUÍMICA DO BORO

Alótropos

As formas alotrópicas do boro são estruturalmente complexas e o tornam verdadeiramente singular em relação a todos os outros elementos. Uma das principais unidades estruturais no elemento boro é o icosaedro B_{12}, mostrado na Figura 14.10a. Essas e outras unidades mais complexas como o B_{84}, mostradas na Figura 14.10b, não se empacotam adequadamente, deixando muitos espaços abertos, acarretando um baixo percentual de ocupação e uma comparativamente baixa densidade para o elemento.

Boretos

À primeira vista, parece haver uma sequência incompreensível de boretos metálicos binários, variando de MB, MB_2 e M_2B até progressivas combinações estranhas, tais como MB_6, MB_{12} e mesmo MB_{66}. Esses compostos são preparados por uma grande variedade de métodos, incluindo mais comumente (1) a combinação direta dos

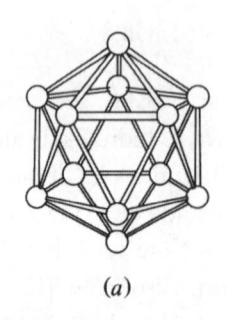

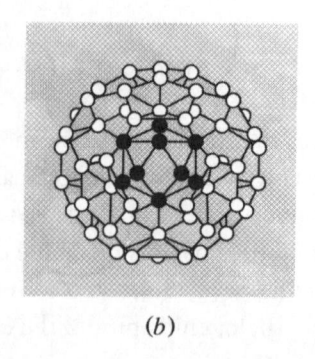

FIGURA 14.10

As unidades B_{12} e B_{84} do boro. (*a*) A unidade icosaédrica B_{12} comum no elemento boro (o icosaedro tem 12 vértices e 20 faces triangulares). (*b*) A unidade B_{84} encontrada em algumas formas de boro é formada por uma unidade central B_{12} com uma pirâmide pentagonal dirigida para fora em cada um dos 12 átomos da unidade central.

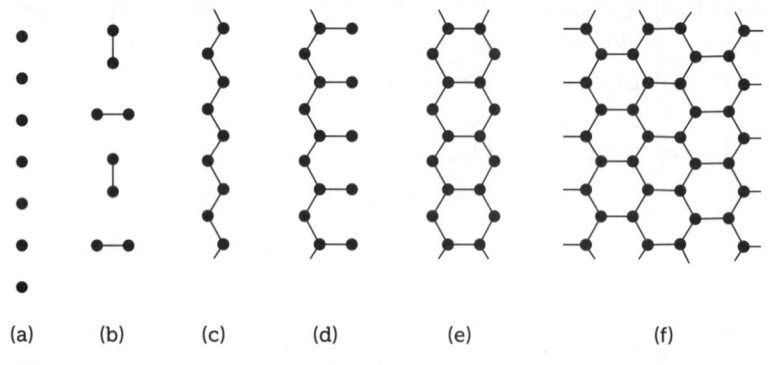

FIGURA 14.11

Uma representação esquemática da variedade de estruturas encontradas nos boretos metálicos. (*a*) átomos individuais, (*b*) pares isolados de átomos, (*c*) cadeias simples, (*d*) cadeias simples ramificadas, (*e*) cadeias duplas de átomos, (*f*) redes bidimensionais infinitas ("tela de galinheiro"). (Adaptado de *Chemistry of the elements* por N. N. Greenwood e A. Earnshaw. p. 166 e 802. Copyright © 1984.)

elementos; (2) a redução do óxido ou cloreto metálico correspondente (algumas vezes misturados com o óxido ou o cloreto de boro) com boro, carbono, carbeto de boro ou hidrogênio e (3) a eletrólise de sais fundidos. Brevemente, quais são as estruturas desses compostos e para que servem?

Os boretos se apresentam como átomos isolados, em pares isolados de átomos (B_2), em cadeias simples, ramificadas e duplas de átomos, redes bidimensionais ("tela de galinheiro") e redes tridimensionais. Todos, exceto o último desses, estão representados esquematicamente na Figura 14.11. (As figuras 14.13 e 14.14 mostram exemplos tridimensionais.) Nenhum outro elemento mostra essa variedade de estruturas em compostos binários. Entretanto, como compostos tão singulares, eles são relativamente simples, particularmente se você já leu o Capítulo 7, sobre as estruturas do estado sólido. Por exemplo, os diboretos, MB_2, como é mostrado na Figura 14.12, têm uma estrutura que consiste em camadas alternadas paralelas e hexagonais de átomos metálicos e átomos de boro. Cada átomo de boro está em contato com seis átomos de metal – isto é, tem um número de coordenação (N.C.) 6. Cada metal está em contato com 12 átomos de boro (N.C. = 12).

As redes tridimensionais de boretos estão intimamente relacionadas à estrutura de sais iônicos simples, abordados no Capítulo 7 e talvez nas suas primeiras experiências em química. A estrutura de MB_6, mostrada na Figura 14.13, é a estrutura do CsCl (veja Figura 7.21e), em que as unidades B_6 tomam o lugar dos íons Cl^-. Note, entretanto, que as unidades B_6 estão conectadas entre si, e os átomos de boro formam uma sequência infinita, tridimensional e extremamente estável.

No MB_{12}, mostrado na Figura 14.14, as unidades B_{12} são cubo-octaédricas que substituíram o Cl^- na estrutura do NaCl, ou sal de rocha (veja Figura 7.21a). Em outras palavras, as unidades B_{12} formam um arranjo

Capítulo 14: *Os elementos do Grupo 3A* **395**

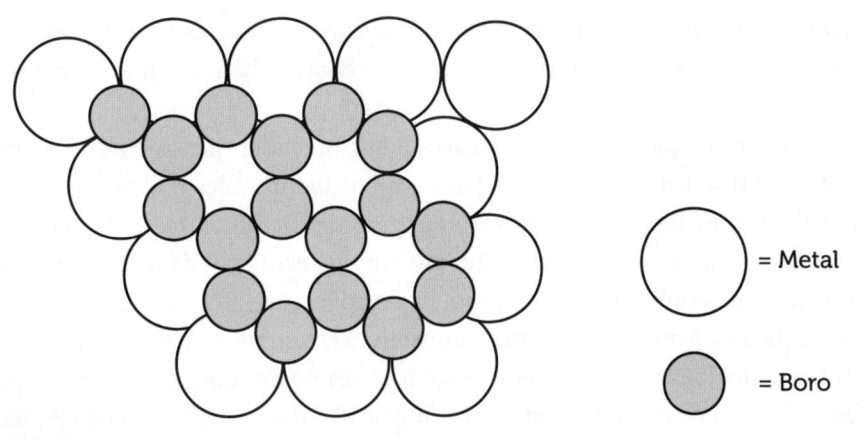

FIGURA 14.12
A estrutura do diboreto metálico, MB$_2$. Ela consiste em camadas alternadas paralelas e hexagonais de átomos do metal e de boro. (Adaptado de: A. G. Sharpe, *Inorganic chemistry*, 2. ed. Copyright © 1981, 1986.)

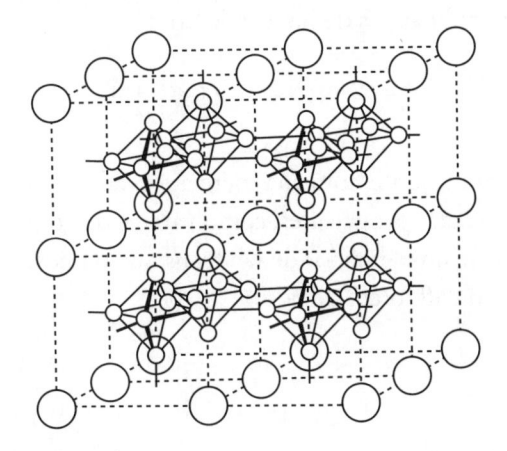

FIGURA 14.13
A estrutura da rede tridimensional do MB$_6$. Note a semelhança com a estrutura do CsCl, mostrada na Figura 7.21e. (De A. G. Sharpe, *Inorganic chemistry*, 2. ed. Copyright © 1981, 1986.)

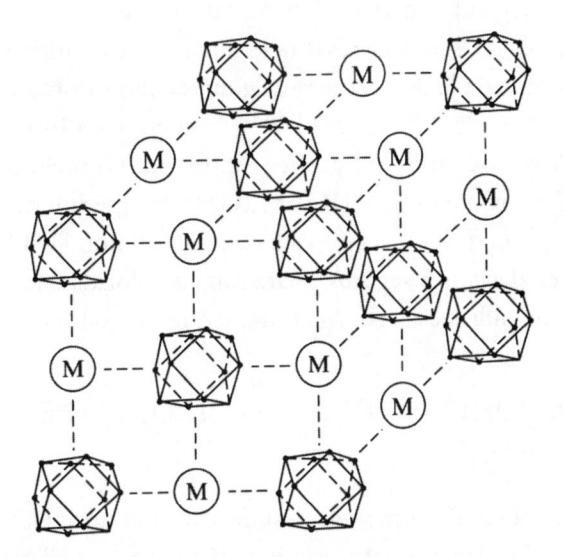

FIGURA 14.14
A estrutura da rede tridimensional do MB$_{12}$. Os *clusters* cubo-octaédricos B$_{12}$ substituem os ânions cloreto, e os átomos de metal substituem os cátions sódio na estrutura do NaCl, mostrada na Figura 7.21a.

de face centrada com os átomos de M em interstícios octaédricos. Novamente, as unidades B_{12}, como as unidades B_6 anteriores, estão ligadas para formar uma sequência enorme, bem arranjada e bonita. (As ligações não são mostradas na figura.)

Dada a sua natureza entrelaçada e estendida, não é de surpreender que os boretos sejam materiais muito duros, com alto ponto de fusão, não voláteis e inertes quimicamente. Eles podem resistir a uma enorme variedade de forças, incluindo temperaturas muito altas e graus de fricção elevados, bem como a ação de ácidos fortes, de metais fundidos e de sais. Diga uma situação em que esse tipo de resistência física e química seja desejado e, possivelmente, os boretos estarão em uso. Essas aplicações incluem lâminas de turbinas, bocais de saída em foguetes, recipientes para reações a altas temperaturas (cadinhos, "barcos" etc.), grãos ("areia") de polimento ou esmerilhamento, lonas de freio e embreagem e mesmo em uma nova geração de blindagens leves de proteção. Os boretos, além de duros e resistentes, também são bons condutores de eletricidade e podem ser utilizados como eletrodos industriais.

Além dessas propriedades físicas e químicas, o boro tem propriedades nucleares que se adicionam à sua utilidade. O boro-10 absorve nêutrons eficientemente. Note que os produtos dessa absorção, mostrados na Equação (14.12), são isótopos não radioativos de hélio e de lítio:

$$^{1}_{0}n + ^{10}_{5}B \longrightarrow ^{7}_{3}Li + ^{4}_{2}He \qquad \textbf{14.12}$$

Essa habilidade de absorver nêutrons, junto com sua inércia e estabilidade estrutural, torna os boretos adequados a um grande número de aplicações nucleares, como varetas de controle e blindagens para nêutrons. A Equação (14.12) é também a base de um contador de nêutrons que ou possui boro no interior de suas paredes ou é abastecido com um gás como o trifluoreto de boro.

Boratos

O ácido bórico, H_3BO_3, como discutido anteriormente (Seção 14.2), aceita um íon OH^- pelo conceito de Lewis e é, portanto, monobásico, em vez de tribásico. O ânion borato, BO_3^{3-}, contudo, é denominado como se o ácido bórico pudesse, de fato, perder todos os seus três prótons. (Algumas vezes, o íon BO_3^{3-} é citado como *ortoborato*, com o prefixo *orto*-derivado do grego "direto" ou "correto".) Embora o BO_3^{3-} não seja um exemplo adequado de um borato, verifica-se, sem surpresas pelo que já foi discutido sobre boretos, que há um grande número de boratos com uma variedade de estruturas, algumas delas mostradas na Figura 14.15.

Os metaboratos ocorrem quando as unidades BO_3^{3-} se unem para formar cadeias ou anéis. (*Meta-* é derivado do grego *meta* para "com" ou "após" e significa "entre" ou "no meio de".) Os boratos tridimensionais, dos quais o $B(OH)_4^-$ (tetra-hidroxiborato) e o $[B_2(O_2)_2(OH)_4]^{2-}$ (perborato) são exemplos bem simples, culminam com o bórax, $Na_2[B_4O_5(OH)_4] \cdot 8H_2O$, que contém o ânion $[B_4O_5(OH)_4]^{2-}$, mostrado na Figura 14.15e. Alguns detergentes e "alvejantes seguros" (para roupas coloridas) contêm perborato de sódio, que hidrolisa para formar peróxido de hidrogênio em água muito quente, como mostrado na Equação (14.13):

$$[B_2(O_2)_2(OH)_4]^{2-} + 4H_2O \xrightarrow{\text{calor}} 2H_2O_2 + 2H_3BO_3 + 2OH^- \qquad \textbf{14.13}$$
perborato

O perborato de sódio também é usado como um desinfetante, um antisséptico tópico e em alguns produtos para clareamento de dentes. Os vários boratos são bem similares aos silicatos, como discutiremos no próximo capítulo.

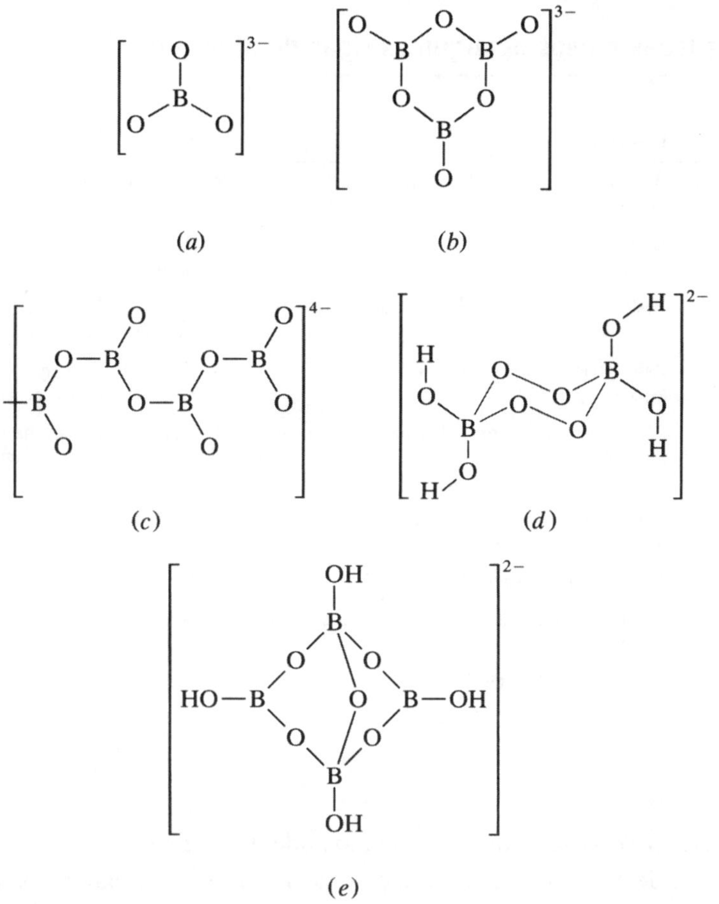

FIGURA 14.15

Variedade de estruturas de boratos. (a) Ortoborato, BO_3^{3-}; (b) metaborato cíclico, $B_3O_6^{3-}$; (c) metaborato em cadeia, BO_2^-; (d) perborato, $[B_2(O_2)_2(OH)_4]^{2-}$; (e) bórax, $[B_4O_5(OH)_4]^{2-}$.

14.4 REAÇÕES E COMPOSTOS DE IMPORTÂNCIA PRÁTICA

Alumínio metálico e ligas de alumínio

Como todos sabem, o alumínio é um metal leve, durável e resistente à corrosão. Você pode se surpreender ao saber, entretanto, que o metal puro é estruturalmente fraco (particularmente em temperaturas superiores a 300 °C), reage prontamente com a água e é mais facilmente oxidado do que o ferro! (Note, na Tabela 14.2, que o potencial padrão de redução do alumínio é $-1,66$ V. O $E°$ para o ferro é $-0,44$ V. Isso significa que é mais fácil oxidar o alumínio a Al^{3+} do que oxidar o ferro a Fe^{2+}.) O alumínio tem uma alta condutividade térmica, uma alta condutividade elétrica e, como é mais leve e mais barato do que o cobre, pode ser o metal escolhido para linhas de energia de longa distância. (Essas linhas têm um núcleo de aço para proporcionar maior resistência.)

Para melhorar as propriedades estruturais, o alumínio é misturado com vários metais, como o cobre, o silício, o magnésio, o manganês e o zinco, para formar ligas de diferentes propriedades e usos, algumas delas mostradas na Tabela 14.3. Evidentemente, o alumínio forma zonas de estabilidade estrutural com esses outros metais, que endurecem a liga em um processo parecido com a formação do aço a partir do ferro.

A resistência à corrosão pelo alumínio é devida à formação de um filme duro, resistente e transparente de Al_2O_3. Uma camada mais espessa de óxido pode ser colocada no alumínio ou na liga por um processo eletrolí-

TABELA 14.3
Composição, propriedades e usos de algumas ligas de alumínio

Principal material que forma liga com o alumínio	Propriedades	Usos
Nenhum ou traços de cobre	Boa condutividade elétrica e térmica; facilmente manuseável	Folha, papel, arame, tubulação; fiação elétrica
Cobre	Elevadas força e resistência a fraturas	Aeronaves; tanque de combustível e oxidantes; estrutura primária dos propulsores do veículo espacial Saturno
Manganês	Resistência moderada; boa para manuseio e para soldagem	Utensílios de cozinha; tubos; embalagens; tanques de estocagem; latas de bebidas
Silício	Baixo ponto de fusão; baixo coeficiente de expansão	Arame de solda; molde; pode ser anodizada a uma coloração cinza atraente; uso em arquitetura
Magnésio	Alta resistência à corrosão; boa para manuseio e para soldagem	Aplicação na marinha; cobrimento de blindagem de veículos militares; extremidades de latas de bebidas; parte externa de veículos
Magnésio e silício	Tratável termicamente; boa formabilidade; boa resistência à corrosão	*Trailers*; caminhões e em transporte em geral; em mobília e arquitetura
Zinco	Tratável termicamente; alta resistência	Fuselagens e outras partes que sofrem alto estresse
Lítio	Baixa densidade; tratável termicamente; resistência moderada	Aplicações aeroespaciais
Silício e cobre	Refratário; alta resistência à tração; resistência moderada	Em arquitetura; em motores automotivos

tico conhecido como *anodização*. Essas camadas do óxido podem ser feitas para absorver várias tintas coloridas, o que resulta em produtos de aparência agradável, usados em placas de sinalização, mobiliário, coberturas e toldos e em uma variedade de outras aplicações.

O papel-alumínio, a propósito, foi desenvolvido nos anos 1940 por Richard S. Reynolds, sobrinho do rei do tabaco R. R. Reynolds, para proteger cigarros e doces duros da umidade. Logo passou a ser encontrado em todos os lugares. Alimentos eram vendidos em atraentes embalagens de alumínio e cozidos em "barcos" e pratos de alumínio ou embrulhados em papel-alumínio quando levados a grelhas de churrasco ou mesmo em fornos. As sobras de refeições eram embrulhadas e preservadas em outra camada de alumínio. Poucos produtos tiveram tão rápida e total aceitação nas residências como o papel-alumínio.

Finalmente, um uso bastante inesperado do alumínio é no desentupidor de pias e ralos (Diabo Verde), que contém pequenos pedaços do metal misturado com hidróxido de sódio. Quando colocado na água, o alumínio reage com o íon hidróxido, como mostrado na Equação (14.14), para gerar hidrogênio gasoso e uma grande quantidade de calor, que pode derreter depósitos de gordura e agitar o conteúdo de ralos entupidos:

$$2Al(s) + 6H_2O(l) + 2OH^-(aq) \longrightarrow 2[Al(OH)_4]^-(aq) + 3H_2(g) \qquad \textbf{14.14}$$
$$\text{aluminato}$$

O alumínio (e o gálio) também reage com ácidos, como mostrado na Equação (14.15):

$$2Al(s) + 6H^+(aq) \longrightarrow 2Al^{3+}(aq) + 3H_2(g) \qquad \textbf{14.15}$$

Embora o íon aluminato seja mostrado como $[Al(OH)_4]^-(aq)$ na Equação (14.14), o número de coordenação do cátion alumínio é caracteristicamente 6 nesse ânion aquoso, bem como no $Al^{3+}(aq)$ da Equação (14.15). Suas estruturas são mostradas na Figura 14.16. A figura também mostra uma representação mais apurada da natureza anfótera do hidróxido de alumínio tri-hidratado, que é, na verdade, o $Al(OH)_3(H_2O)_3$. Note que o $H^+(aq)$ protona um hidróxido do hidróxido hidratado, enquanto o $OH^-(aq)$ remove um próton da

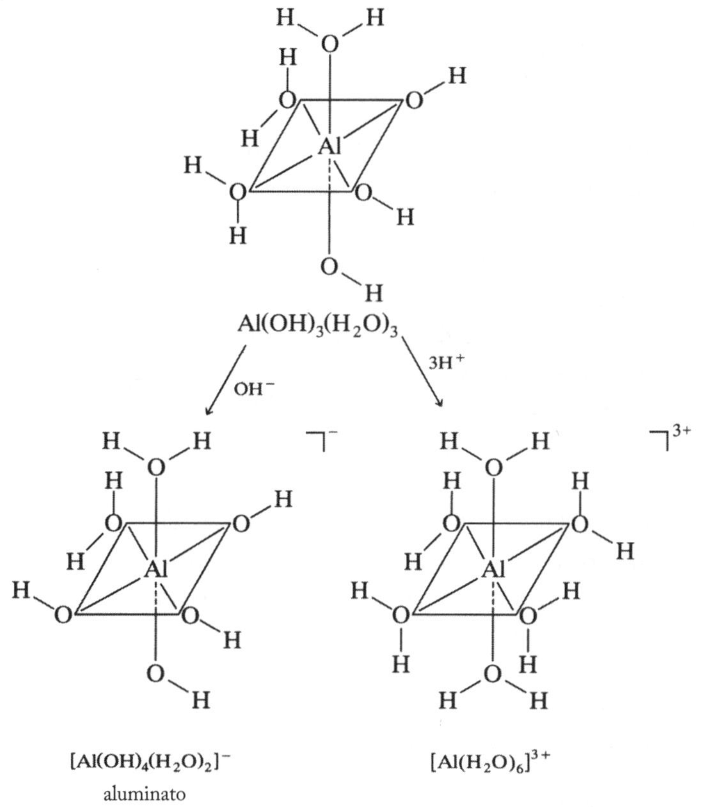

FIGURA 14.16

Espécies de alumínio em solução aquosa. O anfótero $Al(OH)_3(H_2O)_3$ reage com uma base (OH^-), para produzir $[Al(OH)_4(H_2O)_2]^-$, ou com um ácido (H^+), para produzir $[Al(H_2O)_6]^{3+}$.

molécula de água coordenada no complexo. Nenhuma das ligações Al—O é quebrada durante o processo. Outros hidróxidos anfóteros, incluindo aqueles de berílio (note aqui a relação diagonal), gálio, zinco, estanho(II) e chumbo(II), reagem da mesma maneira. (Se você já leu o Capítulo 5, provavelmente reconhecerá essas reações como aquelas de um ligante coordenado.)

Alúmens

Os sais hidratados como o $AlX_3 \cdot 6H_2O$ (X = Cl, Br, I) e os sais duplos ou alúmens, $MAl(SO_4)_2 \cdot 12H_2O$ (M = uma variedade de cátions unipositivos incluindo NH_4^+), contêm o íon hexa-aqua-alumínio(III) e outros cátions M^+ hidratados. As propriedades adstringentes dos alúmens, usados desde a Antiguidade, já foram mencionadas anteriormente. De maneira geral, algumas coisas nunca mudam; o "cloridrato de alumínio", um dos ingredientes ativos de uma variedade de desodorantes antitranspirantes, utiliza a mesma propriedade dos compostos de alumínio. Evidentemente, esses sais são adstringentes, pois alteram as ligações hidrogênio entre as moléculas de proteína, fechando, assim, as glândulas sudoríparas.

As soluções saturadas de alúmens mantidas numa temperatura constante geram grandes e bonitos cristais de várias cores, que são produzidos pela substituição parcial de vários cátions alumínio por cátions de metais de transição no alúmem. A adição de alúmem de amônio (em que $M^+ = NH_4^+$) em água de abastecimento produz um precipitado leve e solto, ou *floco*, de hidróxido de alumínio purificando a água potável. A natureza leve e solta do $Al(OH)_3$ é frequentemente atribuída às ligações hidrogênio entre as moléculas do precipitado e da água.

Alumina

A forma pura do Al_2O_3, chamada de *alumina*, é um sólido branco que existe em uma variedade de polimorfos. *Polimorfo* refere-se à forma cristalina particular de um composto, enquanto *alótropo*, definido no Capítulo 11, refere-se a uma forma molecular diferente de um elemento. (*Morfo* vem do grego *morphē*, que significa "forma".) Assim, o Al_2O_3 cristaliza-se em muitas e diferentes formas, que são normalmente designadas por prefixos de letras gregas.

No α-Al_2O_3, os íons óxido formam um arranjo hexagonal compacto e os íons de alumínio ocupam os interstícios octaédricos. O γ-Al_2O_3 é uma estrutura de espinélio defeituosa na qual não há cátions suficientes para ocupar a fração usual dos interstícios tetraédricos e octaédricos. (Veja Seção 7.6 para mais estruturas espinélicas.) O Al_2O_3 formado na superfície do alumínio metálico é um terceiro polimorfo baseado na estrutura do sal de rocha (NaCl), com cada terceiro íon de alumínio faltando no arranjo cúbico compacto de óxidos. (Veja Capítulo 7 para mais detalhes sobre essas estruturas.)

O α-Al_2O_3 ocorre naturalmente como *coríndon*, que é usado como abrasivo em produtos como moinhos, lixas e mesmo pastas dentifrícias. As formas cristalinas impuras do Al_2O_3 (as impurezas estão entre parênteses) são lindas e valiosas gemas, como o rubi vermelho (Cr^{3+}), a safira azul (Fe^{2+}, Fe^{3+} e Ti^{4+}), a esmeralda verde oriental (Cr^{3+} e Ti^{3+}), a ametista violeta oriental (Cr^{3+} e Ti^{4+}) e o topázio amarelo oriental (Fe^{3+}). O rubi e a safira são também produzidos industrialmente em larga escala, assim como o coríndon de qualidade de gema, às vezes chamado de *safira branca*.

A extrema estabilidade do Al_2O_3 faz que o alumínio seja usado para reduzir uma variedade de óxidos metálicos a seus metais livres correspondentes, por meio da *reação de termite*. Alguns exemplos da reação são dados nas Equações (14.16) e (14.17):

$$2Al(s) + Fe_2O_3(s) \longrightarrow Al_2O_3(s) + 2Fe(s) \qquad \mathbf{14.16}$$

$$2Al(s) + Cr_2O_3(s) \longrightarrow Al_2O_3(s) + 2Cr(s) \qquad \mathbf{14.17}$$

A reação de termite é uma reação violenta e altamente exotérmica que produz calor suficiente para soldar barras de aço de reforço usadas para a construção de edifícios de concreto gigantescos. Ela é também a base de dispositivos incendiários de vários tipos. A combustão do alumínio, quando misturado com perclorato de amônia, é forte o suficiente para que a mistura seja usada como propelente sólido em foguetes do programa norte-americano do ônibus espacial.

Terapia de captura de nêutrons por boro

Por mais de meio século, a terapia de captura de nêutrons por boro (TCNB) tem tido potencial como um tratamento contra cânceres em áreas de difícil acesso do corpo humano. Os alvos são principalmente tumores malignos no cérebro, chamados *glioblastoma multiforme*, mas também cânceres na cabeça e pescoço envolvendo lábios, boca, cavidades nasais, gânglios linfáticos, mamas, faringe e laringe. Como essa terapia atua? Como sabemos, pela Tabela 14.2, o boro tem dois importantes isótopos, o boro-11 (80,22%) e o boro-10 (19,78%). Verifica-se que, quando o boro-10 é bombardeado com nêutrons lentos ou chamados de "termais", é gerada uma forma excitada e instável do boro-11, e este imediatamente se desintegra, produzindo partículas alfa e lítio-7. Esse processo é mostrado na Equação 14.18.

$$^{10}_{5}B + ^{1}_{0}n \longrightarrow [^{11}B] \longrightarrow ^{4}_{2}He + ^{7}_{3}Li \qquad \mathbf{14.18}$$

As partículas alfa têm alta energia, porém não "viajam" para muito longe no corpo humano. Consequentemente, elas serão úteis contra carcinomas presentes na vizinhança do núcleo do boro. Essa precisão no alcance do alvo é importante porque a terapia necessita ser específica para as células cancerosas, enquanto poupa os tecidos normais adjacentes.

Dado o processo nuclear anterior, há dois requisitos para o sucesso da TCNB. O primeiro é o acesso a uma fonte de nêutrons termais. Até o momento, eles estão disponíveis somente usando um reator nuclear, mas aceleradores de partículas poderão servir, em breve, de fonte alternativa. Não surpreendentemente, o perfil de energia desses nêutrons termais deve ser monitorado e cuidadosamente controlado, para que eles cheguem ao local do tumor exatamente com a energia ótima. Outros átomos no corpo também capturam nêutrons. O principal entre eles é o hidrogênio-1, que é convertido em deutério. (As biomoléculas contendo deutério frequentemente têm características diferentes das de suas análogas contendo hidrogênio leve.) O nitrogênio-14 também captura nêutrons produzindo um próton e o carbono-14, que por si só é um emissor beta. (As partículas beta penetram nos tecidos de modo mais efetivo do que as partículas alfa, mais pesadas e com maior massa, causando mais efeitos danosos às células normais.) A produção desses nuclídeos deve ser minimizada, enquanto a conversão do boro-10 em partículas alfa e lítio-7 deve ser maximizada. Obter o equilíbrio adequado na profundidade certa no corpo (que corresponda à localização do tumor) é uma técnica sofisticada e diferente para cada paciente.

O segundo requisito para o sucesso da TCNB é o desenvolvimento de biomoléculas contendo boro-10 que possam ser injetadas na corrente sanguínea para, então, encontrar e se ligar preferencialmente a células cancerosas, em locais de difícil acesso. Uma vez presentes no cérebro, cabeça ou pescoço, os materiais contendo boro-10 não devem causar efeitos colaterais danosos aos tecidos normais. A concentração de B-10 implantado em células cancerosas deve ser alta o suficiente para que, quando os nêutrons termais forem disponibilizados no local, produzam partículas alfa em número suficiente para causar um efeito significativo nos tecidos com câncer. Constata-se que alguns dos melhores agentes terapêuticos contendo boro-10, para a TCNB, incluem os derivados dos boranos e os similares carboranos. Essas moléculas complicadas e deficientes de elétrons podem ser formadas em agentes estáveis e solúveis em água que contenham um grande número de átomos de boro. Esses agentes podem ser ligados a biomoléculas, que procuram tecidos cancerosos. A estrutura desses boranos e carboranos será discutida na próxima seção.

Compostos de gálio, índio e tálio

Comparativamente, há poucos usos dos compostos de gálio, de índio e de tálio. O arseneto de gálio é um importante semicondutor (veja Seção 15.5) e é utilizado em *diodos* de emissão de luz infravermelha (LEDs), em circuitos integrados de micro-ondas, em diodos de *laseres* e em células solares. Os semicondutores de GaAs também são usados em telefones celulares, em comunicações por satélite e em sistemas de radar. O $MgGa_2O_4$ é um composto fosforescente verde brilhante usado no processo de xerografia; o $YSr_2Cu_2GaO_7$ é um exemplo bem recente de um supercondutor de altas temperaturas contendo gálio; o In_2O_3 e o Tl_2O são usados na manufatura do vidro e os cristais de TlBr e de TlI têm a habilidade especial de transmitir luz infravermelha. Mesmo assim, esses três elementos continuam raros, muito dispersos e pouco utilizados.

14.5 TÓPICO SELECIONADO PARA APROFUNDAMENTO: COMPOSTOS DEFICIENTES DE ELÉTRONS

A principal característica que distingue os elementos do Grupo 3A dos outros elementos representativos é a existência de *compostos deficientes de elétrons*. Você pode se lembrar de referências anteriores, neste livro e em outro lugar, de compostos desse tipo. Não é incomum para o boro, o alumínio, o gálio e, ocasionalmente, o berílio e o lítio formarem compostos nos quais o metal é circundado por menos de um octeto de elétrons. No entanto, deve-se ter cuidado com expressões do tipo "deficiente de elétron". Elas parecem implicar que há algo errado com esses compostos. De fato, é mais provável que haja *algo errado com as teorias* que usamos tradicionalmente para imaginar as ligações químicas.

Até agora, neste livro, temos explicado a química em termos do que poderíamos chamar, mais especificamente, de ligações *dois-centros-dois-elétrons* (2c-2e). Nessas ligações simples "normais" (2c-2e), dois átomos (centros) permanecem unidos em uma única ligação pelo compartilhamento de dois elétrons entre eles. Os dois elétrons estão "localizados" entre os dois centros. Agora você pode relembrar as estruturas de ressonância e as ligações π deslocalizadas como em nitratos, trióxido de enxofre e similares, mas, com a descoberta dos compostos deficientes de elétrons, como aqueles encontrados nos boro-hidretos, ou boranos, os químicos tiveram de mudar radicalmente seus pontos de vista sobre as ligações químicas. Discutiremos, primeiro, a descoberta desses compostos e, então, descreveremos as ligações neles.

O primeiro boro-hidreto foi sintetizado por Alfred Stock, um químico alemão atuante no primeiro terço do século XX. Ele preparou uma mistura de boranos pela reação do boreto de magnésio, MgB_2, com vários ácidos minerais, como mostrado na Equação (14.19):

$$MgB_2 + HCl \longrightarrow \text{mistura de } B_4H_{10}, B_5H_9, B_5H_{11}, B_6H_{10} \text{ e } B_{10}H_{14} \qquad \textbf{14.19}$$

Note que nenhum BH_3 (que seria chamado de *borano*, consistente com compostos como o metano, CH_4) foi formado como era de se esperar. Aquecendo o B_4H_{10} a 100 °C, ele se decompôs em compostos daquela fórmula empírica, mas a sua fórmula molecular é B_2H_6 e, consequentemente, foi chamado de *diborano*.

Stock viu que era difícil de trabalhar com esses materiais. Como pode ser visto na Tabela 14.4, eles são frequentemente voláteis, altamente reativos, sensíveis à umidade e ao ar e/ou inflamáveis espontaneamente. Consequentemente, ele concebeu técnicas especiais a vácuo que usavam uma variedade de interruptores com mercúrio, válvulas, "garrafas flutuantes" e similares, de modo a poder manusear esses compostos em uma atmosfera inerte e, assim, evitar sua decomposição. Usando essas técnicas, ele e seus colaboradores apresentaram sintomas de envenenamento por mercúrio, como dor de cabeça, entorpecimento, tremores, ansiedade, indecisão, depressão e perda de memória e da capacidade de concentração, assim como outras sérias deteriorações mentais. Na realidade, em um ponto de sua vida, Stock pensou que estava louco. Não antes de 1924, portanto 15 anos depois de iniciado seus trabalhos com esses compostos, esse conjunto de sintomas foi diagnosticado corretamente como devido ao mercúrio.

Stock dedicou muito do fim da sua vida à investigação das causas e à prevenção do envenenamento por mercúrio, que ele chamou de *Quecksilbervergiftung*. Stock, que nunca recebeu o Prêmio Nobel, idealizou e publicou pela primeira vez, em 1919, um sistema de nomenclatura inorgânica. Apropriadamente, em honra a esse importante químico, o sistema ainda é citado como a *nomenclatura de Stock* da moderna química inorgânica. Esse é o sistema que você aprendeu na química introdutória, no qual compostos como TlI e $SnCl_4$ são chamados de iodeto de tálio(I) e cloreto de estanho(IV), respectivamente, em vez dos antigos nomes, iodeto taloso e cloreto estânico.

As estruturas de alguns boranos mais simples são mostradas na Figura 14.17. Uma vez que essas estruturas estavam bem estabelecidas, os químicos rapidamente perceberam que as ligações nelas não poderiam ser expli-

TABELA 14.4
Propriedades de alguns boranos

Fórmula	Nome[a]	Estado físico a 25 °C	Reação com o ar	Estabilidade térmica a 25 °C
B_2H_6	Diborano(6)	Gás	Inflamável espontaneamente	Relativamente estável
B_4H_{10}	Tetraborano(10)	Gás	Estável se puro	Decompõe-se rapidamente
B_5H_9	Pentaborano(9)	Líquido	Inflamável espontaneamente	Estável
B_5H_{11}	Pentaborano(11)	Líquido	Inflamável espontaneamente	Decompõe-se rapidamente
B_6H_{10}	Hexaborano(10)	Líquido	Estável	Decompõe-se lentamente
$B_{10}H_{14}$	Decaborano(14)	Sólido	Muito estável	Estável

[a] O número de átomos de boro é indicado por um prefixo; o número de átomos de hidrogênio é dado pelo numeral arábico entre parênteses.

FIGURA 14.17

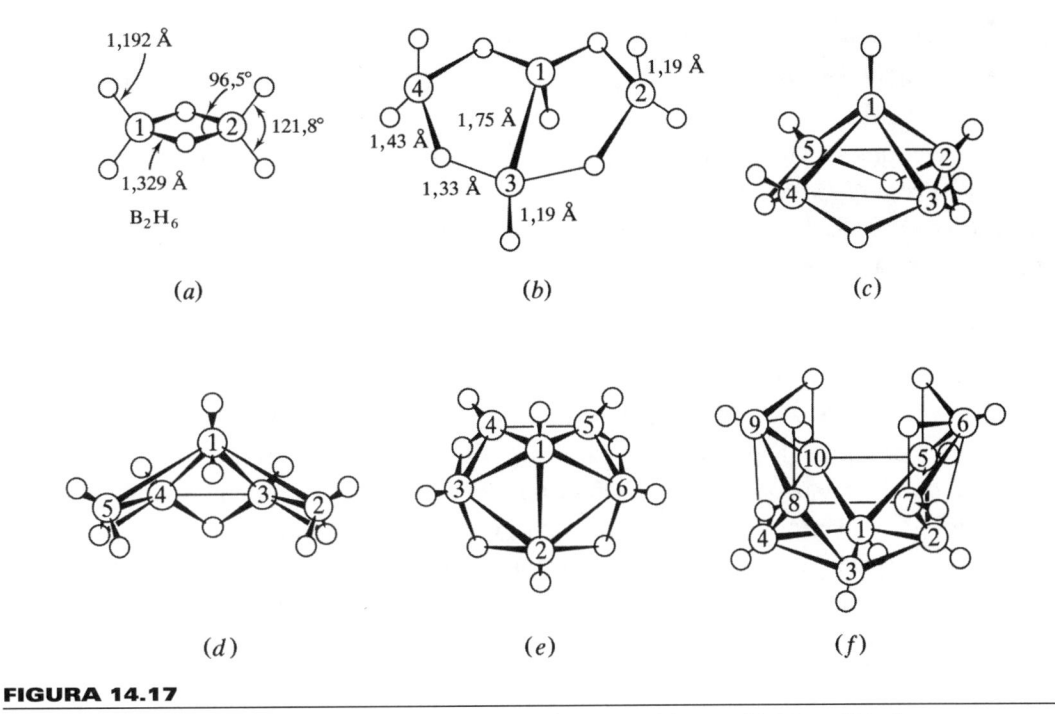

As estruturas dos boranos mais simples: (a) diborano, (b) B_4H_{10}, (c) B_5H_9, (d) B_5H_{11}, (e) B_6H_{10} e (f) $B_{10}H_{14}$.

cadas pelos esquemas usuais. Uma rápida contagem de elétrons já revela o problema. Tome o diborano como protótipo. Cada um dos átomos de boro fornece 3 elétrons de valência, e os seis hidrogênios fornecem 1 cada um deles. Isso dá um total de 12 elétrons, 2 a menos do que o número necessário para ligações convencionais 2c-2e. Em outras palavras, precisamos de 14 elétrons para uma estrutura como aquela encontrada na Figura 14.18a, e não temos o suficiente. O composto é deficiente em elétrons. Como resolver esse problema?

A solução, pela qual William Lipscomb recebeu o Prêmio Nobel em 1976, tem como base a existência de ligações multicentros. Embora a maioria das ligações (simples) seja do tipo 2c-2e, algumas podem ter mais do que dois centros; isto é, elas são *multicentros*. Assumindo que cada boro no diborano forma híbridos sp^3, represente dois átomos de hidrogênio "terminais" ligados a cada boro usando ligações regulares 2c-2e formadas entre um orbital híbrido sp^3 do boro e um orbital atômico 1s do hidrogênio, como mostrado na Figura 14.18b. Note que só restam quatro elétrons. Estes são usados para formar duas ligações três-centros-dois-elétrons

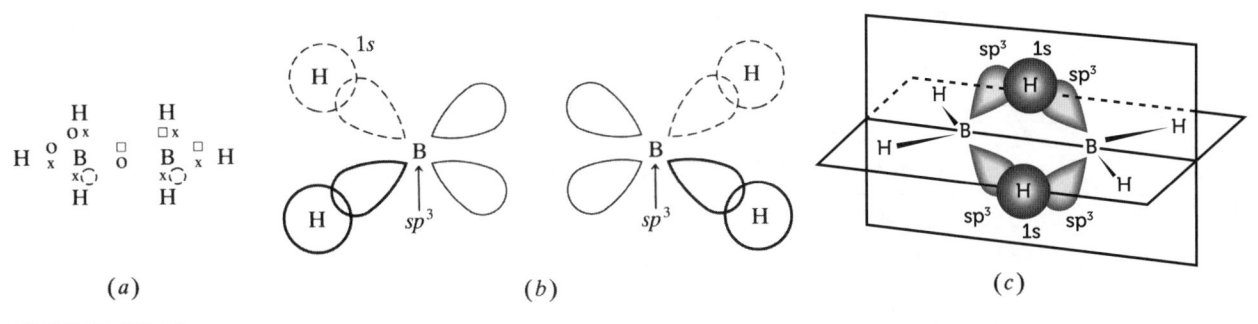

FIGURA 14.18

Três vistas sobre as ligações no diborano. (a) Os 12 elétrons disponíveis (3 de cada boro, quadrados e círculos; 6 dos seis hidrogênios, x's) são 2 a menos (círculos tracejados) do que o necessário para formar ligações dois-centros-dois-elétrons (2c-2e); (b) átomos de boro sp^3 formam ligações normais 2c-2e com os átomos de hidrogênio "terminais"; (c) o par das ligações três-centros-dois-elétrons, cada uma envolvendo dois átomos de boro e um átomo de hidrogênio. (Adaptado de F. A. Cotton e G. Wilkinson, *Advanced inorganic chemistry*, 4. ed., p. 179. Copyright © 1980.)

(3c-2e), como é mostrado na Figura 14.18c. A ligação de três centros resulta de uma sobreposição de um orbital híbrido sp^3 em cada boro e o orbital atômico $1s$ do hidrogênio em ponte. Assim, os dois elétrons em cada uma dessas ligações de três centros estão dispersos sobre os três átomos e os mantêm unidos. A distribuição total da densidade eletrônica na molécula é mostrada na Figura 14.19a. De modo compreensível, essas ligações são, às vezes, citadas como *ligações banana*.

Uma vez que a densidade eletrônica está dispersa sobre três núcleos, em vez de dois, as ligações de três centros devem ser mais fracas do que a variedade convencional 2c-2e. Os comprimentos maiores da ligação B—H nas ligações de três centros (veja Figura 14.17a) parecem confirmar essa expectativa.

Há outra maneira de representar a distribuição eletrônica no diborano e seus parentes mais pesados. Isso pode ser feito pelos *diagramas semitopológicos* de Lipscomb, que envolvem os quatro elementos da estrutura de ligação descritos na Tabela 14.5. Já vimos dois desses elementos, a ligação 2c-2e B—H e a ligação 3c-2e B—H—B, no diborano. Empregando símbolos para esses elementos da estrutura de ligação, o diagrama semitopológico para o diborano pode ser visto na Figura 14.19b. Note que esses diagramas são projetados para mostrar a distribuição dos elétrons e não para retratar a geometria da molécula. Usando as ideias anteriores, podemos desenhar as ligações dos boranos mais pesados. Antes de fazer isso, esteja certo de ter anotado, da Tabela 14.4, a nomenclatura especial usada para esses compostos. O número de átomos de boro é indicado por um prefixo, e o número de átomos de hidrogênio é dado por um número arábico entre parênteses.

O diagrama semitopológico para o tetraborano(10), B_4H_{10}, é dado na Figura 14.20, com as indicações do número de elétrons disponíveis e de como eles estão distribuídos entre os vários elementos da estrutura de ligação. Seria interessante comparar esse diagrama com a verdadeira estrutura dada na Figura 14.17b. Observe que a natureza angular dessa molécula não é retratada no diagrama semitopológico. Essa molécula contém uma ligação normal 2c-2e B—B.

No pentaborano(9), B_5H_9, mostrado na Figura 14.21, o quarto elemento da estrutura de ligação, a ligação 3c-2e B—B—B, está presente. Isso implica uma sobreposição de um orbital híbrido sp^3 de cada um dos três átomos de boro. Perceba que a estrutura mostrada é somente uma das quatro estruturas de ressonância pos-

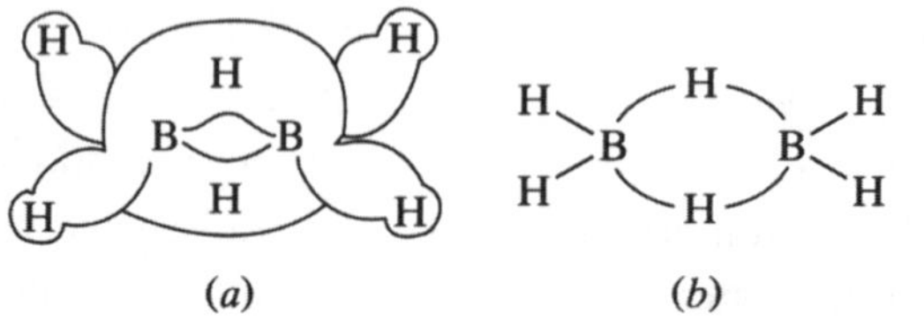

FIGURA 14.19

Duas vistas das ligações no diborano. (*a*) A distribuição total da densidade eletrônica no diborano; (*b*) o diagrama semitopológico para o diborano.

TABELA 14.5
Elementos da estrutura de ligação em boranos

Elemento da estrutura de ligação	Símbolo
Ligação 2c-2e B—H terminal	B—H
Ligação 3c-2e B—H—B	B⟨H⟩B
Ligação 2c-2e B—B	B—B
Ligação 3c-2e B—B—B	B⟨B⟩B

Distribuição de elétrons				Número de elétrons disponíveis	
6	2c-2e	B—H:	$12e^-$	4B:	$12e^-$
4	3c-2e	B−H−B:	$8e^-$	10H:	$10e^-$
1	2c-2e	B—B:	$2e^-$		$22e^-$
			$22e^-$		

FIGURA 14.20

O diagrama semitopológico para o B_4H_{10}.

Distribuição de elétrons				Número de elétrons disponíveis	
5	2c-2e	B—H:	$10e^-$	5B:	$15e^-$
4	3c-2e	B−H−B:	$8e^-$	9H:	$9e^-$
2	2c-2e	B—B:	$4e^-$		$24e^-$
1	3c-2e	B−B−B:	$2e^-$		
			$24e^-$		

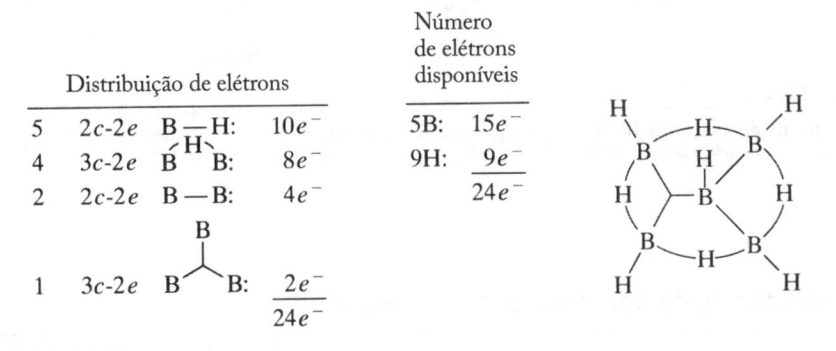

FIGURA 14.21

O diagrama semitopológico para o B_5H_9. (Essa é uma das quatro estruturas de ressonância possíveis.)

síveis. Elas são necessárias para explicar o fato de que todas as distâncias B—B envolvendo um boro no topo dessa molécula piramidal quadrática são iguais (veja Figura 14.17c para a estrutura verdadeira). (Descrições de orbitais moleculares das ligações nessas moléculas são bastante úteis, porém estão além do escopo deste livro.)

Há um número muito grande, e crescente, de boranos mais complexos. De fato, é justo dizer que o borano e a química relacionada ao carborano (quando um ou mais átomos de carbono tomam o lugar do mesmo número de átomos de boro) têm se constituído numa das principais áreas da química inorgânica nas últimas cinco décadas. Muitos dos numerosos boranos, tanto neutros quanto aniônicos, podem ser organizados de melhor modo em classes estruturais chamadas *closo* (do grego, "gaiola"), *nido* (do latim, "ninho"), *aracno* (do grego, "teia de aranha") e *conjunto* (duas ou mais das anteriores combinadas). As estruturas closo são diânions de fórmula geral $B_nH_n^{2-}$ ($n = 6$–12). Elas são mostradas na Figura 14.22. O ânion $B_{12}H_{12}^{2-}$, conhecido oficialmente como o ânion dodeca-hidrododecaborato, é um icosaedro perfeito e é um dos mais estáveis íons moleculares conhecidos. É também altamente solúvel em água e incrivelmente resistente ao calor. A Tabela 14.6 mostra a relação entre as classes estruturais closo, nido e aracno, começando com quatro dos diânions closo, $B_nH_n^{2-}$ ($n = 6, 7, 11$ e 12). Note que, ao remover inicialmente um e depois outro átomo de boro da estrutura closo, é produzido primeiro um análogo tipo ninho, nido, e por fim um análogo tipo teia, aracno. Como mostrado na tabela, cada classe estrutural pode ser representada por uma ou duas fórmulas gerais, mas elas não representam todas as possibilidades.

Os carboranos são produzidos pela substituição de uma unidade B^{1-} por um átomo de carbono (C) isoeletrônico. Por exemplo, começando com $B_{12}H_{12}^{2-}$, a sucessiva substituição produz inicialmente o ânion $CB_{11}H_{12}^{1-}$ ou o ânion $[CH(BH)_{11}]^{1-}$ e, então, a molécula neutra $C_2B_{10}H_{12}$ ou $(CH)_2(BH)_{10}$. Essas são mostradas na Figura 14.23. Observe que há três isômeros (1,2; 1,7; 1,12) de $(CH)_2(BH)_{10}$ usando o esquema de numeração apresentado na Figura 14.23a. Esses isômeros também são conhecidos como formas *orto-*, *meta-* e *para-*, se-

FIGURA 14.22

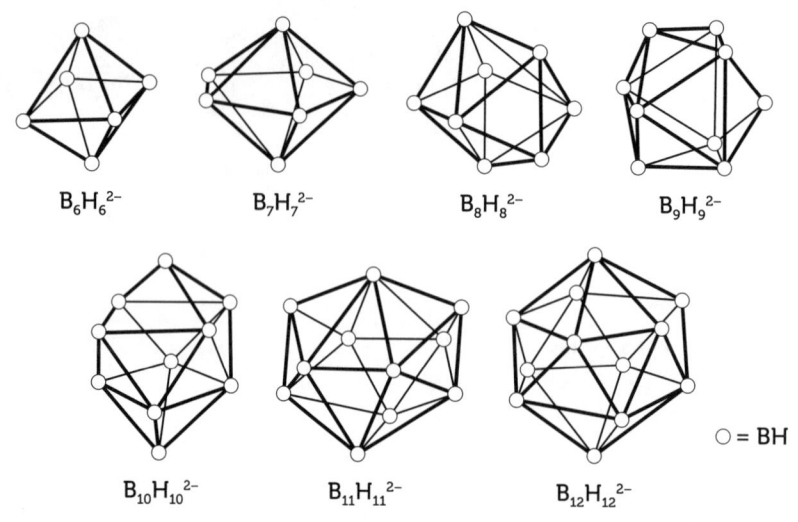

Estruturas dos diânions closo $B_nH_n^{2-}$ ($n = 6–12$). Os círculos abertos mostram as posições das unidades BH. (Adaptado de: Russell N. Grimes. Boron clusters come of age. *Journal of Chemical Education* 81(5). Fig. 2, p. 659. Copyright © 2004.)

○ = BH

Estruturas mostradas: $B_6H_6^{2-}$, $B_7H_7^{2-}$, $B_8H_8^{2-}$, $B_9H_9^{2-}$, $B_{10}H_{10}^{2-}$, $B_{11}H_{11}^{2-}$, $B_{12}H_{12}^{2-}$.

TABELA 14.6
Quatro classes estruturais de boranos neutros e aniônicos

Classe (tipo)	Descrição	Exemplos (1)	(2)	(3)	(4)
Closo (gaiola)	*Cluster* completo, fechado de n átomos de boro $B_nH_n^{2-}$	$B_6H_6^{2-}$	$B_7H_7^{2-}$	$B_{11}H_{11}^{2-}$	$B_{12}H_{12}^{2-}$
Nido (ninho)	*Clusters* não fechados B_{n-1} formados pela remoção de 1 B de um poliedro B_n ou B_nH_{n+4} ou $(B_nH_{n+3})^-$	B_5H_9	B_6H_{10}	$B_{10}H_{14}$	$B_{11}H_{14}^-$
Aracno (teia)	*Clusters* B_{n-2} formados pela remoção de 2 Bs de um poliedro B_n B_nH_{n+6} ou $(B_nH_{n+5})^-$	B_4H_{10}	B_5H_{11}	$B_9H_{14}^-$	$B_{10}H_{14}^{2-}$
Conjunto (combinados)	Formado pela combinação de dois ou mais tipos de *clusters* anteriores	$B_{10}H_{16}$ (2 unidades de B_5H_9 −2H)		B_8H_{18} (2 unidades de B_4H_{10} −2H)	

FIGURA 14.23

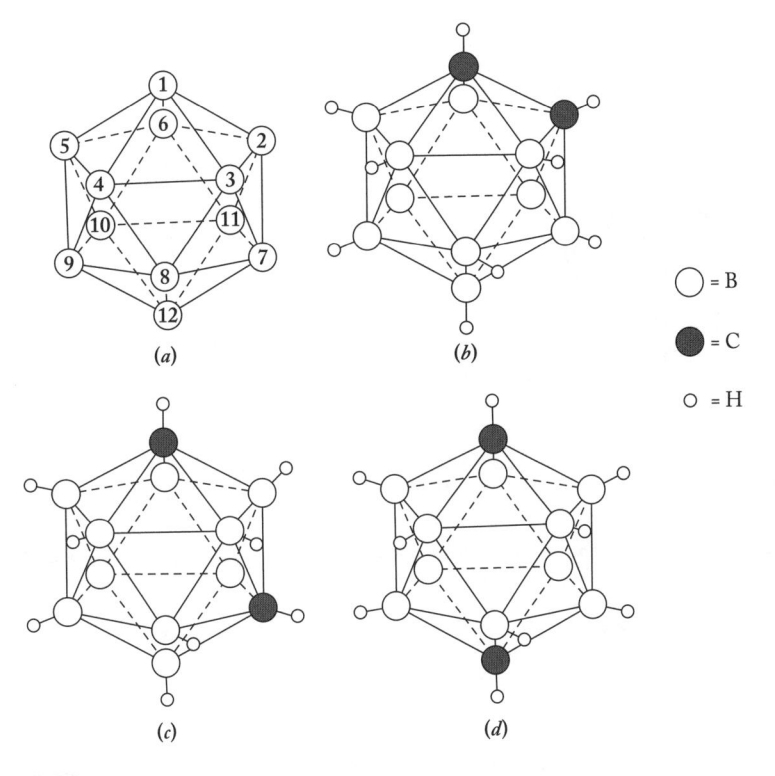

Estruturas dos carboranos closo $C_2B_{10}H_{12}$. (a) O sistema de numeração para o poliedro icosaédrico, (b) o isômero 1,2 ou orto-, (c) o isômero 1,7 ou meta-, (d) o isômero 1,12 ou para-. Os círculos maiores representam os átomos de boro; os hidrogênios, círculos de tamanho menor, nos átomos de boro 6, 10 e 11 foram omitidos para maior clareza.

melhantes aos prefixos usados nas estruturas substituídas do benzeno. (Você já deve ter visto esses prefixos, se já estudou um pouco de química orgânica.)

Outros átomos, como o nitrogênio, o enxofre e o fósforo, podem substituir átomos de boro nos boranos e nos carboranos. Vários átomos e grupos de átomos podem também substituir os hidrogênios nesses compostos. Por exemplo, se todos os átomos de hidrogênio nas 11 ligações B—H do $[CH(BH)_{11}]^{1-}$ forem substituídos por cloretos, ele se torna a base do superácido $H[CH(BCl)_{11}]$, mostrado na Figura 14.24a. Esse superácido de carborano é um milhão de vezes mais forte do que o ácido sulfúrico. A razão para essa alta acidez é que o ânion do ácido $[CH(BCl)_{11}]^{1-}$ é muito estável e modificado com substitutos eletronegativos.

Vários derivados de carborano e de borano têm sido testados para o uso em terapia de captura de nêutrons por boro (TCNB). Por exemplo, o $Na_2B_{10}H_{10}$ é um composto não tóxico, solúvel em água e quimicamente estável, com alto conteúdo de boro. Outro composto é o $Na_2(B_{12}H_{11}SH)$, que tem sido usado, com certo grau de sucesso, no tratamento de câncer no cérebro em pacientes submetidos à TCNB. Esse composto, por vezes chamado de *borocaptato de sódio* e abreviado BSH, é mostrado na Figura 14.24b. Em geral, uma grande variedade de agentes TCNB de carborano- e borano- substituídos está sendo estudada. Um conjunto desses agentes baseia-se no ânion $[B_{12}(OH)_{12}]^{2-}$, no qual os hidrogênios da hidroxila (OH) podem ser substituídos por diferentes grupos que, por sua vez, tornam os átomos de boro disponíveis para uma série de aplicações, incluindo a terapia TCNB, ou como agentes de contraste nos exames de ressonância magnética nuclear (RMN) com imagens de alta resolução. Outro grupo desses compostos é obtido pela conexão de múltiplos *clusters* de "carboranil", $C_2B_{10}H_{12}$, a uma variedade de biomoléculas que podem ser projetadas para fornecer seletivamente centenas de átomos de boro-10 a uma dada célula cancerosa. A subsequente exposição a nêutrons térmicos produz um exército de partículas alfa que, então, destroem a célula cancerosa.

FIGURA 14.24

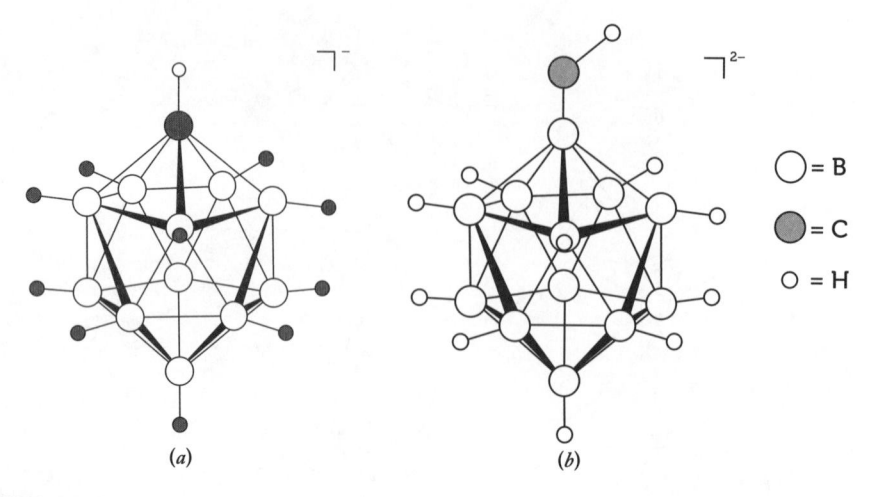

Estruturas de dois importantes ânions carboranil e boranil. (a) O ânion $[CH(BCl)_{11}]^{1-}$ do superácido $H[CH(BCl)_{11}]$ e (b) o ânion $[B_{12}H_{11}SH]^{2-}$ do borocaptato de sódio (abreviado por BSH), $Na_2(B_{12}H_{11}SH)$, que tem sido utilizado na terapia de captura de nêutrons por boro (TCNB). Um átomo de cloro em (a) e um átomo de hidrogênio em (b) estão escondidos atrás dos átomos de boro aos quais estão ligados. (Adaptado de: Geoff Rayner-Canham e Tina Overton, *Descriptive inorganic chemistry*. 4. ed. p. 289.)

Como Stock observou, alguns dos boranos mais simples são perigosamente reativos, e precauções devem ser tomadas quando eles forem sintetizados. O diborano, que resulta quando se esperaria o BH_3, pode ser preparado a partir de vários compostos de boro(III), como mostrado na Equação (14.20):

$$8BF_3 + 6NaH \longrightarrow 6NaBF_4 + B_2H_6 \quad \text{14.20a}$$

$$4BF_3 \cdot O(CH_2CH_3)_2 + 3LiAlH_4 \longrightarrow 3LiAlF_4 + 2B_2H_6 \quad \text{14.20b}$$
$$+ 4CH_3CH_2)_2O$$

$$2KBH_4(s) + 2H_3PO_4(l) \longrightarrow B_2H_6(g) \quad \text{14.20c}$$
$$+ 2KH_2PO_4(s) + 2H_2(g)$$

Note que, na Equação (14.20b), o material de início é o "eterato" de BF_3, que, como mencionado anteriormente e mostrado na Figura 14.8, é um material mais conveniente para trabalhar do que o BF_3 gasoso.

O BH_3, tal qual o BF_3, visto anteriormente, pode ser preparado como um *aduto*, como mostrado na Equação (14.21):

$$B_2H_6 + 2CO \longrightarrow 2H_3B \leftarrow :CO \quad \text{14.21a}$$

$$B_2H_6 + 2R_3N \longrightarrow 2H_3B \leftarrow :NR_3 \quad (R = CH_3, CH_2CH_3 \text{ etc.}) \quad \text{14.21b}$$

Veja que a natureza dativa, ou covalente coordenada, das ligações $B-C$ e $B-N$ nos produtos na Equação (14.21) é indicada por setas entre as fórmulas.

O diborano é o material de partida para a preparação de boranos superiores [Equações (14.22) e (14.23)],

$$2B_2H_6 \xrightarrow[10 \text{ dias}]{\text{pressão}} B_4H_{10} + H_2 \quad \text{14.22}$$

$$2B_4H_{10} + B_2H_6 \longrightarrow 2B_5H_{11} + 2H_2 \qquad \text{14.23}$$

que Stock preparou a partir de boretos. O diborano é também muito usado na química orgânica sintética, em que a hidroboração de olefinas (hidrocarbonetos contendo uma ou mais duplas-ligações) é o ponto de partida para toda uma nova série de compostos. Muito desse trabalho pioneiro foi realizado por H. C. Brown, que recebeu o Prêmio Nobel de Química em 1979.

Uma vez que as ligações B−H (particularmente as ligações multicentros 3c-2e B−H−B) são bastante fracas (em outras palavras, não é necessária muita energia para quebrá-las) e as ligações B−O são muito fortes (muita energia é liberada quando são formadas), não é uma surpresa constatar que as reações do diborano com o oxigênio e com a água [Equações (14.24) e (14.25)] estão entre as reações mais exotérmicas conhecidas:

$$B_2H_6(g) + 3O_2(g) \longrightarrow B_2O_3(s) + 3H_2O(l) \qquad \text{14.24}$$

$$B_2H_6(g) + 6H_2O(l) \longrightarrow 2B(OH)_3(s) + 6H_2(g) \qquad \text{14.25}$$

De 1946 a 1952, o governo dos Estados Unidos patrocinou o "Projeto Hermes" (Hermes era o mensageiro grego dos deuses), destinado a desenvolver supercombustíveis à base de borano que permitiriam às aeronaves voar mais rápido, com maior autonomia e com maior carga útil. Em 1952, o programa foi reconfigurado no que se chamou "Projeto Zip" da marinha e "Projeto HEF" da força aérea americana (HEF – "*high energy fuel*", combustível de alta energia). Um grande número de técnicos foi contratado para esses programas, que eram tão secretos que os possíveis empregados não podiam saber a natureza exata do trabalho, nem dos elementos envolvidos, até que fossem designados para o serviço. O objetivo era construir e abastecer um "bombardeiro químico", usando derivados dos boranos superiores (principalmente o penta- e o decaborano). Dois protótipos do bombardeiro foram construídos e testados, incluindo o "Valkyrie" XB-70A, mostrado na Figura 14.25. Incrivelmente, esses derivados do borano queimam com uma chama verde e produzem uma nuvem de ácido bórico além da zona de combustão. O projeto HEF foi tão bem-sucedido que uma fábrica foi construída para produzir 10 toneladas de combustível por dia! A China e a antiga União Soviética tinham programas similares. A química do borano foi, por um tempo, uma parte integrante da Guerra Fria. É claro que ocorreram problemas a serem superados. Certamente era caro fazer esses combustíveis a partir do mineral bórax, porém esse não foi o principal obstáculo. Certas partes dos motores a jato convencionais, usados para testar os combustíveis, tendiam a se desintegrar muito rapidamente, mas isso pôde ser superado com o desenvolvimento de novas

FIGURA 14.25

O "bombardeiro químico" "Valkyrie" XB-70A.

ligas de titânio, para os componentes vitais dos motores. A marinha não estava muito interessada em estocar esses combustíveis sensíveis à água em seus navios, e a força aérea estava pensando em como esses combustíveis muito perigosos poderiam ser distribuídos de forma segura por todo o mundo. Entretanto, todos esses itens logo se tornaram discutíveis, conforme os novos avanços no radar fizeram o bombardeiro químico ficar obsoleto. Em 1959, esses projetos foram abandonados.

No entanto, todo esse esforço não foi desperdiçado. Uma quantidade incrível da química do borano foi desenvolvida e colocada em bom uso, particularmente em esquemas de síntese orgânica. Além disso, foram criados novos métodos de manuseio de compostos sensíveis ao ar. A exposição ao pentaborano causa sintomas semelhantes aos da doença de Huntington, e novos tratamentos foram desenvolvidos para tais condições (envolvendo compostos organo-ouro). Durante esse período, os carboranos também foram descobertos. O esforço em utilizar combustíveis de alta energia a partir do borano durou pouco mais de uma década. Tudo era muito intrigante e emocionante. Você nunca saberá aonde o estudo da química inorgânica o levará.

Os boranos não são os únicos compostos a exibir ligações multicentros. O hidreto de alumínio gasoso, ou alano, AlH_3, apresenta-se tanto como monômero quanto como dímero, Al_2H_6, que tem uma estrutura similar à do diborano. Na última década, vários *clusters* de hidreto de alumínio, Al_nH_m, foram sintetizados. Os de particular interesse são os *clusters* de Al_4H_6, $Al_4H_6^-$ e $Al_4H_7^-$, que são obtidos quando o alumínio vaporizado reage com o hidrogênio gasoso a altas temperaturas. Esses *clusters* têm um grande potencial de armazenamento de hidrogênio e aplicações em foguetes. A estrutura do Al_4H_6 é mostrada na Figura 14.26a. Vários compostos de alumínio, magnésio, berílio e lítio, muitos com grupos CH_3 (metila), formam ligações multicentros. Alguns deles são mostrados nas figuras 14.26a a 14.26e. O $Al_2(CH_3)_6$ é similar ao Al_2H_6, com grupos metila hibridizados sp^3, formando ligações tanto terminais como em ponte com os átomos de alumínio. No $[Be(CH_3)_2]_n$ e no $[Mg(CH_3)_2]_n$, as ligações em ponte tricentros se prolongam indefinidamente para formar infinitas cadeias. O tetrâmero metil-lítio, $[Li(CH_3)]_4$, talvez seja o mais estranho de todos. Ele é composto de um tetraedro de átomos de lítio mantidos unidos por quatro grupos metila que se posicionam no centro de cada face triangular para formar quatro ligações quatro-centros-dois-elétrons (4c-2e) (Figura 14.26e). Nesse composto, o carbono tem um número de coordenação efetivo 6.

RESUMO

Como muitos metais alcalinos e alcalinoterrosos, os elementos do Grupo 3A foram isolados por redução (boro) ou por eletrólise (alumínio e gálio). O índio e o tálio foram identificados, primeiro, por espectroscopia. Ao contrário dos metais alcalinos e alcalinoterrosos, não há um sexto elemento com propriedades notavelmente radioativas.

Os elementos do Grupo 3A têm ligações com os principais componentes da rede. O boro, um metaloide localizado acima da linha metal-não metal, é singular e diagonalmente relacionado ao silício. O alumínio tem caráter intermediário, com similaridades com o berílio. O índio e o tálio apresentam estados de oxidação 2 a menos que o número do grupo, como esperado pelo efeito do par inerte. Uma discussão sobre as funções de distribuição radial (RDFs) para orbitais atômicos fornece mais detalhes para as razões que estão por trás do efeito do par inerte. Os óxidos desses elementos variam do anidrido ácido B_2O_3 ao anfótero Al_2O_3, até o básico Tl_2O. A variedade de hidróxidos abrange desde o brando ácido bórico ao anfótero hidróxido de alumínio(III), até o extremamente básico hidróxido de tálio(I). Os haletos variam desde o boro trivalente covalente aos dímeros de alumínio, gálio e índio, até os haletos de tálio iônicos univalente, TlX.

A predominância do estado +1 nos congêneres mais pesados é salientada quando se consideram os potenciais padrão de redução. O boro exibe algumas estruturas bem diferentes, que vão desde o alótropo B_{12} do semimetal até os diversos boretos binários e os vários boratos orto-, meta- e tridimensionais. As propriedades nucleares do boro-10 se somam às utilidades gerais dessas estruturas.

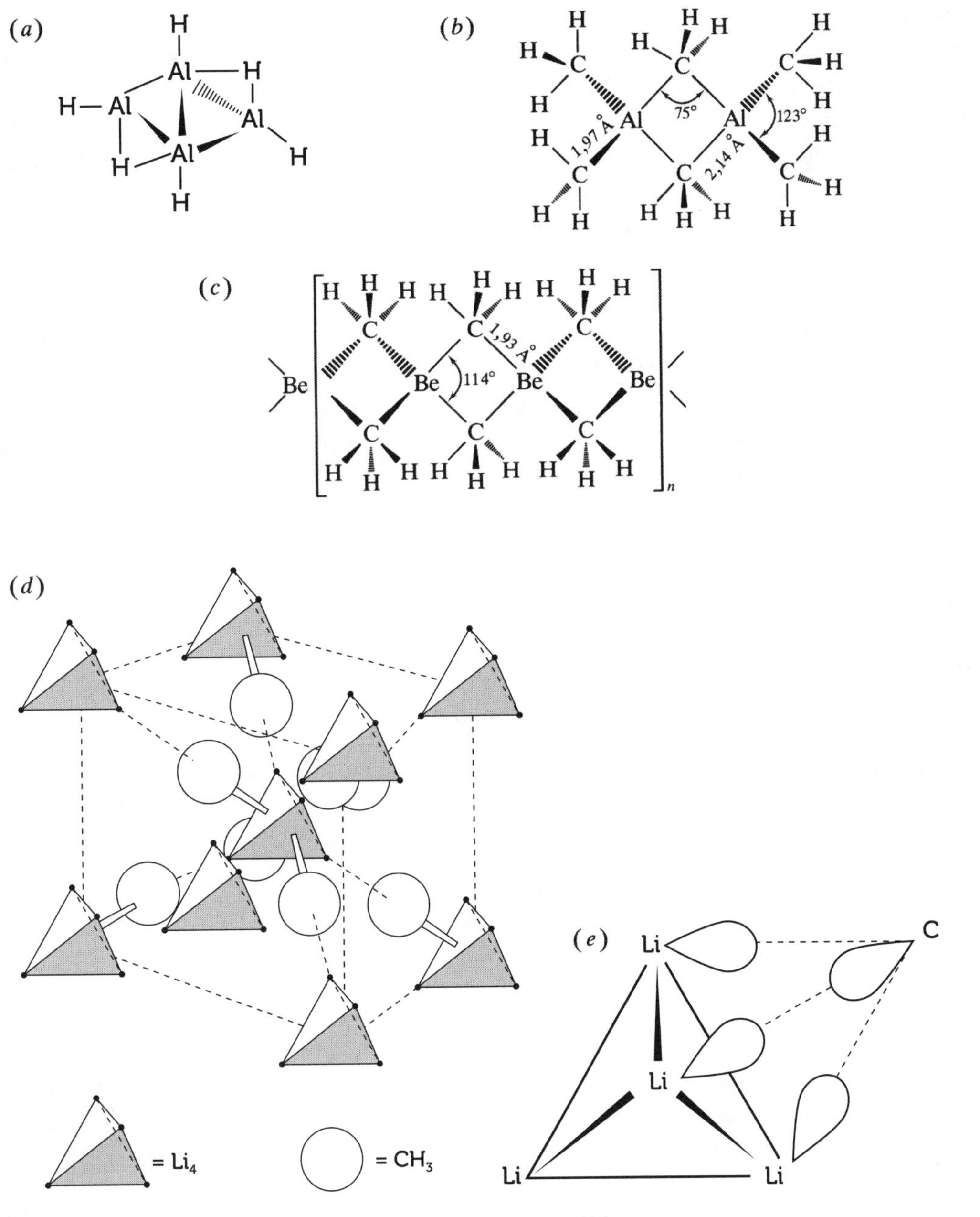

FIGURA 14.26

Outros compostos deficientes de elétron que contêm ligações multicentros. (a) Al_4H_6 (Li et al. Unexpected stability of Al_4H_6: a borane analog? *Science* v. 315, 19 jan. 2007, Fig. 4, p. 357. Reproduzido com permissão.) (b) $Al_2(CH_3)_6$, (c) $[Be(CH_3)_2]_n$, (d) $[Li(CH_3)]_4$. (e) As ligações quatro-centros-dois-elétrons no $[Li(CH_3)]_4$, (d) e (e) (Adaptado de: E. Weiss e E. A. C. Lucken. *Journal of Organometallic Chemistry*, v. 2, p. 197. Copyright © 1964.)

O alumínio, por si só, não é resistente e durável, porém, em combinação com outros metais, vem a ser um dos materiais disponíveis mais versáteis. No entanto, na sua manufatura é usada grande quantidade de energia elétrica, e atualmente isso envolve a produção tanto de dióxido de carbono como de óxidos de enxofre. Os alúmens são adstringentes e fontes de lindos cristais. A alumina, o óxido, ocorre em uma variedade de polimorfos usados como abrasivos e em lindos minerais de qualidade de gemas. É também o produto da reação termite extremamente exotérmica. A TCBN é um tratamento potencial contra tumores no cérebro e outros carcinomas de difícil intervenção, na cabeça e no pescoço. O gálio, o índio e o tálio são compostos com poucas aplicações.

Os compostos deficientes de elétrons são formados por boro, alumínio, gálio e índio, bem como por lítio, berílio e magnésio. Tais compostos são caracterizados por ligações multicentros nas quais dois elétrons mantêm unidos três e, às vezes, quatro centros (átomos). Os boranos, ou boro-hidretos, são os compostos que mais representam esse grupo. Preparados e caracterizados inicialmente por Alfred Stock, são descritos pela estrutura de ligação de quatro elementos arranjados nos diagramas semitopológicos de Lipscomb. Os boranos e os carboranos análogos são organizados nas classes estruturais closo, nido, aracno e conjunto. Os diânions borano closo $B_nH_n^{2-}$ ($n = 6-12$) são estruturas altamente simétricas, variando da estrutura octaédrica ($n = 6$) até a icosaédrica ($n = 12$). Os carboranos são derivados dos boranos pela substituição de uma unidade B^{1-} por um átomo de carbono. Os boranos são mais reativos e foram considerados supercombustíveis, principalmente para um "bombardeiro químico" desenvolvido na década de 1950. Os carboranos são excelentes representantes dos agentes fornecedores de boro-10 na TCBN. Tais carboranos podem ser incorporados a biomoléculas que se ligam preferencialmente a carcinomas de difícil acesso, no cérebro, na cabeça e no pescoço. Há uma variedade de alanos, incluindo os *clusters* $Al_4H_n^-$. Muitos desses compostos têm um grande potencial de armazenamento de hidrogênio e aplicações na propulsão de foguetes. O metil-lítio, $[Li(CH_3)]_4$, é caracterizado por ligações quatro-centros-dois-elétrons.

PROBLEMAS

14.1 Escreva as equações que representam as reações pelas quais (*a*) Gay-Lussac e Thénard prepararam o boro elementar e (*b*) Wöhler preparou o alumínio.

14.2 Os elementos do Grupo 3A não têm um sexto representante radioativo totalmente consagrado, como os metais alcalinos e alcalinoterrosos, mas a produção de poucos átomos de "Uut-283" e "Uut-284" foi relatada de forma confiável. Com base em seu conhecimento geral, estime pelo menos duas propriedades químicas desse elemento.

14.3 As amostras de boro turcas contêm tipicamente 20,30% de boro-10, enquanto as amostras californianas contêm 19,10%. Calcule um peso atômico para o boro em cada amostra. (Massas: boro-10 = 10,01294 u; boro-11 = 11,00931 u.)

*__14.4__ A estrutura da criolita, Na_3AlF_6, é mostrada abaixo. Descreva as posições dos ânions AlF_6^{3-} e dos cátions de sódio (○ e ●) no retículo. Essa estrutura é consistente com a estequiometria dada para o composto? Desenhe um diagrama mostrando as ligações no ânion octaédrico AlF_6^{3-}. (*Dica*: a referência à Figura 7.18 pode ser útil.)

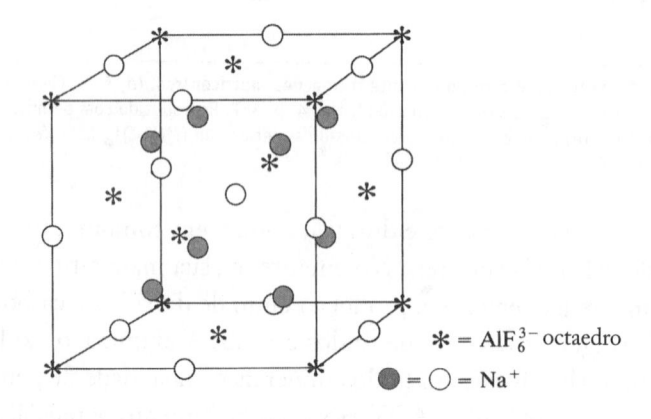

* = AlF_6^{3-} octaedro
● = ○ = Na^+

---
* Exercícios marcados com um asterisco (*) são mais desafiadores.

14.5 O tálio-204 é um emissor de radiação β^- com meia-vida de 3,81 anos. Escreva uma equação nuclear para esse processo.

14.6 Como o boro-10, o lítio-10 também captura nêutrons e emite partículas alfa. Escreva uma equação nuclear para esse processo.

14.7 Liste e explique brevemente dois exemplos da química do Grupo 3A que ilustrem (*a*) a lei periódica e (*b*) o princípio da singularidade.

14.8 Liste e explique brevemente dois exemplos da química do Grupo 3A que ilustrem (*a*) o efeito diagonal e (*b*) o efeito do par inerte.

14.9 Liste e explique brevemente dois exemplos da química do Grupo 3A que ilustrem a variação do caráter ácido-base dos óxidos, descendo no grupo.

14.10 Apresente e explique a tendência geral esperada para as energias de ionização dos elementos do Grupo 3A. Até que ponto os valores reais acompanham essa tendência geral? Explique as exceções da tendência geral usando as "funções de distribuição radial".

14.11 Apresente e explique a tendência geral esperada para os raios atômicos dos elementos do Grupo 3A. Os valores reais acompanham essa tendência geral? Até que ponto os valores reais para os raios surpreendem um pouco quando comparados com o esperado? Explique essas "surpresas" usando as "funções de distribuição radial".

14.12 Apresente e explique a tendência geral esperada para as eletronegatividades dos elementos do Grupo 3A. Até que ponto os valores reais acompanham essa tendência geral? Forneça uma explicação para as exceções.

14.13 Apresente e explique a tendência geral esperada para as afinidades eletrônicas dos elementos do Grupo 3A. Até que ponto os valores reais acompanham essa tendência geral? Forneça uma explicação para as exceções.

14.14 Explique cuidadosamente por que o boro não forma sais iônicos como o $B^{3+}(Cl^-)_3$.

*14.15 Explique por que o H_3BO_3 é, apesar de sua fórmula, um ácido somente monoprótico.

14.16 Usando o componente da rede caráter ácido-básico dos óxidos de metais e não metais, explique por que o óxido de boro é ácido, enquanto o óxido de índio é básico.

14.17 Descreva brevemente como o $TlCl_3$ e o $TlCl$ podem ser preparados. Escreva as equações para essas preparações como parte da sua resposta.

14.18 Escreva as equações que representam as preparações do $AlCl_3$ e do $AlCl_3 \cdot 3H_2O$.

14.19 Explique, com suas palavras, por que a fórmula do hidróxido de alumínio é $Al(OH)_3$, enquanto a do hidróxido de tálio é $TlOH$.

14.20 Por que o comprimento da ligação B—F é bem maior no BF_4^- do que no BF_3? Como parte de sua resposta, desenhe um diagrama bem identificado, mostrando a geometria e a hibridização usadas em cada espécie.

14.21 Desenhe um diagrama que mostre a hibridização de todos os átomos no aduto do éter dimetílico do trifluoreto de boro.

---

* Exercícios marcados com um asterisco (*) são mais desafiadores.

14.22 Explique o mecanismo (sequência de eventos em nível molecular) da hidrólise do tri-haleto de boro, mostrado na Equação (14.8) e repetido a seguir:

$$BX_3 + 3H_2O \longrightarrow B(OH)_3 + 3HX$$

14.23 Explique brevemente por que o alumínio, o gálio e o índio formam haletos do tipo M_2X_6, mas o tálio não.

14.24 Considere o íon de boro-hidreto BH_4^-. Descreva sua relação com o metano, CH_4. Desenhe um diagrama que mostre a geometria molecular e a hibridização do átomo de boro nesse ânion.

14.25 Use o potencial padrão de redução para o tálio dado na Tabela 14.2 para $Tl^+(aq) + e^- \longrightarrow Tl(s)$ e um valor de +1,25 V para a redução do tálio(III) a tálio(I), $Tl^{3+}(aq) + 2e^- \longrightarrow Tl^+(aq)$, para determinar o $\Delta G°$ da reação entre o $Tl^{3+}(aq)$ e $Tl(s)$ para produzir o $Tl^+(aq)$. Essa reação será espontânea sob condições-padrão? Por quê?

14.26 Use potenciais padrão de redução para determinar $E°$ e $\Delta G°$ para a semirreação na qual $Tl^{3+}(aq)$ seria reduzido a $Tl(s)$. [O potencial padrão de redução para a reação $Tl^{3+}(aq) + 2e^- \longrightarrow Tl^+(aq)$ é 1,25 V.] (*Dica*: esse é um daqueles momentos em que o método de somar $E°_{ox}$ e $E°_{red}$ para obter o total $E°$ *não* funciona. Ele só é possível quando é considerado um processo em que a perda e o ganho de elétrons são iguais.)

14.27 Use os potenciais padrão para determinar o $\Delta G°$ da reação de $Tl(s)$ e $H^+(aq)$ para produzir (*a*) $Tl^+(aq)$ e $H_2(g)$ e (*b*) $Tl^{3+}(aq)$ e $H_2(g)$. Qual reação é mais espontânea, termodinamicamente, sob condições-padrão? Comente os resultados com relação ao efeito do par inerte.

14.28 Quando uma tira recém-lixada de alumínio é mergulhada em uma solução aquosa de cloreto de cobre, $CuCl_2(aq)$, ela começa a se dissolver e algum cobre metálico marrom é formado na tira. Use os potenciais padrão de redução (veja Tabela 12.2) para demonstrar que essa reação é espontânea sob condições-padrão. Por que o alumínio precisa estar recém-lixado?

14.29 O CaB_6 tem a estrutura cristalina mostrada na Figura 14.13. Quantos íons Ca e B_6 há por célula unitária? Explique seu raciocínio.

14.30 O ScB_{12} tem a estrutura mostrada na Figura 14.14. Quantos átomos de escândio e *clusters* B_{12} há por célula unitária? Explique seu raciocínio.

14.31 Explique, com suas palavras, por que os boretos metálicos são compostos tão inertes, duros e com alto ponto de fusão.

14.32 Desenhe as estruturas para o ânion cíclico do sal $K_3B_3O_6$ e do ânion em cadeia no CaB_2O_4. Estime o valor de todos os ângulos de ligação e indique a hibridização dos átomos de boro em cada estrutura.

14.33 Desenhe um diagrama bem identificado mostrando a geometria e os orbitais usados no ácido metabórico, $H_3B_3O_6$.

14.34 Desenhe um diagrama bem identificado mostrando a geometria e os orbitais usados em:

(*a*) Ânion perborato, $[B_2(O_2)_2(OH)_4]^{2-}$.

(*b*) O ânion encontrado no bórax, $[B_4O_5(OH)_4]^{2-}$.

14.35 Desenhe um diagrama bem marcado mostrando a geometria e a hibridização de todos os átomos de boro e de oxigênio no íon tetra-hidroxiborato, $B(OH)_4^-$.

---

* Exercícios marcados com um asterisco (*) são mais desafiadores.

14.36 Por que o alumínio puro não é usado em estruturas de aeronaves e motores de automóveis? Em qual forma e composição o alumínio é normalmente usado nessas aplicações?

14.37 Por que o alumínio é resistente à oxidação pelo ar e pela água, apesar de o seu potencial padrão de redução indicar que deveria ser fácil oxidá-lo?

*14.38 Analise os potenciais padrão de redução do alumínio e do ferro para demonstrar que o alumínio é mais facilmente oxidado do que o ferro. Assuma que o ferro é oxidado ao estado +2.

14.39 Usando os potenciais padrão de redução, determine o $\Delta G°$ da Equação (14.15), repetida a seguir:

$$2Al(s) + 6H^+(aq) \longrightarrow 2Al^{3+}(aq) + 3H_2(g)$$

14.40 Descreva o que acontece quando o $AlCl_3$ anidro é dissolvido em água e a solução se torna progressivamente mais alcalina até o pH 11.

14.41 Especule sobre por que o $Al(OH)_3$ precisa ser um precipitado recém preparado para mostrar o comportamento anfótero descrito na Seção 14.4.

14.42 O "cloridrato de alumínio" é, na realidade, o hidroxicloreto de alumínio, $Al(OH)_2Cl$, ou talvez o $Al_2(OH)_5Cl \cdot 2H_2O$. Especule sobre a estrutura que corresponda a essa última fórmula molecular.

14.43 Realize um levantamento sobre os desodorantes antitranspirantes usados por seus amigos. Liste quatro produtos diferentes e seus ingredientes ativos.

*14.44 Os calores padrão de formação do $Fe_2O_3(s)$, do $Cr_2O_3(s)$ e do $Al_2O_3(s)$ são $-822,2$, $-1128,4$ e $-1675,7$ kJ/mol, respectivamente. Calcule os calores de reação das duas reações de termite representadas nas Equações (14.16) e (14.17), repetidas abaixo:

$$2Al(s) + Fe_2O_3(s) \longrightarrow Al_2O_3(s) + 2Fe(s)$$
$$2Al(s) + Cr_2O_3(s) \longrightarrow Al_2O_3(s) + 2Cr(s)$$

*14.45 Sem referência ao texto do livro, escreva um parágrafo, acompanhado de diagramas, descrevendo o que quer dizer "uma ligação multicêntrica como a encontrada no diborano". Dê diversos outros exemplos.

14.46 Desenhe um diagrama semitopológico para o hexaborano(10), B_6H_{10}.

14.47 Desenhe um diagrama semitopológico para o pentaborano(11), B_5H_{11}.

14.48 O cátion $B_3H_6^+$ não é conhecido, mas é possível especular sobre sua estrutura. Desenhe um diagrama semitopológico representando uma estrutura "razoável" para esse cátion. Indique, na sua estrutura, a hibridização de cada boro.

*14.49 Atribua a cada borano, na Figura 14.17, uma classe estrutural: closo, nido ou aracno. Descreva sucintamente suas atribuições.

14.50 Descreva as modificações estruturais que ocorrem na sequência $B_6H_6^{2-}$, B_5H_9 e B_4H_{10}, como encontrada na Tabela 14.6.

14.51 Há pelo menos dois outros isômeros estruturais para o conjunto $B_{10}H_{16}$, que não são mostrados na Tabela 14.6. Desenhe os diagramas e descreva esses dois isômeros.

14.52 Considere o carborano $C_2B_4H_6$. Como ele é relacionado ao ânion $B_6H_6^{2-}$? Quantos isômeros são esperados? Mostre uma fórmula estrutural e dê dois nomes para cada isômero.

---

* Exercícios marcados com um asterisco (*) são mais desafiadores.

14.53 Considere o carborano $C_2B_5H_7$. Como ele é relacionado ao ânion $B_7H_7^{2-}$? Quantos isômeros são esperados? Mostre uma fórmula estrutural e dê um nome a cada isômero.

14.54 Qual é a melhor maneira de produzir diborano em laboratório? Escreva uma equação para a reação. Compare esse método ao usado por Stock para obter o diborano.

14.55 Desenhe as estruturas do $Be(BH_4)_2$ e do $Al(BH_4)_3$. Cada uma envolve ligações tricentros do tipo B−H−M, em que M = berílio ou alumínio.

*14.56 O BeB_2H_8 é um composto conhecido, mas sua estrutura mostrou-se difícil de ser determinada. Contando os elétrons, escreva dois diagramas semitopológicos possíveis para esse composto. Um deve ser linear, no qual o berílio e os dois átomos de boro estão em uma linha reta, e o segundo deve ser triangular, mantido unido por ligações 3c−2e.

*14.57 Suponha que um novo borano, o B_4H_8, tenha sido descoberto.
(a) Qual seria o nome adequado para esse composto?
(b) Suponha que esse composto seja essencialmente um tetraedro de átomos de boro com três hidrogênios em ponte ao longo de sua base triangular e cinco ligações terminais B−H. Desenhe um diagrama semitopológico para esse composto. Indique todos os elétrons presentes na molécula. Descreva quaisquer estruturas de ressonância necessárias para caracterizar totalmente o composto.

*14.58 O ânion $B_5H_8^-$ pode ser preparado pela extração do próton do pentaborano(9). O próton é removido de uma posição em ponte, deixando esse ânion com três ligações B−H−B 3c−2e. Desenhe um diagrama semitopológico para esse ânion. Indique, se houver, o número de estruturas de ressonância que são necessárias para caracterizar totalmente o ânion.

14.59 Um ânion borano comum é o $B_3H_8^-$. Mantendo os três átomos de boro em um triângulo, desenhe um diagrama semitopológico para esse ânion. Inclua uma análise do número de elétrons disponíveis e a distribuição desses elétrons em tipos de ligações. Desenhe também um diagrama que mostre a geometria molecular desse ânion. (Mantenha os três boros no plano do papel.)

14.60 Especule sobre a estrutura e os isômeros do $(CH_3)_2B_2H_4$. Desenhe um diagrama detalhado mostrando os ângulos estimados das ligações e as hibridizações utilizadas por todos os átomos de boro e de carbono. Essa molécula tem ligações 3c−2e B−H−B.

14.61 O CB_2H_8 é um carborano comum e pequeno. Mantendo o carbono e os dois boros em um triângulo, desenhe um diagrama semitopológico para essa molécula. Inclua uma análise do número de elétrons disponíveis e a distribuição desses elétrons em tipos de ligações. Desenhe também um diagrama mostrando a geometria dessa molécula.

14.62 Desenhe um diagrama semitopológico do dímero trimetilalumínio, $Al_2(CH_3)_6$. Com a ajuda de um diagrama separado, descreva rapidamente as ligações nessa molécula, incluindo a hibridização dos átomos de alumínio e de carbono.

14.63 Dada a estrutura do Al_4H_6, mostrada na Figura 14.26a, escreva um diagrama semitopológico para esse alano.

14.64 A estrutura do $Al_4H_7^-$ é mostrada a seguir. Escreva um diagrama semitopológico para esse *cluster* de alumínio aniônico.

---

* Exercícios marcados com um asterisco (*) são mais desafiadores.

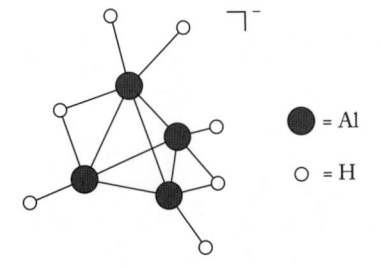

● = Al
○ = H

*14.65 No Capítulo 9, foi afirmado que os primeiros elementos de cada grupo não são os mais representativos como um todo e que, de fato, os segundos elementos o são. Você concorda com isso no caso do Grupo 3A? Seja específico.

---

* Exercícios marcados com um asterisco (*) são mais desafiadores.

CAPÍTULO 15

Os elementos do grupo 4A

Os elementos do Grupo 4A (carbono, silício, germânio, estanho e chumbo) mantêm a tendência de uma crescente variedade de propriedades dentro de um único grupo. Assim como o Grupo 3A, esses elementos são tão diversos que eles não têm um nome descritivo coletivo como os halogênios ou os metais alcalinos. Seguindo com nossa prática comum, iniciaremos com uma discussão sobre a descoberta e o isolamento dos elementos. Depois vem a aplicação da nossa rede. Como foi o caso para os elementos do Grupo 3A, todos os sete componentes desenvolvidos até aqui contribuem significativamente para o nosso entendimento do grupo. Em particular, a descrição dos hidretos, óxidos, hidróxidos e haletos revela uma grande variedade de propriedades. Uma discussão sobre a força remarcável da ligação silício–oxigênio nos leva a descrever o oitavo e último componente da nossa rede: ligações dp–pp que envolvem elementos do segundo e terceiro períodos. As muitas e diversas aplicações práticas desses elementos iniciam com as capacidades lubrificantes e a dureza da grafite e do diamante, respectivamente. Depois, temos uma descrição estendida da preparação, estruturas, reações e muitas aplicações de um terceiro alótropo do carbono, os grafenos, um termo geral para os fulerenos e nanotubos. A seção de aplicações termina com considerações sobre a doença do estanho, métodos radioquímicos de datação, carbetos e acumuladores de chumbo. Uma discussão da estrutura, propriedades e aplicações da sílica, silicatos e aluminosssilicatos merece sua própria seção separada. Os tópicos selecionados para aprofundamento são semicondutores e vidro.

15.1 DESCOBERTA E ISOLAMENTO DOS ELEMENTOS

A Figura 15.1 mostra as informações usuais sobre as descobertas desses elementos sobreposta no gráfico cronológico do número de elementos conhecidos. Note

FIGURA 15.1

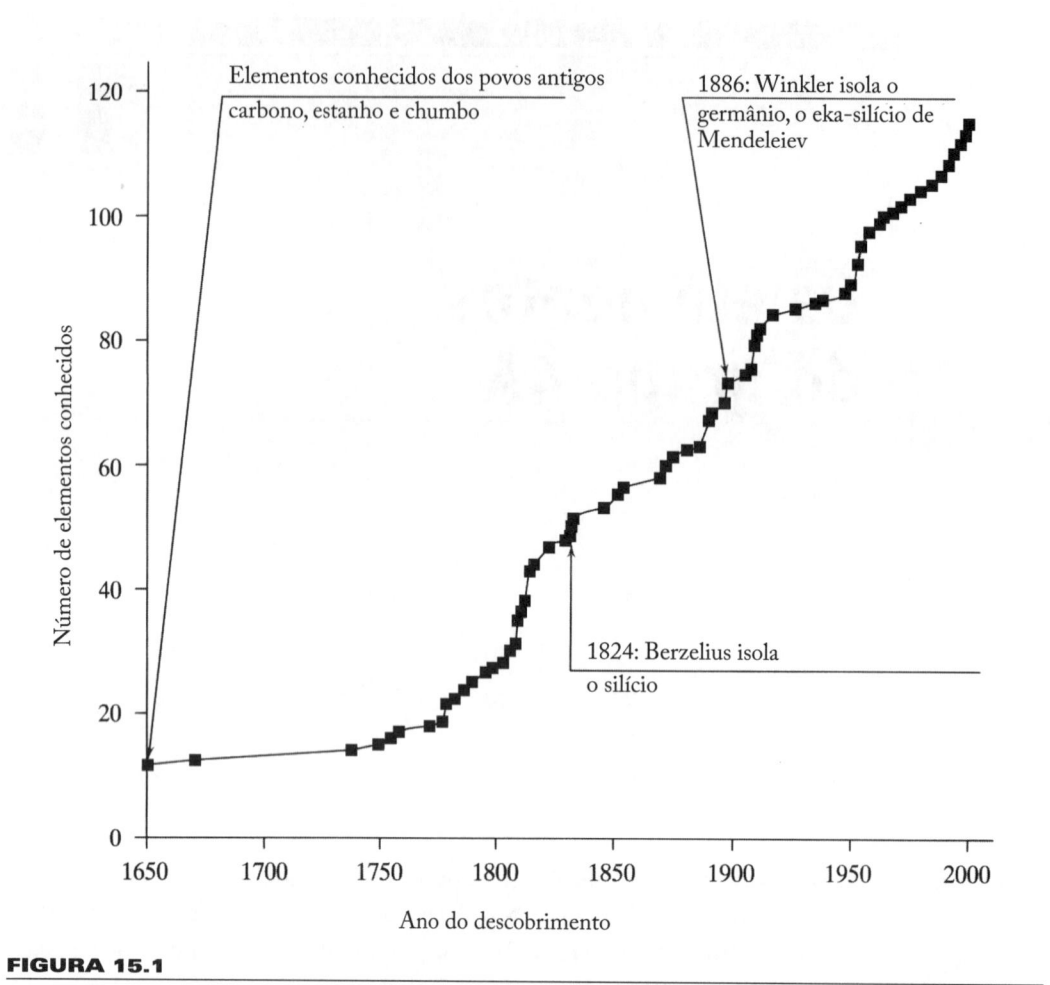

A descoberta dos elementos do Grupo 4A sobreposta no gráfico de número de elementos conhecidos em função do tempo. (De Modern Descriptive Chemistry, 1ª ed., por Eugene Rochow, p. 133. Copyright ã 1977 Brooks/Cole, uma parte da Cengage Learning, Inc.)

que pela primeira vez encontramos elementos (carbono, estanho e chumbo) que já eram conhecidos na Antiguidade.

Carbono, estanho e chumbo

O carbono é conhecido nas formas de carvão mineral, óleo, petróleo, gás natural e carvão vegetal há milhares de anos. Por exemplo, o negro-de-fumo (uma fuligem muito fina de carbono) foi usado como um pigmento de tinta seis séculos antes de Cristo. Dado que o carbono livre era conhecido na Antiguidade, não há descoberta listada para ele. O reconhecimento de que ele era um elemento no senso moderno, no entanto, data somente do fim do século XVIII. O financeiramente independente Lavoisier realizou muitos experimentos de combustão de diamantes nos anos 1770 e os livros daquela época começaram a se referir ao carbono como um elemento. Ao final daquele século, foi mostrado que diamante e grafite eram apenas duas formas do mesmo elemento. Como mencionado no Capítulo 1, foi na primeira parte do século XIX que Jöns Jakob Berzelius dividiu todos os compostos químicos em orgânicos (obtidos de tecidos vivos) ou inorgânicos. Ele até pensou inicialmente que diferentes leis poderiam governar esses dois tipos de compostos, mas quando isso foi refutado por Wöhler nos anos 1820, o elemento (literalmente nesse caso) que os distinguia parecia ser se os compostos continham ou não carbono. Hoje, a fronteira entre orgânico e inorgânico não é muito clara, mas, aparentemente essa separação deve persistir por mais algum tempo.

Pode-se considerar que havia produção de estanho já em 3000 a.C., muito provavelmente porque seu óxido podia ser facilmente reduzido ao metal pelas brasas de uma fogueira. A produção e o uso do bronze (uma liga de cobre e estanho) são ainda mais antigos. Pratos de estanho eram comuns nos anos 1700, assim como materiais recobertos de estanho. À propósito, o recobrimento do ferro com uma fina camada de estanho era uma indústria em expansão em Nova York e na Nova Inglaterra à época colonial. Hoje em dia, os Estados Unidos seguem sendo um dos principais consumidores de estanho, mas têm que importar praticamente tudo o que consomem. A maioria desse estanho é usado em ligas incluindo solda (com chumbo), peltre (com antimônio e cobre) e bronze (com cobre). O estanho tem a distinção de ter mais isótopos estáveis (10, ao total) do que qualquer outro elemento. (Veja a Tabela 15.1 para uma listagem.)

O chumbo talvez seja o metal mais antigo conhecido. O Livro de Jó, provavelmente escrito 400 a.C. (embora estudiosos da bíblia continuem a debater a data exata e também deve haver contribuições de outras eras),

TABELA 15.1
As propriedades fundamentais dos elementos do grupo 4A

	Carbono	Silício	Germânio	Estanho	Chumbo
Símbolo	C	Si	Ge	Sn	Pb
Número atômico	6	14	32	50	82
Isótopos naturais A/abundância %	^{12}C/98,89 ^{13}C/1,11	^{28}Si/92,21 ^{29}Si/4,70 ^{30}Si/3,09	^{70}Ge/20,52 ^{72}Ge/27,43 ^{73}Ge/7,76 ^{74}Ge/36,54 ^{76}Ge/7,76	^{116}Sn/14,30[a] ^{117}Sn/7,61 ^{118}Sn/24,03 ^{119}Sn/8,58 ^{120}Sn/32,85 ^{122}Sn/4,72 ^{124}Sn/5,94	^{204}Pb/1,48 ^{206}Pb/23,6 ^{207}Pb/22,6 ^{208}Pb/52,3
Número total de isótopos	7	8	14	21	21
Massa atômica	12,01	28,09	72,59	118,7	207,2
Elétrons de valência	$2s^2 2p^2$	$3s^2 3p^2$	$4s^2 4p^2$	$5s^2 5p^2$	$6s^2 6p^2$
pf/pe, °C	3570/sublima	1414/2355	937/2830	232[b]/2270	328/1750
Densidade, g/cm^3	2,25[c]	2,33	5,32	7,30[b]	11,35
Raio atômico, metálico, Å	...	...	1,39	1,58	1,75
Raio covalente, Shannon-Prewitt, Å (N.C.)	0,77	1,17	1,22	1,41	1,47
Raio iônico, Shannon-Prewitt, Å (N.C.)	0,29(4)	0,40(4)	0,67(6)	(+4) 0,83(6) (+2) 1,22(8)	(+4)0,79(6) (+2)1,33(6)[d]
EN de Pauling	2,5	1,8	1,8	1,8	1,9
Densidade de carga (carga/raio iônico), unidade de carga/Å	14	10	6,0	(+4) 4,8 (+2) 1,6	(+4) 5,1 (+2) 1,5
$E°$, V ($MO_2 \rightarrow M$, sol. ácida)	+0,21	−0,91	−0,07	−0,10	0,67[e]
Estados de oxidação	−4 a +4	−4, +2, +4	−4, +2, +4	−4, +2, +4	+2, +4
Energia de ionização, kJ/mol	1086	786	760	709	716
Afinidade eletrônica estimada, kJ/mol	−122	−134	−120	−120	−35
Descoberto por/data	Antiguidade	Berzelius 1824	Winkler 1886	Antiguidade	Antiguidade
prc[f] O_2	CO, CO_2	SiO_2	GeO_2	SnO_2	PbO
Caráter ácido-base do óxido	Ácido	Ácido	Afótero	Afótero	Afótero
prc N_2	Nenhum	Si_3N_4	Nenhum	Sn_3N_4	Nenhum
prc halogênios	CX_4	SiX_4	GeX_4	SnX_4	PbX_2
prc hidrogênio	CH_4	Nenhum	Nenhum	Nenhum	Nenhum
Estrutura cristalina	Diamante grafite	Diamante	Diamante	Tetragonal	cfc

[a] O estanho tem outros três isótopos estáveis com menos de 1% abundância.

[b] Valor para o estanho branco.

[c] Valor para o grafite.

[d] Valor questionável.

[e] $PbO_2 \rightarrow Pb^{2+}$, $E° = 1,46$ V (solução ácida).

[f] prc = produto da reação com.

apresenta o seu autor desejando que sua devoção a Deus seja gravada para sempre "com uma pena de ferro e chumbo" (Jó 19:24). O chumbo era fácil de forjar em folhas para escrever e para material de revestimento, em recipientes para cozinhar e armazenar comida e em tubos para encanamento. Não eram apenas os tubos de chumbo os materiais originais para encanamentos (o emblema de imperadores romanos pode ser encontrado em tubos de chumbo ainda em uso), mas as palavras em inglês para encanamento (*plumbing*) e encanador (*plumber*) são derivadas da mesma palavra em latim, *plumbum*, que significa "chumbo." Essa também é a origem do símbolo Pb para o elemento.

Silício

O silício não é encontrado como um elemento livre na natureza. Seu óxido, SiO_2, ou "sílica," é um dos principais componentes da crosta terrestre e se apresenta de várias formas incluindo areia, arenito, quartzo, sílex, jaspe e ametista, entre outras. O vidro, do qual a sílica é um dos componentes principais, é conhecido desde cerca de 1500 a.C. Conforme discutido no Capítulo 12, as "terras," incluindo a sílica, eram consideradas por muitos como sendo elementos, mas Davy não concordou mesmo que ele não tenha conseguido isolar o metaloide correspondente da sílica usando sua pilha voltaica ou reagindo-a com o potássio. Em 1811, Gay-Lussac e Thénard, que, em conjunto, isolaram o boro em 1808, tentaram reduzir o tetrafluoreto de silício gasoso (isolado por Scheele) com potássio, mas obtiveram apenas uma forma impura de silício – não pura o suficiente para serem creditados com a descoberta. Em 1824, Berzelius, purificando pacientemente os produtos, teve sucesso no isolamento do silício amorfo quando outros antes dele falharam. Ele deu o nome de silício a seu novo elemento, do latim *silex*. O sílex é uma das maiores fontes de sílica. Para os países de língua inglesa, o nome inicial proposto foi *silicium*. O nome atual *silicon*, com o sufixo *–on* substituindo *–ium* foi proposto em 1831, para estabelecer um paralelo com *boron* e *carbon*. O silício brilhante, cristalino e azul-acinzentado não foi preparado até quase 25 anos mais tarde. Hoje, o silício razoavelmente puro é preparado pela redução da sílica com carbono em uma fornalha elétrica, como representado na Equação (15.1):

$$SiO_2(s) + 2C(s) \xrightarrow{\text{fornalha elétrica}} Si(s) + 2CO(g) \qquad \textbf{15.1}$$

Germânio

O silício, tendo aparecido na lista de elementos pela primeira vez nos anos 1820, apareceu na tabela periódica de Mendeleiev dos anos 1870. Diretamente abaixo do silício o químico russo deixou um de seus famosos espaços em branco para elementos não descobertos. (Veja a Seção 9.1 para um relato desse processo e a Seção 14.1 para a descoberta do eka-alumínio ou gálio, por de Boisbaudran.) O eka-silício foi descoberto em 1886 por Clemens Winkler que, em uma linha de raciocínio similar à que o jovem Arfwedson usou no isolamento do lítio em 1817, verificou que ele não podia explicar 7% de um novo minério de prata. Ele verificou que porcentagem que estava "faltando" era um novo elemento, que ele identificou como germânio em homenagem a sua terra natal. Winkler acabou não identificando seu elemento como o eka-silício e sim como o eka-antimônio, um elemento que Mendeleiev previu estar entre o antimônio e o bismuto. O próprio Mendeleiev pensou que o novo elemento de Winkler fosse o eka-cádmio, que ele posicionou entre o cádmio e o mercúrio. Foi Meyer (que, você pode lembrar do Capítulo 9, formulou independentemente a lei periódica na mesma época que Mendeleiev) quem corretamente o identificou como o eka-silício. O eka-antimônio e o eka-cádmio são dois dos *não-tão-famosos espaços em branco* de Mendeleiev, dos quais raramente ouviremos falar.

Não foi encontrada muita utilidade para o germânio até 1942, quando o transistor foi inventado na Bell Lab. E agora o germânio retornou para uma relativa obscuridade, tendo perdido espaço no mercado de semicondutores-transistores para o silício. Ele é separado de outros elementos pela destilação fracionada de seu cloreto que, por sua vez, é hidrolisado e reduzido ao elemento metaloide branco-acinzentado, como mostrado na Equação (15.2):

$$GeCl_4(l) + 2H_2O(l) \longrightarrow GeO_2(s) + 4HCl(aq) \quad \textbf{15.2a}$$

$$GeO_2(s) + 2H_2(g) \longrightarrow Ge(s) + 2H_2O(l) \quad \textbf{15.2b}$$

15.2 PROPRIEDADES FUNDAMENTAIS E A REDE

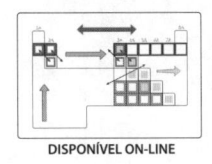

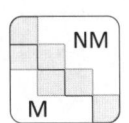

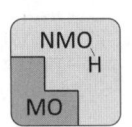

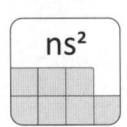

A Figura 15.2 mostra os elementos do Grupo 4A sobrepostos na rede e é exatamente idêntica à Figura 12.6, apresentada após termos adicionado o sétimo componente. O Grupo 4A, assim como o Grupo 3A, está intimamente ligado ao nosso esquema organizador de ideias. Uma cuidadosa inspeção na Tabela 15.1, a tabela usual das propriedades do grupo, revela as tendências periódicas com apenas algumas irregularidades.

E os outros componentes da rede? O carbono singular em seu grupo? É quase certo que sim. Nenhum outro elemento é tão especial que tenha um ramo inteiro da Química construído em função dele! O carbono é o mais impressionante exemplo de um elemento ser diferente de seus congêneres mais pesados, como se pode notar na tabela periódica. Isso ficará particularmente evidente quando explorarmos a capacidade do carbono de *catenar* (formar ligações com ele mesmo) e de formar ligações π.

A linha metal – não metal passa pelo centro do grupo, com o carbono sendo um não metal genuíno e o chumbo sendo um metal genuíno. No meio existem dois metaloides (silício e germânio) e um metal de fronteira (estanho). A progressão no caráter ácido-base dos óxidos dos elementos enfatiza ainda mais a tendência de não metal a metal. As fórmulas dos óxidos e haletos mostram o aumento da importância do estado de oxidação +2 descendo no grupo e isso é reforçado pela consideração de potenciais padrão de redução.

Assim, nossa rede é usada quase na totalidade para organizar esses elementos. No entanto, note que o efeito diagonal não é tão importante agora como já foi em grupos anteriores. Vimos que o silício é parecido com o boro, mas o carbono não é similar ao fósforo. Mais evidências do poder organizador da rede são mostradas nas seguintes considerações sobre os hidretos, óxidos, hidróxidos e haletos dos elementos do Grupo 4A. E na próxima seção, também teremos a oportunidade de adicionar o oitavo e final componente, uma consideração sobre ligações $d\pi$-$p\pi$ que envolvem elementos do segundo e terceiro períodos, para a nossa rede interconectada de ideias.

Hidretos

Vimos nos capítulos anteriores (por exemplo, veja a Figura 10.6 e a discussão que a acompanha) que hidretos binários de lítio, berílio e boro progridem a partir de um, LiH, que apresenta caráter iônico significativo ao BeH_2 polimérico e então ao prototípico boro-hidreto, B_2H_6, sendo o último caracterizado por ligações covalentes multi-centro. Os hidretos dos elementos 1A e 2A são predominantemente iônicos e se tornam mais iônicos descendo no grupo, enquanto que os do Grupo 3A mantêm uma característica deficiente em elétrons, mas também tendem a ser mais iônicos descendo no grupo.

No grupo 4A, hidreto de carbono, é o totalmente covalente metano, CH_4, o mais simples de milhares de alcanos de fórmula geral C_nH_{2n+2}. Embora outros tenham preparado os silanos correspondentes antes, Alfred

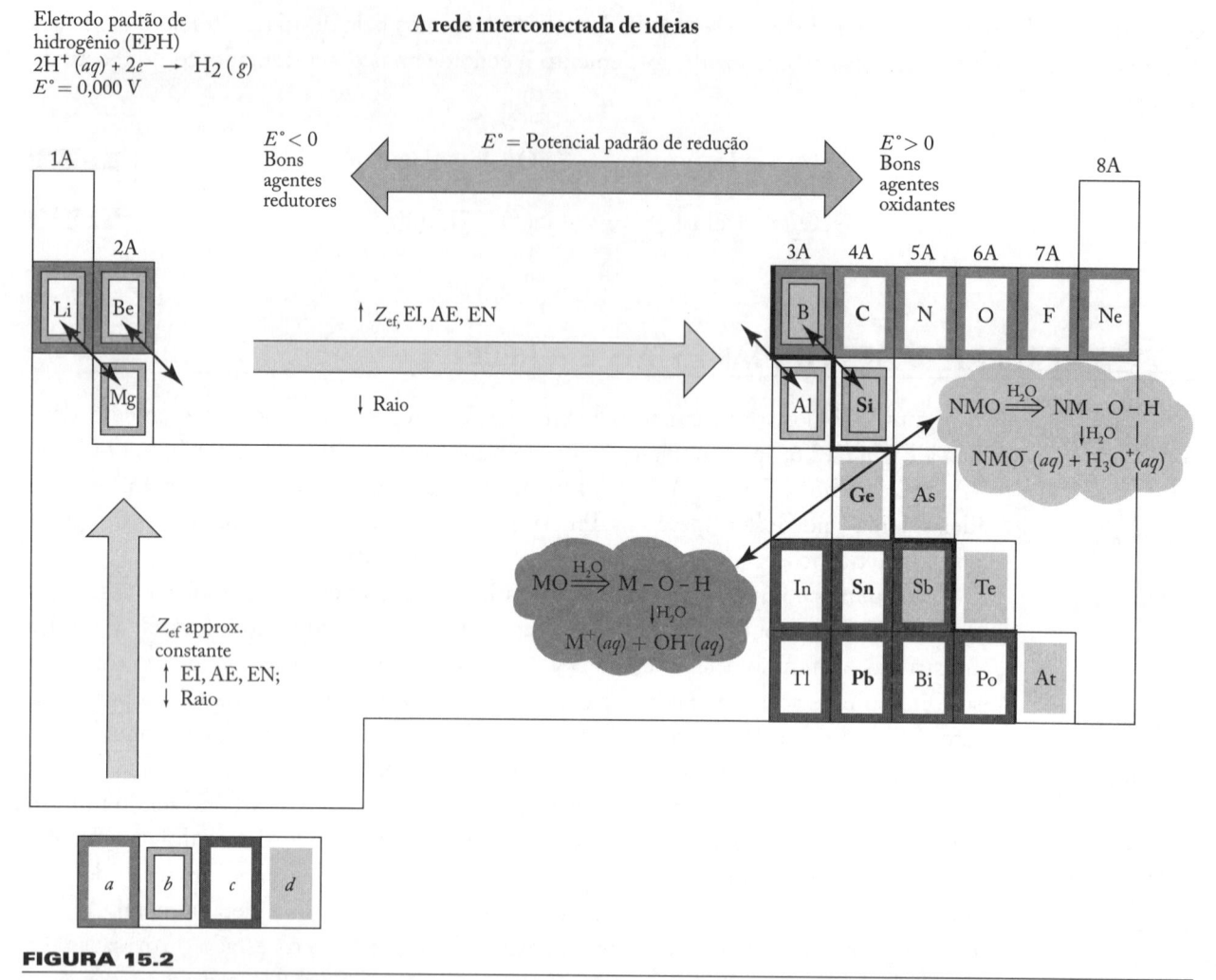

424 *Química inorgânica descritiva, de coordenação e do estado sólido*

FIGURA 15.2

Os elementos do Grupo 4A sobrepostos na rede interconectada de ideias. Essas incluem a lei periódica, (a) o princípio da singularidade, (b) o efeito diagonal, (c) o efeito do par inerte, (d) a linha metal – não metal, o caráter ácido-base dos óxidos de metais (M) e de não metais (NM) em solução aquosa e as tendências em potenciais de redução.

Stock, em 1916, foi o primeiro a realizar uma investigação sistemática deles com a ajuda de sua linha de vácuo e sua torneiras e válvulas ativadas por mercúrio. Na ausência de ar e de água, ele verificou que os silicetos (como ele verificou para os boretos, veja Seção 14.5) reagiam com vários ácidos, como representado na Equação (15.3):

$$Mg_2Si(s) + HX(g) \longrightarrow Si_nH_{2n+2}(g) + MgX_2(s) \quad \text{15.3}$$

Foi também Stock que sugeriu que chamemos os hidretos de silício de *silanos* por analogia com os alcanos. No entanto, embora nós tenhamos adotado sua sugestão e ainda nomeamos essas duas classes de compostos de forma análoga, existem diferenças químicas notáveis entre eles. Uma diferença é que os alcanos podem formar cadeias muito mais longas e mais estáveis. Especificamente, n para os alcanos pode atingir valores de 100 ou mais, enquanto que para os silanos n está restrito a único dígito. Uma segunda diferença notável tem a ver com as reatividades relativas dos silanos e os alcanos correspondentes. Por exemplo, o alcano no qual $n = 4$ é o butano, C_4H_{10}, um gás muito estável a temperatura ambiente (e na ausência de faíscas), enquanto que o tetrassilano, Si_4H_{10}, é um líquido violentamente reativo mesmo à temperatura ambiente.

Catenação é definida como a ligação de um elemento com ele mesmo para formar longas cadeias e anéis. Assim, dada a discussão anterior, o carbono é o catenador campeão de todos os tempos, muito melhor que o silício (ou enxofre, boro, fósforo, germânio e estanho, os outros elementos que mostram essa capacidade). Mas por quê? Uma comparação das energias de ligação relevantes do carbono e do silício como mostrada a seguir, ajuda a compreender:

C–C: 356kJ/mol	Si–Si: 226kJ/mol
C–H: 413kJ/mol	Si–H: 298kJ/mol
C–O: 336kJ/mol	Si–O: 368kJ/mol

Note primeiramente que a ligação C–C é mais de 50% mais forte que a ligação Si–Si. Isso é devido ao aumento do comprimento da ligação e, portanto, uma sobreposição dos orbitais híbridos sp^3 menos eficiente para formar as ligações s nos silanos. (A distância internuclear C–C é de 1,54 Å, enquanto a distância Si–Si é de 2,34 Å, cerca de 50% mais longa.) Em segundo lugar, ligações C–H são cerca de 40% mais fortes do que as ligações Si–H correspondentes, novamente devido à sobreposição menos efetiva dos orbitais nas últimas. Essas ligações C–C e C–H mais curtas e, portanto, mais fortes são certamente fatores principais na maior estabilidade encontrada em alcanos em comparação com os silanos.

Agora vamos considerar o assunto relacionado de por que os silanos são mais reativos do que os alcanos. Note que, diferentemente das situações anteriores nas quais um átomo de silício substitui um átomo de carbono em uma ligação, a ligação Si–O *não* é 40–50% mais fraca que sua análoga C–O. Na verdade, ela é cerca de 10% *mais forte*. Note também que enquanto a energia da ligação C–C é *maior* que a de C–O, a energia da ligação Si–Si é consideravelmente *menor* (cerca de 40% menor) que a de Si–O. Isso significa que as ligações C–C tendem a serem estáveis em relação às ligações (simples) C–O, enquanto ligações Si–Si são menos estáveis e tendem a se transformar nas ligações mais fortes Si–O. Conclui-se que, como o oxigênio está quase sempre presente, exceto em condições rigidamente controladas, os silanos irão reagir espontaneamente (no sentido termodinâmico) para formar compostos de silício e oxigênio. Então isso é uma explicação completa, certo? "Sim," você diz, "mas *por que* as ligações Si–O são tão fortes em relação às ligações Si–Si? Se as ligações Si–Si são significativamente mais fracas que as ligações C–C, por que *não* podemos concluir que as ligações Si–O são analogamente mais fracas que as ligações C–O? O que está acontecendo aqui?" Parabéns! Essas são questões maravilhosamente perspicazes e críticas e certamente merecem respostas detalhadas e concretas. Verifica-se que as respostas a essas questões requerem uma discussão aprofundada de um novo tipo de ligação chamada de *ligação dπ-pπ*. Vamos retomar essa discussão e encontrar as respostas para os tipos de perguntas feitas anteriormente na próxima seção.

Apesar do fato de que isso necessita de mais explicações, vamos aceitar o argumento termodinâmico por enquanto e seguir para uma segunda razão para os silanos serem muito mais reativos do que os alcanos correspondentes. Como muito frequentemente é o caso, há tanto uma razão termodinâmica quanto uma cinética para a diferença na reatividade. Para entendermos o lado cinético do argumento, consideraremos duas importantes reações do metano e do silano–a saber, suas reações com água e oxigênio. O metano (o principal componente do gás natural) não reage prontamente com a água e, embora todos nós sabemos que a combustão do gás natural é uma das principais fontes de energia, é necessária uma chama ou um catalisador para iniciar sua reação com o oxigênio. Sem esse aquecimento ou catalisador, a combustão do metano é uma reação muito lenta. O silano (ou monossilano, como muitas vezes é chamado), por outro lado, rapidamente se inflama com o oxigênio do ar sem qualquer catalisador e reage violentamente com a água mesmo se pequenos traços de base estiverem presentes. Essas reações estão representadas nas Equações (15.4) e (15.5):

$$SiH_4(g) + 2O_2(g) \xrightarrow[\text{catalisador}]{\text{sem}} SiO_2(s) + 2H_2O(g) \quad \textbf{15.4}$$

$$\text{SiH}_4(g) + (n + 2)\text{H}_2\text{O}(l) \xrightarrow{\text{OH}^-} \text{SiO}_2 \cdot n\text{H}_2\text{O} + 4\text{H}_2(g) \qquad \textbf{15.5}$$

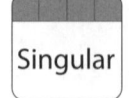

Singular

Vamos refletir sobre por que o silano, SiH_4, reage muito mais rapidamente que seu primo metano, CH_4. A resposta, como deveríamos esperar dadas suas posições no grupo, está relacionada ao princípio da singularidade. O átomo de silício do silano tem orbitais $3d$ disponíveis que podem participar da formação de intermediários de reação. Em outras palavras, esses orbitais $3d$ apresentam uma energia baixa o suficiente para serem utilizados em uma ligação com uma molécula que esteja se aproximando. Por exemplo, o íon hidróxido (que catalisa a hidrólise do silano) ou mesmo uma molécula de água podem formar uma quinta ligação com o silício e, então, facilitar a reação através de um intermediário penta-coordenado. Na oxidação do silano com o oxigênio molecular, o O_2 pode formar uma ligação com um orbital $3d$ do silício da mesma forma. Em ambos os casos, tais interações podem produzir estados de transição de energia mais baixa, menores energias de ativação e, consequentemente, reações cineticamente mais favoráveis (mais rápidas). Por outro lado, tais intermediários penta-coordenados não estão disponíveis no carbono porque ele não tem orbitais d.

Vamos agora refletir sobre as diferenças entre outros hidretos de carbono e silício. Por exemplo, o carbono forma compostos como o etileno, $\text{H}_2\text{C}=\text{CH}_2$, e acetileno, $\text{HC}\equiv\text{CH}$. Esses envolvem ligações π entre orbitais p dos átomos de carbono. Como sabemos da discussão no Capítulo 9 e os parágrafos anteriores, tal sobreposição $p\pi$-$p\pi$ é extraordinariamente difícil de se atingir com o silício e seus congêneres mais pesados devido às distâncias internucleares serem muito grandes para serem abrangidas pela sobreposição em paralelo dos orbitais $3p$ (veja a Figura 9.12). Dessa forma, embora alguns exemplos de compostos contendo ligações duplas Si=Si tenham sido sintetizados, nenhum análogo simples do etileno ou do acetileno foram encontrados.

Os germanos, $\text{Ge}_n\text{H}_{2n+2}$ (n = números de um dígito), se formam de maneira similar aos silanos e são um pouco menos reativos. O diestanano, Sn_2H_6, já foi preparado, mas análogos mais pesados, não. O plumbano, PbH_4, é extremamente instável.

Óxidos e hidróxidos

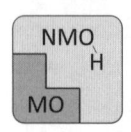

NMO / H / MO

Na Seção 11.3 discutimos as tendências gerais entre os óxidos, incluindo o componente da rede que trata de suas propriedades ácido-base. Nos Grupos 1A e 2A, todos os óxidos são anidridos iônicos e básicos, exceto o parcialmente covalente e anfótero óxido de berílio. No Grupo 3A encontramos nosso primeiro óxido ácido, B_2O_3 e notamos que seus congêneres mais pesados vão dos anfóteros Al_2O_3, Ga_2O_3 e In_2O_3 ao básico Tl_2O. Agora, no Grupo 4A, nós encontramos nosso primeiro óxido ácido gasoso, o dióxido de carbono, o anidrido ácido do ácido carbônico. Assim, somos lembrados novamente que, movendo-se horizontalmente da esquerda para a direita em um período, os óxidos progridem de anidridos iônicos básicos a parcialmente covalentes e anfóteros e por fim a anidridos covalentes ácidos.

Enquanto as fórmulas empíricas dos dióxidos de carbono e de silício são similares, as ligações e as estruturas desses compostos têm pouco em comum. O linear dióxido de carbono, $\text{O}=\text{C}=\text{O}$, com seu pequeno átomo central capaz de formar fortes ligações $p\pi$-$p\pi$, é um gás molecular discreto. O dióxido de silício, com seu átomo central maior incapaz de formar ligações $p\pi$-$p\pi$, é um sólido polimérico tridimensional (veja a estrutura do quartzo α mostrada na Figura 15.14) descrito com mais detalhes na seção sobre silicatos e sílica. Não há análogo estável do comum e gasoso monóxido de carbono ($\text{C}\equiv\text{O}$) na química do silício.

Uma propriedade que os dióxidos de carbono e de silício *realmente* têm em comum é que ambos são anidridos ácidos. O dióxido de silício ou sílica, um dos principais componentes do vidro, é ácido o suficiente para que bases fortes reajam com frascos de vidro. Tais bases devem ser armazenadas em frascos de polietileno e não em frascos de vidro. Descendo no grupo (excluindo o carbono), a eletronegatividade do átomo central permanece praticamente constante, dando a esses óxidos mais pesados um caráter ácido-base similar (moderadamente ácido a anfótero).

Você deve ter notado na Tabela 15.1 que os óxidos dos elementos mais pesados do Grupo 4A são caracterizados por um aumento da estabilidade do estado de oxidação +2. O óxido mais estável do estanho é o $Sn^{IV}O_2$, mas para o chumbo é o $Pb^{II}O$. Considerando nossa discussão anterior sobre o efeito do par inerte, essa tendência é esperada. Por outro lado, você poderia ficar surpreso ao saber que não existem tetra-hidróxidos neutros reais para esses elementos. A interação entre um elemento do Grupo 4A no estado de oxidação +4 e o oxigênio de um íon hidróxido é forte o suficiente para que os óxidos hidratados, $MO_2 \cdot nH_2O$, sejam mais estáveis em cada caso.

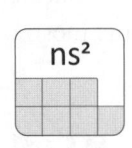

Haletos

Haletos iônicos são a regra para os elementos dos Grupos 1A e 2A, com o covalente, polimérico e deficiente de elétrons $BeCl_2$ sendo a única exceção. No Grupo 3A, no entanto, a química dos haletos começa a ficar mais complicada. Os haletos de boro são compostos covalentes e deficientes em elétrons, sendo ácidos de Lewis fortes. Os haletos de alumínio, gálio e índio, M_2X_6, são caracterizados por átomos de cloro em ponte. Na parte inferior do grupo, o estado de oxidação +1 domina devido ao efeito do par inerte.

Os vários haletos de carbono, mais assunto da química orgânica do que da inorgânica, são uma continuação lógica da tendência horizontal da esquerda para a direita em direção a um maior caráter covalente. Não apenas os compostos discretos CX_4 conhecidos para todos os haletos, mas também a catenação é dominante, um dos melhores exemplos sendo o polímero Teflon, caracterizado por longas cadeias de $-(CF_2)-$. Os clorofluorcarbonos, CF_mCl_n, ou somente CFCs, são discutidos no Capítulo 18.

Haletos de silício são preparados pela reação do silício elementar ou carbeto de silício, SiC, com os halogênios. Os haletos exibem cadeias Si—Si mais longas do que os hidretos. Compostos como Si_4Br_{10}, Si_6Cl_{14} e até mesmo $Si_{16}F_{34}$ são conhecidos. Como esperado a partir da discussão sobre os hidretos, CF_4, sem orbitais d disponíveis no carbono, é relativamente inerte, enquanto que o SiF_4 é extremamente reativo. Por exemplo, o tetrafluoreto de silício reage com o fluoreto de hidrogênio para produzir H_2SiF_6, caracterizado por um octeto expandido em torno do átomo de silício. Isso só pode ser possível pelo envolvimento dos orbitais d do átomo de silício.

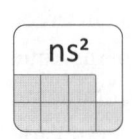

Os haletos também fornecem mais exemplos do aumento da estabilidade dos estados de oxidação +2 descendo no grupo. Os tetra-haletos de germânio são mais estáveis que os di-haletos, mas no chumbo os di-haletos predominam. Os tetra-haletos de germânio e de estanho são preparados pela reação direta dos elementos. O óxido de germânio(IV), GeO_2, tratado com hidrácidos de halogênios, HX, também gera os tetra-haletos. Todavia, quando GeF_4 ou $GeCl_4$ é combinado com o germânio elementar, obtém-se o di-haleto. O fluoreto de estanho(II), que não muito tempo atrás era um aditivo de pasta de dentes (veja Seção 18.5), é preparado pela reação do SnO com HF aquoso 40%. O estanho elementar mais cloreto de hidrogênio seco produz $SnCl_2$, não $SnCl_4$. O elemento mais iodo em HCl 2 M resulta em SnI_2. Tetra-haletos de chumbo são muito difíceis de preparar e o tetrafluoreto é o único estável entre os quatro. Haletos de chumbo(II) podem ser prontamente isolados pela adição de hidrácidos de halogênios aquosos a uma variedade de sais de chumbo(II) solúveis em água.

A existência dos estados de oxidação +2 e +4 na química do germânio, do estanho e do chumbo leva à questão de como esses compostos variam, particularmente em caráter iônico *versus* covalente. Baseado no que conhecemos até aqui, o que você acha? Os compostos que têm o maior estado de oxidação tendem a ser mais ou menos covalentes do que aqueles com o estado de oxidação menor? Ajuda se mencionarmos que o maior estado de oxidação tem uma maior razão carga-raio (Z/r) ou densidade de carga? Quanto maior a densidade de carga, mais covalente é o composto, certo? Então conclui-se que os compostos de estado de oxidação mais altos são mais covalentes. Por exemplo, o fluoreto de estanho(II) é um composto iônico semelhante a sais, enquanto que o fluoreto de estanho(IV) é covalente. A maior solubilidade do sal iônico de estanho(II) fez com que ele já tenha sido um bom aditivo em pastas de dentes, enquanto que o estanho(IV) não era solúvel o suficiente para ser eficiente.

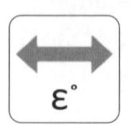

Antes de deixarmos o tema da estabilidade relativa e caráter dos estados de oxidação $+2$ *versus* $+4$, devemos ver como podemos progredir analisando seus potenciais padrão de redução. O potencial padrão de redução para o $Sn^{4+}(aq)$ sendo reduzido a $Sn^{2+}(aq)$ é 0,13 V, como mostra a Equação (15.6):

$$Sn^{4+}(aq) + 2e^- \rightleftharpoons Sn^{2+}(aq) \qquad (E° = 0,13 \text{ V})$$

15.6

Isso significa que o Sn^{4+} é um agente oxidante bastante brando, ou, dito de outra forma, Sn^{2+} é um agente redutor brando. De qualquer forma, o íon Sn^{2+} não é particularmente estável em solução aquosa, sendo facilmente oxidado a $Sn^{4+}(aq)$ pelo oxigênio do ar. $Sn^{2+}(aq)$ é tradicionalmente aproveitado para reduzir Fe^{3+} a Fe^{2+} em análises quantitativas de ferro. Por outro lado, o potencial padrão de redução do PbO_2 ao $Pb^{2+}(aq)$ é 1,46 V, como mostra a Equação (15.7):

$$PbO_2 + 4H^+ + 2e^- \rightleftharpoons Pb^{2+} + 2H_2O \qquad (E° = 1,46 \text{ V})$$

15.7

Isso indica que o óxido de chumbo(IV) é um agente oxidante forte e que o $Pb^{2+}(aq)$ é uma espécie relativamente estável em solução aquosa.

15.3 UM OITAVO COMPONENTE DA REDE INTERCONECTADA: LIGAÇÕES $d\pi$-$p\pi$ ENVOLVENDO ELEMENTOS DO SEGUNDO E TERCEIRO PERÍODOS

Agora podemos retornar a uma explicação completa sobre a estabilidade extra das ligações Si—O que discutimos anteriormente. Como você pode se lembrar dessa recente discussão, ligações Si—O são surpreendentemente *mais fortes* do que ligações C—O. Ligações Si—Si, com suas maiores distâncias internucleares, são mais fracas do que as ligações C—C. Por que as ligações Si—O não são analogamente mais longas e fracas do que as ligações C—O? A resposta para essa questão é parte de uma tendência que se torna tão importante que nós em breve a designaremos como o oitavo e último componente de nossa rede de ideias interconectadas para o entendimento da tabela periódica. Pelo princípio da singularidade, sabemos que os elementos muito pequenos do segundo período (particularmente do C ao O) prontamente formam ligações $p\pi$-$p\pi$ entre eles. Também sabemos que os elementos mais pesados em cada grupo não tendem a formar ligações π entre eles próprios devido à sobreposição relativa ineficaz entre os orbitais π desses átomos. Mas agora, conforme nos movemos mais para a direita na tabela, chegamos ao ponto onde devemos considerar a possibilidade de ligações π entre um elemento do segundo-período (usando seus orbitais π frequentemente *preenchidos*) e um elemento mais pesado (usando seus orbitais *d vazios*). Tal ligação π é frequentemente designada por ligação $d\pi$-$p\pi$. (Note que isso é uma *ligação dativa*, um termo introduzido na Figura 14.8, que significa que ambos os elétrons vêm do mesmo átomo–nesse caso, um átomo do segundo período.) A contribuição de tal interação $d\pi$-$p\pi$ em uma ligação Si—O (além da ligação sigma Si—O ainda de principal importância) é a razão para essa ligação ser mais forte do que a entre dois átomos de silício.

Fortes evidências mostram que conforme nos movemos da esquerda para direita ao longo do terceiro período e atingimos aproximadamente o meio do caminho no silício, as ligações $d\pi$-$p\pi$ começam a se tornar importantes. Como usual, precisamos nos perguntar se isso faz sentido. Por que essas ligações p se tornam mais importantes conforme nos movemos da esquerda para a direita? Sabemos que a força de qualquer ligação (incluindo uma ligação π) está relacionada ao grau de sobreposição entre os orbitais participantes. Quanto mais similares os orbitais sejam em tamanho, melhor sua sobreposição e mais forte a ligação entre eles. No início do período, os orbitais $3d$ dos átomos do terceiro período podem muito bem ser muito grandes para se sobreporem eficientemente com os orbitais $2p$ menores dos elementos do segundo período, particularmente aqueles dos menores átomos de nitrogênio e de oxigênio em direção ao lado direito do segundo período. Conforme os átomos do terceiro período e seus orbitais $3d$ se tornam menores indo da esquerda para a direita (devido ao aumento na carga nuclear efetiva), o grau de sobreposição $d\pi$-$p\pi$ pode aumentar de forma que no silício ele comece a ter uma contribuição substancial na energia de ligação. Verifica-se que essa tendência é o caso e, embora ainda nos referimos à ligação Si–O como uma ligação simples, nós dizemos que ela é mais forte do que o esperado devido à contribuição das ligações $d\pi$-$p\pi$. (Você está preocupado sobre como podemos nos referir ao tamanho dos orbitais $3d$ *vazios*? Você não precisa estar. Podemos medir o tamanho de um orbital que não está ocupado no estado fundamental de um átomo estudando os estados excitados desse átomo nos quais o orbital está ocupado.)

Nas ligações Si−N (onde o ajuste entre os de certa forma maiores orbitais p do nitrogênio – em comparação com os do oxigênio – e os orbitais $3d$ do silício é um pouco melhor), o efeito das ligações $d\pi$-$p\pi$ é particularmente notável. O exemplo clássico é uma comparação da trimetilamina, $N(CH_3)_3$, e o composto análogo de silício, trisililamina, $N(SiH_3)_3$. Baseado em suas similaridades com a amônia, esperamos que esses compostos sejam piramidais (em torno do átomo de nitrogênio), como mostrado na Figura 15.3a. No composto de trimetil, o nitrogênio está evidentemente hibridizado sp^3, com um dos orbitais híbridos contendo os elétrons não ligantes ou o par de elétrons isolado. Não surpreendentemente, esse par de elétrons pode atuar como uma base de Lewis em relação a um ácido de Lewis clássico, como o BF_3. (Para aqueles que leram a primeira parte do livro sobre compostos de coordenação, esse tipo de interação está descrito na Seção 4.1.) No entanto, o composto de trisilil *não* é piramidal e sim, trigonal planar, como mostrado na Figura 15.3b. Além disso, $N(SiH_3)_3$ não atua como uma base de Lewis em sua reação com o BF_3. Qual é a explicação para essa diferença na reatividade e na geometria molecular? Parece que no composto de trisilil o nitrogênio está hibridizado sp^2 (levando a uma configuração planar) e o par isolado de elétrons no orbital não hibridizado $2p$ do nitrogênio se espalha pelos orbitais d dos três átomos de silício, formando as interações $d\pi$-$p\pi$ deslocalizadas mostradas na Figura 15.4. O caráter ácido-base desses dois compostos ajuda a confirmar a interpretação anterior. Presume-se que a trisililamina não seja uma base de Lewis porque a deslocalização do par de elétrons pelos átomos de silício faz com que ele fique indisponível para a doação ao ácido de Lewis. Efeitos semelhantes sutis ocorrem em outros compostos de silício–nitrogênio. Por exemplo, evidências substanciais mostram uma interação $d\pi$-$p\pi$ em Si−N tanto no sililisotiocianato, H_3SiNCS, quanto na tetrasilil-hidrazina, $(H_3Si)_2NN(SiH_3)_2$. (A hidrazina, N_2H_4, é similar a duas moléculas de amônia, mas contém uma ligação N−N entre elas no lugar de duas ligações N−H, uma em cada amônia. Veja a Seção 16.3 para uma discussão sobre a hidrazina e suas propriedades.)

(a) (b)

FIGURA 15.3

As estruturas de (*a*) a piramidal trimetilamina, $N(CH_3)_3$, e (*b*) a planar trisililamina, $N(SiH_3)_3$.

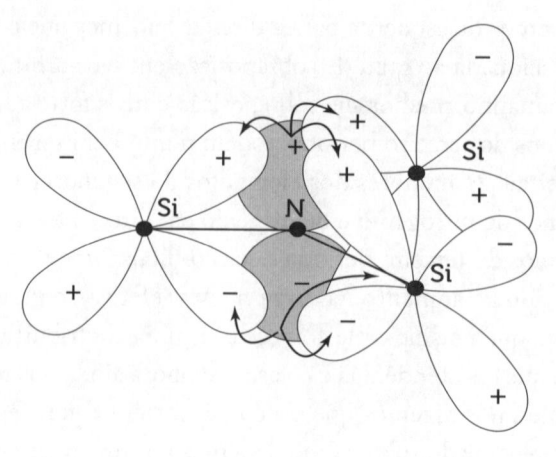

FIGURA 15.4

As ligações $d\pi\text{-}p\pi$ na trisililamina, $N(SiH_3)_3$. O nitrogênio está hibridizado sp^2 e forma ligações s (não mostradas) com cada um dos três átomos de silício. O orbital $2p$ não hibridizado preenchido (sombreado) do nitrogênio se sobrepõe aos orbitais $3d$ não preenchidos do silício (não sombreados), espalhando ou deslocalizando a densidade eletrônica uniformemente por todos os três átomos de silício. (Adaptado da p. 164 de K. M. Mackay, Introduction to Modern Inorganic Chemistry, 4ª ed. Copyright © 1989. Prentice Hall.)

Conforme dito anteriormente, veremos que as interações $d\pi\text{-}p\pi$ se tornam mais importantes conforme nos movemos mais para a direita no terceiro período. Conforme esses átomos do terceiro período se tornam cada vez menores, a sobreposição entre seus orbitais $3d$ e os orbitais $2p$ preenchidos do nitrogênio e do oxigênio será cada vez mais eficiente. Quando chegarmos à química do fósforo, não falaremos das ligações simples incomumente fortes P—O e P—N devido ao efeito das interações $d\pi\text{-}p\pi$, mas, em vez disso, falaremos de ligações duplas *plenas* P=O e P=N em compostos como o ácido fosfórico e uma classe de compostos de fósforo-nitrogênio chamados de *fosfazenos*. Em compostos de enxofre como os óxidos, oxiácidos e nitretos, ligações duplas *plenas* S=O e S=N serão caracterizadas devido a esse mesmo efeito. Entre os óxidos de cloro e oxiácidos, evidências substanciais também mostram a presença de ligações duplas plenas Cl=O.

Tendo introduzido a ideia das interações $d\pi\text{-}p\pi$ nesse capítulo, em breve veremos que isso se torna cada vez mais importante na química dos Grupos 5A a 7A. Essas interações são um importante princípio organizador – tão importante quanto a lei periódica, o princípio da singularidade, o efeito diagonal, o efeito do par inerte, a linha metal-não metal, o caráter ácido-base dos óxidos e os potenciais padrão de redução. Para indicar seu lugar na nossa rede de ideias interconectadas, o consideraremos agora como o oitavo componente dessa rede. Na Figura 15.5, o aumento da importância das interações $d\pi\text{-}p\pi$ está representada por uma flecha que aumenta ao se mover da esquerda para a direita do silício ao fósforo, enxofre e cloro. Esse último componente será representado pelo ícone mostrado na margem que também indica o aumento da importância das ligações $d\pi\text{-}p\pi$ conforme nos movemos da esquerda para a direita na tabela periódica. Procure pelo aumento da força e da importância desse tipo de interação conforme continuamos nossa análise dos elementos representativos.

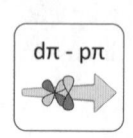

Nós completamos a sucessão de figuras coloridas que mostram o desenvolvimento de nossa rede com uma versão colorida da Figura 15.5, disponível on-line. A sequência das seis figuras do Capítulo 9 (9.10, 9.14, 9.16, 9.18, 9.19 e 9.20) e as Figuras 11.16, 12.6 e 15.5, todas disponíveis on-line, ressaltam como construímos gradualmente nossa rede de ideias interconectadas para o entendimento da tabela periódica. A rede completa, com definições e ícones para cada componente, também está disponível on-line, na forma de um marcador de páginas.

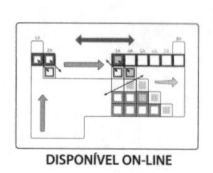

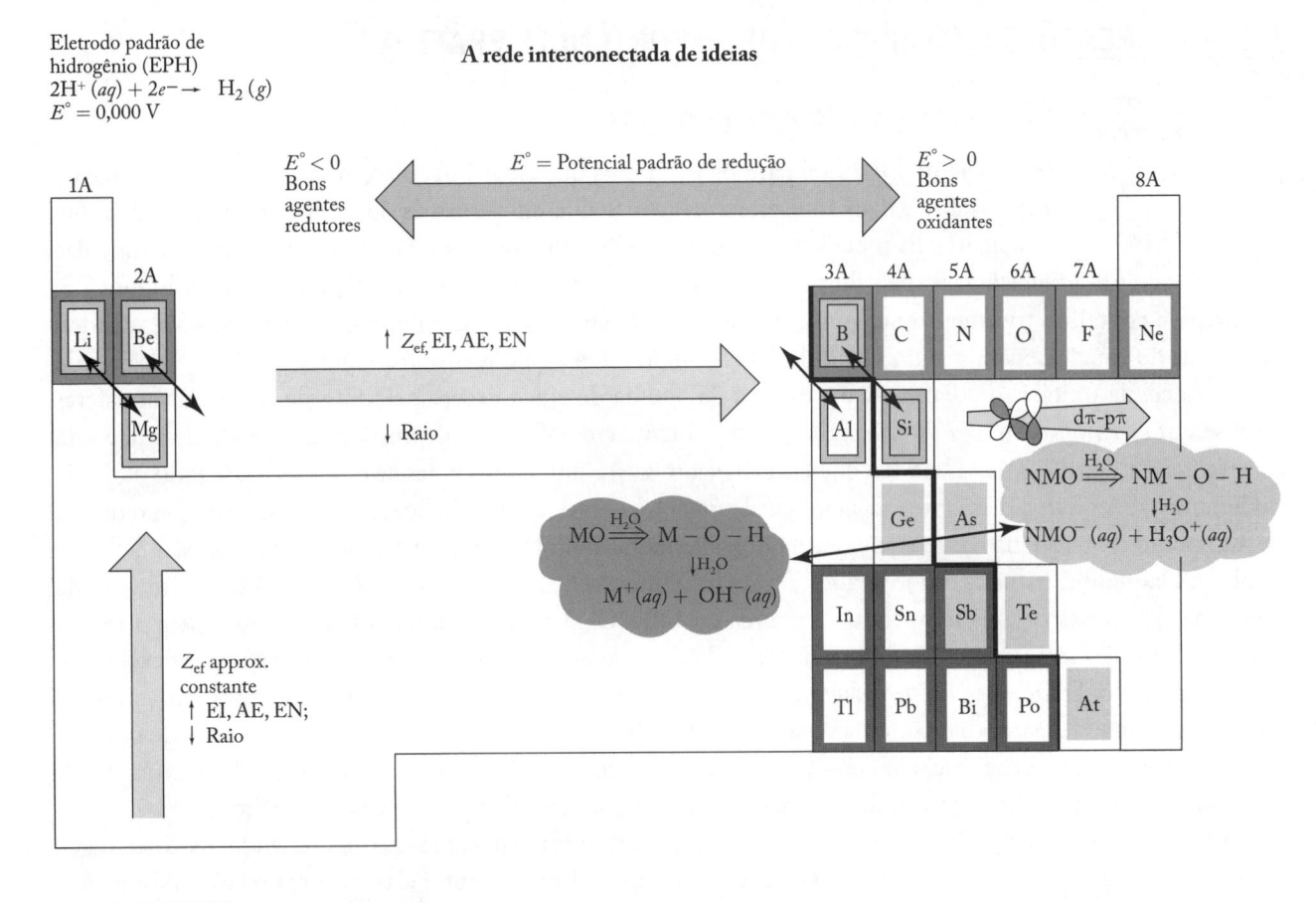

Capítulo 15: *Os elementos do grupo 4A*

A rede interconectada de ideias

Eletrodo padrão de hidrogênio (EPH)
$2H^+ (aq) + 2e^- \longrightarrow H_2 (g)$
$E° = 0,000$ V

$E° < 0$ Bons agentes redutores ⟷ $E° =$ Potencial padrão de redução ⟷ $E° > 0$ Bons agentes oxidantes

↑ Z_{ef}, EI, AE, EN

↓ Raio

Z_{ef} approx. constante
↑ EI, AE, EN;
↓ Raio

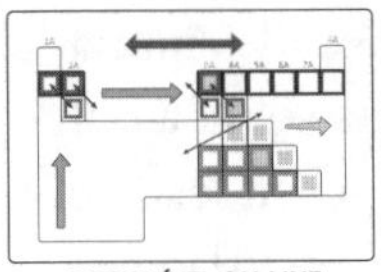

$MO \overset{H_2O}{\rightleftharpoons} M - O - H$
$\downarrow H_2O$
$M^+(aq) + OH^-(aq)$

$NMO \overset{H_2O}{\rightleftharpoons} NM - O - H$
$\downarrow H_2O$
$NMO^- (aq) + H_3O^+(aq)$

dπ-pπ

FIGURA 15.5

A completa rede interconectada de ideias para o entendimento da tabela periódica. Um ícone representando as ligações *dπ-pπ* (de elementos do segundo e terceiro períodos) se junta à lei periódica, o princípio da singularidade, ao efeito diagonal, ao efeito do par inerte, à linha metal-não metal, ao caráter ácido-base dos óxidos metálicos (M) e não metálicos (NM) em solução aquosa e às tendências em potenciais de redução. Uma versão colorida dessa figura está disponível on-line.

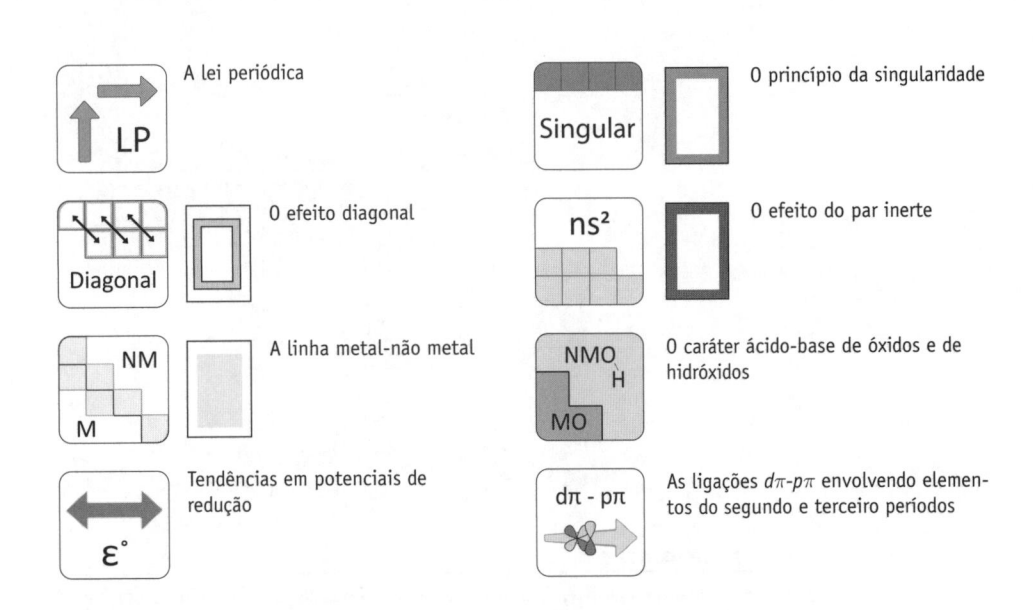

DISPONÍVEL ON-LINE

- LP — A lei periódica
- Diagonal — O efeito diagonal
- NM / M — A linha metal-não metal
- ε° — Tendências em potenciais de redução
- Singular — O princípio da singularidade
- ns² — O efeito do par inerte
- NMO / H / MO — O caráter ácido-base de óxidos e de hidróxidos
- dπ - pπ — As ligações *dπ-pπ* envolvendo elementos do segundo e terceiro períodos

15.4 REAÇÕES E COMPOSTOS DE IMPORTÂNCIA PRÁTICA

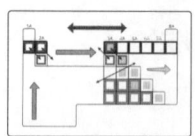

Diamante, grafite e os grafenos

Inicialmente foi difícil para os primeiros químicos imaginarem que os alótropos do carbono grafite e diamante, eram realmente diferentes formas do mesmo elemento. O grafite tem aparência metálica e é muito macio, enquanto o diamante é transparente e uma das substâncias mais duras conhecidas. A estrutura do diamante, representada na Figura 7.3, é uma rede cristalina tridimensional composta de ligações simples C—C interconectadas. (Se você estudou estruturas do estado sólido, seja no Capítulo 7 desse livro ou em qualquer outro lugar, você deve ser capaz de ver que a célula unitária do diamante é a mesma da blenda de zinco exceto pelo fato de que todas as esferas representam carbonos em vez da alternância entre zinco e enxofre. A célula unitária da blenda de zinco está mostrada na Figura 7.21c.). Uma vez que essas ligações C—C interconectadas se estendem por todo o cristal, poderíamos dizer que o diamante é *uma* molécula gigante. É esse arranjo de ligações que faz com que o duro e de alto ponto de fusão diamante seja tão útil em ferramentas de corte e abrasivos. Diamantes não são fáceis de se obter. Diamantes naturais são formados em rochas fundidas a uma profundidade de 150 km ou mais onde haja uma alta pressão e uma temperatura de cerca de 1400°C. Diamantes sintéticos, produzidos pela primeira vez em 1955, são rotineiramente feitos em tamanhos de pequenos grãos e usados para várias aplicações de esmerilhamento. Diamantes de qualidade de gemas podem ser feitos, mas o custo não é competitivo com a variedade natural. Aliás, os diamantes nem sempre foram "para sempre." O costume de dar um anel de noivado de diamantes parece ter se iniciado com os venezianos no fim do século XV. Imitações de diamantes são as granadas de ítrio-alumínio, titanato de estrôncio, zircônia cúbica, $ZrSiO_4$, ou o carbeto de silício, SiC.

A estrutura do grafite, mostrada na Figura 15.6, é uma estrutura em camadas caracterizada por fortes ligações deslocalizadas $p\pi$–$p\pi$ em cada camada e apenas forças de London entre elas. A força relativa desses dois diferentes tipos de interações está refletida nas distâncias C—C mostradas na figura. As propriedades macias e lubrificantes do grafite são devidas a essas camadas que são capazes de deslizar facilmente uma sobre a outra. O lápis preto também é grafite (misturado com argila), mas, na língua inglesa, o lápis preto (pencil lead: lead = chumbo) é facilmente confundido com sulfeto de chumbo (lead sulfide). (A palavra "grafite" vem da palavra grega *gráphein*, que significa "escrever.") A pressão na ponta do lápis faz com que as camadas se desgastem no

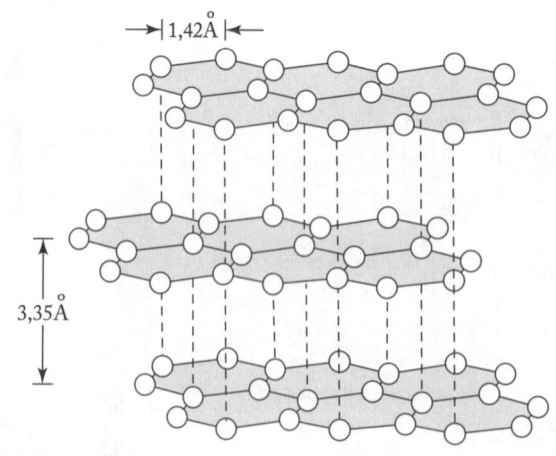

FIGURA 15.6

A estrutura do grafite. Os átomos de carbono de cada camada estão ligados por elétrons $p\pi$ deslocalizados. Essas camadas se mantêm unidas apenas por forças de London. (De Zumdahl, Chemistry, 8ª ed., Fig. 10.22, p. 458. Copyright © 2010 Brooks·Cole, uma parte da Cengage Learning, Inc. Reproduzido com permissão. www.cengage.com/permissions.)

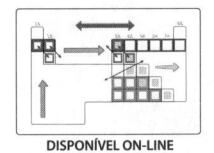

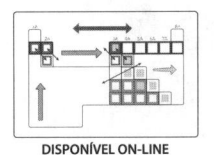

pedaço de papel. Carvão vegetal, fuligem e negro-de-fumo são partículas bem pequenas de grafite. A grande área superficial desses materiais faz com que eles sejam úteis para adsorver vários gases e solutos.

Muitos equipamentos esportivos amplamente anunciados como tacos de golfe, raquetes de tênis e squash e varas de pescar são ditos feitos de leves fibras de grafite. Esse pode ser o mesmo grafite descrito anteriormente? Não, na verdade, não é. Em vez disso, esse material leve, fibroso e de alta resistência é produzido por pirólise (aquecimento) de fibras orgânicas poliméricas.

Em 1985, Harold Kroto, Richard Smalley e Robert Curl produziram um incrível terceiro alótropo do carbono. Kroto, interessado em espectroscopia de micro-ondas relacionada a estrelas gigantes vermelhas ricas em carbono, abordou Smalley e Curl sobre a possibilidade de se tentar produzir agregados atômicos (*clusters*) de carbono em seus laboratórios. Trabalhando em conjunto, eles verificaram que quando o grafite é vaporizado por um *laser*, vários *clusters* com números pares de átomos de carbono são formados. Um dos mais prevalecentes desses era o C_{60}, uma fórmula muito intrigante, na verdade. (Você pode imaginar você e seus colegas produzindo uma molécula totalmente desconhecida por qualquer um no mundo?) Logicamente, eles de imediato passaram a especular sobre sua estrutura. Duas formas vieram instantaneamente à mente: (1) os domos geodésicos do arquiteto norte americano R. Buckiminster Fuller e (2) a forma de uma bola de futebol. Eles rapidamente propuseram esse tipo de estrutura mesmo tendo rapidamente admitido que eles tinham poucas evidências para seguir em frente naquele momento. Foi apenas uma questão de poucos anos antes que essa estrutura fosse confirmada. O domo geodésico, uma bola de futebol e o C_{60} são mostrados na Figura 15.7. As semelhanças são realmente incríveis.

O C_{60} é um exemplo de grafeno. Ele é essencialmente uma folha plana com a espessura de um átomo de grafite enrolado na forma de uma bola. Ele mantém a natureza deslocalizada do grafite e tanto sua superfície interior quanto a exterior são um mar de elétrons π. A estrutura do C_{60} é um icosaedro truncado caracterizado por 60 vértices e 32 faces, 12 das quais são pentágonos. A similaridade aos domos quase esféricos de Fuller (uma linha "geodésica" em uma esfera é a menor distância entre quaisquer dois pontos) inspirou Kroto e Smalley a chamarem o C_{60} de *buckminsterfulereno*, mas ele é frequentemente chamado de *buckyball* como abreviação. (*Buckyball* é provavelmente mais apropriado uma vez que Fuller preferia o apelido "Bucky.") Desde de sua descoberta em meados dos anos 1980, uma incrível variedade desses assim chamados fulerenos foi produzida e caracterizada. A melhor maneira de pensá-los é como 12 pentágonos e um número variável de hexágonos. Uma seleção representativa desses fulerenos está mostrada na Figura 15.8. Como resultado de suas incríveis descobertas, Kroto, Smalley e Curl receberam o Prêmio Nobel de Química em 1996.

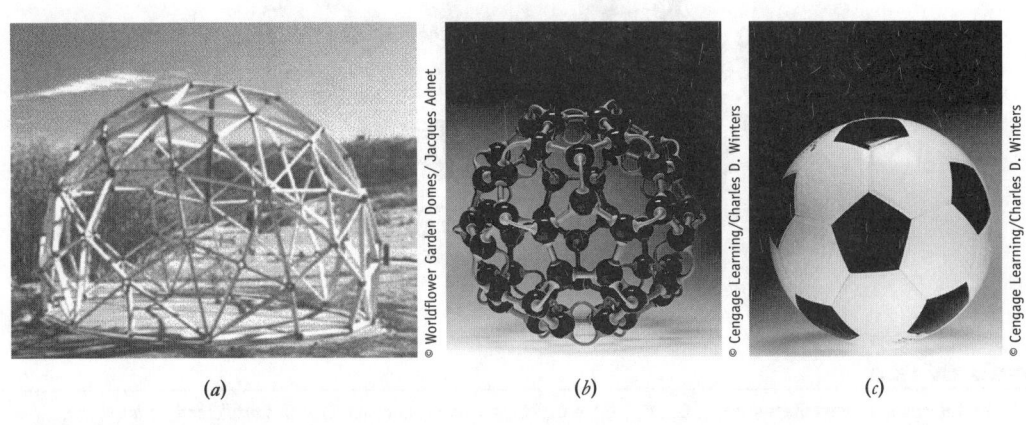

(a) (b) (c)

FIGURA 15.7

(a) Um domo geodésico como os originalmente projetados por R. Buckminster Fuller, (Worldflower Garden Domes/Jacques Adnet)
(b) uma representação estrutural da fórmula C_{60} e (c) Uma bola de futebol.

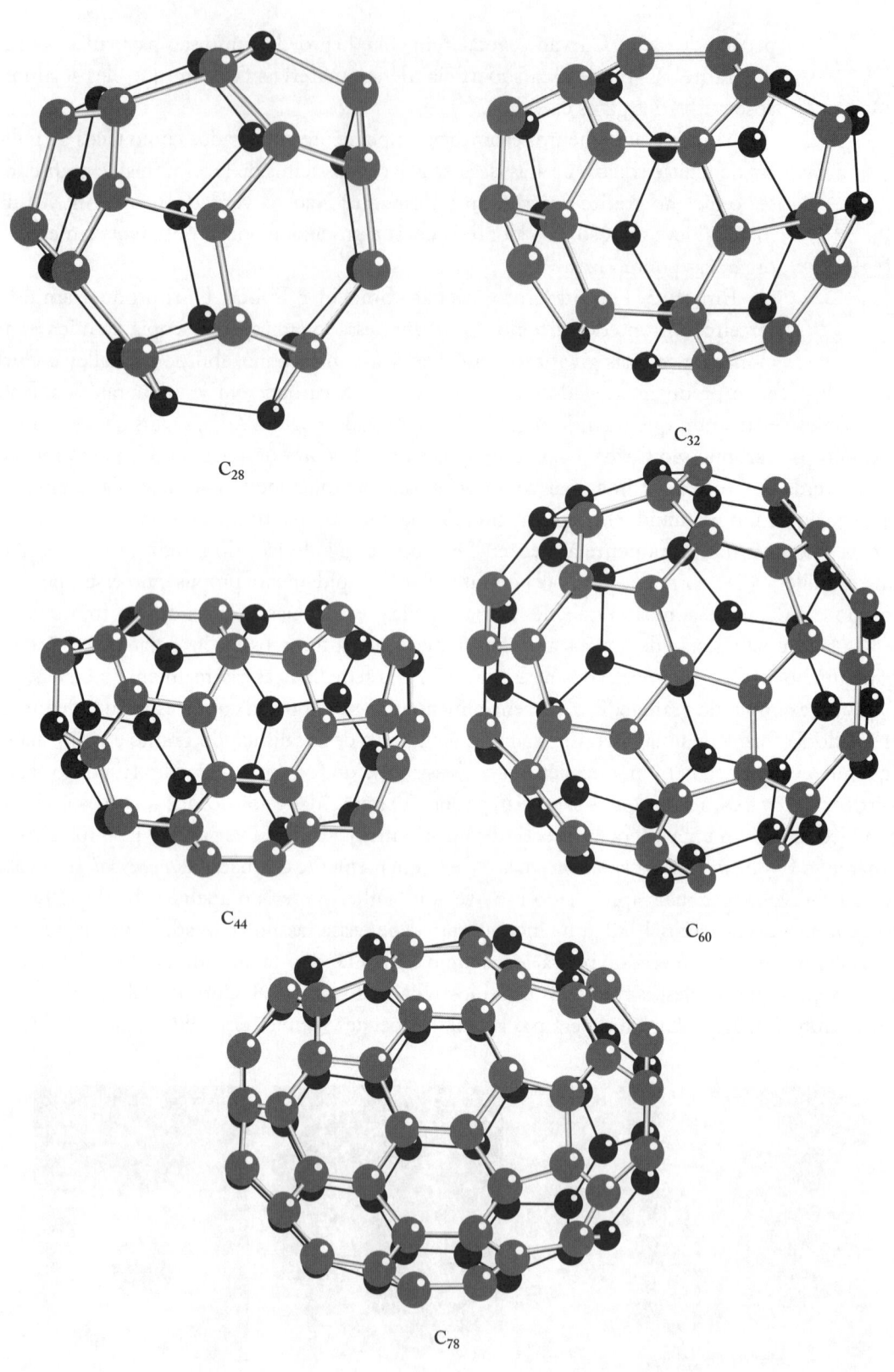

434 *Química inorgânica descritiva, de coordenação e do estado sólido*

C$_{28}$

C$_{32}$

C$_{44}$

C$_{60}$

C$_{78}$

FIGURA 15.8
Alguns fulerenos representativos: C$_{28}$, C$_{32}$, C$_{44}$, C$_{60}$ e C$_{78}$. C$_{60}$ é conhecido como *buckminsterfulereno* ou *buckyball*.

Embora a vaporização do grafite por *laser* tenha sido o primeiro método de preparo dos fulerenos, o "método de descarga por arco" produz os maiores rendimentos. Ele envolve a montagem de um arco entre dois eletrodos de grafite em meio a um fluxo de gás inerte. O vapor de carbono assim produzido se condensa em uma variedade de fulerenos. Finos filmes de C_{60} são cor de mostarda e, quando dissolvidos em um solvente apolar, como tolueno ou benzeno, obtém-se uma bela solução magenta.

O diâmetro interior do *cluster* C_{60} é de cerca de 7 Å e tem potencial para acomodar uma variedade de átomos, moléculas ou íons pequenos. Não surpreendentemente, uma vez que um gás inerte estava originalmente envolvido em sua síntese, evidências logo mostraram que alguns átomos do gás frequentemente ficavam presos dentro dessas estrturas. Tal possibilidade necessitava de um novo sistema de nomenclatura. Se, por exemplo, n átomos de hélio estivessem presos em um fulereno C_{60}, essa situação – deveríamos chama-la de molécula? – é representada escrevendo a fórmula nHe@C_{60}. O sinal @ indica que os átomos de hélio estão presos no fulereno. A molécula de C_{60} é grande o suficiente para conter a maioria dos gases nobres: hélio, neônio, argônio, criptônio e xenônio.

As estruturas altamente simétricas dos fulerenos fazem com que eles sejam extremamente estáveis e resilientes. [C_{60} pode ser disparado em superfícies de aço a velocidades em torno das usadas no ônibus espacial (27.400 km/h) e apenas quica de volta sem danos!] A combinação entre alta estabilidade e habilidade de prender gases inertes gerou uma descoberta intrigante. Fulerenos se formam no espaço (Kroto tinha razão – evidências convincentes agora mostram que eles são formados em estrelas gigantes vermelhas ricas em carbono, entre outros locais) e portanto, devido à sua alta estabilidade, podem ser transportados pelo espaço até chegar à Terra. Análises de meteoritos produziram evidências de fulerenos C_{60} e C_{70} contendo uma variedade de gases nobres, usualmente hélio. A razão dos isótopos de hélio presos não é semelhante à encontrada na Terra, mas mais semelhante à razão encontrada no Sol, outras estrelas e outras partes do espaço intergaláctico. No início de 2001, fulerenos contendo razões claramente extraterrestres de isótopos de hélio foram encontrados em sedimentos associados ao fim do período Permiano, cerca de 250 milhões de anos atrás. Essa descoberta é uma convincente evidência de que um grande objeto atingiu a Terra nessa época e foi, em grande medida, responsável pela grande onda de extinções, conhecida como a "Extinção Permiana." (Durante essa era mais de 90% das espécies da Terra foram destruídas.)

Além de átomos de gases inertes, vários íons metálicos podem ser colocados dentro de fulerenos de vários tamanhos. Esses são oficialmente chamados de *metalofulerenos endoédricos* e têm a fórmula geral M_x@C_n. Por exemplo, quando uma vareta de grafite/La_2O_3 é vaporizada, compostos de vários "tamanhos de gaiola" como La@C_{60}, La@C_{70}, La@C_{74} e La@C_{82} são produzidos. Incrivelmente, a irradiação por laser desses compostos pode então eliminar pares de átomos de carbono para produzir moléculas "encolhidas" como La@C_{44} nas quais o tamanho do fulereno é dimensionado para se ajustar mais precisamente ao tamanho do metal contido dentro dele. Outros compostos produzidos dessa forma incluem Cs@C_{48} e K@C_{44}. Os metalofulerenos endoédricos são exemplos de fuleretos, C_n^{x-}, em que x é usualmente um número inteiro menor que 10. Por exemplo, a maioria das evidências indicam que La@C_{60} deveria ser formulado como $(La^{3+})(C_{60}^{3-})$. Fuleretos de fórmula geral M_x@C_{60} são conhecidos para uma variedade de metais. Os fuleretos de metais alcalinos, M_3C_{60} (M = Na, K, Rb e Cs), são um pouco diferentes. A ausência do sinal @ indica que esses não são fulerenos endoédricos. Considere o K_3C_{60} como um exemplo representativo. Ele é preparado a partir de quantidades estequiométricas de C_{60} sólido e vapor de potássio. Os três átomos de potássio transferem seus elétrons de valência para o fulereno de forma que o K_3C_{60} é mais precisamente escrito como $(K^+)_3(C_{60}^{3-})$. Esse composto especial se torna um supercondutor abaixo da temperatura crítica, T_c, de 19,3 K. (Abaixo da T_c, um supercondutor conduz perfeitamente – ou seja, apresenta resistência zero.) Ele tem uma estrutura cúbica de face centrada dos ânions C_{60}^{3-} com os cátions potássio em ambos os interstícios octaédricos e tetraédricos como mostrado na Figura 15.9. (Veja a Seção 7.3 para mais detalhes sobre as posições e números desses interstícios.)

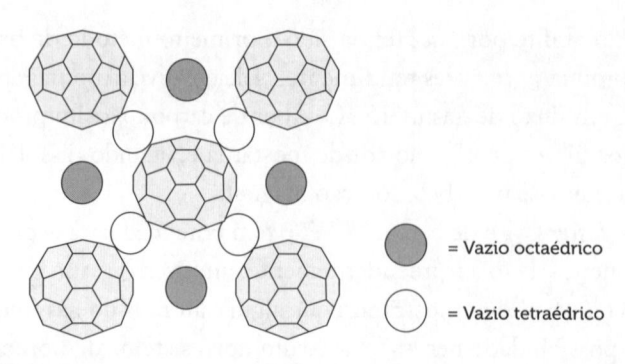

FIGURA 15.9

Uma face da célula unitária cúbica de face centrada do K_3C_{60}. Os C_{60}^{3-}'s estão na face centrada e os cátions potássio ocupam ambos os interstícios octaédricos e tetraédricos. O diâmetro dos ânions C_{60}^{3-} é 7,08 Å, enquanto que a aresta da célula tem 14,24 Å. (Adaptado de N. N. Greenwood e A. Earnshaw, The Chemistry of the Elements, 2ª ed. (Oxford: Butterworth-Heineman, 1997), p. 286.)

Em 1998, uma molécula singular de fórmula $Sc_3N@C_{80}$ foi sintetizada pela primeira vez. Sua estrutura está mostrada na Figura 15.10. Nessa molécula, os três átomos de escândio transferem um total de seis elétrons à gaiola de fulereno de forma que ele é mais bem representado por $[Sc_3N]^{6+}@C_{80}^{6-}$. O cátion contém três ligações covalentes Sc—N e está livre para rotacionar dentro da esfera C_{80}^{6-}, que é um pouco aumentada para acomodar o tamanho do cátion. Esse composto foi extensivamente estudado e vários derivados foram sintetizados. Tanto o metal quanto o tamanho do fulereno podem ser variados de forma que, por exemplo, $Sc_3N@$

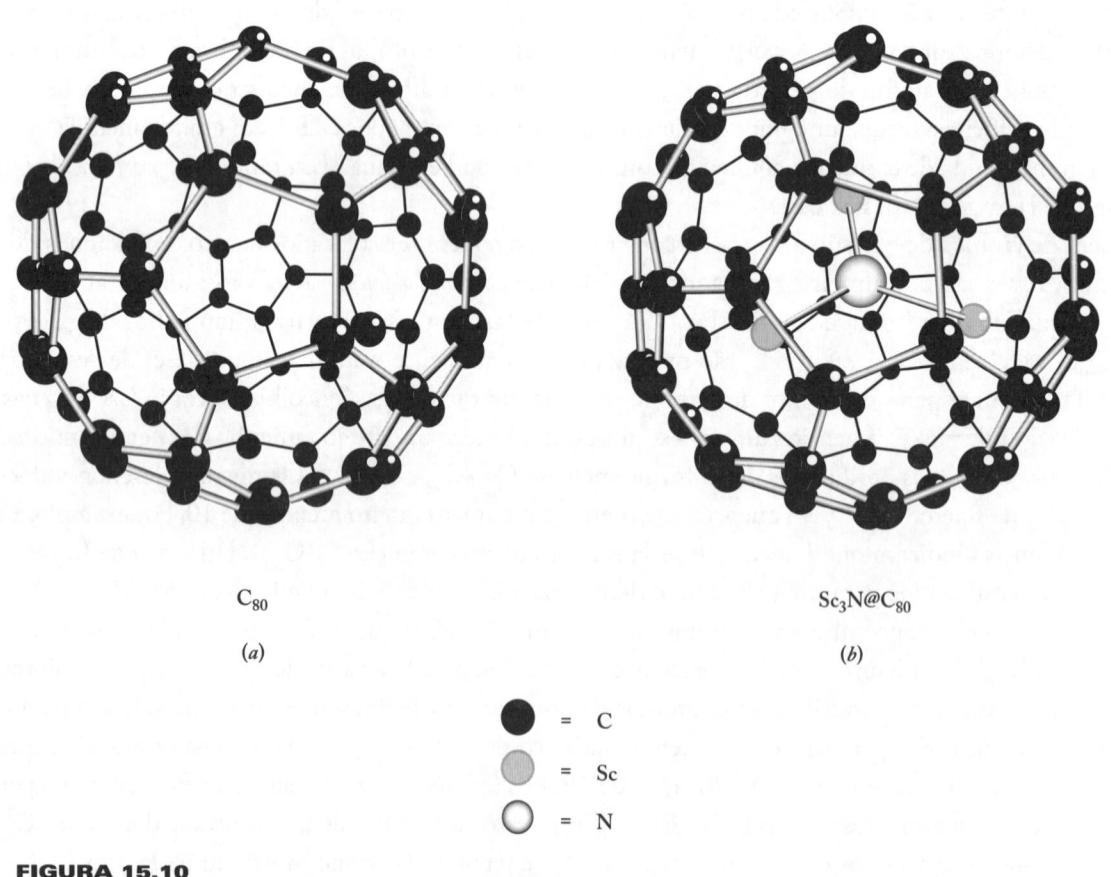

FIGURA 15.10

As estruturas de (a) C_{80} e (b) $Sc_3N@C_{80}$.

C_{78}, $Y_3N@C_{80}$, $Er_3N@C_{80}$ foram todos preparados. Vários grupos foram conectados à superfície externa dos ânions fuleretos. Elementos radioativos também foram incorporados. Um exemplo disso é o $^{177}Lu_xLu_{(3-x)}N@C_{80}$. O lutécio-177 é um emissor β e quando o C_{80} é conectado a biomoléculas que procuram tecidos cancerosos, o $^{177}Lu_xLu_{(3-x)}N@C_{80}$ pode ser usado no combate a tumores difíceis de serem alcançados, como no cérebro, ou outros tumores da mesma forma que compostos que contêm boro são usados na terapia de captura de nêutrons por boro (TCNB). Veja a Seção 14.4 para uma discussão sobre a TCNB.

Os fulerenos podem ser submetidos a várias reações de adição. Por exemplo,

1. As ligações duplas podem ser hidrogenadas para produzir produtos "poli-hidrofulerenos" desde o $C_{60}H_{18}$ até o $C_{60}H_{36}$, com a predominância do $C_{60}H_{32}$.
2. Eles podem reagir com o F_2 em etapas para produzir uma grande variedade de compostos fluorados até o totalmente fluorado $C_{60}F_{60}$.
3. De forma similar, eles podem reagir com o cloreto de iodo, ICl, em benzeno ou tolueno, à temperatura ambiente, gerando o $C_{60}Cl_6$ laranja-escuro.
4. Com bromo em solução, eles geram lâminas magenta do análogo $C_{60}Br_6$.

Outros átomos como boro e nitrogênio podem substituir o carbono, gerando compostos de fórmula $C_{60-n}B_n$, $n = 1$ a 6 e $C_{60-2n}(BN)_n$, $n = 1$ a 24.

Em 1991, Sumio Iijima fez ainda uma outra descoberta envolvendo alótropos do carbono. Em um método similar ao usado para preparar os fulerenos, ele produziu longas estruturas cilíndricas (10 a 30 nm de diâmetro) em multicamadas e semelhantes a tubos com tampas hemisféricas nas pontas. Dadas as suas dimensões, eles rapidamente se tornaram conhecidos como *nanotubos*. Iijima usou o método da descarga em arco para produzir seus tubos multicamadas, mas em curto espaço de tempo vários outros métodos de produção de nanotubos de parede única (SWNT, na sigla em inglês) foram desenvolvidos. O uso de pequenas quantidades de catalisadores metálicos (níquel, cobalto e/ou ítrio) na descarga por arco funcionou bem. Um segundo método foi a vaporização de uma mistura de grafite em pequenas quantidades (<1%) de catalisadores de metais de transição usando um *laser*. No momento em que esse livro foi escrito, a decomposição de hidrocarbonetos (como etileno ou acetileno) na presença de um gás inerte em um reator de tubo a 550-750 °C sobre um catalisador metálico ou catalisador de óxido metálico pareceu ser a grande promessa de produzir SWNT com alto rendimento em grande escala.

Os SWNT são um outro exemplo de um grafeno. Eles são formados quando uma folha de carbono, ligados hexagonalmente, semelhante ao grafite, é enrolada na forma de um tubo longo e fino tampado em cada ponta com meia esfera de fulereno. Várias vistas dos SWNT são mostradas na Figura 15.11.

Por mais de duas décadas até o presente momento, as propriedades dos nanotubos (também conhecidos como *buckytubos*, logicamente) foram exploradas com muita energia e prazer. Eles são materiais singulares devido a pelo menos três razões. Primeiramente, eles são incrivelmente flexíveis, fortes e estáveis. Eles têm uma resistência à tração (uma propriedade que mede a capacidade de resistir à ruptura sob tensão) cerca de 50 a 100 vezes maior que a do aço, com um sexto do peso. Os tubos podem ser moldados em vários tipos de fibras, cordas e cabos, que têm o potencial para um grande número de aplicações, incluindo algumas realmente extraordinárias e até mesmo exóticas. Eles podem formar fibras de alta resistência que são rígidas e menos quebradiças do que as análogas de grafite. Foi proposto que os *buckytubos* serão usados em tudo desde chassis de aeronaves, painéis de carrocerias de caminhões e automóveis, fios semelhantes ao Kevlar, sustentação de pontes e bocais de foguetes até o que às vezes parecem ser o principal objetivo dos novos materiais, os equipamentos esportivos! Falando sério, em poucos anos não fique surpreso se você estiver usando uma raquete de tênis, um taco de golfe ou uma vara de pescar feitos com grafeno. No lado extraordinário e até mesmo exótico, cordas feitas com fibras de nanotubos foram propostas para construir um elevador espacial, às vezes chamado de *elevador cósmico*, um cabo que seria conectado a um satélite geoestacionário e usado para arrastar cargas até

(a)

(b)

(c)

FIGURA 15.11

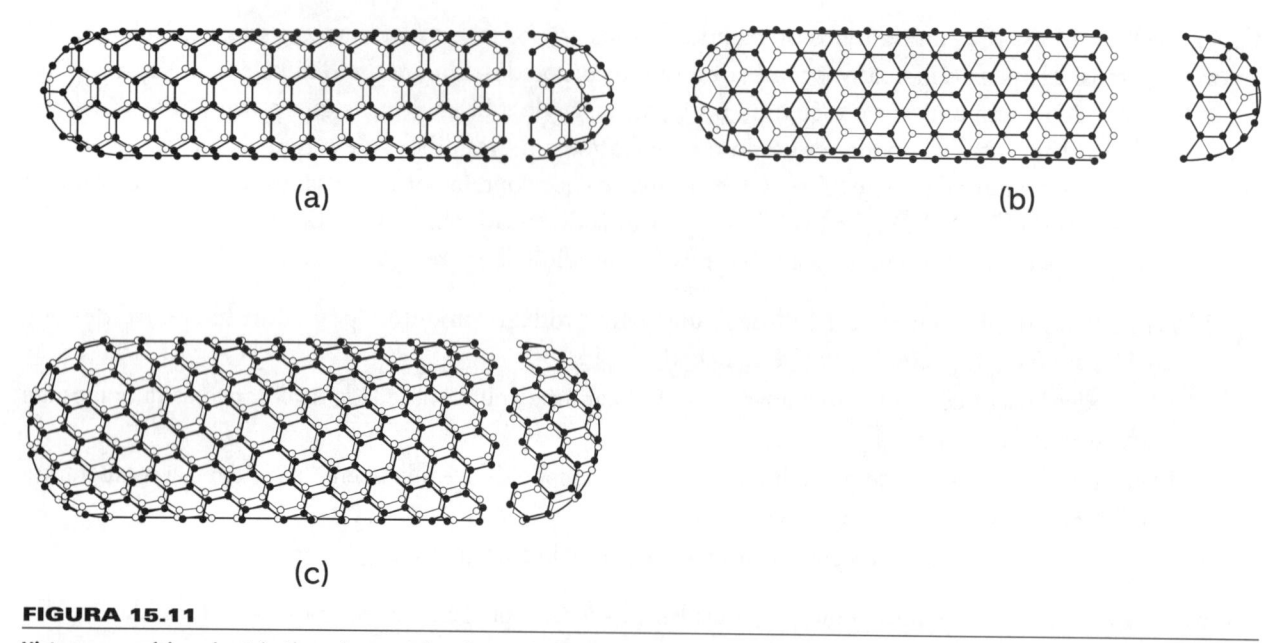

Vistas esquemáticas dos três tipos de nanotubos de parede única (SWNT): (a) configuração "poltrona" (em inglês, *armchair*), (b) configuração "zig-zag" e (c) uma configuração arbitrária entre a poltrona e a zig-zag. A forma e a espessura do nanotubo depende dos vários ângulos nos quais a folha de grafeno é enrolada para fazer o tubo. (Adaptado de: Boris Yakobson e Richard Smalley, "Fulerene Nanotubes: C1,000,000 and Beyond," Figura 4, American Scientist, julho/agosto 1997.)

a estação espacial. Comparado a Flash Gordon, James Tiberius Kirk e Jean-Luc Picard, a "nova geração" real pode estar a ponto de mudar tudo e audaciosamente chegar onde ninguém foi antes.

Em segundo lugar, os SWNT têm propriedades eletrônicas singulares que podem ser aproveitadas para um grande número de aplicações. Como vimos, folhas de grafite podem ser enroladas em vários ângulos para formar seus tubos. Novamente, três ângulos diferentes são mostrados na Figura 15.11. A condutividade parece ser surpreendentemente sensível ao ângulo no qual as folhas se juntam e à simetria do tipo saca-rolhas do tubo resultante. No ângulo mais apropriado, buckytubos podem conduzir corrente elétrica tão facilmente quanto um metal. Assim, além de ser a base para as fibras mais fortes conhecidas, foi proposto que os nanotubos serão um rival dos fios de cobre, mas serão mais leves e mais flexíveis. Outras aplicações em potencial das propriedades eletrônicas dos SWNT incluem televisões e monitores de computadores ultra planos, circuitos eletrônicos de nível molecular e uma nova geração de baterias de íons de lítio.

Por fim, SWNT podem ser moldados para produzir *nanofios* (às vezes chamados de *nanovaretas*), *nanorredes* e uma aparente infinidade de outros "nanomateriais." Na primeira etapa de produção dos nanofios, as tampas hemisféricas de fulereno têm que ser destruídas ou serem retiradas das pontas dos tubos. Esse "destampamento" é mais efetivo com ácido nítrico ou sulfúrico concentrado. Uma vez que as tampas foram retiradas, os tubos podem ser preenchidos com uma variedade de materiais metálicos, semicondutores ou isolantes. Por exemplo, vários metais (níquel, platina, ouro, cobalto, ferro, etc.) ou óxidos metálicos foram inseridos para produzir nanofios condutores. Os elétrons são conduzidos através de uma fila única de átomos metálicos contidos dentro do tubo. Nanorredes são circuitos planos muito finos feitos de numerosos nanotubos de carbono sobrepostos aleatoriamente em uma estrutura semelhante a uma rede de pesca que pode acelerar a transmissão dos elétrons proporcionando vários caminhos alternativos. Nanorredes são redes fortes e transparentes que podem ser fabricadas em várias espessuras. Elas têm potencial para uso na construção de transistores de filme fino, células solares (fotovoltaicas) baratas, circuitos integrados flexíveis e até mesmo telas de televisão e monitores de computadores que podem ser enrolados para transporte e armazenamento.

As muitas aplicações dos nanotubos de carbono que foram previstas há 10 ou 20 anos atrás (e, como notado anteriormente, continuam a ser propostas mesmo nos dias de hoje) não foram realizadas tão rapidamente quanto inicialmente se imaginou. O principal obstáculo para a realização dessas altas expectativas é o desenvolvimento de técnicas de fabricação em larga escala que possam produzir SWNT de alta pureza com um conjunto previsível e confiável de propriedades. O desenvolvimento de tais técnicas continua a ser um tópico de pesquisas intensas.

Assim, os alótropos de carbono percorreram um longo caminho desde os dias em que eram somente diamante e grafite. Os novos grafenos (fulerenos, nanotubos, nanofios, nanorredes, etc.) já começaram a alimentar uma nova geração de materiais. Procure pelos últimos exemplos de nanotecnologia no jornal de sua região ou no jornal de economia.

Doença do estanho

O estanho tem dois alótropos principais, o estanho b, branco ou metálico, e o estanho a, cinza e quebradiço. A temperatura de transição entre essas formas é de 13,2 °C, como mostrado na Equação (15.8):

$$\alpha\text{-Sn} \underset{13,2\,°C}{\overset{55,8\,°F}{\rightleftharpoons}} \text{B-Sn}$$
$$\text{cinza} \qquad\qquad \text{branco}$$

15.8

A propósito, o estanho branco apresenta um singular "grito do estanho" – diz-se que é devido à quebra dos cristais quando ele é entortado ou deformado. O estanho branco, a partir do qual muitos objetos já foram moldados, é o mais estável a temperaturas mais altas. No entanto, se a forma metálica for exposta a temperaturas abaixo de 13,2 °C por longos períodos de tempo, ele será convertido no estanho cinza e quebradiço. Essa transformação é conhecida como a *peste do estanho* ou *doença do estanho* e seu conhecimento é certamente de importância prática. Ela causou destruição em tubos de organizações europeias, muitos dos quais foram moldados a partir do estanho e mantidos em catedrais constantemente frias. Também diz-se que ela foi parcialmente responsável pela derrota do exército de Napoleão porque os uniformes dos soldados franceses tinham botões de estanho, que quebraram-se durante o longo inverno russo de 1812. Outros observam que a invasão não durou o suficiente para que a doença do estanho causasse os estragos que são atribuídos a ela. De maneira similar, às vezes é dito que a peste teve um papel importante no insucesso da expedição britânica do capitão Robert Scott ao polo sul, entre 1910 e 1912. No caminho para o polo, a equipe armazenou querosene para a viagem de volta em latas seladas com uma solda de estanho. Conforme os cinco homens se dirigiram de volta para casa (após terem sido superados em seu objetivo um mês antes pela equipe norueguesa de Roald Amundsen) eles verificaram que as latas estavam vazias. Alguns disseram que isso ocorreu devido à doença do estanho, outros disseram que se tratava somente de uma solda malfeita.

Usos radioquímicos

A descoberta de que o carbono comum é composto de três isótopos foi feita por William Giauque em 1929. O carbono-14 foi isolado em 1940 e em 1945, Williard Libby formulou o método de datação por carbono-14, até os dias de hoje o mais conhecido método cronométrico (medida de tempo) radioquímico. Como representado na Equação (15.9), o carbono-14 é formado na alta atmosfera pelo bombardeamento do nitrogênio com nêutrons provenientes da atividade de raios cósmicos:

$$^{1}_{0}n + ^{14}_{7}N \longrightarrow ^{14}_{6}C + ^{1}_{1}H$$

15.9

Ele decai por emissão β^-, como mostrado na Equação (15.10):

$$^{14}_{6}C \xrightarrow{\beta^-} \, ^{0}_{-1}e + \, ^{14}_{7}N \qquad \text{15.10}$$

Embora presente em quantidades muito pequenas, $1,2 \times 10^{-10}$ por cento em massa, o carbono-14, em compostos como o $^{14}CO_2$, participa na fotossíntese normal e nas reações do ciclo do carbono. Dessa forma, sendo continuamente incorporado em todas as plantas e na vida animal, mas também decaindo de forma constante, o carbono-14 sempre está presente em uma pequena, porém detectável, concentração de estado estacionário. No entanto, uma vez que um organismo vivo morre, apenas o decaimento continua e a quantidade do isótopo cai constantemente, com uma meia-vida de 5730 anos. Libby percebeu que a análise da quantidade de carbono-14 que restava (ou a razão $^{14}C/^{12}C$) em um material que já foi vivo (pergaminhos, roupas, madeira, algumas tintas, etc.) poderia se relacionar com sua idade. Vários objetos como pergaminhos de vários manuscritos e madeiras de tumbas e navios foram datados dessa forma. A utilidade do método é tradicionalmente limitada a cerca de oito ou nove meias-vidas, ou aproximadamente 50.000 anos. Recentes avanços no uso da espectrometria aumentaram esse limite para 100.000 anos.

O chumbo é o mais abundante dos metais pesados porque ele é o produto final de três séries radioativas diferentes. Iniciando-se do urânio-238, urânio-235 e tório-232, três isótopos diferentes de chumbo são produzidos ao fim de uma série de decaimentos alfa e β^-. As reações globais para essas séries estão mostradas nas Equações (15.11) a (15.13):

$$\text{Série do urânio:} \quad ^{238}_{92}U \longrightarrow \, ^{206}_{82}Pb + 8 \, ^{4}_{2}He + 6 \, ^{0}_{-1}e \qquad \text{15.11}$$

$$\text{Série do actínio:} \quad ^{235}_{92}U \longrightarrow \, ^{207}_{82}Pb + 7 \, ^{4}_{2}He + 4 \, ^{0}_{-1}e \qquad \text{15.12}$$

$$\text{Série do tório:} \quad ^{232}_{90}Th \longrightarrow \, ^{208}_{82}Pb + 6 \, ^{4}_{2}He + 4 \, ^{0}_{-1}e \qquad \text{15.13}$$

As três séries têm meias-vidas de 4,5, 0,71 e 13,9 bilhões de anos, respectivamente, e servem de base para o *método isocrônico do chumbo* usado para determinar a idade de meteoritos, da Lua, da Terra e, por implicação, de todo o Sistema Solar. As quantidades de chumbo –206, –207 e –208 em uma dada amostra dependem da quantidade de chumbo originalmente presente mais aquela gerada por uma ou mais das séries anteriores. Uma vez que um quarto isótopo de chumbo de ocorrência natural, ^{204}Pb, não é produto de um esquema de decaimento, ele permite a medida da quantidade original do chumbo na mistura. Em amostras contendo urânio, ambas as razões $^{206}Pb/^{238}U$ e $^{207}Pb/^{235}U$ permitem uma estimativa da idade da amostra. Quando essas razões coincidem, os resultados são ditos *concordantes* e geram o mesmo período de tempo (daí o nome método isocrônico) para a origem da amostra. Usando tais métodos, estima-se que a idade da Terra e da Lua sejam de 4,6 bilhões de anos.

Uma composição isotópica também pode ser usada como um traçador para determinar as fontes de poluição por chumbo. Por exemplo, compostos de chumbo (principalmente brometos e alguns cloretos) gerados a partir do chumbo tetraetila usado como aditivo antidetonante da gasolina, foram fontes principais de poluição por chumbo. Essa fonte de chumbo é distinta da gerada a partir da combustão do carvão [que contém impurezas de chumbo e constitui a segunda (e muito menos relevante) fonte de poluição por chumbo] ou de várias operações de fundição de chumbo.

Compostos de carbono

Os óxidos de carbono, particularmente o dióxido, foram discutidos em capítulos anteriores, principalmente no Capítulo 11. Lembre-se que Joseph Priestley trabalhou com o "ar fixo" para produzir água com gás. A carbonatação de refrigerantes ainda é o segundo uso mais importante do CO_2. (O uso mais importante é do sólido como o "gelo seco" para refrigeração.) O CO_2 é produzido pela combustão completa de hidrocarbonetos (Seção 11.1) e tem um papel principal no efeito estufa (Seção 11.6). Mais cedo, discutimos o papel do CO e do CO_2 na produção do gás de síntese (Seção 10.2) e na gaseificação do carvão. No Capítulo 6 (Seção 6.1) notamos a utilidade do monóxido de carbono (carbonil) como um ligante no *processo Mond* para a purificação do níquel.

Os carbetos iônicos, contendo os ânions C_2^{2-} ou C^{4-}, são frequentemente preparados pela reação dos próprios elementos ou de um óxido do metal com o carbono em uma fornalha elétrica a temperaturas elevadas. Eles podem ser hidrolisados para produzir vários hidrocarbonetos em processos industriais. Por exemplo, o carbeto de cálcio, CaC_2, é uma das principais fontes de acetileno (brevemente discutido na Seção 13.4) como mostrado na Equação (15.14), e o carbeto de alumínio, como mostrado na Equação (15.15), gera metano:

$$CaC_2(s) + H_2O(l) \longrightarrow C_2H_2(g) + CaO(g) \qquad \textbf{15.14}$$

$$Al_4C_3(s) + 12H_2O(l) \longrightarrow 3CH_4(g) + 4Al(OH)_3(s) \qquad \textbf{15.15}$$

O carbeto de silício, SiC covalente, é conhecido com *carborundum*, um nome derivado de *carbo*no + *corundum* [O corundum (mais conhecido como coríndon), como discutido na Seção 14.4, é um mineral extremamente duro que consiste de óxido de alumínio, Al_2O_3.) O SiC é uma molécula gigante como o diamante, é extremamente duro e é usado como abrasivo, em ferramentas de corte e como refratário.

Os carbetos intersticiais são obtidos quando os retículos de vários metais são expandidos pela presença de átomos de carbono. Esses materiais preservam muitas propriedades metálicas como alta condutividade e brilho e, frequentemente, são mais duros e se fundem a temperaturas mais altas que os próprios metais puros. A adição de carbono ao ferro produz o aço, mas muito carbono o deixa quebradiço. O carbeto de tungstênio, WC, é usado em ferramentas de corte e perfuração.

Outros compostos de carbonos úteis incluem o dissulfeto, CS_2 (um líquido inflamável tóxico usado antigamente como um solvente em lavagem a seco e outras aplicações); o cianeto de hidrogênio, HCN, e os cianetos, CN^- (o primeiro um gás tóxico com cheiro de amêndoas amargas que pode ter sido de grande importância na evolução química da vida e o último foi mencionado como um importante ligante no Capítulo 6); as cianamidas, CN_2^- (brevemente mencionadas no Capítulo 12 e usadas como fertilizantes, herbicidas e na produção de fibras acrílicas e plásticos); os clorofluorcarbonos, CFCs (como propelentes de aerossóis e refrigerantes, mas são considerados ameaças à camada de ozônio, veja o Capítulo 18) e oxi-haletos como o fosgênio, $COCl_2$ (uma antiga arma química agora usado na manufatura de poliuretanos).

Compostos e toxicologia do chumbo

Compostos de chumbo têm sido usados em tintas há anos. A tinta vermelha de aplicação inicial para ferro e aço, mais comumente vista em automóveis antigos, é Pb_3O_4 ou $Pb_2^{II}Pb^{IV}O_4$, é conhecido como *zarcão**. O monóxido de chumbo, PbO, pode ser vermelho (*litargírio*), laranja ou amarelo, dependendo do método de preparação. Outras formulações de tintas incluem o chumbo branco [$2PbCO_3 \cdot Pb(OH)_2$], o chumbo azul (uma combinação de sulfato de chumbo básico, $PbSO_4 \cdot PbO$, óxido de zinco e carbono) e os cromatos de chumbo (usados na preparação de tintas amarelas, laranjas, vermelhas e verdes).

A bateria de chumbo foi inventado em 1859, mas quando ela foi usada para fornecer energia para os motores de arranque de automóveis no início do século XX, ela revolucionou a indústria do transporte pessoal. Essa bateria permaneceu a mesma por quase um século porque ela tem um grande tempo de vida útil (3–5 anos), pode operar em altas e baixas temperaturas (43 °C a –34 °C) e resiste bem às vibrações causadas pela rodagem do veículo.

---

* N. do T.: Devido à toxicidade do chumbo, o zarcão usado hoje em dia é composto de outros pigmentos.

A Figura 15.12 mostra o esquema de uma bateria de chumbo. Note que tanto o ânodo quanto o cátodo são grades de chumbo contendo o metal e o dióxido, respectivamente. A reação global, representada na Equação (15.16c), que é usada para fornecer energia para girar o motor de arranque também produz sulfato de chumbo (que é retido em cada grade), mas a reação pode ser revertida (quando a bateria é carregada pelo alternador durante o funcionamento do motor). Durante o processo de recarga, a água era inevitavelmente eletrolisada e, portanto, tinha que ser reposta. Hoje em dia, o uso de ligas de cálcio–chumbo nos eletrodos diminui significantemente a eletrólise de forma que a água não precisa ser reposta e as baterias são seladas. No entanto, quando se faz a recarga de uma bateria usando outra bateria, a eletrólise ocorre e o gás hidrogênio produzido pode explodir se não se tomar as devidas precauções. (Sob condições normais de recarga, saídas de ar na bateria dissipam o gás hidrogênio com segurança.)

O envenenamento por chumbo tem uma longa e mortal história. Nicandro, o médico e poeta grego, relatou a incidência de saturnismo ou plumbismo (envenenamento por chumbo) mais de 20 séculos atrás. Os

Cátodo: grade de chumbo preenchida com dióxido de chumbo (PbO_2)

Solução de eletrólito de ácido sulfúrico (H_2SO_4)

Ânodo: grade de chumbo preenchida com chumbo (Pb) esponjoso

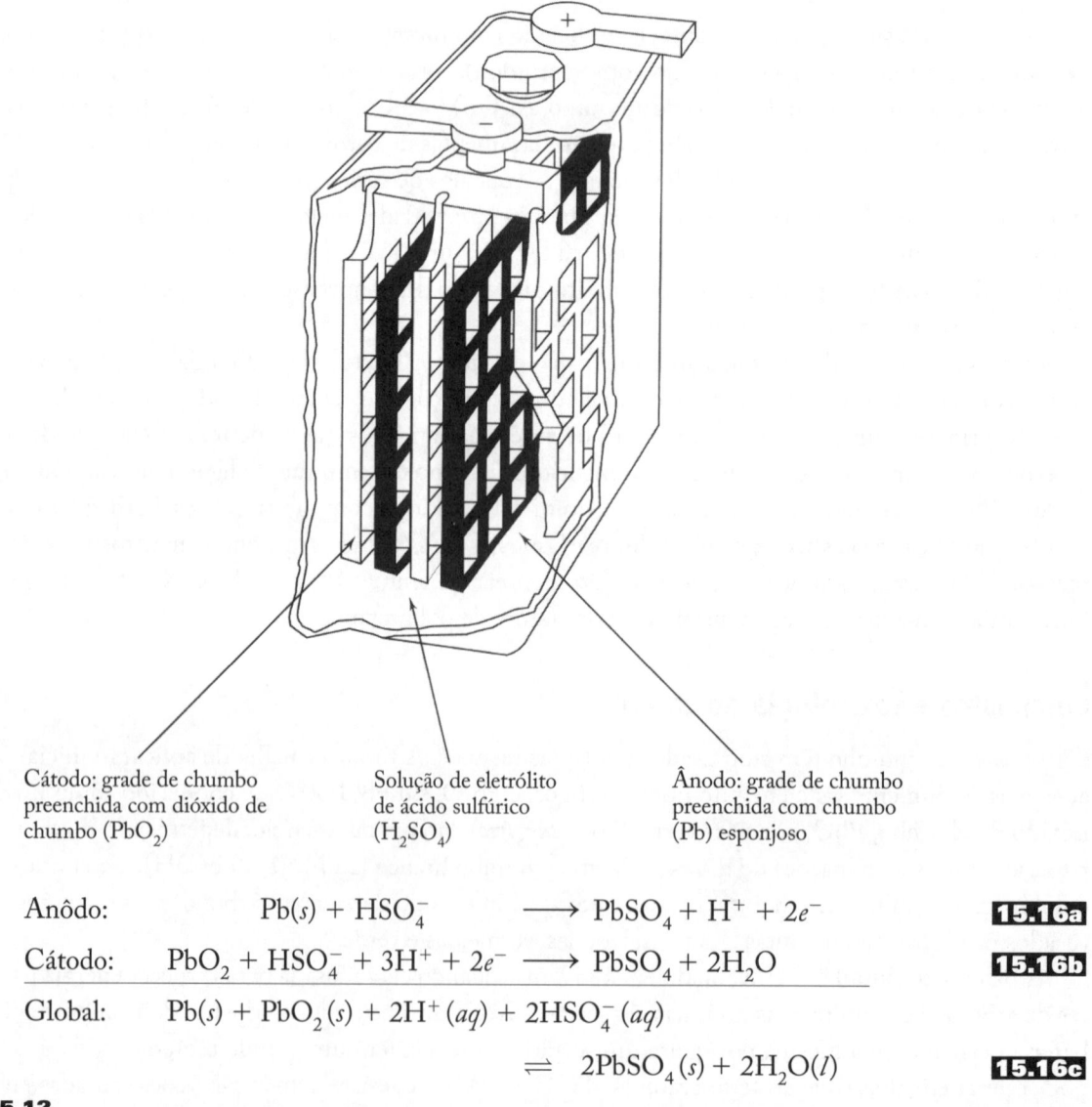

Anôdo: $Pb(s) + HSO_4^- \longrightarrow PbSO_4 + H^+ + 2e^-$ **15.16a**

Cátodo: $PbO_2 + HSO_4^- + 3H^+ + 2e^- \longrightarrow PbSO_4 + 2H_2O$ **15.16b**

Global: $Pb(s) + PbO_2(s) + 2H^+(aq) + 2HSO_4^-(aq)$
$\rightleftharpoons 2PbSO_4(s) + 2H_2O(l)$ **15.16c**

FIGURA 15.12

Uma das seis células de uma bateria de chumbo de 12 V. Quando a bateria descarrega, fornecendo voltagem para girar o motor de arranque, ela produz sulfato de chumbo que se adere às superfícies das grades de chumbo anódicas e catódicas. Quando a bateria é carregada, a reação global é invertida.

inúmeros usos do chumbo pelos romanos, particularmente pela classe dominante, têm sido responsabilizados (pelo menos em parte) pela queda de seu império e de seu estilo de vida. [Os romanos guardavam vinho em recipientes de chumbo e usavam um adoçante de chumbo chamado "sapa" produzido evaporando o vinho azedo em panelas de chumbo. Vários sais de chumbo, particularmente o acetato de chumbo (também chamado de "açúcar de chumbo") eram responsáveis pelo sabor doce.] Mesmo hoje em dia o chumbo é chamado de "veneno que está em todos os lugares" porque parece ser bem assim – todos os lugares. Até cerca de 30 a 35 anos atrás, praticamente todas as gasolinas continham chumbo tetraetila, $Pb(CH_2CH_3)_4$, ou chumbo tetrametila, $Pb(CH_3)_4$, como aditivo antidetonante. Reações com dibromoetileno e outros "captadores de chumbo" em tais combustíveis produziam brometo de chumbo que se depositava ao longo de estradas e eram incorporados pelas árvores, grama e quaisquer outros seres que poderiam estar crescendo às margens das vias. Nos Estados Unidos, o chumbo na gasolina foi gradualmente eliminado a partir de 1979 e foi completamente banido em 1988. No entanto, chumbo residual de cerca de 60 anos de gasolina com chumbo ainda é um problema ambiental e de saúde significativo. Canadá e partes da Europa também baniram o uso do chumbo na gasolina, mas ele ainda é usado em muitas partes do mundo. A propósito, "gasolina" é um termo usado sobretudo nas Américas. Nos países da comunidade britânica, ela é chamada de "petrol" (uma abreviação para "petroleum spirit"); em outros países ela é chamada de "benzine" ou "nafta." Para nós, nafta[*] é uma gasolina de alta pureza, sem aditivos. É vendida como combustível para *camping*.

Lascas de tinta de casas pintadas antes da metade dos anos 1950 ou móveis pintados antes da metade dos anos 1970 são fontes significativas de chumbo e afetam em particular as crianças das cidades. Além disso, o elemento é lixiviado de (1) tubulações de chumbo para o suprimento de água, (2) latas com soldas de chumbo (por comidas ácidas como sucos de frutas, frutas e alguns vegetais) para os suprimentos de alimentos e (3) de cápsulas feitas com folhas de chumbo para até mesmo os melhores vinhos europeus. Operações de fundição, combustão de carvão e vários processos industriais ajudaram a espalhar mais o chumbo pelo meio ambiente. Ele foi encontrado em antigos recipientes de barro impropriamente envernizados e até mesmo em uísques e outros produtos alcoólicos destilados em equipamentos que usam soldas de chumbo. Talvez historiadores futuros também venham a especular sobre o papel do chumbo tanto no declínio da grande civilização euro--americana quanto no declínio do império romano.

O chumbo é absorvido tanto pelos pulmões quanto pelo trato gastrointestinal, sendo, em indivíduos normais, quase totalmente excretado, mas não tão rapidamente quanto é absorvido. Dessa forma, o chumbo se acumula lentamente no tecido ósseo, onde ele permanece relativamente inerte. Adultos mais velhos, que viveram a maior parte de suas vidas antes do chumbo ser mais cuidadosamente controlado, frequentemente têm uma quantidade significativa de chumbo em seus ossos. A osteoporose (o afinamento do tecido ósseo e a perda de densidade óssea ao longo do tempo) não apenas enfraquece os ossos, mas libera o chumbo armazenado para a corrente sanguínea. Os primeiros sintomas de envenenamento por chumbo em adultos incluem anemia, fadiga, dor de cabeça, perda de peso e constipação. Baixos níveis de chumbo têm sido frequentemente diagnosticado erroneamente como problemas psicológicos. Sintomas que acompanham quantidades maiores, novamente em adultos, incluem danos aos rins, alta pressão sanguínea, maior incidência de catarata e danos neurológicos. Em crianças, particularmente aquelas entre 12 e 36 meses de idade, o principal meio de exposição vem da poeira contaminada pela pintura à base de chumbo em casas antigas. Mesmo em níveis baixos, essa exposição pode causar um QI reduzido e déficit de atenção, hiperatividade, prejuízo ao crescimento, dificuldades para ler e aprender, perda de audição e insônia. Crianças jovens estão particularmente em risco devido a sua grande atividade de levar as mãos e coisas à boca. Níveis elevados de chumbo em crianças de 6 anos de idade foram até mesmo correlacionadas não somente a menores QI mas, também, à criminalidade futura. A diferença entre os efeitos em adultos e crianças não é muito bem entendida, mas as crianças absorvem mais chumbo do que os adultos e são particularmente vulneráveis porque seus cérebros e sistemas nervosos ainda

---

[*] N. do T.: Nos Estados Unidos, muito conhecida como "white gas" (gasolina branca).

estão em desenvolvimento. (O uso terapêutico de agentes quelantes como antídotos parciais para envenenamento por chumbo e outros metais pesados é discutido na Seção 6.5.)

15.5 SILICATOS, SÍLICA E ALUMINOSSILICATOS

Silicatos e sílica

A química do silício, como vimos, é dominada por ligações silício–oxigênio. A unidade básica de todos os silicatos é o tetraedro SiO_4^{4-}. Como mostrado na Tabela 15.2, os vários tipos de silicatos são caracterizados pelo compartilhamento de zero até todos os quatro oxigênios nessa unidade. A carga em cada unidade de repetição é determinada lembrando que o estado de oxidação do silício é +4 enquanto o do oxigênio é, como esperado, −2.

Os ortossilicatos são caracterizados por unidades discretas e independentes de SiO_4^{4-}. (Veja a Seção 14.3 para uma breve discussão sobre o prefixo *orto-*.) A estrutura tetraédrica direta está mostrada na Figura 15.13a. Os raros pirossilicatos (ou dissilicatos) são caracterizados pelo compartilhamento de um oxigênio de cada unidade SiO_4^{4-} para produzir o íon $Si_2O_7^{6-}$, mostrado na Figura 15.13b.

Silicatos cíclicos têm dois oxigênios do SiO_4^{4-} sendo compartilhados para produzir os anéis de seis membros $Si_3O_9^{6-}$ (Figura 15.13c) e de doze membros $Si_6O_{18}^{12-}$ (Figura 15.13d). Relembrando da discussão anterior (Seção 13.1) sobre o berilo, $Al_2Be_3Si_6O_{18}$, a substituição parcial dos cátions alumínio (1) por cromo caracteriza as esmeraldas e (2) por ferro caracteriza as águas-marinhas.

TABELA 15.2
Tipos de sílica e silicatos

Tipo	Unidade de repetição	Número de oxigênios compartilhados	Exemplos
Orto-	SiO_4^{4-}	0	Be_2SiO_4, fenaquita
			Zn_2SiO_4, willemita
			Zr_2SiO_4, zircão
			$(M^{2+})_2SiO_4$, olivina
			$M^{2+} = Mg^{2+}, Fe^{2+}, Mn^{2+}$
			$(M^{3+})_2(M^{2+})_3(SiO_4)$, granada
			$M^{2+} = Ca^{2+}, Fe^{2+}, Mg^{2+}$
			$M^{3+} = Al^{3+}, Cr^{3+}, Fe^{3+}$
Piro-	$Si_2O_7^{6-}$	1	$Sc_2Si_2O_7$, thortveitita
			$Zn_4(OH)_2Si_2O_7$, hemimorfita
Cíclico-	$Si_3O_9^{6-}$	2	$BaTiSi_3O_9$, benitoíta
	$Si_6O_{18}^{12-}$	2	$Al_2Be_3Si_6O_{18}$, berilo
Cadeia			
Única	SiO_3^{2-}	2	Piroxênios, por exemplo,
			$MgSiO_3$, enstatita
			$LiAl(SiO_3)_2$, espodumênio
			$CsAl(SiO_3)_2$, polucita
Dupla	$Si_4O_{11}^{6-}$	2 ou 3	Anfibólios, por exemplo,
			$(Fe^{2+}, Mg^{2+})_7(Si_4O_{11})_2(OH)_2$, amosita
			$Na_2(OH)_2Fe_5[Si_4O_{11}]_2$, crocidolita
Folha	$Si_2O_5^{2-}$	3	$Mg_3(OH)_2[Si_2O_5]$, talco
			(ou pedra-sabão)
			$Mg_3(Si_2O_5)(OH)_4$, crisotila
			$LiAl[Si_2O_5]$, petalita
3D	SiO_2	4	Quartzo α
			Cristobalita

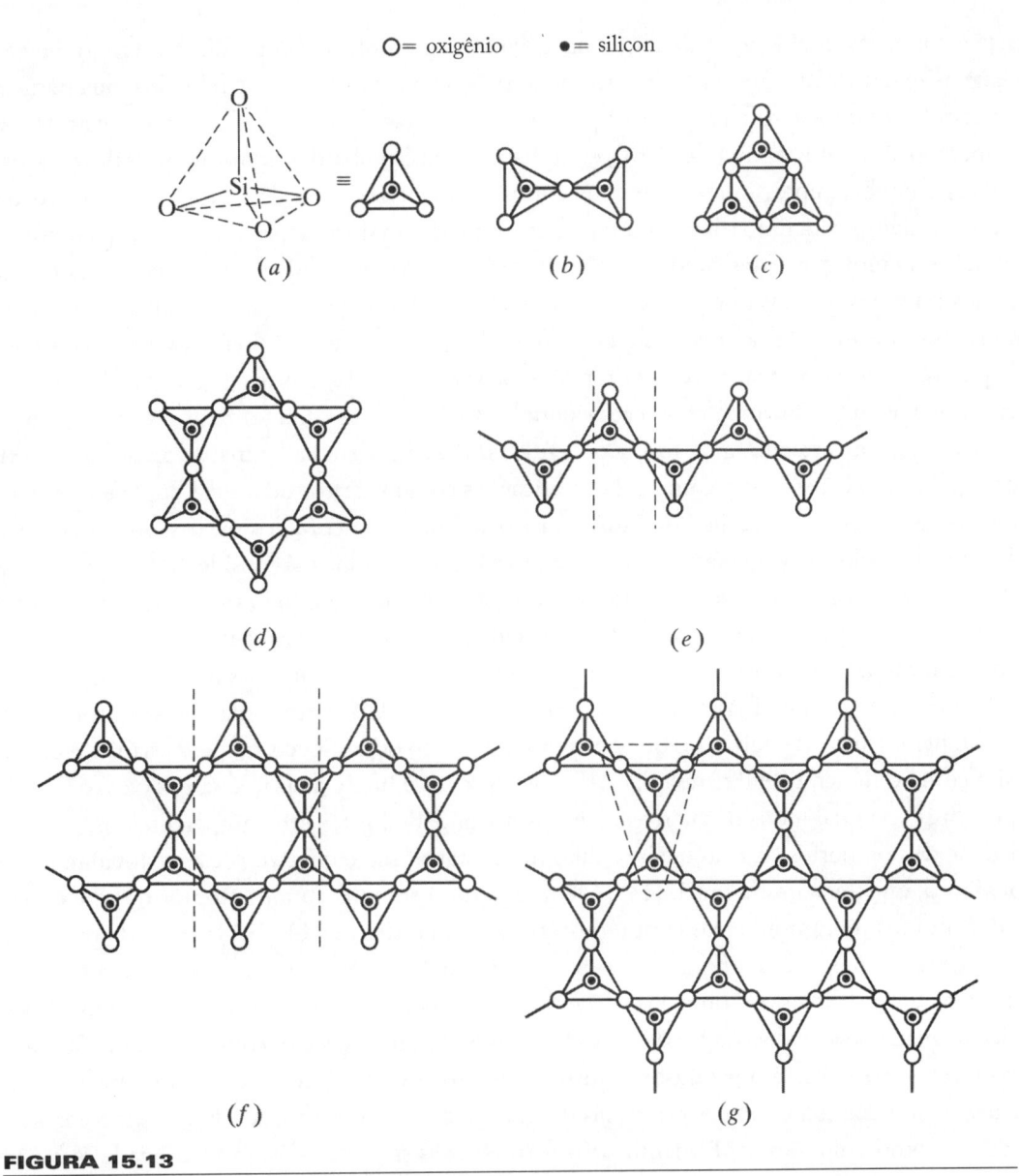

FIGURA 15.13

Estruturas dos silicatos: (a) orto SiO_4^{4-}, (b) piro $Si_2O_7^{6-}$, (c) cíclico $Si_3O_9^{6-}$, (d) cíclico $Si_6O_{18}^{12-}$, (e) de cadeia única SiO_3^{2-}, (f) de cadeia dupla $Si_4O_{11}^{6-}$ e (g) em folha $Si_2O_5^{2-}$. As linhas tracejadas indicam as unidades de repetição.

Silicatos de cadeia única também têm dois oxigênios da unidade SiO_4^{4-} sendo compartilhados, mas não fechando um anel. A unidade de repetição dessas cadeias infinitas é SiO_3^{2-}, mostrada na Figura 15.13e. O espodumênio, $LiAl(SiO_3)_2$, é um dos poucos minérios de lítio importantes.

Silicatos de cadeia dupla, mostrados na Figura 15.13f, têm algumas das unidades SiO_4^{4-} compartilhando dois oxigênios enquanto outras compartilham três. A unidade de repetição é $Si_4O_{11}^{6-}$. Cinco silicatos de cadeia dupla [tremolita, antofilita, actinolita, amosita ("amianto marrom"), crocidolita ("amianto azul"), todos membros da família de minerais dos anfibólios] e o mineral serpentina crisotila ("amianto branco") são classificados pelo nome genérico de *amianto* ou *asbestos*. A estrutura a nível molecular desses materiais está refletida nas suas estruturas macroscópicas fibrosas. Cátions localizados ao longo das cadeias carregadas negativamente mantêm o material unido, embora ele possa ser facilmente quebrado, formando um material fibroso, que encontrou vários usos com o passar dos anos. Por exemplo, o amianto tem sido usado em materiais de construção (para isolamento e como material à prova de fogo), na indústria automotiva (em pastilhas de freio e revestimentos de embreagens) e em várias fibras em cimentos, materiais para pavimentação e telhados. Sua natureza fibrosa também permitiu que fossem feitos vários tipos de vestimentas isolantes e não-inflamáveis. (Diz-se que o grande imperador Carlos Magno (742-814), conquistador da Lombardia no norte da Itália e da Saxônia, no noroeste da Alemanha, impressionava seus convidados para jantares atirando ao fogo suas toalhas de mesa de festa feitas de amianto para limpá-las!) O uso comercial moderno do amianto atingiu seu pico nos anos 1970, mas agora nós sabemos que certas condições de exposição a esses materiais podem causar *asbestose*, espécies de cicatrizes nos pulmões que levam a problemas respiratórios e falha no coração. Trabalhadores que produzem ou usam produtos de amianto são frequentemente afetados pela asbestose. A inalação do amianto pode causar câncer de pulmão e mesotelioma, um câncer raro que ocorre nas células dos revestimentos do peito e do abdômen. Nem todos os tipos de amiantos são considerados tóxicos. A amosita (amianto marrom) e a crocidolita (amianto azul), que se apresentam na forma de agulhas, são consideradas as mais tóxicas, nesta ordem. Suas formas de agulhas são consistentes com suas classificações como silicatos de cadeia dupla e levam a cicatrizes nos pulmões e asbestose. A crisotila ("amianto branco"), diferentemente dos outros cinco compostos geralmente classificados pelo termo genérico amianto, é um silicato em folha e é considerado o menos tóxico desses compostos. Os amiantos marrom e azul caíram em desuso, mas o amianto branco continua a ser produzido, particularmente na Rússia, na Itália e no Canadá (na cidade de Asbestos, Quebec).

Silicatos em folha têm o centro do tetraedro compartilhando três oxigênios para formar uma unidade de repetição $Si_2O_5^{2-}$ mostrada na Figura 15.13g. A crisotila é um silicato em folha que se enrola em estruturas pequenas, onduladas, macias e tubulares que possuem um centro oco. O talco, ou pedra-sabão, é um silicato em folha, assim como o mineral petalita do qual Arfwedson isolou o lítio pela primeira vez (veja o Capítulo 12).

A sílica, SiO_2, na qual todos os quatro oxigênios na unidade SiO_4^{4-} são compartilhados, se apresenta em uma variedade de polimorfos entre as quais as duas mais estáveis são o quartzo α e a cristobalita β. A estrutura da cristobalita β, mostrada na Figura 15.14a, é similar à do diamante, com os átomos de silício ocupando as posições dos átomos de carbono, mas com um oxigênio em ponte (Si—O—Si) entre cada par de átomos de silício. O quartzo α, mostrado na Figura 15.14b, se apresenta tanto nas formas destra quanto canhota. (Veja o Capítulo 3 para uma discussão sobre enantiômeros ou isômeros ópticos em compostos inorgânicos.) Note que a hélice formada pelas cadeias —Si—O—Si—O— pode ser uma hélice α, como mostrado ou uma hélice β. Essas duas formas são análogas a parafusos destros e canhotos e podem ser separadas mecanicamente.

O quartzo é um dos componentes principais do granito e de muitos arenitos. Formas incolores do quartzo são conhecidas como imitações de diamantes[*] e as formas roxas são as *ametistas*. A variedade rosa é frequentemente chamada de *quartzo rosa*.

Foi Pierre Curie, no início dos anos 1880 (antes de conhecer Marie Sklodowska), quem primeiro mostrou que o quartzo é capaz de gerar *piezoeletricidade*, eletricidade resultante da aplicação de uma pressão mecânica em um cristal. O efeito surge quando cristais produzem cargas elétricas em suas superfícies quando comprimidos em direções especiais ou vibram em determinados modos. Tais cristais podem converter vibrações em sinais elétricos e encontram aplicações em equipamentos como microfones, vitrolas e detectores de vibração. O efeito inverso – isto é, a conversão de sinais elétricos em vibrações específicas – encontra uso em fones de ouvido, alto falantes e cabeças para gravação de discos. Essa propriedade é também a base para os relógios de quartzo. Uma seção precisamente cortada de um cristal de quartzo é posicionada em um circuito elétrico oscilante (gerado por uma bateria ou a corrente elétrica da casa) e então vibra com sua própria frequência característica, que pode ser usada para movimentar um dispositivo de marcação de tempo. Os rádios do Serviço Rádio do Cidadão (CB, da sigla em inglês para *Citizen Band*) contêm cristais, cada um dos quais é cortado de forma que garanta uma frequência característica única para aquela estação ou canal.

---

[*] N. do T.: Em inglês, rhinestones.

FIGURA 15.14

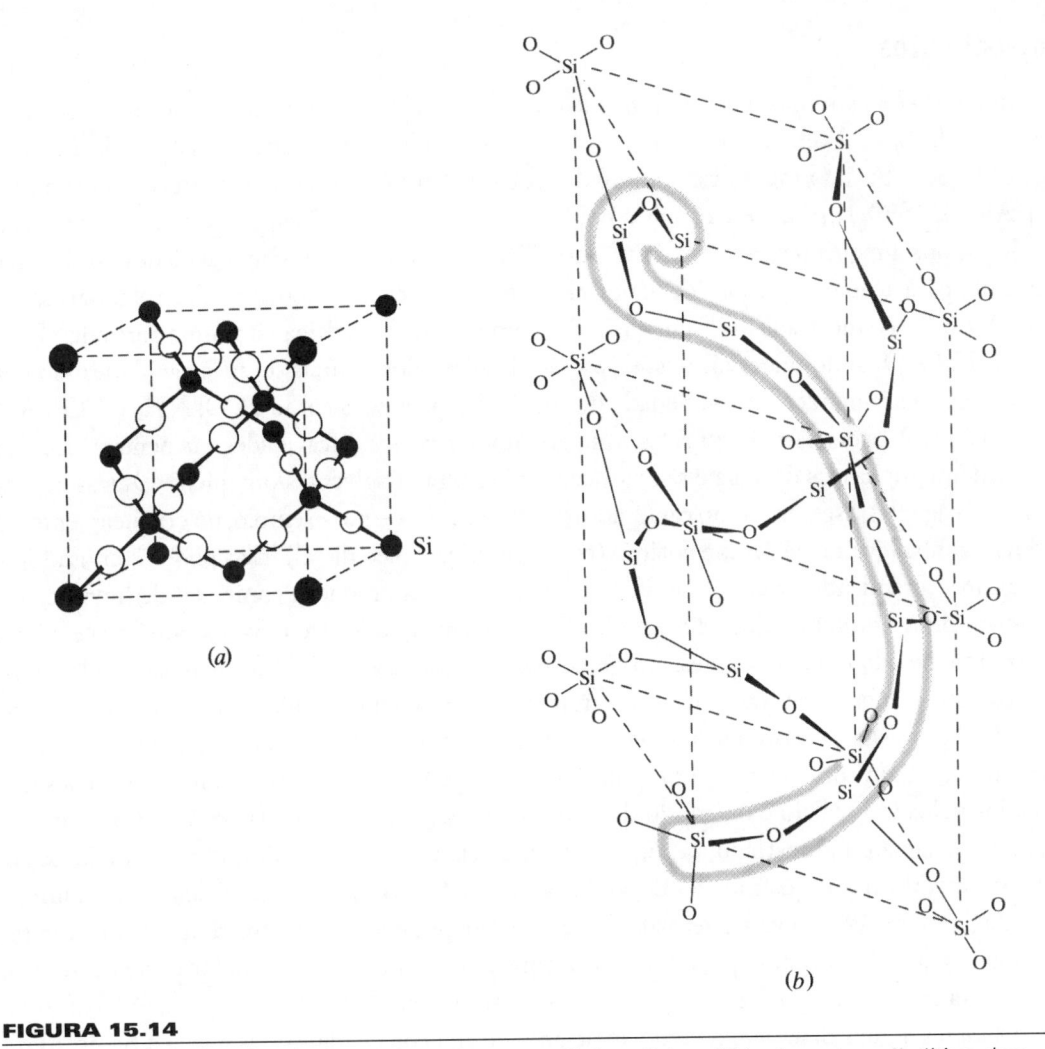

As duas formas dominantes da sílica, SiO_2. (a) Cristobalita β e (b) duas células unitárias do quartzo α. No último, duas hélices compostas de ligações —Si—O—Si—O— são mostradas, com uma sombreada para enfatizar. Cristais com as hélices rotacionando em direções opostas são igualmente possíveis e essas duas formas podem ser separadas mecanicamente.

Dois outros materiais relacionados à sílica devem ser mencionados aqui. Quando a sílica é aquecida com carbonato de sódio, ela forma um material fundido de composição variável que é solúvel em água e frequentemente referido como *silicato de sódio*. Soluções de silicato de sódio são conhecidas como *vidro líquido* e têm encontrado diversos usos ao longo do tempo. Por exemplo, ele foi usado como agente à prova de fogo, para revestimento de papel e para preservação de ovos. Uma solução aquosa de vidro líquido apenas um pouco mais densa que a água faz dela um meio excelente para o crescimento lento de grandes e belos cristais que, às vezes, são chamados de *jardim químico*.

Outra forma do SiO_2 é chamada de *sílica gel*. Quando uma solução aquosa de silicato de sódio é acidificada e então calcinada ou secada para remover a maior parte do excesso de água, um pó branco, amorfo (ou não cristalino) e de alta porosidade chamado sílica gel é obtido. Devido a sua natureza anidra e de alta porosidade, a sílica gel encontra uma variedade de usos, por exemplo, como dessecante, catalisador e matriz cromatográfica. Por razões similares ela é usada como anti-aglutinante em vários produtos alimentícios que se apresentam com pós finos ou cristalinos, como cacau e sucos de frutas em pó.

Aluminossilicatos

Quando um átomo de alumínio substitui um silício em um silicato, o aluminossilicato resultante carrega uma carga negativa adicional. Assim, por exemplo, suponha que haja uma seção de sílica contendo 24 fórmulas unitárias de SiO_2. Se o Si^{4+} no meio dessas unidades for substituído por Al^{3+}, o material resultante tem uma fórmula $[(AlO_2)_{12}(SiO_2)_{12}]^{12-}$. Para atingir a neutralidade eletrônica, 12 cargas positivas devem ser supridas na forma de cátions. Frequentemente esses aluminossilicatos têm estruturas com cavidades do tipo gaiola grandes o suficiente para acomodar cátions de vários tamanhos e moléculas pequenas. Tais materiais são chamados de *zeólitas*. A Linde A, mostrada na Figura 15.15b, é uma zeólita sintética com uma fórmula $Na_{12}[(AlO_2)_{12}(SiO_2)_{12}] \cdot 27H_2O$. Quando materiais desse tipo são desidratados, muitas de suas cavidades são evacuadas e ficam disponíveis para prender uma variedade de moléculas pequenas como H_2O, NH_3 e CO_2. As "peneiras moleculares" Linde A podem ser sintetizadas com tamanhos variados de cavidades. As peneiras Linde 5A prendem seletivamente moléculas de água e são usadas para desidratar solventes orgânicos. Outras zeólitas podem prender vários reagentes e servem como catalisadores heterogêneos – por exemplo, no craqueamento do óleo cru para produzir combustíveis mais leves e voláteis (como gasolina e óleo diesel). Elas podem ser usadas para tratar rejeitos nucleares (prendendo produtos de fissão selecionados), na produção comercial de hidrogênio e amônia (pela remoção seletiva do subproduto dióxido de carbono), em aquários (removendo amônia) e em vários produtos de controle de odores para carpetes, refrigeradores e caixas de areia. Por fim, elas são usadas como agentes hemostáticos (isto é, substâncias que param sangramentos). A zeólita granular é despejada diretamente no ferimento, onde absorve água e, portanto, concentrando os fatores coagulantes que bloqueiam o fluxo de sangue.

As zeólitas serviram como os primeiros amaciantes de água por troca iônica porque os íons sódio podiam ser deslocados pelos íons cálcio e magnésio de maior carga da água dura (veja Seção 13.3). Um esquema de um amaciante de água está mostrado na Figura 15.16. Pacientes cardíacos devem ser cautelosos ao usar tais amaciantes porque pequenas quantidades de sódio são liberadas no suprimento de água. Após um período de tempo, o amaciante de água deve ser recarregado passando-se uma solução concentrada de cloreto de sódio (uma "salmoura") através da zeólita para deslocar os íons cálcio e magnésio. A maior parte desses equipamentos teve a zeólita substituída por vários tipos de resinas sintéticas. Por outro lado, as zeólitas foram recentemente *adicionadas* a alguns detergentes como amaciante de água ou coadjuvantes. (Veja a Seção 13.3 para uma descrição completa sobre moléculas de surfactantes e de coadjuvantes em detergentes.)

As micas também são aluminossilicatos. Por exemplo, na muscovita, $KAl_2[AlSi_3O_{10}](OH)_2$, os cátions extras estão localizados entre as folhas aniônicas de aluminossilicatos. Esse material pode ser dividos em folhas tão finas que 1000 são necessárias para fazer uma pilha de 2,5 cm de altura. A vermiculita é uma mica hidra-

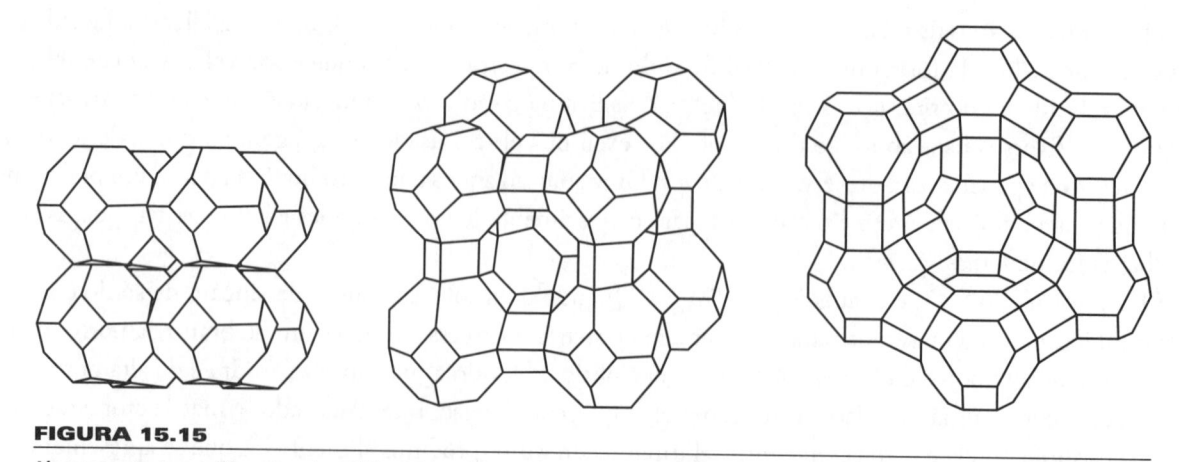

FIGURA 15.15

Algumas estruturas diferentes de zeólitas: (*a*) sodalita, (*b*) Linde A e (*c*) faujasita. (Adaptado de: D. A. Whan, Chemistry in Britain, vol. 17, p. 532. Copyright © 1981.)

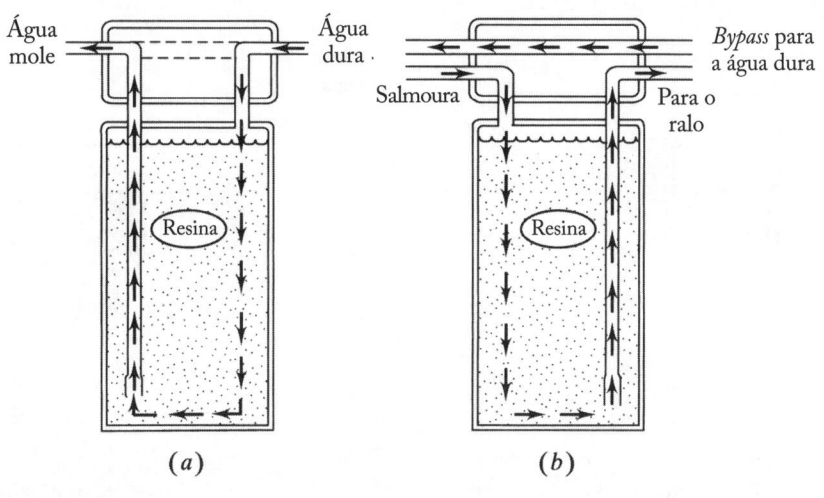

FIGURA 15.16

Um amaciante de água comercial. (*a*) Os íons cálcio e magnésio da água dura são presos na resina de troca iônica ou na zeólita e são substituídos por íons sódio. (*b*) O amaciante é recarregado quando uma salmoura (solução concentrada de cloreto de sódio) é passada através da resina para forçar os íons sódio a substituírem os íons cálcio e magnésio, que são então descarregados.

tada que se divide em lascas, camadas e flocos macios quando desidratada. Ela constitui um excelente material de empacotamento ou condicionador de solos. Vários materiais como argilas, feldspatos e talco também são aluminossilicatos, assim como o absorvente usado na caixa de areia dos gatos.

15.6 TÓPICOS SELECIONADOS PARA APROFUNDAMENTO: SEMICONDUTORES E VIDRO

Semicondutores

Consistente com a incapacidade geral do silício e do germânio de formar ligações $p\pi$-$p\pi$, esse elementos são encontrados apenas em estruturas do tipo da estrutura do diamante e não em estruturas de camadas, como a do grafite. No próprio diamante, todos os elétrons estão envolvidos em ligações covalentes localizadas e, portanto, não estão disponíveis para condução. No entanto, no germânio ou no silício, os elétrons ligantes são mantidos menos fortemente por que eles estão mais distantes das cargas nucleares efetivas. Não é surpreendente, portanto, que, mesmo a temperatura ambiente, um pequeno número desses elétrons se livre das ligações covalentes e façam com que esses semimetais sejam fracos condutores de corrente elétrica. Se esses elementos forem aquecidos ou expostos à luz (como em células solares fotovoltaicas), mais elétrons ficam livres e a condutividade aumenta. Substâncias com baixa condutividade a baixas temperaturas, mas que aumentam com aquecimento, luz ou com adição de certas impurezas são chamados de *semicondutores*.

O germânio e o silício puros têm uma capacidade natural de serem semicondutores e são conhecidos como *semicondutores intrínsecos*. Para descrever esses dispositivos, vamos usar termos do que é conhecido como *teoria de bandas*. Começaremos com todos os elétrons de valência envolvidos nas ligações covalentes, como mostrado no lado esquerdo da Figura 15.17a. Dizemos que esses elétrons ocupam uma banda de valência preenchida, como mostrado no lado direito da Figura 15.17a. Nessa configuração o material não pode conduzir eletricidade.

Quando os elétrons se livram das ligações covalentes, como mostrado no lado esquerdo da Figura 15.17b, diz-se que eles ocupam uma banda de condução porque eles têm mobilidade e estão livres para serem conduzidos de um lugar para outro no retículo. A banda de condução é mostrada ocupada por poucos elétrons no

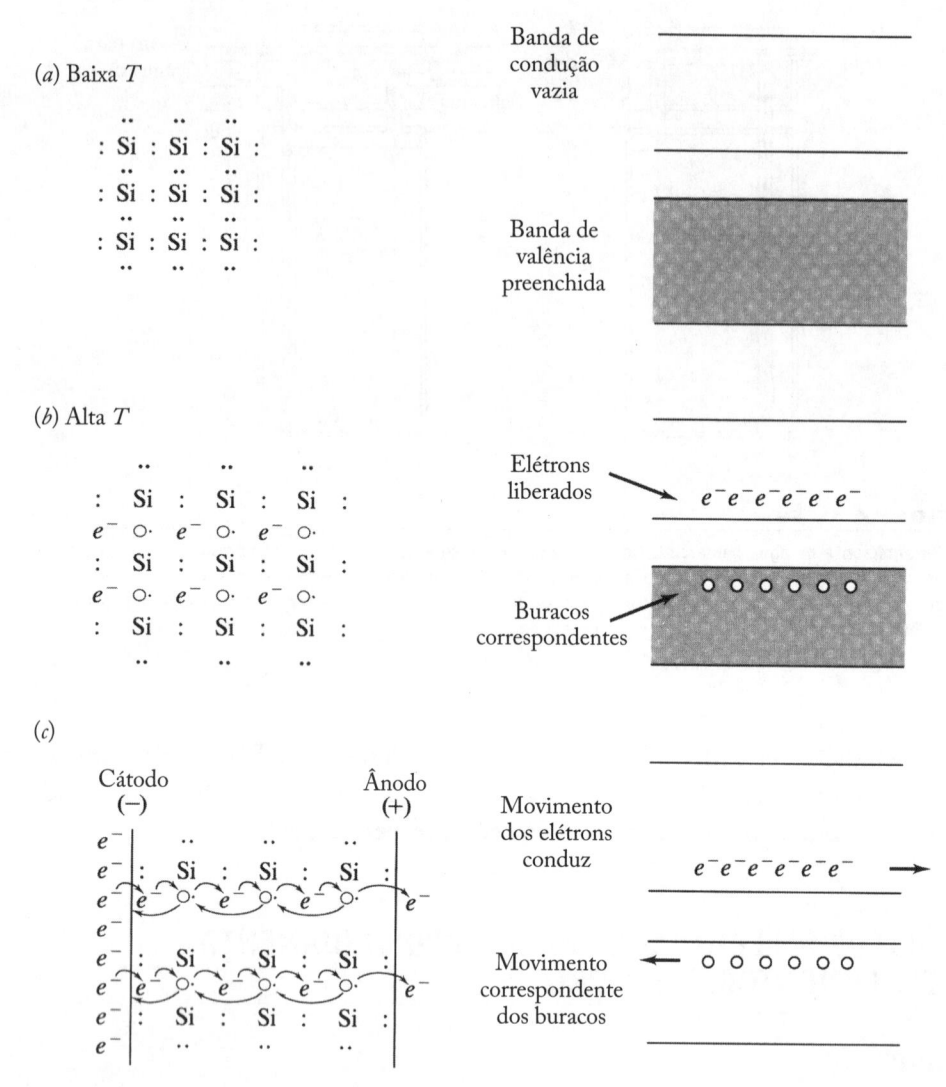

FIGURA 15.17

A posição e movimento dos elétrons em um semicondutor intrínseco. (*a*) A uma baixa temperatura, todos os elétrons estão envolvidos em ligações covalentes. A banda de valência está preenchida e a banda de condução está vazia. Não há elétrons livres e a substância não pode carregar uma corrente. (*b*) Em uma temperatura mais alta, alguns elétrons são liberados das ligações covalentes e se movem da banda de valência para a banda de condução. Para cada elétron liberado de uma ligação covalente, um buraco é deixado para trás. (*c*) Quando uma diferença de potencial é aplicada, elétrons se movem na direção do ânodo (+) enquanto buracos parecem se mover na direção do cátodo (−). O movimento dos elétrons é uma corrente elétrica. (• = elétron do Si, e^- = elétron livre, ○ = buraco.)

lado direito da Figura 15.17b. Note também que na Figura 15.17b quando os elétrons se movem para a banda de condução eles deixam para trás alguns "buracos" nas ligações covalentes e, portanto, na banda de valência.

Agora, quando uma diferença de potencial é aplicada ao cristal como mostrado no lado esquerdo da Figura 15.17c, os elétrons podem pular de buraco em buraco e, dessa forma, carregar uma corrente. Note também no lado esquerdo da Figura 15.17c que quando um elétron de valência se move para preencher um buraco, outro buraco aparece de onde ele veio. Assim, conforme os elétrons se movem em uma direção, os buracos parecem se mover na direção oposta. Isso também está representado no lado direito da Figura 15.17c.

O germânio e o silício têm elétrons de valência que são bastante facilmente excitados para a banda de condução. Conforme nos movemos em direção à direita e para cima na tabela periódica, os elétrons de valência estão sob a influência de uma maior carga nuclear efetiva e não podem ser facilmente excitados. Dessa forma, nos não metais incluindo o próprio diamante, a diferença (*gap*) entre as bandas de valência e de condução é muito grande de forma que eles não podem conduzir mesmo a temperaturas muito altas. Eles são isolantes. Por outro lado, nos metais a banda de valência está preenchida incompletamente e se confunde com a banda de condução. Os metais são condutores mesmo a baixas temperaturas.

A *dopagem* de, ou adicionar impurezas selecionadas a, um semicondutor intrínseco pode aumentar sua condutividade. Em um *semicondutor do tipo n*, um elemento do Grupo 5A (usualmente fósforo ou arsênio) substitui um silício ou germânio no retículo, como mostrado na Figura 15.18a. O átomo de P ou As traz consigo um elétron extra negativo (portanto o termo *tipo n*) que ocupa a banda de condução. Em um *semicondutor do tipo p*, um elemento do Grupo 3A (usualmente boro ou gálio) é inserido no retículo do silício ou germânio como mostrado na Figura 15.18b. Esse tipo de impureza tem um elétron a menos (e, consequentemente, é positiva, daí o termo *tipo p*) e, portanto, um buraco extra surge na banda de valência. Em ambos os casos, elétrons e buracos podem se mover sob a influência de um potencial elétrico aplicado e o material é um semicondutor.

A utilidade real desses semicondutores é percebida quando eles são combinados. Uma *junção pn* (a junção de um semicondutor do tipo *n* e um do tipo *p* ao longo de uma interface em comum) conduz bem em apenas uma direção e, portanto, converte corrente alternada (CA) em corrente contínua (CC). Uma junção *pnp* ou *npn* pode servir como um resistor seletivo para transferir e, portanto, amplificar um sinal eletrônico em uma dada direção. Tal dispositivo é chamado de *transistor* e é um dispositivo muito pequeno o que antigamente era feito por grandes tubos de vácuo aquecidos (válvulas). Os transistores e outros dispositivos do tipo, revolucionaram e miniaturizaram as indústrias eletrônicas e computadores. Dopando seletivamente um *chip* de silício (ou germânio) puro, vários circuitos eletrônicos autônomos ou integrados podem ser produzidos em uma área muito pequena (veja a Figura 15.19). Esses *chips* se tornaram os principais componentes de microcomputadores, calculadoras de bolso, relógios eletrônicos e células solares fotovoltaicas, sem mencionar rádios, televisões e outros equipamentos eletrônicos.

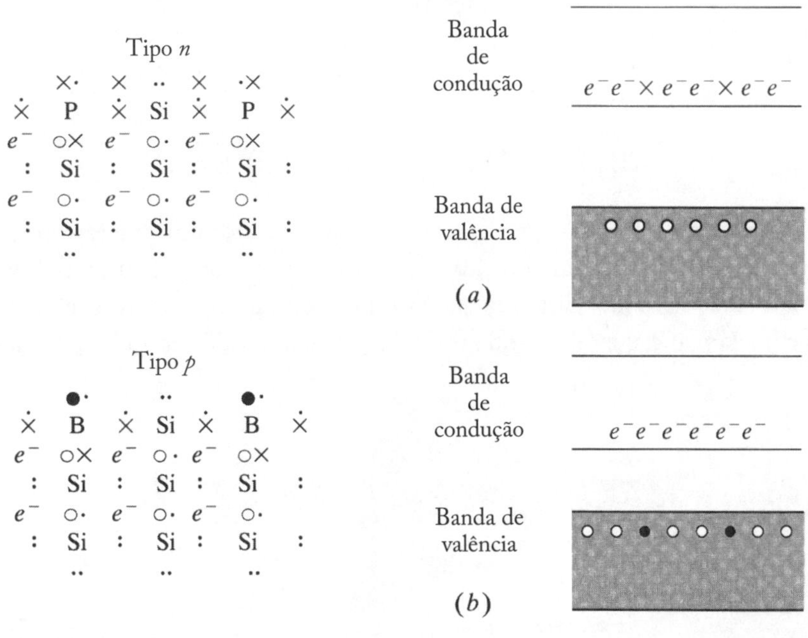

FIGURA 15.18

A posição e movimento dos elétrons em um semicondutor dopado. (*a*) Obtém-se um semicondutor do tipo *n* quando alguns átomos de silício são substituídos por um elemento do Grupo 5A, como o fósforo. Cada átomo de fósforo tem um elétron adicional que se encontra na banda de condução. (*b*) Obtém-se um semicondutor do tipo *p* quando alguns átomos de silício são substituídos por um elemento do Grupo 3A, como o boro. Cada átomo de boro tem um elétron a menos resultando em um buraco adicional na banda de valência. (• = elétron do Si, x = elétron do fósforo ou do boro, e^- = elétron livre, ○ = ● = buraco. O buraco ● é devido ao boro ter um elétron a menos que o silício.)

FIGURA 15.19

Um *chip* de computador sobre um clipe de papel.

Os dispositivos semicondutores mais antigos requeriam grandes quantidades de silício que precisam ser puros até 1 parte por bilhão. Para atingir tal pureza, o silício cru produzido a partir da redução da sílica com carbono [Equação (15.1)] é convertido ao líquido tetracloreto de silício, como mostrado na Equação (15.17):

$$Si(s) + 2Cl_2(g) \longrightarrow SiCl_4(l) \qquad \text{15.17}$$

O $SiCl_4$ é repetidamente destilado e então reduzido com magnésio, gerando um silício substancialmente purificado, como mostrado na Equação (15.18):

$$SiCl_4(l) + 2Mg(s) \longrightarrow 2MgCl_2(s) + Si(s) \qquad \text{15.18}$$

A etapa final necessária para produzir a pureza necessária é efetuada por um processo conhecido como *refino por zona*, mostrado na Figura 15.20. Aqui, um tubo de silício passa através de uma bobina elétrica aquecida onde uma pequena parte dele se funde. Uma vez que as impurezas são mais solúveis na zona fundida que tem mobilidade; elas se acumulam aí e, quando a zona fundida atinge o fim do tubo, ele é cortado.

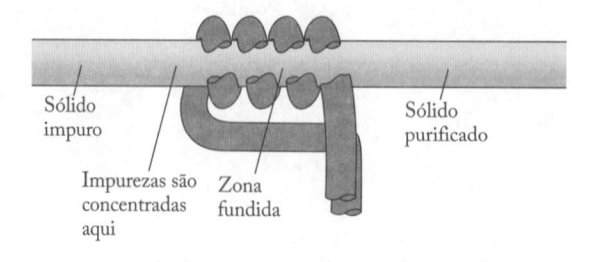

FIGURA 15.20

A técnica de refino por zona para a purificação do silício. Um tubo do elemento impuro é passada lentamente da esquerda para a direita através de uma bobina aquecida. Uma vez que as impurezas são mais solúveis na zona fundida que tem mobilidade, elas se concentram aí até serem descartadas quando o fim do tubo for removido. (De Zumdahl, Chemistry, 8ª ed., Fig. 21.35, p. 989. Copyright © 2010 Brooks/Cole, uma parte da Cengage Learning, Inc. Reproduzido com permissão. www.cengage.com/permissions.)

Vidro

Quando sílica sólida é aquecida acima de seu ponto de fusão (aproximadamente 1700 °C), muitas de suas ligações Si—O são quebradas. Ao resfriar, as ligações começam a se formar novamente, mas mesmo a temperaturas significantemente abaixo do ponto de fusão, o estado cristalino altamente ordenado e interconectado não pode ser facilmente restabelecido. Em vez disso, um vidro é formado. Um *vidro* é um estado homogêneo, não cristalino *lembrando* o de um líquido cuja velocidade de escoamento é tão baixa que ele parece ser rígido por longos períodos de tempo. Mesmo se pequenas superfícies cristalinas se formassem no vidro, a luz seria refletida e o material pareceria branco (supondo que nenhum comprimento de onda visível tenha sido absorvido). No entanto, em um vidro, tais superfícies reflexivas não são formadas e a luz passa através do material; ou seja, o material é transparente à luz visível.

Os vidros mais comuns contêm sílica, SiO_2, como seu principal componente. A sílica pura faz um bom vidro (vidro de quartzo ou sílica fundida), mas se funde a temperaturas muito altas e é muito caro. Se o óxido de sódio, Na_2O, for adicionado, o ponto de fusão diminui, mas o vidro não é durável e é solúvel em água. (Esse material é o *vidro líquido* discutido anteriormente.) A adição posterior de óxido de cálcio melhora a durabilidade e faz com que o vidro seja insolúvel em água. Esses três compostos são os principais constituintes do vidro soda-cal-sílica comum encontrado em vidro para janelas e garrafas.

Vidro com propriedades especiais é preparado adicionando uma variedade de outros ingredientes. Por exemplo, a adição de óxido de potássio produz um vidro mais duro que pode ser precisamente moldado em lentes para óculos e outras aplicações ópticas. Utensílios de cozinha são de vidro aluminossilicato preparado pela adição de óxidos de alumínio e magnésio. Vidros de laboratório Pyrex ou Kimax contêm óxido de boro que reduz seu coeficiente de expansão térmica, gerando um produto que pode ser aquecido e resfriado sem quebrar sob as condições normais do laboratório (particularmente na faixa de 0 °C a 100 °C). A adição de óxido de chumbo produz um vidro duro altamente refrativo usado em cristais finos. Altas quantidades de chumbo também produzem um vidro usado para proteger operadores de equipamentos que operam com radiação. Em televisores comuns coloridos (que usam tubo de raios catódicos), óxidos de bário e estrôncio são adicionados ao vidro para proteger o usuário dos raios-X. O cloreto de estanho(IV) confere dureza e iridescência a garrafas de vidro e, em quantidades apropriadas, reflete a luz infravermelha para uso em janelas isolantes de calor. Vários metais e óxidos de metais são adicionados para se obter cor [por exemplo, vermelho (pequenas quantidades de ouro e cobre), verde (Fe_2O_3 ou CuO), amarelo (UO_2), laranja (Cr_2O_3), azul-escuro, visivelmente não transparente, mas transparente ao uv "vidro de cobalto" (CoO)]. A porcelana contém grandes quantidades de óxido de alumínio e é heterogênea, opaca e mais resistente quimicamente que o vidro.

Fibras de vidro incluem a variedade contínua usada para produzir tecidos e a descontínua, usada como isolante (lã de vidro) e como reforço para plásticos. Fibras ópticas especiais, capazes de transmitir luz por longas distâncias através de um cabo flexível revolucionaram a indústria das comunicações. Essas fibras são moldadas a partir de ingredientes extremamente puros usando novas técnicas de obtenção de fibras. Para prevenir a perda de intensidade, o núcleo externo de tais fibras é dopado com ingredientes (como o óxido de germânio) que têm índices refrativos maiores. Essas fibras são usadas para levar luz a lugares remotos (por exemplo, para os órgãos do corpo para propósitos de diagnósticos médicos), transmissão de sinais telefônicos, transmissão de energia elétrica e em dispositivos sensíveis ao calor e de transporte.

RESUMO

Pela primeira vez em nossa análise dos elementos representativos, encontramos vários elementos que eram conhecidos desde a Antiguidade. Carbono, estanho e chumbo são conhecidos na forma elementar há milhares de anos. Nos anos 1820, o silício foi isolado pela redução do fluoreto com potássio, enquanto que o germânio (o eka-silício de Mendeleiev) foi descoberto em um minério de prata cerca de 60 anos depois.

O Grupo 4A está bastante interligado por todos os sete componentes da nossa rede. O carbono pode ser o mais notável exemplo do princípio da singularidade que iremos encontrar. Com a linha metal-não metal passando pelo centro do grupo, esperamos uma grande, porém sistemática variação das propriedades ácido-base dos óxidos. A relação diagonal do silício com o boro representa a última e mais fraca influência desse componente da rede. Consistente com o efeito do par inerte, o estado de oxidação +2 se torna mais estável e domina a química do chumbo. Potenciais padrão de redução nos ajudam a quantificar as estabilidades relativas desses estados de oxidação.

Uma análise dos hidretos enfatiza a singularidade do carbono. Ele é o campeão da catenação entre todos os elementos. Os silanos são mais reativos que os alcanos tanto por razões termodinâmicas quanto por razões cinéticas. A relativa ineficiência da sobreposição $p\pi$-$p\pi$ assim como a introdução das interações $d\pi$-$p\pi$ nos compostos de silício têm um importante papel na distinção deles em relação aos compostos do congênere mais leve.

O caráter ácido-base dos óxidos progride dos dióxidos de carbono e de silício, ácidos aos óxidos de germânio e estanho anfóteros ao óxido de chumbo mais básico, mas ainda anfótero. Os dióxidos de silício e de carbono são compostos muito diferentes, novamente devido a incapacidade do silício de formar ligações $p\pi$--$p\pi$. Os óxidos também demonstram a tendência na direção da estabilidade do estado de oxidação +2 nos congêneres mais pesados.

A química dos haletos novamente enfatiza tanto a singularidade do carbono quanto a dominância do efeito do par inerte no estanho e no chumbo. Compostos de estanho(II) e chumbo(II) são mais iônicos do que seus compostos análogos com estados de oxidação +4. Potenciais padrão de redução atestam ainda mais a estabilidade aumentada do estado de oxidação +2 no estanho e no chumbo.

Uma análise estendida sobre as razões para a força inesperada da ligação simples Si—O inicia uma seção sobre ligações $d\pi$-$p\pi$ entre os elementos do segundo e terceiro períodos. Iniciando no silício, a sobreposição entre os orbitais d vazios dos elementos do terceiro e os orbitais p preenchidos dos elementos do segundo período (usualmente nitrogênio ou oxigênio) se torna significativa. Além da sua contribuição para a maior força das ligações simples Si—O, as interações $d\pi$-$p\pi$ têm um papel significativo na estrutura e nas propriedades ácido-base de compostos de silício–nitrogênio como a trisililamina. A força dessas interações $d\pi$-$p\pi$ aumenta da esquerda para a direita no terceiro período (Si, P, S e Cl) conforme esses elementos diminuem em tamanho. No silício falamos em aumento da força das ligações simples Si—O e Si—N, mas nos óxidos, oxiácidos e nitretos de fósforo e de enxofre, assim como nos óxidos e oxiácidos do cloro, consideramos a interação $d\pi$-$p\pi$ como uma segunda ligação produzindo ligações duplas plenas P=O, P=N, S=O, S=N e Cl=O. Essa descrição das ligações $d\pi$-$p\pi$ envolvendo elementos do segundo e terceiro períodos é concluída com a designação desse conceito como o oitavo e último componente da nossa rede de ideias interconectadas para o entendimento da tabela periódica.

Os alótropos do carbono, grafite e diamante têm uma variedade de aplicações. O diamante, caracterizado por ligações simples interconectadas C—C, é extremamente duro e se funde a altas temperaturas. O grafite, caracterizado por elétrons $p\pi$ deslocalizados, é uma forma mole e em camadas do elemento. Quando o grafite é vaporizado por um *laser* ou uma descarga em arco é estabelecida entre dois eletrodos de grafite, o resultado é uma variedade de grafenos, um termo geral que engloba os fulerenos e os nanotubos. Os fulerenos, sendo o mais importante o altamente simétrico e estável C_{60}, foram descobertos em 1985. Eles (1) têm estruturas fascinantes e altamente estáveis nas quais uma variedade de átomos, moléculas e íons podem ser aprisionados, (2) podem ser submetidos a várias reações de adição e substituição e (3) formam uma série de ânions chamados *fuleretos*. Alguns desses últimos são bons condutores elétricos e vários são supercondutores. Os nanotubos de carbono foram descobertos em 1991. Nanotubos de parede simples (SWNT), também chamados de *buckytubos*, se apresentam em várias configurações, formas e espessuras. Eles são flexíveis, resistentes e estáveis e têm uma excepcionalmente alta resistência à tração que fazem deles candidatos para uma grande variedade de aplicações. Alguns deles são excepcionalmente bons condutores elétricos de forma que poderão rivalizar com os fios de cobre. Eles também podem se combinar com uma variedade de materiais para produzir nanofios, nanorredes e outros nanomateriais. A extensão das aplicações futuras dos nanotubos de carbono é dependente do desenvolvimento de técnicas de fabricação em grande escala que possam gerar produtos de alta pureza com propriedades previsíveis e confiáveis.

Outros assuntos de importância prática em relação a esses elementos incluem a doença do estanho, a datação por carbono-14 e o método isocrômico do chumbo. Compostos úteis incluem os óxidos de carbono mencionados nos capítulos anteriores, os carbetos iônicos, covalentes e intersticiais e vários compostos de chumbo em tintas e a bateria de chumbo comum. O chumbo é o "veneno que está em todos os lugares" e causa uma variedade de diferentes sintomas, com crianças sofrendo mais severamente do que os adultos.

Ligações silício-oxigênio dominam a química dos silicatos, sílica e aluminossilicatos. Unidades SiO_4^{4-} podem se ligar formando anéis, cadeias, folhas e arranjos tridimensionais. Amianto é um nome genérico para uma classe de silicatos de cadeia dupla que, até recentemente, tinham uma grande variedade de usos. A sílica se apresenta em uma variedade de polimorfos incluindo o opticamente ativo quartzo α. O quartzo também é piezoelétrico. O vidro líquido e a sílica gel têm várias aplicações práticas. Quando o alumínio substitui alguns átomos de silício em um silicato, obtém-se os aluminossilicatos. Esses incluem as zeólitas e as micas.

O silício e o germânio são semicondutores intrínsecos. Sua capacidade de carregar uma corrente elétrica é melhor descrita usando a teoria de bandas nas quais elétrons podem ocupar a banda de valência ou a banda de condução. Os elétrons da banda de condução e os buracos correspondentes na banda de valência se movem em direções opostas quando uma diferença de potencial é aplicada ao cristal. Semicondutores do tipo n e tipo p são obtidos quando o silício ou o germânio é dopado com elementos do Grupo 5A ou do Grupo 3A, respectivamente. Várias junções np são a base dos transistores e revolucionaram a indústria de eletrônicos. Silício e germânio ultrapuros são produzidos em várias etapas terminando com o refino por zona.

O vidro é comumente composto por sílica, óxido de sódio e óxido de cálcio. Vidros especiais e porcelana são preparados pela adição de vários ingredientes. Fibras de vidro ópticas revolucionaram a indústria da comunicação.

PROBLEMAS

15.1 Assumindo que os carvões de uma fogueira fornecem carbono como agente redutor, escreva uma equação para a redução do óxido de estanho(IV) ao metal que era observada na Antiguidade.

__15.2__ Entreviste pelo menos um professor de química orgânica do seu curso e discuta a distinções entre a química inorgânica e a química orgânica. Resuma brevemente sua discussão aqui.

15.3 Scheele preparou o tetrafluoreto de silício gasoso a partir da sílica e do ácido fluorídrico. Escreva uma equação para esse processo.

15.4 Escreva uma equação para a preparação do silício pelo método de Berzelius.

15.5 Quando dizemos que Berzelius foi capaz de isolar o silício "amorfo", o que isso significa? Cite uma definição de dicionário como parte de sua resposta.

15.6 Por que, você supõe, o Ge não foi chamado, na língua inglesa, de *germon* ou talvez *germanicon* em vez de *germanium*? Afinal, o *silicium* foi renomeado *silicon* 7 anos após a sua descoberta.

---

* Exercícios marcados com um asterisco (*) são mais desafiadores.

15.7 Examine cuidadosamente a tendência nos raios iônicos dos elementos do Grupo 4A. Essa tendência é esperada? Há valores inesperados? Discuta brevemente sua resposta.

15.8 Examine cuidadosamente a tendência nas eletronegatividades de Pauling dos elementos do Grupo 4A. Essa tendência é esperada? Há valores inesperados? Discuta brevemente sua resposta.

15.9 Examine cuidadosamente a tendência nas energias de ionização dos elementos do Grupo 4A. Essa tendência é esperada? Há valores inesperados? Discuta brevemente sua resposta.

15.10 Resuma as tendências no caráter iônico dos hidretos de lítio, berílio, boro e carbono.

15.11 Resuma as tendências no caráter iônico dos hidretos dos elementos do Grupo 4A.

*15.12 Qualquer um que tenha lido alguma ficção científica ou assistido ao episódio de *Jornada nas Estrelas*, "O Demônio da Escuridão," sobre o monstro Horta, sabe que formas de vida baseadas no silício têm sido frequentemente teorizadas. Quão realista é essa possibilidade? Esses "silons" seriam uma ameaça à humanidade? Seria possível que eles invadissem a Terra? Comente brevemente.

15.13 Desenhe quantas estruturas diferentes forem possíveis para os seguintes:

(a) Tetrassilano, Si_4H_{10}

(b) Pentassilano, Si_5H_{12}

15.14 O metano é clorado com alguma dificuldade, enquanto que o silano reage violentamente com o cloro. Discuta essa diferença em termos da rede de ideias interconectadas.

15.15 O metano não reage prontamente com álcoois (ROH) como o metanol (R = CH_3) ou o etanol (R = CH_3CH_2), mas o silano reage, como mostrado a seguir. Comente sobre essa diferença.

$$SiH_4 + 4ROH \longrightarrow Si(OR)_4 + 4H_2$$

*15.16 Escreva um parágrafo conciso sobre como as energias relativas das ligações Si−Si, C−C, Si−O e C−O ajudam a explicar os principais tipos de compostos que existem na química do carbono e do silício.

15.17 Desenhe todos os isômeros possíveis do hexagermano, Ge_6H_{14}.

15.18 Com base nos raios covalentes listados na Tabela 15.1, especule por que tanto os silanos quanto os germanos até $n = 8$ foram preparados, mas os estananos vão apenas até $n = 2$.

15.19 Resuma as tendências no caráter iônico dos óxidos de lítio, berílio, boro e carbono.

15.20 Resuma as tendências no caráter iônico dos óxidos dos elementos do Grupo 4A.

15.21 Resuma as tendências na natureza dos tipos de ligação encontrados nos cloretos de lítio, berílio, boro e carbono.

15.22 Como você prepararia os compostos abaixo? Escreva equações como parte de suas respostas.

(a) $GeCl_2$ e $GeCl_4$

(b) $SnCl_2$ e $SnCl_4$

*15.23 Como você prepararia os compostos abaixo? Escreva equações como parte de suas respostas.

(a) SnF_2 e SnF_4

(b) PbF_2 e PbF_4

---

* Exercícios marcados com um asterisco (*) são mais desafiadores.

15.24 Explique o fato de que os haletos de carbono não formam estruturas diméricas em ponte como os elementos do Grupo 3A muito frequentemente fazem.

15.25 Qual você esperaria que fosse o mais covalente, os tetra-haletos de germânio ou os di-haletos de germânio? Explique brevemente sua resposta.

15.26 Qual você esperaria que fosse mais solúvel em água, o cloreto de chumbo(IV) ou o cloreto de chumbo(II)? Explique brevemente sua resposta.

*15.27 Escreva uma equação balanceada para representar a reação na qual o estanho(II) é usado para reduzir ferro(III) a ferro(II). Determine $E°$ e $DG°$ para a reação.

15.28 Escreva uma equação para a possível oxidação do HCl a Cl_2 pelo PbO_2. Calcule $E°$ e $DG°$ e decida se essa oxidação é possível sob condições padrão. (Assuma que o PbO_2 seja reduzido a Pb^{2+}.)

*15.29 Uma comparação entre as energias e comprimentos de ligação de C—F e Si—F dadas a seguir:

	Energia de ligação (kJ/mol)	Comprimento de ligação (Å)
C—F	485	1,35
Si—F	565	1,60

(a) Você está surpreso que a ligação Si—F seja mais longa do que a ligação C—F? Por que?

(b) Você está surpreso que a ligação Si—F seja mais forte do que a ligação C—F? Por que? Ofereça uma explicação sobre a diferença entre as energias de ligação.

*15.30 Descreva a oitava ideia na nossa rede de ideias para o entendimento da tabela periódica. Que partes da tabela periódica ela aborda? Dê dois exemplos (de dois grupos diferentes) de aplicações dessa nova ideia. Desenhe diagramas apropriados e bem identificados para acompanhar sua descrição.

15.31 Descreva as ligações em torno do átomo de fósforo no ácido fosfórico, H_3PO_4 ou $(HO)_3P{=}O$. Especificamente, que tipo de orbitais híbridos o átomo de fósforo empregaria e que tipo de orbitais do fósforo e do oxigênio estão envolvidos na formação da ligação π?

15.32 Descreva as ligações em torno do átomo de enxofre no ácido sulfúrico, H_2SO_4 ou $(HO)_2S({=}O)_2$. Especificamente, que tipo de orbitais híbridos o átomo de enxofre empregaria e que tipo de orbitais do enxofre e do oxigênio estão envolvidos na formação da ligação π?

15.33 Descreva as ligações em torno do átomo de cloro no ácido perclórico, $HClO_4$ ou $HOCl({=}O)_3$. Especificamente, que tipo de orbitais híbridos o átomo de cloro empregaria e que tipo de orbitais do cloro e do oxigênio estão envolvidos na formação da ligação π?

*15.34 Especule sobre e discuta brevemente as forças relativas das ligações E=O no ácido perclórico (E = Cl; $HClO_4$), no ácido fosfórico (E = P; H_3PO_4) e no ácido sulfúrico (E = S; H_2SO_4).

15.35 O grafite é um bom condutor de corrente elétrica enquanto o carvão vegetal não é. Especule sobre as razões para essa diferença. Inclua referências às estruturas desses compostos em sua resposta.

15.36 A condutividade térmica do diamante é muito alta. Você suspeitaria que sua condutibilidade elétrica também o seja? Explique brevemente sua resposta.

15.37 Escreva um parágrafo curto ressaltando as similaridades e diferenças entre os três alótropos de carbono: diamante, grafite e grafenos.

---

* Exercícios marcados com um asterisco (*) são mais desafiadores.

15.38 Descreva a classe de compostos chamada de fulerenos. Por que eles são considerados uma subclasse dos grafenos? Compare e contraste um fulereno típico como o C_{60} com o próprio grafite.

*15.39 Procure R. Buckminster Fuller na internet. Descreva brevemente a estrutura de seus domos geodésicos e como eles estão relacionados ao terceiro e último alótropo do carbono. Forneça um URL (endereço da *web*) para o *site* mais informativo que você tenha encontrado.

15.40 Procure os fulerenos na internet. Dê a fórmula para o maior e o menor que você puder encontrar. Forneça um URL para o *site* do qual você obteve tais informações.

15.41 Faça uma pesquisa na internet para se determinar por que, na língua inglesa, o material usado nas lapiseiras seja referido por "lead" em vez de grafite. Forneça um URL para o *site* mais informativo que você tenha encontrado.

*15.42 Considere a fórmula $He_3@C_{60}$. Essa fórmula representa uma molécula? Em caso positivo, explique essa designação. Em caso negativo, diga por que o termo "molécula" não deve ser usado para descrever essa fórmula.

*15.43 Considere a fórmula K_3C_{60}. Essa fórmula representa uma molécula? Em caso positivo, explique essa designação. Em caso negativo, diga por que o termo "molécula" não deve ser usado para descrever essa fórmula.

15.44 O que são os SWNT? Por que eles são considerados uma subclasse dos grafenos? Compare e contraste um SWNT com o próprio grafite.

15.45 Cite e descreva brevemente dois usos possíveis para os SWNT?

15.46 Descreva brevemente a natureza de um nanofio baseado em carbono.

15.47 Pesquise por *nanochifres* e *nanocones* na internet. Descreva essas estruturas e indique uma ou duas possíveis aplicações que eles podem ter. Forneça um URL para o *site* mais informativo que você tenha encontrado.

15.48 O que é a doença do estanho? O que a causa? Como ela afeta um material de estanho? Como a doença do estanho pode ter afetado a história? Cite uma consequência adicional para essa doença.

15.49 O carbono-14 não pode ser usado para datar objetos mais novos do que cerca de 1.000 anos. Especule sobre as razões para essa limitação.

15.50 Cite pelo menos duas razões para que a Idade da Pedra não possa ser determinada pelo método do carbono-14.

*15.51 O urânio-238 decai para chumbo-206 através da seguinte série de emissões alfa e β^-: $\alpha, 2\beta, 5\alpha, \beta, \alpha, 3\beta$ e α. Escreva a sequência de reações nucleares mostrando os novos isótopos produzidos em cada estágio. Quantos isótopos de chumbo são produzidos na sequência?

15.52 Na sequência de amostras de rochas organizadas da mais velha para a mais nova, a razão $^{206}Pb/^{204}Pb$ deve aumentar, diminuir ou permanecer constante? Justifique brevemente sua resposta.

*15.53 Por que o traçamento isotópico do chumbo gerado na combustão do carvão deve ser diferente do gerado em uma fundição? Por que uma fundição de chumbo no Missouri, Estados Unidos, produz uma razão de isótopos de chumbo diferente de uma fundição na Califórnia, Estados Unidos?

15.54 Comente sobre por que a massa atômica do chumbo depende do mineral do qual ele é isolado.

---

* Exercícios marcados com um asterisco (*) são mais desafiadores.

15.55 O que é *sapa*? Como e por que ela era preparada? Explique brevemente como ela pode ter mudado a história. Existem paralelos modernos à sapa na sociedade moderna? Cite ao menos dois e explique.

15.56 Escreva uma estrutura de Lewis, um diagrama VSEPR e um diagrama da TLV do dissulfeto de carbono.

15.57 Escreva uma estrutura de Lewis, um diagrama VSEPR e um diagrama da TLV do fosgênio, $COCl_2$.

15.58 Escreva uma estrutura de Lewis, um diagrama VSEPR e um diagrama da TLV do cianeto de hidrogênio, HCN.

15.59 Antes das baterias de chumbo serem seladas, a condição da bateria deveria ser determinada medindo a densidade da solução eletrolítica de ácido sulfúrico com um higrômetro. Uma densidade relativamente baixa indicaria que a bateria precisaria ser recarregada ou que estava com carga completa? Explique brevemente sua resposta.

15.60 Calcule o $E°$ e o $DG°$ para a reação global da bateria de chumbo sob condições padrão.

*15.61 Dois diferentes silicatos de cadeia dupla a partir daquele representado na Figura 15.13f são dados a seguir. Determine a unidade de repetição em cada um.

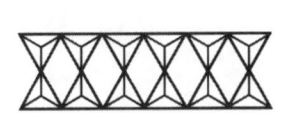

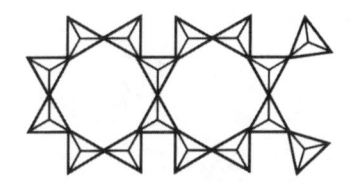

*15.62 Associe um mineral importante e com utilidades práticas a cada um dos seguintes tipos de silicatos: (*a*) ortossilicato, (*b*) silicato de cadeia única, (*c*) silicato de cadeia dupla, (*d*) silicato cíclico, (*e*) silicato em folha e (*f*) silicato em rede ou tridimensional. Em cada caso, descreva, em uma sentença ou frase, a aplicação prática do mineral.

15.63 A fórmula dada para a crocidolita na Tabela 15.2 é $Na_2(OH)_2Fe_5[Si_4O_{11}]_2$. Todos os cátions ferro na crocidolita teriam o mesmo estado de oxidação? Em caso negativo, que combinação de estados de oxidação faria mais sentido? (*Dica:* os estados de oxidação mais comuns do ferro são +2 e +3.)

*15.64 Explique brevemente por que o fosfato de alumínio, $AlPO_4$, forma estruturas semelhantes ao quartzo, como o SiO_2. (*Dica:* como o alumínio e o fósforo se relacionam eletronicamente ao silício? como um par AlP se relacionaria a dois átomos de silício?)

15.65 Com base nas estruturas, explique brevemente por que as zeólitas são chamadas de *peneiras*. Use um dicionário para primeiro procurar o significado da palavra *peneira*.

*15.66 Você tem uma tia inquisitiva, com formação superior, chamada Emília, que não é particularmente uma pessoa ligada às ciências. Ele lhe pergunta o que você tem estudado ultimamente em Química. Você responde dizendo a ela um pouco sobre silicatos e aluminossilicatos. Você menciona que aluminossilicatos são colocados em detergentes modernos para abrandar a água. Eventualmente, você e a tia Emília olham uma embalagem de detergente e verificam que aluminossilicatos e carbonato de sódio estão listados juntos como ingredientes. Sua tia lhe pergunta por que isso é dessa forma. Dê uma resposta mais detalhada possível para uma pessoa com o conhecimento da tia Emília. Ponto extra pode ser dado se você documentar que você executou esse exercício oralmente ou por escrito com uma tia ou qualquer outra pessoa leiga interessada em ciências.

---

* Exercícios marcados com um asterisco (*) são mais desafiadores.

15.67 Explique brevemente a diferença entre um semicondutor intrínseco e um semicondutor dopado.

15.68 O arseneto de gálio seria um composto apropriado para ser um semicondutor? Como semicondutores do tipo n e do tipo p podem ser fabricados a partir dele?

15.69 Por que antigos painéis de janelas são mais grossos na parte de baixo em relação ao topo? (Uma pesquisa na internet poderia ser informativa na composição de sua resposta.)

15.70 Em vez de óxido de sódio e óxido de cálcio, carbonato de sódio e calcário são listados como constituintes usuais do vidro comum. Explique brevemente por quê.

CAPÍTULO 16

Grupo 5A: os pnicogênios

Poucos químicos referem-se aos elementos do Grupo 5A como os *pnicogênios*, um nome que significa "geradores de sufocamento" (do grego *pnigein*, "sufocar", e *-genēs*, "nascer"). Embora obscuro e não oficialmente aceito, apenas a existência de um nome para o grupo indica que começamos a ter propriedades mais uniformes no grupo. Ainda assim, há muita diversidade entre nitrogênio, fósforo, arsênio, antimônio e bismuto.

As duas primeiras seções deste capítulo tratam da história das descobertas desses elementos e a aplicação da rede às propriedades do grupo. A terceira seção destaca as estruturas, preparações, reações e aplicações dos compostos, que exibem a grande variedade de estados de oxidação para o nitrogênio, de −3 a +5. Segue-se a isso uma discussão sobre algumas reações e compostos de importância prática, incluindo fixação do nitrogênio, nitritos e nitratos, os alótropos do fósforo e os muitos fosfatos. A química do *smog* fotoquímico é o tópico selecionado para aprofundamento.

16.1 DESCOBERTA E ISOLAMENTO DOS ELEMENTOS

A Figura 16.1 mostra as datas de descoberta dos elementos do Grupo 5A. Uma rápida comparação com a Figura 15.1 revela que os elementos 5A – embora não tão antigos quanto o carbono, o estanho e o chumbo – eram todos conhecidos antes do início do século XIX.[*] Três deles (fósforo, arsênio e antimônio) têm fortes conexões com a alquimia. Os alquimistas (químicos-magos da Idade Média) buscavam a pedra filosofal, que converteria metais comuns em ouro, e o elixir da vida, que garantiria a

---

[*] N. T.: na edição norte-americana, cita-se o fato de que todos os elementos eram conhecidos antes do estabelecimento dos Estados Unidos.

FIGURA 16.1

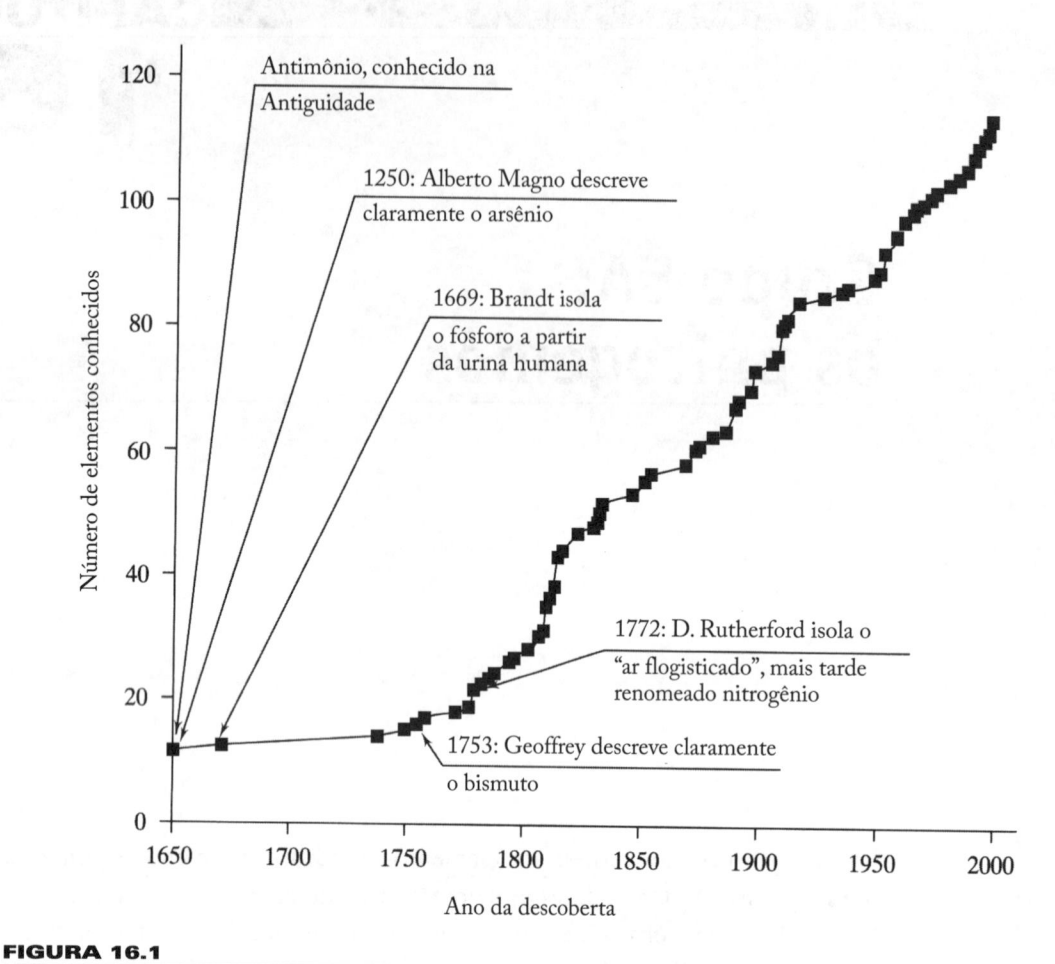

A descoberta dos elementos do Grupo 5A sobreposta no gráfico de número de elementos conhecidos em função do tempo.

imortalidade. O antimônio era um segredo guardado pelos alquimistas, e as descobertas do arsênio e do fósforo conduziram os experimentos alquímicos em vários graus.

Antimônio e arsênio

Até mesmo o nome *antimônio* está envolto em mistério alquímico e, como outros termos do tipo, é provavelmente uma alteração de alguma palavra ou frase árabe, pois não parece vir do grego ou latim. O latim *stibium*, antigamente usado para o elemento e ainda raiz para os nomes de muitos de seus compostos, pode muito bem ter a mesma (mas desconhecida) raiz árabe. A estibinita, que conhecemos hoje por sulfeto de antimônio(III), Sb_2S_3, era usada na Antiguidade como um cosmético para escurecer e embelezar sobrancelhas. Rhazes, o médico e alquimista persa do século X, descreveu o antimônio metálico, mas não se sabe quando esse metal cinza e quebradiço foi isolado pela primeira vez. Os primeiros usos incluem o sal tartarato de potássio e antimônio como um emético (indutor de vômito) e o metal com o chumbo em um tipo de liga metálica.

O nome *arsênio* vem da palavra grega *arsenikon*, que é, de certa forma, uma adaptação mística da palavra persa para "ouro-pigmento", um minério de sulfeto comum do elemento. Novamente, o primeiro isolamento do metal não foi registrado, mas comumente credita-se a Alberto Magno, ou Alberto, o Grande, intelectual e alquimista cético alemão do século XIII, a sua descoberta, devido às descrições claras que ele forneceu em escritos datados de 1250. As primeiras descrições da redução do mineral ouro-pigmento, sulfeto de arsênio(III), a arsênio livre envolviam aquecimento com cascas de ovos ($CaCO_3$) ou cal (CaO), seguido por carvão.

A natureza tóxica dos compostos de arsênio, ou *arsenicais*, é conhecida há muito tempo. No entanto, tão estranho quanto possa parecer, o arsênio também tem uma longa história como um componente dos primeiros medicamentos. Tanto o ouro-pigmento (As_2S_3) quanto o realgar (AsS) foram usados por Hipócrates e Aristóteles como remédio para úlceras. Na Idade Média, compostos de arsênio foram utilizados no tratamento de várias doenças, incluindo câncer, tuberculose e doenças venéreas. No início do século XVIII, o arsenito de potássio ($KAsO_2$) e o trióxido de arsênio (As_2O_3) eram importantes componentes da solução de Fowler, usada no tratamento de asma, sífilis, reumatismo e distúrbios da pele. Na verdade, antes da introdução da penicilina nos anos 1950, os medicamentos contendo arsênio, chamados de *salvarsan* e *neosalvarsan*, eram os tratamentos mais comuns para sífilis.

Ainda assim, é a reputação do arsênio como o "rei dos venenos" que o torna tão infame. Envenenamentos, tanto acidentais quanto intencionais, foram bem documentados por séculos. Por exemplo, antes da era cristã, há relatos de chineses envenenados acidentalmente ao ingerir bebidas que ficaram guardadas em recipientes novos de estanho. O arsênio quase sempre ocorre juntamente com o estanho e medidas apropriadas devem ser tomadas para separá-los. Envenenamento intencional com arsênio frequentemente envolve o solúvel óxido de arsênio(III), As_2O_3, conhecido como "arsênio branco". Incolor e quase insípido, ele pode ser misturado com alimentos ou, com algum aquecimento, dissolvido vagarosamente em líquidos para facilmente produzir uma dose fatal. O uso sistemático do arsênio branco ocorreu para o envenenamento não só de príncipes, reis e cardeais, mas também de esposas, rivais, amantes, uma tia rica ou apenas um tio chato. Essa prática tornou-se tão dominante que o arsênio branco era conhecido como o "pó da herança". Não é de admirar que relatos de assassinatos usando arsênicos têm sido os favoritos de escritores de mistérios ao longo dos anos. Ele era certamente o veneno favorito de Agatha Christie, que o mencionou de uma forma ou de outra em um quarto de suas muitas histórias, romances e peças. Um dos mais famosos mistérios envolvendo arsênio é *Strong poison* (1930), de Dorothy L. Sayers, no qual o assassino, que gradualmente desenvolveu uma imunidade ao arsênio com o passar do tempo, não levantava suspeitas, pois administrava arsênio à vítima e a si próprio com as mesmas doses. Com a sua imunidade, o assassino não era afetado, mas a sua vítima, sim!

Fósforo

A descoberta do fósforo é uma das histórias mais bizarras que encontraremos nestas seções sobre descoberta e história dos elementos. Hennig Brandt, um médico e alquimista alemão, isolou o elemento em 1669, tornando-se a primeira pessoa a descobrir um elemento que não era conhecido antes do seu tempo. Brandt estava procurando por uma substância capaz de converter prata em ouro e escolheu investigar, entre todas as outras coisas, a urina humana. Uma receita marcava para deixar de 50 a 60 baldes de urina em um tonel até que estivesse putrefeita. Ela era, então, levada à ebulição para ser concentrada até uma pasta, e os vapores eram vertidos para dentro da água, produzindo uma substância branca cerosa que brilhava no escuro. Se o material fosse removido da água, ele queimava em chama. Brandt chamou seu produto de "fogo frio". Mais tarde, ele foi denominado *fósforo*, da palavra grega que significa "que traz luz".

A receita foi secretamente comprada e passou por um seleto número de empresários até que, finalmente, em 1737, 68 anos após sua descoberta inicial, o segredo foi vendido à Academia Francesa de Ciências, que o tornou público. Em 1769, Karl Scheele e Johann Gahn encontraram fósforo em ossos, mas é remarcável que, por um século completo, a única maneira de produzir esse elemento envolvia processar a urina humana! No início dos anos 1800, a fabricação de palitos de fósforo na Inglaterra aumentou tanto a demanda por fósforo que campos de batalha europeus eram vasculhados na busca por restos mortais. Felizmente, ele agora é produzido pelo relativamente mundano método de aquecer rochas fosfáticas com areia e coque, como representado na Equação (16.1):

$$2Ca_3(PO_4)_2(s) + 10C(s) + 6SiO_2(s) \xrightarrow{\Delta} 6CaSiO_3(s) + 10CO(g) + P_4(s) \quad \textbf{16.1}$$

Bismuto

A data exata do primeiro isolamento desse metal, como muitos de seus congêneres, está envolta em mistério. O alemão *weisse masse*, depois *wismuth* e o latinizado *bisemutum* podem ter sido derivados da palavra para "metal branco". O bismuto é realmente um metal branco cristalino com uma coloração rosada. Ele parece ter tido um papel na revolução da alfabetização associado com o desenvolvimento da prensa de Gutenberg, em torno de 1440. Por volta de 1450, um método secreto para moldar tipos para prensas, usando ligas de bismuto, era conhecido.

Por séculos, o bismuto foi confundido com o estanho e o chumbo. Os alquimistas acreditavam que ele estava no meio de um processo de transformação que terminaria em prata. Dessa forma, os mineiros, quando encontravam bismuto, lamentavam que "haviam chegado muito cedo". Por volta de 1753, Claude-François Geoffrey conduziu uma investigação tão profunda e definitiva sobre o bismuto que ele frequentemente é listado como seu descobridor.

Os primeiros usos do bismuto incluíam sua adição ao estanho para aumentar sua dureza e brilho. Ele também era adicionado aos metais utilizados na fabricação de sinos, estanho e bronze, para produzir um som mais profundo e rico quando atingidos. Ligas com conteúdo apreciável de bismuto têm baixos pontos de fusão e são usadas hoje para dispositivos de segurança em detecção de fogo e sistemas de *sprinklers*, bem como fusíveis e válvulas de alívio. Uma colher de chá feita com o metal de Wood (50% bismuto, 25% chumbo, 12,5% estanho e 12,5% cádmio) derrete dentro de uma xícara de café. (Tomar essa bebida depois disso seria decididamente desaconselhável!)

Nitrogênio

Como aqueles de tantos outros elementos que discutimos, compostos de nitrogênio são bem conhecidos muito antes de o elemento livre ter sido isolado. Sais de amônio, como o *sal amoníaco* (cloreto de amônio), foram caracterizados desde o século V a.C.; a *aqua fortis* (ácido nítrico) foi descrita no século XIII e, no fim do século XVI, estava em alta demanda para a separação de prata e ouro. O *salitre* (nitrato de potássio) e o *salitre do Chile* (nitrato de sódio) têm sido usados há muito tempo como fertilizantes e na pólvora.

Em 1772, Daniel Rutherford, trabalhando sob a supervisão do químico escocês Joseph Black, anunciou ter isolado um gás ou "ar" que havia restado após substâncias carbonáceas (que contêm carbono) terem sido queimadas em sua presença e o dióxido de carbono (que Black chamava de "ar fixo") ter sido removido. Lembre-se, discussões anteriores (Seção 11.1), de que, antes do trabalho definitivo de Lavoisier, todos os relatos sobre o que chamamos de combustão eram calcados em termos do flogisto. Rutherford, portanto, chamou seu produto de "ar flogisticado". Três outros adeptos da teoria do flogisto, Karl Scheele e Joseph Priestley, os codescobridores do "ar deflogisticado" (oxigênio), e Henry Cavendish, o descobridor do hidrogênio, também produziram, independentemente, a mesma substância. Lavoisier propôs o nome "azoto", que significa "sem vida", mas alguns anos depois o nome *nitrogênio* ["gerador de salitre (nitro)"] foi aceito, após ser verificado que esse elemento era um componente do ácido nítrico e dos nitratos. O nitrogênio ainda é produzido pela liquefação e destilação fracionada do ar comum. É o elemento não combinado conhecido mais abundante; a atmosfera contém 4 trilhões de toneladas de nitrogênio!

16.2 PROPRIEDADES FUNDAMENTAIS E A REDE

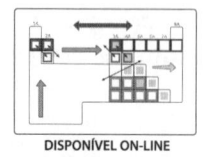

A Figura 16.2 mostra os elementos do Grupo 5A sobrepostos na rede. No entanto, note que essa representação é muito similar à da Figura 15.5, apresentada ao fim da Seção 15.3 e disponível em cores on-line. Naquela seção, completamos nossa rede adicionando o oitavo e último componente, ligações $d\pi$-$p\pi$ que envolvem elementos do segundo e terceiro períodos. Os pnicogênios estão, de fato, intimamente relacionados com nossa rede organizadora.

FIGURA 16.2

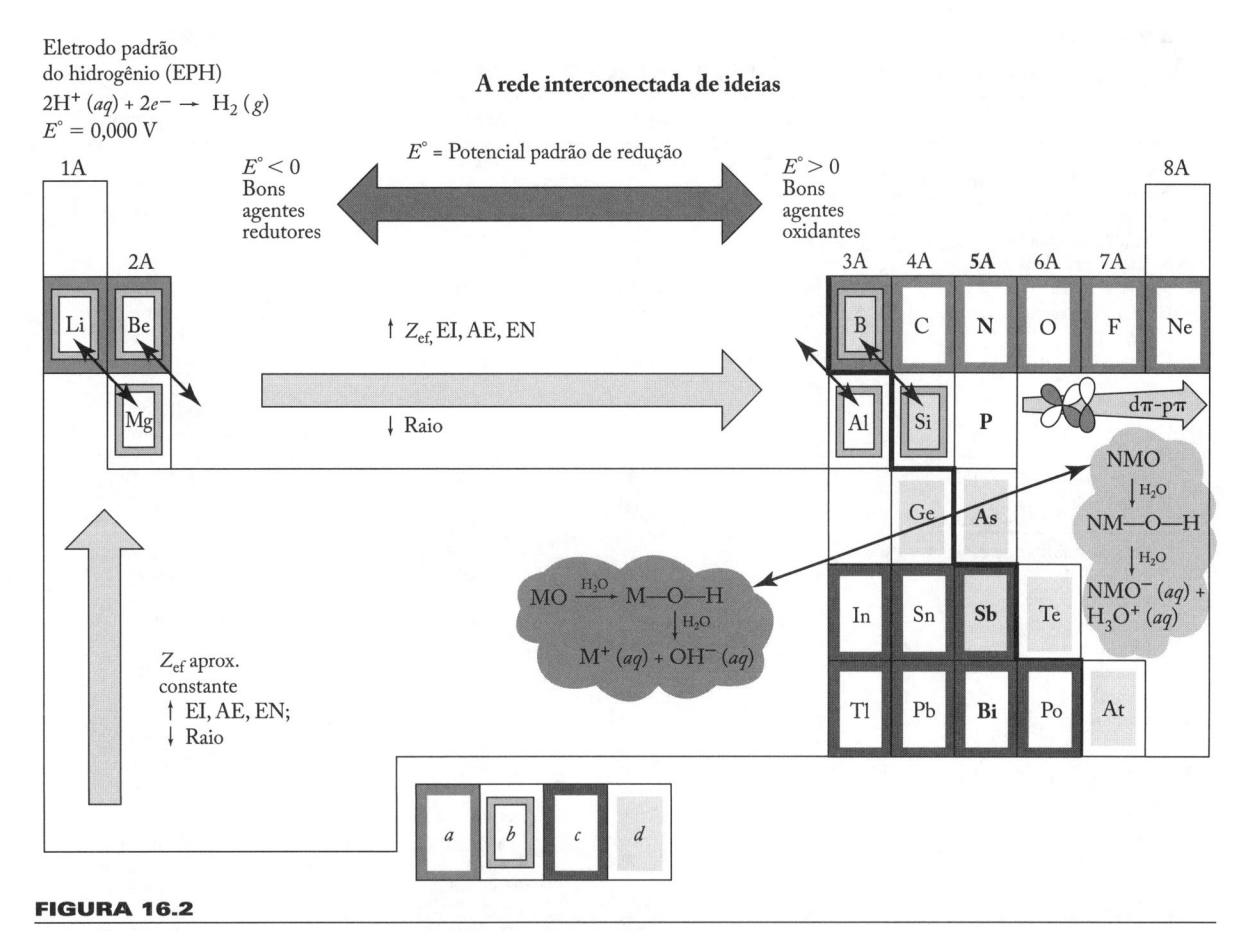

Os elementos do Grupo 5A sobrepostos na rede interconectada de ideias. Estas incluem a lei periódica, (a) o princípio da singularidade, (b) o efeito diagonal, (c) o efeito do par inerte, (d) a linha metal–não metal, o caráter ácido-base dos óxidos de metais (M) e de não metais (NM) em solução aquosa, as tendências em potenciais de redução e as variações nas ligações $d\pi$-$p\pi$ que envolvem elementos do segundo e terceiro períodos.

A Tabela 16.1 mostra a tabulação usual das propriedades do grupo, as quais variam como esperado. A propósito, o bismuto-209 é o isótopo estável mais pesado entre todos os elementos.

O princípio da singularidade

O nitrogênio, o primeiro gás encontrado em nossa viagem pelos grupos, certamente é singular, como esperado, mas está mais alinhado aos seus congêneres do que o carbono em seu grupo. Por exemplo, o nitrogênio não é muito melhor catenador do que o fósforo, como o carbono é em comparação ao silício. Ligações simples nitrogênio-nitrogênio são consideravelmente mais fracas que as ligações carbono-carbono, um fato atribuído às repulsões entre os pares isolados usualmente presentes nos pequenos átomos de nitrogênio adjacentes. Todavia, diferentemente do fósforo, ele apresenta *muitos* exemplos de uma variedade de estados de oxidação, de −3 a +5 (o assunto da Seção 16.3), uma grande capacidade de formar ligações $p\pi$ e não disponibilidade de orbitais $3d$.

A maior capacidade do nitrogênio de formar ligações $p\pi$ é mais óbvia na estabilidade especial da molécula diatômica, N_2. A alta energia associada à ligação tripla é responsável pelo seguinte:

1. Nitrogênio molecular se acumulando e, por enquanto, constituindo cerca de 80% da atmosfera
2. A dificuldade de "fixar" o nitrogênio – isto é, converter o nitrogênio molecular em outros compostos de nitrogênio (veja Seção 16.4)

TABELA 16.1
As propriedades fundamentais dos elementos do Grupo 5A

	Nitrogênio	Fósforo	Arsênio	Antimônio	Bismuto
Símbolo	N	P	As	Sb	Bi
Número atômico	7	15	33	51	83
Isótopos naturais, A/abundância %	^{14}N/99,63 ^{15}N/0,37	^{31}P/100	^{75}As/100	^{121}Sb/57,25 ^{123}Sb/42,75	^{209}Bi/100
Número total de isótopos	7	7	13	22	18
Massa atômica	14,01	30,97	74,92	121,8	209,0
Elétrons de valência	$2s^22p^3$	$3s^23p^3$	$4s^24p^3$	$5s^25p^3$	$6s^26p^3$
pf/pe, °C	−210/−196	44/280^a	814/sublima	631/1380	271/1560
Densidade, g/cm^3	1,25 (g/litro)	1,83^a	5,73^b	6,69	9,75
Raio atômico, (metálico), Å	...	...	...	1,61	1,82
Raio covalente, Å	0,75	1,06	1,20	1,40	1,46
Raio iônico, Shannon-Prewitt, Å (N.C.)	0,27(6)	0,52(6)	(+5) 0,60(6) (+3) 0,72(6)	(+5) 0,74(6) (+3) 0,94(5)	(+5) 0,90(6) (+3) 1,17(6)
EN de Pauling	3,0	2,1	2,0	1,9	1,9
Densidade de carga (carga/raio iônico), unidade de carga/Å	18	9,6	(+5) 8,3 (+3) 4,2	(+5) 6,8 (+3) 3,2	(+5) 5,6 (+3) 2,6
$E°,^c$ V	+0,25	−1,49	−0,68	−0,57	−0,45
Estados de oxidação	−3 a +5	−3, +3, +4, +5	+3, +5	+3, +5	+3, +5
Energia de ionização, kJ/mol	1400	1012	947	834	703
Afinidade eletrônica, kJ/mol	0	−72	−78	−103	−91
Descoberto por/data	Rutherford 1772	Brandt 1669	Albertus 1250	Antiguidade	Geoffrey 1753
prc^d O$_2$	NO NO$_2$	P$_4$O$_6$ P$_4$O$_{10}$	As$_4$O$_6$	Sb$_2$O$_3$	Bi$_2$O$_3$
Caráter ácido-base do óxido	Ácido	Ácido	Anfótero	Anfótero	Base
prc N$_2$		Nenhum	Nenhum	Nenhum	Nenhum
prc halogênios	NX$_3$	PX$_3$, PX$_5$	AsX$_3$, AsF$_5$, AsCl$_5$	SbX$_3$, SbF$_5$, SbCl$_5$	BiX$_3$, BiF$_5$
prc hidrogênio	NH$_3$	PH$_3$	...	...	
Estrutura cristalina	...	Cúbica^a	Rômbica	Rômbica	Rômbica

^{a} Para o fósforo branco.

^{b} Para o arsênio cinza.

^{c} NO$_3^-$ → N$_2$; EO$_4^{3-}$ → E, E = P, As; Sb(OH)$_6^-$ → Sb; Bi$_2$O$_3$ → Bi (em solução básica).

^{d} prc = produto da reação com.

3. As reações altamente exotérmicas, frequentemente explosivas, que ocorrem quando o N$_2$ é um produto (veja Seção 16.4)

A capacidade de formar ligações $p\pi$ também resulta em vários compostos de nitrogênio que não têm análogos entre os congêneres mais pesados do Grupo 5A. Eles incluem:

1. Cadeias catenadas envolvendo ligações simples e duplas alternadas, como PhN=N−NPh−N=N−NPh−N=NPh (em que Ph indica um grupo fenil, C$_6$H$_5$−)
2. Uma grande variedade de compostos de oxigênio (óxidos, oxiácidos e os íons correspondentes) envolvendo ligações N=O
3. Ácido cianídrico, H−C≡N, e os cianetos correspondentes, C≡N$^-$
4. Ácido tiociânico, H−S−C≡N, e os tiocianatos correspondentes, S−C≡N$^-$

O nitrogênio também pode formar vários nitretos de enxofre e de fósforo. No entanto, estes são caracterizados por ligações $d\pi$-$p\pi$, em oposição à variedade de ligações $p\pi$-$p\pi$ em C≡N, N=O, N=N, N≡N. Vamos seguir, então, para ver como nosso recém-adicionado oitavo componente da rede (uma consideração das ligações $d\pi$-$p\pi$ que envolvem elementos do segundo e terceiro períodos) se aplica à química do Grupo 5A.

Ligações $d\pi$-$p\pi$ envolvendo elementos do segundo e terceiro períodos

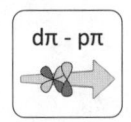

A química do fósforo e dos congêneres mais pesados é dominada por ligações simples elemento-a-elemento (E—E) e, particularmente no caso do fósforo, pela disponibilidade de orbitais $3d$ para formar ligações duplas $d\pi$-$p\pi$ com vários outros átomos, como oxigênio, nitrogênio e até mesmo enxofre. A participação do orbital d resulta em octetos expandidos, como os encontrados em compostos como PF_5, $SbCl_5$ e $X_3P{=}O$ (em que X = F, Cl, Br, I), os oxiácidos e os oxiânions do fósforo e uma classe de compostos chamada de fosfazenos. Vamos abordar muitos desses casos, conforme nos depararmos com eles em seções apropriadas, em nossa análise usual dos hidretos; óxidos e oxiácidos; e haletos. Todavia, por enquanto, vamos analisar rapidamente os fosfazenos, denominados antigamente *fosfonitrilas*, que contêm ambos os átomos N e P na mesma molécula.

Os *fosfazenos* são compostos de fósforo-nitrogênio cíclicos ou em cadeia, de fórmula geral $[NPR_2]_n$, em que R = F, Cl, Br, OH e uma variedade de grupos orgânicos. Os fosfazenos cíclicos mais bem conhecidos são os trímeros e os tetrâmeros, mostrados nas figuras 16.3a e b. Essas moléculas são representadas com ligações P—N $d\pi$-$p\pi$ simples e duplas se alternando, mas, na verdade, todas as distâncias P—N são de cerca de 1,5 Å, mais curtas do que as ligações P—N e mais longas que as ligações P=N. Os átomos de nitrogênio são hibridizados sp^2, com o terceiro orbital p não hibridizado formando as ligações duplas. Os átomos de fósforo, no entanto, são hibridizados sp^3, com um orbital $3d$ formando as ligações duplas. (Lembre-se de que, quando introduzimos as ligações $d\pi$-$p\pi$ no Capítulo 15 sobre os elementos do Grupo 4A, descrevemos como essa interação fortalece a ligação simples normal, tornando-a muito mais forte. Agora, na nossa descrição da química do Grupo 5A, avançamos para representar essa interação como uma segunda ligação plena e a ligação entre o nitrogênio e o fósforo como uma ligação dupla P=N formal.) Cadeias poliméricas lineares, como mostrado na Figura 16.3c, também são conhecidas.

Polímeros de fosfazeno, com reticulação similar à da borracha, encontraram várias aplicações. Por exemplo, eles são excelentes elastômeros para fins militares porque são não inflamáveis e estáveis em vários ambientes, desde o ártico até os trópicos. Com grupos laterais fluorados, os elastômeros podem ser usados em *O-rings* e vedações para rotores de helicópteros. Os fosfazenos também são usados em aplicações biomédicas que requerem alta integridade estrutural combinada com biodegradabilidade cuidadosamente cronometrada. Em sistemas de liberação de medicamentos, um agente terapêutico é colocado no esqueleto flexível de P—N e, usando uma combinação apropriada de grupos laterais, o polímero chega ao local correto. Ali, ele sofre degradação com o tempo e libera o agente bioativo na velocidade desejada. O agente anticâncer cisplatina (veja Seção 6.5), assim como outros, como a dopamina (usada no combate ao mal de Parkinson) e vários esteroides, pode ser liberado dessa forma. Regeneração de ossos *in vivo* é uma outra aplicação desses polímeros. Nesse procedimento, células osteoblásticas do paciente são incorporadas às fibras do fosfazeno, que servem de sustentação para ossos quebrados ou comprometidos. O polímero é programado (pelo conjunto apropriado de grupos laterais) para ser biodegradado conforme as células osteoblásticas se multiplicam e reconstroem o tecido ósseo.

Outros componentes da rede

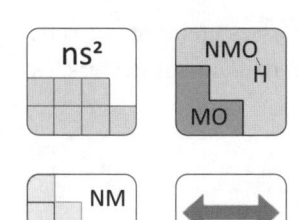

O efeito do par inerte continua a ser aplicável. Fósforo, arsênio e antimônio mostram a dominância de ambos os estados de oxidação +3 e +5 em variados graus, mas o bismuto é dominado pela química +3.

A linha metal-não metal se move para uma posição mais baixa a cada grupo, mas ainda é relevante aqui. No entanto, esse grupo é significativamente dominado pelos não metais nitrogênio e fósforo, e o bismuto é o único metal verdadeiro. As propriedades ácido-base dos óxidos refletem o posicionamento da linha metal-não

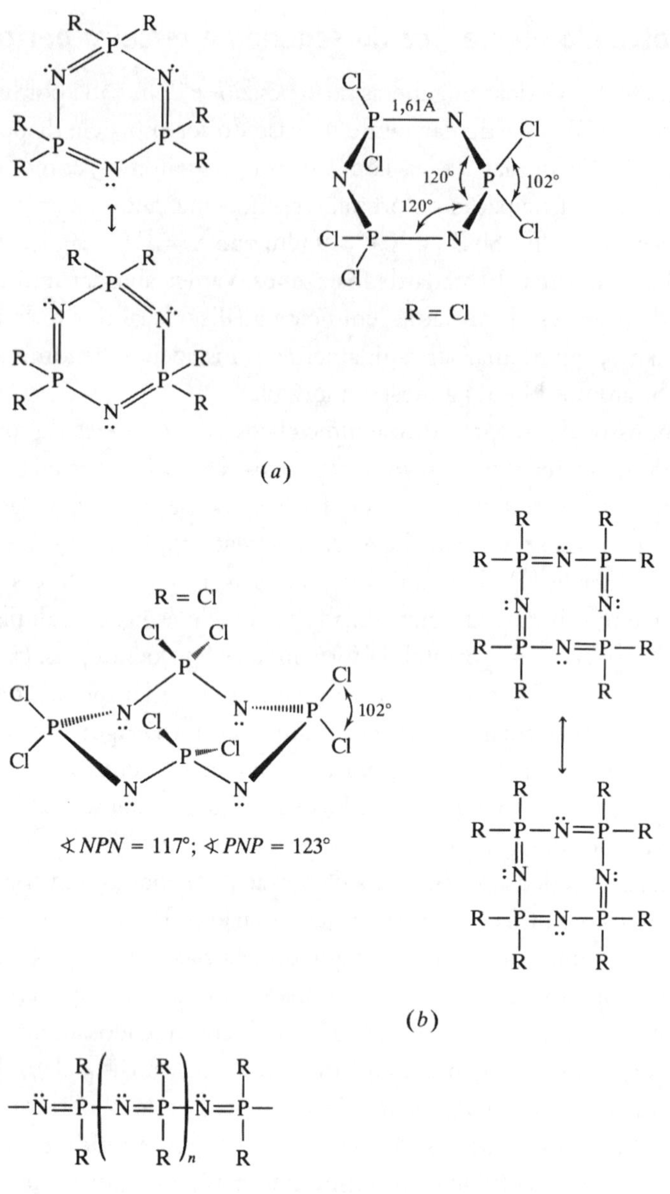

FIGURA 16.3

A estrutura dos fosfazenos. (a) Ciclotrifosfazenos, (b) ciclotetrafosfazenos e (c) os fosfazenos lineares poliméricos.

metal, com os óxidos de nitrogênio e de fósforo sendo ácidos, os de arsênio e antimônio, anfóteros, e, novamente, somente o de bismuto é básico.

As tendências gerais horizontais em potenciais padrão de redução indicariam que esses elementos e seus compostos são agentes oxidantes melhores do que os que encontramos anteriormente, mas nossas discussões sobre compostos individuais vão mostrar uma variedade de propriedades redox.

Hidretos

A diferença entre o nitrogênio e o fósforo é apropriadamente representada em seus hidretos mais simples, amônia (NH_3) e fosfina (PH_3). A amônia é o hidreto covalente com a forma piramidal familiar. Discutimos sua capacidade de fazer ligações hidrogênio (Capítulo 11), de formar complexos (Capítulo 2), de se dissolver em água (Figura 11.7) e assim por diante, em várias seções deste livro.

Embora todos nos sintamos em casa em relação à amônia e reconheçamos seu odor pungente distintivo, a fosfina é bem diferente. Seu cheiro é de peixe podre. Ela é convenientemente preparada pela reação da água com um fosfeto iônico como o de cálcio, como mostrado na Equação (16.2). Exposto ao ar, o gás mortalmente venenoso fosfina reage imediatamente com o oxigênio (e se inflam devido a traços de P_2H_4 ou fósforo elementar), como mostrado na Equação (16.3):

$$Ca_3P_2(s) + 6H_2O(l) \longrightarrow 2PH_3(g) + 3Ca(OH)_2(s) \qquad \mathbf{16.2}$$

$$4PH_3(g) + 8O_2(g) \longrightarrow P_4O_{10}(s) + 6H_2O(g) \qquad \mathbf{16.3}$$

Estruturalmente, ela é piramidal (ângulo $H-P-H = 93,7°$) como a amônia, mas não forma ligações hidrogênio ou se dissolve em água porque as ligações $P-H$ são essencialmente apolares. A fosfina também difere da amônia no fato de ser uma base de Brønsted–Lowry (receptor de próton) muito fraca. No entanto, ela pode ser forçada a reagir com ácidos fortes para formar sais de fosfônio (PH_4^+).

A arsina, AsH_3, é muito menos estável que a fosfina. Por exemplo, ela rapidamente se decompõe sob aquecimento, formando arsênio metálico, que pode ser depositado como um espelho em superfícies quentes. Essa é a base para o outrora comum teste criminológico de Marsh para a presença de compostos de arsênio. Na prática, o conteúdo do estômago da vítima é misturado com ácido clorídrico e zinco, produzindo gás hidrogênio. O hidrogênio, por sua vez, reage com vários compostos de arsênio, produzindo arsina, que é termicamente decomposta, formando o espelho de arsênio. Esses processos estão representados nas Equações (16.4) a (16.6):

$$Zn(s) + 2HCl(aq) \longrightarrow ZnCl_2(aq) + H_2(g) \qquad \mathbf{16.4}$$

$$4H_2(g) + H_3AsO_4 \longrightarrow AsH_3(g) + 4H_2O \qquad \mathbf{16.5}$$

$$2AsH_3(g) \xrightarrow{calor} 2As(s) + 3H_2(g) \qquad \mathbf{16.6}$$

O desenvolvimento do teste de Marsh, em 1836, forneceu um método confiável para a detecção de arsênio em investigações forenses e efetivamente acabou com o uso livre do arsênio como o "rei dos venenos".

A estibina, SbH_3, e a bismutina, BiH_3, são ainda menos estáveis que seus análogos mais leves.

Óxidos e oxiácidos

Em vários óxidos de nitrogênio, o estado de oxidação do átomo de nitrogênio varia de +1 a +5. Esses óxidos e seus oxiácidos correspondentes, incluindo o forte eletrólito ácido nítrico, serão abordados em detalhes na Seção 16.3, que trata de uma análise dos estados de oxidação do nitrogênio. Eles são caracterizados por uma variedade de ligações $N-O$ simples e duplas, envolvendo interações $p\pi$-$p\pi$ tanto localizadas quanto deslocalizadas.

Os óxidos de fósforo e seus ácidos correspondentes são apenas moderadamente ácidos. Ambos os óxidos de fósforo +3 e +5 são conhecidos. Normalmente, esperaríamos que esses óxidos tivessem fórmulas P_2O_3 e P_2O_5, mas esses compostos são frequentemente identificados como *trióxido de fósforo* e *pentóxido de fósforo*, e suas fórmulas moleculares são P_4O_6 e P_4O_{10}, respectivamente. O fósforo branco, P_4, e os dois óxidos estão estruturalmente relacionados, como mostrado na Figura 16.4. O P_4 é um tetraedro de átomos de fósforo, e o P_4O_6 tem seis átomos de oxigênio em ponte ligando as arestas do tetraedro. No P_4O_{10}, quatro ligações terminais $P=O$ (do tipo $d\pi$-$p\pi$) foram adicionadas. (Lembre-se de que, quando adicionamos o oitavo componente sobre ligações $d\pi$-$p\pi$, dissemos que veríamos sua

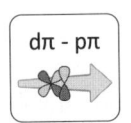

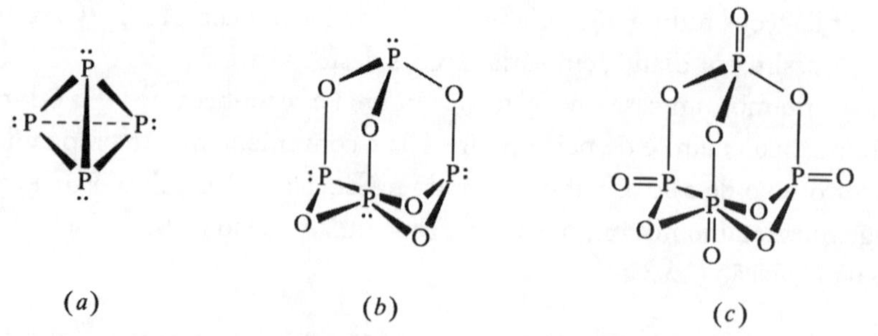

FIGURA 16.4

As estruturas do fósforo e dos óxidos de fósforo. (a) Fósforo branco, P_4; (b) hexaóxido de tetrafósforo, P_4O_6; e (c) decaóxido de tetrafósforo, P_4O_{10}, são todos baseados em um tetraedro de átomos de fósforo.

força e importância aumentando, conforme continuássemos nossa análise dos elementos representativos. Já vimos ligações P=N formais nos fosfazenos. Aqui há uma nova chance de ver um exemplo concreto de ligações duplas formais da variedade $d\pi$-$p\pi$.) Esses óxidos são os anidridos ácidos para o ácido fosforoso, H_3PO_3, e o ácido fosfórico, H_3PO_4, respectivamente, como mostrado nas Equações (16.7) e (16.8):

$$P_4O_6(s) + 6H_2O(l) \longrightarrow 4H_3PO_3 \qquad \textbf{16.7}$$

$$P_4O_{10}(s) + 6H_2O(l) \longrightarrow 4H_3PO_4 \qquad \textbf{16.8}$$

A Equação (16.8) é a base da excelente propriedade dessecante do P_4O_{10}, que é amplamente usado em cabines de processamento com luvas para garantir que as atmosferas inertes nesses espaços estejam livres de quantidades traço de água.

As estruturas dos ácidos fosfórico e fosforoso são mostradas na Figura 11.17 e novamente, mais detalhadamente, nas figuras 16.5a e 16.6a, respectivamente. Além de sua ligação P=O (envolvendo uma ligação formal $d\pi$-$p\pi$), o ácido fosfórico, H_3PO_4, tem três átomos de hidrogênio de hidroxilas (ou unidades P—O—H) e é, portanto, triprótico. (Lembre-se da discussão na Seção 11.3.) Ele é um ácido mais fraco que o nítrico, devido à menor eletronegatividade do átomo central. A natureza espessa e xaroposa das soluções aquosas, 85% desse ácido disponíveis comercialmente, é devida às ligações hidrogênio entre as moléculas do ácido.

O oxiânion correspondente do ácido fosfórico é o fosfato, PO_4^{3-}, às vezes [semelhante ao que discutimos tanto sobre a química do borato (Seção 14.3) quanto sobre a química do silicato (Seção 15.5)] chamado de *ânion ortofosfato*. Como se poderia suspeitar a partir da experiência obtida em capítulos anteriores, duas ou mais moléculas de ácido fosfórico podem se aproximar, como mostrado nas figuras 16.5b a 16.5f, liberando uma ou mais moléculas de água e formando vários ácidos em cadeia ou cíclicos e seus ânions fosfato correspondentes. Esses metafosfatos são, às vezes, chamados de *fosfatos condensados*. Tais ácidos e ânions têm vários usos, alguns dos quais são detalhados na Seção 16.4. Note novamente que temos ligações formais P=O $d\pi$-$p\pi$ nesses fosfatos.

O ácido fosforoso, H_3PO_3, tem apenas dois prótons em hidroxilas e, portanto, é apenas diprótico. O terceiro átomo de hidrogênio está ligado diretamente ao átomo de fósforo e não é um próton ácido. (Uma vez que hidrogênio e fósforo têm eletronegatividades idênticas, de 2,1, a ligação P—H é apolar, não suscetível ao ataque pela molécula polar de água e, portanto, não é ionizada.) Como os fosfatos, há uma variedade de fosfitos condensados, como mostrado na Figura 16.6.

Os óxidos ácidos de arsênio e os oxiácidos correspondentes são bastante similares aos compostos de fósforo. O As_4 (arsênio cinza) e o As_4O_6 têm estruturas como as de seus análogos de fósforo, mas o óxido +5 é polimérico. O ácido arsenoso, H_3AsO_3, e o ácido arsênico, H_3AsO_4, bem como os correspondentes arsenitos,

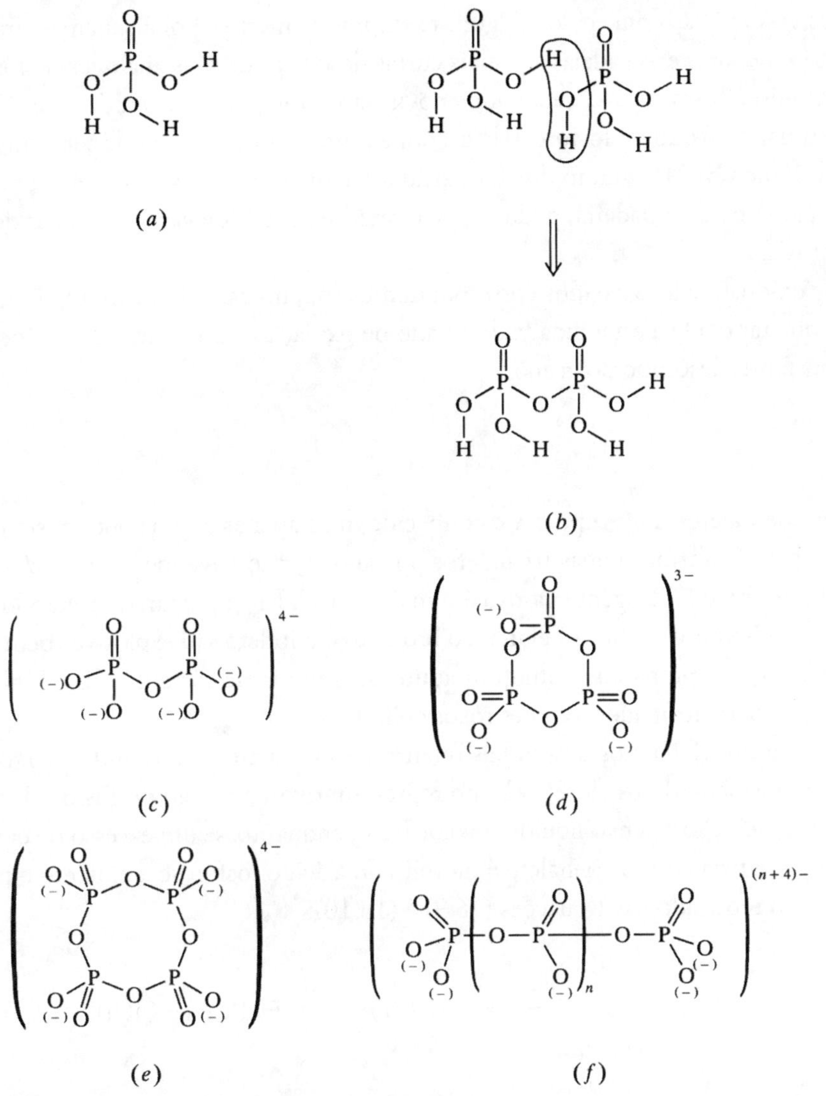

FIGURA 16.5

Ácido fosfórico e fosfatos. (*a*) Ácido fosfórico, H_3PO_4. (*b*) Duas moléculas de ácido fosfórico perdem uma molécula de água, formando o ácido pirofosfórico, $H_4P_2O_7$; (*c*) pirofosfato; (*d*) triciclofosfato; (*e*) tetraciclofosfato e (*f*) polifosfato.

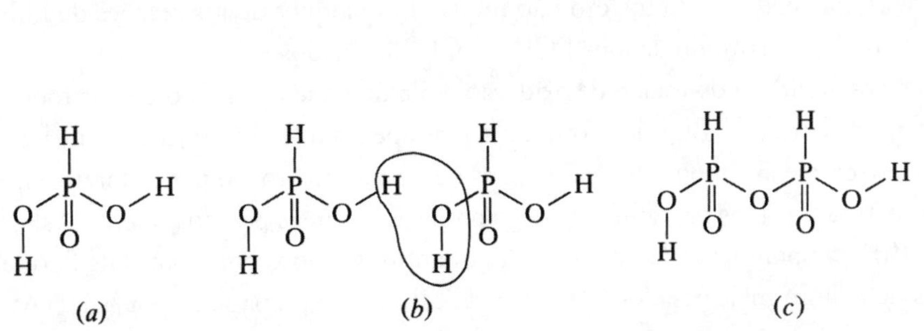

FIGURA 16.6

Ácido fosforoso e fosfitos. (*a*) Ácido fosforoso, H_3PO_3. (*b*) Duas moléculas de ácido fosforoso perdem uma molécula de água, formando o (*c*) ácido pirofosforoso, $H_4P_2O_5$. Novamente, note a presença de ligações formais P=O $d\pi$-$p\pi$ nesses fosfitos.

AsO_3^{3-}, e arsenatos, AsO_4^{3-}, são conhecidos. Alguns exemplos de meta- e poliarsenatos e arsenitos foram isolados, mas os anéis são menores e as cadeias são mais curtas do que as de seus análogos de fósforo.

Quando antimônio e bismuto são queimados no ar, são obtidos apenas óxidos +3. O anfótero Sb_4O_6 é estruturalmente similar ao óxido de fósforo(III) e, com alguma dificuldade, pode ser oxidado a um óxido +5 polimérico. O mais iônico Bi_2O_3 é muito difícil de oxidar e é distintamente básico em caráter. O hidróxido de bismuto, $Bi(OH)_3$, uma base verdadeira, pode ser precipitado a partir de várias soluções de bismuto(III) pela adição de íons hidróxido.

A química dos óxidos e seus oxiácidos correspondentes (ou, no caso do bismuto, o hidróxido correspondente) demonstra que tanto (1) a estabilidade do estado de oxidação +5 quanto (2) a acidez dos óxidos diminuem de forma constante, descendo no grupo.

Haletos

Um grande número de haletos do Grupo 5A é conhecido, mas apenas alguns podem ser detalhados aqui. O nitrogênio, como esperado, forma apenas tri-haletos piramidais, não havendo orbitais d disponíveis para expandir o octeto. O fluoreto de nitrogênio gasoso é o mais estável. Ele é preparado tratando amônia com flúor na presença de um catalisador de cobre. O cloreto, o brometo e o iodeto são explosivos bem conhecidos. O tri-iodeto de nitrogênio, que é preparado como um aduto da amônia de fórmula $NI_3 \cdot NH_3$, é extremamente sensível ao choque e explode formando vapores roxos de iodo.

O fósforo forma tanto tri-haletos piramidais quanto penta-haletos bipiramidais trigonais com todos os quatro halogênios. Considerando os cloretos como representativos, a reação do fósforo branco, P_4, com uma quantidade limitada de gás cloro gera o líquido incolor PCl_3, enquanto, se um excesso de cloro for usado, o sólido quase branco PCl_5 é formado. O tri-haleto é hidrolisado a ácido fosforoso, enquanto o penta-haleto forma o ácido fosfórico, como mostrado nas Equações (16.9) e (16.10):

$$P_4(s) + 6Cl_2(g) \underset{\text{(limitante)}}{\longrightarrow} 4PCl_3(l) \xrightarrow{H_2O} H_3PO_3 \; (+HCl) \qquad \textbf{16.9}$$

$$P_4(s) + 10Cl_2(g) \underset{\text{(excesso)}}{\longrightarrow} 4PCl_5(s) \xrightarrow{H_2O} H_3PO_4 \; (+HCl) \qquad \textbf{16.10}$$

(Observe que o estado de oxidação do fósforo não muda em qualquer dessas reações de hidrólise.) Na forma sólida, PCl_5 é, na verdade, constituído de íons PCl_4^+ e PCl_6^- alternados.

A diminuição da estabilidade do estado de oxidação +5 é mostrada pelo fato de que todos os 16 compostos EX_3 (E = P, As, Sb, Bi; X = F, Cl, Br, I) são formados, mas apenas o fósforo forma penta-haletos com todos os quatro halogênios. Arsênio e antimônio formam apenas o pentafluoreto e o pentacloreto, enquanto o bismuto forma apenas o pentafluoreto. Dos pentafluoretos dos pnicogênios mais pesados, apenas AsF_5 é bipiramidal trigonal. O SbF_5 e o BiF_5 são polímeros do octaedro EF_6, mantidos unidos por átomos de flúor em ponte.

Os tri-haletos de fósforo mais pesados (PX_3, X = Cl, Br, I) são preparados por halogenação direta. O trifluoreto, entretanto, é mais facilmente sintetizado tratando o tricloreto com um fluoreto iônico, como o CaF_2 ou o ZnF_2. Os trifluoretos de arsênio, antimônio e bismuto são preparados adicionando fluoreto de hidrogênio aos óxidos. (Se gás flúor for usado, obtêm-se os pentafluoretos.) Os outros tri-haletos de arsênio e antimônio podem ser produzidos por halogenação direta dos elementos ou dos trióxidos, enquanto os tri-haletos de bismuto são mais facilmente preparados pela ação de hidrácidos aquosos de halogênios sobre o Bi_2O_3.

16.3 UMA ANÁLISE DOS ESTADOS DE OXIDAÇÃO DO NITROGÊNIO

O nitrogênio se apresenta com cada um dos nove estados de oxidação de −3 a +5. Na verdade, é essa variedade que o torna um elemento singular no grupo. O fósforo se apresenta com a mesma faixa, mas apenas −3, 0, +3, +4 e +5 são de maior importância. Arsênio e antimônio são restritos a −3, 0, +3 e +5, e o bismuto apresenta somente 0, +3 e +5.

Para organizar e simplificar essa análise, a descrição de muitos dos compostos estará acompanhada de um perfil de um composto. Cada perfil inclui (1) todos os nomes comuns, (2) uma descrição física, (3) as fórmulas molecular e estrutural (com ângulos e comprimentos de ligação), (4) uma nota abordando a história e/ou aplicação do composto, (5) equações representando a(s) preparação(ões) comum(ns) e (6) equações representando as principais reações. A descrição dos compostos vai aumentar essas entradas, conforme necessário.

Compostos de nitrogênio (−3): nitretos e amônia

Os nitretos e a amônia (incluindo os sais de amônio) são os dois principais tipos de compostos nos quais o nitrogênio tem um estado de oxidação −3. Os nitretos podem ser divididos em iônicos, covalentes e intersticiais, da mesma forma que vimos antes para os hidretos, óxidos e carbetos. Há apenas alguns poucos nitretos iônicos, os mais importantes sendo os de lítio, dos metais alcalinoterrosos e de zinco. Esses são preparados por reação direta dos elementos e pronta hidrólise da amônia, como mostrado na Equação (16.11):

$$N^{3-}(aq) + 3H_2O(l) \longrightarrow NH_3 + 3OH^-(aq) \qquad \textbf{16.11}$$

Note que o íon N^{3-} está agindo como uma base de Brønsted–Lowry nessa reação.

Os principais nitretos covalentes incluem os de boro, enxofre e fósforo. Alguma indicação da natureza dos nitretos de fósforo (os fosfazenos) foi dada na última seção. Nitretos de boro têm fórmulas bastante similares, mas envolvem ligações B=N $p\pi$-$p\pi$, em vez das ligações P=N $d\pi$-$p\pi$. A Figura 16.7 mostra a borazina, às vezes conhecida como *benzeno inorgânico*. Note que duas estruturas de ressonância são necessárias para descrever essa molécula, usando conceitos de ligação de valência. Experimentalmente, verifica-se que todas as ligações B—N têm o mesmo comprimento, intermediário entre os característicos das ligações simples e dupla. (Nitretos de enxofre serão discutidos no Capítulo 17.)

Metais de transição frequentemente formam nitretos intersticiais e não estequiométricos cujos átomos de nitrogênio ocupam interstícios no retículo cúbico compacto do metal.

A Tabela 16.2 mostra um perfil de composto para a amônia, NH_3. Esse é o hidreto molecular piramidal familiar. Ele é capaz de formar fortes ligações hidrogênio consigo mesmo e com outras moléculas, mais notavelmente com a água. Muito calor é necessário para quebrar as ligações hidrogênio da amônia líquida, e isso

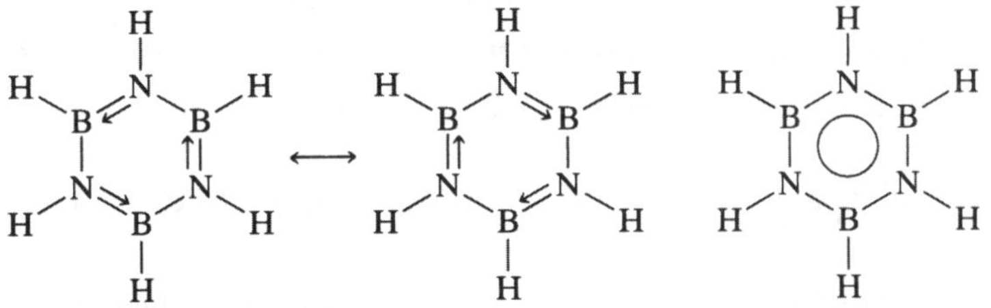

FIGURA 16.7

A estrutura da borazina. (*a*) As duas estruturas de ressonância da borazina, $B_3N_3H_6$, às vezes conhecida como benzeno inorgânico. (*b*) O híbrido de ressonância da borazina. O círculo indica que todas as seis ligações B—N são equivalentes devido às ligações π deslocalizadas.

TABELA 16.2
Perfil de composto do NH$_3$

Nota: estado de oxidação do nitrogênio = −3

Nome: amônia

Descrição física: gás incolor com
odor pungente;
base fraca em solução aquosa

Nota sobre história/aplicação: isolada, pela
primeira vez, por Priestley, em 1774;
preparada comercialmente hoje
pelo processo Haber; usada como
fertilizante e para fabricar nitratos

Estrutura molecular

(N com três H; ligação N–H = 1,02 Å; ângulo H–N–H = 107,8°)

Preparações:

$$N_2(g) + 3H_2(g) \xrightarrow[\text{altas } T \text{ e } P]{\text{ferro}} 2NH_3(g) \quad \text{(Processo Haber)} \qquad \textbf{16.12}$$

$$NH_4Cl(aq) + NaOH(aq) \longrightarrow NaCl(aq) + H_2O(l) + NH_3(g) \qquad \textbf{16.13}$$

Reações:

$$2NH_3(l) \rightleftharpoons NH_4^+ + NH_2^- \qquad K = 1 \times 10^{-33} \qquad \textbf{16.14}$$

$$NH_3(aq) + H_2O \rightleftharpoons NH_4^+(aq) + OH^-(aq) \qquad K_b = 1,8 \times 10^{-5} \qquad \textbf{16.15}$$

---

resulta em alto calor de vaporização. Dessa forma, mesmo a amônia tendo um ponto de ebulição de apenas −33,3 °C, ela evapora bem lentamente e pode ser facilmente manipulada em um recipiente térmico ou em um frasco de Dewar.

A preparação comercial da amônia é realizada em grandes quantidades pelo processo Haber [Equação (16.12)], discutido na Seção 16.4 em "Fixação do nitrogênio". No laboratório, a preparação mais comum é o tratamento de sais de amônio com bases fortes, como representado na Equação (16.13). A autoionização da amônia líquida (análoga à da água líquida) é mostrada na Equação (16.14). NH$_3$(*l*) é frequentemente usado como solvente não aquoso. Como mostrado na Equação (16.15), o NH$_3$ age como uma base fraca em água e serve de protótipo para várias bases que contêm nitrogênio, como metilamina, piridina e anilina, que você pode lembrar do estudo do equilíbrio ácido-base, de cursos anteriores.

O amoníaco consiste de NH$_3$ aquoso aproximadamente 2 *M* com um detergente. Ele nunca deve ser misturado com água sanitária (que contém hipocloritos, OCl$^-$) porque ocorre a geração das extremamente tóxicas e explosivas cloroaminas, como representado na Equação (16.16):

$$NH_3(aq) + OCl^-(aq) \longrightarrow OH^-(aq) + H_2NCl(aq) \qquad \textbf{16.16}$$

Sais de amônio contêm o cátion tetraédrico NH$_4^+$. O raio termoquímico efetivo do cátion amônio é 1,37 Å (veja Tabela 8.7 e a discussão que a acompanha), o que faz que ele seja aproximadamente do mesmo tamanho dos íons potássio (1,52 Å) e rubídio (1,66 Å) e, de fato, os compostos de amônio são parecidos com os sais desses íons em solução e no estado sólido. No entanto, uma diferença é que os sais de amônio são ácidos em solução aquosa ou, para usar a expressão mais antiga, sofrem hidrólises, como representado na Equação (16.17):

$$NH_4^+(aq) + H_2O(l) \rightleftarrows NH_3(aq) + H_3O^+(aq)$$

$$\left(K_a = \frac{K_w}{K_b \text{ de } NH_3} = \frac{1,00 \times 10^{-14}}{1,8 \times 10^{-5}} = 5,6 \times 10^{-10} \right) \quad \textbf{16.17}$$

Outra propriedade que distingue sais de amônio é a maneira pela qual eles se decompõem termicamente. Por exemplo, o cloreto de amônio se decompõe a cerca de 300 °C em amônia e cloreto de hidrogênio gasoso, como mostrado na Equação (16.18):

$$NH_4Cl(s) \xrightarrow{\text{calor}} NH_3(g) + HCl(g) \quad \textbf{16.18}$$

Se o ânion for um bom agente oxidante, a decomposição térmica pode ser acompanhada pela oxidação da amônia a óxido de dinitrogênio ou nitrogênio elementar, como mostrado nas Equações (16.19) e (16.20). A Equação (16.20) é a base da demonstração familiar do vulcão de dicromato de amônio:

$$NH_4NO_3(s) \xrightarrow{\Delta} N_2O(g) + 2H_2O(g) \quad \textbf{16.19}$$

$$(NH_4)_2Cr_2O_7(s) \xrightarrow{\Delta} N_2(g) + 4H_2O(g) + Cr_2O_3(s) \quad \textbf{16.20}$$

Nitrogênio (−2): hidrazina, N_2H_4

A Tabela 16.3 mostra o perfil da hidrazina, N_2H_4. Ela é produzida pelo processo Raschig, mostrado na Equação (16.21). Aqui, a amônia é tratada com o agente oxidante brando hipoclorito, em solução básica, produzindo primeiro cloroamina, como mostrado anteriormente na Equação (16.16). Subsequentemente, a cloroamina

---

TABELA 16.3
Perfil de composto do N_2H_4
Nota: estado de oxidação do nitrogênio = −2

Nome: hidrazina

Descrição física: líquido incolor e fumegante; cheira como amônia

Nota sobre história/aplicação: isolada em 1890 por T. Curtius; bom agente redutor; derivados metilados usados como combustível de foguetes

Estrutura molecular

Ângulo diédrico = 95°

Preparações:

$$2NH_3(aq) + OCl^-(aq) \xrightarrow[NH_3]{\text{excesso}} N_2H_4(aq) + H_2O(l) + Cl^-(aq) \quad \text{(Processo Raschig)} \quad \textbf{16.21}$$

Reações:

$$N_2H_4(aq) + H_2O(l) \longrightarrow N_2H_5^+(aq) + OH^-(aq) \qquad K_b = 8,5 \times 10^{-7} \quad \textbf{16.22}$$

$$2N_2H_4(l) + N_2O_4(l) \longrightarrow 4H_2O(g) + 3N_2(g) \qquad \Delta H° = -1040 \text{ kJ/mol} \quad \textbf{16.23}$$

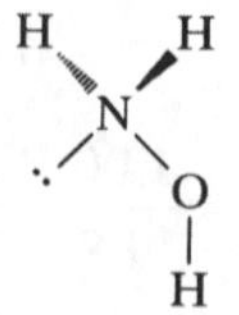

FIGURA 16.8

A estrutura da hidroxilamina, NH$_2$OH.

reage com o excesso de amônia, formando a hidrazina. A hidrazina lembra a amônia em sua estrutura, capacidade de formar ligações hidrogênio e sua propriedade como uma base [Equação (16.22)]. Diferentemente da amônia, ela é amplamente usada como agente redutor. Na verdade, a hidrazina e seus derivados metilados são extensivamente empregados como combustível de foguetes. A reação representada na Equação (16.23) usa tetróxido de dinitrogênio como agente oxidante e é extremamente exotérmica, predominantemente devido à grande quantidade de energia liberada quando a ligação tripla nitrogênio-nitrogênio é formada. Os derivados metilados da hidrazina, (CH$_3$)NHNH$_2$ e (CH$_3$)$_2$NNH$_2$, em combinação com tetróxido de dinitrogênio, foram usados no módulo de excursão lunar tanto para a aterrissagem quanto para a decolagem. Essas reações são *hipergólicas* ou de autoignição. Tudo o que os astronautas tiveram de fazer foi abrir os tanques separados que continham os reagentes e segurar firme.

Nitrogênio (−1): hidroxilamina, NH$_2$OH

O estado de oxidação −1 é o menos estável na química do nitrogênio. A hidroxilamina é um sólido branco, termicamente instável e higroscópico, usualmente disponível como soluções aquosas de sais iônicos de fórmula geral (NH$_3$OH)$_n^+$X^{n-}. Por exemplo, um sal comum é o sulfato de hidroxilamina, (NH$_3$OH)$_2$SO$_4$. O NH$_2$OH é uma base fraca usada na fabricação de fármacos, borracha, produtos químicos para fotografia, circuitos integrados e na agricultura e indústria têxtil. Em abril de 1999, o NH$_2$OH foi a razão de uma explosão fatal em Allentown, Pensilvânia, nos Estados Unidos. Mais informações sobre a natureza explosiva dos compostos de nitrogênio podem ser encontradas na Seção 16.4. A estrutura do NH$_2$OH no sólido é mostrada na Figura 16.8.

Nitrogênio (+1): óxido nitroso, N$_2$O

O perfil de composto do óxido nitroso é dado na Tabela 16.4. O N$_2$O apresenta vários nomes, incluindo o antigo óxido nitroso e o mais moderno óxido de dinitrogênio. Seu nome mais famoso, no entanto, é *gás hilariante*. Ele foi descoberto primeiro por Joseph Priestley, em 1772, mas lembre-se, na nossa discussão sobre Humphry Davy no Capítulo 12 (Seção 12.1), de que foi esse jovem químico de Cornwall, trabalhando na recém-criada "instituição pneumática", quem fez numerosos experimentos e demonstrações envolvendo a inalação do gás. Ele relatou uma intoxicação eufórica e uma tendência a grandes oscilações de humor, variando da idiotice à raiva. A Figura 16.9 mostra um dos primeiros retratos dos efeitos desse gás: um desenho de 1839 representando alguns alunos que inalaram um pouco de óxido nitroso produzido em uma demonstração em sala de aula.

Administrações de universidades modernas, sobrecarregadas (e com razão, sem dúvida) por regras de segurança e políticas de seguradoras, certamente desaprovariam tais cenas! Falando sério, o N$_2$O *nunca* deveria ser respirado sem procedimentos e precauções apropriados. Há vários casos de mortes por asfixia atribuídas ao abuso descuidado desse gás.

O óxido nitroso é produzido comercialmente pela decomposição térmica do nitrato de amônio, como mostrado na Equação (16.24). Ele foi o primeiro anestésico moderno, tendo sido usado pela primeira vez em uma cirurgia em 1837. Mas mesmo médicos qualificados, têm dificuldade de administrar o gás porque ele pode ser metabolizado em diferentes velocidades. O N$_2$O sustenta a combustão; uma vela brilha mais forte nesse gás

TABELA 16.4
Perfil de composto do N_2O

Nota: estado de oxidação do nitrogênio = +1

Nome: óxido de dinitrogênio (Iupac)
óxido nitroso
gás hilariante

Descrição física: gás incolor, relativamente não reativo, com odor agradável e sabor adocicado; sustentará a combustão, uma vez que a reação tenha começado

Nota sobre história/aplicação: descoberto em 1772 por Priestley; anestésico cirúrgico usado pela primeira vez em 1837; usado hoje em cirurgias odontológicas e outras cirurgias secundárias e como gás propelente

Estrutura molecular

$|\overset{-}{\underset{\ominus}{N}}\!=\!\!=\!\overset{1,13\text{Å}}{\underset{\oplus}{N}}\!=\!\!=\!\overset{1,19\text{Å}}{\underset{}{\overline{O}}}|$

$\updownarrow$

$|\overset{}{\underset{}{N}}\!\equiv\!\underset{\oplus}{N}\!—\!\overset{-}{\underset{\ominus}{\overline{O}}}|$

Preparações:

$$NH_4NO_3(s) \xrightarrow{250°} N_2O(g) + 2H_2O(g) \qquad \textbf{16.24}$$

Reações:

$$2N_2O(g) \xrightarrow{calor} 2N_2(g) + O_2(g) \qquad \textbf{16.25}$$

FIGURA 16.9
Os efeitos do gás hilariante disperso em uma sala de aula. Um desenho de George Cruikshank do livro *Chemistry no mystery*, publicado em Londres, 1839.

do que no próprio ar. No entanto, a temperatura do corpo não é alta o suficiente para a dissociação indicada na Equação (16.25) ocorrer, de modo que o gás oxigênio deve ser administrado com o N_2O, quando ele é usado como um anestésico. Houve anestesistas que desconheciam tal precaução! O óxido nitroso não é mais o anestésico principal para procedimentos cirúrgicos, mas é utilizado como um indutor do relaxamento do paciente e ainda é usado na odontologia. Não há explicação satisfatória para seu efeito incomum em humanos.

Por ser solúvel em gorduras, o óxido nitroso também é usado em grandes quantidades como gás propelente em latas de *chantilly*. Esse parece ser um uso bastante inocente, mas verifica-se que o N_2O é um dos gases responsáveis pelo efeito estufa (veja Seção 11.6). Talvez mais importante, o N_2O também é produzido por micro-organismos do solo, e há uma preocupação crescente de que, conforme as florestas tropicais do Brasil são desmatadas, a velocidade de produção de N_2O por esses organismos vai aumentar. Considerando que ele é lentamente oxidado, qualquer aumento nas concentrações atmosféricas desse gás pode trazer consequências significativas. Tudo isso é apenas mais um exemplo do velho provérbio (particularmente relevante quando se discutem preocupações ambientais): "Tudo está conectado".

Nitrogênio (+2): óxido nítrico, NO

O perfil de composto do óxido nítrico é dado na Tabela 16.5. Estruturas de Lewis deixam muito a desejar na descrição das ligações no NO porque ele contém um número ímpar de elétrons. Não surpreendentemente, como mostrado na Equação (16.30), ele prontamente perde um elétron, formando NO^+, o íon nitrosônio, que é isoeletrônico com o CO e tem uma ordem de ligação igual a três.

Conforme descrito detalhadamente na Seção 16.5, as temperaturas dentro de um motor de combustão interna são altas o suficiente para fazer que a Equação (16.26) seja uma fonte importante de NO, um precursor do *smog* fotoquímico. No laboratório, ele pode ser produzido pela ação do ácido nítrico diluído sobre o cobre metálico, como mostrado na Equação (16.27). A Equação (16.28) é a primeira etapa na conversão da amônia em ácido nítrico, uma reação conhecida comercialmente como *reação de Ostwald*. O óxido nítrico é facilmente oxidado no ar ao marrom-avermelhado dióxido de nitrogênio, NO_2.

Certamente, à primeira vista, o NO parece ser uma molécula bastante simples. No entanto, moléculas pequenas são, às vezes, surpreendentemente complexas, e o NO é um exemplo perfeito. Iniciando em 1980, uma série de descobertas impressionantes sobre o NO mostrou-se revolucionária em bioquímica e medicina. Incrivelmente, sabe-se agora que esse gás simples atua como mensageiro químico (ou neurotransmissor) no corpo, com variadas funções, incluindo alargamento dos vasos sanguíneos, auxiliar na regulação da pressão sanguínea tanto em adultos quanto em recém-nascidos, tratamento de disfunção erétil, combate a infecções, prevenção da formação de coágulos sanguíneos e atuação como uma molécula de sinalização singular no sistema nervoso. A descoberta do papel do óxido nítrico na regulação da pressão sanguínea tem sido aclamada como uma das mais importantes na história da medicina cardiovascular. Como resultado, o Prêmio Nobel de Medicina de 1998 foi dado a Robert Furchgott, Louis Ignarro e Ferid Murad. Furchgott verificou que os vasos sanguíneos são dilatados porque as células endoteliais que revestem a superfície interior deles produzem uma molécula de sinalização (que ele chamou de "fator de relaxamento derivado do endotélio") que, por sua vez, causa o relaxamento das células musculares vasculares, resultando em uma menor pressão sanguínea. Murad trabalhou para descobrir como a nitroglicerina, conhecida há tempos por reduzir a pressão sanguínea, libera NO. (Esse efeito do "nitro" foi descoberto, pela primeira vez, após ser verificado que garotas que embalavam explosivos durante a Primeira Guerra Mundial apresentavam uma pressão sanguínea anormalmente baixa.) Ignarro fez a conexão entre o fator de relaxamento derivado do endotélio de Furchgott e o óxido nítrico. O resultado foi uma avalanche de pesquisas que deram um novo significado à expressão *"NO news is good news"*[*]. Em uma série de ironias, o Prêmio Nobel, que se iniciou com o patrimônio de Alfred Nobel, em 1896 (após ele ter ficado rico ao

---

[*] N.T.: Algo como "Sem notícias, boas notícias". No caso, *"no"* significa "sem", mas, em letras maiúsculas, é também a fórmula do óxido nítrico.

TABELA 16.5
Perfil de composto do NO
Nota: estado de oxidação do nitrogênio $= +2$

Nome: óxido de nitrogênio (Iupac)
óxido nítrico

Descrição física: gás incolor, paramagnético e levemente tóxico

Nota sobre história/aplicação: importante produto da combustão interna em motores, levando ao *smog* fotoquímico; neurotransmissor, regulador de pressão sanguínea

Estrutura molecular

$$|\dot{N}{=\!=\!=}\bar{O} \leftrightarrow \underset{..}{\bar{N}}{=}O|^{\ominus\;\oplus}$$

$1,15\,\text{Å}$

Preparações:

$$N_2(g) + O_2(g) \xrightarrow{\Delta} 2NO(g) \qquad (16.26)$$

$$K_{298\,K} = 4{,}5 \times 10^{-31} \qquad K_{1800\,K} = 1{,}2 \times 10^{-4}$$

$$3Cu(s) + 8HNO_3(aq) \underset{\text{diluído}}{\longrightarrow} 3Cu(NO_3)_2(aq) + 4H_2O(l) + 2NO(g) \qquad (16.27)$$

$$4NH_3(g) + 5O_2(g) \underset{Pt}{\overset{\text{calor}}{\longrightarrow}} 4NO(g) + 6H_2O(l) \qquad (16.28)$$

Reações:

$$2NO(g) + O_2(g) \longrightarrow 2NO_2(g) \qquad (16.29)$$

$$NO \longrightarrow \underset{\text{nitrosônio}}{NO^+} + e^- \qquad (16.30)$$

---

descobrir como estabilizar a nitroglicerina, composto que tendia a explodir, criando a dinamite), foi dado praticamente um século depois para pesquisadores que solucionaram seu mecanismo em uma área totalmente diferente. Outra ironia, Nobel, já quase no fim da vida, sofreu de *angina pectoris*, um termo médico para dores no peito devido à doença arterial coronariana. Naquela época, já se sabia há quase 30 anos que nitratos orgânicos como a nitroglicerina eram eficazes em aliviar as dores da angina. No entanto, quando os médicos de Nobel recomendaram nitroglicerina como um remédio para a sua condição cardíaca, ele rejeitou. Ele simplesmente não podia fazer aquilo. Ele escreveu a um amigo: "É uma ironia do destino que tenham prescrito para mim [nitroglicerina], para ser injetada. Eles a chamam de 'trinitrin', para não assustar o químico e o público". Os químicos [farmacêuticos] e o público não estão mais assustados com o "trinitrin". Um século depois, eles sabem que ele pode ser um composto que salva vidas.

Nitrogênio (+3): trióxido de dinitrogênio, N₂O₃, e ácido nitroso, HNO₂

Os perfis de composto do trióxido de dinitrogênio e do ácido nitroso são dados na Tabela 16.6. A oxidação cuidadosa do óxido nítrico com oxigênio molecular, como mostrado na Equação (16.31), ou o controle cuidadoso do equilíbrio, mostrado na Equação (16.34), vão gerar o líquido azul instável trióxido de dinitrogênio. O N_2O_3, por sua vez, é o anidrido ácido do ácido nitroso, HNO_2, como indicado na Equação (16.32). O ácido nitroso puro líquido não é conhecido, mas ele é estável em solução aquosa e no estado de vapor. Uma reação conveniente que gera ácido nitroso aquoso puro é representada na Equação (16.33). Esse tipo de preparação é,

TABELA 16.6
Perfil de composto do N_2O_3, HNO_2 e NO_2^-

Nota: estado de oxidação do nitrogênio = +3

Nome: N_2O_3, trióxido de dinitrogênio
HNO_2, ácido nitroso
NO_2^-, nitrito

Descrição física: N_2O_3, líquido intensamente azul; HNO_2, conhecido em solução aquosa e no estado de vapor; nitritos, sólidos brancos

Nota sobre história/aplicação: nitritos são usados para prevenir botulismo em presuntos e outros produtos de carne

Preparações:

$$4NO(g) + O_2(g) \longrightarrow 2N_2O_3(l) \quad \textbf{16.31}$$

$$N_2O_3(l) + H_2O(l) \longrightarrow 2HNO_2(aq) \quad \textbf{16.32}$$

$$Ba(NO_2)_2 + H_2SO_4(aq) \longrightarrow 2HNO_2(aq) + BaSO_4(s) \quad \textbf{16.33}$$

Reações:

$$N_2O_3 \rightleftharpoons NO + NO_2 \quad \textbf{16.34}$$

$$HNO_2(aq) + H_2O(l) \longrightarrow NO_2^-(aq) + H_3O^+(aq) \quad K_a = 3{,}2 \times 10^{-4} \quad \textbf{16.35}$$

às vezes chamado de reação "*milkshake*" devido à formação de um precipitado fino, branco e leitoso de sulfato de bário. O ácido nitroso é um ácido fraco, como mostrado na Equação (16.35). (Veja também a discussão sobre forças relativas de oxiácidos, apresentada na Seção 11.4, na subseção "Oxiácidos".) Nitritos são usados como conservantes de carne, como discutido na próxima seção.

Nitrogênio (+4): dióxido de nitrogênio, NO_2

O dióxido de nitrogênio, como mostrado na Tabela 16.7, é outra espécie com número ímpar de elétrons. Note que a presença de apenas um elétron na posição do par isolado permite que o ângulo de ligação O—N—O se abra em relação a seu valor normal para trigonal planar de 120° para 134,1°. O NO_2 pode ser preparado pela ação do ácido nítrico concentrado sobre o cobre, como mostrado na Equação (16.36), e também a partir da oxidação do óxido nítrico, como mostrado na Equação (16.29), encontrada na Tabela 16.5.

O dióxido de nitrogênio reage com água para produzir uma combinação de ácido nitroso (HNO_2) e ácido nítrico (HNO_3), como mostrado na Equação (16.37). Note que esse não é simplesmente um caso comum de um óxido atuando como um anidrido ácido. O átomo de nitrogênio no NO_2 tem um estado de oxidação +4 e é simultaneamente oxidado a +5 no ácido nítrico e reduzido a +3 no ácido nitroso.

Com um elétron desemparelhado, o dióxido de nitrogênio está pronto para a dimerização, representada na Equação (16.38). Esse equilíbrio é altamente dependente da temperatura. Uma vez que a formação do dímero é uma reação exotérmica porque uma ligação N—N é formada, um aumento da temperatura força o equilíbrio para a esquerda. Dado que o dióxido de nitrogênio é marrom-avermelhado, enquanto o dímero tetróxido de dinitrogênio é incolor, o equilíbrio pode ser monitorado visualmente. Se uma amostra em um frasco selado for colocada em água em ebulição, ela é um gás marrom-avermelhado escuro, enquanto no gelo ela se torna um líquido amarelo. A −11,2 °C, o N_2O_4 se solidifica. O equilíbrio também pode ser monitorado magneticamente, uma vez que o NO_2 é paramagnético, enquanto o N_2O_4 é diamagnético.

TABELA 16.7
Perfil de composto do NO$_2$

Nota: estado de oxidação do nitrogênio = +4

Nome: dióxido de nitrogênio

Descrição física: gás marrom-avermelhado, altamente tóxico, paramagnético e com um odor asfixiante

Nota sobre história/aplicação: poluente secundário e gatilho para reações do *smog* fotoquímico

Estrutura molecular

ONO = 134,1° N—O = 1,19 Å

Preparações:

$$Cu(s) + 4HNO_3(aq) \xrightarrow{conc} Cu(NO_3)_2(aq) + 2H_2O(l) + 2NO_2(g)$$ (16.36)

Reações:

$$2NO_2(g) + H_2O(l) \longrightarrow HNO_2(aq) + HNO_3(aq)$$ (16.37)

$$2NO_2(g) \rightleftharpoons N_2O_4(g)$$ (16.38)

$$NO_2(g) \xrightarrow{h\nu} NO(g) + O(g)$$ (16.39)

Como o dióxido de nitrogênio se dissocia em óxido nítrico e oxigênio atômico sob a ação da luz solar, como mostrado na Equação (16.39), ele exerce um papel central na formação do *smog* fotoquímico, como discutiremos no tópico selecionado para aprofundamento. Ele também é útil como solvente não aquoso.

Nitrogênio (+5): pentóxido de dinitrogênio, N$_2$O$_5$, e ácido nítrico, HNO$_3$

O estado de oxidação máximo apresentado pelo nitrogênio é +5. O óxido tem uma fórmula empírica N$_2$O$_5$, análoga à correspondente ao óxido de fósforo(V), mas os dois diferem consideravelmente. O N$_2$O$_5$ é o anidrido ácido do ácido nítrico, embora este dificilmente seja produzido dessa forma. Em vez disso, esse forte ácido mineral, um dos produtos químicos mais usados no mundo, é produzido comercialmente pela reação multietapas de Ostwald, resumida na Equação (16.40) da Tabela 16.8. Embora o ácido nítrico possa ser preparado como um líquido puro [destilando-o a partir de H$_2$SO$_4$ concentrado e NaNO$_3$(s)], ele é mais comumente disponível como uma solução aquosa 68% (15,7 *M* HNO$_3$, 1,42 g/cm^3). No laboratório, soluções aquosas de HNO$_3$ podem ser preparadas pela ação do ácido sulfúrico sobre nitratos de metais, como mostrado na Equação (16.41). As reações que produzem sulfatos insolúveis geram as amostras mais puras do ácido aquoso.

Conforme discutido no Capítulo 11 e como representado na Equação (16.42), o ácido nítrico é um ácido forte, como o sulfúrico e o clorídrico. No entanto, o HNO$_3$ tem a vantagem adicional de ser um excelente agente oxidante. A Equação (16.43) mostra a ação do ácido sobre o cromo metálico. Ele é um ácido tão forte e tão bom agente oxidante (devido ao íon nitrato e não apenas ao íon hidrogênio) que oxida e, portanto, dissolve a maioria dos metais. [Observe que vários óxidos de nitrogênio – NO$_2$, conforme dado na Equação (16.43), mas às vezes NO, em vez daquele – são os produtos de tais reações, e não o gás hidrogênio, obtido de outros ácidos.] As Equações (16.44a) e (16.44b) mostram os potenciais padrão de redução para o nitrato sendo reduzido a dióxido de nitrogênio e a óxido nítrico, respectivamente. Na verdade, aproveitando-se dessas reações com uma variedade de metais, o ácido nítrico é usado para dissolver varetas de combustível gasto de usinas nucleares. Essas varetas tipicamente contêm algo em torno de 35 metais, e o ácido nítrico dissolve todos eles. Quando o ácido

TABELA 16.8
Perfil de composto do HNO_3

Nota: estado de oxidação do nitrogênio = +5

Nome: ácido nítrico

Descrição física: líquido incolor, xaroposo e pungente, usualmente disponível como solução aquosa 68%, 15,7 M; ácido forte e agente oxidante; geralmente é amarelo devido a pequenas concentrações de NO_2

Nota sobre história/aplicação: conhecido desde os tempos dos alquimistas; solvente para metais, exceto os dos grupos da platina e do ouro; usado principalmente para fabricar NH_4NO_3 para fertilizantes e explosivos

Estrutura molecular

∡ONO = 114°
∡ON=O = 130°   N=O = 1,21 Å

Preparações:

$$NH_3(g) + 2O_2(g) \longrightarrow [NO] \longrightarrow [NO_2] \longrightarrow HNO_3 \quad \text{(Reação de Ostwald)} \quad \textbf{16.40}$$

$$2M^INO_3 + H_2SO_4 \longrightarrow 2HNO_3 + M_2^ISO_4(aq) \quad \textbf{16.41}$$

Reações:

$$HNO_3(aq) + H_2O(l) \longrightarrow NO_3^-(aq) + H_3O^+(aq) \quad \textbf{16.42}$$

$$Cr(s) + 6H^+ + 3NO_3^- \longrightarrow Cr^{3+}(aq) + 3NO_2 + 3H_2O \quad \textbf{16.43}$$

$$NO_3^-(aq) + 2H_3O^+(aq) + e^- \xrightarrow{\text{conc.}} NO_2 + 3H_2O \quad E° = 0{,}803 \text{ V} \quad \textbf{16.44a}$$

$$NO_3^-(aq) + 4H_3O^+(aq) + 3e^- \xrightarrow{\text{dil.}} NO + 6H_2O \quad E° = 0{,}96 \text{ V} \quad \textbf{16.44b}$$

$$4HNO_3(aq) \xrightarrow{h\nu} 4NO_2(aq) + 2H_2O + O_2(g) \quad \textbf{16.45}$$

---

concentrado é usado como um agente oxidante, o nitrato é reduzido a dióxido de nitrogênio, como mostrado na Equação (16.36), enquanto o uso do ácido diluído gera o óxido nítrico, como mostrado na Equação (16.27). Quando o ácido aquoso concentrado é armazenado em frascos expostos à forte luz solar, ele se decompõe, como mostrado na Equação (16.45), produzindo dióxido de nitrogênio, que se dissolve, dando à solução um tom amarelado e frequentemente se acumulando como um gás marrom-avermelhado no ar sobre a solução.

16.4 REAÇÕES E COMPOSTOS DE IMPORTÂNCIA PRÁTICA

Fixação do nitrogênio

A *fixação do nitrogênio*, a conversão do nitrogênio molecular em compostos de nitrogênio de uso na agricultura, é particularmente difícil devido à forte ligação tripla no N_2. Essencialmente, três agentes conseguem fixar o nitrogênio: (1) raios, (2) bactérias e (3) seres humanos.

Raios fornecem a energia necessária para que a reação [Equação (16.26)] entre os gases nitrogênio e oxigênio na atmosfera aconteça. O óxido nítrico resultante é parcialmente oxidado a dióxido de nitrogênio [Equação (16.29)], e ambos os óxidos são levados da atmosfera para o solo pela precipitação. No entanto, raios são uma fonte pequena e inconstante de nitrogênio fixado.

Certas plantas leguminosas (que apresentam vagens) têm uma relação simbiótica com bactérias fixadoras de nitrogênio que vivem em suas raízes. Tais plantas (alfafa, trevo, soja, outros grãos, ervilha e amendoim, em ordem decrescente de capacidade de fixação) fornecem ao solo valiosos compostos de nitrogênio (frequentemente se faz o revezamento de sua cultura com outras plantas) e podem, até mesmo, ser incorporadas ao solo em conjunto com esse propósito. O mecanismo bioquímico pelo qual essas plantas realizam a fixação do nitrogênio tem sido investigado há anos. Ele envolve uma enzima chamada "nitrogenase", que consiste de duas proteínas, uma contendo ferro e a outra, molibdênio e ferro.

Raios e bactérias fornecem muito menos nitrogênio fixado do que o necessário para as necessidades da agricultura moderna. Isso foi reconhecido, em 1898, por William Crookes, que argumentou que as pessoas devem desenvolver meios artificiais de prover nitrogênio fixado. O próprio Crookes desenvolveu um método de soprar ar através de um arco elétrico em que a ação de um raio era duplicada. Um segundo método artificial, resumido nas Equações (16.46) e (16.47), envolve a absorção de nitrogênio pelo carbeto de cálcio, produzindo cianamida de cálcio que, por sua vez, é hidrolisada a amônia:

$$CaC_2(s) + N_2(g) \xrightarrow{calor} CaCN_2(s) + C(s)$$ **16.46**

$$CaCN_2(s) + 3H_2O(l) \longrightarrow CaCO_3(s) + 2NH_3(g)$$ **16.47**

Infelizmente, nenhum desses métodos é particularmente viável na grande escala necessária.

O processo Haber é atualmente o método preferido para a produção de gás amônia que, por sua vez, é convertido em uma variedade de compostos de nitrogênio. Usando o nitrogênio da atmosfera e o hidrogênio [do gás de síntese (veja Seção 10.2 e Figura 10.7) ou como subproduto do craqueamento de hidrocarbonetos em refinarias de petróleo], esse processo, representado na Equação (16.48), converte os gases nitrogênio e hidrogênio diretamente em amônia:

$$N_2(g) + 3H_2(g) \xrightarrow[Fe/FeO]{\substack{500\,°C \\ 500\text{-}1.000\ atm}} 2NH_3(g) \quad (\Delta H° = -92,6\ kJ/mol)$$ **16.48**

(Veja Exercício 16.61 para ter uma oportunidade de analisar as condições experimentais ótimas para o processo Haber.) A amônia, como líquido ou solução aquosa, pode ser usada diretamente como fertilizante ou pode ser convertida em um sal de amônio sólido, como o $(NH_4)_2SO_4$. Usando o processo Ostwald, representado na Equação (16.40), a amônia também pode ser convertida em vários nitratos.

O momento em que o processo Haber foi desenvolvido foi de importância crítica para o curso da Primeira Guerra Mundial. Fritz Haber, um químico alemão, aperfeiçoou a química envolvida por volta de 1908. Karl Bosch melhorou a tecnologia e, por volta de 1914, estava supervisionando a construção de uma grande fábrica alemã. Durante a guerra, a marinha britânica interrompeu a importação alemã do salitre do Chile (nitrato de sódio), necessário para a fabricação de munições. Se não fosse pelos processos Haber e Ostwald, estima-se que a máquina de guerra alemã ficaria sem munição por volta de 1916! Como se sabe, o *kaiser* lutou por mais alguns anos. Haber também trabalhou em armas químicas (cloro e gás mostarda) usadas pelos alemães durante a guerra. Após a guerra, o mundo debateu o destino de Fritz Haber: julgá-lo como um criminoso de guerra ou laureá-lo com o Prêmio Nobel de Química. O prêmio prevaleceu. Ironicamente, sendo judeu, ele foi forçado a deixar a Alemanha antes da Segunda Guerra Mundial e morreu a caminho da Palestina.

Nitratos e nitritos

Nitratos são geralmente sais solúveis e raramente são encontrados no estado sólido na natureza. Eles ocorrem em regiões áridas, como desertos e cavernas, em que micro-organismos agem sobre estrume, urina e restos vegetais. Nitratos, sendo agentes oxidantes fortes, foram apreciados como explosivos desde a pólvora, desenvolvida na China no século IX. A pólvora é uma combinação de nitrato de potássio, carbono e enxofre. Embora difícil de detonar, a oxidação do carbono ao monóxido e ao dióxido e do enxofre ao sulfato, combinada com a redução do nitrato ao dinitrogênio, como mostrado bem simplificadamente na Equação (16.49), é extremamente exotérmica devido à formação das ligações muito fortes C=O, C≡O e N≡N:

$$14KNO_3 + 18C + 2S \longrightarrow 5K_2CO_3 + K_2SO_4 + K_2S + 10CO_2(g) + 3CO(g) + 7N_2(g) \quad \text{16.49}$$

O ácido nítrico é usado para produzir os compostos orgânicos nitrados TNT (trinitrotolueno) e nitroglicerina (trinitrato de glicerol), que, como mostrado nas Equações (16.50) e (16.51), também geram produtos com ligações muito fortes ao serem detonados. Conforme visto anteriormente, Alfred Nobel, o pai dos Prêmios Nobel (incluindo, sem dúvida, o prêmio da paz), fez sua fortuna ao desenvolver a dinamite, uma mistura relativamente inerte de nitroglicerina e um material de compactação feito de terra diatomácea. [Nobel deixou toda a sua fortuna para o estabelecimento de cinco prêmios em química, física, fisiologia ou medicina, literatura e paz. O prêmio de economia foi adicionado mais tarde pela Fundação Nobel.]

$$4 \text{ [Trinitrato de glicerol (nitroglicerina)]} \longrightarrow 6N_2(g) + 12CO_2(g) + 10H_2O(g) + O_2(g) \quad \text{16.50}$$

$$2 \text{ [2,4,6-trinitrotolueno (TNT)]} \longrightarrow 3N_2(g) + 12CO(g) + 5H_2(g) + 2C \quad \text{16.51}$$

Nitroglicerina, dinamite e TNT foram substituídos agora por misturas simples de nitrato de amônio e óleo combustível. Embora o nitrato de amônio e os mais modernos explosivos sejam inertes, a menos que sejam ativados por potentes detonadores, há exceções. Em 1947, o *SS Grandcamp*, um navio carregado com fertilizante NH_4NO_3, na cidade do Texas, Texas, Estados Unidos, pegou fogo e explodiu, destruindo uma fábrica química da Monsanto e numerosos tanques de armazenamento de óleo, matando cerca de 600 pessoas e ferindo quase 4.000. Em 1995, uma explosão de nitrato de amônio e óleo combustível no Edifício Federal Alfred P. Murrah, na cidade de Oklahoma, nos Estados Unidos, matou 168 pessoas. Há várias maneiras de escrever a equação para essa explosão, mas acima de 300 °C o nitrato de amônio encharcado de combustível explode, como representado na Equação (16.52):

$$2NH_4NO_3(s) \xrightarrow[\text{óleo combustível}]{> 300\,°C} 2N_2(g) + O_2(g) + 4H_2O(g) \quad \text{16.52}$$

O "Homem-bomba do Natal" de 2009 usou um parente da nitroglicerina, chamado tetranitrato de pentaeritritol (PETN). Ele tinha 80 gramas desse composto costurado em suas roupas íntimas. A detonação do PETN é representada na Equação (16.53). O PETN é o principal ingrediente ativo dos explosivos plásticos. Como a nitroglicerina de Nobel, o PETN também é um vasodilatador (um alargador de vasos sanguíneos; nesse contexto, o PETN é chamado de "lentonitrat") usado para o tratamento da pressão sanguínea elevada e da *angina pectoris* (veja Seção 16.3). Não há dúvida de que Alfred Nobel também rejeitaria o tratamento com o uso de PETN.

$$3 \, [\text{PETN}] \longrightarrow C(s) + 4CO(g) + 10CO_2(g) + 12H_2O(g) + 6N_2(g) \quad (16.53)$$

Tetranitrato de pentaeritritol (PETN)

Os detonadores também são comumente compostos de nitrogênio, com o mais amplamente usado sendo a azida de chumbo(II), $Pb(N_3)_2$, prontamente detonada por uma corrente elétrica ou choque mecânico. O íon azida, N_3^-, é isoeletrônico e isoestrutural com o dióxido de carbono.

Tanto nitratos quanto nitritos são usados como conservantes de carne, embora o primeiro esteja, hoje, limitado a produtos especiais. Nitratos retardam a deterioração da carne e produzem um sabor de carne curada característico. Tanto nitratos quanto nitritos retardam o crescimento de micro-organismos que causam o botulismo. Os nitritos também conferem ao produto uma cor vermelha atraente. A quantidade de nitritos permitida no processo de cura foi significativamente reduzida nas últimas décadas, e seu uso é cuidadosamente regulado porque há evidências de que, nas altas temperaturas envolvidas ao cozer ou grelhar os alimentos, o nitrito pode produzir pequenas quantidades das carcinogênicas nitrosaminas, $R_2NN=O$. A vitamina C e outros antioxidantes são adicionados aos derivados de carne para retardar a formação desses produtos.

Air bags de nitrogênio

Imagine os problemas encontrados no desenvolvimento de um *air bag* automotivo eficiente. Em 1952, John Hetrick, um especialista em eficiência para a força aérea, começou a pensar em tal dispositivo após ter impedido que seu filho se chocasse contra o painel do carro, durante uma freada mais forte para evitar uma colisão. Pouco tempo depois, ele patenteou sua "Almofada de Segurança para Veículos Automotivos", mas foi somente em 1974 que o primeiro desses apareceu em produtos da General Motors. Há pelo menos três aspectos para projetar um *air bag* seguro. Primeiro, ele deve inflar no momento apropriado (10 ms após a colisão) e rapidamente (em 30 ms). Em segundo lugar, apenas a quantidade exata do gás deve ser liberada. Pouco gás poderia não prover o amortecimento necessário. Muito gás formaria o equivalente a uma parede de tijolos e machucaria o ocupante. O gás também deve escapar por buracos porosos no náilon ou poliamida, esvaziando a bolsa em um curto período de tempo, a fim de criar um amortecimento macio e permitir que a pessoa saia do veículo. Em terceiro lugar, o gás deve ser frio e não corrosivo, para não queimar ou ferir o ocupante.

A geração atual de *air bags* é chamada de "pequenos infladores de propelente sólido". Eles produzem a quantidade apropriada de gás nitrogênio, N$_2$(g), quando um elemento resistivo (disparado pelo impacto) deflagra uma pastilha contendo azida de sódio (NaN$_3$), nitrato de potássio (KNO$_3$) e dióxido de silício (SiO$_2$). A azida de sódio, sozinha, se inflama a cerca de 300 °C, produzindo gás nitrogênio e sódio elementar, como mostrado na Equação (16.54):

$$2\text{NaN}_3(s) \xrightarrow{300\,°C} 2\text{Na}(s) + 3\text{N}_2(g) \qquad \textbf{16.54}$$

O sódio elementar seria um produto perigoso (causando queimaduras e reagindo com a água, se escapasse da bolsa), de modo que ele é combinado com o nitrato de potássio, produzindo óxidos de sódio e de potássio, como mostrado na Equação (16.55):

$$10\text{Na}(s) + 2\text{KNO}_3(s) \longrightarrow \text{K}_2\text{O}(s) + 5\text{Na}_2\text{O}(s) + \text{N}_2(g) \qquad \textbf{16.55}$$

Esses óxidos, como sabemos, são anidridos básicos e podem ser bastante corrosivos se entrarem em contato com a pele. Para resolver esse problema, o dióxido de silício colocado na pastilha reage com os óxidos, produzindo um inofensivo e estável vidro de silicato alcalino de composição variável.

Os *air bags* tornaram-se comuns no lado do motorista, em todos os caminhões e automóveis modernos, e estão gradualmente aparecendo no lado do passageiro e também nas portas laterais dos veículos. Embora ainda sejam um pouco controversos (incluindo debates sobre precauções especiais para crianças e adultos pequenos e a instalação de botões de liga/desliga), eles se provaram efetivos em reduzir o número de vítimas que morrem relacionadas a automóveis. Por exemplo, de acordo com um estudo, o número de mortes entre motoristas que usam *air bags* e cintos de segurança é 26% menor do que entre aqueles que usam somente cintos de segurança. Os *air bags* que usam azida de sódio não serão a resposta final para essa tecnologia. O NaN$_3$ é tão tóxico quanto o cianeto de sódio e é potencialmente mutagênico e carcinogênico. Ele também reage de forma explosiva a altas temperaturas. Por fim, como mostrado na Equação (16.56), ele reage com água, produzindo o ácido hidrazoico, HN$_3$, que é altamente tóxico, volátil (ponto de ebulição = 35,7 °C) e explosivo.

$$\text{NaN}_3(s) + \text{H}_2\text{O}(l) \longrightarrow \text{HN}_3(l) + \text{NaOH}(aq) \qquad \textbf{16.56}$$

Com vários veículos contendo esse material se amontoando em depósitos de carros velhos e, recentemente, em instalações de reciclagem, devemos encontrar uma maneira de evitar que essas pastilhas de *air bags* com azida passem pelo processo de reciclagem de automóveis. E isso é só o problema de curto prazo. No longo prazo, há muito trabalho a ser feito para desenvolver uma nova geração de *air bags* que não se apoiem na azida de sódio como seu ingrediente crucial.

Fósforos e mandíbula de fósforo

Como mostrado na Figura 16.4a, o fósforo branco, P$_4$, é uma molécula apolar e tetraédrica com pares de elétrons isolados saindo de cada átomo de fósforo. Acredita-se que os ângulos P—P—P severamente tensionados de 60° sejam os responsáveis por sua alta reatividade. A temperatura normal do corpo é alta o suficiente para inflamá-lo, e as queimaduras resultantes são muito dolorosas e difíceis de curar. Devido à sua natureza apolar, o fósforo pode ser seguramente estocado em água sem reagir ou se dissolver. Ele é solúvel em álcoois e dissulfeto de carbono.

Quando o fósforo branco é aquecido a cerca de 250 °C na ausência de ar, uma ou mais ligações P—P do P$_4$ são quebradas, levando à estrutura polimérica e menos tensionada do fósforo vermelho, mostrada na Figura 16.10a. O fósforo vermelho é menos reativo, funde-se a temperaturas mais altas e é menos solúvel em

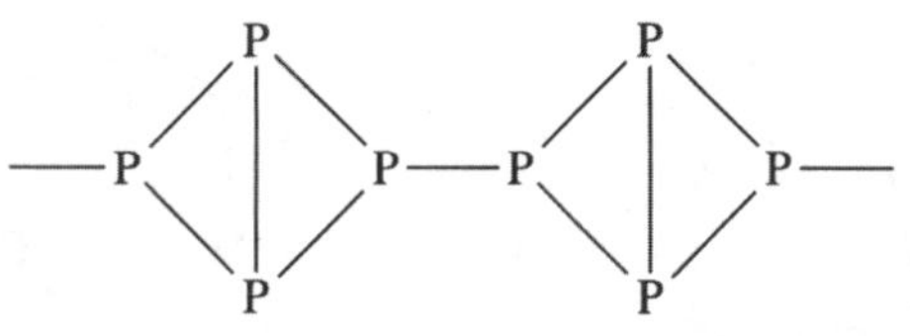

FIGURA 16.10

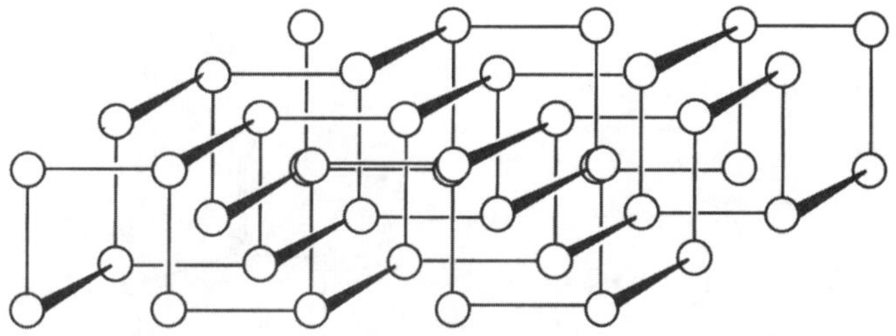

Estruturas representativas do fósforo (*a*) vermelho e (*b*) preto. Compare essas estruturas com a do fósforo branco, Figura 16.4a.

solventes apolares. O fósforo preto é bastante similar ao grafite em aparência e é caracterizado pelas folhas enrugadas, mostradas na Figura 16.10b.

A combustão espontânea do fósforo branco no ar faz que ele seja um objeto de grande fascínio e curiosidade. (Você pode imaginar como Humphry Davy reagiria se tivesse descoberto esse elemento?) Quase imediatamente reconheceu-se que o fósforo poderia ser adicionado à fórmula de algum dispositivo para substituir os acendedores usados para iniciar o fogo naqueles dias. Os fósforos eram feitos de papel ou lascas de madeira recobertos com fósforo e mantidos em um tubo de vidro evacuado. Quando o tubo era quebrado, o fósforo se inflamava. Outras formulações continham ingredientes como goma e amido, que protegiam o fósforo do ar até que era riscado em uma superfície áspera. Com o tempo, o clorato de potássio foi adicionado devido à sua propriedade como agente oxidante. O enxofre foi adicionado porque podia sustentar a chama, transferindo-a para a lasca de madeira. Mesmo assim, todos esses esforços não foram muito úteis e confiáveis, e os fósforos permaneciam perigosos de fabricar e armazenar.

Sempre foi perigoso trabalhar fazendo palitos de fósforo, mas naquele tempo era ainda mais perigoso. Esses trabalhadores frequentemente eram afetados por uma doença fatal chamada "mandíbula de fósforo". Parece que, quando vapores de fósforo são inalados, eles podem ser absorvidos através de cáries nos dentes e atacam e destroem ossos, particularmente na mandíbula. A morte era dolorosa e praticamente inevitável. Mesmo hoje em dia, trabalhadores de indústrias do fósforo têm a condição de seus dentes monitorada muito cuidadosamente. O armazenamento também trazia problemas. Muitos incêndios resultaram quando ratos roeram as cabeças dos palitos de fósforo. Bebês morreram ao mastigar as pontas dos palitos de fósforo. Pessoas juntavam o fósforo e usavam para cometer assassinatos e suicídios.

Uma das respostas a esses problemas foi usar o mais seguro e menos tóxico fósforo vermelho, em vez do alótropo branco. O fósforo vermelho também pode ser oxidado pelo clorato de potássio produzindo uma chama que, sendo sustentada pela queima de uma pequena quantidade de enxofre, era transferida para a lasca. Essa formulação é o que chamamos de "palitos de fósforo de segurança". Ele se inflama somente quando riscado sobre uma superfície especialmente preparada para tal. O fósforo vermelho está contido nessa superfície e, quando o palito de fósforo é riscado, o fósforo vermelho e o clorato de potássio ($KClO_3$) na cabeça do palito se juntam e se inflamam. O enxofre na cabeça do palito de fósforo também queima, produzindo dióxido de enxofre (SO_2), o cheiro forte de "fósforo queimando" que todos nós reconhecemos.

FIGURA 16.11

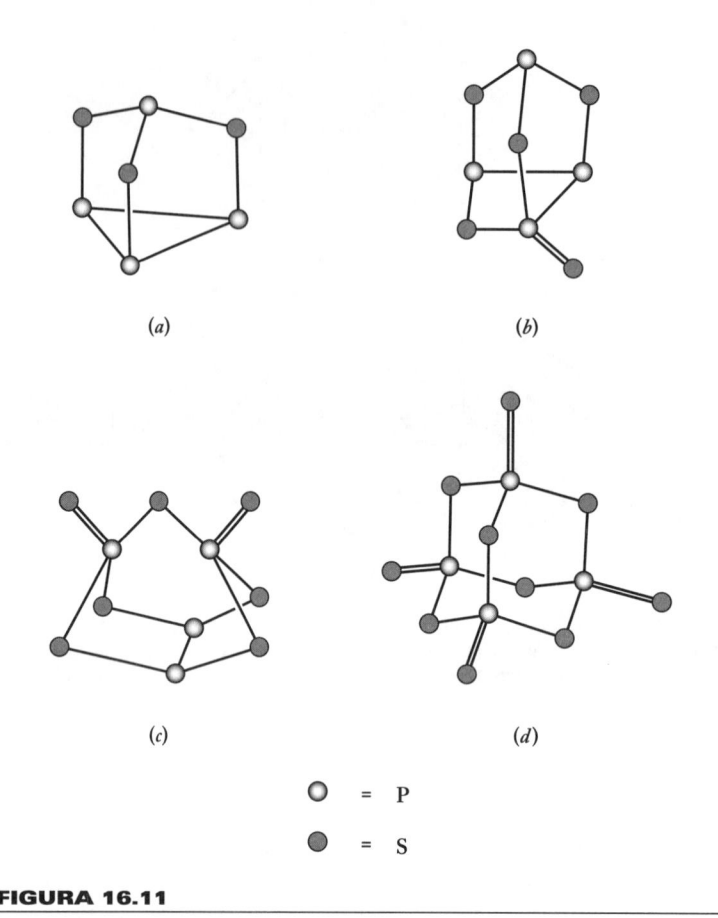

Alguns sulfetos de fósforo representativos: (a) P_4S_3, (b) P_4S_5, (c) P_4S_7 e (d) P_4S_{10}.

Nos palitos de fósforo que "acendem em qualquer lugar", o fósforo e o enxofre estão unidos na forma de trissulfeto de tetrafósforo, P_4S_3, e, com o $KClO_3$, produzem uma chama controlada quando riscados em lixas comuns ou outras superfícies ásperas. (O P_4S_3 é apenas um dos muitos sulfetos de fósforo covalentes. A Figura 16.11 mostra a estrutura do P_4S_3 e de vários outros compostos representativos.)

O fósforo tem sido usado em uma variedade de materiais incendiários. Um dos mais famosos é o coquetel Molotov, uma combinação de fósforo e gasolina em uma garrafa. Essa mistura foi usada, pela primeira vez, pelo governo britânico para preparar milhões de cidadãos para a eventualidade de a Inglaterra ser invadida por tropas terrestres na Segunda Guerra Mundial. Os coquetéis eram armazenados em garrafas de cerveja ou de leite e frequentemente submergiam em córregos próximos. Quando a garrafa quebrava com o impacto, o fósforo inflamava a gasolina, produzindo um explosivo eficiente e barato.

Fosfatos

Fertilizantes de fosfatos são conhecidos há mais de 150 anos. Rochas fosfáticas contêm minerais como a fluorapatita de cálcio, $Ca_5(PO_4)_3F$, que é geralmente muito insolúvel para ser absorvida pelas plantas. (Veja seções 13.3 e 18.5 para alguns pontos de vista sobre o papel das apatitas de cálcio insolúveis nas estruturas dos ossos e dentes.) Para aumentar a solubilidade, a rocha fosfática pode ser tratada com ácido sulfúrico, como mostrado na Equação (16.57). A mistura resultante, frequentemente chamada de *superfosfato*, era o fertilizante mais comum dos anos 1940. Se o ácido fosfórico for usado em vez do sulfúrico, como mostrado na Equação (16.58), o inerte sulfato de cálcio é eliminado do superfosfato. Esse produto é chamado *superfosfato triplo*.

$$2Ca_5(PO_4)_3F + 7H_2SO_4 + 3H_2O \longrightarrow 7CaSO_4 + 3Ca(H_2PO_4)_2 \cdot H_2O + 2HF \quad \textbf{16.57}$$

$$Ca_5(PO_4)_3F + 7H_3PO_4 + 5H_2O \longrightarrow 5Ca(H_2PO_4)_2 \cdot H_2O + HF \quad \textbf{16.58}$$

Ambos os produtos têm sido gradualmente substituídos por fosfatos de amônio ou misturas de fosfatos de potássio e de amônio, que suprem tanto o nitrogênio quanto o fósforo ao solo.

Os fosfatos foram usados de várias formas em processamento de alimentos, um dos mais comuns sendo como fermento de pães. O fermento químico, inventado em meados do século XIX por Eben Horsford, um professor de química de Harvard, era originalmente uma mistura de di-hidrogenofosfato de cálcio, bicarbonato de sódio (o fermento químico atual) e amido (para manter os ingredientes ativos separados até que a água fosse adicionada). Quando à massa de pão, bolo, panqueca ou biscoito é adicionado o fermento, os dois ingredientes reagem, como representado na Equação (16.59), produzindo dióxido de carbono

$$Ca(H_2PO_4)_2 + 2NaHCO_3 \longrightarrow Ca(HPO_4) + Na_2HPO_4 + 2CO_2(g) + 2H_2O(g) \quad \textbf{16.59}$$

gasoso que difunde e faz que a massa cresça a um estado leve e expandido. Sob certas condições, pode-se observar o gás escapando. Por exemplo, os pequenos buracos que aparecem inicialmente, quando as panquecas são postas na frigideira, são do dióxido de carbono escapando da massa.

O professor Horsford, que é o titular da "Cadeira Rumford para a Aplicação da Ciência às Artes Úteis" (o que você acha disso para um título?) em Harvard, nomeou seu produto original de fermento químico Rumford, em homenagem a Benjamin Thompson, conde de Rumford, um importante físico do fim do século XVIII, norte-americano de nascimento, que foi um dos primeiros a sustentar que o calor é uma forma de movimento. Rumford também teve um papel fundamental ao assegurar o sucesso do recém-fundado Royal Institution of Great Britain.

O fermento químico Rumford original é um exemplo de fermento em pó de efeito simples. Outros produtos do tipo contêm hidrogenotartarato de potássio, $KHC_4H_4O_6$, às vezes conhecido como "cremor de tártaro", em vez de di-hidrogenofosfato de cálcio (que nos rótulos dos fermentos é chamado de "fosfato ácido de cálcio"). Fermentos de "ação dupla" contêm um segundo ácido de ação lenta, como o sulfato de sódio e alumínio, $NaAl(SO_4)_3$. Esse segundo ácido age apenas a temperaturas mais altas, alcançadas em grelhas ou fornos. Fermentos químicos de ação dupla são, às vezes, preferíveis porque há duas oportunidades para o crescimento da massa. Amido de milho também é adicionado para absorver umidade e separar os ingredientes ativos durante o armazenamento. Formulações similares são usadas em farinhas com fermento. A propósito, você deve estar se perguntando por que o sulfato de sódio e alumínio é chamado de ácido. Isso é porque o íon alumínio, Al^{3+}, hidrolisa em solução aquosa, como mostrado na Equação (16.60). Uma revisão de seus cursos anteriores de química pode ajudar a refrescar sua memória sobre o tópico de hidrólise.

$$Al^{3+} + 7H_2O(l) \longrightarrow [Al(H_2O)_5(OH)]^{2+}(aq) + H_3O^+(aq) \quad \textbf{16.60}$$

Como discutido no Capítulo 11, Priestley (o pai da indústria dos refrigerantes) adicionou dióxido de carbono à água, que era produzindo a "água com gás", mas essa bebida, já tornou-se atraente mais atraente quando sabores ácidos foram adicionados. Essa acidez vem de ácidos adicionados, como o cítrico em bebidas de laranja e pomelo, o tartárico em bebidas de uva, o málico em bebidas de maçã e o fosfórico em bebidas de cola e cervejas de raiz. O conteúdo do ácido fosfórico varia entre 0,01% e 0,10%; quanto mais ácido, mais azedo o produto.

Nos anos 1930, o hidrogenofosfato de cálcio di-hidratado, $CaHPO_4 \cdot 2H_2O$, substituiu o giz como o principal agente de polimento em pastas de dentes. Ele é menos abrasivo que o giz e proporciona um brilho aos dentes, como amplamente divulgado. Infelizmente, ele tem uma tendência a desidratar ao arenoso, até mesmo sólido como pedra, $CaHPO_4$ anidro, o que não é uma boa propriedade em uma pasta de dentes. Muitas pesquisas foram feitas sobre métodos para prevenir essa desidratação, que resultaram em formulações que funcionam, mas ainda não estão particularmente bem compreendidas. Quando pastas de dentes com fluoreto (veja Seção 18.5) foram introduzidas, surgiu outro problema. O fluoreto, fornecido como sal de sódio, era precipitado pelo agente de polimento e, portanto, ficava indisponível para os dentes. Por um tempo, outros agentes de polimento foram usados até que, no fim dos anos 1960, verificou-se que o monofluorfosfato de sódio, Na_2PO_3F, era um agente de fluoretação excelente e compatível com o $CaHPO_4 \cdot 2H_2O$. Outro agente de polimento compatível com os agentes de fluoretação é o pirofosfato de cálcio, $Ca_4P_2O_7$ (veja Seção 16.2 para a estrutura do pirofosfato e Seção 18.5 para mais informações sobre os agentes de fluoretação em pastas de dentes).

No Capítulo 6, detalhamos o uso do tripolifosfato como um agente coadjuvante de detergentes. Soluções de ácido fosfórico e fosfatos de metais também são usados para limpar superfícies metálicas para prevenir corrosão. Aplicada pela primeira vez em espartilhos há mais de um século, a *fosfatização* é agora um procedimento de rotina antes de pintar ou esmaltar automóveis ou utensílios. Os toques finais em tais produtos também são fornecidos por um produto de fosfato. Mergulhar alumínio e suas ligas em solução de ácido fosfórico-nítrico lhes dá um acabamento cromado. Esses metais leves que "brilham ao serem mergulhados" substituíram, nos dias de hoje, a cromação em peças de automóveis e alças de utensílios.

16.5 TÓPICO SELECIONADO PARA APROFUNDAMENTO: *SMOG* FOTOQUÍMICO

Há dois tipos principais de *smog*: de Londres, ou clássico, e o fotoquímico. O primeiro a ser observado foi o *smog de Londres*, uma mistura tóxica de fumaça (*smoke*), neblina (*fog*) (*smoke* + *fog* = *smog*), materiais particulados, compostos de enxofre e outros produtos químicos. Ele foi responsável pelo desastre de poluição do ar sobre Londres, em 1911, que causou 1.150 mortes reportadas. Em outubro de 1948, 20 pessoas morreram e 6.000 ficaram doentes quando o ar se tornou amarelo sobre Denora, Pensilvânia, Estados Unidos. Em dezembro de 1952, um *smog* trágico de três dias matou outras 4.000 pessoas em Londres, mas também gerou esforços científicos para entender e controlar a poluição do ar. O *smog* de Londres tornou-se comum em áreas em que grandes quantidades de carvão eram queimadas. O carvão contém quantidades apreciáveis de enxofre e, quando queimado, libera dióxido de enxofre. As superfícies dos particulados da fumaça servem de catalisador para a oxidação do dióxido de enxofre a trióxido de enxofre que, então, é hidrolisado a ácido sulfúrico. Esse ácido sulfúrico (na forma de aerossol), combinado com vários sólidos suspensos como fuligem, causa muitos problemas respiratórios, particularmente entre os idosos e os afetados por distúrbios respiratórios. A exposição prolongada a essas condições – por exemplo, quando uma *inversão térmica* mantém uma massa de ar localizada em uma área por dias – é o que leva a um grande número de mortes. (Em uma inversão térmica, o movimento normal do ar é diminuído quando o ar aquecido é temporariamente aprisionado abaixo de uma camada do ar frio mais pesado.) Desde os anos 1950, houve progressos significativos no controle do *smog* de Londres.

O *smog fotoquímico*, um exemplo infame sendo o "*smog* de Los Angeles", é uma combinação de hidrocarbonetos não queimados, monóxido de carbono e óxidos de nitrogênio de escapamentos de automóveis que reagem sob a influência da luz solar, produzindo uma variedade de produtos de oxidação, incluindo ozônio. Los Angeles foi uma das primeiras cidades a experimentar esse fenômeno devido à sua dependência dos automóveis (desde muito tempo atrás), grande intensidade de luz solar e meteorologia e geografia especiais. Sua predominância de ventos do oeste e montanhas a leste serviu para aprisionar poluentes, particularmente quando se configurava uma inversão térmica. O *smog* fotoquímico foi observado, pela primeira vez, no início dos anos 1940 e caracterizado, devido a uma série de reações fotoquímicas, em vários trabalhos científicos clássicos na década de 1950. Nossa discussão sobre o *smog* fotoquímico, que a partir de agora vamos chamar simplesmente de *smog*, será dividida em três seções: poluentes primários, poluentes secundários e medidas de controle.

Os poluentes primários, aqueles produzidos diretamente pela fonte de poluição, incluem hidrocarbonetos "leves", monóxido de carbono e óxido nítrico. Todos são emitidos pelo motor de combustão interna de nossos queridos automóveis, que para muitos não são apenas meios de transporte básicos, mas também importantes símbolos de prestígio e independência. O motor de combustão interna (MCI) obtém sua potência da oxidação da gasolina, uma mistura de hidrocarbonetos contendo de cinco a dez átomos de carbono catenados. Uma equação representativa, mas, certamente, simplificada demais, para a combustão da gasolina é dada na Equação (16.61) para a oxidação completa do octano:

$$C_8H_{18}(l) + \frac{25}{2}O_2(g) \longrightarrow 8CO_2(g) + 9H_2O(g) \qquad \mathbf{16.61}$$

Tais reações são exotérmicas e servem para empurrar sistematicamente os pistões nos cilindros do motor, convertendo, dessa forma, energia química em mecânica. O problema é que o MCI não tem um histórico de ser particularmente eficiente. Em vez de oxidar completamente os componentes da gasolina, um MCI sem modificações produz quantidades significativas de monóxido de carbono e, talvez mais importante, libera alguns hidrocarbonetos apenas parcialmente queimados. Esses hidrocarbonetos "leves" de menos de cinco átomos de carbono – por exemplo, metano (CH_4) e etano (C_2H_6) – são emitidos principalmente como produtos pelo escapamento. Outras emissões de hidrocarbonetos resultam da evaporação de carburadores e de válvulas de alívio de tanques de combustível. [Motores modernos, com seus sistemas de injeção de combustível (que substituíram os carburadores), válvulas de ventilação positiva do cárter e outros dispositivos, emitem menos hidrocarbonetos. Mais tarde, nesta seção, discutiremos essas medidas de controle com mais detalhes.]

O terceiro poluente primário é o óxido nítrico, que, como discutido na Seção 16.3, é produzido pela reação entre o nitrogênio molecular e o oxigênio molecular. [Veja Equação (16.26) na Tabela 16.5.] A temperaturas do ar comuns, essa reação tem uma constante de equilíbrio muito baixa, mas o valor é apreciavelmente mais alto nas temperaturas altas do MCI.

Resumindo, os poluentes primários do motor de combustão interna de um automóvel são o monóxido de carbono, hidrocarbonetos leves e óxido nítrico. Esses materiais, por si sós, já são perigosos e tóxicos, mas são apenas o início da história. A ação da luz solar sobre os poluentes primários é o que realmente ainda faz do *smog* fotoquímico um dos problemas mais difíceis enfrentados pela humanidade neste início de século XXI.

O óxido nítrico é prontamente oxidado em várias rotas ao marrom-amarelado e asfixiante dióxido de nitrogênio, $NO_2(g)$, que é, em grande parte, responsável pela cor do ar sobre as principais cidades do mundo. O dióxido de nitrogênio, o primeiro dos poluentes secundários (aqueles produzidos por reações subsequentes envolvendo os poluentes primários), é o "gatilho" para muitas das reações envolvidas na produção do *smog* fotoquímico. Como mostrado na Equação (16.39), a luz solar causa a dissociação do dióxido de nitrogênio em óxido nítrico e o extremamente reativo oxigênio atômico. Esses átomos de oxigênio, com seus dois elétrons desemparelhados, reagem com praticamente tudo o mais que esteja presente na atmosfera, produzindo um grande número de produtos reativos e perigosos.

Por exemplo, átomos de oxigênio se combinam com a água, produzindo o muito reativo e importante radical hidroxila, OH, como mostrado na Equação (16.62):

$$O(g) + H_2O(g) \longrightarrow 2OH(g) \qquad \mathbf{16.62}$$

O radical hidroxila, por sua vez, integra muitas reações atmosféricas, incluindo aquelas que ativam os vários hidrocarbonetos leves a grupos radicais mais reativos. Por exemplo, o radical hidroxila se combina com o metano, produzindo o radical metila (CH_3), como mostrado na Equação (16.63):

$$CH_4(g) + OH(g) \longrightarrow CH_3(g) + H_2O(g) \qquad \mathbf{16.63}$$

Reações similares ocorrem com hidrocarbonetos que contêm mais de um átomo de carbono. O radical hidroxila é continuamente produzido e consumido nessas reações. Ele nunca se concentra na atmosfera em extensões apreciáveis e, portanto, não é listado como um poluente secundário, mas como um *intermediário reativo*.

Muito trabalho foi feito para decifrar a mais importante das mais de 200 reações químicas atmosféricas que podem ocorrer sob várias condições meteorológicas e geográficas. É melhor que os detalhes dessa fotoquímica complicada da formação do *smog* sejam deixados para textos mais específicos, mas o ponto crucial da situação é um ciclo traiçoeiro configurado pelo óxido nítrico, NO, que pode ser reoxidado formando mais dióxido de nitrogênio, NO_2, que, por sua vez, se dissocia fotoquimicamente, gerando mais e mais oxigênio atômico. De todas as reações possíveis, uma das mais importantes é aquela entre os átomos de oxigênio, O, e o oxigênio molecular, O_2, na presença de um terceiro átomo ou molécula (M), produzindo ozônio. Essa reação é representada na Equação (16.64):

$$O(g) + O_2(g) + M \longrightarrow O_3(g) + M \qquad \textbf{16.64}$$

Esse é o mesmo ozônio que, na estratosfera, protege a biosfera da perigosa radiação uv. (Veja a Seção 11.5 para uma discussão estendida sobre o ozônio e a camada estratosférica de ozônio. O Capítulo 18 discute as ameaças à camada de ozônio por compostos de cloro e bromo.) Mas esse ozônio está na troposfera, a camada do ar em que vivemos e respiramos. Ele causa inúmeros problemas de saúde, incluindo irritação respiratória, asfixia, tosse e fadiga, e também foi considerado causador de danos em florestas e plantações. Ele também ataca produtos de borracha e causa rachaduras em pneus.

O ozônio constitui cerca de 90% da classe geral de poluentes secundários, chamada de *oxidantes*. O oxigênio atômico e o ozônio podem reagir com os hidrocarbonetos leves, produzindo uma grande variedade de oxidantes. Os principais dentre eles são:

$$
\begin{array}{ll}
\text{Aldeídos:} & \text{R}-\overset{\overset{\displaystyle O}{\|}}{\text{C}}-\text{H} \\[6pt]
\text{Cetonas:} & \text{R}-\overset{\overset{\displaystyle O}{\|}}{\text{C}}-\text{R}' \\[6pt]
\text{Nitratos de peroxiacetila (PAN):} & \text{R}-\underset{\underset{\displaystyle O}{\|}}{\text{C}}-\text{O}-\text{O}-\underset{\underset{\displaystyle O}{|}}{\text{N}}=\text{O}
\end{array}
$$

em que R e R′ representam uma variedade de grupos contendo carbono, como metil (CH_3-), etil (C_2H_5-) e assim por diante. Esses compostos são, principalmente, irritantes dos olhos e pulmões, mas podem estar ligados ao aumento na incidência de câncer e doenças cardíacas. Os PAN também contribuem para a dificuldade de respiração e são conhecidos por causar danos severos em plantas e árvores. Florestas na área de Los Angeles, por exemplo, foram severamente danificadas.

A Figura 16.12 mostra as variações nas quantidades de poluentes primários e secundários gerados durante um único dia. Conforme o tráfego da manhã se inicia, o óxido nítrico é o primeiro dos poluentes primários a aparecer. O monóxido de carbono, não mostrado na figura, pois não reage fotoquimicamente, também se forma nessas primeiras horas. Os hidrocarbonetos leves surgem no meio da manhã, assim como o primeiro dos poluentes secundários, o dióxido de nitrogênio. Conforme o dia avança, o ozônio e outros oxidantes começam a se formar e têm seu pico no início da tarde. O tráfego do fim do dia de trabalho frequentemente produz outro pico de poluentes primários e talvez dióxido de nitrogênio, mas, com o Sol se pondo, poucos poluentes

FIGURA 16.12

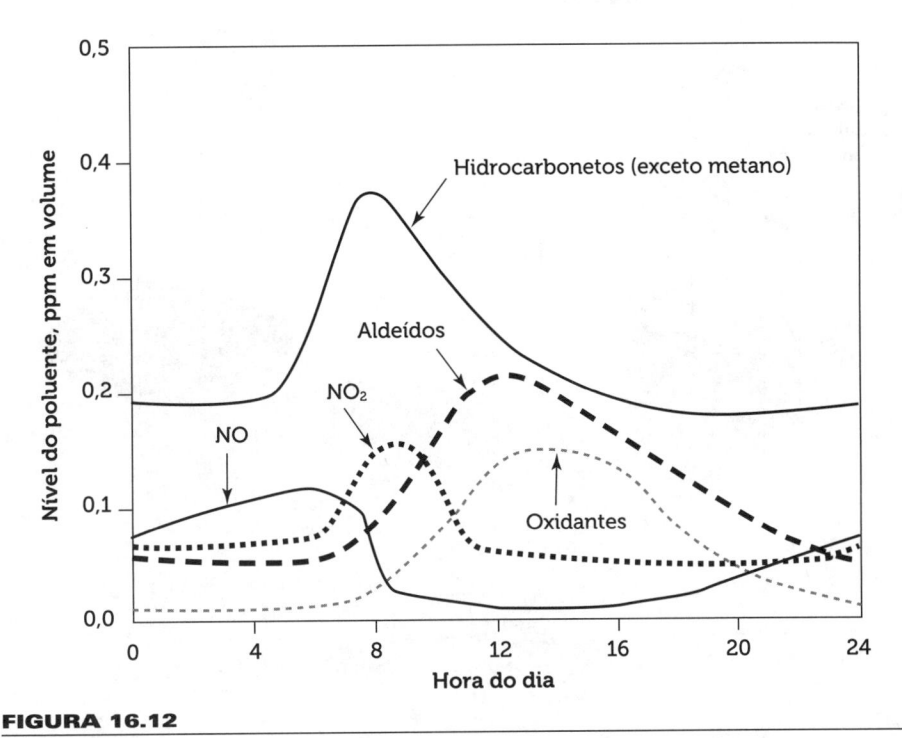

As variações diárias dos poluentes primários (linhas sólidas) e secundários (linhas tracejadas) no *smog* fotoquímico. (Adaptado de: S. E. Manahan. *Environmental chemistry*, 7. ed. p. 384 e 388. Copyright © 2000 Lewis Publishers, uma impressão da CRC Press, Boca Raton, Flórida.)

secundários adicionais são produzidos. Verifica-se que, nos meses de verão, a produção do *smog* fotoquímico (medido pelos níveis de ozônio) é mais do que o dobro da observada no inverno.

Nos Estados Unidos, medidas para controlar os níveis de emissões dos automóveis e, portanto, do *smog* fotoquímico, tornaram-se sofisticadas desde a primeira lei federal do ar limpo, de 1967. Modificações no MCI foram extensas e incluíram vários novos projetos de câmara de combustão, variações na razão ar/combustível, reformulações na composição da gasolina, a instalação da válvula de ventilação positiva do cárter para recircular gases da exaustão e combustíveis não oxidados totalmente pelas câmaras de combustão e a instalação de filtros de carbono que coletam temporariamente e depois recirculam o combustível evaporado do tanque e do sistema de alimentação. Algumas dessas modificações nem sempre funcionaram como imaginado. Por exemplo, a modificação na lei do ar limpo de 1990 exigia a adição de "compostos oxigenados" à gasolina para reduzir as emissões de hidrocarbonetos leves e monóxido de carbono. Um dos principais compostos usados para isso foi o metilterc-butil éter (MTBE), $CH_3OC(CH_3)_3$, mas esse aditivo agora está sendo abandonado porque se tornou um poluente da água muito disperso e comum.

Talvez o dispositivo antipoluição mais importante para reduzir o *smog* fotoquímico tenha sido o conversor catalítico. Houve muitas gerações desses dispositivos desde que foram introduzidos pela primeira vez, nos anos 1960, e se tornaram comuns, a partir de 1975. Esses equipamentos, cujos exemplos são mostrados na Figura 16.13, são projetados para ser instalados entre o motor e o silenciador e, então, usar o calor dos gases de exaustão para promover várias reações. A primeira geração envolvia um catalisador de "duas vias" que promovia a oxidação dos produtos da exaustão em duas "vias": (1) monóxido de carbono a dióxido de carbono e (2) hidrocarbonetos leves a dióxido de carbono e água. Essas duas reações são mostradas nas Equações (16.65) e (16.66):

$$2CO(g) + O_2(g) \xrightarrow{\text{Pd ou Pt}} 2CO_2(g) \quad (16.65)$$

(a)

Sistema de injeção de combustível

Ar

Dados do sensor de oxigênio são usados para ajustar continuamente a razão ar/combustível.

Motor

Sensor de oxigênio

Conversor catalítico

Silencioso

(b)

HC, CO, NO$_x$

Monolito cerâmico com ródio, platina e paládio metálicos.

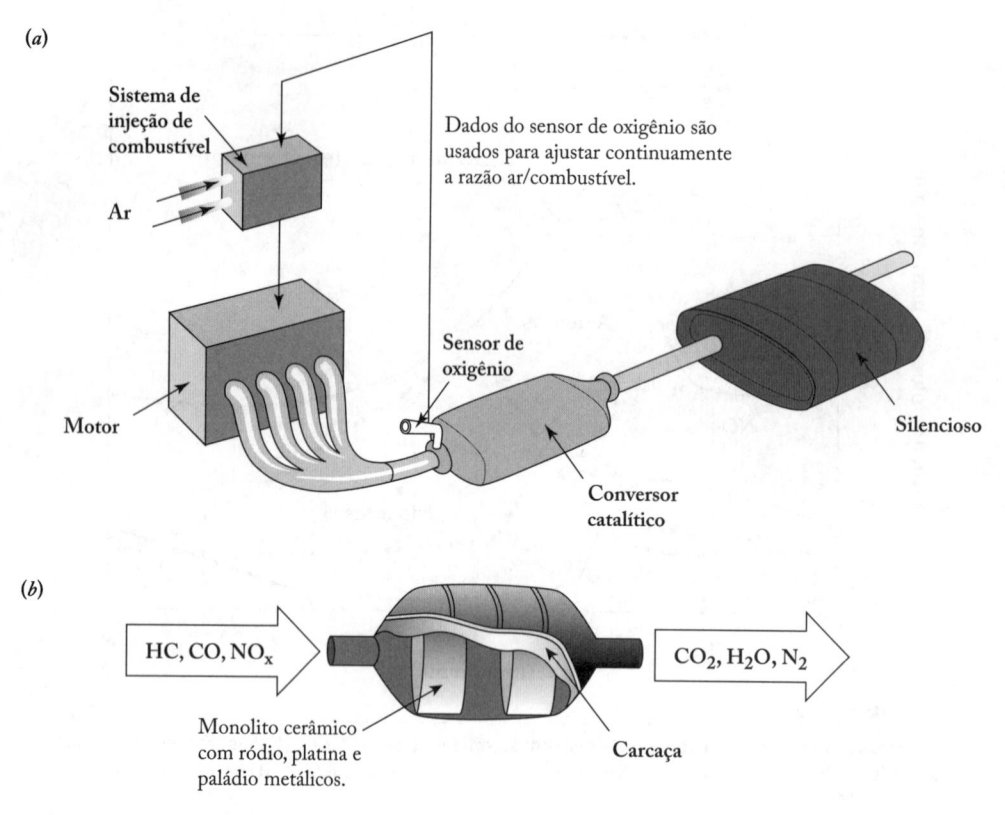

Carcaça

CO$_2$, H$_2$O, N$_2$

FIGURA 16.13

Conversor catalítico. (a) Um conversor catalítico colocado em um sistema típico de exaustão de automóveis. (b) Um conversor catalítico típico de três vias usa ródio, platina e paládio metálicos para converter hidrocarbonetos leves (HC), monóxido de carbono (CO) e óxidos de nitrogênio (NO$_x$) em dióxido de carbono (CO$_2$), água (H$_2$O) e nitrogênio (N$_2$).

$$C_nH_{2n+2}(g) + mO_2(g) \xrightarrow{\text{Pd ou Pt}} nCO_2(g) + (n+1)H_2O(g) \quad \boxed{16.66}$$

Os catalisadores de platina ou paládio (na forma de óxidos) usados nesses dispositivos eram tipicamente incorporados em pequenas pastilhas – cerca de 2 a 5 mm de diâmetro – de alumina, Al$_2$O$_3$, que, por sua vez, eram colocadas em uma carcaça metálica, como mostrado na Figura 16.13a. Uma vez que catalisadores de Pd ou Pt eram "envenenados" pelo chumbo, a introdução desses dispositivos antipoluição necessitava da remoção dos compostos antidetonantes de chumbo das gasolinas. (Veja Seção 15.4 para uma discussão sobre poluição por chumbo.) Esses combustíveis foram eliminados nos Estados Unidos a partir de 1975. Os catalisadores de "três vias" foram introduzidos em 1981 para controlar os níveis de óxidos de nitrogênio (NO$_x$) nos escapamentos, além dos níveis de monóxido de carbono e hidrocarbonetos leves. Os níveis de NO$_x$ são significativamente mais difíceis de eliminar. Uma das melhores maneiras de fazer isso é promover a reação do NO com o CO, como mostrado na Equação (16.67):

$$2CO(g) + 2NO(g) \xrightarrow[\text{ou Rh}]{\text{Pt, Pd}} 2CO_2(g) + N_2(g) \quad \boxed{16.67}$$

Essa reação é catalisada por platina e paládio, porém mais eficientemente pelo ródio. Esses catalisadores de três vias requerem sistemas de alimentação sofisticados que continuamente ajustam a razão ar/combustível. Esses ajustes são determinados pelo uso de um sensor de oxigênio posicionado no fluxo de escape.

TABELA 16.9
Padrões de emissão para veículos motorizados leves (carros de passageiros) para os Estados Unidos como um todo e somente para o estado da Califórnia

Ano do modelo	Padrões para os EUA				Padrões para a Califórnia				
	HCs[a]	CO[a]	NO$_x$[a]	HCs evap.[a]	HCs	CO	NO$_x$	HCs evap.	Material particulado[b]
Antes dos controles	10,60	84,0	4,1	47	10,60	84,0	4,1	47	—
1970	4,1	34,0	—	—	4,1	34,0	—	—	—
1975	1,5	15,0	3,1	2	0,90	9,0	2,0	2	—
1980	0,41	7,4	2,0	6	0,39	9,0	1,0	2	—
1985	0,41	3,4	1,0	2	0,39	7,0	0,4	2	0,40
1990	0,41	3,4	1,0	2	0,39	7,0	0,4	2	0,08
1993	0,41	3,4	1,0	2	0,25	3,4	0,4	2	0,08
2000	0,41[c]	3,4	0,4	2	0,25	3,4	0,4	2	0,08

Fonte: http://www.epa.gov/otaq/standards/light-duty/tiers0-1-Idstds.htm (acesso em maio de 2010) e http://www.dieselnet.com/standards/us/Id_ca.php (acesso em maio de 2010).

[a] HC, hidrocarbonetos do sistema de exaustão; CO, monóxido de carbono; NO$_x$, soma de NO e NO$_2$; HCs evap., hidrocarbonetos evaporados do sistema de alimentação; todos os valores estão em g/milha, exceto HCs evap., que estão em g/ensai

[b] Material particulado do sistema de exaustão de carros de passageiros a diesel.

[c] Hidrocarbonetos totais.

Catalisadores de pastilhas foram substituídos pelos de *monolito cerâmico*, representado na Figura 16.13b. Estes envolvem favos de mel cerâmicos com canais abertos em paralelo que permitem uma passagem mais fácil dos gases de exaustão. O material cerâmico é geralmente cordierita, um aluminossilicato de composição $Al_3Mg_2(Si_5AlO_{18})$, similar estruturalmente ao berilo. (Veja Seção 15.5 e Tabela 15.2 para uma discussão sobre silicatos e aluminossilicatos.) Às vezes, a cerâmica é substituída por uma estrutura metálica. Sistemas catalíticos de três vias tornaram-se padrão, em carros novos vendidos na América do Norte, desde 1981. Esforços mais recentes estão concentrados na injeção de catalisadores metálicos diretamente dentro da câmara de combustão, reduzindo o efeito do enxofre nos combustíveis e no controle de emissões de motores a diesel.

Quão efetivos esses dispositivos antipoluição têm sido? A Tabela 16.9 mostra padrões de emissão definidos por lei desde 1970, para os Estados Unidos como um todo e somente para o estado da Califórnia. Uma rápida leitura mostra que as reduções percentuais em níveis permitidos de hidrocarbonetos leves (> 99%), monóxido de carbono (96%) e óxidos de nitrogênio (90%) são muito significativas.

Podemos dizer, por fim, que possuímos o conhecimento científico e a tecnologia para fazer um progresso significativo em relação a como lidamos com o *smog* fotoquímico. Como resultado, a qualidade do ar em muitas das principais cidades do mundo finalmente começou a melhorar. Outras cidades ainda têm um longo caminho pela frente, para controlar essa desagradável e perigosa forma de poluição do ar.

RESUMO

Embora não conhecidos há tanto tempo como o carbono, o estanho e o chumbo, os elementos do Grupo 5A foram todos descobertos antes do início do século XIX. O antimônio era conhecido na Antiguidade e era um segredo protegido dos alquimistas. De forma similar, o arsênio é mencionado na literatura mística da alquimia, mas sua descoberta é frequentemente atribuída a Alberto Magno devido às suas descrições definitivas sobre o elemento. O fósforo foi isolado por Brandt a partir da urina humana, um século antes que tivesse sido descoberto nos ossos e na rocha fosfática. O bismuto era provavelmente conhecido antes da descrição completa feita por Geoffrey, mas ele é usualmente listado como seu descobridor. O nitrogênio foi descoberto por Daniel Rutherford.

Com o Grupo 5A, voltamos a ter propriedades de grupo mais uniformes. O nitrogênio, o primeiro gás que encontramos na nossa viagem pelos grupos, não catena tão bem quanto o carbono, mas é singular no grupo devido à (1) sua grande gama de estados de oxidação, (2) alta capacidade de formar ligações $p\pi$ e (3) incapacidade de usar orbitais d para expandir seu octeto. Em contraste, o fósforo expande seu octeto usando orbitais d. Os fosfazenos combinam a capacidade $p\pi$ do nitrogênio com a $d\pi$ do fósforo. (Polímeros de fosfazenos são usados como elastômeros e em sistemas terapêuticos de distribuição de medicamentos e terapias de regeneração óssea *in vivo*.) O efeito do par inerte é evidenciado pelo aumento na estabilidade do estado de oxidação +3 descendo no grupo. A linha metal-não metal se moveu para uma posição mais abaixo, de forma que o bismuto é o único metal.

Uma análise dos hidretos, óxidos, hidróxidos e haletos destaca os componentes da rede. Os hidretos de nitrogênio e de fósforo enfatizam a singularidade do elemento mais leve. Diferentemente da amônia polar, a fosfina apolar é uma base fraca e não é capaz de fazer ligações hidrogênio. A arsina é menos estável que a fosfina, e sua decomposição é a base do teste criminológico de Marsh para a presença de arsênio.

Óxidos de nitrogênio são caracterizados por ligações $p\pi$-$p\pi$, mas os de fósforo têm ligações simples P—O fortes e ligações duplas P=O $d\pi$-$p\pi$. O decaóxido de tetrafósforo é o anidrido do ácido fosfórico, um ácido triprótico espesso e xaroposo, capaz de formar os polímeros de condensação ácidos meta- e polifosfórico e seus correspondentes fosfatos. O hexaóxido de tetrafósforo é o anidrido do ácido fosforoso diprótico e dos fosfatos correspondentes. O arsênio tem óxidos similares e ácidos correspondentes, mas o antimônio e o bismuto têm características mais básicas. O hidróxido de bismuto é a única base verdadeira do grupo. Os haletos novamente mostram a singularidade do nitrogênio e o aumento da estabilidade do estado de oxidação +3 descendo no grupo.

A análise dos estados de oxidação do nitrogênio se inicia com os nitretos e a amônia (−3). Nitretos binários são mais similares a hidretos e óxidos no fato de que eles podem ser iônicos, covalentes ou intersticiais. A amônia é a familiar base piramidal, que faz ligações hidrogênio; sais de amônio são semelhantes aos de potássio e de rubídio, exceto pelo fato de que o íon amônio é um ácido fraco. A hidrazina (−2) é bastante relacionada à amônia e é um excelente agente redutor, sendo usada como combustível de foguetes. A hidroxilamina contém nitrogênio no estado de oxidação −1. O óxido nitroso (+1), gás hilariante, foi o primeiro anestésico. O óxido nítrico (+2) é uma espécie com número de elétrons ímpar. Parece uma molécula simples, mas, durante as últimas duas décadas, uma série de descobertas provou que o NO é um neurotransmissor singular no corpo, com uma grande gama de funções. A descoberta do papel do óxido nítrico na regulação da pressão sanguínea é considerada uma das descobertas mais importantes da história da medicina cardiovascular. O trióxido de dinitrogênio é o anidrido do ácido nitroso (+3), um ácido fraco que produz os nitritos em reação com bases. O dióxido de nitrogênio (+4), outra espécie com número ímpar de elétrons, é um gás marrom-avermelhado de importância ambiental crítica. O pentóxido de dinitrogênio é o anidrido do ácido nítrico (+5), um dos mais importantes produtos químicos no mundo.

Reações e compostos de importância prática incluem três agentes (raios, bactérias e pessoas) que fazem a fixação do nitrogênio; nitratos, como fertilizantes, explosivos e aditivos de alimentos; nitritos, como aditivos de alimentos; gás nitrogênio e azida de sódio em *air bags* automotivos; alótropos e sulfetos de fósforo em palitos de fósforos e fosfatos em fertilizantes, fermentos, refrigerantes e pastas de dentes. O processo Haber é usado para produzir amônia a partir dos gases nitrogênio e hidrogênio. Ele mudou a história mundial e continua a ser de importância crítica na produção de alimentos. Nitratos têm sido importantes em explosivos como a pólvora, nitroglicerina, TNT, PETN e em materiais mais sofisticados devido às fortes ligações dos produtos que se formam na detonação.

Os dois principais tipos de *smog* são o de Londres e o fotoquímico. O *smog* de Londres contém fumaça, neblina e óxidos de enxofre, mas está sendo controlado devido às regras atuais. O *smog* fotoquímico se inicia com os poluentes primários (hidrocarbonetos leves, monóxido de carbono e óxido nítrico) emitidos pelos automóveis. A ação do Sol produz os poluentes secundários (dióxido de nitrogênio, ozônio e outros oxidantes). O aumento e a diminuição diária desses componentes podem ser monitorados. Medidas de controle eliminaram primeiro o monóxido de carbono e os hidrocarbonetos leves, oxidando-os completamente em um conversor catalítico usando paládio e platina metálicos. Conversores modernos de três vias, além de controlarem o CO e os hidrocarbonetos, também reduzem as emissões de óxido nítrico combinando NO com CO para produzir CO_2 e N_2.

PROBLEMAS

16.1 Baseado na leitura deste capítulo, cite três exemplos diferentes de elementos ou compostos que justifiquem o nome de *pnicogênios* que o Grupo 5A recebe.

16.2 Uma receita típica para a produção de antimônio metálico seria calcinar a estibinita, Sb_2S_3, ao óxido e então reduzi-lo ao metal. Escreva equações para essa receita.

16.3 Escreva equações para as reações do ouro-pigmento, As_2S_3, com cascas de ovos ($CaCO_3$) seguidas por carvão vegetal.

16.4 Escreva uma equação para a reação do "fogo frio" branco e ceroso de Brandt com o ar deflogisticado de Priestley.

*__16.5__ Rutherford teve alguma dificuldade em flogisticar completamente seu novo ar. Ele deixou um rato vivo no ar comum até que o animal morreu. Então, ele queimou uma vela e fósforo nesse ar e, por fim, tratou o produto com um álcali forte. Em termos da química moderna, descreva as reações que ele executou.

16.6 Identifique e discuta quaisquer irregularidades nos raios, energias de ionização, afinidades eletrônicas e eletronegatividades dos pnicogênios.

*__16.7__ Discuta a tendência geral e quaisquer irregularidades encontradas nos valores das afinidades eletrônicas para os pnicogênios.

16.8 Desenhe estruturas VSEPR (repulsão dos pares de elétrons da camada de valência) da hidrazina e do etano e explique por que a ligação N—N é consideravelmente mais fraca que a ligação C—C.

16.9 Descreva como a oitava ideia da rede para o entendimento da tabela periódica se aplica ao Grupo 5A. Cite dois exemplos desse grupo, como parte de sua resposta.

16.10 Óxidos de fosfina, R_3PO, têm uma distância de ligação P—O menor que a de uma ligação simples. Desenhe estruturas de Lewis, VSEPR e TLV (teoria da ligação de valência) para esses compostos. Discuta a distância de ligação P—O remarcavelmente curta em termos dessas estruturas.

16.11 Isocianatos, OCN^-, não têm análogos de fósforo. Desenhe estruturas de Lewis, VSEPR e TLV para esse íon e discuta-as em termos do princípio da singularidade.

---

* Exercícios marcados com um asterisco (*) são mais desafiadores.

16.12 Ciclodifosfazenos, $R_4P_2N_2$, foram sintetizados, pela primeira vez, em meados dos anos 1980. Essas são moléculas polares, com distâncias de ligação P—N praticamente iguais. Desenhe estruturas de Lewis, VSEPR e TLV para essa classe de moléculas. Que orbitais do nitrogênio e do fósforo são usados nas ligações?

16.13 Uma das ligações As—O no ácido arsênico, H_3AsO_4 ou $OAs(OH)_3$, é mais curta e mais forte que as outras três. Explique cuidadosamente essas características usando ligações $d\pi$-$p\pi$. Especificamente, descreva a natureza dos orbitais híbridos usados pelo arsênio nesse ácido e os orbitais usados pelos átomos de arsênio e de oxigênio na formação da ligação dupla.

16.14 Desenhe estruturas de Lewis, VSEPR e TLV do íon fosfônio, PH_4^+.

16.15 Considere a amônia e a fosfina atuando como ácidos para produzir as bases conjugadas correspondentes EH_2^-. Qual seria o ácido mais forte, NH_3 ou PH_3? Descreva brevemente o raciocínio utilizado.

16.16 Como mencionado no Capítulo 10, o óxido de deutério, D_2O, é preparado pela eletrólise da água. Como você prepararia o composto D_3PO_4?

16.17 Qual seria o ácido mais forte, o fosfórico ou o arsênico? Inclua estruturas desses ácidos, como parte de sua resposta.

16.18 Quando a concentração de soluções de ácido fosfórico caem abaixo de 50%, as ligações hidrogênio entre as moléculas do ácido tornam-se menos importantes que aquelas entre as moléculas do ácido e da água. Desenhe um diagrama que mostre ambos os tipos de interação.

16.19 Escreva a fórmula para: (*a*) hidrogenofosfato de sódio, (*b*) di-hidrogenofosfato de amônio, (*c*) di-hidrogenopirofosfato de potássio e (*d*) hidrogenofosfato de cálcio.

16.20 Dê o nome dos seguintes ácidos e sais:

(*a*) KH_2PO_4

(*b*) $Ca(H_2PO_4)_2$

(*c*) $Mg_2P_2O_7$

(*d*) $NaH_3P_2O_5$

*16.21 Determine a fórmula do ácido que se obtém pela condensação de um ácido fosfórico com um ácido fosforoso. Quantos prótons ácidos essa molécula teria?

16.22 Quantos prótons ácidos existem no ácido tripolifosfórico e no ácido tripolifosforoso? Desenhe estruturas desses ácidos que comprovem sua resposta.

16.23 O ácido hipofosforoso, H_3PO_2, é um ácido monoprótico fraco. Desenhe uma estrutura para a molécula e discuta por que apenas um hidrogênio é ácido.

16.24 Determine a fórmula do hipofosfito de sódio.

16.25 Desenhe estruturas dos ácidos arsenioso e arsênico.

16.26 Dê o nome dos seguintes compostos:

(*a*) NaH_2AsO_4

(*b*) Ag_3AsO_3

(*c*) $(NH_4)_3AsO_4$

---

* Exercícios marcados com um asterisco (*) são mais desafiadores.

16.27 Escreva fórmulas para os seguintes compostos: (a) ácido antimonioso, (b) hidrogenoarsenito de cobre(II) e (c) di-hidrogenoarsenato de amônio.

16.28 O PCl_5 sólido é, na verdade, constituído de unidades $[PCl_4^+][PCl_6^-]$. Descreva a forma esperada tanto do cátion quanto do ânion no sólido.

16.29 Escreva uma equação para a preparação do trifluoreto de nitrogênio a partir da amônia.

16.30 Como você prepararia o tricloreto e o trifluoreto de fósforo? Escreva equações como parte de sua resposta.

16.31 Como você prepararia os tri-haletos de arsênio e de bismuto? Escreva equações como parte de sua resposta.

16.32 Com relação à borazina, $B_3N_3H_6$, mostrada na Figura 16.7, identifique a hibridização de cada átomo de boro e de nitrogênio. Você esperaria encontrar um esquema de ligação similar em um composto de boro-fósforo correspondente? Por quê?

*16.33 Discuta as semelhanças e as diferenças entre o fosfazeno trimérico, $P_3N_3Cl_6$, e a hexacloroborazina, $B_3N_3Cl_6$.

*16.34 Faça a correspondência entre os seguintes itens, colocando a(s) letra(s) correta(s) à esquerda das fórmulas, no espaço fornecido.

_____ NH_3 (a) Liga-se com a hemoglobina, deixando a carne vermelha

(b) "Fixado" pelo processo Haber

_____ N_2 (c) Base fraca

(d) Ácido fraco

_____ N_2O (e) Agente oxidante forte

(f) Lipossolúvel

_____ NO   (g) Componente de produto de limpeza comum

(h) Dimeriza-se facilmente

_____ NO_2 (i) Forma sais usados na preservação de carnes

(j) Inodoro

_____ HNO_2 (k) O favorito de Humphry Davy

16.35 Desenhe um diagrama que mostre a estrutura da amônia líquida. Certifique-se de que a geometria das moléculas individuais de amônia esteja correta e de que ligações hidrogênio entre as moléculas de amônia estejam claramente identificadas.

16.36 Desenhe um diagrama que mostre a estrutura de uma solução de amônia em água. Certifique-se de que as geometrias da água, da amônia e de quaisquer íons estejam corretas e de que quaisquer ligações hidrogênio estejam claramente identificadas.

16.37 Faça uma pesquisa na internet sobre a demonstração do vulcão de dicromato de amônio representada na Equação 16.20. Esboce um procedimento para executar a demonstração e identifique quaisquer questões de segurança significativas associadas a ela. Cite um endereço da Web para as questões de segurança.

---

* Exercícios marcados com um asterisco (*) são mais desafiadores.

16.38 A Equação 16.20, reproduzida a seguir, representa a reação para a demonstração do vulcão de dicromato de amônio. Atribua estados de oxidação aos átomos na equação. Quais desses átomos foram oxidados ou reduzidos? Identifique o agente oxidante e o agente redutor na reação.

$$(NH_4)_2Cr_2O_7(s) \longrightarrow N_2(g) + 4H_2O(g) + Cr_2O_3(s)$$

16.39 Como funcionam os *air bags* automotivos modernos? Escreva equações para sustentar sua resposta.

16.40 Qual é o principal dano à saúde envolvido na reciclagem de veículos equipados com *air bags*? Explique usando equações quando for possível.

16.41 A Equação 16.54, reproduzida a seguir, está envolvida na operação de um *air bag* automotivo. Atribua estados de oxidação aos átomos na equação. Quais desses átomos foram oxidados ou reduzidos? Identifique o agente oxidante e o agente redutor na reação.

$$2NaN_3(s) \xrightarrow{300\,°C} 2Na(s) + 3N_2(g)$$

*16.42 A hidrazina é útil como agente redutor. Em solução ácida, o íon hidrazínio é oxidado a $N_2(g)$, como mostrado a seguir:

$$N_2H_5^+(aq) \longrightarrow N_2(g) + 5H^+(aq) + 4e^- \qquad (E° = 0{,}23\,V)$$

(a) Soluções ácidas de hidrazina poderiam ser usadas para reduzir Fe^{3+} a Fe^{2+}?
(b) E para reduzir MnO_4^- a Mn^{2+}?

Potenciais padrão de redução são dados na Tabela 12.2.

16.43 O potencial padrão de redução envolvendo hidrazina em solução básica é dado a seguir. A hidrazina poderia ser usada para reduzir MnO_4^- a MnO_2 em solução básica?

$$N_2(g) + 4H_2O + 4e^- \longrightarrow N_2H_4(aq) + 4OH^-(aq) \qquad (E° = -1{,}16\,V)$$

16.44 Discuta a probabilidade de ocorrerem ligações hidrogênio na hidroxilamina, NH_2OH, sólida. Inclua um diagrama em sua discussão.

16.45 Calcule a porcentagem em massa de oxigênio no óxido nitroso. Compare seu valor com o do ar. Seus cálculos sustentam a observação de que velas brilham mais forte em óxido nitroso?

*16.46 Balanceie a reação mostrada a seguir, na qual o óxido nitroso sofre desproporcionamento ao dinitrogênio e óxido nítrico em solução ácida. Use os potenciais padrão de redução dados para determinar se essa reação de desproporcionamento realmente ocorreria sob condições-padrão.

$$N_2O \xrightarrow{\text{ácido}} N_2 + NO$$

$$2e^- + N_2O + 2H^+ \longrightarrow N_2 + H_2O \qquad (E° = 1{,}77\,V)$$

$$2e^- + 2NO + 2H^+ \longrightarrow N_2O + H_2O \qquad (E° = 1{,}59\,V)$$

16.47 O ácido hiponitroso é uma molécula simétrica de fórmula $N_2(OH)_2$. Desenhe estruturas de Lewis, VSEPR e TLV dessa molécula. Inclua estimativas de ângulos de ligação na molécula e a hibridização

---

* Exercícios marcados com um asterisco (*) são mais desafiadores.

dos átomos de nitrogênio e de oxigênio. Determine também o estado de oxidação dos átomos de nitrogênio nessa molécula.

16.48 O $\Delta S°$ a 298 K para a reação dos gases diatômicos nitrogênio e oxigênio para formar o óxido nítrico é 24,7 J/(mol · K). Isso favorece ou desfavorece o aumento da produção de óxido nítrico a altas temperaturas? Discuta brevemente sua resposta.

16.49 Em 1992, o periódico *Science* designou o óxido nítrico, NO, como a "Molécula do Ano." Liste brevemente algumas das propriedades desse composto que levaram a essa designação.

*16.50 O ΔH da dimerização do NO a N_2O_2 é $-57,2$ kJ/mol. Explique brevemente a natureza exotérmica da reação relacionando-a com energias de ligação.

16.51 Desenhe estruturas de Lewis, VSEPR e TLV do N_2O_2. Inclua estimativas de ângulos de ligação na molécula e a hibridização dos átomos de nitrogênio e de oxigênio.

16.52 A estrutura assimétrica do trióxido de dinitrogênio, dada na Tabela 16.6, pode ser alterada para uma estrutura simétrica O—N—O—N—O pela exposição da forma comum à luz de comprimento de onda de 720 nm. Escreva estruturas de Lewis, VSEPR e TLV para a estrutura simétrica. Inclua estimativas de ângulos de ligação em sua estrutura VSEPR.

*16.53 Comente sobre os ângulos de ligação O—N—O esperados no NO_2^+ (o íon nitrônio), no NO_2 (dióxido de nitrogênio) e no NO_2^- (nitrito). Justifique sua resposta com estruturas VSEPR.

16.54 Balanceie a reação mostrada a seguir, na qual o dióxido de nitrogênio se desproporciona em ácido nitroso e íons nitrato em solução ácida. Use os potenciais padrão de redução dados para determinar se essa reação de desproporcionamento realmente ocorreria sob condições-padrão.

$$NO_2 + H_2O \longrightarrow HNO_2 + NO_3^- + H^+$$

$$NO_2 + H^+ + e^- \longrightarrow HNO_2 \qquad (E° = 1,10 \text{ V})$$

$$NO_3^- + 2H^+ + e^- \longrightarrow NO_2 + H_2O \qquad (E° = 0,78 \text{ V})$$

16.55 Escreva uma equação balanceada mostrando a ação da água sobre o pentóxido de dinitrogênio para formar ácido nítrico. Essa é uma equação redox? Por quê?

*16.56 Além de ser oxidante e, portanto, dissolver vários metais, o ácido nítrico também pode oxidar não metais, como o enxofre (S_8) e o fósforo (P_4), aos correspondentes sulfatos e fosfatos. Escreva equações balanceadas representando esses processos.

16.57 A rede (Figura 16.2) indica que elementos que são bons agentes oxidantes tendem a estar no lado direito da tabela periódica. Usando a química de nitrogênio para exemplos, discuta por que isso é uma generalização exagerada.

16.58 Escreva reações balanceadas para a ação do ácido nítrico concentrado sobre o alumínio metálico e do ácido nítrico diluído sobre o ferro.

*16.59 O decaóxido de tetrafósforo pode ser usado para desidratar o ácido nítrico ao seu anidrido ácido. Escreva uma equação para representar essa reação.

16.60 Desenhe estruturas de Lewis, VSEPR e TLV do íon simétrico cianamida, CN_2^{2-}.

---

* Exercícios marcados com um asterisco (*) são mais desafiadores.

16.61 Pense cuidadosamente sobre as condições experimentais indicadas para o processo Haber na Equação (16.48). Essas altas temperaturas e pressões podem ser explicadas de um ponto de vista termodinâmico? Se não, que outro fator deve ser considerado para explicar tais condições?

16.62 O *octanitrocubano* pode ser um explosivo duas vezes mais poderoso do que o TNT. Um diagrama mostrando sua estrutura está desenhado a seguir. Sua fórmula molecular é $C_8(NO_2)_8$. Considerando o que você sabe sobre outros explosivos nitrogenados, proponha uma equação balanceada que demonstre por que o octanitrocubano deve ser um explosivo tão poderoso. Use essa equação para discutir seu potencial como um alto explosivo.

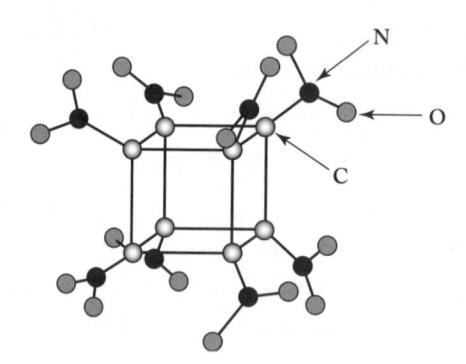

16.63 Em 1999, uma explosão em Allentown, Pensilvânia, Estados Unidos, pode ter ocorrido em conexão com a purificação de "soluções aquosas de hidroxilamina livres de bases em concentrações de 50% e 30%". Desenhe uma estrutura da hidroxilamina, determine o estado de oxidação do nitrogênio nesse composto e explique por que ele deveria ser tão solúvel em água.

16.64 Dado que os produtos quando a hidroxilamina explode são dinitrogênio, água, amônia e óxido nitroso, escreva uma equação balanceada para a reação e explique por que esse composto pode explodir violentamente. (*Dica:* escrever semirreações para essa reação de desproporcionamento pode ser um bom caminho para começar.)

16.65 Quando o átomo de carbono central do PETN é substituído por um átomo de silício, é produzido o explosivo extremamente sensível abreviado por Si-PETN. Escreva uma equação para sua explosão e especule por que o Si-PETN é mais sensível que o PETN. A equação tem um produto de Si(s) em vez de C(s).

16.66 Por que o fertilizante comum nitrato de amônio também é o principal componente de "caminhões bomba"?

16.67 Escreva uma equação balanceada representando a oxidação do P_4 pelo íon clorato, ClO_3^-.

16.68 Escreva uma equação balanceada representando a oxidação do P_4S_3 pelo íon clorato, ClO_3^-.

16.69 Especule sobre a natureza das ligações P=S encontradas em muitos dos sulfetos de fósforo.

16.70 Em fermentos químicos e várias misturas para biscoitos, os agentes de crescimento incluem fosfato monocálcico, $Ca(H_2PO_4)_2$. Explique esse nome. Que nome alternativo você poderia sugerir?

16.71 Alguns fermentos químicos usam "cremor de tártaro" (ou hidrogenotartarato de potássio) em vez de di-hidrogenofosfato de cálcio. (Bicarbonato de sódio e amido de milho são usados como conservantes.) Escreva uma equação para o processo de crescimento do pão.

---

* Exercícios marcados com um asterisco (*) são mais desafiadores.

16.72 Faça uma pesquisa sobre os fermentos químicos disponíveis no supermercado da sua região. Faça uma tabela e mostre os ingredientes ativos para um máximo de três produtos que você encontrou.

*16.73 Especule sobre a estrutura do íon monofluorfosfato, PO_3F^{2-}. Ele é isoeletrônico com qual íon fosfato?

16.74 Explique brevemente, com suas palavras, as variações durante o dia das concentrações dos poluentes primários e secundários no *smog* fotoquímico, como mostrado na Figura 16.12.

16.75 Dada a Equação 16.62, reproduzida a seguir, desenhe estruturas de Lewis para quaisquer reagentes ou produtos que tenham elétrons desemparelhados.

$$O(g) + H_2O(g) \longrightarrow 2\,OH(g)$$

16.76 Dada a Equação 16.63, reproduzida a seguir, desenhe estruturas de Lewis para quaisquer reagentes ou produtos que tenham elétrons desemparelhados.

$$CH_4(g) + OH(g) \longrightarrow CH_3(g) + H_2O(g)$$

16.77 Descreva o papel do radical hidroxila na formação do *smog* fotoquímico.

CAPÍTULO 17

Enxofre, selênio, telúrio e polônio

Os elementos do Grupo 6A são conhecidos coletivamente como os *calcogênios*, um nome que significa "produtores de cobre". O nome certamente é apropriado para o enxofre, pois o sulfeto de cobre é o principal minério de cobre. Selênio e telúrio também são encontrados combinados com metais de cunhagem (cobre, prata e ouro) e são consistentes com o nome do grupo. Por outro lado, polônio e oxigênio não são caracterizados tão bem por tal designação. O polônio é outro daqueles congêneres pesados altamente radioativos, assim como o frâncio e o rádio nos Grupos 1A e 2A. O oxigênio é um dos melhores exemplos de um elemento singular no topo de um grupo. Na verdade, ele é tão especial que escolhemos abordá-lo no Capítulo 11 como um prelúdio da viagem pelos grupos. A química do oxigênio será mencionada aqui apenas como um ponto de partida para a discussão sobre seus congêneres mais pesados.

As duas primeiras seções deste capítulo são as usuais sobre (1) a descoberta e o isolamento dos elementos e (2) a aplicação da rede à química do grupo. A terceira seção, necessária devido à grande capacidade do enxofre de catenar, concentra-se nos alótropos e compostos que envolvem ligações elemento-elemento. Depois há uma seção curta sobre os relativamente novos e potencialmente úteis nitretos de enxofre. As reações e os compostos de importância prática na quarta seção incluem baterias de sódio-enxofre, as propriedades fotoelétricas do selênio e do telúrio e o mais importante produto químico do mundo, o ácido sulfúrico. O tópico selecionado para aprofundamento abrange a formação, os efeitos e o possível controle da chuva ácida.

17.1 DESCOBERTA E ISOLAMENTO DOS ELEMENTOS

A Figura 17.1 mostra as datas da descoberta de todos os calcogênios, incluindo o oxigênio. Apenas o enxofre era conhecido na Antiguidade. O oxigênio foi descoberto

506 *Química inorgânica descritiva, de coordenação e do estado sólido*

[Gráfico: Número de elementos conhecidos em função do Ano da descoberta, com anotações:
- Enxofre conhecido na Antiguidade
- 1774: Priestley isola o "ar deflogisticado", depois renomeado oxigênio por Lavoisier
- 1782: Müller isola o telúrio a partir de um minério de ouro
- 1817: Berzelius isola o selênio a partir dos resíduos de ácido sulfúrico em uma cuba
- 1898: Os Curies anunciam a descoberta do polônio na pechblenda]

FIGURA 17.1

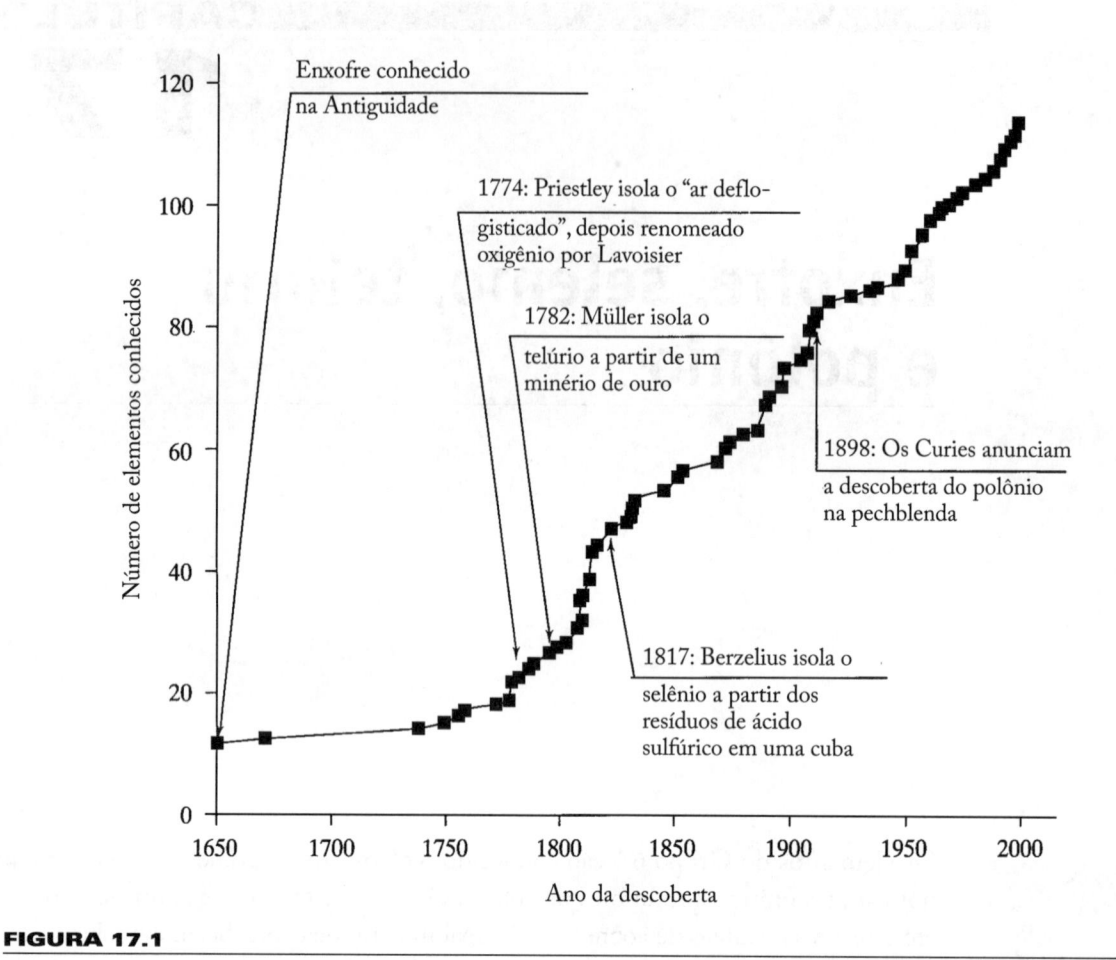

As datas da descoberta dos elementos do Grupo 6A sobrepostas no gráfico de número de elementos conhecidos em função do tempo.

por Priestley (e independentemente por Scheele) no início dos anos 1770, o telúrio no início dos anos 1780, o selênio em 1817 e o polônio bem no fim do século XIX.

Enxofre

Na descrição, na língua inglesa, da destruição de Sodoma e Gomorra em Genesis 19:24, há uma referência a *"brimstone"*, que significa, literalmente, "pedra que queima". O termo está presente na expressão *"fire and brimstone"*, significando "fogo e enxofre", o que nos alerta que comportamentos inaceitáveis resultarão em residência permanente em um lugar muito quente e ardendo em chamas! *Brimstone* é a palavra antiga, na língua inglesa, para enxofre, e ambos os termos, em vários momentos, foram usados como termos gerais para substâncias combustíveis. Por volta de 1774, Lavoisier reconheceu que o ar deflogisticado de Priestley era um novo elemento. De forma similar, em 1777, o francês reivindicou o mesmo reconhecimento para o enxofre, mas foi contestado por Humphry Davy que, até 1809, afirmava que ele continha tanto hidrogênio quanto o novo oxigênio. A natureza elementar do enxofre parece que nunca mais foi contestada após um estudo publicado por Gay-Lussac e Thénard em 1809.

Este sólido amarelo, inodoro e insípido pode ser encontrado na forma livre em áreas vulcânicas e de fontes termais. Já, o sulfeto de hidrogênio, como se pode verificar no Parque Nacional de Yellowstone, nos Estados Unidos, certamente não é inodoro e é muito mais que somente um incômodo, pois contamina tão significativamente o gás natural que este material, o qual sem o sulfeto de hidrogênio seria de queima limpa, não pode ser usado como combustível. No fim dos anos 1880, o jovem imigrante alemão Herman Frasch patenteou um método para recuperar enxofre dos vastos depósitos de gás natural encontrados na Louisiana e no Texas, ambos nos Estados Unidos. No início dos anos 1890, ele continuou a aperfeiçoar o método, ainda chamado de *processo Frasch*, para recuperar enxofre de grandes depósitos sob pântanos e areias movediças da Louisiana. Ele criou uma forma de bombear água superaquecida a uns 150 metros ou mais para dentro desses depósitos, onde ela funde o enxofre e o leva para a superfície como um líquido amarelo-brilhante. O método Frasch está gradualmente sendo substituído por métodos mais modernos de recuperar enxofre do óleo e do gás natural.

O enxofre serviu para vários usos ao longo dos séculos, desde quando se tornou conhecido. Homero faz referência ao seu uso como fumigante na Grécia antiga. O enxofre foi um dos principais componentes da pólvora, introduzida no século IX, e dos palitos de fósforo, a partir dos anos 1800 (veja Seção 16.4). No fim dos anos 1830, Charles Goodyear descobriu um método de aquecer uma mistura de enxofre e borracha para produzir um produto seco, flexível e imensamente versátil. (Goodyear não obteve lucros com sua descoberta, que veio a ser conhecida como vulcanização da borracha. Ele morreu na pobreza. Benjamin Goodrich, nos anos 1870, construiu sua fortuna produzindo e vendendo produtos de borracha vulcanizada.) O mais importante e difundido uso do enxofre é para fazer ácido sulfúrico, que foi descrito pela primeira vez por volta de 1300. Discutiremos a produção e os usos do ácido sulfúrico na Seção 17.5.

Telúrio e selênio (Terra e Lua)

O barão Franz-Joseph Müller von Reichenstein era administrador de várias minas de ouro na Transilvânia (Romênia ocidental) no fim dos anos 1700. "Aurum problematicum", um minério de ouro branco-azulado, era, como seu nome indica, particularmente difícil de analisar naquela época. Müller von Reichenstein aceitou o desafio e, em 1782, isolou, a partir desse minério, um metal que, com base na gravidade específica, ele identificou como antimônio. Estranhamente, ele notou que o metal tinha cheiro de rabanete!

Em 1798, Martin Klaproth, que havia descoberto e nomeado anteriormente o urânio, isolou o mesmo metal branco prateado a partir do mesmo minério problemático. No entanto, Klaproth reconheceu que ele e Müller haviam isolado um novo elemento, para o qual sugeriu o nome de *telúrio*, significando "terra". Ele corretamente reconheceu o trabalho anterior do barão, que, consequentemente, é listado como seu descobridor. Mais tarde, verificou-se que o telúrio ocasionalmente existe como um elemento livre, mas ainda assim é mais frequente no telureto de ouro. Estranhamente, trabalhadores que processam esse minério e o metal obtido dele adquirem um odor de alho em seu hálito, uma condição referida como (bastante justo, mas certamente nada agradável) hálito telúrico.

O selênio foi descoberto em 1817 por Jöns Jakob Berzelius. Lembre-se de que anteriormente notamos algumas outras contribuições do mais famoso químico sueco. (Ele inventou os símbolos modernos para os elementos em 1813, foi mentor do jovem Arfwedson quando este descobriu o lítio em 1817, tentou separar todos os compostos em orgânicos e inorgânicos e isolou o silício em 1824.) Berzelius descobriu um precipitado marrom-avermelhado nas cubas de ácido sulfúrico da fábrica na qual ele investiu. Esse material também tinha um odor muito forte de rabanete ou repolho estragado que, em um primeiro momento, o levou a acreditar que se tratava do telúrio. Mais tarde, no entanto, ele provou que ele tinha isolado um novo elemento, bastante relacionado ao telúrio, que apropriadamente chamou de *selênio*, do grego *selene*, "lua". Verificou-se que é o selênio que tem cheiro de rabanete e que quantidades traço desse composto causam o odor do telúrio.

Berzelius também descobriu ou codescobriu o cério e o tório e foi o primeiro a isolar o zircônio. Ele determinou as massas atômicas de quase todos os elementos conhecidos naquela época, escreveu um livro-texto em vários volumes muito valorizado e, de maneira geral, foi o químico mais influente da sua época. Ele era tão famoso que medalhões com seu retrato eram moldados em selênio e, embora muito raros, ainda existem.

Polônio

Já discutimos as circunstâncias em torno da descoberta do polônio e do rádio por Pierre e Marie Curie (Seção 13.1, subseção "Rádio"). O trabalho para obter o polônio foi, de certa forma, mais desafiador. O polônio era muito menos abundante nos minérios de urânio disponíveis aos Curies do que o rádio. Além disso, o polônio-210 tem uma meia-vida de apenas 138,4 dias, enquanto a meia-vida do rádio-226 é de 1.600 anos. Aumentando ainda mais a dificuldade, havia a coprecipitação dos compostos de polônio com os de bismuto. Essa conexão Po—Bi levou os Curies a tentar separar o polônio com base na química do Grupo 5A. Somente mais tarde, o polônio foi propriamente identificado como pertencente ao o Grupo 6A. Por fim, como se tudo isso não fosse suficiente, verificou-se mais tarde que quantidades traço de compostos de polônio aderem à vidraria, fazendo a radioatividade aparecer e desaparecer, o que deve ter sido muito frustrante. Mesmo assim, em 1898, os Curies se sentiram seguros o suficiente com seu trabalho, de forma que anunciaram a descoberta do polônio, nomeado em homenagem à terra natal de Marie.

O polônio é um forte emissor alfa. Amostras de meio grama atingem temperaturas tão altas quanto 500 °C devido a essa radiação. Tanto o calor quanto a radiação decompõem os compostos que contêm polônio e complicam bastante sua caracterização. De certa forma acidental, mas ainda difícil de explicar, é o fato de que essa radiação causa um brilho azul no ar no entorno de amostras de polônio. Em 1934, foi desenvolvido um método de preparar polônio-210 pelo bombardeamento com nêutrons do bismuto-209. Ele está representado na Equação 17.1:

$$^{209}_{83}Bi + ^{1}_{0}n \longrightarrow ^{210}_{83}Bi \xrightarrow{\beta-} ^{210}_{84}Po + ^{0}_{-1}e \qquad \textbf{17.1}$$

São conhecidos 27 isótopos do polônio, nenhum deles estável, mas apenas o polônio-210 foi produzido em quantidade suficiente (miligramas) para investigações químicas. Devido à sua habilidade de se aquecer, o polônio é uma potencial fonte de calor leve para estações espaciais e lunares.

17.2 PROPRIEDADES FUNDAMENTAIS E A REDE

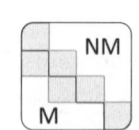

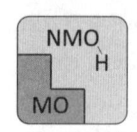

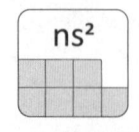

A Figura 17.2 mostra os elementos do Grupo 6A sobrepostos na rede. Antes de considerarmos alguns hidretos, óxidos e haletos representativos, devemos verificar brevemente a situação de cada componente da rede, relacionando-o aos calcogênios. Começando, como usualmente, pela lei periódica, não estamos surpresos em ver que propriedades como energias de ionização, afinidades eletrônicas, eletronegatividades e vários raios (todos mostrados com outras propriedades fundamentais na Tabela 17.1) variam como esperaríamos. A linha metal-não metal está cada vez mais abaixo em cada grupo que estamos considerando, de forma que se espera que o polônio, embora radioativo e difícil de trabalhar, seja o único elemento que se aproxima de um caráter metálico. Verifica-se também que os óxidos do grupo começam a ser fortemente ácidos, mas esse caráter diminui descendo no grupo. Embora a Figura 17.2 indique que apenas o polônio seja diretamente influenciado pelo efeito do par inerte, o estado de oxidação +6 diminui em estabilidade descendo no grupo até que, como esperado, seja muito raro no polônio. Dado que a última vez que ouvimos falar de efeito diagonal foi na química do Grupo 4A, temos apenas o princípio da singularidade, as ligações $d\pi$-$p\pi$ entre elementos do segundo e terceiro períodos e potenciais padrão de redução para considerar.

Uma vez que a maior parte do Capítulo 11 é voltada para a química do oxigênio, o princípio da singularidade parece estar muito bem vivo. A alta eletronegatividade, o pequeno tamanho, a capacidade de formar ligações $p\pi$ com outros elementos do segundo período e a incapacidade de

FIGURA 17.2

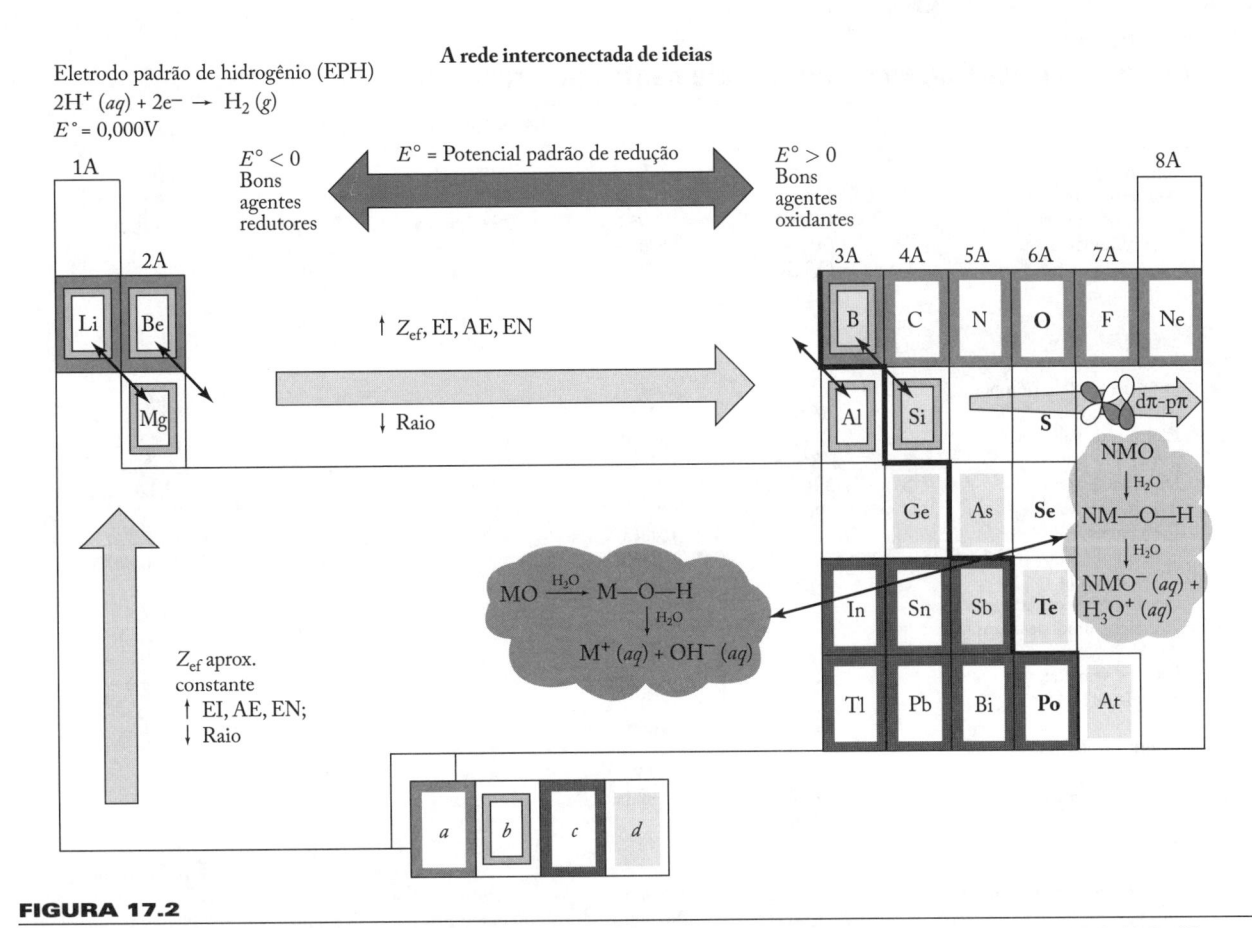

Os elementos do Grupo 6A sobrepostos na rede interconectada de ideias. Estas incluem a lei periódica, (a) o princípio da singularidade, (b) o efeito diagonal, (c) o efeito do par inerte, (d) a linha metal-não metal, o caráter ácido-base dos óxidos de metais (M) e de não metais (NM) em solução aquosa, as tendências em potenciais de redução e as variações nas ligações $d\pi$-$p\pi$ que envolvem elementos do segundo e terceiro períodos.

usar orbitais d do oxigênio se combinam para fazer dele um elemento distintivamente diferente de seus congêneres. Isso deixa o enxofre como o calcogênio mais representativo (muito semelhante ao fato de que o fósforo era o mais representativo dos pnicogênios). Como esperado, o enxofre (assim como o fósforo) forma interações $d\pi$-$p\pi$ particularmente fortes com vários outros elementos, principalmente com o oxigênio e o nitrogênio. Essas interações $d\pi$-$p\pi$ são às vezes (mas nem sempre) formalizadas como ligações duplas S=O e S=N fortes e ocorrem em um grande número de compostos com octetos expandidos. Talvez um pouco surpreendente seja o fato de que o enxofre é o segundo em capacidade de catenação, perdendo apenas para o carbono. Na verdade, essa capacidade leva a uma seção especial (17.3) neste capítulo, a qual vai abordar compostos com ligações elemento-elemento. Os potenciais padrão de redução dados na Tabela 17.1 são para a redução do elemento a hidreto, como mostrado de forma geral na Equação (17.2):

$$E + 2H^+(aq) + 2e^- \longrightarrow H_2E \quad (E = O, S, Se, Te, Po) \quad \mathbf{17.2}$$

O valor de 1,23 V para o oxigênio é consistente com o fato de o O_2 ser um excelente agente oxidante. (Ele tem uma grande tendência a ser reduzido a água e, portanto, prontamente oxidar outras substâncias.) Para o enxofre, o potencial padrão de redução é muito menor (0,141 V), mas ainda é um número positivo. O enxofre não é considerado um agente oxidante particularmente

TABELA 17.1
As propriedades fundamentais dos elementos do Grupo 6A

	Oxigênio	Enxofre	Selênio	Telúrio	Polônio
Símbolo	O	S	Se	Te	Po
Número atômico	8	16	34	52	84
Isótopos naturais, A/abundância %	^{16}O/99,76 ^{17}O/0,037 ^{18}O/0,204	^{32}S/95,0 ^{33}S/0,76 ^{34}S/4,22 ^{36}S/0,014	^{74}Se/0,87 ^{76}Se/9,02 ^{77}Se/7,58 ^{78}Se/23,52 ^{80}Se/49,82 ^{82}Se/9,19	^{120}Te/0,089 ^{122}Te/2,46 ^{123}Te/0,87 ^{124}Te/4,61 ^{125}Te/6,99 ^{126}Te/18,71 ^{128}Te/31,79	^{210}Po(100)[a]
Número total de isótopos	8	10	17	21	27
Massa atômica	16,00	32,07	78,96	127,6	(210)
Elétrons de valência	$2s^22p^4$	$3s^23p^4$	$4s^24p^4$	$5s^25p^4$	$6s^26p^4$
pf/pe, °C	−218/−183	112/444	217/685	450/990	254/962
Densidade, g/cm^3	1,43 (g/litro)	2,07[b]	4,79	6,24	9,32
Raio covalente, Å	0,73	1,02	1,16	1,36	
Raio iônico, Shannon-Prewitt, Å (N.C.)	...	0,43(6)	0,56(6)	(+6)0,70(6) (+4)1,11(6)	(+6)0,81(6) (+4)1,08(6)
EN de Pauling	3,5	2,5	2,4	2,1	2,0
Densidade de carga (carga/raio iônico), unidade de carga/Å	...	14	11	(+6)8,6 (+4)3,60	(+6)7,4 (+4)3,70
$E°$,[c] V	1,23	0,14	−0,11	−0,69	−1,0
Estados de oxidação	−1, −2	−2 a +6	−2 a +6	−2 a +6	−2 a +6
Energia de ionização, kJ/mol	1314	1000	941	870	814
Afinidade eletrônica, kJ/mol	−141	−200	−195	−190	−180
Descoberto por/data	Priestley 1774	Antiguidade	Berzelius 1817	Müller 1782	Curie 1898
prc[d] O$_2$		SO$_2$	SeO$_2$	TeO$_2$	PoO$_2$
Caráter ácido-base do óxido	...	Ácido	Ácido	Anfótero	Anfótero
prc N$_2$	NO, NO$_2$	Nenhum	Nenhum	Nenhum	Nenhum
prc halogênios	O$_2$F$_2$	SF$_4$, SF$_6$ S$_2$Cl$_2$ S$_2$Br$_2$	SeX$_4$ SeF$_6$ Se$_2$Cl$_2$, Se$_2$Br$_2$	TeX$_4$ TeF$_6$	PoX$_4$ PoCl$_2$, PoBr$_2$
prc hidrogênio	H$_2$O	H$_2$S	H$_2$Se	Nenhum	Nenhum
Estrutura cristalina	Cúbica	Ortorrômbica	Hexagonal	Hexagonal	Cúbica

[a] Apenas isótopo radioativo disponível em quantidades da ordem de miligramas.
[b] Para ortorrômbico.
[c] $\frac{1}{2}$O$_2$ → H$_2$O; E → H$_2$E, E = S, Se, Te, Po (em solução ácida).
[d] prc = produto da reação com.

bom. Continuando a descer no grupo, os potenciais de redução tornam-se mais negativos, consistente com uma diminuição na estabilidade dos hidretos em relação aos elementos livres. Tudo isso leva a uma discussão mais detalhada dos hidretos não catenados, seguida por análises similares para os óxidos e os haletos. Compostos catenados serão discutidos na Seção 17.3.

Hidretos

O sulfeto de hidrogênio, como a água, é uma molécula covalente e angular, mas tem pouco em comum com sua familiar prima. No entanto, ele é representativo em relação aos outros hidretos do Grupo 6A. O cheiro, que é marca registrada do H$_2$S, não é relacionado a ovos podres por acaso. Quando os ovos estragam, proteínas que contêm enxofre se decompõem, produzindo pequenas quantidades de H$_2$S gasoso. De certa forma, é irônico dizer que sentir o cheiro de H$_2$S é um bom sinal. Em altas concentrações, esse odor destrói o sentido olfativo, de forma que a pessoa não mais o percebe. Isso ocorre quando a concentração desse gás, tão perigoso quanto o cianeto de hidrogênio, torna-se uma ameaça à vida. Mesmo tendo esse odor tão forte, por comparação, os outros hidretos fazem o H$_2$S parecer bastante agradável!

De odor forte ou não, evidências de que mamíferos não podem viver sem o sulfeto de hidrogênio e de que o corpo o produz constantemente em pequenas quantidades estão aumentando. De fato, parece que o $H_2S(g)$, como o óxido nítrico, $NO(g)$, é uma molécula gasosa de sinalização. (Veja Seção 16.3 para mais informações sobre o óxido nítrico como um neurotransmissor.) Como o NO, o H_2S é capaz de relaxar vasos sanguíneos (isto é, é um vasodilatador), diminuir a pressão sanguínea e proteger contra doenças cardiovasculares. Algumas evidências mostram que, enquanto o NO relaxa grandes vasos sanguíneos, o H_2S funciona melhor nos menores. O sulfeto de hidrogênio parece estar relacionado ao conhecido papel cardioprotetor do alho na alimentação, pelo fato de que um polissulfeto presente nele é convertido em sulfeto de hidrogênio no corpo. Outros efeitos do H_2S incluem propriedades anti-inflamatórias e antioxidantes e a capacidade de proteger mamíferos contra uma falta de oxigênio.

No laboratório, o sulfeto de hidrogênio pode ser preparado diretamente a partir dos elementos, porém é mais rapidamente gerado pela reação de vários sulfetos metálicos com ácidos fortes. Reações como a representada na Equação (17.3) para o sulfeto de ferro e o ácido clorídrico foram usadas por muitos anos a fim de gerar H_2S gasoso para análises qualitativas:

$$FeS(s) + 2HCl(aq) \longrightarrow H_2S(g) + FeCl_2(aq)$$ **17.3**

De fato, os antigos geradores de Kipp, que ainda são encontrados pelos cantos da maioria dos departamentos de química, foram projetados exclusivamente para gerar, com segurança, o H_2S dessa forma. Se você nunca viu um gerador de Kipp, pergunte no seu departamento e veja se alguém sabe onde você pode encontrar um.

O H_2S é um ácido diprótico fraco com $K_{a1} = 1,0 \times 10^{-7}$ e $K_{a2} = 1,3 \times 10^{-13}$. O análogo H_2Se, também produzido pela ação de ácidos sobre vários selenetos metálicos e por combinação direta dos elementos, é menos estável e um ácido mais forte (K_{a1} = aproximadamente 10^{-4}) que o sulfeto de hidrogênio. H_2Te e H_2Po não podem ser produzidos diretamente porque são muito instáveis. O H_2Te é um ácido ainda mais forte (K_{a1} = aproximadamente 10^{-3}) que seus análogos mais leves. Lembre-se de que o aumento na força ácida dos hidrácidos descendo em um grupo foi explicado na Seção 11.4 (subseção "Hidrácidos").

Óxidos e oxiácidos

O dióxido de enxofre e o trióxido de enxofre são dois dos mais importantes óxidos de não metais mostrados na Figura 11.11 e discutidos na Seção 11.3. Ambos são caracterizados por ligações fortes S—O deslocalizadas e são anidridos ácidos (veja a Figura 11.13).

O dióxido de enxofre é um gás incolor e tóxico que tem um odor penetrante. [Lembre-se da seção sobre palitos de fósforo (Seção 16.4), que cita o dióxido de enxofre como o responsável pelo cheiro penetrante de "fósforo queimando" que todos nós reconhecemos.] Ele é produzido quando o enxofre é queimado em ar úmido e é de fundamental importância na formação da chuva ácida, que exploraremos mais tarde. Ele também é um subproduto comum quando vários sulfetos de metais são *ustulados* (um termo que significa "reagir um sulfeto com o oxigênio do ar") para convertê-los em óxidos, que, por sua vez, são reduzidos a metal livre, como mostrado nas Equações (17.4) e (17.5):

$$2M^{II}S(s) + 3O_2(g) \xrightarrow{\Delta} 2MO(s) + 2SO_2(g)$$ **17.4**

$$MO(s) + C(s) \xrightarrow{\Delta} M(s) + CO(g)$$ **17.5**

Alguns sulfetos – por exemplo, PbS, HgS, FeS_2, Sb_2S_3 e, o mais importante, Cu_2S – reagem diretamente com o oxigênio para produzir o metal livre, como mostrado para o cobre na Equação (17.6). No laboratório, o dióxido de enxofre é gerado adicionando ácidos fortes a sulfitos, como representado na Equação (17.7):

$$Cu_2S(s) + O_2(s) \xrightarrow{\Delta} 2Cu(s) + SO_2(g) \quad \mathbf{17.6}$$

$$2HCl(aq) + Na_2SO_3(aq) \longrightarrow SO_2(g) + H_2O(l) + 2NaCl(aq) \quad \mathbf{17.7}$$

Esse gás é usado como um agente alvejante, como um aditivo alimentício para evitar escurecimento e como fungicida e antioxidante na indústria de vinhos.

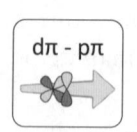

A estrutura molecular do dióxido de enxofre é mostrada na Figura 17.3a. Ele é uma molécula angular com ligação O−S−O de 119,5° e comprimentos de ligação que implicam um forte grau de caráter de ligação dupla. Embora haja alguma divergência entre químicos teóricos sobre a melhor maneira de representar uma estrutura de Lewis do SO_2, uma hipótese pode ser a contribuição das três estruturas de ressonância (I-III) mostradas na Figura 17.3b. Pelo menos, precisamos começar com as estruturas I e II contribuindo para o híbrido de ressonância. A partir daí, uma vez que as ligações S−O são mais fortes do que uma ordem de ligação de 1,5 poderia indicar, a estrutura III, envolvendo uma interação $d\pi$–$p\pi$, deve também contribuir em algum grau. Por outro lado, as evidências nem sempre sustentam representar a molécula com duas ligações S=O plenas.

O dióxido selenoso, SeO_2, e o dióxido de telúrio, TeO_2, são sólidos brancos e poliméricos produzidos pela queima dos elementos livres ao ar. O SeO_2 é um polímero de cadeia que envolve fortes ligações dativas entre os grupos, como mostrado na Figura 17.3c. O TeO_2 é uma rede tridimensional dessas ligações, cujos átomos de telúrio têm um número de coordenação 4. O dióxido de polônio, PoO_2, também produzido a partir da combinação direta dos elementos a temperaturas elevadas, assume uma estrutura de fluorita mais típica de compostos iônicos. (Veja Figura 7.22 e a discussão que a acompanha para mais detalhes sobre essas estruturas no estado sólido.)

O dióxido de enxofre é o anidrido do ácido sulfuroso, usualmente representado como H_2SO_3, porém mais precisamente como apenas o hidrato $SO_2 \cdot H_2O$. Ele se comporta como um ácido diprótico fraco ($K_{a1} = 1,3 \times 10^{-2}$ e $K_{a2} = 6,3 \times 10^{-8}$). Os ácidos selenoso e teluroso são apropriadamente escritos como H_2SeO_3 e H_2TeO_3, respectivamente. A estrutura do ácido selenoso é mostrada na Figura 17.3d, mas a do ácido teluroso não é conhecida. A força ácida desses oxiácidos diminui descendo no grupo, como esperado.

FIGURA 17.3

Estruturas de óxidos e oxiácidos de enxofre e de selênio selecionados. (a) A estrutura molecular do dióxido de enxofre, (b) três estruturas de ressonância (I-III) contribuindo para as ligações no dióxido de enxofre, (c) polímero de cadeia de dióxido de selênio, (d) ácido selenoso, (e) bissulfito e (f) sulfito.

A neutralização em etapas do ácido sulfuroso produz os ânions bissulfito, HSO_3^-, e sulfito, SO_3^{2-}, que têm as estruturas mostradas nos itens (*e*) e/ou (*f*) da Figura 17.3, respectivamente. Você deveria se satisfazer com o fato de que três estruturas de ressonância contribuem para as ligações tanto do íon sulfito quanto do íon bissulfito. A estrutura do bissulfito é um pouco controversa. Há consideráveis evidências de que o átomo de hidrogênio está ligado ao átomo de enxofre, como representado na Figura 17.3e, e não a um dos átomos de oxigênio. O sulfito é um agente redutor brando e é usado como um fungicida e um conservante de frutas e legumes.

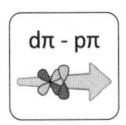

O trióxido de enxofre é produzido a partir da oxidação catalítica do dióxido. Sua estrutura trigonal plana requer três estruturas de ressonância para descrevê-la. As distâncias de ligação S—O muito pequenas parecem indicar que há fortes interações $d\pi$-$p\pi$ além das ligações deslocalizadas $p\pi$. Ele é um agente oxidante poderoso. Embora o selênio e o telúrio sejam menos estáveis no estado de oxidação +6 do que o enxofre, tanto o SeO_3 quanto o TeO_3 podem ser preparados.

O ácido sulfúrico é obtido pelo tratamento do trióxido de enxofre com água. [O mecanismo dessa reação foi dado em termos de fórmulas estruturais na Equação (11.12) e foi discutido em detalhes naquele momento.] Normalmente disponível como a familiar solução aquosa incolor, corrosiva, viscosa e concentrada (98%, 18 M), ele é um ácido forte com um K_{a1} muito grande e $K_{a2} = 1,3 \times 10^{-2}$. Além de suas propriedades ácidas bem conhecidas, o ácido sulfúrico também é um agente desidratante poderoso e, em sua forma concentrada, é um bom agente oxidante, especialmente quando quente. As duas ligações não hidroxílicas na forma não dissociada do ácido sulfúrico são usualmente representadas como ligações S=O plenas envolvendo ligações $d\pi$-$p\pi$ além das interações sigma usuais.

A reação do ácido sulfúrico concentrado com a água produz grande quantidade de calor. Deve-se tomar cuidado para sempre adicionar o ácido mais denso (1,84 g/cm^3) à água, e não o contrário, para evitar respingos perigosos. Esses respingos ocorrem quando se permite que a água menos densa fique sobre o ácido mais pesado. Grandes quantidades de calor, liberado apenas na interface dessas duas camadas de líquido, vaporizam um pouco de água, resultando em um aumento de pressão que é aliviado ao espirrar o líquido para cima. Entretanto, se o ácido for adicionado à água com agitação, o ácido mais denso se difunde pela água e o calor se difunde por toda a solução.

Gases que não reagem com ácidos podem ser desidratados pelo seu borbulhamento por meio de ácido sulfúrico concentrado. A reação com a água é tão forte que ele pode remover hidrogênio e oxigênio (em uma proporção molar de 2:1) de compostos que não contêm moléculas de água livres. Essa é a base da familiar demonstração de aula na qual a adição de ácido sulfúrico ao açúcar produz carbono e vapor de água, como representado na Equação (17.8):

$$C_{12}H_{22}O_{11}(s) \xrightarrow{\text{conc. } H_2SO_4} 12C(s) + 11H_2O \quad \textbf{17.8}$$

Reações similares causam o familiar escurecimento da madeira, papel e pele (ai!) quando tratados com esse poderoso ácido.

O ácido sulfúrico contém enxofre em seu estado de oxidação o mais alto possível, +6, que, embora mais estável que o estado +6 do selênio e do telúrio, faz dele um bom agente oxidante, particularmente a temperaturas e concentrações elevadas. O sulfato pode ser reduzido a dióxido de enxofre ou a enxofre elementar (ou mesmo sulfeto, veja o Exercício 17.26), como mostrado nas Equações (17.9) e (17.10):

$$SO_4^{2-}(aq) + 4H^+(aq) + 2e^- \longrightarrow SO_2(g) + 2H_2O(l) \quad (E° = 0,20 \text{ V}) \quad \textbf{17.9}$$

$$SO_4^{2-}(aq) + 8H^+(aq) + 6e^- \longrightarrow S(s) + 4H_2O(l) \quad (E° = 0,37 \text{ V}) \quad \textbf{17.10}$$

Como esperado, o ácido selênico é um ácido mais fraco que o sulfúrico. No entanto, devido à diminuição da estabilidade do estado de oxidação +6 descendo no grupo, o H_2SeO_4 é um agente oxidante mais forte.

O íon selenato é isoestrutural com o sulfato, mas o ácido telúrico e os teluratos são bastante diferentes. O ácido telúrico existe como o octaédrico Te(OH)$_6$ e é um ácido muito fraco (K_{a1} = aproximadamente 10^{-7}).

Antes de deixarmos os oxiácidos não catenados dos calcogênios, devemos mencionar o ácido peroxidissulfúrico, H$_2$S$_2$O$_8$, e o íon peroxidissulfato, [O$_3$S–O–O–SO$_3$]$^{2-}$. Este último é um agente oxidante muito forte, como mostrado pela semirreação da Equação (17.11):

$$[O_3S-O-O-SO_3]^{2-} + 2e^- \longrightarrow 2SO_4^{2-} \qquad (E° = 2{,}01 \text{ V}) \qquad \textbf{17.11}$$

Ele vai oxidar o íon manganoso a permanganato e o íon crômico a dicromato (veja Exercícios 17.36 e 17.37).

Haletos

Embora exista uma grande variedade de haletos de calcogênios, muitos deles são catenados e, portanto, são abordados na próxima seção. O hexafluoreto de enxofre é, certamente, um dos mais importantes compostos não catenados. Produzido pela fluoração direta do enxofre, esse gás bastante inerte é composto das familiares moléculas octaédricas discutidas na maioria dos cursos introdutórios. Embora caracterizado por ligações S–F fortes, a estabilidade desse composto é principalmente cinética, em vez de termodinâmica. A energia de ativação das reações que envolvem o SF$_6$ é alta devido à dificuldade de chegar a um estado de transição no qual um átomo de flúor tenha sido removido.

Devido à sua alta massa molecular, o SF$_6$ não sofre efusão nem difusão prontamente. (Lembre-se da lei de Graham.) Isso – em combinação com sua natureza não tóxica, inerte e não condutora – o torna útil como isolante gasoso em geradores de alta voltagem. [Um dos mais intrigantes enganos no uso do SF$_6$(g) ocorreu durante a Segunda Guerra Mundial, quando cinco tubos de raios X de 2 milhões de volts foram construídos para analisar armas alemãs, italianas e japonesas apreendidas. Grandes quantidades do relativamente desconhecido e, então, raro SF$_6$ foram sintetizadas para uso como isolantes nesses tubos. Devido a problemas de projeto de última hora, o SF$_6$ não foi usado nesses grandes dispositivos.] Do sublime ao ridículo, misturas 70:30 SF$_6$:ar são usadas para pressurizar bolas de tênis, de *squash*, de *racquetball* e de handebol, além de ser o gás utilizado para pressurizar solados de calçados esportivos. Novamente, o SF$_6$ se difunde para fora desses produtos muito mais lentamente que o ar e proporciona maior vida útil. Bolas enchidas com essa mistura emitem um som característico quando colocadas em jogo. Embora não existam cloretos, brometos ou iodetos análogos do SF$_6$ (seis halogênios maiores não se acomodariam bem em torno do enxofre), os fluoretos de selênio e de telúrio correspondentes existem, mas são bastante instáveis.

Os relativamente inertes hexafluoretos estão em nítido contraste com os extremamente reativos tetrafluoretos. Todos os quatro tetrafluoretos podem ser preparados por fluoração direta controlada, mas suas estruturas variam bastante. Como previsto pela teoria VSEPR, tanto o SF$_4$ quanto o SeF$_4$ existem com a forma tetraédrica distorcida ou gangorra, mostrada na Figura 17.4a. O par isolado de elétrons ocupa uma posição equatorial em uma bipirâmide trigonal. Já o TeF$_4$ é um polímero unidimensional formado por grupos piramidais quadráticos TeF$_5$ ligados, mostrado na Figura 17.4b, e o PoF$_4$ não está bem caracterizado. O enxofre não forma outros tetra-haletos, mas os maiores selênio, telúrio e polônio, sim. A estrutura de "cubano" do TeCl$_4$, dada na Figura 17.4c, é típica dos cloretos e brometos. Os iodetos formam estruturas ainda mais extensas baseadas em unidades EI$_6$.

O tetrafluoreto de enxofre é um importante agente de fluoração tanto para compostos orgânicos quanto para inorgânicos. Por exemplo, ele pode ser usado para converter vários óxidos, como os de tálio(III), de carbono (tanto o monóxido quanto o dióxido) ou de selênio(IV), nos fluoretos correspondentes.

Dois oxi-haletos importantes desse grupo são o cloreto de tionila, SOCl$_2$, e o cloreto de sulfurila, SO$_2$Cl$_2$. O cloreto de tionila, mostrado na Figura 17.4d, é preparado pela reação do dióxido de enxofre com o pentacloreto de fósforo, como representado na Equação (17.12). Ele é um líquido incolor e fumegante que pronta-

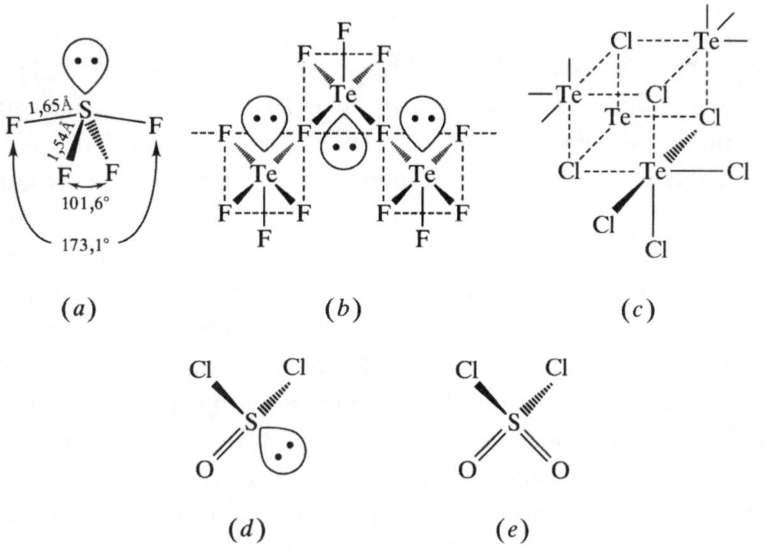

FIGURA 17.4

Estruturas de haletos de calcogênios selecionados. (*a*) Tetrafluoreto de enxofre, (*b*) polímero unidimensional de tetrafluoreto de telúrio, (*c*) estrutura de cubano do cloreto de telúrio, (*d*) cloreto de tionila e (*e*) cloreto de sulfurila.

mente hidrolisa a dióxido de enxofre e cloreto de hidrogênio. Essa reação, representada na Equação (17.13), torna o $SOCl_2$ útil para preparar cloretos anidros de metais, como mostrado para o cromo na Equação (17.14).

$$SO_2 + PCl_5 \longrightarrow SOCl_2 + POCl_3 \quad \text{17.12}$$

$$SOCl_2 + H_2O \longrightarrow SO_2 + 2HCl \quad \text{17.13}$$

$$[Cr(H_2O)_6]Cl_3 + 6SOCl_2 \longrightarrow CrCl_3(s) + 6SO_2 + 12HCl \quad \text{17.14}$$

O cloreto de sulfurila, SO_2Cl_2, é obtido pela cloração catalítica do dióxido de enxofre. Ele é, por sua vez, um bom agente de cloração. Sua estrutura é dada na Figura 17.4e. O selênio forma compostos análogos.

17.3 ALÓTROPOS E COMPOSTOS ENVOLVENDO LIGAÇÕES ELEMENTO-ELEMENTO

O enxofre só perde para o carbono em termos de capacidade de catenar – isto é, formar ligações elemento-elemento. As ligações simples S—S são fortes devido aos orbitais $3p$ de tamanho ideal que podem se sobrepor efetivamente. Além disso, diferentemente das ligações simples O—O que frequentemente são enfraquecidas pela repulsão dos pares isolados nos átomos de oxigênio ligados por uma curta distância internuclear, a ligação S—S é longa o suficiente para evitar tais forças de repulsão desestabilizadoras. A participação dos orbitais $3d$ pode também aumentar a força das ligações S—S. Embora sejam termodinamicamente estáveis, as ligações S—S também são cineticamente lábeis – isto é, elas se quebram e se refazem rapidamente, pois se trata de uma propriedade que produz uma mistura em equilíbrio de comprimentos de cadeia em constante variação. Dessa forma, os alótropos e os compostos de enxofre são frequentemente difíceis de caracterizar com grande precisão. Embora ligações Se—Se e Te—Te sejam mais longas e mais fracas que as ligações S—S, existem vários paralelos às estruturas com enxofre entre os alótropos e compostos dos calcogênios mais pesados.

Alótropos

A Figura 17.5 resume os principais alótropos de enxofre que existem nas fases sólida, líquida e gasosa. A forma mais estável é o enxofre α (ou rômbico), que é composto de moléculas S_8 tipo coroa mostradas na Figura 17.6a. Aquecendo até 95 °C, produz, de certa forma mais desordenada, a fase β (ou monoclínica), também composta de anéis S_8. O enxofre em anéis é às vezes referido como *cicloenxofre* e o S_8, mais especificamente, *ciclo-octaenxofre*.

A aproximadamente 120 °C, uma fase líquida móvel e cor de palha é produzida ainda contendo principalmente ciclo-octaenxofre, mas também vários outros tamanhos de anel variando de 6 até mais que 20. A aproximadamente 160 °C, esses vários anéis se quebram formando *cadeias dirradicalares*, o que significa que o átomo de enxofre em cada extremidade de uma dada cadeia é um radical – isto é, ele possui um elétron desemparelhado. Como poderia se esperar, a presença desses elétrons desemparelhados faz que essas cadeias tenham muita facilidade de se ligarem, formando supercadeias excessivamente longas. O líquido marrom-avermelhado e viscoso resultante é formado de supercadeias entrelaçadas compostas de centenas de milhares de átomos de enxofre. Conforme o líquido é aquecido até o seu ponto de ebulição, de 445 °C, o comprimento médio das cadeias diminui constantemente. Se o enxofre líquido for colocado de repente em água gelada, formam-se fibras longas e extensíveis de *enxofre plástico*. Essas fibras parecem ser feitas de cadeias helicoidais destras e canhotas, como representado na Figura 17.6b, e são um exemplo de um *policatenaenxofre*.

O vapor contém tanto unidades semelhantes a cadeias quanto unidades cicloenxofre, com tamanhos de anel variando de 2 a 10 átomos. Anéis S_8 predominam pouco acima do ponto de ebulição, mas os anéis diminuem com o aumento da temperatura. A cerca de 600 °C, produz-se o gás azul e paramagnético S_2 e, por fim, a baixas pressões e temperaturas acima de 2.200 °C, o vapor é composto de átomos livres de enxofre. Alótropos de selênio também incluem anéis e cadeias, mas não chegam nem próximo da variedade que acabamos de ver para o enxofre. Um sólido vermelho Se_8 existe e também uma forma preta contendo anéis com talvez algo em

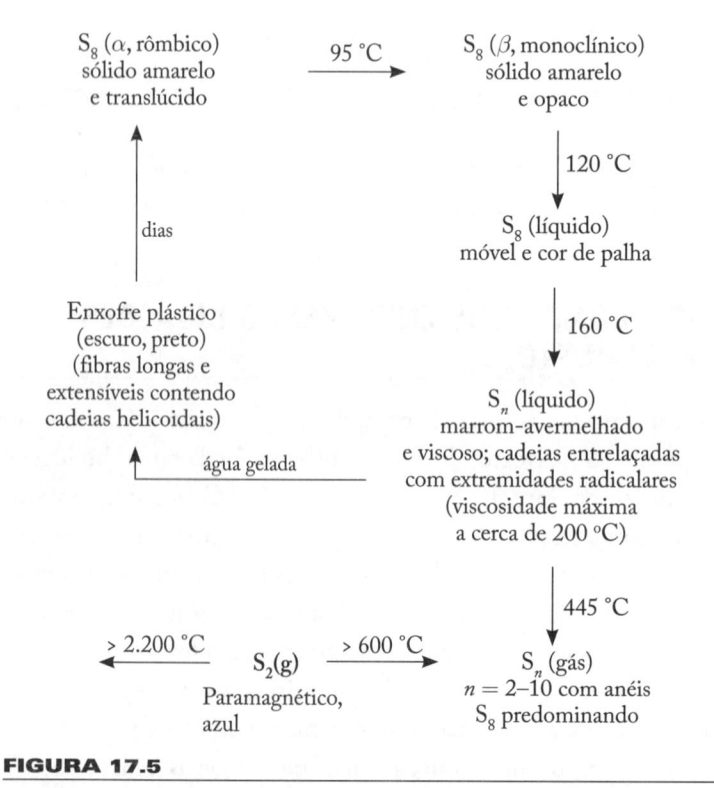

FIGURA 17.5

Os principais alótropos do enxofre nas fases sólida, líquida e gasosa.

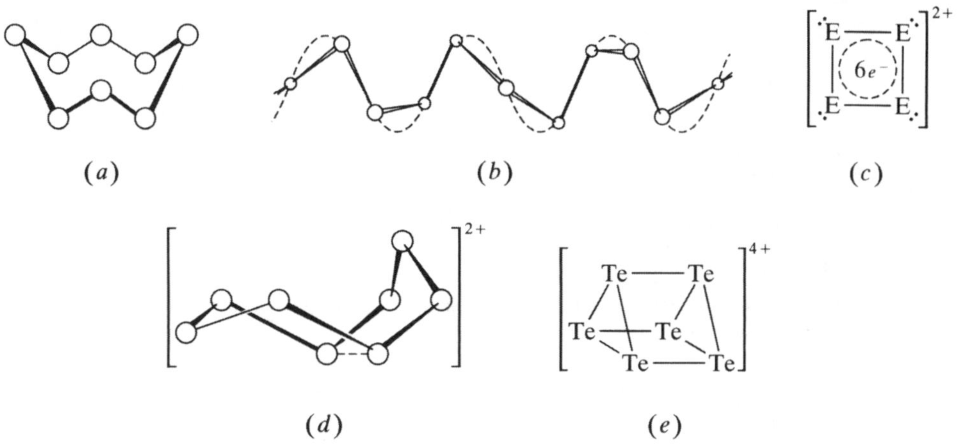

FIGURA 17.6

Alótropos e cátions catenados de calcogênios. (a) Ciclo-octaenxofre, S_8; (b) policatenaenxofre, S_n; (c) E_4^{2+}, E = S, Se, Te; (d) E_8^{2+}, E = S, Se, Te; e (e) Te_6^{4+}.

torno de 1.000 átomos de selênio. No entanto, o alótropo mais estável é a forma cinza-metálica composta de cadeias poliméricas helicoidais como as do enxofre plástico. O alótropo mais estável do telúrio é uma forma branco-prateada metálica que também contém hélices. O polônio existe em dois retículos metálicos, um é cúbico e o outro, uma forma romboédrica simples. (Veja Figura 7.16 para ilustrações desses tipos de cristal.)

Policátions e poliânions

Há um número surpreendentemente grande de cátions e ânions catenados na química do enxofre, do selênio e do telúrio. No fim do século XVIII, quando esses elementos foram adicionados ao oleum (H_2SO_4 puro com SO_3 adicional), várias soluções coloridas e brilhantes foram produzidas, dependendo do calcogênio usado, da força do oleum e do tempo decorrido. Sabemos hoje que as cores dessas soluções correspondem à presença de policátions usualmente de fórmula geral E_n^{2+}. Por exemplo, quando E = S, n pode ser 4 (amarelo), 8 (azul) e, o mais incrível, 19 (vermelho). O último é constituído de dois anéis S_7 conectados por uma cadeia de pentaenxofre, S_5. Quando E é selênio, n pode ser 4 (amarelo), 8 (verde) e 10 (vermelho). Análogo ao cátion S_{19}^{2+}, o Se_{17}^{2+} surgiu como um dos mais novos membros da família Se_n^{2+}. Sua estrutura é similar à do cátion S_{19}^{2+}, mas a cadeia de conexão tem apenas três átomos de calcogênios, em vez dos cinco do análogo de enxofre. Os policátions de telúrio são numerosos e incluem Te_n^{x+}, em que $n = 6$ e 8, $x = 2$ e 4. O Te_6^{4+} tem uma estrutura prismática trigonal, enquanto o Te_8^{4+} é mais semelhante a um cubo. O telúrio também forma cadeias poliméricas catiônicas, por exemplo, $(Te_4^{2+})_n$ e $(Te_6^{2+})_n$. Algumas estruturas representativas desses cátions são mostradas nas figuras 17.6c a 17.6e. Vários métodos e contra-ânions estão disponíveis para a síntese desses policátions.

O *ouro dos tolos*, ou pirita de ferro, FeS_2, talvez seja o polissulfeto mais popular, contendo unidades aniônicas discretas S_2^{2-} em um retículo alongado de cloreto de sódio (veja Figura 7.22). Outros ânions polissulfetos de fórmula geral S_n^{2-} ($n = 3$ e 4) podem ser produzidos aquecendo o enxofre com vários sulfetos aquosos dos Grupos 1A e 2A. Outros métodos mais complicados produziram espécies com $n = 5$ e 6. Como os policátions, esses compostos geralmente são muito coloridos. Ânions polisselenetos e politeluretos são menos comuns, mas os ânions E_3^{2-} são conhecidos em ambos os casos.

Haletos e hidretos catenados

Os haletos de enxofre catenados têm a fórmula geral S_nX_m. O fluoreto, o cloreto e o brometo para os quais $m = n = 2$ estão bem caracterizados. O cloreto e o brometo são produzidos pela reação direta do halogênio

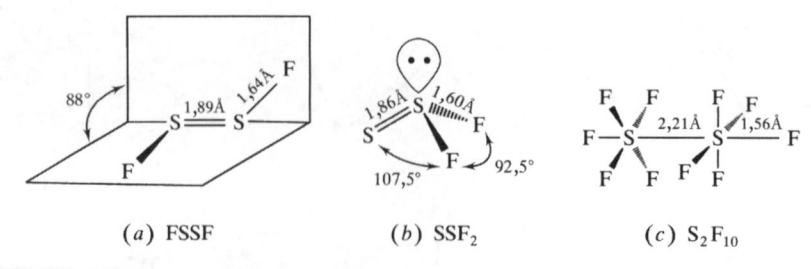

FIGURA 17.7

Fluoretos de enxofre catenados. (a) Difluoreto de dienxofre, FSSF; (b) fluoreto de tiotionila, SSF$_2$, e (c) decafluoreto de dienxofre, S$_2$F$_{10}$.

com o enxofre. O S$_2$Cl$_2$, um líquido laranja com um indescritível odor repugnante, foi estudado por Scheele nos anos 1770. Ele é usado agora em grandes quantidades na vulcanização da borracha. A reação do S$_2$Cl$_2$ com o fluoreto de potássio pode ser controlada para produzir S$_2$F$_2$, que existe como dois isômeros estruturais, FSSF e SSF$_2$. As estruturas dessas duas moléculas são mostradas nas figuras 17.7a e 17.7b. Ambas têm ligações S—S muito curtas, indicando um grande grau de caráter de dupla-ligação. Outros haletos incluem S$_2$F$_4$ e os cloretos com valores de n até 100. S$_2$F$_{10}$, um gás muito tóxico, pode ser produzido como subproduto da fluoração do enxofre. Sua estrutura é mostrada na Figura 17.7c. Haletos catenados de selênio e de telúrio são muito mais difíceis de preparar; apenas Se$_2$Cl$_2$ e Se$_2$Br$_2$ foram bem caracterizados.

Os hidretos catenados de enxofre são conhecidos como *polissulfanos*, de fórmula geral H$_2$S$_n$, $n = 2-8$. Estes consistem em cadeias não ramificadas de átomos de enxofre com átomos de hidrogênio nas extremidades. Alguns desses líquidos amarelos reativos podem ser preparados aquecendo sulfetos com enxofre e, depois, acidificando, como mostrado na Equação (17.15), mas vários métodos mais sofisticados foram desenvolvidos a partir de 1950 e incluem o tratamento de S$_n$Cl$_2$ com H$_2$S, como mostrado na Equação (17.16):

$$\text{Na}_2\text{S} \cdot 9\text{H}_2\text{O}(s) + (n-1)\text{S}(s) + 2\text{HCl}(aq) \longrightarrow 2\text{NaCl}(aq) + \text{H}_2\text{S}_n(l)$$
$$+ 9\text{H}_2\text{O} \quad (n = 4-7) \quad \boxed{17.15}$$

$$\text{S}_n\text{Cl}_2(l) + 2\text{H}_2\text{S}(l) \longrightarrow 2\text{HCl}(g) + \text{H}_2\text{S}_{n+2}(l) \quad \boxed{17.16}$$

Oxiácidos catenados e sais correspondentes

A Tabela 17.2 mostra as fórmulas dos oxiácidos catenados de enxofre e uma estrutura de ressonância para cada ânion correspondente. Note, na tabela, que nem todos os ácidos existem no estado livre, mas todos os ânions são bem conhecidos. Nenhum desses ácidos ou ânions tem análogos de selênio ou telúrio nos quais todos os átomos de enxofre são substituídos por um congênere mais pesado.

O ácido tiossulfúrico, H$_2$S$_2$O$_3$, não pode ser preparado como o ácido livre em solução aquosa, mas o íon tiossulfato pode ser preparado levando à ebulição enxofre elementar com soluções aquosas de sulfito, como representado na Equação (17.17):

$$\text{S}(s) + \text{SO}_3^{2-}(aq) \underset{}{\overset{\text{ebulição}}{\rightleftarrows}} \text{S}_2\text{O}_3^{2-}(aq) \quad \boxed{17.17}$$

dπ - pπ

Observe que essa reação é reversível. Se ácido for adicionado a uma solução aquosa contendo o íon tiossulfato em equilíbrio com enxofre e sulfito, o íon hidrogênio reage com o sulfito, produzindo água e dióxido de enxofre gasoso. O gás escapa da solução e a reação se desloca para a

TABELA 17.2
Alguns oxiácidos catenados representativos e ânions correspondentes

Ácido	Fórmula	Sal	Estrutura[a]
Tiossulfúrico	$H_2S_2O_3$	Tiossulfato, $S_2O_3^{2-}$	(2,01 Å)
Ditionoso[b]	$H_2S_2O_4$	Ditionito, $S_2O_4^{2-}$	S—O = 1,47 Å; 2,39 Å
Ditiônico	$H_2S_2O_6$	Ditionato, $S_2O_6^{2-}$	S—O = 1,51 Å; 2,15 Å
Politiônico[c]	$H_2S_{n+2}O_6$	Politionato, $S_{n+2}O_6^{2-}$	S—O = 1,43 Å; para $n = 2$, $S_4O_6^{2-}$ (tetrationato)

[a] Uma estrutura de ressonância mostrada.
[b] Ácido livre desconhecido.
[c] Ângulo diédrico = 15°.

esquerda para compensar. Esse é um ótimo exemplo do princípio de Le Châtelier. O $S_2O_3^{2-}$ é um ânion tetraédrico diretamente análogo ao sulfato, mas com um oxigênio substituído por um átomo de enxofre. Como esperado, a ligação S—O parece ter um significativo caráter de ligação dupla ($d\pi$-$p\pi$), assim como a ligação S—S, embora as evidências sejam menos convincentes. Note que o estado de oxidação médio do enxofre no tiossulfato é +2, mas um exame mais cuidadoso da estrutura de Lewis desse ânion revela que o átomo de enxofre central é +4, enquanto o periférico é 0. (Cético? Tente verificar essa afirmação.)

O uso do tiossulfato de sódio como o hipo (fixador) em fotografia em preto e branco é descrito no Capítulo 6 (Seção 6.1). Ele também é um agente redutor moderadamente forte e é usado rotineiramente para determinar a quantidade de iodo produzida em vários procedimentos analíticos quantitativos geralmente referidos por *iodometria*. A reação do tiossulfato com o iodo é mostrada na Equação (17.18):

$$2S_2O_3^{2-}(aq) + I_2(aq) \longrightarrow S_4O_6^{2-}(aq) + 2I^-(aq) \quad \mathbf{17.18}$$

O tetrationato, $S_4O_6^{2-}$, é um politionato, que é descrito no fim desta seção.

O ácido ditionoso livre, $H_2S_2O_4$, não é conhecido, mas seus sais (estado de oxidação do enxofre = +3) podem ser preparados pela redução de sulfitos (S = +4) com zinco em pó, como mostrado na Equação (17.19):

$$2SO_3^{2-}(aq) + Zn(s) + 4H^+(aq) \xrightarrow{SO_2} Zn^{2+}(aq) + S_2O_4^{2-}(aq) + 2H_2O \quad \mathbf{17.19}$$

A estrutura do ânion ditionito, $S_2O_4^{2-}$ (veja Tabela 17.2), é digna de nota devido à (1) ligação S—S mais longa (2,39 Å) entre todos os compostos catenados S—S e (2) a sua estrutura de "balanço de *playground*", que apresenta os pares isolados em cada átomo de enxofre muito próximos uns dos outros. Soluções de ditionato são agentes redutores bons e rápidos em solução básica. Seu potencial padrão de redução em relação ao sulfito em solução básica é de $-1,12$ V.

Sais de ditionato podem ser preparados oxidando soluções ácidas de sulfito com dióxido de manganês, como mostrado na Equação (17.20). O íon ditionato, $S_2O_6^{2-}$, é estável em solução e é útil como um contraíon moderadamente grande para precipitar cátions de tamanho similar. O ácido ditiônico livre, $H_2S_2O_6$, pode ser preparado tratando soluções de ditionato com ácido, como representado na Equação (17.21):

$$MnO_2 + 2SO_3^{2-} + 4H^+ \longrightarrow Mn^{2+} + S_2O_6^{2-} + 2H_2O \qquad \textbf{17.20}$$

$$BaS_2O_6(aq) + H_2SO_4(aq) \longrightarrow H_2S_2O_6 + BaSO_4(s) \qquad \textbf{17.21}$$

Há uma variedade de politionatos, $[O_3S-S_n-SO_3]^{2-}$, em que n pode variar de 0 (ditionato) até em torno de 20. Os ânions com valores de n menores são identificados com referência ao número total de átomos de enxofre; por exemplo, $S_3O_6^{2-}$ é o tritionato e $S_4O_6^{2-}$ é o tetrationato. A estrutura do último é dada na Tabela 17.2 como um politionato representativo. Nenhum dos ácidos correspondentes é estável. Análogos de selênio dos politionatos, os quais todos os átomos de enxofre são substituídos pelo congênere mais pesado, não existem, mas compostos com a fórmula geral $[O_3S-Se_n-SO_3]^{2-}$, $n = 2-6$, existem.

17.4 NITRETOS DE ENXOFRE

Atualmente, compostos de enxofre-nitrogênio são tema de intensa pesquisa. Estruturalmente, esses compostos trazem à memória os alótropos de enxofre discutidos na última seção, mas sua preparação e propriedades não são facilmente racionalizadas.

O tetranitreto de tetraenxofre, S_4N_4, um sólido amarelo-alaranjado à temperatura ambiente facilmente detonado, foi preparado pela primeira vez em 1835 e permanece como ponto de partida para um grande número de outros compostos S—N. Uma maneira de preparar S_4N_4 é borbulhando gás amônia por meio de uma solução não aquosa de S_2Cl_2, como mostrado na Equação (17.22),

$$6S_2Cl_2 + 16NH_3 \xrightarrow[50\,°C]{CCl_4} S_4N_4 + S_8 + 12NH_4Cl \qquad \textbf{17.22}$$

mas o mecanismo dessa e de outras reações de síntese não está claro.

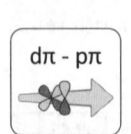

A estrutura do S_4N_4, mostrada na Figura 17.8a, permaneceu desconhecida por mais de um século após ele ter sido preparado pela primeira vez. Verifica-se que ele tem uma estrutura que lembra a do S_8 e do S_8^{2+}, mas com um arranjo quadrático dos nitrogênios tendo o mesmo centro geométrico que um tetraedro de átomos de enxofre. Todas as ligações S—N têm um comprimento intermediário entre os de uma ligação simples (1,74 Å) e os de uma dupla (1,54 Å) (esta última envolvendo uma ligação $d\pi$-$p\pi$), implicando uma deslocalização considerável em torno do anel.

As distâncias S—S (mostradas com linhas tracejadas) são também muito curtas para átomos não ligados, implicando uma interação fraca entre esses átomos de enxofre transanelares (do outro lado do anel). Se S_4N_4 for aquecido no vácuo e passado por uma "lã" de prata, como representado na Equação (17.23),

$$2S_4N_4 + 8Ag \xrightarrow{250-300\,°C} 4Ag_2S(s) + 2N_2(g) + 2S_2N_2(s) \qquad \textbf{17.23}$$

cristais incolores e explosivos de dinitreto de dienxofre, S_2N_2, podem ser aprisionados por rápido resfriamento do vapor resultante. Esse composto tem a forma quadrática, isoestrutural com S_4^{2+}, mostrada na Figura 17.8b.

FIGURA 17.8

Compostos de enxofre-nitrogênio. (a) Tetranitreto de tetraenxofre, S_4N_4; (b) dinitreto de dienxofre, S_2N_2; (c) nitreto de enxofre polimérico, $(SN)_x$; (d) tricloreto de tritiazila, $(NSCl)_3$, e (e) tetrafluoreto de tetratiazila $(NSF)_4$.

Se o S_2N_2 for aquecido até 0 °C e deixado em repouso por vários dias, um polímero fibroso e metálico de nitreto de enxofre, $(SN)_x$, é produzido. A estrutura desse polímero, que lembra a do enxofre plástico, é mostrada na Figura 17.8c. Observe que ele pode ser visto como unidades S_2N_2 adjacentes cujas ligações foram rearranjadas para formar uma cadeia quase plana de átomos de enxofre e de nitrogênio se alternando. Novamente, as ligações S—N têm comprimentos intermediários, implicando deslocalização completa da densidade eletrônica ao longo do eixo do polímero. Esse material atua extraordinariamente como o que podemos chamar de metal unidimensional. Por exemplo, ele possui uma cor metálica bronze-dourada quando visto de um lado, mas é preto e liso quando visto a partir da extremidade. Além disso, ele conduz eletricidade tão bem quanto o mercúrio, mas apenas ao longo do eixo polimérico. Ainda mais intrigante, quando é resfriado a quase zero absoluto, ele perde sua resistência elétrica totalmente e se torna um supercondutor.

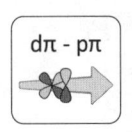

Vários derivados desses compostos foram preparados em grande número nos últimos poucos anos. Por exemplo, veja os ciclotiazenos (análogos aos ciclofosfazenos) $(NSCl)_3$ e $(NSF)_4$ mostrados nas figuras 17.8d e 17.8e. O derivado clorado tem ligações S—N deslocalizadas, mas o $(NSF)_4$ tem os comprimentos das ligações S—N desiguais, implicando ligações S—N e S=N mais localizadas, a última com interações $d\pi$-$p\pi$ plenas constituindo a segunda ligação. Acrescentando a essa crescente lista de derivados, há também uma grande variedade de espécies S_xN_y neutras, catiônicas e aniônicas. Pesquisas continuam sendo feitas para entender a natureza das ligações e a química das reações desses compostos de enxofre-nitrogênio.

17.5 REAÇÕES E COMPOSTOS DE IMPORTÂNCIA PRÁTICA

Baterias de sódio-enxofre

Está claro que precisamos diminuir nossa dependência de combustíveis fósseis. Para informações sobre os problemas causados pela queima desses combustíveis, veja Seção 11.6, sobre o papel do dióxido de carbono no aquecimento global, a Seção 16.5, sobre o *smog* fotoquímico, e a próxima seção deste capítulo (Seção 17.6), sobre chuva ácida. O que substituirá a queima de combustíveis fósseis como fonte de energia? Alguns defenderam uma nova geração de usinas nucleares, mas já vimos que o armazenamento de longo prazo de produtos da fissão na Montanha Yucca foi colocado em questão (veja Seção 13.3). No Capítulo 10 (Seção 10.6), discutimos duas fontes de energia promissoras do futuro: a economia do hidrogênio e a fusão nuclear. No entanto, mesmo em condições ideais, vai levar muito tempo antes que essas fontes de energia possam causar impacto na satisfação de nossas demandas. Nesse meio tempo, para realizar a transição entre o antigo e o novo, precisamos encontrar formas de fazer que fontes renováveis de energia, como a eólica, a hidroelétrica e a solar, tenham um papel mais importante. Verificou-se que as baterias de sódio-enxofre (NaS) são idealmente adequadas para nos ajudar a usar melhor essas fontes renováveis de energia e construir uma ponte para nosso futuro energético.

Uma célula de uma bateria de sódio-enxofre é mostrada esquematicamente na Figura 17.9a. Ela consiste de ânodo (negativo) interno composto de sódio líquido e um cátodo (positivo) externo de enxofre líquido (com um pouco de grafite adicionada para que tenha alguma condutividade elétrica). Entre os dois eletrodos há um eletrólito cerâmico sólido de β-Al_2O_3 que permite que os íons o atravessem, enquanto mantém os dois líquidos separados. A temperatura de operação da célula é de cerca de 350 °C.

Durante a operação da bateria, átomos de sódio são oxidados; isto é, eles perdem seus elétrons que, por sua vez, passam pelo circuito externo (dessa forma fornecendo energia elétrica) ao enxofre, que é reduzido a uma variedade de polissulfetos, S_n^{2-}. Os íons sódio produzidos no sódio líquido passam pelo eletrólito de β-Al_2O_3 para dentro do enxofre líquido e funcionam como contracátions. Portanto, conforme a bateria descarrega, o sódio é exaurido no cátodo e a concentração de polissulfeto de sódio no ânodo aumenta.

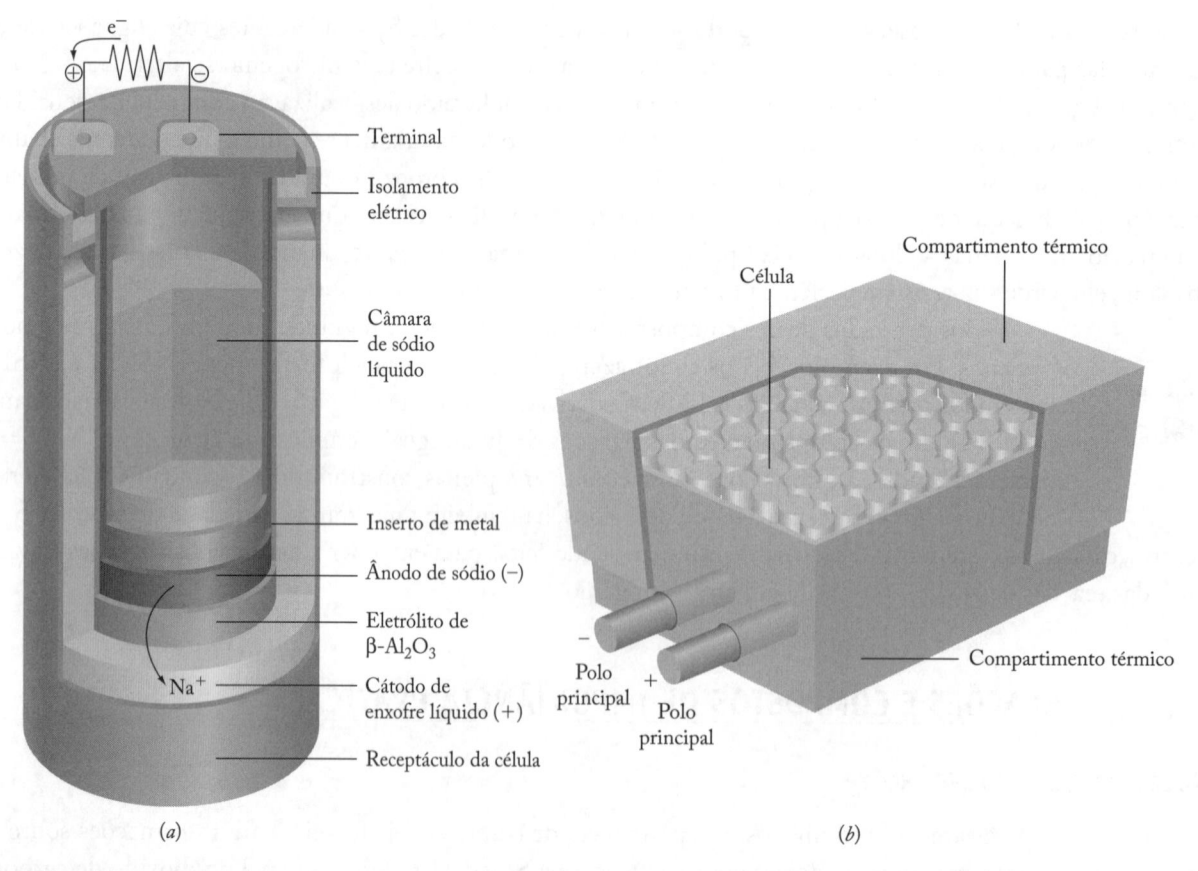

FIGURA 17.9

A bateria de sódio-enxofre (NaS). (*a*) Uma única célula com um ânodo de sódio líquido e um cátodo de enxofre líquido separados por um eletrólito sólido de β-Al_2O_3. (*b*) Múltiplas células de NaS em uma caixa isolada por vácuo.

A reação global da célula é mostrada na Equação (17.24):

$$2\text{Na}(l) + \frac{n}{8}\text{S}_8(l) \longrightarrow \text{Na}_2\text{S}_n(l) \quad (E° = 2{,}08\text{ V})$$

17.24

A célula será recarregada revertendo a direção da corrente.

Como mostrado na Figura 17.9b, um grande número dessas baterias de NaS pode ser agrupado em um local. Durante seus vários ciclos de carga/descarga, calor suficiente é produzido para manter temperaturas de operação adequadas, de forma que não é necessária nenhuma fonte externa de calor.

Os sistemas de baterias de NaS são relativamente compactos, de longa duração (15 anos) e eficientes (> 75%). Muitas companhias de serviços públicos (primeiro no Japão e, hoje em dia, em muitas localidades nos Estados Unidos) estão construindo esses sistemas de baterias para armazenar a energia produzida por parques eólicos, usinas hidroelétricas e arranjos para a produção de energia solar. A energia eólica, em particular, é notória por sua natureza intermitente. Os ventos tipicamente sopram com maior força à noite, quando as demandas são baixas, mas durante o calor do dia (particularmente em dias de verão), os ventos diminuem e as turbinas desaceleram e até mesmo param. Conjuntos de baterias de NaS estão sendo construídos para armazenar a energia eólica gerada à noite para o uso durante o dia, quando a demanda de energia é alta. Sistemas similares estão em fase de testes em instalações hidroelétricas e solares.

Nesse momento em que precisamos reduzir nossa dependência de combustíveis fósseis e as emissões de dióxido de carbono que os acompanham que são a principal força impulsionadora do aquecimento global, o uso dessas baterias em conjunção com fontes renováveis de energia tem o potencial para gerar um impacto significativo. Essas baterias não emitem nenhum gás poluente e, além disso, não vibram nem emitem nenhum barulho.

Além de seu uso como descrito acima, versões menores de baterias de NaS são excelentes candidatas para uso em satélites e veículos espaciais. Quando satélites estão no lado escuro da Terra, eles precisam de baterias poderosas para continuar a operar normalmente os sistemas de comunicação e navegação supridos por energia solar. As relativamente baratas, leves e duráveis baterias de NaS são excelentes candidatas para esse tipo de aplicação. Elas já foram testadas em voos de ônibus espaciais e funcionaram com sucesso.

Usos fotoelétricos do selênio e do telúrio

O selênio e o telúrio são ambos semicondutores fotossensíveis; isto é, suas condutividades elétricas são notavelmente maiores quando expostos à luz. Na linguagem da teoria de bandas, a radiação eletromagnética pode promover elétrons das bandas de valência para as bandas de condução. (Veja Seção 15.5 para mais informações sobre a teoria de bandas e semicondutores.) Essa propriedade faz que ambos os elementos (e alguns de seus compostos) sejam de interesse para aplicações como células fotoelétricas, células solares, transistores e retificadores, como discutimos no Capítulo 15, e também para o processo xerográfico, ou o que é mais comumente conhecido por fotocópia.

Como descrito anteriormente, o germânio e o silício são semicondutores intrínsecos. Ao dopá-los com elementos do Grupo 5A (ou mesmo 6A), são produzidos semicondutores do tipo n, enquanto a adição de elementos do Grupo 3A (ou mesmo 2B) produz os do tipo p. Além desses materiais, compostos com iguais quantidades em mol de elementos 3A e 5A, chamados *compostos* III-V (devido à nomenclatura antiga por numerais romanos para os grupos da tabela periódica), são bons semicondutores. Por exemplo, o arseneto de gálio (GaAs) é um importante semicondutor III-V em supercomputadores. Compostos II-VI são frequentemente feitos com elementos do Grupo 2B (zinco, cádmio e mercúrio) e do Grupo 6A (particularmente enxofre, selênio e telúrio). Sulfeto de zinco (ZnS), seleneto de zinco (ZnSe), telureto de zinco (ZnTe), seleneto de cádmio (CdSe) e seleneto de mercúrio(II) (HgSe) são todos exemplos de semicondutores II-VI. O seleneto de cádmio é particularmente sensível à luz visível e é usado para ativar a iluminação pública no fim do dia e em medidores de exposição de câmeras. Outros compostos são mais sensíveis à luz infravermelha e podem ser usados para monitorar perdas de calor em construções e até mesmo em sistemas de diagnóstico para detecção precoce de câncer de mama. (Células tumorais produzem mais calor que células normais.)

A xerografia (derivada das palavras em grego para "escrita a seco"), desenvolvida por C. F. Carlson a partir dos anos 1930, dependia exclusivamente da sensibilidade à luz de filmes finos de selênio amorfo. Nesse processo, uma lâmpada de alta intensidade emite uma forte luz que contrasta a imagem clara e escura do documento a ser copiado no filme. Áreas do fotossensível selênio (ou, hoje em dia, outro composto fotossensível) expostas à luz são carregadas em extensões diferentes das áreas não expostas. Essas gradações de carga são transferidas ao papel (ou talvez a uma parte transparente de filme de retroprojetor) e então um *toner* carregado, que adere apenas a áreas escuras, é adicionado. O papel ou filme é brevemente aquecido para fundir o toner permanentemente ao material da cópia terminada. O toner pode ser preto ou, em um processo cada vez mais comum, de várias cores para produzir uma imagem plenamente colorida.

Ácido sulfúrico

Não podemos finalizar uma seção sobre a importância prática de compostos dos elementos do Grupo 6A sem discutir a produção industrial e os usos do ácido sulfúrico. Grandes quantidades (mais de 10^8 toneladas) desse multifacetado ácido forte mineral são produzidas mundialmente todo ano. Ele está tão intricadamente envolvido com uma grande variedade de processos de produção que a quantidade produzida por um país é frequentemente considerada um dos indicadores de desenvolvimento econômico mais confiáveis.

O ácido sulfúrico é produzido pelo processo de contato. Como discutido anteriormente, a queima do enxofre ou a ustulação de sulfetos [Equação (17.4)] são as duas mais importantes fontes de dióxido de enxofre. A oxidação do dióxido de enxofre a trióxido de enxofre é executada por um sistema catalítico multiestágios no qual o dióxido e o gás oxigênio (como ar) estão em contato com um catalisador de V_2O_5 a várias temperaturas. A conversão do anidrido ácido trióxido de enxofre é mais complicada do que se poderia esperar. Apenas a simples adição de água ao trióxido produz uma névoa de H_2SO_4 que é difícil de condensar. Em vez disso, o trióxido é passado através do próprio ácido sulfúrico produzindo oleum, que pode ser representado como o ácido dissulfúrico ou pirossulfúrico, $H_2S_2O_7$, como mostrado na Equação (17.25). O último pode ser prontamente hidrolisado a uma solução aquosa com 98% de ácido sulfúrico, como representado na Equação (17.26):

$$SO_3(g) + H_2SO_4(aq) \longrightarrow H_2S_2O_7(aq) \qquad \textbf{17.25}$$

$$H_2S_2O_7(aq) + H_2O(l) \longrightarrow 2H_2SO_4(aq) \qquad \textbf{17.26}$$

O ácido sulfúrico tem uma variedade de aplicações tão grande que é difícil fazer uma boa apreciação de seu difundido papel na indústria química. Mais da metade dele é usado para produzir superfosfato e outros fertilizantes (veja Seção 16.4). Outros importantes usos incluem a fabricação de ácido clorídrico a partir do sal comum, representado nas Equações (17.27) e (17.28),

$$NaCl(s) + H_2SO_4(l) \longrightarrow HCl(g) + NaHSO_4(s) \qquad \textbf{17.27}$$

$$HCl(g) \xrightarrow{H_2O} HCl(aq) \qquad \textbf{17.28}$$

e como eletrólito nas baterias de chumbo (veja Seção 15.4). Outros produtos comerciais fabricados com o auxílio do ácido sulfúrico incluem detergentes, medicamentos, corantes, explosivos, inseticidas, ligas metálicas, papel, produtos derivados do petróleo, pigmentos e plásticos.

17.6 TÓPICO SELECIONADO PARA APROFUNDAMENTO: CHUVA ÁCIDA

A chuva ácida é um dos quatro principais problemas de poluição ambiental enfrentados pela sociedade moderna. Os outros são o *smog* fotoquímico (Seção 16.5), a destruição da camada de ozônio (Seções 11.5 e 18.6) e o aquecimento global (Seção 11.6). Nos capítulos anteriores, tivemos contato com os assuntos relacionados à chuva ácida: (1) *Smog* de Londres (Seção 16.5), que envolve ácido sulfúrico derivado da queima de carvão com alto conteúdo de enxofre; (2) lepra da pedra (Seção 13.4), o efeito da chuva ácida em construções e estátuas compostas de $CaCO_3$ (mármore ou calcário), e (3) o uso da cal e do calcário em depuradores (Seção 13.4) projetados para controlar a liberação de óxidos de enxofre por chaminés de grandes usinas de eletricidade.

A *chuva ácida* pode ser definida como a precipitação aquosa (chuva, neve, névoa, neblina etc.) que se tornou ácida por óxidos de enxofre e de nitrogênio. Ela é parte de um problema geral conhecido como *deposição ácida*, um termo que também inclui a *deposição seca* na forma de gases SO_2 e NO_x e sólidos, como o bissulfato de amônio, NH_4HSO_4. A principal fonte de deposição ácida começa com o dióxido de enxofre (e um pouco de trióxido de enxofre) liberado para a atmosfera por vários processos industriais. O mais importante deles é a queima de combustíveis fósseis, principalmente carvão, para produzir eletricidade. A porcentagem de enxofre no carvão varia de 0,5% a 5,0%. Nos Estados Unidos, o carvão do leste do rio Mississipi contém significativamente mais enxofre que o carvão do oeste, embora o último forneça menos energia. A queima de carvão contendo enxofre é responsável por 50-60% das fontes humanas de dióxido de enxofre. O conteúdo de enxofre dos óleos também varia, e o refino e a queima são responsáveis por mais 25-30% do SO_2 antropogênico (produzido por humanos). Fundições de cobre [veja Equações (17.4) e (17.6)] são responsáveis por 10-15%, enquanto a produção de ácido sulfúrico é responsável por apenas 1-3%. O efeito líquido desses processos antropogênicos é a liberação de algo em torno de 75-80 milhões de toneladas de SO_2 para a atmosfera por ano. Isso é cerca de duas vezes a quantidade liberada por processos naturais, que incluem biodegradação e atividade vulcânica.

A oxidação atmosférica do dióxido de enxofre ao trióxido ainda é tema de pesquisa intensa, mas parece ser realizada por algumas séries complexas de reações. (A reação não catalisada do dióxido de enxofre com o oxigênio atmosférico é extremamente lenta e não é considerada um fator significativo.) As rotas reacionais mais prováveis incluem o efeito fotoquímico da luz ultravioleta, a catálise heterogênea (sólido/gasoso) da reação direta SO_2/O_2 por partículas de poeira e reações envolvendo outros oxidantes, como o radical hidroxila (OH) e o ozônio (O_3). A produção de radicais hidroxila foi abordada de modo breve anteriormente na nossa discussão sobre *smog* fotoquímico. [Naquela seção, discutimos como os radicais OH são produzidos quando o oxigênio atômico reage com moléculas de água. Veja Equação (16.62) e a discussão que a acompanha.] Para complicar mais o processo, outras reações regeneram o radical hidroxila, mantendo ativo o ciclo de produção de ácido.

Uma sequência de reações em duas etapas representando o papel dos grupos hidroxila na oxidação do dióxido de enxofre diretamente a ácido sulfúrico é mostrada na Equação (17.29). Alternativamente, o SO_3H pode reagir com o oxigênio diatômico e a água, produzindo o ácido, como mostrado nas equações (17.30) e (17.31).

$$SO_2(g) + OH(g) \longrightarrow SO_3H \longrightarrow H_2SO_4(\text{aerossol}) \qquad (17.29)$$

$$SO_3H + O_2(g) \longrightarrow HO_2 + SO_3 \qquad (17.30)$$

$$SO_3 + H_2O \longrightarrow H_2SO_4(\text{aerossol}) \qquad (17.31)$$

Outra rota SO_2-a-H_2SO_4 pode ser iniciada pela fotodissociação do ozônio troposférico a oxigênio molecular e atômico, como mostrado na Equação (17.32). O oxigênio atômico, então, reage com o dióxido de enxofre, produzindo o trióxido [Equação (17.33)] que, por sua vez, se combina com a água, formando o ácido sulfúrico em forma de aerossol.

$$O_3(g) \xrightarrow{h\nu} O_2(g) + O$$ **17.32**

$$O + SO_2(g) \longrightarrow SO_3(g)$$ **17.33**

O ácido nítrico é outro importante componente da chuva ácida. Embora o carvão realmente contenha algum nitrogênio que é liberado durante sua combustão, a mais importante fonte de HNO_3 é a reação dos gases oxigênio e nitrogênio atmosféricos a altas temperaturas (cerca de 1.650 °C), necessárias para a combustão eficiente do carvão. Essa reação [veja Equação (16.26) e também Equação (16.29) na Tabela 16.5, assim como Equação (16.37) na Tabela 16.7] produz grandes quantidades de vários óxidos de nitrogênio, NO e NO_2, referidas coletivamente por NO_x. Esses óxidos entram no mesmo ciclo de reações envolvendo radicais hidroxila e acabam sendo oxidados a ácido nítrico.

Os ácidos anteriores se concentram na atmosfera, particularmente nas bases das nuvens, e se espalham para longe e por grandes áreas pelos ventos existentes em uma dada área geográfica. Óxidos de enxofre e nitrogênio emitidos por usinas que queimam carvão no meio-oeste norte-americano são considerados os principais responsáveis pela queda do pH da água da chuva no nordeste dos Estados Unidos (e leste do Canadá), de valores naturais em torno de 5,5-6,0 para valores tão baixos quanto 3,5. (Para os Estados Unidos, veja os valores de pH na Figura 17.10. Em um caso raro, o pH da chuva na Floreta Experimental Hubbard Brook nas Montanhas Brancas de New Hampshire foi registrado como sendo tão baixo quanto 2,1!) O sul da Escandinávia, a região da Floresta Negra na Alemanha e o sudoeste da Polônia têm sofrido de forma similar, com fontes de óxidos de enxofre e de nitrogênio vindas da Inglaterra e do norte da Europa.

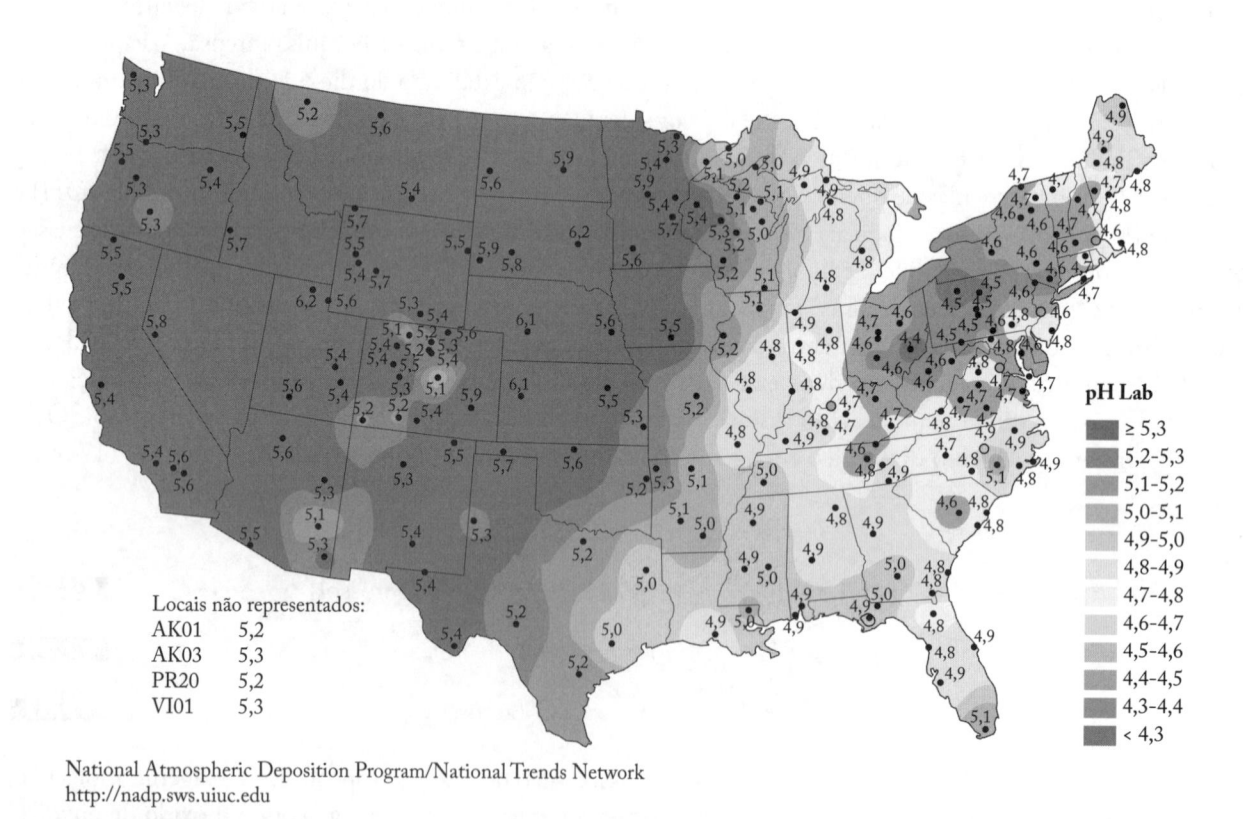

FIGURA 17.10

O efeito da chuva ácida nos Estados Unidos, 2008. O pH médio da água da chuva é mostrado por linhas de contorno. (Fonte: National Atmospheric Deposition Program/National Trends Network http://nadp.sws.uiuc.edu).

Em áreas de grande altitude, como as Montanhas Adirondack de Nova York, as florestas são banhadas diretamente por nuvens altamente ácidas, ou *neblina ácida*. Os efeitos devastadores nessas florestas têm sido bem documentados. Quando a chuva ácida cai em áreas com pouca capacidade natural de neutralizá-la, sabe-se que o pH de lagos e lagoas cai para valores tão baixos quanto 5,2, e a vida aquática e vegetal tem sofrido grandemente.

Como a chuva ácida pode ser controlada? Assumindo que precisaremos continuar a queimar nossos vastos recursos de carvão para produzir eletricidade, algumas ações devem ser tomadas para controlar os efeitos da chuva ácida: (1) redução severa ou interrupção completa do uso de carvão com alto teor de enxofre, (2) remoção do enxofre do carvão antes de queimá-lo, (3) modificação do processo de combustão para minimizar as quantidades de óxidos de nitrogênio produzidas, (4) remoção dos óxidos de enxofre e de nitrogênio dos efluentes de usinas produtoras de eletricidade antes que eles sejam emitidos para a atmosfera ou (5) neutralização da acidez já dispersa sobre vastas regiões geográficas. A primeira e a última ações são usualmente descartadas por serem inviáveis, mas muita pesquisa tem sido feita, mantendo a promessa de um progresso significativo em relação às ações 2, 3 e 4.

A remoção do enxofre do carvão antes da combustão pode ser executada pela lavagem física ou mesmo pela centrifugação das piritas de ferro, FeS_2, que contêm enxofre, do carvão pulverizado antes da combustão. As versões mais recentes de tais unidades são chamadas de *separadores por gravidade aumentada*. Modificações no processo de combustão que diminuem as temperaturas das caldeiras provaram diminuir as quantidades de NO_x produzidas. A queima de uma pequena quantidade de gás natural com o carvão é uma maneira de diminuir tais temperaturas. O uso de catalisadores seletivos também promove a redução do NO_x pelo metano (gás natural).

A dessulfurização de gases de combustão (DGC) é a melhor maneira de remover o dióxido de enxofre de usinas produtoras de eletricidade que usam combustíveis fósseis. A DGC comumente usa depuradores tanto secos quanto úmidos. Em depuradores úmidos, uma pasta de calcário, $CaCO_3$, ou cal hidratada $Ca(OH)_2$ é pulverizada na chaminé, convertendo o dióxido de enxofre em sulfito de cálcio. Observe que a cal com quantidades significativas de água é mais precisamente representada por $Ca(OH)_2$. A cal, CaO, um anidrido básico, se combina com a água produzindo $Ca(OH)_2$. As duas reações para os depuradores úmidos são representadas nas Equações (17.34) e (17.35).

$$CaCO_3(pasta) + SO_2(g) \longrightarrow CaSO_3(s) + CO_2(g) \quad \text{17.34}$$

$$Ca(OH)_2(pasta) + SO_2(g) \longrightarrow CaSO_3(s) + H_2O(g) \quad \text{17.35}$$

Os produtos do depurador úmido eram inicialmente difíceis de gerir, mas um progresso considerável foi feito para lidar com esses problemas. Às vezes o sulfito de cálcio pode ser oxidado, produzindo $CaSO_4 \cdot 2H_2O$, ou gesso, que é comercializável. Esse processo, às vezes chamado de "oxidação forçada", é representado na Equação (17.36).

$$CaSO_3(s) + 2H_2O(l) + -O_2(g) \longrightarrow CaSO_4 \cdot 2H_2O(s) \quad \text{17.36}$$

Em depuradores secos, uma pasta aquosa, cuidadosamente controlada de cal finamente dividida – às vezes chamada de *leite de cal*, representada a seguir como CaO(aq) –, é pulverizada sobre os gases de combustão, e água é evaporada. O resultado é uma mistura seca, composta predominantemente de sulfito de cálcio. Esse processo é representado na Equação (17.37).

$$CaO(aq) + SO_2(g) \xrightarrow{\Delta} CaSO_3(s) \quad \text{17.37}$$

A dessulfurização de gases de combustão funciona? Sim, ela realmente funciona – e muito bem. Depuradores úmidos modernos geralmente removem 95% do dióxido de enxofre dos gases de combustão e são particularmente úteis em usinas maiores. Depuradores secos removem um pouco menos do SO_2, em torno de 80%, e são usados mais em usinas menores. Com a instalação de sistemas DGC, as emissões de dióxido de enxofre estão em declínio tanto na Europa quanto nos Estados Unidos. Nos anos 1990, as emissões de dióxido de enxofre nos Estados Unidos foram reduzidas em 22%, ao mesmo tempo que a produção total de eletricidade subiu 50%. Regulamentações para maiores reduções foram implementadas em 2010, com reduções mais rigorosas a partir de 2015.

Depuradores também são usados para prevenir a liberação de óxidos de nitrogênio, NO_x, para o ar. Nesse processo, chamado "redução catalítica seletiva", amônia gasosa é pulverizada sobre os gases de combustão, e a mistura é passada sobre ou através de vários catalisadores de óxidos de metais. O produto é nada mais do que gás nitrogênio. A redução catalítica do NO_2 com a amônia é mostrada na Equação (17.38).

$$6NO_2(g) + 8NH_3(g) \xrightarrow{M_xO_y} 7N_2(g) + 12H_2O \quad \textbf{17.38}$$

Em resumo, a deposição ácida ocorre principalmente devido a óxidos de enxofre e de nitrogênio produzidos em usinas elétricas que queimam carvão e outros combustíveis fósseis. Pesquisas realizadas durante as últimas décadas revelaram que esses óxidos são convertidos em ácidos sulfúrico e nítrico em uma série complexa de reações atmosféricas. A chuva ácida resultante teve efeitos significativos em corpos de água e florestas em grandes altitudes nos Estados Unidos, sudeste do Canadá e muitas partes do norte da Europa. Embora a remoção do enxofre antes da queima dos combustíveis fósseis e a alteração da temperatura das câmaras de combustão ajudem a controlar a produção desses óxidos, as medidas de diminuição mais efetivas envolvem o uso de depuradores úmidos e secos em um processo chamado de dessulfurização de gases de combustão. Esses métodos de controle têm reduzido significativamente a quantidade de óxidos de enxofre (e de nitrogênio) liberados para a atmosfera nos últimos 20 anos. Regulamentações cada vez mais rigorosas estão sendo aplicadas na segunda década do século XXI. O controle da chuva ácida rapidamente está se tornando uma das histórias de sucesso no movimento de proteção ambiental.

RESUMO

O enxofre era conhecido na Antiguidade, mas não foi reconhecido como um elemento até Lavoisier fazer isso no fim do século XVIII. Durante os anos 1890, Frasch desenvolveu métodos de extrair esse elemento amarelo de grandes depósitos subterrâneos. O telúrio foi isolado a partir de um minério de ouro por Müller von Reichenstein e depois por Klaproth. Inicialmente, Berzelius se confundiu ao considerar que era telúrio, em vez de selênio, o elemento presente nos resíduos das cubas de ácido sulfúrico. O radioativo polônio foi descoberto na pechblenda pelos Curies, no fim do século XIX.

As propriedades dos calcogênios estão organizadas por componentes da rede que incluem a lei periódica, a linha metal-não metal e o efeito do par inerte. O enxofre é mais típico dos calcogênios do que o oxigênio, que é um bom exemplo do princípio da singularidade. O enxofre, assim como o fósforo, forma fortes interações $d\pi$-$p\pi$ com elementos como o oxigênio e o nitrogênio. Potenciais padrão de redução revelam que o oxigênio é o melhor agente oxidante entre esses elementos, e essa característica diminui descendo no grupo.

Os hidretos, óxidos e haletos não catenados ilustram ainda mais a explicação das propriedades do grupo pela rede. Os hidretos diminuem em estabilidade termodinâmica e aumentam em força ácida descendo no grupo. O gás sulfeto de hidrogênio é tanto uma ameaça à vida quanto uma substância importante para a vida. Ele é tão perigoso para respirar quanto o cianeto de hidrogênio, mas se mostrou estar presente em quantidades pequenas vitalmente importantes em humanos e em outros mamíferos, como uma molécula gasosa de sinalização que diminui a pressão sanguínea e protege contra doenças cardiovasculares. Ele também tem propriedades anti-inflamatórias e antioxidantes importantes. O dióxido de enxofre, produzido na ustulação de sulfetos metálicos ou pela adição de ácidos a sulfitos, é um anidrido ácido, assim como os análogos de selênio e de telúrio. As ligações no dióxido envolvem interações S—O tanto $p\pi$-$p\pi$ quanto $d\pi$-$p\pi$. O ácido sulfuroso é um ácido diprótico fraco mais bem representado como dióxido de enxofre hidratado. Os ácidos selenoso e teluroso correspondentes são mais fracos que o sulfuroso. A neutralização do ácido sulfuroso produz ânions bissulfito e sulfito. O trióxido de enxofre é um agente oxidante poderoso, e o anidrido ácido do ácido sulfúrico (além de ser um ácido forte) é um bom agente oxidante e desidratante. O ácido selênico é um ácido diprótico mais fraco que o sulfúrico, e o telúrico é ainda mais fraco. O ácido peroxidissulfúrico é um agente oxidante muito forte.

Os haletos não catenados incluem o relativamente inerte hexafluoreto de enxofre e os altamente reativos tetrafluoretos de enxofre, selênio e telúrio. O $SF_6(g)$ é útil como isolantes e em materiais esportivos pressurizados. O $SF_4(g)$ é um agente de fluoração importante. Dois oxi-haletos importantes são o cloreto de tionila e o cloreto de sulfurila. O último é particularmente importante na preparação de haletos metálicos anidros.

Os alótropos do enxofre nas fases sólida, líquida e gasosa incluem uma grande variedade de estruturas dominadas por ligações S—S. Ciclo-octaenxofre, supercadeias entrelaçadas, cadeias helicoidais, anéis de vários tamanhos, moléculas diatômicas e átomos livres caracterizam esse elemento a várias temperaturas. Embora não na mesma extensão que os do enxofre, os alótropos do selênio e do telúrio têm cadeias e anéis catenados similares. Enxofre, selênio e telúrio também existem em uma variedade de policátions e poliânions catenados.

Os haletos de enxofre catenados mais simples têm uma fórmula S_2X_2 (X = F, Cl, Br). O fluoreto é particularmente interessante porque está disponível como dois isômeros estruturais. S_2F_2 e S_2F_{10} também contêm ligações S—S. Se_2Cl_2 e Se_2Br_2 são os únicos haletos de selênio catenados dignos de nota. Os polissulfanos ou hidretos de enxofre de fórmula H_2S_n (n = 2–8) foram preparados. Os oxiácidos catenados incluem o tiossulfúrico, o ditionoso, o ditiônico e os politiônicos. Os oxiânions correspondentes têm uma variedade de propriedades e estruturas. Tanto o tiossulfato quanto o ditionito são agentes redutores moderadamente bons, e o ditionato é estável o suficiente para ser um contra-ânion útil.

Nitretos de enxofre incluem S_4N_4, S_2N_2 e $(SN)_x$. Todos eles são caracterizados por elétrons π deslocalizados e estruturas que lembram os alótropos do enxofre. O nitreto de enxofre polimérico é de interesse particular porque atua como um metal unidimensional. Os ciclotiazenos são análogos aos ciclofosfazenos.

Reações e compostos de importância prática incluem baterias de sódio-enxofre, os usos fotoelétricos do selênio e do telúrio e o ácido sulfúrico. Compactos, de longa duração e eficientes, os sistemas de baterias de sódio-enxofre (NaS) são particularmente úteis para armazenar a energia produzida por parques eólicos e outras fontes de energia renováveis. Selênio e telúrio são semicondutores fotossensíveis úteis como células fotoelétricas, células solares e transistores. O semicondutor II-VI seleneto de cádmio é usado particularmente para detectar luz visível. O processo original de xerografia dependia exclusivamente da condutividade elétrica do selênio, sendo sensível em função da luz. O ácido sulfúrico é fabricado pelo processo de contato e tem um amplo papel na indústria química.

A formação da chuva ácida começa quando o dióxido de enxofre atmosférico é oxidado a trióxido de enxofre em uma série complexa de reações. O SO_3 é, por sua vez, hidrolisado a ácido sulfúrico. Fontes antropogênicas de dióxido de enxofre incluem a queima de carvão, o refino e queima de óleo e a fundição de minérios de cobre. Até que medidas de controle começassem a ser adotadas, o pH da água da chuva no nordeste dos Estados Unidos e em outras áreas na direção do vento que vem dessas fontes caiu a valores entre 3 e 4. As melhores medidas de controle foram os depuradores úmidos e secos. Como resultado da instalação desses dispositivos de dessulfurização dos gases de combustão (DGC), as quantidades de óxidos de enxofre e de nitrogênio liberadas para a atmosfera diminuíram consideravelmente nas últimas décadas.

PROBLEMAS

17.1 Considerando o que você leu nos capítulos 16 e 17, quem inventou a pólvora e os fósforos reconhecia o enxofre como um elemento? Justifique sua resposta.

17.2 Compare as densidades do antimônio e do telúrio. É compreensível que o barão Müller von Reichenstein os tenha confundido? Essa comparação poderia distingui-los?

17.3 O polônio ocorre três vezes durante a série de decaimento radioativo do urânio. O polônio-210 decai por emissão alfa com uma meia-vida de 138,4 dias. Escreva uma equação para o seu decaimento.

17.4 Discuta a tendência nas afinidades eletrônicas dos calcogênios. Explique essa tendência usando cargas nucleares efetivas, tamanhos atômicos etc.

17.5 Explique as tendências em raios atômicos, energias de ionização e eletronegatividades dos calcogênios com base em cargas nucleares efetivas, tamanhos atômicos etc.

17.6 Em um parágrafo bem escrito, explique por que o enxofre é mais representativo dos calcogênios do que o oxigênio.

17.7 Compare os pontos de ebulição dos hidretos do Grupo 6A. Por que o hidreto mais leve tem um ponto de ebulição muito mais alto que os outros? Em sua resposta, refira-se a propriedades atômicas (como eletronegatividade e carga nuclear efetiva) dos átomos de calcogênios centrais.

17.8 A água é um ácido melhor que o sulfeto de hidrogênio? Cite informações que sustentem sua resposta e explique o resultado.

*17.9 Acredita-se que pequenas quantidades de sulfeto de hidrogênio sejam responsáveis pelo escurecimento da prata, representado na seguinte equação:

$$4Ag(s) + 2H_2S(g) + O_2(g) \longrightarrow 2Ag_2S(s) + 2H_2O(l)$$

Analise o processo. Identifique o agente oxidante e o agente redutor. Baseado no que você sabe sobre objetos de prata escurecidos, de que cor você suspeita que seja o sulfeto de prata?

17.10 Seleneto de hidrogênio, H_2Se, é fabricado pela hidrólise do seleneto de alumínio e pela reação do seleneto de ferro(II) com o ácido clorídrico. Escreva as equações correspondentes a essas reações.

17.11 Com base nas tendências das forças dos hidrácidos discutidas no Capítulo 11, você esperaria que os hidretos de enxofre, de selênio e de telúrio se tornariam ácidos mais fortes ou ácidos mais fracos descendo no grupo? Explique brevemente sua resposta.

17.12 Escreva reações balanceadas para a ustulação da pirita (FeS_2) e do cinábrio (HgS) aos metais livres.

17.13 Escreva, da forma mais precisa possível, uma equação que corresponda à primeira constante de dissociação ácida do ácido sulfuroso.

17.14 Embora a estrutura mais dominante do ânion bissulfito no estado sólido seja a mostrada na Figura 17.3e, sabe-se que ele também existe (particularmente em solução aquosa) como uma estrutura piramidal na qual o átomo de hidrogênio está ligado a um átomo de oxigênio. Desenhe estruturas de Lewis e VSEPR (repulsão dos pares de elétrons da camada de valência) desse isômero. Certifique-se de incluir todas as estruturas de ressonância relevantes na sua estrutura de Lewis.

---

* Exercícios marcados com um asterisco (*) são mais desafiadores.

17.15 As estruturas de ressonância para o íon bissulfito (com o átomo de hidrogênio ligado ao átomo de enxofre) não são mostradas na Figura 17.3e. Desenhe essas estruturas e determine as cargas formais em cada uma delas.

17.16 Desenhe todas as estruturas de ressonância viáveis para o ânion sulfito, SO_3^{2-}. Atribua cargas formais em cada uma dessas estruturas.

*17.17 Calcule a constante de dissociação básica do íon sulfito, dado que K_{a1} e K_{a2} do ácido sulfuroso são $1,3 \times 10^{-2}$ e $6,3 \times 10^{-8}$, respectivamente.

17.18 Com base na discussão das forças relativas dos oxiácidos no Capítulo 11, qual ácido você esperaria que fosse mais forte, o sulfuroso ou o selenoso? Explique brevemente a sua resposta.

17.19 Escreva uma equação balanceada para o uso do sulfito para reduzir cloro a cloreto em solução aquosa ácida. Você esperaria que essa redução seria mais ou menos provável em concentrações muito altas de ácido? Explique brevemente.

*17.20 Por analogia com o dióxido de enxofre, o trióxido de enxofre requer quatro estruturas de ressonância para descrever totalmente as ligações S—O muito fortes que caracterizam esse óxido. Desenhe quatro estruturas de ressonância possíveis e atribua cargas formais a todos os átomos em cada uma. Descreva o papel das ligações tanto $p\pi$-$p\pi$ quanto $d\pi$-$p\pi$ nessas estruturas.

17.21 Trióxido de enxofre pode ser preparado como o trímero cíclico, $(SO_3)_3$. Desenhe estruturas de Lewis e VSEPR para essa espécie.

17.22 Discuta o papel das ligações $d\pi$-$p\pi$ na molécula de ácido sulfúrico. Que tipo de orbitais híbridos o átomo de enxofre emprega e que tipo de orbitais do enxofre e do oxigênio está envolvido na formação das ligações π?

17.23 Explique brevemente por que o ácido sulfúrico é mais forte que o ácido sulfuroso.

17.24 Discuta o papel das forças intermoleculares na determinação da natureza viscosa de soluções concentradas de ácido sulfúrico. Desenhe um diagrama como parte de sua resposta.

17.25 Faça uma pesquisa na internet sobre a tradicional demonstração da adição de ácido sulfúrico ao açúcar, produzindo carbono e vapor d'água. Apresente um procedimento para executá-la com segurança.

17.26 Usando as tabelas 12.2 e 17.1, escreva uma semirreação balanceada para a redução do sulfato a sulfeto de hidrogênio. Calcule o potencial de redução para essa semirreação.

17.27 O ácido sulfúrico diluído e a frio é capaz de oxidar metais acima do H^+ na tabela de potenciais padrão de redução, mas o estado de oxidação do enxofre não necessariamente muda em tais reações. Escreva uma equação que representa a oxidação do Mn ao íon manganoso pelo ácido sulfúrico. Calcule um valor para o $E°$ para essa reação. (Use a Tabela 12.2.)

17.28 Usando uma tabela de potenciais padrão de redução (por exemplo, Tabela 12.2), mostre equações que representem (*a*) a oxidação do estanho a estanho(II), usando apenas a redução do íon hidrogênio do ácido sulfúrico, e (*b*) a oxidação ao estanho(IV), usando o poder oxidante do íon sulfato do ácido sulfúrico.

*17.29 Calculando os $E°$, demonstre que a redução do íon hidrogênio (a H_2) do ácido sulfúrico não é capaz de oxidar o cobre metálico a Cu(II), enquanto a redução do íon sulfato do H_2SO_4 a SO_2 é possível. (Use os potenciais padrão de redução fornecidos na Tabela 12.2.)

---

* Exercícios marcados com um asterisco (*) são mais desafiadores.

·17.30 O ácido fluorsulfúrico, $FSO_2(OH)$, é um ácido muito forte. Escreva uma estrutura de Lewis para esse composto e discuta as razões para a sua grande força ácida.

17.31 Discuta o papel das ligações $d\pi\text{-}p\pi$ no ácido fluorsulfúrico, $FSO_2(OH)$.

17.32 A sulfamida, $(H_2N)_2SO_2$, tem uma estrutura similar à do ácido sulfúrico. Desenhe estruturas de Lewis e VSEPR para essa molécula.

17.33 O ácido sulfâmico, H_2NSO_3H, tem uma estrutura similar à do ácido sulfúrico.
(a) Desenhe estruturas de Lewis e VSEPR para essa molécula.
(b) Explique por que ele é usualmente encontrado na forma iônica, $H_3^+NSO_3^-$, e não na forma molecular anteriormente representada.

17.34 Especule sobre a natureza das forças intermoleculares existentes no ácido telúrico sólido.

·17.35 Desenhe estruturas de Lewis, VSEPR e TLV (teoria da ligação de valência) para o íon peroxidissulfato.

·17.36 Escreva uma equação que represente a oxidação do íon manganoso a permanganato pelo íon peroxidissulfato. Assuma um meio ácido. Calcule $E°$ e $\Delta G°$ para essa reação.

·17.37 Escreva uma equação que represente a oxidação do íon crômico a dicromato pelo íon peroxidissulfato. Assuma um meio ácido. Calcule $E°$ e $\Delta G°$ para essa reação.

·17.38 O ácido dissulfuroso ou pirossulfuroso, $H_2S_2O_5$, não pode ser preparado como ácido livre, mas o sal dissulfito ou pirossulfito é conhecido. Desenhe estruturas de Lewis e VSEPR desse ânion. Especule sobre como ele pode ser preparado a partir de bissulfitos.

17.39 Escreva a fórmula do ácido dissulfúrico ou pirossulfúrico. Desenhe as estruturas correspondentes de Lewis, VSEPR e TLV para esse ácido. (*Dica:* lembre-se da natureza do ácido pirofosfórico discutida no Capítulo 16.)

17.40 No SF_4, existem quatro pares ligantes (formando as ligações S—F) e um par isolado em torno do enxofre. Por que o par isolado ocupa uma posição equatorial em vez de axial?

17.41 Com base na lei de Graham, discuta por que bolas de tênis pressurizadas com ar têm uma vida útil menor do que as pressurizadas com hexafluoreto de enxofre.

17.42 Descreva como o cloreto férrico anidro pode ser preparado a partir do hexa-hidrato.

17.43 O polônio não existe como cátion livre 6+ e apresenta poucos compostos estáveis de Po(VI), mas há vários compostos contendo cátions 4+ e 2+. Qual você suspeitaria que seja mais covalente, $PoCl_2$ ou $PoCl_4$? Explique brevemente sua resposta.

·17.44 As energias de ligação de O—O e O=O são 146 e 496 kJ/mol, respectivamente, e as de S–S e S=S são 226 e 423 kJ/mol. Explique o seguinte:
(a) A energia da ligação simples do enxofre é maior que a do oxigênio.
(b) A energia da ligação dupla do oxigênio é maior que a do enxofre.

17.45 As energias de ligação de O–O e O=O são 146 e 496 kJ/mol, respectivamente, e as de S–S e S=S são 226 e 423 kJ/mol. Usando esses dados, discuta qual seria mais estável termodinamicamente:
(a) Ciclo-octaenxofre, S_8, ou quatro moléculas diatômicas de S_2?
(b) Ciclo-octaoxigênio, O_8, ou quatro moléculas diatômicas de O_2?

---

* Exercícios marcados com um asterisco (*) são mais desafiadores.

17.46 As estruturas do S_8 e do S_8^{2+} são dadas na Figura 17.6. Usando uma análise das estruturas de Lewis, dê uma razão para que o segundo tenha uma interação S–S transanelar, mas o primeiro não.

17.47 Analise a estrutura do Te_6^{4+} (Figura 17.6e) usando estruturas de Lewis. Essa estrutura pode ser explicada usando somente ligações simples Te–Te? Como a análise da estrutura de Lewis se relaciona ao fato de que as distâncias Te–Te em uma face triangular são menores (2,67 Å) que as distâncias Te–Te entre as faces triangulares (3,13 Å)?

17.48 Especule sobre a estrutura do H_2S_2. Desenhe uma estrutura como parte de sua resposta.

*17.49 O que aconteceria se soluções aquosas de tiossulfato fossem acidificadas? [*Dica:* consulte a Equação (17.17).]

17.50 Com base em outras moléculas nomeadas neste capítulo, justifique o nome *fluoreto de tiotionila* para o SSF_2.

17.51 Ditionito pode ser usado em solução básica para reduzir chumbo(II) e prata(I) a seus respectivos metais. Escreva as equações correspondentes a essas duas reações. O ditionito é oxidado a sulfito nesses processos.

17.52 Desenhe estruturas de Lewis e VSEPR do ânion tritionato, $S_3O_6^{2-}$.

*17.53 Desenhe várias estruturas de ressonância para o S_4N_4, que expliquem: (*a*) O comprimento das ligações S–N ser intermediário entre os de ligações S–N simples e duplas e (*b*) as interações S–S encontradas na molécula.

*17.54 Compare o número de elétrons em S_4N_4 com o número de elétrons em S_8 e S_8^{2+}. Como esses números se correlacionam com o número de interações S–S transanelares? Especule sobre a relação entre esses resultados. (*Dica:* uma análise das estruturas de Lewis pode ser útil aqui.)

17.55 Desenhe estruturas de ressonância para o dinitreto de dienxofre, S_2N_2, que expliquem os comprimentos de ligação intermediários entre os das ligações S–N simples e duplas.

*17.56 O oxigênio e o enxofre são ambos calcogênios e ambos formam compostos de fórmula empírica EN (em que E = S ou O) com o nitrogênio. Usando o que você conhece sobre a estabilidade, estrutura e tipo de ligações nessas moléculas, comente sobre o princípio da singularidade.

17.57 Analise a relação entre germânio, arseneto de gálio e seleneto de zinco. Faz sentido que GaAs e ZnSe também devam ser bons semicondutores?

*17.58 Você suspeitaria que o fosfeto de alumínio pudesse ser um semicondutor? Por quê?

17.59 Discuta a temperatura, pressão e concentração de oxigênio (alta ou baixa) ótimas sob as quais o rendimento máximo de trióxido de enxofre (a partir da oxidação do dióxido de enxofre com oxigênio molecular) será obtido. Considere tanto o ponto de vista termodinâmico quanto o cinético.

17.60 Resuma, em quatro equações principais, a produção industrial de ácido sulfúrico a partir do enxofre.

17.61 Como descrito no Capítulo 10, o óxido de deutério, D_2O, pode ser preparado pela eletrólise da água. Como você prepararia o composto D_2SO_4?

17.62 Além do fosfato triplo e da própria amônia, outro fertilizante importante é o sulfato de amônio. Especule sobre como ele pode ser produzido eficientemente.

---

* Exercícios marcados com um asterisco (*) são mais desafiadores.

17.63 Por que a chuva ácida é um problema maior na parte nordeste dos Estados Unidos do que em outras regiões?

17.64 Diferencie depuradores úmidos e secos usados para eliminar o dióxido e trióxido de enxofre dos efluentes de usinas elétricas que funcionam à base da queima do carvão.

*__17.65__ Acredita-se que o radical hidroxila tenha um papel na oxidação do dióxido de enxofre a ácido sulfúrico. Na primeira etapa mostrada na Equação (17.29), um radical de fórmula SO_3H é produzido. (Observe que a molécula não tem uma carga negativa. Não a confunda com o ânion bissulfito.) Escreva a melhor estrutura de Lewis possível para esse radical. Calcule as cargas formais para todos os átomos na estrutura e discuta brevemente por que elas fazem que sua estrutura pareça única. Desenhe uma estrutura VSEPR desse radical.

17.66 A reação entre amônia e dióxido de nitrogênio é dada na Equação 17.38. Atribua estados de oxidação a todos os átomos nos reagentes e nos produtos e determine qual dos reagentes é o agente oxidante e qual é o agente redutor.

17.67 Você esperaria que, na ausência da chuva ácida, o pH da água da chuva seria 7,0? Explique brevemente.

17.68 Mesmo se novas tecnologias fossem desenvolvidas para que eliminássemos as emissões de dióxido de enxofre das usinas elétricas que queimam combustíveis fósseis, um grande problema ainda permaneceria. Identifique e discuta brevemente o problema.

17.69 Dado o fato de que a instalação de sistemas de depuradores úmidos e secos diminuiu significativamente a quantidade de gás dióxido de enxofre emitido por usinas elétricas a carvão e óleo no Vale de Ohio, nos Estados Unidos, poderíamos esperar que o pH médio da água da chuva na Nova Inglaterra deveria aumentar. Usando o *web site* do National Atmospheric Deposition Program (no momento em que este livro era escrito, http://nadp.sws.uiuc.edu), veja se você consegue demonstrar que isso realmente está acontecendo. Relate a magnitude do aumento do pH, se estiver ocorrendo.

---

* Exercícios marcados com um asterisco (*) são mais desafiadores.

CAPÍTULO 18

Grupo 7A: os halogênios

Os elementos do Grupo 7A (flúor, cloro, bromo, iodo e astato) são conhecidos coletivamente como os *halogênios*, que significa "geradores de sal". O nome foi aplicado primeiro ao cloro, devido à sua capacidade de se combinar com metais para formar sais. Sabe-se que todos eles têm essa capacidade, exceto o extremamente raro e insuficientemente caracterizado astato. Embora haja a variação usual nas propriedades do grupo, as incríveis similaridades entre esses elementos lembram as encontradas entre os metais alcalinos e alcalinoterrosos.

Após as seções usuais sobre a história das descobertas e a aplicação da rede aos halogênios, seguem seções especiais sobre (1) os oxiácidos e seus sais e (2) os inter-halogênios. A seção sobre reações e compostos de importância prática vem a seguir e, por fim, o tópico selecionado para aprofundamento, que aborda a ameaça dos clorofluorcarbonos à camada de ozônio.

18.1 DESCOBERTA E ISOLAMENTO DOS ELEMENTOS

Como mostrado na Figura 18.1, os halogênios foram descobertos na ordem cloro, iodo, bromo, flúor e, então, o radioativo astato. Esta seção descreve as descobertas desses elementos em ordem cronológica. Dada a nossa experiência com outros grupos, não é surpresa que o cloro seja o halogênio mais representativo, portanto é apropriado que o consideremos primeiro.

Cloro

O cloro foi descoberto por um químico que já encontramos antes, Karl Wilhelm Scheele. Scheele, você se lembra, estava sempre tentando descobrir novos elementos

FIGURA 18.1

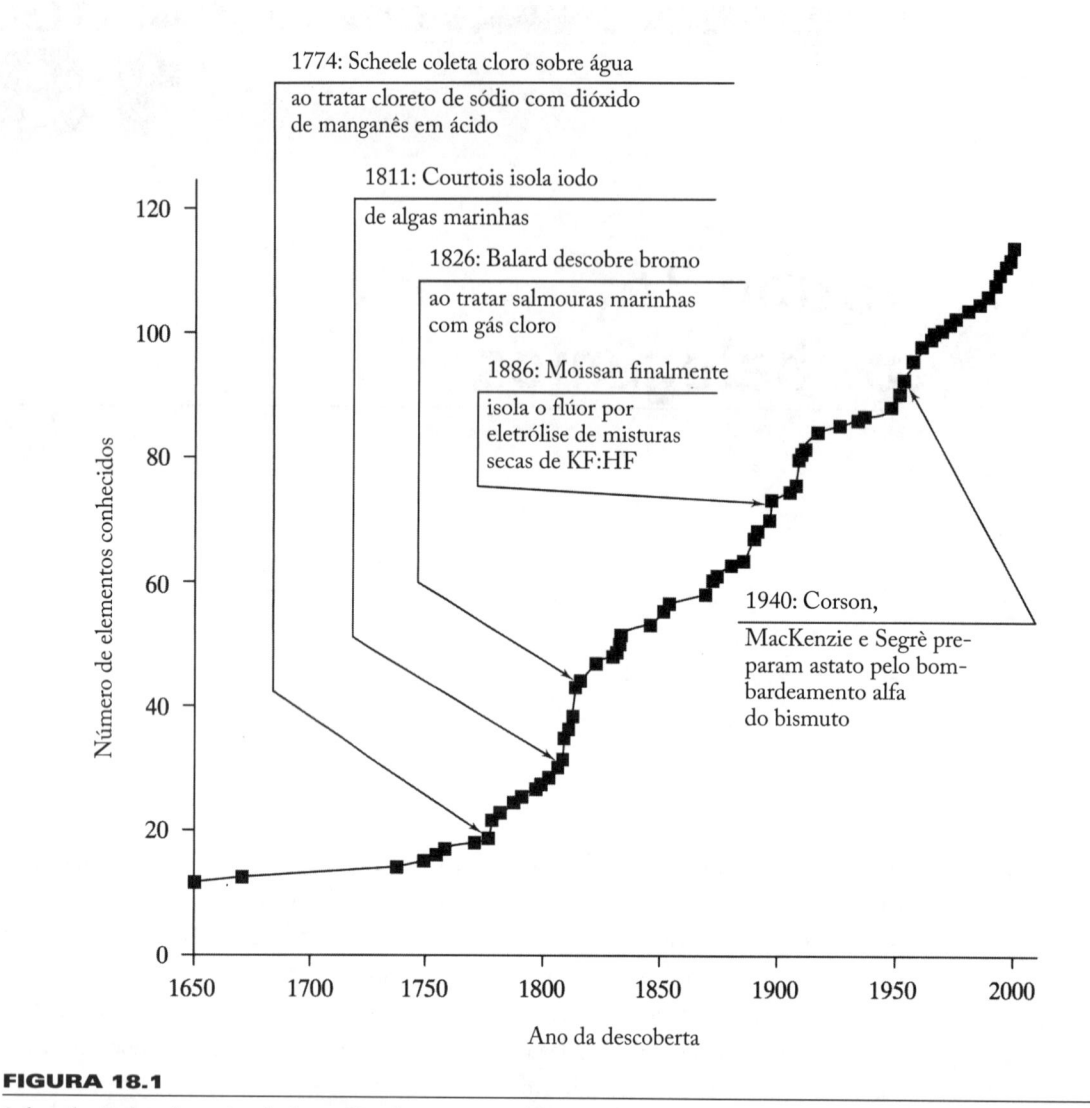

A descoberta dos elementos do Grupo 7A sobreposta no gráfico de número de elementos conhecidos em função do tempo.

Anotações no gráfico:
- 1774: Scheele coleta cloro sobre água ao tratar cloreto de sódio com dióxido de manganês em ácido
- 1811: Courtois isola iodo de algas marinhas
- 1826: Balard descobre bromo ao tratar salmouras marinhas com gás cloro
- 1886: Moissan finalmente isola o flúor por eletrólise de misturas secas de KF:HF
- 1940: Corson, MacKenzie e Segrè preparam astato pelo bombardeamento alfa do bismuto

Eixo y: Número de elementos conhecidos
Eixo x: Ano da descoberta

e é oficialmente listado como codescobridor do oxigênio, junto com Priestley. Dessa vez, o sueco ganhou o dia. O cloreto de sódio, como você pode imaginar, era conhecido há séculos. O próprio Priestley foi o primeiro a coletar (sobre mercúrio) o gás solúvel em água cloreto de hidrogênio, obtido tratando cloreto de sódio com ácidos de elevado ponto de ebulição. Dois anos depois, em 1774, Scheele aqueceu cloreto de sódio com ácido sulfúrico e dióxido de manganês. O ácido logo adquiriu um odor sufocante e, então, um gás verde-pálido, apenas pouco solúvel em água, foi liberado. A preparação de Scheele, ainda um método comum para a preparação de pequenas quantidades de cloro, é representada na Equação (18.1):

$$4NaCl(aq) + 2H_2SO_4(aq) + MnO_2(s) \xrightarrow{calor} 2Na_2SO_4(aq) + MnCl_2(aq) + 2H_2O(l) + Cl_2(g)$$

(18.1)

Scheele verificou que o cloro dava um sabor ácido à água e, uma vez que Lavoisier propôs que todos os ácidos continham oxigênio, o sueco pensou que havia preparado um novo composto de oxigênio. De fato, a escola francesa de pensamento (incluindo Gay-Lussac e Thénard) era fundada na ideia de que o oxigênio, o "gerador de ácido", era um componente necessário de todos os ácidos. Humphry Davy, o inglês pitoresco que encontramos muitas vezes antes, não tinha a mesma opinião em relação aos ácidos. Em 1810, ele afirmou que o gás verde-pálido era um novo elemento e lhe deu o nome *cloro*, do grego *chlōros*, que significa "verde-pálido" ou "amarelo-esverdeado". No fim das contas, Davy e a escola inglesa estavam certos. Davy demonstrou que o cloreto de hidrogênio em água era um ácido que não continha oxigênio, e Gay-Lussac, provavelmente para seu desânimo, demonstrou que o HCN, conhecido naquele tempo como ácido prússico, também não tinha oxigênio. Davy sugeriu que o hidrogênio era característico dos ácidos, um conceito que durou por muitos anos.

Scheele também notou que o cloro podia descolorir flores e folhas verdes. Tirou-se proveito dessa capacidade alvejante desde o princípio. Também se verificou que era um bom desinfetante, e ele ainda é usado com esse propósito. O cheiro do gás cloro não é muito diferente do cheiro da piscina tratada com cloro de onde você mora, seu clube, academia etc. O cloro tem seu lado perverso também. Ele foi o primeiro gás de guerra, liberado pela primeira vez pelos alemães contra os britânicos, em 1915. (Veja Seção 16.4 sobre o papel de Fritz Haber em usar a química para ajudar o esforço de guerra alemão.) Felizmente, a Primeira Guerra Mundial foi o único grande conflito no qual armas químicas tiveram um papel significativo. O cloreto de sódio permanece sendo a principal fonte de cloro e, de forma geral, de todos os compostos de cloro.

Iodo

Bernard Courtois, um químico francês, estava envolvido na fabricação do nitrato de potássio (salitre) a partir do carbonato de potássio (potassa), comumente obtido na queima de algas marinhas. Parte do processo envolvia eliminar impurezas aquecendo as algas com ácido. Em uma ocasião, em 1811, ele adicionou muito ácido sulfúrico e, para sua surpresa, produziu um surpreendente vapor violeta, com um odor penetrante similar ao do cloro. O belo gás púrpura acabou se condensando em cristais escuros, lustrosos, quase metálicos. Suspeitando ter em mãos um novo elemento, Courtois fez alguns experimentos preliminares, porém, sem confiança, consultou outros, que quase tiveram sucesso em roubar o crédito de sua descoberta.

Como era de costume, Davy foi consultado, mas dessa vez sob circunstâncias um tanto incomuns. Recém-aposentado da instituição real após um terrível acidente, o agora Sir Humphry Davy estava visitando Paris em 1813, com sua nova esposa e seu assistente de laboratório e criado, Michael Faraday. (Veja seções 12.1, 13.1 e 16.3 para encontros anteriores com esse inglês dinâmico.) Mesmo Inglaterra e França estando oficialmente em guerra, a visita foi organizada pelo próprio Napoleão. Davy sempre viajava com um conjunto portátil de equipamento de laboratório e, então, quando foi apresentado a uma amostra fornecida por Courtois, ele imediatamente se pôs a trabalhar para analisá-la. Novamente, ele afirmou se tratar de um novo elemento, que chamou de *iodo*, do grego *ioeidēs*, que significa "violeta". A competição entre os ingleses e os franceses continuava. Gay-Lussac reivindicou que foi ele, e não Davy, quem primeiro propôs que o iodo era um elemento. Novamente, não sem ironia, o francês preparou o iodeto de hidrogênio, outro ácido sem oxigênio, e mostrou que, quando metais eram adicionados a ele, vários iodetos e gás hidrogênio eram produzidos. As batalhas entre os franceses e os ingleses não se restringiam a disputas territoriais por todo o novo mundo, mas também se estendiam pelo mundo da ciência.

Verifica-se que o iodo se concentra nas algas, que permanecem sendo hoje uma das principais fontes do elemento. No início do século XIX, também se sabia que "esponjas queimadas" e barrilha eram remédios parciais para o bócio, nome dado ao aumento da glândula tireoide na base da garganta. As pessoas naturalmente se perguntavam se esses dois fatos poderiam estar relacionados. Realmente, sabemos agora que glândula tireoide produz a tiroxina, um aminoácido que contém iodo, responsável pela regulação do crescimento. Quando a tireoide não obtém iodo suficiente, ela cresce para tentar aumentar a quantidade de iodo que pode obter biologicamente. Hoje, uma pequena quantidade de iodeto de potássio adicionado ao sal de cozinha, uma combinação chamada de *sal iodado*, fornece o iodo necessário na nossa alimentação para evitar o bócio. Uma solução de KI e I_2 em álcool, chamada de *tintura de iodo*, foi, durante muitos anos, o tratamento caseiro comum preferido para pequenos ferimentos externos.

Bromo

Assim, por volta de 1820, dois halogênios eram conhecidos. Existiriam outros? Em 1826, Antoine Jérôme Balard, um jovem químico assistente francês interessado na química do mar, passou uma corrente de gás cloro através do "licor mãe" (a solução saturada que resta após a precipitação de um sal) de algumas salmouras marinhas com as quais estava trabalhando. A partir dessa reação, ele isolou um líquido marrom-avermelhado que era facilmente vaporizado a um vapor vermelho com um odor forte e irritante semelhante ao do cloro. Esse líquido tinha propriedades que pareciam ser intermediárias entre as do cloro gasoso e as do iodo sólido. De fato, por um tempo, Balard estava convicto de ter isolado um composto de iodo e cloro, mas rapidamente pensou melhor sobre isso e anunciou que havia descoberto um novo elemento. (Justus von Liebig, um químico alemão que não tivemos oportunidade de mencionar anteriormente, também isolou a mesma substância e pensou que se tratava de cloreto de iodo. Liebig simplesmente o colocou em um frasco rotulado ICl e seguiu com seu trabalho. Após o anúncio de Balard, Von Liebig descobriu que também havia preparado esse novo elemento, mas não tinha se dado conta disso.) Enquanto Balard chamou seu novo elemento de "muride" (derivado do latim *muria*, que significa "salmoura"), devido à sua origem no mar, o terceiro halogênio logo se estabeleceu como *bromo*, do grego *brōmos*, significando "fedor". Após o estabelecimento do bromo, o número de halogênios permaneceu em três por 60 anos. As propriedades do bromo foram rapidamente reconhecidas como intermediárias às do cloro e do iodo e ajudaram a verificar a afirmação de que os três eram elementos bastante relacionados. Essa tríade de elementos (com outras como lítio, sódio e potássio; cálcio, estrôncio e bário e enxofre, selênio e telúrio) era parte da ideia, que cada vez ficava mais forte, de organizar os elementos em uma tabela periódica. Mendeleiev propôs, pela primeira vez, a precursora da tabela periódica moderna em 1869.

Flúor

O quarto halogênio provou ser mais difícil de isolar. O espatoflúor ou fluorita, (CaF_2), pode ter uma variedade de cores, dependendo das impurezas presentes. O nome é derivado do latim *fluere*, que significa "fluir", pois esses minérios eram usados como fundentes – isto é, para fazer um minério metálico fundir e fluir a temperaturas mais baixas. Mais tarde, verificou-se que as fluoritas emitem uma luz branco-azulada quando aquecidas. Essa propriedade, embora a definição tenha sido ampliada hoje em dia, ainda é chamada de *fluorescência*. Em 1670, um cortador de vidro chamado Heinrich Schwanhard tratou a fluorita com um ácido forte e, surpreendentemente, verificou que as lentes de seus óculos não estavam mais transparentes. Elas ficaram permanentemente riscadas. Não demorou muito para que padrões muito bonitos pudessem ser produzidos em vidro por gravação seletiva. Scheele estudou esse processo cuidadosamente. Quando ele aqueceu várias fluoritas com ácido sulfúrico, as superfícies internas dos frascos de vidro foram corroídas, um novo ácido surgiu e um sólido branco se depositou. Ele relatou que o ácido era impossível de isolar porque reagia com praticamente qualquer coisa. Scheele preparou o que hoje chamamos de ácido fluorídrico, HF, que, por sua vez, reagiu com o vidro de seus frascos. Essas reações estão resumidas nas Equações (18.2) e (18.3):

$$\underset{\text{fluorita}}{CaF_2(s)} + H_2SO_4(aq) \xrightarrow{\text{calor}} 2HF(aq) + CaSO_4(aq) \quad \textbf{18.2}$$

$$\underset{\text{vidro}}{SiO_2(s)} + 6HF(aq) \longrightarrow H_2SiF_6(s) + 2H_2O(l) \quad \textbf{18.3}$$

Seguiram-se várias trágicas tentativas de isolar um elemento desse novo ácido da fluorita. Davy mostrou que o ácido não continha oxigênio, mas o isolamento de seu elemento constituinte se provou tanto difícil quanto perigoso. Davy, Gay-Lussac e Thénard, entre muitos outros, sofreram muito inalando pequenas quantidades de HF durante tais tentativas. Um aluno de Gay-Lussac, Edmond Frémy, tentou decompor a fluorita (CaF_2) eletroliticamente para produzir flúor, mas o elusivo quarto halogênio reagia muito rapidamente para que fosse isolado.

Em 1886, Ferdinand Frédéric Henri Moissan, um aluno de Frémy, obteve sucesso no ponto em que seu mentor falhou. (Moissan também teve o trabalho interrompido inúmeras vezes, a fim de se recuperar do envenenamento por HF e F_2.) Ele finalmente isolou esse elemento reativo eletrolisando uma mistura de ácido fluorídrico anidro e fluoreto de potássio com eletrodos de platina-irídio em uma cuba de platina. Ele resfriou a aparelhagem para reduzir a atividade do gás amarelo-pálido obtido. A Equação (18.4) resume seu procedimento, que foi o único método de preparação de flúor por um século e permanece ainda hoje como o método principal:

$$2HF \text{ (em KF fundido)} \xrightarrow[-50\,°C]{\text{eletrólise}} H_2(g) + F_2(g) \qquad \textbf{18.4}$$

(Muitas precauções devem ser tomadas para manter os produtos gasosos separados, porque eles vão formar, de novo e explosivamente, o HF.) Moissan recebeu o Prêmio Nobel de Química em 1906, vencendo por um voto outro químico indiscutivelmente mais merecedor, Dmitri Mendeleiev.

Astato

Não há isótopos estáveis do halogênio mais pesado. Ele foi originalmente preparado em 1940, por D. R. Corson, K. R. MacKenzie e E. Segrè, pelo bombardeamento alfa do bismuto, como mostrado na Equação (18.5):

$$^{209}_{83}Bi + ^{4}_{2}He \longrightarrow 2^{1}_{0}n + ^{211}_{85}At \qquad \textbf{18.5}$$

Seu nome deriva do grego *astatos*, que significa "instável". Embora existam 20 isótopos conhecidos do astato, o ^{211}At, com uma meia-vida de 7,21 horas, é um dos mais estáveis. Dada a instabilidade desse elemento, não é de se surpreender que haja provavelmente menos de 30 gramas de astato na crosta terrestre, o que o torna o elemento mais raro entre os que ocorrem naturalmente na Terra. Pouco se sabe sobre sua química. A maior parte do que se sabe deriva de trabalhos feitos com soluções aquosas extremamente diluídas (cerca de 10^{-14} M).

18.2 PROPRIEDADES FUNDAMENTAIS E A REDE

A Figura 18.2 mostra os halogênios sobrepostos na rede. A Tabela 18.1 é a listagem usual das propriedades do grupo que, em uma análise cuidadosa, parecem ser tão regulares quanto as encontradas nos Grupos 1A e 2A.

Pela primeira vez desde os metais alcalinoterrosos, encontramos um grupo que não é dividido pela linha metal-não metal. Consequentemente, todos os halogênios são não metais, embora o iodo e, provavelmente, o astato realmente mostrem alguns sinais de caráter metálico. Por exemplo, o iodo sólido exibe um brilho metálico e, sob certas condições, um cátion complexado I^+. A pressões muito altas, o iodo é um condutor de eletricidade. Mas essas são exceções. As propriedades desses elementos, incluindo as do iodo, são realmente consistentes com sua classificação como não metais.

Já vimos que o flúor foi o mais difícil de isolar entre os halogênios estáveis, devido à sua reatividade extremamente alta. Isso é somente um dos muitos exemplos nos quais se observa que o flúor tem propriedades tão especiais que não pode ser classificado apenas como um outro halogênio, mas, em vez disso, deveria ser chamado de *super-halogênio*. Em um grupo de elementos reativos, ele é super-reativo. Ele se combina com todos os elementos, exceto o hélio, o neônio e

A rede interconectada de ideias

FIGURA 18.2

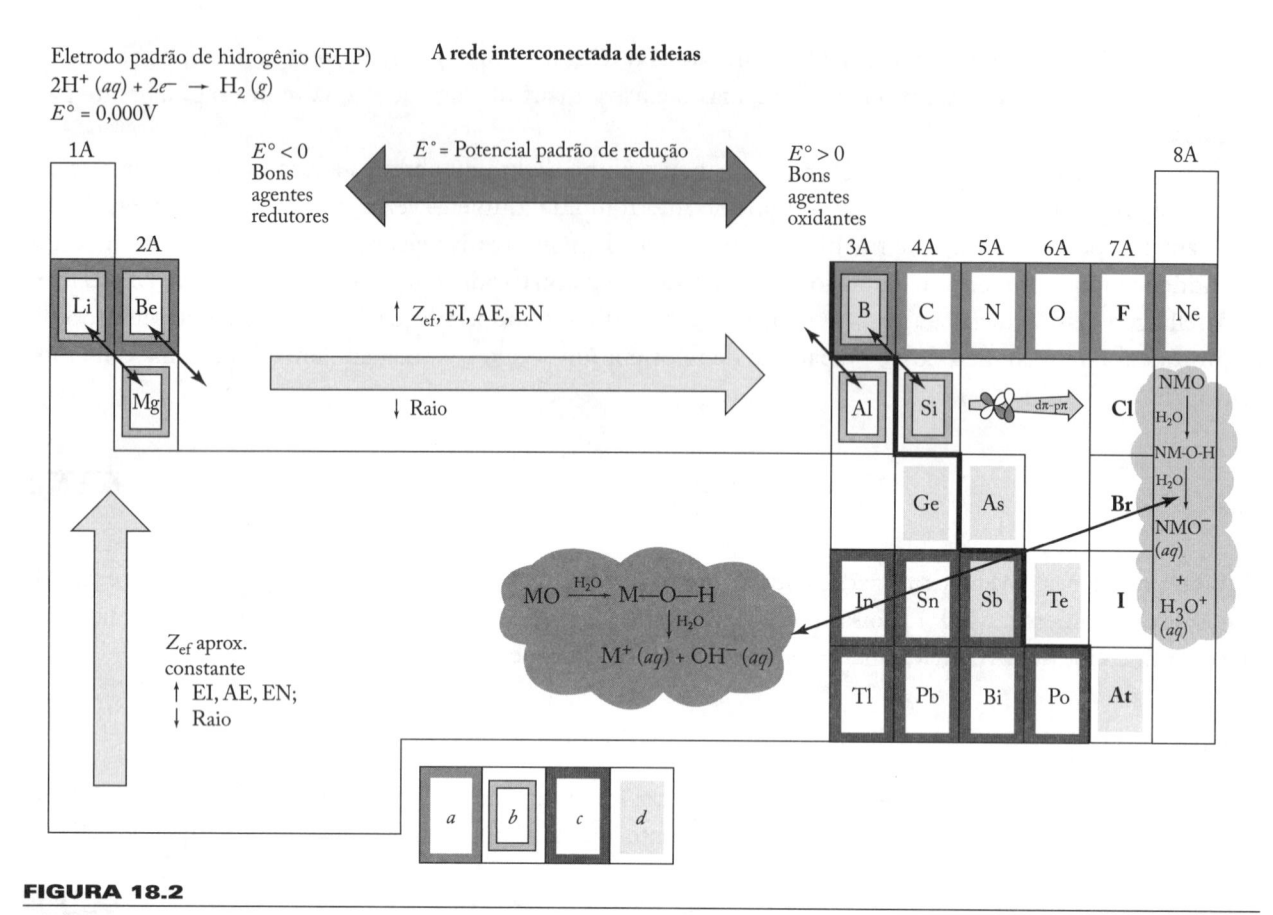

Os elementos do Grupo 7A sobrepostos na rede interconectada de ideias. Estas incluem a lei periódica, (*a*) o princípio da singularidade, (*b*) o efeito diagonal, (*c*) o efeito do par inerte, (*d*) a linha metal–não metal, o caráter ácido-base dos óxidos de metais (M) e de não metais (NM) em solução aquosa, as tendências em potenciais de redução e as variações nas ligações $d\pi$-$p\pi$ que envolvem elementos do segundo e terceiro períodos.

o argônio. O flúor diatômico é tão reativo que vai remover hidrogênio de todos os seus compostos, exceto o HF. Madeira e papel, e até mesmo a água, ardem em chamas quando expostos a uma corrente de gás flúor. Os metais reagem violentamente produzindo sais, embora alguns poucos, como o cobre, o níquel, o alumínio e o ferro, formem uma camada protetora de fluoreto, lembrando a reação entre alumínio e oxigênio.

Por que o flúor é tão mais reativo que seus congêneres? O primeiro fator é a fragilidade da ligação F−F na molécula diatômica. A distância internuclear flúor-flúor é tão pequena que os pares isolados em cada átomo se repelem significativamente. Uma linha similar de raciocínio, você pode se lembrar de discussões anteriores, pode ser aplicada às ligações elemento-elemento na hidrazina, N_2H_4, e no peróxido de hidrogênio, H_2O_2. (Veja Seção 12.4, para mais informações sobre a estrutura do peróxido de hidrogênio.) Entretanto, ligações heteronucleares E−F são excepcionalmente fortes. A alta eletronegatividade do flúor faz que todas as ligações E−F tenham uma componente muito polar ou iônica além da força da ligação covalente normal. A ligação H−F tem uma energia de ligação particularmente alta (568 kJ/mol), o que a torna uma das ligações simples mais fortes que se tem conhecimento. Pelas razões anteriores, as reações do flúor com não metais (gerando ligações covalentes polares E−F) são as mais favoráveis.

Quando o flúor diatômico reage com metais, formam-se fluoretos iônicos. Estes também são excepcionalmente estáveis, e as reações que os produzem são correspondentemente favoráveis. A estabilidade dos fluoretos iônicos é devida ao tamanho bastante pequeno do íon fluoreto, levando a uma densidade de carga alta,

TABELA 18.1
As propriedades fundamentais dos elementos do Grupo 7A

	Flúor	Cloro	Bromo	Iodo	Astato
Símbolo	F	Cl	Br	I	At
Número atômico	9	17	35	53	85
Isótopos naturais, A/abundância %	^{19}F/100	^{35}Cl/75,53 ^{37}Cl/24,47	^{79}Br/50,54 ^{81}Br/49,46	^{127}I/100	^{210}At[a]
Número total de isótopos	6	9	17	23	24
Massa atômica	19,00	35,45	79,90	126,9	(210)
Elétrons de valência	$2s^2 2p^5$	$3s^2 3p^5$	$4s^2 4p^5$	$5s^2 5p^5$	$6s^2 6p^5$
pf/pe, °C	−220/−188	−101/−34	−7,3/58,8	114/184	302/337
Densidade	1,81 g/L	3,21 g/L	3,12 g/cm^3	4,94 g/cm^3	
Raio covalente, Å	0,72	0,99	1,14	1,33	
Raio iônico, Shannon-Prewitt, Å (N.C.)	1,19(6)	1,67(6)	1,82(6)	2,06(6)	
EN de Pauling	4,0	3,0	2,8	2,5	2,2
Densidade de carga (carga/raio iônico), unidade de carga/Å	0,84	0,60	0,55	0,49	
E^o,[b] V	+2,87	+1,36	+1,07	+0,54	+0,3
Estados de oxidação	−1	−1 a +7	−1 a +7	−1 a +7	−1, +1, +3, +5, +7
Energia de ionização, kJ/mol	1680	1251	1143	1009	916
Afinidade eletrônica, kJ/mol	−328	−349	−325	−295	−270
Descoberto por/data	Moisson 1886	Scheele 1774	Balard 1826	Courtois 1811	Corson, MacKenzie Segrè 1940
prc[c] O$_2$	O$_2$F$_2$	Nenhum	Nenhum	Nenhum	Nenhum
Caráter ácido-base do óxido	Ácido	Ácido	Ácido	Ácido	Ácido
prc N$_2$	Nenhum	Nenhum	Nenhum	Nenhum	Nenhum
prc halogênios	(Veja Seção 18.4 sobre inter-halogênios neutros e iônicos)				
prc hidrogênio	HF	HCl	HBr	HI	HAt
Estrutura cristalina	...	...	Ortorrômbica	Ortorrômbica	

[a] Meia-vida mais longa (8,3 h).
[b] $X_2 \rightarrow X^-$, solução básica.
[c] prc = produto da reação com.

comparada com outros ânions. A alta densidade de carga, você pode recordar de nosso estudo sobre a equação de Born-Landé (Seção 8.1), corresponde a um alto valor de energia reticular, a energia liberada quando um retículo iônico é formado a partir de seus íons constituintes no estado gasoso.

As tendências em potenciais padrão de redução dos halogênios estão bastante relacionadas à singularidade do flúor. Uma análise rápida na Tabela 18.1 indica que o flúor tem o maior potencial padrão de redução (2,87 V) do grupo e que o cloro está em um distante segundo lugar (1,36 V), com os demais valores caindo constantemente, de 1,07 V a 0,3 V. Observe que os potenciais padrão de redução correspondem à semirreação mostrada na Equação (18.6):

$$X_2(s, l, g) + 2e^- \longrightarrow 2X^-(aq) \quad (18.6)$$

A fase no estado-padrão (a fase mais estável a 25 °C e 1 atm) é gasosa para o flúor e o cloro, a líquida para o bromo e a sólida para o iodo. Lembre-se de que, quanto mais positivo o valor do potencial padrão de redução, mais espontânea a semirreação de redução tende a ser e mais fortes as propriedades oxidantes do halogênio. O flúor, então, é de longe o oxidante mais forte dos halogênios, e as capacidades oxidantes diminuem constantemente, descendo no grupo.

Por que o flúor é um agente oxidante excepcionalmente forte? A energia de ligação extremamente baixa do F$_2$ faz que a ligação F—F seja relativamente fácil de quebrar e favorece muito a semirreação anterior. E também a alta densidade de carga do pequeno íon fluoreto leva a uma energia de hidratação (a energia liberada quando um íon gasoso é cercado por moléculas polares de água) altamente exotérmica. Somente a, de certa forma menor, afinidade eletrônica do flúor em comparação com seus congêneres diminui a esmagadora espontaneidade da redução do $F_2(g)$ a $F^-(aq)$. As principais razões para a diminuição no poder oxidante dos congêneres mais pesados são a diminuição da energia de hidratação (conforme o íon se torna maior) e os valores decrescentes de afinidade eletrônica.

Podemos agora entender melhor porque o flúor, um dos oxidantes mais poderosos conhecidos, foi tão difícil de ser isolado. Quando uma solução aquosa de HF é eletrolisada, produz $H_2(g)$ e $F_2(g)$. No entanto, como mostrado na Equação (18.7),

$$2[F_2(g) + 2e^- \longrightarrow 2F^-(aq)] \quad (E° = 2,87 \text{ V}) \quad \text{(18.7a)}$$
$$2H_2O(l) \longrightarrow O_2(g) + 4H^+ + 4e^- \quad (E° = -1,23 \text{ V}) \quad \text{(18.7b)}$$
$$2F_2(g) + 2H_2O(l) \longrightarrow 4F^-(aq) + O_2(g) + 4H^+(aq) \quad (E° = 1,64 \text{ V}) \quad \text{(18.7c)}$$

o gás flúor é um agente oxidante melhor que o próprio oxigênio e oxida imediatamente a água a gás oxigênio. Moissan resolveu esse problema usando uma mistura *seca*, em vez de uma solução aquosa de HF e KF.

O cloro é produzido industrialmente pelo *processo cloro-álcali*, no qual uma salmoura (solução muito concentrada de cloreto de sódio) é continuamente eletrolisada usando uma variedade de células. A reação global para esse processo é dada na Equação (18.8):

$$2NaCl(aq) + 2H_2O \xrightarrow{\text{eletrólise}} 2NaOH(aq) + Cl_2(g) + H_2(g) \quad \text{(18.8)}$$

Até recentemente, células de mercúrio eram usadas, e o mercúrio fundido servia de cátodo e uma variedade de materiais, como ânodos. Infelizmente, pequenas quantidades de mercúrio, mas ambientalmente relevantes, são descartadas usando essas células. Por essa razão, o processo em célula de mercúrio está sendo gradualmente substituído pelo processo em célula de diafragma e pelo processo em célula de membrana íon-seletiva. Os três processos diferem pelo método usado para manter os produtos cloro e hidróxido de sódio aquoso separados. Os outros halogênios podem ser prontamente produzidos pela oxidação de soluções aquosas de haletos, como mostrado na Equação (18.9) para o bromo:

$$Cl_2(g) + 2e^- \longrightarrow 2Cl^-(aq) \quad (E° = 1,36 \text{ V}) \quad \text{(18.9a)}$$
$$2Br^-(aq) \longrightarrow Br_2(l) + 2e^- \quad (E° = -1,07 \text{ V}) \quad \text{(18.9b)}$$
$$Cl_2(g) + 2Br^-(aq) \longrightarrow 2Cl^-(aq) + Br_2(l) \quad (E° = 0,29 \text{ V}) \quad \text{(18.9c)}$$

Esse é o tipo de reação que Balard usou ao isolar o bromo líquido pela primeira vez e ainda é a base da preparação comercial do elemento a partir da água do mar. A equação anterior certamente é uma simplificação exagerada do processo industrial verdadeiro. Lembre-se, por exemplo, de que os potenciais padrão de redução são tabelados para soluções 1 M e pressões de gases de 1 atm. As reações anteriores são geralmente processadas em concentrações e pressões consideravelmente superiores.

Hidretos

Nosso padrão é nos ater agora a uma análise dos hidretos, óxidos, oxiácidos e haletos do grupo. No entanto, a química dos oxiácidos de halogênios é tão extensa que a Seção 18.3 inteira é dedicada a eles.

Os hidretos podem ser produzidos por combinação direta dos halogênios com hidrogênio. Flúor e hidrogênio combinam-se com força explosiva, e misturas de cloro e hidrogênio podem se tornar explosivas quando expostas à luz. Os produtos de tais reações diretas são os chamados *haletos de hidrogênio*, se forem gases, mas quando colocados em soluções aquosas, eles são chamados de *ácidos*, com seu nome formado pelo nome do halogênio mais o sufixo *-ídrico*, como ácido clorídrico, por exemplo. Lembre-se (Capítulo 11) de que a força desses ácidos aumenta descendo no grupo. O HF não é um ácido forte, principalmente devido à energia muito alta da ligação H−F.

Os ácidos fluorídrico e clorídrico também podem ser preparados pela ação de outros ácidos fortes sobre os haletos. Por exemplo, Priestley preparou o cloreto de hidrogênio pela primeira vez dessa forma, e as tentativas de Scheele de preparar de maneira similar o fluoreto de hidrogênio somente foram frustradas pela reação subsequente do HF com a vidraria. No entanto, quando brometos e iodetos são tratados com ácido sulfúrico, os elementos são produzidos, em vez dos hidretos. Na verdade, essa foi a maneira como Courtois preparou o iodo pela primeira vez. Note que o poder oxidante brando do ácido sulfúrico é suficiente para produzir iodo a partir de iodetos, mas não flúor ou cloro a partir dos haletos correspondentes. A Equação (18.10) ilustra esse tipo de reação para o bromo:

$$2NaBr(aq) + 2H_2SO_4(aq) \longrightarrow Br_2(l) + SO_2(g) + 2H_2O + Na_2SO_4(aq) \qquad \textbf{18.10}$$

Às vezes, os produtos de redução variam dependendo do halogênio. Por exemplo, na reação do NaI(aq) com ácido sulfúrico, o gás sulfeto de hidrogênio é um dos produtos. Além da reação direta entre os elementos, o brometo e o iodeto de hidrogênio também podem ser preparados pela hidrólise dos tri-haletos de fósforo.

O HCl foi preparado, durante muitos anos, a partir da reação do sal de rocha (NaCl) com outros ácidos, mas a fonte moderna mais importante de ácido clorídrico é a cloração de hidrocarbonetos, usando o gás cloro. Por exemplo, quando o benzeno é clorado, como mostrado na Equação (18.11), o clorobenzeno, um solvente e intermediário de corantes importante, é produzido com o cloreto de hidrogênio como subproduto:

$$C_6H_6(l) + Cl_2(g) \longrightarrow C_6H_5Cl(l) + HCl(g) \qquad \textbf{18.11}$$

O cloreto de hidrogênio é um dos principais produtos químicos industriais e é usado para produzir cloreto de amônio a partir da amônia, para a síntese do dióxido de cloro (um alvejante industrial essencial) e, mais importante, para "decapar" (remover óxidos de) superfícies de aço e de outros metais.

Já vimos que o fluoreto de hidrogênio é extremamente reativo. Ele reage com o vidro e, portanto, deve ser armazenado em recipientes de plástico, Teflon ou metais inertes. O HF líquido, em muitos aspectos, é o solvente universal, pois dissolve (na verdade, reage com) vários óxidos, como os de urânio, silício e boro. Esses óxidos não se dissolvem em água. O HF é caracterizado pelas ligações hidrogênio mais fortes que existem. De fato, lembre-se de que o flúor é o "F" da regra FONCl discutida no Capítulo 11 (Seção 11.2). Essas fortes ligações hidrogênio fazem que seja possível o íon bifluoreto, $F-H-F^-$, aquoso que está presente no ácido fluorídrico concentrado ou quando um sal fluoreto é adicionado ao ácido. A mistura seca de fluoreto de potássio e fluoreto de hidrogênio, usada por Moissan para preparar o gás flúor, às vezes é chamada de *bifluoreto de potássio*, KHF_2, porque contém o ânion bifluoreto. Esse íon linear tem dois comprimentos de ligação H−F iguais e talvez seja mais bem imaginado com uma ligação três-centros-quatro-elétrons. (Veja Seção 14.5, para uma discussão mais aprofundada sobre ligações multicentros.) Na fase de vapor, o HF é caracterizado por unidades poliméricas como o hexâmero $(HF)_6$, mantidas unidas por ligações hidrogênio F−H---F.

Haletos

Durante nossa viagem pelos elementos representativos, consideramos os haletos de cada grupo. Suas propriedades variaram desde os compostos iônicos não voláteis dos primeiros grupos até os compostos moleculares e voláteis dos pnicogênios e calcogênios. Em cada seção sobre os haletos, discutimos brevemente alguns dos métodos de síntese. Neste momento, é apropriado fazer um resumo de algumas tendências gerais que encontramos anteriormente e talvez estender um pouco a discussão.

Embora seja difícil sistematizar todos os métodos sintéticos que encontramos, eles podem ser grosseiramente separados em três tipos de reação:

- Reação direta dos elementos
- Reações de óxidos ou hidróxidos com haletos de hidrogênio
- Reações de óxidos covalentes ou haletos inferiores com fluoretos covalentes

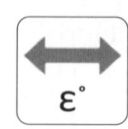

1. A reação direta de vários elementos com os halogênios é o método mais dominante de preparar haletos. Não há dúvida de que esse método funciona para os Grupos 1A e 2A, mas um cuidado considerável deve ser tomado. Afinal, esses metais são agentes redutores excelentes, e os halogênios, como acabamos de discutir, são agentes oxidantes excelentes. Reações entre tais elementos, não surpreendentemente, são violentas, até mesmo explosivas, e não são particularmente seguras ou práticas em muitas situações. Para os Grupos 3A e 4A, as reações com cloro, bromo e iodo funcionam bem, mas os fluoretos são usualmente mais bem produzidos pelos procedimentos alternativos descritos no item 3. Para os Grupos 5A e 6A, reações com flúor tendem a produzir os maiores estados de oxidação, enquanto aquelas com os halogênios mais pesados produzem os menores.

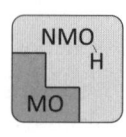

2. As propriedades básicas dos hidróxidos metálicos e dos óxidos metálicos (anidridos básicos) fazem que suas reações com o hidrácido de halogênio apropriado sejam um modo excelente de preparar haletos metálicos. Essas reações, mostradas de forma geral nas Equações (18.12) a (18.14), também se estendem a vários haletos de metais de transição:

$$MOH(aq) + HX(aq) \longrightarrow MX(s) + H_2O \quad \text{18.12}$$

$$MO(s) + 2HX(g) \longrightarrow MX_2(s) + H_2O \quad \text{18.13}$$

$$M_2O_3(s) + 6HX(g) \longrightarrow 2MX_3(s) + 3H_2O \quad \text{18.14}$$

3. As reações de vários óxidos com haletos covalentes se apresentam como uma categoria menos precisa de procedimentos sintéticos. Mesmo assim, tais agentes de halogenação, como o trifluoreto de cloro (ClF_3), o trifluoreto de bromo (BrF_3), o tetrafluoreto de enxofre (SF_4) e o tetracloreto de carbono (CCl_4), frequentemente são eficientes na preparação de cloretos e, particularmente, de fluoretos de vários elementos. Novamente, esse método pode ser estendido a haletos de metais de transição. Algumas reações típicas são representadas nas Equações (18.15) a (18.18):

$$6NiO(s) + 4ClF_3(l) \longrightarrow 6NiF_2(s) + 2Cl_2(g) + 3O_2(g) \quad \text{18.15}$$

$$2SeO_3(s) + 4BrF_3(l) \longrightarrow 2SeF_6(s) + 2Br_2(l) + 3O_2(g) \quad \text{18.16}$$

$$CO_2(g) + SF_4(g) \longrightarrow CF_4(g) + SO_2(g) \quad \text{18.17}$$

$$Cr_2O_3(s) + 3CCl_4(g) \xrightarrow{\Delta} 2CrCl_3(s) + 3COCl_2(g) \quad \text{18.18}$$

4. Reações de troca de halogênios não foram abordadas em seções individuais sobre os haletos. Essas reações são frequentemente úteis na preparação de fluoretos a partir dos cloretos correspondentes. Como regra, elas ocorrem de modo que resultam na formação de uma ligação entre os elementos menos e mais eletronegativos na reação. A razão para isso funcionar é que uma ligação covalente polar tem um

componente iônico para suplementar seu caráter covalente e, portanto, é mais forte. Assim, nas Equações (18.19) e (18.20), a formação do fluoreto de alumínio e do fluoreto de estanho(IV) é favorecida, pois ligações M–F mais fortes são formadas em cada caso:

$$BF_3(g) + AlCl_3(s) \longrightarrow AlF_3(s) + BCl_3(g) \quad \text{18.19}$$

$$SnCl_4(s) + 4HF(g) \longrightarrow SnF_4(s) + 4HCl(g) \quad \text{18.20}$$

Uma das mais típicas reações dos haletos é a hidrólise aos hidróxidos, óxidos ou oxiácidos. Algumas reações representativas são dadas nas Equações (18.21) a (18.25):

$$BX_3(s) + 3H_2O(l) \longrightarrow B(OH)_3(aq) + 3HX(aq) \quad \text{18.21}$$

$$SnX_4(s) + 2H_2O(l) \longrightarrow SnO_2(aq) + 4HX(aq) \quad \text{18.22}$$

$$PX_3(s) + 3H_2O(l) \longrightarrow HPO(OH)_2(aq) + 3HX(aq) \quad \text{18.23}$$

$$PX_5(s) + 4H_2O(l) \longrightarrow PO(OH)_3(aq) + 5HX(aq) \quad \text{18.24}$$

$$SF_4(g) + 2H_2O(l) \longrightarrow SO_2(g) + 4HF(g) \quad \text{18.25}$$

Antes de finalizarmos o tópico sobre haletos, uma breve menção sobre os assim chamados pseudo-haletos deve ser feita. Esses ânions lembram haletos em seu comportamento químico e geralmente incluem azida, N_3^-; cianeto, CN^-; cianato, OCN^-; tiocianato, SCN^-; selenocianato, $SeCN^-$, e telurocianato, $TeCN^-$. As similaridades entre esses íons e os haletos comuns são notáveis. Elas incluem (1) a existência de íons 1^- com eletronegatividade (a média de todos os átomos do ânion) similar à dos haletos, (2) a formação de moléculas diméricas voláteis que reagem com metais formando sais, (3) a capacidade de essas moléculas diméricas servirem de agentes oxidantes, (4) a capacidade de os compostos HX atuarem como ácidos em solução aquosa, (5) a insolubilidade dos sais de cátions, como prata(I), chumbo(II) e mercúrio(I), e (6) a tendência de formar complexos tetraédricos com uma variedade de íons metálicos.

Óxidos

Os óxidos de halogênios tendem a ter cheiro desagradável e a serem agentes oxidantes altamente instáveis com a desconcertante tendência de explodir espontaneamente. Apenas o difluoreto de dioxigênio, O_2F_2, um sólido instável amarelo-alaranjado, pode ser preparado diretamente a partir dos elementos (passando uma descarga elétrica por meio da mistura dos gases flúor e oxigênio). O difluoreto de oxigênio, OF_2, é um gás amarelo-pálido preparado pela reação do gás flúor com o hidróxido de sódio aquoso. Ele hidrolisa para formar gás oxigênio e fluoreto de hidrogênio. Uma vez que o flúor é o único elemento mais eletronegativo que o oxigênio, esses compostos estão entre os muito poucos em que o oxigênio é encontrado em um estado de oxidação formal positivo.

Os principais óxidos de cloro, ClO, Cl_2O, ClO_2 e Cl_2O_7, são substâncias bastante desagradáveis e explosivas. O óxido de cloro é de importância central na explicação da destruição da camada de ozônio pelos clorofluorcarbonos e é discutido na Seção 18.6. O óxido de dicloro é um agente de cloração poderoso e um importante alvejante comercial. Ele é usado industrialmente para produzir o alvejante doméstico em pó*, $Ca(OCl)_2$, como mostrado na Equação (18.26):

$$Cl_2O(g) + CaO(aq) \xrightarrow{\text{água de cal}} Ca(OCl)_2(s) \quad \text{18.26}$$

---

* N.T.: muito comum nos Estados Unidos.

O dióxido de cloro é em geral feito no local de uso para branquear farinha e polpa de celulose e para tratamento de água e esgoto e é sempre mantido bem diluído, para diminuir as chances de explosão. O heptóxido de dicloro, Cl_2O_7 ou $O_3ClOClO_3$, é um líquido oleoso sensível ao choque. Ele é formalmente o anidrido ácido do ácido perclórico. Não existem óxidos de bromo estáveis à temperatura ambiente. Entre os óxidos de iodo, o pentóxido de di-iodo, I_2O_5, é o mais importante. Ele é usado para determinar quantitativamente concentrações de monóxido de carbono pela reação representada na Equação (18.27):

$$5CO(g) + I_2O_5(s) \longrightarrow I_2(s) + 5CO_2(g) \qquad \textbf{18.27}$$

18.3 OXIÁCIDOS E SEUS SAIS

Dado que os halogênios são não metais com uma extensa lista de possíveis estados de oxidação, esperamos que eles formem vários oxiácidos. (Você pode querer rever a Tabela 11.2, para uma visão geral dos oxiácidos representativos.) De fato, o número de tais ácidos por grupo vem aumentando constantemente durante nossa viagem, conforme mais estados de oxidação se tornam disponíveis. Lembre-se de que, nos principais grupos metálicos, Grupos 1A e 2A, compostos que continham a unidade E—O—H eram hidróxidos, não oxiácidos. Nos Grupos 3A e 4A, em que apenas os elementos mais leves eram metaloides ou não metais, havia um oxiácido principal por elemento – por exemplo, ácido bórico ou carbônico, correspondendo ao estado de oxidação máximo desses grupos. Para a maioria dos pnicogênios e calcogênios, com um número maior de estados de oxidação possíveis, encontramos dois oxiácidos principais por elemento. Agora, para os halogênios, com exceção do flúor, há quatro oxiácidos possíveis por elemento, correspondendo aos estados de oxidação +1, +3, +5 e +7. Esses ácidos e algumas de suas propriedades estão listados na Tabela 18.2. Uma das primeiras coisas que você deve notar nessa tabela é que nem todas as possibilidades são contempladas. Entre os oxiácidos faltantes, os mais notáveis são os do flúor, que – sendo o elemento mais eletronegativo – não existe em estados de oxidação positivos. (Há um composto de fórmula HOF. Sintetizado pela primeira vez em 1968, ele não é ácido e deveria ser chamado de *fluoreto de hidroxila*, em vez de *ácido hipofluoroso*.)

Outro ponto a ser notado na Tabela 18.2 é que qualquer dado oxiácido de halogênio é um agente oxidante melhor – isto é, tem um maior potencial padrão de redução – que seu oxiânion correspondente. Considere o caso $HOCl/OCl^-$ como típico. A Equação (18.28) mostra a semirreação para o ácido hipocloroso em solução ácida:

$$2e^- + H^+ + HOCl \rightleftharpoons Cl^- + H_2O \qquad (E° = 1,63 \text{ V}) \qquad \textbf{18.28}$$

Suponha que tenha sido adicionada ao sistema uma base de suporte (na forma de hidróxido, OH^-). Para qual direção o equilíbrio se deslocaria? A base se combinaria não apenas com o ácido hipocloroso, produzindo hipoclorito, mas também com o íon hidrogênio, diminuindo assim sua concentração. Portanto, pelo princípio de Le Châtelier, a reação deveria ser menos espontânea para a direita e o $E°$, menos positivo. O potencial padrão de redução para hipoclorito a cloreto em solução básica [mostrado na Equação (18.29)] é 0,89 V, sendo esse menor valor consistente com o raciocínio anterior.

$$2e^- + H_2O + OCl^- \rightleftharpoons Cl^- + 2OH^- \qquad (E° = 0,89 \text{ V}) \qquad \textbf{18.29}$$

Ácidos hipo-halosos, HOX, e hipo-halitos, OX^-

Estamos agora na posição de examinar os oxiácidos, um estado de oxidação por vez, iniciando com os ácidos hipo-halosos, cujo halogênio tem um estado de oxidação +1. Com apenas um átomo de oxigênio por halo-

TABELA 18.2
Os oxiácidos conhecidos de cloro, bromo e iodo

	Estado de oxidação			
	+1 Ácido hipo-haloso	+3 Ácido haloso	+5 Ácido hálico	+7 Ácido per-hálico
	Cloro			
	HOCl	HOClO	HOClO$_2$	HOClO$_3$
K_a	$2,9 \times 10^{-8}$	$1,1 \times 10^{-2}$	$5,5 \times 10^2$	1×10^8
$E°$ (ácido)	1,63 V[a]	1,64 V[a]	1,47 V[b]	1,42 V[b]
$E°$ (ânion)	0,89 V[c]	0,78 V[c]	0,63 V[c]	0,56 V[c]
	Bromo			
	HOBr	HOBrO(?)	HOBrO$_2$	HOBrO$_3$
K_a	2×10^{-9}	....	1,0	Grande
$E°$ (ácido)	1,59 V[a]	....	1,52 V[b]	1,59 V[b]
$E°$ (ânion)	0,76 V[c]	....	0,61 V[c]	0,69 V[c]
	Iodo			
	HOI	....	HOIO$_2$	HOIO$_3$[d]
K_a	2×10^{-11}	....	$1,6 \times 10^{-1}$	Grande
$E°$ (ácido)	1,45 V[a]	....	1,20 V[b]	1,34 V[b]
$E°$ (ânion)	0,49 V[c]	....	0,26 V[c]	0,39 V[c]

[a]Para ácido ao halogênio em solução ácida.
[b]Para oxiânion ao halogênio em solução ácida.
[c]Para oxiânion ao haleto em solução básica.
[d]Também ocorre como H$_5$IO$_6$; $K_{a1} = 5 \times 10^{-4}$, $K_{a2} = 5 \times 10^{-9}$, $K_{a3} = 2 \times 10^{-12}$.

gênio, esses são todos ácidos fracos (que se tornam mais fracos descendo no grupo, Veja Seção 11.4), mas são bons agentes oxidantes. Os ácidos são geralmente preparados pela hidrólise do halogênio, representada na Equação (18.30). Esse equilíbrio pode ser deslocado significativamente para a direita, pela remoção do íon haleto como um composto que é uma mistura de óxido e haleto de mercúrio (ou prata), como mostrado na Equação (18.31). Para preparar íons hipo-halito, uma base é adicionada para neutralizar os íons hidrogênio, com a reação resultante sendo representada na Equação (18.32). Essas preparações são complicadas pelo desproporcionamento do hipo-halito, XO$^-$, ao haleto e ao halato, XO$_3^-$, como representado na Equação (18.33). A velocidade dessa reação aumenta na ordem ClO$^-$ < BrO$^-$ < IO$^-$.

$$X_2(g,l,s) + H_2O \rightleftharpoons HOX(aq) + H^+(aq) + X^-(aq) \quad \textbf{18.30}$$

$$2X_2(s,l,g) + 2HgO(s) + H_2O \longrightarrow HgO \cdot HgX_2(s) + 2HOX \quad \textbf{18.31}$$

$$X_2(s,l,g) + 2OH^-(aq) \longrightarrow XO^-(aq) + X^-(aq) + H_2O \quad \textbf{18.32}$$

$$3XO^-(aq) \rightleftharpoons 2X^-(aq) + XO_3^-(aq) \quad \textbf{18.33}$$

O ácido hipocloroso é prontamente preparado pela reação geral da Equação (18.31), particularmente se conduzida a temperaturas baixas para diminuir a velocidade da reação de desproporcionamento, Equação (18.33). Industrialmente, o HOCl é preparado pela hidrólise gasosa do óxido de dicloro, Cl$_2$O, mostrada na Equação (18.34):

$$Cl_2O(g) + H_2O(g) \rightleftharpoons 2HOCl(g) \qquad \textbf{18.34}$$

Hipocloritos preparados dessa forma são usados em grandes quantidades como alvejantes. (Veja Seção 18.5 sobre "Alvejantes" para mais detalhes sobre o mecanismo do branqueamento.)

Sais de hipoclorito estão entre os melhores e mais amplamente usados agentes oxidantes. Suas reações com vários átomos e íons geralmente resultam na transferência líquida de um ou mais átomos de oxigênio para o reagente. Alguns exemplos comuns são dados nas Equações (18.35) a (18.37):

$$NO_2^-(aq) + ClO^-(aq) \longrightarrow NO_3^-(aq) + Cl^-(aq) \qquad \textbf{18.35}$$

$$S(s) + 3ClO^-(aq) + H_2O \longrightarrow SO_4^{2-}(aq) + 3Cl^-(aq) + 2H^+(aq) \qquad \textbf{18.36}$$

$$Br^-(aq) + 3ClO^-(aq) \longrightarrow BrO_3^-(aq) + 3Cl^-(aq) \qquad \textbf{18.37}$$

(Embora as equações mostrem o hipoclorito sendo claramente reduzido exclusivamente a cloreto, esses sistemas redox são complicados por uma variedade de reações concorrentes.)

A velocidade moderadamente alta do desproporcionamento do hipobromito faz que ele seja difícil de ser armazenado e, portanto, de pouca utilidade como agente oxidante. A velocidade é tão alta para o hipoiodito que ele é virtualmente desconhecido em solução aquosa.

Ácidos halosos, HOXO, e halitos, XO_2^-

O ácido cloroso é o único dos três ácidos halosos possíveis que existe sem sombra de dúvida. Ele é bem mais forte que o hipocloroso (por seis ordens de grandeza), mas ainda é classificado como um ácido fraco. Ele não pode ser isolado na forma livre, mas, como mostrado nas Equações (18.38) e (18.39), soluções aquosas diluídas são preparadas por (1) redução do dióxido de cloro a clorito com peróxido de hidrogênio na presença de hidróxido de bário, seguida por (2) adição de ácido sulfúrico que precipita o sulfato de bário, deixando o ácido cloroso em solução:

$$Ba(OH)_2(aq) + H_2O_2(aq) + 2ClO_2(aq) \longrightarrow Ba(ClO_2)_2(aq) + 2H_2O + O_2(g) \qquad \textbf{18.38}$$

$$Ba(ClO_2)_2(aq) + H_2SO_4(aq) \longrightarrow BaSO_4(s) + 2HClO_2(aq) \qquad \textbf{18.39}$$

Os cloritos também são excelentes agentes oxidantes e, como os hipocloritos, são usados em grandes quantidades como agentes alvejantes industriais. Cloritos também são usados para oxidar e eliminar vários gases malcheirosos, tóxicos ou ambientalmente perigosos de efluentes de vários processos industriais.

Ácidos hálicos, $HOXO_2$, e halatos, XO_3^-

Na seção hipo-haloso-hipo-halito, vimos que os três halogênios mais pesados podem ser hidrolisados a hipo-halitos [Equação (18.32)] e que estes, por sua vez, podem se desproporcionar com velocidade variável ($IO^- > BrO^- > ClO^-$) aos halatos e haletos [Equação (18.33)]. Dadas essas reações, não é de surpreender que soluções alcalinas quentes de cloro e bromo vão diretamente a clorato e bromato, respectivamente. A reação global é representada na Equação (18.40):

$$3X_2(g,l) + 6OH^-(aq) \xrightarrow{calor} XO_3^-(aq) + 5X^-(aq) + 3H_2O \qquad \textbf{18.40}$$

A mesma reação é a base de um esquema de eletrólise de uma salmoura para a produção em massa do clorato de sódio, no qual cloro e hidróxido são misturados conforme são produzidos. Bromatos e iodatos também podem ser preparados em pequena escala pela oxidação do haleto ao halato com hipoclorito. [Veja, por exemplo, a Equação (18.37).] O ácido iódico é facilmente preparado a partir da oxidação do iodo com ácido nítrico quente, como mostrado na Equação (18.41):

$$I_2(aq) + 10HNO_3(aq) \xrightarrow{calor} 2HIO_3(aq) + 10NO_2(g) + 4H_2O \qquad \text{18.41}$$

(Veja Seção 16.3 para mais detalhes sobre o ácido nítrico como um agente oxidante.)

O ácido iódico, um sólido branco, é o único dos três ácidos hálicos que pode ser isolado fora de uma solução aquosa. Ele existe como moléculas piramidais $IO_2(OH)$ mantidas unidas por ligações hidrogênio. Todos os halatos, XO_3^-, são íons piramidais com ângulos O–X–O um pouco menores que o tetraédrico de 109,5°.

Os cloratos têm vários usos baseados em sua capacidade oxidante. O $NaClO_3$ é convertido em dióxido de cloro, usado para branquear polpa de celulose e como um herbicida e desfolhante, e o $KClO_3$ é o principal oxidante em fogos de artifício (Capítulo 13) e em palitos de fósforo (Capítulo 16). A decomposição térmica catalisada do $KClO_3$ foi, durante muitos anos, usada como uma fonte conveniente de gás oxigênio no laboratório. No entanto, veja a nota de precaução em relação a essa reação no Capítulo 11 (Seção 11.1).

O iodato (e o periodato) são os únicos oxiânions de halogênios a ocorrer naturalmente. Eles são encontrados em grandes quantidades, por exemplo, em depósitos minerais chilenos. O iodo é produzido a partir desses iodatos por redução com bissulfito de sódio, como mostrado na Equação (18.42):

$$2IO_3^-(aq) + 5HSO_3^-(aq) \longrightarrow I_2(s) + 5SO_4^{2-}(aq) + 3H^+(aq) + H_2O \qquad \text{18.42}$$

O iodato de potássio é usado como um padrão primário para soluções de tiossulfato em análises quantitativas. O iodato reage quantitativamente com iodeto produzindo iodo, como mostrado na Equação (18.43):

$$IO_3^-(aq) + 5I^-(aq) + 6H^+(aq) \longrightarrow 3I_2(aq) + 3H_2O \qquad \text{18.43}$$

O iodo é, então, titulado com solução de tiossulfato, como detalhado no Capítulo 17 (Seção 17.3). Por fim, o iodato de potássio é utilizado como um agente oxidante na intrigante reação do relógio de iodo, comumente usada como uma demonstração sobre reagentes limitantes e um sistema para simplificar a determinação da lei de velocidades (veja Exercício 18.52).

Ácidos per-hálicos, $HOXO_3$, e per-halatos, XO_4^-

Tanto o ácido perclórico quanto o periódico podem ser preparados a partir da oxidação eletrolítica do halato correspondente, seguida pela adição de um ácido forte. A preparação do ácido perbrômico se provou mais difícil e não foi realizada até 1968 (veja Exercício 18.52). A melhor rota (mas ainda difícil e de baixo rendimento) envolve a oxidação do bromato a perbromato com gás flúor, como mostrado na Equação (18.44):

$$BrO_3^-(aq) + F_2(g) + 2OH^-(aq) \longrightarrow BrO_4^-(aq) + 2F^-(aq) + H_2O \qquad \text{18.44}$$

Outros agentes oxidantes possíveis – por exemplo, peroxidissulfato ou ozônio –, embora termodinamicamente viáveis, são evidentemente muito lentos. A razão para a dificuldade em preparar ácido perbrômico não é satisfatoriamente entendida. Esse é outro exemplo de propriedades anômalas dos elementos que são consequência do preenchimento da subcamada $3d$, com o qual já nos deparamos anteriormente (veja Capítulo 9, Seção 9.4, e o Capítulo 14, Seção 14.2).

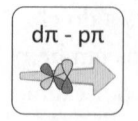

As estruturas dos ácidos per-hálicos e seus ânions são tetraédricas em torno do átomo de halogênio central, como esperado. O ácido perclórico não dissociado é mais bem representado contendo três ligações duplas Cl=O plenas e uma unidade Cl—O—H contendo o hidrogênio ácido. A segunda ligação da unidade Cl=O é devida a uma interação $d\pi$-$p\pi$. Essa ligação dupla formal é consistente com o oitavo componente da nossa rede, o qual contempla as interações $d\pi$-$p\pi$ entre elementos do segundo e terceiro períodos. Essas interações ficam mais fortes e mais formalizadas conforme o tamanho do elemento do terceiro período diminui da esquerda para a direita no período. (Lembre-se da discussão inicial sobre o oitavo componente, na Seção 15.3.) No ânion perclorato, há quatro estruturas de ressonância porque a ligação simples é representada com cada um dos quatro átomos de oxigênio tetraédricos. Isso dá uma ordem de ligação média para Cl—O de 1,75, mais forte que a ordem de ligação média para S—O de 1,5 no sulfato e que a ordem de ligação média para P—O de 1,25 no fosfato. [Para confirmar esses valores, lembre-se de que, no ácido sulfúrico (Seção 17.2), tínhamos duas ligações S=O plenas e duas unidades S—O—H e que, no ácido fosfórico (Seção 16.2), representamos a molécula não dissociada como tendo uma ligação P=O plena e três unidades P—O—H.] Os ácidos perbrômico e periódico têm estruturas similares, embora as interações $d\pi$-$p\pi$ sejam mais fracas quanto maior o tamanho do átomo central de halogênio.

Além do tetraédrico HIO_4, outro oxiácido do iodo no estado de oxidação +7 com um octeto expandido é possível. O H_5IO_6, usualmente chamado de ácido ortoperiódico, tem um arranjo octaédrico de átomos de oxigênio unidos por ligações hidrogênio. O ácido ortoperiódico é um ácido fraco, como mostrado pelas constantes de dissociação nas Equações (18.45) e (18.46):

$$H_5IO_6(aq) \rightleftharpoons H^+(aq) + H_4IO_6^-(aq) \qquad (K = 5 \times 10^{-4}) \qquad \mathbf{18.45}$$

$$H_4IO_6^-(aq) \rightleftharpoons H^+(aq) + H_3IO_6^{2-}(aq) \qquad (K = 5 \times 10^{-9}) \qquad \mathbf{18.46}$$

Seu sal de sódio mais comum é o di-hidrogeno-ortoperiodato de sódio, $Na_3H_2IO_6$, mas o sal totalmente reagido ortoperiodato de sódio, Na_5IO_6, também pode ser preparado. O ácido ortoperiódico é o ponto de partida para um pequeno número de poliperiodatos, mas a tendência de formar polímeros de condensação é muito diminuída em relação à dos ácidos fosfórico e, em menor extensão, sulfúrico.

Esses são todos ácidos fortes e agentes oxidantes poderosos. O ácido perclórico oxida materiais orgânicos explosivamente quando aquecido. Grande cuidado deve ser tomado quando se emprega esse ácido, particularmente na forma concentrada. Os percloratos são usados como explosivos, combustíveis sólidos para foguetes e em fogos de artifício nos efeitos pirotécnicos. Sais $M^{II}(ClO_4)_2$ podem detonar quando M^{II} for um metal de transição, como o Fe^{II} ou Co^{II}. Mais da metade do $NaClO_4$ produzido é usada para fabricar perclorato de amônio, NH_4ClO_4, o combustível sólido utilizado nos foguetes de propulsão do ônibus espacial e nos retrofoguetes do estágio de descida do Mars Explorer Rover. Ele também é usado em assentos ejetáveis de aeronaves e em outras situações similares em que um combustível de propulsão confiável é necessário. Cada lançamento do ônibus espacial requer cerca de 700 toneladas de perclorato de amônio. A luz branca intensa e o estrondo com o qual estremecemos ao vermos e ouvirmos o estouro de fogos de artifício são possíveis graças aos receptáculos separados de perclorato de potássio e enxofre.

Uma vez preparados, perbromatos são surpreendentemente estáveis. Com procedimentos adequados, soluções de ácido perbrômico, $HBrO_4$, podem ser armazenadas por longos períodos de tempo. Ele é um agente oxidante mais forte que o ácido perclórico (veja Tabela 18.2), mas é cineticamente mais lento que seu análogo mais leve.

TABELA 18.3
Os inter-halogênios binários neutros

	Estrutura na fase gasosa	Cor e fase em condições padrão de T e P	Preparação
ClF	Linear	Gás incolor	Direta e $Cl_2 + ClF_3$
ClF_3	Forma de T distorcida	Gás incolor	Direta
ClF_5	Piramidal quadrática	Gás incolor	$F_2 + ClF_3$
BrCl	Linear	Gás instável	Direta
BrF	Linear	Gás marrom-pálido	Direta e $Br_2 + BrF_3$
BrF_3	Forma de T distorcida	Líquido amarelo	Direta
BrF_5	Piramidal quadrática	Líquido incolor	$BrF_3 + F_2$
IBr	Linear	Sólido vermelho-escuro	Direta
ICl	Linear	Sólido vermelho	Direta
IF	Linear	Sólido instável	Direta e $I_2 + IF_3$
ICl_3	Dímero planar	Sólido laranja	Direta
IF_3	Trigonal planar	Sólido amarelo-limão	Direta
IF_5	Piramidal quadrática	Líquido incolor	Direta
IF_7	Bipiramidal pentagonal	Gás incolor	$F_2 + IF_5$

18.4 INTER-HALOGÊNIOS NEUTROS E IÔNICOS

Os inter-halogênios são geralmente considerados compostos que apresentam dois ou mais átomos de halogênios diferentes. Os inter-halogênios binários neutros, de fórmula XX'_n, em que $X =$ o átomo menos eletronegativo e $X' =$ o átomo mais eletronegativo, estão listados na Tabela 18.3. Como regra, o átomo maior e menos eletronegativo está no centro, cercado por um, três, cinco ou sete átomos menores e mais eletronegativos.

A maioria dos inter-halogênios binários são mais bem preparados pela interação direta dos elementos a várias temperaturas. Exceções notáveis incluem o pentafluoreto de bromo, obtido pela fluoração do trifluoreto, e o heptafluoreto de iodo, similarmente preparado a partir do pentafluoreto correspondente.

As estruturas dos inter-halogênios dadas na Tabela 18.3 se aplicam à fase gasosa e geralmente seguem as regras da teoria da repulsão dos pares de elétrons da camada de valência. [Às vezes, as estruturas de AB_7 não são abordadas na primeira apresentação dessa teoria, mas uma explicação para a configuração bipiramidal pen-

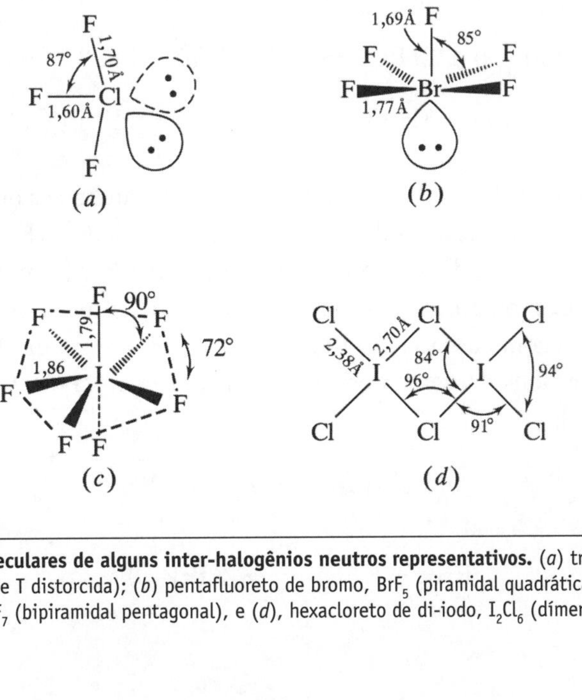

FIGURA 18.3

As estruturas moleculares de alguns inter-halogênios neutros representativos. (*a*) trifluoreto de cloro, ClF_3 (forma de T distorcida); (*b*) pentafluoreto de bromo, BrF_5 (piramidal quadrática); (*c*) heptafluoreto de iodo, IF_7 (bipiramidal pentagonal), e (*d*), hexacloreto de di-iodo, I_2Cl_6 (dímero planar).

tagonal é consistente com as suposições da repulsão dos pares de elétrons da camada de valência (VSEPR).] Nas várias fases condensadas, estruturas com halogênios em ponte são comuns. As estruturas de alguns inter-halogênios representativos são dadas na Figura 18.3.

Algumas reações comuns dos inter-halogênios (XX'_n) incluem (1) oxidações resultando em halogenação pelo X', (2) hidrólise ao HX' e ao oxiácido de X e (3) reações doador-receptor de haletos. Fluoretos de halogênio são usualmente fortes agentes de fluoração. A ordem decrescente de atividade é $ClF_3 > BrF_5 > IF_7 > ClF > BrF_3 > IF_5 > BrF > IF_3 > IF$. Tanto o fluoreto de cloro quanto o trifluoreto de cloro são agentes de fluoração comuns e eficientes, como mostrado nas Equações (18.47) e (18.48):

$$W(s) + 6ClF(g) \longrightarrow WF_6(g) + 3Cl_2(g) \qquad \text{18.47}$$

$$U(s) + 3ClF_3(g) \longrightarrow UF_6(l) + 3ClF(g) \qquad \text{18.48}$$

(Lembre-se também das preparações de haletos discutidas na Seção 18.2.) A fluoração com trifluoreto de bromo está exemplificada na Equação (18.49). De forma similar, o cloreto de iodo é um agente de cloração eficiente, como mostrado na Equação (18.50):

$$2B_2O_3(s) + 4BrF_3(l) \longrightarrow 4BF_3(g) + 2Br_2 + 3O_2 \qquad \text{18.49}$$

$$P_4 + 20ICl \longrightarrow 4PCl_5 + 10I_2 \qquad \text{18.50}$$

O trifluoreto de cloro está disponível comercialmente, mas é extremamente reativo. Por exemplo, ele reage explosivamente com algodão, papel e mesmo água. Ele forma um combustível de foguete hipergólico (de autoignição) com a hidrazina, embora seu manuseio apresente muitas dificuldades. Como a "N-stoff" ("substância N"), ele foi produzido pela Alemanha nazista como uma potencial arma incendiária e um gás venenoso, mas a guerra terminou antes que pudesse ser usado. Como sua reação com o urânio produz o hexafluoreto de urânio gasoso, o trifluoreto de cloro é utilizado tanto na produção quanto no reprocessamento de combustíveis nucleares. Na forma de $UF_6(g)$, o urânio pode ser enriquecido em relação ao isótopo físsil U-235, e a formação desse gás serve para ajudar a separar o urânio não usado de varetas de combustível nuclear.

A hidrólise de um inter-halogênio XX'_n normalmente produz HX' e o oxiácido de X, como exemplificado nas Equações (18.51) e (18.52). Observe que os estados de oxidação dos halogênios não variam nessas reações:

$$ClF_3(g) + 2H_2O \longrightarrow 3HF(aq) + HClO_2(aq) \qquad \text{18.51}$$

$$BrF_5(l) + 3H_2O \longrightarrow 5HF(aq) + HBrO_3(aq) \qquad \text{18.52}$$

Reações doador-receptor de haletos (de XX'_n) são geralmente aquelas nas quais X'^- é doado a ou recebido de um inter-halogênio. Elas incluem reações de autoionização como a do BrF_3, mostrada na Equação (18.53). Essa propriedade faz que o trifluoreto de bromo seja um solvente *aprótico* (sem prótons) autoionizante comum. Além da autoionização, o BrF_3 prontamente recebe íons fluoreto de outras fontes, como de fluoretos de metais alcalinos, produzindo sais que contêm o íon tetrafluoreto de bromo, como mostrado na Equação (18.54). Alternativamente, ele pode doar íons fluoreto, produzindo sais que contêm o cátion difluoreto de bromo, como mostrado na Equação (18.55):

$$2BrF_3(l) \rightleftharpoons BrF_2^+ + BrF_4^- \qquad \text{18.53}$$

$$BrF_3 + KF(s) \xrightarrow{BrF_3} KBrF_4(s) \qquad \text{18.54}$$

TABELA 18.4
Íons inter-halogênios binários e mono-halogênio poliatômicos

Halogênio terminal	Halogênio central					
	Cloro		Bromo		Iodo	
Flúor	ClF_2^+	ClF_2^-	BrF_2^+	BrF_2^-	IF_2^+	IF_4^-
	Cl_2F^+	ClF_4^-	BrF_4^+	BrF_4^-	IF_4^+	IF_5^{2-}
	ClF_4^+	ClF_6^-	BrF_6^+	BrF_6^-	IF_6^+	IF_6^-
	ClF_6^+					IF_8^-
Cloro	Cl_3^+	Cl_3^-	$BrCl_2^+$	$BrCl_2^-$	ICl_2^+	ICl_2^-
				Br_2Cl^-	I_2Cl^+	ICl_4^-
					$I_3Cl_2^+$	I_4Cl^-
Bromo			Br_2^+	Br_3^-	IBr_2^+	IBr_2^-
			Br_3^+		I_2Br^+	
			Br_5^+			
Iodo					I_2^+	I_3^-
					I_3^+	I_5^-
					I_5^+	I_7^-
					I_7^+	I_9^-
					I_4^{2+}	I_8^{2-}

$$BrF_3 + SbF_5(s) \xrightarrow{BrF_3} [BrF_2^+][SbF_6^-] \qquad \text{18.55}$$

Outros inter-halogênios autoionizantes incluem o tricloreto de iodo, o trifluoreto de cloro e o pentafluoreto de iodo.

Em geral, a maioria dos inter-halogênios pode aceitar íons haleto, mais comumente de haletos de metais alcalinos, produzindo uma grande variedade de ânions inter-halogênios. As preparações dos cátions inter-halogênios são geralmente mais difíceis porque requerem solventes e agentes oxidantes específicos. Uma lista representativa dos íons inter-halogênios mais simples é mostrada na Tabela 18.4. Note que alguns íons mono-halogênio poliatômicos, $X_n^{m\pm}$, estão incluídos nessa tabela, assim como os íons binários. Há um número crescente de íons halogênios ternários, mas estes não foram incluídos.

O mais comum dos ânions mono-halogênio poliatômicos é o íon tri-iodeto, I_3^-. A solubilidade do iodo sólido, I_2, em água é bastante aumentada pela adição de um iodeto de metal alcalino, geralmente KI. O aumento na solubilidade é devido à formação do íon I_3^- aquoso, como representado na Equação (18.56):

$$I_2(aq) + I^-(aq) \longrightarrow I_3^-(aq) \qquad \text{18.56}$$

A estrutura linear do ânion tri-iodeto está de acordo com as ideias da teoria VSEPR. Outros íons I_n^{m-} são combinações de grupos I^-, I_2 e I_3^- mantidos unidos por forças intermoleculares fracas. As estruturas de alguns desses íons são mostradas na Figura 18.4.

18.5 REAÇÕES E COMPOSTOS DE IMPORTÂNCIA PRÁTICA

Fluoretação

Em 1901, Frederick McKay, um jovem graduado em odontologia, mudou-se para Colorado Springs, Colorado, nos Estados Unidos, para abrir um consultório. Não demorou muito para que ele percebesse que um grande número de residentes da cidade tinha manchas marrons estranhas nos dentes. Algumas dessas manchas

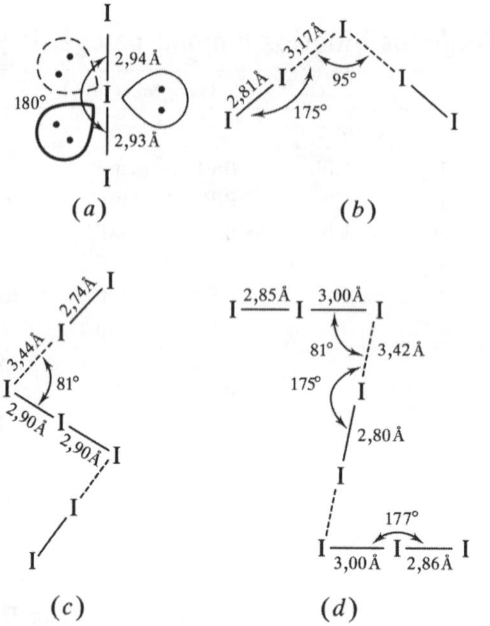

FIGURA 18.4

As estruturas de alguns ânions poli-iodeto representativos. (a) Tri-iodeto, I_3^-; (b) I_5^- (I^- + $2I_2$); (c) I_7^- (I_3^- + $2I_2$) e (d) I_8^{2-} (I_2 + $2I_3^-$).

eram da cor de chocolate. Ninguém sabia a causa desses dentes "pintados" ou manchados e, para o espanto de McKay, essa condição não era relatada na literatura odontológica daquela época. McKay estudou esse problema profissionalmente por muito tempo. Foram encontradas outras cidades em que os residentes tinham a mesma condição e acabou-se verificando que, de maneira geral, o problema estava relacionado ao abastecimento de água. (Frequentemente, a mudança do abastecimento de água resultava no desaparecimento do que ficou conhecido como "mancha marrom de Colorado".) No entanto, a causa exata do problema permanecia desconhecida. Por fim, em 1931, McKay, juntamente com um químico do PHS (Public Health Service – Serviço Público de Saúde), começou a investigar relatos de manchas em Bauxite, Arkansas (também nos Estados Unidos), uma cidade de mineração de alumínio com nome apropriado.* Um químico da Aluminum Company of America (Alcoa) logo descobriu que a ocorrência de manchas marrons estava relacionada às concentrações excessivamente altas (13,7 partes por milhão ou ppm) de fluoreto na água. Agora, sabendo sua causa, a condição passou a ser conhecida como *fluorose dentária*, definida como comprometimento do esmalte dentário por manchas, pontos e riscos causados pelo excesso de fluoreto na água potável. Logo se sucedeu o tratamento bem-sucedido da fluorose dentária.

O PHS e os NIH (National Institutes of Health – Institutos Nacionais de Saúde) logo iniciaram programas de pesquisa relacionados ao fluoreto na água. Era sabido que as pessoas com fluorose dentária tinham muito menos cáries ou incidência de desgaste dos dentes. Não demorou muito para H. Trendley Dean, chefe da Unidade de Higiene Dentária do NIH, propor que a adição de níveis seguros de fluoreto (aproximadamente 1 ppm) à água potável ajudaria no combate à cárie dentária. Sua primeira chance de testar a hipótese surgiu em 1944, quando Grand Rapids, Michigan, Estados Unidos, decidiu adicionar fluoreto a seu sistema público de abastecimento de água, em 1945 e tornando, assim, a primeira cidade do mundo a fluoretar sua água potável. Originalmente era um projeto de 15 anos, mas os resultados foram tão surpreendentes que logo se espalhou a notícia de que a incidência de cáries dentárias entre as crianças de Grand Rapids, nascidas após o fluoreto ser adicionado à água de abastecimento, era aproximadamente 60% menor do que entre as nascidas

---

* N. T.: O principal minério de alumínio é a bauxita.

antes da adição do fluoreto. Isso era uma grande redução e, então, a fluoretação da água de abastecimento passou a sustentar a esperança de que o desgaste dentário viesse a ser uma doença que pudesse ser prevenida. Baseando-se nesses resultados, o PHS, em 1950, recomendou a fluoretação de todos os sistemas públicos de água dos Estados Unidos. Mais tarde, naquele ano, a American Dental Association aceitou tal recomendação, e a American Medical Association deu seu aval em 1951. Hoje, mais de 60% das comunidades adicionam fluoreto na água de abastecimento.

Com o passar dos anos, numerosos estudos bem documentados feitos no mundo todo compararam as taxas de cáries dentárias de crianças antes e depois da fluoretação das águas dos sistemas públicos de abastecimento. Outros estudaram comunidades comparáveis, algumas com fluoretação, outras sem. Esses estudos, muitos deles realizados quando outras fontes de fluoreto (por exemplo, pastas de dente, enxaguatórios bucais e géis de aplicação tópica profissional) não estavam disponíveis ainda, mostraram taxas de cáries drasticamente mais baixas. Estudos mais recentes, desenvolvidos em uma época em que outras fontes de fluoreto se tornaram mais comuns, mostraram uma redução menor, porém ainda significativa, das cáries dentárias devido à fluoretação da água.

Há dois tipos de fluoretação, a sistêmica e a tópica. A *fluoretação sistêmica* inclui métodos pelos quais o fluoreto é ingerido e se incorpora nas estruturas dentárias em formação. Isso é mais comumente executado adicionando fluoreto de sódio (NaF), hexafluorossilicato de hidrogênio (H_2SiF_6) ou hexafluorossilicato de sódio (Na_2SiF_6) à água de abastecimento, de forma que a concentração de fluoreto iônico esteja na faixa de 0,7 a 1,2 ppm. Outros métodos de fluoretação sistêmica incluem suplementos alimentares na forma de comprimidos, gotas ou pastilhas e fluoreto presente nos alimentos (por exemplo, açúcar e sal; o sal fluoretado é usado em 30 países) e bebidas (por exemplo, leite). A *fluoretação tópica* envolve aplicação local na superfície do dente e inclui pastas de dentes, enxaguatórios bucais e géis enxaguatórios de aplicação tópica profissional. O fluoreto estanoso, SnF_2 (o "fluoristan" da pasta de dentes "Crest*", introduzido em 1995), e o monofluorfosfato de sódio $[Na^+]_2[PO_3F]^{2-}$ (o "MFP" da "Colgate com fluoreto MFP", introduzido em 1967), foram, durante um tempo, os aditivos de fluoreto mais comuns em pastas de dentes. Conforme detalhado no Capítulo 15, o fluoreto estanoso é uma fonte de fluoreto iônico. Custos e compatibilidade com outros componentes geraram variações nas formulações ao longo dos anos. Por exemplo, a Crest conteve por um tempo o MFP e agora contém "fluoristat", que é somente fluoreto de sódio iônico. O fluoreto estanoso ainda está disponível em pastas de dentes especiais e em enxaguatórios bucais. O monofluorfosfato é um sal do ácido monofluorfosfórico, $OP(OH)_2F$, cujo íon fluoreto substituiu um grupo isoeletrônico OH^- no ácido fosfórico. O monofluorfosfato libera íons fluoreto pela hidrólise, mostrada na Equação (18.57):

$$PO_3F^{2-}(aq) + H_2O \longrightarrow H_2PO_4^-(aq) + F^-(aq) \quad (18.57)$$

Embora pesquisas nessa área continuem até hoje, acredita-se que existam dois mecanismos pelos quais uma pequena quantidade de fluoreto na água potável possa reduzir a incidência de cáries dentárias. O primeiro tem a ver com hidroxiapatita de cálcio, $Ca_{10}(PO_4)_6(OH)_2$, um dos principais agentes de fortalecimento do esmalte dentário. Conforme o esmalte se forma nos dentes das crianças, o íon fluoreto disponível na água é incorporado nas superfícies dos dentes como fluorapatita de cálcio, $Ca_{10}(PO_4)_6F_2$. Esta última substância contém o menos básico íon fluoreto e é, portanto, menos suscetível ao ataque pelos ácidos produzidos na boca quando açúcares são quebrados por bactérias. Um segundo mecanismo está relacionado à dinâmica mineralização-remineralização dos dentes, que ocorre constantemente na boca. Ácidos na boca desmineralizam o esmalte dentário, mas acredita-se que o fluoreto promova o processo de remineralização. Para mais informações sobre o papel do cálcio e dos fosfatos nas estruturas dos ossos e dos dentes, veja Seção 13.3.

Aproximadamente 182 milhões de norte-americanos (69,2% dos 262,7 milhões de residentes atendidos por águas de abastecimento) estão recebendo atualmente os benefícios de uma água fluoretada a níveis ótimos

---

* N.T.: Pasta de dentes fabricada nos Estados Unidos pela P&G.

(0,7 a 1,2 ppm). Todas as cinco maiores cidades dos Estados Unidos recebem água fluoretada e, entre as 50 maiores cidades, 42 recebem água fluoretada (duas, naturalmente fluoretada). No mundo todo, quase 400 milhões de pessoas estão recebendo os benefícios da água fluoretada. É justo dizer que uma grande quantidade de literatura científica, assim como uma esmagadora maioria de cientistas, dentistas, médicos e outros profissionais da saúde, endossam a fluoretação da água como um meio seguro de reduzir a incidência de cáries. Mesmo assim, a fluoretação tem sido controversa desde o momento em que foi aplicada pela primeira vez, em 1945, em Grand Rapids, e continua sendo um tópico bastante debatido hoje. A dinâmica antifluoretação é complicada (e muito estudada como um fenômeno sociológico), mas o impacto sobre a liberdade de escolha (isto é, a fluoretação é uma forma de medicina socializada) é provavelmente o mais importante tema na mente dos oponentes. Outros citam preocupações em relação à incerteza que existe quanto à quantidade total de fluoreto que vários segmentos da população recebem. Alguns estudos sugerem que muitas crianças, particularmente as muito jovens, provavelmente estejam recebendo mais do que deveriam. Afinal, além das fontes de fluoreto sistêmicas e de uma grande variedade de tópicas, vários alimentos e bebidas contêm quantidades variadas de fluoreto. (Muito dessa variação depende se o alimento ou a bebida é produzido em uma região em que a água é fluoretada.) Esses estudos sugerem que cerca da metade das crianças que vivem em áreas de água fluoretada possa apresentar alguns sinais de fluorose dentária. Também associam a maior ingestão de fluoreto em adultos mais velhos a um aumento no risco de fraturas nos ossos e à fluorose esquelética, um enrijecimento doloroso das juntas. Em suma, essas preocupações, tanto para pessoas mais jovens quanto para mais velhas, fizeram que o comitê do Conselho Nacional de Pesquisa dos Estados Unidos requisitasse uma redução do limite superior atual (4 ppm) para o fluoreto na água potável. Pesquisas contínuas serão necessárias para monitorar e avaliar o impacto da ingestão total de fluoreto, não apenas nos Estados Unidos, mas em outras partes do mundo.

Cloração

A cloração da água pública de abastecimento envolve principalmente (1) tratamento de águas residuais, (2) desinfecção de água potável e (3) cloração de piscinas. Uma das últimas etapas em uma instalação municipal de tratamento de águas residuais é borbulhar gás cloro através do efluente para matar bactérias. O gás cloro diatômico é rapidamente hidrolisado a ácido hipocloroso que, por sua vez, se dissocia parcialmente a íons hipoclorito. Essas reações estão representadas nas Equações (18.58) e (18.59):

$$Cl_2(g) + H_2O \longrightarrow HOCl(aq) + HCl(aq) \quad \text{18.58}$$

$$HOCl(aq) \rightleftharpoons OCl^-(aq) + H^+(aq) \quad \text{18.59}$$

O HOCl e o OCl$^-$ juntos são chamados de *cloro livre disponível*, que mata bactérias pela oxidação de certas enzimas essenciais para o metabolismo bacteriano. Em operações de pequena escala, o gás cloro, de difícil manuseio, frequentemente é substituído por sais de hipoclorito (de sódio ou de cálcio).

A água potável é desinfetada de maneira similar com o gás cloro. Pesquisas extensivas têm provado os benefícios desse processo na limitação de várias infecções bacterianas, incluindo a febre tifoide. Sabendo que "não há almoço grátis", não ficamos surpresos com o fato de haver um pequeno, porém administrável, perigo associado à cloração da água potável. O cloro pode interagir com a matéria orgânica na água, produzindo uma pequena quantidade de compostos mutagênicos. Compostos mutagênicos causam mutações genéticas e são uma medida comum da capacidade de uma substância de causar câncer. Na Europa, a ozonização é frequentemente usada, em vez da cloração (veja Seção 11.5).

A água de piscina também é clorada, mas nesse caso sais de cloritos ou hipocloritos sólidos são usados diretamente. Novamente, o cloro livre disponível mata as bactérias, porém, na menor escala de uma piscina, esses sais são mais convenientes e mais econômicos do que o gás cloro.

Alvejantes

Lembre-se de que o próprio Scheele notou a capacidade do gás cloro de descolorir ou *alvejar* (uma palavra derivada do latim *albus*, que significa "muito branco, muito claro") flores e folhas verdes. Alvejantes domésticos (água sanitária) são comumente soluções a 5,25% de hipoclorito de sódio, NaOCl. O ingrediente ativo de alvejantes em pó é o hipoclorito de cálcio, $Ca(OCl)_2$. [Alvejantes seguros para materiais coloridos geralmente contêm perboratos (veja Seção 14.3) e percarbonatos. Este último, por exemplo, $Na_2CO_3 \cdot 1.5H_2O_2$, é conhecido como *per-hidrato*. Tanto perboratos quanto percarbonatos liberam peróxido de hidrogênio, que é o agente alvejante seguro para tecidos coloridos.] Esses sais de hipoclorito são normalmente preparados pela reação do cloro com uma base em solução aquosa [Equação (18.32)] ou pela eletrólise de soluções aquosas de cloreto. Em escala industrial, hipocloritos são gerados pela hidrólise do óxido de dicloro [Equação (18.34)].

Qual é o mecanismo da ação alvejante? Lembre-se de que aquilo que percebemos como cor é absorção da luz visível. Quando frequências visíveis são absorvidas por um objeto, as frequências restantes são refletidas ou transmitidas para nossos olhos e percebemos que o objeto é colorido. A composição molecular de uma molécula de corante envolve um *cromóforo*, que é definido como um agrupamento atômico que produz cor. Exemplos comuns de cromóforos incluem os grupos azo (–N=N–), nitro (–NO_2) e nitroso (–N=O). A cor produzida em um cromóforo frequentemente é relacionada à deslocalização da densidade eletrônica envolvendo um ou mais desses grupos. Alvejantes são agentes oxidantes seletivos que frequentemente removem elétrons, ou mesmo átomos, desses sítios de deslocalização e, portanto, deixam as moléculas do corante sem cor. O cromóforo é, muito frequentemente, a parte mais frágil da molécula e, portanto, exposições repetidas a alvejantes degradam o material, fazendo que o tecido se desgaste mais rapidamente.

Brometos

Sabe-se, há cerca de 160 anos, que o brometo de prata é um composto sensível à luz. A fotografia em preto e branco depende da capacidade do AgBr, espalhado homogeneamente em um filme não revelado, de absorver a luz visível, produzindo, dessa forma, prata e átomos de bromo, como mostrado na Equação (18.60):

$$Ag^+ + Br^- \xrightarrow{h\nu} Ag + Br \qquad \textbf{18.60}$$

A presença de átomos de prata corresponde a um ponto escuro no filme. Quanto maior a intensidade da luz que incide em uma determinada área, mais escuro é o ponto. O resultado é uma imagem negativa, ou reversa, do padrão de luz.

Em meados do século XIX, verificou-se que brometos de sódio e de potássio causavam depressão do sistema nervoso central. Eles foram amplamente usados como sedativos leves em "pós para dor de cabeça" (e até mesmo em tratamentos para epilepsia) por um século. Largamente substituídos hoje por fármacos mais modernos, tais produtos deixaram um legado na nossa língua. Embromar, atualmente, está relacionado a discursar de maneira a enrolar, muitas vezes de forma maçante e entediante, a ponto de poder fazer dormir quem está escutando. (Espera-se que este parágrafo não tenha sido uma embromação!)

18.6 TÓPICO SELECIONADO PARA APROFUNDAMENTO: CLOROFLUORCARBONOS (CFCs) – UMA AMEAÇA À CAMADA DE OZÔNIO

Na Seção 11.5, discutimos tanto a estrutura do ozônio quanto seu papel na absorção da perigosa radiação UV na estratosfera. Agora, vamos nos ater às ameaças à camada estratosférica de ozônio apresentadas pelos clorofluorcarbonos (CFCs) e compostos contendo bromo, chamados de halons.

Os CFCs, ou Freons, foram originalmente desenvolvidos por Thomas Midgley, nos anos 1930, como substitutos estáveis, não tóxicos e não inflamáveis para o gás amônia usado em refrigeração. (Um gás refrigerante é comprimido a um líquido por um motor elétrico e, então, recirculado em bobinas metálicas de diâmetro pequeno posicionadas em torno do espaço a ser resfriado. Quando o líquido se expande a um gás novamente, ele absorve calor e resfria o espaço.) Midgley demonstrou as propriedades do Freon-12, CCl_2F_2, em um encontro da American Chemical Society, em 1930. Ele encheu os pulmões com o gás e depois o usou para soprar uma vela.

Os CFCs provaram ser mais úteis do que Midgley imaginou. Além da sua adoção mundial para uso em refrigeradores e condicionadores de ar, eles também foram empregados em (1) solventes, (2) propelentes para produtos aerossóis, como modeladores para cabelo e desodorantes, e (3) agentes de expansão para fazer isolantes para a indústria da construção e para embalagens de *fast food*. Os dois CFCs mais comuns e amplamente usados durante anos foram o Freon-11 ($CFCl_3$) e o Freon-12, ambos produzidos pela ação do fluoreto de hidrogênio sobre o tetracloreto de carbono, como representado na Equação (18.61) para o Freon-11:

$$CCl_4 + HF \xrightarrow[100\,°C]{SbF_5} CFCl_3 + HCl \qquad \textbf{18.61}$$

Como esses CFCs, muito valorizados pela sua estabilidade, poderiam ser responsáveis pela destruição da camada estratosférica de ozônio? Na verdade, como previsto por Mario Molina e F. Sherwood Rowland em 1974, é sua grande estabilidade que faz que eles sejam tão perigosos. Os CFCs são virtualmente indestrutíveis na troposfera (próximo ao chão) e, então, eles se difundem muito lentamente para a estratosfera. Aqui, como mostrado para o Freon-12 na Equação (18.62), eles podem ser degradados pela radiação UV em átomos livres de cloro e vários radicais. É esse cloro atômico livre que destrói cataliticamente o ozônio. Uma sequência importante de reações para essa destruição é mostrada nas equações (18.63) e (18.64). Note que o átomo de cloro é regenerado na Equação (18.64). Na verdade, a soma das equações (18.63) e (18.64), mostrada na Equação (18.65), é exatamente a conversão do ozônio e oxigênio atômico [um reagente necessário para produzir o ozônio, veja Equação (11.16b)] em oxigênio diatômico sem o consumo líquido de cloro.

$$CF_2Cl_2 \xrightarrow{h\nu} CF_2Cl + {\bullet}Cl \qquad \textbf{18.62}$$

$${\bullet}Cl + O_3 \longrightarrow {\bullet}ClO + O_2 \qquad \textbf{18.63}$$

$${\bullet}ClO + O \longrightarrow {\bullet}Cl + O_2 \qquad \textbf{18.64}$$

$$\text{Global: } O + O_3 \longrightarrow 2O_2 \qquad \textbf{18.65}$$

Dessa forma, estima-se que um átomo de cloro poderia ser o catalisador para a destruição de cerca de 100.000 moléculas de ozônio, antes de se ligar formando alguma estrutura estável ou sair da estratosfera. A sequência anterior é apenas um conjunto de reações destruidoras de ozônio. Outras envolvem a formação do peróxido de dicloro, Cl_2O_2, que é subsequentemente quebrado fotoquimicamente em duas moléculas de ClO.

A resposta inicial ao alerta de Molina e Rowland foi, de certa forma, abafada, mas teve seu rápido momento. Em 1978, após um considerável debate, os Estados Unidos baniram o uso dos CFCs como propelentes de aerossóis. Então, em 1985, de forma surpreendente, o British Antarctic Survey anunciou que havia encontrado um "buraco" na camada de ozônio sobre a Antártida. Rapidamente, mapas como o da Figura 18.5, mostrando o buraco na camada de ozônio, começaram a aparecer em vários jornais e revistas. Parece que essa grande seção sobre o ar estratosférico com perda de ozônio surgiu, pela primeira vez, em meados dos anos 1970 (coincidentemente, na mesma época em que Molina e Rowland fizeram seu anúncio), mas permaneceu

FIGURA 18.5

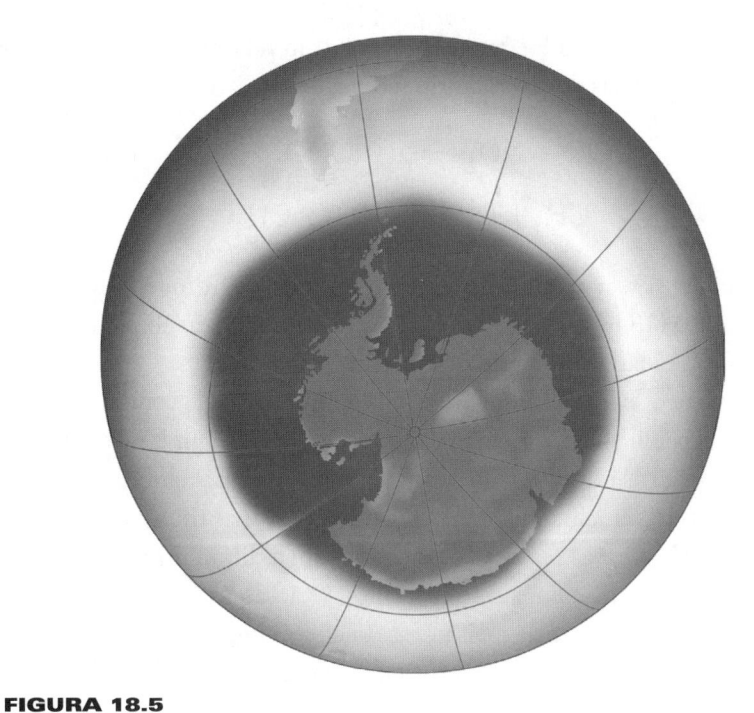

O buraco de ozônio antártico, 12 de setembro de 2008. Do instrumento de medição de ozônio no satélite Aura da Nasa. O buraco tinha uma área de 27,2 milhões de quilômetros quadrados.

despercebido por uma década. Em 1987, os Estados Unidos e várias outras nações industrializadas assinaram o Protocolo de Montreal sobre Substâncias que Destroem a Camada de Ozônio. Esse acordo inicial exigia a redução das emissões de CFCs de até 50%, em relação aos níveis de 1986, no ano 2000. (Países em desenvolvimento receberam um prazo um pouco maior para atingir tais reduções.) Em 1990, essas mesmas nações concordaram em banir totalmente os CFCs na virada do século. Por fim, o aviso profético de Molina e Rowland sobre os CFCs como ameaça à camada de ozônio lhes rendeu o Prêmio Nobel de Química de 1995. (Eles dividiram o prêmio com o químico holandês Paul Crutzen, que sugeriu pela primeira vez que os óxidos de nitrogênio também reagem cataliticamente com o ozônio.)

Sabemos agora que o buraco de ozônio aparece de repente e de forma dramática no fim do inverno antártico, iniciando-se no fim de agosto. Por volta de outubro (ou no início da primavera Antártida), as concentrações de ozônio estabilizam e, em novembro, retornam aos níveis anteriores. Nos últimos anos, as concentrações de ozônio na Antártida caíram incríveis 70% ou mais (100% em algumas áreas – agora sim, isso é um buraco!). As diminuições registradas no Ártico são consideravelmente menores (até 30%), porém, ainda mais preocupante, evidências mostram uma pequena erosão de toda a camada de ozônio em todas as latitudes. Dada a proteção que o ozônio estratosférico nos fornece da radiação UV causadora de câncer, esses são dados realmente alarmantes e, por várias décadas, grandes esforços têm sido feitos para entender totalmente a causa de tamanho declínio nas concentrações de ozônio em tão pouco tempo. É verdade que os CFCs são responsáveis por esse efeito? Por que essa diminuição ocorre tão drástica e rapidamente sobre as regiões polares, particularmente sobre o Polo Sul? Dado que os CFCs são, em última análise, os responsáveis, eles atuam nas regiões polares pelo mesmo ciclo catalítico descrito anteriormente? Por fim, uma vez que se sabe *como* e *por que* esse buraco se desenvolve, precisamos entender *o que* foi feito e o que ainda pode ser feito para repará-lo.

Primeiro, é importante saber que a ameaça ao ozônio, o cloro livre, não está normalmente presente na estratosfera. Ao contrário, na maioria do tempo, ele está preso em *reservatórios de cloro* contendo formas moleculares do cloro relativamente inativas ou inertes (pelo menos em relação ao ozônio). As Equações (18.66) e (18.67) mostram como essas moléculas do reservatório são formadas:

$$ClO + NO_2 \longrightarrow ClONO_2 \qquad \textbf{18.66}$$

$$CH_4 + Cl \longrightarrow HCl + CH_3 \qquad \textbf{18.67}$$

Na Equação (18.66), o monóxido de cloro ativo reage com o dióxido de nitrogênio, produzindo o inerte nitrato de cloro, $ClONO_2$. Na Equação (18.67), um átomo de cloro reage com metano para produzir cloreto de hidrogênio, HCl, também uma forma inativa ou inerte do cloro nesse contexto.

Conforme o inverno antártico se instala, um vórtex polar (um padrão de ventos circumpolares em turbilhão que isola uma região de ar excepcionalmente estático e muito frio) se configura. As temperaturas no vórtex caem para $-80\ °C$, temperatura na qual as nuvens polares estratosféricas (NPEs) começam a se formar. Essas nuvens apresentam uma bela iridescência, semelhante a uma concha. As NPEs primeiro se formam conforme o ácido nítrico tri-hidratado, $HNO_3 \cdot 3H_2O$, e as temperaturas continuam a diminuir, acumulando gelo contendo mais ácido nítrico no interior dessas nuvens e em suas superfícies. O ácido nítrico surge a partir do $ClONO_2$, um reservatório de cloro, e os produtos são formas mais ativas do cloro, como a molécula diatômica e o ácido hipocloroso. A sequência de reações que ocorrem na superfície das NPEs é mostrada na Equações (18.68) a (18.70):

$$HCl + ClONO_2 \longrightarrow HNO_3 + Cl_2 \qquad \textbf{18.68}$$

$$H_2O + ClONO_2 \longrightarrow HNO_3 + HOCl \qquad \textbf{18.69}$$

$$HCl + HOCl \longrightarrow H_2O + Cl_2 \qquad \textbf{18.70}$$

A essa altura, no fim do inverno antártico, o cloro molecular se posiciona na superfície das NPEs, pronto para atacar o ozônio estratosférico. Ele espera somente mais um ingrediente necessário para iniciar o processo, que é o retorno do Sol para a região. Como mostrado na Equação (18.71),

$$Cl_2 \xrightarrow{h\nu} 2Cl \qquad \textbf{18.71}$$

a luz solar quebra as moléculas de cloro, formando átomos de cloro destruidores de ozônio que, novamente, nas superfícies das NPEs, reagem como dado nas Equações (18.63) a (18.65). Quando o Sol brilha, essas reações ocorrem rapidamente, e o buraco de ozônio se desenvolve depressa e dramaticamente. Quando as NPEs evaporam, suas superfícies não estão mais disponíveis, e o ácido nítrico é devolvido para o ar, os reservatórios de cloro se formam novamente e as concentrações de ozônio lentamente retornam aos níveis normais.

Você pode perguntar se temos evidências definitivas e conclusivas de que essas sequências de reações estão realmente destruindo o ozônio na Antártida. Uma evidência foi gerada por uma aeronave da Nasa em setembro de 1987. A aeronave monitorou as concentrações de vários gases, conforme voava pelo Polo Sul. A Figura 18.6 mostra as concentrações de ClO e O_3 obtidas, começando na latitude 62° sul. Note que, por volta de 68°, a concentração de ClO começa a aumentar e isso se reflete em uma diminuição, na forma de imagem especular, na concentração de ozônio. Isso é considerado uma forte evidência para a sequência de reações da Equação (18.63) a Equação (18.65). Portanto parece que, sim, os CFCs são a principal causa dos buracos de ozônio polares porque, em última análise, fornecem o cloro atômico livre. Além disso, processos meteorológicos específicos (vórtex polar, formação de NPEs) também têm um papel essencial, pois proporcionam uma rota e uma superfície reacional pelas quais o cloro é ativado, e, então, os compostos de cloro podem ser liberados dos reservatórios de cloro anteriormente inertes. Parece que o buraco de ozônio sobre o Ártico é menor porque

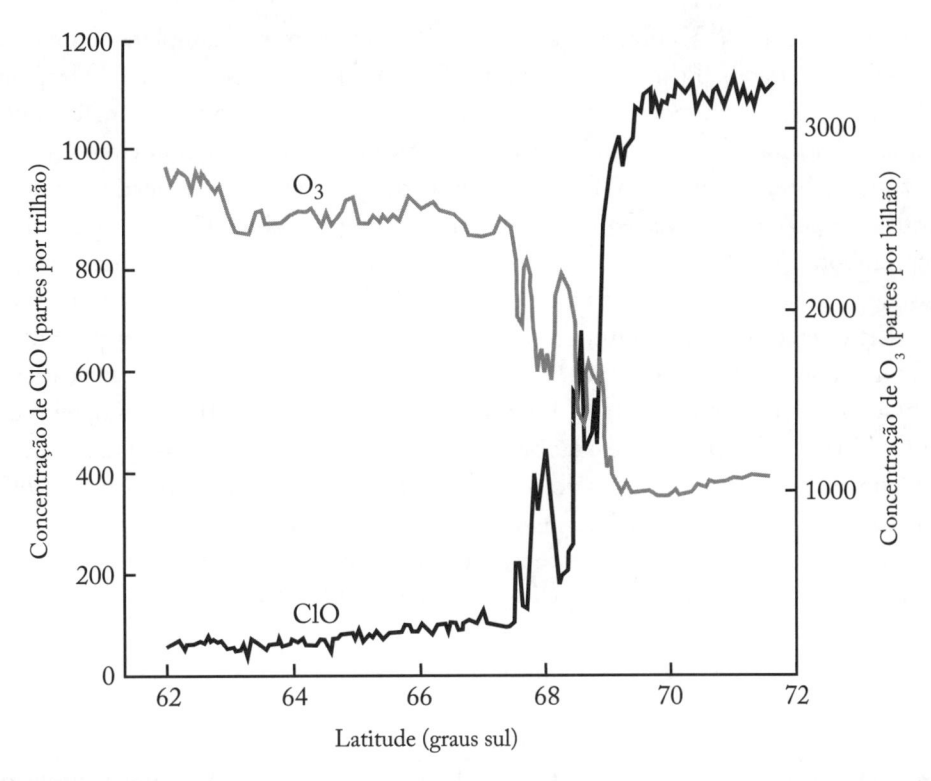

FIGURA 18.6

Concentrações de óxido de cloro, ClO (linha mais escura), e de ozônio, O_3 (linha mais clara), medidas simultaneamente em 16 de setembro de 1987, durante a Airborne Antarctic Ozone Expedition a Punta Arenas, Chile. A aeronave Nasa ER-2 voou em direção ao sul, para dentro do vórtex polar, conforme monitorava as concentrações desses gases. Aumentos nas concentrações de ClO se relacionam com diminuições nos níveis de ozônio, como se fossem imagens especulares. (Fonte: adaptado de: Donald L. Maclady, *Perspectives in environmental chemistry*. p. 320. Copyright© 1997 Oxford University Press, Inc.)

seu vórtex polar não é tão estável em um período de tempo tão longo, e as temperaturas no Ártico não são tão baixas quanto as da Antártida.

Os fluorcarbonos contendo bromo, chamados de *halons*, estão relacionados de modo similar à destruição da camada de ozônio. (Eles podem ser considerados responsáveis por cerca de 20% da destruição do ozônio.) Compostos de bromo, como o halon-2402 ($C_2Br_2F_4$), o halon-1301 ($CBrF_3$) e o composto bromoclorofluór, halon-1211 ($CBrClF_2$), são usados como fumigantes e em extintores de incêndio. (Observe que a sequência de números nos nomes desses halons representa o número de átomos de carbono, flúor, cloro e bromo, respectivamente, no composto.) Novamente, o bromo livre e depois o óxido de bromo, BrO, são produzidos fotoquimicamente e, trabalhando em conjunto com o óxido de cloro, consomem ozônio em um ciclo catalítico similar ao mostrado anteriormente. Reservatórios de bromo são quebrados durante os meses de inverno e, quando o Sol retorna para a região, o bromo atômico é formado e ataca o ozônio, da mesma forma que seu congênere cloro.

Os efeitos possíveis de uma diminuição nas concentrações do ozônio estratosférico incluem: (1) um aumento nos cânceres de pele, (2) um aumento nos danos a plantações e árvores, (3) resfriamento estratosférico, levando a mudanças climáticas em grande escala, e (4) produção adicional de ozônio troposférico, conforme mais radiação UV penetrar na atmosfera para mais perto da Terra. Além disso, os próprios CFCs, como o dióxido de carbono e outros compostos mencionados no Capítulo 11, são gases de efeito estufa.

O que estamos fazendo para combater a destruição da camada de ozônio? Desde que a comunidade científica foi capaz de apontar a causa do problema de forma tão definitiva, a escolha de ação mais óbvia foi limitar severamente ou banir a liberação dos CFCs e dos halons para a atmosfera. Nos últimos anos, começamos a ver evidências de que o Protocolo de Montreal está tendo efeito. Para eliminar completamente os CFCs, alguns passos importantes foram dados. Primeiro, a Environmental Protection Agency (EPA) implantou um programa nacional de reciclagem para reduzir as emissões de CFCs. Em segundo lugar, e mais importante, foram desenvolvidas alternativas aos CFCs. Atualmente, estas são principalmente os hidroclorofluorcarbonos (HCFCs), que não são tão estáveis quanto os CFCs e, portanto, decompõem-se significativamente antes de atingirem a estratosfera. Infelizmente, esses derivados contendo hidrogênio ainda liberam algum cloro e, portanto, são uma ameaça, embora consideravelmente menor, à camada de ozônio. Consequentemente, os HCFCs são considerados somente uma medida paliativa para as próximas décadas. Os HCFCs também terão de ser reciclados, como a EPA determina, e, em última análise, eles também serão substituídos por outros compostos, como os hidrofluorcarbonos (HFCs), que não liberam cloro de nenhum tipo. Essas transições já se iniciaram. Nos Estados Unidos, o 1,1,1,2-tetrafluoretano, F_3CCH_2F (conhecido como HFC-134a), tem substituído amplamente o CFC-12 (CCl_2F_2) em condicionadores de ar de automóveis. É encorajador perceber que essas medidas estão tendo efeito: as concentrações de cloro, na troposfera, tiveram seu pico entre 1992 e 1994 e, na estratosfera, em 1997. Os halons, especialmente o halon-1211 ($CBrClF_2$) e o halon-1301 ($CBrF_3$), ambos muito eficientes em extintores de incêndio, provaram ser mais difíceis de substituir. Suas concentrações estão apenas começando a estabilizar, nesta segunda década do século XXI.

RESUMO

O cloro, o primeiro halogênio a ser descoberto, foi isolado no fim do século XVIII por Scheele, que acreditava se tratar de um composto de oxigênio. Davy, representando a escola inglesa, afirmou que o cloro era um novo elemento e que o HCl era um ácido que não continha oxigênio. A escola francesa, fundada por Lavoisier e então liderada por Gay-Lussac, afirmava que todos os ácidos continham oxigênio. O iodo foi isolado de algas marinhas por Courtois. Gay-Lussac e Davy brigaram para definir quem foi o primeiro a afirmar que o iodo era um elemento. Verificou-se rapidamente que o iodo era um remédio para o bócio. As propriedades do bromo, isolado por Balard, foram reconhecidas imediatamente como intermediárias entre as do cloro e as do iodo. Essa tríade estava entre as várias que deram ímpeto para o estabelecimento da tabela periódica. O flúor provou ser mais perigoso e difícil de isolar que os primeiros três halogênios. Vários químicos sofreram com o envenenamento por fluoreto de hidrogênio e por flúor. Por fim, Moissan isolou esse elemento extremamente reativo no final do século XIX. O astato, um elemento radioativo, não foi descoberto até 1940.

Os halogênios são todos não metais com propriedades periódicas de variação regular. No entanto, o flúor, como todos os elementos mais leves nos grupos principais, é um pouco diferente de seus congêneres. O flúor diatômico deve sua extrema reatividade (1) à fraqueza da ligação F—F, (2) à força aumentada das ligações E—F e (3) às maiores energias reticulares dos fluoretos iônicos. O potencial padrão de redução muito alto do flúor pode ser explicado pela fraca ligação F—F, combinada com uma grande energia de hidratação para o pequeno íon fluoreto. A capacidade do flúor de oxidar a água (e, portanto, fazendo que ele seja muito difícil de ser isolado) pode ser demonstrada analisando-se potenciais padrão de redução. O cloro, um agente oxidante não tão bom, é mais facilmente produzido pelo processo cloro-álcali. A capacidade oxidante do segundo halogênio pode ser usada para produzir bromo e iodo a partir de seus respectivos haletos. Os haletos de hidrogênio podem ser preparados pela combinação direta dos elementos. HF e HCl também podem ser preparados por tratamento dos respectivos haletos com ácidos fortes. O HCl é mais comumente obtido como um subproduto da cloração de hidrocarbonetos. O extremamente reativo HF grava o vidro, aproxima-se de ser um solvente universal e é caracterizado por ligações hidrogênio bastante fortes.

Os haletos dos elementos foram analisados por toda a nossa viagem pelos elementos representativos. Métodos comuns de prepará-los incluem (1) reação direta dos elementos, (2) reações dos óxidos ou hidróxidos com haletos de hidrogênio, (3) reações dos óxidos ou haletos inferiores com fluoretos covalentes e (4) reações de troca de halogênio. Haletos de não metais usualmente hidrolisam e formam o hidróxido, óxido ou oxiácido correspondente. Pseudo-haletos são ânions que lembram haletos em seu comportamento químico.

Os óxidos dos halogênios são geralmente compostos altamente reativos. O óxido de cloro foi extensivamente estudado devido ao seu papel na destruição do ozônio estratosférico. O dióxido de cloro é um agente de cloração e alvejante poderoso. O pentóxido de iodo é usado para determinar quantitativamente concentrações de monóxido de carbono.

Os halogênios (exceto o flúor) têm a maior variedade de oxiácidos e oxiânions correspondentes entre todos os grupos. Tanto os oxiácidos quanto os oxiânions são bons agentes oxidantes, embora os oxiácidos sejam sempre os mais fortes de um dado par. As forças ácidas em geral aumentam com o estado de oxidação do halogênio. Para um dado estado de oxidação, as forças ácidas diminuem descendo no grupo.

Os ácidos hipo-halosos e hipo-halitos são geralmente preparados pela hidrólise do halogênio, embora isso seja complicado pelo desproporcionamento do hipo-halito ao haleto e ao halato. O hipoclorito é um agente oxidante excelente e costuma transferir um ou mais átomos de oxigênio a um dado reagente. O ácido cloroso é o único ácido haloso estável, e o clorito é um agente oxidante industrial amplamente usado.

Os halatos são prontamente preparados pela hidrólise básica do halogênio. Os bromatos e os iodatos também podem ser sintetizados pela oxidação do haleto. Apenas o ácido iódico pode ser isolado fora da solução aquosa. Cloratos são agentes oxidantes excelentes. O iodato ocorre naturalmente, é uma fonte de iodo elementar e é um padrão primário para iodometria. Os ácidos per-hálicos do cloro e do iodo são muito mais fáceis de preparar que o do bromo. O ácido perclórico, como o sulfúrico e o fosfórico em grupos anteriores, tem uma estrutura tetraédrica em torno do átomo central e envolve interações $d\pi$-$p\pi$ com os átomos de oxigênio. Somente o iodo forma o oxiácido com *seis* átomos de oxigênio em volta, H_5IO_6, chamado de ácido ortoperiódico. O ácido perclórico é um ácido e agente oxidante particularmente forte. Os percloratos são encontrados em combustível de foguetes, fogos de artifício e pirotecnia.

Os inter-halogênios, XX'_n (X = o maior e menos eletronegativo halogênio), são quase sempre preparados pela combinação direta dos elementos. Suas estruturas seguem as regras da teoria VSEPR. Reações típicas incluem (1) oxidações, resultando em halogenação de X, (2) hidrólise a HX' e ao oxiácido de X e (3) reações doador-receptor de haleto. A Alemanha nazista considerou ativamente usar o trifluoreto de cloro como uma arma química. Atualmente, é utilizado como um componente de combustível hipergólico de foguetes e para a preparação do gás hexafluoreto de urânio, usado na produção e no reprocessamento de combustíveis nucleares. Reações doador-receptor de haleto são uma rota para uma variedade de ânions inter-halogênio. Os cátions inter-halogênio são mais difíceis de preparar. Há uma variedade de ânions mono-halogênio poliatômicos, dos quais o tri-iodeto é o mais comum.

Reações e compostos de importância prática incluem a fluoretação, cloração, alvejantes e brometos. McKay estudou o que veio a ser conhecido como fluorose dentária, começando no início do século XX. Dado que se verificou que as pessoas que tinham seus dentes manchados de marrom-escuro apresentavam menores incidências de cáries dentárias, não demorou até que as comunidades fluoretassem sua água de abastecimento. Há dois tipos de fluoretação, a sistêmica e a tópica. A fluoretação sistêmica frequentemente é feita pela adição de compostos como NaF, H_2SiF_6 ou Na_2SiF_6 à água de abastecimento público, de forma que a concentração de fluoreto seja cerca de 1 ppm. Pastas de dentes contêm SnF_2, NaF ou Na_2PO_3F. Acredita-se que existam dois mecanismos pelos quais a fluoretação reduz a incidência de cáries dentárias, um dos quais envolve a substituição do OH^- na hidroxiapatita de cálcio do esmalte do dente pelo menos básico F^-. Embora um grande número de pessoas pelo mundo se beneficie de água fluoretada em níveis ótimos, isso segue sendo muito debatido em algumas comunidades. Há uma preocupação crescente de que a quantidade total de fluoreto ingerida por crianças e por idosos possa levar a alguns efeitos adversos. Essa preocupação levou alguns estudiosos a defender a redução do limite máximo para o uso de fluoreto em água potável.

A cloração é amplamente aceita para o tratamento de águas residuais e a desinfecção da água potável e de piscinas. Soluções diluídas de hipoclorito são os agentes alvejantes mais comuns. O brometo de prata é a base da fotografia em preto e branco, enquanto brometos de sódio e de potássio já foram sedativos comuns.

Os clorofluorcarbonos (CFCs) foram originalmente desenvolvidos como gases refrigerantes, mas logo encontraram uma variedade de usos. Eles são tão estáveis que sobem lentamente para a estratosfera ilesos, sendo quebrados apenas pela radiação UV solar. Os átomos de cloro resultantes convertem cataliticamente o ozônio e o oxigênio atômico em oxigênio molecular. Algumas formas de cloro podem ser convertidas em reservatórios de cloro inertes que não são reativos com o ozônio.

O buraco de ozônio sobre a Antártida se desenvolve no fim do inverno e, no momento em que este livro está sendo escrito, está aumentando desde a sua descoberta. As nuvens polares estratosféricas (NPEs), formadas com o vórtex polar, quebram os reservatórios de cloro e fornecem superfícies para a produção de átomos de cloro, que destroem o ozônio, quando o Sol retorna para as regiões polares. Os compostos de bromo, chamados de halons, também têm um papel na destruição do ozônio. Os efeitos da diminuição da concentração estratosférica de ozônio podem incluir câncer de pele, danos às plantações, mudanças climáticas e um aumento da concentração de ozônio troposférico. Os CFCs também são gases de efeito estufa. O Protocolo de Montreal sobre Substâncias que Destroem a Camada de Ozônio eliminou a produção dos CFCs, e suas concentrações já alcançaram seus picos tanto na troposfera quanto na estratosfera. Os halons estão provando ser mais difíceis de controlar.

PROBLEMAS

*18.1 Escreva uma equação para a reação pela qual Priestley, começando com sal comum, NaCl(s), foi o primeiro a isolar o gás cloreto de hidrogênio. Por que ele usou o mercúrio nessa preparação?

*18.2 Escreva uma equação para a reação pela qual Scheele, começando com sal comum, NaCl(s), isolou o gás cloro. Identifique os agentes oxidante e redutor nessa reação.

18.3 Entre Arrhenius, Brønsted-Lowry e Lewis, qual deles concordaria com Davy que o conteúdo de hidrogênio é característica de um ácido?

18.4 Escreva uma equação que represente a preparação do vapor de iodo por Courtois. Tal método seria útil na preparação do cloro? Por quê?

18.5 O iodo-131, um emissor β^-, é útil no tratamento de câncer da tireoide. Explique, brevemente, por quê. Dê a equação para o decaimento desse isótopo do iodo.

18.6 J. W. Döbereiner, em 1829, um ano após a descoberta do bromo e cerca de 50 anos antes das tabelas periódicas de Mendeleiev, propôs sua lei das tríades. Ele mostrou que elementos quimicamente semelhantes frequentemente aparecem em tríades, com o membro do meio tendo aproximadamente o mesmo peso atômico da média do mais leve e do mais pesado. Usando essa lei, ele previu o peso atômico do recém-descoberto bromo. Quão perto do valor verdadeiro ele estava?

18.7 Suponha que Liebeg tenha realmente feito cloreto de iodo, em vez de bromo. Quanto eles teriam divergido em suas massas moleculares?

18.8 Um dos alunos mais famosos de Moissan foi Alfred Stock. Trace a genealogia química (relações professor-aluno) de Gay-Lussac a Stock.

---

* Exercícios marcados com um asterisco (*) são mais desafiadores.

18.9 Escreva uma equação para o decaimento alfa do astato-211.

18.10 Examine de perto as variações de pontos de fusão, raios covalentes e energias de ionização dos halogênios. Comente sobre essas tendências.

18.11 De quais oxiácidos são os seguintes óxidos e anidridos ácidos? (a) Cl_2O_7, (b) Br_2O e (c) I_2O_5. Escreva uma equação para a relação em cada caso.

18.12 Escreva equações para representar as reações de flúor diatômico com (a) gás metano e (b) amônia gasosa.

*18.13 Dos oito componentes da rede interconectada de ideias, quais os quatro mais importantes para o entendimento da química dos halogênios? Para cada uma de suas citações, dê um exemplo de uma característica da química dos halogênios que o componente prevê.

*18.14 O ácido fluorídrico é um ácido fraco, enquanto todos os outros haletos de hidrogênio são ácidos fortes em solução aquosa. Justifique brevemente essa observação.

18.15 A reação entre os gases hidrogênio e flúor é extremamente exotérmica e resulta na mais alta temperatura de chama conhecida (maior do que 6.000 °C ou aproximadamente a temperatura da superfície do Sol). Justifique brevemente essas observações.

*18.16 As energias de ligação das ligações H—H, F—F e H—F são 436, 151 e 568 kJ/mol, respectivamente. Determine a energia padrão de formação do gás fluoreto de hidrogênio.

18.17 No Capítulo 9 discutimos resumidamente o remarcadamente baixo valor da afinidade eletrônica do flúor. Resuma a explicação dessa anomalia vertical nas afinidades eletrônicas.

18.18 O oxigênio, como o flúor, tem uma baixa afinidade eletrônica em relação a seus congêneres. Explique brevemente essa anomalia nas afinidades eletrônicas dos calcogênios.

*18.19 Escreva um ciclo de Born-Haber que corresponda ao potencial padrão de redução do flúor. Quais propriedades termodinâmicas seriam necessárias para estimar o valor do potencial de redução? Usando o seu ciclo, discuta por que o potencial padrão de redução do flúor é tão extremamente positivo.

18.20 Analise a reação representada na Equação (18.1) e repetida a seguir, usando potenciais padrão de redução. Essa reação é espontânea em condições-padrão? Que mudanças nas concentrações dos reagentes e produtos aumentariam a espontaneidade dessa reação?

$$4NaCl(aq) + 2H_2SO_4(aq) + MnO_2(s) \xrightarrow{calor} 2Na_2SO_4(aq) + MnCl_2(aq) + 2H_2O(l) + Cl_2(g)$$

18.21 Suponha que o cloreto de sódio e o iodeto de sódio foram tratados com ácido sulfúrico. Preveja os prováveis produtos contendo halogênio e enxofre em cada caso e discuta por que eles diferem.

*18.22 Use os potenciais padrão de redução para mostrar por que o ácido sulfúrico não pode ser usado para oxidar fluoretos a flúor, mas foi usado por Courtois para produzir iodo a partir de iodetos. Por que Courtois teve de usar ácido sulfúrico concentrado?

*18.23 Dados os potenciais padrão de redução dos halogênios, explique brevemente por que é difícil manter soluções aquosas de ácidos bromídrico e iodídrico em contato com o ar sem que eles fiquem contaminados com halogênios livres.

---

* Exercícios marcados com um asterisco (*) são mais desafiadores.

18.24 O fluoreto de hidrogênio tem pontos de fusão e de ebulição muito mais altos quando comparados com os de outros haletos de hidrogênio. Explique brevemente essa observação.

18.25 Faça um esboço da estrutura do hexâmero $(HF)_6$, caracterizado por ligações hidrogênio H−F---H.

*18.26 Os ácidos bromídrico e iodídrico podem ser preparados pela ação do ácido nítrico sobre brometos e iodetos? Por quê? Usando iodeto de potássio como um exemplo, escreva uma equação que represente o que você pensa que aconteceria se o ácido nítrico fosse adicionado.

*18.27 O cloro pode ser produzido pela ação do ácido nítrico sobre um cloreto? Sustente sua resposta referindo-se aos potenciais padrão de redução. Escreva uma equação como parte de sua resposta.

18.28 Como você poderia preparar o trifluoreto de antimônio e o pentafluoreto de antimônio? Escreva equações como parte de sua resposta.

18.29 Como você poderia preparar o trifluoreto de alumínio e o tricloreto de alumínio? Escreva equações como parte de sua resposta.

18.30 Proponha dois métodos de preparação do fluoreto de cálcio. Escreva equações como parte de sua resposta.

18.31 Complete e balanceie as seguintes equações:

(a) $Co_3O_4 + ClF_3 \longrightarrow$

(b) $B_2O_3 + BrF_3 \longrightarrow$

(c) $SiO_2 + BrF_3 \longrightarrow$

*18.32 Especule se o tetracloreto de silício reagiria com o fluoreto de hidrogênio em uma reação de troca de halogênio gasoso. Escreva uma equação balanceada para esse processo e estime o calor de reação usando as seguintes energias de ligação: Si−F = 582, Si−Cl = 391, H−F = 566 e H−Cl = 431 kJ/mol, respectivamente.

18.33 Complete e balanceie as seguintes equações:

(a) $PCl_3(s) + H_2O \longrightarrow$

(b) $PCl_5(s) + H_2O \longrightarrow$

18.34 Escreva uma equação que represente a reação entre o cianogênio, $(CN)_2$, e o sódio metálico.

18.35 Escreva uma equação que represente a reação entre o tiocianato de sódio e o nitrato de prata em solução aquosa.

18.36 Desenhe as estruturas do difluoreto de oxigênio e do difluoreto de dioxigênio. Estime os ângulos de ligação em cada um.

18.37 Escreva as estruturas de Lewis para o trióxido de dicloro, O_2ClOCl, com e sem ligações duplas Cl=O. Atribua cargas formais nas suas estruturas. Descreva, em poucas palavras, a natureza das ligações duplas Cl=O.

18.38 Escreva as estruturas de Lewis para o heptóxido de dicloro, $O_3ClOClO_3$, com e sem ligações duplas Cl=O. Atribua cargas formais nas suas estruturas. Descreva, em poucas palavras, a natureza das ligações duplas Cl=O.

18.39 Qual a relação entre o óxido de dicloro e o ácido hipocloroso? Escreva uma equação que mostre como o último composto é produzido a partir do primeiro.

---

* Exercícios marcados com um asterisco (*) são mais desafiadores.

18.40 Identifique os agentes oxidante e redutor na reação entre o pentóxido de iodo e o monóxido de carbono, como mostrado na Equação (18.27) e repetido a seguir:

$$5CO(g) + I_2O_5(s) \longrightarrow I_2(s) + 5CO_2(g)$$

*__18.41__ Analise a reação de hidrólise de um halogênio, dada na Equação (18.30) e repetida a seguir. Esta é uma reação ácido-base ou redox? Identifique os reagentes ácido e base (se for uma reação ácido-base) ou os agentes oxidante e redutor (se for uma reação redox).

$$X_2(g, l, s) + H_2O \rightleftharpoons HOX(aq) + H^+(aq) + X^-(aq)$$

18.42 Quando água é saturada com gás cloro, a concentração total de ácido hipocloroso formado é cerca de 0,030 M. Portanto, a hidrólise não é uma maneira particularmente boa para produzir esse ácido. Como a preparação é viabilizada pela adição de uma suspensão de óxido mercúrico finamente dividido? Escreva equações que sustentem sua resposta.

18.43 Preveja os produtos e escreva as equações balanceadas que representam as reações entre hipoclorito e (a) iodato, (b) clorito e (c) sulfito.

18.44 Escreva estruturas de Lewis para o ácido clórico, $HClO_3$, com e sem ligações duplas $Cl = O$. Atribua cargas formais nas suas estruturas. Do ponto de vista de cargas formais, quais as vantagens e as desvantagens de considerar ligações duplas?

18.45 Escreva uma estrutura de Lewis para o ácido clórico, $HClO_3$, com ligações $Cl = O$ onde forem apropriadas. Que tipo de orbitais híbridos o átomo de cloro empregaria e quais tipos de orbitais do cloro e do oxigênio estão envolvidos na formação das ligações π?

18.46 Escreva estruturas de Lewis para o ácido cloroso, $HClO_2$, com e sem ligações duplas $Cl = O$. Atribua cargas formais nas suas estruturas. Do ponto de vista de cargas formais, quais as vantagens e as desvantagens de considerar as ligações duplas?

18.47 Escreva uma estrutura de Lewis para o ácido cloroso, $HClO_2$, com ligações $Cl = O$ onde forem apropriadas. Que tipo de orbitais híbridos o átomo de cloro empregaria e quais tipos de orbitais do cloro e do oxigênio estão envolvidos na formação das ligações π?

18.48 Como você prepararia uma solução aquosa de ácido brômico, partindo do bromato de bário? Escreva uma equação como parte de sua resposta.

18.49 O ácido iódico pode ser preparado a partir do iodo por oxidação, usando peróxido de hidrogênio. Escreva uma equação para representar essa preparação.

18.50 Na reação do relógio de iodo, a solução incolor de repente muda para um complexo iodo-amido preto azulado, em uma quantidade de tempo predeterminada (dependente da temperatura e da concentração dos reagentes). O iodo é produzido pela reação do ácido iódico e iodeto de hidrogênio, como representado na seguinte equação não balanceada. Identifique os agentes oxidante e redutor nessa reação e efetue o seu balanceamento.

$$HIO_3(aq) + HI(aq) \longrightarrow I_2(aq) + H_2O$$

18.51 Desenhe e identifique com cuidado um diagrama geometricamente preciso de uma molécula do ácido iódico.

---

* Exercícios marcados com um asterisco (*) são mais desafiadores.

18.52 O ácido perbrômico foi, na verdade, preparado pela primeira vez pelo decaimento β^- do selenato (contendo selênio-83) a perbromato. Escreva uma equação para esse processo.

18.53 Use os potenciais padrão de redução para analisar a possibilidade termodinâmica do uso de peroxidissulfato para oxidar bromato a perbromato. (*Dica*: use a Tabela 12.2.)

$$S_2O_8^{2-}(aq) \longrightarrow SO_4^{2-}(aq) \qquad E° = 2{,}01\,V$$

18.54 Use os potenciais padrão de redução para analisar a possibilidade termodinâmica do uso de ozônio para oxidar bromato a perbromato. (*Dica*: use a Tabela 12.2.)

$$O_3(g) \longrightarrow O_2(g) \qquad E° = 2{,}07\,V$$

18.55 Use os potenciais padrão de redução para analisar a possibilidade termodinâmica do uso de difluoreto de xenônio para oxidar bromato a perbromato. (*Dica*: use a Tabela 12.2.)

$$XeF_2(aq) + 2H^+(aq) = 2e^- \longrightarrow Xe(g) + 2HF(aq) \qquad (E° = 2{,}64\,V)$$

18.56 Quando o iodato de bário é tratado com cloro em uma solução fortemente básica, o ortoperiodato de bário, $Ba_5(IO_6)_2$, é produzido. O ácido ortoperiódico pode ser isolado dessa solução pela adição de um ácido forte. Escreva equações que representem essas reações.

18.57 A decomposição do perclorato de amônio em combustível de foguete é dada a seguir. Por que essa reação libera tanta energia?

$$2NH_4ClO_4(s) \longrightarrow N_2(g) + Cl_2(g) + 2O_2(g) + 4H_2O(g)$$

18.58 Descreva as ligações ao redor do átomo de cloro no ácido perclórico, $HClO_4$. Especificamente, que tipo de orbitais híbridos o átomo de cloro empregaria e quais tipos de orbitais do cloro e do oxigênio estão envolvidos na formação das ligações π?

18.59 Descreva as ligações ao redor do átomo de bromo no ácido brômico, $HBrO_3$. Especificamente, que tipos de orbitais híbridos o átomo de bromo empregaria e quais tipos de orbitais do bromo e do oxigênio estão envolvidos na formação das ligações π?

*****18.60** Suponha, por um momento, que o flúor formou o ácido que seria chamado, por analogia com os outros oxiácidos de halogênio, de ácido fluórico, HFO_3. Desenhe a estrutura de Lewis para esse composto fictício e analise por que ele não existe.

18.61 Escreva equações que representem a síntese de BrF, BrF_3 e BrF_5.

18.62 Escreva equações que representem a síntese do IF_3, IF_5 e IF_7.

18.63 Escreva equações que representem a produção do que segue:

(*a*) Tetrafluoreto de selênio a partir do selênio, usando trifluoreto de cloro

(*b*) Tetrafluoreto de silício a partir do dióxido de silício, usando trifluoreto de bromo.

18.64 Escreva equações que representem a produção do que segue:

(*a*) Fluoreto de níquel a partir do óxido, usando trifluoreto de cloro

(*b*) Pentacloreto de fósforo a partir do fósforo elementar, usando cloreto de iodo.

18.65 Escreva equações que representem a hidrólise do fluoreto, do trifluoreto e do pentafluoreto de bromo.

---

* Exercícios marcados com um asterisco (*) são mais desafiadores.

18.66 Escreva equações que representem a hidrólise do trifluoreto, do pentafluoreto e do heptafluoreto de iodo.

18.67 Escreva equações para a autoionização do (a) tricloreto de iodo e do (b) trifluoreto de cloro.

18.68 Desenhe estruturas de Lewis e diagramas geometricamente precisos mostrando as fórmulas estruturais (como determinado pela teoria VSEPR) do (a) IF_4^+ e (b) I_3^+.

*18.69 Proponha uma razão pela qual o IF_3 deva ser trigonal plano, em vez da esperada forma T distorcida.

18.70 Descreva brevemente como foi descoberto que o fluoreto adicionado à água de abastecimento pode reduzir a incidência de cárie dentária.

18.71 Em um parágrafo bem escrito, resuma os prós e os contras da fluoretação.

*18.72 Desenhe uma estrutura de Lewis para o ácido monofluorfosfórico, $OP(OH)_2F$. Especificamente, que tipos de orbitais híbridos o fósforo empregaria e quais tipos de orbitais do fósforo, do oxigênio e do flúor estão envolvidos na formação das ligações P–O e P–F nessa molécula?

*18.73 Nos capítulos anteriores, citamos tia Emília, de formação universitária que, embora inteligente, não é particularmente inclinada às ciências. Ela perguntou novamente o que você tem estudado ultimamente em química. Você respondeu contando sobre a fluoretação tópica envolvendo "MFP" da Colgate e o "fluoristat" da Crest. Emília quer saber como esses aditivos funcionam e também se lembrou de que a Crest anunciava o "fluoristan" em vez do "fluoristat". Explique, em um parágrafo bem escrito, como esses compostos funcionam. Já mencionamos que Emília é uma escritora? Faça seu parágrafo bem escrito, segundo os padrões corretos. Como sempre, um crédito extra poderá ser dado se você documentar que realizou este exercício oralmente ou escreveu para uma tia ou qualquer outro leigo interessado.

18.74 Por que o peróxido de hidrogênio é um bom alvejante? Inclua uma equação como parte de sua explanação.

18.75 Escreva equações que representem a produção de alvejantes domésticos e de alvejantes em pó a partir do gás cloro.

18.76 Escreva uma equação para a produção de átomos de cloro livre a partir do Freon-11.

*18.77 Explique o significado da Figura 18.6 para uma pessoa leiga, como sua tia Emília. Como sempre, um crédito extra poderá ser dado se você documentar que realizou este exercício oralmente ou escreveu para uma tia ou qualquer outro leigo interessado.

18.78 Explique brevemente a natureza, a função e a composição química dos *reservatórios de cloro* da Antártida. Como e onde esses reservatórios são quebrados durante o inverno? Escreva equações químicas para acompanhar sua resposta.

18.79 Explique brevemente por que o ozônio pode ser esgotado muito mais sobre a Antártida do que aparentemente em outras partes da estratosfera.

---

* Exercícios marcados com um asterisco (*) são mais desafiadores.

CAPÍTULO 19

Grupo 8A:
os gases nobres

Os elementos do Grupo 8A (hélio, neônio, argônio, criptônio, xenônio e radônio) têm sido muitas vezes chamados de "inertes" ou, às vezes, de "raros". Dada a abundância do hélio e as dezenas de compostos conhecidos do xenônio, nenhum desses nomes do grupo é particularmente apropriado. Entretanto, uma vez que a maioria desses elementos geralmente reluta em reagir ou não se envolve com nenhum elemento, exceto os mais reativos, esse grupo tornou-se conhecido como os *gases nobres*. Hélio, neônio e argônio ainda são considerados quimicamente inertes, mas descobriu-se que tanto o criptônio quanto, principalmente, o xenônio formam uma lista crescente de compostos. Embora também tenha sido descoberto que o radônio forma alguns compostos, ele é mais conhecido como um gás pesado, denso e radioativo, derivado das séries de decaimento radioativo do tório, urânio e actínio.

A história desses elementos e de seus poucos compostos domina este capítulo. Começamos com o usual tratamento da descoberta e isolamento dos elementos, seguido por uma seção muito mais curta do que o normal, sobre propriedades periódicas e a rede. Dado que a química desse grupo é dominada pelo xenônio, a terceira seção é dedicada quase inteiramente à preparação, estrutura e reações de seus compostos. Uma seção curta sobre a importância prática dos elementos é seguida pelo tópico selecionado para aprofundamento, a ameaça carcinogênica do radônio.

19.1 DESCOBERTA E ISOLAMENTO DOS ELEMENTOS

Como mostrado na Figura 19.1, todos os gases nobres foram descobertos em um curto período de apenas seis anos, no fim do século XIX. Anteriormente a essa época, havia várias suspeitas e especulações sobre se esses elementos poderiam existir. Henry Cavendish, por exemplo, com base nos experimentos a serem descritos em breve, es-

FIGURA 19.1

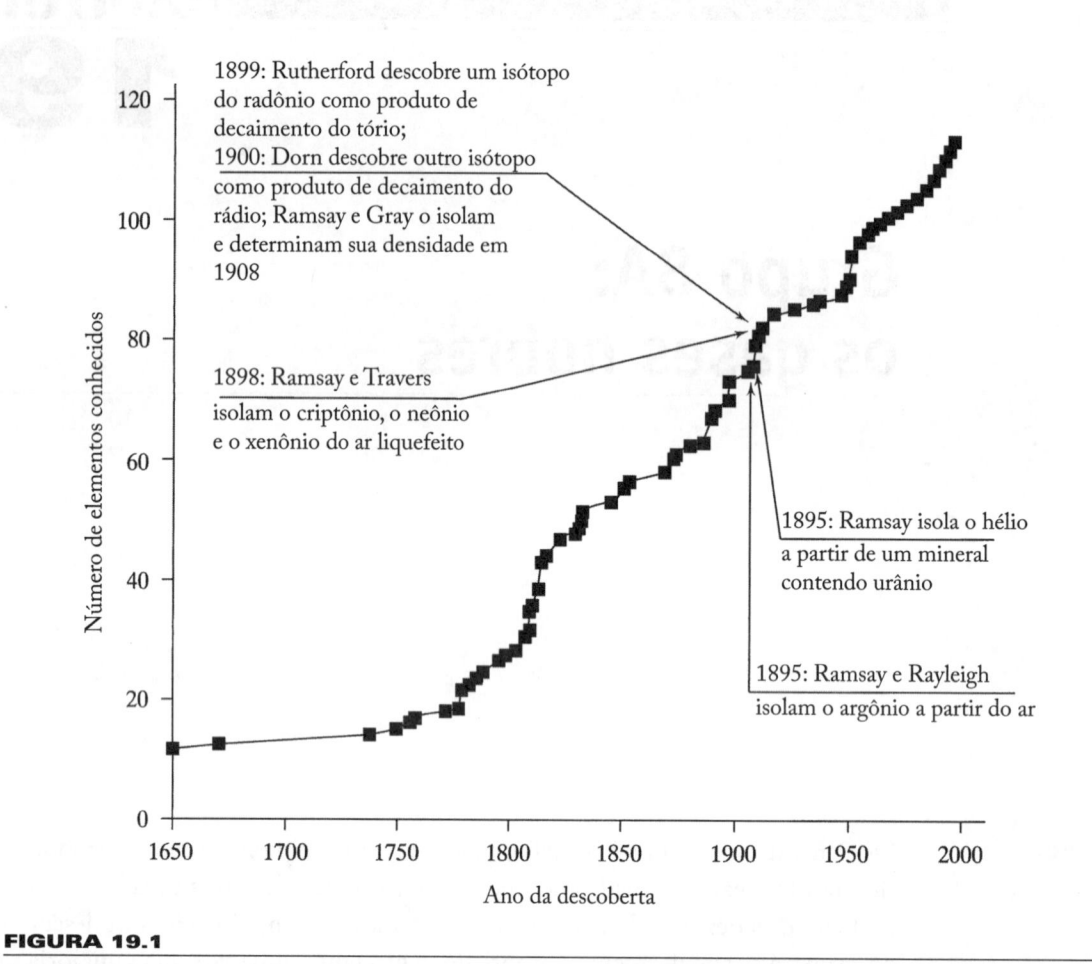

A descoberta dos elementos do Grupo 8A sobreposta no gráfico de número de elementos conhecidos em função do tempo.

Anotações no gráfico:
- 1899: Rutherford descobre um isótopo do radônio como produto de decaimento do tório;
- 1900: Dorn descobre outro isótopo como produto de decaimento do rádio; Ramsay e Gray o isolam e determinam sua densidade em 1908
- 1898: Ramsay e Travers isolam o criptônio, o neônio e o xenônio do ar liquefeito
- 1895: Ramsay isola o hélio a partir de um mineral contendo urânio
- 1895: Ramsay e Rayleigh isolam o argônio a partir do ar

peculou que a atmosfera continha gases, além do ar deflogisticado (oxigênio), do ar flogisticado (nitrogênio), do ar fixo (dióxido de carbono) e do vapor d'água. No entanto, mais de um século se passou antes de o trabalho essencial de Lorde Rayleigh e Sir William Ramsay estabelecer solidamente a existência dos gases nobres.

Argônio

John William Strutt, o terceiro Lorde Rayleigh, era um físico inglês interessado principalmente nas interações entre a radiação eletromagnética e a matéria. Em um trabalho inicial, ele determinou como o espalhamento da luz está matematicamente relacionado ao seu comprimento de onda. (Usando essa matemática, John Tyndall explicou como o conhecido *espalhamento de Rayleigh* da luz visível é responsável pela cor azul do céu e as cores vermelhas dos pores do sol.) Rayleigh também investigou a matemática da *radiação do corpo negro*, que confundiu físicos por muitas décadas e, por fim, levou Max Planck, em 1900, a postular relutantemente que a luz se apresenta somente em certas energias permitidas ($E = h\nu$), chamadas *quanta*. Nos anos 1880, em uma mudança bastante abrupta nos seus interesses de pesquisa, Rayleigh voltou suas atenções para a hipótese de William Prout, proposta pela primeira vez em 1815, que afirmava que todos os elementos eram compostos de átomos de hidrogênio e que todos os valores de massas atômicas eram múltiplos exatos da massa do hidrogênio.

Como outros antes dele, Rayleigh também não concordava com a hipótese de Prout. Mais importante, ele investigou cuidadosamente as densidades dos gases, particularmente aqueles que compõem a atmosfera. Ele verificou, por exemplo, que o gás nitrogênio restante, após todo o oxigênio, o dióxido de carbono e a água terem sido removidos de uma amostra de ar, era um pouco mais denso que o gás nitrogênio obtido pela decomposição da amônia, nitrito de amônio ou outros compostos que contenham nitrogênio. (Aliás, Rayleigh não foi o primeiro a notar essa discrepância. Cavendish escreveu, em seu caderno de notas, que cerca de $\frac{1}{120}$ do volume do ar não podia ser explicado após os gases principais terem sido aparentemente removidos.) Não havia uma explicação fácil para essa diferença nas densidades do nitrogênio. Rayleigh estava tão confuso que chegou a escrever para o periódico *Nature* para pedir sugestões aos "leitores químicos".

Não havendo nenhuma sugestão viável vinda dos leitores da *Nature*, Rayleigh ficou feliz em honrar o pedido de William Ramsay, que escreveu para perguntar se ele poderia investigar mais profundamente a natureza do nitrogênio atmosférico. Note, da Figura 19.1, que esse químico escocês estava prestes a exercer um papel proeminente na descoberta de cada um dos gases nobres. Ramsay repetiu os experimentos de Cavendish e de Rayleigh e verificou que $\frac{1}{80}$ de suas amostras de ar não podia ser explicado. O espectro da fração remanescente revelou novas bandas, vermelha e verde. Ramsay começou a suspeitar que ele e Rayleigh haviam encontrado um novo (ou, ao menos, não reconhecido) constituinte da atmosfera. Mas ele era uma mistura ou uma substância pura? Se fosse uma substância pura, tratava-se de um elemento ou de um composto? Investigações posteriores mostraram que esse constituinte não poderia mais ser separado e, de fato, parecia ser completamente não reativo. Todas as evidências pareciam apontar para um novo elemento, mas ainda havia um grande problema.

Assumindo que o novo constituinte da atmosfera fosse um novo elemento puro, não combinado, sua massa atômica (calculada pela densidade) seria de 39,9 u. Isso posicionaria tal elemento entre o potássio e o cálcio, mas não havia espaço aí! Ainda haveria, como Ramsay escreveu a Rayleigh em 1894, "espaço para elementos gasosos no fim da tabela periódica". Talvez as massas atômicas do novo elemento e do potássio estivessem invertidas. (Havia outras duas inversões de massas atômicas conhecidas, telúrio-iodo e cobalto-níquel, mas muitos suspeitavam que essas inversões eram devidas a dificuldades experimentais.) Tudo isso representou um dilema que não foi resolvido facilmente. Mesmo assim, mais tarde, em 1894, Ramsay e Rayleigh anunciaram em conjunto a descoberta de um "novo Constituinte Gasoso da Atmosfera". Nesse artigo, eles tiveram o cuidado de não dizer que se tratava de um novo elemento. Contudo, no ano seguinte, eles reivindicaram a descoberta de um novo elemento, para o qual propuseram o nome de *argônio* (do grego *argos*, para "inativo" ou "preguiçoso").

Em 1894, a tabela periódica tinha apenas 25 anos, e Mendeleiev tinha somente 60. A tabela já havia sido reconhecida como uma das maiores generalizações empíricas da ciência e Mendeleiev, um dos maiores químicos vivos. O russo não estava preparado para aceitar inversões de massa atômica e tinha algumas teorias sobre esse novo argônio. Por exemplo, ele e outros pensaram que poderia se tratar do nitrogênio triatômico (como o ozônio era para o oxigênio) ou uma molécula diatômica de um novo elemento de massa atômica 20 (que se *encaixaria* entre o flúor e o sódio). Se o argônio fosse realmente um elemento não reativo, sua valência 0 certamente se ajustaria ao espírito da tabela de Mendeleiev. Talvez o tempo resolvesse esse incômodo dilema. Lecoq de Boisbaudran, o descobridor do gálio, sugeriu, assim como outros, que deveria haver uma nova família inteira desses elementos. Uma investigação detalhada da natureza desse novo grupo colocaria o argônio em seu devido lugar. A corrida para encontrar esses elementos havia começado.

Hélio

Durante um eclipse solar em 1868, o astrônomo francês Pierre Janssen observou uma nova linha espectral na cromosfera do Sol. Ele enviou seus resultados a Joseph Lockyer, um astrônomo inglês e especialista em espectro solar que tinha encontrado a mesma linha não explicada no espectro das proeminências solares. Ambos especularam que essa linha poderia ser a de um novo elemento, mas sua proposta foi recebida com muito ceticismo. Afinal, espectroscopia era uma nova técnica, idealizada por Bunsen e Kirchhoff, menos de uma década antes das observações de Janssen e Lockyer. (Veja Seção 12.1 para mais informações sobre espectroscopia.) Assim, embora se tenha tentado atribuir essa nova linha a um novo elemento chamado *hélio* (do grego *hélios*, "Sol"), muitos cientistas não estavam convencidos.

Nada mais foi feito em relação a essa ideia de um novo elemento encontrado somente no Sol, até que, no fim dos anos 1880, um gás inerte desconhecido foi encontrado quando liberado do mineral uranita. Tentou-se identificar o elemento como nitrogênio, mas, quando Ramsay leu o relato da descoberta, teve uma ideia diferente. Esse gás poderia muito bem ser, ele pensou, a outra peça desse quebra-cabeça que, quando unida, poderia resolver o problema do argônio. Ramsay se pôs a trabalhar e, quando isolou um gás da clevita, também um mineral que contém urânio, deu um pouco para Crookes, que observou o espectro. Ele mostrou a mesma linha observada por Janssen e Lockyer. Era um novo elemento do Sol sendo encontrado na Terra. Em poucos anos, verificou-se que o hélio estava presente, em quantidades significativas, em depósitos de gás natural, particularmente os encontrados no sudoeste dos Estados Unidos.

Criptônio, neônio e xenônio

As descobertas desses três elementos foram todas anunciadas em 1898 por Ramsay e seu jovem colaborador, Morris Travers. Trabalhando em cima de tentativas anteriores de isolar gases inertes adicionais, eles decidiram praticar algumas técnicas de manipulação com ar liquefeito, antes de arriscar perder seu pequeno suprimento do precioso argônio. Um tanto inesperadamente, o resíduo restante, após o oxigênio e o nitrogênio líquidos evaporarem, mostrou novas linhas espectrais, verde e laranja, que foram atribuídas a um novo elemento, que eles chamaram de *criptônio* (do grego *kryptos*, "escondido"). Trabalhando a noite toda, Ramsay e Travers determinaram sua massa atômica, posicionando o novo elemento entre o bromo e o rubídio, na tabela periódica. Travers estava tão eufórico que quase esqueceu seu exame de doutorado, marcado para o dia seguinte.

Com suas técnicas aprimoradas, Ramsay e Travers passaram a fazer repetidos fracionamentos do argônio. Logo descobriram uma fração mais leve e com muitas linhas espectrais no vermelho, verde-claro e violeta. O tubo de descarga elétrica que continha essa fração apresentava uma luz vermelha brilhante. O filho de 13 anos de Ramsay quis chamar esse gás de "novum" ("novo", em latim), mas eles escolheram *neônio* (do grego *neos*), com o mesmo significado. Ramsay e Travers estavam observando a primeira luz de neon.

Nessa época, Ramsay e seu colega tinham uma nova "máquina de ar líquido", a partir da qual podiam obter quantidades cada vez maiores de criptônio e de neônio. Repetidos fracionamentos deram origem a um gás mais pesado, que produzia um belo azul em seu tubo de descarga. Eles o chamaram de *xenônio* (do grego *xenos*, "estranho").

Em 1904, ocorreu a cerimônia mais incomum do Prêmio Nobel. O vencedor em *física*, por seu trabalho sobre as densidades dos gases e a descoberta do argônio, foi Lorde Rayleigh. O vencedor em *química*, por seu trabalho na descoberta dos cinco primeiros elementos gasosos inertes e seu posicionamento na tabela periódica, foi William Ramsay. Às vezes, a fronteira entre essas duas ciências é realmente muito tênue.

Radônio

Lembre-se de que os Curies haviam anunciado suas descobertas do rádio e do polônio em 1898. (Com o criptônio, o neônio e o xenônio, são cinco elementos descobertos em um ano.) Eles perceberam que não somente o rádio era radioativo, mas também o ar com o qual ele entrava em contato. Os Curies chamaram esse fenômeno de "radioatividade induzida". Em 1899, Ernest Rutherford e seu grupo descobriram o que chamaram de "emanação" radioativa desprendida do tório, porém sua meia-vida de menos de um minuto trazia dificuldades de trabalhar com ele. Em 1900, Friedrich Dorn, um físico alemão, notou que também havia tal "emanação" do rádio, a qual tinha uma meia-vida mais razoável para se trabalhar, de quase quatro dias. Em 1903, Rutherford e Soddy demonstraram que a emanação do tório era um gás quimicamente inerte que obedecia à lei de Boyle. Trabalhando com a emanação do rádio, de vida mais longa, (1) Rutherford e Soddy concluíram que ele era um novo elemento do Grupo 8A; (2) Ramsay (de novo) e colaboradores obtiveram seu espectro em 1904; (3)

Rutherford reportou, em 1906, que o hélio era gerado como um subproduto e (4) Ramsay e Gray isolaram e determinaram sua densidade, em 1908. A partir desse valor, uma massa atômica de 222 u pôde ser calculada.

Atualmente, chamamos a emanação do rádio de radônio-222. (Assim como o rádio, a palavra *radônio* vem do latim *radius*, "raio".) O decaimento alfa do rádio-226 produz o radônio-222 e o hélio-4. A emanação do tório é o radônio-220, mas o esquema de decaimento a partir do tório-232 é mais complicado (veja Exercício 19.11). Rn-222 e Rn-220 são os dois isótopos de vida mais longa do radônio, o mais pesado e raro dos gases nobres. (Há, no momento, 36 isótopos conhecidos do radônio com números de massa entre 193 e 228.) Por muitos anos, tem-se creditado exclusivamente a Dorn a descoberta do radônio. No entanto, como visto, Ernest Rutherford e seus colaboradores, particularmente Frederich Soddy, deveriam ter, pelo menos, o mesmo crédito.

19.2 PROPRIEDADES FUNDAMENTAIS E A REDE

A Figura 19.2 mostra os gases nobres sobrepostos na rede interconectada de ideias. A Tabela 19.1 é uma versão um pouco alterada da tabela de propriedades periódicas usual. Note que essas propriedades são exatamente como se espera, com base na carga nuclear efetiva e na distância dos elétrons de valência em relação a essa carga. Consistentes com a natureza nobre desses elementos, os dados usuais para os raios atômicos e iônicos foram substituídos pelos raios de Van

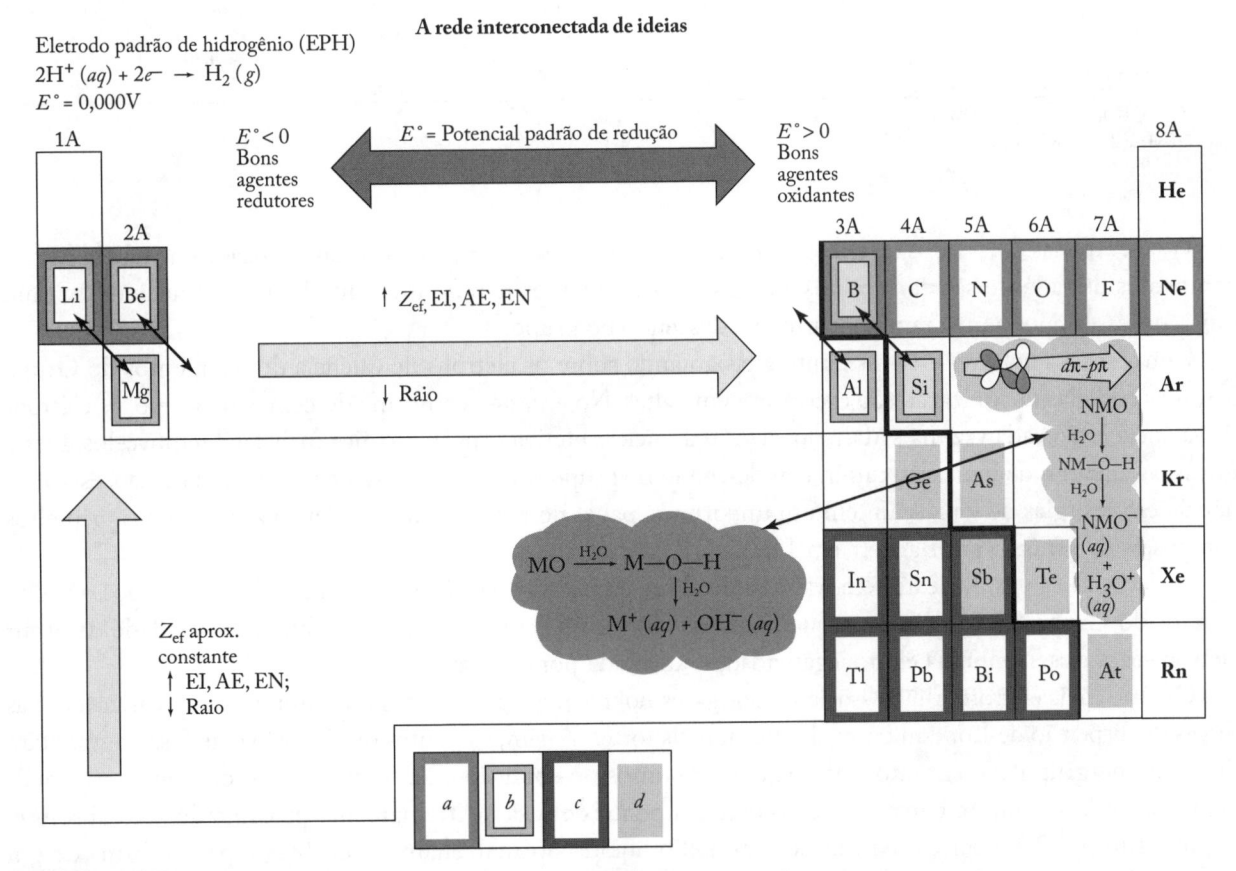

FIGURA 19.2

Os elementos do Grupo 8A sobrepostos na rede interconectada de ideias. Estas incluem a lei periódica, (*a*) o princípio da singularidade, (*b*) o efeito diagonal, (*c*) o efeito do par inerte, (*d*) a linha metal-não metal, o caráter ácido-base dos óxidos de metais (M) e de não metais (NM) em solução aquosa, as tendências em potenciais de redução e as variações nas ligações $d\pi\text{-}p\pi$ que envolvem elementos do segundo e terceiro períodos.

TABELA 19.1
As propriedades fundamentais dos elementos do Grupo 8A

	Hélio	Neônio	Argônio	Criptônio	Xenônio	Radônio
Símbolo	He	Ne	Ar	Kr	Xe	Rn
Número atômico	2	10	18	36	54	86
Isótopos naturais A/abundância %	^{4}He/100 ^{3}He/0,00013	^{20}Ne/90,92 ^{21}Ne/0,257 ^{22}Ne/8,82	^{36}Ar/0,337 ^{38}Ar/0,063 ^{40}Ar/99,60	^{78}Kr/0,35 ^{80}Kr/2,27 ^{82}Kr/11,56 ^{83}Kr/11,55 ^{84}Kr/56,90 ^{86}Kr/17,37	^{124}Xe/0,096 ^{126}Xe/0,090 ^{128}Xe/1,92 ^{129}Xe/26,44 ^{130}Xe/4,08 ^{131}Xe/21,18 ^{132}Xe/26,89 ^{134}Xe/10,44 ^{136}Xe/8,87	^{222}Rn[a] ^{220}Rn
Número total de isótopos	5	8	8	21	25	20
Massa atômica	4,003	20,18	39,95	83,80	131,3	(222)
Elétrons de valência	$1s^2$	$2s^22p^6$	$3s^23p^6$	$4s^24p^6$	$5s^25p^6$	$6s^26p^6$
pf/pe, °C	−272/−269	−249/−246	−189/−186	−157/−152	−112/−107	−71/−62
Densidade, g/L	0,177	0,900	1,784	3,733	5,887	9,73
Raio covalente, Å	....	....	....	1,15	1,26	
Raio de Van der Waals, Å	1,40	1,54	1,88	2,02	2,16	
Estados de oxidação	0	0	0	0, +2	0, +2, +4, +6	0, +2
Energia de ionização, kJ/mol	2373	2080	1521	1241	1167	
Afinidade eletrônica, kJ/mol (estimadas)	0	0	0	0	0	
Isolado por/data	Ramsay 1895	Travers & Ramsay 1898	Rayleigh & Ramsay 1894	Travers & Ramsay 1898	Travers & Ramsay 1898	Dorn 1900
prc[b] halogênios	....	....	....	KrF_2	XeF_n ($n = 2, 4, 6$)	
Estrutura cristalina	hc	cfc	cfc	cfc	cfc	cfc

[a] Isótopo de vida mais longa, $t_{1/2} = 3,82$ dias

[b] prc = produto da reação com.

der Waals. Apenas dois dados de raio covalente, para o xenônio e o criptônio, foram colocados na tabela (vários compostos de radônio são conhecidos, mas os raios covalentes não foram muito bem estabelecidos). Como esperado, esses raios aumentam regularmente descendo no grupo.

Com cargas nucleares efetivas muito altas atuando sobre os elétrons de valência dos elementos do Grupo 8A, suas energias de ionização são excessivamente altas. No entanto, conforme descemos no grupo, os elétrons de valência estão cada vez mais afastados da carga nuclear efetiva e, portanto, fica mais fácil removê-los. Dessa forma, as energias de ionização diminuem descendo no grupo. Como discutiremos na próxima seção, essa tendência em energias de ionização tem um importante papel no pensamento que levou à síntese dos primeiros compostos de xenônio por Bartlett, em 1962.

Todavia, as cargas nucleares efetivas agindo sobre elétrons que estão se aproximando dos átomos dos elementos do Grupo 8A são muito pequenas. Dessa forma, eles têm pouca ou nenhuma capacidade de atrair elétrons para eles. Nenhuma eletronegatividade é atribuída por essa razão.

Quanto mais elétrons estão associados aos gases nobres mais pesados, mais os átomos são polarizáveis e as forças de dispersão de London entre eles ficam mais fortes. Assim, os pontos de ebulição e de fusão aumentam descendo no grupo. No entanto, perceba que os pontos de ebulição e de fusão, mesmo dos elementos mais pesados, ainda são muito baixos. O hélio tem um ponto de fusão extremamente próximo de zero absoluto. A propósito, a 2,2 K ocorre uma transição do hélio líquido normal, chamado de *hélio I*, para a forma de um superfluido, chamado *hélio II*. O hélio II tem tensão superficial essencialmente zero e se espalha para cobrir qualquer superfície com um filme de espessura de poucos átomos. Se o hélio II for colocado em um béquer previamente resfriado, ele vai subir pelas paredes internas e escapar para fora do béquer.

A inércia desses elementos fornece uma ligação vital no entendimento empírico e teórico da tabela periódica. Empiricamente, uma valência 0 (apesar de inversões de massa atômica) foi imediatamente reconhecida como fazendo uma ponte entre os halogênios (valência −1) e os metais alcalinos (valência +1). Todavia, uma interpretação teórica da valência 0 teria de aguardar o desenvolvimento do modelo atômico nuclear, cujo núcleo está rodeado por um campo de elétrons. Essas ideias foram trabalhadas por Rutherford, Thomson e outros, no início do século XX. Gilbert Newton (G. N.) Lewis, por volta de 1916, aplicou essas novas ideias para explicar a alta estabilidade das configurações eletrônicas dos gases nobres. A estabilidade do octeto, ou a *regra do octeto*, embora reconhecidamente útil, mas com limitações, ainda é um princípio organizador na mente de todos os estudantes de química.

Note que as entradas para "produto da reação com" na Tabela 19.1 são muito abreviadas em relação às tabelas análogas dos grupos anteriores. Apenas o xenônio e o criptônio reagem com o flúor para produzir fluoretos. Portanto, em vez de seguir o formato usual de descrever os hidretos, óxidos, hidróxidos e haletos desses elementos (a maioria deles não existe), adotaremos uma descrição histórica da síntese dos compostos de xenônio e, então, expandiremos brevemente a discussão para incluir o pequeno número de exemplos provenientes da química do criptônio e do radônio.

19.3 COMPOSTOS DE GASES NOBRES

História

Mesmo Ramsay não conseguindo fazer que seus novos elementos reagissem com outros, ele sustentou, desde o princípio, que isso deveria ser possível. Moissan, que havia acabado de ter sucesso em finalmente isolar o flúor (veja Capítulo 18), não pôde reagir o elemento mais reativo de todos com as quantidades limitadas desses gases disponíveis para ele. Linus Pauling, em 1933, previu que XeF_6 e KrF_6 deveriam ser obtidos, e várias tentativas foram feitas para testar sua previsão. Por exemplo, uma descarga elétrica foi aplicada a misturas de xenônio e flúor, e misturas de xenônio e cloro foram submetidas a várias técnicas fotoquímicas. Nada ocorreu. Mais tarde, verificou-se que o xenônio e o flúor reagiam fotoquimicamente, mas essa combinação de reagentes e técnica não foi tentada. Se fosse, o primeiro composto de gás nobre provavelmente teria sido sintetizado cerca de 30 anos mais cedo.

Hidratos de gases nobres, cujos átomos estão aprisionados em um retículo semelhante ao do gelo, quando a água é congelada sob grande pressão do gás, foram preparados. (Veja Seção 11.2 para uma descrição dos grandes buracos hexagonais que se formam no gelo.) Alguns compostos orgânicos também formam estruturas similares, chamadas *clatratos*. Os hidratos têm fórmula geral $E \cdot 6H_2O$, em que E = Ar, Kr, Xe, mas nenhum destes nem os clatratos são compostos no senso comum desse termo. (Eles não contêm nem ligações iônicas nem covalentes envolvendo os átomos de gás nobre.) Surgiram, através dos anos, algumas evidências espectroscópicas para alguns cátions pouco estáveis envolvendo gases nobres (HeH^+, ArH^+, KrH^+, XeH^+, He_2^+, Kr_2^+, $NeXe^+$ e, mais recentemente, Xe_2^+), mas, até 1962, nenhum composto neutro estável dos gases nobres era conhecido. Até aquele ano, o termo *gases inertes* era um nome de grupo apropriado para esses elementos.

Neil Bartlett, um químico inglês que trabalhava na University of British Columbia, estava interessado nos fluoretos de platina e de outros metais relacionados. Durante a Segunda Guerra Mundial, o hexafluoreto de urânio, UF_6, um composto facilmente vaporizável, mostrou-se imensamente útil na separação de isótopos de urânio por difusão gasosa. O urânio-235 usado para fabricar a primeira bomba atômica, que foi lançada sobre Hiroshima, continha o fissionável ^{235}U separado do não fissionável ^{238}U por essa técnica. Devido a isso, o interesse na síntese e na caracterização de vários fluoretos de metais se estendeu pelos anos 1950 e foi uma das razões pelas quais Bartlett seguiu essa linha de pesquisa.

Bartlett estava investigando o hexafluoreto de platina, PtF_6, um gás vermelho-escuro que é um agente oxidante extremamente forte. Ele tinha de ser manipulado em um meio completamente livre de ar e água e, mesmo assim, parecia ter reagido com o vidro (dióxido de silício) do seu equipamento, formando um sólido marrom-alaranjado. No entanto, uma investigação mais cuidadosa mostrou que pequenas quantidades de oxigênio diatômico estavam presentes na sua linha de vácuo e que o sólido marrom-alaranjado era, na verdade, um composto chamado hexafluoroplatinato(V) de dioxigenila. A Equação (19.1) representa o que estava ocorrendo na linha de vácuo de Bartlett:

$$O_2(g) + PtF_6(g) \longrightarrow O_2^+ PtF_6^-(s) \qquad \textbf{19.1}$$

Note que o oxigênio diatômico está sendo oxidado pelo hexafluoreto de platina. Ele realmente deve ser um agente oxidante muito forte.

Bartlett lembrou que as energias de ionização da molécula de oxigênio (1180 kJ/mol) e do átomo de xenônio (1167 kJ/mol) eram muito parecidas. Ele decidiu, então, tentar a mesma reação anterior, porém com o xenônio, em vez do oxigênio diatômico. Ele preparou volumes conhecidos de xenônio (em pequeno excesso) e hexafluoreto de platina e, cuidadosamente, observou a pressão de ambos. Quando ele permitiu que os gases se misturassem, um sólido amarelo-alaranjado se formou imediatamente, e a pressão do xenônio remanescente era consistente com a formação de um composto 1:1. A reação foi inicialmente representada como mostrado na Equação (19.2):

$$\underset{\text{incolor}}{Xe(g)} + \underset{\text{vermelho}}{PtF_6(g)} \longrightarrow \underset{\text{sólido amarelo-alaranjado}}{Xe^+ PtF_6^-(s)} \qquad \textbf{19.2}$$

Investigações mais profundas mostraram que a reação era mais complicada do que Bartlett pensou originalmente. Na verdade, essa reação ainda não é muito bem entendida. A Equação (19.3) é, provavelmente, a mais representativa do que ocorre quando o xenônio e o hexafluoreto de platina são colocados em contato:

$$Xe(g) + 2PtF_6(g) \xrightarrow{25\,°C} [XeF^+][PtF_6^-] + PtF_5 \qquad \textbf{19.3a}$$

$$[XeF^+][PtF_6^-] + PtF_5 \xrightarrow{60\,°C} [XeF^+][Pt_2F_{11}^-] \qquad \textbf{19.3b}$$

A natureza exata dessa reação, embora importante, não foi tão significativa quanto o fato de que não era mais correto se referir ao xenônio como um gás inerte. Talvez ele fosse "nobre", porém não mais "inerte".

Fluoretos

Uma movimentação enorme se seguiu ao anúncio de Bartlett, sobre a preparação do primeiro composto de xenônio. Apenas alguns meses depois, um grupo do Argonne National Laboratory foi capaz de preparar o tetrafluoreto de xenônio por reação *direta* dos elementos. Eles colocaram uma proporção 1 : 5 Xe/F_2 dos gases em um recipiente de níquel e, após uma hora a 400 °C e 6 atm, o xenônio foi completamente consumido. Eles sublimaram a mistura para produzir cristais incolores brilhantes de XeF_4. A reação é resumida na Equação (19.4):

$$Xe(g) + 2F_2(g) \xrightarrow[6\,\text{atm}]{400\,°C} XeF_4(s) \qquad \textbf{19.4}$$

O tetrafluoreto é o composto xenônio-fluoreto mais fácil de preparar, mais estável e mais bem caracterizado. No entanto, deve-se tomar cuidado em mantê-lo fora do contato com a umidade, senão ele vai reagir, como mostrado na Equação (19.5), produzindo o violentamente explosivo trióxido de xenônio (comparável ao

TNT). O tetrafluoreto de xenônio é um excelente agente de fluoração, como mostrado nas Equações (19.6) e (19.7):

$$6XeF_4 + 12H_2O \longrightarrow 2XeO_3 + 4Xe + 3O_3 + 24HF \qquad \textbf{19.5}$$

$$Pt + XeF_4 \longrightarrow PtF_4 + Xe \qquad \textbf{19.6}$$

$$2SF_4 + XeF_4 \longrightarrow 2SF_6 + Xe \qquad \textbf{19.7}$$

Tanto o difluoreto quanto o hexafluoreto de xenônio também podem ser preparados diretamente a partir dos elementos, variando as condições de reação. Um excesso de xenônio produz XeF_2. A reação pode, inclusive, ser processada expondo a mistura à luz solar comum. Um grande excesso de flúor a altas pressões leva ao hexafluoreto. Ambos são sólidos à temperatura ambiente e, como o tetrafluoreto, reagem vigorosamente com a água. A Equação (19.8) mostra a hidrólise do difluoreto, e as Equações (19.9) a (19.11) mostram as etapas da hidrólise do hexafluoreto.

$$2XeF_2 + 2H_2O \longrightarrow 2Xe + 4HF + O_2 \qquad \textbf{19.8}$$

$$XeF_6 + H_2O \longrightarrow XeOF_4 + 2HF \qquad \textbf{19.9}$$

$$XeOF_4 + H_2O \longrightarrow XeO_2F_2 + 2HF \qquad \textbf{19.10}$$

$$XeO_2F_2 + H_2O \longrightarrow XeO_3 + 2HF \qquad \textbf{19.11}$$

Duas reações características do difluoreto de xenônio precisam ser mencionadas aqui. Uma é a sua ação como oxidante. O potencial padrão de redução do XeF_2 passando a Xe é 2,64 V, conforme mostrado na Equação (19.12):

$$XeF_2(aq) + 2H^+(aq) + 2e^- \longrightarrow Xe(g) + 2HF(aq) \qquad (E° = 2{,}64\ V) \qquad \textbf{19.12}$$

Isso faz do XeF_2 um agente oxidante tão forte que pode até ser usado para oxidar bromato em perbromato. Ele também vai oxidar várias outras substâncias, incluindo cromo(III) a cromato e cloreto a cloro, conforme as Equações (19.13) e (19.14):

$$3XeF_2 + 2Cr^{3+} + 7H_2O \longrightarrow 3Xe + Cr_2O_7^{2-} + 6HF + 8H^+ \qquad \textbf{19.13}$$

$$XeF_2 + 2Cl^- + 2H^+ \longrightarrow Xe + Cl_2 + 2HF \qquad \textbf{19.14}$$

A segunda reação característica do difluoreto de xenônio é a sua combinação com receptores de íon fluoreto, como os vários pentafluoretos. Duas reações típicas são representadas nas Equações (19.15) e (19.16):

$$MF_5 + XeF_2 \longrightarrow [XeF]^+ [MF_6^-] \qquad \textbf{19.15}$$

$$MF_5 + 2XeF_2 \longrightarrow [XeF_3^+] [MF_6^-] \qquad \textbf{19.16}$$

em que M = P, As, Sb, I e alguns metais.

Além de sua hidrólise característica, discutida anteriormente, o hexafluoreto de xenônio também age tanto como um receptor de fluoreto quanto como um doador, como representado nas Equações (19.17) e (19.18), respectivamente:

$$XeF_6 + RbF \longrightarrow RbXeF_7 \qquad \textbf{19.17}$$

$$XeF_6 + 2CsF \longrightarrow Cs_2XeF_8 \qquad \textbf{19.18a}$$

$$XeF_6 + EF_5 \longrightarrow [XeF_3^+] [EF_6^-] \qquad (E = As, Ru, Pt) \qquad \textbf{19.18b}$$

Estruturas

Dadas as suas relativas facilidades de preparação e altas reatividades, não é surpresa que os fluoretos binários sejam os principais materiais de partida para outros compostos de xenônio. As estruturas de alguns desses compostos são mostradas na Figura 19.3. Embora a maioria das geometrias moleculares seja obtida prontamente das considerações de repulsão dos pares de elétrons da camada de valência (VSEPR), três (o hexafluoreto, XeF_6, o ânion octafluorxenoato, XeF_8^{2-}, e o oxitetrafluoreto, $XeOF_4$) requerem algum comentário adicional.

Várias representações para o XeF_6 estão presentes na Figura 19.4. Note que a estrutura de Lewis da Figura 19.4a mostra sete pares de elétrons em torno do átomo central de xenônio. Alguém poderia suspeitar, então, que a molécula vai assumir uma estrutura piramidal pentagonal (Figura 19.4b), na qual um par isolado de elétrons ocupa uma das posições da configuração bipiramidal pentagonal, introduzida no Capítulo 18 (Seção 18.4). Ou talvez ela possa assumir outra geometria, como o octaedro monoencapuzado mostrado na Figura 19.4c. No entanto, verifica-se que a estrutura molecular na fase gasosa é um octaedro apenas um pouco distorcido e bastante "mole" ou não rígido, com um momento de dipolo muito pequeno. Aparentemente, essa molécula fluxional muda de uma estrutura para outra muito facilmente. Estudos mostram a existência de, pelo menos, seis formas diferentes no sólido cristalino incolor. Muitas delas envolvem cátions XeF_5^+ piramidais quadráticos em ponte com íons F^-. Algumas envolvem tetrâmeros ou hexâmeros de fórmulas $[(XeF_5^+)F^-]_4$ e $[(XeF_5^+)F^-]_6$, respectivamente. Essas duas unidades poliméricas são mostradas nas figuras 19.4d e 19.4e.

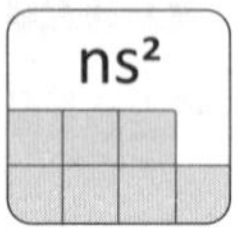

O ânion octafluorxenonato, XeF_8^{2-}, assume uma geometria antiprismática quadrática, como mostrado na Figura 19.3d. Novamente, uma estrutura de Lewis comum mostraria nove pares de

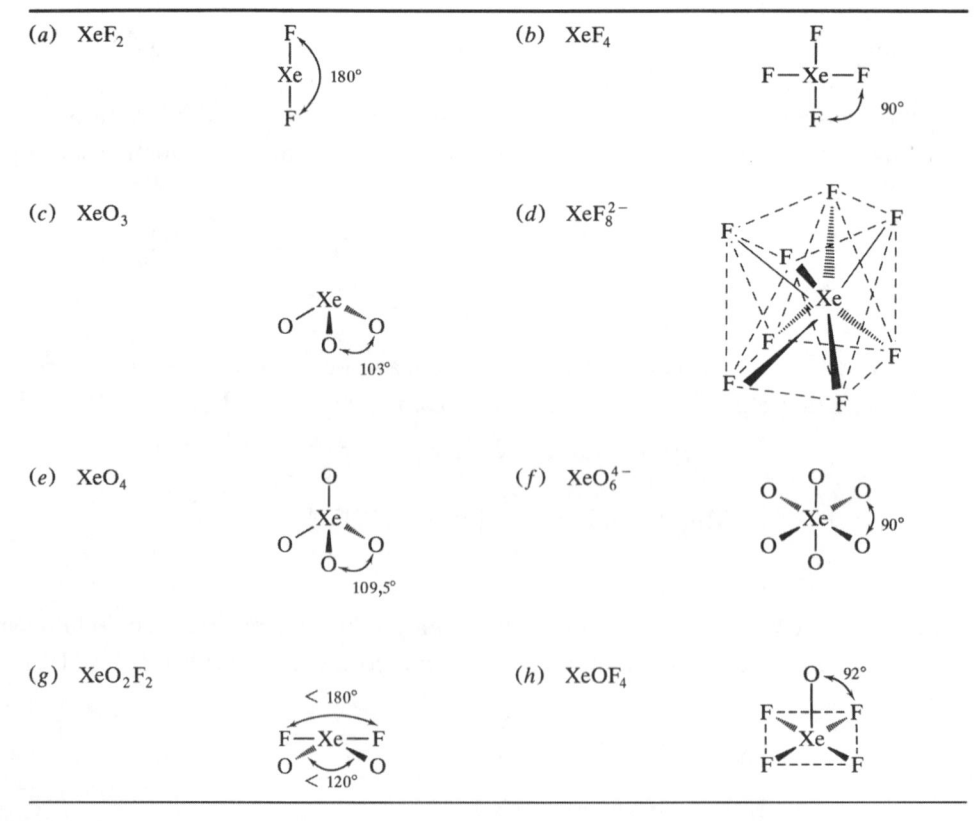

FIGURA 19.3

Estruturas de alguns íons e moléculas representativos de gases nobres

FIGURA 19.4

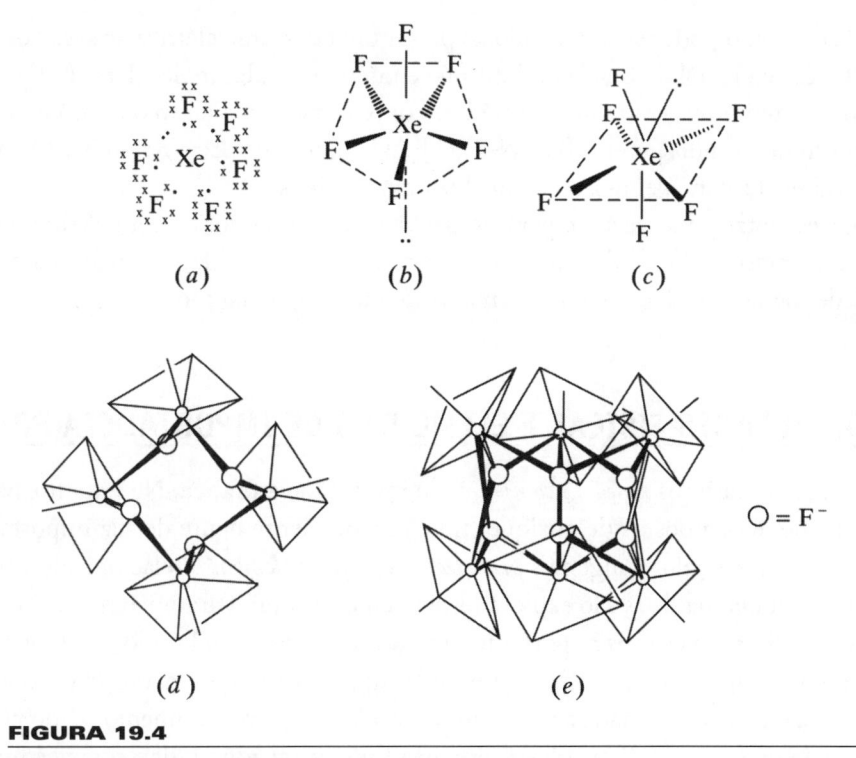

Várias representações da estrutura e das ligações do hexafluoreto de xenônio: (a) estrutura de Lewis, (b) bipirâmide pentagonal, (c) octaedro monoencapuzado, (d) forma tetramérica [(XeF$_5^+$)F$^-$]$_4$ e (e) forma hexamérica [(XeF$_5$)F$^-$]$_6$.

elétrons em torno do xenônio central. No entanto, nesse caso, sugeriu-se que o par isolado ocupa o orbital esférico 5s (outro exemplo de efeito do par inerte), e os oito pares ligantes remanescentes se arranjariam na forma de um antiprisma quadrático regular. O XeOF$_4$, mostrado na Figura 19.3h, assume uma pirâmide quadrática bastante regular com o oxigênio na posição axial. Aparentemente, o oxigênio e o par isolado exercem forças repulsivas bastante similares, de forma que o ângulo O—Xe—F é muito próximo de 90°.

Outros compostos

Os fluoretos são, essencialmente, os únicos haletos estáveis de xenônio. O XeCl$_2$ foi obtido pela condensação dos produtos, após uma descarga de micro-ondas ter passado por uma mistura de cloro com excesso de xenônio. O tetracloreto de xenônio e o dibrometo de xenônio também foram detectados.

O trióxido de xenônio foi mencionado anteriormente como o produto da hidrólise de vários fluoretos binários. Ele é um agente oxidante excelente, com um potencial padrão de redução de 2,10 V, como mostrado na Equação 19.19:

$$XeO_3 + 6H^+ + 6e^- \rightleftharpoons Xe + 3H_2O \qquad (E° = 2,10 \text{ V}) \qquad \textbf{19.19}$$

Soluções aquosas de XeO$_3$ são frequentemente chamadas de *ácido xênico*. O ácido xênico pode ser oxidado pelo ozônio, por exemplo, a perxenatos, como representado na Equação (19.20):

$$3XeO_3 + 12NaOH(aq) + O_3 \longrightarrow 3Na_4XeO_6 + 6H_2O \qquad \textbf{19.20}$$

O ânion XeO$_6^{4-}$, um agente oxidante potente e rápido, tem, como mostrado na Figura 19.3f, uma configuração octaédrica.

O difluoreto de criptônio pode ser sintetizado ao passar uma descarga elétrica através dos elementos constituintes a $-196\ °C$. Ele é um sólido branco, volátil, que contém unidades moleculares KrF_2.

Poucos compostos com nitrogênio são conhecidos. Foi reportado que tanto o criptônio quanto o xenônio formam um composto de fórmula geral $[HC{\equiv}N{-}EF^+][AsF_6^-]$, no qual E = Kr ou Xe. O composto de criptônio detona violentamente, com a emissão de uma luz branca intensa.

O radônio reage espontaneamente à temperatura ambiente, com o flúor ou com o trifluoreto de cloro, para formar o difluoreto de radônio. O sólido RnF_2 brilha com uma luz amarela, mas não está bem caracterizado devido às dificuldades de se trabalhar com o extremamente radioativo radônio.

19.4 PROPRIEDADES FÍSICAS E ELEMENTOS DE IMPORTÂNCIA PRÁTICA

Em geral, a esta altura, discutimos *reações e compostos* de importância prática. No entanto, para o Grupo 8A, há muito poucas reações e compostos de qualquer tipo, independentemente de sua importância prática. No entanto, há, para usar a frase análoga, algumas *propriedades físicas e elementos* relacionados a como e por que o mundo funciona como funciona. Eles são explorados brevemente aqui. Para iniciarmos a discussão, as abundâncias atmosféricas, as fontes e os usos importantes dos gases nobres estão listados na Tabela 19.2.

Note que o argônio se apresenta em uma quantidade significativamente maior que a dos outros. Por que isso ocorre? A resposta está na quantidade de argônio-40 produzida pelo decaimento β^+ do potássio-40. Lembre-se (Seção 12.5) de que esse esquema de decaimento foi empregado na determinação indireta da idade de vários hominídeos, como o *Australopithecus afarensis*, chamado de Lucy. Embora o gás argônio permaneça preso em amostras de rochas, sendo, portanto, útil nas determinações cronométricas, a maior parte dele escapa para a atmosfera.

Por que o hélio é encontrado em depósitos de gás natural? Primeiro, devemos notar que as partículas alfa, que Rutherford e seus colaboradores demonstraram (em 1906) ser emitidas de muitos elementos radioativos, são basicamente núcleos de hélio. Esses núcleos captam elétrons do ambiente para se tornarem átomos de hélio. Eventualmente, gás hélio suficiente é produzido nas rochas, de forma que ele se junta ao gás natural nos depósitos. Conforme continuamos a usar nossas reservas finitas de gás natural, também vamos acabar com nossa maior fonte terrestre de hélio.

Lembre-se de que o hélio, mesmo sendo muito escasso na Terra, é o segundo elemento mais abundante no universo. No Capítulo 10 (Seção 10.1), notamos que o pensamento atual leva em conta que a energia do *big bang* se condensou em matéria, considerando que um terço desta é hélio. O hélio também é produzido no ciclo próton-próton de estrelas e é um componente majoritário na nucleossíntese. Qualquer hélio que estava presente quando o nosso planeta foi formado, a partir da nebulosa solar original, deve ter escapado rapidamente porque o campo gravitacional da Terra não era forte o suficiente para retê-lo.

Muitos dos usos dos gases nobres observados na Tabela 19.2 envolvem o estabelecimento de uma atmosfera inerte, a fim de que, seja possível executar um procedimento que não se processaria bem no ar. Estes incluem (1) passar uma corrente elétrica através de um fio de tungstênio para produzir luz incandescente (o uso do argônio reduz a evaporação do filamento e prolonga a vida útil da lâmpada), (2) arco de solda (o hélio é usado nos Estados Unidos devido à sua grande abundância, mas o argônio é usado na maioria dos outros locais) e (3) preparo de elementos reativos, como o titânio e o zircônio, ou elementos que precisam ser preparados em uma forma muito pura, como o silício e o germânio, para uso em semicondutores.

Uma mistura de 80% de hélio e 20% de oxigênio é usada como atmosfera artificial para mergulhadores. O nitrogênio não pode ser usado por ser mais solúvel no sangue. Quando o mergulhador começa a vir à tona, o nitrogênio escapa do sangue muito lentamente, causando a *doença dos mergulhadores*, ou DD, que pode ser fatal. O hélio é menos solúvel no sangue e, portanto, minimiza o problema.

TABELA 19.2
Abundâncias atmosféricas, fontes e usos dos gases nobres

Elemento	Abundância atmosférica, % em volume	Fontes	Usos
Hélio	5×10^{-4}	Decaimento radioativo (α) Poços de gás natural	Crescimento de cristais de Si/Ge Produção de Ti/Zn (meio inerte) Refrigerantes para reatores nucleares e equipamentos de imagem por ressonância magnética (MRI) Atmosfera artificial (mergulho) Pressurização de combustível líquido de foguetes Atmosfera inerte para solda Gás de arraste (cromatografia) Enchimento de pneus de avião Gás para elevação
Neônio	$1,2 \times 10^{-3}$	Fracionamento do ar liquefeito	Luzes de neon Lasers Indicadores de alta voltagem Criogenia
Argônio	0,94	Decaimento radioativo do potássio-40 Fracionamento do ar liquefeito	Crescimento de cristais de Si/Ge Gás inerte para lâmpadas incandescentes e fluorescentes Atmosfera inerte (solda) Atmosfera inerte (pesquisa) Produção de Ti/Zr (meio inerte)
Criptônio	$1,1 \times 10^{-4}$	Fracionamento do ar liquefeito	Padrão para o metro Gás inerte para lâmpadas fluorescentes Lâmpadas fotográficas de alta velocidade Lasers
Xenônio	9×10^{-6}	Fracionamento do ar liquefeito	Lâmpadas de *flash* Luzes de espectro completo Lasers Diagnóstico médico por imagem Anestesia
Radônio	.....	Decaimento α de rádio	Terapia de câncer Detecção de falhas geológicas Detecção de entradas em águas subterrâneas

O hélio também é usado em *criogenia*, o estudo do comportamento de substâncias a temperaturas muito baixas. O hélio tem o menor ponto de ebulição conhecido e, portanto, é utilizado para liquefazer outros gases. Usando hélio líquido, as temperaturas podem ser suficientemente reduzidas, de forma que a supercondutividade se torna comum. (*Supercondutividade* é a propriedade de certos metais, ligas e compostos de conduzir a corrente elétrica com muito pouca resistência. É comum que a supercondutividade só possa ser atingida a temperaturas próximas à do hélio líquido. No entanto, compostos contendo metais de terras-raras, cobre e oxigênio são supercondutores a temperaturas acima de 100 K.)

Em 1960, foi acordado internacionalmente que a unidade fundamental de comprimento, o metro, seria definida em termos da linha espectral vermelho-alaranjada do criptônio-86. De fato, 1 metro é exatamente 1.650.763,73 comprimentos de onda (no vácuo) dessa linha. Esse acordo substituiu o metro padrão de platina-irídio, localizado em Paris.

Luzes de neon se tornaram comuns na cultura atual. Ramsay ficaria surpreso ao dirigir por uma típica avenida principal moderna. E pensar que ele teve de trabalhar tão duro para encontrar esse gás inerte, que agora está brilhando em vermelho e (misturado apropriadamente com outros gases) em uma variedade de outras cores, em tubos de descarga de inúmeras, e às vezes provocativas, formas. As luzes de neon certamente fazem do gás neônio um dos elementos mais conhecidos do Grupo 8A. (No entanto, o uso do gás hélio em dirigíveis e bexigas faz do mais leve dos gases nobres o campeão nessa categoria.)

O xenônio também é usado em fontes de luz. Lâmpadas de *flash* de xenônio têm um bulbo parcialmente preenchido com gás xenônio de alta pureza. Quando sofre a descarga, a lâmpada produz uma poderosa luz branca, útil para fotografia de alta velocidade do tipo *stop-motion*. Você provavelmente está mais familiarizado com as lâmpadas de arco de xenônio porque elas produzem uma luz branca brilhante muito similar à luz diurna. Elas se tornaram populares nos lares por volta da última década, mas estão em uso desde os anos 1950, quando começaram a substituir as velhas lâmpadas de filamento de carbono nos sistemas de projeção. Nos projetores IMAX, uma única lâmpada de 1.500 watts fornece a iluminação. O bulbo é construído de quartzo fundido, possui eletrodos de tungstênio dopado com tório e contém até 30 atm de xenônio. Devido a essas pressões muito altas, os operadores de projetores IMAX precisam usar "roupas de proteção para o corpo todo", para o caso de explosão da lâmpada, particularmente uma usada. A iluminação brilhante produzida pelas lâmpadas de xenônio é usada em luzes de advertência, luzes de veículos de emergência e sinais luminosos anticolisão para aviões. Em casa, lâmpadas de xenônio de amplo espectro fornecem uma boa luz ambiente para leitura e outros trabalhos meticulosos, em que uma fonte de luz natural é necessária. Lâmpadas de xenônio são também usadas em uma grande variedade de aplicações, incluindo microscópios, espectrômetros e armas com mira a *laser*.

A emissão gama do Xe-133 é usada para visualizar o coração, os pulmões e o cérebro e para medir o fluxo sanguíneo. Surpreendentemente, o gás xenônio também é utilizado como anestésico que, embora mais caro, é mais potente que o óxido nitroso (o gás hilariante) e mais seguro.

Embora o radônio seja um carcinogênico (veja próxima seção), há usos positivos para esse gás. A radioterapia por implante de "sementes" ocas feitas de ouro, preenchidas com gás radônio-222, é um tratamento comum para câncer de próstata e outros cânceres. As sementes são inseridas diretamente no tumor. Lá, as camadas de ouro filtram as perigosas radiações alfa e beta, enquanto permitem que os raios gama escapem e atinjam o tumor. Os raios gama são produzidos pelo radônio e seus descendentes (principalmente Po-218, Pb-214, Bi-214 e Po-214). Esses emissores têm vida curta, de modo que as sementes inseridas são deixadas no lugar, depois de seu trabalho terapêutico ter acabado. Algumas vezes, o ouro-198 ($t_{1/2}$ = 2,70 dias, emissão beta de baixa energia) é usado para essas sementes com ou sem o gás radônio.

O radônio que escapa do solo pode ser usado para localizar falhas geológicas. (Concentrações do gás são maiores sobre essas falhas.) Na hidrologia, a detecção de radônio é usada para estudar as interações entre o lençol freático, córregos e rios. Verifica-se que qualquer concentração significativa de radônio em um rio ou córrego frequentemente indica que o local possui lençol freático.

19.5 TÓPICO SELECIONADO PARA APROFUNDAMENTO: RADÔNIO COMO UM CARCINOGÊNICO

Em 1984, um engenheiro que trabalhava na usina nuclear de Limerick, no leste da Pensilvânia, Estados Unidos, ativou os alarmes dos contadores de radiação da usina e teve uma péssima experiência ao ouvir soar o alarme, mas não durante o seu turno de trabalho, e sim ao retornar à usina no dia seguinte. Depois, foi descoberto que uma grande concentração de gás radônio estava no porão da casa dele. (A exposição dele ao radônio foi estimada como equivalente a fumar 135 maços de cigarro por dia!) Outras casas na área foram testadas, e algumas apresentaram altos níveis similares de radônio. Inicialmente, esperava-se que esse problema fosse exclusivo de algumas áreas geográficas, tipos de solo ou construção de casas, mas esse não era o caso. A agência de proteção ambiental norte-americana (Environmental Protection Agency – EPA) agora diz que o radônio pode ser encontrado no país todo. Tanto a EPA quanto o Surgeon General[*] recomendam testar todas as casas para detectar radônio. Em somente uma década ou duas, o radônio tornou-se um problema ambiental de saúde nos Estados Unidos.

---

[*] N.T.: órgão governamental norte-americano responsável por fiscalizações relacionadas à saúde da população.

Normalmente, todo o radônio nas casas é o radônio-222, um produto de decaimento do rádio-226, de ocorrência natural. O rádio-226, por sua vez, é parte de uma série de decaimentos do urânio-238 ao chumbo-206. (Veja Seção 15.4 para mais informações sobre esta série.) Assim, o radônio-222 é liberado pelas rochas, solo e lençol freático e entra nos lares pelo solo, passando por ralos, juntas e/ou pequenas rachaduras no piso de porões e paredes. Atualmente, estima-se que cada 2,6 quilômetros quadrados de solo com uma profundidade de 15 centímetros contenham cerca de 1 grama de rádio, que decai gradualmente a radônio.

Os efeitos do radônio na saúde foram extensivamente estudados. Agora parece provável que uma "doença dos mineiros", que ocorria na Europa central no século XVI, era câncer induzido por radônio. Nos anos 1950, foram conduzidos os primeiros estudos detalhados dos efeitos do radônio em mineiros nos Estados Unidos. Em meados dos anos 1990, foi feita uma análise mais extensa de dados internacionais envolvendo 11 populações de tais mineiros. Esses resultados, em conjunto com alguns estudos em animais, foram usados para estimar as ameaças geradas por várias concentrações de radônio.

Parece que são os produtos radioativos – isto é, os *descendentes* do radônio – que realmente causam câncer. O radônio-222 é um emissor alfa com meia-vida de 3,82 anos. Seu decaimento, como mostrado na Equação (19.21), produz polônio-218, que é um emissor alfa com meia-vida de 3,11 min.

$$^{222}_{86}Rn \xrightarrow{\alpha} {}^{218}_{84}Po + {}^{4}_{2}He \qquad \boxed{19.21}$$

Como o gás radônio é continuamente inalado e expirado, ele não fica em contato com os tecidos do trato respiratório tempo suficiente para causar danos significativos. No entanto, o polônio-218 e outros descendentes radioativos não são gasosos e aderem às superfícies dos pulmões e passagens de ar. O Pb-210, um emissor alfa ($t_{1/2}$ = 22,3 anos), é um radionuclídeo particularmente perigoso que é aprisionado nos tecidos pulmonares e bronquiais. Essas partículas alfa e os radicais livres resultantes que elas produzem no corpo causam mutações no DNA e são, portanto, carcinogênicos. Em 2003, a EPA estimou que o radônio causa 21.000 mortes por câncer por ano, nos Estados Unidos. Um número similar de mortes dessa natureza ocorre na Europa. Estas representam mais de 10% das mortes por câncer de pulmão. A exposição por radônio é a segunda maior causa de câncer de pulmão, só ficando atrás do fumo. Além disso, como se poderia suspeitar, fumantes têm um risco muito maior que não fumantes. Os descendentes radioativos do radônio aderem às partículas da fumaça que estão no ar e acabam tendo uma maior probabilidade de se depositarem nos pulmões ou na parte superior do trato respiratório.

Como saber se há uma quantidade de radônio perigosa na sua casa? Infelizmente, isso precisa ser determinado caso a caso, porque a composição do solo, o tipo de construção e a quantidade de ventilação variam consideravelmente de casa para casa, mesmo na própria vizinhança. Para determinar níveis de radônio, vários dispositivos para teste diferentes, eficientes e geralmente baratos estão disponíveis[*]. (Alguns deles recolhem diretamente o radônio em filtros de carvão, enquanto outros têm um meio no qual as partículas alfa deixam um rastro.) No entanto, não importa qual desses dispositivos para teste seja usado, é importante perceber que, mesmo em uma dada casa, os níveis de radônio são muito variáveis. Por exemplo, eles dependem de fatores como (1) a quantidade de ventilação que, por sua vez, depende do clima e de fatores sazonais, (2) o nível do piso em que as medidas são feitas, (3) a quantidade de umidade do solo e (4) as temperaturas externa e interna. Os pisos mais baixos e os porões de casas perfeitamente seladas e eficientes energeticamente, com pouca troca de ar, particularmente aquelas construídas sobre solos ricos em urânio, são os mais suscetíveis a um acúmulo de radônio. Devido a essas variáveis, medidas de radônio devem ser feitas usando técnicas de amostragem apropriadas.

---

[*] N.T.: no Brasil, a falta de preocupação das autoridades com a questão do radônio nas residências faz que tais testes dificilmente sejam encontrados no país. Um argumento muito usado é o de que, como se trata de um país tropical, as residências são geralmente muito bem ventiladas, o que ajuda a dispersar o gás.

Uma vez que um nível de radônio confiável tenha sido determinado, pode ser necessário que as concentrações de radônio sejam reduzidas para níveis seguros. Isso pode ser feito alterando a quantidade de radônio capaz de se infiltrar na casa e/ou aumentando a ventilação que carrega o radônio para fora. O melhor método é selar rachaduras e fendas em paredes, nos porões que permitem que o gás se difunda para a casa. Em alguns casos, isso é fácil de fazer, mas, em outros, devido à variação da porosidade dos materiais, é mais difícil. O grau de auxílio para a redução do gás a níveis aceitáveis, devido ao aumento da ventilação, já foi estudado com mais detalhes. Por exemplo, foi estimado que trocar o ar em uma dada seção de uma casa a cada quatro dias pode reduzir os níveis de radônio em 50%. De qualquer forma, a EPA agora estabeleceu 4 picocuries de radônio por litro (pC/L), ou 148 Bq/m^3, como a concentração acima da qual medidas devem ser tomadas para diminuir os níveis de radônio. [O Becquerel (Bq) é a unidade derivada do SI de radioatividade e é equivalente a 1 desintegração atômica por segundo.] O nível interno médio de radônio nos Estados Unidos é de 48 Bq/m^3 (1,3 pC/L), mas muitos lares apresentam leituras 100 vezes maiores.

RESUMO

Os gases nobres foram todos descobertos durante a última década do século XIX. Em 1894, Lorde Rayleigh e William Ramsay isolaram um novo constituinte do ar, que formalmente chamaram de argônio, em 1895. O hélio foi observado, pela primeira vez, no espectro solar, mas foi isolado de um minério de urânio por Ramsay, em 1895. Criptônio, neônio e xenônio foram obtidos por fracionamento do ar liquefeito por Ramsay e Travers, em 1898. Rutherford encontrou um isótopo do radônio (Rn-220), a "emanação do tório", em 1899, e Dorn encontrou outro (Rn-222), a "emanação do rádio", em 1900. Ramsay isolou e determinou a densidade desse gás altamente radioativo em 1908.

As propriedades dos gases nobres são exatamente como se espera, com base na carga nuclear efetiva. Eles têm altas energias de ionização e pontos de fusão e ebulição muito baixos. O hélio II é um superfluido que existe abaixo de 2,2 K. A inércia dos elementos forneceu uma ligação crucial no entendimento empírico e teórico da ainda jovem tabela periódica.

Nas primeiras seis décadas do século XX, houve várias tentativas, sem sucesso, de fazer os gases nobres reagirem. Os hidratos, clatratos e vários cátions instáveis foram preparados durante esse tempo, mas somente em 1962 Bartlett preparou um composto genuinamente estável de xenônio. Já tendo caracterizado um composto de dioxigenila obtido a partir da reação do oxigênio diatômico e do hexafluoreto de platina, ele suspeitou que o xenônio poderia formar um composto análogo. Seus experimentos confirmaram sua hipótese e demonstraram que o Grupo 8A não poderia mais ser classificado como inerte.

Os fluoretos de xenônio foram sintetizados pela reação direta do elemento, logo após o anúncio de Bartlett. O tetrafluoreto é o mais estável e bem caracterizado, embora sua hidrólise gere o perigosamente explosivo trióxido de xenônio. O difluoreto de xenônio é um excelente agente oxidante e doador de íon fluoreto. O hexafluoreto de xenônio é tanto um doador quanto um receptor de fluoreto.

Para a maioria dos compostos de gases nobres, as estruturas seguem diretamente a teoria VSEPR. Na fase gasosa, o hexafluoreto de xenônio assume uma estrutura octaédrica não rígida e um pouco distorcida, mesmo tendo sete pares de elétrons em torno do átomo central de xenônio. No sólido, ele é caracterizado por cátions piramidais quadráticos XeF_5^+ ligados em ponte por íons fluoreto. O XeF_8^{2-} é antiprismático quadrático, e o $XeOF_4$ é uma pirâmide quadrática quase perfeita.

Outros haletos de xenônio incluem o dicloreto, o tetracloreto e o dibrometo, mas eles não são particularmente estáveis. Soluções de trióxido de xenônio, chamadas de *ácido xênico*, são agentes oxidantes excelentes, assim como o ânion perxenato, XeO_6^{4-}. Difluoreto de criptônio, alguns compostos de nitrogênio, tanto de xenônio quanto de criptônio, e difluoreto de radônio também já foram preparados, mas não estão muito bem caracterizados.

Os gases nobres são escassos na Terra. O argônio é o mais abundante porque é o produto do decaimento beta do potássio-40. Partículas alfa nada mais são do que núcleos de hélio e são a principal fonte de hélio que se concentra em depósitos de gás natural. Embora não seja retido pelo campo gravitacional da Terra, o hélio é o segundo elemento mais abundante do cosmos e tem um papel central no ciclo próton-próton das estrelas e na nucleossíntese.

Argônio e hélio são usados para estabelecer atmosferas inertes em lâmpadas incandescentes, solda por arco e na preparação de vários elementos reativos. O hélio também é usado na atmosfera artificial utilizada por mergulhadores. Devido a seu ponto de ebulição muito baixo, o hélio é usado em criogenia e estudos de supercondutividade. O criptônio agora fornece o padrão para o metro, e as luzes de neon fazem do neônio um dos gases nobres mais bem conhecidos. Lâmpadas de xenônio são utilizadas em fotografia, projetores de filmes e lâmpadas de amplo espectro. O xenônio também é empregado em diagnóstico médico por imagem e como anestésico. O radônio é usado no tratamento de câncer de próstata e outros cânceres e também na detecção de falhas geológicas e de lençóis freáticos.

Iniciando com descobertas feitas em meados dos anos 1980, o gás radônio é agora reconhecido como um problema de saúde ambiental. Um produto de decaimento alfa do rádio-226, o radônio-222 é liberado pelas rochas, solo e lençóis freáticos e se infiltra no porões das casas. Os produtos radioativos do radônio, incluindo o polônio-218, são considerados os reais carcinogênicos. Eles se alojam no trato respiratório, particularmente em fumantes, onde seu decaimento alfa produz mutações no DNA. Dispositivos para teste de radônio devem ser usados com técnicas apropriadas de amostragem, porque as concentrações desse gás dependem muito de vários fatores. Métodos de redução das concentrações de radônio incluem selar porões e/ou aumentar a quantidade de ventilação em uma casa.

PROBLEMAS

19.1 O oxigênio pode ser removido do ar pela reação com o fósforo branco. Escreva uma equação para esse processo.

19.2 Vapor d'água pode ser removido do ar, absorvendo-o com perclorato de magnésio. Escreva uma equação para esse processo.

*19.3 Dióxido de carbono pode ser removido do ar, absorvendo-o com hidróxido de sódio. Escreva uma equação para esse processo.

19.4 Qual é a razão entre as massas atômicas do oxigênio e do hidrogênio? Quão próxima ela é de uma razão integral como a requerida pela hipótese de Prout?

19.5 Calcule a massa molecular média do ar e compare seu resultado com o obtido por Ramsay, para a sua $\frac{1}{80}$ parte do ar que não reagiu.

19.6 Ramsay eliminou o nitrogênio de suas amostras atmosféricas pela reação com o magnésio quente. Escreva uma equação para representar essa reação.

19.7 Compare e contraste os sufixos para os nomes dos gases nobres. Comente sobre o nome *helon* ou *helion* para o gás mais leve.

*19.8 Ramsay calculou massas atômicas a partir das densidades que mediu. Dado que a densidade do argônio seja 1,78 g/litro a 273,15 K e como uma pressão padrão, calcule sua massa atômica.

---

* Exercícios marcados com um asterisco (*) são mais desafiadores.

·19.9 Dada a densidade de 3,70 g/litro para o criptônio a 273,15 K e com uma pressão padrão, calcule a massa atômica para esse elemento.

19.10 Faça uma pesquisa na internet sobre o torônio, o actinônio e o nitônio e relate sobre suas relações com o elemento radônio.

·19.11 A "série do tório" inicia-se com o tório-232, de ocorrência natural. A seguinte sucessão de processos radioativos produz o isótopo do radônio descoberto primeiro por Rutherford: $\alpha, \beta^-, \beta^-, \alpha, \alpha$. Escreva equações para esses decaimentos.

19.12 Explique por que as energias de ionização dos gases nobres diminuem descendo no grupo.

·19.13 Se as cargas nucleares efetivas dos gases nobres são tão grandes, por que não têm uma grande atração por elementos livres?

19.14 Usando argumentos baseados em carga nuclear efetiva, explique por que o octeto de elétrons de valência do neônio ($2s^2 2p^6$) é uma configuração tão estável.

19.15 Que tipos de força estão presentes em hidratos de xenônio? Essas forças incluem ligações iônicas ou covalentes envolvendo átomos de xenônio? Explique brevemente.

19.16 O hexafluoreto de urânio, UF_6, usualmente não é preparado pela reação direta dos elementos. Sugira um método para sintetizar esse composto. (*Dica*: Lembre-se das discussões sobre síntese de haletos, na Seção 18.2.)

19.17 Qual difunde mais rápido, $^{235}UF_6(g)$ ou $^{238}UF_6(g)$? Calcule a razão de velocidades de difusão para esses dois gases. (*Dica:* os números de massa dos isótopos de urânio podem ser usados como boas aproximações de suas massas atômicas.)

19.18 O que acontece se o hexafluoreto de xenônio reagir com um excesso de água? Escreva uma equação como parte de sua resposta.

·19.19 Analise a variação nos números de oxidação na reação entre o oxigênio diatômico e o hexafluoreto de platina. Identifique os agentes redutor e oxidante nessa reação.

19.20 Você suspeitaria que o radônio seria mais ou menos reativo perante o hexafluoreto de platina do que o xenônio é? Justifique brevemente sua resposta.

19.21 Como você poderia preparar fluoreto mercúrico usando tetrafluoreto de xenônio? Escreva uma equação como parte de sua resposta.

19.22 O fluoreto de potássio pode ser preparado a partir do iodeto de potássio e do tetrafluoreto de xenônio. Escreva uma equação para essa reação.

·19.23 Analise a variação nos números de oxidação para a hidrólise do tetrafluoreto de xenônio encontrado na Equação (19.5), repetida a seguir. Identifique os agentes oxidante e redutor nessa reação.

$$6XeF_4 + 12H_2O \longrightarrow 2XeO_3 + 4Xe + 3O_2 + 24HF$$

·19.24 Analise a variação nos números de oxidação para a hidrólise do difluoreto de xenônio encontrado na Equação (19.8), repetida a seguir. Identifique os agentes oxidante e redutor nessa reação.

$$2XeF_2 + 2H_2O \longrightarrow 2Xe + O_2 + 4HF$$

---

* Exercícios marcados com um asterisco (*) são mais desafiadores.

19.25 Escreva equações balanceadas para as reações nas quais o difluoreto de xenônio é usado para oxidar (a) Ce(III) a Ce(IV) e (b) Ag(I) a Ag(II).

*19.26 Sabe-se agora que a reação original de Bartlett entre xenônio e hexafluoreto de platina também produz a espécie em ponte $[Pt_2F_{11}^-]$. Desenhe um diagrama para representar a estrutura desse ânion.

19.27 Determine se os princípios da teoria VSEPR (repulsão dos pares de elétrons da camada de valência) são consistentes com as geometrias das moléculas de gases nobres encontradas nos itens (a), (c), (e) e (g) da Figura 19.3.

19.28 Determine se os princípios da teoria VSEPR são consistentes com as geometrias das moléculas e dos ânions de gases nobres encontradas nos itens (b), (d), (f) e (h) da Figura 19.3.

*19.29 Qual é uma possível explicação para o fato de o ângulo F—Xe—O do $XeOF_4$ ser muito próximo de 90°?

19.30 Desenhe uma estrutura de Lewis e um diagrama que representem a geometria do cátion XeF_5^+. Estime os valores de todos os ângulos de ligação.

19.31 O hexafluoreto de xenônio não pode ser manipulado em aparelhagem de vidro devido às reações representadas nas seguintes equações:

$$2XeF_6 + SiO_2 \longrightarrow 2XeOF_4 + SiF_4$$
$$2XeOF_4 + SiO_2 \longrightarrow 2XeO_2F_2 + SiF_4$$
$$2XeO_2F_2 + SiO_2 \longrightarrow 2XeO_3 + SiF_4$$

Desenhe diagramas que mostrem a geometria de todos os compostos contendo xenônio dessas reações.

*19.32 Desenhe uma estrutura de Lewis e um diagrama que representem a geometria da molécula de $XeOF_2$.

19.33 Quando o iodo-129 contido em ICl_2^- decai por emissão β^-, que composto é obtido? Escreva uma equação como parte de sua resposta. Desenhe um diagrama geometricamente preciso que represente a fórmula molecular do produto.

19.34 Quando o iodo-129 contido em $KICl_4 \cdot 2H_2O$ decai por emissão β^-, que composto é obtido? Escreva uma equação como parte de sua resposta. Desenhe um diagrama geometricamente preciso que represente a fórmula molecular do produto.

19.35 Identifique os agentes redutor e oxidante na reação do trióxido de xenônio com ozônio e solução aquosa de hidróxido de sódio para produzir o perxenato de sódio, como mostrado na Equação (19.20), repetida a seguir.

$$3XeO_3 + 12NaOH(aq) + O_3 \longrightarrow 3Na_4XeO_6 + 6H_2O$$

19.36 Para o íon perxenato, XeO_6^{4-}, desenhe uma estrutura de Lewis e um diagrama VSEPR mostrando sua geometria molecular.

*19.37 Discuta o possível papel das ligações $d\pi$-$p\pi$ em compostos de xenônio com flúor e oxigênio. (*Dica:* note que ligações Xe=O *não* foram usadas em todo este capítulo.)

19.38 O potencial padrão de redução do perxenato a xenônio em solução ácida é de 2,18 V.

(a) Escreva uma semirreação correspondente a esse potencial.

(b) Escreva uma equação balanceada para a oxidação do Mn(II) a permanganato pelo perxenato em solução ácida.

---

* Exercícios marcados com um asterisco (*) são mais desafiadores.

19.39 O potencial padrão de redução do perxenato a xenônio em solução ácida é de 2,18 V. Escreva uma equação balanceada para a oxidação do Cr(III) a dicromato pelo perxenato em solução ácida. Calcule o $E°$ dessa reação.

19.40 Escreva uma equação correspondente ao decaimento beta do potássio-40 a um isótopo do argônio.

*__**19.41**__ Escreva uma equação que represente o processo nuclear envolvido quando a clevita produz gás hélio.

19.42 Por que o gás radônio tende a se acumular no porão de uma casa? Elabore em um parágrafo bem escrito.

19.43 Escreva uma equação para o decaimento alfa do polônio-218.

19.44 Em um parágrafo bem escrito, resuma por que fumantes têm um risco maior de sofrer os males causados pelo gás radônio do que os não fumantes.

19.45 Em capítulos anteriores, citamos a tia Emília, formada em curso superior, que, embora seja muito esperta, não domina muito bem as ciências. Desta vez, quando você está conversando com ela sobre seu curso de química inorgânica, ela ficou intrigada com a expressão "descendentes do radônio". A primeira impressão dela foi a de que deveria ser um novo jogo de videogame pelo qual você estaria interessado. Explique para tia Emília o significado dessa expressão e por que ela é importante na discussão sobre o problema ambiental de saúde relacionado ao radônio.

---

* Exercícios marcados com um asterisco (*) são mais desafiadores.

APÊNDICE

FIGURAS DE REDE

Os cinco primeiros componentes da rede interconectada de ideias para entendimento da tabela periódica são desenvolvidos no Capítulo 9. Três componentes adicionais são agregados nos capítulos 11, 12 e 15. Figuras mostrando a rede em várias etapas de desenvolvimento aparecem ao longo do texto:

Figura 9.10	Tendências em carga nuclear efetiva, raios nucleares, energias de ionização, e eletronegatividades
Figura 9.14	Três aspectos do princípio da singularidade
Figura 9.16	Os elementos do efeito diagonal
Figura 9.18	Os elementos do efeito do par inerte
Figura 9.19	A linha metal/não-metal na tabela periódica
Figura 9.20	Os cinco primeiros componentes da rede interconectada de ideias
Figura 11.16	Os seis componentes da rede interconectada de ideias
Figura 12.6	Os sete componentes da rede interconectada de ideias
Figura 15.5	A rede interconectada de ideias completada

Versões coloridas das seis figuras do Capítulo 9 estão disponíveis on-line. A rede completa (Figura 15.5) é mostrada no cartão disponível on-line, na página do livro, no site da Cengage Learning.

TABELAS DE PROPRIEDADES FUNDAMENTAIS DOS ELEMENTOS REPRESENTATIVOS

(Para cada elemento, cada tabela inclui o símbolo, número atômico, isótopos naturais, número total de isótopos, massa atômica, elétrons de valência, pontos de fusão/ebulição, densidade, raio atômico e iônico de Shannon-Prewitt, eletronegatividade, densidade de carga, potencial padrão de redução, estados de oxidação, energia de ionização, afinidade eletrônica, descobridor e data da descoberta, caráter ácido/base do óxido, estrutura do cristalina e produtos da reação com oxigênio, nitrogênio, halogênios e hidrogênio.)

A relação a seguir mostra onde essas tabelas estão localizadas.

Grupo	Número da tabela
1A	12.1
2A	13.1
3A	14.2
4A	15.1
5A	16.1
6A	17.1
7A	18.1
8A	19.1

FIGURAS MOSTRANDO DESCOBERTA DE ELEMENTOS EM LOTES DE NÚMERO DE ELEMENTOS CONHECIDOS VERSUS O TEMPO

Figura número	Elementos
9.2	Elementos descobertos por Davy, Bunsen e Kirchhoff, Ramsay; previstos por Mendeleiev; elementos artificiais
12.1	Elementos do Grupo 1A (Davy, Arfwedson, Bunsen e Kirchhoff, Perey)
13.1	Elementos do Grupo 2A (Vauquelin, Bussy e Wöhler, Davy, os Curies)
14.1	Elementos do Grupo 3A (Gay-Lussac, Wöhler, Crookes, Reich, de Boisbaudran)
15.1	Elementos do Grupo 4A (Antiguidade, Berzelius, Winkler)
16.1	Elementos do Grupo 5A (Antiguidade, Magnus, Brandt, Geoffrey, D. Rutherford)
17.1	Elementos do Grupo 6A (Antiguidade, Priestley, Müller, Berzelius, os Curies)
18.1	Elementos do Grupo 7A (Scheele, Courtois, Balard, Moissan, Corson, MacKenzie e Segrè)
19.1	Elementos do Grupo 8A (Ramsay, Travers, Rayleigh, Dorn, Rutherford)

FÓRMULAS E CONSTANTES RELACIONADAS

Equação 4.5, a relação entre momento magnético e suscetibilidade molar:

$$\mu = 2{,}84\sqrt{X_M T}$$

onde T = temperatura em K
         μ = momento magnético em unidades CGS chamadas magnétons de Bohr (BM)
      X_M = suscetibilidade molar em $(BM)^2 K^{21}$

Equação 4.6, momentos magnéticos de *spin*:

$$\mu_S = \sqrt{n(n+2)}$$

onde n = número de elétrons desemparelhados
       μ_S = o momento magnético de *spin* em unidades conhecidas como magnétons de Bohr (BM)

Equação 8.9, equação Born-Landé para energias reticulares:

$$U = \frac{1.202 u Z^+ Z}{r_0}\left(1 - \frac{0{,}345}{r_0}\right)$$

onde U_0 = energia reticular (kJ/mol) avaliada em r_0
   Z^+, Z^- = cargas integrais do cátion e ânion
       M = Constante Madelung (Tabela 8.1)

r_0 = distância interiônica de equilíbrio em unidades Ångstrom (tabelas 7.5 a 7.7)
n = expoente de Born (Tabela 8.2,)

Equação 8.11, equação Kapustinskii para energias reticulares:

$$U = \frac{1.202 u Z^+ Z^-}{r_0}\left(1 - \frac{0,345}{r_0}\right)$$

onde U = energia reticular em kJ/mol
v = número de íons por unidade de fórmula do composto
Z^+, Z^- = cargas integrais do cátion e ânion
r_0 = distância interiônica de equilíbrio em unidades Ångstrom (tabelas 7.5 a 7.7, páginas 177-178)

Equação 12.11, a relação entre $G°$ e $E°$:

$$\Delta G° = -nFE°$$

onde $\Delta G°$ = a variação na energia livre da reação (kJ), calculada por mol

n = número de elétrons transferidos
F = a constante de Faraday (96,5 kJ/V)
$E°$ = o potencial padrão de redução (volts) (Tabela 12.2)

CONSTANTES ÚTEIS

Velocidade da luz	c	$2,998 \times 10^8$ m/s
Constante de Planck	h	$6,626 \times 10^{-34}$ J-s
Número de Avogadro	N	$6,022 \times 10^{23}$ mol^{-1}
Carga elementar	e	$1,602 \times 10^{-19}$ C

TABELAS E FIGURAS FREQUENTEMENTE USADAS (TÍTULOS ABREVIADOS)

Tabela/Figura	Título
Tabela 2.3	Nomes e fórmulas de ligantes comuns
Tabela 2.4	Regras de nomenclatura para compostos de coordenação simples
Figura 3.1	Tipos de isômeros
Tabela 4.3	Momentos magnéticos de *spin*
Figura 5.1	Classificações de reações de coordenação compostos
Tabela 6.1	Ácidos e bases duros e moles
Tabela 7.1	Retículos tipo A (números de coordenação, número de esferas por unidade de célula unitária, fração do espaço ocupado e expressão de densidade)
Tabela 7.3	Raios selecionados: metálicos de Van de Waals e covalentes

(*continua*)

(*continuação*)

Tabela/Figura	Título
Tabela 7.4	Proporção de raio e tipos de interstícios ocupados
Tabelas 7.5–7.7	Raios iônicos Shannon-Prewitt de cátions e ânions
Tabela 7.8	Retículos tipo AB (proporções de raio, estruturas e números de coordenação)
Tabela 7.9	Compostos que possuem estruturas AB comuns
Tabela 7.10	Retículos do tipo AB_2 (proporções de raio, estruturas e números de coordenação)
Tabela 7.11	Compostos que possuem estruturas AB_2 comuns
Tabela 8.2	Valores de expoentes de Born
Tabela 8.3	Dados termoquímicos e energias reticulares para haletos de metais alcalinos
Tabela 8.7	Raios termoquímicos selecionados
Figura 9.3	Tabela periódica de configurações eletrônicas abreviadas
Figura 9.5	Tabela periódica expandida
Tabela 9.3	Regras de Slater para determinar fatores de blindagem
Figura 9.8	Afinidades eletrônicas
Figura 9.10	Eletronegatividades
Tabela 10.1	Os símbolos e massas das partículas nucleares e subnucleares mais comuns
Tabela 10.2	Os isótopos do hidrogênio
Figura 11.17	As estruturas dos oxiácidos mais comuns
Tabela 11.3	Um sistema para nomear os oxiácidos e seus sais correspondentes
Figura 11.18	Um "mapa" de nomenclatura para os oxiácidos e seus sais
Tabela 12.2	Potenciais padrão de redução a 25 °C
Figura 14.17	Estruturas dos boranos mais simples
Tabela 14.6	Quatro classes estruturais de boranos neutros e aniônicos
Tabela 15.2	Tipos de sílica e silicatos
Tabela 17.2	Alguns oxiácidos catenados representativos e ânions de enxofre correspondentes
Tabela 18.2	Os oxiácidos conhecidos de cloro, bromo e iodo

Série Espectroquímica:
$I^- < Br^- < Cl^- < SCN^- < NO_3^- < F^- < OH^- < C_2O_4^{2-} < H_2O <$
$NCS^- < gly < C_5H_5N < NH_3 < en < NO_2^- < PPh_3 < CN^2 < CO$

OBSERVAÇÃO SOBRE FONTES

Durante a redação de qualquer estudo, um autor precisa necessariamente se basear nos anos de experiência ensinando o assunto – neste caso, química inorgânica. Como este autor desenvolveu um estilo de ensino por mais de 30 anos, ele sempre tentou (muito antes da oportunidade de redigir o estudo) manter-se atualizado com a literatura original e as muitas dissertações na área. Esses artigos e monografias tornaram-se, inevitavelmente, fontes diretas e indiretas do conteúdo e da pedagogia, tanto de seus cursos como deste livro.

Embora este estudo sobre coordenação, estado-sólido, e química inorgânica descritiva frequentemente siga rumo diferente (com ênfase em áreas como história, aplicações e rede interconectada de ideias) apresentar química inorgânica ao público acadêmico da química pós-introdutória, praticamente todo o conteúdo do livro é química inorgânica mais ou menos bem conhecida, ciência ambiental, médica ou aplicada, e história da ciência. Citar especificamente as muitas fontes desse conteúdo seria complexo e difícil e, mesmo assim, incompleto. Ainda assim, um reconhecimento geral dessas fontes é cabível. Segue-se uma tentativa, ainda que arbitrária, de agrupá-las em quatro conjuntos: química inorgânica geral, aplicações, história e referências por capítulo.

Química inorgânica geral

Synthesis and technique in inorganic chemistry, ANGELICI, R. J., Saunders, Filadélfia (1977).

Inorganic chemistry, principles and applications, I. S. Butler and J. F. Harrod, Benjamin/Cummings, Redwood City, CA (1989).

Advanced Inorganic Chemistry, F. A. Cotton, G. Wilkinson, C. A. Murillo, and M. Bochmann, 6th ed., Wiley-Interscience, Nova York: (1999).

Basic Inorganic Chemistry, F. A. Cotton, G. Wilkinson, and P. L. Gaus, 3ª ed., John Wiley & Sons, Inc., Nova York: (1995).

Concepts and Models of Inorganic Chemistry, B. Douglas, D. H. McDaniel, J. J. Alexander, 3ª ed., John Wiley & Sons, Inc., Nova York: (1994).

Chemistry of the Elements, N. N. Greenwood and A. Earnshaw, 2nd ed., Butterworth-Heinemann, Oxford: (1997).

Inorganic Chemistry, J. E. House, Academic Press (an imprint of Elsevier), San Diego (2008). *Descriptive Inorganic Chemistry*, J. E. House & K. A. House, Harcourt/Academic Press (2001).

Inorganic Chemistry, C. E. Housecroft and A. G. Sharpe, 1st ed., Prentice Hall (an imprint of Pearson Education), Harlow, England (2001).

Inorganic Chemistry, Principles of Structure and Reactivity, J. E. Huheey, E. A. Keiter, R. L. Keiter, 4th ed., HarperCollins, Nova York: (1993).

Introduction to Modern Inorganic Chemistry, K. M. Mackay, R. A. Mackay and W. Henderson, 5th ed., Blackie Academic & Professional, London (1996).

Inorganic Chemistry, A Modern Introduction, T. Moeller, Wiley, Nova York: (1982). *Structural and Comparative Inorganic Chemistry*, R. S. Murray and P. R. Dawson, Heinemann Educational Books, London (1976).

Modern University Chemistry, N. T. Porile, Harcourt Brace Jovanovich, San Diego (1987). *Inorganic Chemistry, A Unified Approach*, W. W. Porterfield, 2nd ed., Academic Press, Inc., San Diego (1993).

Inorganic Chemistry, K. A. Purcell and J. C. Kotz, Saunders, Filadélfia: (1977). *Descriptive Inorganic Chemistry*, G. Rayner-Canham, T. Overton, 4th ed., W. H. Freemanand Company (2006).

Shriver & Atkins Inorganic Chemistry, P. Atkins, T. Overton, J. Rourke, M. Weller, and F. Armstrong, W. H. Freeman and Company, Nova York: (2006).

Principles of Descriptive Inorganic Chemistry, G. Wulfsberg, Brooks/Cole, Monterey, CA (1987).

Inorganic Chemistry, G. Wulfsberg, University Science Books, Sausalito, CA (2000).

Aplicações

Handbook on Toxicity of Inorganic Compounds, edited by H. G. Seiler and H. Sigel with Astrid Sigel, Marcel Dekker, Nova York: (1988).
Descriptive Chemistry, D. A. McQuarrie and P. A. Rock, Freeman, Nova York: (1985).
Extraordinary Origins of Everyday Things, C. Panati, Harper Row, Nova York: (1987).
Modern Descriptive Chemistry, E. G. Rochow, Saunders, Filadélfia: (1977).
McGraw-Hill Encyclopedia of Science and Technology, 6th ed. McGraw-Hill, Nova York: (1987). *Encyclopedia of Physical Science and Technology*, R. A. Meyers, ed., Academic Press, Harcourt, Brace Jovanovich, Orlando, FL (1987).
Insights into Specialty Inorganic Chemicals, D. Thompson, ed., The Royal Society of Chemistry, Cambridge (1995).
Inorganic Chemistry, An Industrial and Environmental Perspective, T. W. Swaddle, Academic Press, San Diego (1997).
Environmental Toxicology and Chemistry, D. G. Crosby, Oxford: University Press, Oxford: (1998).
Perspectives in Environmental Chemistry, D. L. Macalady, ed., Oxford: University Press, Oxford: (1998).
Environmental Chemistry, S. E. Manahan, 7th ed., Lewis Publishers, Boca Raton, FL (2000).

História

Asimov's Biographical Encyclopedia of Science and Technology, I. Asimov, 2nd ed., Doubleday, Garden City, NY (1982).
Young Humphry Davy, the Making of an Experimental Chemist, J. Z. Fullmer, American Philosophical Society, Filadélfia: (2000).
"The Elements," C. R. Hammond, *Handbook of Chemistry and Physics*, 58th ed., R. C. Weast, ed., CRC Press, West Palm Beach, FL (1978).
The Development of Modern Chemistry, A. J. Ihde, Dover, NY (1984).
Crucibles: The Story of Chemistry, from Ancient Alchemy to Nuclear Fission, B. Jaffe, 4th ed., Dover, NY (1976).
Humphry Davy, Science and Power, D. Knight, Cambridge University Press, Cambridge (1992).
Humour and Humanism in Chemistry, J. Read, G. Bell and Sons, London (1947).
Uncle Tungsten, Memories of a Chemical Boyhood, O. Sacks, Alfred A. Knopf, Nova York: (2001).
Discovery of the Elements, M. E. Weeks, edited, with a chapter on elements discovered by atomic bombardment, by H. M. Leicester, 6th ed., *Journal of Chemical Education*, Easton, PA (1956).

Referências por capítulo específico

Capítulo 1

A History of the International Chemical Industry, F. Aftalion (translated by O. T. Benfey), University of Pennsylvania Press, Filadélfia: (1991).

Capítulo 2 a 4

Coordination Chemistry, F. Basolo and R. C. Johnson, Science Reviews, Wilmington, DE (1986).
Introduction to Ligand Fields, B. N. Figgis, Interscience, Nova York: (1966).
An Introduction to Transition-Metal Chemistry: Ligand-Field Theory, L. E. Orgel, Butler & Tanner, London (1960).
"The Spontaneous Resolution of *cis*-Bis(ethylenediamine)dinitrocobalt(III) Salts, Alfred Werner's Overlooked Opportunity," I. Bernal and G. B. Kauffman, *Journal of Chemical Education*, *64*(7), 604-610 (1987).

Capítulo 5

Inorganic and Organometallic Reaction Mechanisms, J. D. Atwood, Brooks/Cole, Monterey, CA (1985).

Mechanisms of Inorganic Reactions: A Study of Metal Complexes in Solution, F. Basolo and R. G. Pearson, Wiley, Nova York: (1958).

Capítulo 6

Introduction to Medicinal Chemistry: How Drugs Act and Why, A. Gringauz, Wiley-VCH, Nova York: (1997).

Biochemistry, R. H. Garrett, C. M. Grisham, 4th ed., Brooks/Cole Cengage Learning, Boston (2010).

"Medical Applications of Inorganic Chemicals," C. F. J. Barnard, S. P. Fricker, and O. J. Vaughan in *Insights into Specialty Inorganic Chemicals*, D. Thompson, ed., The Royal Society of Chemistry, Cambridge (1995).

"Lead Poisoning," J. J. Chisholm, *Scientific American*, 224(2), 15-23 (1971).

"Lead Poisoning and the Fall of Rome," S. C. Gilfillan, *Journal of Occupational Medicine*, 7(2), 53-60 (1965).

"Mercury and the Environment," L. J. Goldwater, *Scientific American*, 224(5), 15-21 (1971).

Cyanotype: the history, science and art of photographic printing in Prussian blue, M. Ware, The Board of Trusteess of the Science Museum, London (1999).

"Blueprint Photography by the Cyanotype Process," G. D. Lawrence and S. Fishelson, *Journal of Chemical Education*, 76(9), 1216A-1216B (1999).

"UV Catalysis, Cyanotype Photography, and Sunscreens," G. D. Lawrence and S. Fishelson, *Journal of Chemical Education*, 76(9), 1199-1200 (1999).

"The Cyanide Spill at Baia Mare, Romania: Before, During and After," uma síntese do Relatório da UNEP/OCHA sobre o Derramamento de Cianeto na Baia Mare, Romania. UNEP significa Programa Ambiental das Nações Unidas; OCHA significa Escritório para Coordenação de Assuntos Humanitários. Publicado pelo Centro Ambiental Regional da Europa Leste e Central, June 2000. http://www.rec.org/REC/Publications/CyanideSpill/ENGCyanide.pdf (acessado em Novembro de 2009).

"Development of Tide," Judah Ginsberg, http://portal.acs.org/portal/acs/corg/ content?_nfpb=true&_pageLabel=PP_ARTICLEMAIN&node_id=929&content_ id=CTP_004463&use_sec=true&sec_url_var=region1&_uuid=b8d2dc71-801d-4782-9ef2-c073e1c61c20 (acessado em Novembro de 2009).

"Blisters as Weapons of War: The Vesicants of World War I," J. A. Vilensky and P. R. Sinish, *Chemical Heritage Magazine*, 24(2), 12-17 (2006).

"Copper Precipitation in the Human Body, Wilson's Disease," R. P. Csintalan and N. M. Senozan, *Journal of Chemical Education*, 68(5), 365-367 (1991).

"The Conquest of Wilson's Disease," J. M. Walshe, *Brain*, 132(8), 2289-2295 (2009). "Heavy Metal Poisoning: Clinical Presentations and Pathophysiology," D. Ibrahim, B. Froberg, A. Wolf, and D. E. Rusyniak, *Clinics in Laboratory Medicine*, 26(1), 67-97 (2006).

"Metals in Medicine," P. J. Sadler in *Biological Inorganic Chemistry, Structure & Reactivity*, I. Bertini, H. B. Gray, E. I. Stiefel, and J. S. Valentine, University Science Books, Sausalito, CA 2007.

"The Discovery and Development of Cisplatin," R. A. Alderden, M. D. Hall, and T. W. Hambley, *Journal of Chemical Education*, 83(5), 728-734 (2006).

"Ruthenium Complexes as Anticancer Agents," I. Kostova, *Current Medicinal Chemistry*, 13, 1085-1107 (2006).

Capítulo 7

Structural Inorganic Chemistry, A. F. Wells, 4th ed., Clarendon Press, Oxford: (1975).

"Predictions of Crystal Structure Based on Radius Ratio," L. C. Nathan, *Journal of Chemical Education*, 62(3), 215-218 (1985).

Capítulo 8

"The Experimental Values of Atomic Electron Affinities," E. C. M. Chen and W. E. Went-worth, *Journal of Chemical Education*, 52(8), 486-489 (1975).

"Energy Cycles," G. P. Haight, Jr., *Journal of Chemical Education*, 45(6), 420-422 (1968). "Energy Cycles in Inorganic Chemistry," J. L. Holm, *Journal of Chemical Education*, 51(7), 460-463 (1974).

"Reappraisal of Thermochemical Radii for Complex Ions," H. D. B. Jenkins and K. P. Thakur, *Journal of Chemical Education*, 56(9), 576-577 (1979).

"New Methods to Estimate Lattice Energies: Application to the Relative Stabilities of Bisulfite (HSO^2_3) and Meta bisulfate ($S_2O^2_5{}^2$)," H. D. B. Jenkins and D. Tudela, *Journal of Chemical Education*, 80(12), 1482 (2003).

"The Noble Gas Configuration – Not the Driving Force but the Rule of the Game in Chemistry," R. Schmid, *Journal of Chemical Education*, 80(8), 931 (2003).

Capítulo 9

"Reexamining the Diagonal Relationships," T. P. Hanusa, *Journal of Chemical Education*, 64(8), 686–786 (1987).

"The Periodic Table, Key to Past 'Elemental' Discoveries – A New Role in the Future?" D. C. Hoffman, *Journal of Chemical Education*, 86(10), 1122 (2009).

"Periodic Patterns," G. Rayner-Canham, *Journal of Chemical Education*, 77(8), 1053–1056 (2000).

Capítulo 10

"Nucleosynthesis in Stars: Recent Developments," D. Arnett and G. Bazan, *Science*, 276(5317), 1359–1363 (1997).

"The Search for Tritium – the Hydrogen Isotope of Mass Three," M. L. Eidinoff, *Journal of Chemical Education*, 25(1), 31-34 (1948).

"Heavy Water," P. W. Selwood, *Journal of Chemical Education*, 18(11), 515–520 (1941). "The Universe," M. S. Turner, *Scientific American*, 301(3), 36-43 (2009).

"Hydrogen and Palladium Foil: Two Classroom Demonstrations," E. Klotz and B. Mattson, *Journal of Chemical Education*, 86(4), 465-469 (2009).

"High Hopes for Hydrogen," J. Ogden, *Scientific American*, 295(3), 94-101 (2006). "Gassing Up with Hydrogen," S. Satyapal, J. Petrovic, and G. Thomas, *Scientifi c American*, 296(4), 80-87 (2007).

"Hydrogen Production by Molecular Photocatalysis," Esswein, Arthur J. and Nocera, Daniel G., *Chemical Reviews*, 107, 4022-4047 (2007).

"Thermochemical Cycles for High-Temperature Solar Hydrogen Production," T. Kodama and N. Gokon, *Chemical Reviews*, 107, 4048-4077 (2007).

Capítulo 11

"Global Climatic Change," R. A. Houghton and G. M. Woodwell, *Scientific American*, 260(4), 36-44 (1989).

"Joseph Priestley, Enlightened Chemist," D. J. Rhees, Center for the History of Chemistry, Publication Nº 1 (1983).

"Making Sense of the Nomenclature of the Oxyacids and Their Salts," G. E. Rodgers, H. M. State, and R. L. Bivens, *Journal of Chemical Education*, 64(5), 409-410 (1987).

"The Environmental Chemistry of Trace Environmental Gases," W. C. Trogler, *Journal of Chemical Education*, 72(11), 973-976 (1995).

Forster, P., V. Ramaswamy, P. Artaxo, T. Berntsen, R. Betts, D. W. Fahey, J. Haywood, J. Lean, D. C. Lowe, G. Myhre, J. Nganga, R. Prinn, G. Raga, M. Schulz, and R. Van Dorland, 2007: Changes in Atmospheric Constituents and in Radiative Forcing. *In: Climate Change 2007: The Physical Science Basics. Contribution of*

Working Group I to the Fourth Assessment Report of the Intergovernmental Panel on Climate Change [Solomon, S., D. Qin, M. Manning, Z. Chen, M. Marquis, K. B. Averyt, M. Tignor, and H. L. Miller (eds.)]. Cambridge University Press, Cambridge, United Kingdom, and Nova York:, NY, USA.

"The Physical Science Behind Climate Change," W. Collins, R. Colman, J. Haywood, M. R. Manning, P. Mote, *Scientific American*, 296(4), 64–71 (2007).

"A Plan to Keep Carbon in Check," R. H. Socolow and S. W. Pacala, *Scientific American*, 295(3), 50-57 (2006).

Capítulo 12

"Lithium Treatment of Manic-Depressive Illness: Past, Present, and Perspectives," S. Mogens, *Journal of the American Medical Association*, 259(12), 1834-1836 (1988).

Safe Storage of Laboratory Chemicals, edited by D. A. Pipitone, Wiley-Interscience, Nova York: (1984).

Lucy: The Beginnings of Humankind, D. C. Johanson and M. A. Edey, Touchstone Books (1990).

"Science and Celebrity, Humphry Davy's Rising Star," T. K. Kenyon, *Chemical Heritage*, 26(4), 30-35 (2008/09).

Young Humphry Davy, J. Z. Fullmer, American Philosophical Society, Filadélfia: (2000).

"Lucy's Baby," K. Wong, *Scientific American*, 295(6), 78-85 (2006).

"The Relationship between Balancing Reactions and Reaction Lifetimes: A Con-sideration of the Potassium--Argon Radiometric Method for Dating Minerals," W. A. Howard, *Journal of Chemical Education*, 82(7), 1094-1098 (2005).

"A Consideration of the Potassium-Argon Radiometric Method for Dating Minerals," K. E. Bartlett, *Journal of Chemical Education*, 83(4), 545-546 (2006).

"How Radioactive Is Your Banana?" D. W. Ball, *Journal of Chemical Education*, 81(10), 1440 (2004).

"How Radioactive Are You?" I. A. Leenson, *Journal of Chemical Education*, 83(2), 214 (2006).

Capítulo 13

"Chemistry of Fireworks," J. A. Conkling, *Chemical and Engineering News*, 59(26), 24-32 (1981).

"Beryllium and Berylliosis," J. Schubert, *Scientific American*, 199(2), 27–33 (1958).

"Marie Curie's Doctoral Thesis: Prelude to a Nobel Prize," R. L. Wolke, *Journal of Chemical Education*, 65(7), 561–573 (1983).

Radium Girls: Women and Industrial Health Reform, 1910–1935, C. Clark, University of North Carolina Press, Chapel Hill, NC (1997); reviewed by M. Aldrich, *Chemical Heritage*, 19(4), 30–31 (2001/02).

"Using the Chemistry of Fireworks to Engage Students in Learning Basic Chemical Prin-ciples: A Lesson in Eco-Friendly Pyrotechnics," G. Steinhauser and T. M. Klapōtke,

Journal of Chemical Education 87(2), 150–156 (2010).

"Calcium Phosphate and Human Beings," S. V. Dorozhkin, *Journal of Chemical Education*, 83(5), 713–719 (2006).

"Concrete," M. A. White, *Journal of Chemical Education*, 83(10), 1425–1427 (2006).

Capítulo 14

Borax to Boranes, R. F. Gould, Advances in Chemistry Series #32, American Chemical Society, Washington, D. C. (1961).

Electron Deficient Compounds, K. Wade, Nelson, London (1971).

"The Point of a Monument: A History of the Aluminum Cap of the Washington Monu-ment," G. J. Binczewski, JOM, 47(11), 20-25 (1995) and <http://www.tms.org/pubs/ journals/ JOM/9511/Binc-zewski-9511.html> (acessado em Junho de 2000).

"From Mummies to Rockets and on to Cancer Therapy," UCLA Faculty Research Lecture (condensed ver-sion), M. F. Hawthorne, April 7, 2000, <http://web.chem.ucla.edu/~ mfh/> (acessado em Juho de 2000).

"Boron Clusters Come of Age," R. N. Grimes, *Journal of Chemical Education*, 81(5), 658–672 (2004).

"Production of Aluminum Metal by Electrochemistry," American Chemical Society, September 17, 1997, in connection with the dedication of a National Historic Chemical Landmark at Oberlin College. Em http://new.oberlin.edu/dotAsset/ 336583.pdf (acessado em Março de 2010).

"Julia B. Hall and Aluminum," M. M. Trescott, *Journal of Chemical Education*, 54(1), 24–25 (1977).

"Polyhedral Boranes: Chemistry for the Future," M. F. Hawthorne, *Chemical & Engineering News*, 87(12), 16–21 (2009).

North American XB -70A Valkyrie, D. R. Jenkins and T. Landis, Specialty Press Publishers and Wholesalers, North Branch, MN 2002.

"$Al_4 H_7^2$ is a Resilent Building Block for Aluminum Hydrogen Cluster Materials," P. J. Roach, A. C. Reber, W. H. Woodward, S. N. Khanna, and A. W. Castleman, Jr., *Proceed-ings of the National Academy of Sciences*, 194(37), 14565–14569 (2007).

"Unexpected Stability of $Al_4 H_6$: A Borane Analog?" X. Li, A. Grubisic, S. T. Stokes, J. Cordes, G. F. Ganteför, K. H. Bowen, B. Kiran, M. Willis, P. Jena, R. Burgert, and H. Schnöckel, *Science*, 315(5810), 356–358 (2007).

Capítulo 15

"Lead Poisoning in Children," R. L. Boeckx, *Analytical Chemistry*, 58(2), 274A-287A (1986).

"Optimal Materials," A. M. Glass, *Science*, 235, 1003-1009 (1987). "Asbestos," W. J. Smither, *School Science Review*, 60 (210), 59-69 (1978).

"Fullerene Nanotubes: $C_{1,000,000}$ and Beyond," B. I. Yakobson and R. E. Smalley, *American Scientist*, Julho--Agosto, 1997, <http://www.amsci.org/amsci/articles/97articles/Yakobson.html> (acessado em Julho de 2000).

"Fullerene Structure Library," Mitsuho Yoshida, <http://shachi.cochem2.tutkie.tut.ac.jp/ Fuller/fsl/fsl.html> (acessado em Julho de 2000).

"The Naming of Buckminsterfullerene," E. J. Applewhite, http://www.4dsolutions.net/ synergetica/eja1.html (acessado em Maio de 2010). este artigo foi publicado primeiro em *The Chemical Intelligencer*, Julho, 1995 (Vol. 1, Nº 3), editado por I. Hargittai (Institute of General and Analytical Chemistry, Budapest Technical University) e publicado por Springer-Verlag Nova York: Inc.

"Carbon Nanonets Spark New Electronics," G. Gruner, *Scientific American*, 296(5), 76-83 (2007).

"Carbon Wonderland," A. K. Geim and P. Kim, *Scientific American*, 298(4), 90-97 (2008). "Carbon Nanotubes, Advanced Topics in the Synthesis, Structure, Properties and Appli-cations," *Topics in Applied Physics*, Vol. 111, A. Jorio, G. Dresselhaus, M. S. Dresselhaus (Eds.), Springer-Verlag, Berlin, Heidelberg, 2008.

"Encapsulation of a Radiolabeled Cluster Inside a Fullerene Cage, $^{177}Lu_xLu_{(32x)}N@C_{80}$: An Interleukin-13--Conjugated Radiolabeled Metallofullerene Platform," M. D. Shultz, J. C. Duchamp, J. D. Wilson, C. Shu, J. Ge, J. Zhang, H. W. Gibson, H. L. Fillmore, J. I. Hirsch, H. C. Dorn, and P. P. Fatouros, *Journal of the American Chemical Society*, 132(14), 4980-4981 (2010).

"Carbon Nanotube Synthesis: A Review," C. E. Baddour and C. Briens, *International Journal of Chemical Reactor Engineering:* Vol. 3: R3 (2005). Também disponível em http://www. bepress.com/ijcre/vol3/R3 (acessado em Maio de 2010).

"Impact Event at the Permian-Triassic Boundary: Evidence from Extraterrestrial Noble Gases in Fullerenes," L. Becker, R. J. Poreda, A. G. Hunt, T. E. Bunch, and M. Rampino, *Science*, 291(5508), 1530-1533 (2001).

"Origins of a Nobel Idea, the Conception of Radiocarbon Dating," R. E. Taylor, *Chemical Heritage*, 18(4), 9, 36-40 (2000/01).

"Lead," National Institute of Environmental Health Services, National Institutes of Health, http://www.niehs.nih.gov/health/topics/agents/lead/index.cfm (acessado em Maio de 2010).

"Asbestos," http://en.wikipedia.org/wiki/Asbestos (acessado em Junho de 2010).

Capítulo 16

Phosphorus Chemistry and Everyday Living, A. D. F. Toy and E. N. Walsh, 2nd ed., American Chemical Society, Washington, D.C. (1987).

"Automobile Catalysts," M. Bowker and R. W. Joyner, *Insights into Specialty Inorganic Chemicals*, D. Thompson, ed., The Royal Society of Chemistry, Cambridge (1995).

"A History of the Match Industry," M. F. Crass, Jr., *Journal of Chemical Education*, 18(3), 116-120 (1941).

"Biological Roles of Nitric Oxide," S. H. Snyder and D. S. Bredt, *Scientific American*, 265(5), 68-77 (1992).

"Gas Laws Save Lives: The Chemistry Behind Airbags, Stoichiometry and the Gas Constant Experiment," R. Casiday and R. Frey <http://wunmr.wustl.edu/EduDev/ LabTutorials/Airbags/airbags.html> (acessado em Julho de 2001).

"The Origin of the Terms *Pnictogen* and *Pnictide*," G. S. Girolami, *Journal of Chemical Education*, 86(10), 1200-1201 (2009).

"Arsenic: Not So Evil After All?" A. Lykknes and L. Kvittingen, *Journal of Chemical Education*, 80(5), 497-500 (2003).

The Poisonous Pen of a Agatha Christie, M. C. Gerald, University of Texas Press, Austin, TX (1993).

The Elements of Murder: A History of Poison, J. Emsley, Oxford: University Press, Oxford: (2005).

Phosphazenes: a worldwide insight, M. Gleria, R. De Jaeger (Eds.), Nova Science Publishers, Inc., Nova York: (2004).

"Some History of Nitrates," D. W. Barnum, *Journal of Chemical Education*, 80(12), 1393-1396 (2003).

"The Relative Explosive Power of Some Explosives," M. J. ten Hoor, *Journal of Chemical Education*, 80(12), 1397-1400.

"Rumford Chemical Works," National Historic Chemical Landmarks, American Chemical Society (2007), http://acswebcontent.acs.org/landmarks/bakingpowder/rumford.html (acessado em Maio de 2010).

"History of Baking Powder," L. Stradley in the website "What's Cooking America," http://whatscookingamerica.net/History/BakingPowderHistory.htm, 2004 (acessado em Maio de 2010).

"Acid Rain," http://en.wikipedia.org/wiki/Acid_rain (acessado em Junho de 2010).

"Flue-gas desulfurization," http://en.wikipedia.org/wiki/Flue_gas_desulfurization (acessado em Junho de 2010).

"Sodium-sulfur battery," http://en.wikipedia.org/wiki/Sodium-sulfur_battery (acessado em Junho de 2010).

Capítulo 17

"The Challenge of Acid Rain," V. A. Mohnen, *Scientific American*, 259(2), 30-39 (1988). "Lewis Structures Are Models for Predicting Molecular Structure, *Not* Electronic Structure," G. H. Purser, *Journal of Chemical Education*, 76(7), 1013-1018 (1999).

"Rotten Remedy, Hydrogen Sulfide Joins the List of the Body's Friendly, if Foul, Gases," J. Erdmann, *Science News*, 173(10), 152–153 (2008).

"A new gaseous signaling molecule emerges: Cardioprotective role of hydrogen sulfide," D. J. Lefer, *Proceedings of the National Academy of Sciences*, 104(46), 17907–17908 (2007).

"Sulfur Hexafluoride, MIT, and the Atomic Bomb," F. S. Preston, *Chemical Heritage*, 21(2), 12-13, 32-36 (2003).

Inorganic Rings and Polymers of the p -Block Elements: From Fundamentals to Applications, Chapter 12, "Group 16: Rings and Polymers," T. Chivers and I. Manners, Royal Society of Chemistry 2009.

"Air Pollution Emissions," S. Slanina (Lead Author); W. Davis (Topic Editor) In: Encyclopedia of Earth. Eds. Cutler J. Cleveland (Washington, D.C.: Environmental Information Coalition, National Council for Science and the Environment). [Publicado primeiro em Encyclopedia of Earth 18 de Outubro de 2006; Última revisão 21 de Agosto de 2008; <http://www.eoearth.org/article/ Air_pollution_emissions (acessado em Junho de 2010).

Capítulo 18

"Chlorofluorocarbons and Stratospheric Ozone," S. Elliott and F. S. Rowland, *Journal of Chemical Education*, *64*(5), 387–391 (1987).

"A Sign of Healing Appears in Stratosphere," R. Monastersky, *Science News*, *156*(25/26), 391 (1999).

"The Naming of Fluorine," W. H. Waggoner, *Journal of Chemical Education*, *53*(1), 27 (1976).

"The Ozone Hole Tour," Centre for Atmospheric Science, University of Cambridge, <http://www.atm.ch.cam.ac.uk/tour/index.html> (acessado em Julho de 2001).

"Discovery and Early Uses of Iodine," L. Rosenfeld, *Journal of Chemical Education*, *77*(8), 984–987 (2000).

"Fluorine Compounds and Dental Health: Application of General Chemistry Topics," G. Pinto, *Journal of Chemical Education*, *86*(2), 185–185 (2009).

"Dentrifice Fluoride," P. E. Rakita, *Journal of Chemical Education*, *81*(5), 677–680 (2004). "Second Thoughts about Fluoride," D. Fagin, *Scientific American*, *298*(1), 74–81 (2008). "The Story of the First Fluoride Toothpaste," H. G. Day, *Chemical Heritage*, *19*(3), 10–11 (2001).

"Community Water Fluoridation," Centers for Disease Control and Prevention, Department of Health and Human Services, http://www.cdc.gov/fluoridation/statistics/2006stats.htm (acessado em Junho de 2010).

"Ozone," http://en.wikipedia.org/wiki/Ozone (acessado em Junho de 2010).

Capítulo 19

"A Decade of Xenon Chemistry," G. J. Moody, *Journal of Chemical Education*, *51*(10), 628–630 (1974).

"The Noble Gases and the Periodic Table," J. H. Wolfenden, *Journal of Chemical Education*, *46*(9), 569–576 (1969).

"Ernest Rutherford, the 'True Discoverer' of Radon," J. L. Marshall and V. R. Marshall, *Bull. Hist. Chem.*, *28*(2), 76–83 (2003).

"A Citizen's Guide to Radon, The Guide to Protecting Yourself and Your Family from Radon," http://www.epa.gov/radon/pubs/citguide.html#myths (acessado em Junho de 2010).

"Radon in Homes: Recent Developments," C. H. Atwood, *Journal of Chemical Education*, *83*(10), 1436–1439 (2006).

ÍNDICE REMISSIVO

Nota: Números de página em *itálico* indicam figuras; números de página em **negrito** indicam tabelas.

A

Ácido desoxirribonucleico (DNA), 149, *149*
Ácido etilenodiamino tetra-acético (EDTA), 138-141, *139*, 145, 152
Ácido nitrilotriacético (NTA), *141*, 141, 152
Ácidos:
  Arrhenius, 58
  Brønsted-Lowry, 58, 300
  definição de, 58
  duros e moles, 134-135, **135**, 152
  e óxidos em solução aquosa, 303-306, *303*, *305*
  hidroácidos, 310-312, *311*
  Lewis, 58-59, 85, 87, 135, 137, 152, 365, 376
  nucleico, 149, *149*
  oxiácidos, 303-304, *304*, 307-310, *308*, **309**
ácidos e bases de Lewis, 58-59, 135, 137, 152, 365, 376
Ácidos e bases duros/moles, 134-135, **135**, 152
Ácidos hálicos e halatos, **547**
Ácidos halous and halitas, **546**, 547-549
Ácidos hipohalous and hipohalitas, **546**, 547
Ácidos perhálicos e perhalatos, **546**, 525, 549-550
Aço:
  produção de, 3
Acoplamento órbita-spin, 85-86
Afinidade eletrônica, 205, *214*, 214, 240-243
  1A, 240-242, *242*, 332, **332**
  2A, 240-242, *242*, **363**
  3A, *240*, *242*, **387**
  4A, 240-242, *242*, **421**
  5A, 240-242, *242*, **466**
  6A, *240*, *242*, 508, **510**
  7A, *240*, *242*, **541** 8A, *240*, *242*, **576**
  por grupo de elementos
Agentes antitumor, 5, *147*, 147-150, *150*, *150*, 150-152, *150*
Agentes oxidantes:
  1A, 335, 338, 345, 351
  2A, 365
  3A, *386*, 393, 4A, 424, *431*
  5A, *465*
  6A, *509*, 509, 7A, 544-545, 547
  por grupo de elementos

Agentes quelantes, 20, *20*, 20, **20**, 26, *40*, 40-43, 44, 44, *44*
Agentes redutores, 133, 335
  1A, **337**, 338-340, 350-351
  2A, 362-363, 372, 374
  3A, *386*, 391, 393
  4A, 428
  5A, *465*, 476, 496
  6A, *509*, 519, 528
  7A, *540*
  por grupo de elementos
Agentes sequestrantes, 138, 141, 152
Agentes tóxicos:
  ácido nitrilotriacético, 141
  berílio, 366-369, 376
  chumbo, 144-146, *145*, 443-444
  cianeto, 132, 134, 144, 290, 441
  cobre, 146
  estanho, 439
  flúor, 538-539
  mercúrio, 146-147, 153, 402
  monóxido de carbono, 134
  níquel, 134
  tálio, 385
Água:
  auto-ionização da, 300-301, *301*
  bruta, 104, *105*
  congelada, 159, 294-298, *285*
  dura, 139, *140*, 370-371, 374
  e ligações , 165, *165*, 293-298, 319
  e potencial padrão de redução, 338-339
  e reação de mudança do vapor de água, 265
  estrutura molecular de, 293-295, *293*, 319
  fluoridação da, 4, 553-556
  líquida, 294-298, 319
    Modelo "flickering cluster", 296, *296*
  mole, 370
  nomenclatura para, 20, **21**
  pesada, 267-268, 280
  polaridade da, 294, *294*
    1A, 340
    2A, 364-365
    3A, 388-391, 396
    4A, 424-426
    6A, 513
    7A, 542, 552
  reatividade de elementos a (por grupo)
  vapor, 292, 314, 316
  (*ver também* Soluções aquosas; Hidratação; Solubilidade)

Água bruta, 104, *105*
Água dura, 139, *140*, 370-371, 374
Água gaseificada, 291
Água mole, 370
Água pesada, 264-265, 267
Air bags, em automóveis, 485-486
Albertus Magnus, *462*, 462
Alcalietos, 351
Alótropos, definição de, 312
Alumínio:
  análise gravimétrica de, 137, *138*
  aplicações de, 396-401, **398**
  cloreto, 276
  cloridrato, 399
  condutividade de, 397
  descoberta e isolamento de, *383*, 383-385, 410
  determinação de, 137, *138*
  e alumes, 399
  e alumina, 400
  e aluminossilicatos, *448*, 448, *448*
  e efeito diagonal, 246-247, *249*, 366, 386, *386*
  e reação thermite, 400
  e tabela periódica de Mendeleev, 231, *232*
  hidreto, 410
  hidróxido, 305, 390, 410
  e linha metal/não-metal, 386
  ligas de, 397-398, **398**
  produção de, 3
  propriedades fundamentais de, 386, **387**, 410
  reatividade à água, 396
  (*ver também* Elementos Grupo 3A)
Amaciadores de água, 448-449, *448*
Amonatos, 12-18, **12**, *13*, 14-18, *15*
Amonatos de cobalto, *11*, 12-18, **12**, *13*, 14, *15*, 25
Amonetos de cromo, 12-15
Amônia:
  estado de oxidação do nitrogênio, 472-475, **473**
  processo Haber, 474
  processo Ostwald, 3, 483
  produção de, 3, 266
  química industrial, 3
  solubilidade, 298, *298*
  soluções metal-amônia, 348-351
Análise qualitativa (Grupo I), 131, 152
Anidridos:
  ácidos, 302-305, *302*, *304*, 319, 426

anfotéricos, 302, 304, 364
básicos, 302-303, *302*, *303*, 319, 365
Ânions:
  alcalietos, 351
  catenados, *517*, 517-518
  complexos, 9, 189
  e cristais iônicos, 161-163, *163*, 176, 194
  e espinelas, 191
  e interhalógenos, 553, *553*
  e ligantes, 9, *19*, 21, 41, *42*
  e nomenclatura, 21, **21**
  e oxiácidos, 303-304, *304*, 310, 547
  e polarização, 244, *244*
  e raios iônicos, 179
  e redes cristalinas, 176, 176-180, 184, **184**, *184*, 189-190, 204-205, 208-210, 213, 216, 218, 332, 335, 344
  e resolução racêmica, 41-42
Antimônio:
  aplicações de, 461
  descoberta e isolamento de, 462, *462*, **466**
  e alquimia, 461
  propriedades fundamentais de, **466** (*ver também* Elementos Grupo 5A)
Aquecimento global, 314-319, *318*
Árgon:
  abundância de, 582
  aplicações de, 584, **584**
  descoberta e isolamento de, 572, 572-573, **575**
  peso atômico de, **576**
  propriedades fundamentais de, **576**
  valência de, **576**
  (*ver também* Elementos Grupo 8A)
Aristóteles, 261
Armas nucleares, 272
Arrhenius, Svante, 4, *11*, 58
Arsênico:
  arsina, 469
  descoberta e isolamento de, *462*, 462-463, **466**
  propriedades fundamentais de, **466**
  toxicidade de, 463
  (*ver* Elementos Grupo 5A)
Arsênicos, 58
Asbesto, 446
Ástato:
  abundância de, 539
  descoberta e isolamento de, *536*, 538, **541**
  isótopos de, 539
  propriedades fundamentais de, **541**
  (*ver também* Elementos Grupo 7A)
Aston, Francis, 4
Avogadro, Amedeo, 2
Azul da Prússia, 132-133, *133*, 152
azul de Turnbull, 132, *133*, 152

B
Balard, A. J., *536*, 538, **541**, 542

Balmer, Johann, 10, *11*
Baricentro, 64, 66-67, *69*, 86
Bário:
  descoberta e isolamento de, *358*, 359, 377
  hidreto, 364
  óxido, 365
  propriedades fundamentais de, **363**
  sulfato, 369
  (*ver também* Elementos Grupo 2A)
Bartlett, Neil, 5, 576-578
Bases
  Arrhenius, 58
  Brønsted-Lowry, 58, 300
  definição de, 58
  duros e moles, 134-135, **135**, 152
  e óxidos em solução aquosa, 303-306, *303*, *305*
  Lewis, 58-59, 85, 135, 137, 145, 147, 152
  (*ver também* Caráter ácido-base de óxidos)
Baterias, 441, *441*, *521*, 521-523
Becquerel, Antoine-Henri, 10, *11*, 269, 360
Bell Telephone Laboratories, 4
Berílio:
  acetato, 366, *366*
  cloreto, 366, *366*, 376
  descoberta e isolamento de, *358*, 360, 377
  e efeito diagonal, 246-248, *249*, 366
  propriedades fundamentais de, *363*
Berzelius, Jöns Jakob, 3, *11*, 330, 359, *420*, 420, 422, *507*, 507
Bethe, Hans, *11*, 59
Bioquímica, 142
Bismuto:
  aplicações de, 432
  descoberta e isolamento de, *462*, 463, **466**
  propriedades fundamentais de, **466**
  (*ver também* Elementos Grupo 5A)
Black, Joseph, 358, 433
Blomstrand, Christian Wilhelm, *11*, 13-15, 18, 25
Bohr, Neils, 10, *11*
Bomba atômica, 270
Born, Max, 4, 206, 210
Boro:
  ácido bórico, *388*, 388-390, *389*, 396, 410
  alótropos de, 393, 410
  aplicações de, 396, 410
  boranos, *402*, 402-405, *403*, *404*, *406*
    como compostos de deficiência de elétrons, **402**, 402-407, *403*, *403*, *404*, *407*, **407**, *407*, 408
    como supercombustíveis, 409, 412
  boratos, *396*, 396, 410

bórax, 381, 382, *396*, 396, 409
borazina, 473, *473*
boretos, 393-396, 410
  descoberta e isolamento de, 381-383, 410
  e a linha metal/não-metal, 386, *386*
  e a tabela periódica de Mendeleev, 231, *232*
  efeito diagonal, 246, *249*, 386, *386*, 410
  e o princípio de unicidade, 386, *386*, 410
  isótopos de, **387**
  óxido, 388, 393
  peso atômico de, **386**
  propriedades fundamentais de, 386, *387*, 387
  propriedades nucleares de, 396, 410
  radioatividade de, 269
  trifluoreto, 391
  (*ver também* Elementos Grupo 3A)
Bosch, Karl, 483
Boyle, Robert, 264, 289
Bragg, William Henry, 4
Bragg, William Lawrence, 4
Brandt, Hennig, *462*, 463
Bravais, M. A., 172
British anti-Lewisite (dimercaprol), *145*, 145-146, 152
Brønsted, Johannes, 58
  ácidos e bases Brønsted-Lowry, 58, 300
Bronze, 421
Bromo:
  acido perbromico, 549
  bromatos, 548-549, 563
  como ameaça à camada de ozônio, 557, 562 (*ver também* Elementos Grupo 7A)
  descoberta e isolamento de, *536*, 538, **541**
  perbromatos, 549-550
  propriedades fundamentais de, **541**
Brown, H. C., 409
Builders (*ver* Detergentes)
Bunsen, Robert, 3, *11*, 330, 351
buracos em redes cristalinas, 176-180, 182-191, 194-195
  cúbicas, *176*, 176-179, *178*, 194
  octaédricas, *176*, 176-179, *178*, *179*, 184, *185*, 194, 213, 218, *218*, 219, *219*
  tetraédricas, *176*, 176-179, *178*, 184, 194, 213
Bussy, Antoine, *358*, 359, 376

C
Cádmio:
  iodeto, 187-188, *187*, **189**, 194
Cal, 357-358, 374, 525, 527
  cal apagada, 365, *374*, 374
  calcário, 357, 372-374, *374*

cal viva, 372, *374*, 376
Cal apagada, 365, *374*, 374
Cálcio:
　carbeto, 190, 441
　carbonato, 140, 190, 370, 372, 374
　descoberta e isolamento de, *358*, 359, 377
　e água dura, 370-371
　e nucleossíntese, 263
　hidreto, 275, 364
　importância biológica de, 371-372
　óxido, 365, 374
　propriedades fundamentais de, **363**
　sulfato, 140, 357, 374
　(*ver também* Elementos Grupo 2A)
Calcogênios (*see* Elementos Grupo 6A)
Calor de formação, 214-215, 275
Cal viva, 372, *374*, *374*, 374-376
Campos magnéticos:
　e compostos de coordenação, 78-79
Cannizzaro, Stanislao, 3
Caráter ácido-base dos óxidos, 303, *303*, 319
　　1A, 331, **332**
　　2A, *362*, 376
　　3A, *386*, 388
　　4A, 423, *423*, 426, 428, 430-431, 454
　　5A, **465**, 467
　　6A, *509*
　　7A, *540*
　　por grupos de elementos
Carbono:
　alótropos de, 432-439
　bebidas carbonatadas, 440
　carbetos, 441
　carbono-14, 439-440
　　datação, 4, 439
　carboranos, *407*, 407
　catenação, 425
　descoberta e isolamento de, 464, *420*
　dióxido, 189, 265, 278, 279, 314-318, *315*, *316*, *317*, 358, 426
　e nucleossíntese, 263
　e quiralidade, 43
　hibridização de, 245, *245*
　monóxido, 134, 144, 152, 265, 441, 491
　reação carbono-vapor, 265
　valência fixa de, 12
　(*ver também* Elementos Grupo 4A)
Carboplatina, *148*, 150
Carga nuclear efetiva, 218, 235, 237, 238, *238*, 242, 311, 311, *311*
　e regras de and Slater, 237, **238**
　　1A, *238*
　　2A, *238*
　　3A, *238*
　　4A, *238*, 449-450
　　5A, *238*
　　6A, *238*

　　7A, *238*
　　8A, *238*
　　por grupo de elementos
Carlson, C. F., 4, 524
Carvão:
　e chuva ácida, 372-373, 424-427
　gasificação de, 265, 279
Catenação, 425, 515-520, *517*, **518**
Cátions:
　catenados, *517*, 517
　como contraíons, 18
　complexos, 9-10, 100, *107*, 109, 113, 189
　e espinelas, 191, 195
　e éteres coroa, 350
　e ligantes, *19*, 37, 39, *41*, *41*, 42, 43, 73, 105, 106, *107*, 115
　e nomenclatura, 21, **21**
　e polarização, 244, 244, 332, *334*, 340
　e raios iônicos, 180-182, **182**, **183**
　e redes cristalinas, *163*, 176, 176-180, 182- 184, **184**, **184**, *184*, 189-190, 191, 204, 205, *205*, 206, 206, 208, 210, *210*, 216, *218*, *218*, 219, 332, 335, 344
　e resolução racêmica, 41, *42*
　e tipos de cristais
　　iônicos, 161-163, *162*, 176
　　metálicos, 163, *163*
　　rede covalente, 163-164, *164*
　policátions, 517
Cavendish, Henry, 264, 289-290, 293, 329, 352, 464, 571-573
Cellular respiration, 142-145, *143*
　Cement, *374*, 374
Célula unitária, definição de, 165
Césio:
　aplicações de, 347
　descoberta e isolamento de, 330, 350
　propriedades fundamentais de, **332**
　superóxido, 346, 351
　(*ver também* Elementos Grupo 1A)
Charles, Jacques, 382
Chumbo:
　análise qualitativa de, 131
　aplicações de, 422, 439, 441
　descoberta e isolamento de, *420*, 422
　toxicidade de, 144-147, *145*, 441-444
　(*ver também* Elementos Grupo 4A)
Chuva ácida, 5, 525-528, *526*
Cianeto:
　aplicações de, 134, 441
　como ligantes bidentados, 19, *20*, 441
　toxicidade de, 132, 134, 144, 290, 441
ciclo Born-Haber, *210*, 210-211, 212, **212**, 213, *213*, 213, *213*, 220
Ciclo próton-próton, 263
Cimento Portland, *374*, 374
Cisplatina, 5, *147*, 147-150, *149*
Clatratos, 577

Cloração, 556
Cloro:
　ácido perclórico, 546, 549-550, 563
　cloratos, 548, 563
　como ameaça à camada de ozônio, 557-562, *561*, 563
　descoberta e isolamento de, 535-537, *536*, **541**
　dióxido, 543, 546
　hibridização de, 245, *245*
　óxido, 545
　percloratos, 550
　processo cloro-álcali, 542
　propriedades fundamentais de, **541**
　(*ver também* Elementos Grupo 7A)
Clorofluorocarbonetos:
　aplicações de, 5, 441
　como ameaça à camada de ozônio, 5, 313, 319, 441, 557-563
　e efeito estufa, 314, *314*, *317*, 314, 317
　história da pesquisa sobre, 4-5
Cobre:
　análise quantitativa de, 131-132, 152
　como agente oxidante, 335
　densidade de, 175-176
　ligas de, 397, **398**, 421
　titulação de, 138
　toxicidade de, 146
Combustão, 291, 316, 319
Combustível de foguete, 346, 351
Complexos de metal de transição (*ver* Compostos de coordenação)
Complexos octaédricos, 37-44, 50
　e reações de substituição, 100-112, 121
　e teoria do campo cristalino, 59, 64-66, *64*, *67*, *111*, 111-112, 218, *218*, 219, *219*
Complexos quadrado-planares, 43, 44, 97, 98, 132, 143, *143*, 152
　e reações de substituição, 118-121, *118*, *119*
　e teoria do campo cristalino, 59, 66-67, *67*, 73, 86
Compostos de coordenação:
　aplicações de, 5, 137-152
　　agentes anti-envenenamento, 144-148, 152
　　agentes antitumor, 5, *147*, 147-150, *150*, *150*, 150-152, *150*
　　agentes corantes, 132
　　agentes sequestrantes, 138, 152
　　complexos monodentados, 131-134, 152
　　complexos multidentados (quelação), 137-141, *137*, *139*, 152
　　conservação alimentar, 138-139
　　derivativo etilenodiamina (EDTA), 138-140, *139*, 145, 152
　　detergentes, 140-142, 152
　　fotografias, 134, 152

papel para blueprint, 132-133
definições ácido-base de Lewis, 58-59
espectroscopia de absorção, *80*, 80-85, *82*, *84*, *83*, 99
Ligação em retrodoação, 77
ligações covalentes coordenadas, 9, 58, 76, *392*, 85, 135-137
teoria do campo cristalino, *11*, 9, 60-85, 111-112, 121, 132
regra do número atômico efetivo, 57, 59, 85
regra do octeto, 59
teoria da ligação de valência, 57, 59-60, 85
teoria orbital molecular, 57, 59-60, 85
Compostos de coordenação inerte, 99-100, 109-113, 121
Compostos de coordenação lábeis, 99-100, 109-113, 121
Compostos deficientes de elétrons, 401-409, *411*, 411-412
compostos de Vaska, 98
Compostos fluxionais, 46-47, 51
Compostos heterolépticos, 96-97
Compostos homolépticos, 95-97
Compostos não-estequiométricos, 191, *191*, 276
Condutividade:
de boretos, 396
de compostos de coordenação, 12
de hidretos, 275
de iodo, 539
do alumínio, 397
e linha metal/não-metal, 251
condutividade de, 13
Congêneres, definição de, 243
Congresso Químico Internacional, Primeiro, 2-3
Conservação de massa, *11*
constante de Planck, 593
Constantes de equilíbrio, 96-97, 106, *107*, **107**, 136-137, 300
constantes de Madelung, *205*, 205-206
Contração dos lantanídeos, 249
Contraíons, 18, 48, 51
Conversores catalíticos, *493*, 493-494, 497
cores de, 9, 12, 16, *80*, 80-86, *82*, *84*, 97, 99, 132, 138
Corson, D. R., *536*, 539, **540**
Courtois, Bernard, *537*, 537, **541**, 543
Crípton:
aplicações de, **584**
descoberta e isolamento de, *572*, 573, **575**
fluoretos, 577, 581
peso atômico de, **576**
propriedades fundamentais de, **576**
(*ver também* Elementos Grupo 8A)
Crise de energia, 4-6, 265

Cromóforos, 557
Crookes, William, *382*, 385, 483, 574
Crutzen, Paul, 559
Curie, Marie Sklodowska, 3, 269, *358*, 360-362, *361*, 376, *506*, 508, 574
Curie, Pierre, 3, 269, 360, 376, 446, *506*, 508, 573
Curl, Robert, 433

D

Dalton, John, 2, 10, 11, *11*, 25
Davy, Humphry, 328-330, *329*, 351, *358*, 359, 476, *506*, 536-538
elementos isolados por
bário, 359, 376
cálcio, 359, 374
estrôncio, 359, 376
magnésio, 359, 374
potássio, 329, 350
sódio, 328-329, 350
elementos nomeados por
alumínio, 382-384
boro, 381-382
cloro, 536
iodo, 537
Dean, H. Trendley, 4, 554
De Boisbaudran, Paul Lecoq, 3, *382*, 384
De Broglie, Louis, 3, *11*
defeitos de Frenkel, 191, *192*, 194
defeitos de Schottky, 191, *192*, 194
defeitos em estruturas cristalinas, 191, *192*
Densidade de carga, 104-105, 209, 220, 243-245, 245-247, *248*, 254, 275, 301
1A, **332**
2A, **363**
3A, **387**
4A, **421**
5A, **466**
6A, **510**
7A, **540**
por grupo de elementos
Deslocamento de borda, 191, *192*
Desumidificadores, 335
Detergentes, 140-142, 152
Deuteração, 268
Deutério, 266-268, *266*, *268*, 269
Diagramas de elétron-por-ponto, *11*, 12, 25, 57-58, 85
diagramas de eletrón-por-ponto de Lewis, *11*, 12, 57-58, 85
Diagramas semitopológicos, 404, *404*, 404
Diamagnetismo, 79
Diamante, 421, 432
Dispersão de Rayleigh, 572
Dissolução, 298, 300
Distância interiônica, 180, 204, 206, *206*, 208, *208*, 209, *209*

Döbereiner, Johann, 3
Doping, 450-451, 523
Dorn, Friedrich, *572*, 574, **576**
Dualidade onda-corpúsculo, *11*
Dumas, Jean-Baptiste-André, *11*

E

e contraíons, 18, *34*, 48, 51
Efeito diagonal, 246-248, *248*, *249*, **251**, *253*, 254
1A, *331*, 332, 351
2A, *362*, 364, 366, 376
3A, 386, *386*, 392, 398, 410
4A, 423, *423*
5A, 465
por grupo de elementos
Efeito estufa, 4, 314-319, *314*, *316*, *317*, **317**, 318, 374
Efeito par-inerte, 249-250, *251*, **252**, *253*, 254
1A, 331
2A, *362*
3A, 249, *251*, 386, *386*, 387, 390, 410
4A, *424*, 427
5A, *465*, 467
6A, 508, *509*
por grupo de elementos
Efeito quelato, 136-142, *137*, *139*, *140*, 152
Efeito trans-cinético, 118-121, *118*, *119*
Einstein, Albert, 3, *11*, 262
Electreto, 349-351
Elementos:
descoberta de, 10, 231, 327-330, *328*
origem de, 261-264
Elementos "eka", 231, *232*
Elementos Grupo 1A (Li, Na, K, Rb, Cs, Fr):
afinidade eletrônica, 240-242, *242*, **332**
aplicações de, 346-347
carga nuclear efetiva, *239*, *242*, **332**
densidade de carga, **332**
descoberta e isolamento de, 327-330, *328*, **333**, 350
e caráter ácido-base de óxidos, *331*, **332**
e efeito diagonal, *331*, 333-334, 351
efeito par-inerte, *331*, 351
eletronegatividade, *242*, 331
e linha metal/não-metal, *331*, 350
em soluções aquosas, 336, 339, 342
energia de ionização, *242*, 332, **332**, *339*, 339-342
e polarização, 332-334, *334*, 339-342
e princípio de unicidade, *248*, *331*, 332, 351
estados de oxidação, **332**, 351
estruturas cristalinas, **333**, 350
e tabela periódica, *232*, 233, 241, *241*, *331*

Índice remissivo **607**

haletos, *210*, 210-211, **210**, **212**, 332, **332**, 351
hidretos, 332, **332**, 351
hidróxidos, 332-333, 351
isótopos de, **333**
número atômico, **332**
óxidos, 331-333, **332**, 351
peróxidos, 342-346, *344*, 349
peso atômico, **332**
potencial padrão de redução, 335-336, **337**, **338**, 338-339, *339*, 351
raios atômicos, *239*, 239-240, *242*, **332**
raios iônicos, **332**, 333-334, 351
reativade à água, 340
solubilidade, **299**
soluções metal-amônia, 348-351
superóxidos, 346
valência, **332**
Elementos Grupo 2A (Be, Mg, Ca, Sr, Ba, Ra):
afinidade eletrônica, 240-242, *242*, **363**
aplicações de, 369-372
carga nuclear efetiva, *239*, *242*
como agentes redutores, 363, 369, 374
densidade de carga, **363**
descoberta e isolamento de, 357-362, *358*, **363**, 377
e caráter ácido-base de óxidos, *362*, **363**, 376
e efeito diagonal, *362*, 364, 366, 376
e efeito par-inerte, *362*
eletronegatividade, *242*, **363**
e linha metal/não-metal, *362*
em soluções aquosas, 370
energia de ionização, 240, *242*, **363**
e peróxidos, 365, 369
e princípio de unicidade, *242*, *362*, 364-368, 376
estados de oxidação, **363**, 376
estruturas cristalinas, 371
e tabela periódica, 232, *232*, *362*
haletos, 365, 367, 369, 376
hidretos, 364, *365*, 376
hidróxidos, 365, 376
isótopos, **363**
ligações tricentradas (deficientes de elétrons) em, 364
número atômico, **363**
óxidos, 359, *362*, 364-366, 369, 374
peso atômico, **363**, 377
ponto de fusão, **363**
pontos de ebulição, **363**, 376
potencial padrão de redução, 363-364
raios atômicos, *239*, 239-240, *242*, **363**
raios iônicos, **363**
reatividade à água, 364-365
soluções metal-amônia, 349
usos metalúrgicos de, 369, 376
usos radioquímicos de, 368

valência, **363**
Elementos Grupo 3A (B, Al, Ga, In, Tl):
afinidade eletrônica, *240*, *242*, **387**
aplicações de, 396-401, 410-412
carga nuclear efetiva, *239*, *242*, 386-388
compostos deficientes de elétrons, 401-409, *411*, 411-412
densidade de carga, **387**
descoberta e isolamento de, 381-387, *383*, **387**, 410
e caráter ácido-base de óxidos, *386*, **386**
e efeito diagonal, 386, *386*, 410
e efeito par-inerte, 250, *251*, 386, *386*, 387, 390, 410
eletronegatividade, *242*, 386, **386**, 388
e ligações multicentrais, 403-404, *403*, *411*, 411-412
em soluções aquosas, *386*
energia de ionização, 240, *242*, **250**, 250, *251*, 386, **386**
energia de ligação, *250*, 250
e número atômico, **387**
e princípio de unicidade, *242*, 386, *386*, 410
estados de oxidação, 301, 387, **387**, 387, 393, 410
estrutura cristalina, **387**
e tabela periódica, *232*, *386*
haletos, 390-393, 410
hidretos, 410
hidróxidos, 388-390, 410
isótopos de, **387**
linha metal/não-metal, 386, *386*, 410
oxiácidos, 545
óxidos, 387-388, 410
peso atômico, 382, **386**
potencial padrão de redução, *386*, 410
raios atômicos, *239*, 239-240, *242*, **386**
raios iônicos, **387**
reativade à água, 388, 391, 396
valência, **387**
Elementos Grupo 4A (C, Si, Ge, Sn, Pb):
afinidade eletrônica, 240-242, *242*, **421**
aplicações de, *419*, 419-423, 432-439
carga nuclear efetiva, *239*, *242*
densidade de carga, **421** estruturas cristalinas, **421**
descoberta e isolamento de, 419-422, *420*, **421**
e caráter ácido-base de óxidos, **421**, 423, *431*, 454
e efeito diagonal, 423, *424*, 454
e efeito par-inerte, *251*, *424*, 454
eletronegatividade, *242*, 426
e linha metal/não-metal, 423, *424*, 454
em soluções aquosas, *424*, 428
energia de ionização, *242*, **421**
e princípio de unicidade, *242*, *424*, 426, 430, *431*, 454

estados de oxidação, 301, **421**, 427, 454
e tabela periódica de Mendeleev, 231, *232*, 422
haletos, 423, 427
hidretos, 423-426, 454
hidróxidos, 426-427, *431*
isótopos de, **421**, 421, 439-440
ligações dπ-pπ em, 425, 428-430, *429*, *431*, 454
número atômico, **421**
oxiácidos, 545
óxidos, 422, 453-455
peso atômico, **421**
pontos de ebulição de, *297*, **421**
pontos de fusão, **421**
potencial padrão de redução, 423, *424*, 428, 430, *431*, 454
raios atômicos, *239*, 239-240, *242*
raios iônicos, **421**
reatividade à água, 425
reatividade ao oxigênio, 425
valência, **421**, 449-451, *450*, 455
Elementos Grupo 5A (N, P, As, Sb, Bi):
afinidade eletrônica, 240-242, *242*, **466**
aplicações de, 467, **473**, 477, **477**, 477, **477**, 479, **479**, 479, **479**, 480, **480**, **482**, 482-489, 496
carga nuclear efetiva, *239*, *242*
densidade de carga, **466**
descoberta e isolamento de, 461-464, *462*, **466**, 496
e caráter ácido-base de óxidos, *465*, 467
e efeito par-inerte, *251*, *465*, 467, 496
eletronegatividade, *242*, **465**
e linha metal/não-metal, *465*, 467
energia de ionização, 240, *242*, **466**
e princípio de unicidade, *242*, *465I*, 465-467, 497
estados de oxidação, 301, 465, **465**, 472-482, **473**, **476**, 476, **479**, 479, **480**, **482**, 496
estruturas cristalinas, **466**
haletos, 472, 496
hidretos, 467-468, 496
isótopos de, **465**
ligações dπ-pπ em, 465, *465*, 466-467, *467*, 496
número atômico, **466**
oxiácidos, 470-472
óxidos, *465*, *469*, 469-472, 496
peso atômico, **466**
pontos de ebulição de, *297*, **464**
potencial padrão de redução, *465*, **465**, 468
raios atômicos, *239*, 239-240, *242*, **466**
raios iônicos, **466**
valência, **466**
Elementos Grupo 6A (O, S, Se, Te, Po):
afinidade eletrônica, *240*, *242*, 508, **510**

aplicações de, *523*, 523-524, 529
carga nuclear efetiva, *239*, *242*
catenação em, 517-520, **518**, 528
densidade de carga, **510**
descoberta e isolamento de, 506-508, *506*, **510**, 528
e caráter ácido-base de óxidos, 508, *509*, **509**
e efeito par-inerte, *251*, 508, *509*, 528
eletronegatividade, *242*, 508
e linha metal/não-metal, 508, *509*, 528
energia de ionização, 240, *242*, 508, **510**
e óxidos/oxiácidos, 511-514, *511*, 528, 545
e princípio de unicidade,, *242*, 508, *509*, 509, 528
estados de oxidação, 301, 508, **510**, 519
estruturas cristalinas, **510**
haletos, 514-515, 528
hidretos, 509, 528
isótopos de, **510**
ligações dπ-pπ em, 508-509, 513, 520-521, 528
nitretos, 520-521, *520*, 529
número atômico, **510**
peso atômico, **510**
potencial padrão de redução, *509*, 528
raios atômicos, *239*, 239-240, *242*
raios atômicos, *297*
raios iônicos, **510**
reatividade à água, 513
valência, **510**
Elementos Grupo 7A (F, Cl, Br, I, At):
afinidade eletrônica, 240, *242*, **541**
aplicações de, 550-551, 555-558, 563
auto-ionização de, 552
carga nuclear efetiva, *239*, *242*
densidade de carga, **540**, 540-541
descoberta e isolamento de, 535-538, *536*, **541**, 562
e caráter ácido-base de óxidos, *540*, **540**
eletronegatividade, *242*, 540, 545, 550, 563
e linha metal/não-metal, 539, **540**
em soluções aquosas, **540**, 542
energia de ionização, *242*
e princípio de unicidade, *242*, **540**, 540
estados de oxidação, 544-545, 547, 550, 552, 563
estrutura cristalina, **541**
haletos, **542**, 543-545, 562-563
hidretos, **542**, 542-543
interalogênios, 550-554, **550**, *551*, **552**, *553*, 563
isótopos de, 539, **541**
ligações dπ-pπ em, *540*, 549
número atômico, **541**
oxiácidos, 545-551, *546*, 563
óxidos, 545, 562
peso atômico, **541**

pontos de ebulição de, *297*
potenciais padrão de redução, *540*, 541-542, 551, 562
raios atômicos, *239*, 239-240, *242*
raios iônicos, **540**
solubilidade, 553
valência, **541**
Elementos Grupo 8A (He, Ne, Ar, Kr, Xe, Rn): abundância de, **582**, 582-585, 587
afinidade eletrônica, 240, *242*, **576**
aplicações de, 581-584, **584**, 587
carga nuclear efetiva, *239*, *242*, 575-576, 586
compostos de, 577-582
descoberta e isolamento de, 2, *11*, 571-575, **575**
eletronegatividade, *242*, 576
energia de ionização, *242*, 576, *576*, **576**, 586
e princípio de unicidade, *242*, 575
e raios de van der Waals, 575, *576*, **576**
estados de oxidação, **576**
estruturas cristalinas, **576**
fluoretos, 577, 577-581, *580*, 586
hidretos, 577, 586
isótopos de, 576
número atômico, **576**
peso atômico, 573, *573*, 574, **576**
pontos de ebulição, 576, 586-587
pontos de fusão, 576, 586
potenciais padrão de redução, *575*, 579
síntese de, 4
tabela periódica, *232*, 573, 575
valência, 573, 575, 576, *576*, **576**
Eletrólise:
água pesada gerada por, 264-266
de hidretos, 275
e baterias de armazenamento de chumbo, 441, *441*
elementos isolados por, 2
alumínio, 384, 410
bário, 359
cálcio, 359
estrôncio, 359
flúor, 539
gálio, 308, 410
hidrogênio, 264
lítio, 330
potássio, 329, 351
sódio, 329, 351
Eletrólitos:
teoria de dissociação de, *11*
Eletronegatividade, 242, *242*, *242*, 273
de hidrogênio, 272-273
e compostos de hidrogênio, 268
e energia reticular, 212, *212*, 220
e hidroácidos, 310-312
e inter-halogênios, 550
e óxidos não-metais, 305, *305*

1A, *242*, 330, 332, **332**
2A, *242*, **363**
3A, *242*, 386, 407
4A, *242*, 426
5A, *242*, **465**
6A, *242*, 508-509
7A, *242*, 540, 545, 550, 563
8A, *242*, 576
por grupo de elementos
Elétrons:
descoberta de, 10, *11*, 12, 25
e carga nuclear efetiva, 235, 237, 238, *242*
e dualidade de partícula de onda, *11*
e o mar de Fermi, 163
e reações de transferência de elétrons, 96, 98, 113-117, **114**, *117*, 335, 338
momentos magnéticos de, 78-80, *79*
probabilidades de encontrar, 60-64, 86
(*ver também* Afinidade eletrônica; Íons; Orbitais)
Eletrostática, 60, 64, 66, 74, 77, 187, 279
e energia reticular, 204, 206, 210, 220
e ligantes
bidentado, 19, *19*, 20, **20**, 26, 48, 50
em ponte, 19, *19*, 20-21, **21**, 26, 48, *48*, 116-117, 121
monodentado, 18, *19*, 37-40, *37*, *39*, 131-134, 152
multidentado (quelação), 19, *19*, 20, **20**, 26, *40*, 40-43, 43, 44, *44*, 136-142, *137*, *139*
na teoria de Werner, 15-16, 18, 33
Emissão beta, 269, 272, 348
Enantiômetro(*ver* Isômeros óticos)
Energética de estado-sólido, 205-220
afinidades eletrônicas, 205, *214*, 214
calor de formação, 214-215
ciclo Born-Haber, *210*, 210-211, 212, **212**, 213, *213*, 213, *213*
constantes de Madelung, 205, 205-206
densidade de carga, 209, 220
distância interiônica, 204, 206, 206, 208, *208*, 209, *209*
equação Born-Landé, 207-210, *209*, 210, 210, **212**, 213, 219, 247
equação Kapustinskii, 210-211, 213, 215, 220
expoentes de Born, 206, *206*, 206, 208, 210
interação eletrostática, 204, 206, 212, 220
lei de Hess, 210, *210*, 210, 220
teoria do campo cristalino, 216-220
Energia de ativação, 99, 110, *110*, 112, *112*, 115, 121
Energia de ionização, 240, *240*, 249-250, 254
1A, *240*, 331, 332, **332**, 332, *339*, 339-342

Índice remissivo **609**

2A, *240*, 240
3A, *240*, 233, 240, 386
4A, *240*
5A, *240*, 240, **466**
6A, *240*, 240
7A, *240*
8A, *240*, 574, 576, *576*
por grupo de elementos
Energia de promoção, 245
Entalpia, 99, 136
Entropia, 99, 136, 152
Envenenamento por metal pesado, 5, 140, 145-147, 152
equação Born-Landé, 207-210, *209*, 210, 210, **212**, 213, 219
equação Kapustinskii, 210-211, 213, 215, 220
equilíbrio de Gouy, 78, *78*
e reações auto-ionizantes, 300-303, *28*
Escândio, 3, 231, *232*
Esferas de coordenação: definição de, 9
 e estereoisômeros
  geométricas, 34, *34*, 37-40, *37*, *39*, 41, *41*, 43, *43*, 45-48
  óticas, 34, *34*, 36, 39-42
 e isômeros estruturais, *34*, 48-50
 e ligantes
  bidentadas, 48
  de ponte, 48, *48*, 116-117, 121
  monodentadas, 37-40
  multidentadas(quelação), 40-44
 e reações
  dissociação, *96*, 97, 121
  reação redox (transferência de elétron), *96*, 98, 113-117, 121
  substituição, *96*, 96-97, *101*, 101-109, 121
 fórmulas para, 18, 22, 25
 geometrias de, 36-48, *46*, **47**
  bipiramidais trigonais, 46, *46*, 47, *47*, **47**, 47
  octaédricas, 37-42, 45, *46*, 47, 50, 97-98, 100-112
  piramidais quadradas, 46, **47**, *47*, 47, 98
  quadrado-planares, 43, 44, 46, **47**, *47*, 97, 98, 117-119, *119*, 152
  tetraédricas, 45, *45*, 47, **47**, 52, 97
Esmeraldas, 191
Espectroscopia, 3, *11*, 47, 330, 350, 384, **385**, 410
 e compostos de coordenação, *80*, 80-85, *82*, *85*, 99
 e descoberta de gases nobres, 573, 577
Espectroscopia de absorção, *80*, 80-85, *82*, *84*, 99
Espinelas, 186, 189, 195
Espontaneidade de reação, **338**, 338-339, 351
Estabilidade térmica, 334

estado de oxidação de, 15-16, 81, 96, 99, 113
Estados de oxidação, 15, 16, 21, 25, 249, *249*, 254, 273, *273*, *273*, 284, 292, 318
 1A, 332-333, **332**
 2A, 365, 376
 3A, 302, 385, **387**, 387, 393, 410
 4A, 302, **421**, 427
 5A, **465**, 467, 469, 472, 472-482, **473**, **476**, *476*, **479**, *479*, **480**, **482**, 496
 6A, 302, 508, **510**, 519
 7A, 544-545, 547, 550, 552, 563
 por grupo de elementos
Estados excitados, 70
Estanho:
 descoberta e isolamento de, *420*, 420-421
 ligas de, 421
 toxicidade de, 439
 (*ver também* Elementos Grupo 4A))
Estereoisômeros:
 geométricos, 34, 36-40, *38*, *38*, *39*, 40, 41, *41*, 43, *43*, 44-48, 50 (*Ver também* Isômeros faciais; Isômeros meridionais)
 óticos (enantiômeros), 34, *34*, 34-36, *36*, 40, 42, 50
Estereoquímica, 14
Estrôncio:
 descoberta e isolamento de, *358*, 359, 377
 hidreto, 364
 óxido, 365
 propriedades fundamentais de, **363**
 (*ver também* Elementos Grupo 2A)
estruturas de estado sólido, 161-194
 cristais atômico-moleculares, 165, *165*, 194
 cristais de rede covalente, 163-164, *164*, 194
 cristais iônicos, 161-164, *163*, 176, 194
 cristais metálicos, 163, *163*, 194
 defeitos em, 191, *192*, 194
 e estruturas poliatômicas, 189-190, *190*, 195, 205, 215, *216*, 220
 espinelas, 191-194, *191*, 195
 Tipo-A, 165-176, **168**, *179*, 194, 218
 Tipo-AB, 176-189, **186**, *187*
estruturas de Lewis, 3, 48, 293, *293*, 312, 365, 512, 519, 580-581, *580*
Estruturas de ressonância, 48, *48*
Estruturas poliatômicas, 189-190, *190*, 195, 205, 215, *216*, 220
Etapas de gargalo, 101
Eteratos, 391, *391*, 408
Éteres coroa, 350, *350*
Etilenodiamina, 19, *19*, 136-137
Eutrofização, 141

exponentes de Born, 206, *206*, 206, **206**, 208, 210

F

Fabry, Charles, 4
Ferro:
 e nucleosíntese, 262
 e produção de aço, 292
 e produção de hidrogênio, 264
 oxidação de, 144
 titulação de, 138
Ferroceno, 5
Fertilizantes, 347
 e o processo de Haber, 266, 474, 483
 fosfato, 141, 488
Filme, fotográfico, 134-135
Fissão, nuclear, 4, 269, 269-271, *271*
Flogisto, 290-291
Flúor:
 aplicações de, 555
 como agente oxidante, 541
 descoberta e isolamento de, 2, *536*, 538, **541**
 eletronegatividade de, 540
 e ligações, 245
 e princípio de unicidade, 540
 fluoretos, 490
 propriedades fundamentais de, **272**, **541**
 reatividade de, 539-541
 (*ver também* Elementos Grupo 7A)
Fluoretação, 4, 553-556
Fluorita, 187, *187*, **189**
Fogos de artifício, 369
Fontes de energia alternativa, 4-5, 265, 277-280, 319
Força eletromotiva, 337
Forçamento radiativo, 278, 291, 315
forças de van der Waals, 176, 209, 211-212
fórmulas para, 18, 21-25
Fósforo:
 branco, 469, *469*, 470, 486-487
 descoberta e isolamento de, *462*, 463-464
 eletronegatividade de, 273
 e ligações, 466-473, *467*, *469*, *470*
 fosfacenos, 429, 466-468, *467*
 fosfina, 468
 haletos, 472
 negro, 486-488, *486*
 óxidos/oxiácidos, 469-472, *470*
  aplicações de, 142, 152, 489
  como nutriente, 4, 141, 151
  condensado, 470
 propriedades fundamentais de, **466**
 vermelho, 486-487, *486*
 (*ver também* Elementos Grupo 5A)
Fósforo branco, 469, *469*, 470, 486-487
Fósforos, 486-488

Fotografia, 134, 152
Fotossíntese, 292, 318
Frâncio:
   descoberta e isolamento de, 330, 350
   propriedades fundamentais de, **332**
   (*ver também* Elementos Grupo 1A)
Frankland, Edward, *11*, 12
Franklin, Benjamin, 290
Frasch, Herman, 507
Fremy, Edmond, 539
Freons (*ver* Clorofluorocarbonetos)
Fulerenos, *433*, 433-436, *434*, *435*
Fuller, R. Buckminster, 433
Furchgott, Robert, 478
Fusão, nuclear, 262-263, 279, 319

G
Gahn, Johann, 463
Gálio:
   aplicações de, 401
   descoberta e isolamento de, 2, *383*,
      384-387, *385*, 410
   propriedades fundamentais de, **387**
   (*ver também* Elementos Grupo 3A)
Gamow, George, 261
Gás de síntese (syngas), 265, 277, 279
Gases:
   e a obra de Rayleigh, 572-573
   toeria de Avogadro, 2
Gases inertes (*ver* Elementos Grupo 8A)
Gases nobres (*ver* Elementos Grupo 8A)
Gasolina, 292, 347, 440, 443
Gay-Lussac, Joseph Louis, 382, 422, 506, 536-537, 539
Gelo, 165, *294*, 294-296
Genth, Frederick Augustus, *11*
Geoffrey, Claude-Francois, *462*, 464
geradores de Kipp, 511
Germânio:
   aplicações de, 5, 422, 448-452
   descoberta e isolamento de, 2, *420*, 422
   e a tabela periódica de Mendeleev, 231, *232*, 422
   estados de oxidação de, 427
   (*ver também* Elementos Grupo 4A)
Giauque, William, 439
Gipsita, 357, 374
Gmelin, Leopold, *11*
Goodrich, Benjamin, 507
Goodyear, Charles, 507
Grafenos, 432-433
Grafite, 420, *432*, 432-433
Grinberg, A., 119

H
Haber, Fritz, 210, 483
haleto, 365-367, *367*, 376
   energia de ionização de, **363**, 363-364
   e nucleosíntese, 262
   e polímeros de cadeia infinita, 366, *366*

e reatividade à água, 366
e tecnologia de raio-x, 369
hidreto, 364, *365*
óxido, 364, 376
toxicidade de, 366-369, 376
usos metalúrgicos de, 369
usos radioquímicos de, 368
(*ver também* Elementos Grupo 2A)
1A, *210*, 210-211, **210**, **212**, 332, **332**, 351
2A, 365, 367, 369, 376
3A, 390-393, 410
4A, 423, 427
5A, 472
6A, 514-515, 517
7A, 543-545
8A, 577
Haletos:
   por grupo de elementos
Halita (*ver* Cloreto de sódio)
Hall, Charles, 361, 384
Halogênios (*ver* Elementos Grupo 7A)
Halons, 561, 564
Heitler, Walter, *11*
Hélio:
   abundância de, **582**, 582-583
   aplicações de, **584**, 584
   descoberta e isolamento de, *572*, 573, **575**
   e fusão nuclear, 262
   forma superfluida de, 586
   isótopos de, **576**
   origem de, 261
   propriedades fundamentais de, **576**
   (*ver também* Elementos Grupo 8A)
Hemoglobina, 5, 142-144, *143*
Heroult, Paul Louis, 384
Heterociclos, 137, *143*, 150
Hetrick, John, 485
Hidrácidos, 310-311, *311*, 319
   Ácido clorídrico, 264, 311, 543
   ácido fluorídrico, 311, 539, 543
Hidratação, 298-300, *300*
Hidrazina, 475-476, **476**
Hidreto de titânio, 276
Hidretos:
   Análise de raio-x de, 275-276
   binários, 273
   boranos, 5
   condutividade de, 275
   covalentes, 273-275, *275*, 427
   e calor de formação, 275
   eletrólise de, 275
   estados de oxidação, 273-274, *273*
   iônicos, *275*, 275-276, 364
   metálicos, *275*, 275-277
   pontos de ebulição de, 285-297, *297*
   1A, 332, **332**, 351
   2A, 364, *366*, 376
   3A, 388, 410

4A, 423-426
5A, 467-470
6A, 511, 517
7A, **540**, 542-543
por grupo de elementos
   silanos, 4, 423-426
Hidrocarbonetos, 265, 277, 292, 314
Hidrogênio:
   abundância de, 261
   afinidade eletrônica, **272**, 275
   aplicações de, 265
   carga nuclear efetiva de, 273
   cloreto, 536-537, 543-544
   densidade de carga de, 275
   descoberta de, 264, 281
   economia impulsionada por, *277*, 277-279, 319
   e definições ácido-base, 58
   e fontes de energia alternativa, 277-280
   e fusão nuclear, 262-263, 279-280
   eletronegatividade de, 272, 273, 294, *294*
   energia de ionização de, **272**, 273, 275
   espectro visível de, 10
   estado de oxidação de, **273**, 273-274
   fluoreto, 543
   história da pesquisa sobre, 264
   isótopos de, 4, 266-269, **266**, 280
   ligações, 165, *165*, 273, **273**, 303
   origem de, 261
   peróxido, 344-346, *344*, 351, 365
   produção de, 264, *264*, 277
   propriedades periódicas de, 272-273, *272*
   raio atômico de, **273**
   raio iônico de, **273**, 275
   reações com oxigênio, 264-265, 273, 307
   sulfeto, 506, 511
   valência, 272
Hidróxidos, 58, 303, 305-306, 319
   1A, 332-333, 351
   2A, 365, 376
   3A, 374, 384, 388-391
   4A, 525-527
   por grupo de elementos
história da pesquisa sobre, 4, 9, 12-18, 25-27
história da pesquisa sobre, 4-5
   e fusão nuclear, 262
   e radioatividade, 269, *269*
   obra de Blomstrand, *11*, 13-15, *13*, 18, 25
   obra de Jørgensen, *10*, 12-15, *13*, 17, 25, 44, 48
   obra de Sidgwick, *11*, 58, 76, 85
   obra de Taube, 99, 113, 116, 121
   obra de Werner, 4, 9, *11*, 14-18, 25, 33, 37, 41, 49-52, 58
Horsford, E. N., 489

Hydroxilamina, 476, *476*

I
Ignarro, Louis, 478
Iijima, Sumio, 437
Índio:
    descoberta e isolamento de, *383*, 385, 410
    e efeito par-inerte, 386
    propriedades fundamentais de, **387**
    (*ver também* Elementos Grupo 3A)
inerte, 99-100, 109-112, 116, 120-121
interações de Coulomb, 66, 69, 204, *206*, 242
Interalogênios, 550-554, **550**, *551*, **552**, *553*
Iodimetria, 519
Iodo:
    ácido periódico, 549
    aplicações de, 519, 537
    descoberta e isolamento de, *536*, 537, **541**, 541
    importância biológica de, 537
    iodatos, 549, 563
    iodic acid, 548, 562
    propriedades fundamentais de, **541**
    reação relógio de iodo, 549
    (*ver também* Elementos Grupo 7A)
íon de hidrônio, 300, 301, *300*, 321
Íons:
    água dura, 139, *140*
    como nuvens de elétron, 166, 206, 219
    complexos, 9-10
    e condutividade, 13
    e distância interiônica, 180, 204, 206, 206, 208, *208*, 209, *209*
    e energia reticular, 204-220, *206*, **206**, *209*, **216**, *216*, *219*
    e reações auto-ionizantes, 300-303, *300*
    hidratação of, 298-300, *300*
    (*ver também* Ânions; Cátions; Contra-íons; Raios, iônicos)
Irídio:
    composto de coordenação, 12, 14
Isômeros:
    estereoisômeros, 33-37, *34*
        geométricos, 15-16, **17**, *17*, 34, *34*, 37, *37*, 39, *39*, 40, 41, *41*, 43, *43*, 44-48, 50 (*ver também* Isômeros faciais; Isômeros meridionais)
        óticos (enantiômeros), *11*, 34, *34*, 34-37, 39, 40, 41, *42*, 50
        tipo-hélice, 41, *41*, 50
    estruturais, *34*, 48-51
        coordenação, *34*, 48, *48*, 51
        ionização, *34*, 48, 50
        ligação, *34*, 48-51
    nomenclatura para, 33, *34*, 34-36, 39
Isômeros estruturais, *34*, 48-51
Isômeros faciais, 38, 50

Isômeros meridionais, 38-39, 50
Isômeros óticos (enantiômeros), *11*, 34, *34*, 34-36, 39-40, 50
Isótopos:
    1A, **332**
    2A, **363**
    3A, **387**
    4A, **421**
    5A, **465**
    6A, **510**
    7A, **541**
    8A, **576**
    por grupos de elementos

J
Janssen, Pierre, 573
Jørgensen, Sophus Mads, *10*, 13, 17, 44, 48

K
Kekulé, Friedrich August, *11*
King, Victor, 41
Kirchhoff, Gustav, 3, *11*, 330, 351, 384
Klaproth, Martin, 507
Kroto, Harold, 433

L
lábil, 99-100, 109-111, 116, 120, 149
Laetrile, 144
Lantanídeos, 3
Laue, Max von, 4
Lavador de Gases, 526-528
Lavador de gases para chaminés, 372, *374*
Lavoisier, Antoine-Laurent, 2, 10, *11*, 25, 264, 291, 314, 319, 328, 358, 420, *506*, 506, 536
Le Bel, Joseph-Achille, *11*
Lei das oitavas, 3
Lei da soma de calor (*ver* lei de Hess)
Lei de conservação de massa, 2
lei de Coulomb, 60, 63, 204
lei de Hess, 210, *210*, 210, 220
Lei de proporção definida, 2
Lei periódica, 3, 231-235, *242*, **252**, *253*, 254, *331*
Lemery, Nicolas, 264, 289
Lewis, Gilbert Newton, *11*, 12, 58, 85
Lewisite, 145, *145*
Libby, Willard, 4, 439
Liebig, Justus von, *11*, 538
Ligações:
    covalente, 163-164, *164*, 176, 186, 194, 205, 212-213, 220, 244, 294, 301, 303, 450
    covalente-coordenada, 9, 58, 76, 85, 135-137, *392*, 408
    dativas, *392*, 408, 428
    deficientes de elétrons, 401-410, *411*
    dπ-pπ, 425, 428-430, *429*, *431*, 466-467, *467*

e a regra do octeto, 12, 58
e a teoria dos orbitais moleculares, 12, 25, 57, 59-60, 85
e energia de ligação, *250*, 250
e estereoisômeros, 33-34
e hidroácidos, 310-312, *311*
e isômeros estruturais, 33
e o efeito de par-inerte, 250
e quebra de ligação, 98, *101*, 102, 105, 114
e retrodoação, 77
e teoria do campo cristalino, 57, 59-60, 85
e tipos de cristais, 161-165, *163*, *165*, *165*, 194
hidrogênio, 165, *165*, 273, 294, 296-298
história da pesquisa sobre, *11*, 12, 57-60
metal-carbono, 4
metal-ligante, 9, 59, 59, 63, 75-78, 106, *107*, 110, 115, 120
multicentrais, 403-404, 403, *411*, 411-412
pi, 76, *76*, *76*, 244, 402
sigma, 75, *76*, 237
Ligações dativas, *392*, 408, 428
ligações dπ-pπ:
    4A, 425, 428-432, *429*, *431*
    5A, *464*, 464-466, 466-467, *467*
    6A, 509, 512
    7A, 549
    por grupo de elementos
Ligações metal-carbono, 4
Ligações metal-ligante, 9, 58, 60, 63, 75-78, 86
Ligações multicentrais, 403-404, *403*, *411*, 411-412
ligações Pi, 244, *245*
Ligações tricentradas (deficientes de elétrons), 364, 401-409, *411*, 411-412
Ligantes:
    ambidentados, 19, *19*, 20, **21**, 26, 48, 50
    campos de (na teoria de campo cristalino)
        cúbicos, 68, *68*, 86
        octaédricos, 59, 64-66, *64*, *67*, **71**, *80*, 80, 86, 86, *111*, 111-112, 193, 218, *218*, 219, *219*
        octaédricos tetragonalmente distorcidos, 66-67, *67*
        piramidais-quadrados, *111*, 111-112
        quadrado-planares, 59, 66-67, *67*, 73, 86
        tetraédricos, 59, 68-69, *68-69*, *80*, 80, 86, 193
    definição de, 9
    e ligações
        e densidade de carga, 104-105

e quebra de ligação, 98, 101, 105, 114, 121
e retrodoação, 77
metal-ligante, 9, 57, 59, 63, 75-78, 85, 100-103, 111
e resistência estérica, 74, *74*, 75, 108, *108*, 110
fórmulas para, **21**, 21-25
iônicos, 20, **21**
monodentados, 18, *19*, 37-40, 131-134, 152
multidentados (quelação), 19, *19*, 20, **20**, 26, *40*, 40-43, 43, 136-142, *137*, *139*, 152
neutros, 20, **21**
nomenclatura para, 20, **21**
ponte, 19, *19*, 20-21, **21**, 26, 48, *48*, 116-117, 121
série espectroquímica de, 75, 77-78, 80, 86, 218
Ligantes bidentados, 19, *19*, 20, **21**, 25, 48, 50
Ligantes em ponte, 19, *19*, 20-21, **21**, 25, 48, *48*, 116-117, 121
ligantes monodentados, 18, *19*, 37-40, 131-134, 152
Linha metal/não-metal, *251*, 251-252, **251**, *253*, 254, 302, *302*
1A, *331*
2A, 362, *362*
3A, 386, *386*, 410
4A, 423, *423*
5A, *465*, 467
6A, 509, *509*
7A, 540, *540*
por grupo de elementos
Lipscomb, William, 5, 403
Lítio:
aplicações de, 346-347, 351, **398**
caráter higroscópico de, 334-335
cloreto, 244, *244*
como liga de alumínio, **398**
descoberta e isolamento de, 329, 333, 350
e efeito diagonal, 246, *249*, 333-334, 351
em reatores nucleares, 272
e princípio de unicidade, 332, 351
estabilidade térmica, 334
hidratação de, 334
hidreto, 392
óxido, 188
potencial padrão de redução, 336, **337**, 338
propriedades fundamentais de, **272**, **332**
(*ver também* Elementos Grupo 1A)
Lixívia (Água Sanitária), 345, 352, 376, 546, 557
Lockyer, Joseph, 573

London, Fritz Wolfgang, *11*
Lowry, Thomas, 58
Luz:
dualidade onda-partícula de, *11*
polarizada, 34-36, *35*, *34*
quanta de, 572
velocidade de, 593

M
MacKenzie, K. R., *536*, 539, **541**
Magnésio:
aplicações de, 359, 369
brometo, 365
carbonato, 370-371
cloreto, 359-360
como liga de alumínio, 397, **398**
descoberta e isolamento de, *358*, 359-360, 377
e água dura, 370-371
e efeito diagonal, 246-247, *249*, 332-334, 351
e nucleosíntese, 262
estabilidade térmica de, 334
hidratação de, 334
hidreto, 364
óxido, 213, *213*, 364-365
propriedades fundamentais de, **363**
reatividade à água, 365
(*ver também* Elementos Grupo 2A)
magneton de Bohr, 79
Mandíbula de fósforo, 486
mar de Fermi, 163
Massa:
conservação de, 2
crítica, 270
e defeito de massa, 262
e número de massa, 262
medida de, 2
(*ver também* Massa atômica)
Massa atômica:
e a obra de Döbereiner, 3
e a obra de Mendeleev, 231
e fusão nuclear, 262
Massa crítica, 270
Matissen, Sophie, 42
McKay, Frederick, 553-554
Mecânica quântica, 10, *11*, 58, 60, 85
Mecanismo associativo:
em reações de substituição, *102*, 101-109, 121
Mecanismo de Berry, 47, *47*
Mecanismo dissociativo:
em reações de substituição, *101*, 101-109, 121
em reações redox (transferência de elétron), 116, 121
Meias-reações, 335-336, 338-340
Meia-vida, definição de, 99, 269
Mendeleev, Dmitri, 3, 3, 10, *11*, 25, 231, 231, *232*, 384, *420*, 422, 539, 573

Mercúrio:
análise qualitativa de, 131
toxicidade de, 146-148, 152, 402
Metais alcalinos (*ver* Elementos Grupo 1A)
Metais alcalinoterrosos (*ver* Elementos Grupo 2A) Alcanos, 423-426
Metanação, 265
Metano, 314, *316*, 423, 425-426
Método do campo auto-consistente, 237
Métodos analíticos quantitativos complexométricos:
gravimétrico, 137, 152
titrimétrico, 137-141
Métodos de datação, radioquímico, 4, 347, 351, 439
métodos gravimétricos, 137, 152
Métodos titrimétricos, 137-141
Meyer, Lothar, 231
Midgley, Thomas, 4-5, 558
Mistura racêmica:
definição de, 34, 50
resolução de, 41-42
Modelo de água "flickering cluster", 296, *296*
Moderadores, 267, 270
Moissan, Ferdinand, 3, *536*, 539, **542**, 542-543, 577
Molina, Mario J., 5, 558-559
Momentos dipolos, 75, 117, *119*, 119, *294*, 294, 315, 319
Momentos magnéticos, 78-80, **79**
Momentos magnéticos spin-only, 79-80, **79**
Mond, Ludwig, 134
Moseley, Henry, 4
Movimento ambiental, 5-6
Müller, Franz Joseph, *507*, 507
Mulliken, Robert, *11*
Murad, Ferid, 478

N
Nanotubos, 437, 437, *437*, 454
Nanotubos de carbono, 437, 454
Néon:
aplicações de, **584**, 584
descoberta e isolamento de, *572*, 535, **575**
e carga nuclear efetiva, 235, 237
e nucleosíntese, 262
propriedades fundamentais de, **576**
(*ver também* Elementos Grupo 8A)
Nêutrons:
boro como absorvedor de, 400-401
descoberta de, 4
em reação em cadeia, 270, *271*
em reatores nucleares, 272
e raios cósmicos, 272
Newlands, John, 3

Níquel:
  análise gravimétrica de, 137, *138*, 152
  Nilson, Lars, 3
  purificação de, 134, 152
  toxicidade de, 134
Nitrogênio:
  ácido nítrico, 464, 480-482, **482**, 526, 560
  ácido nitroso, 478-480, **479**
  aplicações de, 463, 482-489
  como ligantes ambidentados, 19-20
  descoberta e isolamento de, 328, *462*, 463, **466**
  dióxido, 480-481, **480**
  e ligações, 465-467
  estados de oxidação, 461, 472-482, **473**, **476**, *476*, **479**, *479*, **480**, **482**
  e transmutação nuclear, 271
  fixação de, 474, 482-483
  haletos, 472
  heterocíclico, 137, 150
  líquido, ponto de ebulição de, 292
  nitratos, 464
  nitreto, 473
  nitritos, 461, 464, 485
  nomenclatura para, 20
  óxido nítrico, 478-479, **478**, 491-492
  óxido nitroso, 314, *316*, 328-329, 476-477, **476**
  produção de, 463
  propriedades fundamentais de, **466**
  (*ver também* Elementos Grupo 5A)
Nobel, Alfred, 478, 484-485
nomenclatura para, 20-25, **21**
Nucleosíntese, 262
Número atômico:
  e a obra de Mendeleev, 231
  e eletronegatividade, *242*
  e energia de ionização, 240
  e fusão nuclear, 262
  e raios atômicos, *249*
  e regra de número atômico efetivo, 57, 59, 85
  investigação por raio-x de, 4
  1A, **332**
  2A, **363**
  3A, **387**
  4A, **421**
  5A, **466**
  6A, **510**
  7A, **541**
  8A, **576**
  por grupos de elementos
Número atômico efetivo, 57, 59, 85
Número de Avogadro, 168, 207, 294, 593
  (2), 44, *47*
  (3), 44, *47*, **179**, **186**, 187
  (4), 33, 43, 46, *47*, 51, 98, *168*, 178, **179**, 180, 181, **184**, **186**
  (5), 46-47, *46*, *47*

  (6), *15*, **17**, 25, 33, 43, 46, *46*, *47*, 47, 51, 98, 178, **179**, 180, 181, 182, **184**, **186**, 187, 394, 398, 410
  (7), *46*, *47*, 47
  (8), *46*, *47*, 47, 168, 178, **179**, 180, 181, **184**, **186**
  (9), *46*, *47*, 47
Números de coordenação:
  definição de, 9, 166-168
  e configurações geométricas, 33, 43, 45-46, *46*, 47, 51
  e espectroscopia, 80
  e mecanismo de Berry, 47, *47*
  e raios iônicos, 180-182
  e reações, 96-98
  e redes cristalinas, 166, **180**, **182**, **184**, **184**, 186-189, **186**
  e valência, 15, *15*, 25
Números de onda, 82, 86

O

oitavas, lei de Newlands, 3
Oliphant, Marcus, 267
Orbitais:
  definição de, 60
  e acoplamento órbita-spin, 85-86
  e baricentro, 64, 66, 67, *69*, 86
  e campos ligantes, 59-64
    octaédricos, 64-66, *64*, 67, **71**, *111*, 111-112, *80*, 80, 86
    octaédricos tetragonalmente distorcidos, 66-67, *67*
    quadrado-planares, 66-67, *67*, 73, 86
    tetraédricos, 68-69, *68-69*, 73, *80*, 80, 86
  e caso de alto-spin, 70, *70*, *71*, 71-73, 79, 86, 194, *217*, 218, *218*
  e caso de baixo-spin, 70, *70*, *71*, 71-73, 79, 86, 218-219
  e degenerescência, 63, 71, 72, *80*, 80, 83
  e energia de acoplamento, 69-73, 86
  e energia de promoção, 245
  e estados excitados, 70
  energias, 60, 63-78
  energias de estabilização do campo cristalino, **71**, 71-72, *111*, 111-112, *193*, 194, 219-220
  energias de quebra do campo cristalino, 64-71, 72-76, **73**, 80-83, *82*, 193
  e reações de substituição, 110
  formas de, 60-63
  híbridos, 12, 59, 85, 163, *164*, 213, 245, *246*
  momentos magnéticos de, 79
  nativos, 59, 83
  situação de campo forte, 70, *70*, 73, 79, 80, 86, *217*, 219
  situação de campo fraco, 70, *70*, 73, 79, 80, 86, 193, *217*, 218, *218*, 219, *219*
  (*ver também orbitais* d; *orbitais* p)

orbitais d
  e ligações dπ-pπ, 425, 428-430, *429*, *431*, 465, 467, 470, 496
  energias de, 63-69, *64*, 67, 73-78, 83-86, 194
  e número de coordenação, 46
  formas de, 60, *60*, 60-63, *62*, 83
  indisponibilidade em primeiros elementos, 244-246, *246*, 254
Orbitais híbridos, 12, 59, 85, 213, 245, *246*
orbitais p, 60, *61*, 60, 233
  e ligações dπ-pπ, 425, 428-430, *429*, *431*, 467
Ouro:
  extração de, 133, 144
Oxiácidos, 303-304, *304*, 307-310, *308*, *309*, **309**
  nomenclatura de, 309-310, *309*, **309**, 319
  4A, 430, 454
  5A, 469-472, *470*
  6A, 511-514, **518**, 518-519
  7A, 545-551, *546*
  por grupo de elementos
Óxidos:
  binários, 301, *301*
  e conversão para metais livres, 266, 275
  e ligações, 303
  em solução aquosa
    eletronegatividade de, 305, *305*
    propriedades ácido-base de, 303-305, *303*, *303*, *305*
  e peróxidos, 342-346, *344*
  e superóxidos, 346
  metais, *301*, 301-305, *302*, *303*, 319
  não-metais, *301*, 301-303, 303, *303*, *304*, 319
  1A, 331-333, **332**, 351
  2A, 359, *362*, 364-366, 369, 374
  3A, 387-388, 410
  4A, 422
  5A, **465**, 469, *469*
  6A, 511-514
  7A, 545
  por grupo de elementos
Oxigênio:
  abundância de, **291**, 291
  como agente oxidante, 292
  descoberta e isolamento de, 289-291, 319, *506*
  e criptandos, *350*, 350
  e éteres coroa, 350, *350*
  e fotossíntese, 292
  eletronegatividade de, 305, *305*, 308, 508
  e nucleosíntese, 262
  e princípio de unicidade, 509
  e transmutação nuclear, 271
  história da pesquisa sobre, 290-292
  isótopos de, 291, **291**

líquidos, 266, 292
    ponto de ebulição de, 292
nomenclatura para, 20
produção de, 319
propriedades fundamentais de, **510**
reatividade ao hidrogênio, 264-265, 272, 307
solubilidade, 298, *298*
transporte de, 142-144
usos industriais de, 291-292, 319
(*ver também* Elementos Grupo 6A)
Ozônio:
    ameaças a, 5, 314, 319, 441, 557-562
    aplicações de, 312
    como componente do smog, 312, 314, 491, 497
    descoberta da camada de ozônio, 313
    descoberta de, 4, 312
    e radiação ultravioleta, 312-313, 319
    estrutura de Lewis, 312, *312*
    história da pesquisa, 4-5
    preparação de, 312

P
Paládio:
    em conversores catalíticos, *494*, 494, 497
Papel para blueprint, 132-133
Paramagnetismo, 79
Partículas alfa, 10, 269
Pasteur, Louis, 36
Pauling, Linus, *11*, 12, 59, 577
Pauli, Wolfgang, 3
Pearson, Ralph, 135
Pederson, Charles, 350
Penicilamina, *146*, 146-147, 152
Perey, Marguerite, 330, 351
Peróxidos, 342-346, *344*, 351
Perutz, Max, 5
Peso atômico:
    e a obra de Berzelius, 507
    e a obra de Cannizzaro, 3
    1A, **332**
    2A, **363**
    3A, **386**
    4A, **421**
    5A, **465**
    6A, **509**
    7A, **560**
    8A, **576**
    por grupo de elementos
Pirita-de-ferro (``ouro-dos-tolos''), 517
Planck, Max, 3, 80, 572
Plano de espelho interno, 36, *36*, 37, *37*, 39, *39*, 43, 50
Platina:
    amonetos, 12, 14
    como agente anti-tumor, 147-150, *147*, *150*, *150*, 150-152, *150*

em conversores catalíticos, *494*, 494, 497
Pnicogênios (*ver* Elementos Grupo 5A)
Poder nuclear, 267, 277, 319, 368, 377
Polarização, 119, *119*, 119, 244, *244*, 247, *247*, 293, *293*
Polimorfe, efinição de, 399
Polônio:
    descoberta e isolamento de, 360, *506*, 508
    propriedades fundamentais de, **510**
    radioatividade de, 3
    (*ver também* Elementos Grupo 6A)
Poluição, ambiental, 134, 292, 384
    ameaças à camada de ozônio, 5, 313, 319, 441, 557-563
    chuva ácida, 5, 372, *372*, 525-528, *526*
    efeito estufa, 4, 314-319, *314*, *316*, *317*, *318*, 374
    smog, 5, 312, 314, 490-497, *493*, **495**
Ponto de ebulição, 292, 296-297, *297*, 376
Pontos de fusão, 296, 359
Pósitron, 262-263, 269
Potássio:
    aplicações de, 346, 351
    carbonato, 537
    cloreto, 329
    descoberta e isolamento de, 329, 350
    e reatividade à água, 329
    é técnica de datação, 347, 351
    importância biológica de, 346
    iodato, 549
    iodeto, 537
    nitrato, 537
    peróxido, 351
    produção de, 329
    propriedades fundamentais de, **332**
    superóxido, 346, 351
    (*ver também* Elementos Grupo 1A)
Potenciais padrão de redução:
    1A, 335, 339-342, *339*, 351
    2A, 363-364
    3A, *386*, 410
    4A, *423*, 423, 428
    5A, *465*, 468
    6A, **509**, 509
    7A, 540, 541, *541*, 542, 546
    8A, *575*, 579
    por grupo de elementos
Prata:
    análise gravimétrica de, 137
    análise qualitativa de, 131
    brometo, 557
    extração de, 131, 144, 151
    haleto, 134
Priestley, Joesph, 290-291, 297, 319, 319, 328, 464, **474**, 489, 506, *506*, 506, 536, 543
Primeiros elementos de um grupo: *orbitais* d em, 244-246

ligação pi em, 244, *245*
pequeno tamanho de, 243-245
Princípio de Aufbau, 70
princípio de Le Chatelier, 119, 519, 546
Princípio de unicidade, 243-246, *248*, **251**, *253*, 254, 301
    1A, *331*, 332, 350
    2A, *362*, 365-368, 374
    3A, *242*, 386, *386*, 410
    4A, 422, *423*, 427, *431*, 454
    5A, 464-467, *464*
    6A, 508-509, *509*, 528
    7A, *540*, 541
    8A, *575*
    por grupo de elementos
Problemas ``Tia Emily'', 287, 459, 569, 590
processo de Bessemer, 3
Processo de fotocópia (*ver* Xerografia)
processo de Hall-Héroult, 3, 384
processo de Mond, 134, 441
processo de Solvay, 3, 372-374
processo Frasch, 3, 507
processo Haber, 266, 279, 474, 483
processo Ostwald, 3, 478
processo Siemens-Martin, 3
Proporção definida, lei da, 2
propriedades magnéticas de, 9, 78-80, *78*, **79**
    momentos magnéticos, 79, **79**
    suscetibilidade molar, 78-80, *78*
Proust, Joseph-Louis, 10, *11*, 25
Prout, William, 572-573
Pseudohaletos, 470

Q
Quarks, 262
queralidade de, 37, *37*, 39, *39*, 40, 41, *41*, 42, 43, 44, *44*
Química:
    descritiva, 229
    Pesquisa histórica de, 2-5
    subdisciplinas de, 1-2, 5
Química analítica, 1
Química bioinorgânica, 5, 142-152
Química biológica, 1
Química descritiva, 229
Química física, 1, 3
Química industrial, 3
Química inorgânica:
    definição de, 2
    e pesquisa interdisciplinar, 4
    história de, 2-5, 229
Química nuclear: história da, 4
Química orgânica:
    como subdisciplina da química, 1-2
    e química de coordenação, 12, 14, 18
    e teoria da ligação de valência, 59
    história de, 2, *12*, 25
Química organometálica, 5

Químicos:
   atividades profissionais de, 1
Quiralidade:
   definição de, 34-35
   e carbono, 43
   e isômeros geométricos, 37, 39, *39*, 40, 41, 43, 45, *45*, 50
   e isômeros óticos, 34, 34-37, *39*, 41, 50
   e plano de espelho interno, 36, *36*, 37, *37*, 39, *39*, 43, 50
   e resolução racêmica, 41, *42*

R
Radiação de corpos negros, 572
Radiação ultravioleta, 312
Radicais:
   história da pesquisa sobre, *11*, 12, 25
Rádio:
   aplicações de, 361
   brometo, 361, *361*
   descoberta e isolamento de, 2, *358*, 360-362, 377
   propriedades fundamentais de, **363**
   radioatividade de, 3, 584
   (*ver também* Elementos Grupo 2A)
Radioatividade:
   de boro, 269
   decaimento alfa, 269
   decaimento beta, 269, 272
   de polônio, 3
   de rádio, 3, 338-339, *339*
   descoberta de, 10, *11*, 25, 360
   de trítio, 271-272
   de urânio, 269, 360, 440
   e a obra de Becquerel, 10, 269, 360
   e a obra de Curies, 3, 55-362
   e marcação isotópica, 113
   e métodos de datação, 4, 347, 351, 439
   Radioisótopos, 4, 113
Rádon:
   aplicações, **584**, 584
   descoberta e isolamento de, *572*, 574, **575**
   propriedades fundamentais de, **576**
   radioatividade de, 584-586
   (*ver também* Elementos Grupo 8A)
Raios:
   atômicos, *238*, 238-240, **273**, 310-311
   covalentes, 176, **176**
   iônicos, 180-182, 216-220, *217*, *218*, *248*, **273**
   metálicos, 175, **175**
   Shannon-Prewitt, 181, **182**, **183**, 186, 214, 215, *217*
   termoquímico, 204, 215, *216*
   van der Waals, 176, **176**
   (*ver também* Grupos 1A-5A)
   (*ver também* Grupos 1A-7A)
   Raios cósmicos, 272
   raios de van der Waals, 175, **176**, 180

Raios Gamma, 269, 272
raios iônicos Shannon-Prewitt, 181, **182**, **183**, 186, 214, 215, *217*, *248*
Raios-x:
   descoberta de, 10, *11*, 25
   difração de, 5, 5, 172, 180, *181*
   e metais alcalinoterrosos, 369, 376
   e número atômico, 4
   hidretos analisados por, 275-276
Ramsay, William, 3, 5, *572*, 572, 573, 573, 574, **576**, 577
Rayleigh, Lord, *572*, 572-573
Reação de oxidação, 292
Reação em cadeia, 270
Reação thermite, 400
reações de
   adição, *96*, 98, 120
   adição-oxidativa, 98, 120
   constantes de equilíbrio, 96-97, 106, *107*, **107**, 136
   contstantes de taxa, *103*, **103**, 104, 105, *105*, 106, **106**, **107**, **108**, 110, 112, **117**
   dissociação, *96*, 97, 121
   e estereoisômeros
      geométricos, 34, *34*, 37-40, *37*, *39*, 41, *41*, 43, *43*, 44-48, 50
      óticos, 34, 36, 39-42, 50
   e isômeros estruturais, *34*, 48-50, *48*, 50
   ligação, 48-50
   eliminação-redutiva, 98, 120
   energia de ativação, 99, 110, *110*, 112, *112*, 115, 121
   e perfis de reação, 108-110, *110*, 112, *112*
   e resistência estérica, 74, *74*, 75, 108, *108*, 110
   estabilidade de, 134-136, *136*, 152
   estados de transição, 110, *110*
   etapas determinantes de taxa, 101, *101*, 103, 105, 106, 108, *108*, 110, 116-117, 121
   e vias de reação, 95, 108, *110*
   intermediários, 101, *101*, 102, *102*, 121
   ligante coordenado, *96*, 98-99, 121
   mascaramento experimental de, 102, 103, *103*, 121
   polarizabilidade, 117, *119*, 122
   reação redox (transferência de elétron), *96*, 98, 113-117, 121
   substituição, *96*, 96-97, 100-112, 117-120
   valências de, 12-15, 25
Reações de adição, *96*, 98, 121
Reações de adição-oxidativa, 98, 121
reações de auto-troca, 113, 115, 121
   Reações de compostos de coordenação:
      adição, *96*, 98, 121
      adição-oxidativa, 98, 120
      auto-troca, 113, 115

dissociação, *96*, 97, *101*, 101-110, 121
e constantes de equilíbrio, 96-97, 106, *107*, **107**
e energia de ativação, 99, 110, *110*, 112, *112*, 121
e estados de transição, 110, *110*
Efeito trans-cinético, 118-121, *118*, *119*
e frequência de colisão, 110
e intermediários, 101, *101*, 102, *102*, 121
eliminação-redutiva, 98, 120
e marcação radioativa, 113
em complexos octaédricos, 100-112, 121
em complexos quadrado-planares, 117-119
e perfis de reação, 108-110, *110*, 112, *112*
e polarizabilidade, 117, *119*, 122
e trilhas de reação, 95, 108, *110*
ligante coordenado, *96*, 98-99, 121
mascaramento experimental de, 102, 103, *103*, 121
mecanismo associativo, *102*, 101-109, 121
mecanismo de intertroca, 102, 121
mecanismo dissociativo, *101*, 101-109, 121
rates of, 104
e constantes de taxa, *103*, 104, 105, *105*, 106, **384**, 420, **422**, **538**, **573**
e etapas determinantes de taxa, 101, *101*, 103, 105, 106, 108, *108*, 110, 116-117, 121
e troca de água, 106, 109, 113, 121
reação de "aniação" (substituição de ligantes neutros com ligantes aniônicos), 97, 105-106, **107**, 121
reação de "aquação", 97, 106, **107**, *107*, 108, **108**, 121
redox (transferência de elétron), *96*, 98, 113-117, 121
   mecanismo dissociativo, 116, 121
   mecanismo ponte-ligante, 116-118, *118*
   mecanismos de esfera externa, 113-115, 121
   mecanismos de esfera interna, 115-117, 121
   reações cruzadas, 113
série de efeito trans, 118-121, *119*, 121
substituição, *96*, 96-97, 100-112, *112*, 121
Reações de dissociação, *96*, 97, *101*, 101-110, 121
Reações de eliminação redutiva, 98, 121
reações de redução de oxidação [*ver* Reações redox (transferência de elétron)]

Reações de substituição, *96*, 96-97, 100-112, 118-121
  em complexos octaédricos, 100-112
  em complexos quadrado-planares, 117-121, *117*, *119*
Reações hipergólicas, 476
Reações redox (transferência de elétron), *96*, 98, 113-117, 121
  potenciais de redução de, 335-343, **337**, **338**, *339*, 345
    e espontaneidade de reação, 338, **338**, 351
    e semi-reações, 335-336, 338-340, 369
    (*ver também* Potenciais padrão de redução)
Reboco, 374
rede de Bravais, definição de, 165
Rede de ideias, 229-230, 251, *253*, 254, 292, 301, 306, *307*, 330-331, *331*, *342*, *362*, 385-386, *386*, 410, 423-426, *423*, *465*, 508, *509*, *575*, 591
  (*ver também* Caráter ácido-base de óxidos; Efeito diagonal; Efeito par-inerte; Linha metal/não-metal; ligações dπ-pπ; Lei periódica; Princípio de unicidade)
Redes cristalinas:
  Bravais, 175, *175*
  cúbico de corpo centrado(bcc), 168-170, *169*, **172**, 194
  cúbico de empacotamento compacto (ccp), 169-171, *170*, **172**, 176-179, 184, 187, 191, 196
  cúbico de faces centradas (fcc), *169*, 170-172, *171*, *172*, *178*, 184, 187, 191
  cúbico simples, *167*, 167-169, *169*, **172**, 176, *176*, 194
  defeitos em, 191, *192*, 194
  e energia reticular, 204-220, *216*
    Afinidades eletrônicas, 205, *214*, 214
    calor de formação, 214-215
    ciclo Born-Haber, *210*, 210-211, 212, **212**, 213, *213*, 213, *213*, 220
    constantes de Madelung, *205*, 205-206
    densidade de carga, 209, 220
    distância interiônica, 204, 206, *206*, 208, *208*, 209, *209*
    equação Born-Landé, 207-210, *209*, 210, 210, **212**, 213, 219, 247
    equação de Kapustinskii, 210-211, 213, 215, 220
    expoentes de Born, 206, *206*, 206, **206**, 208, 210
    interação eletrostática, 204, 206, 212, 220
    lei de Hess, 210, *210*, 210, 220

e estruturas poliatômicas, 189-190, *190*, 195, 205, 215, *216*, 220
e ligações covalentes, 163-164, *164*, 194, 205, 212-213, 220
e números de coordenação, 166, 179, 184, 186-187, 194
e solubilidade, 298-299, *299*
e teoria do campo cristalino, 9, 11, 60-85, 111-112, 121, 132
hexagonal de empacotamento compacto (hcp), 170, *170*, 171-173, **172**, *174*, 176-178, 194
holes in, 175-182, 186-191, 193, 195, 213
Tipo-A, 165-176, *167*, **168**, 179, 186, 194, 218
Tipo-AB, 176-189, **184**, *185*, 185, *187*, 193-195
(*ver também* Grupos 1A-8A, estrutura cristalina de)
Redes de Bravais, 172-174, *175*
Redes e energia reticular (*ver* Redes cristalinas)
Refinamento zonal, 451, *451*
Regra do octeto, 12, 25, 58-59, 577
regra FONCl, 295, 298, 543
regras de Slater para determinar sigma, 237, **238**
Reich, Ferdinand, *382*, 385
resistência estérica, 74, *74*, 75, 108, *108*, 110
Respiração, 142-144
Ressonância nuclear magnética (NMR), 47
Retrodoação, 77
Reynolds, Richard S., 398
Richter, H. T., 385
Roentgen, Wilhelm, 10, *11*
Rosenberg, Barnett, 5, 147
Rotação prejudicada, 344, *344*, 351
Rowland, F. Sherwood, 5, 558-559
Rubídio:
  descoberta e isolamento de, 330, 350
  propriedades fundamentais de, 331, **332**
  superóxido, 346, 351
  (*ver também* Elementos Grupo 1A)
Rubies, 191
Ruthenium, 149-152, *150*
Rutherford, Daniel, *462*, 464
Rutherford, Ernest, 3, 10, *11*, 269, 271, 574, **577**
Rutilo, 187, *187*, **189**, 194

S

Scheele, Karl Wilhelm, 290, 319, 422, 463, 433, 506, 535-537, *536*, **541**, 543
Schönbein, Christian, 312
Schrödinger, Erwin, 3, 10-11, *11*, 63
Schwanhard, Heinrich, 538

Segre, Emilio, *536*, 539, **540**
Selênio:
  aplicações de, 523-524
  descoberta e isolamento de, *506*, **506**, 507
  estados de oxidação, 513
  oxiácidos, *512*, 512
  propriedades fundamentais de, **510**
  (*ver também* Elementos Grupo 6A)
Semicondutores, 251, 278, 449-452, *450*, 451, 523
Série eletromotiva, 337
Série espectroquímica, 75, 77-78, 80, 82-83, 218
Sidgwick, Nevil Vincent, *11*, 12, 58, 76, 85
Silanos, 423-426
Silício:
  aplicações de, 444-446
  carbeto, 441
  descoberta e isolamento de, *420*, 422
  dióxido, 426
  e aluminossilicatos, *448*, 448-449, *448*
  e efeito diagonal, 246, *246*, *249*
  e ligações, 425
  em forma de gel, 447, 455
  estado de oxidação de, 444
  hibridização de, 245, *245*
  sílica, 422, **444**, 446, *446*
  silicatos, **444**, 444-446, *445*
  toxicidade de, 446
  (*ver também* Elementos Grupo 4A)
Slater, J. S., *11*, 237
Smalley, Richard, 433
Smog, 5, 312, 314, 490-497, *493*, **495**
Sociedade Química Americana, 291
Soddy, Frederick, 4, 574
Sódio:
  aplicações de, 344, 351
  brometo, *216*
  carbonato, *216*, 371-373
  cloreto, 4, 162, 162-163, 181-184, 184, *185*, *186*, 189, 194, 204, *205*, *216*
  dissolução de, 281, 300
  energia reticular de, 161, 163, 181-184, 193, 204, *216*
  descoberta e isolamento de, 328-329, 350
  e reatividade à água, 329
  hidreto, *216*, 276
  hidróxido, *216*
  nitrato, *216*
  óxido, *216*, 303
  peróxido, 342-344, 351
  potencial padrão de redução, 338-340
  produção de, 329
  propriedades fundamentais de, **332**
  (*ver também* Elementos Grupo A1)
Solubilidade, 297-299, *299*, **299**
Soluções aquosas, 293-301
  Arfwedson, Johan, 330, 351, 507

e eletronegatividade, 305
e óxidos, 303-306
e potencial de redução padrão, 336, 339, 342
Stock, Alfred, 4, 402, 408, 424
Stoichiometry, 182, 184, 186
Sulfúrio:
 ácido sulfúrico, 3, 264-265, 513, 524-525
 alótropos de, 515-517, *517*
 aplicações de, 513-515
 como agente oxidante, 509, 513
 descoberta e isolamento de, *506*, 506-507
 dióxido, 511-513, *511*
 e catenação, 509, 515-520, *517*, **518**
 e ligações, 509, 511-514
 em proteínas, 144-145
 e processo de Frasch, 3
 estados de oxidação de, 513, 519
 haletos, 514-515, *514*
 nitretos, 466, 520-521, *520*
 oxiácidos, *511*, 512-514
 polissulfanos, 518
 propriedades fundamentais de, **510**
 sulfitos, 511
 (*ver também* Elementos Grupo 6A)
Supercombustíveis, 409
Supernovas, 263
Superóxidos, 346, 351
Suscetibilidade molar, 78-80, *78*, 86, 99
suscetibilidade por grama, 78, *78*

T

Tabela periódica:
 e a obra de Mendeleev, 3, 3, 10, *11*, 25, 231, *232*, 422, 573
 e descoberta dos gases nobres, 573
 e progresso na química inorgânica, 3-5
 linha metal/não-metal em, *251*, 251-252, 254
 moderna, 231, *234*, *236*
 nomes de grupos e períodos, 232, *235*
Tálio:
 descoberta e isolamento de, 383, 385, 410
 e efeito par-inerte, 386, *386*, 401, 410
 propriedades fundamentais de, **387**
 toxicidade de, 385
 (*ver também* Elementos Grupo 3A)
Tassaert, *11*, 12
Taube, Henry, 99, 113, 116, 121
Telúrio:
 aplicações de, 523
 descoberta e isolamento de, *506*, **506**, 507
 propriedades fundamentais de, **510**
 (*ver também* Elementos Grupo 6A)
tempo de Planck, 261
Tensioativos (*ver* Detergentes)

Teoria atômica: história da, 10-11, *11*
Teoria da ligação de valência (VBT), 3, *11*, 12, 25, 57, 59-60, 85, 293, *293*, 245
Teoria da repulsão dos pares de elétrons da camada de valência (VSEPR), *11*, 12, 25, 293, *293*, 312, *312*, 514, 580
Teoria de bandas, 449-451, *450*, *451*, 523
Teoria de corrente, *11*
Teoria do Big Bang, 264, 280
Teoria do campo cristalino:
 e campos ligantes
  cúbicos, 68, *68*, 86
  octaédricos, 59, 64-66, *64*, *67*, **71**, *111*, 111-112, 194
  octaédricos tetragonalmente distorcidos, 66-67, *67*
  piramidais quadrados, *111*, 111-112
  quadrado-planares, 59, 66-67, *67*, 68, 86
 e eletrostáticas, 57, 59-60, 64, 66, 69, 74-75, 78, 85-86
 e espectroscopia de absorção, *80*, 80-85, *82*, *84*
 e espinelas, 191-194, *191*, 195
 e ligações metal-ligantes, 57, 59-60, 63, 75-78, 86
 e magnetismo, 78-81, 86
 energias de estabilização do campo cristalino, **71**, 71-72, *111*, 111-112, 121, *193*, 194-195, 219-220
 energias de quebra do campo cristalino, 64-66, **73**, 80-83, *82*, 193
  números de onda de, 82, 86
 e orbitais, 59-64
  energias de, 59-60, 64-78
  formas de, 60-63
 e redes cristalinas, 191-195, 216-220
 história de, 3, *12*, 59-60
 tetraédricos, 59, 68-69, *68-69*, 80, 86, 194
Teoria orbital molecular, 3, *11*, 12, 25, 57, 59-60, 85
Terapia de Captura de Nêutrons pelo Boro, 400-401, 437
Termodinâmica, 99-100, 340, 351
 e ciclos termodinâmicos, *210*, 210-216, *213*, 213
Termoquímica, 204, 210, *210*
 e raios, 200, 215, *216*
teste de Marsh para arsênico, 469
Thenard, Louis Jacques, 382, 422, 506, 536, 539
Thomson, J. J., 3, 10, *11*, 385, **577**
Tiocianato:
 como ligante ambidentado, 19
Tipos de cristal, 161-165, 195
 atômico-molecular, 164, *165*, 193
 iônico, 161-164, *162*, 176, 194
 metálico, 163, *163*, 194
 rede covalente, 163-164, *164*, 194, 401

Transistores, 4, 451
Transmutação, nuclear, 271
Travers, Morris, *572*, 574, 576
Triades, Döbereiner's, 2
Trítio, 266-268, *266*, 271-272, 348, 351
Troca de energia livre, 338, **338**
Tyndall, John, 314, 572

U

União Intenacional de Química Pura e Aplicada (IUPAC), 291
Urânio:
 e fissão nuclear, 269-271, *271*
 hidreto, 277
 radioatividade de, 269, 360
Urey, Harold, 4, 266

V

Valência:
 de compostos de coordenação, 12-16, 25, 33
 e carga nuclear efetiva, 226-238
 e efeito par-inerte, 249-250
 e moléculas de água, 293, *293*
 e propriedades periódicas, 231, 233, 235, 272
 história da pesquisa sobre, *11*, 12, 25
Van't Hoff, Jacobus Hendricus, *11*
Van Vleck, John, *11*, 59
Vauquelin, Louis Nicolas, *358*, 360, 376
Venenos (*ver* Agentes tóxicos)
(*ver também* Ligantes, multidentado [quelação])
Vidro, 426, 453

W

Werner, Alfred:
 e quiralidade do carbono, 42, 50-51
 estudantes doutorados de, 42
 prêmio Nobel concedido a, 18, 42, 50
 teoria de coordenação de, 4, 9, *11*, 14-16, 25, 33, 36, 42, 48, 50, 58
Winkler, Clemens, 3, 422
Wöhler, Friedrich, *11*, *358*, 360, 376, 383, 420
Wurtzita, 184, *185*, 186, *186*, 205, 213

X

Xenônio:
 ácido xênico, 581
 aplicações, 584
 brometos, 580
 cloretos, 579
 descoberta e isolamento de, *572*, 573, **575**
 fluoretos, 576, 577-581, *580*, propriedades fundamentais de, **576**
 óxidos, 580-582
 (*ver também* Elementos Grupo 8A)

Xerografia, 4, 524

Y
Ylem, 261-262

Z
Zeólitos, 142, *448*, 448-449
Zinco:
   como agente redutore, 133, 335
   como liga de alumínio, 397, **398**
   e produção de hidrogênio, 264
   sulfeto, 184, *186*, 212